개정판

구조역학

윤현도 · 조창근 · 한병찬 · 권성준 지음

도서출판 동화기술

서문

이 책은 건설 구조물의 해석 시 요구되는 기본 원리에 대한 이해를 돕기 위하여 저술되었습니다. 이전에 이 책의 저자 일부가 참여하여 발간한 건축구조역학을 근간으로 부분적인 수정과 보완을 하였습니다.

이 책은 크게 3개 부분으로 구성되어져 있습니다. 1부에서는 힘의 정의, 구조물의 이해, 정정구조물의 해석 등을 다루고 있으며 2부에서는 응력과 변형률의 정의 및 계산 방법 등 재료역학 부분을 일부 수록하고 있습니다. 마지막으로 3부에서는 실제 건설 구조물과 유사한 부정정구조물의 해석을 위한 다양한 방법을 소개하고 있으며 실제 건설 구조물의 거동을 이해하는 데 도움을 주고자 하였습니다.

이 책을 발간하기에 앞서 여러 해 강의교재로 사용하며 검토하고 보완 및 수정하였지만 아직도 미흡한 부분이 많으리라 생각됩니다. 추가적인 수정이나 보완이 필요한 부분이 있다면 언제든지 의견을 주시면 감사하겠습니다.

끝으로 이 책의 출판을 맡아주신 도서출판 동화기술의 정우용 회장님과 관계자 여러분께 감사의 말씀을 드립니다.

저자 일동

목차

CHAPTER 3
하중과 구조물 43

CHAPTER 4
정정구조물 해석 67

CHAPTER 7
응력과 변형률 171

CHAPTER 8
보의 처짐(기하학적 방법) 207

1장 서론

차례

주요개념

- 힘
- 구조역학
- 구조물 이상화
- 미소변형
- 중첩의 원리
- SI 단위계
- 질량과 중량

기원전 1세기 고대 로마의 건축가 비트루비우스(Marcus Vitruvius Pollio)가 그의 저서에서 정의한 "건축은 강도(Firmitas), 쓰임(Utilitas), 아름다움(Venustas)이다"라는 문구는 오늘날에도 건축의 3요소로 불린다. 여기서 표현한 "강도"는 "구조"를, "쓰임"은 "기능"을, 그리고 "아름다움"은 "형태"로 생각할 수 있다.

건축의 합리주의적 접근을 주장한 오스트리아의 오토바그너(Otto Wagner) 또한 "강도와 쓰임은 단순한 아름다움의 방관자로서가 아니라, 아름다움을 지배하여 그것과 하나가 되는 것이다"라 하였다. 결국 훌륭한 건축이란 구조, 형태, 기능이 완전한 조화를 이루는 것이라 할 수 있다. 아름다운 건축물은 최적의 구조를 가지고 있다.

이 책은 각종 구조물에 작용하는 외력이 구조물 내부에 어떤 힘을 유발시키고, 변형하는가를 해석하는 방법을 다루고 있다. 또한 추가하여 미시적 관점에서 재료의 역학적 특성과 변형에 관한 이해와 응용 방법을 수록하였다.

1.1 건축구조와 역학

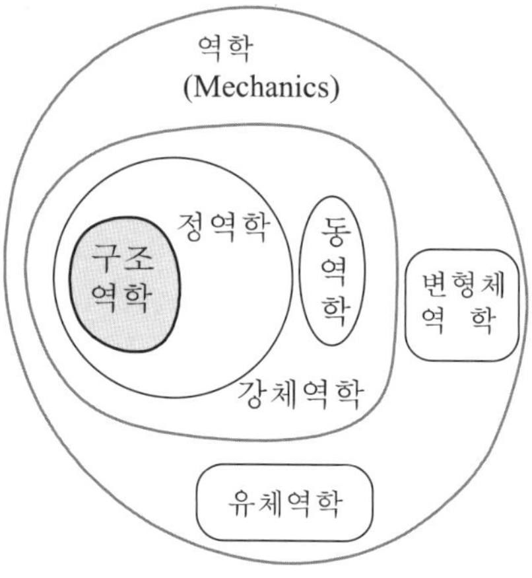

그림 1.1 역학의 영역과 구조역학

1.1.1 구조역학의 정의

역학(力學, Mechanics)이란 힘을 받고 있는 물체의 정지 또는 운동 상태를 다루는 학문 분야이다. 역학은 건축, 토목, 기계, 항공, 조선 등과 같은 공학 분야뿐만 아니라 분자나 원자 사이의 관계를 다루는 물리학에서도 매우 중요한 위치를 차지한다.

역학은 일반적으로 그림 1.1과 같이 분류할 수 있다. 먼저 역학은 강체(Rigid body), 변형체(Deformable body), 유체(Fluid) 역학으로 분류한다.

강체역학은 다시 관성력의 고려 여부에 따라 정역학(Statics)과 동력학(Dynamics)으로 분류한다. 정역학은 정지하고 있는 물체를, 동력학은 가속 운동하는 물체를 대상으로 한다.

구조역학은 건축물 또는 부재와 외력의 관계를 규명하고자 하는 학문으로 크게는 강체역학이며, 대부분의 외력과 구조물이 정적 상태이므로 정역학의 한 분야이다.

1.1.2 구조역학의 필요성

건축설계 또는 건축물을 생산하는 일련의 창작 과정이 예술가의 작품 세계와 가장 다른 점은, 합리적인 사고와 과학적 지식에 근거하고 있다는 것이다.

예를 들어 건축가가 미적 원리에 따라 설계한 건축물이, 실현 과정에서 구조 요구 조건을 만족시키는데 어려움을 겪는 경우가 많다. 건축물은 인간이 생활하는 공간이기 때문에 기본적으로 안전해야 하기 때문이다. 이렇듯 구조의 정확성이 미를 보장하는 충분조건은 아니지만, 반드시 필요한 조건인 것만은 확실하다.

반대로 건축가 입장에서는 폭넓고 깊은 구조 지식과 역학적 이해가 건축물의 설계 범위를 더욱 다양하게 할 수 있다. 종종 건축가는 경험하지 못한 새로운 형태의 건축물을 만드는데 구조지식의 부족으로 어려움을 겪는다. 특히 초대형, 초고층 건축물, 지하 대공간, 초장대 교량 등과 같은 고도의 구조 지식이 필요한 구조물은 합리적인 구조가 건축의 미를 더한다(그림 1.2).

따라서 구조의 기본 원리를 다루는 구조역학은 아름답고 경제적이며 안전한 건축물을 설계하기 위해 필요한 기초적이고 실용적인 학문 분야이다.

(a) 우리나라의 전통 한옥

(b) 영국의 스톤핸지

(c) 에펠탑

(d) 그리스의 사원

(e) 미국의 교회-트러스 구조

(f) 미국 뉴욕의 교량과 고층 건축물

그림 1.2 구조적 아름다움이 보이는 건물
– 훌륭한 건축이라는 것은 구조와 형태가 완전한 조화를 이루는 것이다 – *Atto Wagner*

1.1.3 구조설계와 구조역학

건축물은 인간이 그 생활을 영위하는 데 있어서 어떤 용도를 가지고 형성하는 공간이다. 그러므로 건축설계의 기저에는 건축물이 붕괴되지 않고 안전해야 하고, 오래시간 사용할 수 있어야 하며, 구조물이 안전하다고 사용자가 느끼고 안심해야 한다는 조건이 있다. 여기서 이러한 조건을 각각,

1) 안전성(Strength),
2) 내구성(Durability),
3) 사용성(Serviceability)

이라 하는데, 구조설계는 이를 구체적으로 실현할 수 있도록 수행하는 일련의 과정을 말한다. 예를 들어, 구조설계에서는 건축물이 자중, 적재물, 지진, 바람, 눈 등의 영향으로부터 안전하도록 부재의 크기와 배치형식을 결정하고(안전성), 예기치 않은 진동이나 충격, 균열 등이 발생하지 않도록 세심하게 고려하며(사용성), 건물이 목표 수명 동안 강도를 유지할 수 있도록 환경적 요인에 대한 대책이나, 정기 점검을 수행한다. 구조역학은 그 이론적인 기초이다(그림 1.3).

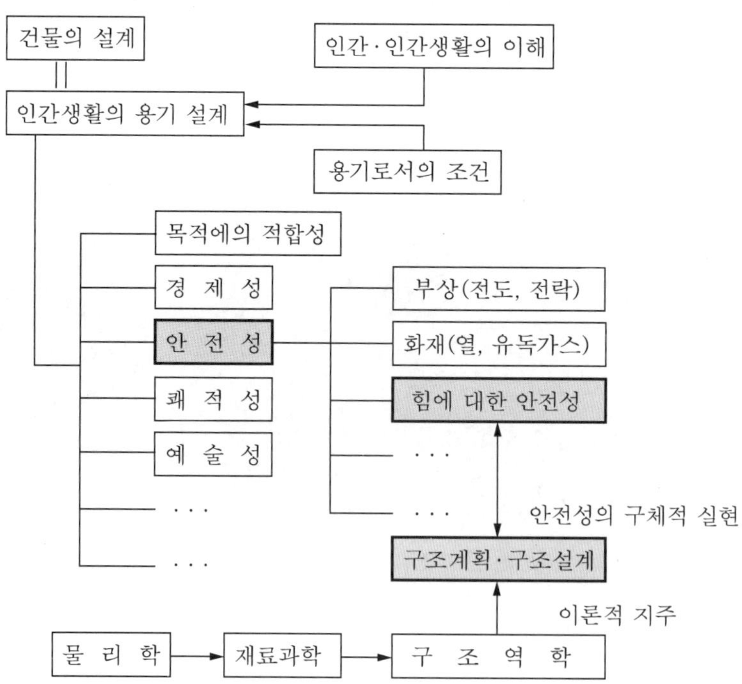

그림 1.3 구조설계와 구조역학의 관계

1.2 구조물의 이상화와 기본가정

1.2.1 구조물의 이상화

실제 구조물은 매우 복잡하고 다양하므로 이를 지면에 옮겨 이론적으로 해석하기 위해서는 단순화 할 필요가 있다. 그림 1.4는 실제 구조물을 단순화하여 이상화 하는 과정을 보여준다. 먼저 구조물을 구성하는 여러 요소 중에서 구조부재만을 생각하고 나머지는 힘(자중 등)으로 정리한다. 다음으로 힘의 크기와 작용 위치를 정리하고, 부재는 부재의 중심을 지나는 선으로 단순화한다. 이러한 이상화 과정을 거치고 나면, 도면에 옮겨진 이상화된 구조물은 실제 구조물과 다소 차이가 날 수 있다. 그러나 일반적으로 이상화 구조물의 해석 결과와 실제 구조물의 오차는 실용상 큰 문제가 되지 않는다. 물론 실제 구조물을 이상화할 때는 힘의 흐름이나 구조

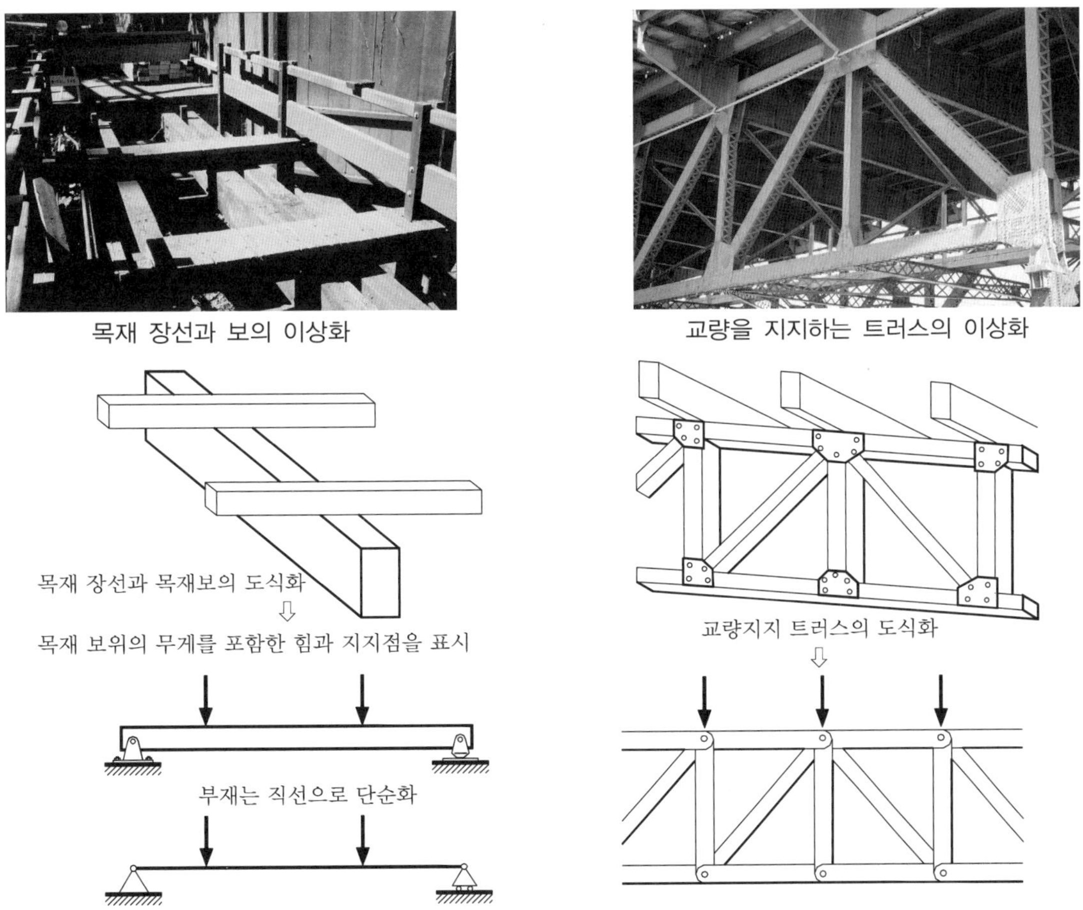

그림 1.4 구조물의 이상화

물 형상의 변화가 합리적이고 과학적이어야 한다.

1.2.2 기본가정

이 책에서 다루는 구조역학과 해석은 몇 가지 기본가정을 두고 있다.

(1) 구조물에 작용하는 하중은 정적이다.

(2) 구조물과 하중은 동일 평면 내에 놓여 있는 평면 구조물로 가정하여 해석한다.

구조물은 기본적으로 3차원이지만, 2차원으로 가정하여 해석해도 실제구조물과 큰 차이가 없다. 이는 3차원 방향으로부터의 영향이 비교적 적기 때문이다. 물론 쉘이나 평판 구조물 등 인접 부재로부터의 영향이 큰 경우에는 3차원으로 해석해야 한다.

(3) 힘을 받는 구조물은 변형하지만 그 크기는 매우 작다.

구조물은 하중을 받으면 변형이 일어나지만 구조물 전체 치수에 비하면 그 크기는 매우 작다. 즉 그 크기는 미소변형(Small deformation)으로 취급한다. 만약 이러한 미소변형을 가정한다면, 다음과 같은 두 가지 원리가 성립할 수 있다. 첫 번째는 하중과 구조물 변형 사이의 관계는 선형이 된다는 것이다. 즉, 하중(F)와 변형(x)사이에는,

$$F = kx \tag{1.1}$$

이 성립한다. 여기서 k는 두 관계의 기울기로 강성(Stiffness)이라 한다. 식 (1.1)은 구조역학의 가장 기본식이다.

두 번째는 중첩의 원리가 성립한다는 것이다(Principle of superposition) 즉, 어떤 구조물에 여러 하중이 작용하여 변형한다면, 각각 1개의 하중이 작용하여 변형된 값을 단순히 더해도 그 효과가 같다는 의미이다.

(4) 구조물을 구성하는 재료는 균질하고 등방성이다.

구조물 이상화 과정에서 부재를 선으로 치환할 수 있었던 것은 재료의 변화요인을 해석에 고려할 필요가 없다는 가정에 근거한 것이다. 즉 구조물은 단일재료로 이루어져 있고 재료도 균질하다.

위에서 살펴본 여러 기본가정은 어떤 경우에는 일부가 적용될 수 있지만, 이 책의 전반에 걸쳐 적용된다. 그러므로 이외에 특별한 가정을 도입하지 않는다면, 위의 가정에 근거하고 있다는 의미이다.

1.3 SI 단위계

1.3.1 SI 단위

역학에서 사용하는 기본량은 길이(Length), 시간(Time), 질량(Mass), 각도(Radian), 그리고 힘(Force) 등이다. 이 중에서 길이, 시간, 질량은 기본단위, 각도는 보조단위, 그리고 힘은 $F = ma$로부터 유도된 유도단위이다.

이 책은 국제표준단위인 SI 단위계를 사용하는데 기본단위와 보조단위는 각각 길이(미터, m), 시간(초, s), 질량(그램, g), 각도(라디안, rad)이다. 유도단위인 힘(뉴턴, N)은 "1 N은 1 kg의 질량에 1 m/s^{2}의 가속도를 일으키는 힘"으로 정의한다. 즉, $F = ma$에서

$$1\ \mathrm{N} = (1\ \mathrm{kg})(1\ \mathrm{m/s^2}) = 1\ \mathrm{kg \cdot m/s^2} \tag{1.2}$$

또한 SI 단위에서는 배수로 $\times 10^{-6}$(micro, μ), $\times 10^{-3}$(milli, m), $\times 10^{3}$(kilo, k), $\times 10^{6}$(mega, M), $\times 10^{9}$(giga, G)의 단위 접두어를 사용한다. 예를 들어, $1{,}000{,}000\ \mathrm{N} = 10^6\ \mathrm{N} = 1\ \mathrm{MN}$으로 표현한다.

SI 단위는 최근 국내에서 표준화 된 것으로, 예전에는 공학단위를 많이 이용하였다. 공학단위는 지구에서 "중량 1 kgf = 질량 1 kg인 무게"라는 개념에 근거해서 질량과 힘(무게)을 엄격하게 구별하지 않고 혼용되어 표기하여 왔다. 예를 들어 몸무게가 60 kg인 사람은 60 kgf의 힘으로 구조물에 작용한다고 생각하는 것이 아직까지 익숙하다. 이를 SI 단위로 환산하면, 중력가속도는 9.81 m/s^{2}이므로,

$$\begin{aligned} 60\ \mathrm{kgf} &= 60\ \mathrm{kg} \times 9.81\ \mathrm{m/s^2} = 588.6\ \mathrm{kg \cdot m/s^2} \qquad \text{(a)} \\ &= 588.6\ \mathrm{N} \fallingdotseq 600\ \mathrm{N} \end{aligned}$$

이 된다. 독자들은 아직까지 SI 단위가 실생활과 달라 불편할 것이지만, 이미 익숙한 공학단위의 10배 정도라고 이해하면 편리하다. 예를 들어 16 tf의 덤프트럭 무게는 약 160 kN이다.

이 책에서 사용될 SI 단위에 대해 좀 더 살펴보자. 먼저 압력이나 응력의 단위(파스칼, Pa)는 단위면적당 힘(N/m^2)을 정의한다. 즉,

$$1\ \mathrm{Pa} = 1\ \frac{\mathrm{N}}{\mathrm{m^2}} \tag{b}$$

$$1\,\text{MPa} = 10^6\,\text{Pa} = 10^6\frac{\text{N}}{\text{m}^2}\times\frac{\text{m}^2}{10^6\text{mm}^2} = 1\,\frac{\text{N}}{\text{mm}^2} \quad \text{(c)}$$

이 된다. 이 밖에도 힘의 모멘트는(N · m), 주파수(헤르쯔, Hz=1/s), 에너지, 일, 열량(줄, joule, J, N · m)로 많이 사용되는 유도 단위이다.

응력의 단위 또한 SI 단위로 환산해 보자.

$$1\,\text{kgf/cm}^2 = 1\frac{\text{kgf}}{\text{cm}^2}\times\frac{9.81\text{N}}{\text{kgf}}\times\frac{\text{cm}^2}{100\text{mm}^2}$$

$$= 0.0982\,\text{N/mm}^2 = 0.0982\,\text{MPa}$$

또는

$$1\,\text{MPa} = \frac{1}{0.0981}\,\text{kgf/cm}^2 = 10.194\,\text{kg/cm}^2$$

이 된다. 그러므로 실제 익숙한 공학단위의 응력을 SI 단위로 생각할 때는 1/10배라고 생각하는 것이 편리하다.

구조역학을 처음 접하는 독자는 역학 자체가 눈에 보이지 않는 현상을 수학적으로 다루는 것일 뿐만 아니라, 단위까지 실제 생활과 다르다는 것에 어려움을 느낄 것이다. 그러나 우리가 직관적으로 느끼는 무게나 힘의 현상이 실제 무엇과 같은가를 비교하는 것은 그 현상을 보다 잘 이해할 수 있는 토대가 되므로, SI 단위에 빠르게 익숙해지길 바란다.

1.3.2 질량과 중량

구조역학에서 가장 혼동하기 쉬운 경우가 질량(Mass)과 중량(Weight)이다. 이러한 이유는 아마도 대부분의 구조실무자가 공학단위에 익숙해 있어, 질량과 중량을 구분없이 사용하였기 때문으로 생각된다. 질량은 물체의 관성(Inertia)을 양적으로 표현한 값이다. 여기서 관성이란, 가속에 저항하는 물체의 성질을 말하며 그 위치에 상관없이 언제나 일정하다. 어떤 물체의 질량 측정은 표준질량과의 비교를 통해서 이루어진다. 예를 들어 어떤 물체의 질량이 60 kg이란 의미는 표준질량 1 kg의 60배라는 뜻이다.

중량은 물체에 작용하는 지구의 중력의 크기이며 벡터량이다. 그러므로 어떤 물체의 중량 $W = mg$이다. 여기서 g는 중력가속도를 말한다. 반대로 질량은 $m = W/g$이다.

2장 힘의 이해

차례

주요개념

- 힘
- 힘의 합성과 분해
- 모멘트
- 바리뇽의 정리
- 평형
- 작용과 반작용

우리는 눈에 보이는 것에 익숙하고 이해가 빠르다. 토끼가 거북보다 빠르다는 사실은 많은 설명을 하지 않아도 쉽게 이해할 수 있다. 그러나 구조역학에서 다루는 여러 현상들, 예를 들어 힘, 모멘트, 변형 등은 눈에 보이지 않으며, 더구나 이러한 현상을 어떤 값으로 정하고, 수식으로 표현하여 설명한다면, 대부분의 독자는 "이해는 가지만 아무래도 석연치 않다", "흥미 있는 분야가 아니다"라고 느낄 것이다. 저자 또한 그랬다는 사실을 밝힌다.

그렇지만 "당신의 몸무게는 얼마인가?", "강호동과 씨름을 한다면 이길 수 있을까?"라는 질문에는 쉽게 대답할 수 있을 것이다. "무게"와 "팔의 힘"이라는 것도 실제로는 눈에 보이지 않는데 말이다. 이렇게 구조역학은 단지 익숙하지 않을 뿐 어려운 학문이 아니다.

이 장은 아직 생소하다고 느낄 수도 있는 "힘"이라는 현상이 눈에 보이듯이 쉽게 이해할 수 있도록 구성하였다. 독자는 이 장이 끝날 때 무게도 힘의 일종이라는 사실과, 여러 힘들을 어떻게 수식으로 표현할 수 있는지를 쉽게 이해하게 될 것이다.

2.1 힘

힘이란 무엇일까? 수레를 밀 때 또는 당길 때 느끼는 체감, 인간 탑 쌓기에서 한 명 한 명이 위로 올라갈 때마다 아래 사람이 느끼는 눌림감 등 이처럼 보이지는 않지만 어떤 체감을 일으키는 원인을 "힘(Force)"이라고 정의한다. 즉 힘이란 물체의 운동 상태를 변경하고 물체에 변형을 주는 작용이다. 힘의 표현 방법을 감각적으로 생각해 보자.

1) 먼저 힘은 크기가 있다. 바벨의 무게를 바꾸어 들어 올리는 행위를 생각해 보자. 우리는 1장에서 이 크기를 표현하기 위해서 N(뉴턴)이란 단위를 이용하기로 했다.
2) 두 번째로 힘은 방향성도 있다. 물체를 당기면 끌려오지만, 반대 방향으로 같은 힘을 가하면 물체는 밀려난다. 즉 같은 크기의 힘이라도 작용방향에 따라 다른 현상이 나타난다.
3) 세 번째로 힘의 작용점도 중요하다. 다음 절의 모멘트를 이해하면 쉽게 알 수 있을 것이다.

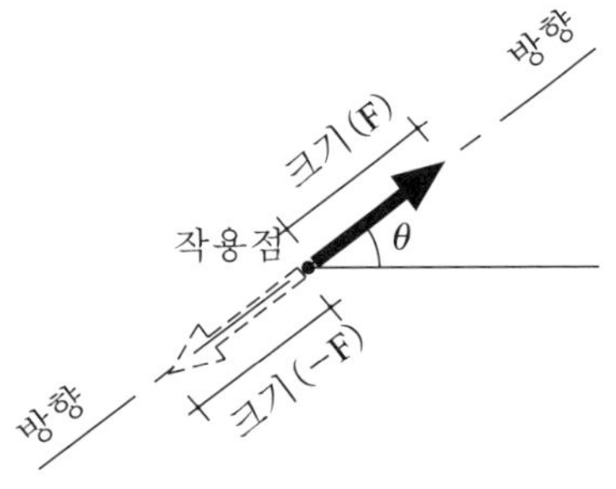

그림 2.1 힘의 표현

이렇게 힘이 가지고 있는 특징인 크기(Magnitude), 작용방향(Direction), 작용점(Point)을 힘의 3요소라고 한다.

이제 힘을 보이도록 표현해 보자. 그림 2.1과 같이 화살표를 이용해서 힘의 크기를 선분 길이로 나타내면, 화살표 방향이 작용방향, 시작점이 작용점, 선분 연장선이 작용선이다.

2.2 한 점에 작용하는 힘의 합성과 분해

때때로 구조물에 작용하는 여러 힘을, 동일한 효과를 갖는 합력으로 합성할 필요도 있고, 반대로 하나의 힘을 이와 동일한 효과를 갖는 여러 개의 분력으로 분해할 필요도 있다.

2.2.1 한 점에 작용하는 두 힘의 합성

그림 2.2(a)와 같이 A점에 작용하는 두 개의 힘 P_1, P_2의 합력을 생각해 보자. 그림 2.2(b)와 같이 힘 P_1, P_2의 끝단 B와 C에서 힘 P_1, P_2와 평행한 선을 그어, A와 교점 D를 이으면, $\overrightarrow{AD}$

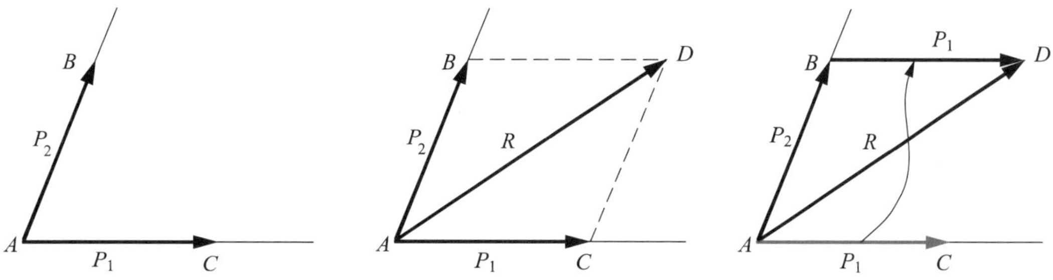

(a) 한 점에 작용하는 두 힘 (b) 힘의 평행사변형법 (c) 힘의 삼각형법

그림 2.2 한 점에 작용하는 힘의 합성(도식해법)

가 합력과 방향이다. 이렇게 힘의 합력을 구하는 방법을 힘의 평행사변형법(Parallelogram Law of Force)이라 한다.

다른 방법으로 힘의 합성을 생각해 보자. 그림 2.2(c)와 같이 1개의 힘 P_2의 끝단 B에서 다른 힘 P_1과 같은 방향으로 평행하게, P_1의 길이와 같은 선분 $\overline{BD}$를 그으면 $\overrightarrow{AD}$가 합력 R이 된다. 이때 ΔABD를 힘의 삼각형법(Triangle of force)이라고 한다. 또한 힘 P_1의 끝에서 힘 P_2와 동일한 길이의 선분을 평행하게 그어도 그 결과는 같다.

이번에는 합력의 크기를 수치적으로 계산해 보자. 수학에서 벡터를 공부하지 않았다 하더라도 쉽게 이해할 수 있을 것이다.

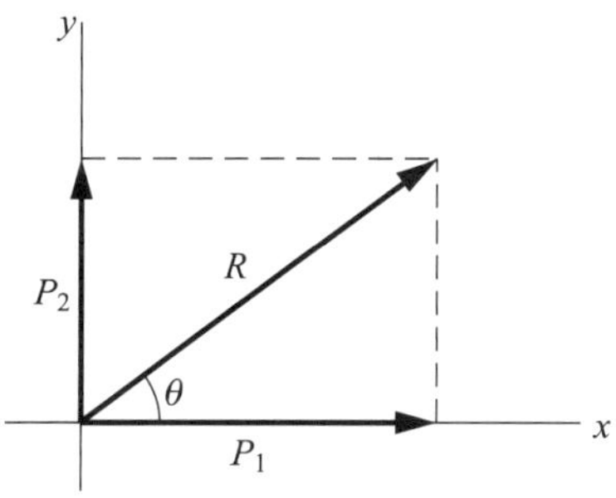

(a) 직교하는 경우

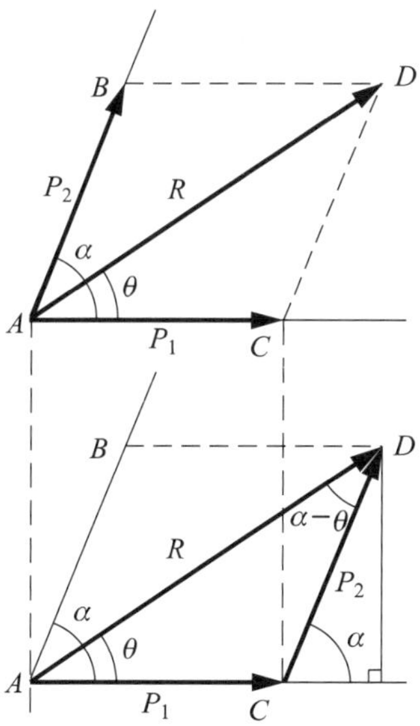

(b) 임의 각을 이룰 때

그림 2.3 한 점에 작용하는 힘의 합성(수식해법)

직교하는 두 힘의 합성(그림 2.3(a))

두 힘이 직교하는 경우 크기는 피타고라스의 정리에 의해,

$$\text{합력}: R = \sqrt{P_1^2 + P_2^2} \tag{2.1}$$

$$\text{방향}: \tan\theta = \frac{P_2}{P_1} \tag{2.2}$$

임의 각 α을 이루는 두 힘의 합성(그림 2.3(b))

두 힘이 임의 각 α를 이룰 때 힘의 합력은 $P_1 + P_2\cos\alpha$와 $P_2\sin\alpha$의 피타고라스 정리가 성립한다. 즉,

$$\begin{aligned}\text{합력}: R &= \sqrt{(P_1 + P_2\cos\alpha)^2 + (P_2\sin\alpha)^2} \qquad (2.3)\\ &= \sqrt{P_1^2 + P_2^2 + 2P_1P_2\cos\alpha}\end{aligned}$$

$$\text{방향}: \tan\theta = \frac{P_2 \sin\alpha}{P_1 + P_2 \cos\alpha} \tag{2.4}$$

식 (2.3)에서 사이각이 $\alpha = 90°$일 때에는 $\cos 90° = 0$, $\sin 90° = 1$이므로, 식 (2.1)과 같다.

예제 2-1

그림과 같이 케이블로 지지된 기둥 부재에 수평하중 $P = 8\text{ kN}$이 작용하고, 케이블에 장력 $T = 6\text{ kN}$이 작용하는 경우 기둥 B점에 작용하는 두 힘의 합력 R의 크기와 방향을 구하라.

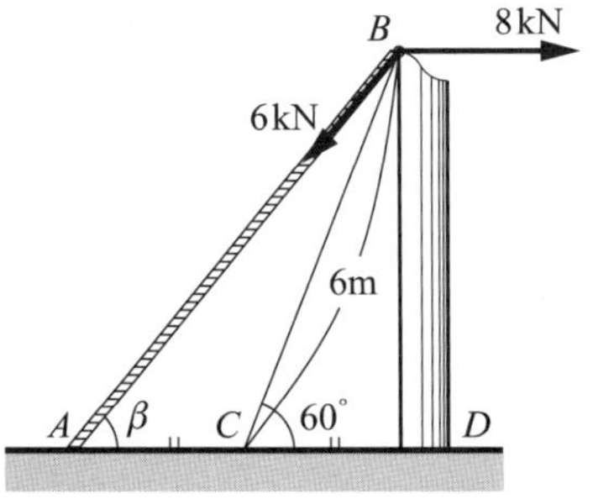

풀이

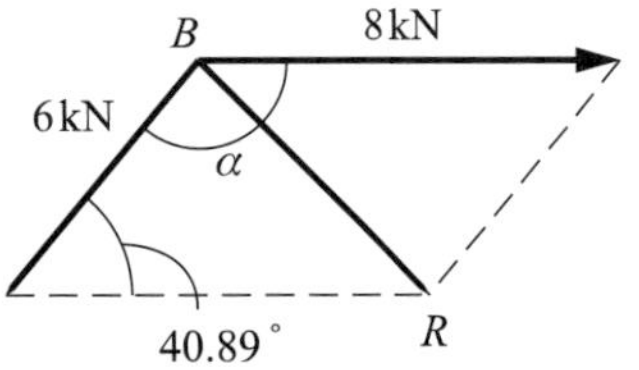

(a)

$\overline{CD} = 6 \times \cos 60° = 3\text{ m}$이므로, $\overline{AD} = 6\text{ m}$

$\overline{BD} = 6 \times \sin 60° = 3\sqrt{3}\text{ m}$

$$\tan\beta = \frac{\overline{BD}}{\overline{AD}} = \frac{3\sqrt{3}}{6} = \frac{\sqrt{3}}{2},\quad \beta = 40.89°$$

그러므로 두 힘의 사이각 $\alpha = 180 - 40.89 = 139.11°$이다.

$$\text{합력}: R = \sqrt{P_1^2 + P_2^2 + 2P_1P_2\cos\alpha}$$

$$= \sqrt{8^2 + 6^2 + 2 \times 8 \times 6 \times \cos 139.11} = 5.24\text{ kN}$$

$$\text{방향}: \theta = \tan^{-1}\left(\frac{P_2 \sin\alpha}{P_1 + P_2\cos\alpha}\right)$$

$$= \tan^{-1}\left(\frac{6 \times \sin 139.11}{8 + 6 \times \cos 139.11}\right) = 48.6°$$

2.2.2 한 점에 작용하는 두 힘의 분해

두 개 힘의 합력을 구하는 방법을 반대로 하면, 한 개의 힘을 주어진 방향에 따라 2개의 힘으로 분해할 수 있다.

그림 2.2(b)나 (c)와 같이 주어진 2개의 방향으로 평행선을 그어 힘의 평행사변형을 그리든지, 또는 힘의 삼각형을 그려서 변에 표시하면 P_1, P_2가 힘 R의 분력이 된다.

이번에는 분력 P_1, P_2가의 크기를 수치적으로 계산해 보자.

직교하는 두 힘으로 분해

그림 2.3(a)에서 힘 R을 직교하는 P_1, P_2로 분해하면,

$$x\text{축 상의 분력} : P_1 = R\cos\theta \quad (2.5)$$

$$y\text{축 상의 분력} : P_2 = R\sin\theta \quad (a)$$

이 된다.

임의 방향의 두 힘으로 분해

그림 2.3(b)에서 각도를 아는 경우에는 삼각함수의 Sine법칙을 이용하면 쉽게 P_1, P_2로 분해할 수 있다. 즉,

$$\frac{P_1}{\sin(\alpha-\theta)} = \frac{P_2}{\sin\theta} = \frac{R}{\sin(180-\alpha)} = \frac{R}{\sin\alpha}$$

이므로,

$$P_1 = \frac{\sin(\alpha-\theta)}{\sin\alpha}\times R \quad (2.6)$$

$$P_2 = \frac{\sin\theta}{\sin\alpha}\times R \quad (a)$$

가 된다.

힘의 분해에 대하여 그림 2.4와 같은 경우를 생각해 보자. 힘 R을 P_1과 P_2의 두 힘으로 분해하려면 다음과 같이 두 연립 방정식을 풀면 된다.

$$R = \sqrt{(P_1 + P_2\cos\alpha)^2 + (P_2\sin\alpha)^2} \quad (2.7)$$

$$\tan\theta = \frac{P_2\sin\alpha}{P_1 + P_2\cos\alpha} \quad (2.8)$$

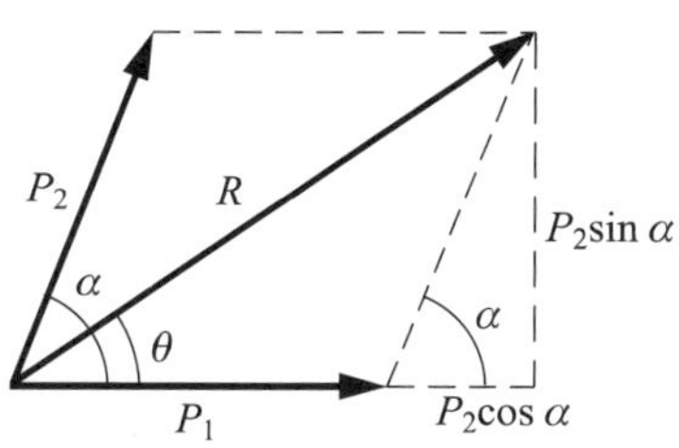

그림 2.4 힘의 분해

예제 2-2

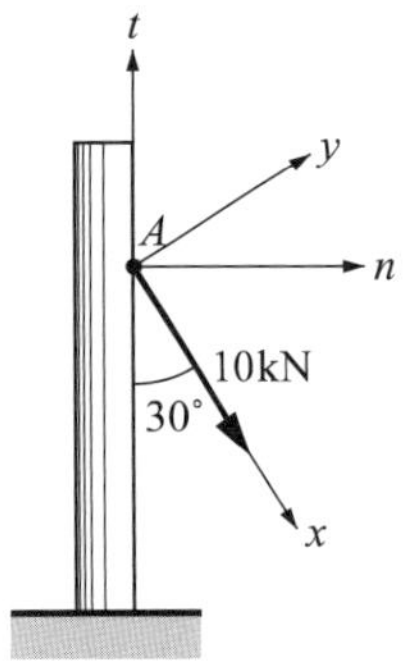

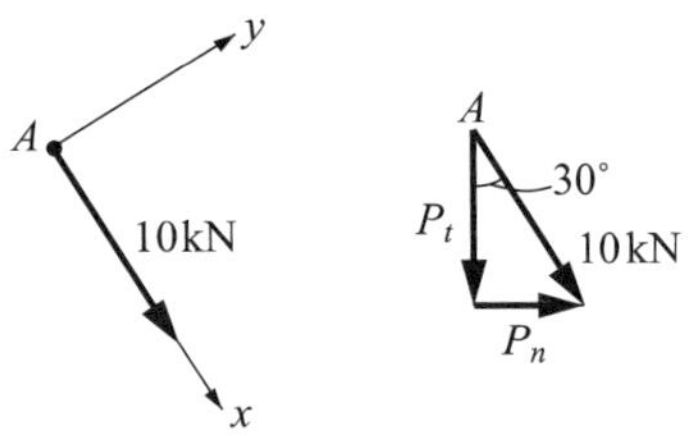

(a) (b)

다음 그림과 같이 강관 기둥에 연결된 케이블에 힘 $P = 10\,\text{kN}$이 작용하는 경우, x축과 y축의 힘 P_x와 P_y로 분해하라. 또한 강관기둥과 수평한 성분 P_n과 강관기둥 방향의 성분 P_t로 분해하라.

풀이

A점에서

1) P_x와 P_y로 분해하면, 그림 (a)로부터

$$P_x = 10\,\text{kN} \qquad P_y = 0$$

2) P_n과 P_t로 분해하면, 그림 (b)로부터

$$P_t = 10 \times \cos 30° = 5\sqrt{3}\,\text{kN}(\downarrow)$$

$$P_n = 10 \times \sin 30° = 5\,\text{kN}(\rightarrow)$$

예제 2-3

예제 2-1에서 B점에 작용하는 하중을 x축 및 y축으로 분해한 후 이를 이용하여 합력을 구하라.

풀이

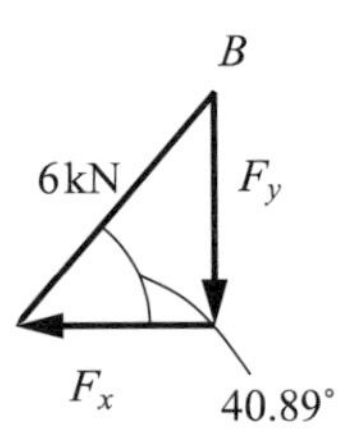

B점에서, 먼저 케이블 장력 6 kN를 x, y방향으로 분해하면,

$$F_x = 6 \times \cos 40.89° = 4.54\,\text{kN}(\leftarrow)$$

$$F_y = 6 \times \sin 40.89° = 3.93\,\text{kN}(\downarrow)$$

수평성분 힘의 합력은 $8 - 4.54 = 3.46\,\text{kN}(\rightarrow)$이고,
수직성분 힘의 합력은 $3.93\,\text{kN}(\downarrow)$이므로,

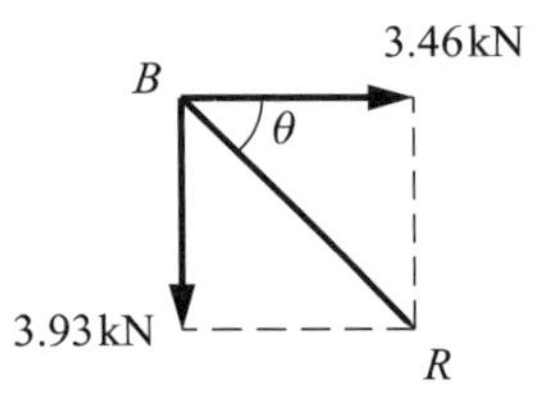

$$\text{합력 } R = \sqrt{3.46^2 + 3.93^2} = 5.24\,\text{kN}$$

$$\text{방향은 } \tan\theta = \frac{3.93}{3.46}$$

그러므로

$\theta = 48.6°$이다.

예제 2-4

경사진 강재 보에 그림과 같은 $F = 300\ \mathrm{kN}$의 힘이 30° 경사져서 작용하고 있을 때

(1) x방향, y방향의 성분
(2) 하중방향(x' 방향)과 하중직각방향(y' 방향) 성분
(3) x방향과 하중직각방향(y' 방향) 성분으로 분해하라.

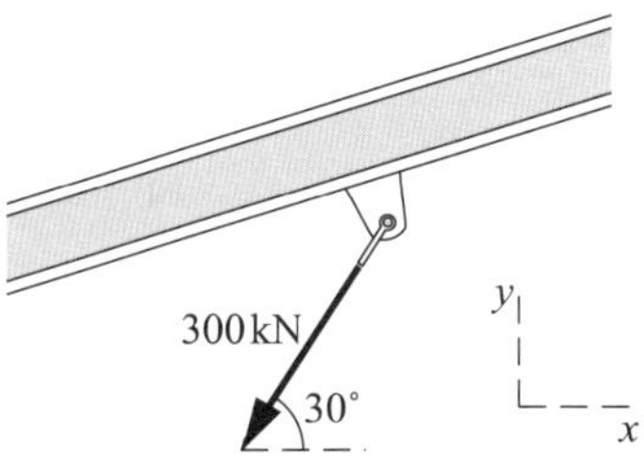

풀이

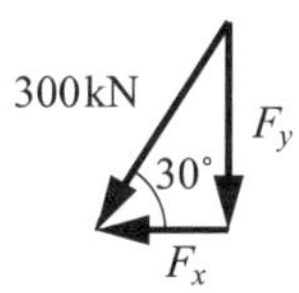

(a)

(1) x방향, y방향의 성분으로 분해

$$F_x = 300 \times \cos 30° = 150\sqrt{3}\ \mathrm{kN}(\leftarrow)$$
$$F_y = 300 \times \sin 30° = 150\ \mathrm{kN}(\downarrow)$$

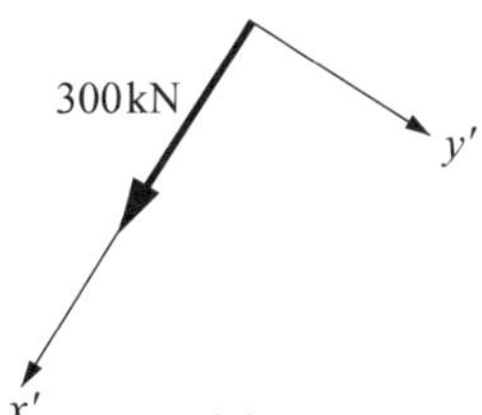

(b)

(2) 하중방향(x' 방향)과 하중직각방향(y' 방향) 성분으로 분해

$$F_x' = 300\ \mathrm{kN}$$
$$F_y' = 0\ \mathrm{kN}$$

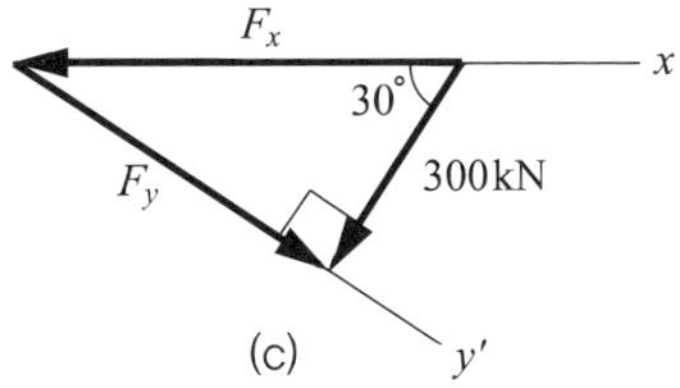

(c)

(3) x방향과 하중직각방향(y' 방향) 성분으로 분해

$$F_x = \frac{300}{\cos 30°} = \frac{600}{\sqrt{3}}\ \mathrm{kN}$$
$$F_y' = F_x \times \sin 30° = \frac{600}{\sqrt{3}} \times \frac{1}{2} = \frac{300}{\sqrt{3}}\ \mathrm{kN}$$

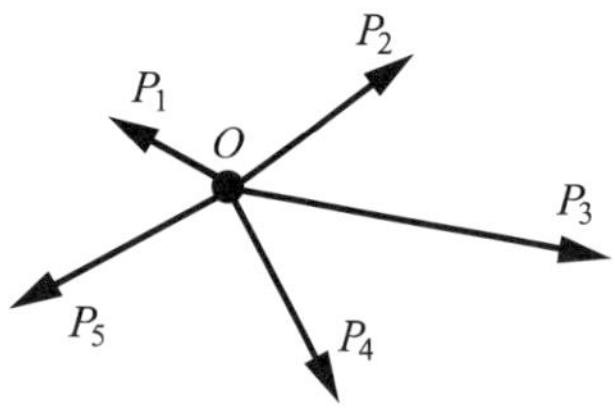

(a) 힘의 위치

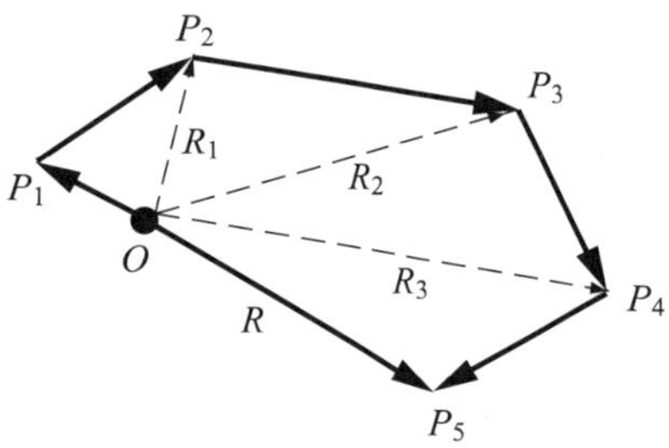

(b) 시력도

그림 2.5 여러 힘의 합력(도식해법)

2.2.3 한 점에 작용하는 여러 힘의 합성

앞 절에서 살펴본 힘의 합성과 분해를 응용해서 여러 개의 힘이 한 점에 작용하는 경우 힘의 합력을 구하는 방법을 생각해 보자. 그림 2.5(a)와 같이 O점에 힘 P_1, P_2, P_3, P_4, P_5가 작용하는 경우 합력을 구해보자. 우선 두 개의 힘 P_1, P_2의 합력을 삼각형법에 따라 R_1으로 구하고, 다음에 R_1과 또 다른 힘 P_3와의 합력 R_2를 구하며 R_2와 P_4의 합력 R_3를 구하고 마지막으로 R_3와 P_5 합력을 구하면 된다. 이 경우 중간의 합력을 구하는 것을 생략하게 되면 그림 2.5(b)와 같은 다각형이 된다. 결국 1개 힘의 끝에 순차적으로 다른 힘의 시점을 계속적으로 연결한 후 원점에서 종점으로 힘을 표시하면 이것이 합력이 되는데, 이를 시력도(Force polygon)라 한다. 여기서 만약 그림 2.5(b)의 R_3와 크기가 같고 방향이 반대인 힘 P_5가 작용하게 된다면, 이때 시점과 종점이 일치하게 되므로 시력도는 닫히게 되고, 시점에서 종점으로 힘을 표시할 수 없으므로 그 합력은 0이 된다.

이번에는 여러 힘이 한 점에 작용할 때 합력을 수치적으로 구해보자. 아이디어는 각 힘을 직교 좌표축 상의 x, y성분으로 분해해서 각 방향의 합력을 구하고, 이를 합성하는 것이 편리하다. 즉, 그림 2.6에서

$$X_1 = P_1 \cos\alpha_1, \qquad Y_1 = P_1 \sin\alpha_1$$

$$X_2 = -P_2 \cos\alpha_2, \qquad Y_2 = P_2 \sin\alpha_2$$

$$X_3 = P_3 \cos\alpha_3, \qquad Y_3 = -P_3 \sin\alpha_3$$

각 방향의 합력을 구하면,

$$\sum X = X_1 + X_2 + X_3 = P_1\cos\alpha_1 - P_2\cos\alpha_2 + P_3\cos\alpha_3$$

$$\sum Y = Y_1 + Y_2 + Y_3 = P_1\sin\alpha_1 + P_2\sin\alpha_2 - P_3\sin\alpha_3$$

이고, 합력 R은

$$R = \sqrt{(\sum X)^2 + (\sum Y)^2} \tag{2.9}$$

또 합력 R이 x축과 이루는 각을 θ라 하면 다음 식으로 구해진다.

$$\tan\theta = \frac{\sum Y}{\sum X} \tag{2.10}$$

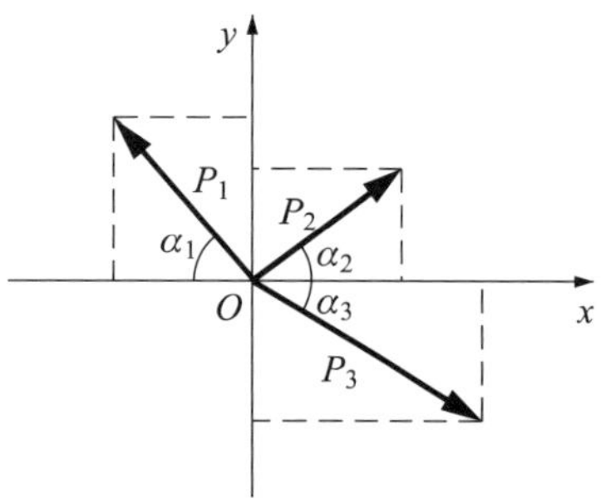

(a) 한 점에 작용하는 여러 힘

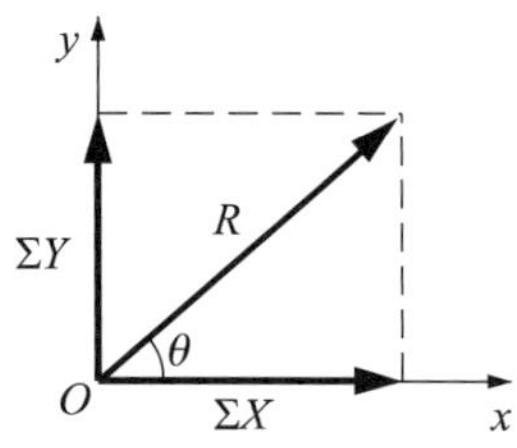

(b) 직각방향 힘의 합력

그림 2.6 여러 힘의 합력(수식해법)

2.3 모멘트

2.3.1 모멘트의 정의

임의 점을 회전시킬 수 있는 힘을 모멘트(Moment)라 한다. 우리가 문고리를 잡아당기면 문은 열리면서 회전하는데, 이때 문을 잡아당기는 힘은 모멘트로 작용한다. 모멘트 또한 크기와 방향을 갖는다. 예를 들어 문을 잡아당기면 열리지만, 같은 힘으로 문을 밀면 문은 닫힌다.

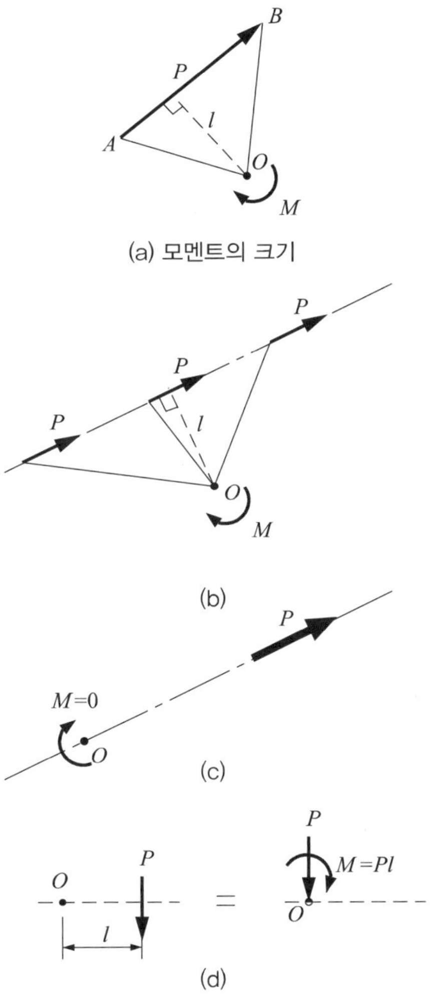

그림 2.7 모멘트의 정의와 특성

그림 2.7(a)에서 O점에 대한 모멘트의 크기는 힘 P와 그 힘의 작용선에서 O점까지의 수직거리에 대한 곱으로 정의한다. 즉,

$$M = P \times l(\curvearrowright) \tag{2.11}$$

이다. 여기서 모멘트는 수직거리의 곱이라는 사실에 유의하자. BC 2세기 아르키메데스의 모멘트에 대한 증명 이후, 1700년이 지나서야 레오나르도 다빈치에 의해 이 개념이 정립되었다.

모멘트의 단위는 힘과 거리의 곱 단위인 N · m, kN · m 등이 사용되며, 2차원 평면에서 회전력(회전 모멘트)은 시계방향 또는 반시계 방향으로 회전되므로 본 교재에서는 편의상 반시계방향으로 회전하는 것을 양(+), 시계 방향으로 회전하는 것을 음(−)로 부호를 정한다.

모멘트의 몇 가지 특성을 살펴보자.

(1) 그림 (b)와 같이 힘 P가 같은 작용선 상의, 어느 위치에 있든 $M = Pl$의 같은 크기를 갖게 된다(수직거리가 같으므로).

(2) 그림 (c)와 같이 힘 P의 작용선 위에 있는 임의 점 O에 대한 모멘트 $M = 0$이다(수직거리가 0이므로).

(3) 그림 (d)와 같이 O점에서 l만큼 떨어진 P는 O점에 작용하는 P와 O점에 작용하는 모멘트 M의 합으로 치환할 수 있다.

모멘트는 부재 변형 형태에 따라 그림 2.8과 같이 회전모멘트(Rotational Moment), 휨모멘트(Bending Moment), 비틀림 모멘트(Torsional Moment)로 분류할 수 있다.

(1) 회전모멘트는 부재 또는 구조물을 회전시키려는 회전력을 말하며, 일반적으로 모멘트라 지칭한다. 앞으로 구조물의 평형조건식에서 고려되는 모멘트는 회전 모멘트를 의미한다.

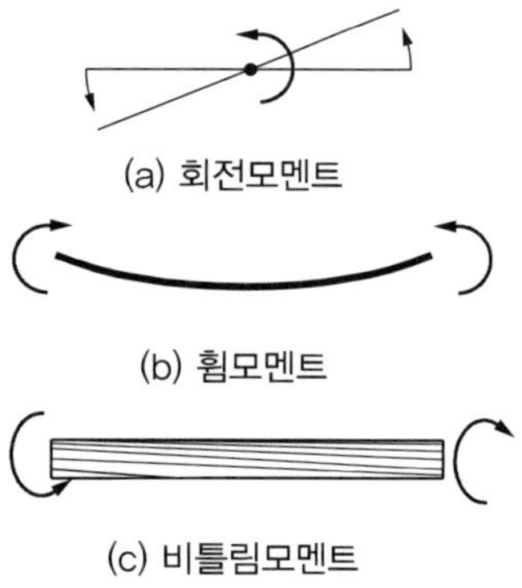

그림 2.8 모멘트의 종류

(2) 휨모멘트는 부재를 활모양으로 휘게 하는, 방향이 반대인 한 쌍의 회전력으로, 실제 구조물에는 주로 보와 슬래브에 작용한다.

(3) 비틀림모멘트는 부재축을 중심으로 양단에 반대방향으로 작용하는 한 쌍의 힘이 부재를 비트는 모멘트이다. 비틀림모멘트는 주로 자동차 축이나 또는 건축물의 외곽 보 등에 작용한다.

2.3.2 모멘트의 기하학적 의미와 바리뇽 정리

모멘트의 기하학적 의미를 살펴보자. 그림 2.7에서 O점으로부터 힘 P까지의 수직거리가 l일 때, 모멘트는 $M=P\times l$로 삼각형 ΔOAB 면적의 2배와 같다 즉,

$$M = P \times l = 2\times \Delta OAB \tag{2.12}$$

그림 2.9는 A점에 작용하는 두 힘 P_1과 P_2의 합력 R을 평형사변형법에 의하여 나타낸 것으로, 두 힘의 O점에 대한 모멘트를 구하면 다음과 같이 정리할 수 있다.

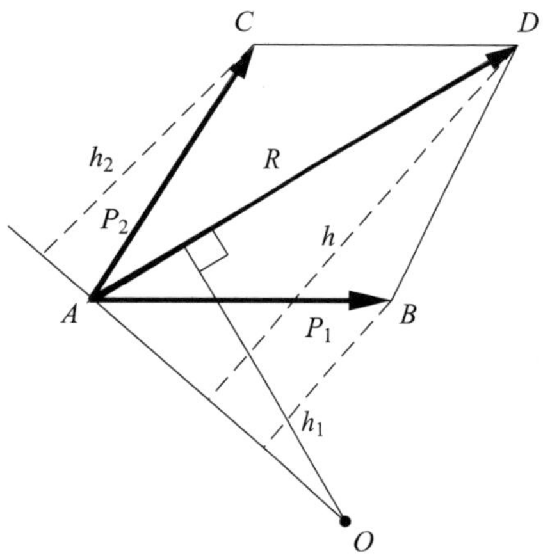

그림 2.9

P_1의 O점에 대한 모멘트,

$$M_1 = 2\,\Delta OAB = \overline{OA}\ \cdot\ \overline{h_1} \tag{a}$$

P_2 의 O점에 대한 모멘트,

$$M_2 = 2\,\Delta OAC = \overline{OA}\ \cdot\ \overline{h_2} \tag{b}$$

R의 O점에 대한 모멘트,

$$M = 2\,\Delta OAD = \overline{OA}\ \cdot\ \overline{h} \tag{c}$$

그림 2.9에서 P_1, P_2, R 힘의 $\overline{OA}$에 수직 방향의 분력을 각각 P_{1n}, P_{2n}, R_n이라 하면, $R_n = P_{1n} + P_{2n}$이므로, 그림으로부터 $\overline{h_1}+\overline{h_2}=\overline{h}$가 된다. 그러므로

$$M_1+M_2 = \overline{OA}\,(\overline{h_1}+\overline{h_2}) = \overline{OA}\cdot\overline{h} = M$$

$$M_1 + M_2 = M \tag{2.13}$$

이는 두 힘 P_1 및 P_2의 O점에 대한 모멘트 합은 두 힘의 합력 R의 O점에 대한 모멘트와 같다는 것을 의미한다.

따라서 여러 힘의 임의 점에 대한 모멘트의 대수합은, 합력의 그 점에 대한 모멘트와 같다고 할 수 있으며 이를 바리뇽 정리(Varignon's Theorem)라 한다.

이 정리는 등분포 또는 등변분포 하중에 의한 모멘트를 계산하거나, 나란한 힘의 합성이나 분해에 활용된다.

예제 2-5

그림과 같이 기둥에 $F=60$ kN의 힘이 40° 경사져 작용하고 있을 때 O점에 대한 모멘트를 구하라.

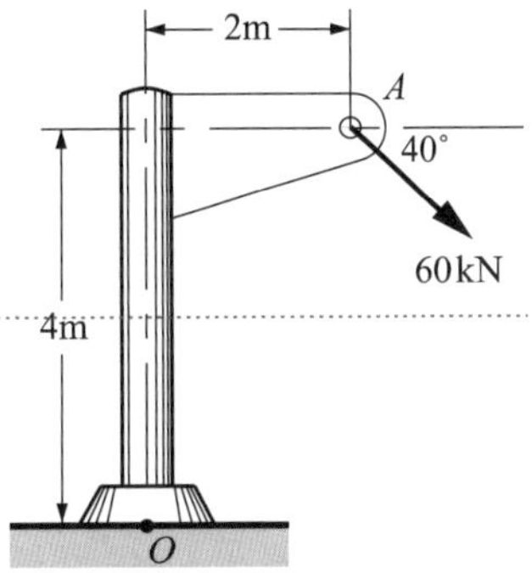

풀이

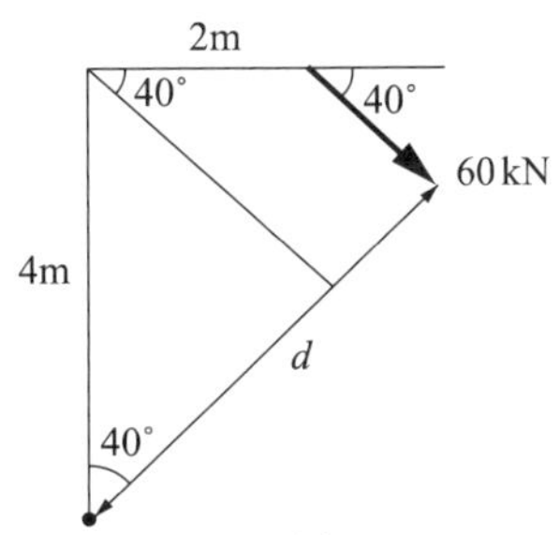

(a)

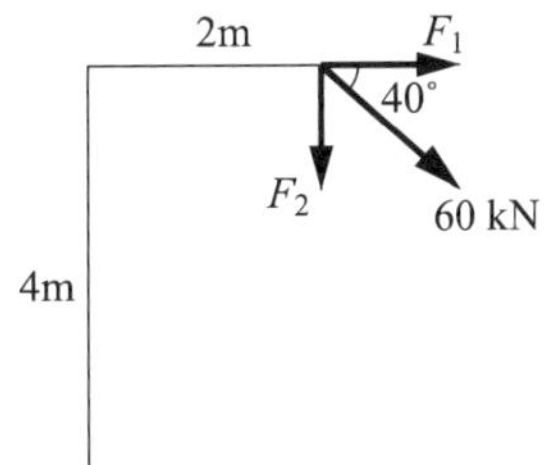

(b)

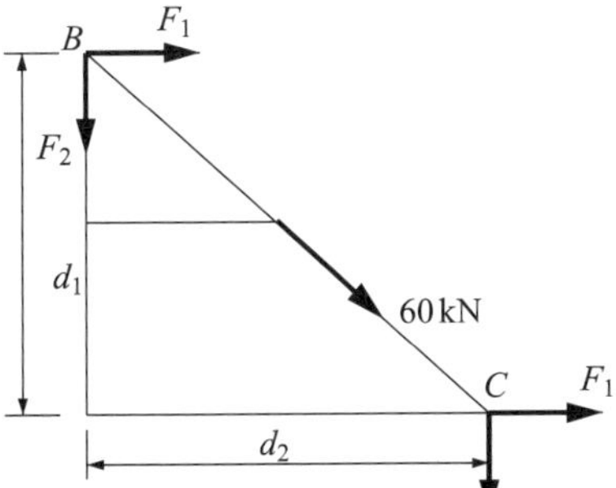

(c)

O점에 대한 힘의 모멘트는,

$$M_0 = F \times l$$

이고, 이때 l는 F 작용방향의 수직거리이다. 이를 계산하기 위한 여러 방법을 생각해 보자.

(1) 그림 (a)로부터 O점으로부터 F까지의 수직거리 d는,

$d = 4\cos 40° + 2\sin 40° = 4.35$ m 이므로,

$M_0 = 60$ kN $\times 4.35$ m $= 261$ kN · m (↷)

(2) 바리뇽 정리를 이용하여 문제를 보다 쉽게 풀어보자. 먼저 힘 F를 x축(F_1)과 y축(F_2)으로 분해한다.

$$F_1 = 60\cos 40° = 46 \text{ kN},\quad F_2 = 60\sin 40° = 38.6 \text{ kN}$$

바리뇽 정리에 의해

$M_0 = 46$kN $\times$ 4m $+ 38.6$kN $\times$ 2m $= 261$ kN · m (↷)

(3) 그림 (c)와 같이 힘의 이동성 원리를 이용할 수도 있다. 먼저 힘 F를 B점까지 평행이동하면,

$d_1 = 4 + 2\tan 40° = 5.68$ m 이고,

$$M_0 = F_1 \times d_1 + F_2 \times 0 = 60\cos 40\text{kN} \times 5.68\text{m}$$

$$= 261 \text{ kN} \cdot \text{m} (↷)$$

(4) 같은 방법으로 힘 F를 C점까지 평행이동하면(그림 (c)),

$d_2 = 2 + 4\dfrac{1}{\tan 40°} = 6.77$ m 이고,

$$M_0 = F_1 \times 0 + F_2 \times d_2 = 60\sin 40\text{kN} \times 6.77\text{m}$$

$$= 261 \text{ kN} \cdot \text{m} (↷)$$

2.3.3 우력모멘트

그림 2.10과 같이 구조물에 크기가 같고 방향이 반대인 2개의 힘이 작용될 때를 생각해 보자, 그림 (a)와 같이 두 힘의 작용선이 일치하면 합력은

$$P - P = 0 \tag{a}$$

이 되고 구조물에 어떠한 영향도 미치지 않는다.

그러나 그림 (b)와 같이 작용선이 일치하지 않고 나란할 때는 작용선 방향으로 합력은 0이지만, 회전이 발생한다. 이와 같이 크기가 같고 방향이 반대인 한 쌍의 나란한 힘을 우력(Couple)이라고 하고, 이때 유발되는 회전력을 우력모멘트(Couple moment)라 한다.

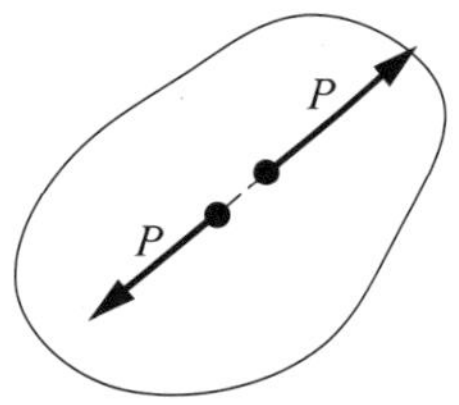

(a) 작용선 일치하는 경우

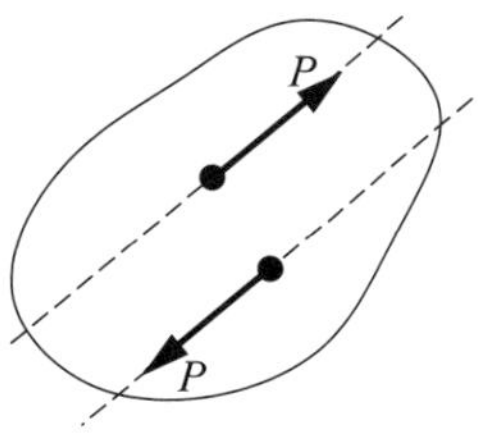

(b) 일치하지 않는 경우

그림 2.10 우력의 정의

우력모멘트의 크기를 구하는 방법을 생각해 보자. 그림 2.11(a)와 같이 O점에 대하여 우력이 유발하는 우력모멘트는,

$$\curvearrowleft\boxplus \sum M = P \times l_1 - P \times l_2 = P(l_1 - l_2) \tag{2.14}$$

$$= P \times l$$

이 된다. 우력모멘트의 부호는 회전모멘트와 동일한 규약을 따른다. 즉 반시계방향을 양(+), 시계방향을 음(−)으로 한다.

우력모멘트의 특성을 살펴보자. 그림 (b)와 같이 임의 O점이 우력 사이에 있는 경우, 우력모멘트를 계산해 보면,

$$\curvearrowleft\boxplus \sum M = P \times l_1 + P \times l_2 = P(l_1 + l_2) \tag{b}$$

$$= P \times l$$

로 식 (2.14)와 같다. 이와 같이 회전모멘트는 힘의 작용선으로부터 기준점까지의 수직거리에 비례하여 변화하지만($M = Pl$), 우력모멘트는 임의 점에 대해 그 값이 일정하다.

우력모멘트의 특성은 구조역학을 포함하여 건축물의 휨 부재에 대한 해석에서 다양하게 나타나므로 개념을 잘 이해할 필요가 있다. 다음의 예를 통해 우력모멘트를 계산해 보자.

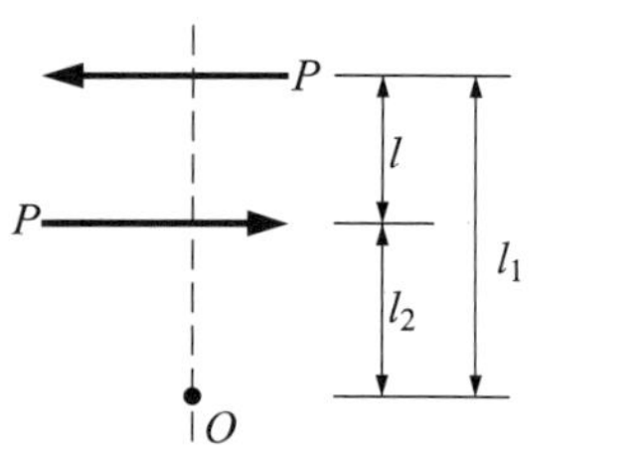

(a)

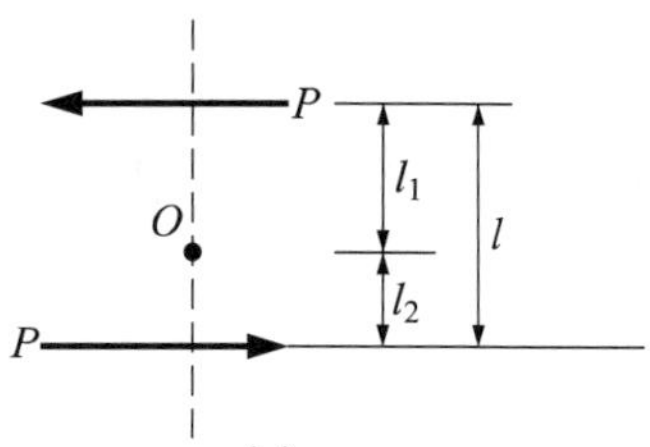

(b)

그림 2.11 우력모멘트

예제 2-6

그림과 같이 기둥 하부에 1kN의 두 힘이 우력으로 작용하고 있다. 기둥이 회전 하지 않도록(평형을 이루도록) 상부에 그림과 같이 $P=4$ kW 크기의 우력을 작용시킬 때 힘의 작용선과 부재측면이 이루는 각도 θ를 구하라.

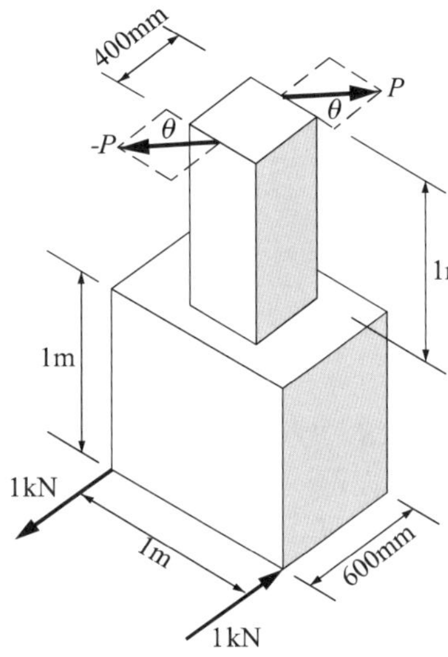

풀이

기둥 하부의 우력 모멘트 M_{bottom}는

$$M_{\text{bottom}} = Pl = 1\,\text{kN} \times 1\,\text{m} = 1\text{kN}\cdot\text{m}$$

위에서 내려다보면 그림 (a)와 같으므로,

$d = (0.4\cos\theta)\,\text{m}$ 이고,

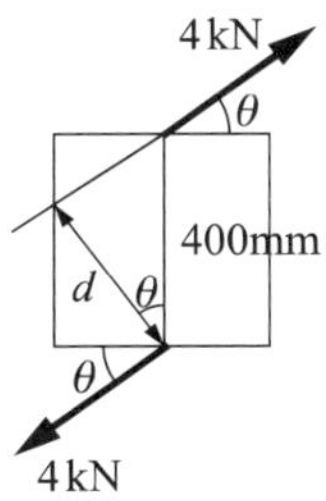

(a)

힘 4kN이 발생하는 우력모멘트 M_{upper}는,

$$M_{\text{upper}} = -4\,\text{kN} \times (0.4\cos\theta)\,\text{m}$$

기둥이 회전하지 않기 위해서는 $M_{\text{bottom}} + M_{\text{upper}} = 0$이어야 하므로,

$$4\,\text{kN} \times (0.4\,\text{m})\cos\theta = 1\,\text{kN}\cdot\text{m}$$

$$\theta = \cos^{-1}\left(\frac{1}{4 \times 0.4}\right) = 51.3^\circ$$

2.4 여러 점에 작용하는 힘의 합성

여러 힘의 작용점이 일치하지 않는 경우 힘을 합성하기 위해서는 크기와 모멘트 효과를 동시에 고려해야 한다.

2.4.1 여러 점에 작용하는 나란한 힘의 합성

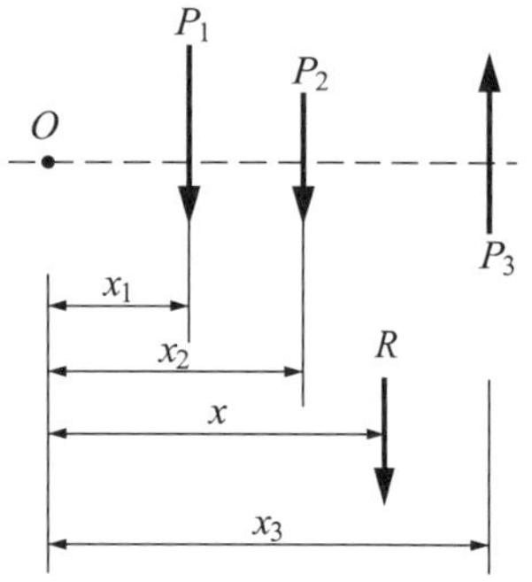

그림 2.12

그림 2.12와 같이 P_1, P_2, P_3의 수직방향 힘이 작용할 때 그 합력과 방향을 수식해법으로 구해보자.

(1) 각 힘의 대수합을 구하여 크기와 방향을 구한다.

$$R = P_1 + P_2 - P_3 = \sum P \qquad \text{(a)}$$

(2) 바리뇽(Varignon)의 정리(각각의 힘에 거리를 곱한 모멘트의 합은 합력에 거리를 곱한 모멘트와 같다)를 이용하여 합력 R의 작용점 위치를 구한다. 즉, O점을 중심으로 위의 정리를 이용하면,

$$R \times x = P_1 x_1 + P_2 x_2 - P_3 x_3 \qquad \text{(b)}$$

O점으로부터 합력의 작용점까지 거리 x는

$$x = \frac{P_1 x_1 + P_2 x_2 - P_3 x_3}{R} \qquad \text{(c)}$$

가 된다.

예제 2-7

다음과 같은 보에 하중이 작용하는 경우 합력과 작용점을 구하라.

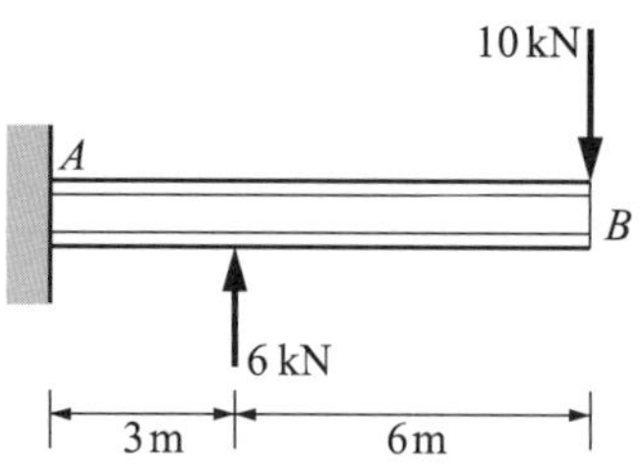

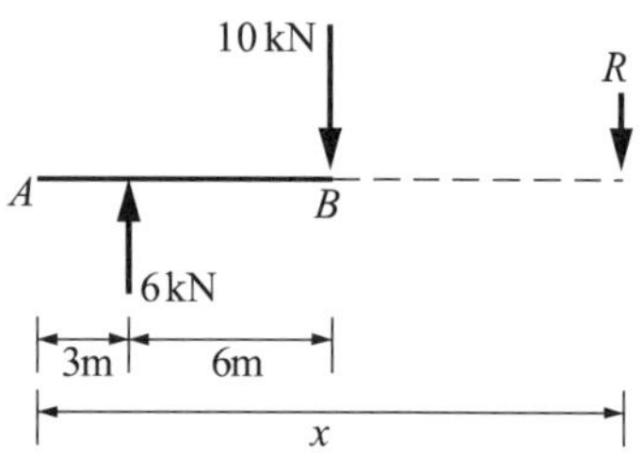

풀이

$R = 6\text{kN} - 10\text{kN} = -4\text{ kN} \ (\downarrow)$

$$x = \frac{-6 \times 3 + 10 \times 9}{4} = 18\text{ m}$$

예제 2-8

다음과 같은 분포하중의 합력과 작용점을 구하라.

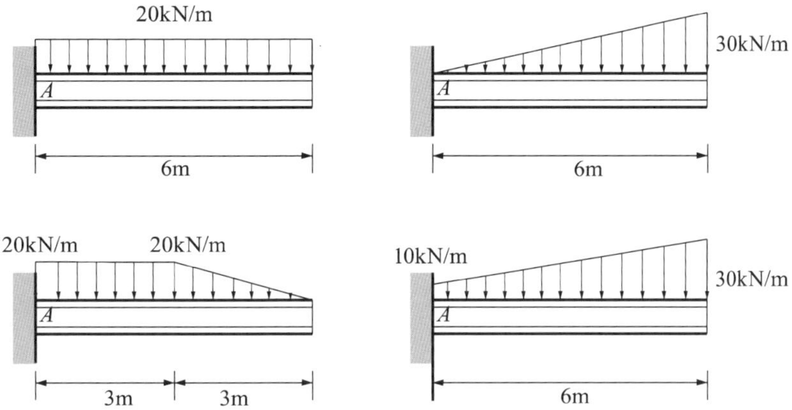

풀이

결론적으로 분포하중의 합력은 하중의 도심을 지난다. 이를 살펴보자.

(1) 등분포하중

$$R = -20 \times 6 = -120\,\text{kN}\ (\downarrow)$$

그림 (a)와 같이, A점에서 x위치의 dx에 대한 분포하중 크기 w_x는 20 kN/m이고, 바리뇽의 정리에 의해

$$x = \frac{\int_0^6 w_x x dx}{R} = \frac{-\int_0^6 20(x)dx}{-120} = \frac{360}{120} = 6\left(\frac{1}{2}\right)\,\text{m}$$

즉, 분포하중의 도심에 위치한다.

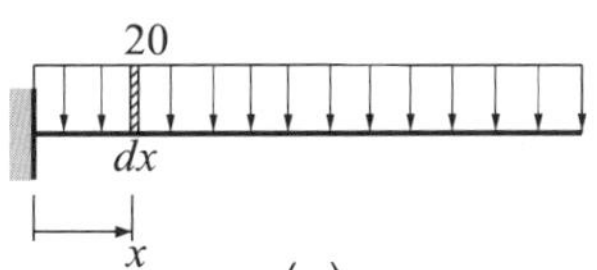

(a)

(2) 등변분포하중

$$R = -30 \times 6 \times \frac{1}{2} = -90\,\text{kN}\ (\downarrow)$$

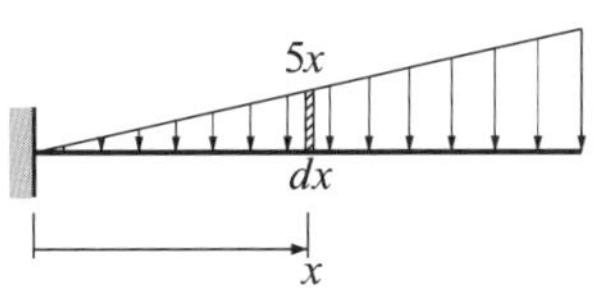

(b)

그림 (b)와 같이, A점에서 x위치의 dx에 대한 분포하중 크기 w_x는 비례관계로부터, $30 : 6 = w_x : x$이고, $w_x = 5x$이므로,

$$x = \frac{\int_0^6 w_x x dx}{R} = \frac{-\int_0^6 (5x)(x)dx}{-90} = \frac{360}{90} = 6\left(\frac{2}{3}\right)\,\text{m}$$

즉 분포하중(삼각형)의 도심을 지남을 알 수 있다.

이제 (3)번과 (4)번은 분포하중이 도심을 지나는 원리를 응용해 보자.

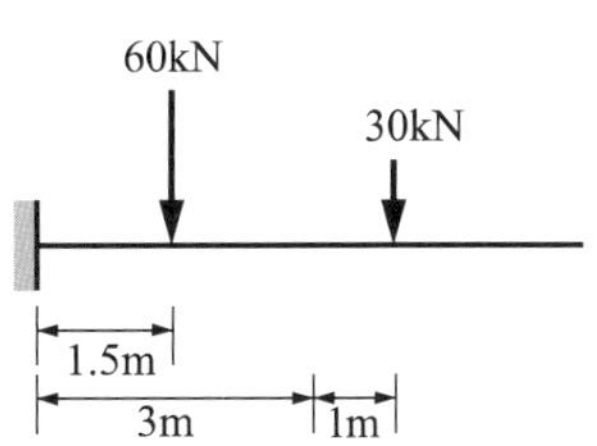

(c)

(3) 그림 (c)와 같이,

$$R_1 = -20 \times 3 = -60\,\text{kN}\ (\downarrow)$$

이고, 분포하중의 도심(즉 A점으로부터 1.5m)에 있다. 같은 방법으로,

$$R_2 = -20 \times 3 \times \frac{1}{2} = -30 \text{ kN} (\downarrow)$$

이고, 분포하중의 도심(즉 A점으로부터 $3+3(1/3)$m)에 있다.
그러므로 A점으로부터 합력의 작용점까지 거리 x는 식 (2.17)에서,

$$x = \frac{R_1 x_1 + R_2 x_2}{R} = \frac{-(60 \times 1.5 + 30 \times 4)}{-(60+30)} = 2.33 \text{ m}$$

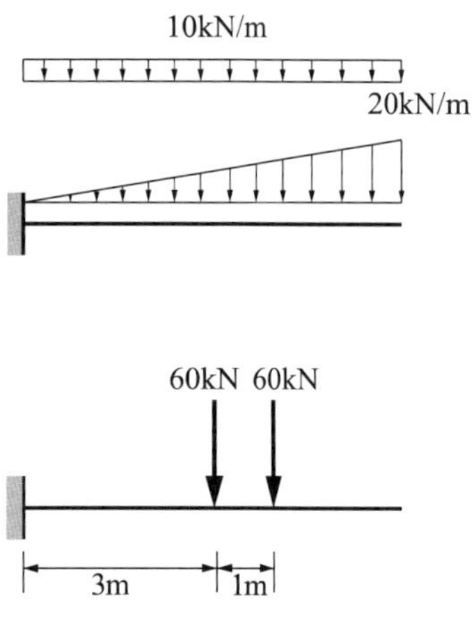

(d)

(4) 그림 (d)와 같이 등분포하중(R_1)과 등변분포하중(R_2)가 작용하는 것으로 생각할 수 있다.

$$R_1 = -10 \times 6 = -60 \text{ kN} (\downarrow)$$

이고, 분포하중의 도심(즉 A점으로부터 3m)에 있다. 같은 방법으로,

$$R_2 = -20 \times 6 \times \frac{1}{2} = -60 \text{ kN} (\downarrow)$$

이고, 분포하중의 도심(즉 A점으로부터 $6(2/3)$m)에 있다.
그러므로 A점에서 합력의 작용점까지 거리 x는 식 (2.17)에서,

$$x = \frac{R_1 x_1 + R_2 x_2}{R} = \frac{-(60 \times 3 + 60 \times 4)}{-(60+60)} = 3.5 \text{ m}$$

임을 알 수 있다.

물론 사다리꼴의 도심을 이용해도 된다. 즉

$$R = -(10+30) \times 6 \times \frac{1}{2} = -120 \text{ kN} (\downarrow)$$

이고, 사다리꼴의 도심은,

$$x = \frac{h(2a+b)}{3(a+b)} = \frac{6(2 \times 30 + 10)}{3(30+10)} = 3.5 \text{ m}$$

가 된다. 분포하중을 바리뇽의 정리를 이용하여 집중하중으로 치환하면, 계산을 보다 쉽게 할 수 있기 때문에 앞으로 자주 접하게 되므로 유의하자.

2.4.2 여러 점에 작용하는 힘의 합성

여러 점에 작용하는 나란하지 않은 힘의 합성에 대해 생각해 보자. 그림 2.13(a)와 같은 힘에 대하여,

(1) 그림 (b)와 같이 힘 P_1, P_2의 합력 R의 크기와 방향을 시력도를 통해 구한다(그림 (b)). 힘의 작용선으로 구획되는 각 영역을 a, b, c라 하면 힘 P_1은 $\overrightarrow{ab}$, P_2는 $\overrightarrow{bc}$, 그리고 R은 $\overrightarrow{ac}$가 된다.

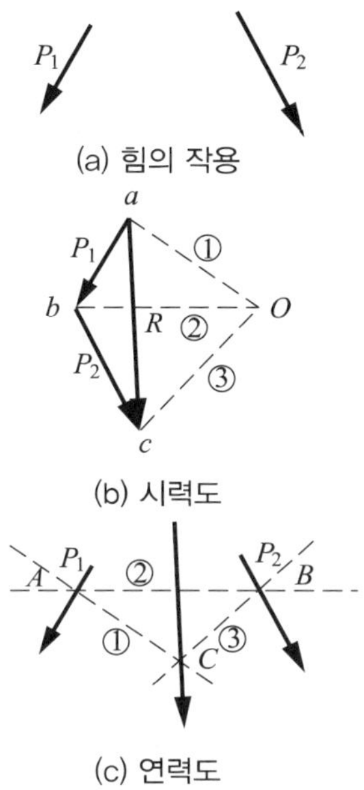

그림 2.13 여러 점에 작용하는 힘의 합성(도식해법)

(2) 다음으로 그림 (b)의 시력도에서 임의 O점을 잡아, $\overline{Oa}$, $\overline{Ob}$, $\overline{Oc}$를 연결하는 선을 그린다. 이때 O점을 극점(pole), $\overline{Oa}$, $\overline{Ob}$, $\overline{Oc}$를 극사선(Polar line)이라 한다.

(3) 작용선의 위치를 구한다. 그림 (c)와 같이 힘 P_1 상의 임의 A점에서 $\overline{Oa}$와 나란하게 선 ①을 긋고, 또 $\overline{Ob}$와 나란하게 선 ②를 그어, 힘 P_2와 만나는 점 B를 얻는다. 다음으로 B점에 시력도 $\overline{Oc}$와 나란하게 선 ③을 그으면 선 ①과 선 ③이 만나게 된다. 이점을 C라 하면 합력 R은 C점을 통과하게 된다. 이제 그림 (c)의 C점에 시력도의 합력 R을 이동시켜 그리면 연력도를 완성하면서 합력의 위치를 알 수 있다.

이와 같이 여러 점에 작용하는 힘의 도식적인 합성은 시력도에 의해 합력크기와 방향을 구하고, 연력도에 의해 합력의 작용선을 구할 수 있다.

이번에는 수치적으로 위의 문제를 풀어보자. 그림 2.14와 같이 P_1과 P_2의 수평, 수직분력을 각각 구하여 더한다.

$$\sum H = \sum P\cos\alpha = -H_1 + H_2 \tag{2.15}$$

$$\sum V = \sum P\sin\alpha = -V_1 + (-V_2) \tag{a}$$

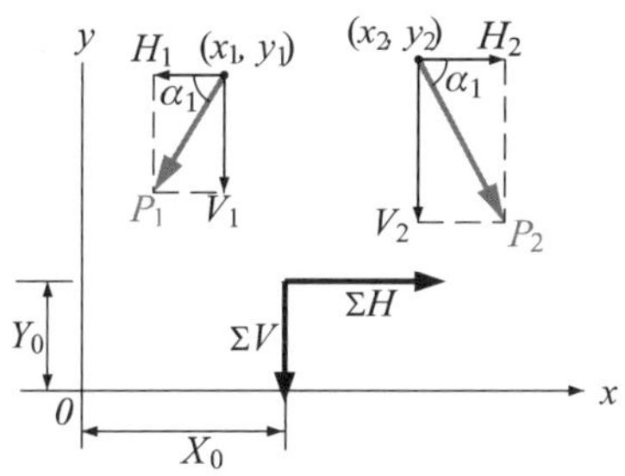

그림 2.14 여러 점에 작용하는 힘의 합성(수식해법)

합력 R의 크기와 방향을 구한다.

$$R = \sqrt{(\sum H)^2 + (\sum V)^2}, \quad \tan\theta = \frac{\sum V}{\sum H} \tag{b}$$

작용점은 다음과 같이 나타낼 수 있다.

$$X_0 = \frac{\sum V \cdot x}{\sum V} = \frac{V_1 x_1 + V_2 x_2}{V_1 + V_2} \tag{2.16}$$

$$Y_0 = \frac{-H_1 y_1 + H_2 y_2}{-H_1 + H_2} \tag{a}$$

예제 2-9

다음 트러스에 하중이 작용할 때 합력의 크기와 작용점 그리고 작용방향을 구하라(A점 기준).

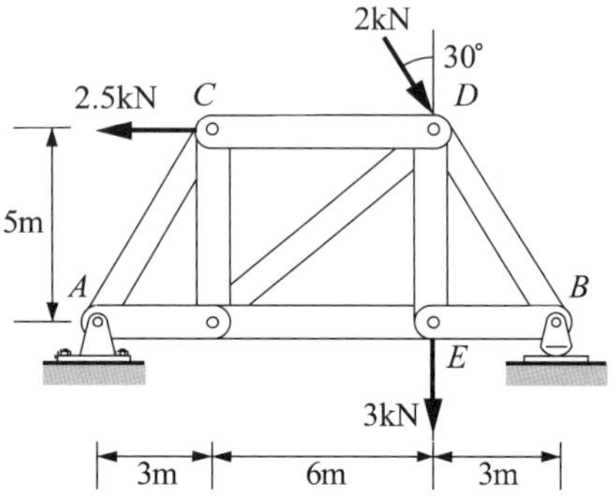

풀이

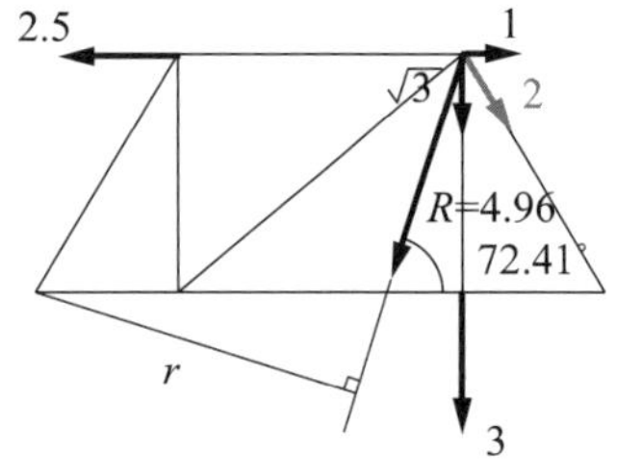

(a)

C점, D점, E점의 하중을 x, y방향 성분으로 나타내면,

$$C=(-2.5,\ 0),\quad D=(1,\ -\sqrt{3}),\quad E=(0,\ -3)$$

이므로 합력은,

$$R=\sqrt{(\sum X)^2+(\sum Y)^2}$$

$$=\sqrt{(-2.5+1)^2+(-\sqrt{3}-3)^2}=4.96\ \text{kN}$$

$$\tan\theta=\frac{\sum Y}{\sum X}=\frac{-\sqrt{3}-3}{-2.5+1}=3.15,\ \text{그러므로}\ \theta=72.39°$$

그림 (a)에서 A점을 기준으로 작용점을 찾으면,

$$X_0=\frac{\sum V\cdot x}{\sum V}=\frac{-\sqrt{3}\times 9-3\times 9}{-\sqrt{3}-3}=9\ \text{m}$$

$$Y_0=\frac{\sum H\cdot y}{\sum H}=\frac{-2.5\times 5+1\times 5}{-2.5+1}=5\ \text{m}$$

A점에서 합력 R까지 수직거리를 r이라 하면, 바리뇽 정리에 의해 $R\times r=\sum P_i\times r_i$이므로,

$$r=\frac{\sum P_i r_i}{R}=\frac{-2.5\times 5+1\times 5+\sqrt{3}\times 9+3\times 9}{4.96}$$

$$=7.07\ \text{m}$$

2.5 힘의 평형

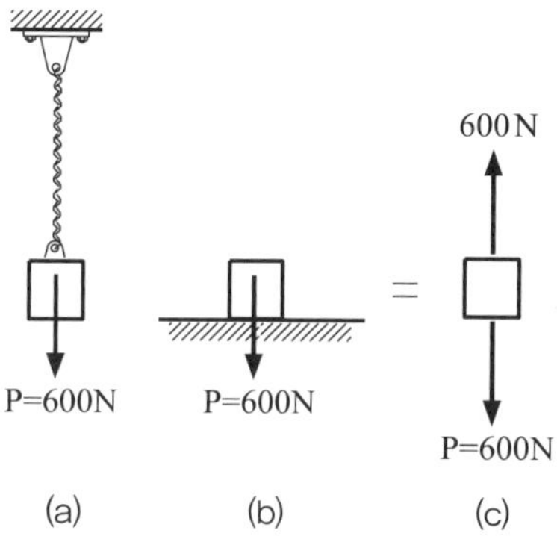

그림 2.15

정지하고 있는 물체에 여러 힘이 작용하여도 그대로 정지 상태를 유지하는 것을 정역학적으로 평형상태(Equilibrium)에 있다고 말한다. 즉 평형이란 "정지하고 있는 상태"이다. 물체가 평형상태에 있다(정지하고 있다)는 의미를 그림 2.15를 통해 생각해 보자. 그림 (a)에서 줄에 매달린 600N의 물체는 왜 떨어지지 않고 정지해 있는 것일까? 직관적으로 "줄이 있기 때문이다"라고 생각할 수 있다. 그림 (b)를 보자. 바닥에 있는 600N의 물체는 왜 가라앉지 않고 정지해 있는 것일까? 이번에도 "바닥이 있기 때문이다"라고 생각한다면 두 물체가 정지하고 있는 동일한 현상을 어떻게 설명할 수 있을까? 여기서 그림 (c)와 같이, 600N의 물체가 떨어지거나 가라앉지 않고 정지해 있는 현상은, 눈에 보이지는 않지만 "물체의 무게와 동일한 크기의 힘 600N이 반대방향으로 작용해서 힘의 합력이 0이 되기 때문이다"라고 설명하는 것이 타당하다. 아이작 뉴턴이 발견한 "작용(Action)과 반작용(Reaction)"의 원리이다. 이를 정리하면 다음과 같다.

어떤 물체에 힘이 작용할 때 평형을 이루기 위해서는, 물체에 작용하는 모든 힘의 합력이 0이 되어야 한다.

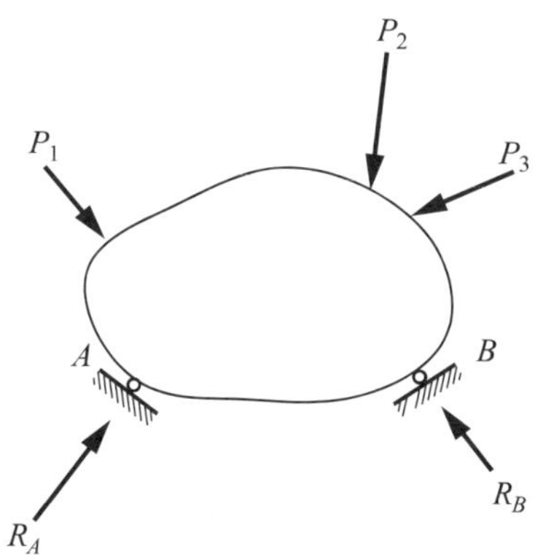

그림 2.16

이제 힘의 평형을 일반화시키기 위해서 그림 2.16과 같이 2차원의 물체에 힘이 작용하는 경우를 생각해 보자. 물체가 평형상태에 있기 위해서는 x, y방향으로 이동하거나, 회전하지 않아야 한다. 즉 x, y방향으로의 모든 힘의 합력 $\sum X$, $\sum Y$과, 임의 점에 대한 모멘트의 합력 $\sum M$이 모두 0이어야 한다.

$$\sum X = 0,\ \sum Y = 0,\ \sum M = 0 \tag{2.17}$$

그러므로 식 (2.17)의 3식을 만족한다면 물체는 정지하고 있을 것이다. 만약 3차원 상태에서는 어떨까? 다음과 같은 6개의 조건을 만족해야 한다는 것을 쉽게 알 수 있다.

$$\sum X = 0,\ \sum Y = 0,\ \sum Z = 0 \tag{2.18}$$

$$\sum M_x = 0,\ \sum M_y = 0,\ \sum M_z = 0$$

여기서 X, Y, Z는 힘의 x, y, z축에 대한 분력이며, M_x, M_y, M_z각 축에 대한 힘의 모멘트이다.

예제 2-10

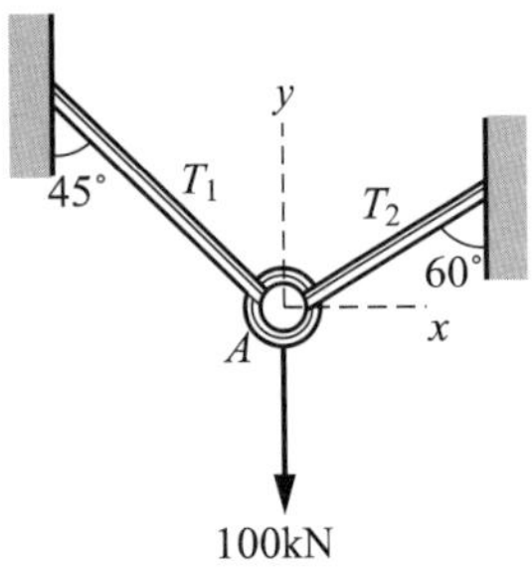

다음 그림에서 힘의 평형조건식을 이용하여 힘 T_1과 T_2를 구하라.

풀이

T_1과 T_2를 수직, 수평성분으로 분해하면,

$$T_1 = T_{1x} + T_{1y}, \quad T_2 = T_{2x} + T_{2y} \text{이고,}$$

힘의 평형조건은

$$\rightarrow + \sum X = 0 \text{에서,} \ -T_{1x} + T_{2x} = 0 \tag{1}$$

$$\uparrow + \sum Y = 0 \text{에서,} \ T_{1y} + T_{2y} - 100\ \text{kN} = 0 \tag{2}$$

이다. 또한

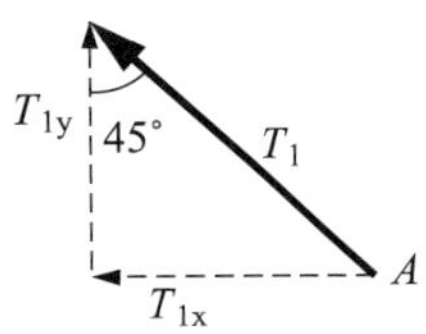

(a)

$$T_{1x} = T_1 \sin 45° = \frac{T_1}{\sqrt{2}}, \quad T_{2x} = T_2 \sin 60° = \frac{\sqrt{3}}{2} T_2$$

$$T_{1y} = T_1 \cos 45° = \frac{T_1}{\sqrt{2}}, \quad T_{2y} = T_2 \cos 60° = \frac{T_2}{2}$$

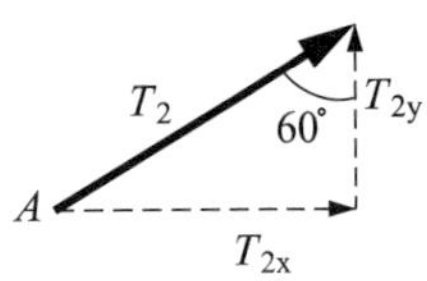

(b)

이므로, 식 (1)과 식 (2)에 대입하여 정리하면,

$$(1)\ \text{식에서} \quad -\frac{T_1}{\sqrt{2}} + \frac{\sqrt{3}}{2} T_2 = 0 \tag{3}$$

$$(2)\ \text{식에서} \quad \frac{T_1}{\sqrt{2}} + \frac{T_2}{2} = 100\ \text{kN} \tag{4}$$

매트릭스 형태로 표기하면,

$$\begin{bmatrix} -\frac{1}{\sqrt{2}} & \frac{\sqrt{3}}{2} \\ \frac{1}{\sqrt{2}} & \frac{1}{2} \end{bmatrix} \begin{pmatrix} T_1 \\ T_2 \end{pmatrix} = \begin{pmatrix} 0 \\ 100 \end{pmatrix} \text{에서,}$$

$$\begin{pmatrix} T_1 \\ T_2 \end{pmatrix} = \frac{1}{-\frac{1}{\sqrt{2}}\left(\frac{1}{2}\right) - \left(\frac{\sqrt{3}}{2}\right)\frac{1}{\sqrt{2}}} \begin{bmatrix} \frac{1}{2} & -\frac{\sqrt{3}}{2} \\ -\frac{1}{\sqrt{2}} & -\frac{1}{\sqrt{2}} \end{bmatrix} \begin{pmatrix} 0 \\ 100 \end{pmatrix}$$

$$= \begin{pmatrix} 89.7 \\ 73.2 \end{pmatrix}$$

물론 연립방정식을 이용해도 되지만 매트릭스 계산은 빠르고 편리하다.

2.6 연습문제

Problem...

[2.2절]

2.2-1 그림에서 두 힘 P_1, P_2의 합력을 수식해법으로 구하라.

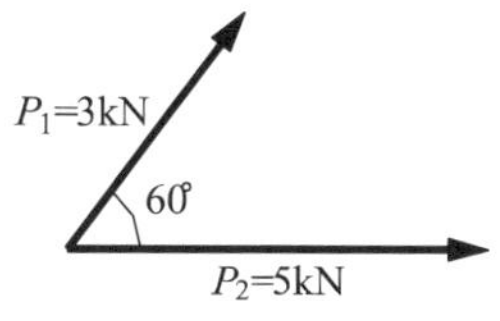

2.2-2 그림에서 힘 P를 x, y방향으로 분해하라.

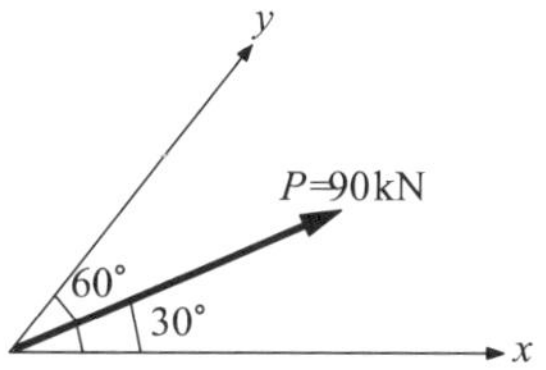

2.2-3 그림과 같이 한 점에 여러 힘이 작용할 때 합력 R과 방향 θ를 구하라.

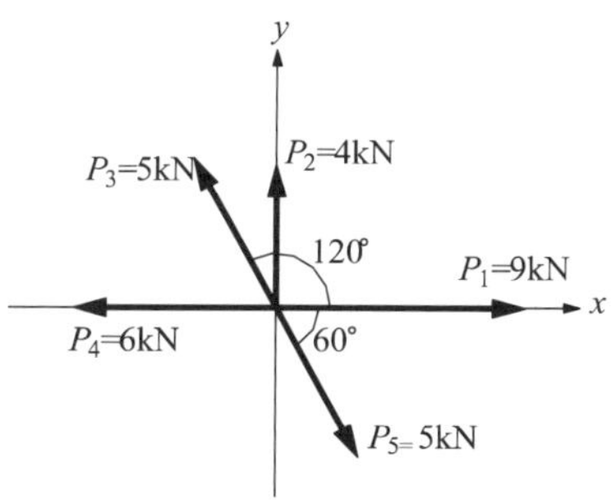

2.2-4 그림과 같이 4개의 힘이 O점에 작용할 때 합력 R과 방향 α을 구하라.

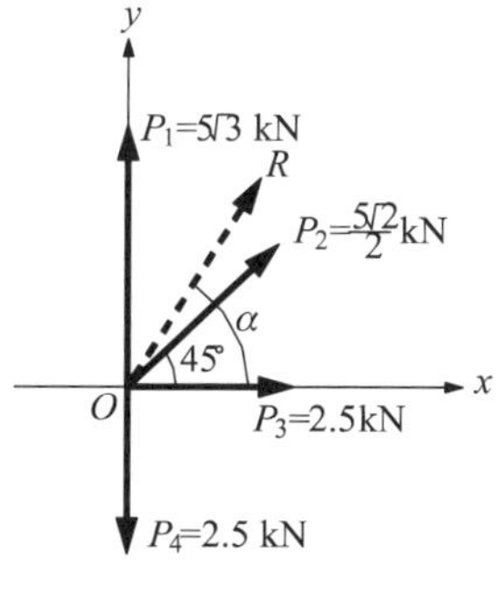

2.2-5 그림과 같이 30° 경사면에 6kN의 물체가 있을 때, 경사면에 평행한 방향의 분력을 구하라.

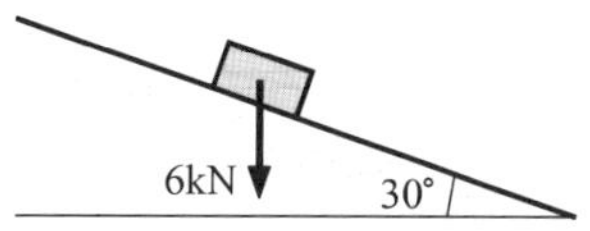

2.2-6 O점에서 3개 힘이 작용할 때 합력 R을 구하라.

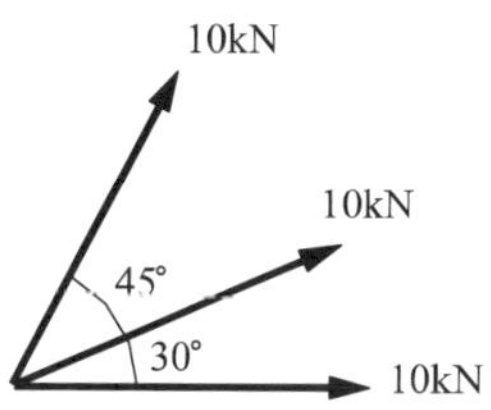

2.2-7 하중 $F=100$kN을 (1) x, y방향성분, (2) 하중방향과 하중직각방향, (3) x방향과 하중직각방향으로 각각 분해하라.

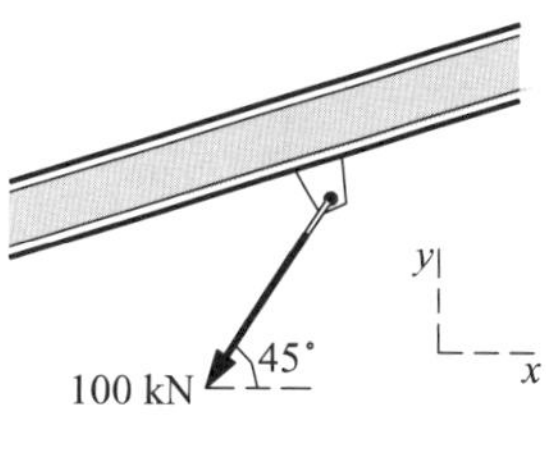

[2.3절]

2.3-1 힘 P(kN)가 O점에 24kN·m의 모멘트로 작용할 때, P는?

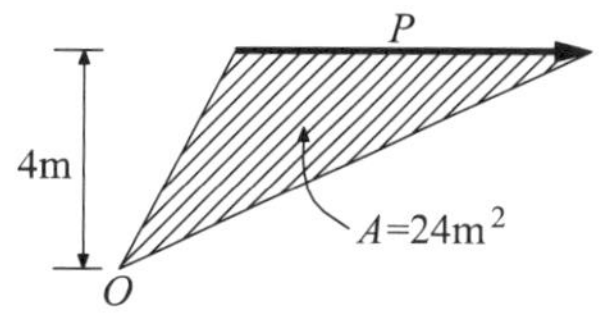

2.3-2 다음 구조물의 A점에 대한 모멘트 크기를 구하라.

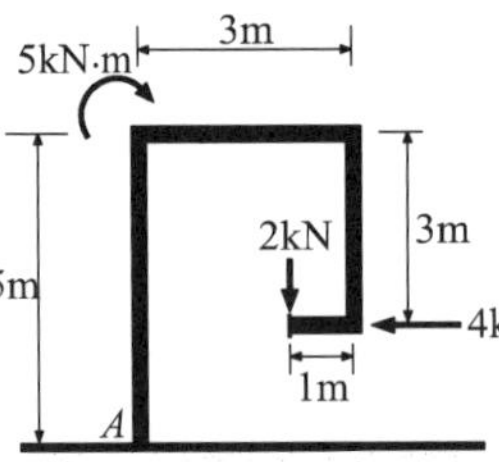

2.3-3 그림에서 3힘의 O점에 대한 모멘트 합을 구하라.

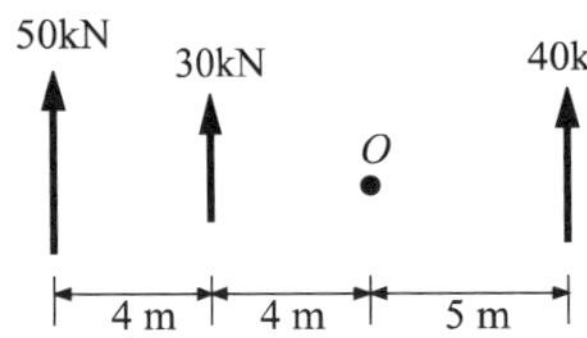

2.3-4 그림에서 D점에 대한 모멘트 합을 구하라.

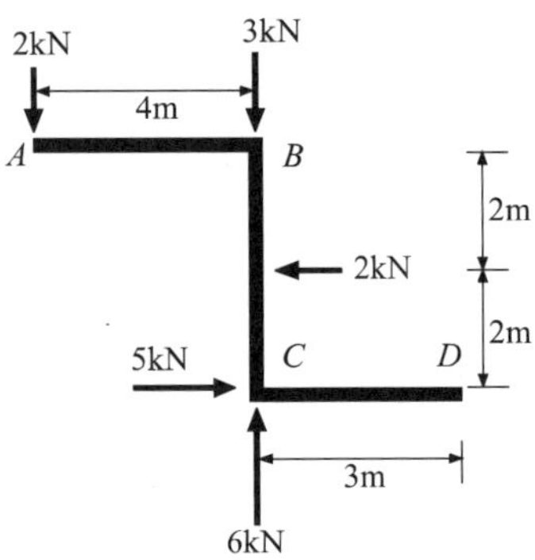

[2.4절]

2.4-1 다음 그림의 하중에 대하여 합력 R과 작용점 위치, A점에 대한 모멘트를 구하라.

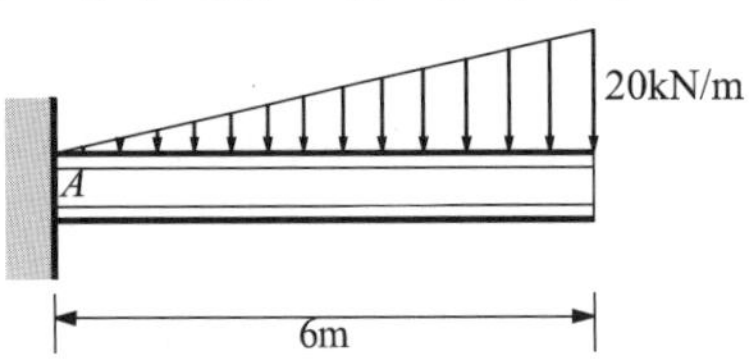

(a)

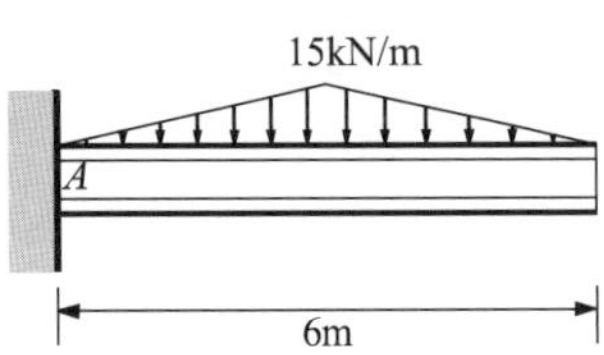

(b)

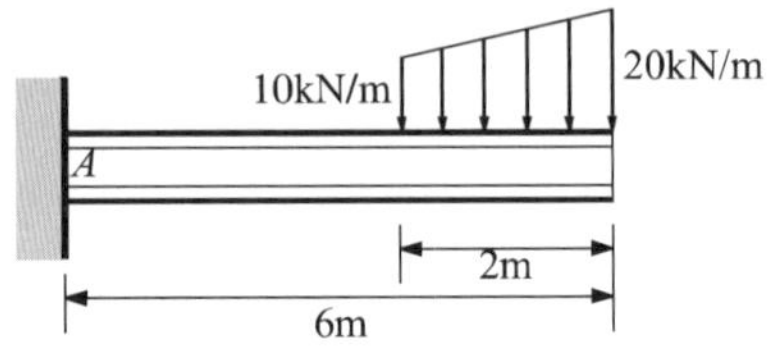

(c)

2.4-2 다음 그림에서 $P_1 = 3\text{ kN}$, $P_2 = 5\text{ kN}$, $P_3 = 5\text{ kN}$일 때 합력 R의 크기와, O점에 대한 합력의 모멘트 M_O를 구하라.

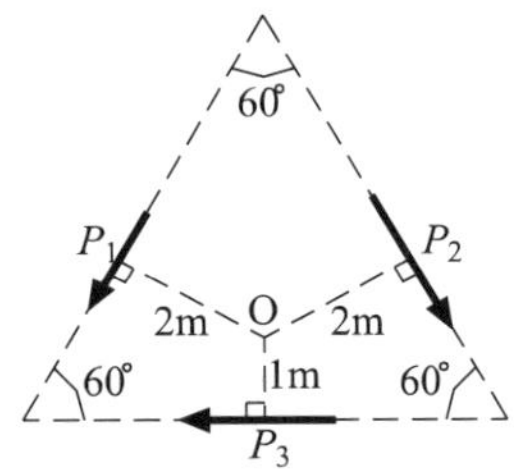

2.4-3 그림에서 30kN의 힘을 △ABC의 3변 방향으로 분해하라

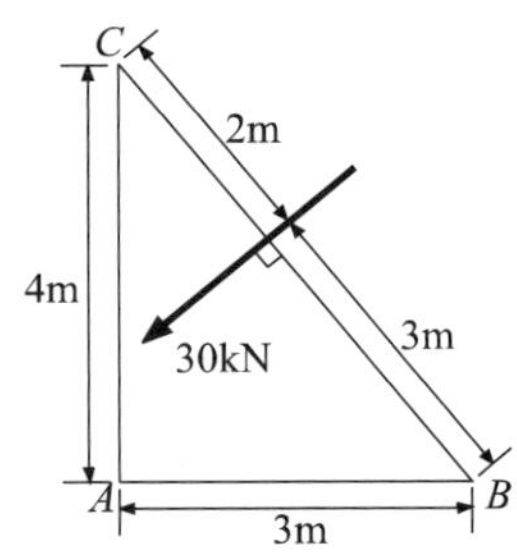

2.4-4 그림과 같이 평행한 힘 2kN, 6kN을 $P_1 = 3\text{ kN}$, $P_2 = 5\text{ kN}$으로 분해할 때 P_2의 거리 x를 구하라.

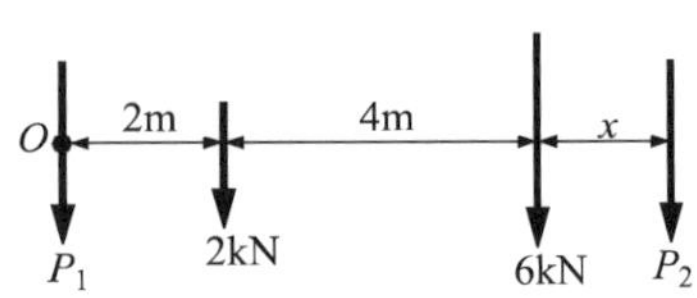

2.4-5 그림과 같은 힘에 대하여 합력의 크기, 방향, 작용위치를 구하라.

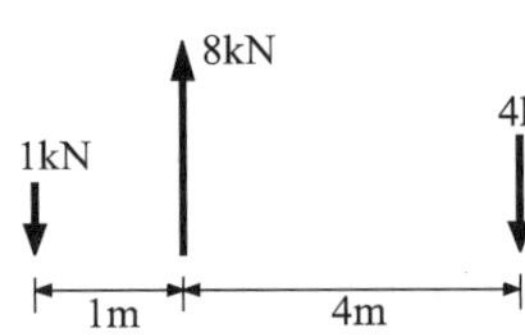

2.4-6 우력 $M=-94\ \text{kN}\cdot\text{m}$이 되기 위한 x를 구하라.

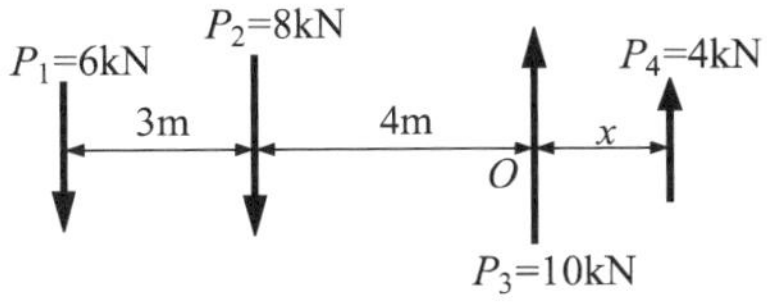

[2.5절]

2.5-1 그림과 같은 한 쌍의 우력과 평형을 만족하기 위해 B점에 P를 작용시킬 경우 x를 구하라.

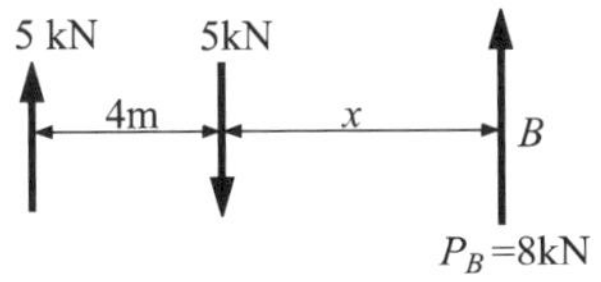

2.5-2 그림에서 합력 R의 작용선이 P축과 지나는 점의 위치 x를 구하라.

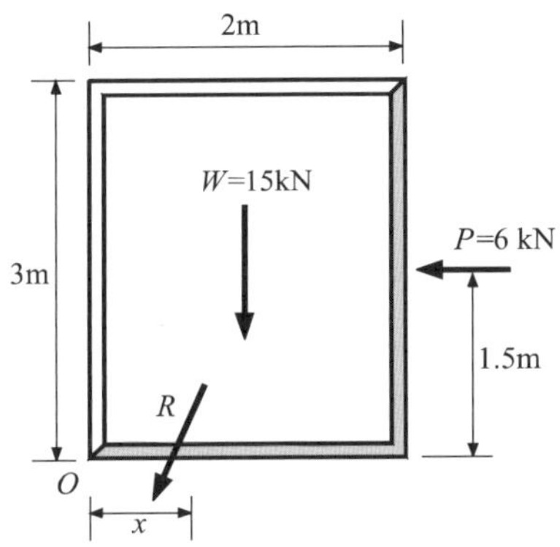

2.5-3 그림과 같이 접합부에 두 힘 5kN과 2kN이 작용한다. 힘의 형평조건을 만족하기 위한 두 힘 P_A와 P_B의 크기를 구하라.

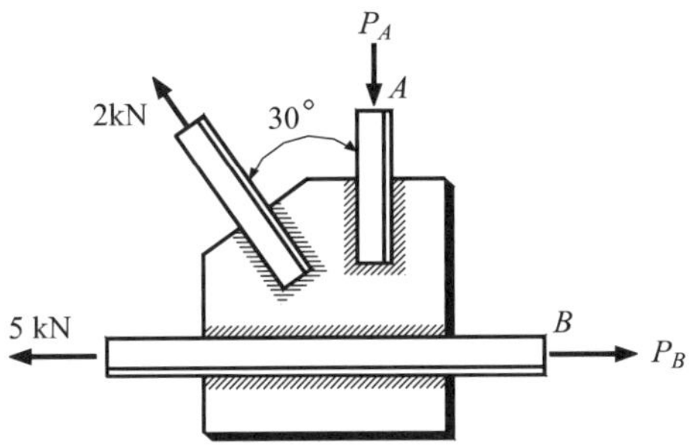

2.5-4 그림과 같은 트러스의 부재에 발생하는 힘의 크기를 구하라.

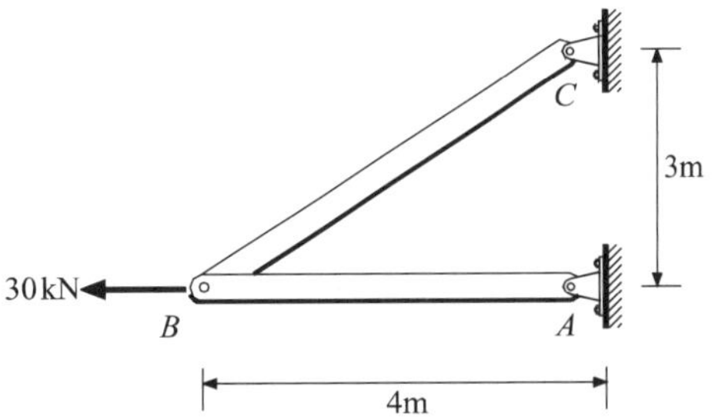

2.5-5 그림에서 $\overline{AB}$부재와 $\overline{BC}$부재가 받는 힘의 크기 F_{AB}, F_{BC}를 구하라.

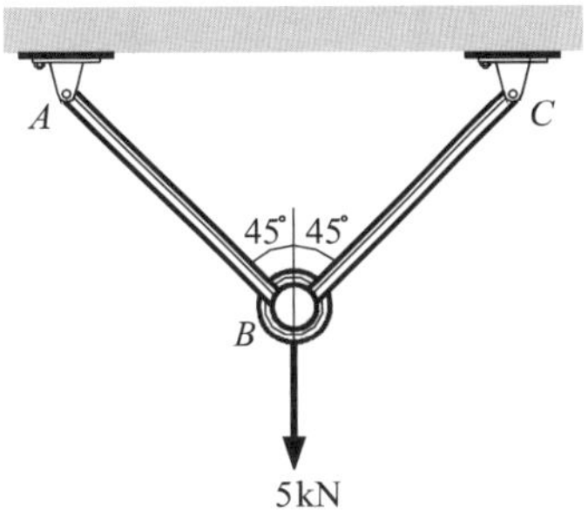

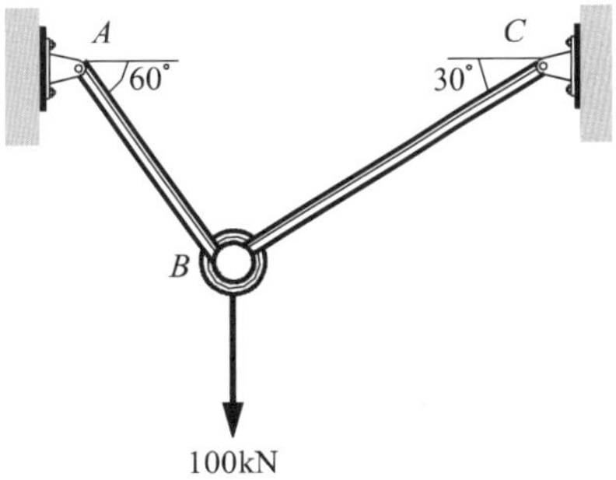

2.5-6 그림과 같은 구조물의 C점에 하중이 작용할 때 부재력을 구하라.

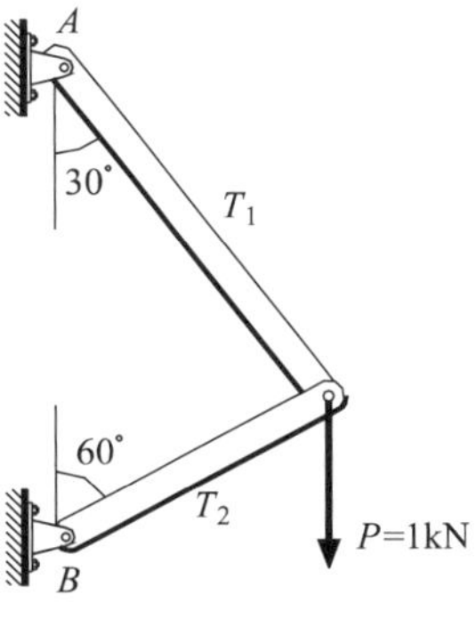

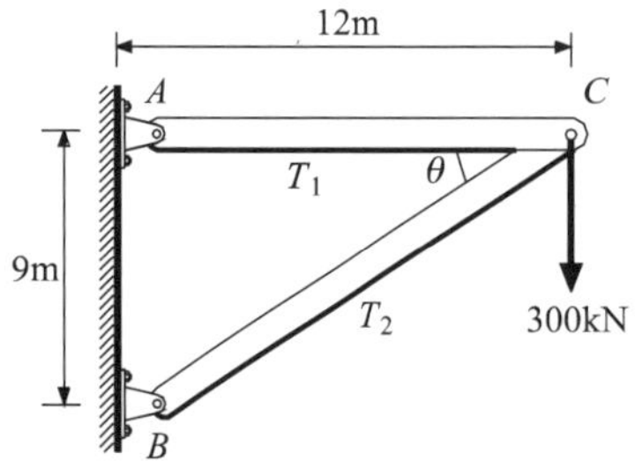

2.5-7 그림과 같이 강체인 $\overline{CD}$의 E점에 600kN의 물체를 매달았다. 이때, 케이블 $\overline{AC}$ 및 $\overline{BD}$가 받는 힘의 크기 F_{AC}, F_{BD}를 구하라.

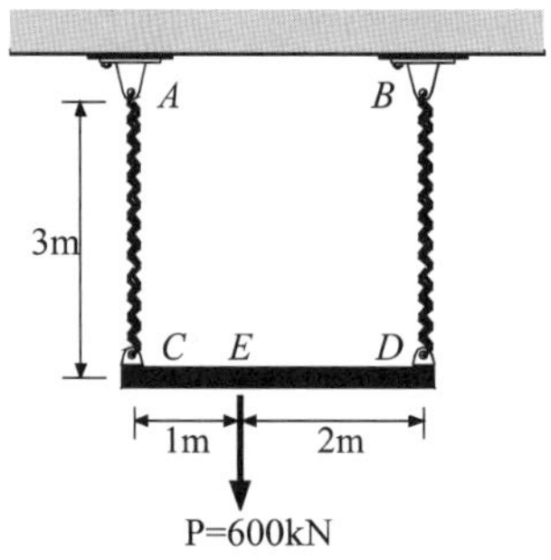

2.5-8 다음 그림에서 $\overline{AC}$ 부재, $\overline{BC}$ 부재가 받는 힘의 크기F_{AC}, F_{BC}를 구하라.

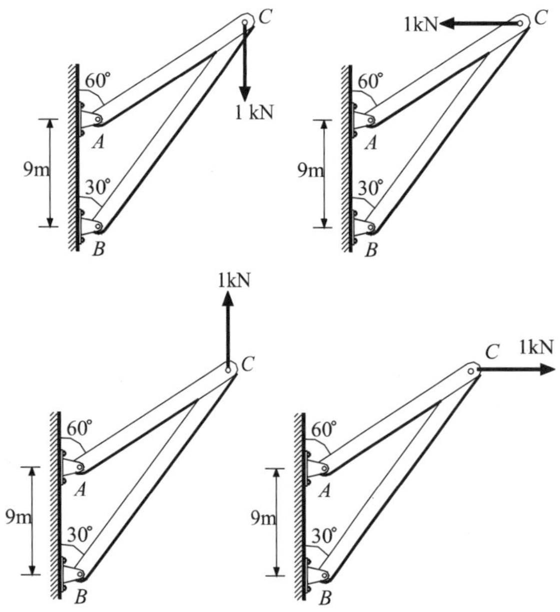

2.5-9 그림과 같이 100kN 무게의 광고물이 로프와 경사면에 지지되어 있다. 이때 지지면에의 반력 R과 로프의 인장력 T를 구하라. (단, 볼과 경사면 사이의 마찰계수는 무시한다.)

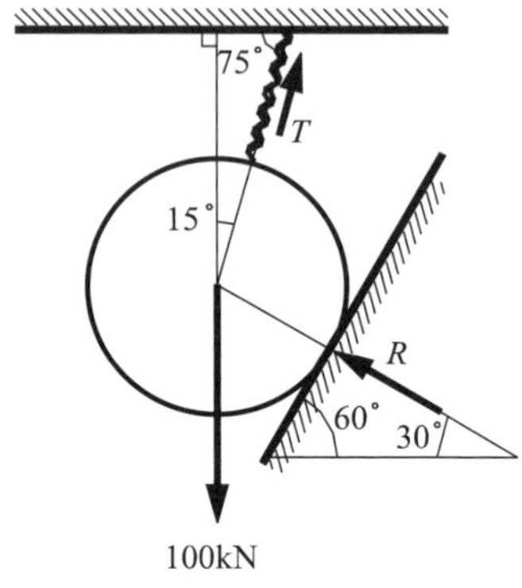

3장 하중과 구조물

차례

주요개념

- 설계하중
- 집중하중과 분포하중
- 구조물의 평형
- 이동지점, 회전지점, 고정지점
- 핀절점, 강절점
- 안정과 불안정
- 정정과 부정정
- 부정정차수
- 자유물체도
- 반력계산
- 부재력
- 축방향력, 전단력, 휨모멘트

우리는 2장에서 힘에 대하여 이해하였다. 역학은 힘과 물체의 관계를 다루는 것이므로 이를 명확하게 할 필요가 있다.

구조물에 작용하는 외부의 힘들을 하중(Load)이라 한다. 구조물에 작용하는 하중은 크게 고정하중, 활하중(적재하중), 적설하중, 풍하중, 지진하중으로 분류한다. 하중은 구조물에 집중하여 작용하기도 하고 넓은 범위에 분포하기도 한다. 어떻게 표현할 수 있을까?

우리가 대상으로 하는 건축 구조물의 가장 큰 특징은 "정지"해 있다는 것이다. 앞서 힘의 이해에서 정지하고 있는 물체는 힘이 평형상태에 있다고 생각했다. 이때 힘의 합력의 크기를 0으로 만들기 위해 발생하는 힘을 반력이라 한다. 반력은 구조물과 경계를 이루는 지점에서 발생한다.

구조물 내부에도 부재와 부재를 잇는 절점이 존재한다. 또한 부재 내에도 힘의 분포가 발생하며, 역시 정지하고 있으므로 힘의 합력도 0일 것이다.

이 장은 이러한 하중과 구조물의 관계를 전반적으로 다룬다. 이 장에서 다루는 반력과 부재력은 이 책 전반의 기본이 되므로 확실하게 이해해야 한다.

3.1 하 중

3.1.1 하중의 정의와 종류

구조기술자에게 있어 하중을 정확하게 예측하고 평가하는 것은 매우 중요하면서도 어려운 일이다. 어떤 하중은 쉽게 계산할 수 있지만, 어떤 하중은 변화요인도 크고, 통계와 확률적인 지식도 필요하다. 또한 여러 하중은 독립적으로만 작용하지 않고, 서로 조합되어 작용하며 이때 가장 불리한 조건을 찾는 것도 중요한 문제이다.

구조물에 작용하는 하중 중에서 고정하중, 활하중(적재하중), 적설하중, 풍하중, 지진하중을 설계하중(Design loads)이라 한다.

그림 3.1 강재 자체의 중량(고정하중)

고정하중

고정하중(Dead load)이란 구조물에 영구히 설치되거나 고정되어 쉽게 변하지 않는 하중을 말한다. 대표적인 고정하중은 그림 3.1과 같은 구조물 자체의 중량(자중)을 들 수 있으며, 구조물에 영구히 설치되는 기계설비와 칸막이 벽 등을 포함한다. 구조 재료로 많이 사용하는 철근콘크리트와 강재의 비중은 각각 2,400kg/m^3, 7,800kg/m^{3}이다. 구조물의 치수는 알고 있으므로 체적을 곱하면 고정하중을 쉽게 계산할 수 있다.

활하중(적재하중)

활하중(Live load)이란 구조물에 적재되는 하중을 말하며 일반적으로 적재하중이라고도 한다. 적재하중에는 사람이나 자동차, 동물, 책, 상품, 물품 등 구조물에 적재하고 있는 모든 하중이 포함된다. 활하중은 건물의 사용용도에 따라 다르다. 예를 들어 같은 도서관이라도 열람실은 3kN/m^{2}인 반면, 서고는 7.5kN/m^{2}의 하중이 작용한다고 가정한다. 또한 적재하중은 변동성도 매우 크다. 강의실을 예를 들어보면 수업시간과 기타 시간에 바닥에 작용하는 적재하중의 차이가 매우 크다는 사실을 알 수 있다. 그러므로 이를 고려하여 안전율도 고정하중보다 높다.

그림 3.2 적설하중에 의해 파괴된 지붕

적설하중

적설하중(Snow load)이란 내린 눈이 지붕 등과 같은 구조물에 쌓여 작용하는 눈의 중량을 말한다. 적설하중은 구조물이 위치한

지리적인 환경, 지붕 경사 및 형태에 의해 결정된다. 눈은 결정체의 특성상 서로 결착하는 성질이 매우 강하고, 쌓이는 깊이가 깊을수록 압력이 커져 중량은 증가한다. 또한 쌓인 눈이 장시간 지속되어 결빙되는 경우도 있다. 적설하중은 트러스 또는 막구조로 구성되는 지붕설계, 지붕망이 있는 골프연습장의 기둥 설계에서 고려되어야 중요한 활하중이다. 우리나라의 경우 대부분 지역의 지상적설하중(S_g)은 5kN/m^{2}이다. 다만 울릉도와 대관령과 같이 눈이 많이 내리는 지역은 7kN/m^{2}로 가정하고 있다.

그림 3.3 풍하중에 의한 타코마 나로즈교의 파괴

풍하중

풍하중(Wind load)은 바람이 구조물에 일으키는 하중을 말하며, 풍속, 구조물의 형태와 높이, 지리적 위치 및 구조물 표면의 질 등에 따라 변화한다. 일반적으로 풍속은 고도가 높아질수록 커지기 때문에, 고층건물이나 현수교, 그리고 높은 위치에 설치되는 옥상 광고탑 등을 설계할 때 특히 중요하다. 이러한 바람이 건물과 부딪치면, 건물을 밀어내거나, 또는 건물 주위에 복잡한 소용돌이를 형성하면서 흡입하는 힘을 발휘한다. 풍하중은 구조 골조용, 지붕 골조용, 그리고 외장 마감재용 풍하중으로 분류하며, 이 중에서 구조설계 시에는 구조 골조용 풍하중(W_f)을 이용한다. 설계풍력 P_f와 유효 면적 A를 고려하면,

$$W_f = P_f \cdot A \tag{3.1}$$

그림 3.4 지진하중의 한 고가교의 붕괴 (고베지진)

지진하중

지구 내부의 에너지에 의해 땅이 갈라지며 흔들리는 현상을 지진(Earthquake)이라 한다. 지진의 원인은 여러 학설이 있으나 대표적인 것이 판구조론과 탄성반발설이다.

지구의 표면은 평균두께 약 100km의 판으로 이루어져 있고, 그 밑의 연약권 위에서 움직인다. 판은 해저산맥에서 생성되며 해구에서 소멸한다. 이때 판의 경계부에서 힘을 받으면, 지층이 휘어지면서 모습이 바뀐다. 그러다가 버틸 수 없을 만큼의 힘이 축적되면 지층이 끊어져 단층이 되고, 원래의 모습으로 돌아가려는 반발력에 의해 지진이 발생한다. 이것이 탄성반발설이다. 이것은 손가락 튕기기처럼 힘을 주다 어긋나면 '탁'하는 소리에너지가 발생하듯이, 진동에너지가 지표면까지 관성력으로 전달되는 것을 말한다.

지진에 의하여 지반가속도 a가 구조물의 하부에 도달하면, $F=ma$만큼의 관성력이 건물에 수평하중으로 작용하며 이를 지진하중이라 한다. 여기서 m은 건물의 질량이다. 물론 건물은 완전한 강성체가 아니기 때문에 실제 F는 건물과 지진에 의한 진동주기의 차이 등에 따라 매우 다르게 나타난다.

지진하중은 매우 급작스럽게 발생하고 건축물과 인명에 심각한 피해를 준다. 그러므로 지진하중을 예측하는 것은 매우 세심하고 신중해야 한다.

기타 하중

수압은 물 또는 지하수가 구조물에 작용하여 가하는 압력이다. 수압은 지하벽 등에 수평방향으로 작용하기도 하고, 부력에 의해 구조물을 상부로 밀어 올리기도 한다. 한편 토압이란 흙이 접하는 구조물의 면에 작용되는 압력 또는 흙 내부 단면에 작용하는 압력을 말한다. 이 밖에도 환경요인에 의한 하중이 있다. 예를 들어, 모든 재료는 온도가 내려가면 수축하고 올라가면 팽창한다. 구조물도 이러한 온도의 변화에 따라 그 모양과 치수가 변화한다. 만약 구조물이 구속되어 있는 경우, 즉 온도에 따라 치수가 변하려 하여도 변할 수 없는 경우에는 일반 하중과 동일한 효과를 발휘하는데 이러한 하중을 온도하중이라 한다.

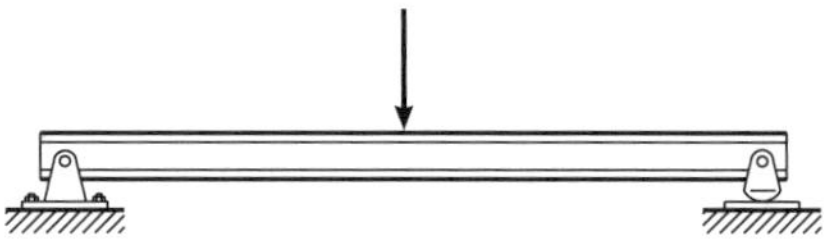

(a) 1점에 작용하는 집중하중

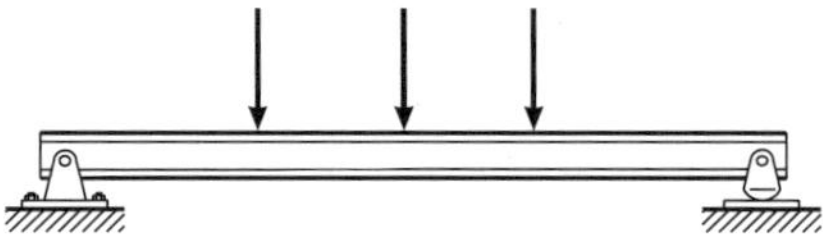

(b) 여러 점에 작용하는 집중하중

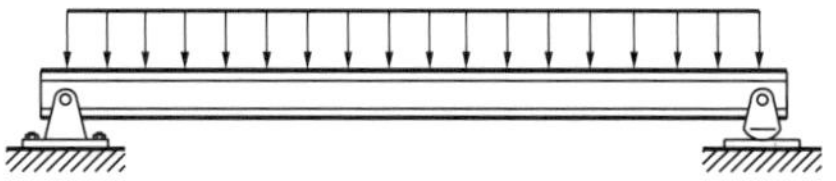

(c) 등분포 하중

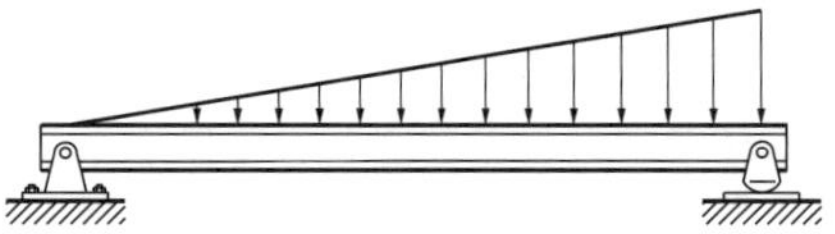

(d) 등변분포하중

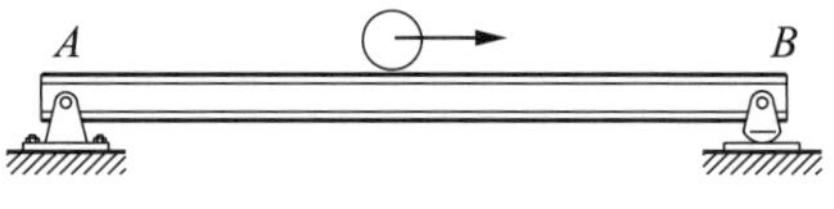

(e) 이동하중

그림 3.5 분포 상태에 따른 하중의 분류

3.1.2 하중의 표현

분포상태에 따른 하중 분류

구조물에 작용하는 하중은 분포상태에 따라,

(1) 1점 또는 여러 점에 작용되는 집중하중(Concentrated load)과 부재 길이에 걸쳐 분포하는 분포하중(Distributed load)으로,

(2) 일정한 크기로 분포하는 등분포하중(Uniform load)

(3) 크기가 변하며 분포하는 등변분포하중(Uniformly varying load)이 있다. 또한 크레인과 같이 하중의 작용점이 이동하는,

(4) 이동하중(Moving load)(그림 3.5(e))

으로 분류할 수 있다.

분포하중의 크기는 단위길이당 힘(N/m 또는 kN/m) 또는 단위면적당 힘(N/m^2, kN/m^2)로 표현한다.

작용방향에 따른 하중 분류

작용방향에 따라, 고정하중, 활하중, 적설하중 등과 같이

(1) 중력(Gravity)방향으로 작용하는 하중을 수직하중(Vertical Load)이라 하고,

풍하중, 지진하중과 같이,

(2) 수평방향으로 작용하는 하중을 수평하중(Horizontal Load)이라 한다.

3.2 구조물과 평형

3.2.1 구조물의 특성

우리가 대상으로 하는 건축 구조물이 자동차와 같은 구조와 가장 큰 차이점은 "정지"해 있다는 것이며, 이것은 안정한 구조물의 전제 조건이다. 우리는 2장 힘의 이해에서 정지하고 있는 물체는 힘의 평형상태에 있다는 사실을 살펴보았다.

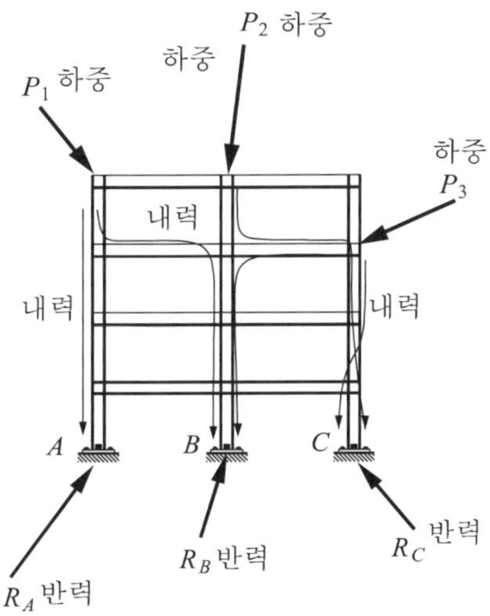

그림 3.6 구조물의 가장 큰 특성은 정지하고 있다는 것이다.

그림 3.6과 같은 구조물이 정지하는 조건을 생각해보자. 외부에서 구조물에 작용하는 하중(예를 들면 고정하중, 풍하중, 적설하중 등)은 집중하중, 분포하중, 또는 모멘트 등의 형태로 작용해서 구조물을 움직이려 할 것이다. 구조물은 정지하고 있으므로, 평형상태를 유지하기 위해서 A, B, C점에 하중과 반대방향의 힘이 발생해야 하는데, 이러한 힘을 반력(Reaction force)이라고 한다. 이러한 구조물의 외부에 발생하는 하중이나 반력을 외력(External force)이라 한다.

한편 구조물을 구성하는 각 부재들도 정지하고 있으므로, 평형상태를 유지하기 위해, 외력에 상응하는 어떤 힘이 발생할 것이다. 이렇게 부재 내부에 발생하는 힘을 내력(Internal force)이라고 한다. 내력은 부재력, 단면력, 또는 응력이라 부르기도 한다. 내력은 부재 내부에서 크기는 같고 방향이 반대인 한 쌍의 힘으로 작용한다.

구조역학에서는 기본적으로 하중은 이미 알고 있는 값으로 취급하고, 미지력인 반력과 부재력을 구하는 방법을 다룬다.

3.2.2 구조물의 평형

미지력인 반력과 부재력은 힘의 평형조건을 이용해서 구할 수 있다. 2장에서 다루었던 힘의 평형조건으로부터, 물체는 구조물로,

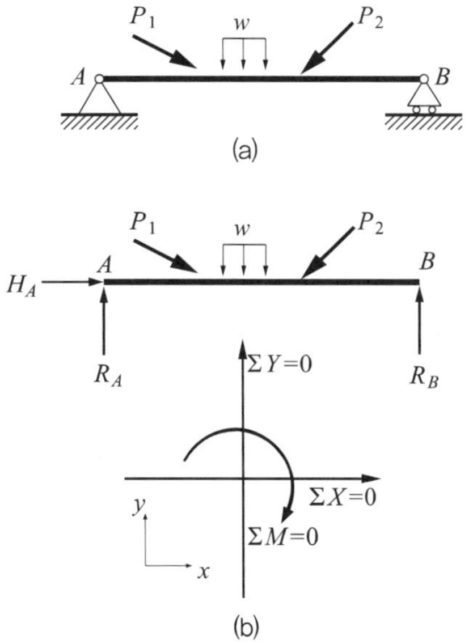

그림 3.7 구조물의 평형방정식

힘은 외력으로 생각하면 된다. 그러므로 구조물과 힘의 관계로 다시 정리해 보면,

어떤 구조물이 최초 정지상태에서 힘과 모멘트를 받았다고 가정했을 때, 이러한 힘을 받은 상태에서도 계속 정지해 있다면, 평형상태에 있다고 할 수 있다. 또한 구조물이 평형상태에 있으면, 구조물의 모든 부재와 절점도 평형상태에 놓인다. 그림 3.7과 같은 구조물에서 평형방정식은

$$\sum X = 0,\ \sum Y = 0,\ \sum M = 0 \tag{3.2}$$

3.2.3 구조물의 절점(Joint)

구조물의 개별 부재는 연결과 조합을 통해서 하나의 구조물을 형성하는데, 이러한 개개의 부재가 연결되는 점을 절점(Joint)이라 한다. 절점은 그림 3.8과 같이 부재의 연결상태에 따라 핀절점과 강절점이 있다.

핀절점

핀절점(Pin, hinged joint)은 그림 3.8(a)와 같이 부재와 부재를 연결하는 접합부가 회전이 가능하도록 핀으로 연결한 점을 말하며 활절이라고도 한다. 두 부재가 핀접합되어 있으면(활절) 재축 방향으로 작용하는 힘(축방향력)과 축에 직각으로 작용하는 힘(전단력)은 전달되지만, 회전력(휨모멘트)은 전달하지 못한다.

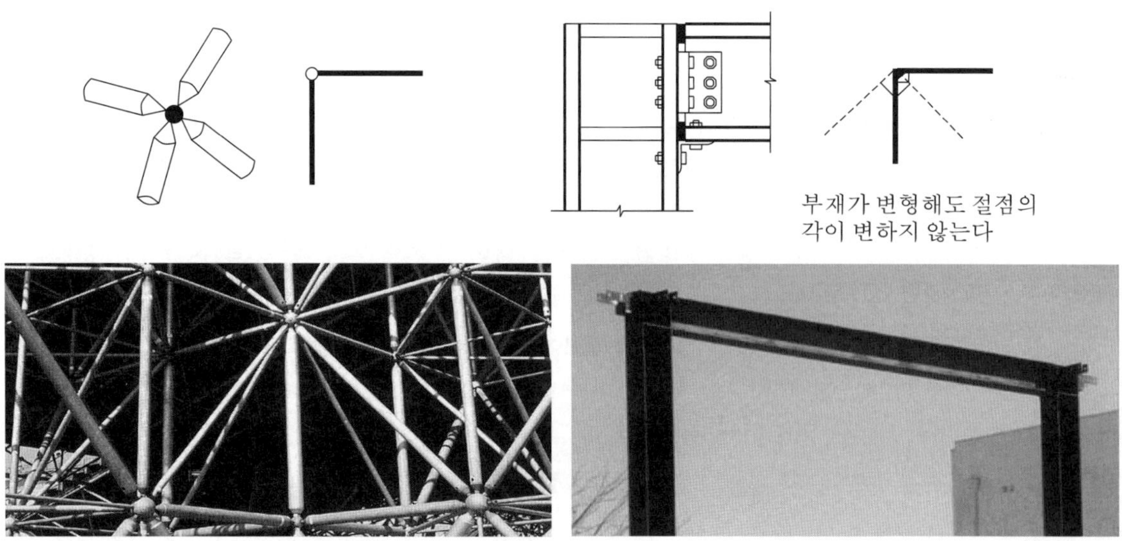

(a) 핀절점 (b) 강절점

그림 3.8 절점의 종류

강절점

강절점(Rigid joint)은 그림 (b)와 같이 절점에 접합된 부재와 부재가 회전할 수 없도록 강하게 접합된 절점을 말하며, 강절이라고도 한다. 강절점은 접합부가 강하게 접합되어 있기 때문에, 핀절점과 같이 축방향력과 전단력을 다른 인접된 부재로 전달 할 수 있을 뿐만 아니라, 휨모멘트도 전달한다. 또한 절점에서 접합된 부재의 각도는 변형 후에도 변하지 않는다.

3.2.4 구조물의 지점(Support)

지점이란 구조물이 지반 또는 다른 구조물에 연결될 때 구조물을 지지하도록 만들어진 연결점을 말한다. 따라서 지점은 하중이 작용할 때 구조물의 운동을 구속하는 역할을 하며, 반력이 발생한다. 지점은 구조물의 이동 또는 회전에 대한 구속여부에 따라 이동지점, 회전지점, 그리고 고정지점으로 분류하며, 각각을 이동단, 회전단, 고정단으로 표현하기도 한다. 실제 구조물에서의 지점에 관한 예를 그림 3.9에 나타냈다. 어떤 경우에도 완전한 이동지점, 회전지점, 고정지점은 존재하지 않는다. 이동지점에는 마찰력이 존재할 수 있고, 고정지점에서도 회전이 발생할 수 있다. 그렇지만 그 양은 매우 작기 때문에 무시할 수 있다.

이 책에서 앞으로 지점을 표현하는 방식과 다양한 예를 그림 3.10에 나타냈다.

이동지점

이동지점(이동단, Roller support 그림 3.10(a))은 지지면과 평행한 방향으로 이동과 회전이 가능하지만, 수직방향으로는 이동이 불가능한 지점을 말한다. 그러므로 이동지점에서는 수직방향으로만 반력(Reaction force)이 존재한다. 즉 이동지점에서 반력의 수는 1이다. 이동지점은 일반적으로 롤러를 이용한다.

회전지점

회전지점(회전단, Hinged support, 그림 3.10(b))은 회전은 가능하지만 수직 및 수평방향으로 이동이 불가능한 지점을 말한다. 그러므로 수직 및 수평방향으로 반력이 존재하므로 반력 수는 2이다.

고정지점

고정지점(고정단, Fixed support, 그림 3.10(c))은 수평 및 수직으로 이동이 불가능할 뿐만 아니라 회전할 수도 없는 지점을 말한다.

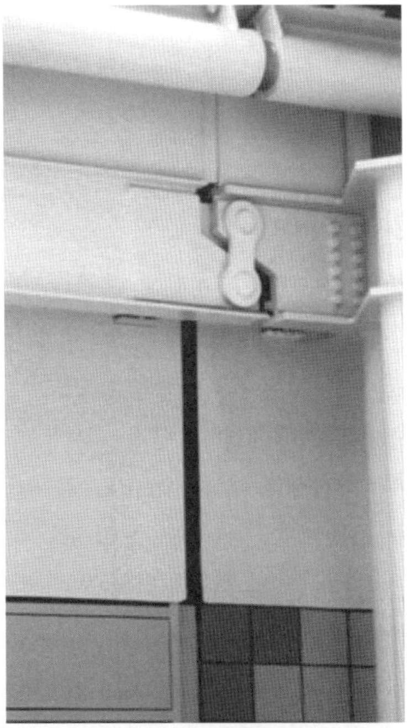

▲ 교각의 상부에 교량을 지지하기 위하여 롤러를 설치한 모습(교량은 좌우로 이동이 자유롭다(이동지점))

◀ 그림에서 양쪽 보는 회전 및 이동이 자유롭다(이동지점)

트러스의 지점에 힌지를 연결한 모습 – 회전에 대해서는 자유롭지만 상하 좌우 구속되어 있다(회전지점) ▶

▲ 상하 좌우 및 회전에 대하여 구속되어 있는 기둥 하부의 모습(고정지점)

▲ 교량의 받침부에 회전만 가능한 지점(회전지점)

그림 3.9 실제 구조물에서 지점의 형태

그러므로 고정지점에서는 수직 및 수평방향, 그리고 회전에 대한 반력이 존재한다. 즉 고정지점에서 반력의 수는 3이다.

이밖에도 이동지점에는 로커지점, 링크지점이 있으며, 완전고정이 아닌 지점을 고려하기 위해 탄성회전지점이라는 것도 있다. 이러한 지점은 필요시 부연 설명하도록 한다.

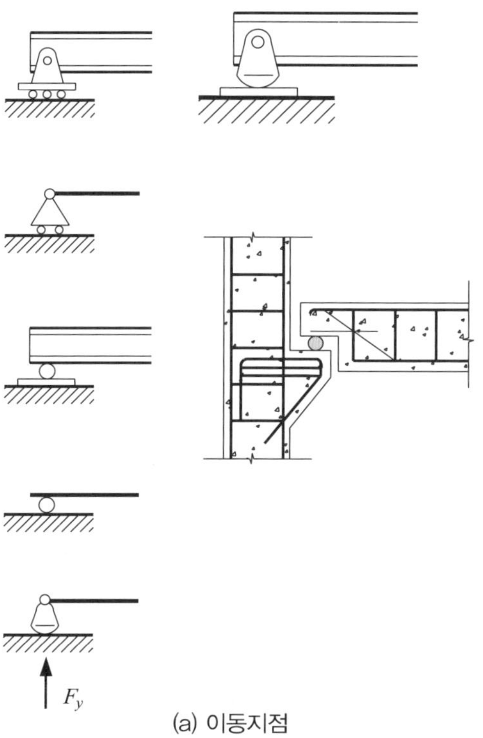

(a) 이동지점

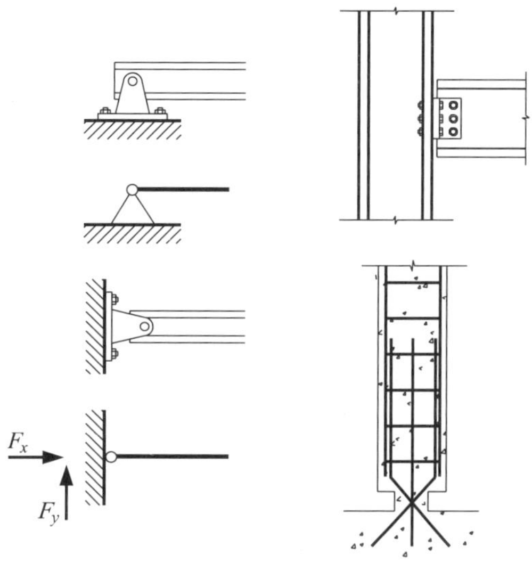

(b) 회전지점

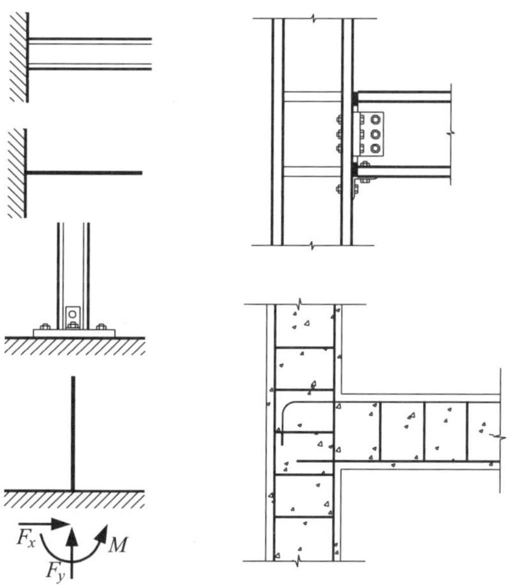

(c) 고정지점

지점형태	미지반력수	내 용
이동단	1	반력 R은 지점에 수직으로 작용
회전단	2	반력은 지점에 수직(R_i)과 수평(H_i)으로 작용
고정단	3	반력은 지점에 수직(R_i)과 수평(H_i), 그리고 모멘트(M_i)로 작용

그림 3.10 지점의 종류 및 표시형식

3.3 안정과 불안정, 정정과 부정정

3.3.1 구조물의 안정과 불안정

구조물은 임의 하중이 작용해도 이동하거나 회전하지 않고, 큰 변형이 발생하지 않아야 한다. 만약 구조물이 임의 하중에 이동하거나 형태가 변하면, 구조물로서 기능을 잃어버린다(구조물은 자동차나 바이킹이 아니다). 이렇게 구조물이 하중을 받더라도 이동하거나 회전하지 않고 큰 변형이 발생하지 않으며, 유한한 반력과 부재력으로 힘의 평형상태를 유지할 때 구조물은 안정(Stable)하다고 말한다. 반대로 그렇지 못한 경우에는 불안정(Unstable)이라 한다. 그러므로 안정은 구조물 성립의 전제조건이며, 이를 판단하는 것이 무엇보다 중요하다. 안정은 다시 외적 안정과 내적 안정으로 대별되는데 이를 살펴보면 다음과 같다.

외적 안정과 불안정

어떤 외력에 대해서도 구조물이 이동하거나 회전하지 않고 원위치를 유지한다면 외적 안정(External Stable), 이동하거나 회전되면 외적 불안정(External Unstable)이라 한다. 구조물이 이동하거나 회전하지 않기 위해서는 지점이 적절한 수와 배치를 통해 평형을 유지해야 한다. 즉, 이동하거나 회전하지 않기 위해서는 x방향, y방향, 회전이 구속되어 있어야 하므로 반력이 3개 이상 필요하다.

그림 3.11은 외적 안정과 불안정 예를 나타내고 있다. 그림 (a)는 한쪽에 x, y방향을 구속하는 회전단, 다른 한쪽에 y방향을 구속하는 이동단이 있기 때문에 하중이 작용해도 x, y방향으로 이동하거나 회전하지 않는다. 그러므로 외적 안정이다. 반면 그림 (b)는 지점이 모두 이동단으로 구성되어 하중이 작용하면 x방향으로 이동할 수 있다. 그러므로 외적 불안정이다. 이를 정리하면,

반력수(r)< 3 : 필요조건은 아니지만 외적 불안정

반력수(r)≥ 3 : 충분조건은 아니지만 외적 안정

임을 알 수 있다.

물론 위 조건은 외적 안정을 이루기 위한 필요충분조건은 아니다. 예를 들면, 그림 (c)와 같이 반력수가 3 이상이라 하더라도 외적 불안정이 될 수 있음에 주의하자. 결국 외적 안정 여부의 판단은 반력수와 기하학적 조건을 동시에 고려해야 한다.

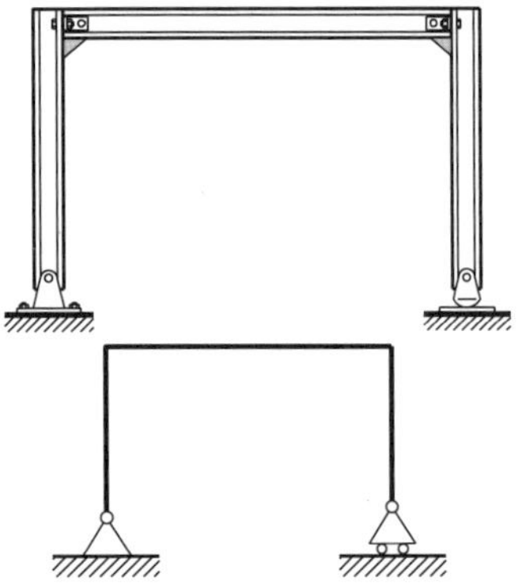

(a) 외적안정(반력수 3)

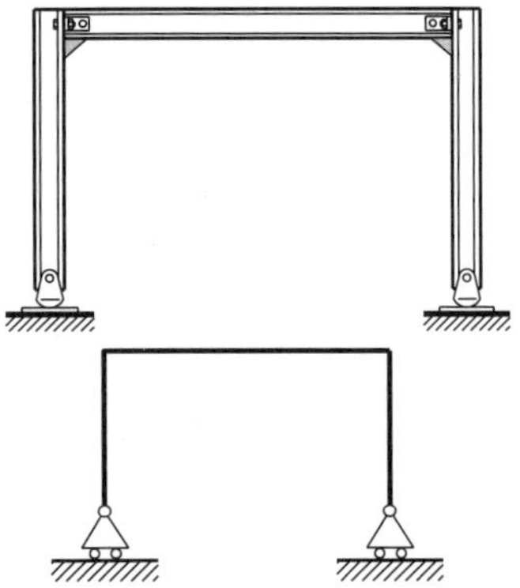

(b) 외적 불안정(반력수 2)

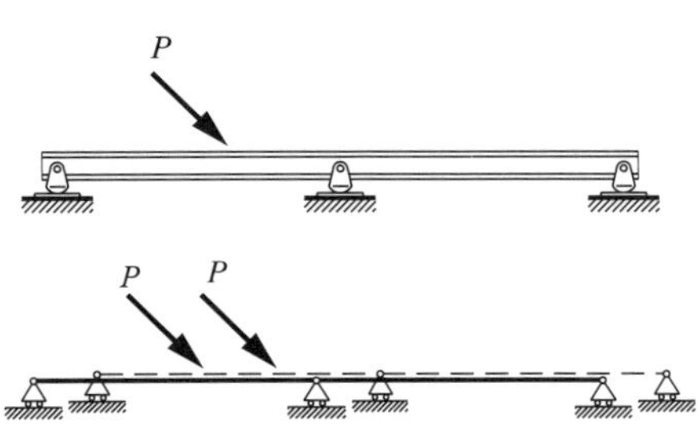

(c) 외적 불안정(반력수 3)

그림 3.11 외적 안정과 불안정

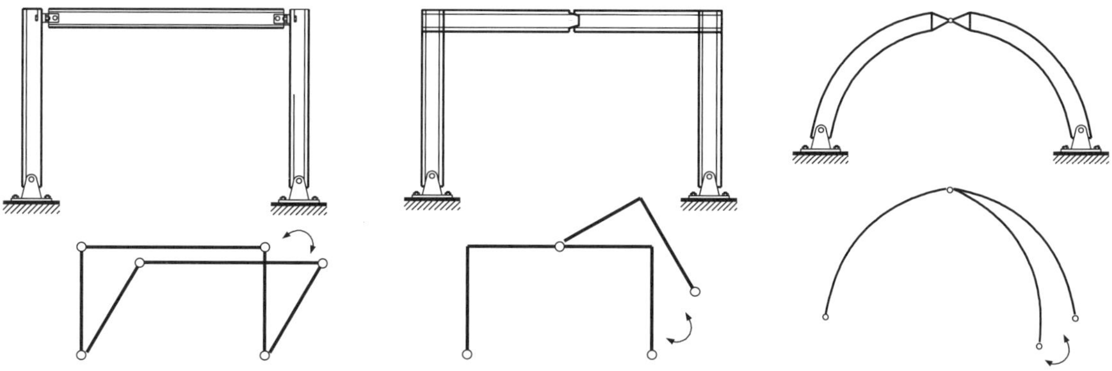

(a) (b) (c)

그림 3.12 내적 불안정의 예

내적 안정과 불안정

구조물이 지점에서 떨어졌을 때, 그 형상을 유지하면 내적 안정(Internal Stable), 유지하지 못하면, 내적 불안정(Internal Unstable)라 한다.

그림 3.11에 대해 내적 안정 여부를 생각해 보자. 구조물을 지점에서 떼어내면, 그림 (a)와 (b)는 절점이 강접합 되어 있는 골조 형태이므로 형상을 유지한다. 그러므로 내적 안정이다. 그림 (c)도 지점에서 떼어내면, 연속 부재이므로 형상을 유지한다. 내적 안정 상태이다.

그림 3.12를 보자. 그림 (a)에서 구조물을 지점에서 떼어내면, 두 절점이 핀으로 되어 있기 때문에 형상을 유지할 수 없다. 그러므로 내적 불안정이다. 외적 안정 여부는 어떨까? 결론적으로 외적 불안정이다. 이유는 각자 생각해 보자(회전).

그림 3.12(b)와 (c) 또한 지점에서 떼어내면 형상을 유지할 수 없으므로 내적 불안정이다.

3.3.2 구조물의 정정과 부정정

힘의 평형조건만으로 구조물의 반력과 부재력을 구할 수 있는 구조물을 정정(Statically determinate) 구조물이라고 하고, 힘의 평형조건 외에도 구조물의 변형 적합조건을 고려해야만 반력과 부재력을 구할 수 있는 구조물을 부정정(Statically indeterminate) 구조물이라 한다. 물론 구조물의 정정 또는 부정정을 판별할 때는, 기본적으로 구조물이 외적 안정상태라는 것을 전제한다.

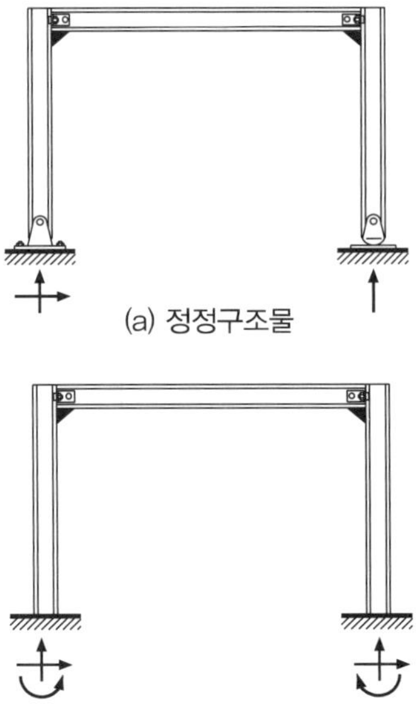

(a) 정정구조물

(b) 부정정구조물

그림 3.13 정정 및 부정정(라멘)

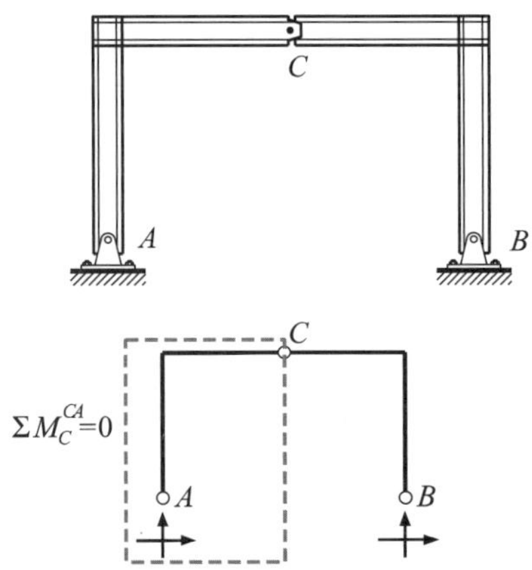

그림 3.14 내적 불안정구조물의 정정

외적 정정과 부정정

내적 안정상태에 있는 구조물에서 힘의 평형조건만으로 구조물의 반력을 구할 수 있는 경우를 외적 정정(External Determinate)이라 하고 힘의 평형조건 외에도 변형에 대한 적합조건을 고려해야만 구조물의 반력을 구할 수 있는 경우를 외적 부정정(External indeterminate)이라 한다. 평면구조물에서 힘의 평형조건은 기본적으로 3개의 방정식으로 구성된다. 그러므로 반력수 r이

$$r < 3 : \text{필요조건은 아니지만 외적 불안정} \quad (3.3)$$
$$r = 3 : \text{외적 정정}$$
$$r > 3 : \text{외적 부정정}$$

이 성립한다. 예를 들어 그림 3.13은 외적 안정구조이다. 그림 (a)는 반력 수가 3이므로 외적 정정구조물이다. 그림 (b)는 반력수가 3을 초과하므로($r = 6$) 외적 부정정구조물이다.

이번에는 내적 불안정구조물의 외적 정정에 관해 살펴보자. 그림 3.14는 반력수가 4이고 기하학적으로 구속되어 있으므로 외적 안정이다. 그러나 지점에서 구조물을 떼어내면 형상이 변하므로 내적 불안정이다(그림 3.12(b) 참조). 정정여부를 살펴보자. 반력수가 4이므로 식 (3.3)에서와 같이 외적 부정정구조물로 보인다. 그러나 내부 힌지에서 모멘트는 전달되지 않는다는 절점 조건 ($\sum M_C^{CA} = 0$)을 이용해서 새로운 추가 방정식(e)을 세울 수 있으므로 외적 정정구조물이다(이러한 힌지 절점에서의 추가방정식을 이용한 해석은 겔버보, 3회전단 라멘, 3회전단 아치 등에서 자세히 다루기로 한다). 이처럼 내부 절점 조건식을 세울 수 있다면 (내부 힌지의 경우 1개, 내부 롤러의 경우 2개), 미지력을 구하기 위한 방정식(e)을 추가시킬 수 있으므로,

$$r < 3+e : \text{필요조건은 아니지만 외적 불안정} \quad (3.4)$$
$$r = 3+e : \text{외적 정정}$$
$$r > 3+e : \text{외적 부정정}$$

이 성립한다.

내적 정정과 부정정

안정상태인 구조물의 모든 부재력을 힘의 평형조건만으로 구할 수 있는 경우를 내적 정정(Internal Determinate), 모든 부재력을

구하기 위하여 힘의 평형조건 외에도 변형에 대한 적합조건이 필요한 경우를 내적 부정정(Internal Indeterminate)이라 한다.

3.3.3 구조물의 부정정차수 판별식

구조물 미지력의 개수가, 힘의 평형방정식이나 기타 지점 조건식으로 구성할 수 있는 방정식의 수보다 얼마나 많은지를 부정정차수(i)라고 한다. 구조물의 부정정차수는 예를 들어, 식 (3.3)에서 내적 안정상태의 구조물에 대한 외적 부정정차수 i_e는

$$i_e = r - 3 \tag{3.5}$$

이고, 식 (3.4)에서 내적 불안정상태의 구조물에 대한 외적 부정정차수 i_e는

$$i_e = r - (3 + e) \tag{3.6}$$

이다. 그러나 구조물의 미지력은 부재력도 있으므로 실제 부정정차수 i는 이를 모두 더해야 한다. 여기서는 이러한 부정정차수를 구하는 실용적인 식을 제시한다. 실제 부정정차수를 계산하는 과정은 앞으로 각 구조형식의 해석에서 보다 자세히 다룰 것이다.

부정정차수 i는

$$i = r + m + e_c - 2j \tag{3.7}$$

여기서 i : 부정정차수

$i < 0$ 불안정구조물

$i = 0$ 정정구조물

$i > 0$ 부정정구조물

r : 반력 수

m : 부재 수

e_c : 강절에 모인 부재 수−1(그림 3.15 참조)

j : 절점 수(자유단 및 지점도 절점으로 간주)

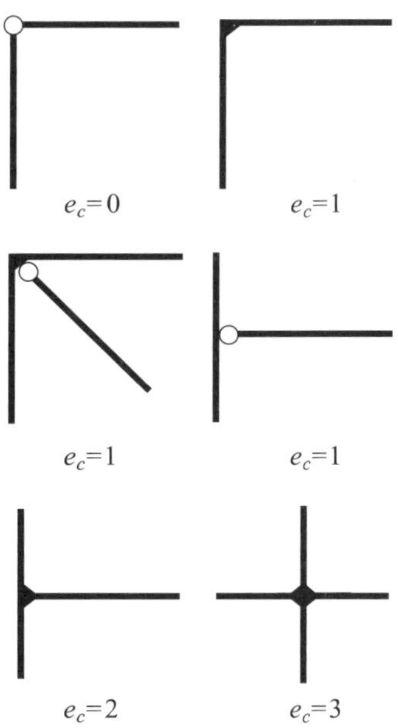

그림 3.15 e_c의 정의

그림 3.13(a) 라멘의 부정정차수 i을 구해보자. 반력수 $r = 3$, 부재수 $m = 3$, 절점수 $j = 4$, 강접합된 부재수 $e_c = 2$이므로,

$$i = r + m + e_c - 2j = 3 + 3 + 2 - 2 \times 4 = 0$$

이고, $i = 0$이므로 정정구조물이다. 식 (3.7)에서는 자유단 및 지점도 절점으로 간주한다는 것에 유의해야 한다. 예제를 통해 구조물을 판별 방법을 살펴보자.

예제 3-1

다음 그림과 같은 구조물을 판별식을 이용하여 안정/불안정, 정정/부정정 그리고 부정정차수를 판단하라.

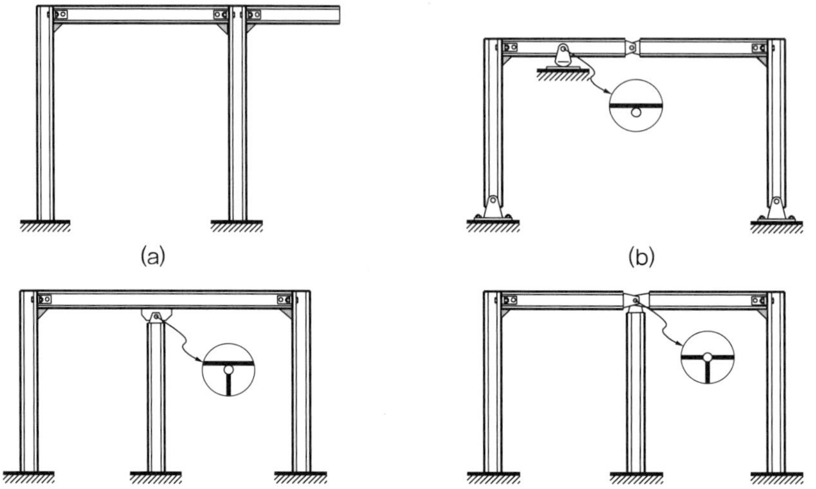

(a) (b) (c) (d)

풀이

부정정차수를 산출하는 식은 $i = r+m+e_c-2j$이므로 이를 이용하여 구하면,

그림 (a) $r=6,\quad e_c=3,\quad m=4,\quad 2j=10$이므로

$i=6+3+4-10=3$차 부정정

(자유단 및 지점도 절점에 포함하므로 $2j=10$이다.)

그림 (b) $r=5,\quad e_c=3,\quad m=5,\quad 2j=12$이므로

$i=5+3+5-12=1$차 부정정

(e_c 계산에서 부재 중간에 지점이 있는 경우에 유의해야 한다.)

그림 (c) $r=9,\quad e_c=3,\quad m=5,\quad 2j=12$이므로

$i=9+3+5-12=5$차 부정정

그림 (d) $r=9,\quad e_c=2,\quad m=5,\quad 2j=12$이므로

$i=9+2+5-12=4$차 부정정

예제 3-2

다음 구조물의 안정, 불안정, 정정, 부정정을 판별한 후, 안정상태, 정정상태로 만들기 위한 방안을 찾아라.

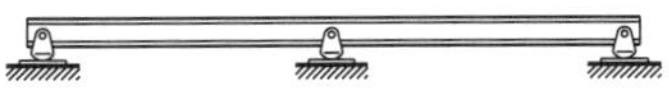

(1)

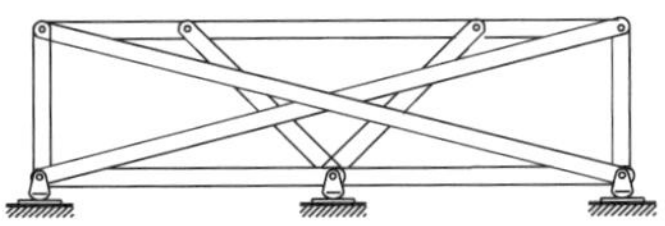

(2)

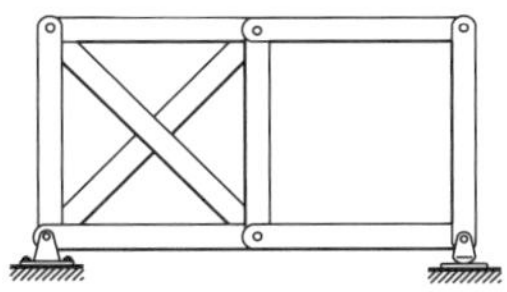

(3)

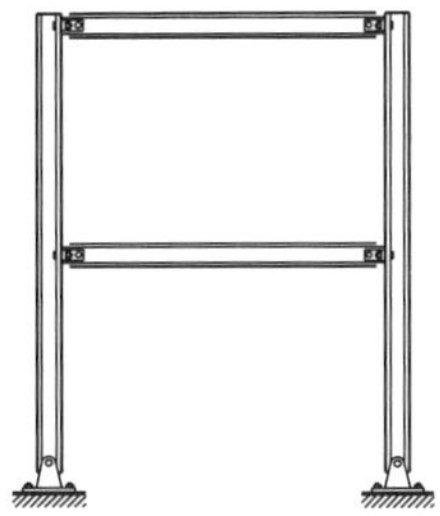

(4)

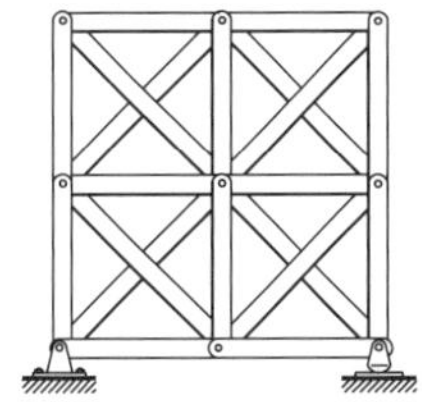

(5)

풀이

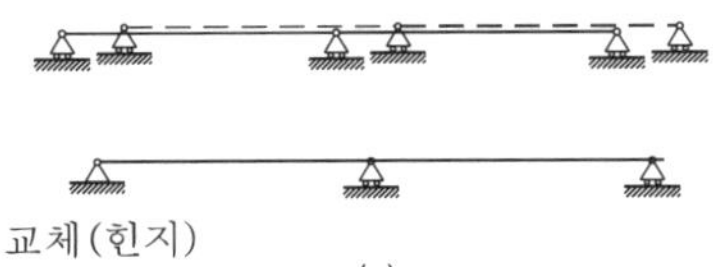

(a)

(1) 모든 지점이 이동단으로 외적 불안정이다(판별식 적용불가). 정정상태를 만들기 위해서는 지점 1개를 힌지로 바꾸면 된다.

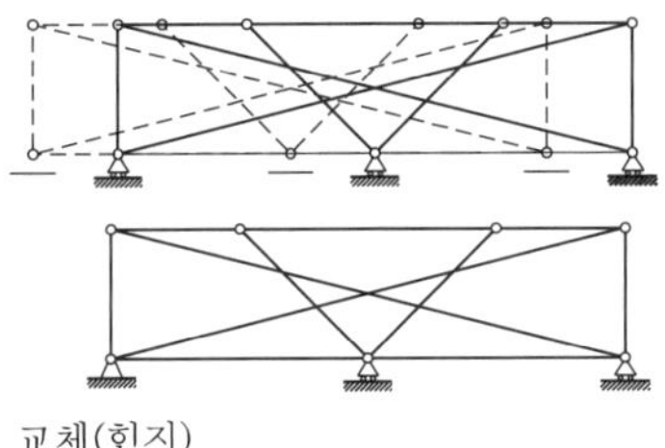

(b)

(2) 그림 (b) $r=3,\quad e_c=0,\quad m=11,\quad 2j=14$이므로

$$i=3+0+11-14=0$$

로 정정구조 같지만, 그림 (b)와 같이 이동하므로, 외적 불안정이다(판별식 적용불가). 정정상태를 만들기 위해서는 지점 1개를 힌지로 바꾸면 된다.

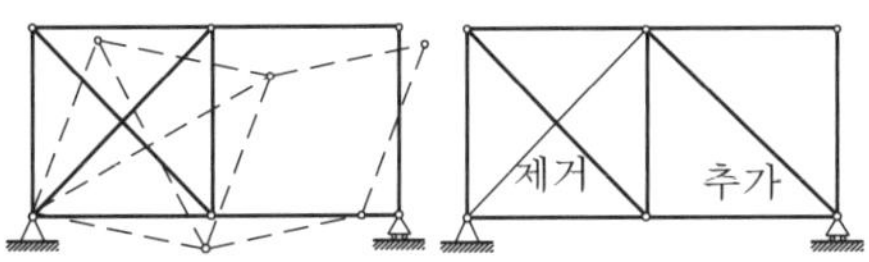

(c)

(3) 그림 (c) $r=3,\quad e_c=0,\quad m=9,\quad 2j=12$이므로

$$i=3+0+9-12=0$$

이지만, 그림과 같이 회전하므로 이미 외적 불안정이다(판별식 적용불가). 외적 불안정상태에서는 정정구조물 판별식을 적용할 수 없다. 그림과 같이 부재를 추가하면 1차 부정정이고, 부재를 제거하고, 추가하면, 정정구조물이 된다.

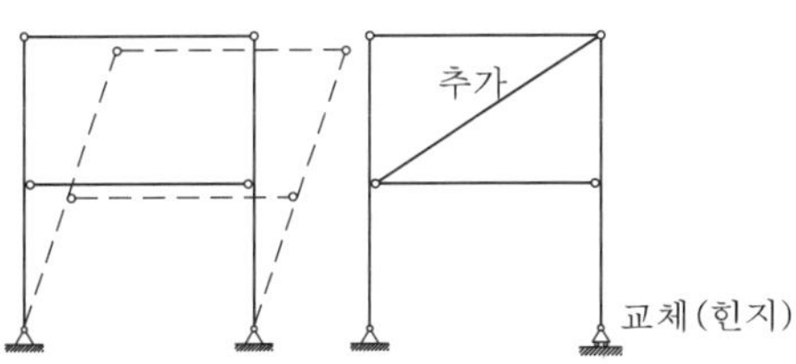

(d)

(4) 그림 (d) $r=4,\quad e_c=2,\quad m=6,\quad 2j=12$이므로

$$i=4+2+6-12=0$$

이지만, 그림과 같이 회전하므로 이미 외적 불안정이다(판별식 적용불가). 그러므로 그림과 같이 부재를 추가하면 1차 부정정, 지점을 이동단으로 바꾸면 정정이 된다.

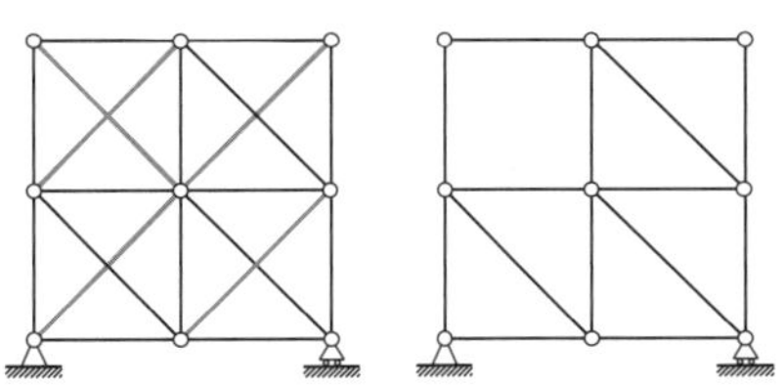

(e)

(5) 그림 (e) $r=3,\quad e_c=0,\quad m=20,\quad 2j=18$이므로

$$i=3+0+20-18=5$$

이므로 5차 부정정이다. 그림과 같이 부재 5개를 제거하면 정정구조물이 된다.

3.4 반력의 계산

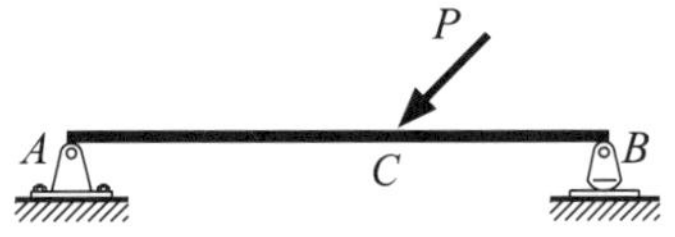

(a) 구조물

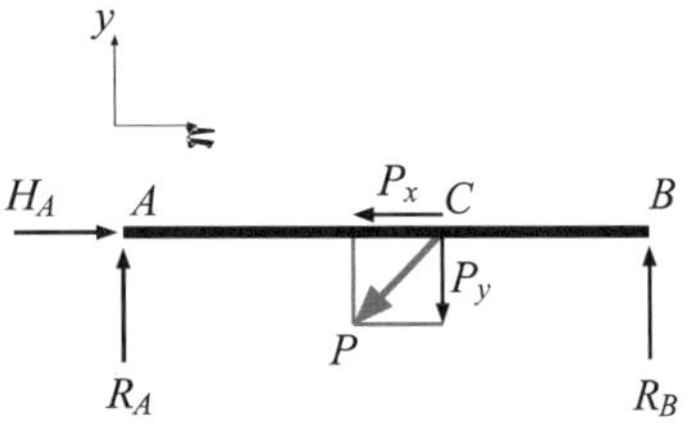

(b) 자유물체도

그림 3.16 지점반력을 구하기 위한 유물체도 작성방법

구조물에 하중이 작용할 때, 평형상태를 유지하기 위해 지점에 발생하는 힘이 반력이므로, 구조물에 대한 힘의 평형조건식을 이용해서 반력을 구할 수 있다. 반력을 구하는 단계는 다음과 같다.

1단계 자유물체도 작성

그림 3.16(b)와 같이 해석하려는 구조물을 지점과 연결되어 있는 다른 물체로부터 분리하여 xy좌표계에 그린다. 주어진 하중과 반력들을 각각의 방향과 부호에 맞게 화살표로 나타내고 그 크기를 표시한다. 이렇게 구조물 또는 부재에 발생하는 힘의 조건을 고려하여 xy좌표에 표현한 그림을 자유물체도(Free body diagram, FBD)라 한다. 이때 반력은 지점의 종류에 따라, 이동단은 1, 회전단은 2, 고정단은 3(R, H, M)이고, 방향은 양(+)의 x 및 y방향과, 모멘트는 반시계방향(↶)으로 가정한다. 반력의 크기는 아직 알 수 없으므로 적절한 문자를 이용하여 자유물체도에 나타낸다. 이 책에서는 수평반력은 H, 수직반력은 R, 모멘트는 M으로 표기하고, 각각에 지점을 첨자로 표기한다. 그림 (b)에서 A지점은 회전단이므로 H_A와 R_A 2개의 반력을 생각할 수 있고, 방향은 xy좌표에서 정(+)방향으로 가정한다. B지점은 이동단이므로 R_B 1개의 반력을 생각할 수 있고, xy좌표에서 양(+)으로 가정한다. 또한 작용하중 P는 xy좌표계에 맞게 P_x와 P_y로 분해하여 그린다.

2단계 힘의 평형조건식 이용

힘의 평형방정식을 이용하여 반력에 대한 식을 구성한다. 즉,

$$\rightarrow + \sum X = 0, \quad \uparrow + \sum Y = 0, \quad \curvearrowleft \boxplus \sum M = 0 \qquad \text{(a)}$$

평형방정식에 의한 식은 3개이다. 때로 위의 식 이외에도 부재 내의 절점 조건을 고려한 방정식을 구성할 수도 있다. 예를 들어 부재 내 E점에 힌지가 있다면, 힌지에서 모멘트는 전달되지 않으므로,

$$\curvearrowleft \boxplus \sum M_E^{EA} = 0 \qquad \text{(b)}$$

의 식을 만들 수 있다. 이상의 식을 이용하여 반력을 구한다. 계산 결과 반력의 부호가 양(+)이 나오면 처음에 가정했던 방향과 같다는 것이고, 음(−)이 나오면, 가정된 방향과 반대라는 의미이다.

3.5 부재력

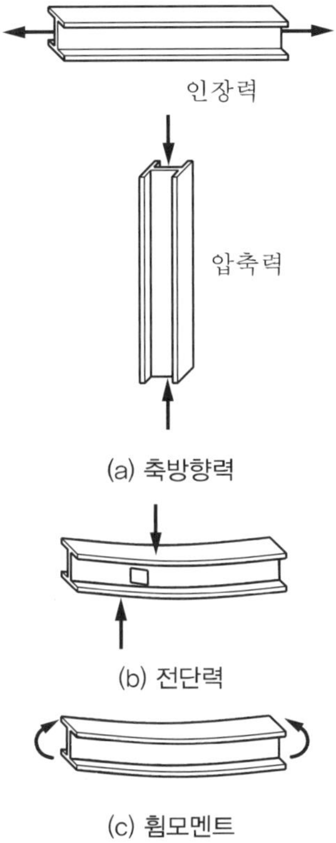

그림 3.17 부재력의 종류

3.5.1 부재력(단면력, 외응력)과 종류

구조 부재에 발생하는 내력을 살펴보자. 외력이 작용하여 구조물이 평형상태에 있을 때, 부재의 임의 단면 또는 임의 점에 유발되는 저항력을 부재력(Member force)이라 하고, 동일한 의미로 부재 단면이 저항하는 힘이므로 단면력이라고도 하며, 외력에 대응하여 부재 내부에 발생되는 힘이므로 내력(Internal force) 또는 간단히 외응력(External stress)이라고도 한다.

부재력(외응력)은 힘의 작용상태에 따라, 그림 3.17과 같이 부재의 축방향으로 늘어나거나 줄어들게 하는 축방향력(Axial force), 부재축에 직각방향으로 절단하려는 힘인 전단력(Shear force), 그리고 부재를 활처럼 휘어지게 하려는 방향이 반대인 한 쌍의 회전력인 휨모멘트(Bending moment)로 분류할 수 있다. 그림 3.18은 실제 구조물에서 이러한 부재력(외응력)에 의한 파괴를 보여준다. 각각의 부재력(외응력)에 관하여 살펴보면 다음과 같다.

축방향력

축방향력(Axial force)이란 부재의 축에 평행하게 작용하는 긴장력으로, 부재를 길이방향으로 늘어나게 하는 인장력(Tensile force)과 줄어들게 하는 압축력(Compressive Force)이 있다.

축방향력의 부호규약은 그림 3.19(a)와 같이 인장력을 양(+), 압축력을 음(−)으로 정한다. 부재의 전 구간에 걸쳐 축방향력의 분포상태를 표현한 그림을 축방향력도(Axial force diagram, AFD)라 하며, 부재축에 직각으로 표시하고 일반적으로 양(+)을 부재축 하부, 음(−)을 상부에 그린다.

전단력

그림 3.19(b)의 V_L, V_R과 같이 부재축에 직각으로 작용하는 크기가 같고 방향이 반대인 한 쌍의 힘을 전단력(Shear Force)이라 하며, 전단력은 부재를 절단하려는 특성을 갖는다.

전단력 V는 전단력을 구하려는 점을 경계로 가상적으로 절단된 좌우측 어느 한쪽 구조물에 가해진 외력의 재축에 수직인 분력을 종합한 힘으로 표현된다.

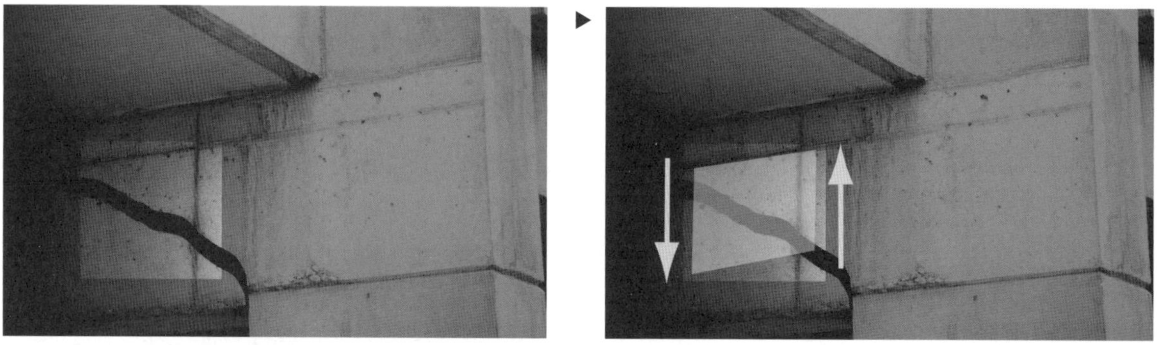

(a) 철근콘크리트 보 단부에서의 전단력에 의한 균열 (b) 전단력 분포

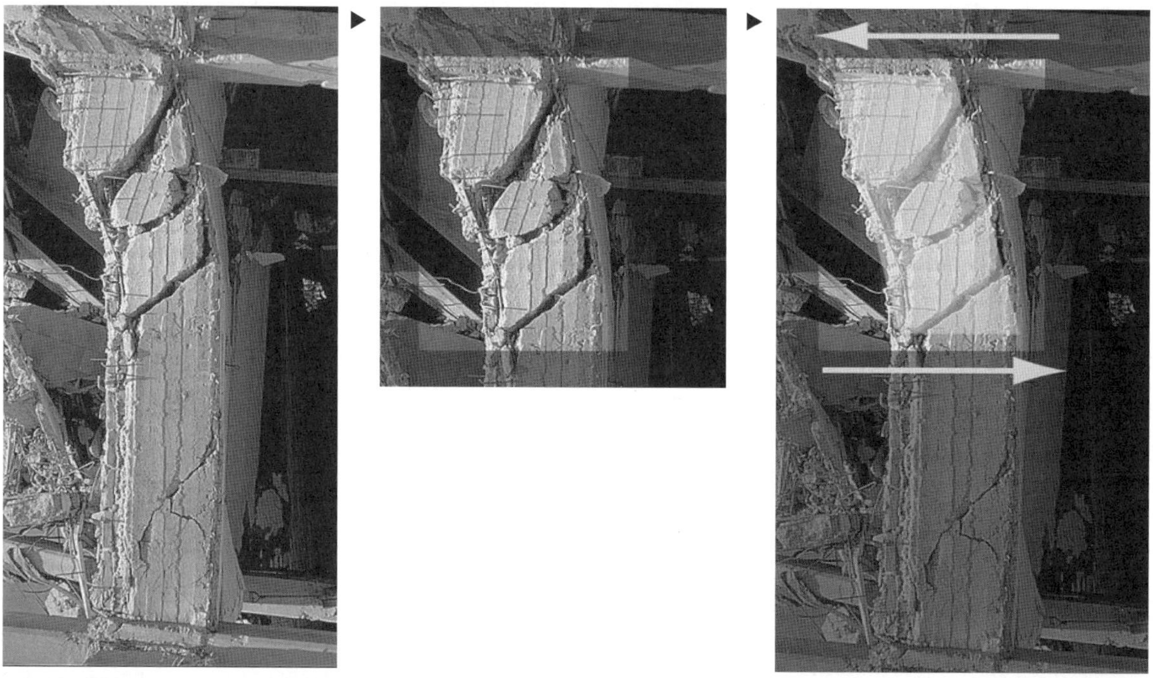

(a) 지진에 의한 기둥의 파괴 (b) 전단력 작용위치 (c) 전단력 분포

(a) 철근콘크리트보의 휨파괴 (b) 휨모멘트 작용위치

그림 3.18 구조부재의 외력에 의한 파괴와 부재력

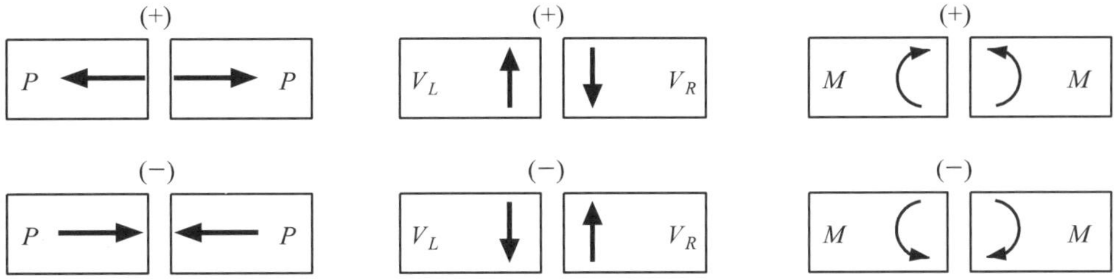

그림 3.19 부재력(단면력, 외응력)의 부호규약

전단력의 부호규약은 축에 직각인 외부에서 작용된 힘과 가상적인 절단점에 유발되는 한 쌍의 힘이 시계방향으로 회전하는 작용을 할 때를 양(+), 반시계방향으로 회전할 때를 음(−)으로 한다. 구조물의 전 구간에서 전단력의 분포를 도시한 것을 전단력도(Shear force diagram, SFD)라 하며 양(+)을 부재축 하부, 음(−)를 상부에 각각 그린다.

휨모멘트

휨모멘트는 그림 3.19(c)와 같이 부재를 휘게 하는 부재력(외응력)을 말한다. 휨모멘트 M은 구하고자 하는 단면을 경계로 하여 좌·우측 어느 한쪽 구조물에 가해진 외력들에 의해 그 단면에 유발되는 모멘트의 총합으로 표현된다.

휨모멘트의 부호규약은 단면에 작용하는 휨모멘트에 의해 단면 하부에 인장, 상부에 압축을 유발하게 하는 휨모멘트를 양(+), 단면 하부에 압축, 상부에 인장을 유발하는 휨모멘트를 음(−)로 한다. 양(+)모멘트가 작용하면, 부재는 아래로 볼록하게 휘고, 반대로 음(−)모멘트가 작용하면 부재는 위로 볼록하게 휜다.

구조물의 전 구간에 걸쳐 휨모멘트의 분포를 도시한 것을 휨모멘트도(Bending moment diagram, BMD)라 하며 일반적으로 휨모멘트도는 부재의 인장 작용면에 그린다.

3.5.2 하중, 전단력 및 휨모멘트의 관계

그림 3.20과 같이, 보에서 길이 dx인 미소부분을 절단하여 등분포하중 w, 전단력 V, 그리고 휨모멘트 M의 관계를 살펴보자. 미소부분의 좌측 단면에 작용하는 전단력 및 휨모멘트를 각각 V, M이라 하면, 우측 단면에는 $V+dV$, $M+dM$의 부재력이 작용하므로, 힘의 평형조건으로부터 다음의 관계식을 얻게 된다.

먼저 $\uparrow + \sum Y = 0$에서,

$$V - \omega\, dx - (V + dV) = 0 \qquad \text{(a)}$$

$$\frac{dV}{dx} = -\omega \qquad (3.8)$$

또한 $\curvearrowleft + \sum M_b = 0$에서

$$-M - V \cdot dx + (\omega\, dx)\left(\frac{dx}{2}\right) + (M + dM) = 0 \qquad \text{(a)}$$

이고, $dx^2/2 \cong 0$이므로, 정리하면,

$$\frac{dM}{dx} = V \qquad (3.9)$$

그러므로 식 (3.8) 및 식 (3.9)로부터 다음이 성립한다.

$$\frac{d^2M}{dx^2} = \frac{dV}{dx} = -\omega \qquad (3.10)$$

이상의 결과로부터, 임의 단면에서 휨모멘트 일반식을 거리 x로 미분하면 그 단면에서의 전단력이 되고, 전단력 일반식을 거리 x로 미분하면 그 단면에서의 등분포하중 w에 음($-$)을 곱한 값이 된다.

이와 같이 구조물에 작용하는 하중, 전단력 및 휨모멘트의 상관관계는 x좌표축이 그림 3.20과 같이 설정되었을 때 적용 가능하다.

또한, 하중, 전단력 및 휨모멘트 미분 관계식으로부터,

1) $\dfrac{dM}{dx} = 0$(극대/극소값)일 때 M은 최대 또는 최소(음의 최대)가 되고, $V = \dfrac{dM}{dx}$이므로, 전단력 $V = 0$일 때 휨모멘트 M은 최대가 된다.

2) 전단력 V는 $\dfrac{dM}{dx}$이며, 이는 휨모멘트도의 기울기이다. 그러므로 휨모멘트도와 전단력도 사이에는 다음과 같은 관계가 성립된다.
   - M도가 3차 곡선일 때, V는 2차 곡선
   - M도가 2차 곡선일 때, V는 직선
   - M도가 직선일 때, V는 일정
   - M이 일정할 때, V는 0

3) $\dfrac{dM}{dx} = V$에서, $M = \int V \cdot dx$도 성립하므로, 어느 단면의 휨모멘트 M의 크기는 그 단면까지 전단력도의 면적을 더한 값이다.

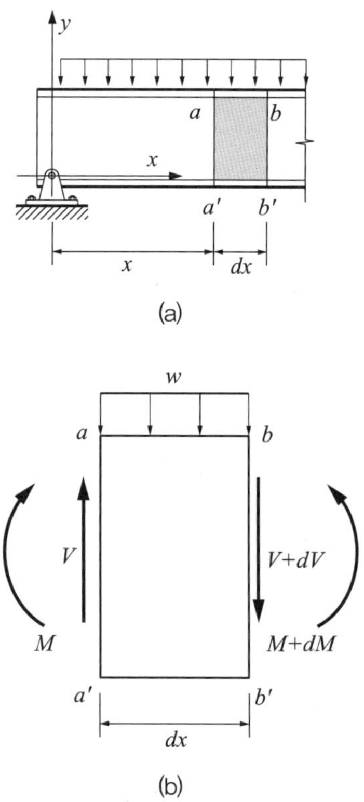

그림 3.20

3.5.3 부재력 계산방법

위에서 살펴본 부재력(단면력, 외응력)을 구조부재의 특정 위치에서 계산하기 위해서는 다음과 같은 단계를 거치게 된다.

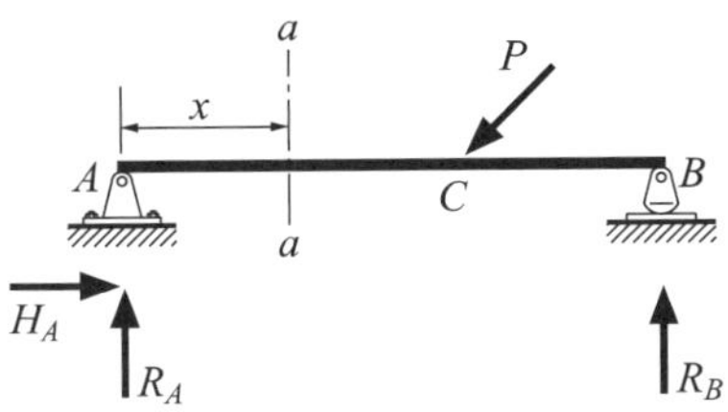

(a)
반력을 힘의 평형조건식을 이용하여 구한다.

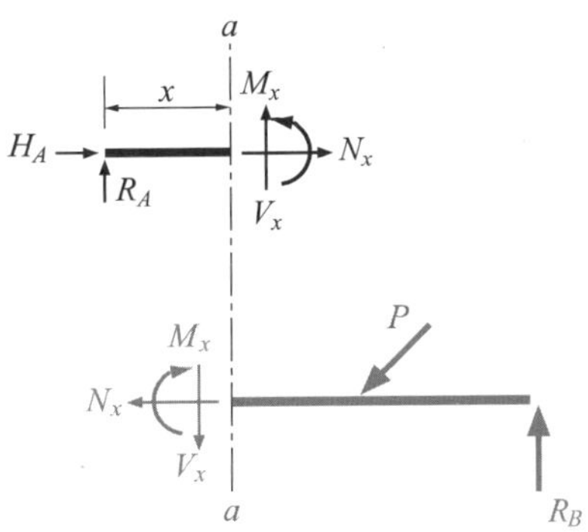

(b)
a-a′ 단면을 절단하고, 절단했음에도 평형조건을 만족하는 수평, 수직, 모멘트를 구한다.

그림 3.21 자유물체도 작성방법

1단계 지점반력의 계산

그림 3.21(a)와 같이 외력에 의한 힘의 평형조건식을 이용하여 구조물 지점에서 반력을 계산한다(3.4절).

2단계 자유물체도의 작성

부재에 작용하는 모든 하중과 반력 등의 힘들을 정확한 위치에 작용시킨 다음, 부재력을 구하고자 하는 부분을 부재와 수직으로 자른다. 이렇게 절단된 부재의 일부분에 대한 자유물체도를 그림 (b)와 같이 그린다.

다음으로 절단하였음에도 불구하고 힘의 평형조건을 만족시키기 위한 수직 V, 수평 N, 모멘트 M를 절단면에 표시한다. 일반적으로 가정하는 부재력은 양(+)의 방향으로 잡는다. 즉 수직 V(↑), 수평 N(→), 모멘트 M(↶)으로 가정한다.

3단계 자유물체도에서의 평형방정식 계산

자유물체도의 평형조건을 만족시키기 위한 미지의 N, V, M을 구하기 위해서 세 개의 평형방정식($\sum X$, $\sum Y = 0$, $\sum M = 0$)을 적용한다. 만약 평형방정식의 해가 음(−) 값을 갖는 경우에는 부재력 방향이 자유물체도에서 가정했던 방향과 반대가 된다.

4단계 부재력 계산과 부재력도 작성

부재력에 관한 정의 및 부호 규약에 따라 축방향력, 전단력 및 휨모멘트를 계산한다. 다음으로 부재 전체에 대하여 축방향력도, 전단력도, 휨모멘트도를 부호규약에 맞게 그린다. 이때 특이점(최대값, 최소값, 변곡점까지의 거리)을 도면에 같이 표기한다.

이상과 같이 구조부재의 반력을 구하고, 앞에서 살펴본 방법을 이용하여 부재력을 구하는 일련의 과정을 구조물을 해석(Analysis)한다고 말한다. 다음 장에서부터 여러 가지 구조물에 대한 해석을 통하여 이러한 부재해석의 과정을 살펴보자.

3.6 연습문제

Problem...

[3.3절]

3.3-1 다음과 같은 구조물의 안정 및 정정 여부를 판정하라.

(a)

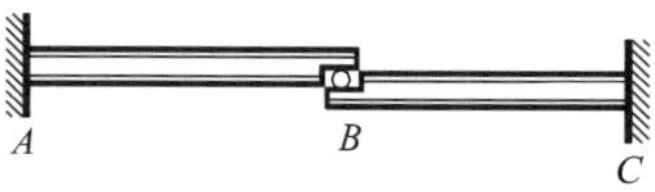

(b)

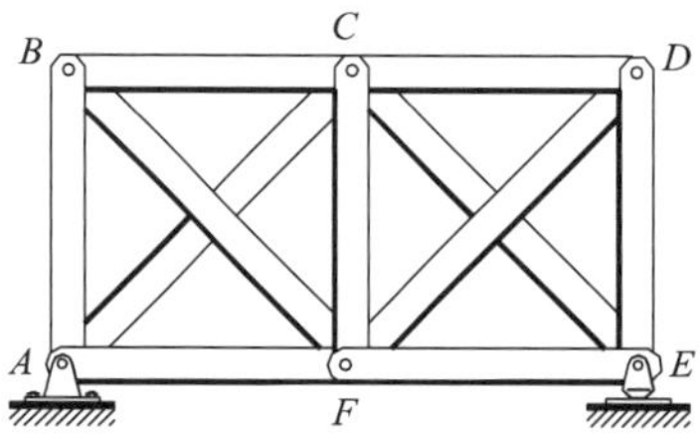

(c)

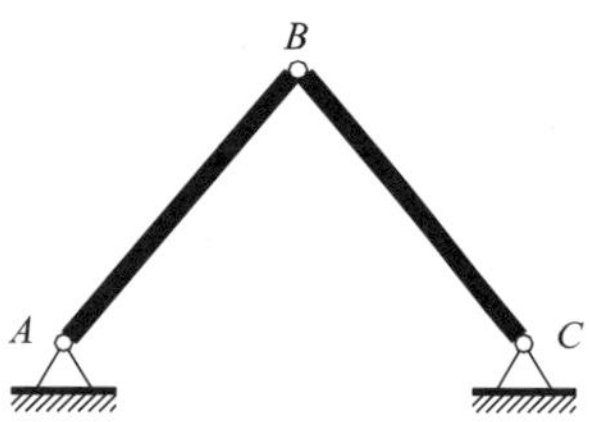

(d)

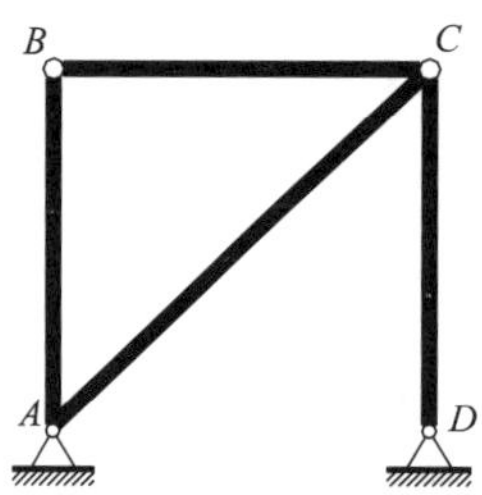

(e)

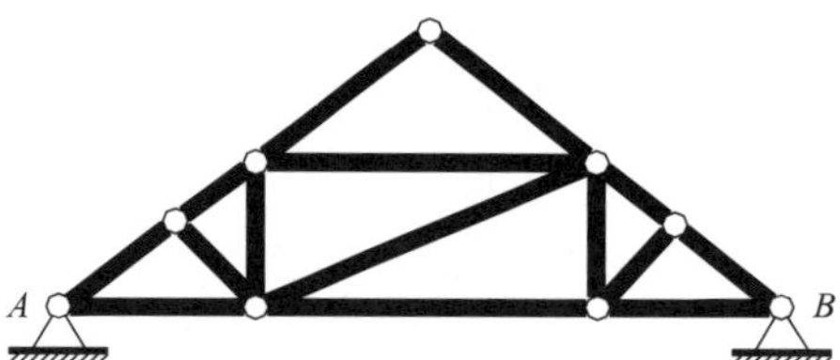

(f)

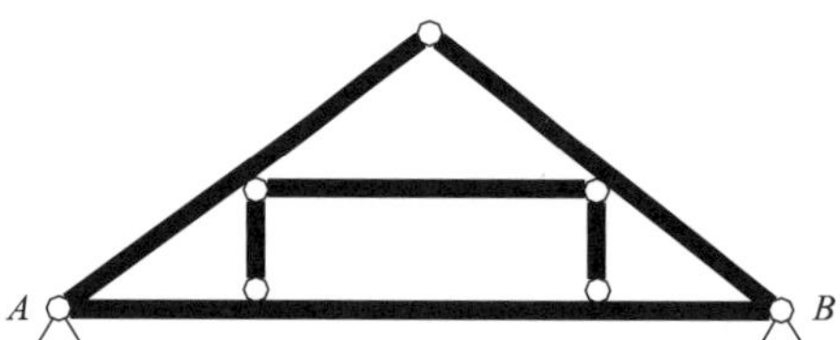

(g)

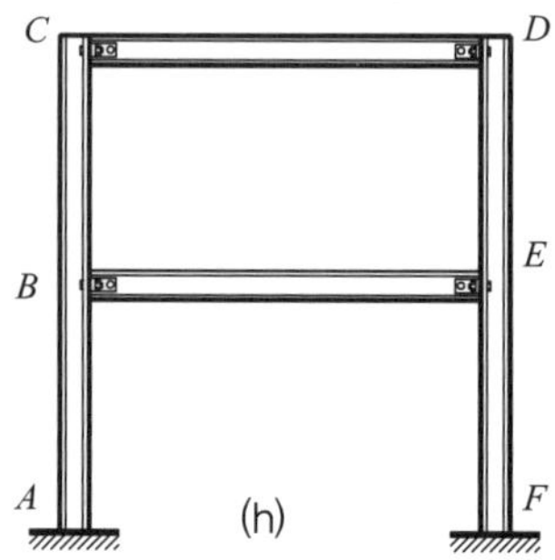

(h)

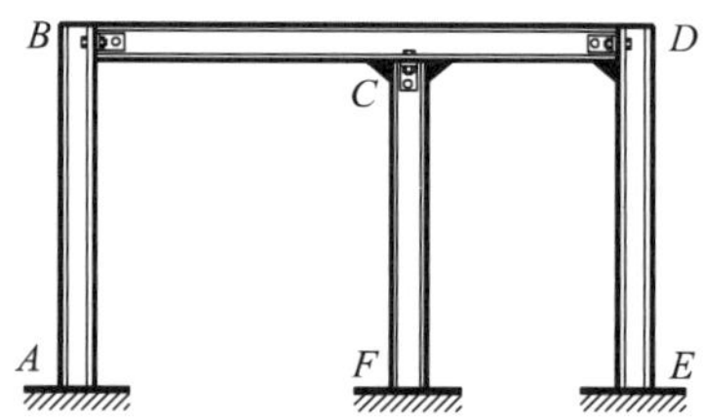

(i)

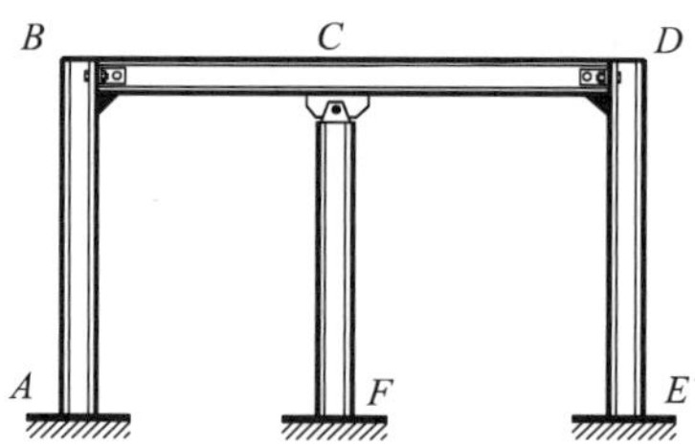

(j)

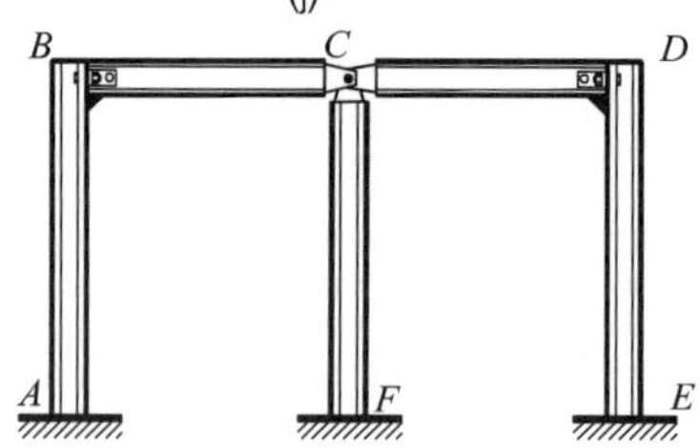

(k)

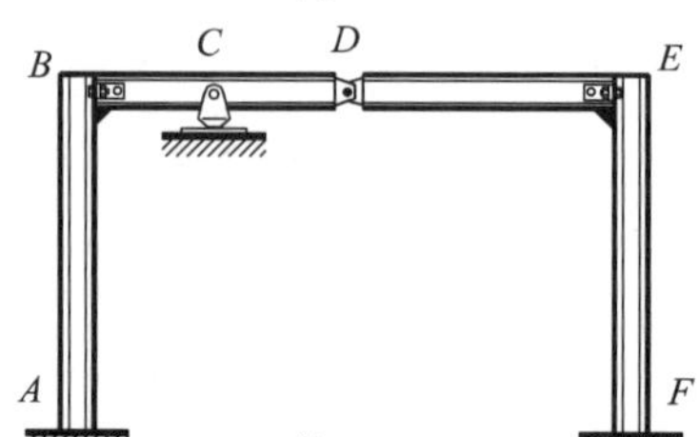

(l)

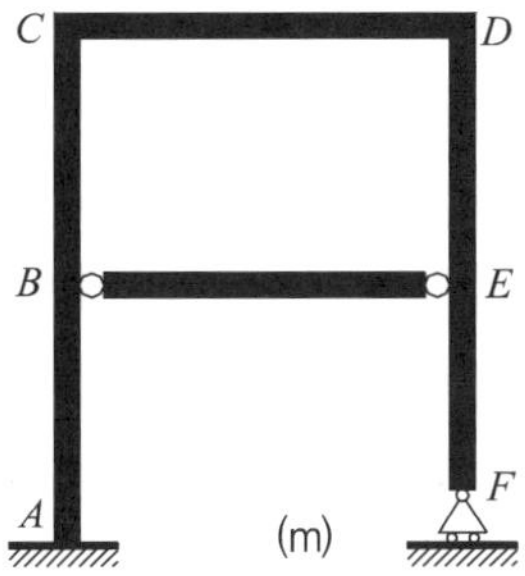

(m)

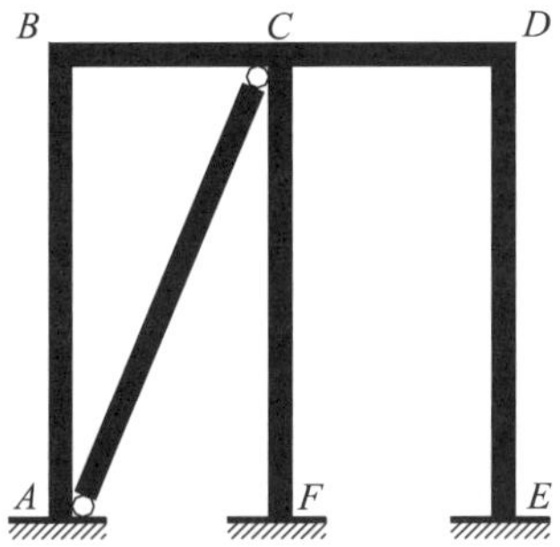

(n)

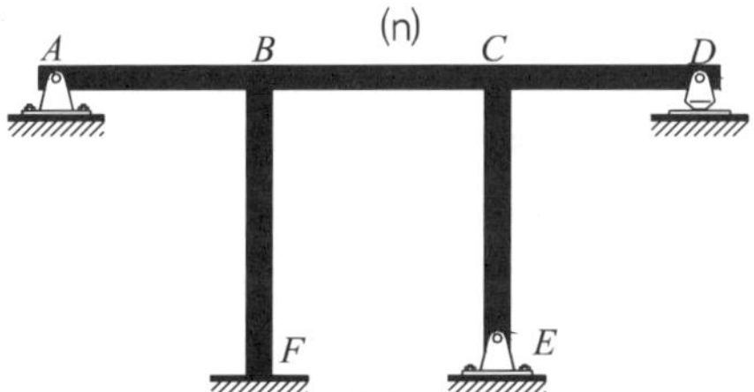

(o)

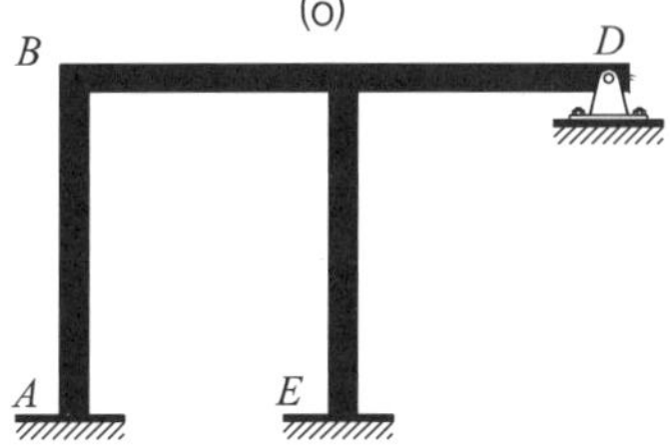

(p)

답

(a) 정정, (b) 2차 부정정, (c) 2차 부정정, (d) 정정, (e) 정정, (f) 1차 부정정, (g) 4차 부정정, (h) 2차 부정정, (i) 5차 부정정, (j) 5차 부정정, (k) 4차 부정정, (l) 3차 부정정, (m) 2차 부정정, (n) 6차 부정정, (o) 5차 부정정, (p) 5차 부정정

3.3-2 다음 연속보가 정정보가 되기 위해 부재에 필요한 활절(Pin)의 수를 구하라.

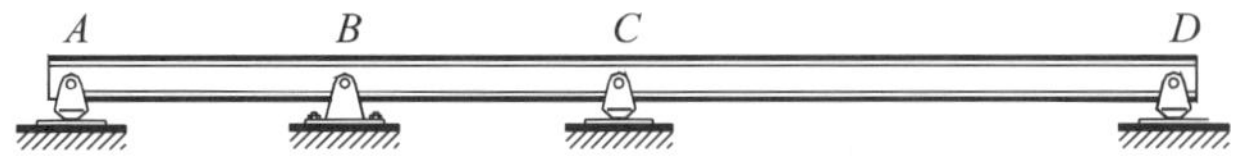

답 2개

3.3-3 다음과 같은 구조물의 안정 및 정정 여부를 판정하라.

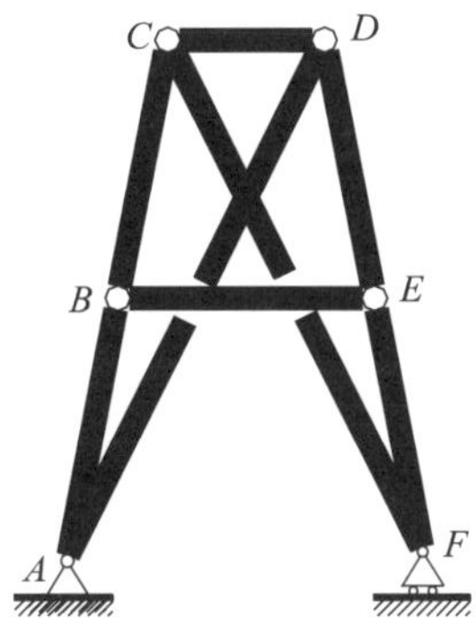

(a)

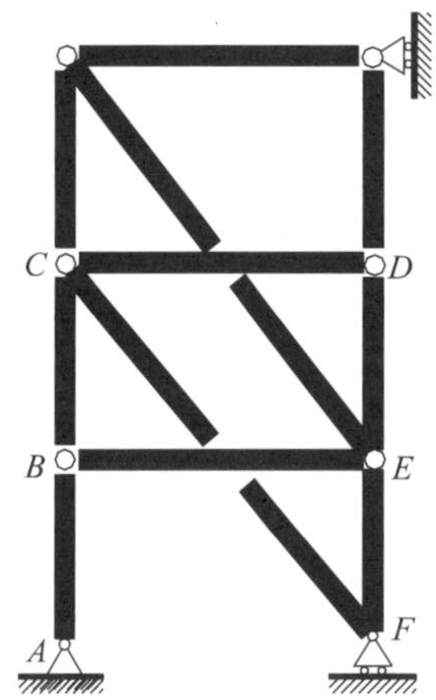

(b)

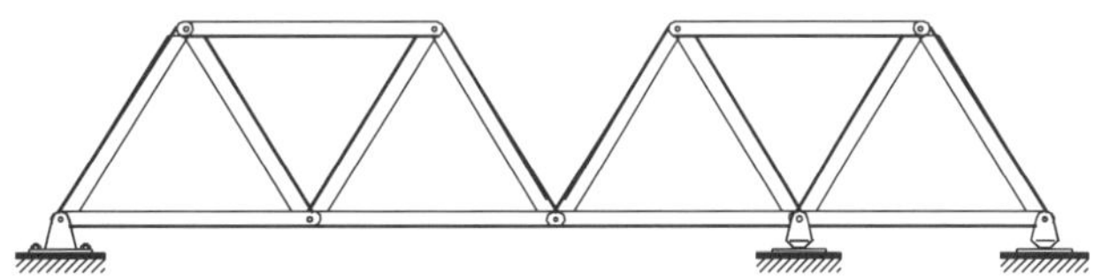

(c)

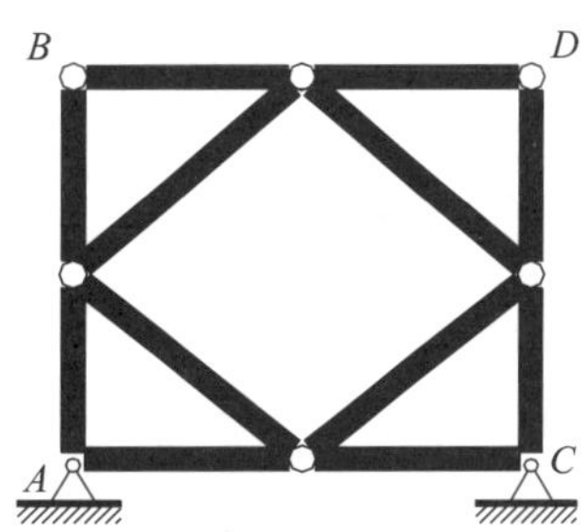

(d)

3.3-4 다음과 같은 구조물의 안정 및 정정 여부를 판정하라(외적 불안정구조물인 경우 안정화 방안을 찾고, 부정정차수를 구하라).

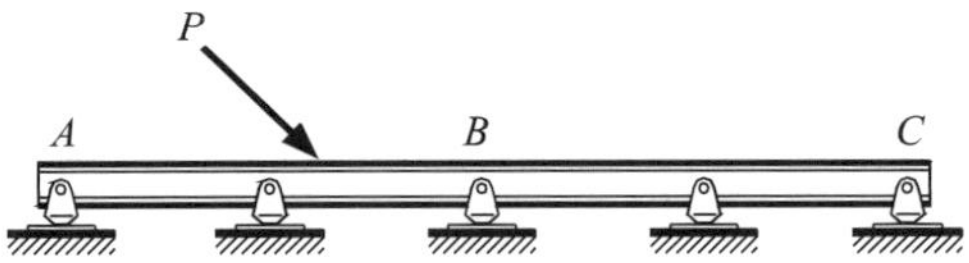

(a)

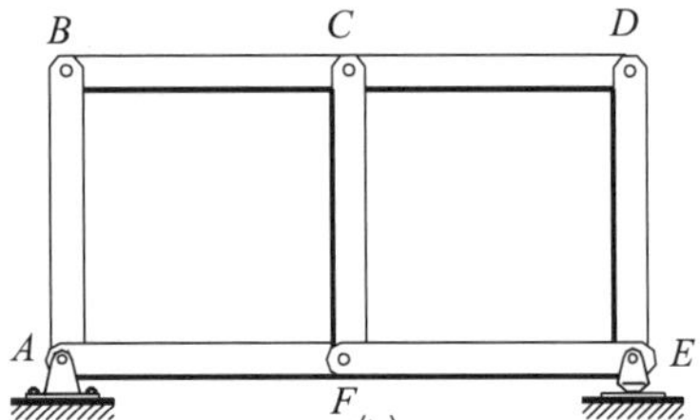

(b)

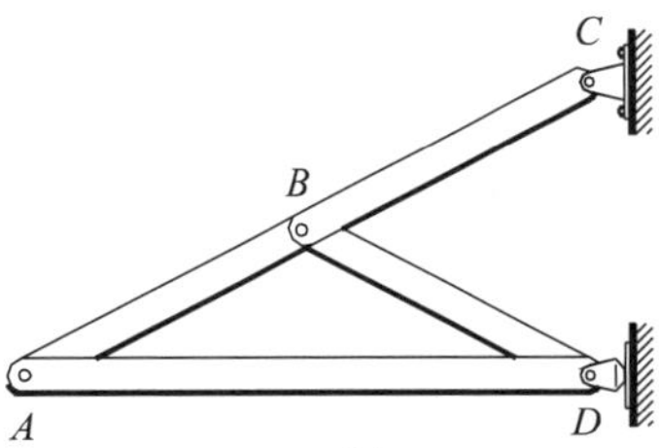

(c)

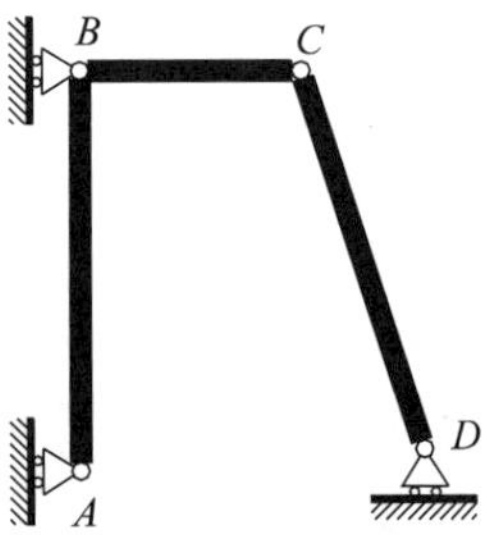

(d)

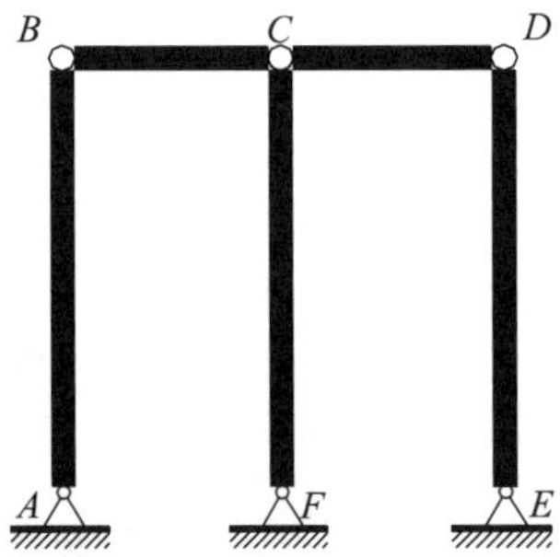

(e)

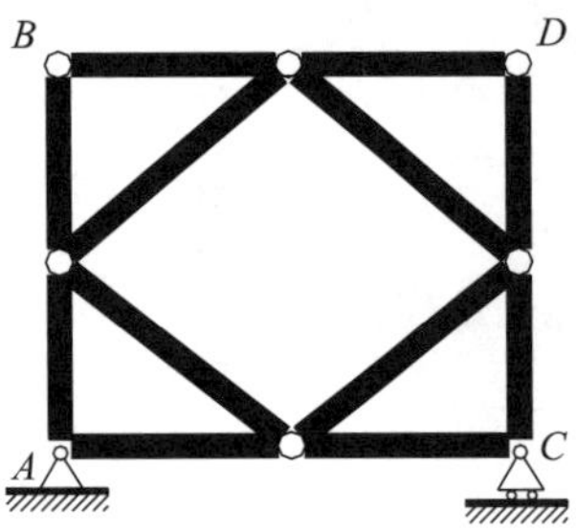

(f)

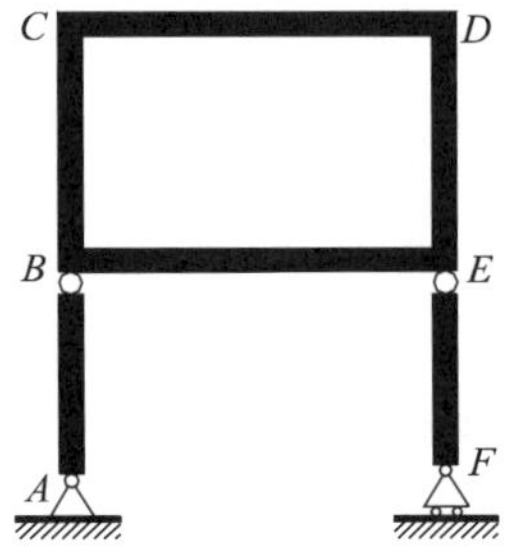

(g)

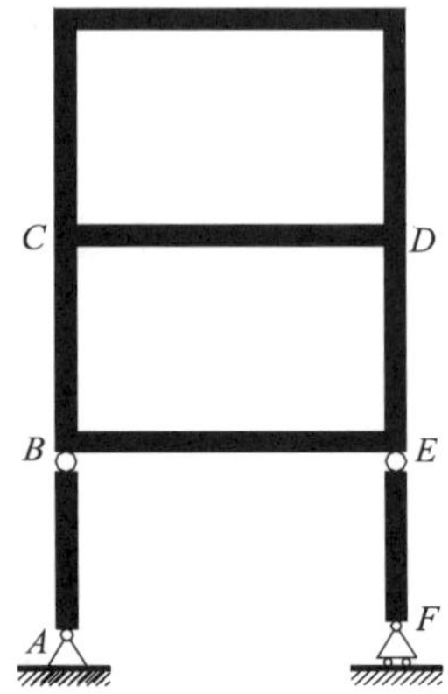

(h)

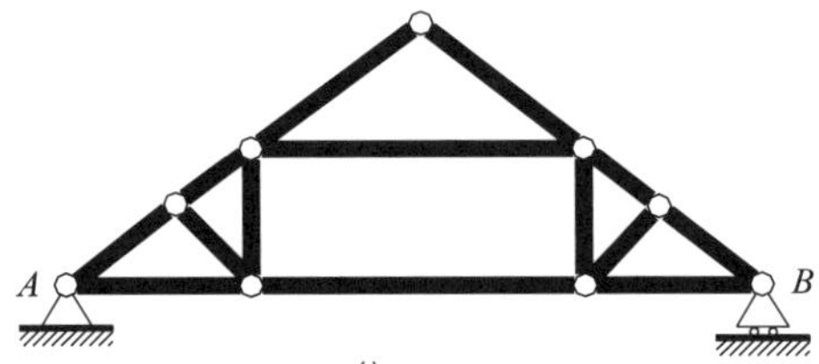

(i)

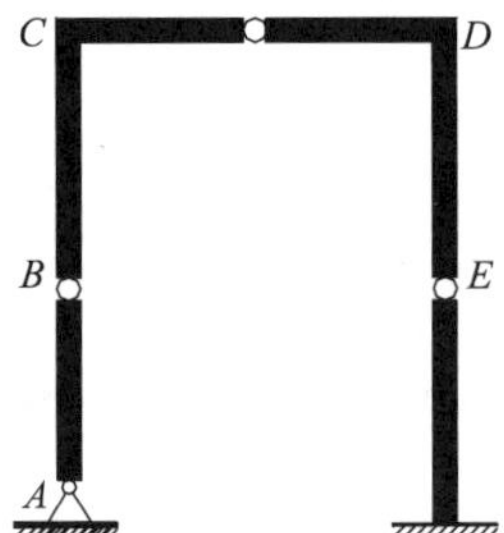

(j)

답

(a) 외적 불안정, 내적 안정, A지점을 회전단으로, 3차 부정정
(b) 외적/내적 불안정, $\overline{AC}$, $\overline{CE}$부재 추가, 정정
(c) 외적/내적 불안정, D지점을 회전단으로, 1차 부정정
(d) 외적/내적 불안정, D지점을 회전단으로, 1차 부정정
(e) 외적/내적 불안정, $\overline{AC}$, $\overline{CE}$부재 추가, 1차 부정정
(f) 외적/내적 불안정, C지점을 회전단으로, 정정
(g) 외적/내적 불안정, $\overline{AE}$부재 추가, 1차 부정정
(h) 외적/내적 불안정, $\overline{AE}$부재 추가, 6차 부정정
(i) 외적/내적 불안정, B지점을 회전단으로, 정정
(j) 외적/내적 불안정, A지점을 고정단으로, 정정

4장 정정구조물 해석

차례

주요개념

- 힘의 평형방정식
- 단순보
- 캔틸레버보
- 내민보
- 겔버보
- 정정라멘
- 정정아치

힘의 평형조건($\sum H=0$, $\sum V=0$, $\sum M=0$)만으로 반력과 부재력을 구할 수 있는 구조물을 정정구조물(Determinate structure)이라 하며, 힘의 평형조건과 변형적합조건을 동시에 고려해야만 해석이 가능한 구조물을 부정정구조물(Indeterminate structure)이라 한다. 이 장에서는 먼저 정정구조물 중에서 보, 라멘, 아치에 대한 해석 방법을 다룬다. 정정트러스 구조는 5장에서 별도로 다룬다. 정정트러스 구조를 분리해서 다루는 이유는 구조물의 형태나 부재력 특성이 다른 구조물과 차이가 있기 때문일 뿐, 근본적인 해석방법은 동일하다는 것을 알게 될 것이다.

앞 장에서 살펴보았듯이 정정구조물의 해석방법은 먼저 부재의 지점 형태에 따라 작용하중에 대한 반력을 구하고, 부재 각 부분에 대한 자유물체도를 적절히 이용하여 부재력 분포를 구하는 단순한 과정이다. 물론 "단순하다"는 말 자체가 "쉽다"는 의미는 아니다. 역학은 수학이나 물리학과 마찬가지로 의미를 이해하는 것만으로 문제를 해결할 수 없다는 사실을 경험을 통해 잘 알고 있을 것이다. 독자 스스로가 다양한 문제를 경험하고 직접 풀어보아야 비로소 해석방법을 이해할 수 있다.

또한 구조물의 부재를 하나의 직선으로 가정해 전체적으로 힘의 흐름을 생각하기 때문에(1.2절 구조물의 이상화) 사용재료나 단면의 크기와는 관계가 없다. 재료의 역학적 성질, 단면의 형태를 고려한 구조물의 변형과 해석은 8장 이후에 다룬다.

4.1 정정보 해석

보(Girder, Beam)란 2개 또는 여러 지점으로 구성되며, 부재의 축에 직각 또는 경사진 외력을 지지하는 부재를 말한다. 이러한 보 중에서 힘의 평형조건식만으로 반력과 부재력을 계산할 수 있는 보를 정정보라 한다. 정정보는 대부분 수평으로 설치되지만, 때로는 수직으로 설치되어 수평하중을 지지하기기도 한다.

정정보의 종류는 다음과 같다.

단순보(Simple beam)

두 개의 지점을 갖는 보의 일단이 이동지점이고 타단은 회전할 수 있는 회전지점으로 된 보

캔틸레버보(Cantilever beam)

일단이 고정지점이고 타단은 지점이 없는 자유단으로 된 보

내민보(Overhanging beam)

단순보에서 일단 또는 양단이 지점 밖으로 내밀어 자유단을 가진 보

겔버보(Gerber's beam)

연속보에 힌지를 설치하여 단순보와 내민보가 교대되도록 한 정정보

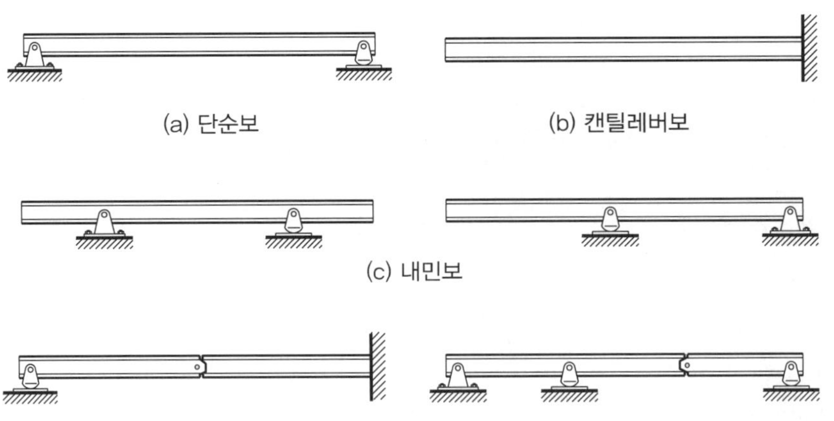

(a) 단순보 (b) 캔틸레버보

(c) 내민보

(d) 겔버보

그림 4.1 정정보의 종류

▲ 강구조물에서 큰보와 큰보(Girder) 사이의 작은 보(Beam)는 일반적으로 단순보로 해석할 수 있다.

풍하중에 저항하도록 설치된 세로로 구성된 강재 보도 양단 힌지와 핀을 갖는 단순보로 생각할 수 있다. ▼

◀ 상부층을 지지하고 있는 캔틸레버보

◀ 강재 위에 설치된 목재 보는 단순보와 바깥쪽으로 돌출된 처마를 포함한 내민보로 생각할 수 있다 (물론 외측 처마만을 생각한다면 캔틸레버보로 볼 수도 있다).

▲ 교량 상판의 연속보에 힌지를 넣어 겔버보를 만든 예이다.

▲ 모멘트가 전달되지 못하게 보 중간에 설치된 힌지 상세도이다.

그림 4.2 정정보의 전형적인 예

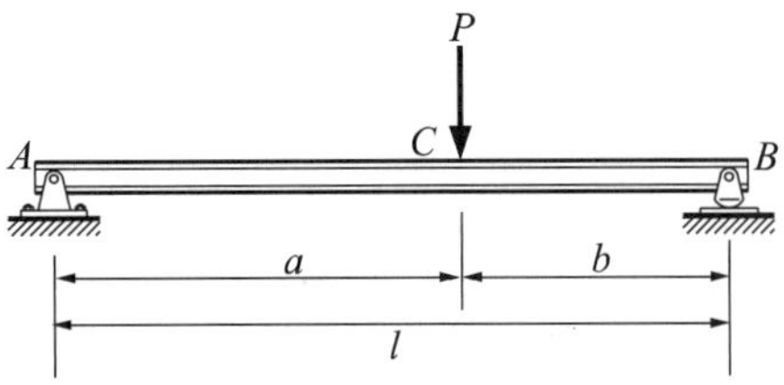

4.1.1 단순보의 해석

그림 4.3과 같이 단순보에 집중하중 P가 작용하는 경우, 지점 반력과 부재력 분포를 구해보자.

지점반력

그림 (a)와 같이 구조물 전체의 자유물체도를 그린다. A지점은 회전단이므로, 반력 H_A와 R_A, B지점은 R_B의 반력이 발생한다. 자유물체도로부터, 하중 P와 지점반력의 평형조건을 이용하면,

$$\rightarrow + \sum X = 0, \qquad H_A = 0$$

$$\uparrow + \sum Y = 0, \qquad R_A + R_B - P = 0$$

$$\curvearrowleft \boxplus \sum M_B = 0, \quad -R_A \times l + P \times b = 0, \quad R_A = \frac{Pb}{l}$$

이므로, R_B는

$$R_B = P - R_A = P - \frac{Pb}{l} = \frac{P(a+b) - Pb}{l} = \frac{Pa}{l}$$

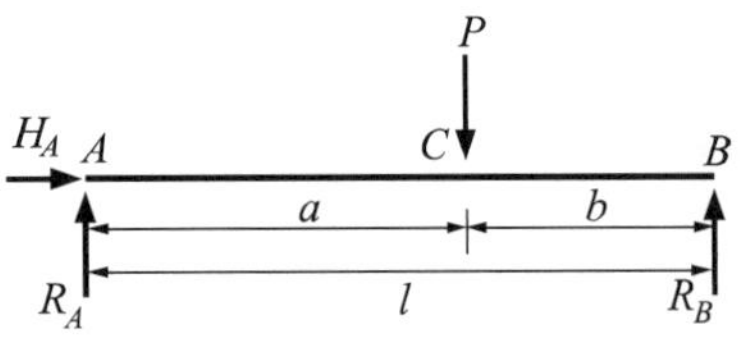

(a) 자유물체도

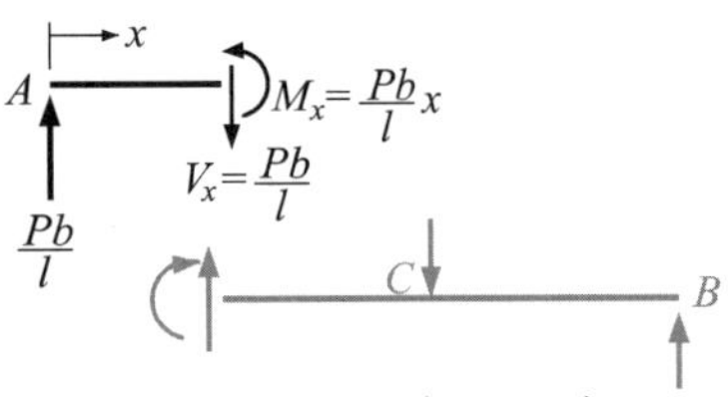

(b) 자유물체도($0 \le x \le a$)

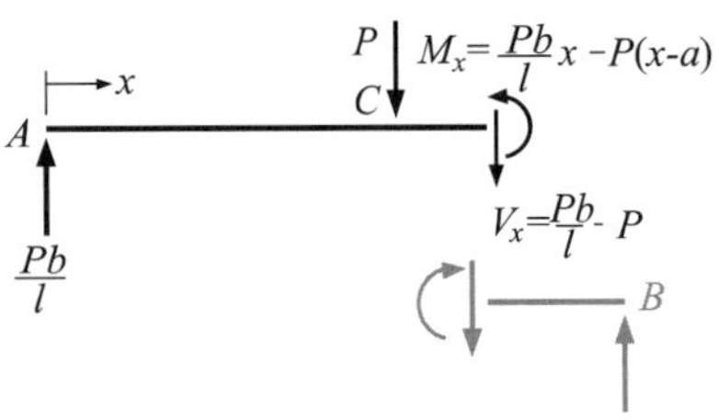

(c) 자유물체도($a \le x \le l$)

부재력

부재력을 계산하기 위하여 그림 (b)~(c)와 같이 지점으로부터 x만큼 떨어진 부분에 대한 자유물체도를 그린다.

먼저 $\overline{AC}$구간($0 \le x \le a$)의 자유물체도를 그려보자. 그림 (b)와 같이 A지점으로부터 x만큼 떨어진 부분을 절단하면, 힘의 평형조건을 만족시키기 위해서 V_x와 M_x가 존재해야 한다($N_x = 0$이다). 그러므로 $V_x(\uparrow)$와 $M_x(\curvearrowleft)$를 가정한다.

먼저, 부재에 축방향력은 존재하지 않는다($H_A = 0$이므로).

전단력은 임의 단면에서 보의 재축 방향과 수직인 두 힘이 ↑□↓로 분포하면 양(+), ↓□↑이면 음(−)으로 약속했으므로,

$$\uparrow + \sum Y = 0, \quad V_x + \frac{Pb}{l} = 0, \quad V_x = -\frac{Pb}{l}(\downarrow)$$

이고, $\frac{Pb}{l}(\uparrow)$과 $V_x(\downarrow)$가 ↑□↓로 분포하므로 부호는 양(+)이다.

휨모멘트는 임의 단면에서 두 모멘트가 ↻‿↺(아래로 볼록)이면, 양(+), ↺⁀↻(위로 볼록)이면 음(−)으로 약속했으므로,

$$\curvearrowleft + \sum M = 0, \quad M_x - \frac{Pb}{l}x = 0, \quad M_x = \frac{Pb}{l}x$$

(d) 축방향력도(AFD)

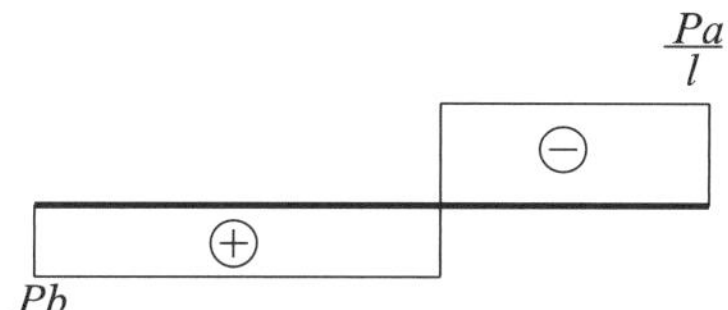

(e) 전단력도(SFD)

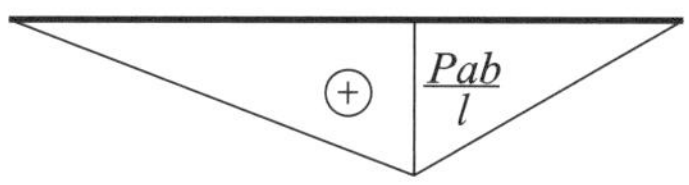

(f) 휨모멘트도(BMD)

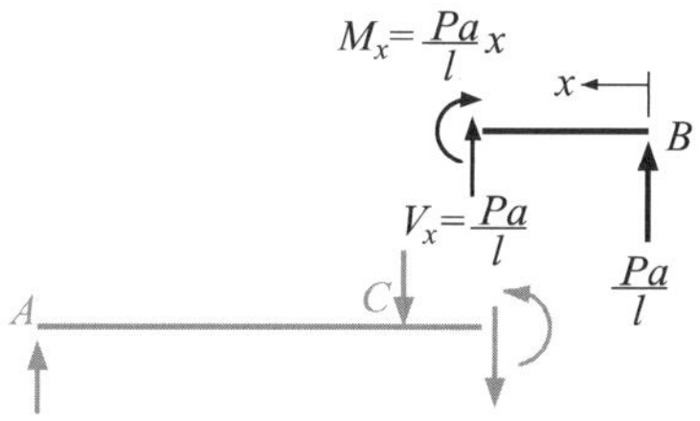

(g) 자유물체도($0 \le x \le b$)

그림 4.3

이고, 부재에 모멘트가 (↶↷)이므로 부호는 양(+)이다.

같은 방법으로 $\overline{CB}$구간($a \le x \le l$)은 그림 (c)와 같이 절단하면, 전단력은,

$$\uparrow + \sum Y = 0,\ \ V_x + \frac{Pb}{l} - P = 0,\ \ V_x = P - \frac{Pb}{l} = \frac{Pa}{l}$$

이고, $P(\downarrow)$와 $V_x(\uparrow)$가 ↓□↑로 분포하므로 부호는 음(−)이다.

휨모멘트는,

$$\curvearrowleft + \sum M = 0,$$

$$M_x - \frac{Pb}{l}x + P(x-a) = 0, \quad M_x = Pa\left(1 - \frac{x}{l}\right)$$

이고, 부재에 모멘트가 (↶↷)이므로 부호는 양(+)이다. 최대 휨모멘트는 전단력이 0인 점에서 발생하므로,

$$M_{\max} = M_{x=a} = \frac{Pab}{l}$$

이제 임의 부분에 대한 각 부재력 분포를 그려보자. 먼저 축방향력은 $\overline{AC}$구간과 $\overline{CB}$구간 모두에서 0이므로 존재하지 않는다(그림 (d)). 전단력의 크기는 $\overline{AC}$구간과 $\overline{CB}$구간에서 각각 $\frac{Pb}{l}$, $\frac{Pa}{l}$이고(거리 x에 무관하다. 즉 일정하다), 부호는 각각 양(+), 음(−)이므로 그림 (e)와 같이 양(+)을 부재의 아래에, 음(−)을 위에 그린다. 휨모멘트는 모든 구간에서 (↶↷)이므로 부호는 양(+)이고 아래에 그린다. 형태는 $\overline{AC}$구간에서는 $\frac{Pb}{l}x$이므로 그림 (g)와 같은 직선(1차 함수) 형태가 된다. $\overline{CB}$구간도 같은 방법으로 그려보자.

자유물체도는 임의 점을 기준으로 해도 결과는 같다. 예를 들어 그림 (g)와 같이 B점을 기준으로 자유물체도를 그려보자. 힘의 평형조건을 만족하기 위해서 $V_x(\downarrow)$와 $M_x(\curvearrowright)$를 가정하면,

$$\uparrow + \sum Y = 0, \quad -V_x + \frac{Pa}{l} = 0, \quad V_x = \frac{Pa}{l}(\downarrow)$$

이고, V_x와 B점의 반력 $\frac{Pa}{l}$이 ↓□↑이므로 음(−)이다. 또한

$$\curvearrowleft + \sum M = 0, \quad -M_x + \frac{Pa}{l}x = 0, \quad M_x = \frac{Pa}{l}x(\curvearrowright)$$

이고, 부재에 모멘트가 (↷‿↶)이므로 양(+)이다.

만약 하중이 중앙에 작용하면($a=b=l/2$) 최대 휨모멘트는,

$$M_{max}=M_{x=\frac{l}{2}}=\frac{Pl}{4}$$

예제 4-1

그림과 같이 경사하중이 작용하는 단순보를 해석하라.

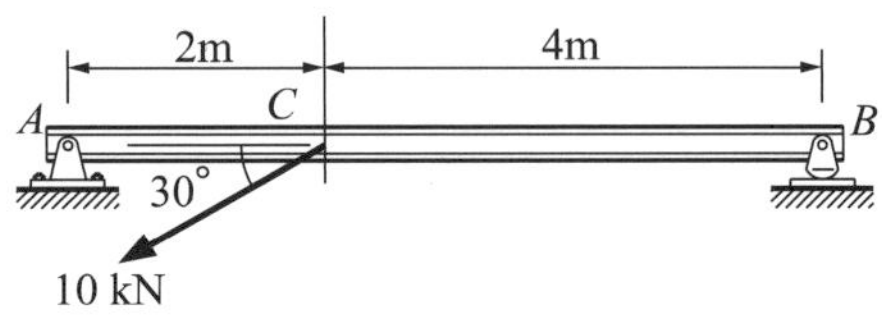

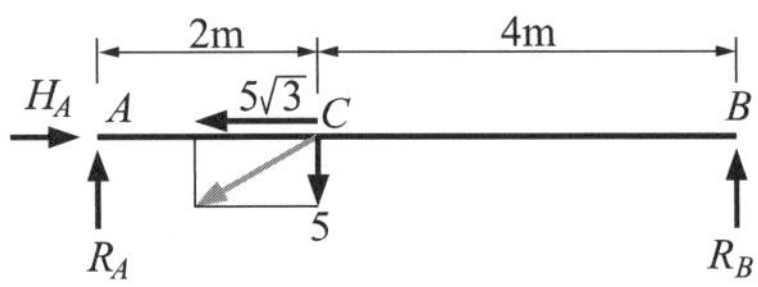

(a) 자유물체도

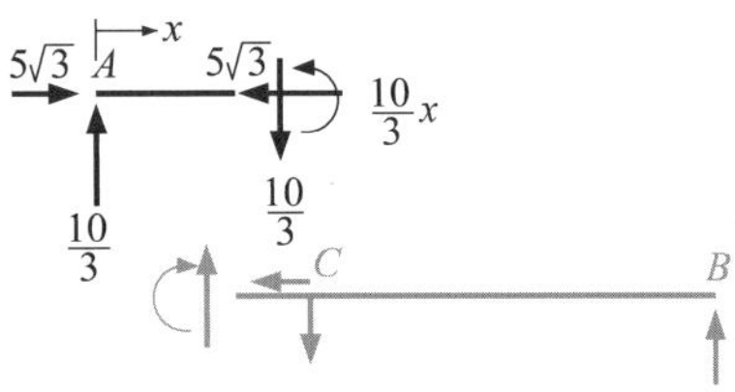

(b) 자유물체도($0 \le x \le 2$m)

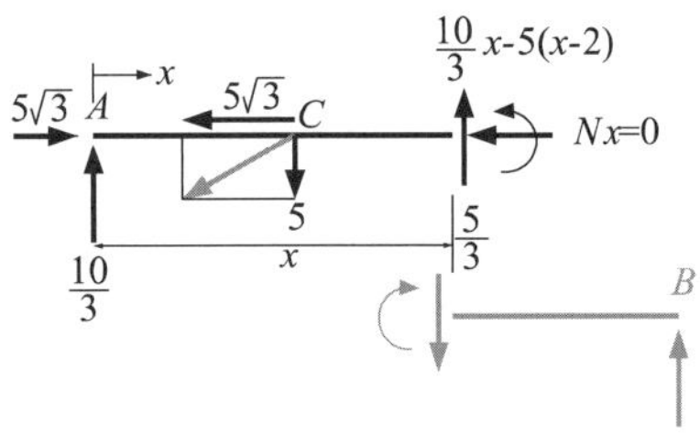

(c) 자유물체도($2 \le x \le 6$m)

(d) 축방향력도 (AFD)

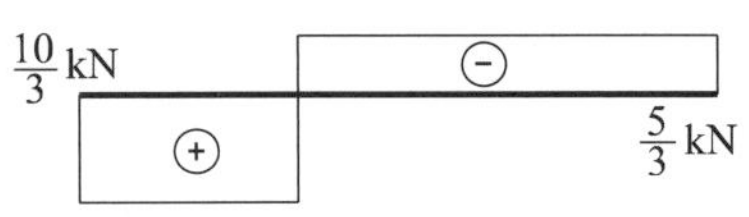

(e) 전단력도 (SFD)

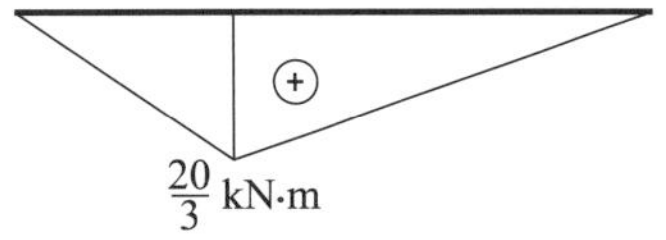

(f) 휨모멘트도(BMD)

풀이

반력 계산

$$\rightarrow + \sum X=0,\quad H_A-10\cos 30=0,\quad H_A=5\sqrt{3}\text{ kN}$$

$$\uparrow + \sum Y=0,\quad R_A+R_B-10\sin 30=0$$

$$\curvearrowleft\boxplus \sum M_B=0,\quad -R_A(6)+10\sin 30(4)=0$$

$$R_A=\frac{10}{3}\text{ kN},\quad R_B=\frac{5}{3}\text{ kN}$$

부재력 계산

$\overline{AC}$구간 ($0 \le x \le 2$m)은 그림 (b)에서,

$$N_x-5\sqrt{3}=0,\qquad N_x=5\sqrt{3}\text{ kN}$$

$$V_x-\frac{10}{3}=0,\qquad V_x=\frac{10}{3}\text{ kN}$$

$$M_x-\frac{10}{3}\times x=0,\quad M_x=\frac{10}{3}x\text{ kN}\cdot\text{m}$$

$$M_{x=2\text{m}}=\frac{10}{3}\times 2\text{m}=\frac{20}{3}\text{ kN}\cdot\text{m}$$

$\overline{CB}$구간 ($2 \le x \le 4$m)은 그림 (c)에서,

$$N_x-5\sqrt{3}+5\sqrt{3}=0,\qquad N_x=0$$

$$V_x+\frac{10}{3}-5=0,\qquad V_x=\frac{5}{3}\text{ kN}$$

$$M_x-\frac{10}{3}\times x+5(x-2)=0,\quad M_x=10-\frac{5}{3}x\text{ kN}\cdot\text{m}$$

부재력도는 (d), (e), (f)와 같다.

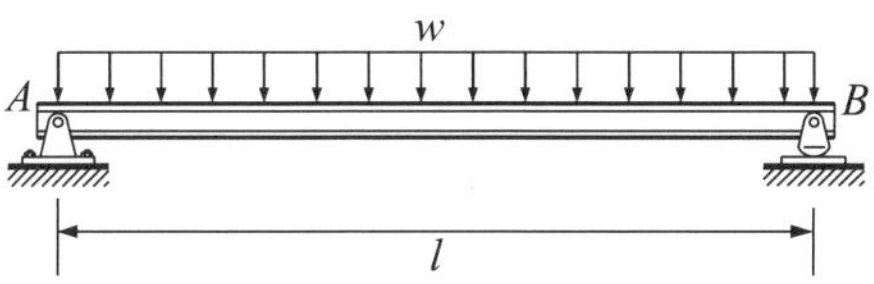

이번에는 등분포하중이 작용하는 단순보를 생각해 보자.

그림 4.4와 같이 w의 등분포하중이 작용하는 단순보를 생각하면,

지점반력

그림 (a)의 자유물체도에서 힘의 평형방정식을 이용하여 지점 반력을 구하면,

$$\rightarrow + \sum X = 0, \quad H_A = 0$$

$$\uparrow + \sum Y = 0, \quad R_A + R_B - wl = 0$$

$$\curvearrowleft \boxplus \sum M_B = 0, \quad -R_A l + wl\left(\frac{l}{2}\right) = 0$$

$$R_A = \frac{wl}{2}, \quad R_B = wl - R_A = \frac{wl}{2}$$

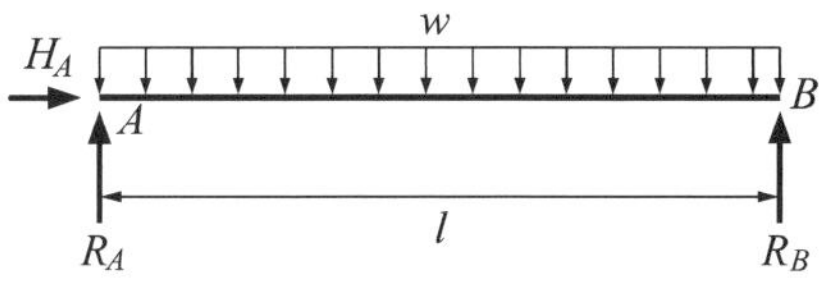

(a) 자유물체도

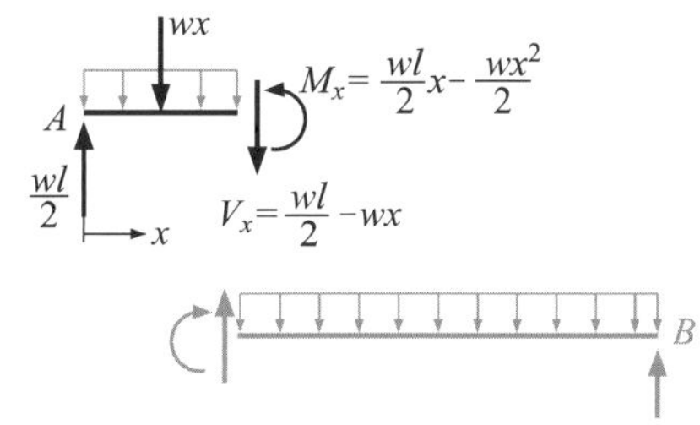

(b) 자유물체도($0 \le x \le l$)

부재력 – 전단력

그림 (b)와 같이 지점 A에서 x만큼 떨어진 단면의 자유물체도를 생각하면,

$$V_x - wx + \frac{wl}{2} = 0, \quad V_x = wx - \frac{wl}{2}$$

이다. 이제 전단력도를 그리는 방법을 살펴보자. 전단력 V_x는 x의 1차 함수이므로, x가 증가함에 따라 직선으로 감소한다. 즉 그림 (d)와 같이 $x=0$일 때는 $-\frac{wl}{2}(\downarrow)$가 되고, ↑□↓이므로 양(+)이다. 또한 $x = \frac{l}{2}$일 때 0이 된다. 다음으로, $x = \frac{l}{2}$를 지나가면, ↓□↑으로 전단력 방향이 바뀌므로 음(−)이 되고, 그 크기는 직선으로 증가하며, 최종적으로 $x = l$일 때 $\frac{wl}{2}$이 된다. 여기서 − 부호는 가정한 방향과 반대라는 사실에 유의하자.

(c) 축방향력도(AFD)

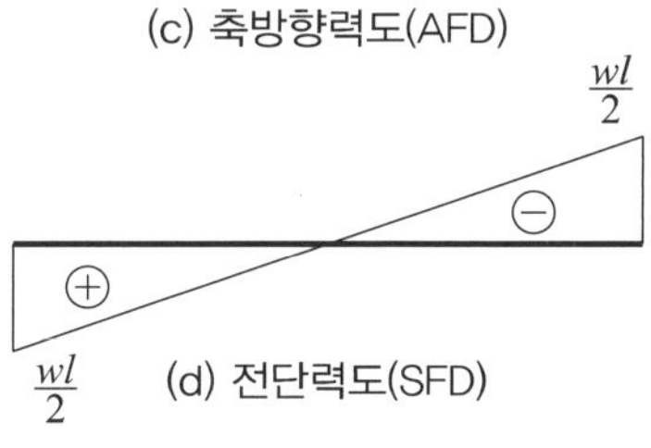

(d) 전단력도(SFD)

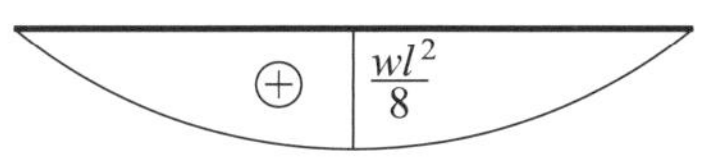

(e) 휨모멘트도(BMD)

그림 4.4

부재력 – 휨모멘트

그림 (b)의 자유물체도에서 휨모멘트를 구해보자. 분포하중은 하중의 합이 중심에 집중하중으로 작용하는 것으로 가정하면,

$$M_x - \frac{wl}{2}x + wx\left(\frac{x}{2}\right) = 0, \quad M_x = \frac{wl}{2}x - \frac{wx^2}{2}$$

이제, 전단력도와 마찬가지로 휨모멘트도를 작성해 보자. 휨모멘트 M_x는 x의 2차 함수이므로 포물선이 되며, 이므로 양(+)이다. 모멘트와 전단력 관계에 의하면, 최대휨모멘트는 전단력이 0인 부분에 발생한다. 그러므로 $x = l/2$를 대입하면,

$$M_{\max} = M_{x=\frac{l}{2}} = \frac{wl^2}{8}$$

이 된다. 물론 모멘트 함수를 1차 미분하여 그 값이 0이 되는(극대 또는 극소) x를 찾아도 된다. 즉,

$$\frac{dM}{dx} = \frac{wl}{2} - wx = 0, \qquad x = \frac{l}{2}$$

이상과 같은 휨모멘트도를 작성하면 그림 (e)와 같다.

단순보에 집중하중이 작용할 때와 등분포하중이 작용할 때의 해석에서 확인한 몇 가지 사실을 정리해 보자.

먼저, 외력(하중이나 반력)이 변하는 부분에서는 모두 자유물체도를 그려야 정확한 부재력 분포를 알 수 있다. 또한 자유물체도는 임의 점을 기준으로 그릴 수 있으므로, 부재 중간에 외력이나 반력이 적은 부분을 선택하여 그리는 것이 편리하다.

다음으로 하중 – 전단력 – 휨모멘트 관계로부터, 하중이 집중하중일 때는 전단력이 일정하고, 휨모멘트는 1차 함수가 되며, 하중이 일정(등분포)할 때는 전단력이 1차 함수, 휨모멘트가 2차 함수가 된다. 이를 응용하면, 하중이 변할 경우(등변분포하중)에는 전단력이 2차 함수, 휨모멘트가 3차 함수가 될 것이다.

또한 설계에서는 부재력 중 최대 또는 최소(극대 또는 극소)값이 중요하기 때문에(이 값을 이용하여 설계한다) 그 값을 구해야 한다. 예를 들어 최대 휨모멘트를 찾을 때는 전단력 $V = 0$인 점이나, 휨모멘트 식을 미분하여 0이 되는 점을 찾으면 된다.

예제 4-2

다음 그림과 같이 부분적으로 등분포하중이 작용하는 단순보를 해석하라.

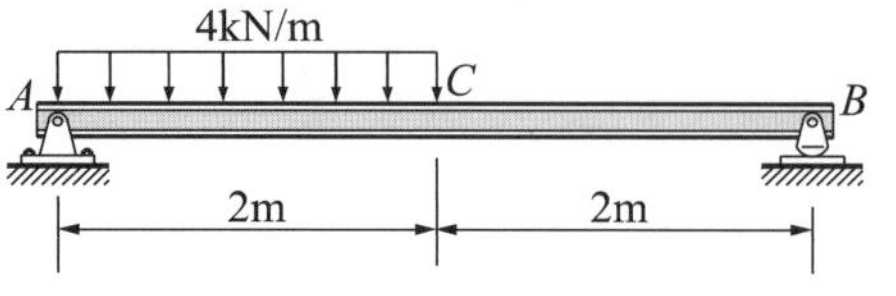

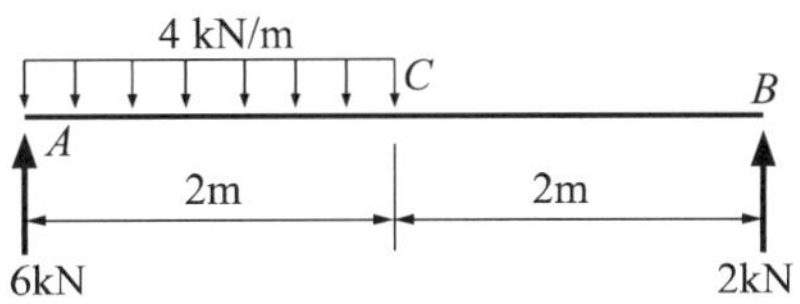

(a) 자유물체도

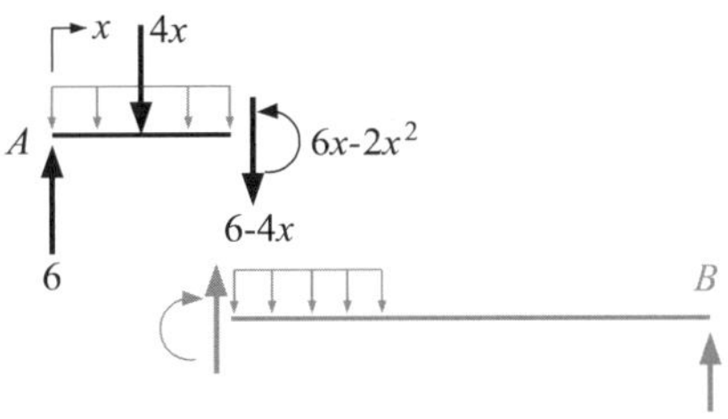

(b) 자유물체도($0 \le x \le 2$m)

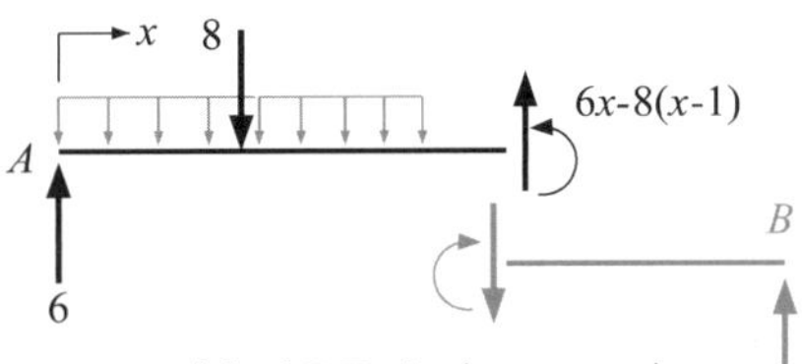

(c) 자유물체도($2 \le x \le 4$m)

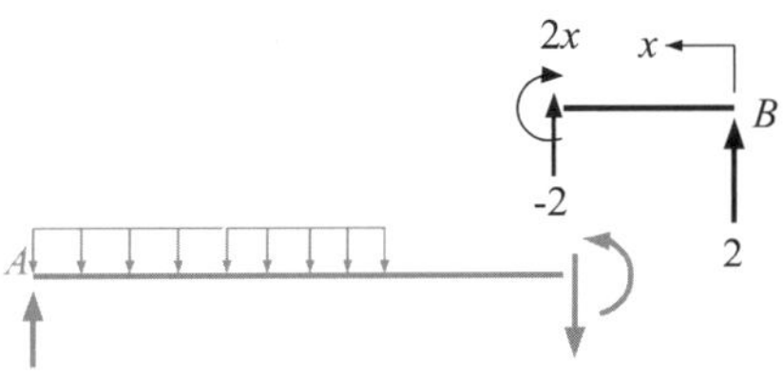

(d) 자유물체도($0 \le x \le 2$m)

(e) 축방향력도 (AFD)

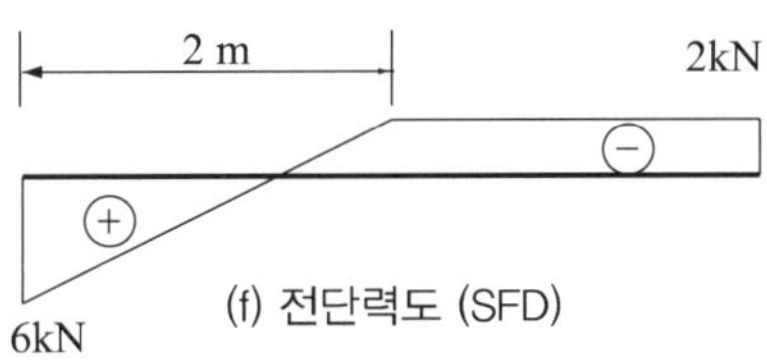

(f) 전단력도 (SFD)

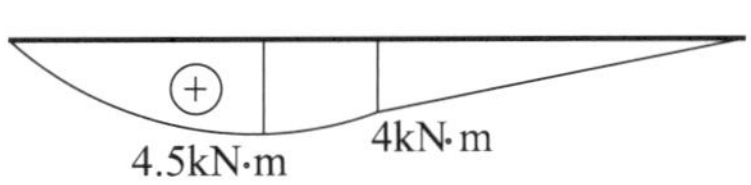

(g) 휨모멘트도(BMD)

풀이

반력 계산

$$\rightarrow + \sum X = 0, \quad H_A = 0$$

$$\uparrow + \sum Y = 0, \quad R_A + R_B - 4(2) = 0$$

$$\curvearrowleft \boxplus \sum M_B = 0, \quad -R_A(4) + 4(2)(2+1) = 0$$

$$R_A = 6\text{ kN}, \quad R_B = 2\text{ kN}$$

부재력 계산

$\overline{AC}$구간 ($0 \le x \le 2$m)은 그림 (b)에서,

$$V_x + 6 - 4x = 0, \quad V_x = -6 + 4x \text{ kN}(\downarrow)$$

$$M_x - 6x + 4x\left(\frac{x}{2}\right) = 0, \quad M_x = 6x - 2x^2 \text{ kN} \cdot \text{m}$$

$$M_{x=2} = 6(2) - 2(2^2) = 4 \text{ kN} \cdot \text{m}$$

$\overline{CB}$구간 ($2 \le x \le 4$m)은 그림 (c)에서,

$$V_x + 6 - 8 = 0, \quad V_x = 2\text{ kN}$$

$$M_x - 6x + 8(x-1) = 0, \quad M_x = -2x + 8 \text{ kN} \cdot \text{m}$$

물론 $\overline{CB}$구간은 그림 (d)와 같이 B점을 기준으로 자유물체도를 그려도 된다(각자 구해보자. 결과는 같다).

먼저 부재력 중 전단력을 작도해 보자. $\overline{AC}$구간은 x의 1차 함수이므로 직선변화하고, $\overline{CB}$구간은 일정하다. 그러므로 그림 (f)와 같다. 다음으로 휨모멘트도를 그리면, $\overline{AC}$구간의 휨모멘트 식은 2차 함수이므로 포물선이 되고, $\overline{CB}$구간의 휨모멘트 식은 1차 함수이므로 직선이 된다.

$\overline{AC}$구간에서 최대 휨모멘트가 생기는 위치는 휨모멘트 식을 1차 미분하여 0이 되는 점을 찾으면 된다(함수의 극대 또는 극소값). 또는 전단력이 0이 되는 점에서 최대휨모멘트가 생긴다는 성질을 이용할 수도 있다. 즉

$$\frac{dM_x}{dx} = \frac{d(6x - 2x^2)}{dx} = 6 - 4x = 0, \quad x = 1.5\text{ m}$$

또는,

$$V_x = 6 - 4x = 0, \quad x = 1.5\text{ m}$$

그러므로 최대휨모멘트는,

$$M_{\max} = 6 \times 1.5 - 2 \times 1.5^2 = 4.5\text{ kN} \cdot \text{m}$$

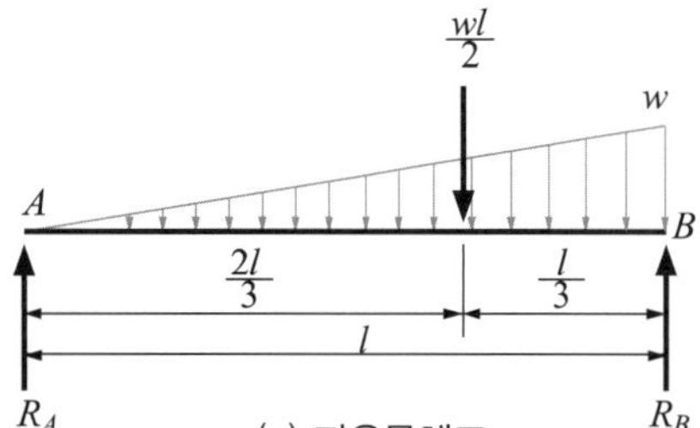

(a) 자유물체도

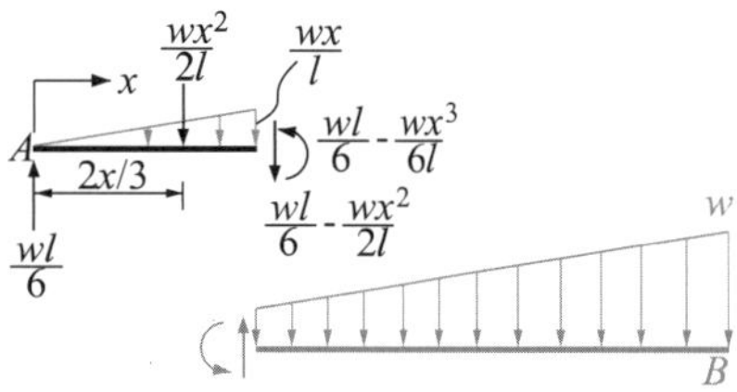

(b) 자유물체도($0 \le x \le l$)

(c) 축방향력도 (AFD)

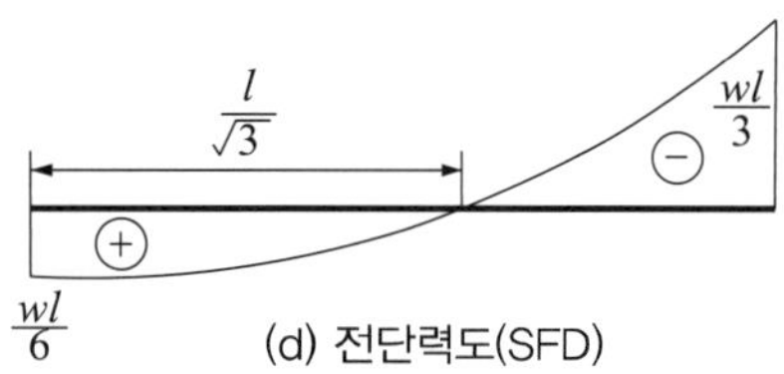

(d) 전단력도(SFD)

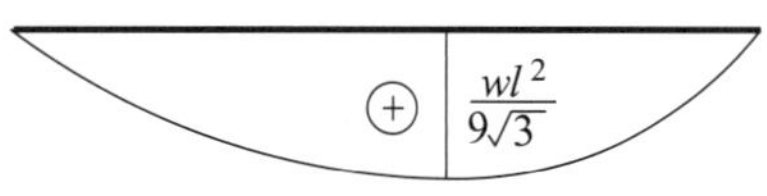

(e) 휨모멘트도(BMD)

그림 4.5

이번에는 그림 4.5와 같이 단위길이에 대한 등변분포하중(w)이 작용하는 단순보를 생각하면,

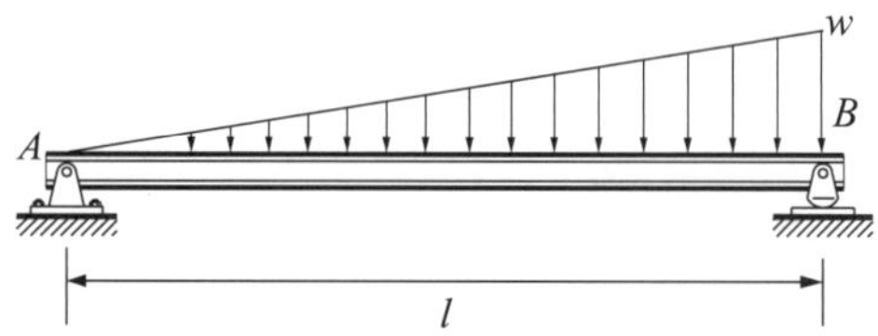

지점반력

등변분포하중의 합($W = wl/2$)은 삼각형 도형의 도심위치에서 집중하중으로 작용하는 것으로 생각할 수 있다. 즉, 그림 (a)의 자유물체도로부터,

$$\rightarrow + \sum X = 0, \qquad H_A = 0$$

$$\uparrow + \sum Y = 0, \qquad R_A + R_B - \frac{wl}{2} = 0$$

$$\curvearrowleft \boxplus \sum M_B = 0, \quad -R_A l + \frac{wl}{2}\left(\frac{l}{3}\right) = 0$$

$$R_A = \frac{wl}{6}, \qquad R_B = \frac{wl}{2} - R_A = \frac{wl}{3}$$

부재력 – 전단력

그림 (b)와 같이 A점에 x만큼 떨어진 부분의 자유물체도를 생각하자. 분포하중 w_x의 크기는 비례식에 의해 $w : l = w_x : x$, $w_x = \dfrac{wx}{l}$이므로, x까지 전체 하중 W_x는,

$$W_x = \frac{wx}{l} \times x \times \frac{1}{2} = \frac{wx^2}{2l}$$

전단력은 그림 (b)로부터,

$$V_x + \frac{wl}{6} - \frac{wx^2}{2l} = 0, \qquad V_x = -\frac{wl}{6} + \frac{wx^2}{2l}$$

위의 전단력 식은 x의 2차식이므로 그림 (d)와 같이 2차 함수 곡선형태로 나타난다.

부재력 – 휨모멘트

그림 (b)의 자유물체도에서 휨모멘트는

$$M_x - \frac{wl}{6}x + \frac{wx^2}{2l}\left(\frac{x}{3}\right) = 0, \qquad M_x = \frac{wl}{6}x - \frac{w}{6l}x^3$$

최대 휨모멘트는 $V=0$에서 발생하므로,

$$V=-\frac{wl}{6}+\frac{wx^2}{2l}=0,\ x=\frac{l}{\sqrt{3}}\text{이므로}$$

$$M_{\max}=M_{x=\frac{l}{\sqrt{3}}}=\frac{wl}{6}\left(\frac{l}{\sqrt{3}}\right)-\frac{w}{6l}\left(\frac{l}{\sqrt{3}}\right)^3=\frac{wl^2}{9\sqrt{3}}$$

휨모멘트 식은 그림 (e)와 같이 x의 3차 함수 곡선 형태가 된다.

이번에는 그림 4.6과 같이 양 지점에 모멘트 M_1과 $M_2(M_1>M_2)$가 작용할 때 지점반력과 부재력을 구해보자.

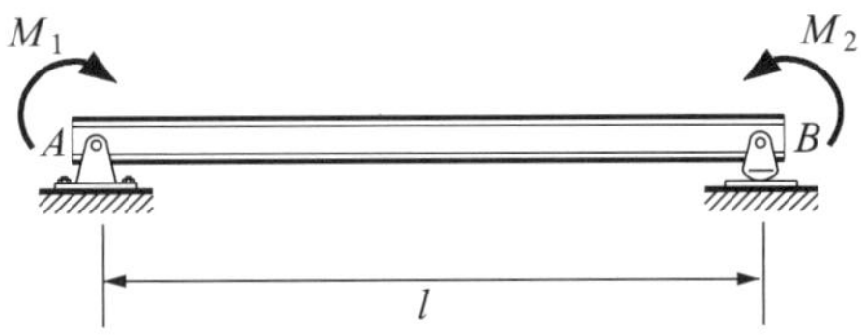

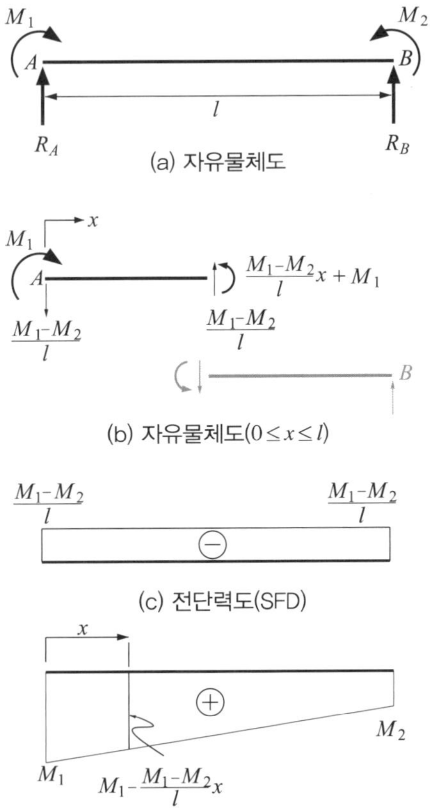

(a) 자유물체도

(b) 자유물체도($0\le x\le l$)

(c) 전단력도(SFD)

(d) 휨모멘트도(BMD)

그림 4.6

지점반력

그림 (a)에서 외력과 반력에 대한 힘의 평형조건식을 이용하면,

$$\rightarrow+\sum X=0,\quad H_A=0$$

$$\curvearrowleft\boxplus\sum M_B=0,\ -R_A l-M_1+M_2=0,$$

$$R_A=-\frac{M_1-M_2}{l}\ (\downarrow)$$

$$\curvearrowleft\boxplus\sum M_A=0,\ R_B l+M_2-M_1=0,$$

$$R_B=\frac{M_1-M_2}{l}$$

부재력

먼저 전단력을 검토하자. 그림 (b)의 자유물체도로부터, 지점 A에서 x만큼 떨어진 단면에서의 전단력은,

$$V_x-\frac{M_1-M_2}{l}=0,\qquad V_x=\frac{M_1-M_2}{l}$$

다음으로 휨모멘트는 그림 (b)로부터,

$$M_x-M_1+\frac{(M_1-M_2)}{l}x=0,$$

$$M_x=M_1-\frac{(M_1-M_2)}{l}x$$

앞 식은 x에 대한 1차식이므로 휨모멘트는 직선변화 한다.

만약 $M_1 = M_2 = M$인 경우에는 지점반력과 전단력이 모두 0이고 휨모멘트는 부재축과 나란하게 된다.

예제 4-3

그림과 같이 C점에 120kN·m의 모멘트가 작용하는 단순보를 해석하라.

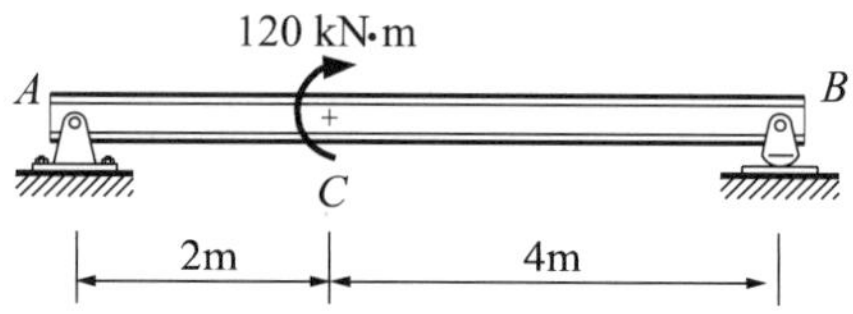

풀이

반력 계산

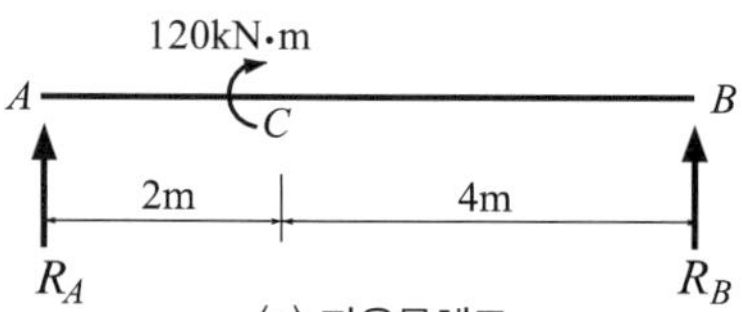

(a) 자유물체도

$$\rightarrow + \sum X = 0, \quad H_A = 0$$

$$\curvearrowleft \boxplus \sum M_B = 0, \quad -R_A(6) - 120 = 0, \quad R_A = -20\text{ kN}(\downarrow)$$

$$\uparrow + \sum Y = 0, \quad R_A + R_B = 0, \quad R_B = 20\text{ kN}$$

부재력 계산

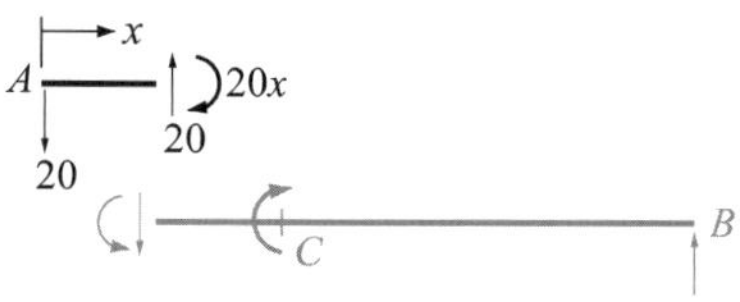

(b) 자유물체도($0 \le x \le 2$m)

$\overline{AC}$구간 부재력($0 \le x \le 2\text{m}$)은, 그림 (b)에서,

$V_x - 20 = 0, \quad V_x = 20\text{ kN}$

$M_x + 20x = 0, \quad M_x = -20x\text{ kN}\cdot\text{m}(\curvearrowright)$

따라서 $M_{A,x=0} = 0, \quad M_{C,x=2} = -20 \times 2 = -40\text{ kN}\cdot\text{m}(\curvearrowright)$

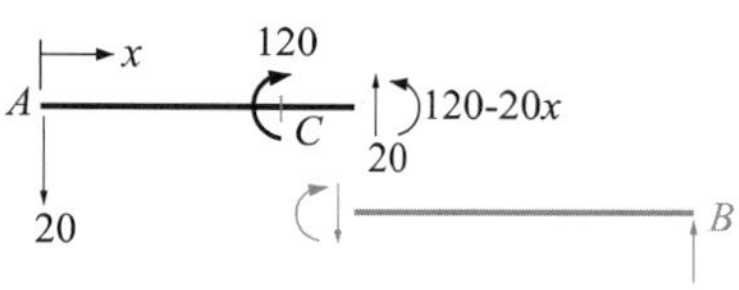

(c) 자유물체도($2 \le x \le 6$m)

$\overline{CB}$구간 부재력($2\text{m} \le x \le 6\text{m}$)은 그림 (c)에서,

$V_x - 20 = 0, \quad V_x = 20\text{ kN}$

$M_x + 20x - 120 = 0, \quad M_x = -20x + 120\text{ kN}\cdot\text{m}$

따라서 $M_{B,x=6} = 0, \quad M_{C,x=2} = -20 \times 2 + 120 = 80\text{ kN}\cdot\text{m}$

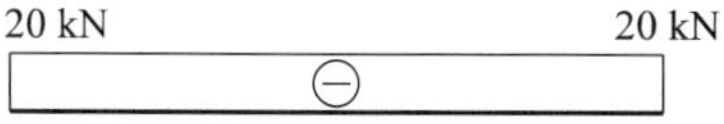

(d) 전단력도(SFD)

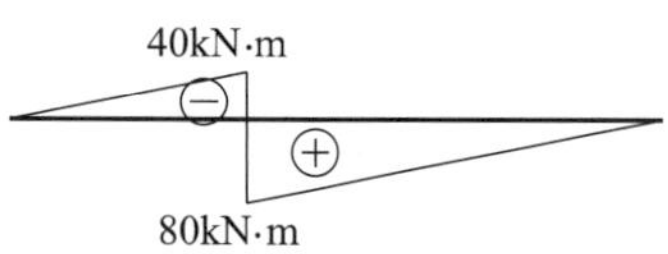

(e) 휨모멘트도(BMD)

이를 부재력도로 나타내면 그림 (d), (e)와 같다.

그림으로부터 부재 중간이 모멘트가 작용해도 전단력 분포는 변화가 없다는 것을 알 수 있다. 또한 $\overline{AC}$구간의 모멘트와 $\overline{CB}$구간의 휨모멘트 기울기도 같다는 것을 알 수 있다.

4.1.2 캔틸레버보의 해석

캔틸레버보는 지점이 한쪽에만 있고 다른 쪽은 자유단이므로, 평형상태(정지)에 있기 위해서는 지점이 고정단이어야만 한다(이동단이나 회전단이면 회전한다). 그림 4.7과 같은 캔틸레버보의 예제를 통해 해석방법이 단순보와 동일하다는 사실을 확인해 보자.

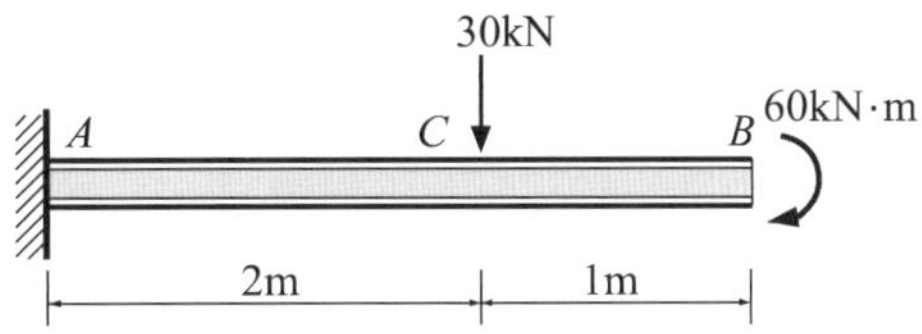

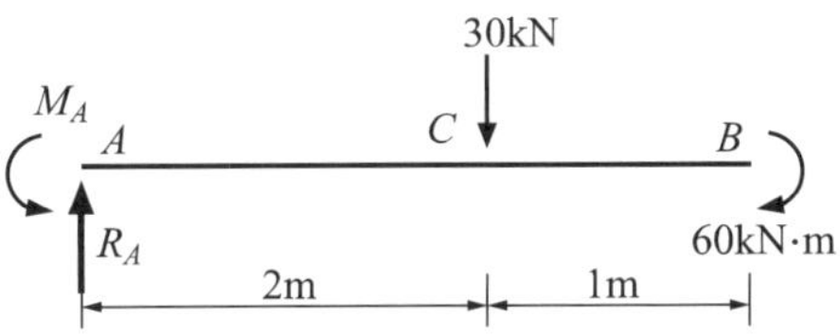

(a) 자유물체도

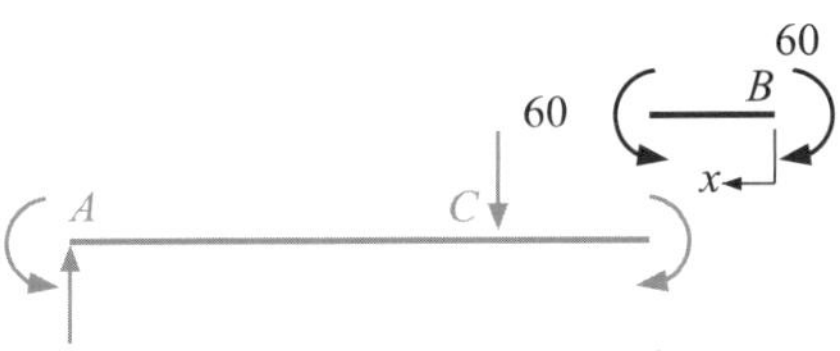

(b) 자유물체도(0≤x≤1m)

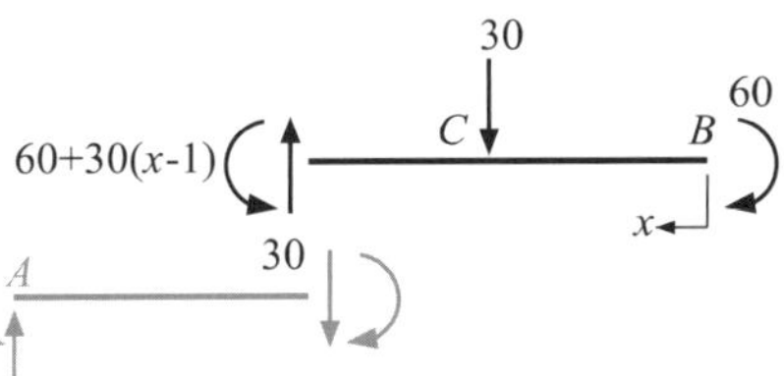

(c) 자유물체도

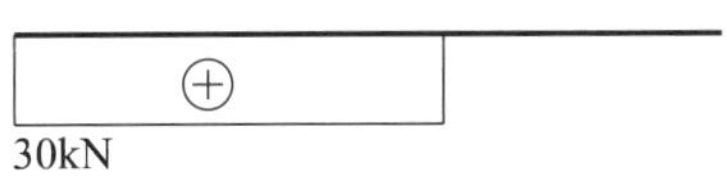

(d) 전단력도(SFD)

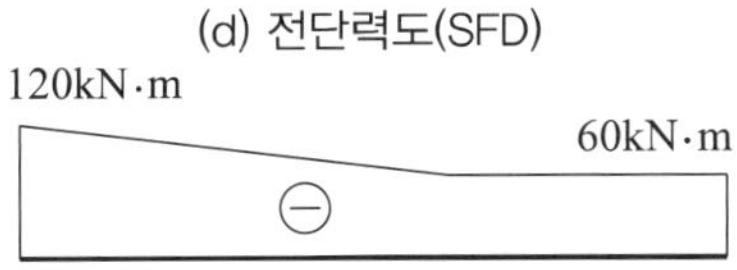

(e) 휨모멘트도(BMD)

그림 4.7

지점반력

$$\rightarrow + \sum X = 0, \quad H_A = 0\text{ kN}$$
$$\uparrow + \sum Y = 0, \quad R_A - 30 = 0, \qquad R_A = 30\text{ kN}$$
$$\curvearrowleft \boxplus \sum M_A = 0, \quad M_A - 30(2) - 60 = 0, \quad M_A = 120\text{ kN}\cdot\text{m}$$

부재력

그림 (b), (c)와 같이 B점을 기준으로 자유물체도를 그려보자. 이때 $N_x(\leftarrow)$, $V_x(\downarrow)$, $M_x(\curvearrowright)$를 기준으로 하면,

$\overline{BC}$구간$(0 \le x \le 1\text{ m})$의 부재력은 그림 (b)에서,

$$N_x = 0, \qquad V_x = 0$$
$$-M_x - 60 = 0, \qquad M_x = -60\text{ kN}\cdot\text{m}(\curvearrowleft)$$

부호가 음(−)이 나왔으므로 가정한 방향($\curvearrowright$)과 반대가 된다.

$\overline{CA}$구간$(1\text{ m} \le x \le 3\text{ m})$의 부재력은 그림 (c)에서,

$$-V_x - 30 = 0, \qquad V_x = -30\text{ kN}(\uparrow)$$
$$-M_x - 60 - 30(x-1) = 0,$$
$$M_x = -(30x + 30)\text{ kN}\cdot\text{m}\ (\curvearrowleft)$$

따라서,

$$M_{C,x=1} = -60\text{ kN}\cdot\text{m}(\curvearrowleft)$$
$$M_{A,x=3} = -(30\times 3 + 30) = -120\text{ kN}\cdot\text{m}(\curvearrowleft)$$

이다. 값이 음(−)이 나온다는 의미는 가정한 방향과 반대라는 사실에 유의하자. 부재력도를 그리면 그림 (d), (e)와 같다.

4.1.3 내민보의 해석

내민보(Overhanging beam)란 단순보의 양 단부 또는 어느 한쪽의 단부에 연장된 캔틸레버보를 갖고 있는 정정보를 말한다. 내민보의 해석 또한 힘의 평형방정식을 이용하여 간단히 계산할 수 있다. 그림 4.8과 같은 내민보를 생각해 보자.

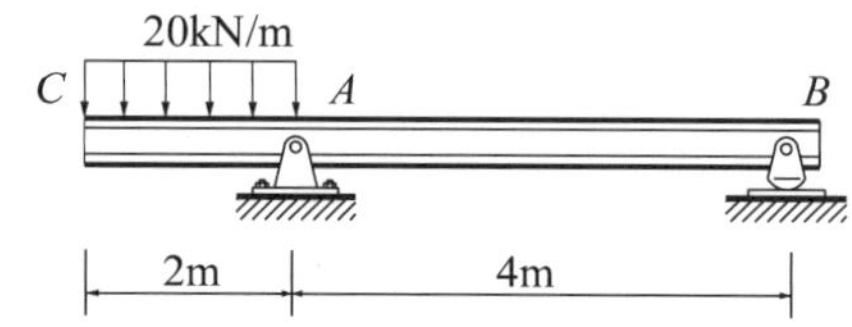

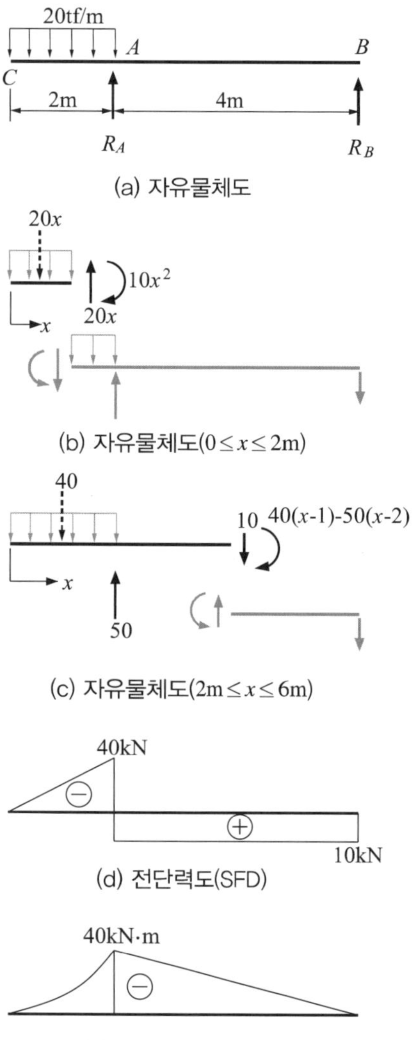

(a) 자유물체도

(b) 자유물체도($0 \leq x \leq 2$m)

(c) 자유물체도(2m$\leq x \leq 6$m)

(d) 전단력도(SFD)

(e) 휨모멘트도(BMD)

그림 4.8

지점반력

$$\rightarrow + \sum X = 0, \quad H_A = 0\text{ kN}$$

$$\curvearrowleft \boxplus \sum M_B = 0, \;\; 20(2)(1+4) - R_A(4) = 0, \;\; R_A = 50\text{ kN}$$

$$\uparrow + \sum Y = 0, \; -20 \times 2 + R_A + R_B = 0, \; R_B = -10\text{ kN}(\downarrow)$$

부재력

$\overline{CA}$ 구간($0 \leq x \leq 2\,\text{m}$)의 부재력은 그림 (b)와 같은 자유물체도로부터,

$$V_x - 20x = 0, \qquad V_x = 20x\text{ kN}$$

$$M_x + 20x\left(\frac{x}{2}\right) = 0, \qquad M_x = -10x^2\text{ kN}\cdot\text{m}(\curvearrowright)$$

따라서,

$$V_{C,x=0} = 0, \;\; V_{A,x=2} = 20 \times 2 = 40\text{ kN}$$

$$M_{C,x=0} = 0, \;\; M_{A,x=2} = -10 \times 2^2 = -40\text{ kN}\cdot\text{m}(\curvearrowright)$$

$\overline{AB}$ 구간($2\,\text{m} \leq x \leq 6\,\text{m}$)의 부재력은 그림 (c)와 같은 자유물체도로부터,

$$V_x - 40 + 50 = 0, \qquad V_x = -10\text{ kN}(\downarrow)$$

$$M_x + 40(x-1) - 50(x-2) = 0,$$

$$M_x = 10x - 60\text{ kN}\cdot\text{m}(\curvearrowright)$$

따라서

$$M_{A,x=2} = -40\text{ kN}\cdot\text{m}(\curvearrowright), \quad M_{B,x=6} = 0$$

4.1.4 겔버보의 해석

보를 연속시켜 여러 개의 지점으로 지지하는 보를 연속보(Continuous beam)라 한다. 1단의 지점을 회전단으로 하고 나머지 지점들을 이동단으로 한 연속보를 생각해 보자.

지점이 2개면 단순보(반력 3, 정정), 3개면(반력 4) 1차 부정정 …이므로, n개의 지점으로 지지된 연속보는 $(n-2)$차 부정정구조이다. 만약 이 연속보의 부재 사이에 그림 4.9와 같이 단순보와 내민보가 교대 되도록 힌지를 설치하면, 힌지 당 1개의 방정식을 얻을 수 있으므로, 힘의 평형조건식 만으로 구조물을 해석할 수 있다. 이러한 보를 겔버보(Gerber's beam)라 한다.

겔버보는 정정보이므로 응력계산이 쉬우며, 앞으로 살펴보겠지만, 응력의 크기를 조절할 수 있는 장점이 있다. 또한 정정구조물이므로 지반침하나 온도변화 등에 의한 영향을 받지 않기 때문에, 외기에 노출된 교량 등이 많이 이용된다.

겔버보의 해석은 그 구조상 간단한 단순보가 내민보 위에 얹어져 있다고 생각하여, 단순보 부분을 먼저 계산하고 그 결과에 의해서 내민보 부분을 계산한다. 따라서 겔버보의 부재력을 구하는 방법은

1) 단순보 부분 계산,
2) 단순보에서 구한 반력을 힌지부분인 내민보의 끝에 힘의 평형을 고려하여 반대방향으로 작용시켜 내민보 부분계산,
3) 계산 결과를 힌지에서 연결

하면 된다. 결국 겔버보는 단순보와 내민보의 반력과 부재력을 구하는 방법을 이용하여 해석한다. 물론 힌지에서 $\sum M=0$이라는 조건을 이용하여 직접 계산할 수도 있다. 이제 그림 4.10과 같은 집중하중을 받는 겔버보를 통해 해석방법을 살펴보자.

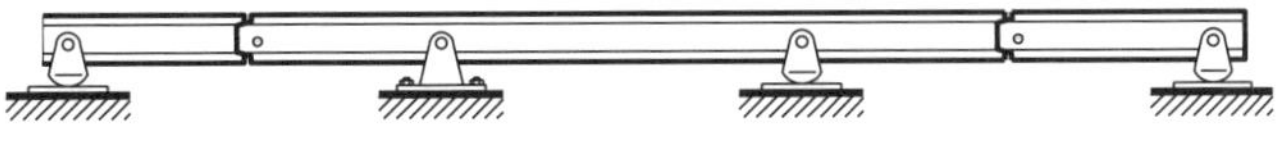

(a) 부재 사이에 힌지가 설치된 연속보

그림 4.9 (b) 구조물 이상화(겔버보)

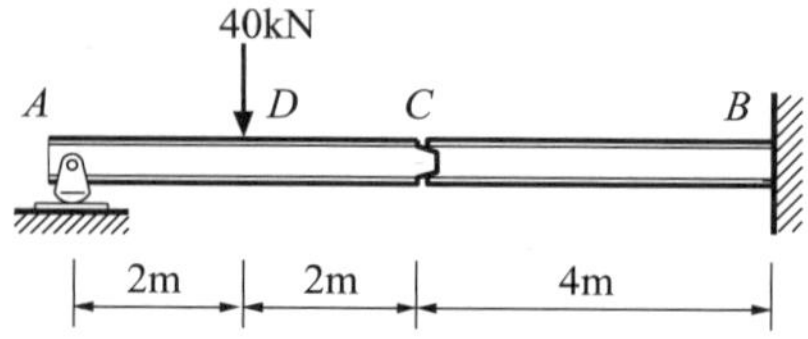

(a)

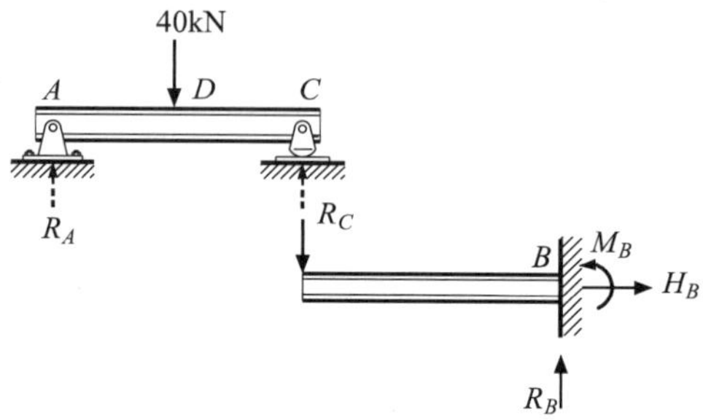

(b) 구조물을 단순보와 캔틸레버보로 분리

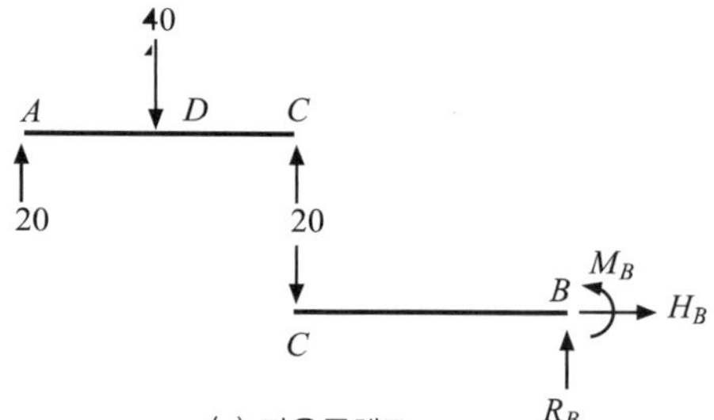

(c) 자유물체도

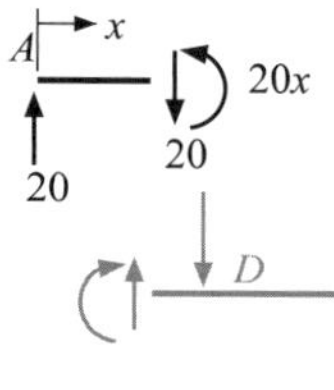

(d) 자유물체도($0 \le x \le 2$m)

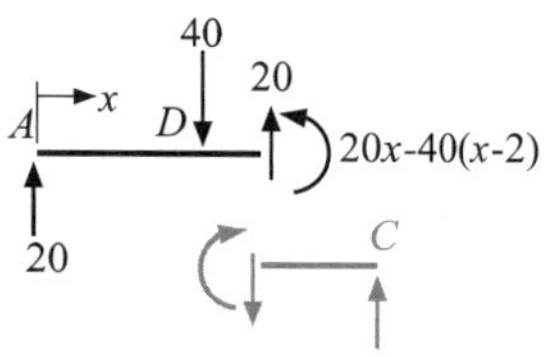

(e) 자유물체도($2 \le x \le 4$m)

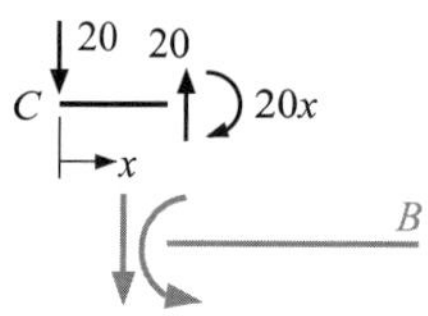

(f) 자유물체도($0 \le x \le 4$m)

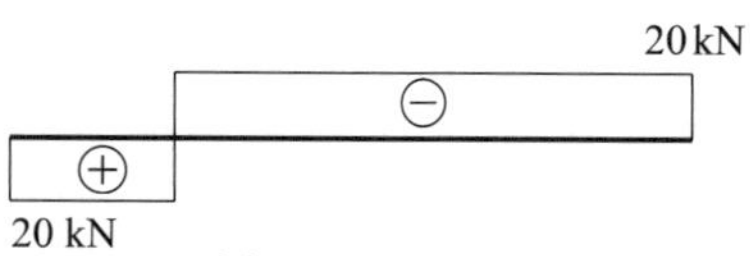

(g) 전단력도(SFD)

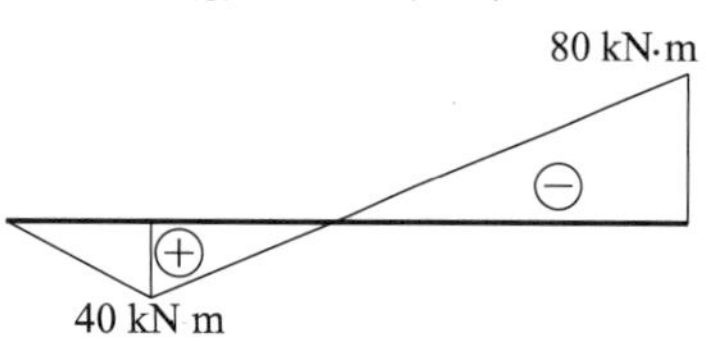

(h) 휨모멘트도(BMD)

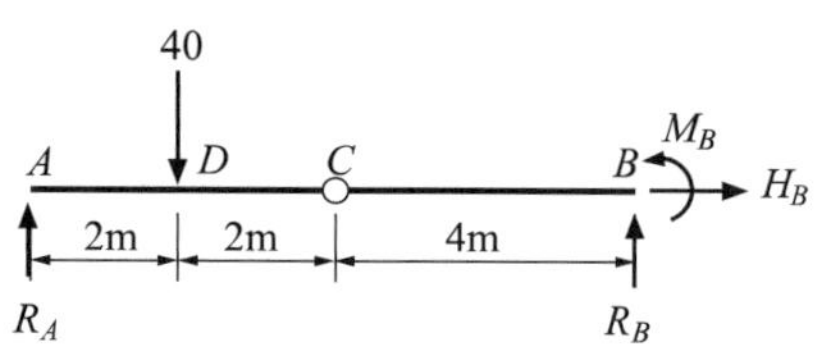

(i) 자유물체도

그림 4.10

그림 (a)의 보는 A점이 이동단, B점이 고정단으로, 미지 반력의 수가 4이기 때문에 1차 부정정구조물처럼 보이지만, C점에 힌지를 설치하여 1개의 방정식을 얻음으로써 정정보와 같이 해석이 가능한 겔버보이다. 먼저, 그림 (b)와 같이 $\overline{AC}$ 부분을 단순보로 가정하고, 단순보의 C점 반력을 $\overline{CB}$ 부재의 하중으로 치환하여 해석하는 순서를 따른다.

단순보 부분인 $\overline{AC}$ 부재는 힘의 평형 조건식으로부터,

$$\curvearrowleft\boxplus \sum M_A = 0,\quad R_C(4) - 40(2) = 0,\quad R_C = 20\,\text{kN}$$

$$\uparrow + \sum Y = 0,\quad R_A + R_C - 40 = 0,\quad R_A = 20\text{ kN}$$

이 된다. R_C를 $\overline{CB}$부재에 하중으로 적용하고, CB부재는 캔틸레버보라고 생각하면, 그림 (c)의 자유물체도로부터,

$$\rightarrow + \sum X = 0,\quad H_B = 0\text{ kN}$$

$$\uparrow + \sum Y = 0,\quad R_B - 20 = 0,\qquad R_B = 20\text{ kN}$$

$$\curvearrowleft\boxplus \sum M_B = 0,\quad M_B + 20(4) = 0,\quad M_B = -80\text{ kN}\cdot\text{m}(\curvearrowright)$$

이 된다. 다음으로 부재력을 계산해 보자. 먼저,

$\overline{AD}$구간($0 \le x \le 2\,\text{m}$)의 부재력은 그림 (d)와 같은 자유물체도로부터,

$$V_x + 20 = 0,\qquad V_x = -20\text{ kN}(\downarrow)$$

$$M_x - 20x = 0, \quad M_x = 20x \text{ kN} \cdot \text{m}$$

이므로,

$$M_{A,x=0} = 0, \quad M_{D,x=2} = 20 \times 2 = 40 \text{ kN} \cdot \text{m}$$

$\overline{DC}$구간($2\text{m} \le x \le 4\text{m}$)의 부재력은 그림 (e)와 같은 자유물체도로부터,

$$V_x + 20 - 40 = 0, \quad V_x = 20 \text{ kN}$$

$M_x - 20x + 40(x-2) = 0$, $M_x = -20x + 80$ kN · m이므로,

$$M_{D,x=2} = -20 \times 2 + 80 = 40 \text{ kN} \cdot \text{m}, \quad M_{C,x=4} = 0$$

$\overline{CB}$구간($0 \le x \le 4\text{m}$)의 부재력은 그림 (f)와 같은 자유물체도로부터,

$$V_x - 20 = 0, \quad V_x = 20 \text{ kN}$$

$M_x + 20x = 0$, $M_x = -20x$ kN · m(↷)가 된다.

부재력도는 자유물체도로부터 단순보 부분과 캔틸레버보 부분을 그리고 이를 연결하면, 그림 (g) 및 (h)와 같다. 구조물에 설치된 힌지 C점에는 전단력은 전달되지만, 휨모멘트는 0이 된다. 이는 힌지는 모멘트에 저항하지 못한다는 사실과 일치한다.

물론 전체 구조물에 대한 자유물체도를 고려해도 된다. 즉, 그림 (i)에서,

$$\rightarrow + \sum X = 0, \quad H_B = 0 \text{ kN}$$

$$\uparrow + \sum Y = 0, \quad R_A + R_B - 40 = 0$$

$$\curvearrowleft \boxplus \sum M_B = 0, \quad M_B + 40(6) - R_A(8) = 0$$

$$\curvearrowleft \boxplus \sum M_C^{CA} = 0, \quad -R_A(4) + 40(2) = 0, \ R_A = 20 \text{ kN}$$

에서,

$$R_B = 20 \text{ kN}, \quad M_B = -80 \text{ kN} \cdot \text{m}(\curvearrowright)$$

이고, 앞의 계산 결과와 같다.

만약 힌지의 위치가 변하면 휨모멘트도의 분포도 변하고, 임의점에 발생하는 최대 모멘트의 크기도 조절이 가능하게 된다. 구조설계에서는 최대모멘트를 기준으로 하므로, 힌지를 적절하게 조절하면, 설계용 휨모멘트 값을 효과적으로 줄일 수 있으며, 이를 통해 경제적인 설계를 할 수 있다.

4.2 정정라멘 해석

4.2.1 정정라멘 개요

라멘(Rahmen)이란 2개 이상의 부재가 서로 강절로 접합된 골조로써, 이 중 정정라멘은 힘의 평형조건식만으로 해석할 수 있는 라멘을 말한다. 강절로 접합되었다는 것은, 골조가 변형해도 그 접합부에서 각 부재가 형성했던 각도는 변함이 없다는 것을 말한다. 정정라멘은 그림 4.11과 같이 그 지지조건에 따라 크게 단순보형 라멘, 캔틸레버형 라멘, 3회전단 라멘, 3이동단 라멘으로 분류할 수 있다. 정정라멘을 해석한다는 것은 정정보와 마찬가지로 반력과 각 부재의 단면력을 구하는 과정이다.

정정보의 해석에서 부재력(단면력)은 양(+)은 부재의 상부에, 음(−)을 하부에 나타냈다. 라멘에서는 부재의 상하를 구분하기 어렵기 때문에, 라멘 안에서 밖을 바라보는 것을 기준으로 안쪽을 양(+), 바깥쪽을 음(−)으로 약속한다. 이에 의하면 축방향력은 인장이면 양(+, 부재 안쪽), 압축이면 음(−, 부재 바깥쪽)이다. 전단력의 경우도 마찬가지로, 시계방향(↑□↓)을 양(+, 부재 안쪽), 반시계방향(↓□↑)을 음(−, 부재 바깥쪽)로 작도한다. 또한 휨모멘트도 부재가 안쪽으로 볼록(↷‿↶)하게 휠 때를 양(+, 부재 안쪽), 바깥쪽으로 볼록(↶⁀↷)하게 휠 때를 음(−, 부재 바깥쪽)이다.

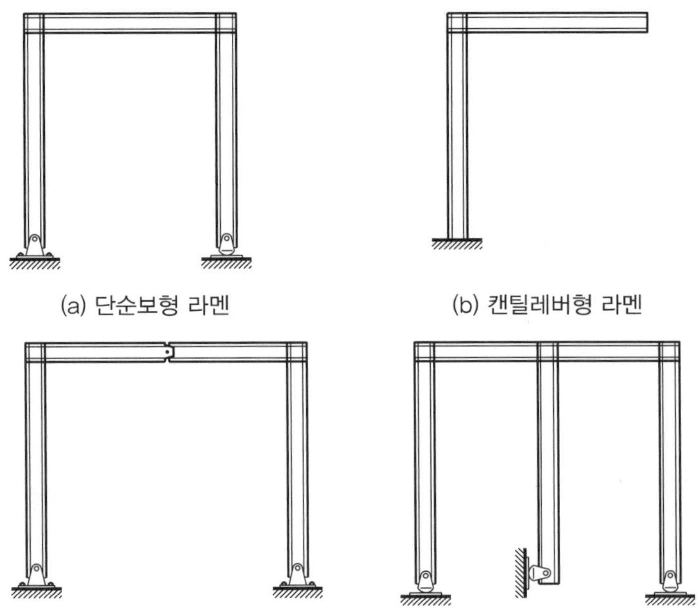

(a) 단순보형 라멘 (b) 캔틸레버형 라멘 (c) 3회전단 라멘 (d) 3이동단 라멘

그림 4.11 정정라멘의 종류

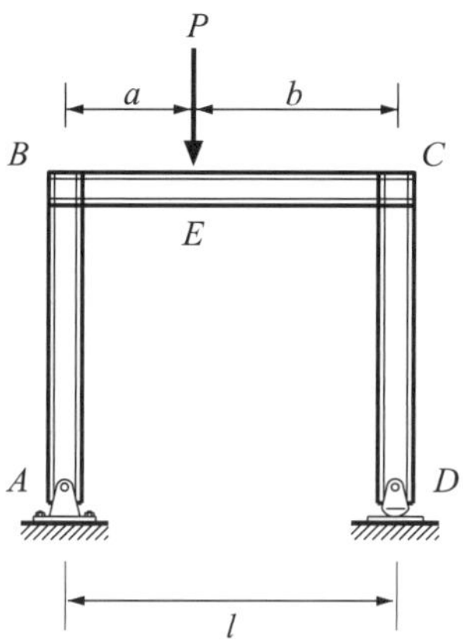

그림 4.12

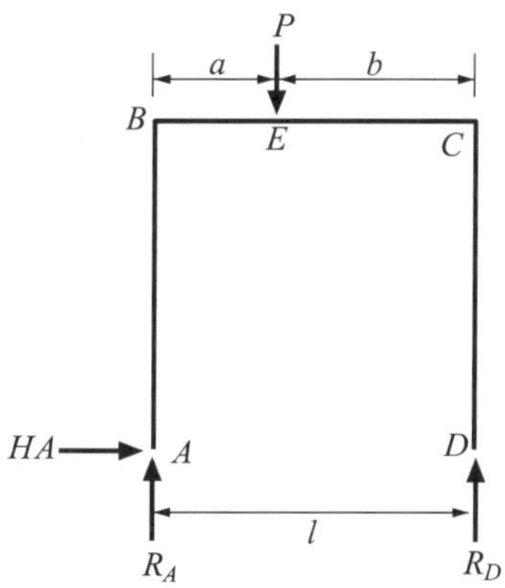

(a) 자유물체도

4.2.2 정정라멘의 해석

이제 정정보의 해석방법을 응용하여 그림 4.12와 같은 단순보형 라멘을 해석해 보자.

지점반력

그림 (a)에서 힘의 평형조건으로부터,

$$\rightarrow + \sum X = 0, \qquad H_A = 0$$

$$\uparrow + \sum Y = 0, \qquad R_A + R_D - P = 0, \qquad R_A + R_D = P$$

$$\curvearrowleft\boxplus \sum M_D = 0, \qquad -R_A l + Pb = 0$$

$$R_A = \frac{b}{l}P, \qquad R_D = \frac{a}{l}P$$

부재력

라멘을 구성하는 각 부재에 작용하는 부재력 즉, 축방향력(N), 전단력(V), 휨모멘트(M)를 구간별로 구하면 다음과 같다.

$\overline{AB}$구간의 부재력은, 그림 (b)와 같은 자유물체도에서,

$$N = -\frac{b}{l}P(\text{압축}), \quad V = 0, \quad M = 0$$

$\overline{BE}$구간의 부재력($0 \leq x \leq a$)은 그림 (c)에서,

$$N = 0, \quad V = \frac{b}{l}P, \quad M_x = \frac{b}{l}Px$$

$$M_{B, x=0} = 0, \quad M_{E, x=a} = \frac{ab}{l}P$$

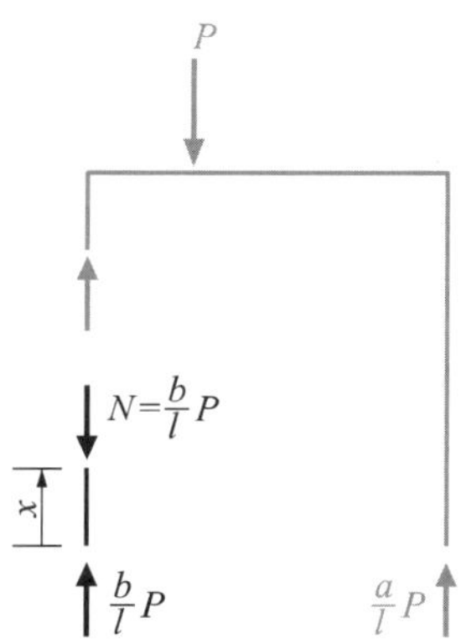

(b)

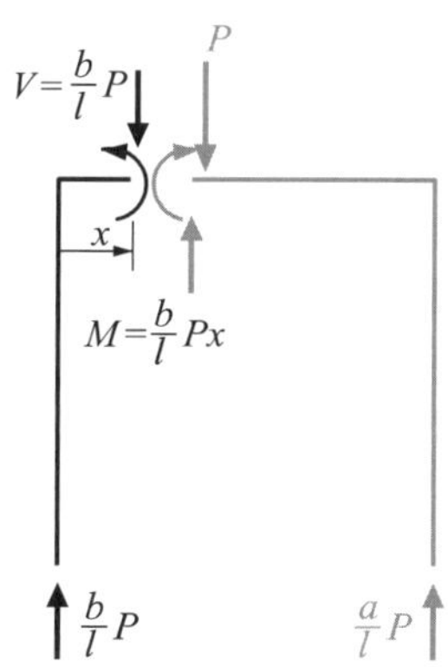

(c)

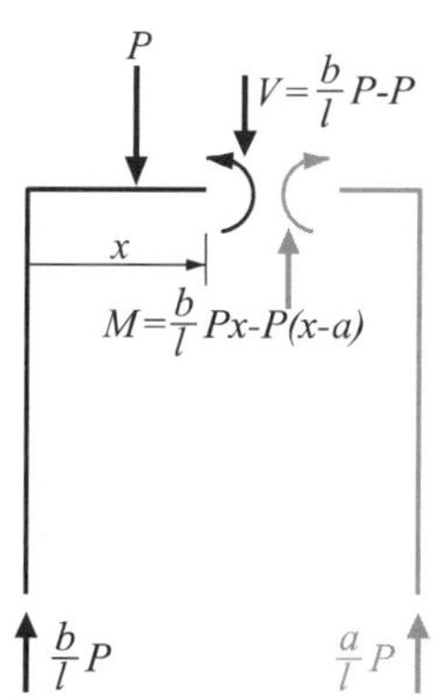

(d)

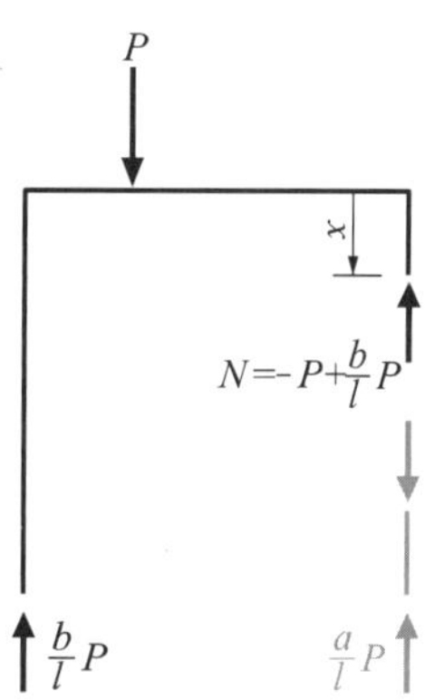

(e)

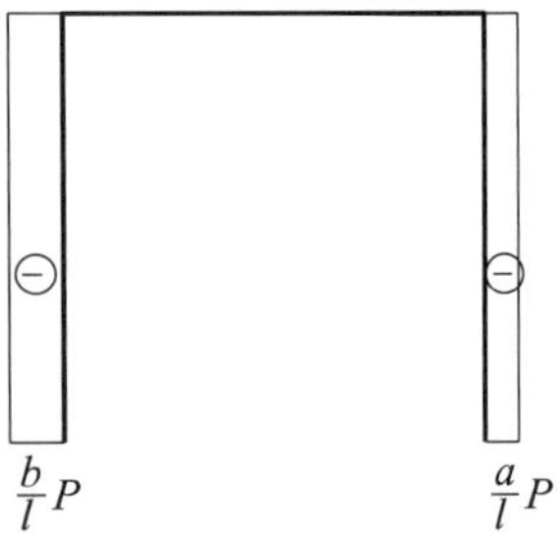

(f) 축방향력도(AFD)

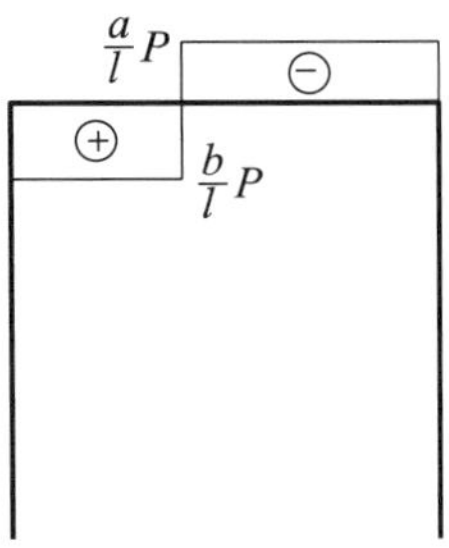

(g) 전단력도(SFD)

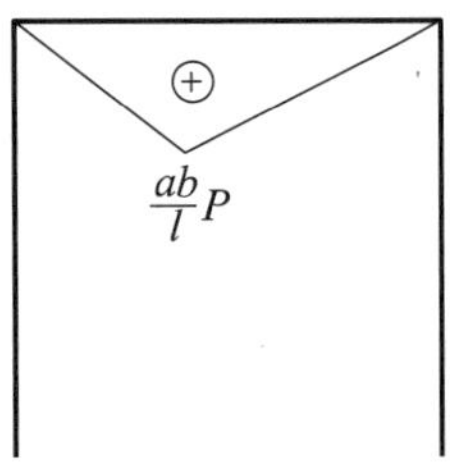

(h) 휨모멘트도(BMD)

$\overline{EC}$구간의 부재력($a \leqq x \leqq l$)은 그림 (d)에서,

$$N = 0$$

$$V = \frac{b}{l}P - P = -\frac{a}{l}p$$

$$M_x = \frac{b}{l}Px - P(x-a)$$

$$M_{E, x=a} = \frac{ab}{l}P, \quad M_{C, x=l} = 0$$

$\overline{CD}$구간의 부재력은 그림 (e)에서,

$$N = -P + \frac{b}{l}P = -\frac{a}{l}P$$

$$V = 0$$

$$M = 0$$

가 된다. 다음으로 부재력도를 그려보자(그림 (f)~(h)).

먼저 축방향력 N은 $\overline{AB}$구간$(= -\frac{b}{l}P)$과 $\overline{CD}(= -\frac{a}{l}P)$구간에만 존재하고, 모두 압축이므로 부호는 음(−)이다. 음(−)은 안에서 바라보았을 때 라멘의 바깥쪽에 그리기로 했으므로, 그림 (f)와 같이 나타낼 수 있다.

전단력 V는 $\overline{BE}$구간$(= -\frac{b}{l}P$, ↑□↓, +)과 $\overline{EC}$구간$(= -\frac{a}{l}P$, ↓□↑, −)에만 존재한다. 그러므로 그림 (g)와 같이 라멘의 안쪽(+)과 바깥쪽(−)에 그린다. 같은 방법으로 휨모멘트를 도시하면 그림 (h)와 같다.

4.2.3 정정라멘 해석의 일반적인 방법

앞에서 살펴보았듯이 라멘의 절점은 강절이다. 그러므로 라멘을 구성하는 각 부재(보와 기둥) 입장에서는 단부가 상대적인 이동과 회전이 구속되기 때문에 인접 부재로부터 전해지는 부재력의 수직 및 수평성분과 모멘트를 다른 부재로 전달할 수 있다. 또한 구조물을 설계할 때는 모든 부재의 부재력을 알아야 하므로, 정정보의 해석과 같이 임의 점을 절단해서 부재력을 찾는 방법을 라멘에 적용하면 많은 시간과 노력이 필요하다. 그러므로 여기서는 정정라멘 해석의 보다 일반적인 방법을 제시한다.

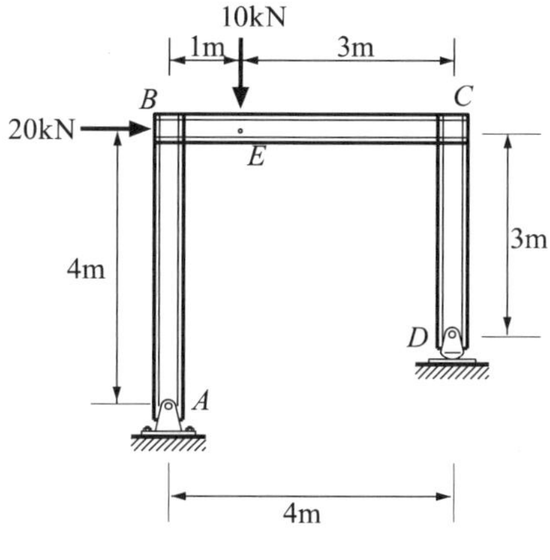

(a)

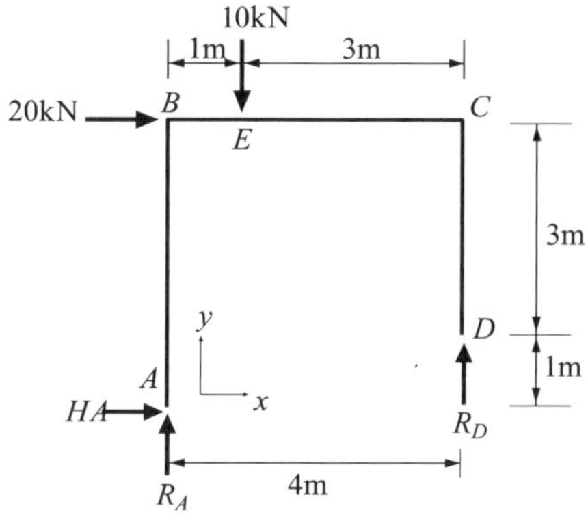

(b) 자유물체도

그림 4.13과 같은 단순보형 라멘의 해석을 통해, 정정라멘의 일반적인 해석방법을 살펴보자.

지점반력

먼저 지점반력을 구하기 위해 그림 (b)와 같은 자유물체도를 그리면 힘의 평형조건 식으로부터,

$$\rightarrow + \sum X = 0,\ \ H_A + 20 = 0,\ \ H_A = -20\ \text{kN}\,(\leftarrow)$$

$$\uparrow + \sum Y = 0,\ \ R_A + R_D - 10 = 0,\ \ R_A + R_D = 10$$

$$\curvearrowleft \boxplus \sum M_A = 0,\ \ R_D(4) - 20(4) - 10(1) = 0$$

$$R_D = 22.5\ \text{kN}\,(\uparrow),\ \ R_A = -12.5\ \text{kN}\,(\downarrow)$$

부재력

절점과 부재를 모두 분리해서 자유물체도를 그리면 그림 4.13 (c)와 같다. 기본적으로 임의 부재의 양 단부에는 축방향력, 전단력, 휨모멘트의 3개의 미지력이 존재하므로 1개 부재당 미지력은 6개이다. 힘의 평형조건을 이용한 방정식의 구성은 3개이므로, 미지력을 구할 수 없을 것 같지만, A지점과 D지점은 미지력이 3개이므로, 반력계산을 통해 지점의 미지력이 결정되면, 순차적으로 모든 미지력을 구할 수 있다. 여기서는 A점으로부터 시작한다.

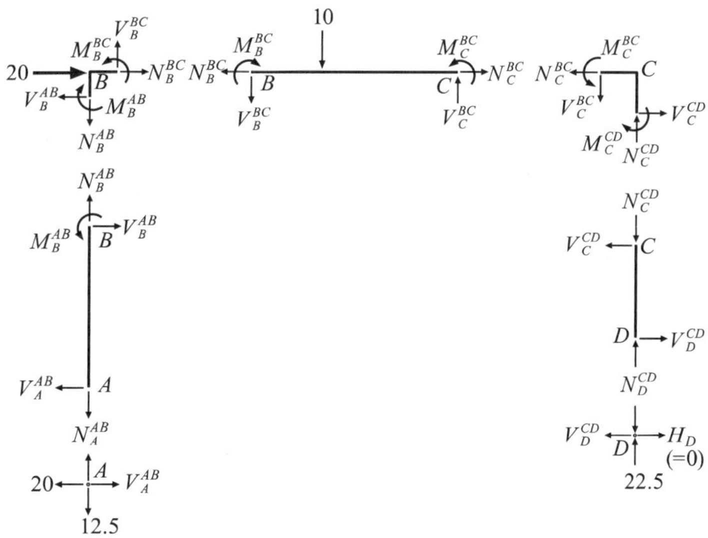

그림 4.13 (c) 부재별, 절점별 자유물체도

A점

$$\rightarrow + \sum X = 0, \quad V_A^{AB} - 20 = 0, \qquad V_A^{AB} = 20\ \text{kN}\ (\rightarrow)$$

$$\uparrow + \sum Y = 0, \quad N_A^{AB} - 12.5 = 0, \quad N_A^{AB} = 12.5\ \text{kN}\ (\uparrow)$$

$\overline{AB}$부재

V_A^{AB}와 N_A^{AB}를 구했으므로 부재 $\overline{AB}$에서 남은 미지수 V_B^{AB}, N_B^{AB}, M_B^{AB}는 힘의 평형조건식을 이용해 구할 수 있다. 즉,

$$\rightarrow + \sum X = 0, \quad -V_A^{AB} + V_B^{AB} = 0, \quad V_B^{AB} = 20\ \text{kN}\ (\rightarrow)$$

$$\uparrow + \sum Y = 0, \quad -N_A^{AB} + N_B^{AB} = 0, \quad N_B^{AB} = 12.5\ \text{kN}\ (\uparrow)$$

$$\curvearrowleft \boxplus \sum M_B = 0, \quad M_B^{AB} - 20(4) = 0, \quad M_B^{AB} = 80\ \text{kN} \cdot \text{m}\ (\curvearrowleft)$$

B점

$$\rightarrow + \sum X = 0, \quad -V_B^{AB} + N_B^{BC} + 20 = 0, \quad N_B^{BC} = 0\ \text{kN}$$

$$\uparrow + \sum Y = 0, \quad -N_B^{AB} + V_B^{BC} = 0, \quad V_B^{BC} = 12.5\ \text{kN}\ (\uparrow)$$

$$\curvearrowleft \boxplus \sum M_B = 0, \quad -M_B^{AB} + M_B^{BC} = 0, \quad M_B^{BC} = 80\ \text{kN} \cdot \text{m}\ (\curvearrowleft)$$

$\overline{BC}$부재

$$\rightarrow + \sum X = 0, \quad -N_B^{BC} + N_C^{BC} = 0, \quad N_B^{BC} = 0\ \text{kN}$$

$$\uparrow + \sum Y = 0, \quad -V_B^{BC} - 10 + V_C^{BC} = 0,$$

$$V_C^{BC} = 22.5\ \text{kN}\ (\uparrow)$$

$$\curvearrowleft \boxplus \sum M_C = 0, \quad M_C^{BC} + R_B^{BC}(4) + 10(3) - M_B^{BC} = 0,$$

$$M_C^{BC} = 0\ \text{kN} \cdot \text{m}$$

C점

평형방정식을 적용하면,

$$\rightarrow + \sum X = 0, \quad -N_C^{BC} + V_C^{CD} = 0, \quad V_C^{CD} = 0\ \text{kN}$$

$$\uparrow + \sum Y = 0, \quad -V_C^{BC} + N_C^{CD} = 0, \quad N_C^{CD} = 22.5\ \text{kN}\ (\uparrow)$$

$$\curvearrowleft \boxplus \sum M_C = 0, \quad M_C^{BC} - M_C^{CD} = 0, \quad M_C^{CD} = 0\ \text{kN} \cdot \text{m}$$

$\overline{CD}$부재

평형방정식을 적용하면,

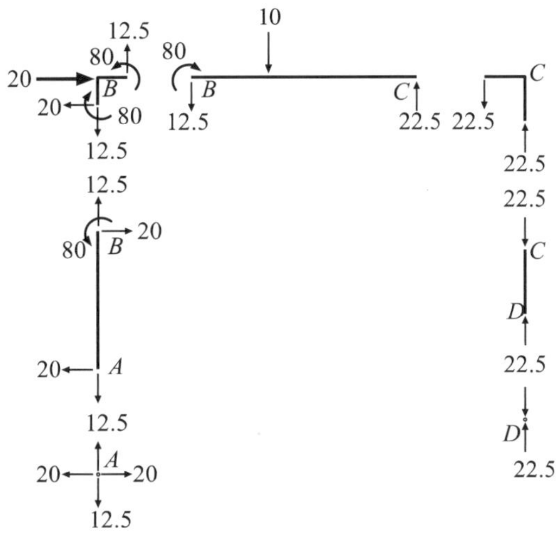

(d) 부재별, 절점별 자유물체도

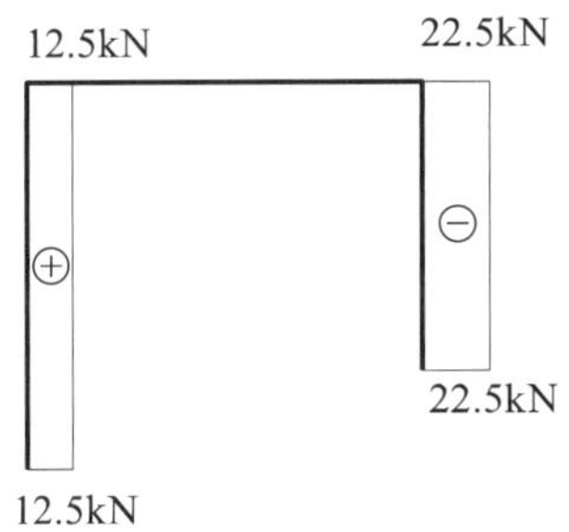

(e) 축방향력도(AFD)

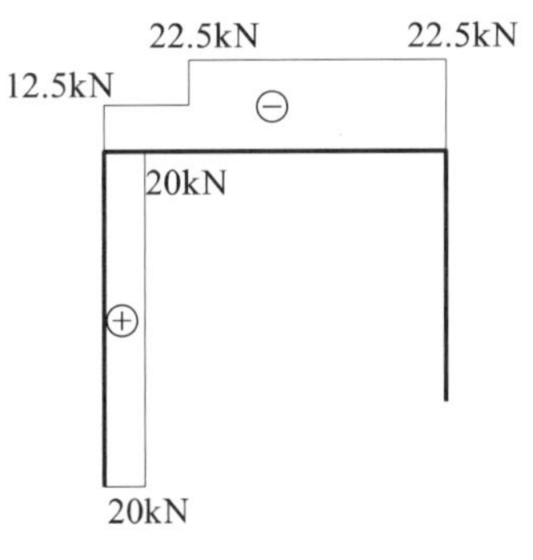

(f) 전단력도(SFD)

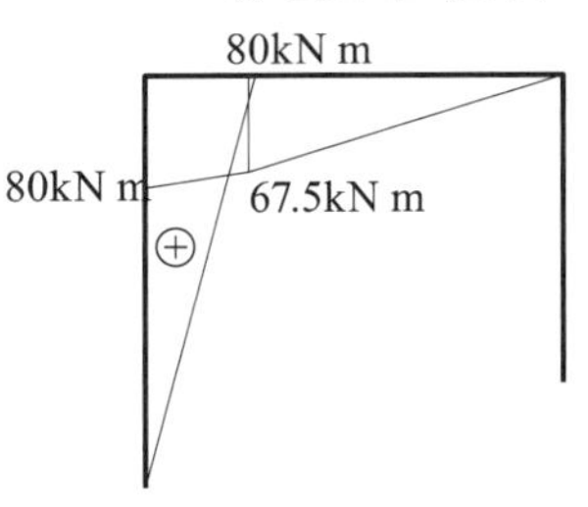

(g) 휨모멘트도(BMD)

그림 4.13(계속)

$$\rightarrow + \sum X = 0,\ \ -V_C^{CD} + V_D^{CD} = 0,\ \ V_D^{CD} = 0\text{ kN}$$

$$\uparrow + \sum Y = 0,\ \ -N_C^{CD} + N_D^{CD} = 0,\ \ N_D^{CD} = 22.5\text{ kN}(\uparrow)$$

$$\curvearrowleft \boxplus \sum M_C = 0,\ \ M_D^{CD} = 0\text{ kN}\cdot\text{m}$$

D점

계산을 검토하기 위해 D점을 고려한다.

$$\rightarrow + \sum X = 0,\ \ -V_C^{CD} + H_D = 0,\ \ H_D = 0\text{ kN}$$

$$\uparrow + \sum Y = 0,\ \ -N_D^{CD} + R_D = 0,\ \ R_D = 22.5\text{ kN}(\uparrow)$$

이상을 정리하면 그림 (d)와 같다. 실제로 위에서 부재와 절점에 대한 계산 값은 힘의 평형조건을 이용해서 그림에서 직접 기입할 수 있는 단순한 과정이다.

다음으로 부재력도를 그리면 그림 (e)~(g)와 같다. E점에의 휨모멘트는 $\overline{BC}$부재의 자유물체도로부터,

$$M_E = -80 + 12.5(1) = -67.5\text{ kN}\cdot\text{m}(\curvearrowright)$$

이 과정은 매우 어려워 보이지만, 실제 계산을 해보면 보다 간편하고 강력한 정정라멘의 부재력 계산방법임을 알 수 있을 것이다. 또한 라멘의 모든 부재가 개별적인 자유물체도를 얻게 되기 때문에, 부재 내부의 부재력 분포를 보다 쉽게 계산할 수 있다. 예를 들어, $\overline{BC}$부재의 부재력 분포를 찾기 위해서는 자유물체도로부터 $\overline{BC}$부재가 하나의 보라고 생각해도 된다.

그러므로 앞으로 라멘의 해석에서는, 부재별, 절점별로 나누어 자유물체도를 작성하고 각 절점과 부재의 미지력을 평형조건식을 이용하여 찾는 방법을 이용하기로 한다. 예제를 통해 여러 형태의 정정라멘에 관한 해석방법을 익혀보자.

예제 4-4

그림과 같은 단순보형 정정라멘을 해석하라.

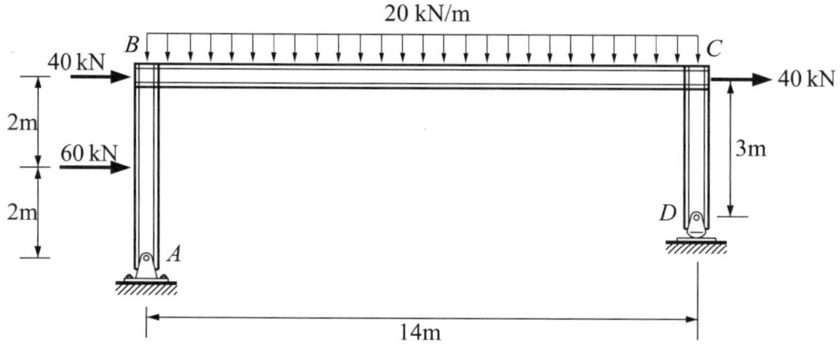

풀이

반력 계산

$$\rightarrow + \sum X = 0, \quad 40 + 60 + 40 + H_A = 0,$$
$$H_A = -140\ \text{kN}(\leftarrow)$$

$$\curvearrowleft \boxplus \sum M_D = 0, \quad -R_A(14) - 60(1) - 40(3) - 40(3) + 20(14)\left(\frac{14}{2}\right) + H_A(1) = 0,$$
$$R_A = 108.6\ \text{kN}$$

$$\uparrow + \sum Y = 0, \quad R_A + R_D - 20(14) = 0,$$
$$R_D = 20(14) - 108.6 = 171.4\ \text{kN}$$

부재력 계산

부재별, 절점별 자유물체도를 그리면 그림 (b)와 같다.

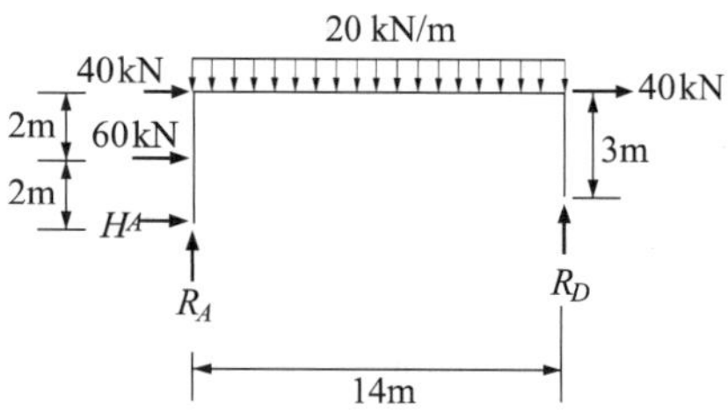

(a) 자유물체도

A점

반력은 $H_A = 140\ \text{kN}(\leftarrow)$, $R_A = 108.6\ \text{kN}(\uparrow)$이므로, 평형조건을 만족하기 위해, 각각 $140\ \text{kN}(\rightarrow)$, $108.6\ \text{kN}(\downarrow)$이 필요하다.

$\overline{AB}$부재

A점서 x만큼 떨어진 점에서,

$$N = R_A = -108.6\ \text{kN}(\downarrow)$$

$0 \leq x \leq 2\,\text{m}$일 때

$$V = -140\ \text{kN}(\rightarrow), \qquad M = 140x\ \text{kN}\cdot\text{m}\,(\curvearrowleft)$$

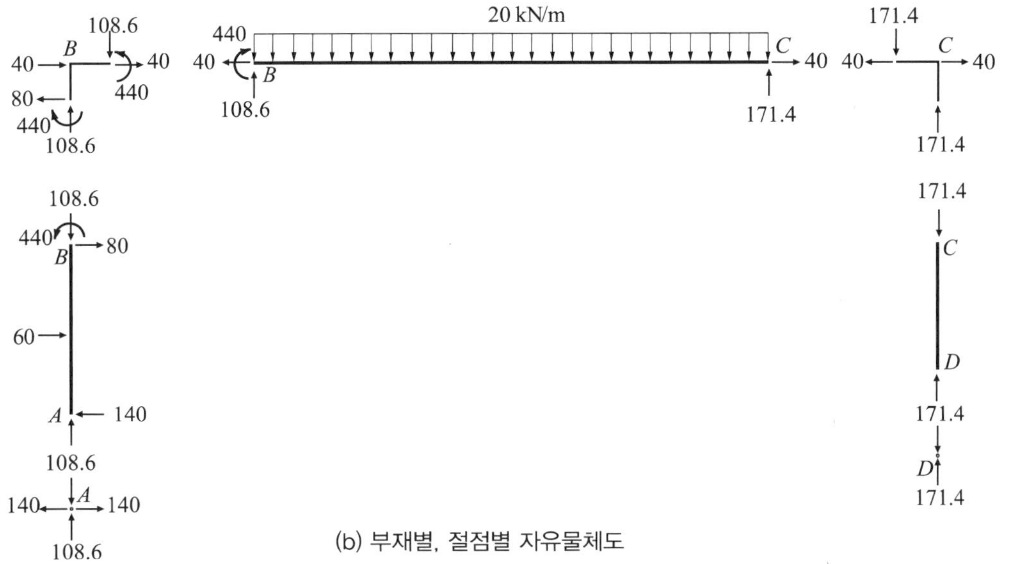

(b) 부재별, 절점별 자유물체도

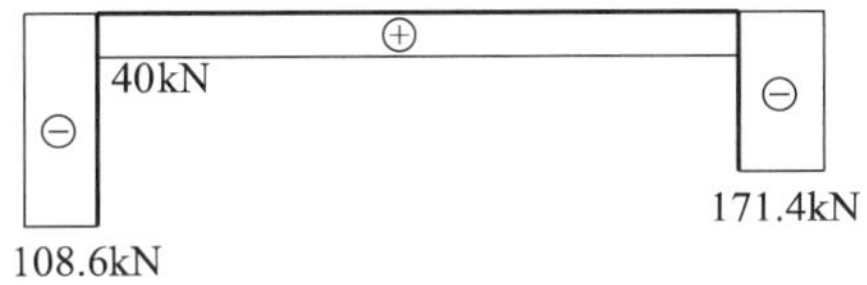

(c) 축방향력도(AFD)

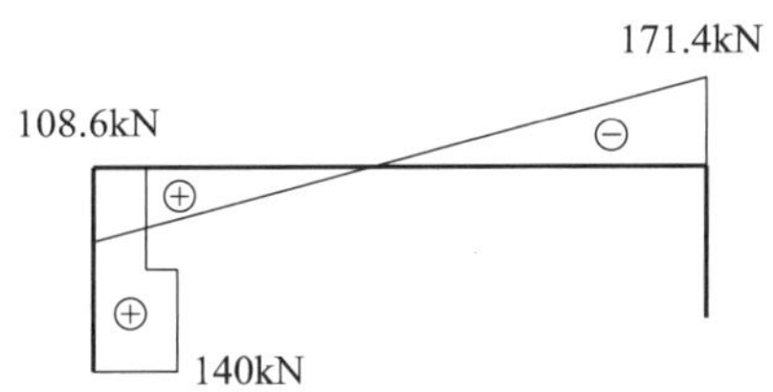

(d) 전단력도(SFD)

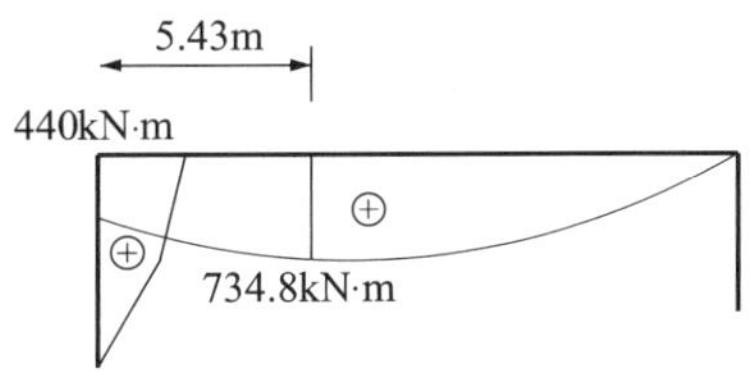

(e) 휨모멘트도(BMD)

$2\,\mathrm{m} \leqq x \leqq 4\,\mathrm{m}$일 때

$$V = -140 + 60 = -80\ \mathrm{kN}(\rightarrow)$$

$$M = 140x - 60(x-2) = 80x + 120\ \mathrm{kN \cdot m}\ (\curvearrowleft)$$

$$M_{B,x=4} = 80(4) + 120 = 440\ \mathrm{kN \cdot m}\ (\curvearrowleft)$$

B점

평형조건을 만족하기 위해, $40\,\mathrm{kN}(\rightarrow)$, $108.6\,\mathrm{kN}(\downarrow)$, $440\,\mathrm{kN \cdot m}\ (\curvearrowleft)$가 필요하다.

$\overline{BC}$부재

B점에서 x 만큼 떨어진 점에서,

$$N = 40\ \mathrm{kN}(\rightarrow)$$

$$V = -108.6 + 20x\ \mathrm{kN}, \quad V_{C,x=14} = 171.4\ \mathrm{kN}$$

$$M = 440 + 108.6x - 20\left(\frac{x^2}{2}\right) = 440 + 108.6x - 10x^2\ \mathrm{kN \cdot m}$$

$$M_{C,x=14} = 440 + 108.6(14) - 10(14^2) = 0\ \mathrm{kN \cdot m}$$

C 점

평형조건을 만족하기 위해 $171.4\,\mathrm{kN}(\uparrow)$가 필요하다.

$\overline{CD}$부재

C점에서 x만큼 떨어진 점에서,

$$N = -171.4\ \mathrm{kN}, \quad V = 0$$

$$M = 0$$

부재력도를 작성하면 그림 (c)~(e)와 같다.

예제 4-5 캔틸레버형 라멘 해석

그림과 같이 3kN/m의 등분포하중이 작용하는 캔틸레버형 라멘을 해석하라.

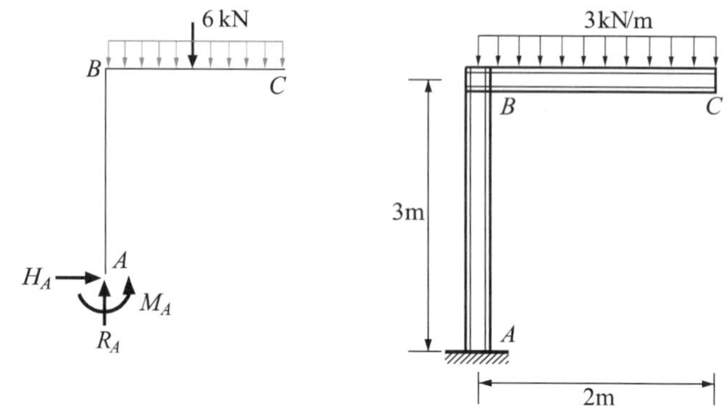

(a) 자유물체도

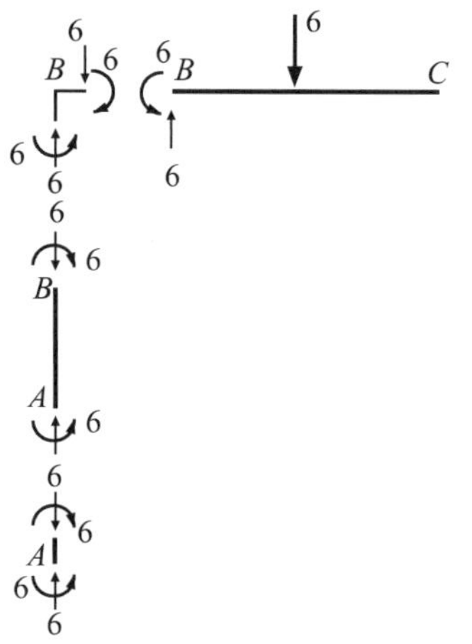

(b) 부재별, 절점별 자유물체도

풀이

반력 계산

$$\rightarrow + \sum X = 0, \quad H_A = 0$$

$$\uparrow + \sum Y = 0, \quad R_A - 6 = 0, \qquad R_A = 6\text{ kN}$$

$$\curvearrowleft \boxplus \sum M_A = 0, \quad -6(1) + M_A = 0, \quad M_A = 6\text{ kN}\cdot\text{m}$$

부재력 계산

부재별, 절점별 자유물체도로 나타내면 그림 (b)와 같다. 자유물체도 중에서 $\overline{AB}$ 부재와 $\overline{BC}$ 부재만을 살펴보자.

$\overline{AB}$부재($0 \leq x \leq 3\text{m}$)

A점에서 x만큼 떨어진 점에서,

$N = -6\text{ kN}(\downarrow)$

$V = 0$

$M = -6\text{ kN}\cdot\text{m}(\curvearrowright)$

$\overline{BC}$부재($0 \leq x \leq 2\text{m}$)

B점에서 x만큼 떨어진 점에서,

$N = 0$

$V = -6 + 3x\text{ kN}$

$M = -6 + 6x - 3\dfrac{x^2}{2}\text{ kN}\cdot\text{m}$

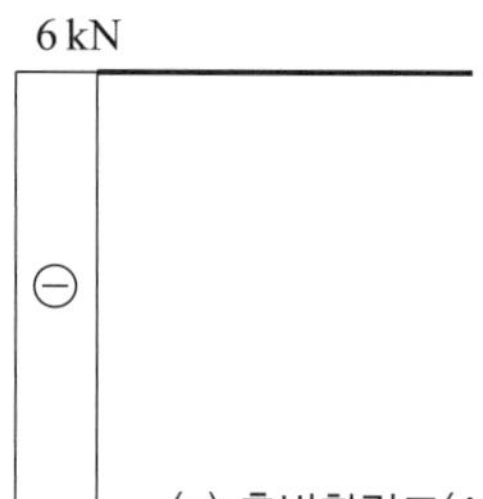

(c) 축방향력도(AFD)

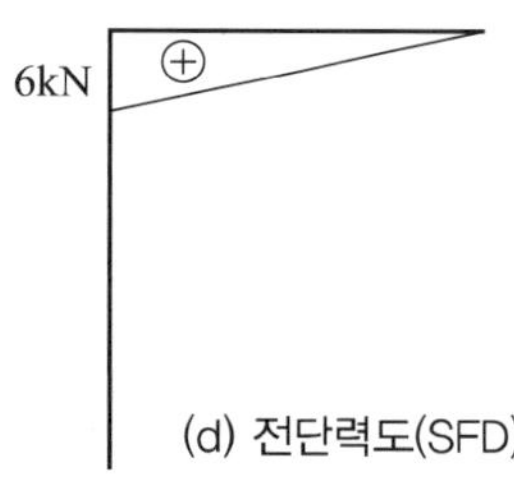

(d) 전단력도(SFD)

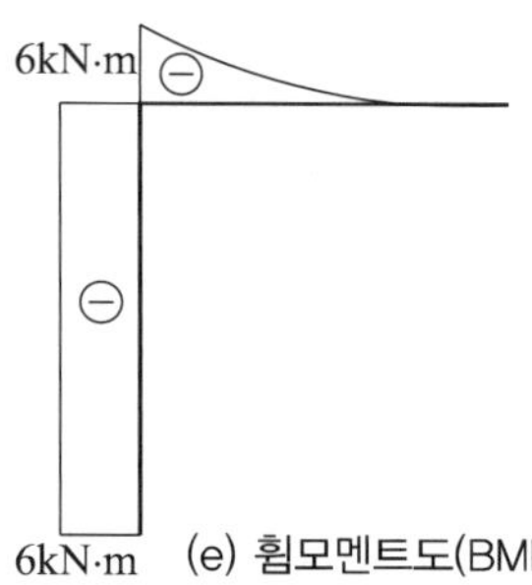

(e) 휨모멘트도(BMD)

예제 4-6 3회전단 라멘 해석

그림과 같은 3회전단 라멘을 해석하라.

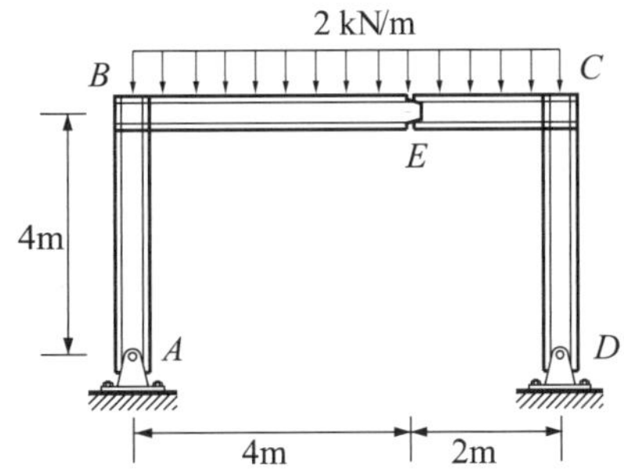

풀이

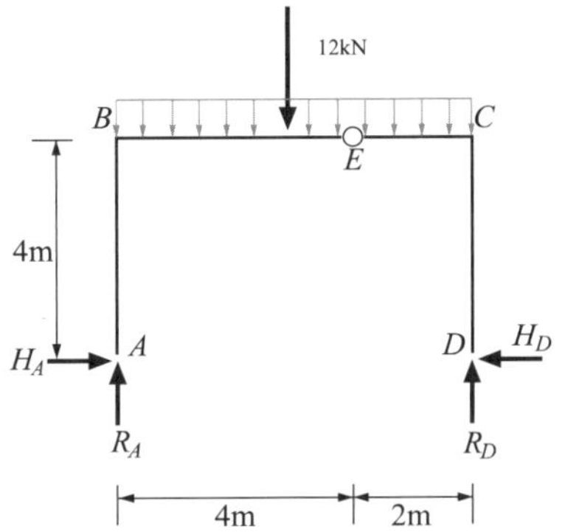

(a) 자유물체도

미지반력이 4개이지만 E힌지 점에서 모멘트 전달이 안 된다는 조건을 이용하면 미지반력을 구할 수 있는 정정구조물이다.

반력 계산

$$\uparrow + \sum Y = 0, \quad R_A + R_D - 12 = 0$$

$$\rightarrow + \sum X = 0, \quad H_A - H_D = 0, \quad H_A = H_D$$

$$\curvearrowleft \boxplus \sum M_D = 0, \quad -R_A(6) + 12(3) = 0,$$

$$R_A = 6\text{ kN}, \quad R_D = 6\text{ kN}$$

$$\curvearrowleft \boxplus \sum M_E^{EA} = 0, \quad -R_A(4) + H_A(4) + 2(4)(2) = 0$$

$$H_A = 2\text{ kN}, \quad H_B = 2\text{ kN}$$

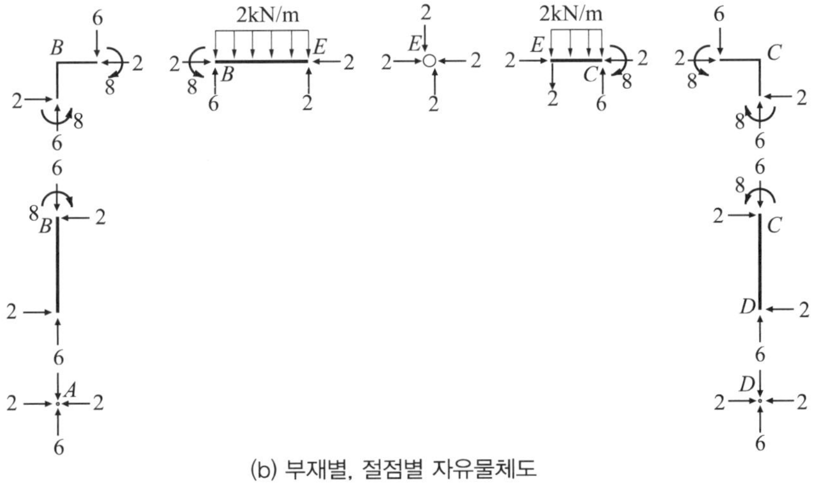

(b) 부재별, 절점별 자유물체도

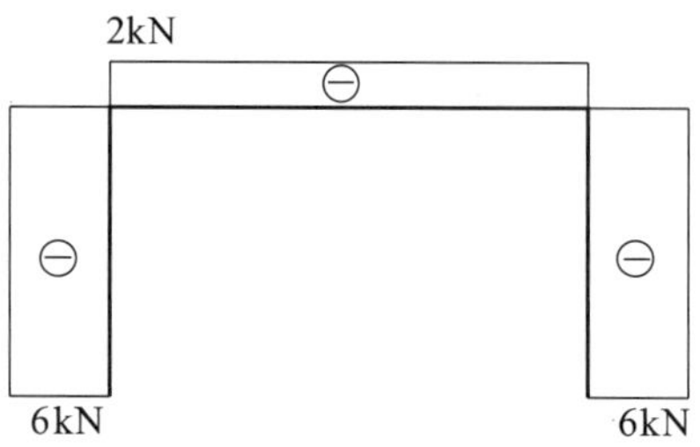

(c) 축방향력도(AFD)

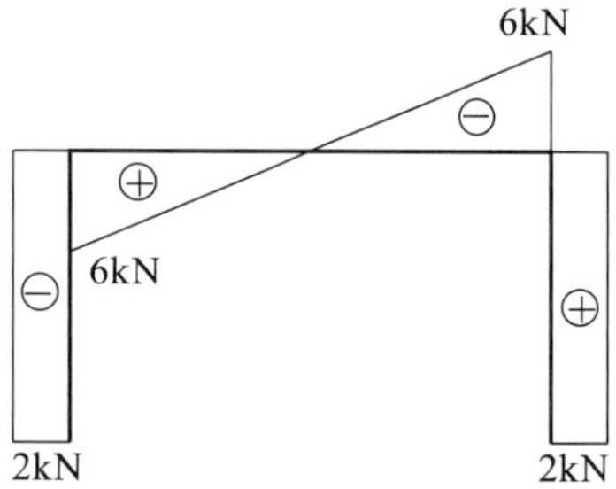

(d) 전단력도(SFD)

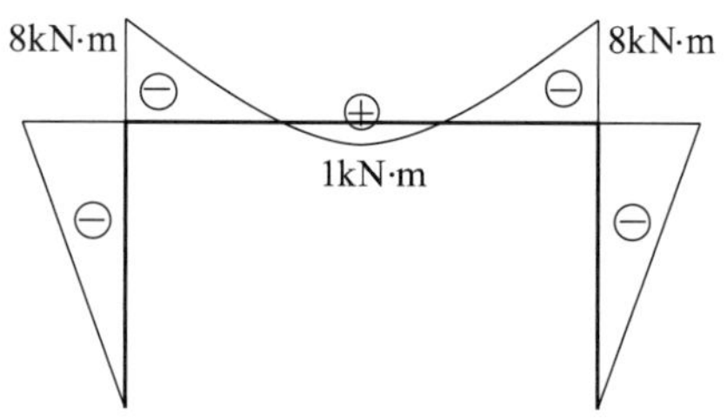

(e) 휨모멘트도(BMD)

부재력 계산

절점, 부재별 자유물체도를 그리면 그림 (b)와 같다.

$\overline{AB}$부재$(0 \leq x \leq 4\,\text{m})$

A점에서 x만큼 떨어진 점에서,

$N = -6\,\text{kN}(\downarrow)$

$V = 2\,\text{kN}$

$M = -2x\,\text{kN}\cdot\text{m}(\curvearrowright)$, $\quad M_{B,x=4} = -8\,\text{kN}\cdot\text{m}(\curvearrowright)$

$\overline{BE}$ 부재$(0 \leq x \leq 4\,\text{m})$

B점에서 x만큼 떨어진 점에서,

$N = -2\,\text{kN}(\leftarrow)$

$V = -6 + 2x\,\text{kN}$, $V_{E,x=4} = 2\,\text{kN}$

$M = -8 + 6x - 2x\left(\dfrac{x}{2}\right) = -8 + 6x - x^2\,\text{kN}\cdot\text{m}$

$M_{E,x=4} = 0$

이고,

$V = 0$에서, $x = 3\,\text{m}$이므로,

$M_{x=3} = -8 + 6(3) - 3^2 = 1\,\text{kN}\cdot\text{m}$

$\overline{EC}$ 부재$(0 \leq x \leq 2\,\text{m})$

E점에서 x만큼 떨어진 점에서,

$N = -2\,\text{kN}(\leftarrow)$

$V = 2 + 2x\,\text{kN}$, $\quad V_{x=2} = 6\,\text{kN}(\uparrow)$

$M = -2x - 2x\left(\dfrac{x}{2}\right) = -(2x + x^2)\,\text{kN}\cdot\text{m}\,(\curvearrowright)$,

$M_{C,x=2} = -8\,\text{kN}\cdot\text{m}\,(\curvearrowright)$

$\overline{CD}$ 부재$(0 \leq x \leq 4\,\text{m})$

C점에서 x만큼 떨어진 점에서,

$N = -6\,\text{kN}(\uparrow)$(압축)

$V = -2\,\text{kN}(\leftarrow)$

$M = -8 + 2x\,\text{kN}\cdot\text{m}$,

$M_{D,x=4} = 0$

부재력도를 그리면 그림 (c)~(e)와 같다.

예제 4-7 3이동단 라멘 해석

그림과 같이 수평등분포하중을 받는 3이동단 라멘을 해석하라.

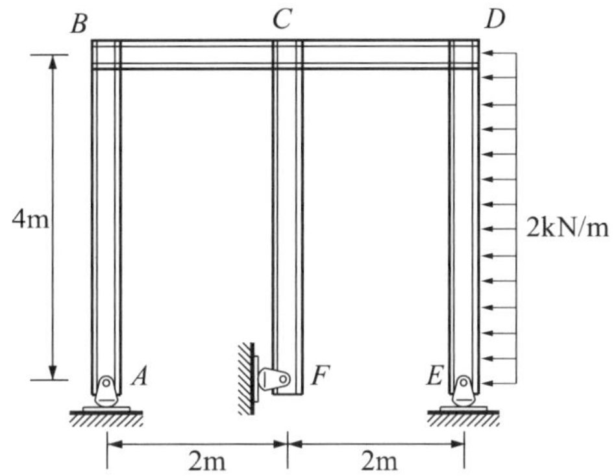

풀이

반력 계산

$$\uparrow + \sum Y = 0, \quad R_A + R_E = 0, \qquad R_A = -R_E$$

$$\curvearrowleft \boxplus \sum M_E = 0, \quad -R_A(4) + 8(2) = 0,$$
$$R_A = 4\ \text{kN}(\uparrow), \qquad R_E = -4\ \text{kN}(\downarrow)$$

$$\rightarrow + \sum X = 0, \quad H_F - 4(2) = 0, \qquad H_F = 8\ \text{kN}$$

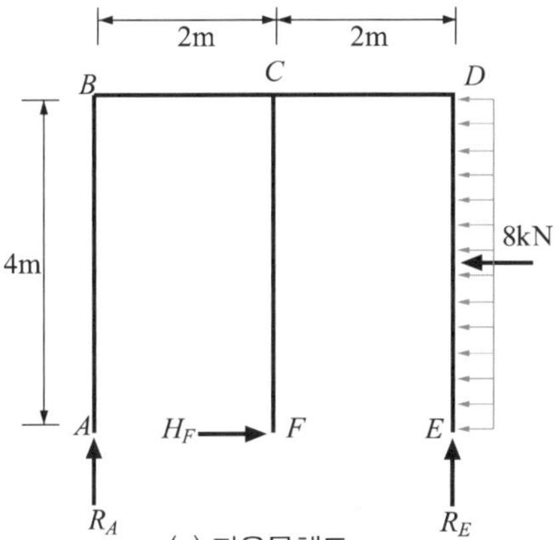

(a) 자유물체도

지점이 모두 이동단으로 구성되어 불안정구조처럼 보이지만 기하학적으로 (A, E는 수직구속, 지점은 수평구속 F) 모든 방향에 이동이 구속된 안정구조이다.

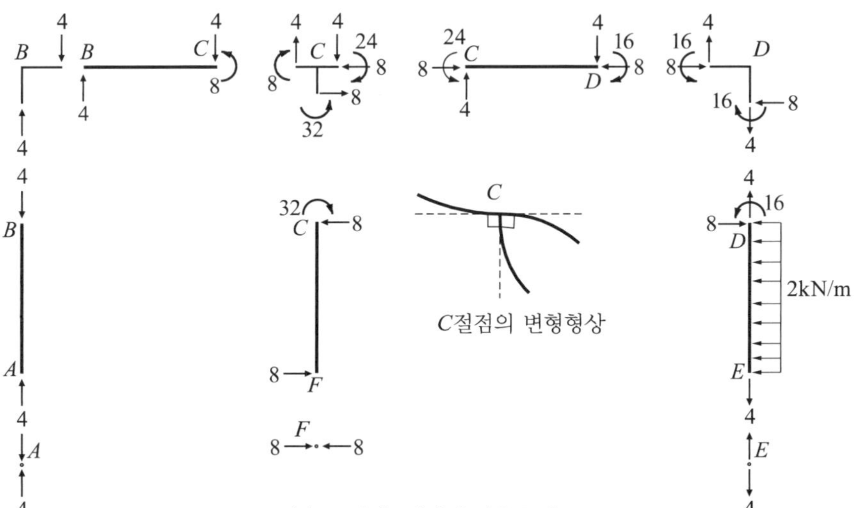

(b) 부재별, 절점별 자유물체도

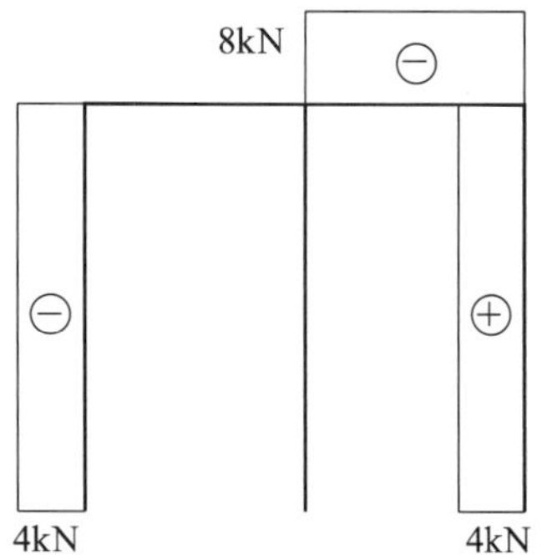

(c) 축방향력도(AFD)

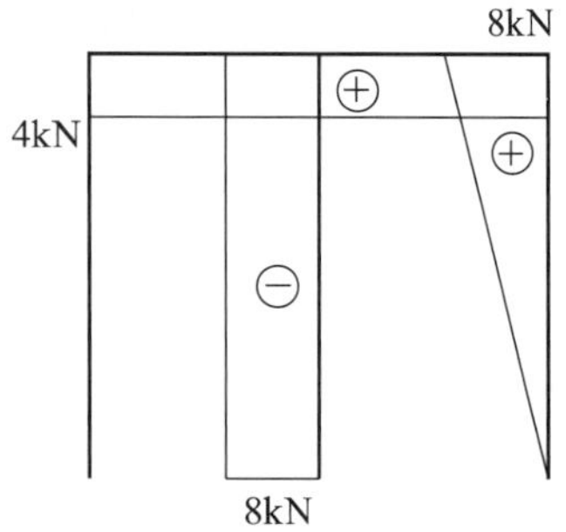

(d) 전단력도(SFD)

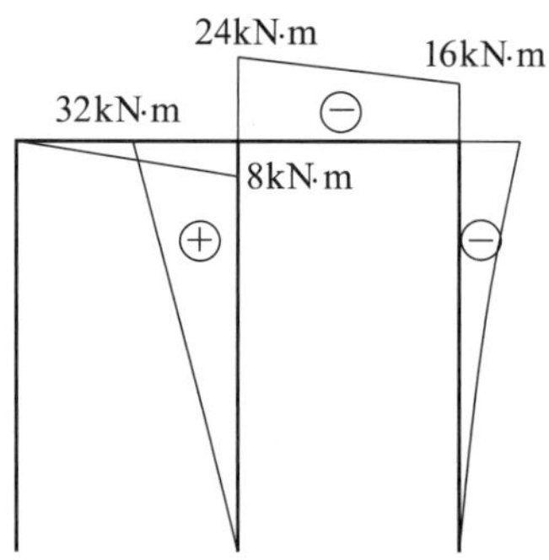

(e) 휨모멘트도(BMD)

부재력 계산

부재별, 절점별 자유물체도로 나타내면 그림 (b)와 같다.

$\overline{AB}$부재($0 \leq x \leq 4\,\text{m}$), A점에서 x만큼 떨어진 점에서,

$N = -4\,\text{kN}$,

$V = 0$, $M = 0$

$\overline{BC}$부재($0 \leq x \leq 2\,\text{m}$), B점에서 x만큼 떨어진 점에서,

$N = 0$,

$V = -4\,\text{kN}(\downarrow)$,

$M = 4x\,\text{kN}\cdot\text{m}$, $M_{x=2} = 8\,\text{kN}\cdot\text{m}$

$\overline{CF}$부재($0 \leq x \leq 4\,\text{m}$)

C점은 미지력이 많지만, F지점은 반력을 알고 있으므로 F점을 기준으로 한다. 즉, F에서 x만큼 떨어진 점에서,

$N = 0$, $V = 8\,\text{kN}$

$M = -8x\,\text{kN}\cdot\text{m}(\curvearrowright)$, $M_{x=4} = -32\,\text{kN}\cdot\text{m}(\curvearrowright)$

C점

힘의 평형조건을 만족하기 위해서는,

$\curvearrowright + \sum M_C = 0$, $-8 + 32 + M_C^{CD} = 0$,

$M_C^{CD} = -24\,\text{kN}\cdot\text{m}(\curvearrowright)$

$\overline{CD}$부재($0 \leqq x < 2\,\text{m}$), C점에서 x만큼 떨어진 점에서,

$N = -8\,\text{kN}(\leftarrow)$,

$V = -4\,\text{kN}(\downarrow)$

$M = -24 + 4x\,\text{kN}\cdot\text{m}(\curvearrowright)$, $M_{x=2} = -16\,\text{kN}\cdot\text{m}(\curvearrowright)$

$\overline{DE}$부재력($0 \leqq x \leqq 4\,\text{m}$), D점에서 x만큼 떨어진 점에서,

$N = 4\,\text{kN}$,

$V = 8 - 2x\,\text{kN}$

$$M = 8x - 16 - 2(x)\left(\frac{x}{2}\right) = 8x - 16 - x^2\,\text{kN}\cdot\text{m}$$

$$M_{Ex=4} = 8(4) - 16 - 4^2 = 0$$

부재력도를 그리면 그림 (c)~(e)와 같다. 그림에서 $\overline{CF}$부재의 부재력도는 좌측을 기준으로 작도하고, 부호를 반드시 표기한다.

4.3 정정아치 해석

4.3.1 정정아치 개요

아치(Arch)란 부재축이 곡선으로 이루어진 보로서, 작용하는 수직하중을 아치의 축선을 따라 좌우로 나누어 재축 압력만 받게 하고, 인장력을 받지 않도록 설계된 구조를 말한다.

아치 또한 보나 라멘과 같이 축방향력, 전단력, 휨모멘트의 부재력이 발생하지만, 휨모멘트는 매우 작으며 주로 축방향력에 저항하는 구조이다. 그림 4.14의 사례에서도 알 수 있듯이 구조재료가 발전하지 못했던 옛날에는, 압축력에는 강하지만 인장력이 약한 돌이나 콘크리트를 이용해서 대공간을 만들 때 아치를 많이 이용하였다. 물론 오늘날에도 체육관이나 극장 등 큰 경간(Span)을 필요로 하는 구조에 많이 사용된다.

아치 중에서 힘의 평형조건식 만으로 해석이 가능한 구조물을 정정아치라고 한다. 정정아치의 종류는 단순보형, 캔틸레버형, 3회전단 정정아치 3가지로 나눌 수 있으며, 해석 또한 정정보나 라멘과 마찬가지로, 힘의 평형조건식을 이용하여 지점반력을 구하고, 구간별 자유물체도를 이용하여 부재력(외응력)을 구하는 과정을 통해 이루어진다. 부재력의 부호도 정정라멘과 마찬가지로, 안쪽에서 바깥쪽을 바라보는 것을 기준으로, 안쪽은 양(+), 바깥쪽은 음(−)으로 작도한다. 다만, 이때 재축방향은 그 점에서 곡선의 접선방향을, 직각방향은 그 점에서 법선방향(접선의 직각)을 말한다.

4.3.2 단순보형, 캔틸레버형 아치 해석

그림 4.15와 같이 지점의 한쪽이 회전단이고 다른 쪽이 이동단으로 구성된 단순보형 아치를 통해 해석방법을 살펴보자.

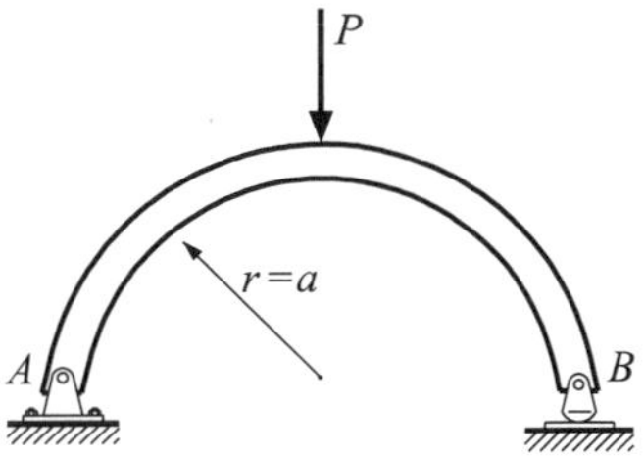

그림 4.15

지점반력

그림 (a)와 같은 자유물체도의 힘의 평형조건 식으로부터,

$$\rightarrow + \sum X = 0,\quad H_A = 0$$

$$\uparrow + \sum Y = 0,\quad R_A + R_B - P = 0$$

$$\curvearrowleft \boxplus \sum M_A = 0,\quad -Pa + R_B(2a) = 0,\ R_B = \frac{P}{2},\ R_A = \frac{P}{2}$$

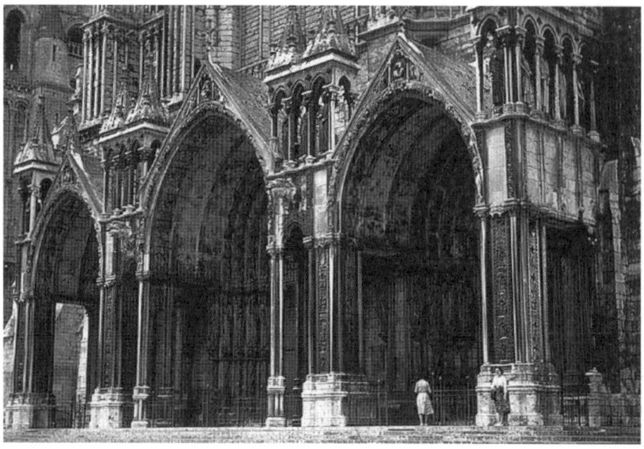

◀아치구조를 많이 사용한 고딕건축
▼

▲ 아치는 큰 공간의 지붕구조로 많이 사용된다(타이 아치).

◀ 아치로 이루어진 지붕구조

▲ 오스트리아 Near Innsbruck에 있는 철근콘크리트로 시공된 3회전단 아치교의 모습

▼ 아치구조 지점의 힌지 상세 예

그림 4.14 아치의 전형적인 예

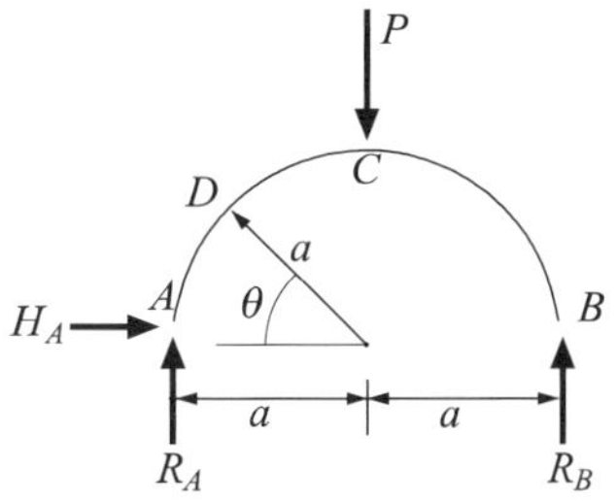

(a) 자유물체도

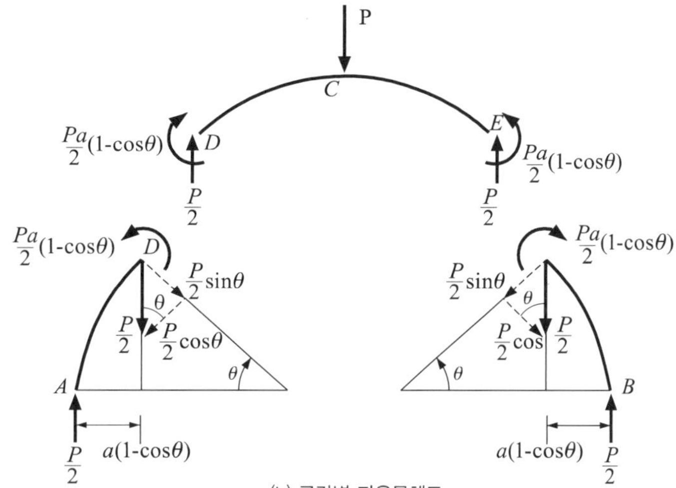

(b) 구간별 자유물체도

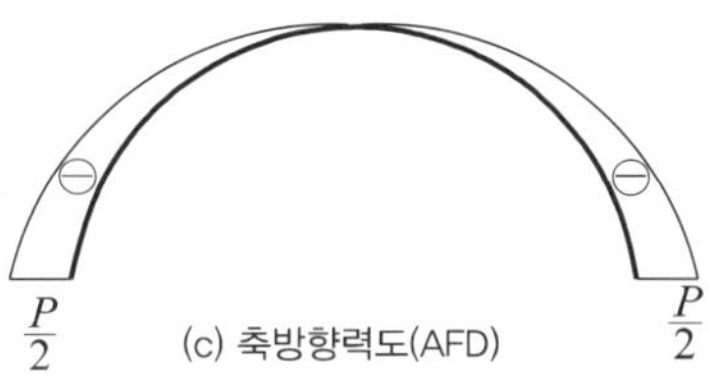

(c) 축방향력도(AFD)

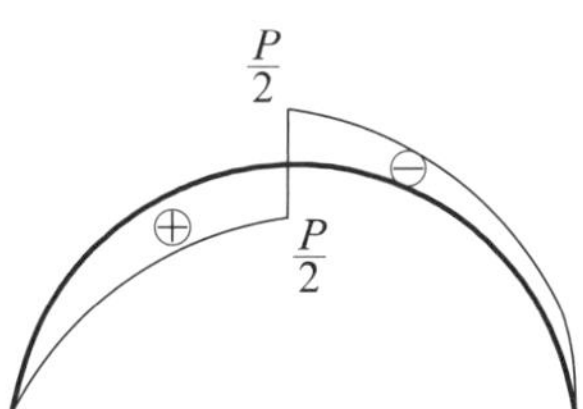

(d) 전단력도(SFD)

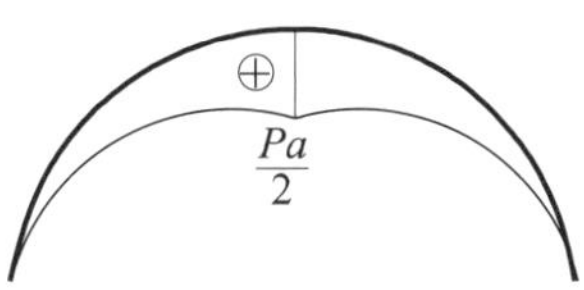

(e) 휨모멘트도(BMD)

부재력

그림 (b)와 같은 자유물체도에서, A점에서 $\theta(0 \le \theta < 90)$만큼 회전한 원호의 D점에서,

$$N_D = -\frac{P}{2}\cos\theta(\swarrow), \quad V_D = \frac{P}{2}\sin\theta(\searrow),$$

$$M_D = \frac{Pa}{2}(1-\cos\theta)$$

이번에는 B점을 기준으로 $\theta(0 \le \theta < -90)$만큼 회전한 원호의 E점에서,

$$N_E = -\frac{P}{2}\cos\theta(\searrow), \quad V_E = -\frac{P}{2}\sin\theta(\swarrow)$$

$$M_E = -\frac{Pa}{2}(1-\cos\theta)(\curvearrowright)$$

이상의 결과를 이용하여 부재력도를 그리면 그림 (c)~(e)와 같다. 그림을 통해,

구조물의 기하학적 형상과 하중이 대칭일 때는 축방향력도, 휨모멘트도는 대칭이고, 전단력도는 역대칭

인 것을 알 수 있다. 이러한 성질을 이용하면 부재력 계산을 보다 쉽게 할 수 있다. 즉 자유물체도를 $\widehat{AD}$구간 또는 $\widehat{BD}$구간만 검토한 후 나머지는 위의 조건을 따르면 된다.

예제를 통해 캔틸레버형 아치의 해석방법에 관해서도 살펴보도록 하자.

예제 4-8

그림과 같은 캔틸레버형 아치를 해석하라.

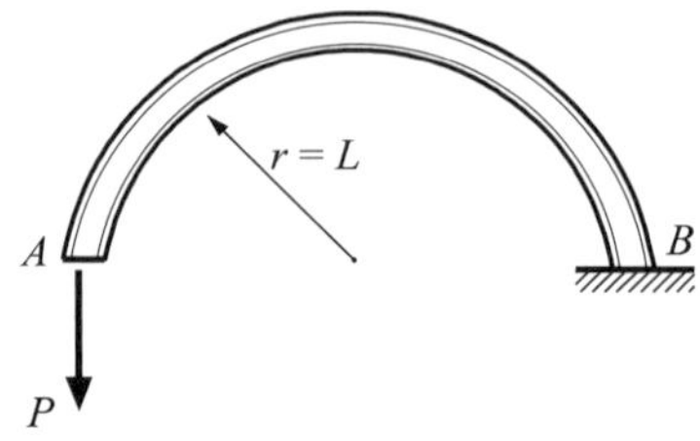

풀이

반력 계산

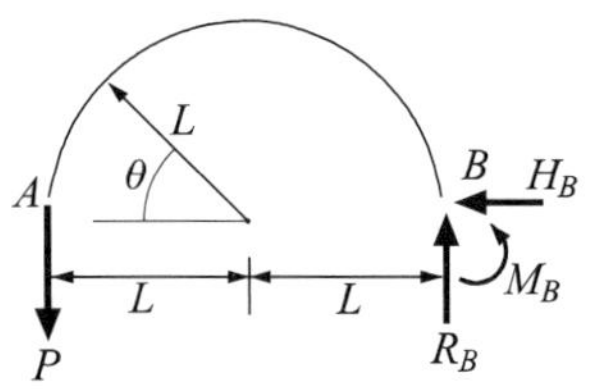

(a) 자유물체도

그림 (a)와 같은 자유물체도로부터,

$$\rightarrow + \sum X = 0, \quad H_B = 0$$

$$\uparrow + \sum Y = 0, \quad R_B - P = 0, \qquad R_B = P$$

$$\curvearrowleft \boxplus \sum M_B = 0, \quad M_B + P(2L) = 0, \quad M_B = -2PL(\curvearrowright)$$

부재력 계산

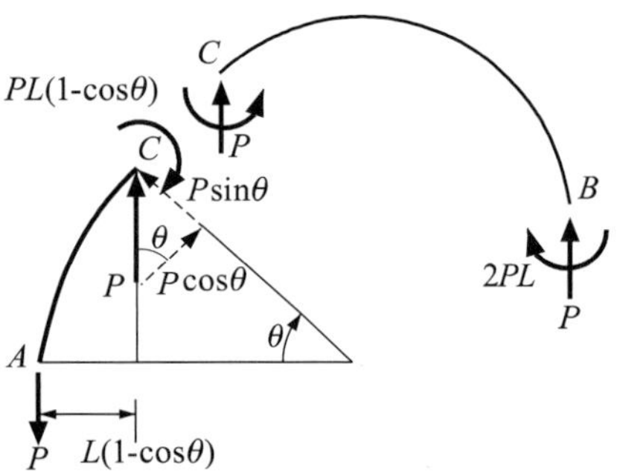

(b) 구간 자유물체도

부재력을 구하기 위해 그림 (b)와 같은 자유물체도로부터,

$$N_C = P\cos\theta(\nearrow)$$

$$V_C = P\sin\theta(\nwarrow)$$

$$V_{\theta=45^\circ} = P\sin 45 = \frac{P}{\sqrt{2}}, \qquad V_{\theta=135^\circ} = \frac{P}{\sqrt{2}}$$

$$M_C = -PL(1-\cos\theta)(\curvearrowright)$$

$$M_{\theta=45^\circ} = -PL(1-\cos 45) = -PL\left(1-\frac{1}{\sqrt{2}}\right)(\curvearrowright)$$

$$M_{\theta=135^\circ} = -PL(1-\cos 135) = -PL\left(1+\frac{1}{\sqrt{2}}\right)(\curvearrowright)$$

부재력도를 그리면 그림 (c)~(e)와 같다.

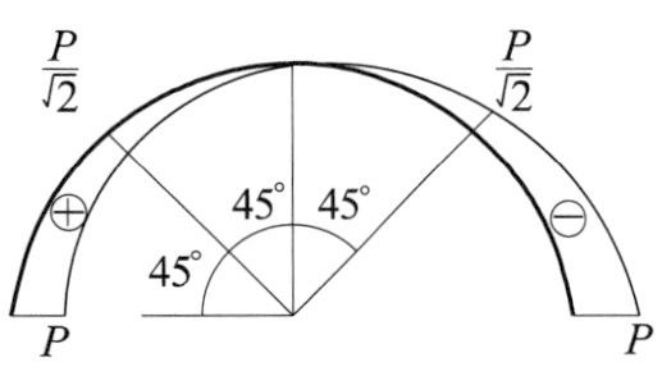

(c) 축방향력도 (AFD)

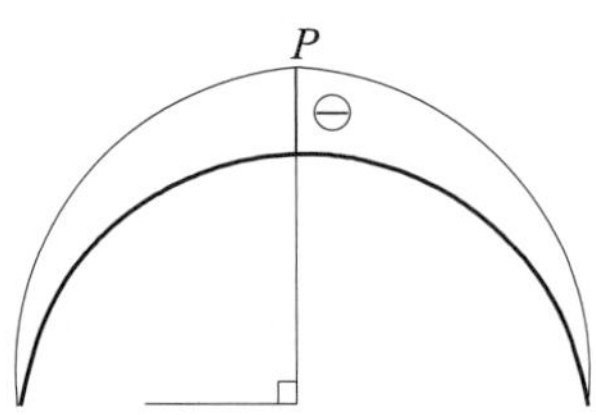

(d) 전단력도 (SFD)

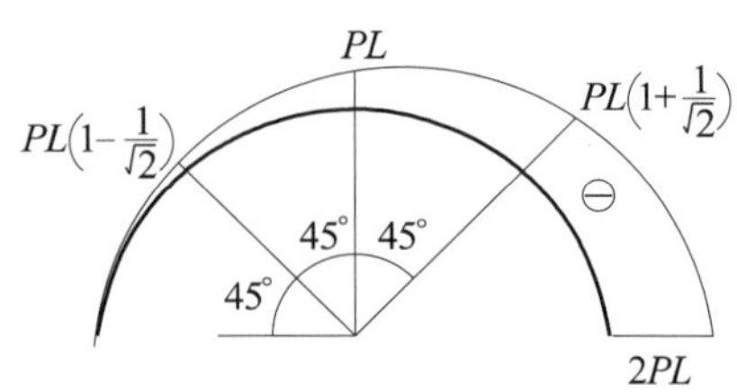

(e) 휨모멘트도(BMD)

4.3.3 단순보형 아치의 형태

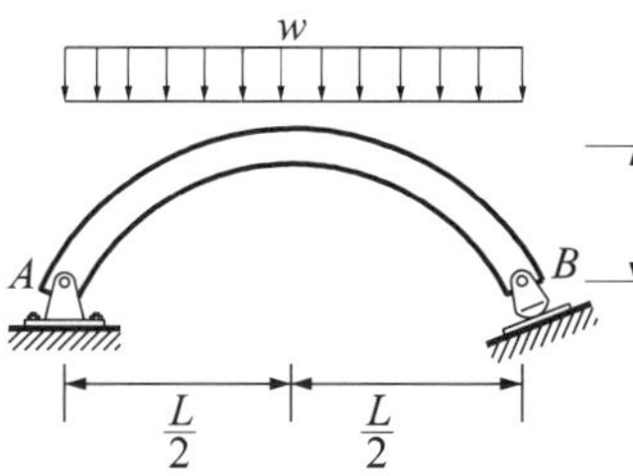

그림 4.15.1

아치(Arch)는 부재력 대부분이 압축력이며, 전단력이나 휨모멘트는 없거나 매우 작은 구조부재이다. 이러한 조건(휨모멘트=0)을 만족하는 아치의 형태를 결정해 보자. 그림 4.15.1과 같이 등분포하중을 받는 아치를 생각하자.

지점반력

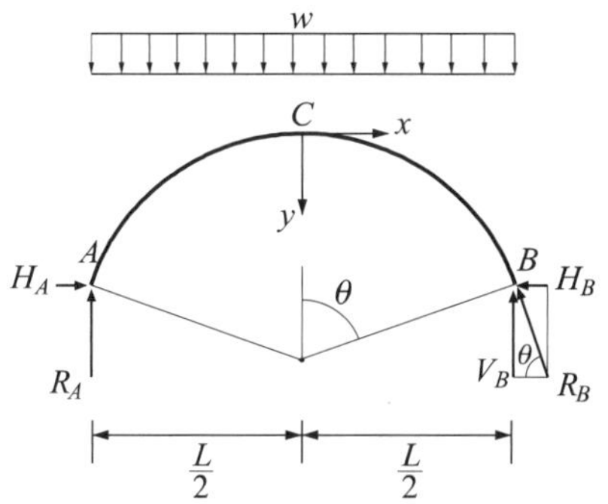

(a) 자유물체도

그림 (a)와 같은 자유물체도의 힘의 평형조건 식으로부터,

$$\uparrow + \sum Y = 0, \quad R_A + V_B - wL = 0$$

$$\curvearrowleft \boxplus \sum M_A = 0, \quad V_B L - w L\left(\frac{L}{2}\right) = 0,$$

$$V_B = \frac{wL}{2}, \qquad R_A = \frac{wL}{2}$$

$$\rightarrow + \sum X = 0, \quad H_A - H_B = 0, \quad H_A = H_B$$

또한 기하학적 조건으로부터,

$$\frac{V_B}{H_B} = \tan\theta, \quad H_B = V_B \cot\theta$$

$$H_B = \frac{wL}{2}\cot\theta, \quad H_A = \frac{wL}{2}\cot\theta$$

부재력

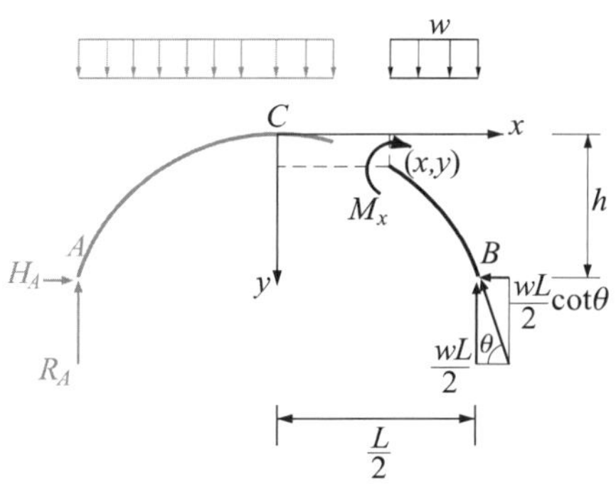

(b) 임의점 의 자유물체도

이제 부재 내에 임의 점에서 휨모멘트가 0이 되는 조건을 찾아보자. 그림 (b)와 같은 자유물체도에서,

$$M_x = \frac{wL}{2}\left(\frac{L}{2} - x\right) - \frac{wL}{2}\cot\theta\,(h - y) - w\left(\frac{L}{2} - x\right)\frac{1}{2}\left(\frac{L}{2} - x\right)$$

$$= \frac{w}{2}\left(\frac{L^2}{4} - Lh\cot\theta + L\cot\theta\, y - x^2\right) = 0 \tag{a}$$

식 (a)가 0이 되기 위해서는,

$$\frac{L^2}{4} - Lh\cot\theta = 0 \tag{b}$$

$$L\cot\theta\, y - x^2 = 0 \tag{c}$$

여야 한다. 식 (b)로부터, $\cot\theta = \frac{L}{4h}$이므로, 식 (c)에 대입하면,

$$y = \frac{4h}{L^2}x^2 \tag{4.1}$$

가 된다. 그러므로 아치가 식 (4.1)과 같은 포물선 형태를 갖는다면, 부재 내에 휨모멘트는 발생하지 않는다.

4.3.4 3회전단 아치와 그 형태

3회전단 아치란 3회전단 라멘과 유사하게 양단 힌지를 갖는 아치 구조물의 부재 내에 힌지가 있는 정정구조물을 말한다.

그림 4.16과 같이 등분포 하중을 받는 3회전단 아치를 통해 해석방법과 압축력만이 작용하는 형태를 결정해 보자.

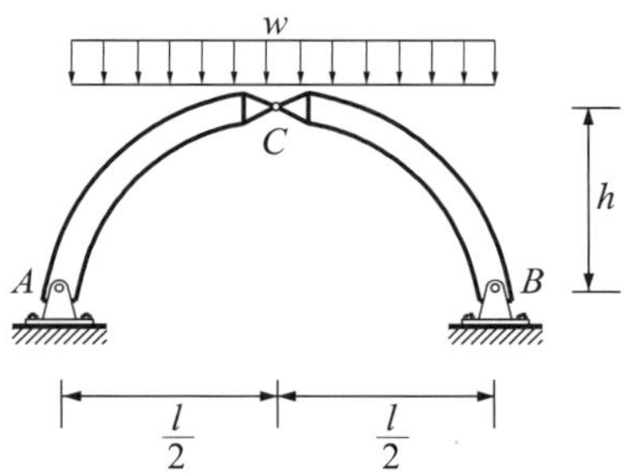

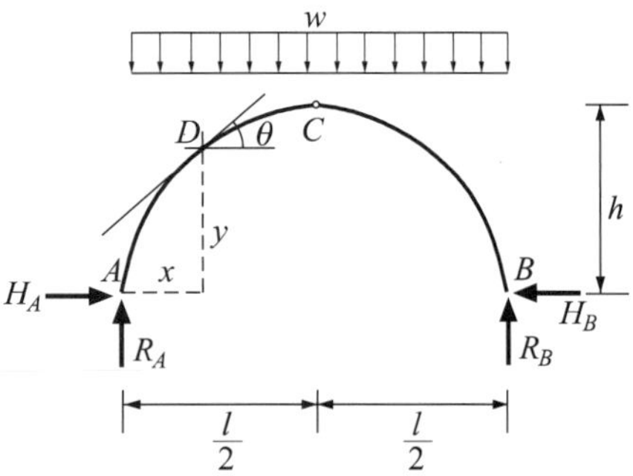

(a) 자유물체도

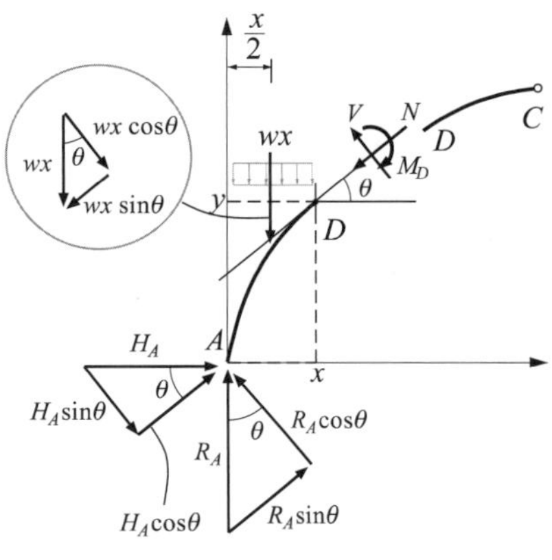

(b) 점의 자유물체도

그림 4.16

지점반력

그림 (a)와 같이 양 지점 반력의 방향을 가정하면, 좌우 대칭 구조물이므로,

$$\uparrow + \sum Y = 0, \quad R_A + R_B - wl = 0, \quad R_A = R_B = \frac{wl}{2}$$

C점은 힌지로 모멘트를 전달할 수 없으므로,

$$\curvearrowleft \boxplus \sum M_C^{CA} = 0, \quad R_A\left(\frac{l}{2}\right) - H_A h - w\left(\frac{l}{2}\right)\left(\frac{l}{4}\right) = 0$$

또한

$$\rightarrow + \sum X = 0\text{에서}, \; H_A - H_B = 0, \; H_A = H_B = \frac{wl^2}{8h}$$

부재력

그림 (b)와 같이 지점 A를 원점으로 하는 xy좌표를 그린다. 임의 단면 D의 좌표를 (x, y), 그 점에서 곡선에 그은 접선과 x축이 이루는 각을 θ라 하면,

D점에서의 전단력 V는,

$$\begin{aligned} V &= (R_A - wx)\cos\theta - H_A \sin\theta \\ &= w\left[\left(\frac{l}{2} - x\right) - \left(\frac{l^2}{8h}\right)\tan\theta\right]\cos\theta \end{aligned}$$

D점에서의 휨모멘트 M은,

$$M = -R_A x + H_A y + wx\left(\frac{x}{2}\right) = w\left[\frac{x}{2}(x-l) + \left(\frac{l^2}{8h}\right)y\right]$$

D점에서의 축방향력 N은,

$$N = -(R_A - wx)\sin\theta - H_A\cos\theta$$

$$= -w\left[\left(\frac{l}{2} - x\right)\sin\theta + \left(\frac{l^2}{8h}\right)\cos\theta\right]$$

가 된다.

만약 아치가 다음과 같은 형태의 식을 갖는 포물선이라고 가정하자.

$$y = \frac{4h}{l^2}(l-x)x \tag{4.2}$$

아치가 이루는 각도인 θ에 대해,

$$\tan\theta = \frac{dy}{dx} = \frac{8h}{l^2}\left(\frac{l}{2} - x\right) \tag{a}$$

이므로, 이 값을 전단력, 휨모멘트, 축방향력에 대입하여 정리하면 다음과 같은 값을 얻을 수 있다.

$$V = w\left[\left(\frac{l}{2} - x\right) - \left(\frac{l^2}{8h}\right)\frac{8h}{l^2}\left(\frac{l}{2} - x\right)\right]\cos\theta = 0$$

$$M = w\left[\frac{x}{2}(l-x) - \left(\frac{l^2}{8h}\right)\frac{4h}{l^2}(l-x)x\right] = 0$$

$$\begin{aligned} N &= -\frac{wl^2}{8h}\left[\left(\frac{l}{2} - x\right)^2\left(\frac{8h}{l^2}\right)^2 + 1\right]\cos\theta \\ &= -H_A(\tan^2\theta + 1)\cos\theta \\ &= -H_A\sec\theta \left(\because\ \tan^2\theta + 1 = \sec^2\theta,\ \sec\theta = \frac{1}{\cos\theta}\right) \end{aligned}$$

이상의 결과로부터, 식 (4.2)와 같은 포물선 아치가 등분포하중을 받는 경우에, 아치의 임의 단면에는 전단력과 휨모멘트가 발생하지 않고, 압축력($= H_A\sec\theta$)만이 존재 한다는 것을 알 수 있다.

이러한 원리는 이미 고딕 건축이나 비잔틴 건축에서 적용하였는데, 즉 압축성능은 우수하지만 인장이나 휨성능이 약한 돌이나 벽돌을 이용할 때 아치의 형태를 식 (4.2)와 같은 포물선으로 함으로써 전단이나 휨이 임의의 단면에 발생하지 않도록 하였다.

4.4 연습문제 Problem...

[4.1절]

4.1-1 다음 단순보를 해석하라.

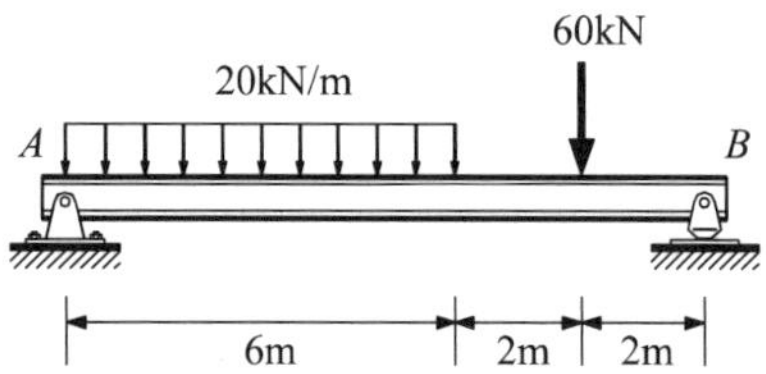

(a)

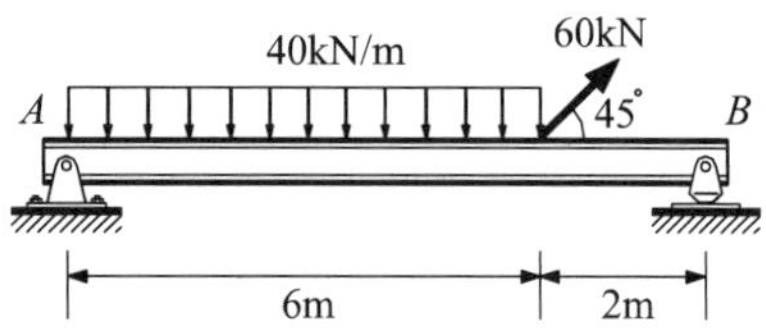

(b)

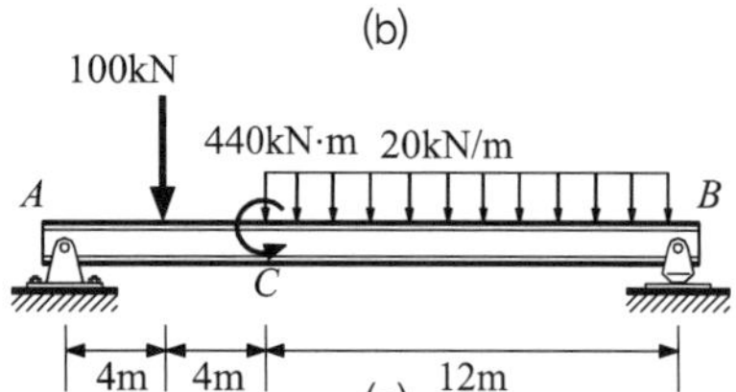

(c)

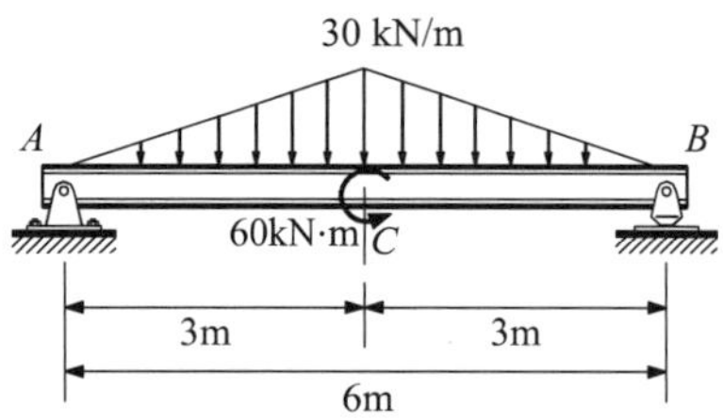

(d)

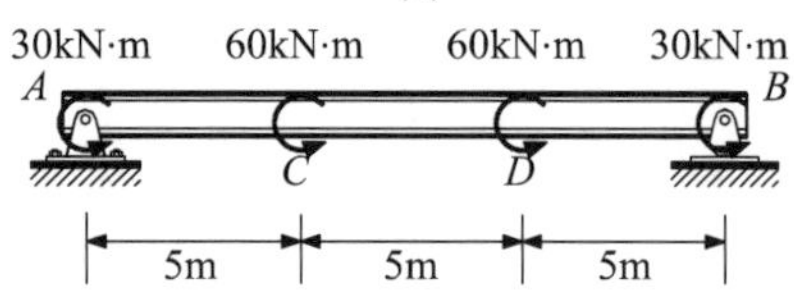

(e)

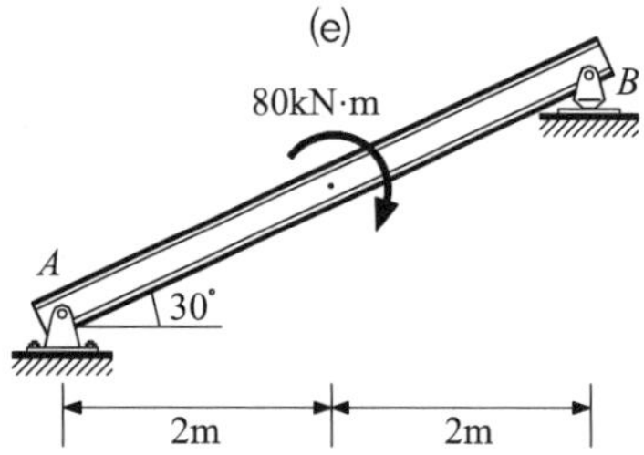

(f)

4.1-2 다음 캔틸레버보를 해석하라.

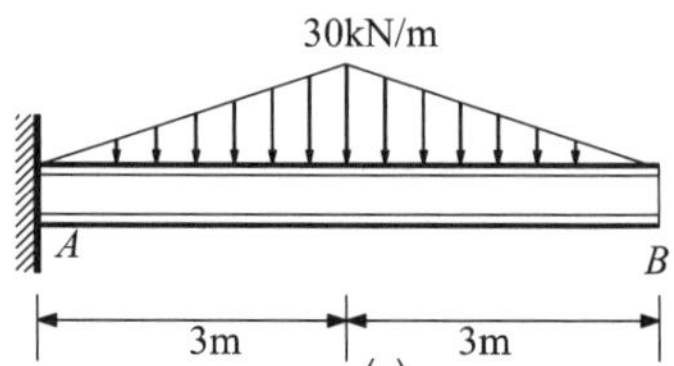

(a)

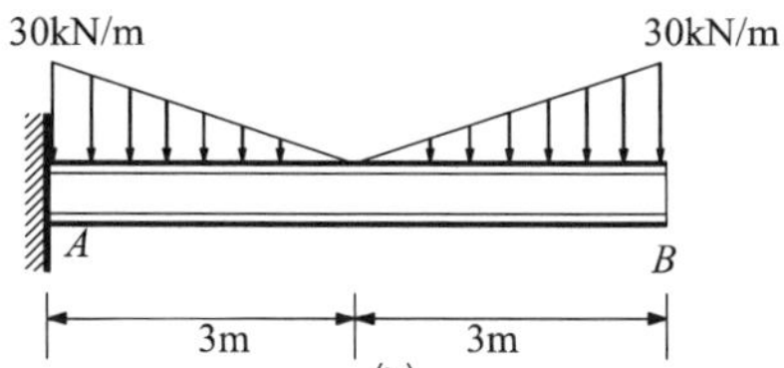

(b)

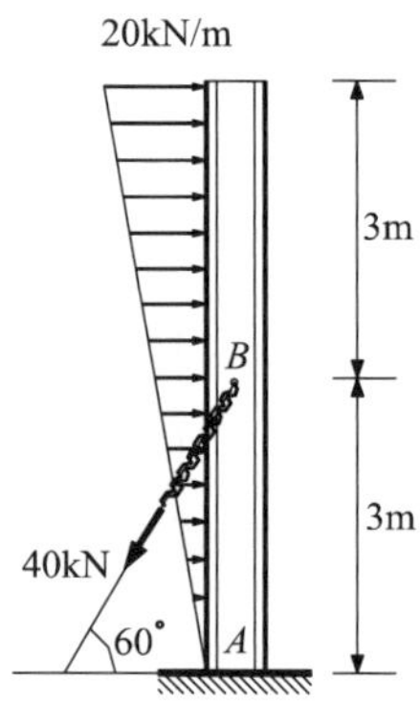

(c)

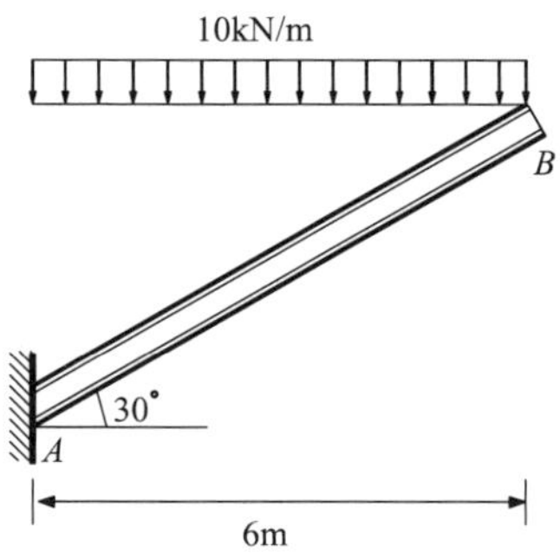

(d)

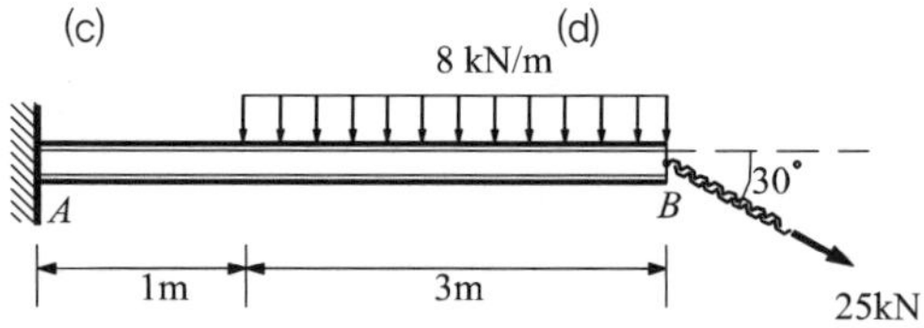

(e)

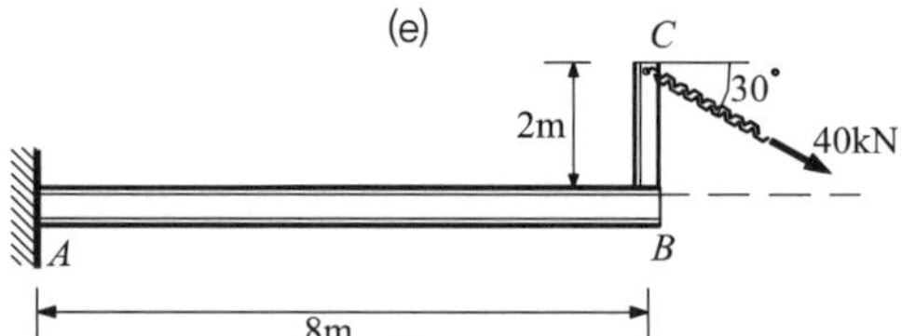

(f)

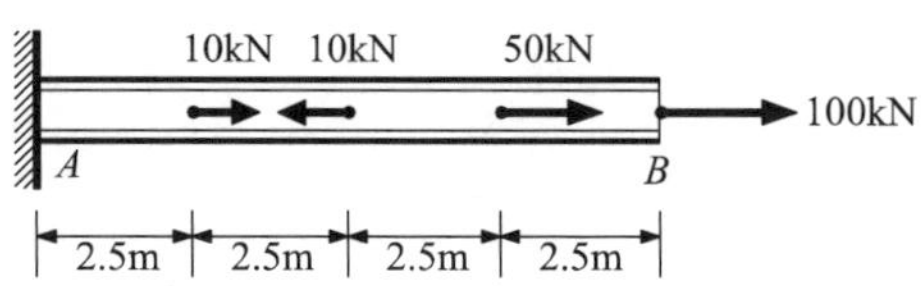

(g)

4.1-3 다음 내민보를 해석하라.

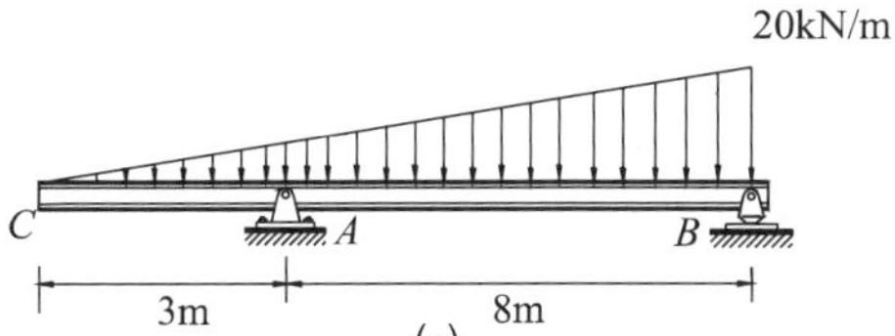

(a)

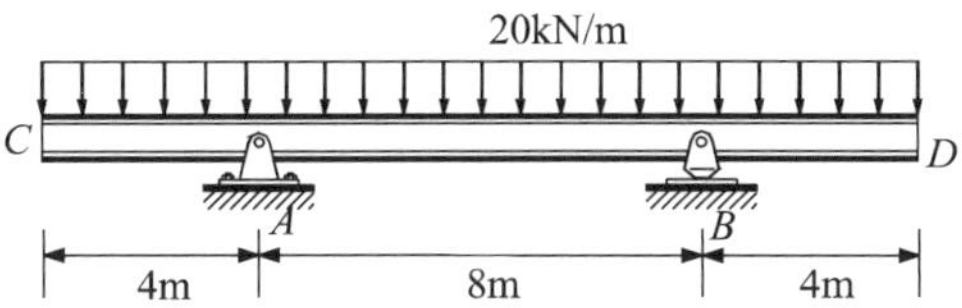

(b)

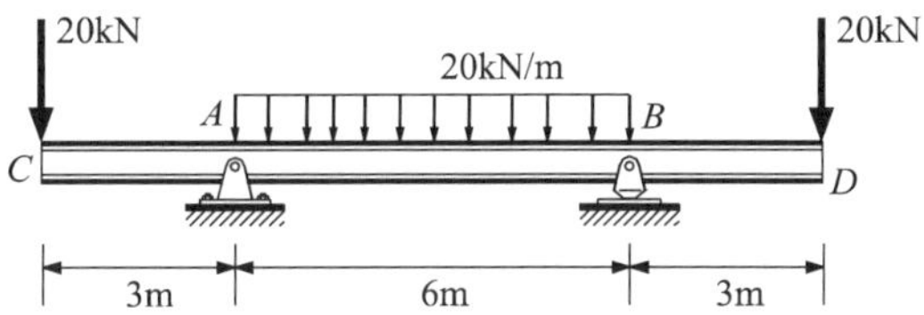

(c)

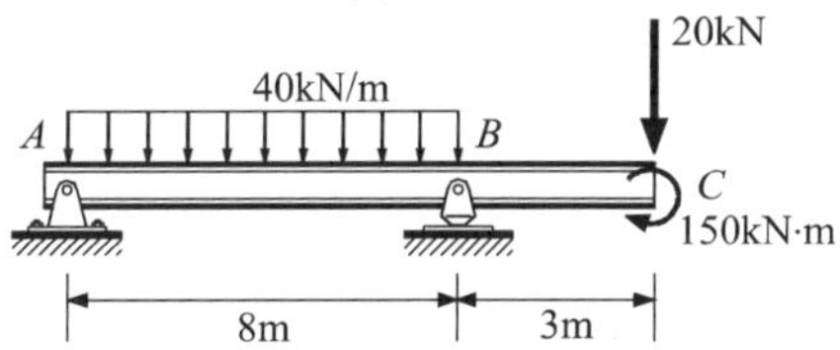

(d)

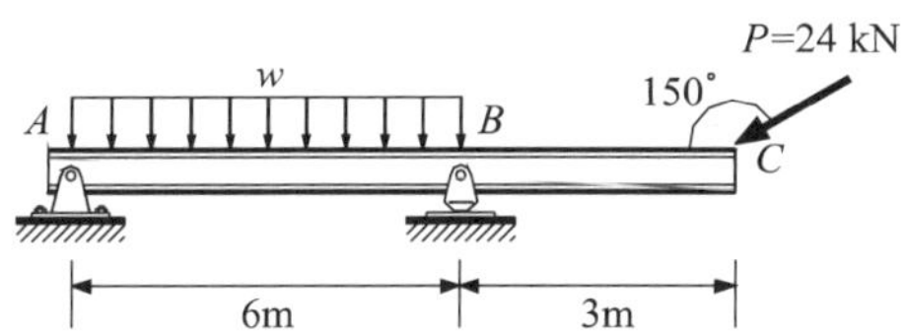

(e)

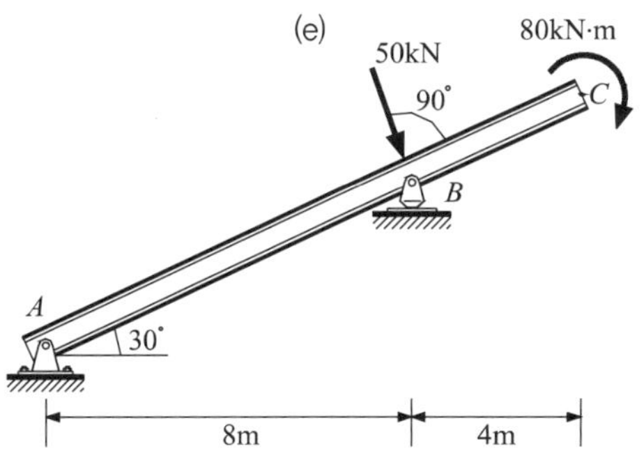

(f)

4.1-4 다음 겔버보를 해석하라.

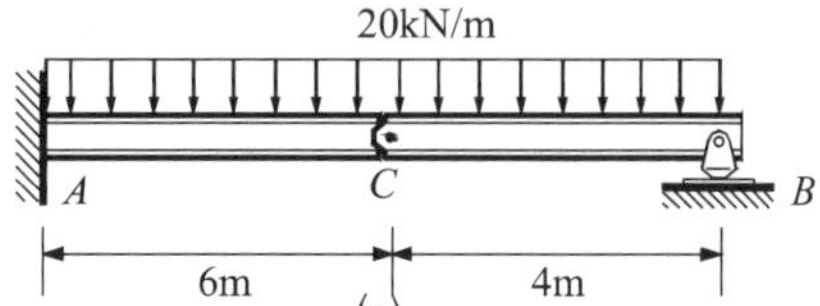

(a)

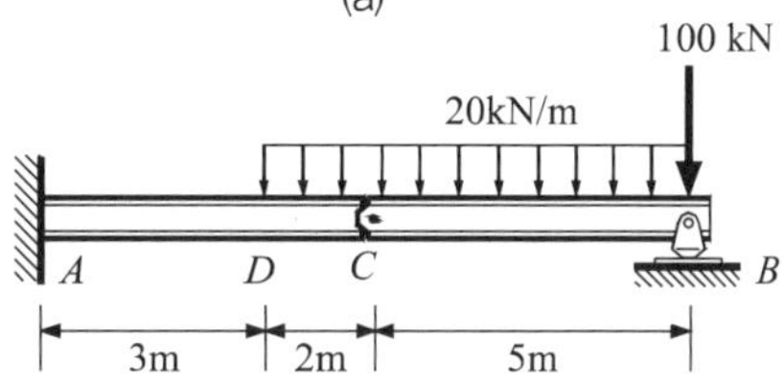

(b)

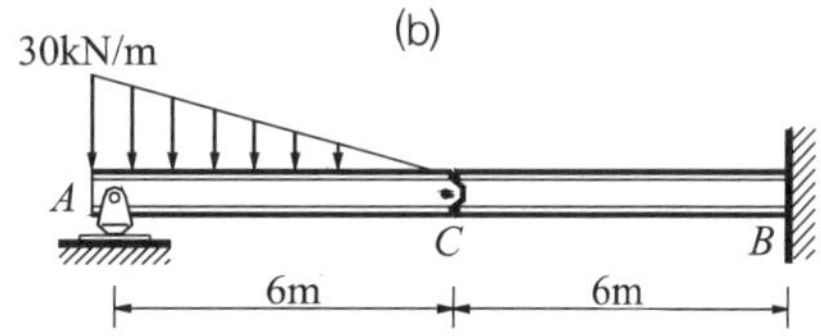

(c)

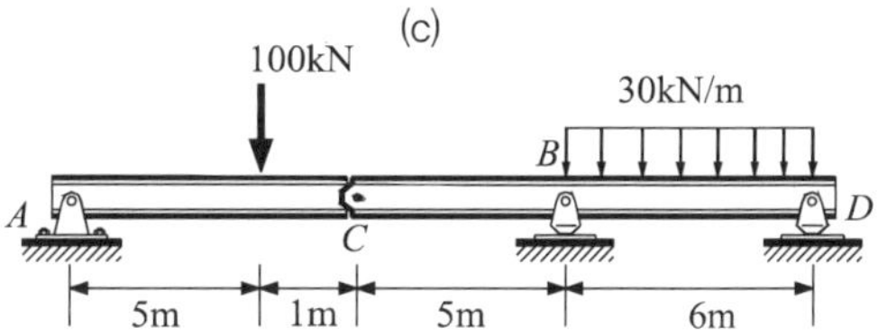

(d)

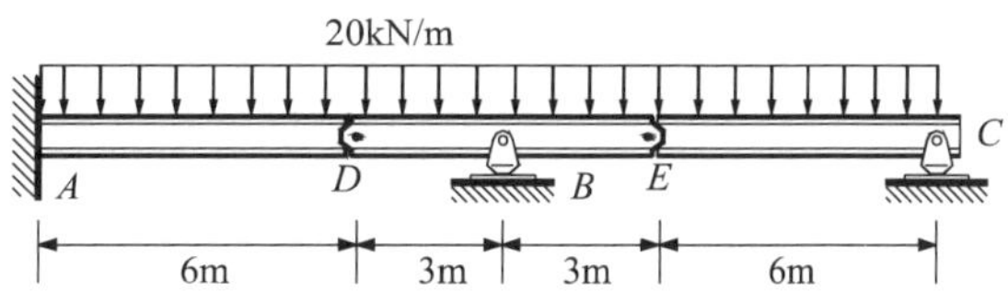

(e)

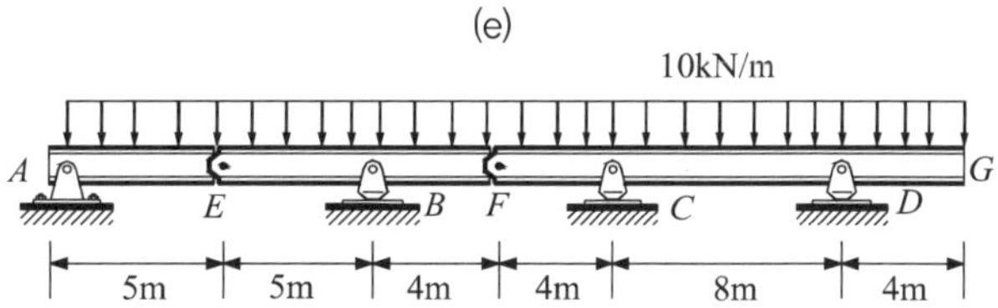

(f)

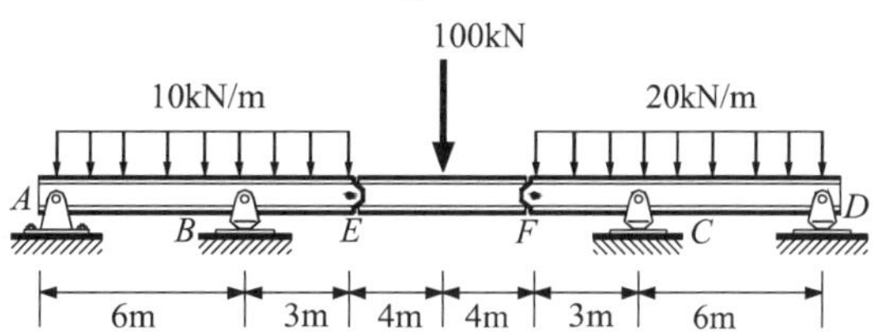

(g)

[4.2절]

4.2-1 다음 단순보형 라멘을 해석하라.

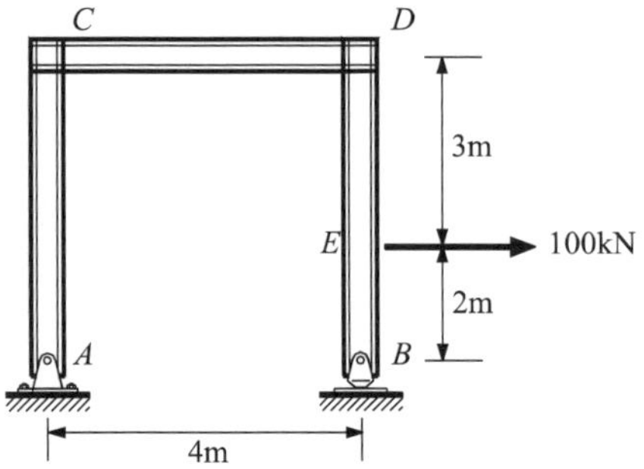

(a)

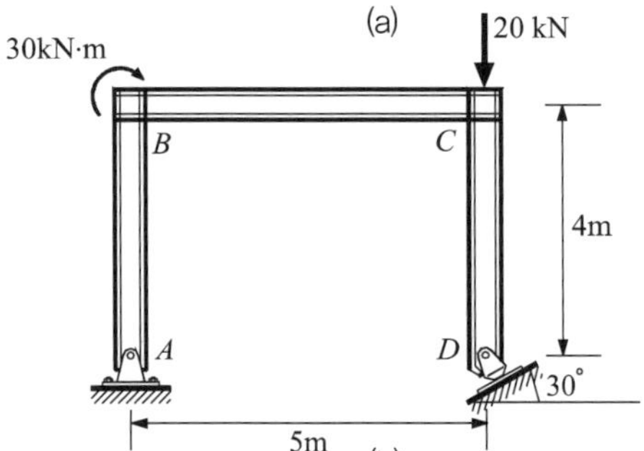

(b)

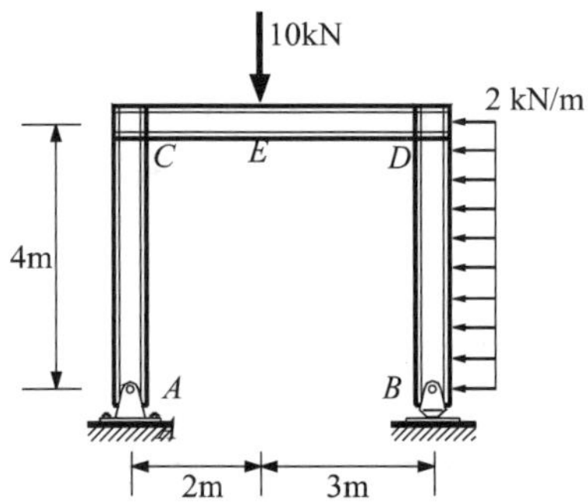

(c)

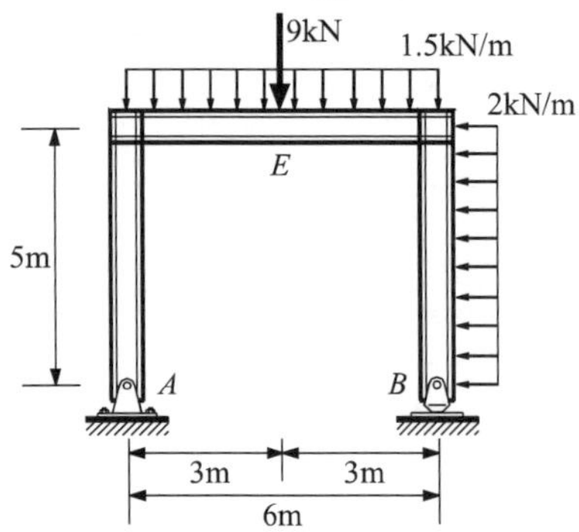

(d)

4.2-2 다음 캔틸레버형 라멘을 해석하라.

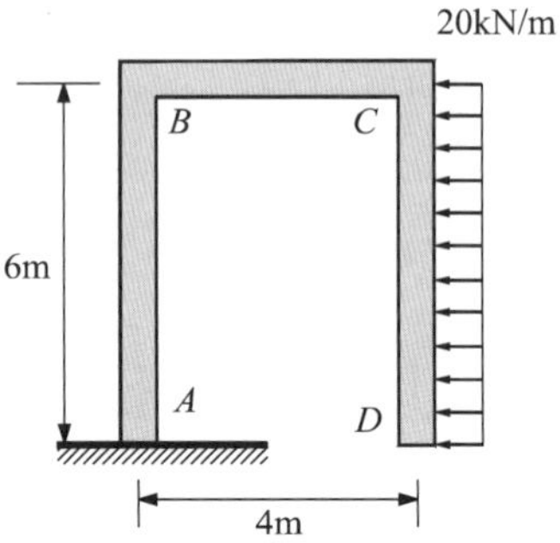

(a)

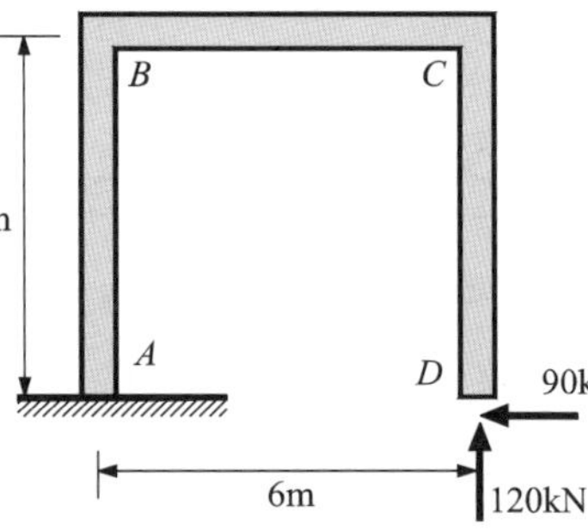

(b)

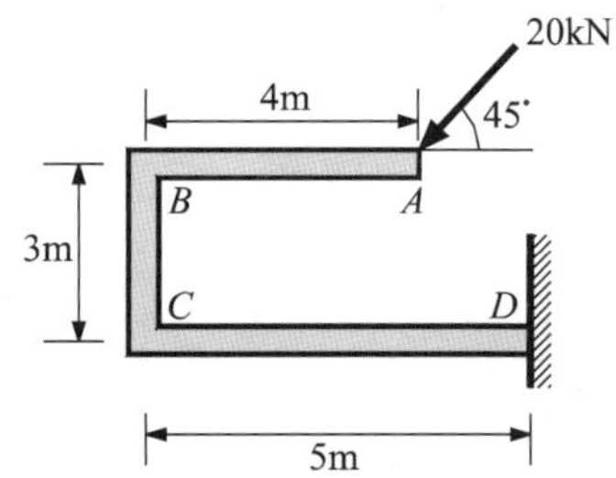

(c)

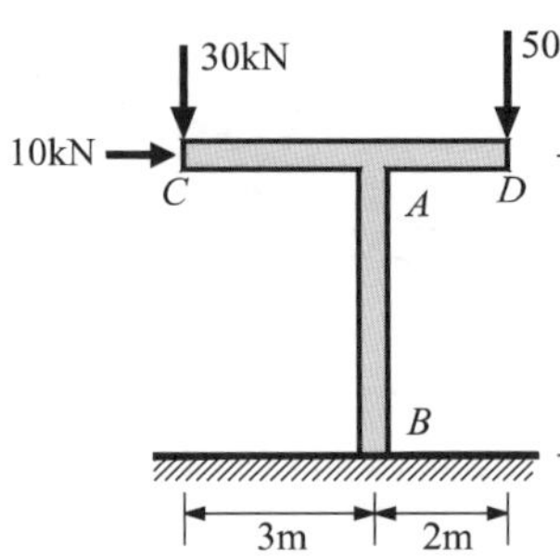

(d)

4.2-3 다음 3회전단 라멘을 해석하라.

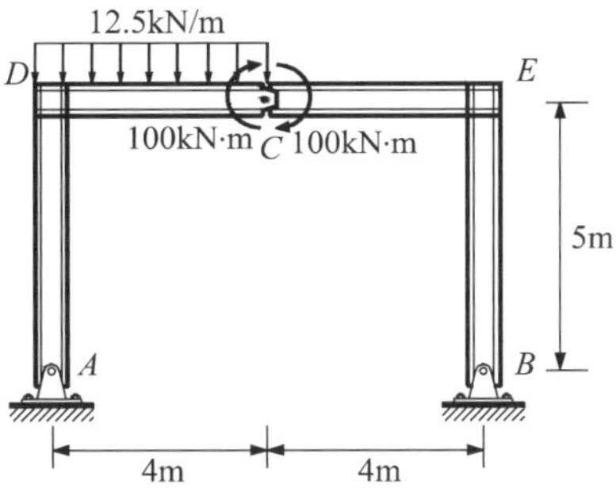

(a)

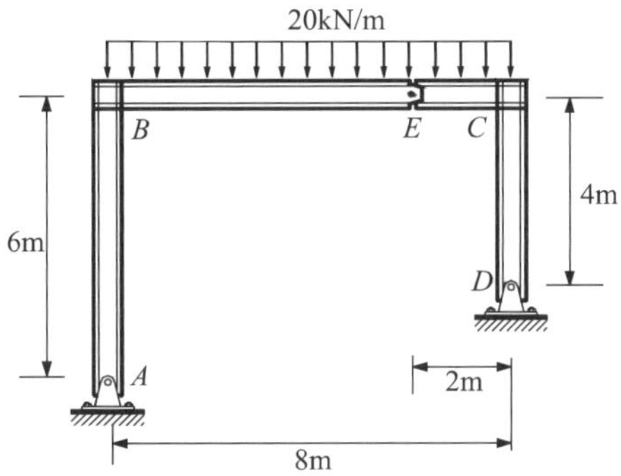

(b)

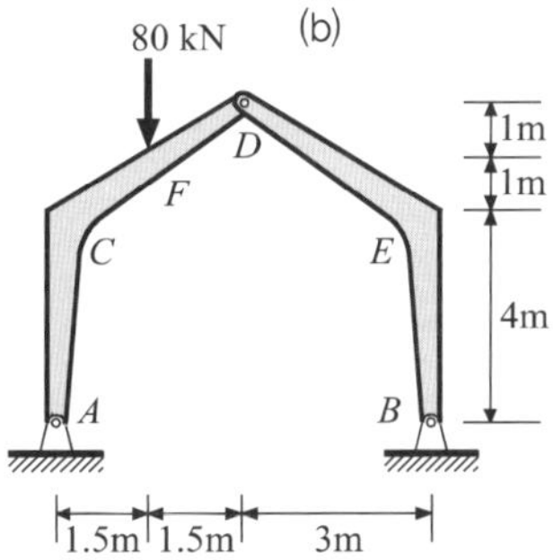

(c)

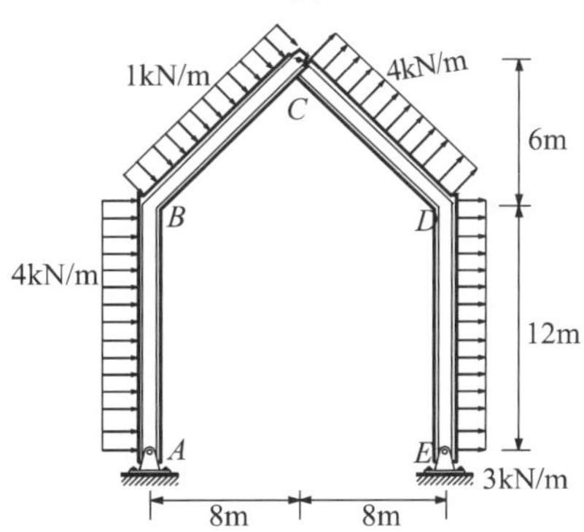

(d)

4.2-4 다음 3이동단 라멘을 해석하라.

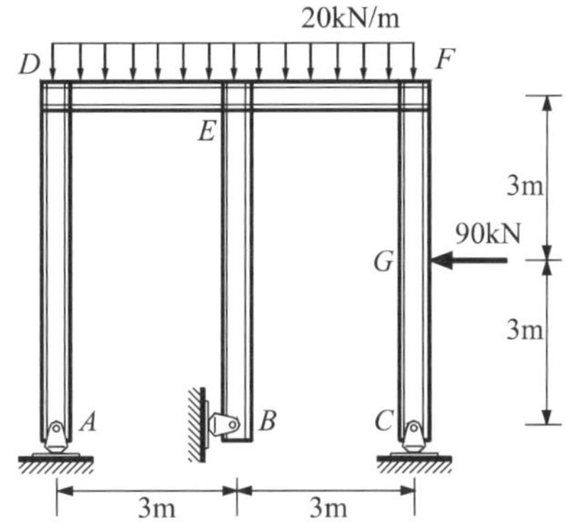

(a)

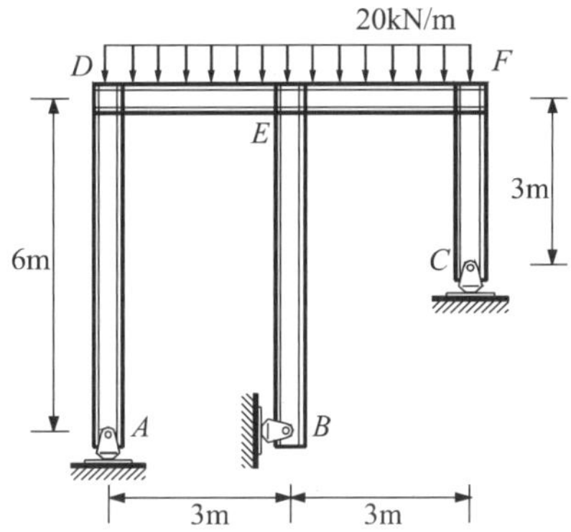

(b)

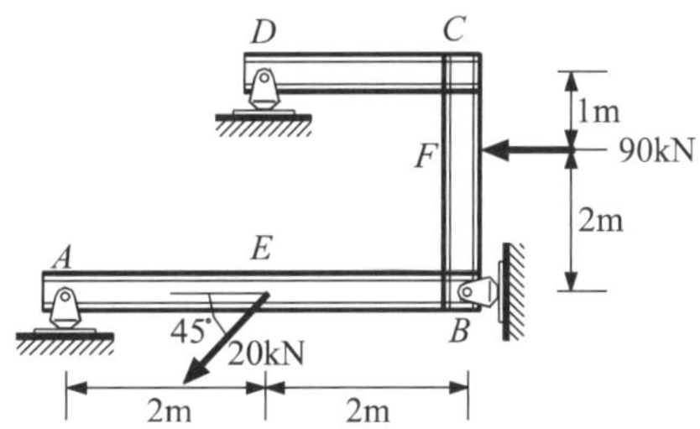

(c)

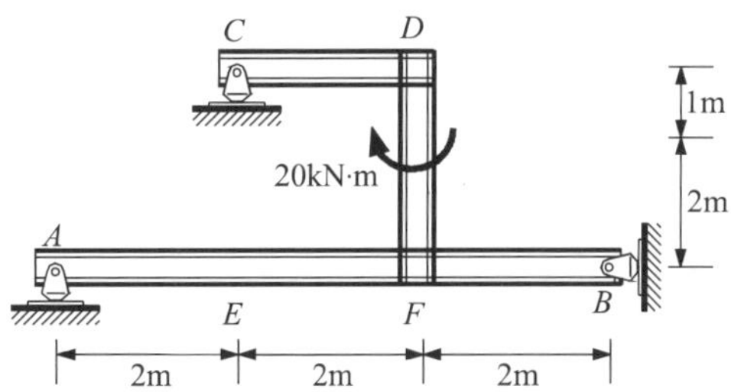

(d)

[4.3절]

4.3-1 다음 단순보형 아치를 해석하라.

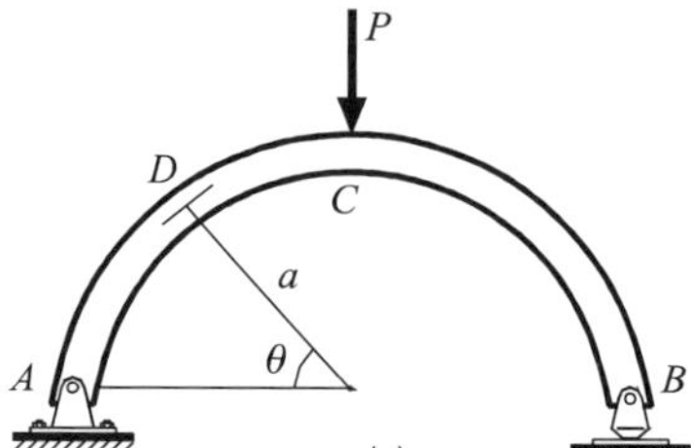

(a)

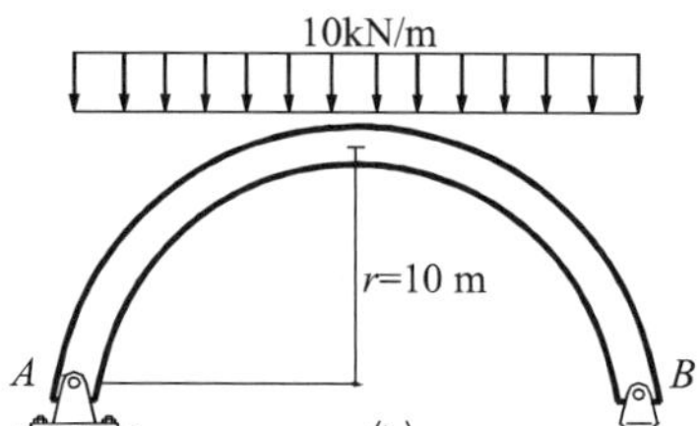

(b)

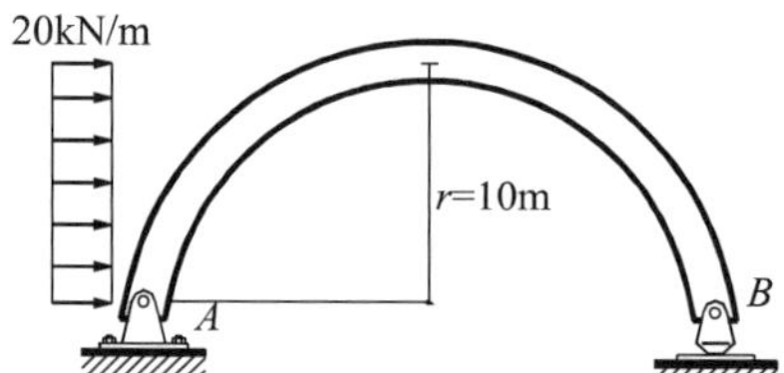

(c)

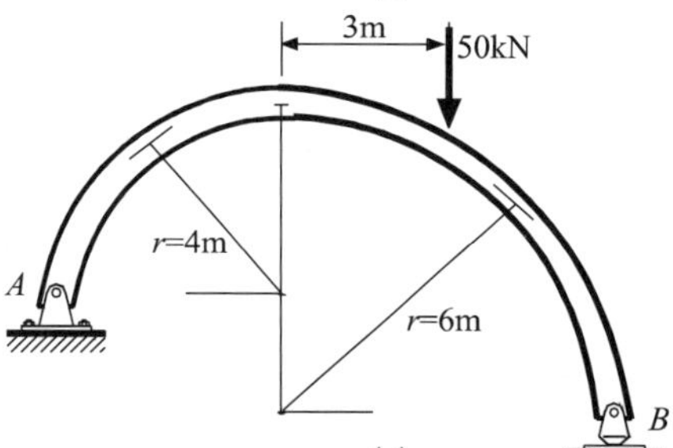

(d)

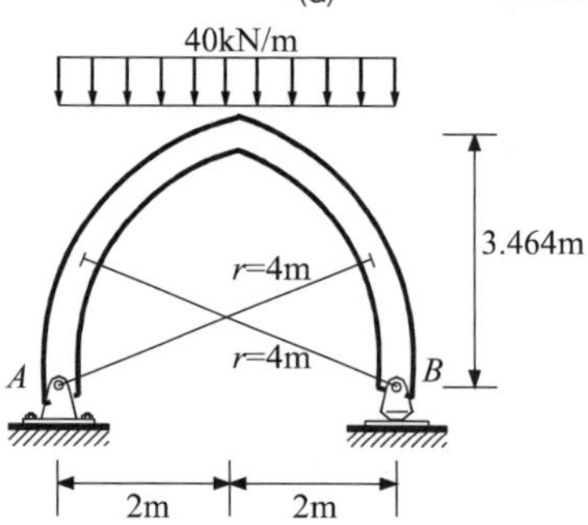

(e)

4.3-2 다음 캔틸레버형 아치를 해석하라.

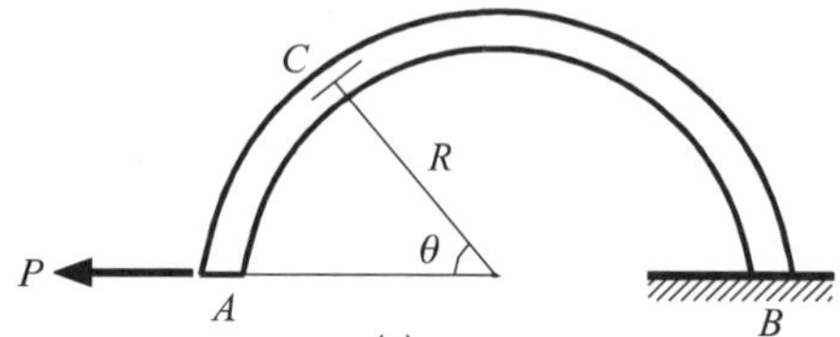

(a)

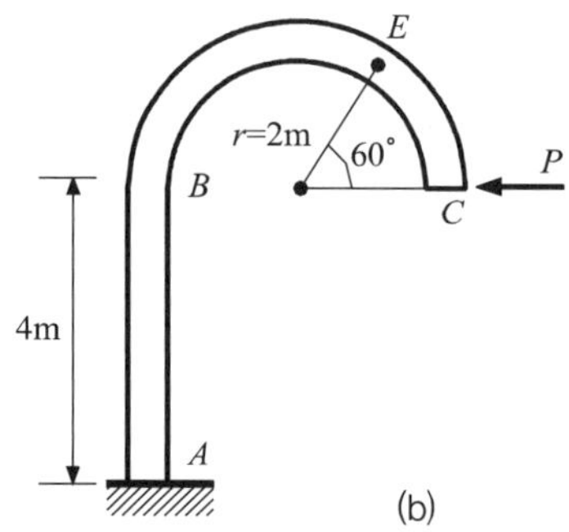

(b)

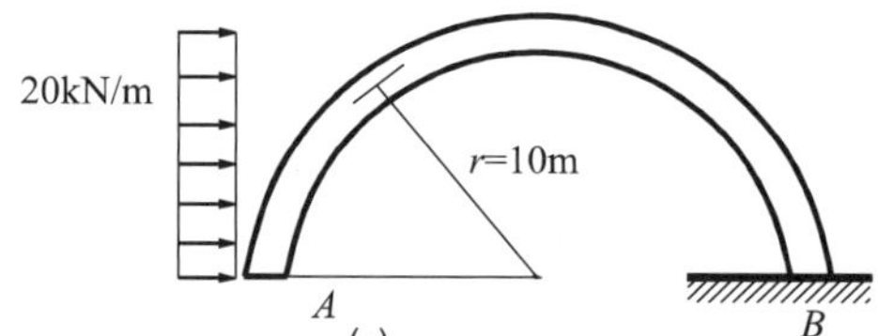

(c)

4.3-3 다음 3회전단형 아치를 해석하라.

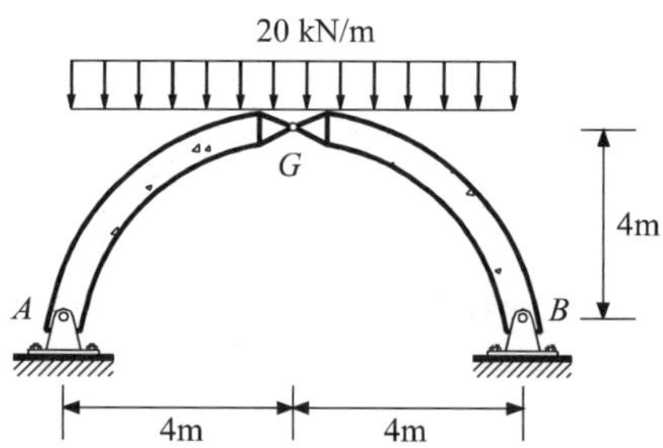

(a)

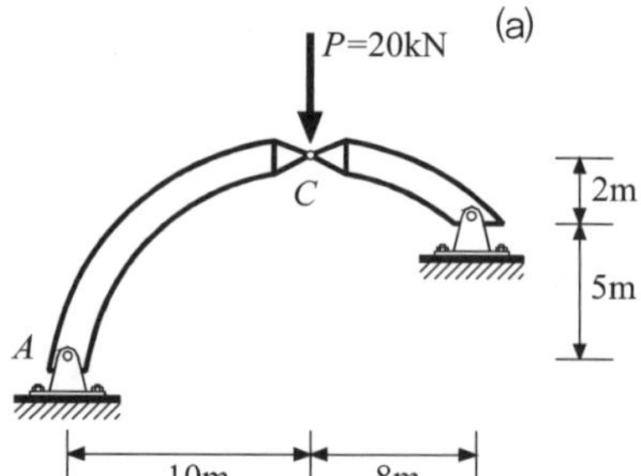

(b)

5장 정정트러스 해석

차례

주요개념

- 트러스
- 단순트러스
- 합성트러스
- 복합트러스
- 무응력 부재
- 절점법
- 절단법
- 복합트러스 해석
  부재력 가정법
  부재 치환법
- 합성라멘 해석

트러스(Truss)란 모든 직선부재가 핀(Pin)으로 연결되고, 내적 안정상태가 되도록 부재를 배치하여, 강체로 거동하도록 구성한 구조물을 말한다. 트러스는 모든 부재가 핀으로 연결되어 있기 때문에 부재력은 축방향력(압축력, 인장력)만 존재한다. 그러므로 부재에 전단력이나 휨모멘트가 발생하지 않기 때문에, 보나 라멘보다 더 긴 경간을 지지할 수 있다. 트러스의 재료는 목재, 금속봉(Rod), L형강, ㄷ형강, H형강 등을 사용한다.

트러스는 평면트러스(Plane truss)와 입체트러스(Space truss)로 분류할 수 있다. 평면트러스는 모든 부재 및 절점이 한 평면에 놓여 있는 것으로 그림 5.1과 같이 보통 지붕이나 교량의 트러스 형식으로 사용된다. 입체트러스는 3차원 공간에 부재와 절점이 놓여 있는 것으로, 해석이 복잡하기 때문에 수 계산의 한계가 있다. 그러므로 대부분의 입체트러스는 전산해석에 의존한다. 물론 때로는 해석결과의 정확도를 확보하는 조건으로 입체트러스를 평면트러스로 치환하여 해석하기도 한다.

이 장은 이러한 트러스 중에서 평면트러스, 특히 힘의 평형조건만으로 해석이 가능한 평면 정정트러스의 해석에 관해 다룬다. 한편 트러스와 라멘이 결합된 형태인 합성라멘 형태의 구조물도 많이 사용된다. 4장에서 살펴본 정정라멘과, 이 장을 배우고 나면 합성라멘도 해석이 가능해지므로 이 장의 마지막에 다루었다.

▲ 일반적인 트러스보

▲ 가셋트플레이트에 의한 트러스 접합부 상세

▲ 교량에 사용된 트러스

▲ 건물에 사용된 트러스

▲ 지붕에 사용된 트러스

그림 5.1 트러스 구조물

5.1 트러스

5.1.1 트러스의 부재배치와 형상

트러스는 절점이 모두 힌지이므로 내적 안정구조가 되기 위해서는 부재 배치에 따른 기하학적 형상이 중요하다. 그림 5.2와 같은 부재 배치를 생각해 보자. 그림 (a)와 같이 4개의 부재가 힌지로 연결된 사각형 형태는 동일 평면상에서 하중을 가했을 때 형태가 변하므로 내적 불안정이다. 이에 반해 그림 (b)와 같이 3개의 부재가 힌지로 연결된 삼각형 형태는 하중을 가해도 형태가 변하지 않는 강체 거동을 하므로 내적 안정이다. 그러므로 트러스가 내적 안정이기 위해서는 그 형상이 삼각형이어야 하고, 이러한 트러스의 가장 단순한 삼각형 형태를 기본형이라 한다. 트러스는 기본형인 삼각형 트러스를 좌우/상하로 이어 붙여 구성한다. 즉 그림 5.3과 같이 기본형 ΔABC에 새로운 부재 $\overline{BD}$와 $\overline{CD}$를 연결하고 나머지 단부는 새로운 절점 D를 만든다. 같은 방법으로 부재와 절점을 추가시켜 구조물을 만든다.

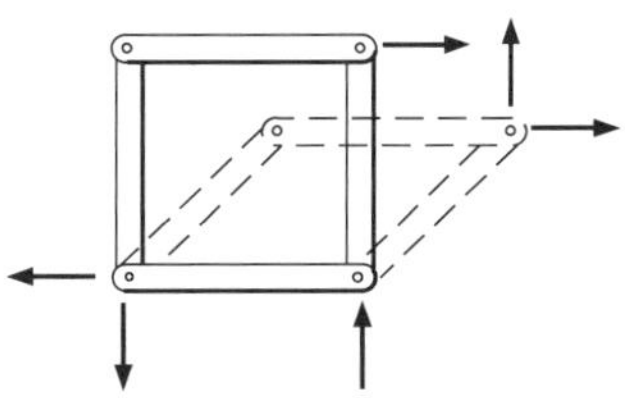

(a) 사각형은 절점이 이동

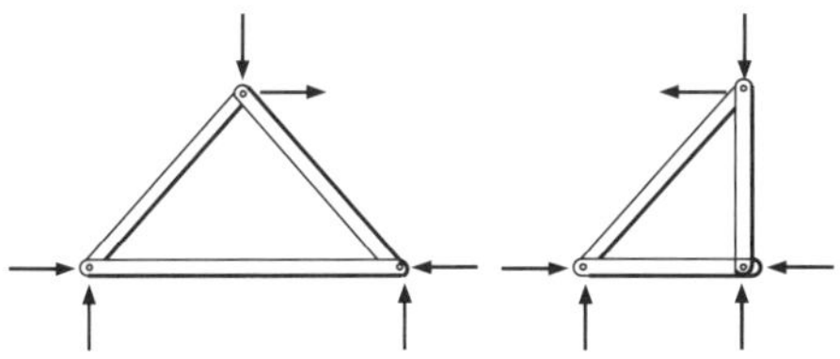

(b) 3각형은 절점 이동 없음(강체)

그림 5.2

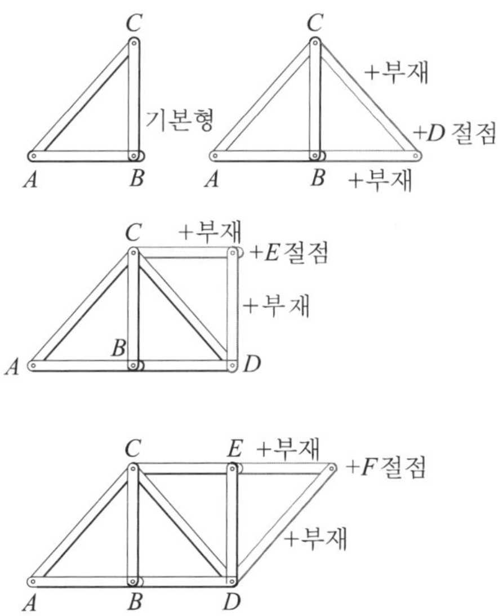

그림 5.3

5.1.2 트러스 해석을 위한 기본가정

[가정 1] 부재는 마찰이 없는 이상적인 핀(Pin)으로 접합된다.

실제 트러스의 절점이 핀 상태로만 있는 것은 아니며, 용접, 리벳, 볼트접합 등에 의해 강절이 되기도 한다. 만약 강절되어 있다면 모멘트를 전달하고, 부가 응력이 발생할 수 있으므로, 이러한 응력을 무시할 수 없거나 정밀 해석이 요구되는 경우에는 이를 고려해야 한다(장대 트러스 교량이나 특이한 트러스 형태 등). 그러나 대부분의 경우는 그 값이 매우 작아서 고려하지 않는다.

[가정 2] 모든 하중은 절점에 집중하중으로 작용한다.

위의 가정에서 부재 자체의 무게(자중)는 부합하지 않는다. 그러나 지지하는 절점하중에 비해 자중은 상대적으로 매우 작기 때문에 통상 자중을 무시한다.

[가정 3] 각 부재의 도심축은 직선이며 부재 각 단부에서 이 축은 절점중심을 지나는 선과 일치한다.

절점에서 편심을 피하기 위해서는, 임의 절점에 모이는 모든 부재의 도심 축은 그림 5.4와 같이 절점 중심(Joint center)에서 교차해야 한다는 뜻이다.

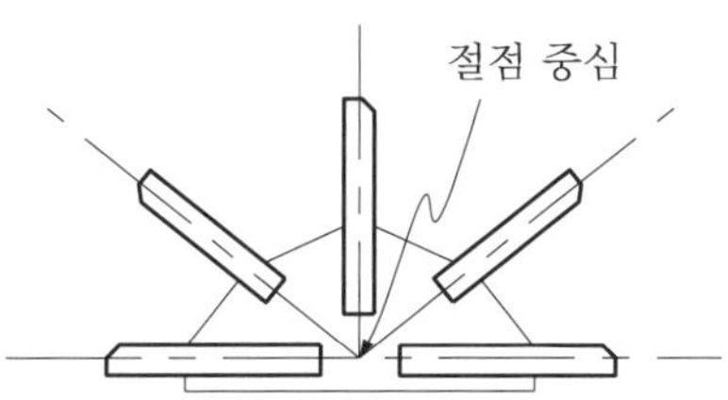

그림 5.4

5.1.3 트러스의 안정, 불안정, 정정, 부정정

트러스는 다른 구조형식보다 많은 부재와 절점으로 구성되기 때문에 안정 여부를 미리 파악하는 것이 무엇보다 중요하다. 또한 해석을 위해서는 정정, 부정정 및 부정정차수를 구할 필요가 있다.

내적 안정

앞에서 살펴보았지만 트러스의 내적 안정은 삼각형 형태의 적절한 부재 배치를 통해서 얻을 수 있다. 그림 5.3에서 트러스가 구축되는 단계를 살펴보면, 3개의 부재와 절점으로 구성된 트러스 기본형에, 2개의 새로운 부재와 1개의 절점을 추가하여 확장하는 방식으로 형성된다. 그러므로 총 부재 수 m과 총 절점 수 j의 관계는,

$$m=3+2(j-3)=2j-3 \qquad \text{(a)}$$

이다. 식 (a)는 트러스가 내적 안정이기 위한 최소 요건이므로,

$$m \geq 2j-3 \quad \text{내적 안정} \qquad (5.1)$$

$$m < 2j-3 \quad \text{내적 불안정}$$

이 성립한다. 물론 식 (5.1)을 만족한다고 해서 반드시 내적 안정인 것은 아니다. 3.3절을 다시 확인해 보자. 그러므로 트러스가 형상이 변하지 않는 강체거동을 하는지를 직관적으로도 확인해야 한다.

정정, 부정정 및 부정정차수

구조물의 안정, 불안정, 정정, 부정정에 관해 살펴보았던 3.3절로 돌아가 보자. 부정정차수의 판별식 (3.7)은

$$i = r+m+e_c-2j \qquad (3.7)$$

이다. 트러스는 모든 절점이 핀이므로, $e_c = 0$ 이다. 그러므로

$$i = r+m-2j \qquad (5.2)$$

가 된다. 물론 식 (5.2)를 이용하여 정정과 부정정 구조를 판단할 때는 트러스가 외적 안정상태에 있어야 한다는 점도 유의하자. 이는 3.3절에서 이미 살펴본 바와 같다. 예를 들어 그림 5.5를 보면 $m=9$, $r=3$, $j=6$이므로 식 (5.3)에서,

$$\underset{(m+r)}{9+3} = \underset{(2j)}{2\times 6}$$

이라 하여도 정정구조물은 아니다(외적 불안정이므로). 예제를 통해 안정, 불안정, 정정, 부정정 여부를 판단해 보자.

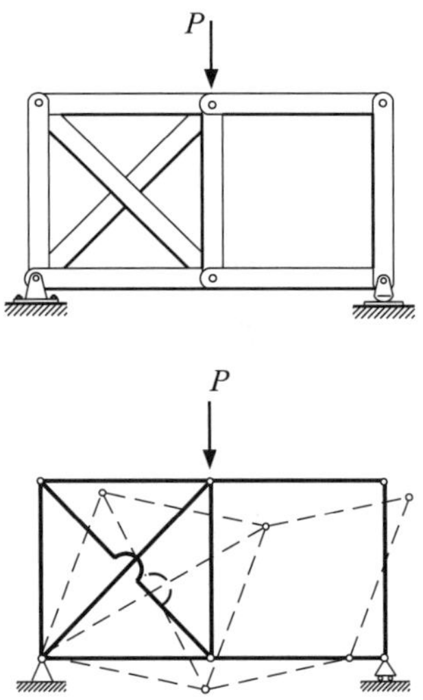

그림 5.5

예제 5-1 안정, 불안정, 정정, 부정정 판별

그림과 같은 구조물의 안정여부, 정정/부정정 여부를 판단하라.

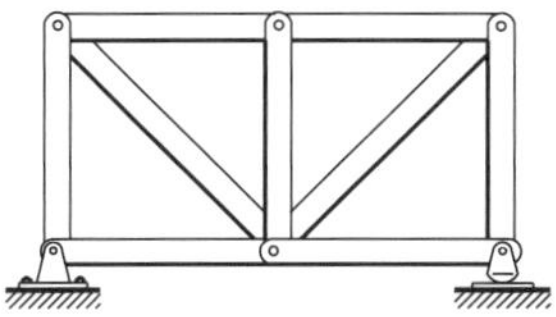
(a)

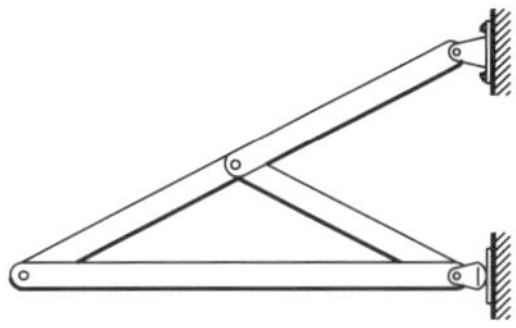
(b)

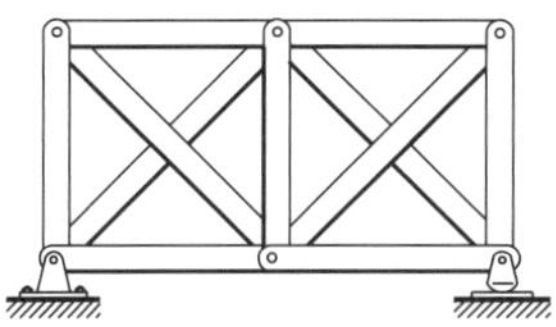
(c)

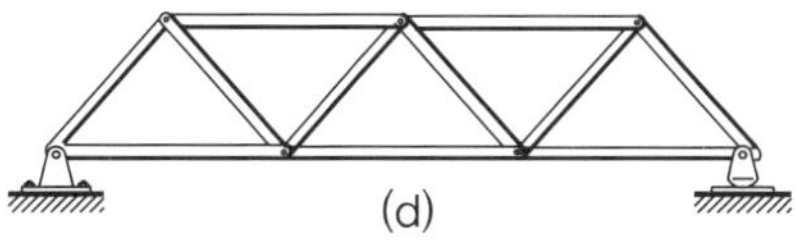
(d)

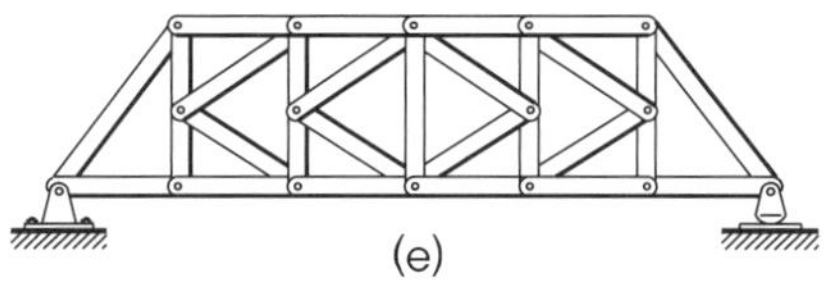
(e)

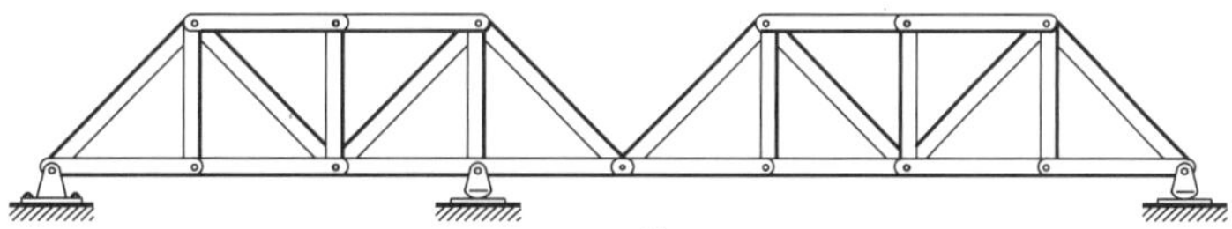
(f)

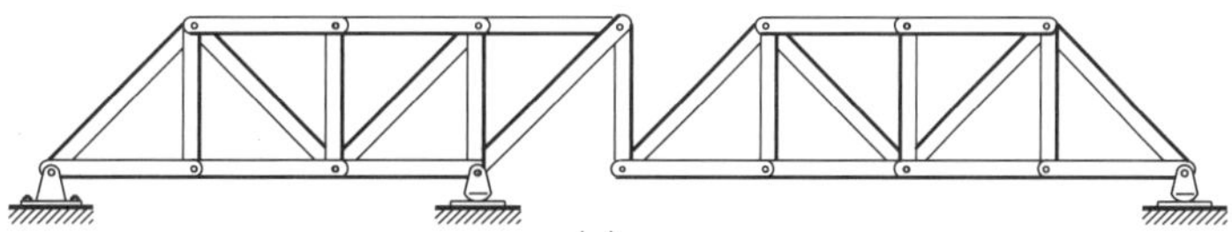
(g)

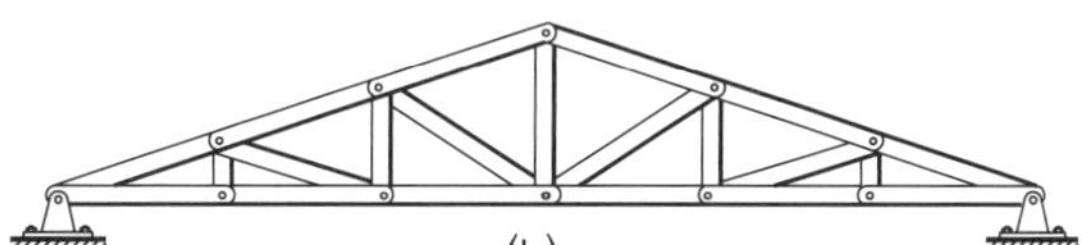
(h)

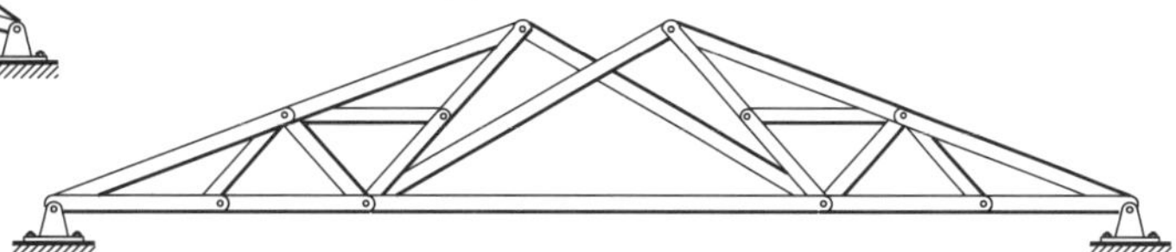
(i)

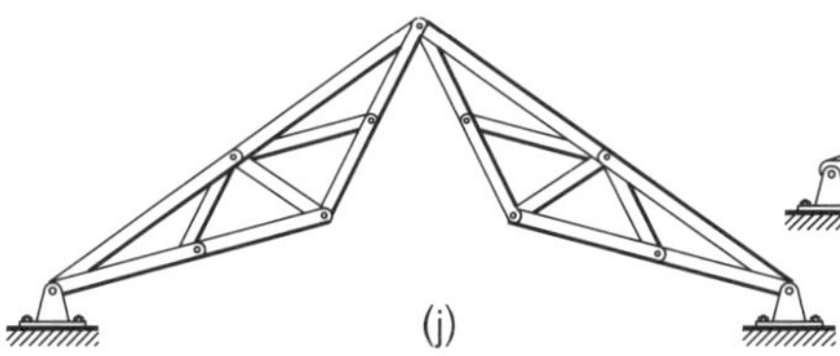
(j)

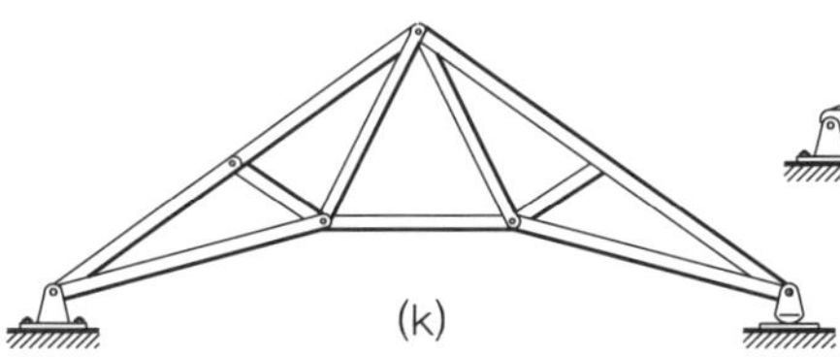
(k)

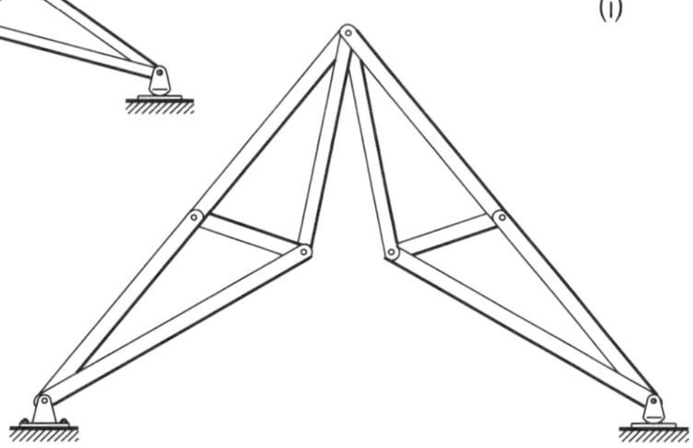
(l)

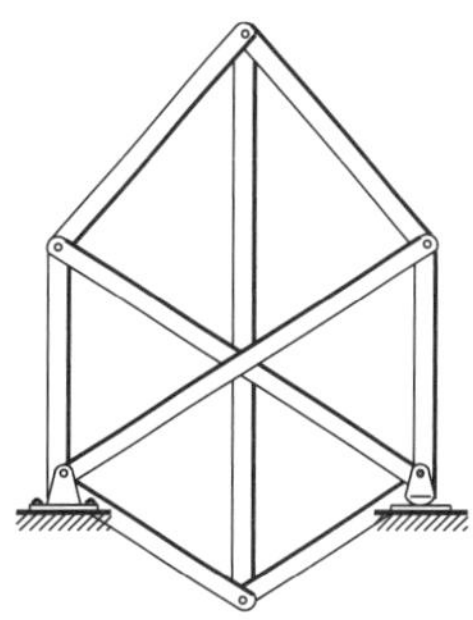
(m)

풀이

부정정차수를 산출하는 식은 $i=r+m-2j$이므로 이를 이용하여 구하면,

그림 (a) $r=3,\ m=9,\ 2j=12$이므로
$i=3+9-12=0$, 내적 안정, 외적 안정, 정정

그림 (b) $r=3,\ m=4,\ 2j=8$이므로
$i=3+4-8=-1$, 내적 불안정, 외적 불안정

그림 (c) $r=3,\ m=11,\ 2j=12$이므로
$i=3+11-12=2$, 내적 안정, 외적 안정, 2차 부정정

그림 (d) $r=3,\ m=11,\ 2j=14$이므로
$i=3+11-14=0$, 내적 안정, 외적 안정, 정정

그림 (e) $r=3,\ m=29,\ 2j=32$이므로
$i=3+29-32=0$, 내적 안정, 외적 안정, 정정

그림 (f) $r=4,\ m=26,\ 2j=30$이므로
$i=4+26-30=0$, 내적 불안정, 외적 안정, 정정

그림 (g) $r=5,\ m=27,\ 2j=32$이므로
$i=5+27-32=0$, 내적 불안정, 외적 안정, 정정

그림 (h) $r=4,\ m=21,\ 2j=24$이므로
$i=4+21-24=1$, 내적 안정, 외적 안정, 1차 부정정

그림 (i) $r=4,\ m=21,\ 2j=24$이므로
$i=4+21-24=1$, 내적 안정, 외적 안정, 1차 부정정

그림 (j) $r=4,\ m=18,\ 2j=22$이므로
$i=4+18-22=0$, 내적 불안정, 외적 안정, 정정

그림 (k) $r=3,\ m=11,\ 2j=14$이므로
$i=3+11-14=0$, 내적 안정, 외적 안정, 정정

그림 (l) $r=3,\ m=10,\ 2j=14$이므로
$i=3+10-14=-1$, 내적 불안정, 외적 불안정

그림 (m) $r=3,\ m=9,\ 2j=12$이므로
$i=3+9-12=0$, 내적 안정, 외적 안정, 정정

5.2 평면트러스의 종류와 해석방법

평면트러스는 그 모양에 따라 단순트러스(Simple truss), 합성트러스(Compound truss), 복합트러스(Complex truss)로 분류할 수 있다. 각각에 대해 살펴보면 다음과 같다.

5.2.1 단순트러스

트러스의 내적 안정을 이루기 위한 가장 단순한 삼각형 형태인 기본형을 확장하여 만들어지는 트러스를 단순트러스(Simple truss)라고 한다. 그림 5.6은 단순트러스의 예를 나타낸 것으로 빗금친 부분이 기본형이다.

그림에서 트러스 부재의 명칭을 살펴보자. 먼저 트러스를 상현(Upper)과 하현(Lower)으로 나누어, 각각의 위치에 있는 부재를 상현재(Upper chord)와 하현재(Lower chord)로 부른다. 일반적으로 트러스가 교량 상판이나 지붕의 하중을 지지하는 경우, 즉 수직하중을 받는 경우, 상현재는 압축재(−)가, 하현재는 인장재(+)가 된다. 상현과 하현 사이의 복부(Web)에 있는 부재는 수직재(Vertical)와 경사진 사재(Diagonal)가 있다.

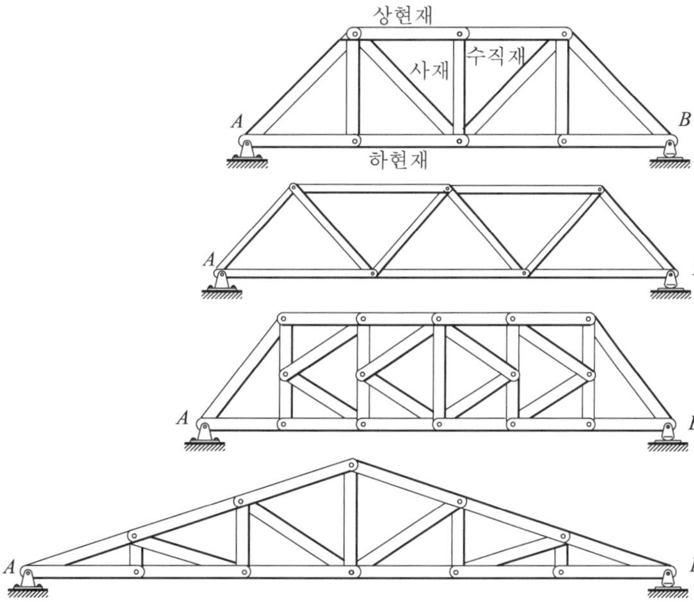

그림 5.6 단순트러스의 예

5.2.2 합성트러스

합성트러스(Compound truss)는 그림 5.7과 같이 2개 이상의 단순트러스(그림에서 빗금친 부분)를 연결하여 하나의 강체를 구성하는 방식으로 만들어진 트러스를 말한다. 이때 단순트러스들 사이에도 상대 변위가 발생하지 않아야 하기 때문에(강체 거동), 평행하거나 한 점에서 만나지 않는 적어도 3개의 힘을 전달할 수 있는 접합부를 통해서 각각의 트러스를 연결시켜야 한다.

그림 5.7(a)를 보면, 2개의 단순트러스 ΔABC와 ΔDEF가 평행하거나 한 점에서 만나지 않는 3개의 부재인 $\overline{BC}$, $\overline{CD}$, $\overline{BF}$에 의해서 연결되어 있다. 그림 5.5(c)는 2개의 단순트러스 ΔABC와 ΔDEF를 공유 절점 $C(F)$와 부재 $\overline{BD}$에 의해서 연결하고 있다. 이 합성트러스가 내적으로 안정적이기 위해서는 공유 절점 $C(F)$와 $\overline{BD}$가 일직선상에 있지 않아야 한다.

5.2.3 복합트러스

복합트러스(Complex truss)란 단순트러스나 합성트러스로 분류할 수 없는 정정트러스를 말한다. 복합트러스 또한 정정이기 때문에 힘의 평형조건만으로 반력과 부재력을 구할 수 있지만, 각 절점에 모이는 부재의 수가 2개를 초과하는 경우가 대부분이기 때문에(절점에 미지 부재력이 3 이상) 모든 방정식을 구성한 후 이를 연립해야 해를 구할 수 있다. 그러나 이러한 접근 방법은 매우 비실용적이므로 부재력 가정법이나 부재치환법과 같은 직접적인 방법이 사용된다. 이러한 복합트러스의 해석방법은 5.6절에서 다룬다.

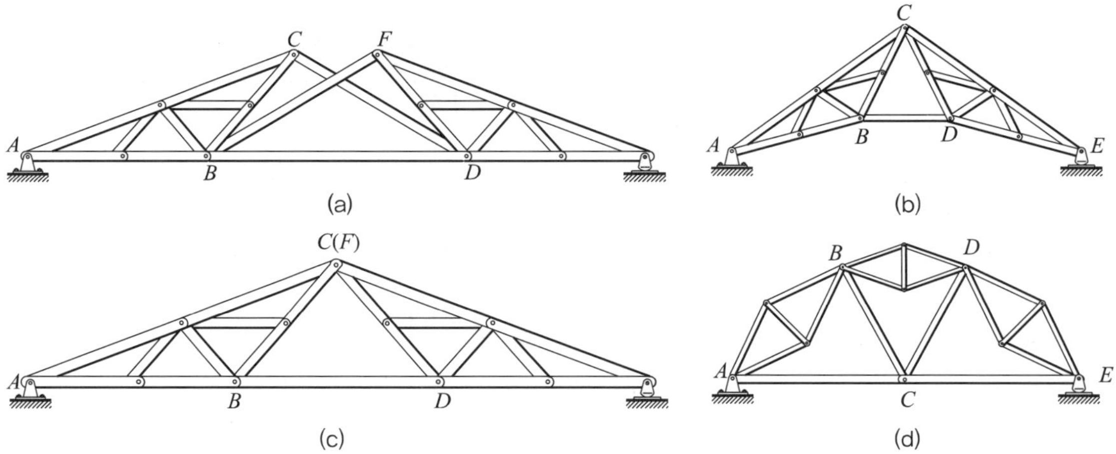

그림 5.7 합성트러스의 예

5.2.4 정정트러스의 해석방법

정정보나 정정라멘과 마찬가지로 정정트러스 또한 힘의 평형조건식을 이용한다. 즉,

$$\sum X = 0, \quad \sum Y = 0, \quad \sum M_z = 0 \tag{3.2}$$

이때 미지력은 반력과 부재력이다.

일반적으로 트러스의 부재력을 구하는 방법은 절점법(Method of joint)과 절단법(Method of section)이 있다. 절점법은 각 절점에서의 힘의 평형조건을 이용하여 미지 부재력을 구하는 방법을 말한다. 절단법은 트러스 전체에 대하여 미지의 부재력이 3개 이내가 되도록 절단하여 자유물체도를 구성하고 이를 이용해 부재력을 구하는 방법을 말한다. 때로는 두 가지 방법을 적절히 조합하면 트러스 해석을 보다 쉽게 할 수 있다. 이를 자세히 살펴보자.

5.3 절점법

5.3.1 도식해법(Cremona법)

이 방법은 절점법의 도식해법으로 절점에서 외력과 부재력을 연결한 힘의 삼각형은 항상 닫힌다는 원리를 이용한 것이다. 크레모나법으로도 불리며 해석순서는 다음과 같다.

(1) 외력 및 부재력은 공간을 기준으로 기호로 표시한다.
(2) 지점반력을 구하고 힘의 축적을 정한다.
(3) 반드시 힘의 크기를 알고 있는 것부터 2부재만이 모이고 있는 절점으로부터 출발하여 점차 인접절점으로 옮기고 2부재의 미지 부재력을 구해 간다.
(4) 부재력은 항상 일정방향(보통 시계방향)으로 그려 나간다.
(5) 절단면에서 밖으로 향하면 인장력, 반대방향이면 압축력이다.

예를 들어 그림 5.8을 통해 도식해법에 의한 절점법의 적용방법을 살펴보자. 먼저 그림 (a)와 같이 공간을 구획한다. 그림 (b)와 같이 D점에서 외력 $1-2$와 부재응력 $2-5$, $5-1$가 닫히는 시력도 $1-2-5$를 만든다. 이때 부재 $2-5$는 인장재, $5-1$은 압축재이다.

다음에 절점 C에서 이미 알고 있는 인장응력 $5-2$, 외력 $2-3$ 및 미지의 응력 $3-6$, $6-5$가 닫히는 시력도 $2-3-6-5$를 만든다. 여기서도 $3-6$부재는 인장재, $5-6$은 압축재임을 알 수 있다.

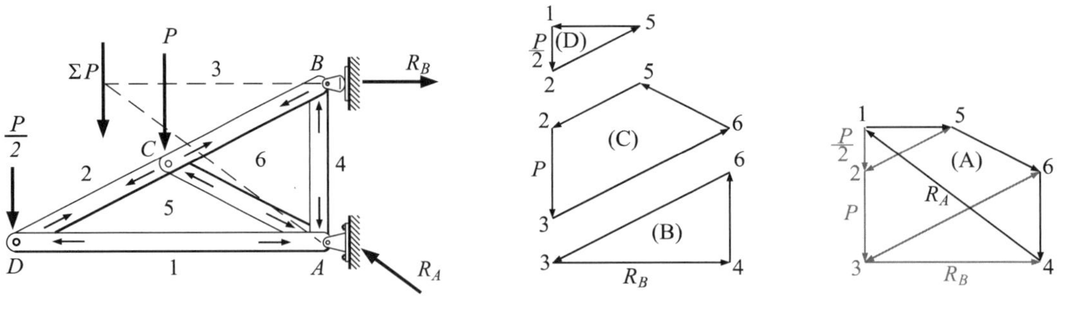

(a) 트러스의 공간 구획 (b) 절점별로 그린 닫힌 시력도 (c)

그림 5.8 절점법(도식해법)

같은 방법으로 B점에서 인장응력 6−3, 반력 R_B(3−4) 및 수직재의 압축응력 4−6에 대한 시력도 3−4−6을 만든다.

다음으로 A점에는 응력 1−5, 5−6, 6−4와 반력 R_A가 이루는 시력도를 만든다. 그림 5.7(c)와 같이 절점 D, C, B를 합한 상태에서 1−5, 5−6, 6−4는 이미 알고 있는 값이므로 미지력 R_A를 구할 수 있다. 이렇게 완성된 시력도는 닫힌 상태가 되므로 힘의 평형조건을 만족한다. 또한 부재력의 크기는 힘의 축적에 의해 계산할 수 있다.

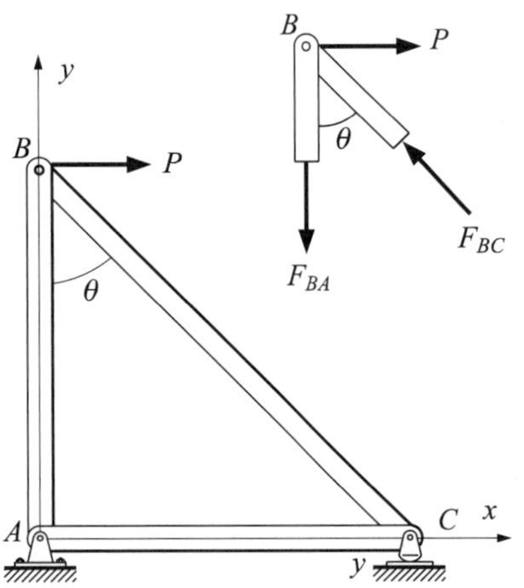

(a)

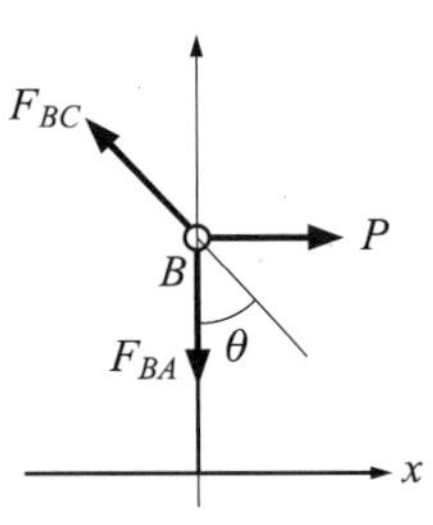

(b) 절점의 힘의 평형

그림 5.9 절점법(수식해법)

5.3.2 수식해법

트러스가 평형상태에 있다면 각각의 절점 역시 평형상태에 있다. 이러한 각 절점에 대한 힘의 평형조건을 이용하여 트러스를 해석하는 방법을 수식해법에 의한 절점법(Method of joint)이라 한다.

그림 5.9의 트러스를 예로 설명해 보자. 그림에서 절점 B를 생각해 보면, 미지수는 부재 $\overline{BA}$와 $\overline{BC}$에 작용하는 부재력의 크기이다. B점에서 힘의 평형 조건을 생각하면,

$\rightarrow + \sum X = 0$에서,

$$P - F_{BC}\sin\theta = 0 \tag{a}$$

$\uparrow + \sum Y = 0$에서,

$$-F_{BA} + F_{BC}\cos\theta = 0 \tag{b}$$

이 된다. 연립방정식을 풀어 미지력 F_{BA}, F_{BC}를 구하고, 다음 절점에 대해 반복 계산한다. 여기서 주의할 점은 힘의 평형조건을 이용해 구성할 수 있는 방정식의 개수는 2개이므로, 미지력이 2개

이하인 곳에서 시작해야 하고, 힘의 방향은 계산 결과가 음(−)이 나오면 가정한 방향과 반대라는 것이다.

예제 5-2

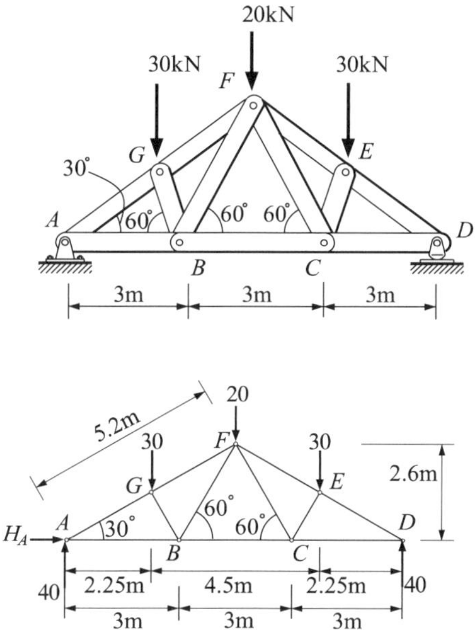

(a) 자유물체도

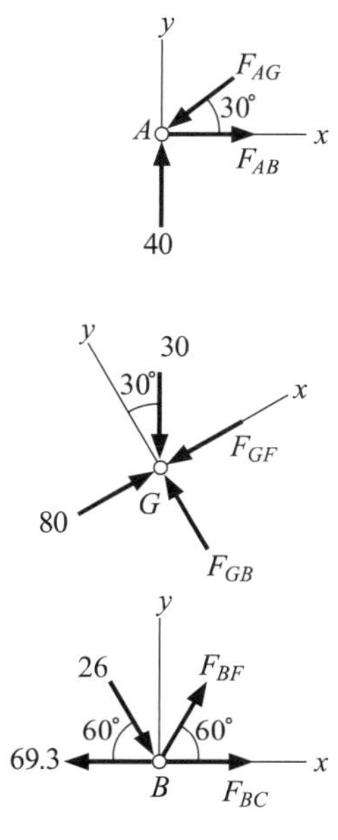

(b) 절점의 자유물체도

그림과 같은 지붕트러스를 해석하라.

풀이

지점반력

그림 (a)와 같은 자유물체도로부터, 힘의 평형조건에 의해

$$\curvearrowleft \boxplus \sum M_D = 0,\quad 30(2.25) + 20(4.5) + 30(6.75)$$
$$-R_A(9) = 0,\quad R_A = 40\ \text{kN},\quad R_B = 40\ \text{kN}$$

좌우대칭($R_A = R_B$)이고, 수평외력이 없으므로 $H_A = 0$이다. 물론 ($\sum X = 0$, $\sum Y = 0$)식을 이용해도 된다.

부재력 계산

기하학적 형상과 하중이 대칭이므로 트러스를 반만 해석하면 된다. 절점에서 구성할 수 있는 평형방정식의 개수는 2개이므로, 미지력이 2개 이하인 부분부터 시작한다(A점 또는 D점).

A절점

$$\uparrow + \sum Y = 0,\quad 40 - F_{AG}(\sin 30) = 0,\quad F_{AG} = 80\ \text{kN}\,(\text{C})$$
$$\rightarrow + \sum X = 0,\quad F_{AB} - 80(\cos 30) = 0,\quad F_{AB} = 69.3\ \text{kN}\,(\text{T})$$

G절점

$$\uparrow + \sum Y = 0,\quad F_{GB} - 30(\cos 30) = 0,\quad F_{GB} = 26\ \text{kN}\,(\text{C})$$
$$\rightarrow + \sum X = 0,\quad 80 - 30(\sin 30) - F_{GF} = 0,\quad F_{GF} = 65\ \text{kN}\,(\text{C})$$

B절점

$$\uparrow + \sum Y = 0,\quad F_{BF}(\sin 60) - 26(\sin 60) = 0,$$
$$F_{BF} = 26\ \text{kN}\,(\text{T})$$
$$\rightarrow + \sum X = 0,\quad F_{BC} + 26(\cos 60) + 26(\cos 60) - 69.3 = 0,$$
$$F_{BC} = 43.3\ \text{kN}\,(\text{T})$$

좌우 대칭이므로 D절점은 A절점, E절점은 G절점, C절점은 B절점과 같다.

예제 5-3

다음 트러스에서 $\overline{DC}$, $\overline{DE}$, $\overline{EF}$, $\overline{HB}$, $\overline{GA}$부재의 부재력을 절점법을 이용해 구하라.

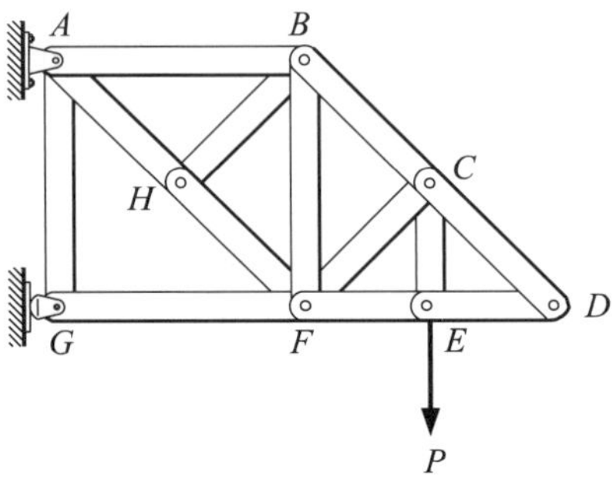

풀이

구조물의 치수가 주어져 있지 않으므로, 절점에서의 평형조건을 찾는다.

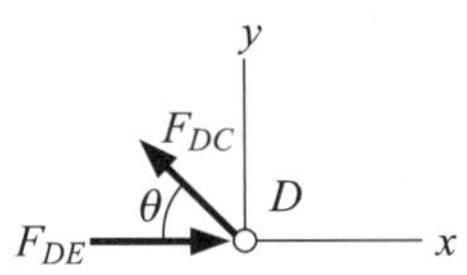

(a)

그림 (a)와 같이 D절점에서 힘의 평형조건은,

$$\uparrow + \sum Y = 0, \quad F_{DC}(\sin\theta) = 0, \quad F_{DC} = 0$$
$$\rightarrow + \sum X = 0, \quad F_{DE} - F_{CD}(\cos\theta) = 0, \quad F_{DE} = 0$$

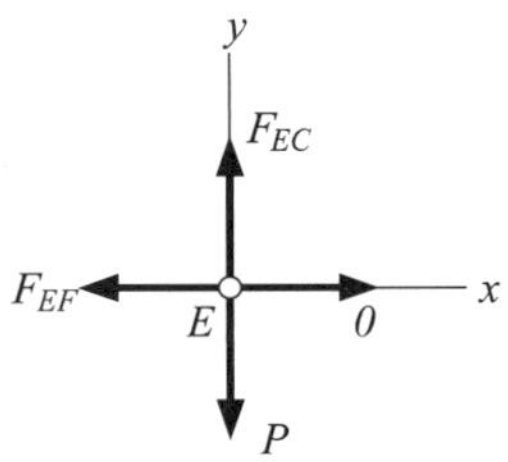

(b)

그림 (b)와 같이 E절점에서 힘의 평형조건은,

$$\rightarrow + \sum X = 0, \quad F_{EF} = 0$$

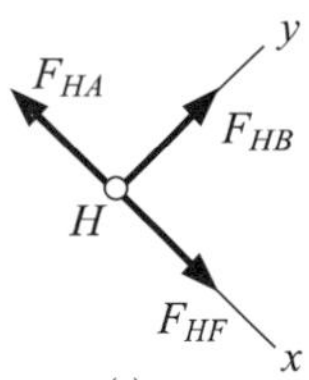

(c)

그림 (c)와 같이 H절점에서 힘의 평형조건은,

$$\uparrow + \sum Y = 0, \quad F_{HB} = 0$$

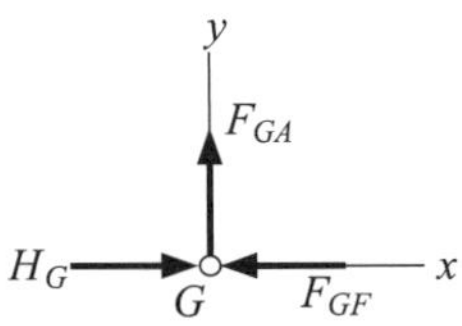

(d)

그림 (d)와 같이 G절점에서 힘의 평형조건은,

$$\uparrow + \sum Y = 0, \quad F_{GA} = 0$$

이상과 같이 트러스에서는 모든 부재가 축방향력을 부담하는 것은 아니며, 어떤 부재는 부재력이 0이다. 만약 해석 없이도 부재력이 0이 되는 조건을 찾을 수 있다면, 해석을 보다 쉽고 빠르게 할 수 있다.

이러한 외력 및 기하학적 조건에 의해 결정되는 부재력의 성질을 알아보자.

5.4 트러스의 부재력 특성과 무응력 부재

예제 5-3에서 살펴본 것처럼 트러스 부재에는 하중이 작용함에도 불구하고 부재력(외응력)이 발생하지 않는 부재가 존재하는데, 이를 무응력 부재라 한다. 무응력 부재는 트러스의 기하학적 안정성 확보(내적 안정, 강체거동을 해야 하므로), 시공 중의 안정성 확보, 하중의 변동 가능성 고려, 부재의 좌굴길이 축소, 세장한 인장재의 진동 방지 등 다양한 이유로 필요하다. 또한 어떤 경우에는 추가적인 계산 없이도 직관적으로 부재력을 찾을 수도 있다.

이렇게 트러스를 해석할 때 무응력부재나 부재력을 미리 알 수 있다면, 해석을 보다 빠르고 쉽게 할 수 있다. 일반적으로 트러스의 부재력 특성(특히 무응력 부재)은 부재를 직관적으로 관찰함으로써 알 수 있으며 다음과 같은 성질이 있다.

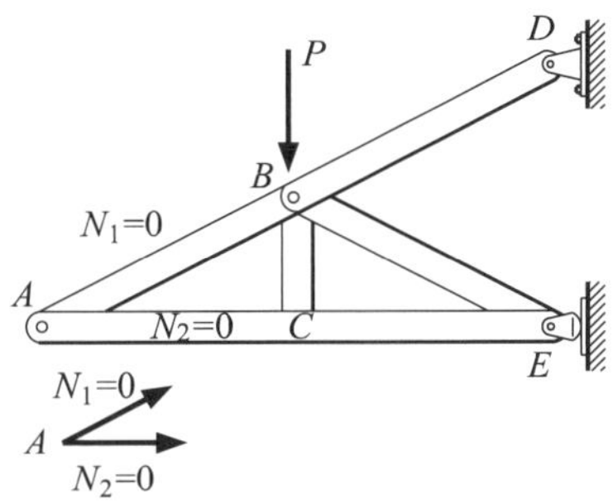

(a) [조건 1]

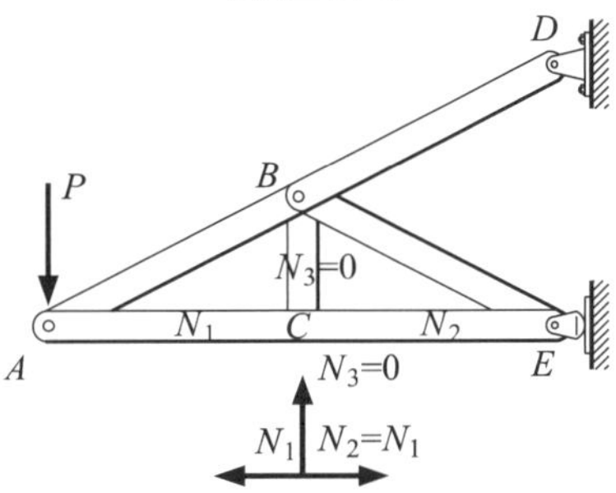

(b) [조건 2]

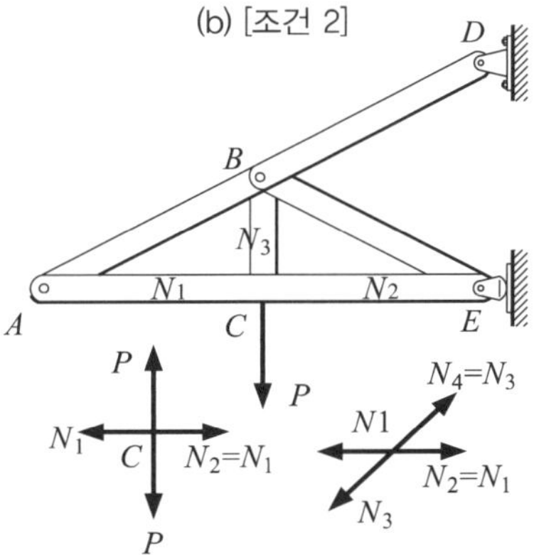

(c) [조건 3]

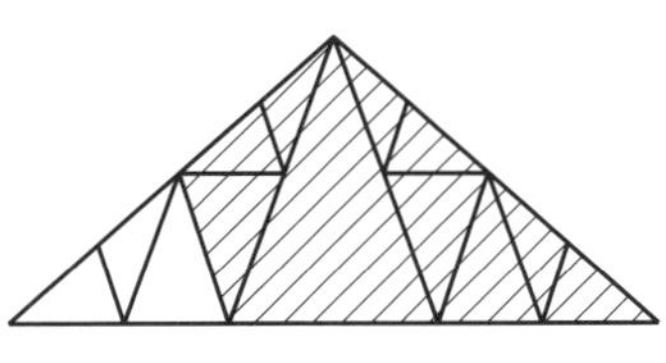

(d) [조건 4]

그림 5.10 트러스 부재력의 특성 및 무응력 부재

[조건 1] 절점에 모인 일직선상이 아닌 부재가 2개이고 이 절점에 외력이나 반력이 작용하지 않을 때, 2부재의 부재력(외응력)은 0이다.

그림 5.10(a)에서 $\overline{AB}$부재와 $\overline{AC}$부재의 응력을 N_1, N_2라 하면, A절점에는 외력이 없으므로 $N_1=0$, $N_2=0$이 된다.

[조건 2] 절점에 모인 3개의 부재중에서 2부재의 축방향력이 일직선이고, 이 절점에 외력이나 반력이 작용하지 않으면 이 2부재의 응력은 같고, 다른 부재의 응력은 0이 된다.

그림 5.10(b)에서 C점에 모인 3 부재의 응력을 각각 N_1, N_2, N_3라 하면 $N_1=N_2$, $N_3=0$이 된다.

[조건 3] 절점에 모인 부재의 재축선 또는 외력의 중심선이 서로 2개씩 일직선상에 있을 때 서로 향하고 있는 2부재의 부재력, 또는 외력과 부재력은 같은 크기이다.

그림 5.10(c)에서 C점은 $\overline{CA}$부재와 $\overline{CE}$부재의 재축선이 같고 동시에 $\overline{CB}$부재와 외력 P가 일직선에 있다. 그러므로 $N_1=N_2$이고, $N_3=P$가 된다. 또한 절점에 4개의 부재가 모인 경우 2개씩 부재의 재축선이 같다면, 부재 축선에 놓인 2개 부재는 부재력이 같다. 즉 $N_1=N_2$, $N_3=N_4$이다.

[조건 4] 그림 5.10(d)에서 사선 친 부분의 부재력(외응력)은 사선을 긋지 않은 부분의 부재 조합방법과 무관하다.

예제 5-4

불균형 수직 집중하중을 받는 트러스에서 무응력 부재를 모두 찾아라.

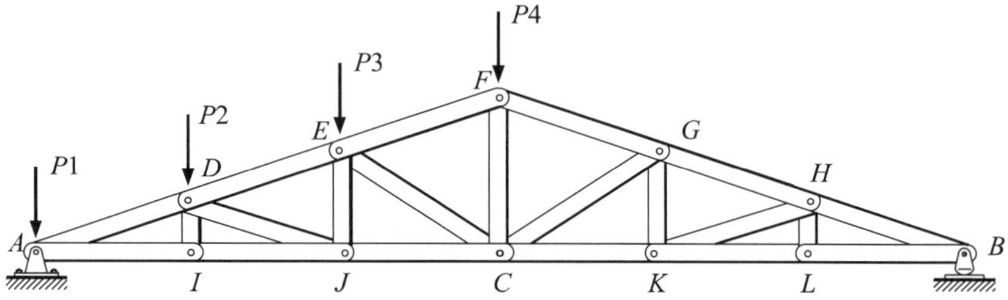

풀이

*L*절점

[조건 2]를 만족하므로, $\overline{LB} = \overline{LK}$이고, $\overline{LH} = 0$이다.

*H*절점

*H*절점에는 $\overline{HB}$, $\overline{HG}$, $\overline{HK}$, $\overline{HL}$ 4개의 부재가 연결되어 있고 가해지는 외력은 없다. 이미 $\overline{LH}=0$이란 사실을 알고 있고, $\overline{HB}$와 $\overline{HG}$가 일직선상에 있으므로, [조건 2]에 의해 $\overline{HK}=0$이다.

*K*절점

*K*절점에는 $\overline{KL}$, $\overline{KH}$, $\overline{KC}$, $\overline{KG}$ 4개의 부재가 연결되어 있고 가해지는 외력은 없다. 이미 $\overline{KH}=0$이란 사실을 알고 있고, $\overline{KL}$과 $\overline{KC}$가 일직선상에 있으므로, [조건 2]에 의해 $\overline{KG}=0$이다.

*G*절점

*G*절점에는 $\overline{GH}$, $\overline{GK}$, $\overline{GC}$, $\overline{GF}$ 4개의 부재가 연결되어 있고 가해지는 외력은 없다. 이미 $\overline{GK}=0$이란 사실을 알고 있고, $\overline{GH}$과 $\overline{GF}$가 일직선상에 있으므로, [조건 2]에 의해 $\overline{GC}=0$이다.

I 절점

[조건 2]를 만족하므로, $\overline{IA} = \overline{IJ}$이고, $\overline{ID}=0$이다.

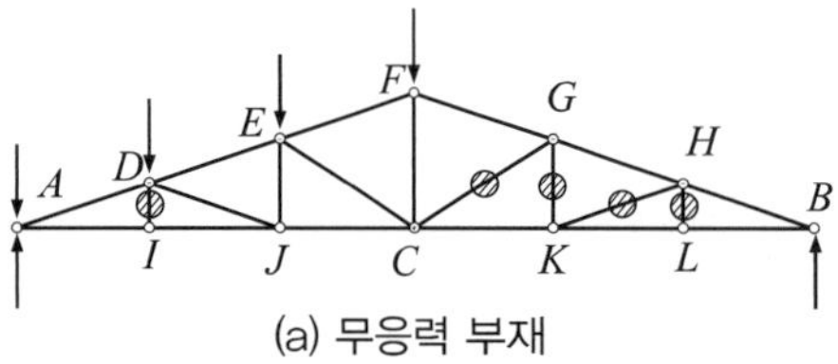

(a) 무응력 부재

이상의 결과를 정리하면 그림 (a)와 같다.

예제 5-5

그림과 같은 트러스를 절점법으로 해석하라.

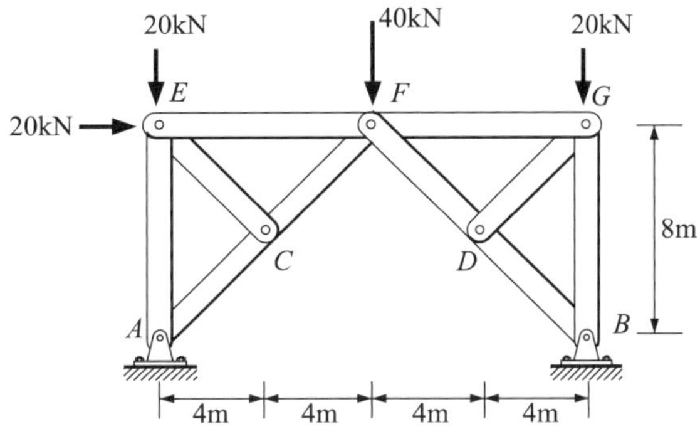

풀이

이제 절점법을 이용해서 트러스를 해석하는 과정을 일반화해 보자. 먼저 부정정차수를 살펴보면,

$$i = m + r - 2j = 10 + 4 - 14 = 0$$

이므로, 정정구조물이다.

절점법 적용

먼저 직관적으로 무응력부재를 찾아보자. 그림에서 C, D절점은 [조건 2]를 만족하므로 $\overline{EC}$, $\overline{GD}$부재는 무응력부재이다. 즉,

$$F_{CE} = F_{DG} = 0$$

그림 (a)에 각 절점별 자유물체도를 나타냈다. E와 G절점(1부재가 무응력부재이므로 미지수 2개)에서 출발한다.

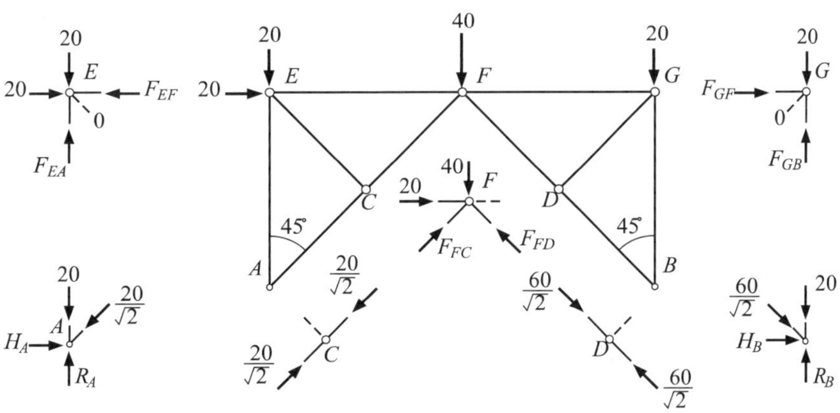

(a) 절점별 자유물체도

E절점, 힘의 평형조건에 의해,

$$\rightarrow + \sum X = 0, \quad 20 + F_{EF} = 0, \quad F_{EF} = -20\text{ kN}\,(\leftarrow)$$

$$\uparrow + \sum Y = 0, \quad -20 + F_{EA} = 0, \quad F_{EA} = 20\text{ kN}$$

G절점, 힘의 평형조건에 의해,

$$\rightarrow + \sum X = 0, \quad F_{GF} = 0$$

$$\uparrow + \sum Y = 0, \quad -20 + F_{GB} = 0, \quad F_{GB} = 20\text{ kN}$$

F절점, 힘의 평형조건에 의해,

$$\rightarrow + \sum X = 0, \quad F_{FC}\cos 45 - F_{FD}\cos 45 + 20 = 0$$

$$\uparrow + \sum Y = 0, \quad 40 - F_{FC}\sin 45 - F_{FD}\sin 45 = 0$$

$$\begin{bmatrix} \frac{1}{\sqrt{2}} & -\frac{1}{\sqrt{2}} \\ \frac{1}{\sqrt{2}} & \frac{1}{\sqrt{2}} \end{bmatrix} \begin{pmatrix} F_{FC} \\ F_{FD} \end{pmatrix} = \begin{pmatrix} -20 \\ 40 \end{pmatrix} \text{에서,}$$

$$\begin{pmatrix} F_{FC} \\ F_{FD} \end{pmatrix} = \frac{1}{\frac{1}{2} + \frac{1}{2}} \begin{bmatrix} \frac{1}{\sqrt{2}} & \frac{1}{\sqrt{2}} \\ -\frac{1}{\sqrt{2}} & \frac{1}{\sqrt{2}} \end{bmatrix} \begin{pmatrix} -20 \\ 40 \end{pmatrix} = \begin{pmatrix} \frac{20}{\sqrt{2}} \\ \frac{60}{\sqrt{2}} \end{pmatrix}$$

C절점, D절점

같은 축선에 두 부재만이 존재(1개는 무응력 부재)하므로,

$$F_{CA} = F_{FC} = \frac{20}{\sqrt{2}}\,(\nearrow), \quad F_{DB} = F_{FD} = \frac{60}{\sqrt{2}}\,(\nwarrow)$$

A 절점

$$\rightarrow + \sum X = 0, \; H_A - \frac{20}{\sqrt{2}}\cos 45 = 0, \; H_A = 10\text{ kN}$$

$$\rightarrow + \sum Y = 0, \; R_A - 20 - \frac{20}{\sqrt{2}}\cos 45 = 0, \; R_A = 30\text{ kN}$$

B절점

$$\rightarrow + \sum X = 0, \; \frac{60}{\sqrt{2}}\cos 45 + H_B = 0, \; H_B = -30\text{ kN}\,(\leftarrow)$$

$$\rightarrow + \sum Y = 0, \; R_B - 20 - \frac{60}{\sqrt{2}}\cos 45 = 0, \; R_B = 50\text{ kN}$$

과 같은 부재력을 얻는다.

이제 부재력의 부호를 결정해 보자. 예를 들어 그림 (b)에서,

$\overline{EA}$부재는 $F_{EA} = F_{AE} = 20\text{ kN}$의 압축력,

$\overline{EF}$부재는 $F_{EF} = F_{FE} = 20\text{ kN}$의 압축력

을 받는다.

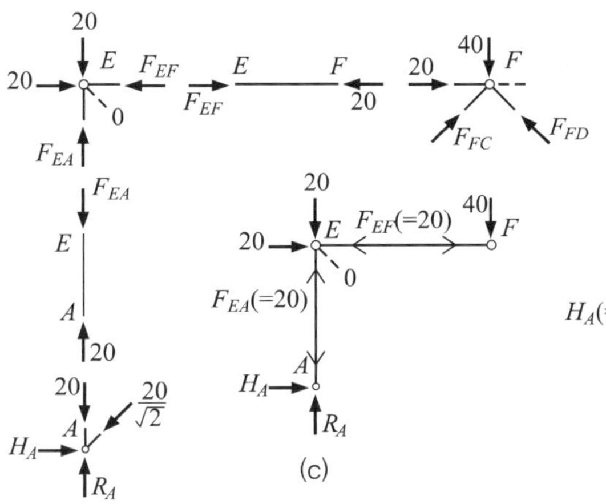

(c)

(b) $\overline{EA}$부재

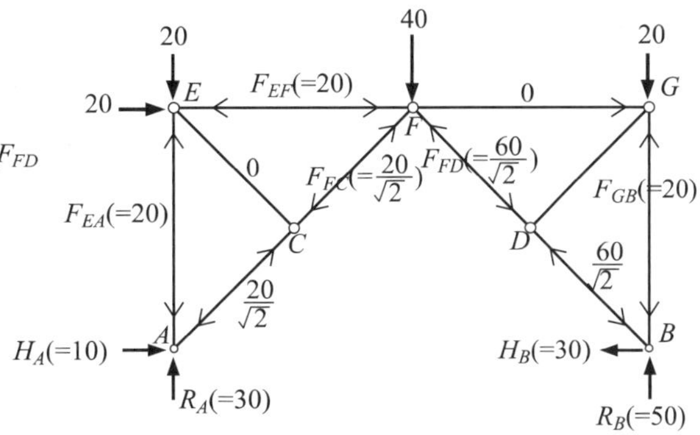

(d) 부재력의 표현

트러스 해석에서 절점법을 이용할 때 보다 간편한 방법을 생각해 보자. 앞에서 살펴본 절점별 자유물체도를 계산하는 과정에서 그림 (c)와 같이 부재 내에 화살표를 표기하고 부재력을 기입한다. 이러한 과정을 각 절점과 부재에 대하여 순서대로 기입하면, 그림 (d)와 같은 결과를 얻을 수 있다. 이러한 방법을 이용하면, 보다 빠르게 트러스를 해석할 수 있으므로, 앞으로는 절점별 자유물체도를 그리지 않고, 이 방법을 직접 이용하도록 한다. 이때 주의할 점은 화살표의 방향과 부재력이 반대로 나타난다는 것이다.

예를 들어 $\overline{FC}$부재는 화살표의 방향이 ↔이므로 압축재가 된다. 부재력은 그림 (e)와 같으며, 압축재에는 음(−)을 표기했다.

전체 트러스에 대한 평형 검토

$$\rightarrow + \sum X = 0, \quad 10 + 20 - 30 = 0$$

$$\uparrow + \sum Y = 0, \quad 30 + 50 - 20(2) - 40 = 0$$

$$\curvearrowleft \boxplus \sum M_B = 0, \quad -30(16) - 20(8) + 20(16) + 40(8) = 0$$

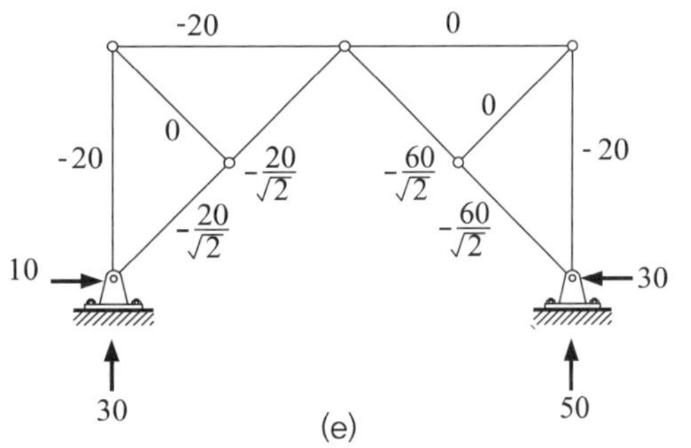

(e)

예제 5-6

그림과 같은 트러스를 절점법으로 해석하라.

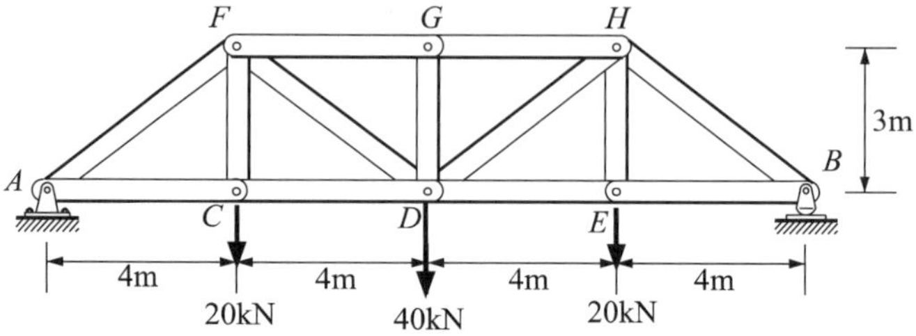

풀이

그림 (a)와 같이 각 절점에서 구해지는 부재력을 직접 기입하면서 문제를 풀어보자. 먼저 반력은 하중과 구조물이 대칭이므로,

$$R_A = R_B = 40\ \text{kN}$$

A 절점에서 출발하면,

$\uparrow + \sum Y = 0$에서, 40 kN에 대한 평형을 만족하기 위해서는 $\overline{AF}$부재의 수직분력 40 kN(↓) 밖에 없다. 또한 부재의 경사비율은 3 : 4 : 5이므로 40 : 53.3 : 66.6이다. 그러므로 $F_{AF} = -66.6\ \text{kN}(\swarrow)$이 된다. 또한,

$$\rightarrow + \sum X = 0\text{의 조건으로 } F_{AC} = 53.3\ \text{kN}$$

C절점은 [조건 3]에 의해 $F_{CF} = 20\ \text{kN},\ F_{CD} = 53.3\ \text{kN}$

F절점은

$$\uparrow + \sum Y = 0,\ 40 - 20 + F_{FD}\left(\frac{3}{5}\right) = 0,\ F_{FD} = -33.3\ \text{kN}(\searrow)$$

$$\rightarrow + \sum X = 0,\ 53.3 + F_{FG} + 26.7 = 0,\ F_{FG} = -80\ \text{kN}(\leftarrow)$$

G절점은 [조건 2]에 의해 $\overline{GD}$부재가 무응력부재이다.

마지막으로 하중과 부재가 대칭이고, 화살표 방향에 따라 부호를 기입한다. 즉 음(−)은 압축력, 양(+)은 인장력이다.

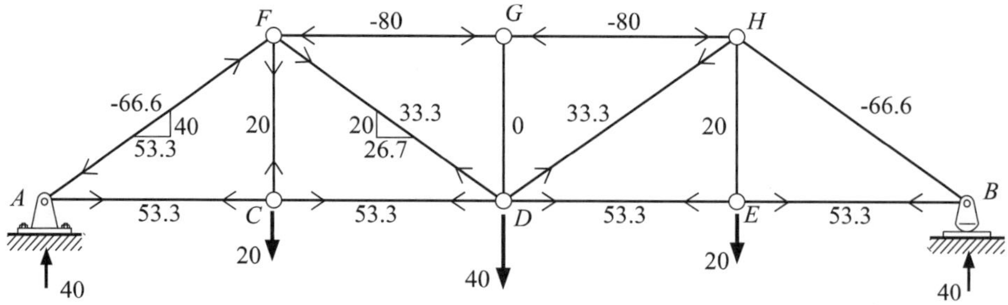

(a)

5.5 절단법

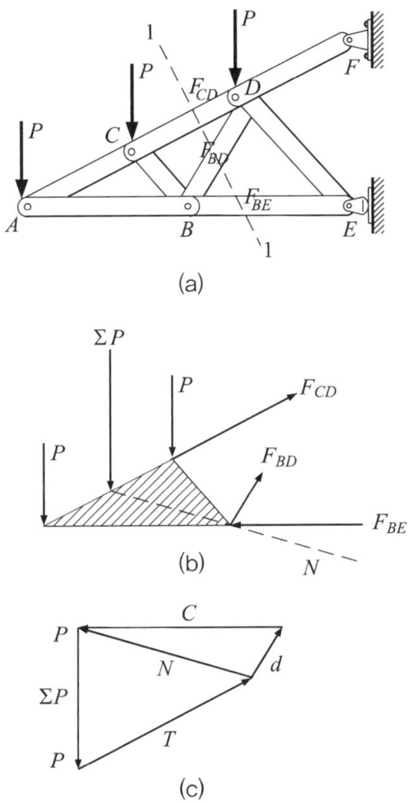

그림 5.11 절단법(도식해법)

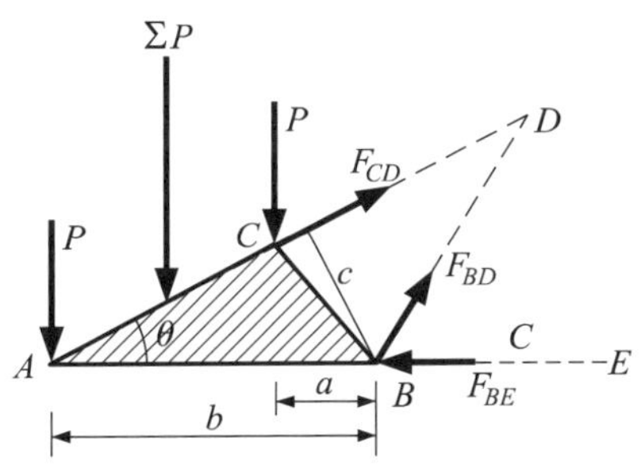

그림 5.12 절단법(수식해법)

5.5.1 도식해법(Culmann법)

도식해법에 의한 절단법은 스위스의 쿨만(Carl Culmann, 1821~1881)에 의해 제안되어 쿨만법이라고도 한다. 그림 5.11(a)에서 부재력(F_{CD}, F_{BD}, F_{BE})을 구하려면, 먼저 이 3부재를 포함하는 $1-1$ 단면으로 절단하고, 그림 (b)와 같이 좌측면에 대한 힘의 평형을 생각하면 된다. 즉 절단된 좌측면에 작용하는 외력 $\sum P$와 부재력은 평형을 이루므로, $\sum P$와 F_{CD}의 교점과, F_{BD}와 F_{BE}의 교점을 연결한 N선상에서 평형을 이루면 된다. 따라서 그림 (c)와 같이 $\sum P$, F_{CD}, N으로 시력도가 닫히도록 그리면 F_{CD}의 크기와 방향을 알 수 있고, N을 다시 F_{BD}, F_{BE}로 분해하면 모든 미지력을 구할 수 있다. 물론 힘의 크기는 축적에 의해 그린다.

5.5.2 수식해법(Ritter법)

수식해법에 의한 절단법은 도식해법과 마찬가지로, 미지력이 3개 이내가 되도록 절단하여 자유물체도를 구성하고 힘의 평형조건을 이용해 부재력을 구하면 된다. 이때 절단된 면에 대한 평형조건은 $\sum M=0$을 이용하면 된다. 이와 같은 방법은 독일의 리터(August Ritter, 1847~1906)에 의해 제안된 것으로, 리터법이라고도 한다. 여기서 주의할 점은 평형조건에 의한 방정식을 구성할 때, 구하고자 하는 부재력 이외에 다른 미지력이 포함되지 않도록 작용점을 선택해야 한다. 예를 들어 F_{CD}를 구하려면 그림 5.12와 같이 $\overline{BD}$와 $\overline{BA}$의 교점 B를 작용점으로 택해야 한다. 즉,

$$\curvearrowleft \boxplus \sum M_B = 0, \quad Pa + Pb - F_{CD}c = 0 \text{으로부터}$$

$$F_{CD} = \frac{P(a+b)}{c}$$

마찬가지로 F_{BD}를 구하려면 $\overline{AD}$와 $\overline{AE}$의 교점 A에 대해서

$$\curvearrowleft \boxplus \sum M_A = 0$$

F_{BE}를 구하려면 $\overline{AD}$와 $\overline{BD}$와의 교점 D에 대해서,

$$\curvearrowleft \boxplus \sum M_D = 0$$

인 평형조건식으로 각 부재응력을 구하면 된다.

예제 5-7

그림 같은 트러스의 $\overline{GF}$와 $\overline{GD}$ 부재력을 절단법을 이용하여 구하라.

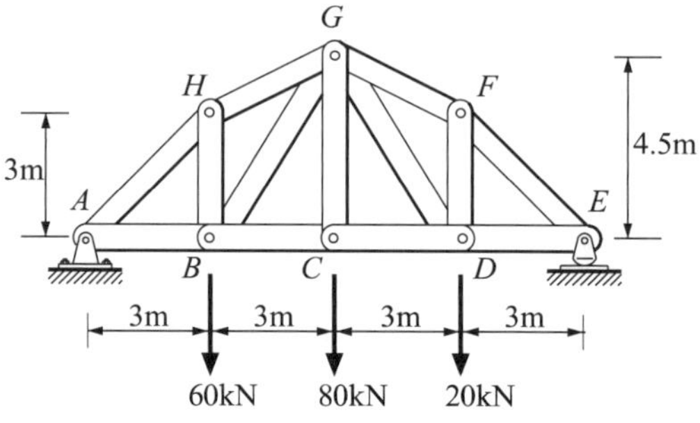

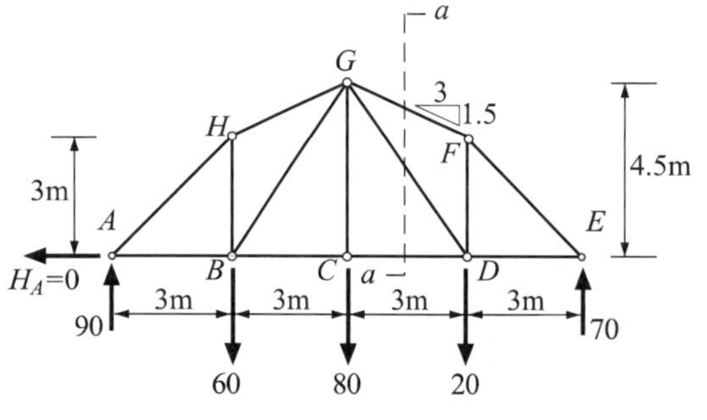

(a) 자유물체도

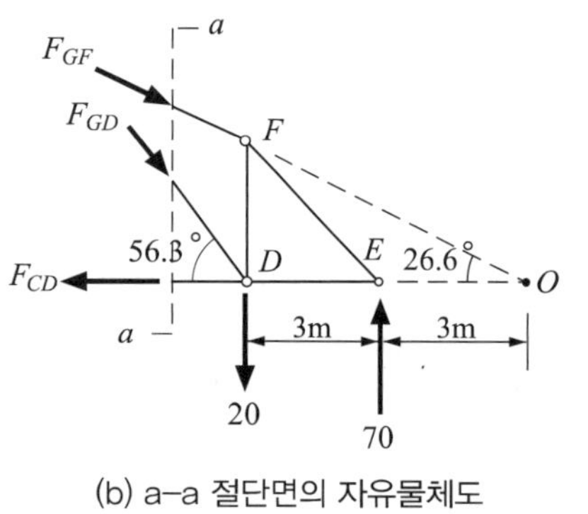

(b) a–a 절단면의 자유물체도

풀이

지점반력

그림 (b)와 같은 자유물체도로부터,

$\curvearrowleft\boxplus \sum M_E = 0$에서,

$20(3)+80(6)+60(9)-R_A(12)=0,\quad R_A = 90\text{ kN}$

$\uparrow + \sum Y = 0,\quad R_A + R_E = 160,\quad R_E = 70\text{ kN}$

부재력 계산

트러스를 절단선(a−a)에서 절단하여 그린 자유물체도는 그림 (b)와 같다. 그림에서 $\overline{GF}$ 부재의 기울기는 1.5 : 3이므로 하현재의 축선까지 직선을 연결하면, C점에서 O점까지의 길이는 9m이다. 또한 F_{GD}와 F_{GF}가 수평과 이루는 각은 각각

$$\tan^{-1}\left(\frac{4.5}{3}\right)=56.3°,\quad \tan^{-1}\left(\frac{4.5}{9}\right)=26.6°$$

$\curvearrowleft\boxplus \sum M_D = 0$에서,

$-F_{GF}(\sin 26.6)(6)+70(3)=0,$

$F_{GF} = 78.2\text{ kN (C)}$

$\curvearrowleft\boxplus \sum M_O = 0$에서,

$-70(3)+20(6)+F_{GD}\sin 56.3(6)=0,$

$F_{GD} = 18\text{ kN (C)}$

예제 5-8 절단법과 절점법의 병용

그림과 같은 K-트러스에서 부재 $\overline{BC}$와 $\overline{MC}$의 부재력을 구하라.

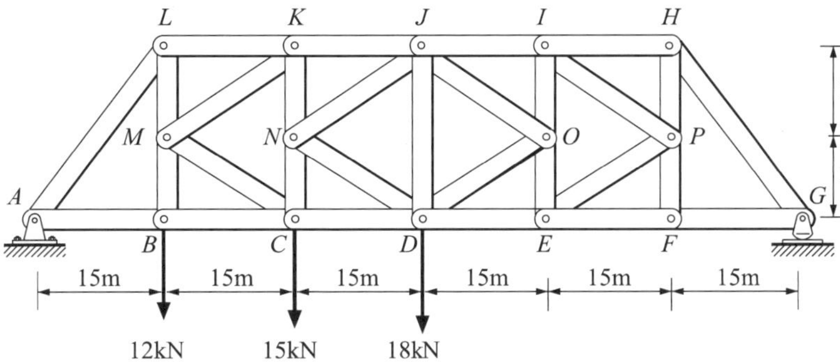

풀이

절단법에서는 미지의 부재력이 3개 이내가 되도록 절단해야 하지만, 본 예제와 같이 때때로 많은 미지력 때문에 절단법을 적용하기가 쉽지 않을 때가 있다. 이러한 문제는 절점법에서도 마찬가지다. 이때 절단법과 절점법을 적절히 병용하면 보다 쉽게 문제를 풀 수 있다. 예제를 통해 확인해 보자.

지점반력

그림 (a)와 같은 자유물체도로부터 힘의 평형조건은,

$\curvearrowleft \boxplus \sum M_G = 0$에서,

$$12(75) + 15(60) + 18(45) - R_A(90) = 0, \quad R_A = 29\text{ kN}$$

$$\uparrow + \sum Y = 0, \quad -125 - 15 - 18 + R_G + R_A = 0, \quad R_G = 16\text{ kN}$$

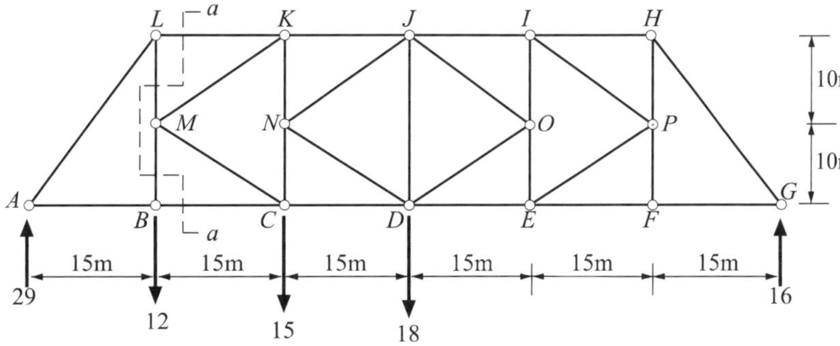

(a) 자유물체도

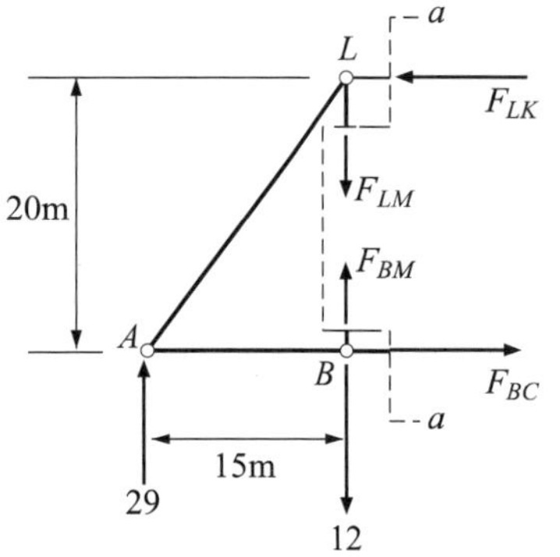

(b) a–a 절단면의 자유물체도

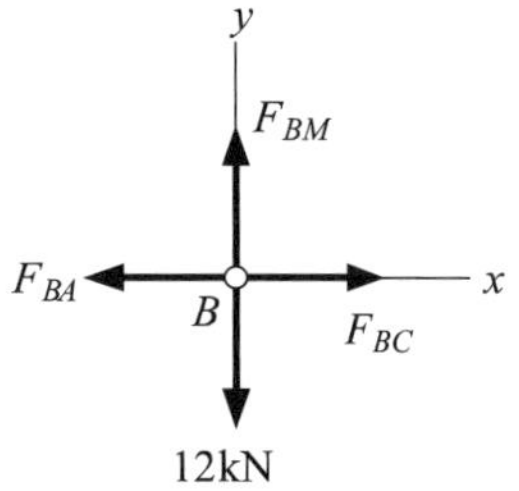

(c)

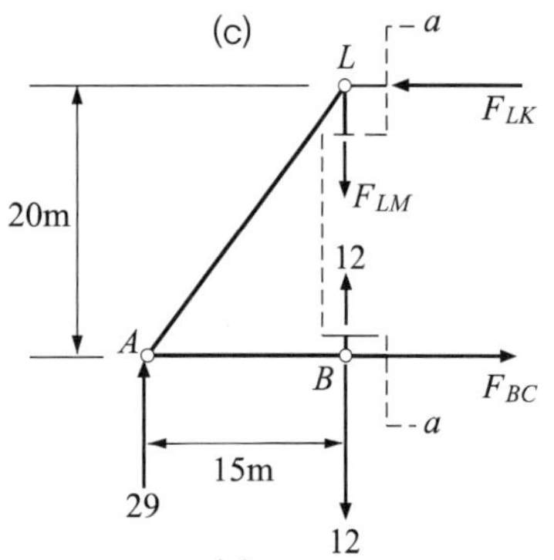

(d)

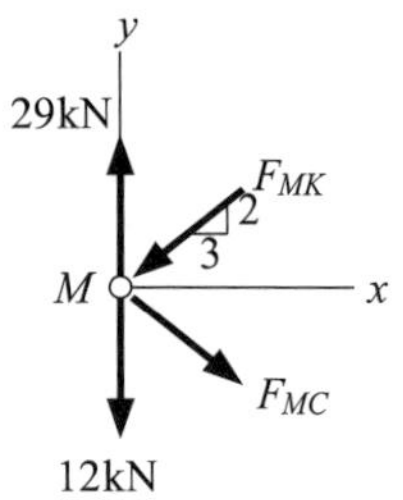

(e)

부재력 계산

K－트러스를 절단선(a－a)으로 절단하면 그림 (b)와 같은 자유물체도를 얻을 수 있다.

그림 (b)에서 미지력은 4개이지만, 절점 L 기준으로 하면, 3개의 미지력이 소거된다. 그러므로

$\curvearrowleft\boxplus\sum M_L=0$에서,

$$-29(15)+F_{BC}(20)=0,\qquad F_{BC}=21.75\ \mathrm{kN\,(T)}$$

B 절점에서 힘의 평형조건을 고려하면, 그림 (c)와 같으므로,

$\uparrow+\sum Y=0$에서,

$$F_{BM}=12\ \mathrm{kN}$$

이다. 물론 앞에서 살펴본 무응력 부재의 [조건 3]을 만족하므로 F_{BM}은 외력의 크기가 된다는 것을 직관적으로도 알 수 있다.

F_{BM}이 결정되면, 그림 (b)의 자유물체도를 통해서 미지력 F_{LM}을 구할 수 있다. 즉 그림 (d)와 같이,

$\uparrow+\sum Y=0$에서,

$$29-12+12-F_{LM}=0,\quad F_{LM}=29\ \mathrm{kN\,(T)}$$

이상의 결과를 이용하여, 그림 (e)와 같이 M 절점에 대한, 미지력 2개(F_{MK}, F_{MC})를 갖는 힘의 평형조건식을 세울 수 있다. 즉,

$\rightarrow+\sum X=0$에서,

$$\left(\frac{3}{\sqrt{13}}\right)\times F_{MC}-\left(\frac{3}{\sqrt{13}}\right)\times F_{MK}=0$$

$\uparrow+\sum Y=0$에서,

$$29-12-\left(\frac{2}{\sqrt{13}}\right)\times F_{MC}-\left(\frac{2}{\sqrt{13}}\right)\times F_{MK}=0$$

$$\begin{bmatrix}\frac{3}{\sqrt{13}} & -\frac{3}{\sqrt{13}}\\ \frac{2}{\sqrt{13}} & \frac{2}{\sqrt{13}}\end{bmatrix}\begin{pmatrix}F_{MC}\\ F_{MK}\end{pmatrix}=\begin{pmatrix}0\\ 17\end{pmatrix}\text{에서,}$$

$$\begin{pmatrix}F_{MC}\\ F_{MK}\end{pmatrix}=\frac{1}{\frac{6}{13}+\frac{6}{13}}\begin{bmatrix}\frac{2}{\sqrt{13}} & \frac{3}{\sqrt{13}}\\ -\frac{2}{\sqrt{13}} & \frac{3}{\sqrt{13}}\end{bmatrix}\begin{pmatrix}0\\ 17\end{pmatrix}=\begin{pmatrix}15.32\\ 15.32\end{pmatrix}$$

$$F_{MK}=15.32\ \mathrm{kN\,(C)},\qquad F_{MC}=15.32\ \mathrm{kN\,(T)}$$

예제 5-9 합성트러스

다음 합성트러스의 $\overline{Dc}$와 $\overline{Da}$ 부재력을 구하라.

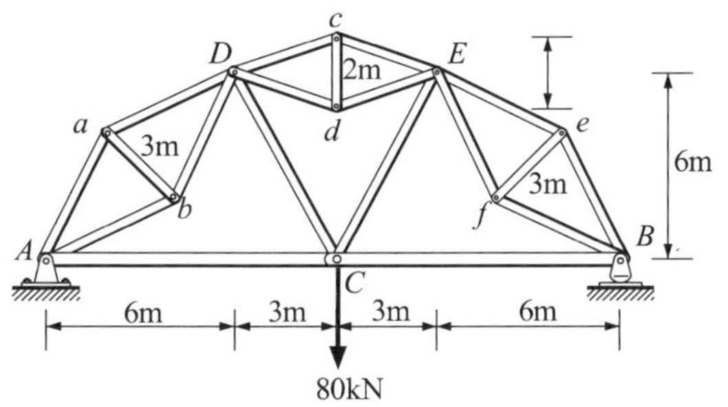

풀이

하중과 구조물이 대칭이므로 $R_A = R_B = 40\ \mathrm{kN}$이다.

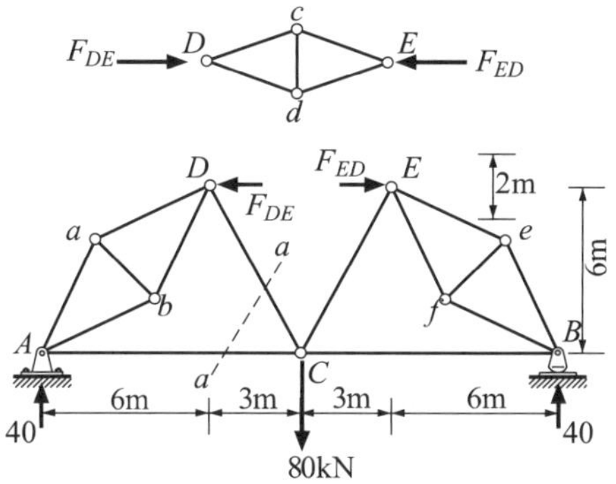

(a)

먼저 그림 (a)와 같이 기본형트러스 $DcEd$부분을 분리하고 각각 F_{DE}와 F_{ED}가 작용한다고 가정한다. $a-a$단면으로 절단하면,

$$\curvearrowleft + \sum M_C = 0 \text{에서,}$$

$$-40(9) + F_{DE}(6) = 0, \quad F_{DE} = 60\ \mathrm{kN}(\leftarrow)$$

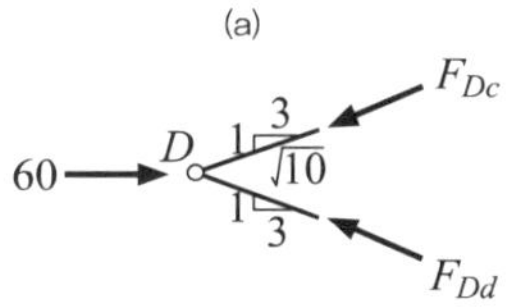

(b)

이다. F_{DE}는 그림 (b)와 같이 작용한다. D절점에서,

$$\uparrow + \sum Y = 0, \ -\frac{1}{\sqrt{10}} F_{Dc} + \frac{1}{\sqrt{10}} F_{Dd} = 0, \ F_{Dc} = F_{Dd}$$

$$\rightarrow + \sum X = 0, \ 60 - \frac{3}{\sqrt{10}} F_{Dc} - \frac{3}{\sqrt{10}} F_{Dd} = 0$$

$$F_{Dc} = 10\sqrt{10}\ \mathrm{kN(C)}, \quad F_{Dd} = 10\sqrt{10}\ \mathrm{kN(C)}$$

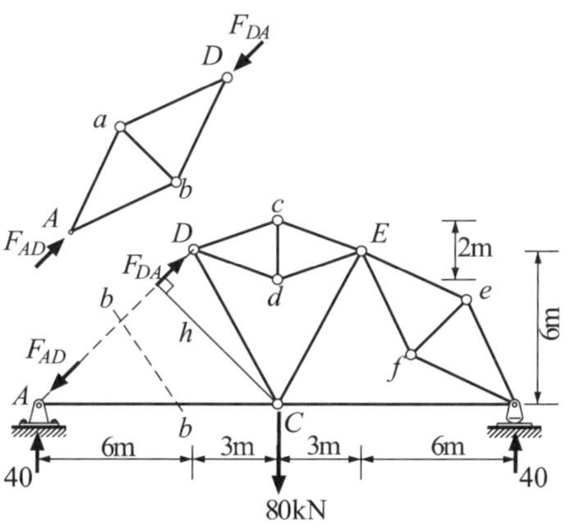

(c)

이번에는 F_{AD}를 구해보자. 그림 (c)와 같이 기본형트러스 $AaDb$ 부분을 분리하고, $b-b$단면으로 절단하면,

$$\curvearrowleft + \sum M_C = 0 \text{에서,} \ 40(9) - F_{DA} h = 0$$

h는 ΔADC의 면적이 같다는 원리를 이용한다. 즉,

$$\overline{AD} \times h \times \frac{1}{2} = 9(6)\left(\frac{1}{2}\right), \quad 6\sqrt{2}(h) = 9(6), \quad h = \frac{9}{\sqrt{2}}$$

$$F_{DA} = 40(9)\frac{\sqrt{2}}{9} = 40\sqrt{2}\ \mathrm{kN}$$

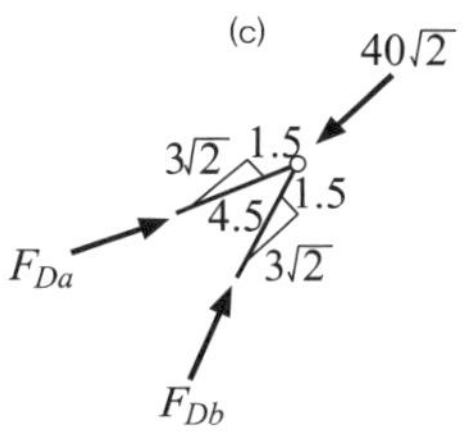

(d)

이다. 그러므로

$$\uparrow + \sum Y = 0, \quad -\frac{1.5}{4.5} F_{Da} + \frac{1.5}{4.5} F_{Db} = 0, \quad F_{Da} = F_{Db}$$

$$\rightarrow + \sum X = 0, \quad -40\sqrt{2} + \frac{3\sqrt{2}}{4.5} F_{Dc} + \frac{3\sqrt{2}}{4.5} F_{Dc} = 0$$

$$F_{Da} = 30\ \mathrm{kN(C)}, \quad F_{Dd} = 30\ \mathrm{kN(C)}$$

예제 5-10

다음 합성트러스를 해석하라.

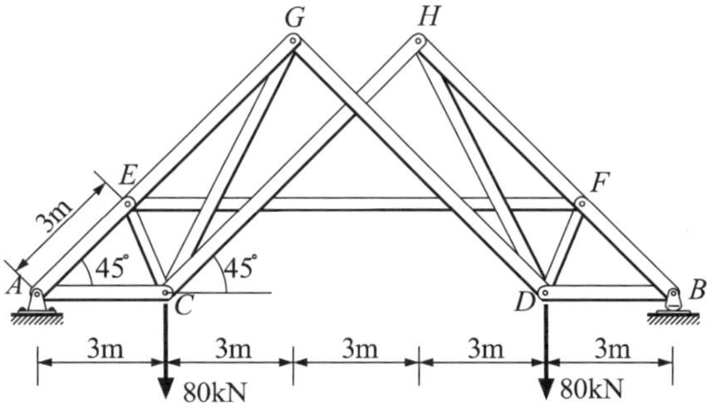

풀이

이 트러스는 기본트러스 ΔAGC와 ΔBDH를 $\overline{GD}$, $\overline{EF}$, $\overline{CH}$부재로 연결한 합성트러스이다. 절점에 부재가 최대 4개까지 모이므로, 직접 절점법을 적용할 수 없다. 그러므로 $\overline{GD}$, $\overline{EF}$, $\overline{CH}$부재력을 절단법으로 구하고, 나머지는 절점법을 이용한다.

먼저 반력은 하중과 구조물이 대칭이므로,

$$R_A = R_B = 80 \text{ kN}$$

$\overline{GD}$, $\overline{EF}$, $\overline{CH}$부재력을 구하기 위해 그림 (a)와 같이 절단하면,

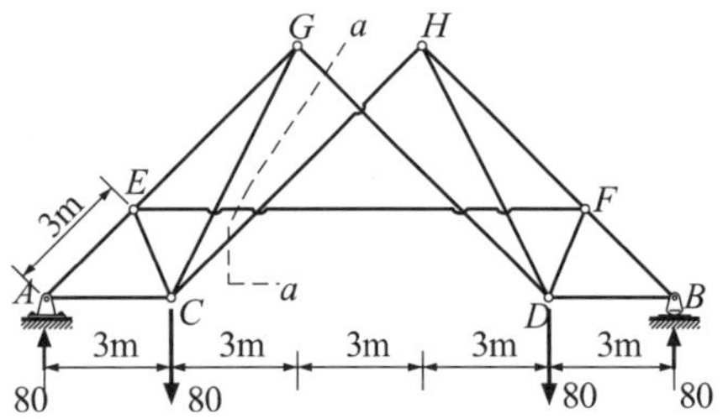

(a)

$$\uparrow \boxplus \sum Y = 0, \quad -F_{GD}(\cos 45) + F_{CH}(\sin 45) + 80 - 80 = 0$$

$$\curvearrowleft + \sum M_C = 0,$$

$$-F_{GD}\cos 45(6) - F_{GD}\sin 45(3) - F_{EF}(3\sin 45) - 80(3) = 0$$

$$\rightarrow \boxplus \sum X = 0, \quad F_{GD}(\cos 45) + F_{EF} + F_{CH}(\cos 45) = 0$$

에서,

$$F_{GD} = -71.3 \text{ kN}(\leftarrow), \ F_{CH} = -71.3 \text{ kN}(\leftarrow), \ F_{EF} = 100.9 \text{ kN}$$

나머지 부재력은 절점법을 이용하면 되며 그림 (b)와 같다(− 부호는 압축력).

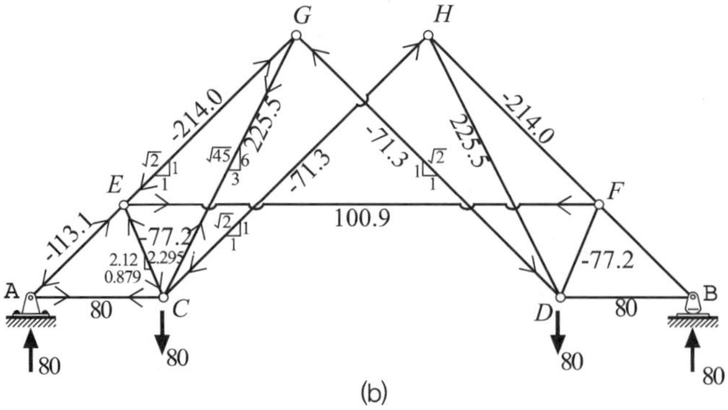

(b)

5.6 복합트러스의 해석

복합트러스는 각 절점에 모이는 부재의 수(미지력)가 2개를 초과하는 경우가 대부분이기 때문에 절점법이나 절단법을 적용하기가 어렵다. 물론 복합트러스도 정정구조물이므로 모든 절점에서 힘의 평형조건에 의한 방정식을 구성한 후 이를 연립하여 풀면 부재력을 구할 수 있지만, 이러한 접근방법으로 수계산 하기는 쉽지 않다. 현재에는 컴퓨터가 발전하였기 때문에, 매트릭스 구조해석 기법 등을 이용해 전산해석이 가능하다. 그러나 복합트러스의 해석 능력이나 힘의 흐름을 이해하는 것도 이 책의 중요한 목적 중 하나이므로 수계산이 가능한 실용적인 방법을 생각해 본다.

이러한 복합트러스를 푸는 실용적인 방법은 크게 부재력 가정법과 부재치환법(Method of substitute member)이 있다.

5.6.1 부재력 가정법

부재력 가정법은 어느 한 부재의 부재력을 가정하고(예를 들어 x), 나머지 부재들을 x의 함수로 나타내는 방법이다. 그런 다음 절점법이나 절단법을 사용하여 풀면, x만을 포함한 1개의 방정식을 얻을 수 있고, 이를 통해 나머지 부재력을 계산할 수 있다.

부재력 가정법은 예제를 통해 확인해 보자.

5.6.2 부재 치환법

부재 치환법은 11장에서 배울 변위일치법의 원리를 이용한 것이다. 그림 5.13(a)의 복합트러스를 예로 부재치환법을 알아보자. 그림의 복합트러스는 정정구조물임을 예제 5-1을 통해 확인하였다. 그러나 절점에 모인 미지의 부재력이 모두 3 이상이므로 절점법이나 절단법 적용이 어렵다. 그러므로 부재치환법을 고려한다. 해석 순서는 다음과 같다.

(1) 먼저 그림 (b)와 같이 절점법이나 절단법 사용이 가능하도록 임의 부재를 제거하고 가상 부재를 도입하여 단순트러스화 시킨다.

만일 절점에 3개의 미지력이 있다면 그 절점에서 하나의 부재를 제거하고 트러스 내에 임의 장소의 가상 부재로 대치한다.

그림 (b)와 같이 $\overline{AD}$부재를 제거하고 가상의 $\overline{CE}$부재로 치환하면, 단순트러스가 된다. 이때 가상 부재의 부재력은 0이다.

(2) 그림 (b)와 같은 단순트러스를 해석한다.

그림 (b)의 단순트러스에 실제 하중 P를 작용시키고 반력과 부재력을 구한다. 단순트러스화 되었으므로, 절점법 또는 절단법을 트러스 해석이 가능하다.

(3) 그림 (c)와 같이 제거된 부재에 단위하중 1을 주어 해석한다.

그림 (c)와 같이 가상하중 1이 A절점과 D절점에 작용하는 단순트러스를 해석한다(가상하중의 방향은 부재방향과 일치한다). 만일 이런 하중이 i부재에 대해 부재력 f_i를 발생시킨다면 제거된 미지의 부재력 x는 xf_i를 발생시킨다.

(4) 중첩의 원리를 적용하여 부재력을 구한다.

만일 그림 (b)와 그림 (c)의 두 조건을 합치면 중첩의 원리에 의해 단순히 더할 수 있다. 즉, i부재에 대한 부재력은,

$$F_i = F_i' + xf_i \tag{5.3}$$

이 된다. 가상의 $\overline{CE}$부재도 이러한 원리가 성립하므로,

$$F_{CE} = F_{CE}' + xf_{CE} = 0 \tag{5.4}$$

이 된다(가상의 $\overline{CE}$부재는 부재력이 0이다). 식 (5.4)를 이용하면, x를 구할 수 있고, 이 값이 $\overline{AD}$의 부재력이다. 미지력 x를 알았으므로, 식 (5.3)을 이용하여 나머지 부재력을 찾는다.

예제를 통해 부재치환법을 이용하여 트러스를 해석해 보자.

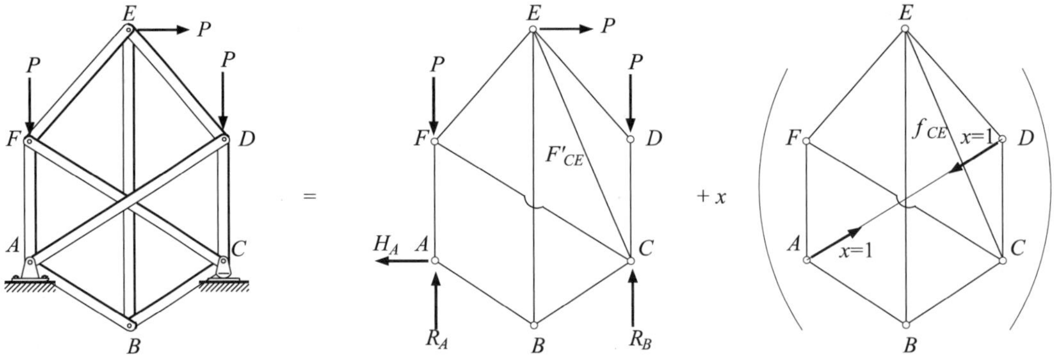

(a) 복합트러스 (b) 부재 치환 (c) 단위하중 1 적용

그림 5.13 복합트러스의 해석방법(부재 치환법)

예제 5-11

그림과 같은 복합트러스를 부재력 가정법을 이용하여 해석하라.

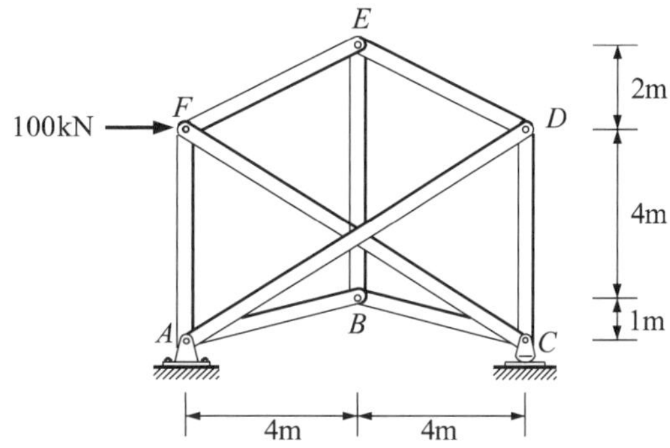

풀이

지점반력

그림 (a)와 같은 자유물체도로부터 힘의 평형조건은,

$\curvearrowright + \sum M_A = 0, \quad 100 \times 5 - R_C \times 8 = 0, \quad R_C = 62.5\text{ kN}(\uparrow)$

$\rightarrow + \sum X = 0, \quad H_A + 100 = 0, \quad H_A = -100\text{ kN}(\leftarrow)$

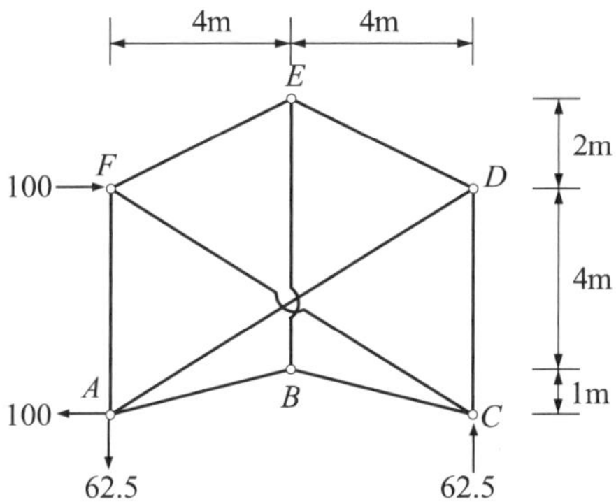

(a) 자유물체도

부재력 가정법 적용

그림 (b)와 같이 $\overline{ED}$ 부재력(압축재 가정)의 수평성분 힘을 x로 가정한다. 이때 $\overline{ED}$ 부재력은 x가 아닌 $-\dfrac{\sqrt{5}}{2}x$에 유의하자.

다음으로 각각의 절점에서 힘의 평형조건을 이용하여 부재력을 구한다.

E절점에서, $\overline{ED}$부재의 수평성분이 x이므로, $\overline{EF}$의 수평성분도 $x(\rightarrow)$가 되고, 수직성분은 각각 $\dfrac{x}{2}$가 된다.

D절점에서, X방향 미지력은 $\overline{DA}$부재 밖에 없으므로, $\overline{DA}$부재의 수평성분은 x가 되고, 수직성분은 $\dfrac{5}{8}x$가 된다.

$\sum Y$조건을 적용하면, 남은 미지력 $\overline{DC}$의 수직성분은 $\dfrac{9}{8}x$가 된다. 같은 방법으로 F절점과 B절점에서의 각 부재의 수평, 수직 성분을 구할 수 있고 그림에 나타냈다.

C절점에서,

$$\rightarrow + \sum X = 0, \quad (100 - x) - 2x = 0, \quad x = \frac{100}{3}$$

여기서 x의 방향에 유의하자. 부호가 양으로 나왔으므로 처음에 가정한 $\overline{ED}$부재는 압축재이다.

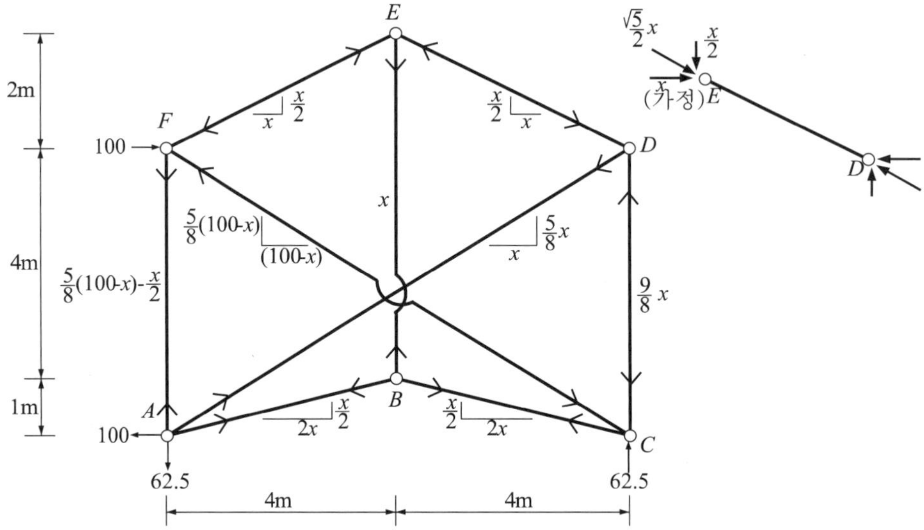

(b) 각 절점의 자유물체도

이제 각 부재의 수평 · 수직 성분에 x를 대입하고 합력을 구하면, 부재력이 얻어진다. 예를 들어 $\overline{ED}$부재는 수평 · 수직 성분이 각각 x, $\frac{x}{2}$이므로,

$$F_{ED}=\sqrt{x^2+\left(\frac{x}{2}\right)^2}\,x=\sqrt{\left(\frac{100}{3}\right)^2+\left(\frac{100}{2\times 3}\right)^2}=37.3\text{ kN (C)}$$

$\overline{DC}$부재는,

$$F_{DC}=\frac{9}{8}x=\frac{9}{8}\times\left(\frac{100}{3}\right)=37.5\text{ kN (C)}$$

$\overline{CF}$부재는,

$$F_{CF}=\sqrt{\left(\frac{5}{8}\left(100-\frac{100}{3}\right)\right)^2+\left(100-\frac{100}{3}\right)^2}=78.6\text{ kN (C)}$$

$\overline{AF}$부재는,

$$F_{AF}=\frac{5}{8}\left(100-\frac{100}{3}\right)-\frac{1}{2}\left(\frac{100}{3}\right)=25\text{ kN (T)}$$

이다.

압축재 또는 인장재의 판단은 그림 (b)에서 화살표의 방향을 보면 쉽게 알 수 있다. 이상의 결과를 나타내면 그림 (c)와 같다.

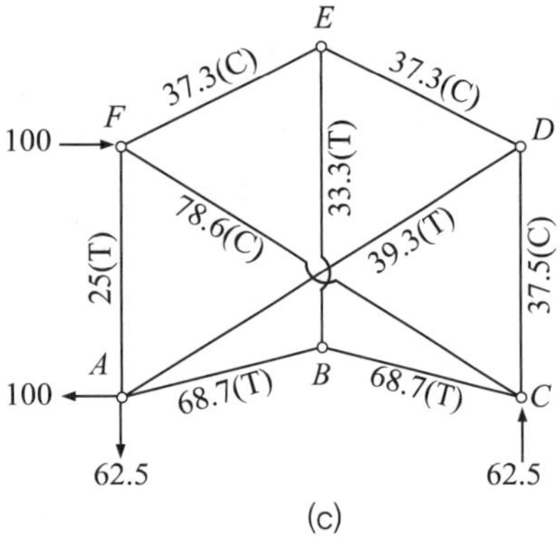

(c)

예제 5-12

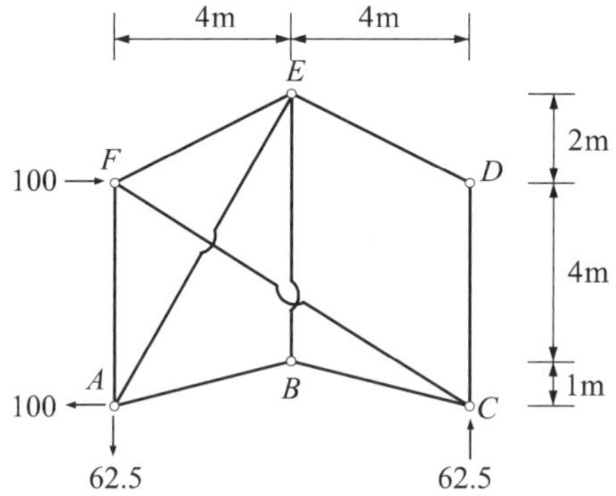

(a) 자유물체도

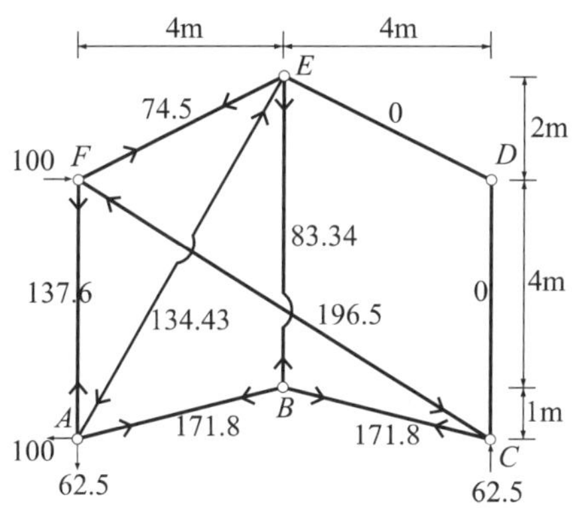

(b)

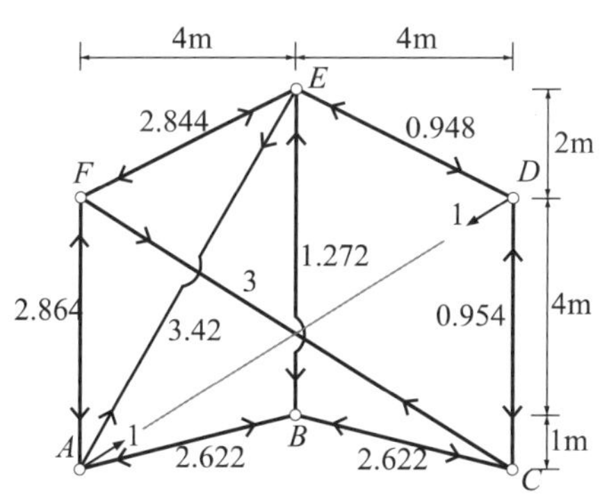

(c)

예제 5.11의 복합트러스를 부재치환법을 이용하여 해석하라.

풀이

지점반력

지점 반력은 그림 (a)와 같다.

부재 치환법 적용

먼저 그림 (a)와 같이 절점법이 가능하도록 $\overline{AD}$부재를 제거하고 가상 부재 $\overline{AE}$를 도입하여 단순트러스화 시킨다. 이때 가상 부재의 부재력은 0이다.

다음으로 단순트러스를 해석한다. $\overline{CD}$부재력은 0이므로 C점에서 시작하여 B점, D점 순으로 부재력을 계산해 간다. 해석결과는 그림 (b)와 같다.

그림 (c)와 같이 가상하중 1이 A절점과 D절점에 작용하는 단순트러스를 해석한다.

마지막으로 중첩의 원리 적용하여 부재력을 구한다. 즉, i부재에 대한 부재력은, $F_i = F_i' + xf_i$이 된다. 가상의 $\overline{AE}$부재도 이러한 원리가 성립하므로,

$$F_{AE} = F_{AE}' + xf_{AE} = 134.43 + x(3.42) = 0$$

$$x = -39.3$$

이 된다. 이 값이 $\overline{AD}$의 부재력이다. 미지력 x를 알았으므로, 식 (5.3)을 이용하여 나머지 부재력을 찾으면 아래 표와 같다.

부재	F_i'	f_i	xf_i	$F_i = F_i' + xf_i$	
$\overline{AE}$	134.43	3.420	−134.4	0.0	
$\overline{AB}$	171.8	2.622	−103.0	68.8	T
$\overline{BC}$	171.8	2.622	−103.0	68.8	T
$\overline{CD}$	0	0.954	−35.5	−35.5	C
$\overline{DE}$	0	0.948	−35.3	−35.3	C
$\overline{EF}$	74.5	2.844	−111.8	−35.3	C
$\overline{AF}$	135.6	2.864	−112.6	25.0	T
$\overline{BE}$	83.34	1.272	−50.0	33.4	T
$\overline{CF}$	196.5	3	−115.9	78.6	T

5.7 합성라멘

합성라멘이란 휨모멘트를 받는 부재와 축방향력만을 받는 두 가지 부재를 포함하고 있는 구조물을 말하며, 넓은 의미에서는 강절(Fixed)과 활절(Pin) 두 가지 절점이 동시에 존재하는 구조물을 말한다. 일반적으로 합성라멘은 트러스와 라멘이 복합적으로 구성된다. 예제를 통해 합성라멘의 풀이방법을 살펴보자.

예제 5-13

그림과 같은 합성라멘을 해석하라.

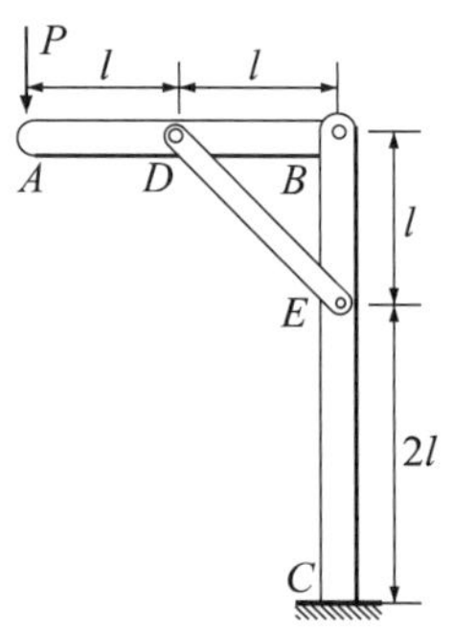

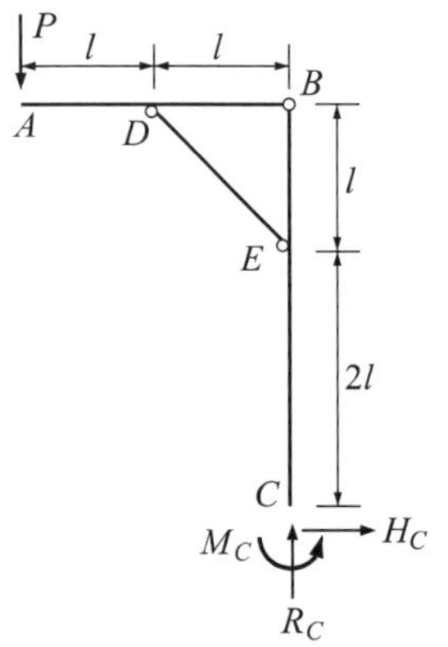

(a) 자유물체도

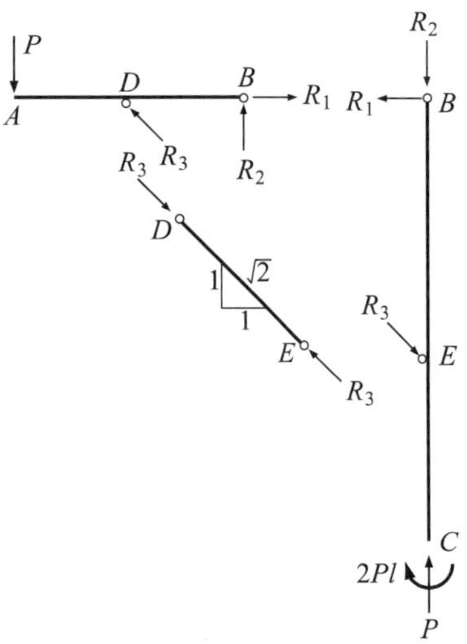

(b) 부재별 자유물체도

풀이

지점반력

그림 (a)와 같은 자유물체도에서,

$$\rightarrow + \sum X = 0, \quad H_C = 0$$

$$\uparrow + \sum Y = 0, \quad R_C - P = 0, \qquad R_C = P$$

$$\curvearrowleft \boxplus \sum M_C = 0, \quad M_C + P(2l) = 0, \quad M_C = -2Pl\,(\curvearrowright)$$

부재력 계산

부재별 자유물체도를 나타내면 그림 (b)와 같다.

$\overline{AB}$부재

A점에 하중 P가 작용하고, D점에는 $\overline{DE}$부재의 힘과 평형을 이루는 R_3가 작용한다. 또 B절점은 힌지이므로 모멘트는 발생하지 않으며, 수평, 수직 힘 R_1, R_2가 작용한다.

그러므로,

$$\rightarrow + \sum X = 0, \quad R_1 - R_3\left(\frac{1}{\sqrt{2}}\right) = 0$$

$$\uparrow + \sum Y = 0, \quad R_2 + R_3\left(\frac{1}{\sqrt{2}}\right) - P = 0$$

$$\curvearrowleft + \sum M_D = 0, \quad R_2 l + Pl = 0$$

에서,

$$R_1 = 2P, \quad R_2 = -P(\downarrow), \quad R_3 = 2\sqrt{2}\,P$$

$\overline{BC}$부재

C지점에는 수직반력 P와 휨모멘트 반력 $2Pl(\curvearrowright)$이 작용한다. 점 E에는 $\overline{DE}$부재의 힘과 평형을 이루는 $2\sqrt{2}\,P(\searrow)$가 작용하고, B에는 $\overline{AB}$부재의 B점에 작용하는 힘과 평형을 이루는 힘 $2P(\leftarrow)$, $P(\uparrow)$가 작용할 것이다. 모든 힘이 평형조건을 만족하는지 검토해 보자.

$$\rightarrow + \sum X = 0, \quad -2P + 2\sqrt{2}\,P\left(\frac{1}{\sqrt{2}}\right) = 0$$

$$\uparrow + \sum Y = 0, \quad P - 2\sqrt{2}\,P\left(\frac{1}{\sqrt{2}}\right) + P = 0$$

$$\curvearrowleft + \sum M_C = 0, \quad -2Pl + 2P(3l) - 2\sqrt{2}\,P\left(\frac{1}{\sqrt{2}}\right)(2l) = 0$$

으로 만족한다.

$\overline{DE}$부재

양 단부가 힌지이고, 중간에 외력이 작용하지 않으므로 축방향력만이 존재한다. 그 힘은 $R_3(=2\sqrt{2}\,P)$(압축)이다.

부재력도는 정정보 또는 정정라멘에서와 동일하게 작도하면 되며, 그림 (c)~(e)와 같다.

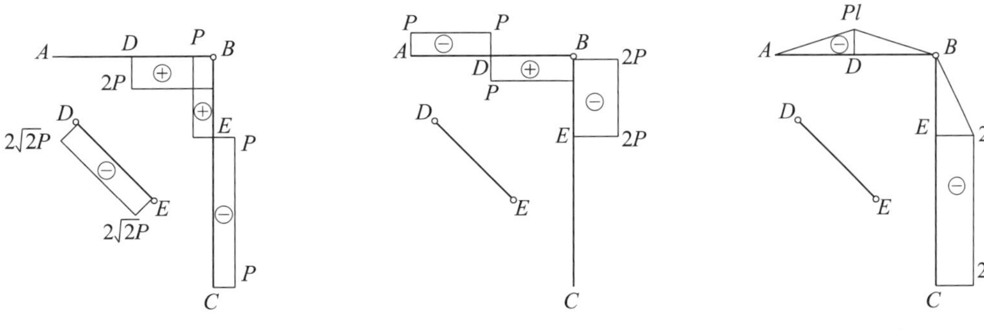

(c) 축방향력도(AFD) (d) 전단력도 (SFD) (e) 휨모멘트도 (BMD)

예제 5-14

그림과 같은 합성라멘을 해석하라.

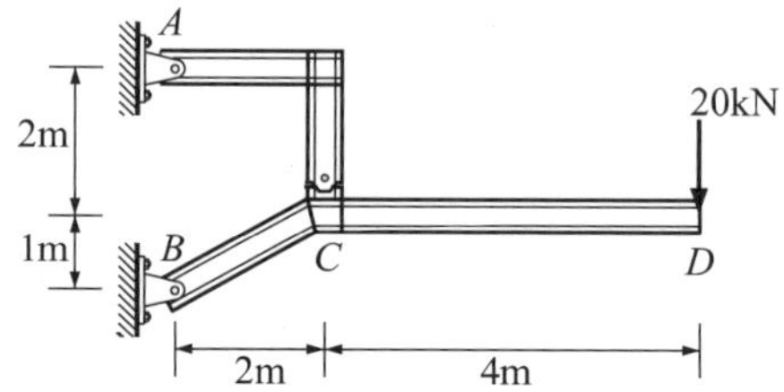

풀이

지점반력

그림 (a)와 같은 자유물체도에서,

$$\rightarrow + \sum X = 0, \quad H_A + H_B = 0$$

$$\uparrow + \sum Y = 0, \quad R_A + R_B - 20 = 0$$

$$\curvearrowleft \boxplus \sum M_A = 0, \quad H_B(3) - 20(6) = 0$$

$$H_B = 40\ \text{kN}, \quad H_A = -40\ \text{kN}(\leftarrow)$$

$$\curvearrowleft \boxplus \sum M_C^{CA} = 0, \quad 40(2) - R_A(2) = 0$$

$$R_A = 40\ \text{kN}, \quad R_B = -20\ \text{kN}(\downarrow)$$

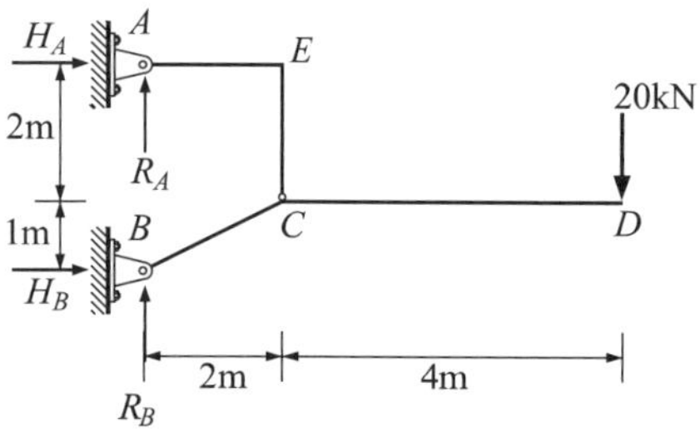

(a)

부재, 절점별 자유물체도를 그리면 그림 (b)와 같다.

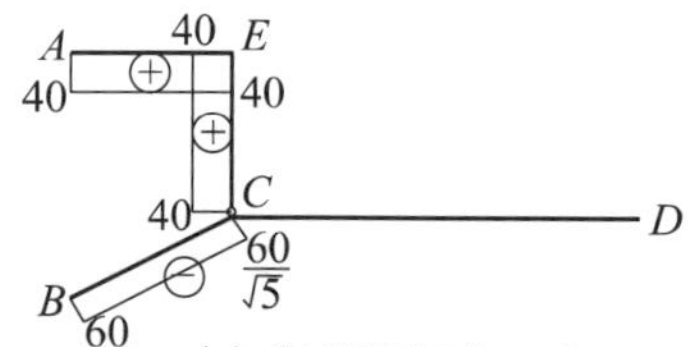

(c) 축방향력도(AFD)

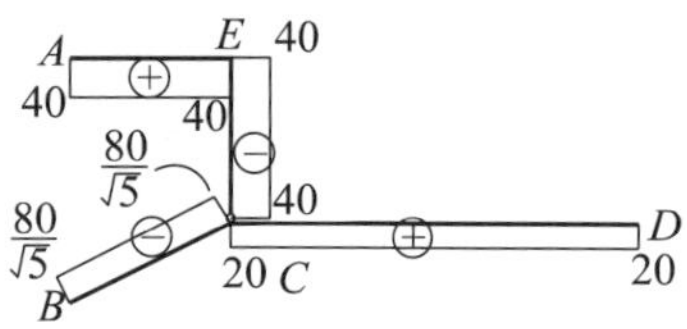

(d) 전단력도(SFD)

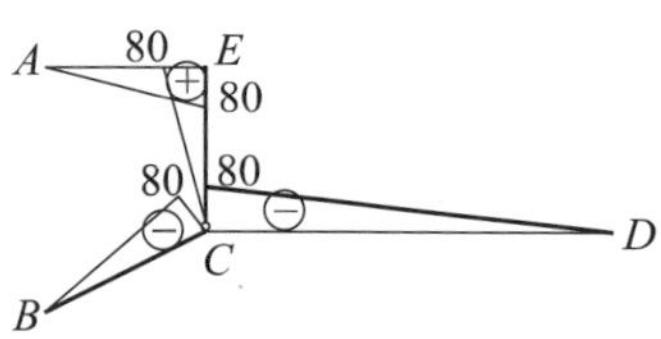

(e) 휨모멘트도(BMD)

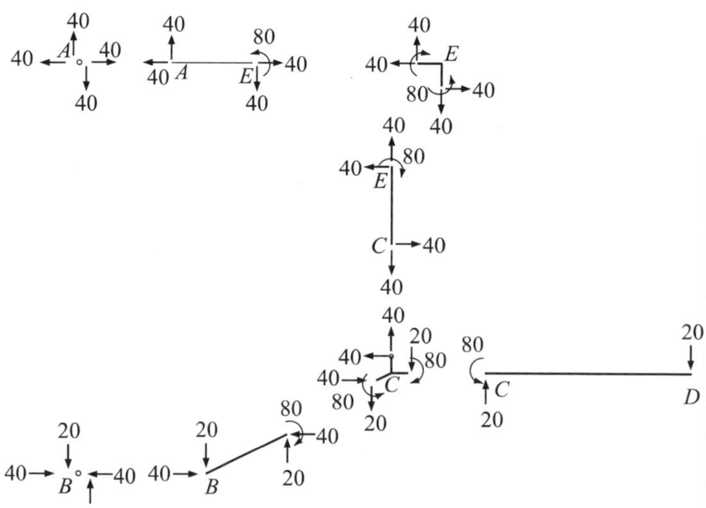

(b) 부재, 절점별 자유물체도

그림에서 C절점은 휨모멘트가 전달되지 않는다. 또한 이를 이용하여 부재력도를 그리면 그림 (c)~(e)와 같다.

예제 5-15

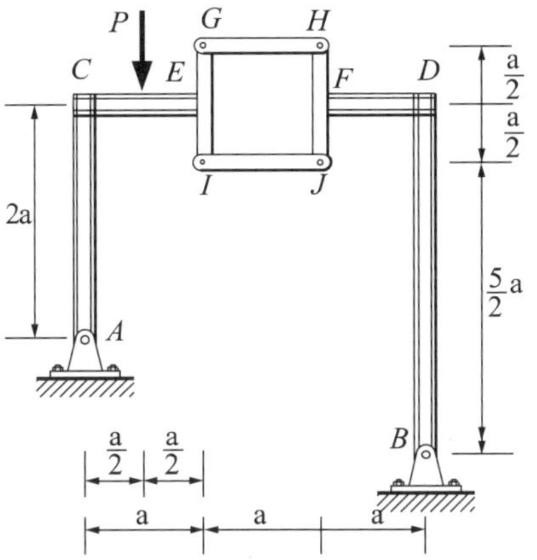

그림과 같은 합성라멘를 해석하라.

풀이

지점반력

$\overline{GH}$, $\overline{IJ}$부재는 양단이 힌지로 되어 있어 축방향력만 발생한다. 그러므로 그림 (a)와 같이 R_1, R_2의 축방향력을 가정하면,

$$\curvearrowleft + \sum M_A = 0, \quad -P\left(\frac{a}{2}\right) + R_1\left(\frac{5}{2}a\right) + R_2\left(\frac{3}{2}a\right) = 0$$

$$\curvearrowleft + \sum M_B = 0, \quad -R_1\left(\frac{7}{2}a\right) - R_2\left(\frac{5}{2}a\right) = 0$$

이므로,

$$R_1 = \frac{5}{4}P(\text{압축}), \quad R_2 = -\frac{7}{4}P(\rightarrow)(\text{인장})$$

이다. E, F점을 기준으로 자유물체도를 그리면 그림 (b)와 같다. 최종적으로 반력은,

$$R_A = P, \quad R_B = 0, \quad H_A = \frac{1}{2}P(\leftarrow), \quad H_B = \frac{1}{2}P$$

이 된다. 부재력도는 그림 (c)~(e)와 같다.

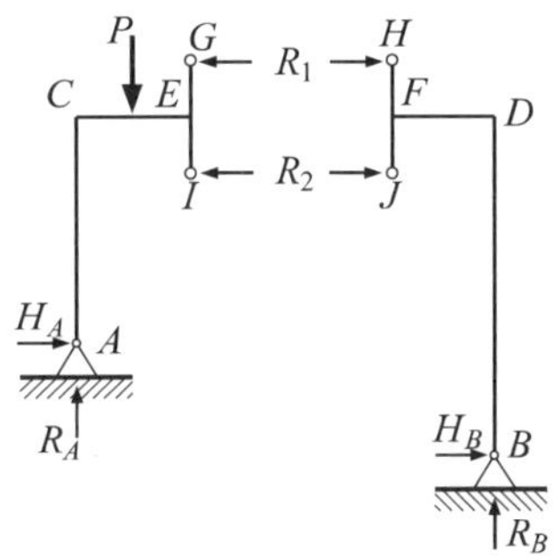

(a)

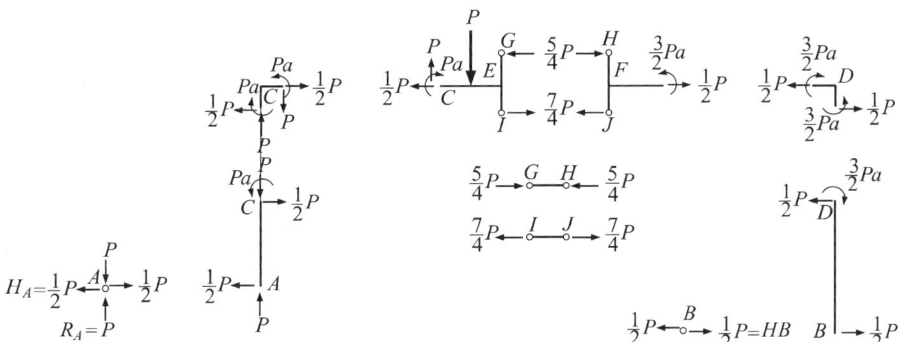

(b) 절점, 부재별 자유물체도

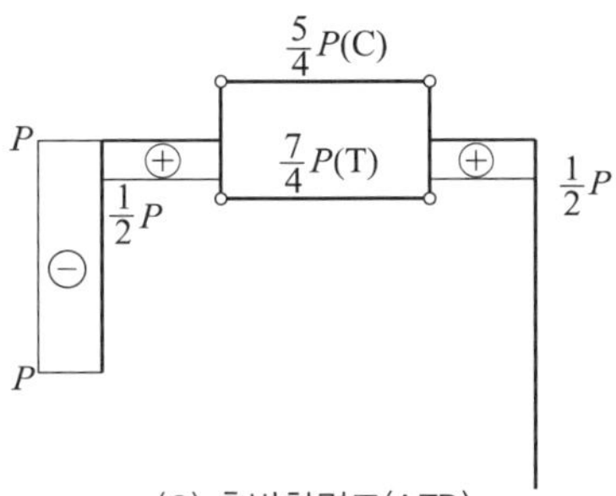

(C) 축방향력도(AFD)

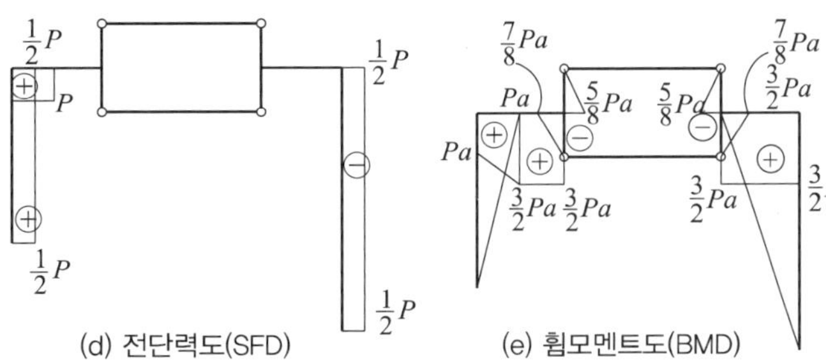

(d) 전단력도(SFD)

(e) 휨모멘트도(BMD)

5.8 연습문제 Problem...

[5.1절]

5.1-1 다음 트러스의 반력 H_A와 방향 θ를 구하라.

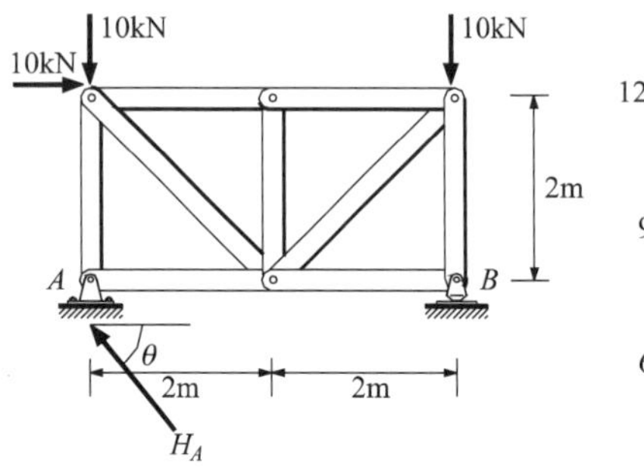

답 $R_A = 11.18\text{kN},\ \theta = 26.57°$

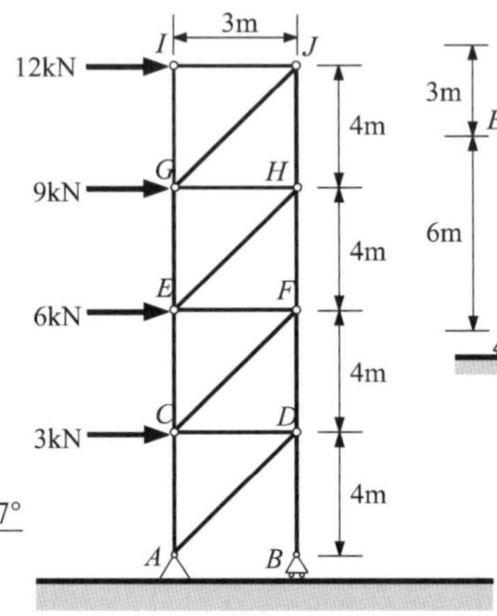

(d)

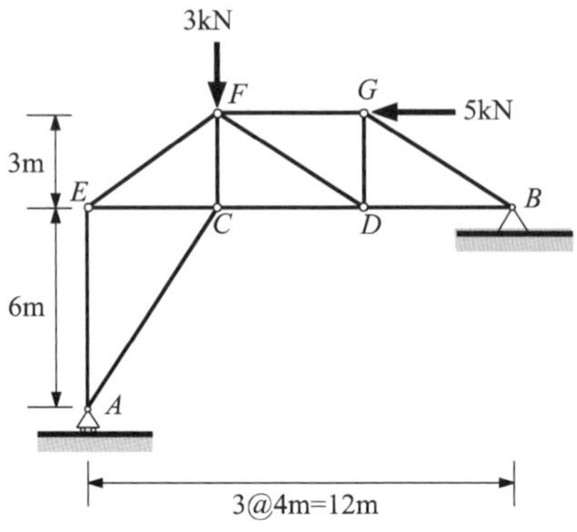

(e)

[5.3절]

5.3-1 다음 트러스의 부재력을 절점법을 이용하여 구하라.

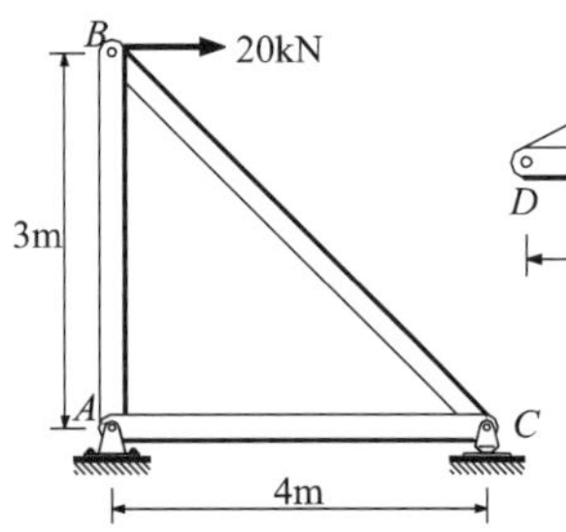

(b)

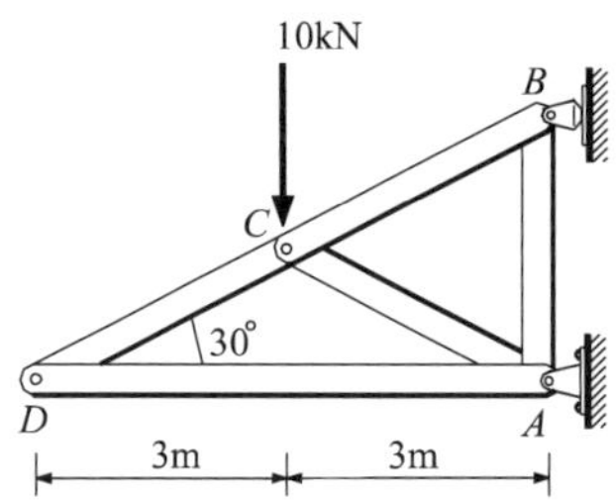

(a)

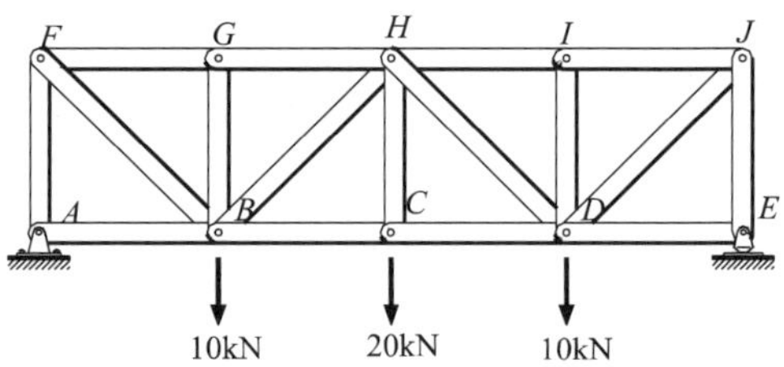

(f)

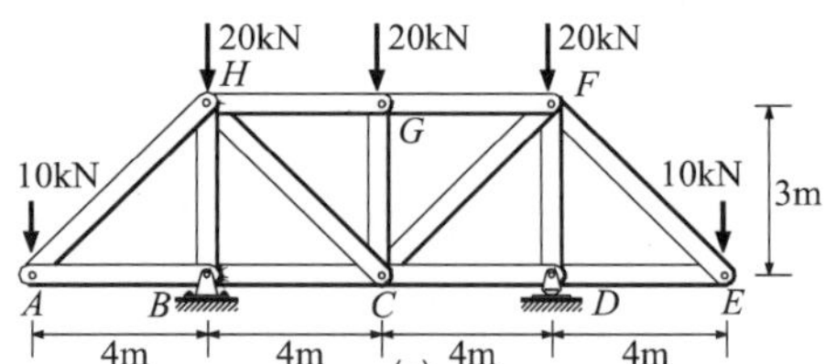

(g)

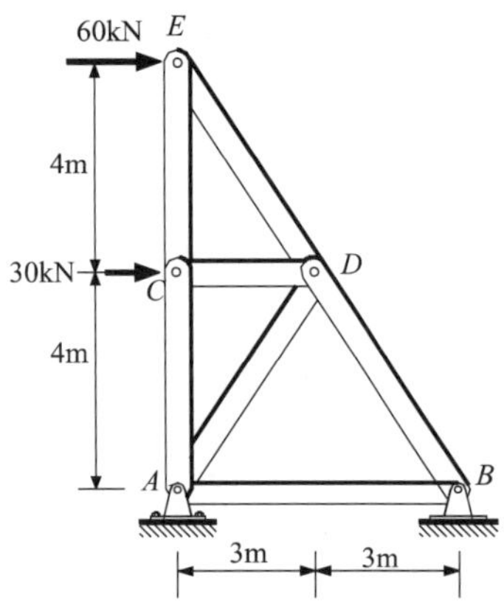

(c)

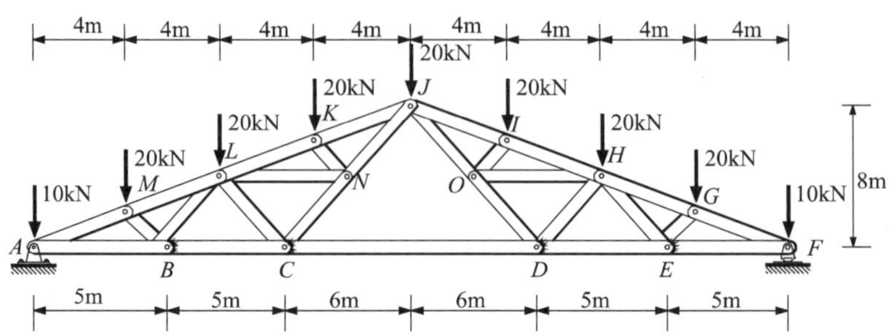

(h)

[5.4절]

5.4-1 트러스에 부재력이 0인 부재를 설치하는 이유에 대해서 설명하라.

답 변형방지, 처짐 극소화, 구조상

5.4-2 아래의 트러스에서 부재력이 0인 곳을 찾아라.

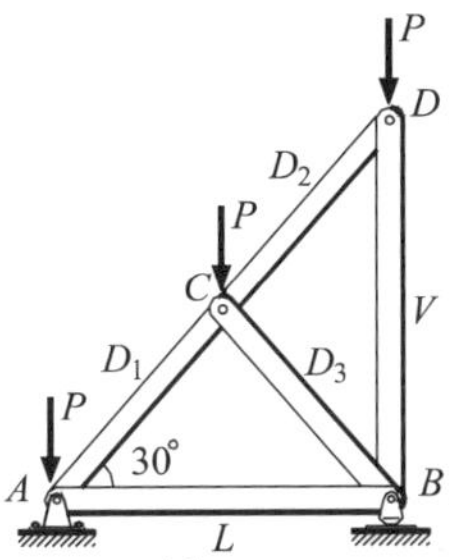

(a)

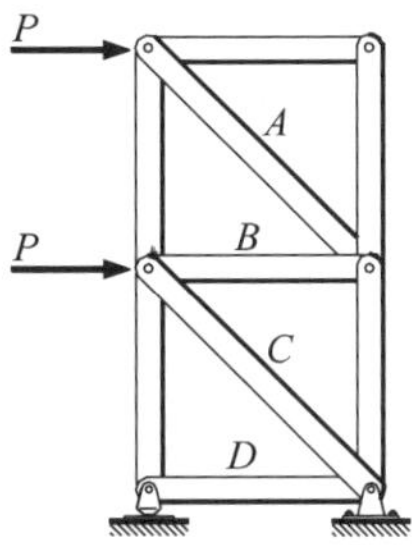

(b)

답 (a) D_2 (b) D

5.4-3 그림과 같은 트러스에서 응력이 생기지 않는 부재의 개수를 구하라.

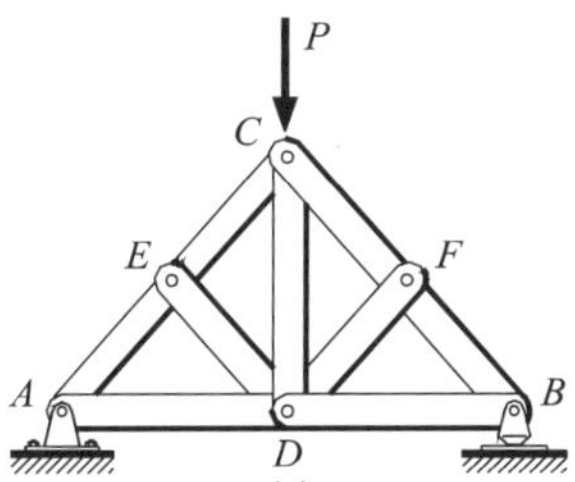

(a)

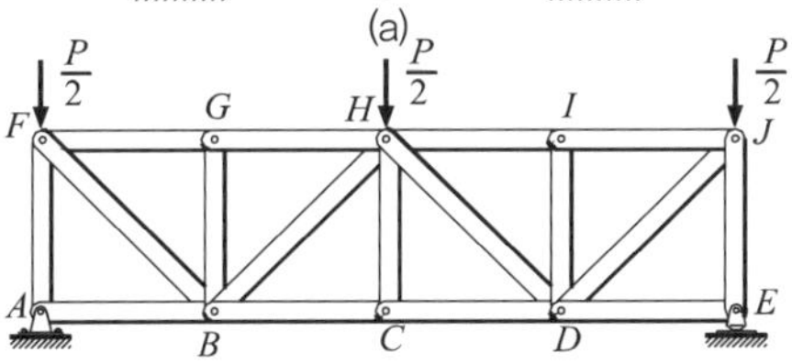

(b)

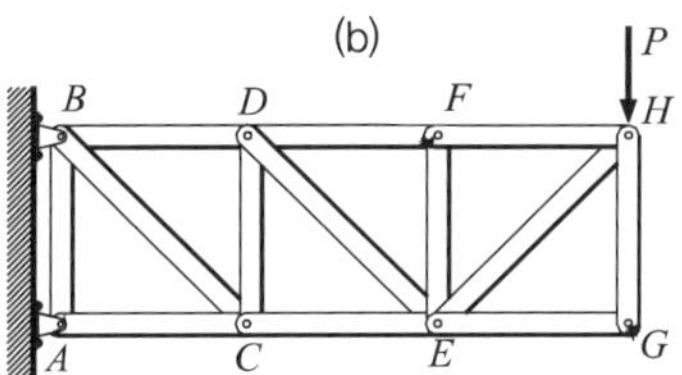

(c)

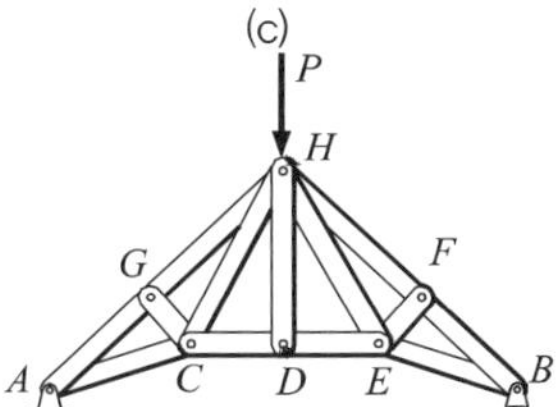

(d)

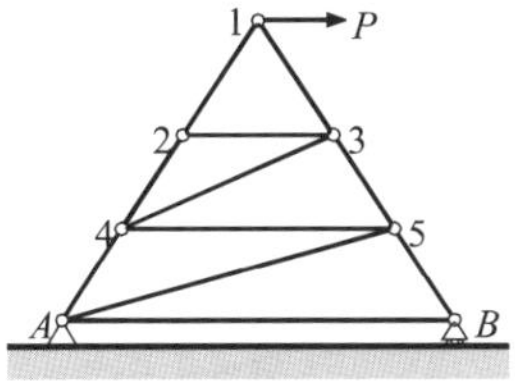

(e)

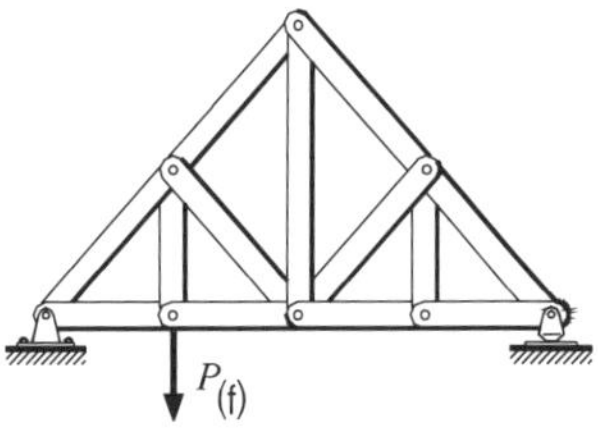

답 (a) 3개, (b) 4개, (c) 3개
(d) 3개, (e) 4개, (f) 2개

[5.5절]

5.5-1 다음 트러스에서 S_1의 부재력을 절단법을 이용해 구하라.

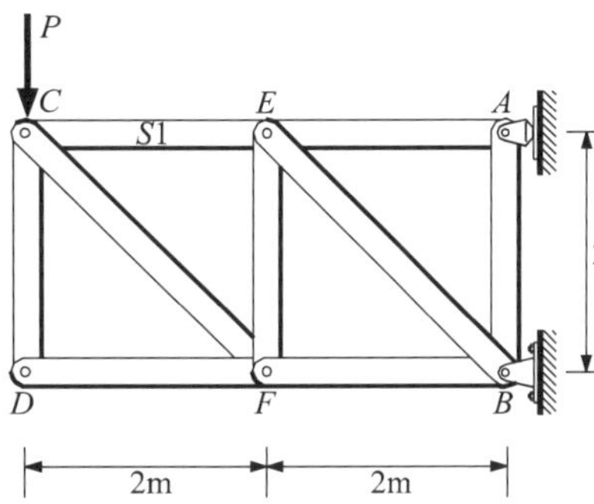

(a)

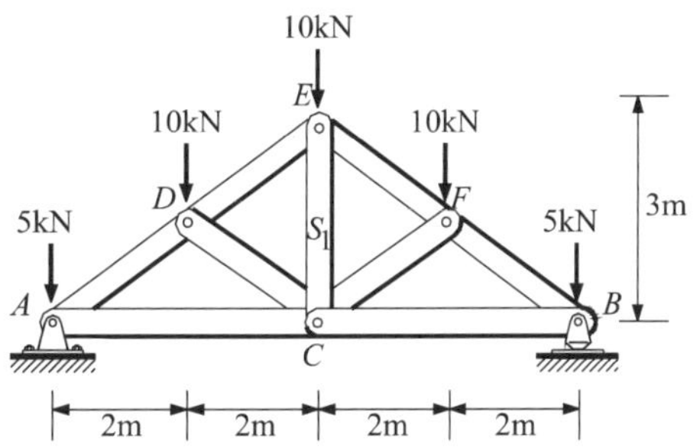

(b)

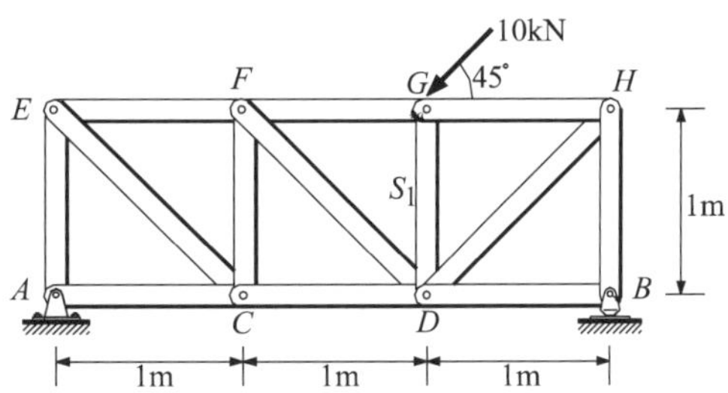

(c)

답 (a) P, 인장 (c) $S=\frac{10}{\sqrt{2}}$ kN

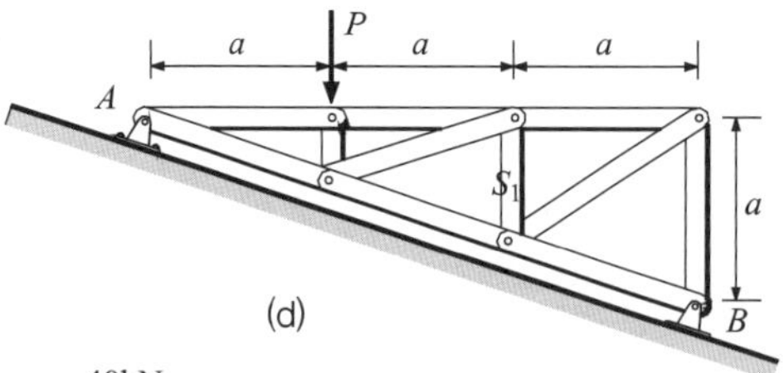

(d)

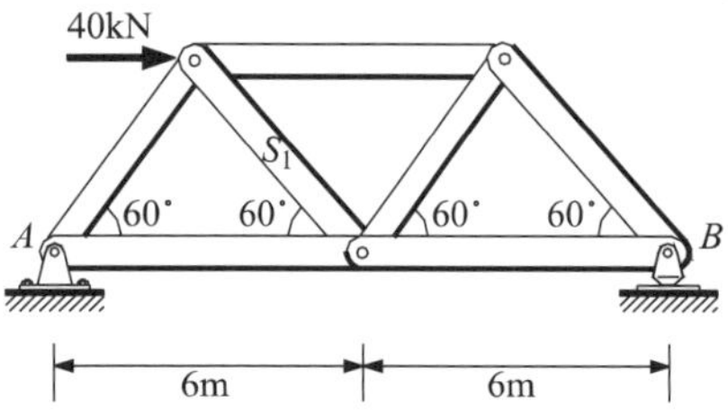

(e)

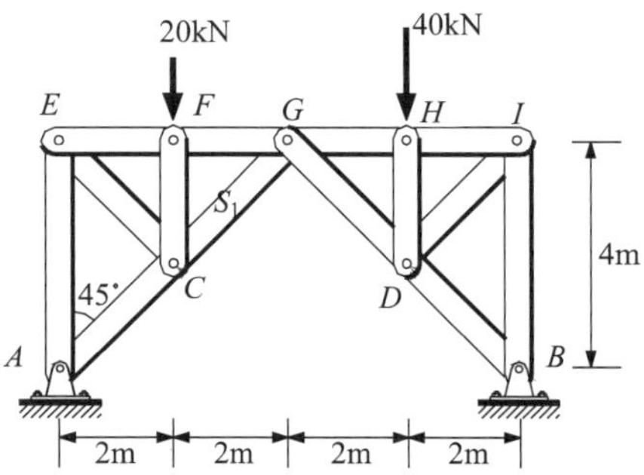

(f)

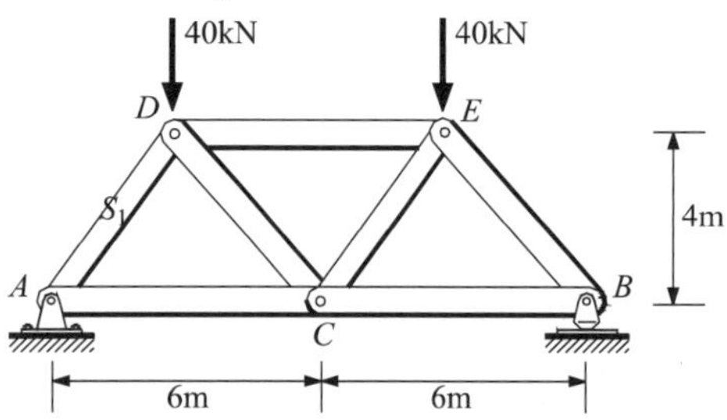

(g)

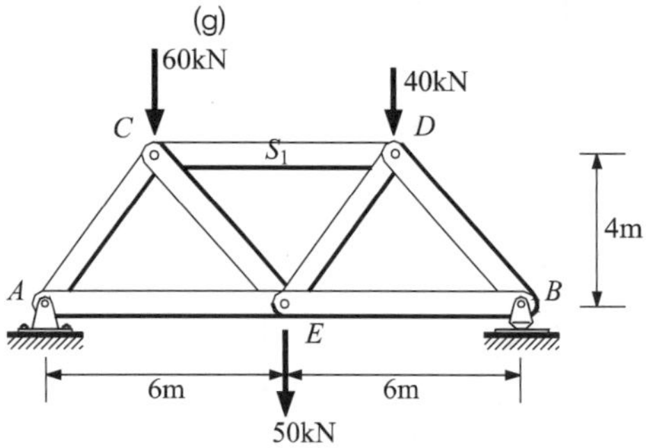

(h)

답 (d) $\frac{P}{2}$ 압축, (e) 20kN 압축, (f) $\frac{10}{\sqrt{2}}$kN 압축
(g) 30kN 인장, (h) 75kN 압축

5.5-2 다음 트러스에서 S_1의 부재력을 절단법을 이용해 구하라.

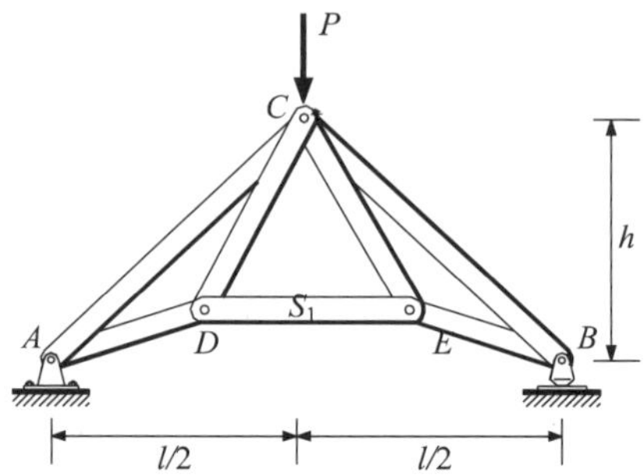

(a)

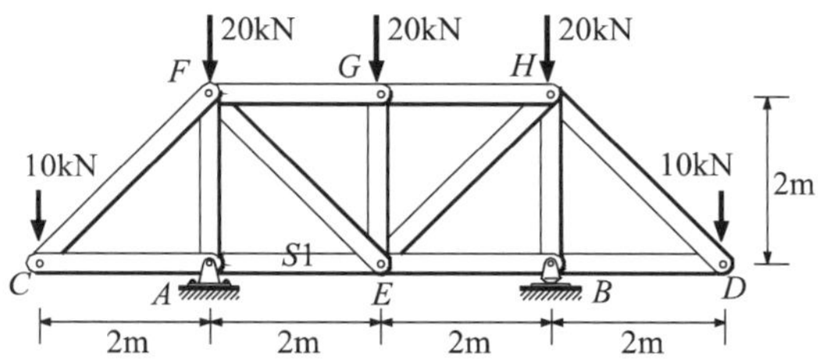

(b)

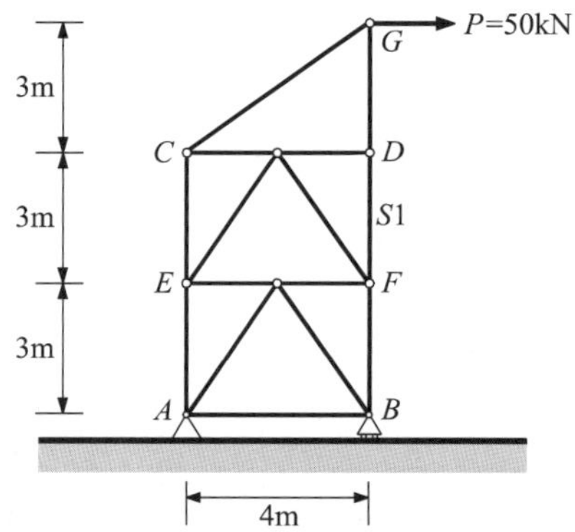

(c)

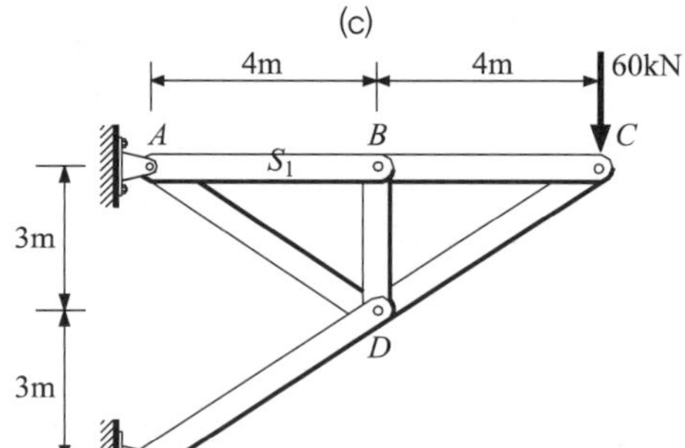

(d)

답 (a) $\frac{Pl}{4h}$, (b) 10kN 압축,
(c) 35.5kN 압축, (d) 106.7kN 인장

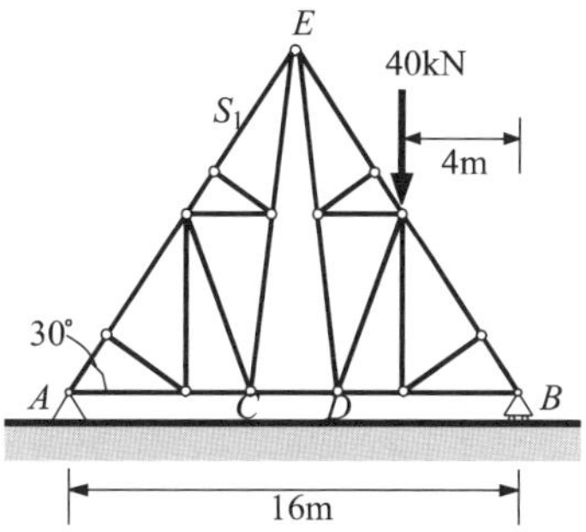

(e)

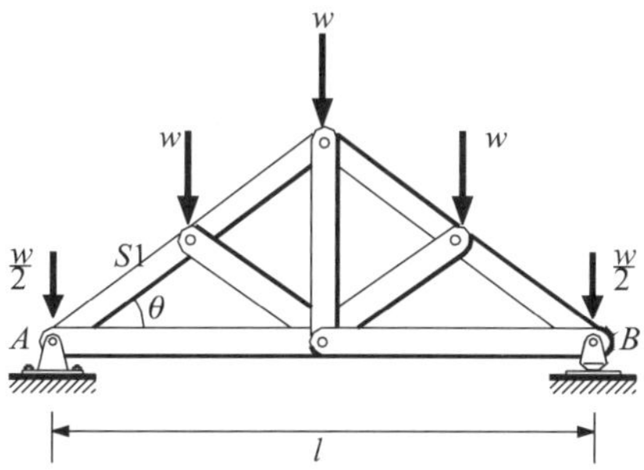

(f)

답 (e) 20kN, (f) $\frac{3}{2}w\,\mathrm{cosec}\theta$ 압축

5.5-3 다음 합성트러스를 해석하라.

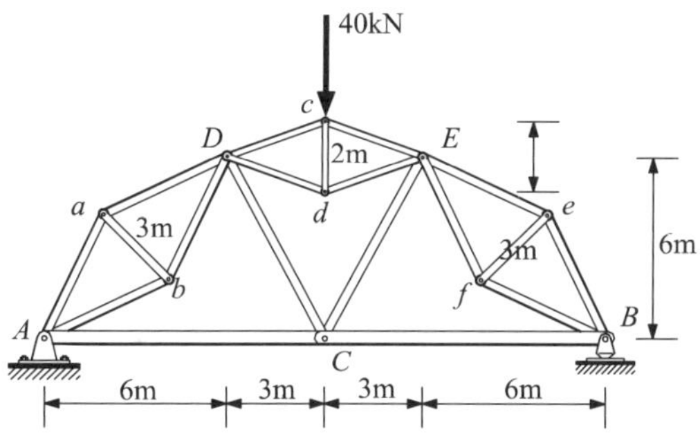

(a)

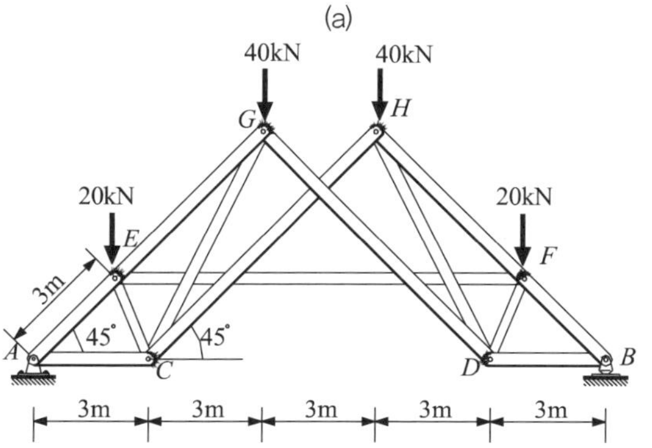

(b)

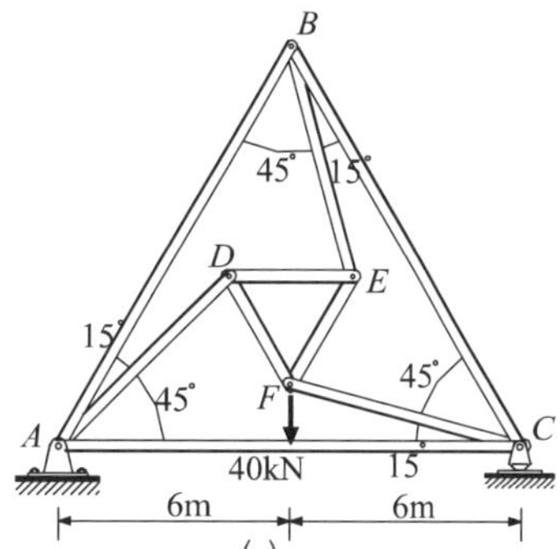

(c)

5.5-4 다음 위처트 트러스를 해석하라.

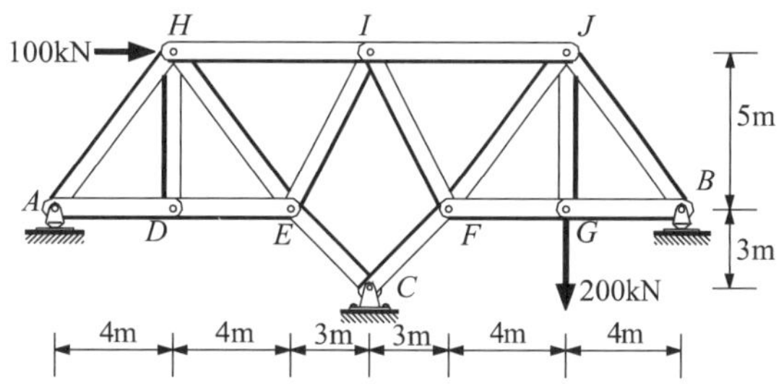

[5.6절]

5.6-1 다음 복합트러스를 해석하라.

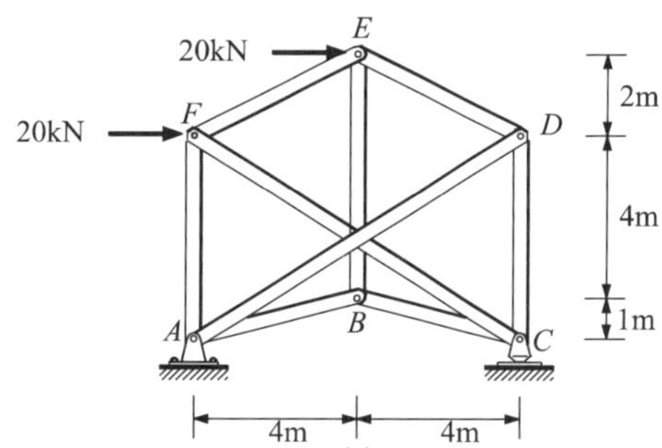

(a)

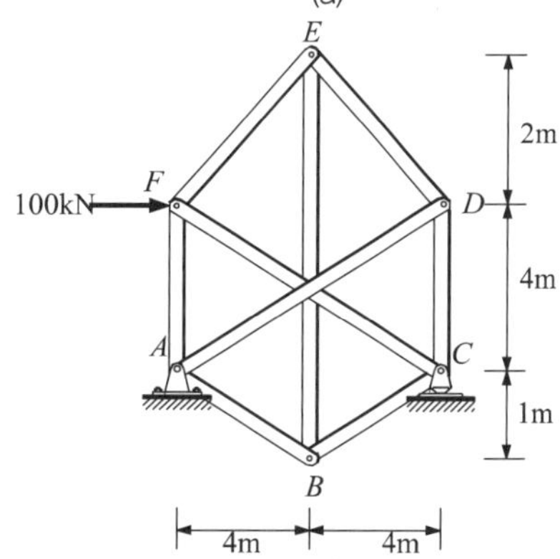

(b)

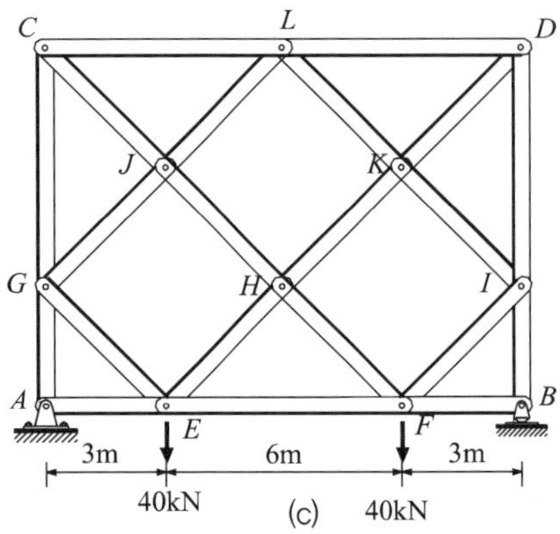

(c)

[5.7절]

5.7-1 다음 합성라멘을 해석하라.

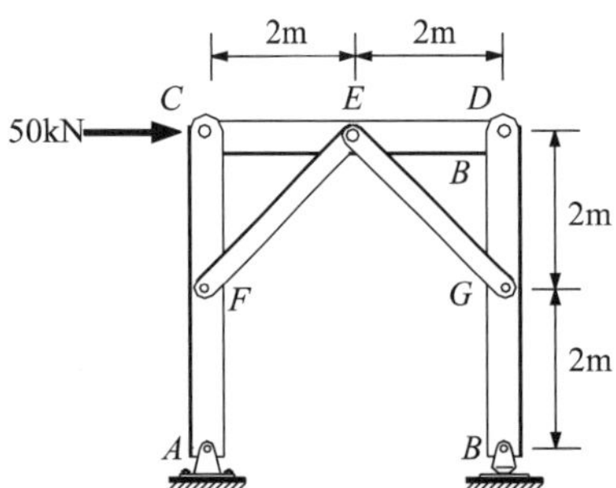

(a)

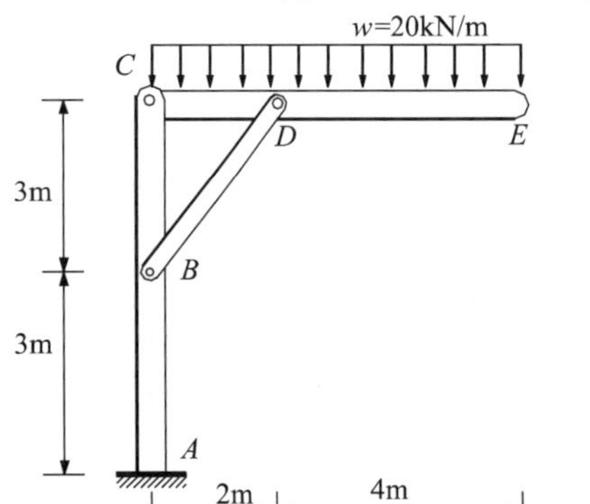

(b)

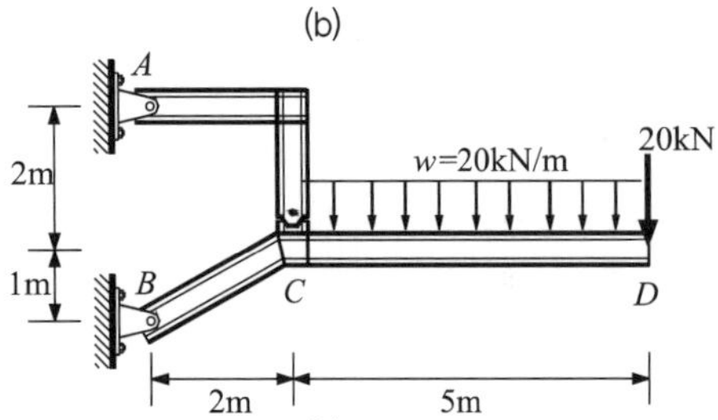

(c)

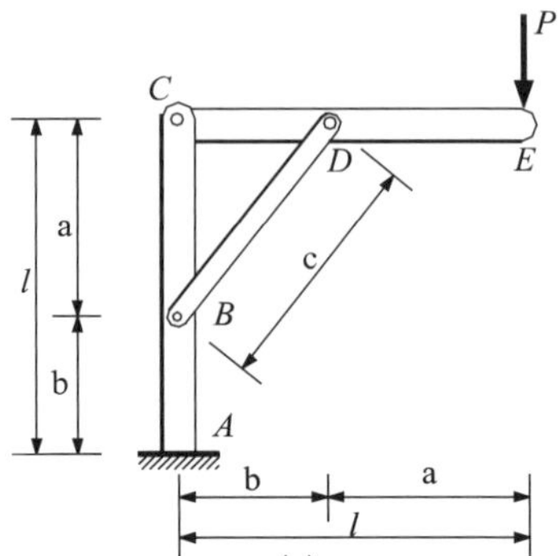

(d)

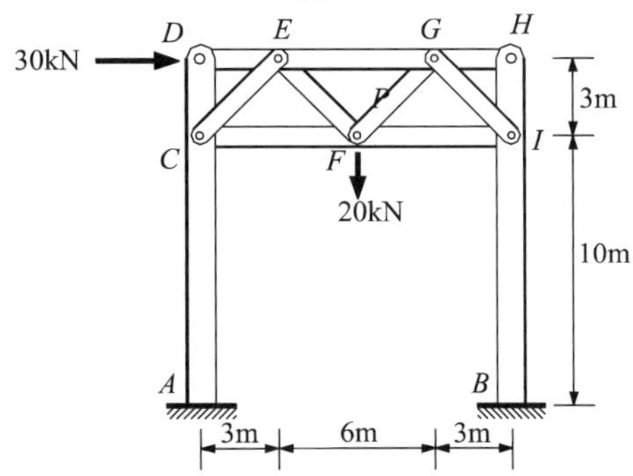

(e)

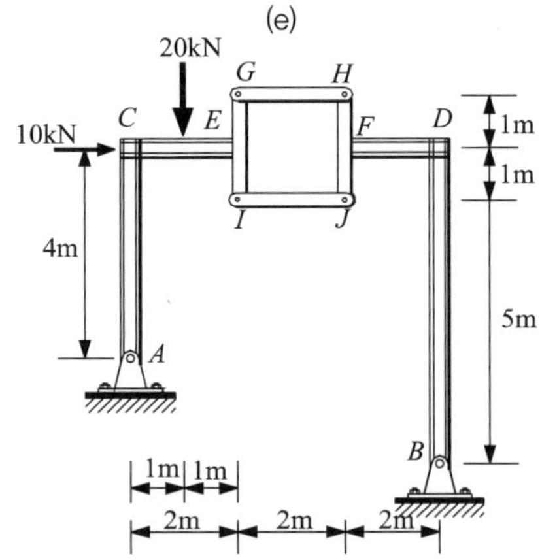

(f)

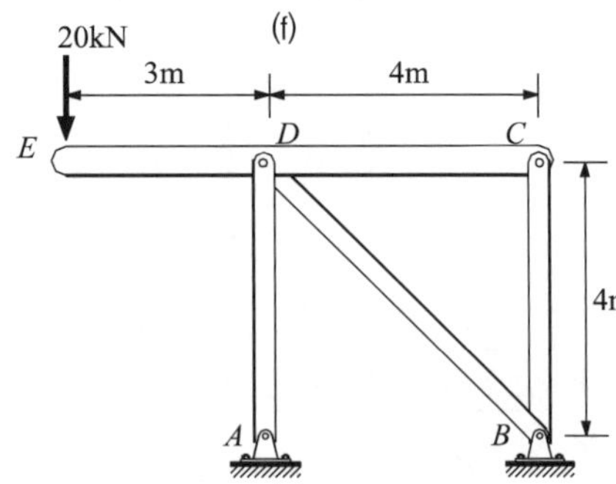

(g)

6장 단면의 기하학적 성질

차례

주요개념

- 무게중심
- 도심
- 단면1차모멘트
- 단면2차모멘트
- 단면계수
- 극관성모멘트
- 단면상승모멘트
- 주축

우리는 지금까지 정정구조물을 해석하면서, 부재를 하나의 선으로 이상화하였다. 이것은 부재의 치수와 재료가 일정하고, 하중으로 인한 변형은 무시할 정도로 작다(미소변형)는 기본가정을 전제로 한 것이었다. 그러나 실제 구조물은 부재들의 단면 치수가 다르다. 또한 부재력도 단면 내에서 일정한 분포를 가지기도 하지만(축방향력) 다를 수도 있다(전단력, 휨모멘트). 그러므로 앞으로 배우게 될 구조물의 변형을 계산하기 위해서는(8장과 9장) 단면 특성과 단면 내의 응력을 이해해야 한다. 이 중에서 단면이 갖는 여러 기하학적 특성을 이 장에서 다루고, 단면 내의 응력을 다음 장에서 다룬다.

물론 재료역학을 선 학습한 독자라면 6장과 7장을 건너뛰고 직접 8장을 학습해도 큰 어려움 없이 이해할 수 있을 것이다.

6.1 도심과 단면1차모멘트

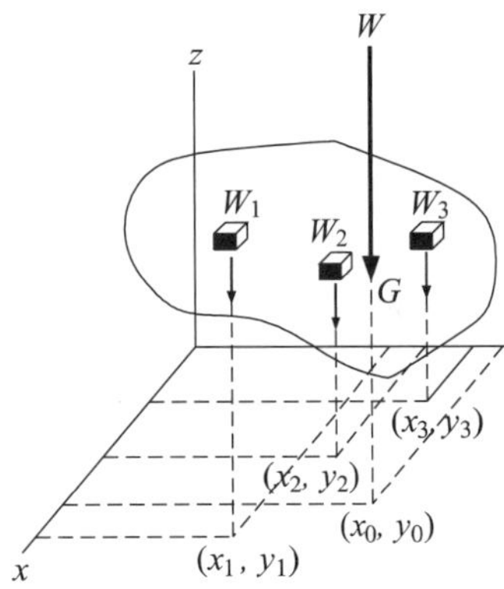

그림 6.1 무게중심

6.1.1 무게중심

그림 6.1과 같이 임의 공간에 있는 물체가 n개의 질점으로 이루어져 있다면, 각각의 질점들에 대한 무게는 이와 동등한 하나의 합력으로 대체할 수 있는데, 이 합력의 작용점을 무게중심 G라고 한다. 무게중심 G의 위치를 구해보자. 위의 조건을 만족하기 위해서는 먼저 G에 작용하는 무게 W와 질점의 총 무게가 같아야 하고,

$$W = \sum_{i=1}^{n} w_i \tag{a}$$

또한 질점들에 의한 모멘트와, W에 의한 모멘트와 같아야 하므로,

$$x_0 W = \sum_{i=n}^{n} x_i w_i, \quad y_0 W = \sum_{i=n}^{n} y_i w_i, \quad z_0 W = \sum_{i=n}^{n} z_i w_i \tag{b}$$

이다. 무게중심의 좌표 (x_0, y_0, z_0)에 대해 정리하면,

$$x_0 = \frac{\sum x W}{\sum W}, \quad y_0 = \frac{\sum y W}{\sum W}, \quad z_0 = \frac{\sum z W}{\sum W} \tag{6.1}$$

6.1.2 도심과 단면1차모멘트

도심

도심이란 물체의 기하학적 중심을 말하며 무게중심을 구하는 식과 유사한 방법으로 구할 수 있다. 즉 식 (6.1)에서 물질이 균질하다면, 물체의 무게와 무관하게 부피(V)에만 관계된다.

그러므로 그림 6.2(a)와 같이 부피 V에 대한 도심은,

$$x_0 = \frac{\int x dV}{\int dV}, \quad y_0 = \frac{\int y dV}{\int V}, \quad z_0 = \frac{\int z dV}{\int V} \tag{6.2}$$

유사한 방법으로 그림 (b)와 같이 물체의 면적(A)에 대한 도심은

$$x_0 = \frac{\int x dA}{\int dA}, \quad y_0 = \frac{\int y dA}{\int A}, \quad z_0 = \frac{\int z dA}{\int A} \tag{6.3}$$

선요소(L)에 대해서도

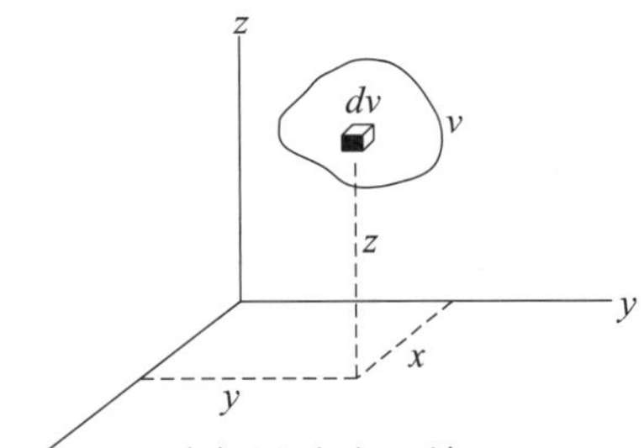

(a) 부피의 도심

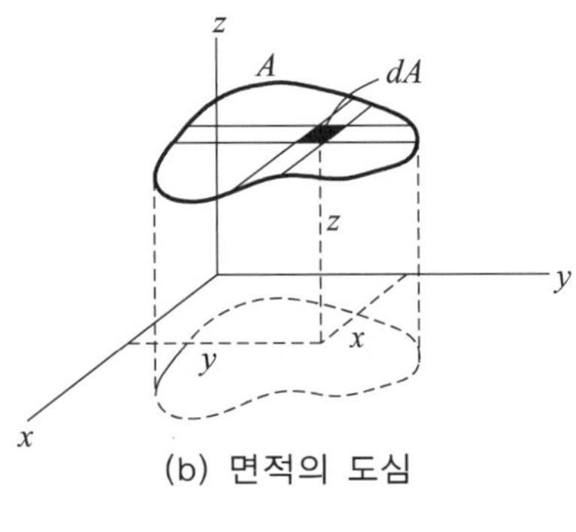

(b) 면적의 도심

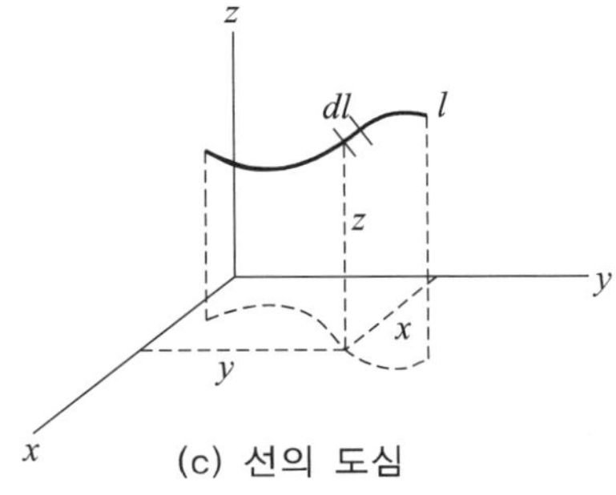

(c) 선의 도심

그림 6.2 도심

$$x_0 = \frac{\int x dL}{\int dL}, \quad y_0 = \frac{\int y dL}{\int L}, \quad z_0 = \frac{\int z dL}{\int L} \tag{6.4}$$

이 성립한다.

단면1차모멘트(면적 모멘트)

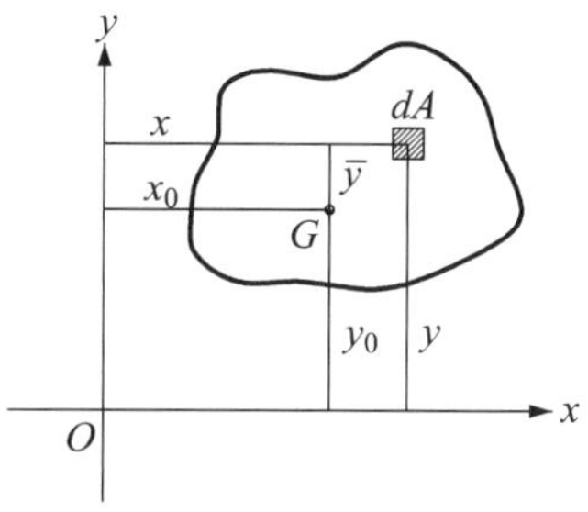

그림 6.3 단면1차모멘트

그림 6.3에서 미소 단면을 dA라 하면, 기준 축으로부터 dA 중심까지의 거리 x 또는 y와, 미소단면적 dA의 곱을 전단면에 걸쳐 합한 값을 단면1차모멘트(Statical Moment)라 한다.

$$S_x = \int y dA, \quad S_y = \int x dA \tag{6.5}$$

여기서 단면1차모멘트란 용어는 식의 형태가 모멘트($F \times l$)과 유사하여 붙여진 이름으로 단면이 모멘트로 작용한다는 의미가 아님에 유의하자(벡터량이 아니다). 단면1차모멘트의 단위는 mm^3, m^3 등 길이의 세제곱이 된다. 도심에 대한 단면1차모멘트를 생각하면 도심은 대칭축 상에 있으므로, 대수합은 항상 0이 된다는 것을 알 수 있다.

단면1차모멘트와 도심의 관계

그림 6.3에서 도심까지의 거리를 각각 x_0, y_0라 하면,

$$S_x = \int_A y dA = \int_A (y_0 + \bar{y}) dA = y_0 \int_A dA + \int_A \bar{y} dA \tag{6.6}$$

여기서

$$\int_A dA = A \text{이고,}$$

도심에서의 단면1차모멘트는 0이므로, $\left(\int_A y_0 dA = 0 \right)$

$$S_x = A \cdot y_0 \tag{6.7}$$

같은 방법으로 S_y에 대하여 정리하면

$$S_y = A \cdot x_0 \tag{6.8}$$

x축, y축에서의 도심에 대한 거리(x_0, y_0)에 대해 정리하면,

$$x_0 = \frac{S_y}{A}, \quad y_0 = \frac{S_x}{A} \tag{6.9}$$

식 (6.9)는 앞에서 살펴보았던 면적의 도심에 관한 식 (6.3)과 같다.

예제 6-1

사각형 및 삼각형의 x축에 대한 단면1차모멘트를 구하라.

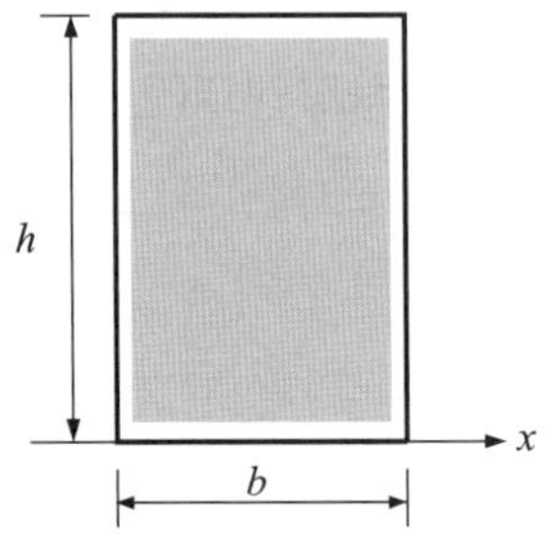

(1)

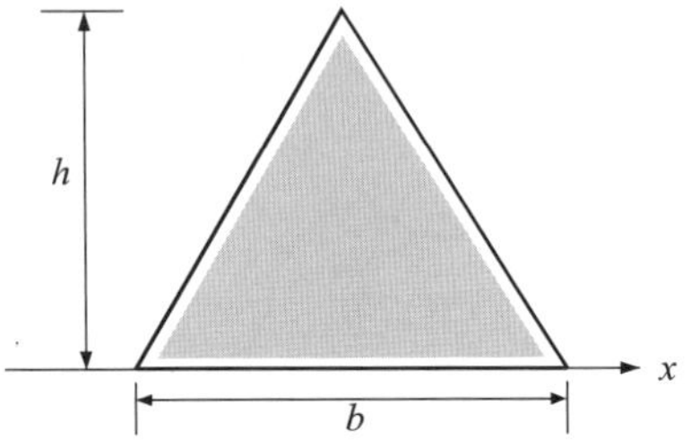

(2)

풀이

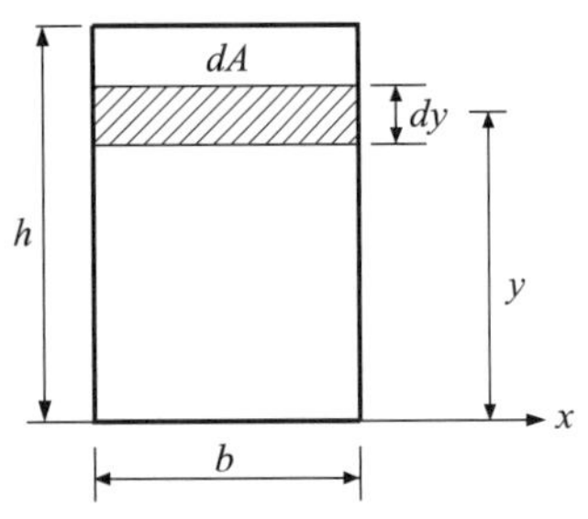

(a)

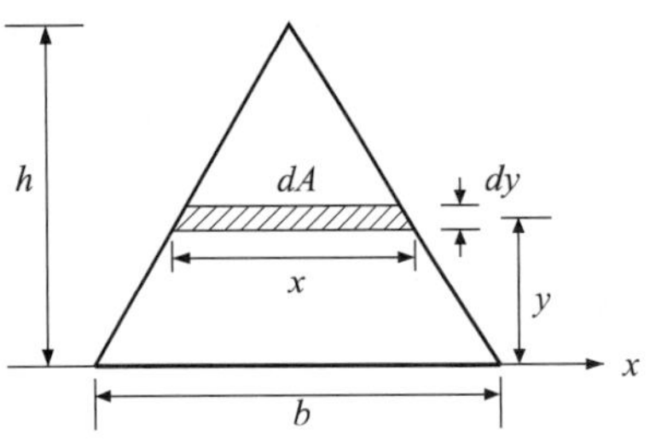

(b)

(1) 그림 (a)에서,

$dA = b\,dy$이므로,

$$S_x = \int y\,dA = \int_0^h y\,b\,dy = b\left[\frac{1}{2}y^2\right]_0^h = \frac{bh^2}{2}$$

(2) 그림 (b)에서,

삼각형 닮은꼴 비, 즉 $x : b = (h-y) : h$에서

$x = \dfrac{b}{h}(h-y)$이므로,

$$S_x = \int_A y\,dA = \int_0^h y\,x\,dy \quad (dA = x\,dy)$$

$$= \int_0^h y\frac{b}{h}(h-y)dy = \frac{b}{h}\int_0^h (hy-y^2)dy$$

$$= \frac{bh^2}{6}$$

이 된다.

예제 6-2

그림과 같은 L형 단면의 도심을 구하라.

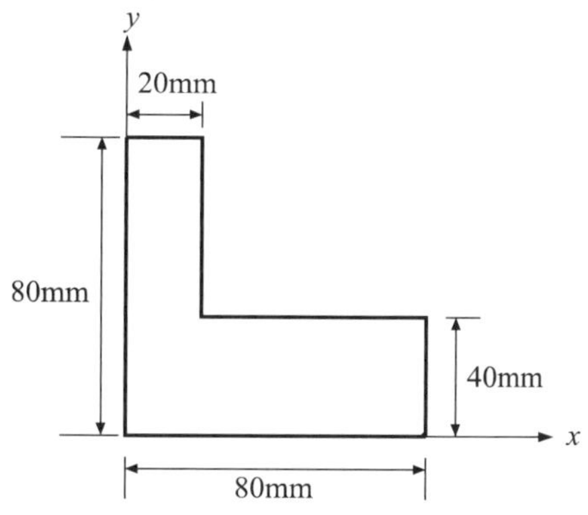

풀이

그림 (a)과 같이 단면을 A_1과 A_2로 나누어 계산한다.

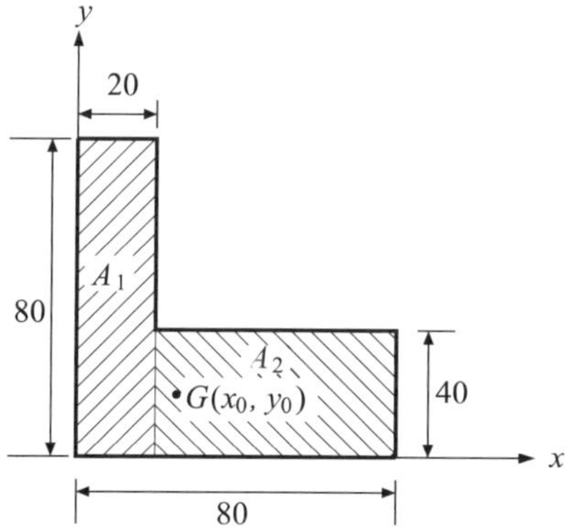

(a)

단면 A_1에서

$$A_1 = 20 \times 80 = 1{,}600\ \mathrm{mm}^2$$

$$x_1 = \frac{20}{2} = 10\ \mathrm{mm}, \qquad y_1 = \frac{80}{2} = 40\ \mathrm{mm}$$

단면 A_2에서

$$A_2 = 60 \times 40 = 2{,}400\ \mathrm{mm}^2$$

$$x_2 = 20 + \frac{60}{2} = 50\ \mathrm{mm}, \qquad y_2 = \frac{40}{2} = 20\ \mathrm{mm}$$

도심 $G(x_0, y_0)$의 위치는 식 (6.9)를 이용하면,

$$x_0 = \frac{S_y}{A} = \frac{(A_1 x_1 + A_2 x_2)}{(A_1 + A_2)} = \frac{1{,}600 \times 10 + 2{,}400 \times 50}{1{,}600 + 2{,}400} = 34\ \mathrm{mm}$$

$$y_0 = \frac{S_x}{A} = \frac{(A_1 y_1 + A_2 y_2)}{(A_1 + A_2)} = \frac{1{,}600 \times 40 + 2{,}400 \times 20}{1{,}600 + 2{,}400} = 28\ \mathrm{mm}$$

예제 6-3

그림과 같은 T형 및 사다리꼴 단면의 도심을 구하라.

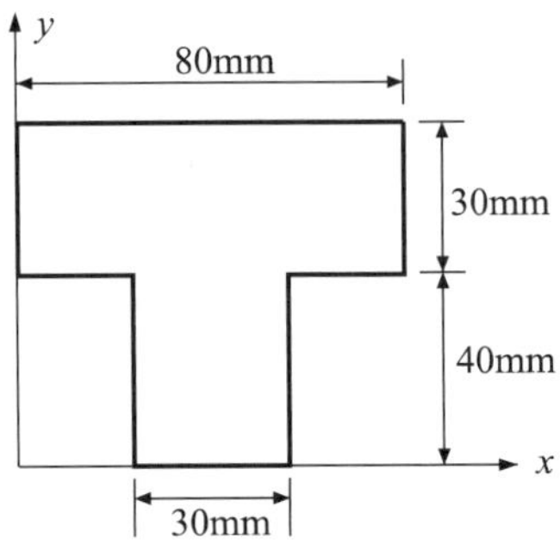

(1)

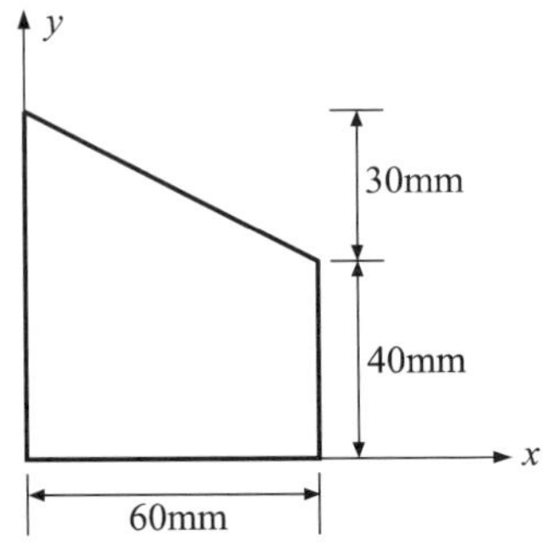

(2)

풀이

T형 단면의 도심

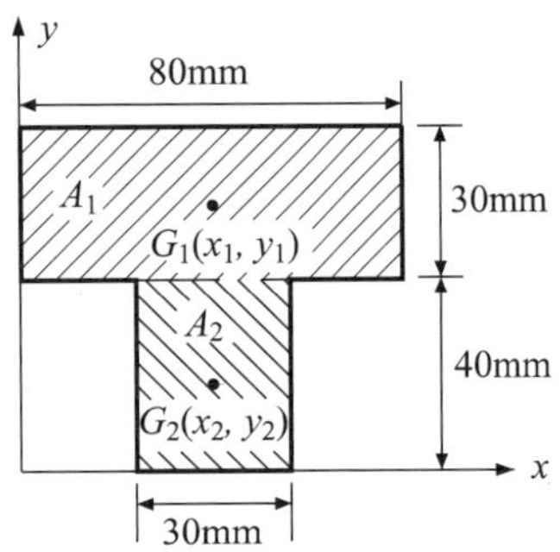

(a)

그림 (a)와 같이 도형을 절단하면,

$$A_1 = 30 \times 80 = 2{,}400\ \text{mm}^2, \quad x_1 = 40\ \text{mm}, \quad y_1 = 55\ \text{mm}$$

$$A_2 = 30 \times 40 = 1{,}200\ \text{mm}^2, \quad x_2 = 40\ \text{mm}, \quad y_2 = 20\ \text{mm}$$

x축 도심

$$x_0 = 40\ \text{mm}$$

y축 도심

$$y_0 = \frac{S_x}{A} = \frac{A_1 y_1 + A_2 y_2}{A_1 + A_2} = \frac{2{,}400 \times 55 + 1{,}200 \times 20}{2{,}400 + 1{,}200} = 43.3\ \text{mm}$$

사다리꼴 단면의 도심

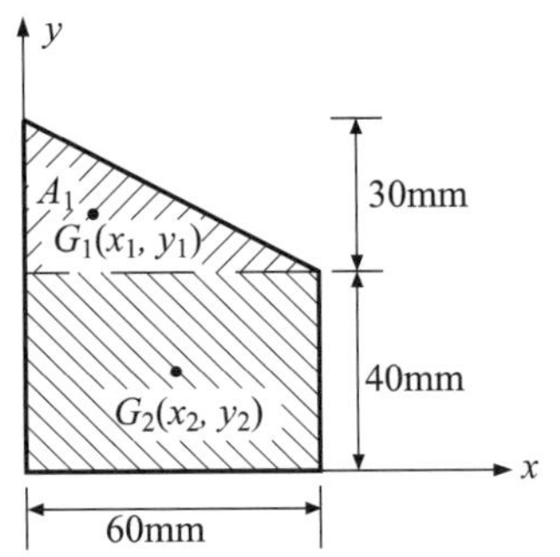

(b)

그림 (b)와 같이 도형을 삼각형과 사각형으로 나누면

$$A_1 = 30 \times 60 \times 1/2 = 900\ \text{mm}^2, \quad x_1 = 20\ \text{mm}, \quad y_1 = 50\ \text{mm}$$

$$A_2 = 60 \times 40 = 2{,}400\ \text{mm}^2, \quad x_2 = 30\ \text{mm}, \quad y_2 = 20\ \text{mm}$$

x축 도심

$$x_0 = \frac{S_y}{A} = \frac{A_1 x_{01} + A_2 x_{02}}{A_1 + A_2} = \frac{900 \times 20 + 2{,}400 \times 30}{900 + 2{,}400} = 27.3\ \text{mm}$$

y축 도심

$$y_0 = \frac{S_x}{A} = \frac{A_1 y_{01} + A_2 y_{02}}{A_1 + A_2} = \frac{900 \times 50 + 2{,}400 \times 20}{900 + 2{,}400} = 28.2\ \text{mm}$$

6.2 단면2차모멘트, 단면계수, 단면2차반경

6.2.1 단면2차모멘트

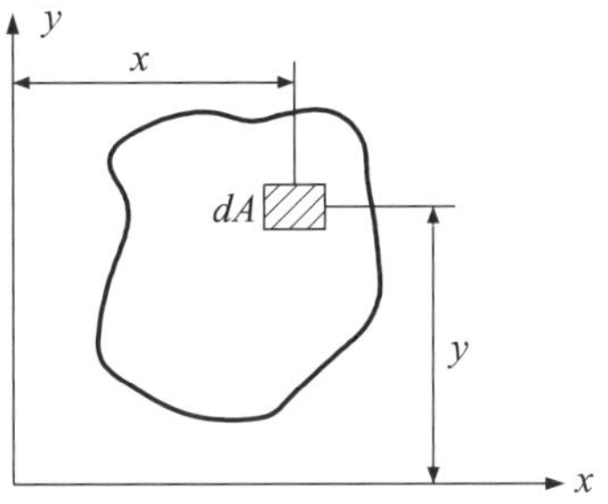

그림 6.4 단면2차모멘트

그림 6.4에서 x축, y축에서 미소면적 dA까지의 거리를 각각 x, y라 할 때,

$$I_x = \int y^2 dA \tag{6.10}$$

$$I_y = \int x^2 dA$$

의 형태로 나타나는 식을 단면2차모멘트 또는 관성모멘트(Moment of Inertia)라고 부르며, 단위는 mm^4, m^4이 된다. 단면2차모멘트라는 용어 또한 모멘트 힘과 관련된 것이 아니라, 단면에 관한 여러 식의 유도 과정에서 나타난 형태임에 유의하자.

단면2차모멘트 I는 앞으로 배울 휨응력도, 전단응력도, 처짐, 강성비, 좌굴 등의 식을 유도할 때 나타나며, 단면계수, 단면2차반경, 단면의 주축 계산에도 기준이 되므로, 단면의 기하학적 성질에서 매우 중요하다.

단면2차모멘트의 성질에 관해 살펴보자.

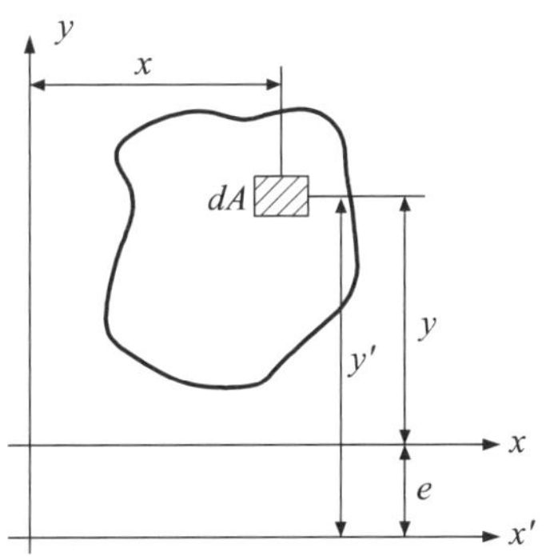

그림 6.5

x축에 대한 단면2차모멘트를 I_x라 하면, x축에서 e만큼 떨어진 x'축에 대한 단면2차모멘트 I_x'는 그림 6.5로부터,

$$\begin{aligned} I_x' &= \int y'^2 dA = \int (y+e)^2 dA \qquad \text{(a)} \\ &= \int y^2 dA + 2e\int y dA + e^2 \int dA \\ &= I_x + 2eS_x + e^2 A \end{aligned}$$

만일 x축이 도심을 지난다면 $S_x = 0$이므로,

$$I_x' = I_x + e^2 A \tag{6.11}$$

가 된다. 식 (6.11)을 이용하면 단면2차모멘트를 보다 쉽게 계산할 수 있다. 또한 식 (6.11)로부터 x 또는 y축에 나란한 축에 대한 단면2차모멘트 중에서 도심축에 대한 값이 최소가 됨을 알 수 있다.

예제 6-4

다음 단면의 도심축과 x축에 대한 단면2차모멘트 I_0, I_x를 구하라.

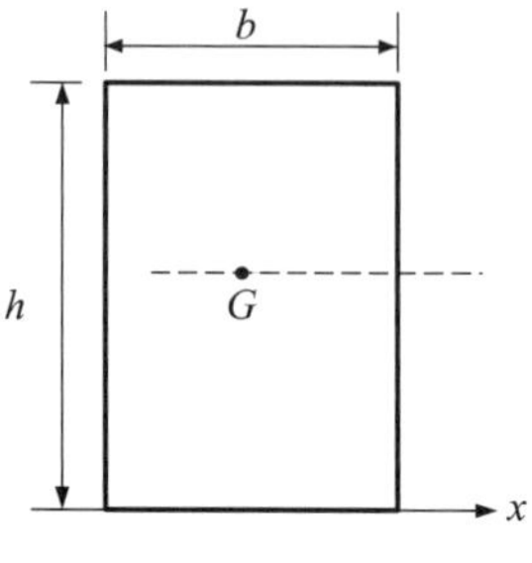

(1)

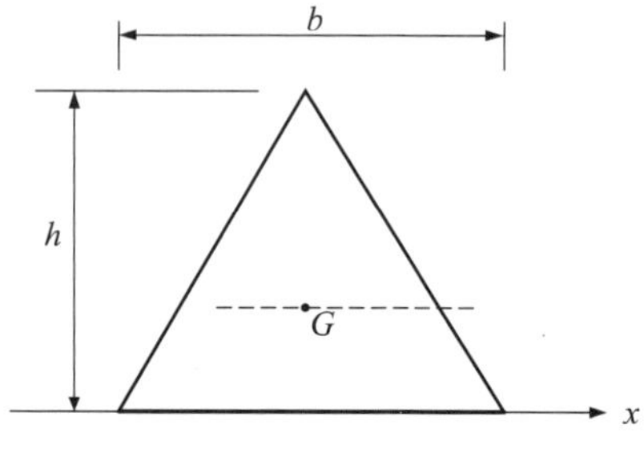

(2)

풀이

직사각형

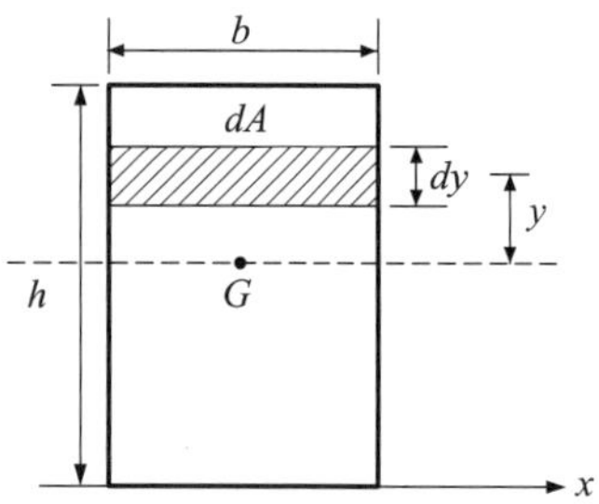

(a)

그림 (c)에서, $dA = b\,dy$이므로,

$$I_0 = \int y^2 dA = \int_{-\frac{h}{2}}^{\frac{h}{2}} y^2 (b\,dy) = 2b\int_0^{\frac{h}{2}} y^2 dy = 2b\left[\frac{y^3}{3}\right]_0^{\frac{h}{2}} = \frac{bh^3}{12}$$

$$I_x = I_0 + e^2 A = \frac{bh^3}{12} + \left(\frac{h}{2}\right)^2 \times (bh) = \frac{bh^3}{12} + \frac{bh^3}{4} = \frac{bh^3}{3}$$

삼각형

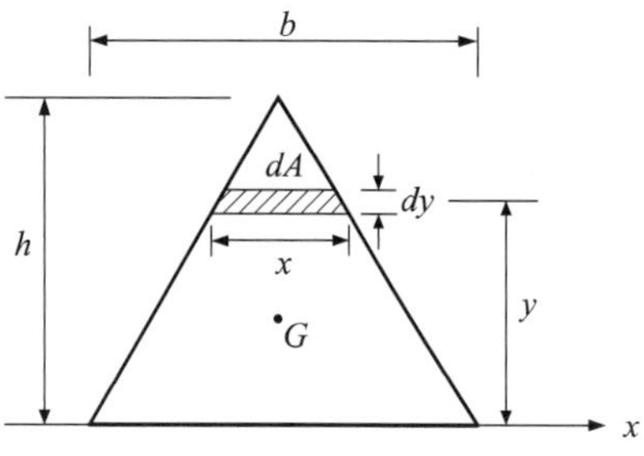

(b)

x축에 대한 단면2차모멘트

$$I_x = \int_A y^2 dA = \int_0^h y^2 (x\,dy)$$

기하학적 조건에서 $x : b = (h-y) : h$, $x = \frac{b}{h}(h-y)$이므로

$$I_x = \int_0^h y^2 \cdot \frac{b}{h}(h-y)dy = \frac{b}{h}\int_0^h (hy^2 - y^3)dy$$

$$= \frac{b}{h}\left[\frac{hy^3}{3} - \frac{y^4}{4}\right]_0^h = \frac{bh^3}{12}$$

$I_x = I_0 + e^2 A$에서, $I_0 = I_x - e^2 A$이므로,

$$I_0 = I_x - e^2 A = \frac{bh^3}{12} - \left(\frac{h}{3}\right)^2 \times \left(\frac{bh}{2}\right) = \frac{bh^3}{12} - \frac{bh^3}{18} = \frac{bh^3}{36}$$

반대로 도심의 I_0를 구했다. 단면2차모멘트의 성질을 잘 이해하자.

예제 6-5

그림과 같은 반경 a인 원형 단면과, H형 단면의 x방향 도심축에 대한 단면2차모멘트 I_x를 구하라.

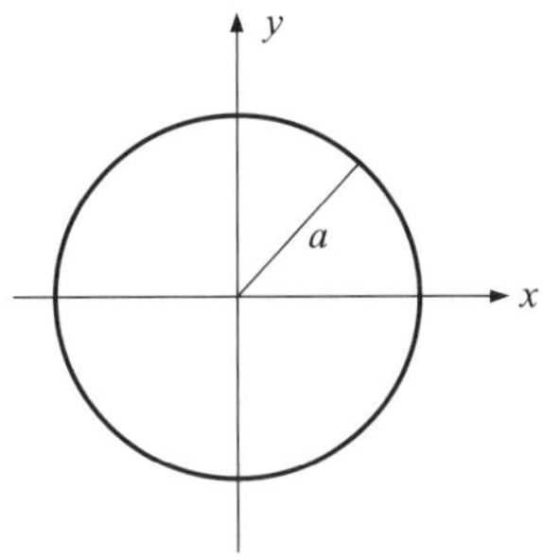

(1)

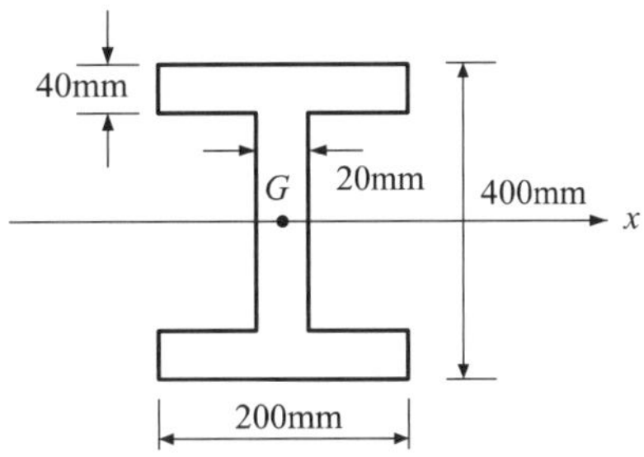

(2)

풀이

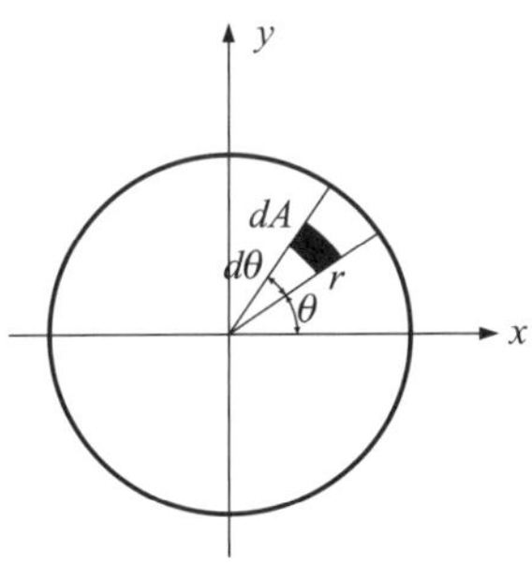

(a)

원형 단면

그림 (c)부터 미소면적 dA를 고려하면, $dA=(r \cdot d\theta)dr$이고, $x=r\cos\theta$, $y=r\sin\theta$이므로,

$$I_x=\int y^2 dA=\int_0^a\int_0^{2\pi} r^3\sin^2\theta d\theta dr=\frac{a^4}{4}\int_0^{2\pi}\sin^2\theta\, d\theta$$

$$=\frac{a^4}{4}\int_0^{2\pi}\left(\frac{1-\cos 2\theta}{2}\right)d\theta$$

$$=\frac{a^4}{4}\left[\frac{\theta}{2}-\frac{1}{4}\sin^2\theta\right]_0^{2\pi}=\frac{a^4}{4}\pi$$

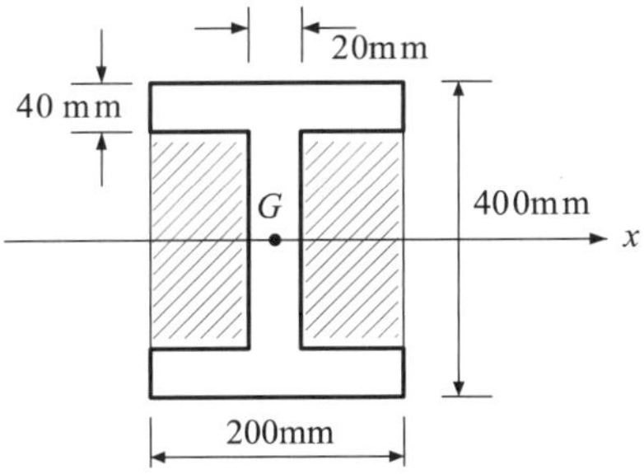

(b)

H형 단면

그림 (d)와 같이 전체 직사각형 200×400에서 빗금친 부분 (180×320)을 제거해도 된다. 즉,

$$I_x=\frac{200\times 400^3}{12}-\frac{(200-20)\times(400-80)^3}{12}$$

$$=575{,}146{,}667\ \text{mm}^4=5.75\times 10^8\ \text{mm}^4$$

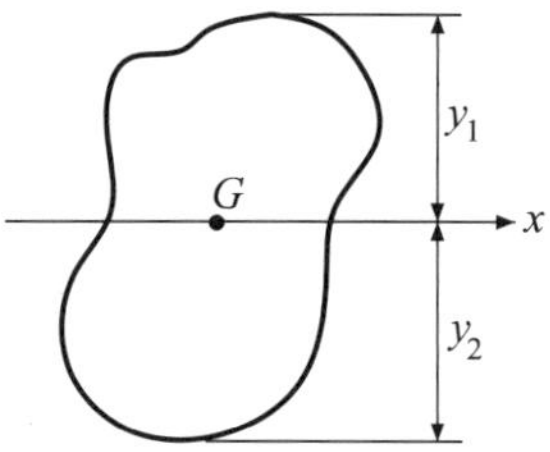

그림 6.6 단면계수

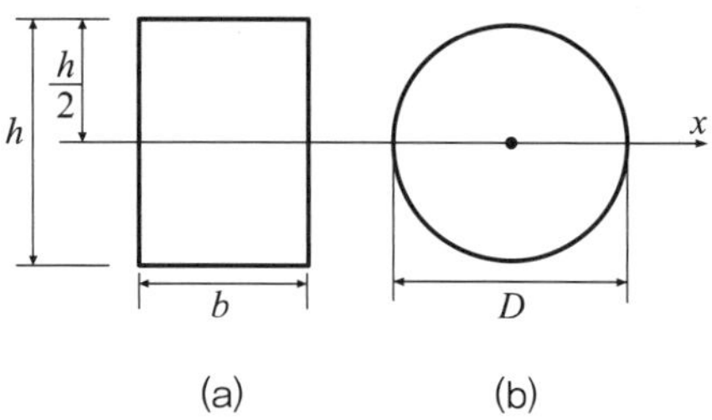

그림 6.7

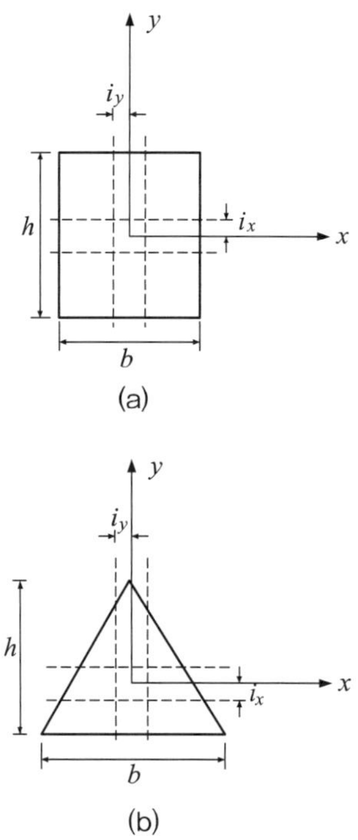

그림 6.8

6.2.2 단면계수

그림 6.6에서 도심축 x에 대한 단면2차모멘트 I_x를 단면의 최외단 거리(절대값) y_1, y_2로 나눈 값을 x축에 대한 단면계수(Section modulus)라 한다, 즉

$$Z_{x1} = \frac{I_x}{y_1}, \qquad Z_{x2} = \frac{I_x}{y_2} \tag{6.12}$$

가 되고, 축대칭인 경우 $y_1 = y_2$이므로, $Z_{x1} = Z_{x2} = \frac{I_x}{y}$가 된다. 단면계수는 보와 같은 휨 부재의 응력을 구할 때 나타나며, 단위는 mm^3, m^3이다. 예를 들면 그림 6.7과 같은 단면에 대해,

직사각형 단면 : $I_x = \frac{bh^3}{12}$, $\quad y = \frac{h}{2}$, $\quad Z_x = \frac{I_x}{y} = \frac{bh^2}{6}$

원형 단면 : $I_x = \frac{\pi D^4}{64}$, $\quad y = \frac{D}{2}$, $\quad Z_x = \frac{I_x}{y} = \frac{\pi D^3}{32}$

6.2.3 단면2차반경

임의 도형의 도심축에 대한 단면2차모멘트 I를 단면적 A로 나눈 값의 제곱근을 도심축에 대한 단면2차반경(Radius of Gyration)이라 한다. 즉

$$i = \sqrt{\frac{I}{A}} \tag{6.13}$$

단면2차반경은 부재 단면의 재료가 축에 대하여 집중하고 있다고 가정되는 가상의 점 또는 선과 축까지의 거리를 의미하며 주로 기둥과 같은 압축재의 단면설계 및 좌굴 저항계수로 나타난다. 단위는 mm이다. 그림 6.8과 같은 단면에 대한 단면2차반경을 구하면, 사각형의 단면2차반경은,

$$i_x = \sqrt{\left(\frac{bh^3}{12}\right)\left(\frac{1}{bh}\right)} = \frac{h}{2\sqrt{3}}, \quad i_y = \sqrt{\left(\frac{hb^3}{12}\right)\left(\frac{1}{bh}\right)} = \frac{b}{2\sqrt{3}}$$

삼각형의 단면2차반경은,

$$i_x = \sqrt{\left(\frac{bh^3}{36}\right)\left(\frac{2}{bh}\right)} = \sqrt{\frac{2bh^3}{36bh}} = \frac{h}{3\sqrt{2}}$$

$$i_x = \sqrt{\left(\frac{hb^3}{48}\right)\left(\frac{2}{bh}\right)} = \sqrt{\frac{hb^3}{24bh}} = \frac{b}{2\sqrt{6}}$$ 가 된다.

예제 6-6

그림과 같은 T형 단면의 도심을 지나는 수평축(x축) 및 수직축(y축)에 대한 단면계수 및 단면2차반경을 구하라.

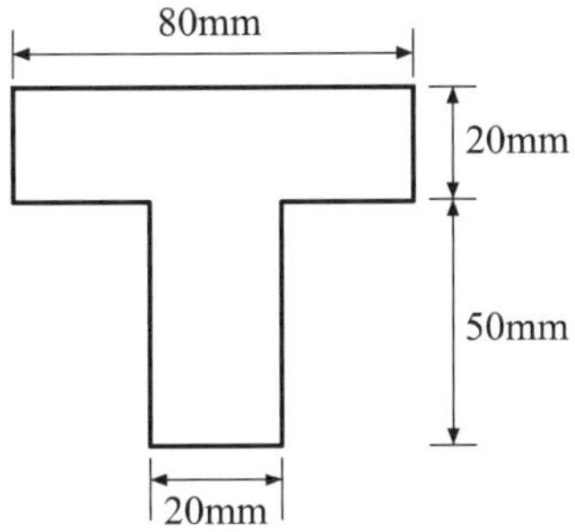

풀이

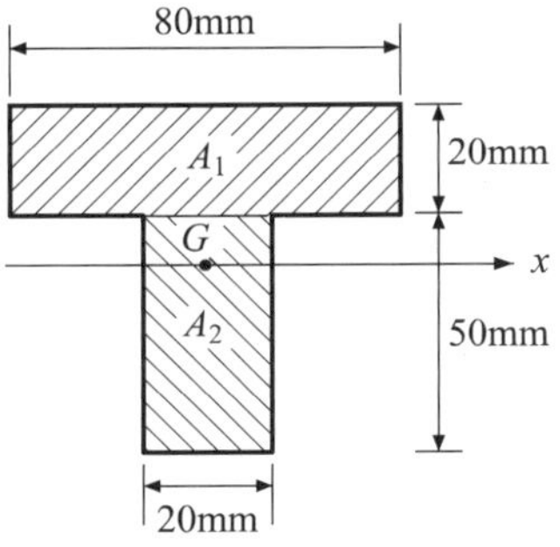

(a)

(1) x축에 관한 계산

도심은

$$y_0 = \frac{80\times 20\times(50+10)+20\times 50\times 50/2}{80\times 20+20\times 50} = 46.5\text{ mm}$$

$$I_x = \frac{80\times 20^3}{12}+80\times 20\times(70-46.5-10)^2 + \frac{20\times 50^3}{12}+20\times 50\times\left(46.5-\frac{50}{2}\right)^2 = 1.016\times 10^6\text{ mm}^4$$

단면계수는

$$Z_{x1} = \frac{1.016\times 10^6}{70-46.5} = 43{,}234\text{ mm}^3,$$

$$Z_{x2} = \frac{1.016\times 10^6}{46.5} = 21{,}849\text{ mm}^3$$

단면2차반경은

$$i_x = \sqrt{\frac{I_x}{A}} = \sqrt{\frac{1.016\times 10^6}{80\times 20+20\times 50}} = 19.8\text{ mm}$$

(2) y축에 관한 계산

도심은 대칭이므로 $x_0 = 40\text{ mm}$

$$I_y = \frac{20\times 80^3}{12}+\frac{50\times 20^3}{12} = 8.867\times 10^5\text{ mm}^4$$

단면계수는 대칭이므로,

$$Z_y = \frac{8.867\times 10^5}{40} = 22{,}168\text{ mm}^3$$

단면2차반경은

$$i_y = \sqrt{\frac{I_y}{A}} = \sqrt{\frac{8.867\times 10^5}{80\times 20+20\times 50}} = 18.5\text{ mm}$$

예제 6-7

그림과 같이 직경이 d인 원목에서 최대 단면계수를 가지는 직사각형의 폭과 높이의 비를 구하라.

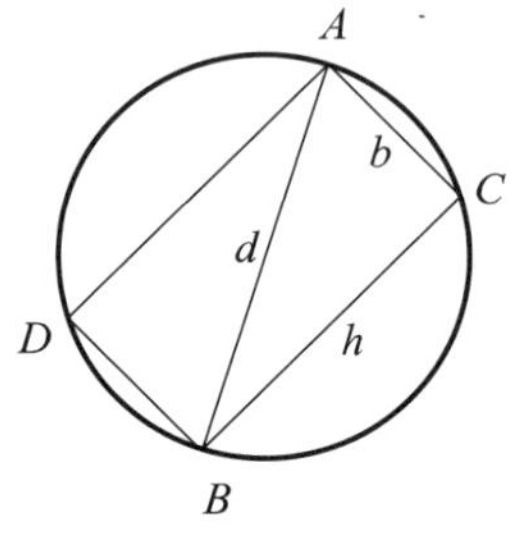

풀이

폭 b와 h의 관계를 찾는 문제이다.

먼저 $b \times h$ 직사각형 단면의 단면계수는 $Z = \frac{bh^2}{6}$에서,

$$bh^2 = b(d^2 - b^2) = bd^2 - b^3 \text{이므로,}$$

$$Z = \frac{1}{6}(bd^2 - b^3)$$

Z값이 최대가 되기 위한 b값을 생각해 보자.

$\frac{dZ}{db} = 0$이므로,

$$\frac{dy}{db} = d^2 - 3b^2 = 0, \quad b = \sqrt{\frac{1}{3}}\,d = \frac{d}{\sqrt{3}}$$

가 된다. 그러므로

$$h^2 = d^2 - b^2 = d^2 - \frac{d^2}{3} = \frac{2}{3}d^2$$

이고,

$$h = \sqrt{\frac{2}{3}}\,d$$

이 된다. 그러므로 b와 h의 관계는,

$$b : h = \frac{d}{\sqrt{3}} : \sqrt{\frac{2}{3}}\,d = 1 : \sqrt{2}$$

단면계수는 휨응력의 지표이다. 즉, 단면계수가 클수록 휨응력이 작아지므로 더 큰 모멘트 하중을 지지할 수 있다(단면 내 응력의 분포 특성은 7장에서 자세히 다룰 것이다).

6.3 극관성모멘트와 단면상승모멘트

6.3.1 극관성모멘트

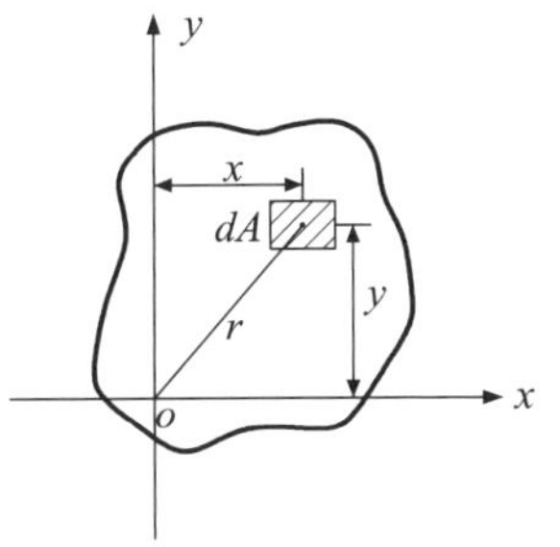

그림 6.9 극관성모멘트

그림 6.9와 같이 임의 단면에 대한 미소면적 dA에서,

$$I_p = \int r^2 dA \tag{6.14}$$

을 극관성모멘트(Polar moment of inertia, I_p)라 한다. 극관성모멘트는 단면2차극모멘트라고도 부르며, 단위는 m^4, mm^4이다.
여기서 $r^2 = x^2 + y^2$이므로,

$$I_p = \int x^2 dA + \int y^2 dA = I_x + I_y \tag{6.15}$$

가 되며, 일반적으로 극관성모멘트는 식 (6.15)와 같은 방법으로 계산하는 것이 간편하다. 만약 $I_x = I_y$라면, $I_p = 2I_x = 2I_y$이므로 단면2차모멘트의 2배가 된다.

극관성모멘트의 평행축 정리

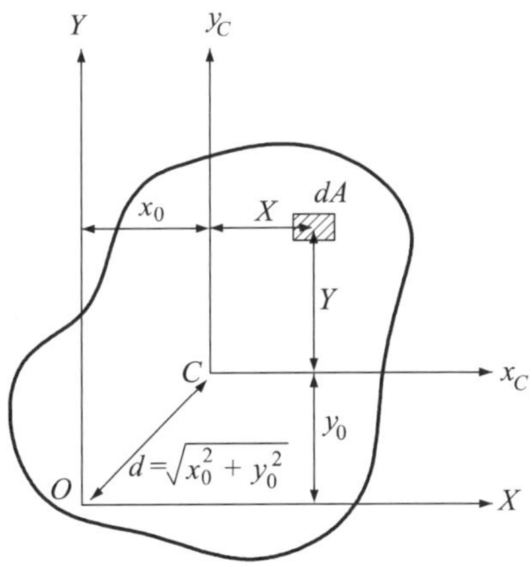

그림 6.10

도심을 지나지 않는 임의 축에 대한 I_p는 이와 평행한 도심축에 대한 각각의 항으로 간단히 나타낼 수 있다. 그림 6.10에서 단면적 A의 도심 C를 지나는 직교좌표를 x_C-y_C라 하고, C점으로부터 각각 x_0, y_0만큼 떨어진 임의의 점 O를 원점으로 하는 직교좌표를 $X-Y$라 하자. O점에 대한 극관성 모멘트 I_p는,

$$\begin{aligned} I_p &= \int_A [(x_0+X)^2+(y_0+Y)^2]dA \\ &= \int_A [x_0^2+2x_0X+X^2+y_0^2+2y_0Y+Y^2]dA = x_0^2\int_A dA \\ &\quad +2x_0\int_A dA+\int_A X^2dA+y_0^2\int_A dA+2y_0\int_A YdA+\int_A Y^2dA \\ &= I_x+I_y+A(x_0^2+y_0^2) \end{aligned} \tag{a}$$

이다. 식 (a)에서 $I_x + I_y = I_{pc}$(도심 축에 대한 극관성모멘트)이고, $d = \sqrt{x_0^2 + y_0^2}$ 이므로, 임의 점 O에 대한 극관성모멘트 I_p는

$$I_p = I_{pc} + Ad^2 \tag{6.16}$$

이 된다. 그림 6.11과 같이 원둘레 위에 놓여 있는 B점에 대한 원의 극관성모멘트를 구해보자. 그림으로부터, 미소면적 dA는

$$dA = 2\pi r\, dr$$

이므로, 중심에 대한 원의 극관성모멘트는

$$I_{pc} = 2\pi \int_0^a r^2 dA = \int_0^r 2\pi r^3 dr = \frac{\pi a^4}{2}$$

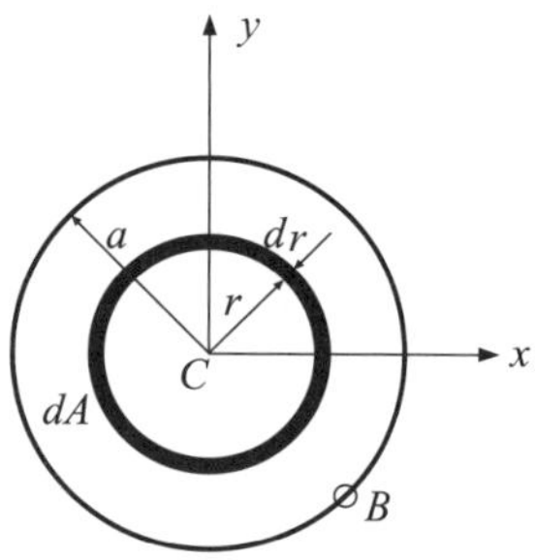

그림 6.11

평행축 정리를 이용하여, B점의 극관성모멘트 I_p를 구하면

$$I_p = I_{pc} + Ad^2 = \frac{\pi a^4}{2} + \pi a^2 (a^2) = \left(\frac{3\pi a^4}{2}\right)$$

이 된다. 원은 극관성모멘트를 적분에 의하여 구할 수 있는 특별한 경우이며, 대부분의 형태는 두 수직축에 대한 단면2차모멘트를 합함으로서 얻어진다.

6.3.2 단면상승모멘트

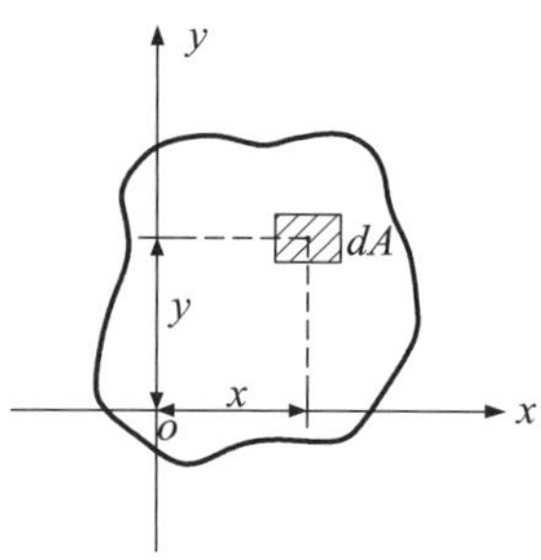

그림 6.12 단면상승모멘트

그림 6.12와 같은 단면이 원점 O에서 x, y만큼 떨어져 있을 때,

$$I_{xy} = \int_A xy\, dA \tag{6.17}$$

로 표현되는 식을 단면상승모멘트 또는 관성곱(Product of inertia)이라 부르며, 단위는 m^4, mm^4이다. 여기서 x 또는 y는 미소요소 dA의 양(+) 또는 음(−)이 될 수 있음에 유의해야 하고, 이러한 이유로 만약 단면이 x축 또는 y축 어느 한축에 대해 대칭인 경우는 $I_{xy} = 0$ 된다는 사실을 알 수 있다.

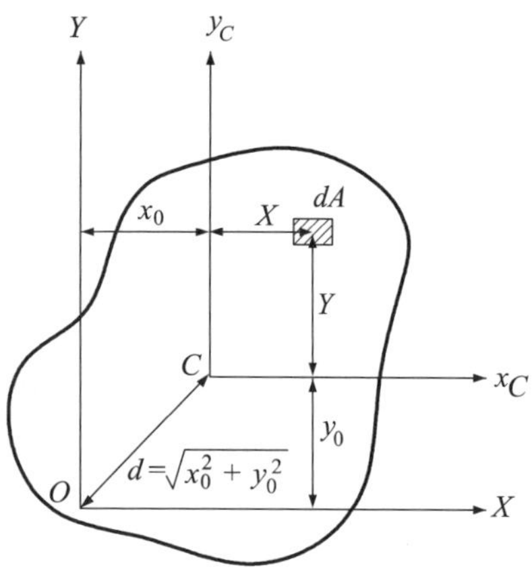

그림 6.13

단면상승모멘트의 평행축 정리

단면상승모멘트의 평행축 정리는 극관성모멘트와 유사하다. 그림 6.13과 같은 면적을 고려하면, 단면상승모멘트 I_{XY}는

$$I_{XY} = \int_A (X + x_0)(Y + y_0) dA$$

$$= \int_A XY dA + y_0 \int_A X dA + x_0 \int_A Y dA + x_0 y_0 \int_A dA \tag{a}$$

여기서 x와 y는 도심으로부터 dA까지의 거리이므로,

$$\int X dA = \int Y dA = 0 \tag{b}$$

이다. 즉 도심에서의 단면1차모멘트는 0이다. 또한 $\int dA = A$이므로, 식 (a)는

$$I_{XY} = I_{xy} + A x_0 y_0 \tag{6.18}$$

이 된다. 여기서 I_{xy}는 도심축에 대한 단면상승모멘트이다.

그림 6.14에서 A점에 대한 단면상승모멘트를 구해보자. 직각삼각형 단면에서, $x = \dfrac{a(b-y)}{2b}$이고, $dA = 2x\,dy$이므로,

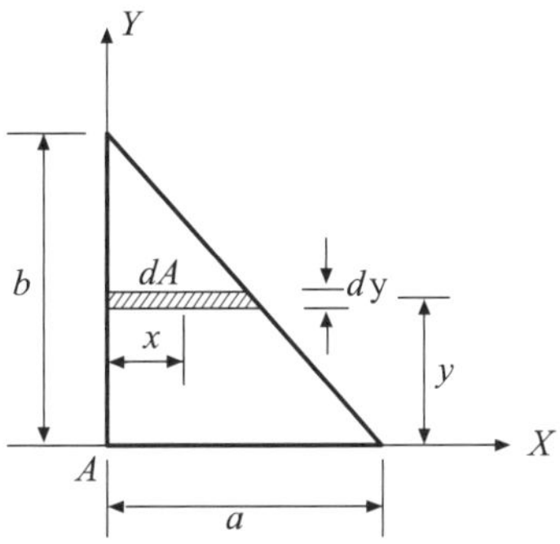

그림 6.14

$$I_{XY} = \int_A xy\,dA = \int_A x\,y\,2x\,dy$$

$$= \int_0^b \frac{a(b-y)}{2b} \times y \times \frac{a(b-y)}{b} dy = \frac{a^2}{2b^2}\int_0^b (b-y)^2 y dy$$

$$= \frac{a^2 b^2}{24}$$

가 된다. 이번에는 도심$(\frac{a}{3}, \frac{b}{3})$에 대한 단면상승모멘트를 구해보자. 식 (6.18)에서, $I_{xy} = I_{XY} - Ax_0 y_0$이므로,

$$I_{xy} = I_{XY} - Ax_0 y_0 = \frac{a^2b^2}{24} - \frac{ab}{2}\left(\frac{b}{3}\right)\left(\frac{a}{3}\right) = -\frac{a^2b^2}{72}$$

6.4 단면의 주축과 회전

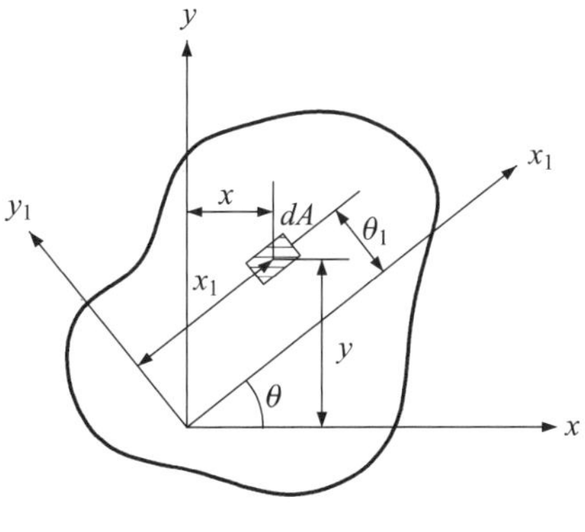

그림 6.15

임의 단면의 기준 축이 원점을 중심으로 회전하면, 단면2차모멘트와 단면상승모멘트의 크기도 변화한다. 이들의 변화 추이를 살펴보기 위해, 그림 6.15와 같은 단면에 $x-y$ 기준 축을 잡으면, 단면2차모멘트와 단면상승모멘트는 각각,

$$I_x = \int y^2 dA, \quad I_y = \int x^2 dA, \quad I_{xy} = \int xy\,dA \tag{a}$$

이다. 기준 축을 θ만큼 회전하여 새로운 $x_1 - y_1$축을 잡고, 이 축에 대한 단면2차모멘트와 단면상승모멘트를 I_{x1}, I_{y1}, I_{x1y1}이라 하자. 이들의 값을 구하기 위해, 그림에서 미소요소 dA에 대한 새로운

x_1, y_1좌표와 기준 축의 x, y좌표는 다음과 같은 관계가 있다.

$$x_1 = x\cos\theta + y\sin\theta, \qquad y_1 = y\cos\theta - x\sin\theta \tag{b}$$

x_1축에 대한 단면2차모멘트는,

$$\begin{aligned} I_{x1} &= \int y_1^2\,dA = \int (y\cos\theta - x\sin\theta)^2\,dA \\ &= \cos^2\theta\int y^2 dA + \sin^2\theta\int x^2 dA - 2\sin\theta\cos\theta\int xy\,dA \\ &= I_x\cos^2\theta + I_y\sin^2\theta - 2I_{xy}\sin\theta\cos\theta \end{aligned} \tag{c}$$

여기서

$$\cos^2\theta = \frac{1}{2}(1+\cos 2\theta), \qquad \sin^2\theta = \frac{1}{2}(1-\cos 2\theta)$$

$$2\sin\theta\cos\theta = \sin 2\theta$$

이므로, 식 (c)는

$$I_{x1} = \frac{I_x + I_y}{2} + \frac{I_x - I_y}{2}\cos 2\theta - I_{xy}\sin 2\theta \tag{6.19}$$

같은 방법으로 I_{y1}을 구하면,

$$\begin{aligned} I_{y1} &= \int x_1^2\,dA = \int (x\cos\theta + y\sin\theta)^2 dA \\ &= \sin 2\theta\int y^2\,dA + \cos^2\theta\int x^2\,dA + 2\sin\theta\cos\theta\int xy\,dA \\ &= I_x\sin^2\theta + I_y\cos^2\theta + 2I_{xy}\sin\theta\cos\theta \end{aligned} \tag{a}$$

$$I_{y1} = \frac{I_x + I_y}{2} - \frac{I_x - I_y}{2}\cos 2\theta + I_{xy}\sin 2\theta \tag{6.20}$$

이 된다. 식 (6.19)와 식 (6.20)을 더하면, 즉 $I_{x1} + I_{y1} = I_x + I_y$임을 알 수 있다. 이는 $x-y$ 기준 축을 회전해도 임의 축에 대한 단면2차모멘트의 합은 일정하다는 의미이다.

단면상승모멘트 I_{x1y1}도 같은 방법으로 구할 수 있다.

$$I_{x1y1} = \int x_1 y_1\,dA = \int (x\cos\theta + y\sin\theta)(y\cos\theta - x\sin\theta)dA \tag{a}$$

$$= \sin\theta\cos\theta\int y^2 dA - \sin\theta\cos\theta\int x^2 dA$$
$$+ \cos^2\theta\int xy\,dA - \sin^2\theta\int xy\,dA$$

$$= (I_x - I_y)\sin\theta\cos\theta + I_{xy}(\cos^2\theta - \sin^2\theta)$$

이고,

$$I_{x1y1} = \left(\frac{I_x - I_y}{2}\right)\sin 2\theta + I_{xy}\cos 2\theta \tag{6.21}$$

이 된다. 식 (6.19), 식 (6.20), 식 (6.21)을 단면2차모멘트와 단면상승모멘트에 대한 축의 변환식이라고 한다.

축이 회전하면서 단면2차모멘트가 변화할 때 극대/극소값을 찾아보자. 이러한 최대 또는 최소가 될 때를 주단면2차모멘트(Principal moment of inertia)라 하고 이에 대응하는 축을 주축(Principal axis)이라 한다. 기준 축으로부터 주축의 각도는, 식 (6.19)를 θ에 관해 미분했을 때 0이 되는 값이므로, 미분하면

$$\frac{dI_{x1}}{dx} = 0, \qquad (I_x - I_y)\sin 2\theta + 2I_{xy}\cos 2\theta = 0 \tag{a}$$

$$\tan 2\theta_p = -\frac{2I_{xy}}{I_x - I_y} \tag{6.22}$$

여기서 θ_p는 기준 축에서 주축의 각도이다. 식 (6.22)는 식 (6.20)을 미분해서도 얻을 수 있다. 또한 식 (6.22)를 식 (6.21)에 대입하여 정리하면, $I_{x1y1} = 0$이 된다. 즉, 주축에 대한 단면상승모멘트는 0이다. 또한 식 (6.22)를 식 (6.19)와 식 (6.20)에 대입하여 정리하면, 주단면2차모멘트를 구할 수 있다.

$$I_1 = \frac{I_x + I_y}{2} + \sqrt{\left(\frac{I_x - I_y}{2}\right)^2 + I_{xy}^2} \tag{6.23}$$

$$I_2 = \frac{I_x + I_y}{2} - \sqrt{\left(\frac{I_x - I_y}{2}\right)^2 + I_{xy}^2}$$

을 구할 수 있다. 물론 $I_1 + I_2 = I_x + I_y$가 성립하므로, 직교좌표계에 관한 단면2차모멘트의 합은 일정하다는 것을 알 수 있다.

축의 회전은 7.4절에서 다루게 될 평면응력에 관한 변환식과 같은 형태이다. 즉, I_{x1}은 σ_{x1}, I_{x1y1}은 τ_{xy}에 대응한다.

예제 6-8

그림에서 주축의 위치와 주단면2차모멘트의 크기를 구하라.

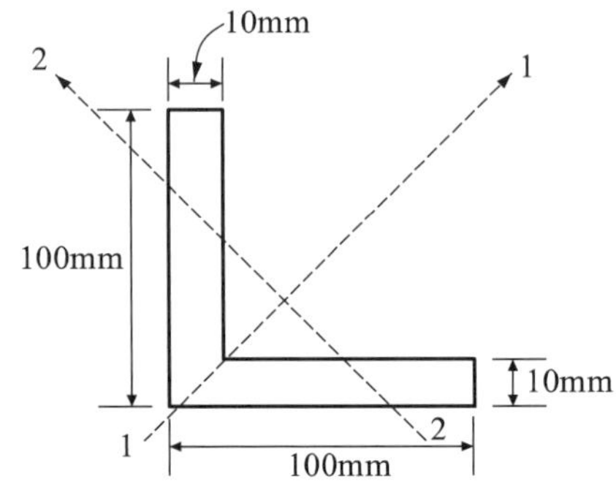

풀이

먼저 도심의 위치를 구하면

$$x_0 = y_0 = \frac{S}{A} = \frac{10 \times 100 \times 550 + 90 \times 10 \times 5}{10 \times 100 + 90 \times 10} = \frac{54{,}530}{1{,}900} = 28.7\ \text{mm}$$

식 (6.23)에서 $I_x = I_y$일 때는

$$I_1 = I_x + I_{xy}, \quad I_2 = I_x - I_{xy}, \quad \tan 2\theta = \infty$$

$$I_x = I_y = \frac{10 \times 100^3 + 90 \times 10^3}{3} - 28.7^2 \times 1{,}900$$
$$= 1{,}798{,}322\ \text{mm}^4$$

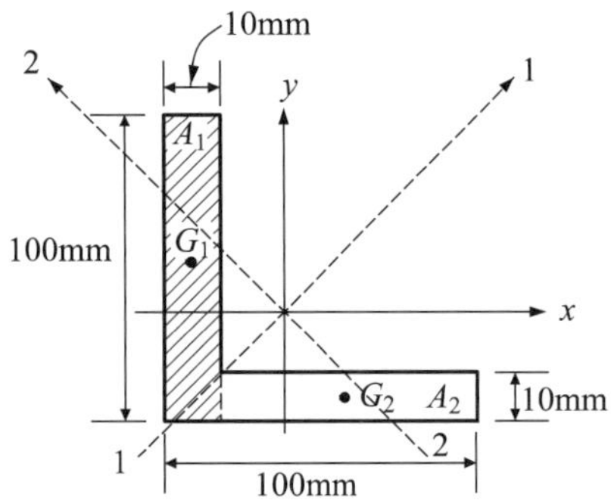

(a)

단면상승모멘트는 $I_{xy} = I_{xcyc} + Ax_0y_0$이고 여기서 I_{xcyx}는 도심축에 대한 단면상승모멘트이므로 0이다.

A_1에 대한 단면상승모멘트를 구하면,

$$(I_{xy})_{A_1} = 0 - (10 \times 100) \times (28.7 - 5) \times (50 - 28.7)$$
$$= -504{,}810\ \text{mm}^4$$

A_2에 대한 단면상승모멘트는,

$$(I_{xy})_{A_2} = 0 - (10 \times 90) \times ((10 + 45) - 28.7) \times (28.7 - 5)$$
$$= -560{,}979\ \text{mm}^4$$

A_1과 A_2의 단면상승모멘트를 더하면,

$$I_{xy} = 1{,}065{,}789\ \text{mm}^4$$

그러므로

$$I_1 = 1{,}798{,}322 + 1{,}065{,}789 = 2{,}864{,}111\ \text{mm}^4$$

$$I_2 = 1{,}798{,}322 - 1{,}065{,}789 = 732{,}533\ \text{mm}^4$$

또한 $\tan 2\theta = \infty$가 되기 위해서는 $2\theta = 90°$이므로 $\theta = 45°$가 된다. 따라서 x, y축에 45° 회전한 1−1축 및 2−2축이 주축이다.

예제 6-9

다음 단면의 기하학적 성질을 검토하라.

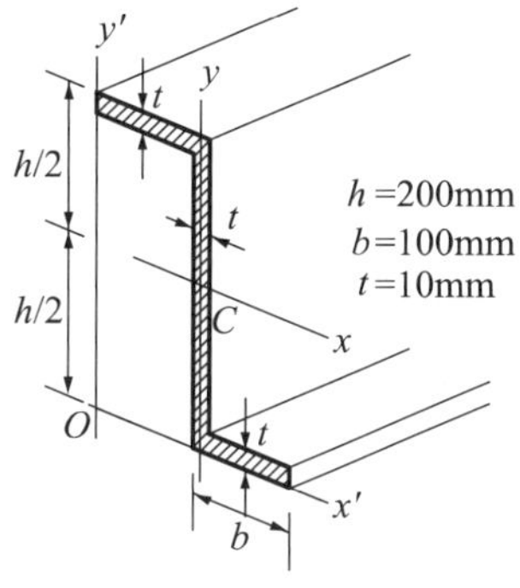

풀이

지금까지 살펴보았던 단면의 기하학적 성질을 모두 검토해 보자. 먼저 그림 (a)와 같이 단면을 나누면,

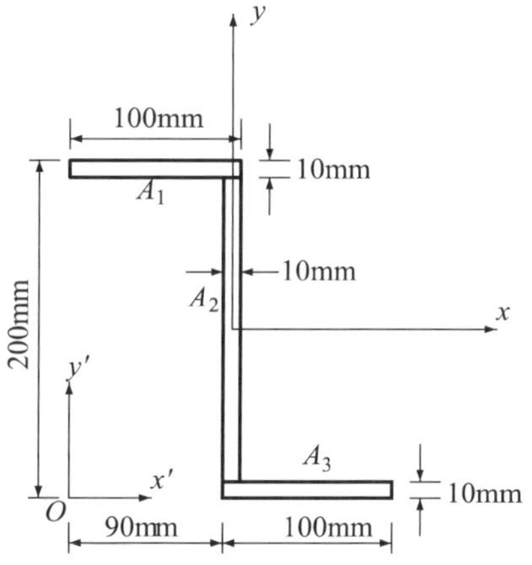

(a)

$$A_1 = A_3 = b\,t = (100)(10) = 1{,}000\ \mathrm{mm}^2$$

$$A_2 = t(h-2t) = 10[200-2(10)] = 1{,}800\ \mathrm{mm}^2$$

$$A = A_1 + A_2 + A_3 = 1{,}000 + 1{,}800 + 1{,}000 = 3{,}800\ \mathrm{mm}^2$$

(1) 도심의 위치

O점으로부터 도심의 위치를 $(x_0,\ y_0)$라 하면,

$$x_0 = \frac{A_1 x_1 + A_2 x_2 + A_3 x_3}{A} = 95\ \mathrm{mm}$$

$$y_0 = \frac{A_1 y_1 + A_2 y_2 + A_3 y_3}{A} = 100\ \mathrm{mm}$$

(2) 도심에 대한 단면1차모멘트 G_x, G_y

도심에 대한 단면1차모멘트는 0이므로,

$$G_x = 0, \qquad G_y = 0$$

(3) $x' - y'$축에 대한 단면1차모멘트 $G_{x'}$, $G_{y'}$

$$G_{x'} = A_3\left(\frac{t}{2}\right) + A_1\left(h - \frac{t}{2}\right) + A_2\left(\frac{h}{2}\right) = 1.40 \times 10^5\ \mathrm{mm}^3$$

$$G_{y'} = A_1\left(\frac{b}{2}\right) + A_3\left[\frac{b}{2} + (b-t)\right] + A_2\left(b - \frac{t}{2}\right)$$
$$= 2.66 \times 10^5\ \mathrm{mm}^3$$

(4) 도심에 대한 단면2차모멘트 I_x, I_y

$$I_x = \frac{t(h-2t)^3}{12} + \frac{bt^3}{12} + A_1\left(\frac{h}{2} - \frac{t}{2}\right)^2 + \frac{bt^3}{12} + A_3\left(\frac{h}{2} - \frac{t}{2}\right)^2$$
$$= 4.493 \times 10^6\ \mathrm{mm}^4$$

$$I_y = \frac{tb^3}{12} + A_1\left(\frac{b}{2} - \frac{t}{2}\right)^2 + \frac{tb^3}{12} + A_3\left(\frac{b}{2} - \frac{t}{2}\right)^2 + \frac{(h-2t)t^3}{12}$$
$$= 5.723 \times 10^6 \text{ mm}^4$$

(5) $x' - y'$ 축에 대한 단면2차모멘트 $I_{x'}$, $I_{y'}$

$$I_{x'} = I_x + A\left(\frac{h}{2}\right)^2 = 1.149 \times 10^7 \text{ mm}^4$$

$$I_{y'} = I_y + A\left(b - \frac{t}{2}\right)^2 = 3.099 \times 10^7 \text{ mm}^4$$

(6) x축에 대한 단면계수 Z_x

$$Z_x = \frac{I_x}{h/2} = 8.989 \times 10^4 \text{ mm}^3$$

(7) 단면2차반경 i_x, i_y

$$i_x = \sqrt{\frac{I_x}{A}} = 40.1 \text{ mm}, \qquad i_y = \sqrt{\frac{I_y}{A}} = 45.2 \text{ mm}$$

(8) 도심축에 대한 극관성모멘트 I_p

$$I_p = I_x + I_y = 1.022 \times 10^7 \text{ mm}^4$$

(9) $x' - y'$ 축 교점에 대한 극관성모멘트 $I_{p'}$

$$I_{p'} = I_p + A(x_0^2 + y_0^2) = 4.249 \times 10^7 \text{ mm}^4$$

(10) 도심에 대한 단면상승모멘트 I_{xy}는 그림 (b)에서,

A_2에 대한 단면상승모멘트는 0이므로,

$$I_{xy} = \underset{+}{A_1\left(\frac{b}{2} - \frac{t}{2}\right)}\underset{-}{\left[-\left(\frac{h}{2} - \frac{t}{2}\right)\right]} + A_3\underset{-}{\left[-\left(\frac{b}{2} - \frac{t}{2}\right)\right]}\underset{+}{\left(\frac{h}{2} - \frac{t}{2}\right)}$$
$$= -4.05 \times 10^6 \text{ mm}^4$$

부호에 주의하자.

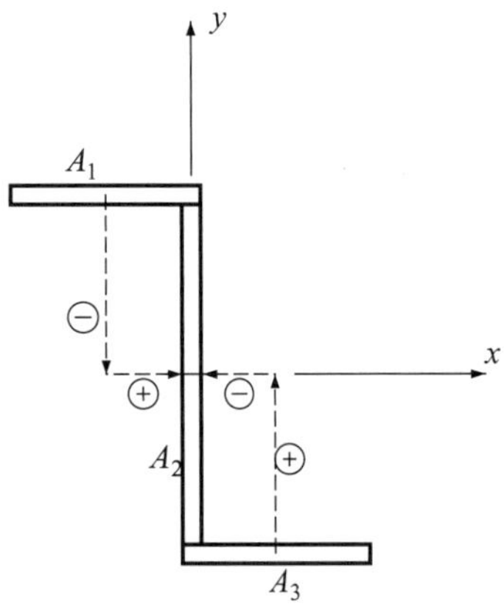

(b)

(11) $x' - y'$ 축 교점에 대한 단면상승모멘트 $I_{x'y'}$는 그림 (c)에서,

$$I_{x'y'} = A_1\left(\frac{b}{2}\right)\left[\left(h - \frac{t}{2}\right)\right] + A_2\left(\frac{h}{2}\right)\left(b - \frac{t}{2}\right) + A_3\left(\frac{t}{2}\right)\left(\frac{3b}{2} - t\right)$$
$$- \times - \qquad - \times - \qquad - \times -$$
$$= 9.25 \times 10^6 \text{ mm}^4$$

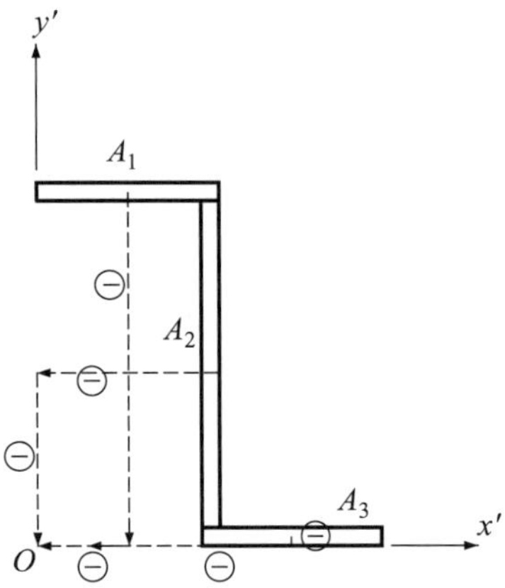

(c)

(12) 주단면2차모멘트 I_1, I_2및 x축으로부터의 주축 회전각 θ_p

$$\tan 2\theta_p = -\frac{2I_{xy}}{I_x - I_y} \text{에서, } \theta_p = \frac{1}{2}\tan^{-1}\left(-\frac{2I_{xy}}{I_x - I_y}\right) = -40.7°$$

$$I_1 = \frac{I_x + I_y}{2} + \sqrt{\left[\frac{(I_x - I_y)}{2}\right]^2 + I_{xy}^2} = 9.205 \times 10^6 \text{ mm}^4$$

$$I_1 = \frac{I_x + I_y}{2} - \sqrt{\left[\frac{(I_x - I_y)}{2}\right]^2 + I_{xy}^2} = 1.102 \times 10^6 \text{ mm}^4$$

6.5 연습문제 Problem...

[6.1절]

6.1-1 그림과 같은 삼각형단면 y축에서 도심거리는?

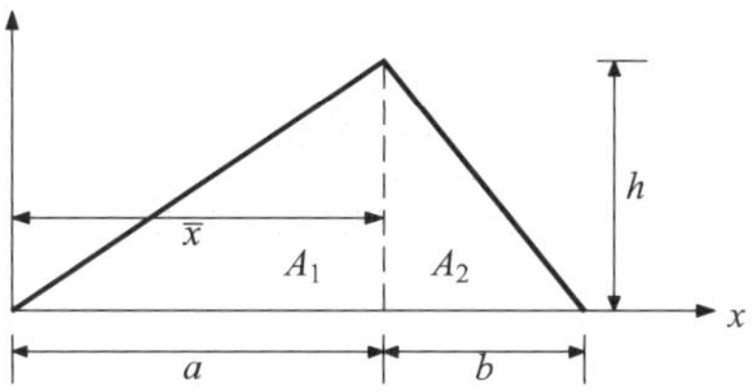

답 $\left(\dfrac{2a+b}{3}\right)$

6.1-2 다음 그림의 도심 $\bar{y}$는?

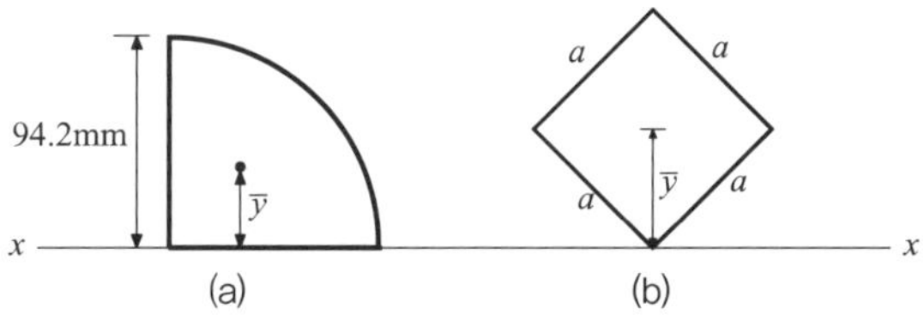

답 (a) 40 mm, (b) $\dfrac{a}{\sqrt{2}}$

6.1-3 그림과 같은 포물선 도형의 면적과 도심은?

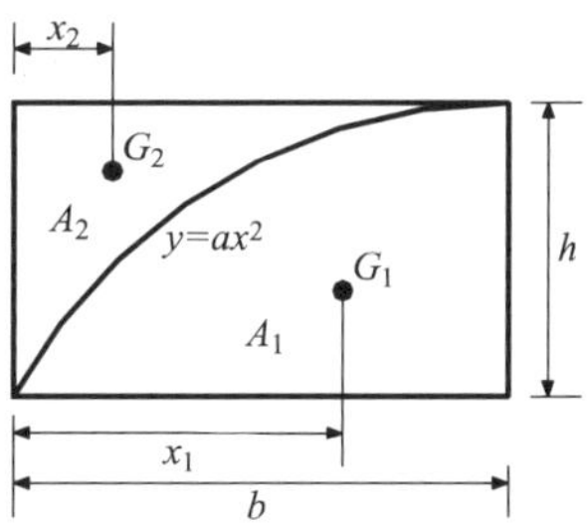

답 $\left(A_1=\dfrac{2}{3}bh,\ A_2=\dfrac{1}{3}bh,\ x_1=\dfrac{5}{8}b,\ x_2=\dfrac{1}{4}b\right)$

6.1-4 다음 그림에서 x축에 대한 단면1차모멘트와 도심은?

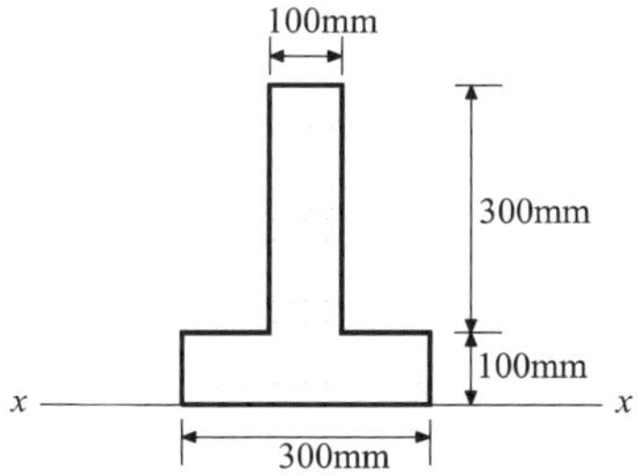

답 $(G_x=9\times10^6\,\text{mm}^3,\ y=150\,\text{mm})$

6.1-5 다음 그림에서 빗금친 부분의 도심 y_0를 구하라.

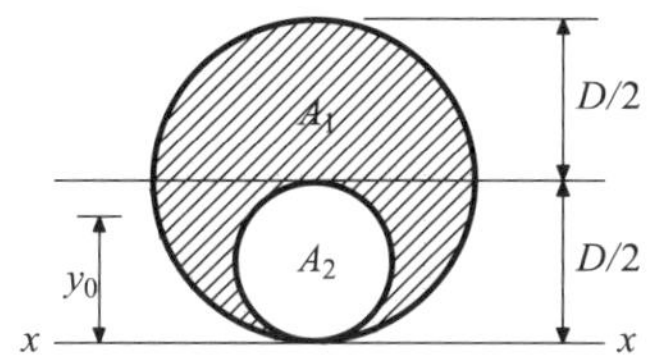

답 $\left(y=\dfrac{7}{12}D\right)$

6.1-6 다음 단면에서 도심축의 위치 $\bar{y}$는?

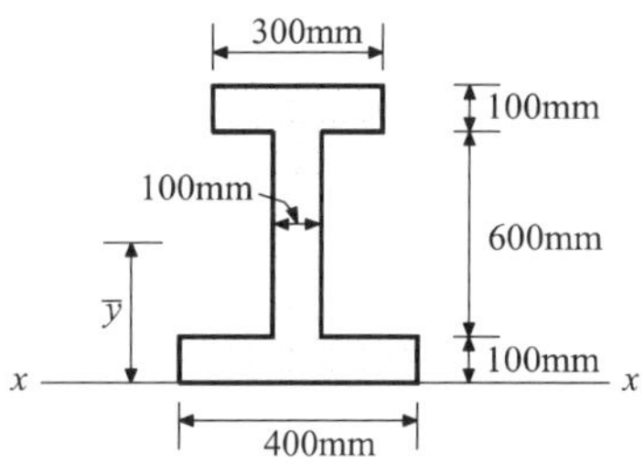

답 373 mm

6.1-7 다음 그림에서 폭 a에 비하여 두께 t가 극히 작을 경우, 단면의 도심 G까지 거리 y_0의 근사값은?

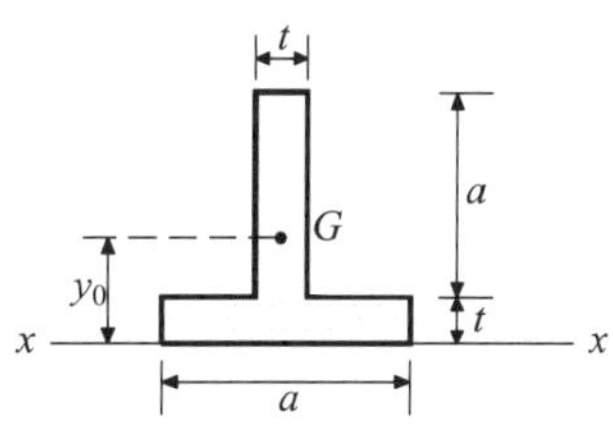

답 $\left(\dfrac{1}{4}a\right)$

6.1-8 그림과 같은 1/4원 중에서 빗금친 부분의 도심 y_0는?

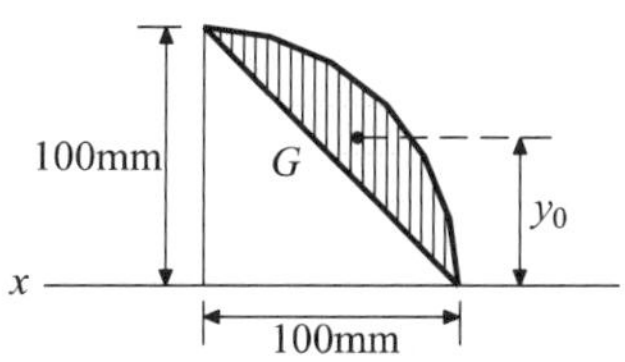

답 (58.4 mm)

6.1-9 다음 도형에서 x축에 대한 단면1차모멘트는? (단, $A = 1{,}000\ \text{mm}^2$, $G_0 = 30{,}000\ \text{mm}^3$)

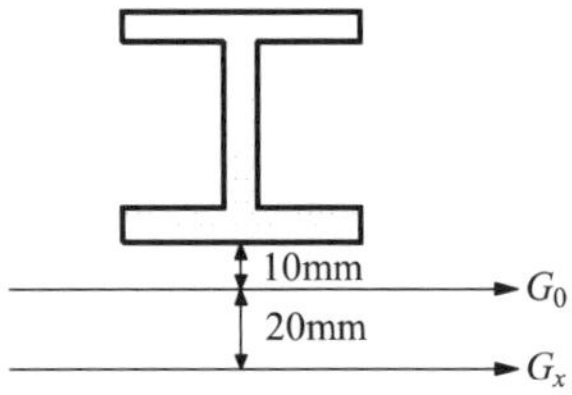

답 $(50{,}000\ \text{mm}^3)$

6.1-10 빗금친 부분의 x, y축에 대한 단면1차모멘트는?

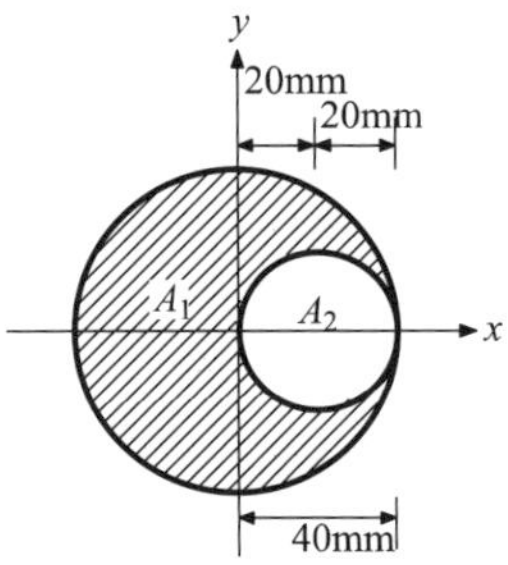

(a)

답 $(G_x = 0,\ G_y = 15{,}700\ \text{mm}^3)$

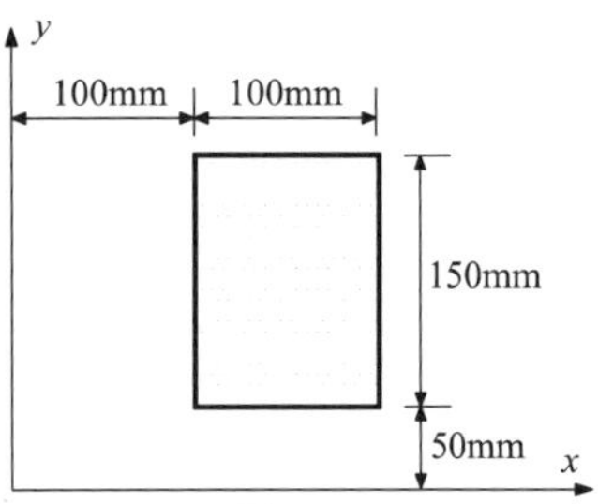

(b)

답 $(G_x = 1{,}875{,}000\text{mm}^3,\ G_y = 2{,}250{,}000\text{mm}^3)$

6.1-11 x축에 대한 단면1차모멘트는?

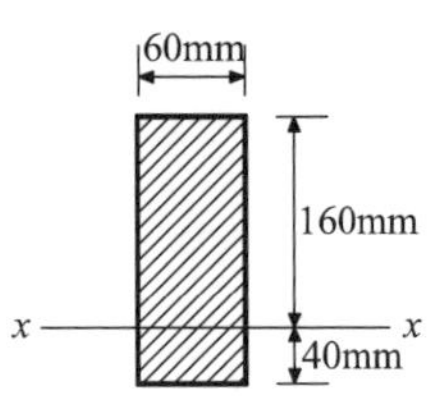

답 $720{,}000\ \text{mm}^3$

6.1-12 그림과 같은 반지름 r인 반원의 x축에 대한 단면1차모멘트는?

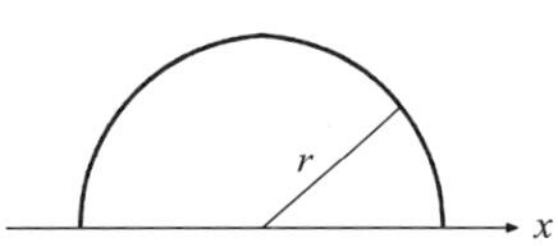

답 $\left(\dfrac{2r^3}{3}\right)$

6.1-13 그림과 같은 I형 단면의 단면적이 $4{,}000\text{mm}^2$, 단면1차모멘트 $G_x = 300{,}000\ \text{mm}^3$일 때, G_X는?

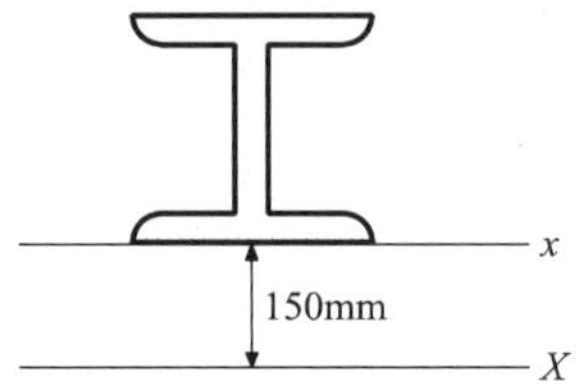

답 $900{,}000\ \text{mm}^3$

[6.2절]

6.2-1 다음 그림에서 A-A'축에 대한 단면2차모멘트는?

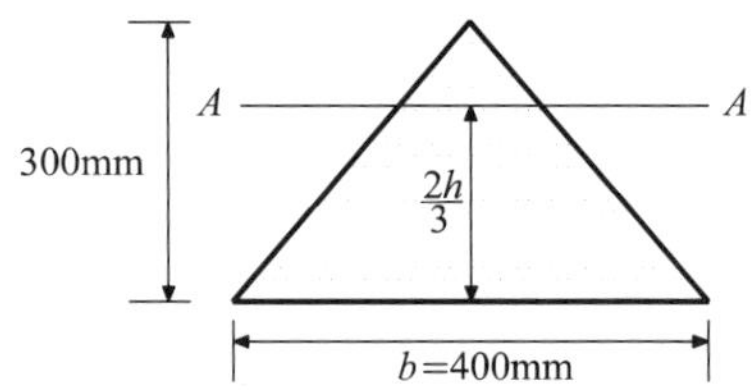

답 $9 \times 10^8\ \text{mm}^4$

6.2-2 그림에서 밑변(X축)에 대한 단면2차모멘트는?

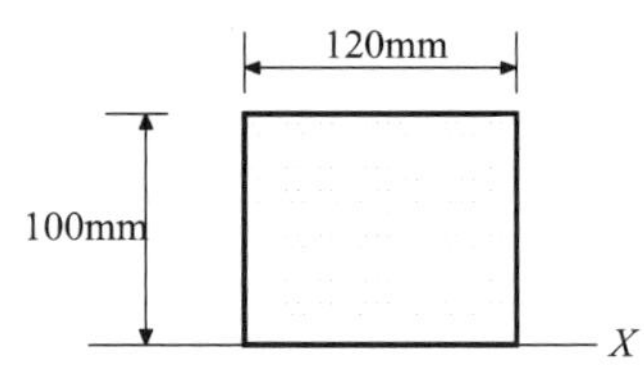

답 $(4 \times 10^7\ \text{mm}^4)$

6.2-3 그림에서 $I_x = 1.2 \times 10^8\ \text{mm}^4$일 때 x축에 평행한 X축의 I_X는? (단, 단면적 $A = 10{,}000\text{mm}^2$)

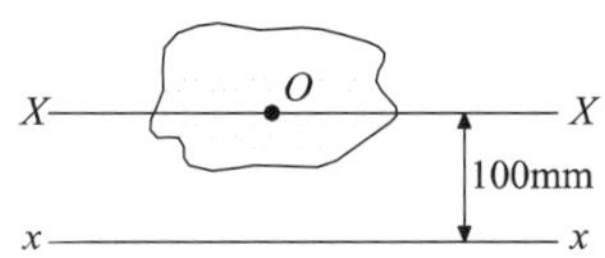

답 $(2 \times 10^7\ \text{mm}^4)$

6.2-4 그림과 같은 단면의 x축에 대한 단면2차모멘트은?

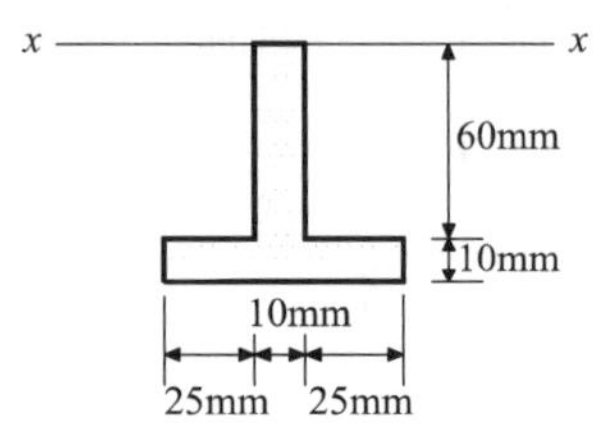

답 $(3.26 \times 10^6\ \text{mm}^4)$

6.2-5 그림의 빗금친 부분에서 도심 G를 지나고 밑변에 나란한 축에 대한 단면2차모멘트는?

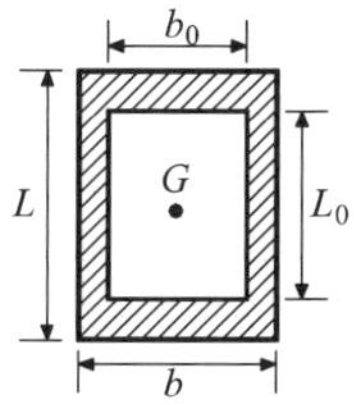

답 $\frac{1}{12}(bh^3 - b_0h_0^3)$

6.2-6 그림과 같은 단면의 $x-x$축에 대한 단면2차모멘트는?

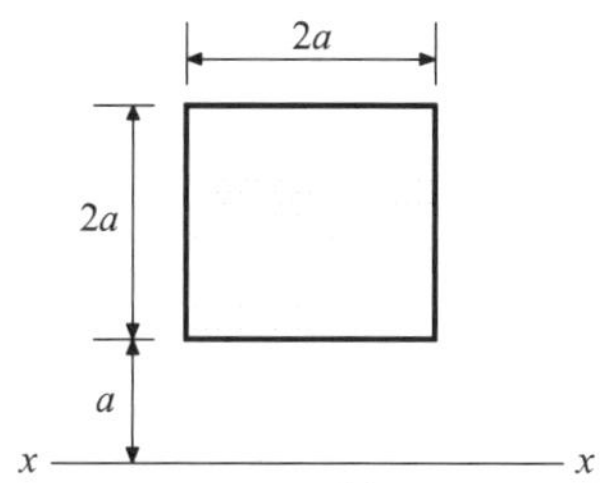

(a)

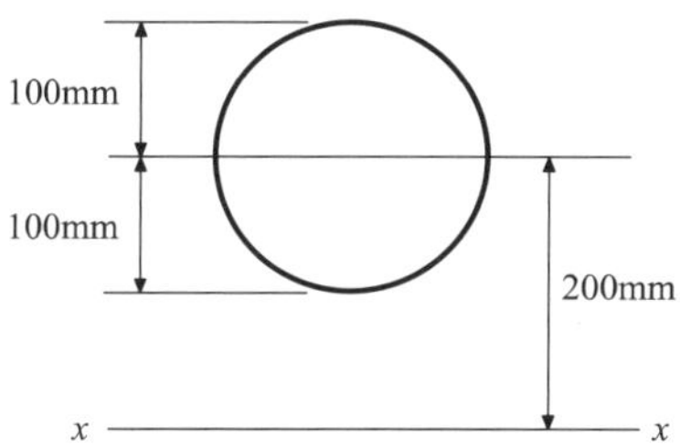

(b)

답 (a) $52/3a^4$, (b) 1.33×10^9 mm^4

6.2-7 사다리꼴 단면에서 x축에 대한 단면2차모멘트 값은?

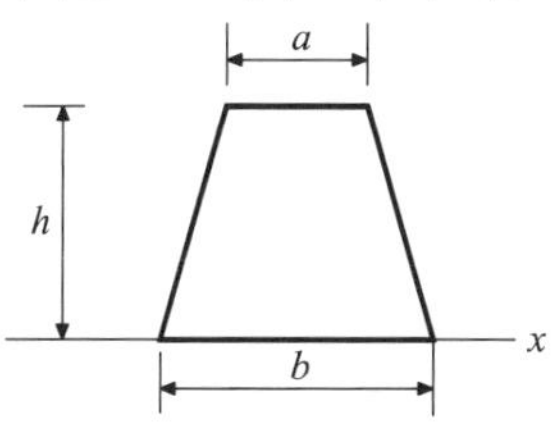

답 $\left(\frac{h^3}{12}(b+3a)\right)$

6.2-8 그림과 같은 대칭단면의 x축에 대한 단면계수값은?

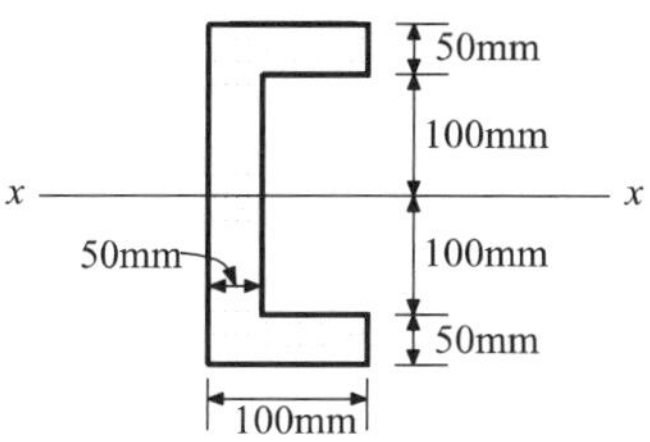

(a)

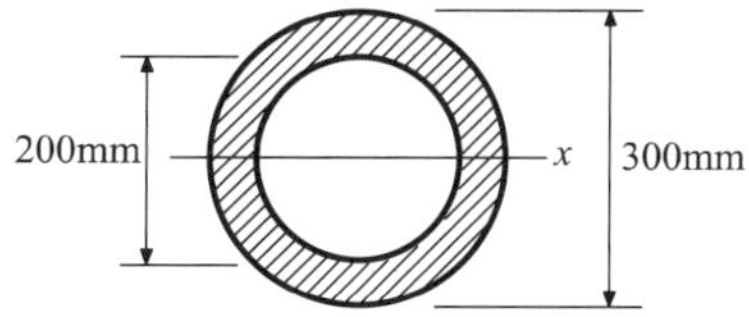

(b)

답 (a) 1,278,000 mm^3, (b) 2,130,000 mm^3

6.2-9 그림과 같은 단면의 $x-x$축에 대한 단면2차반경은?

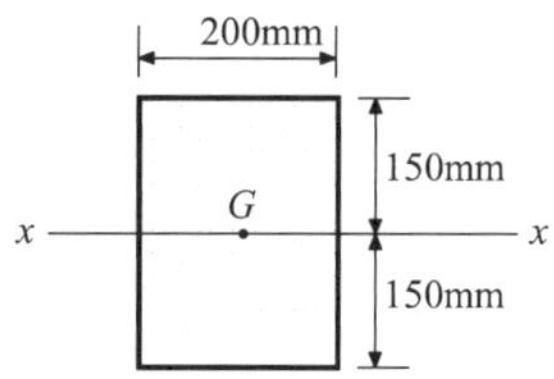

답 86.6 mm

6.2-10 그림과 같은 빗금친 단면의 단면2차반경은?

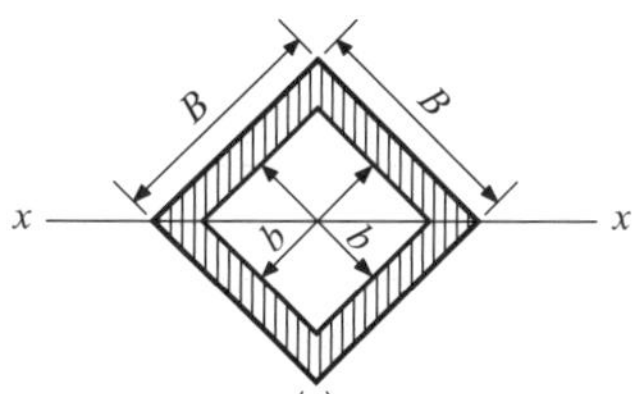

(a)

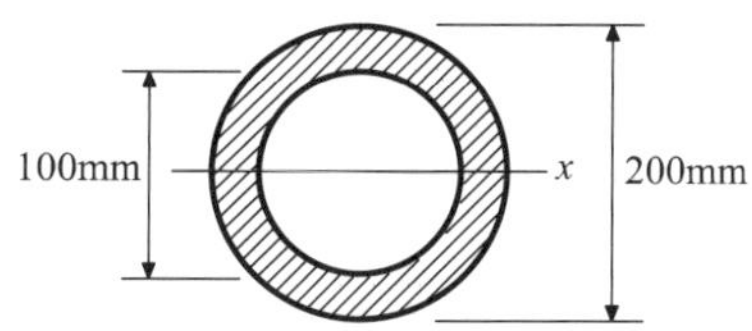

(b)

답 (a) $\sqrt{\frac{B^2+b^2}{12}}$, (b) 55.9 mm

6.2-11 한 변이 h인 정사각형 단면의 대각선축에 대한 단면2차반경은?

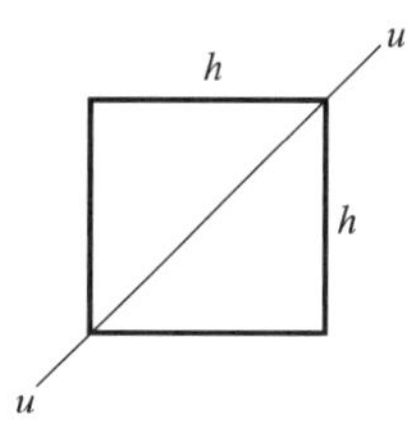

답 $\left(\frac{1}{\sqrt{12}}h\right)$

[6.3절]

6.3-1 다음 도형의 단면상승모멘트는?

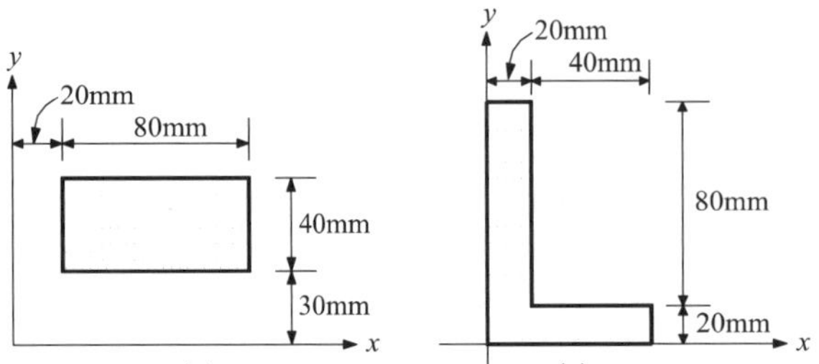

(a) (b)

답 (a) $9.6 \times 10^6\,\text{mm}^4$ (b) $1.32 \times 10^6\,\text{mm}^4$

6.3-2 반경이 r인 반원의 x, y축에 관한 단면상승모멘트는?

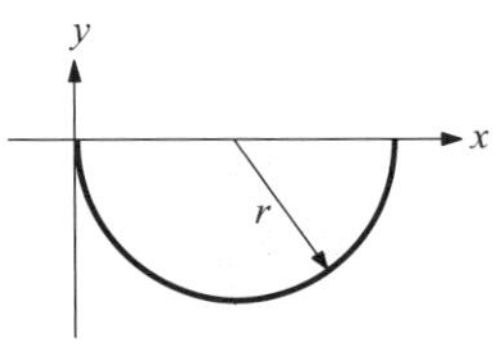

답 $(-2r^4/3)$

6.3-3 그림과 같은 정사각형(abcd)단면에 대하여 $x-y$ 축에 관한 단면상승모멘트 I_{xy}값은?

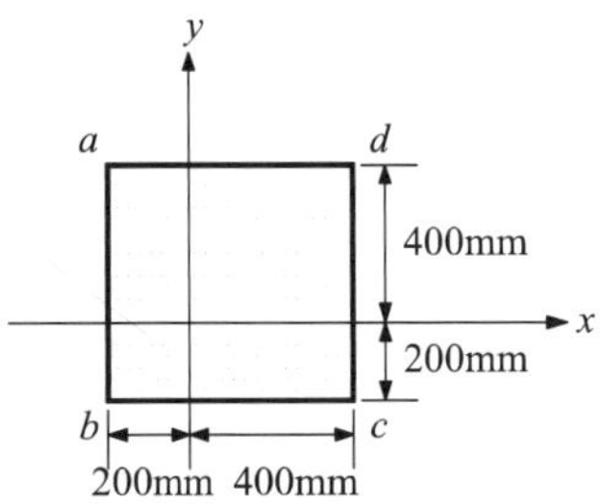

답 $(3.6 \times 10^9\ \text{mm}^4)$

6.3-4 그림과 같이 빗금친 부분에 대하여, $x-y$축에 관한 단면상승모멘트 I_{xy}값을 구하라.

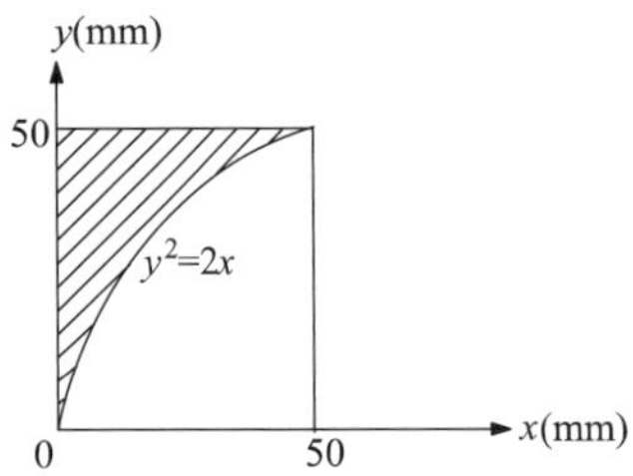

(a)

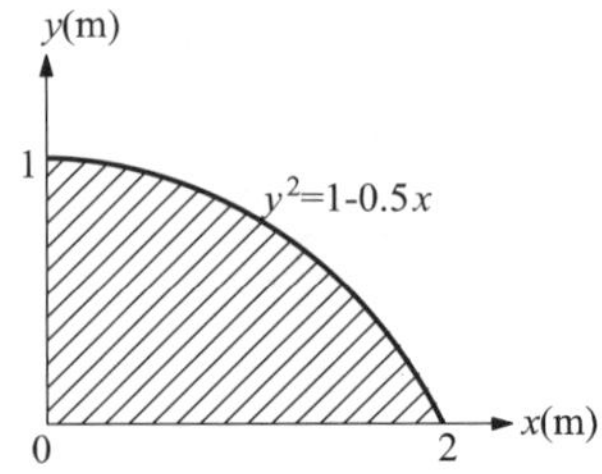

(b)

6.3-5 그림과 같은 단면에 대하여, $x-y$축에 관한 단면상승모멘트 I_{xy}값을 구하라.

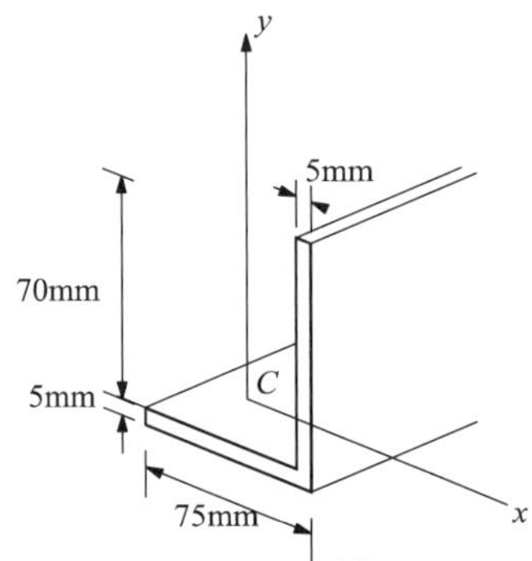

(a)

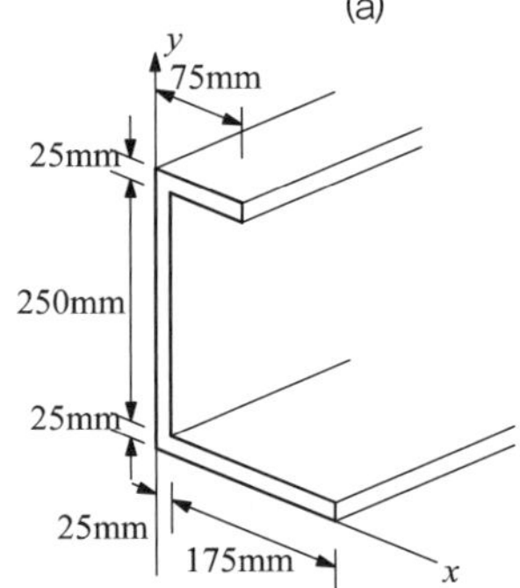

(b)

[6.4절]

6.4-1 다음 도형의 주단면2차모멘트와 주축 방향을 구하라. (단, $a=200$ mm, $b=150$ mm, $t=10$ mm)

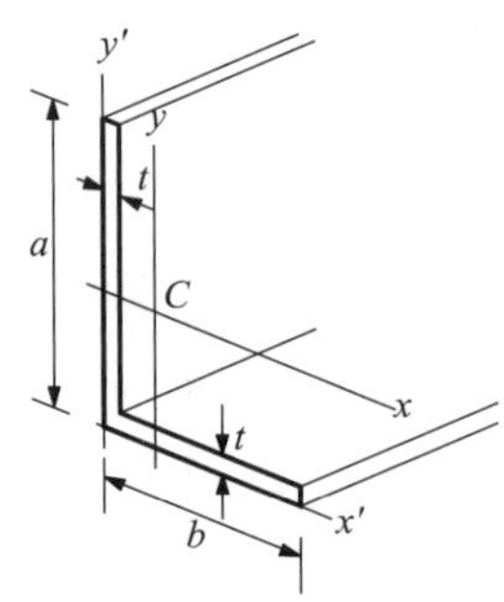

7장 응력과 변형률

차례

주요개념

- 응력
- 변형률
- 응력-변형률 관계
- 탄성과 소성
- 선형과 비선형
- 수직응력(압축응력, 인장응력)
- 수평응력(전단응력)

우리는 3~5장에서 구조 부재의 단면을 무시한 채 선으로 가정해서, 부재력을 구하는 방법을 학습하였다. 실제 부재는 치수(단면)를 가지므로 한 가지 의문이 있을 수 있다.

"우리가 구했던 부재력은 단면에 일정하게 분포한 값의 합력인가? 아니면 다른 분포를 가지고 있지만 그 총 합력을 나타내는 값인가?"

만약 부재력이 다른 분포를 가지고 있다면, 부재력만으로는 구조물을 설계할 수 없다. 예를 들어 재료강도가 부재력보다 크다 하더라도 어떤 부분에서 부재력 분포가 재료 강도를 초과하면, 그 부분에서 부재는 파괴되기 때문이다.

또 다른 의문은 재료이다. 구조물을 구성하는 재료는 강재, 콘크리트, 목재 등 다양하다. 지금까지 우리는 재료의 특성을 고려하지 않았다. 그러나 강재가 목재보다 더 강하다는 사실은 직관적으로 알 수 있다. 강하다는 의미는 무엇인가?
이러한 의문을 풀기 위해서 응력(Stress)과 변형률(Strain)이란 값을 도입한다. 물론 이 장을 이해하고 나면 응력이 새로운 개념이 아닌 단면을 고려한 부재력의 표현이란 사실을 알게 될 것이다.

이를 위해서 먼저 재료의 역학적 성질을 알아보고, 부재력(축방향력, 전단력, 휨모멘트)을 이용하여 임의 단면의 응력을 계산하는 방법에 대하여 논의한다. 또한 평면에서 임의 방향에 대한 응력의 변화(평면응력)를 살펴보고 최대응력의 크기와 방향을 구하는 방법도 알아본다.

재료의 역학적 특성 및 응력과 변형률은 구조물 변형과 처짐, 그리고 부정정구조물 해석의 기초가 되므로 유의하자.

7.1 재료의 역학적 특성

7.1.1 재료의 조직구조

구조 재료는 내부 입자의 조직구조에 따라 이방성체(Anisotropic body)와 등방성체(Isotropic body)로 구분할 수 있다. 이방성체란 재료를 구성하는 입자가 규칙적으로 배열되어 있는 것을 말하며, 입자의 배열이 방향에 따라 다르기 때문에 재료의 성질이 여러 방향으로 다르게 나타난다. 이에 반해 등방성체는 입자의 구성이 매우 불규칙하게 배열되어 방향에 따른 성질에 차이가 없는 것을 말한다. 또한 재료 미소부분의 성질이 재료 전체의 성질과 같다고 볼 수 있는 경우를 균질성체(Homogeneous body)라 한다.

구조재료로써 강재(Steel)는 입자의 조직 구조가 이방성체이지만, 재료 전체를 대상으로 하는 경우는 무수한 미소 결정입자가 불규칙하게 배열되어 등방성에 가까운 성질을 보인다. 또한 전체적으로 볼 때 재료도 균질하다고 할 수 있다. 콘크리트는 시멘트, 골재, 혼화제 등이 결합되어 있지만 역학적으로는 등방성, 균질성체로 다루고 있다. 그러나 목재의 경우는 섬유질의 방향에 따라 역학적 성질이 다르기 때문에 이방성을 고려해야 한다.

구조역학에서는 모든 구조 재료가 등방성체이고 균질하다고 가정하며, 이러한 가정으로 해석한 결과는 실험결과와 대체로 일치한다. 그러므로 목재 등과 같이 특별한 경우를 제외하고 대부분의 구조재료는 등방성이며 균질하다.

7.1.2 응력의 개념

물체에 외력이 작용하면 물체 내의 입자 사이에는 외력에 저항하여 원래 상태로 되돌아가려는 힘(긴장)이 발생하는데 이를 응력(Stress)이라고 한다. 이때 응력이 물체의 단면 전체에 작용하고 있는 것으로 볼 때를 외응력(External stress), 단위면적에 작용한다고 볼 때를 내응력(Internal stress)이라 한다. 외응력은 부재력과 같다는 것을 쉽게 알 수 있다. 내응력은 책에 따라 응력도라고 부르기도 하고, 응력이라고 통칭하기도 한다. 이 책에서도 특별한 주기가 없는 한 내응력을 응력이라고 표기한다.

응력을 보다 잘 이해하기 위해서 재료 관점(미시적 관점)에서 다시 생각해 보자. 그림 7.1과 같이 재료 입자에 인장응력이나 압축응력이 발생하는 경우를 생각해 보자.

그림 (a)와 같이 힘이 작용하지 않는 경우에는 각 입자 사이에 끌어당기는 힘과 반발하는 힘이 균형을 이룬다. 그림 (b)와 같이 인장력이 가해지면, 입자간의 거리가 길어지게(인장변형) 되며 가해진 힘과 균형을 이룬다. 반대로 그림 (c)와 같이 압축력을 가하면 입자 사이의 거리가 가까워지면서(압축변형) 가해진 힘과 균형을 이룬다. 이때 각 입자는 스스로 평형상태에 있으며 외력이 가해진 점으로부터 연속적으로 "힘을 전달하는 역할"을 하고 있을 뿐 힘을 더하는 것은 아니다. 그러므로 응력은 각 부분에서 평형을 이루고 있을 뿐만 아니라 전체 합력도 0이 된다. 즉 응력이란 가해진 힘에 대하여 재료 입자가 평형을 이루는데 필요한 내부의 힘이라고 할 수 있다.

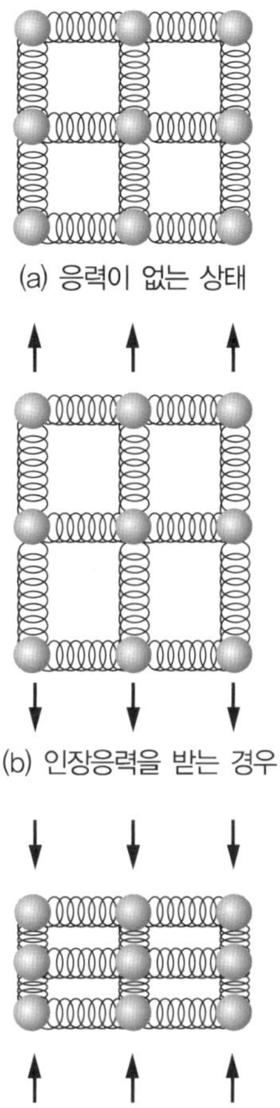

(a) 응력이 없는 상태

(b) 인장응력을 받는 경우

(c) 압축응력을 받는 경우

그림 7.1

재료 내의 입자들은 연속적으로 평형을 이루기 때문에 마치 힘이 전혀 가해지지 않은 상태와도 같아서 크기를 구하기가 어렵다. 그러므로 응력의 크기를 구하기 위해서는 그림 7.2와 같이 구하고자 하는 단면($m-n$)을 절단해서 그 부분에 존재했던 일단의 응력 한쪽을 절단된 부분에 작용하는 외력으로 치환시켜 구하는 방법을 사용할 수 있다. 이러한 방법은 앞의 부재력(단면력, 외응력) 계산에서 이미 살펴보았다. 정리하면,

「외력이 가해진 물체는 변형되며, 물체 내부에 변형에 대응해서 응력이 발생하고, 어느 단면에서 절단을 하더라도 응력과 외력이 평형을 이룬다」고 할 수 있다.

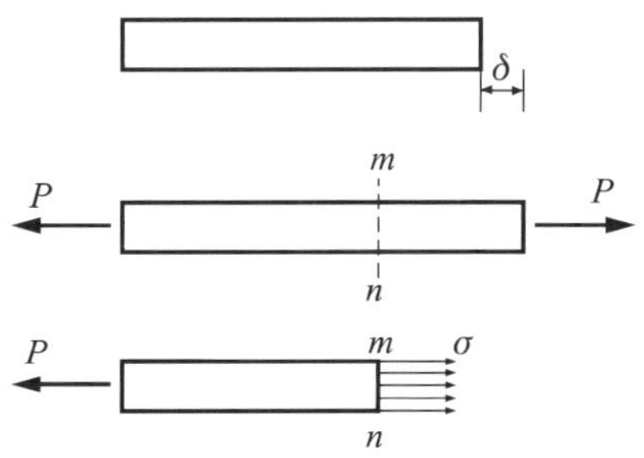

그림 7.2 인장응력 예

응력 중에서 단면에 수직으로 작용하는 응력을 수직응력(Normal stress)라 하고, 수평으로 작용하는 응력을 전단응력(Shear stress)라 한다. 수직응력에는 축방향력에 의한 인장응력 또는 압축응력, 휨모멘트에 의한 휨응력, 부재 내 온도변화에 의한 온도응력 등이 있다. 전단응력은 부재 내에 전단력이나 비틀림에 의한 응력을 말한다. 각각의 응력에 대해서는 뒤에서 자세히 다룬다. 응력은 σ로 표기하고, 힘을 단면으로 나누면 되므로 단위는 단위면적당 힘이 된다. 즉, $N/m^2(=Pa)$이다.

7.1.3 변형률의 개념

재료가 외력을 받으면 응력이 발생하는 것과 동시에 변형한다. 만약 부재에 수직응력이 작용하면 부재는 응력 작용방향으로 늘어

나거나 줄어들면서 형상이 변한다. 이때 원래 길이에 대한 변형한 길이의 비를 변형률(Strain)이라 하고 ϵ로 표기한다. 변형률 또한 응력과 마찬가지로 수직변형률과 전단변형률이 있다.

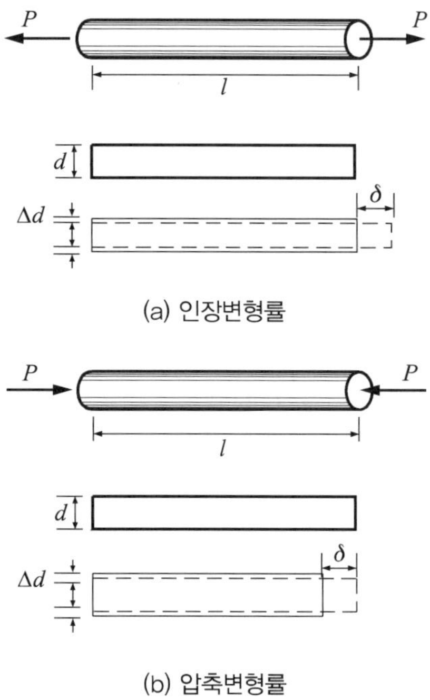

그림 7.3 수직변형률

수직변형률(Normal strain)

수직변형률에는 부재가 인장력을 받을 때의 인장변형률(Tensile strain)과 압축력을 받을 때의 압축변형률(Compressive strain)이 있다. 즉 그림 7.3에서 변형률은

$$\epsilon = \frac{\delta}{l} \tag{7.1}$$

이고 단위는 무차원이다. 그림에서 부재가 늘어나거나 줄어들면, 부재축의 직각방향으로도 변형한다. 이렇게 힘이 작용하는 방향과 직각방향의 변형률을 가로변형률(Lateral strain) β라 한다. 즉,

$$\beta = \frac{\Delta d}{d} \tag{a}$$

가 된다. 여기서 길이방향의 변형률 ϵ에 대한 가로변형률 β의 비를 포아송비(Poisson's Ratio, ν)라 하고 그 역수를 포아송수(Poisson's Number, m)라 한다. 즉,

$$\nu = \frac{\beta}{\epsilon} = \frac{1}{m} \tag{7.2}$$

포아송비는 최대값이 0.5이다(이유는 각자 생각해 보자)이며, 일반적으로 구조용 강재는 약 0.3, 돌과 유리는 약 0.25, 콘크리트는 약 0.167이다.

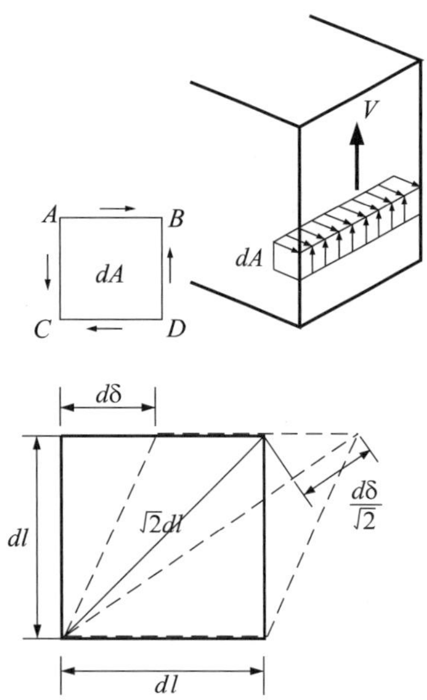

그림 7.4 전단변형률과 변형률관계

전단변형률

그림 7.4와 같이 미소요소 dA의 각 단면에 전단응력 v가 작용하면, 마름모꼴로 변형되며, 각도 변화는

$$\tan\gamma \cong \gamma = \frac{d\delta}{dl} \tag{7.3}$$

이다. 이때 γ를 전단변형률(Shear strain)이라고 하며, 단위는 무차원이고 rad(Radian, 라디안)으로 표시한다.

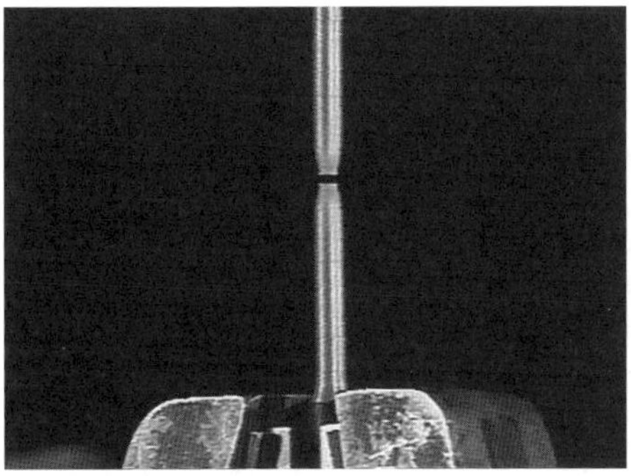

▲ 파단후의 모습(네킹)

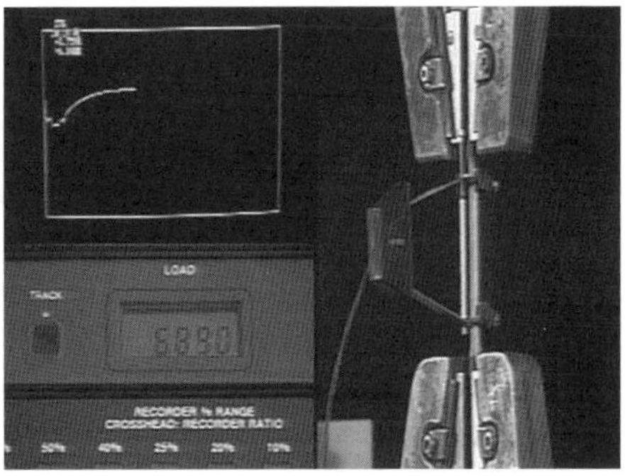

▲ 인장시험 전경

그림 7.5 인장시편시험

변형률 사이의 관계

그림 7.4에서 정사각형의 대각선 중 한쪽은 늘어나고, 다른 한쪽은 줄어드는데, 그 크기는 모두 $d\delta/\sqrt{2}$ 이다. 대각선의 변형 전 길이는 모두 $\sqrt{2}\,dl$이므로 대각선 방향의 변형률 ϵ은,

$$\epsilon = \frac{d\delta/\sqrt{2}}{\sqrt{2}\,dl} = \frac{1}{2}\frac{d\delta}{dl} = \frac{1}{2}\gamma \tag{7.4}$$

이므로 길이변형률 $\epsilon = (1/2)\gamma$의 관계가 있다.

7.1.4 응력 - 변형률 관계

구조재료의 역학적 특성 중 하나로 응력－변형률 관계 곡선(Stress-strain relationship)이 있다. 이 곡선은 탄성계수, 항복강도, 인장강도 등 재료의 다양한 역학적 특성 값을 제공한다. 그림 7.6은 그림 7.5와 같은 인장시편시험(Tensile coupon test)을 통해 얻

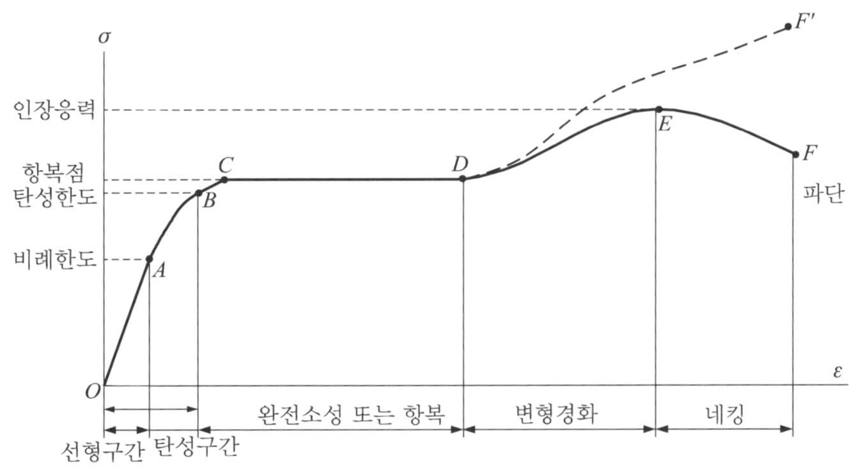

그림 7.6

은 응력－변형률 관계곡선의 예를 나타낸 것이다(연강). 그림에서 가로축은 축방향변형률 $\epsilon(=\delta/l)$이고, 세로축은 인장응력 $\sigma(=P/A)$이다.

곡선으로부터 원점 O에서 A까지는 일정한 기울기를 갖는 직선구간으로 응력과 변형이 비례하며 이후에는 더 이상 선형이 아니다. 이러한 선형의 한계점인 A점을 비례한도(Proportional limit)라고 한다. 비례한도를 넘어서면 선형이 아니지만, 재료가 탄성을 유지하는 한계가 있는데, 이 B점을 탄성한도(Elastic limit)라고 한다. 탄성한도를 넘어서 하중을 증가시키면 기울기가 급격히 감소하여 C점에 도달하게 되고, C점 이후로는 하중을 증가시키지 않아도 변형률이 증가한다. 이러한 현상을 항복(Yielding)이라고 하고 C점을 항복점(Yielding point), 또는 항복강도(Yielding strength)라고 한다.

CD구간은 하중 증가 없이 변형률만 증가하는 현상이 나타나며 이를 완전소성구간이라고 한다. 점 D를 지나면 재료가 추가적인 저항을 보이며 응력과 변형률이 같이 증가하는데, 이 구간을 변형경화(Strain hardening)라고 한다. D점에 도달하면 응력이 최대가 되는데 이를 인장강도(Tensile strength)라고 한다.

E점 이후에는 응력은 감소하고 변형률은 증가하여 F점에서 파단(Fracture)된다. 그림으로부터 EF구간을 살펴보면,

$$\frac{d\sigma_{EF}}{d\epsilon_{EF}} < 0 \tag{a}$$

이다. 이러한 현상은 물리학적으로 성립되지 않으며 실질적으로는 재료의 단면이 감소($\sigma = P/A$에서 A 감소)하고 있기 때문이다. 즉 단면이 감소함에도 불구하고 응력을 계산할 때는 최초 단면을 계속 사용하기 때문이다. 만약 실제 단면 변화를 고려한다면, 실제 응력은 DF'(파선)이 된다. 마지막으로 파단면이 오목하게 되는 네킹(Necking) 현상이 나타난다.

공학적으로 단면 변화를 측정하기는 매우 어렵기 때문에, 최초 단면으로 응력을 계산한 $OABCDEF$를 재료의 응력－변형률 특성으로 보며, 이를 공칭응력(Nominal stress)이라고 한다. 실제 이러한 공칭응력은 계산이 쉬울 뿐만 아니라 설계에 사용하는데 문제가 없으며 일부 안전율의 개념을 포함하고 있다. 한편 재료의 단면 변화를 고려한 $OABCDF'$를 진응력(Actual stress)이라고 한다.

응력－변형률 곡선은 재료의 특성으로서 각 재료마다 고유한

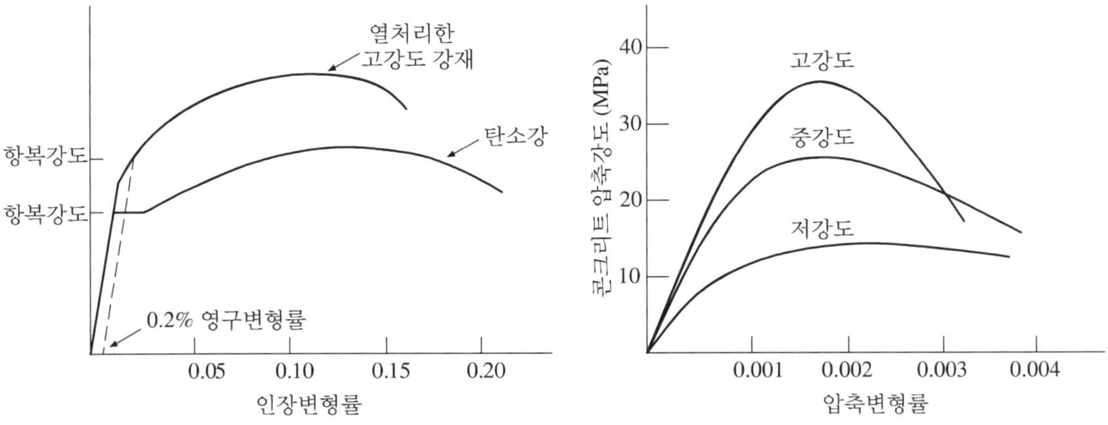

그림 7.7 (a) 강재 (b) 콘크리트

값을 갖는다. 앞에서 살펴본 응력–변형률 곡선은 저강도급의 강재(연강)지만, 고강도급의 강재는 그림 7.7(a)과 같이 항복점이 분명히 나타나지 않으며, 콘크리트는 초기부터 비선형성을 띠고 변형률도 작은 특성이 있다(그림 (b)).

7.1.5 탄성과 소성, 선형과 비선형

응력–변형률 관계곡선으로부터 하중을 중간에 제거하는 경우를 생각해 보자. 재료는 힘을 받으면 변형하고, 힘을 제거하면 본래 모양으로 되돌아가는 성질이 있는데 이를 탄성(Elasticity)이라고 한다. 한편 탄성한도를 넘어서 하중을 제거하면 원래 형태로 회복되지 않는 재료의 성질을 소성(Plasticity)이라 한다.

그림 7.8로부터 (a)와 같이 완전히 본래의 모양으로 회복되는 재료(하중의 이력곡선을 따라 돌아와야 함에 유의하자)를 탄성체라고 하고 (b)와 같이 일부의 변형이 남는 재료는 소성체라 한다. 강재의 경우는 탄성한도 이하의 응력에서 하중을 제거하면 완전히 본래의 모습으로 돌아가는 탄성체이지만 탄성한도를 넘은 변형에서 하중을 제거하면 변형이 일부 남게 되는 소성체가 된다. 이러한 회복되지 않는 변형을 잔류변형(Residual strain)이라 한다.

한편 재료의 응력–변형률 관계곡선에서 응력과 변형률이 비례하면 선형(Linear)이라고 하고, 그렇지 않은 경우를 비선형(Nonlinear)이라 한다. 재료가 탄성적으로 거동하고, 또한 응력과 변형률이 선형 관계를 갖는 경우를 선형탄성(Linearly elastic)이라 한다. 한편 탄성거동을 하지만 응력과 변형률이 비선형 특성을 갖는 경우를 비선형탄성(Nonlinearly elastic)이라 한다.

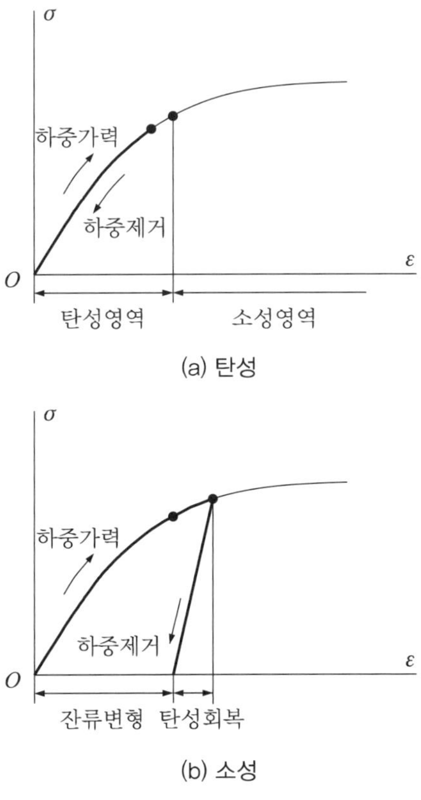

그림 7.8 탄성과 소성

모든 구조재료는 탄성영역과 소성영역이 같이 존재한다. 완전탄성체도 없으며 완전소성체도 없다고 할 수 있다. 이러한 구조 재료의 탄성과 소성의 특성을 어떻게 가정하고 해석할 것인가의 문제는 탄성론과 소성론이라는 구조역학의 큰 흐름으로 발전되고 있다.

7.1.6 탄성계수

대부분의 구조재료는 응력과 변형률이 작은 범위에서는 선형탄성 상태에 있다고 할 수 있다. 즉 선형탄성 상태에서 응력 σ과 변형률 ϵ는 비례하므로,

$$\sigma = E\epsilon \tag{7.5}$$

으로 나타낼 수 있으며, 이를 후크의 법칙(Hooke's law)이라 한다. 이때 E는 상수로 탄성계수(Modulus of elasticity) 또는 영계수(Young's modulus)라 한다. 식 (7.5)에서도 알 수 있듯이 탄성계수는 선형탄성 영역에서 응력과 변형률 곡선의 기울기를 나타내며 재료의 특성 중 하나이다. 대부분의 구조재료는 등방성체이므로 인장이나 압축에서 탄성계수가 같으며, 단위는 Pa이다.

예를 들어 강재(E_s)의 경우는 200 GPa, 콘크리트(E_c)는 20~30 GPa값을 갖는다. 만약 어떤 구조부재의 콘크리트와 강재가 일체로 거동하고 있다면 변형률이 같으므로 탄성계수비(E_s/E_c)만큼 응력을 분담하게 된다.

이번에는 전단응력과 전단변형률이 선형탄성 상태에 있는 경우를 생각해 보자. 같은 이유로 전단응력 v과 전단변형률 γ의 선형적 관계는 다음과 같다.

$$v = G\gamma \tag{7.6}$$

여기서 G를 전단탄성계수(Shear modulus of elasticity)라고 하고 단위는 Pa이다. 예를 들어 강재(G_s)는 약 75~80 GPa이다.

7.1.7 탄성계수와 전단탄성계수의 관계

탄성계수 E와 전단탄성계수 G의 관계를 살펴보자. 그림 7.9와 같이 정사각형 요소에 전단응력이 작용하면, 그 주응력은 45°방향이고, 크기는,

$$\sigma_1,\ \sigma_2 = \pm v \tag{a}$$

이다(주응력 및 주응력 방향을 구하는 방법은 7.4절에서 상세히 다룬다). 따라서 이 방향의 변형률을 포아송비를 포함하여 고려하면,

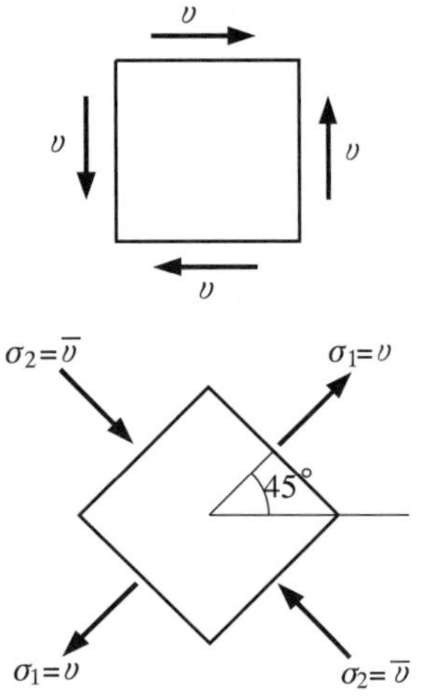

그림 7.9

$$\epsilon = \frac{v}{E} + \frac{\nu v}{E} = \frac{v}{E}(1+\nu) \tag{b}$$

이다. 식 (7.4)와 식 (7.6)을 이용해서 정리하면,

$$\epsilon = \frac{v}{2G} \tag{c}$$

이다. 그러므로 식 (b)와 식 (c)로부터,

$$G = \frac{E}{2(1+\nu)} \tag{7.7}$$

탄성계수 E와 전단탄성계수 G의 관계식을 얻을 수 있다.

7.2 응력의 계산

여기서는 부재력(외응력) 즉 축방향력, 전단력 및 휨모멘트를 이용해서 응력을 계산하는 방법에 관해 논의한다. 또한 발생하는 응력과 동반하는 변형량에 관해서도 살펴본다.

7.2.1 축방향력에 의한 응력

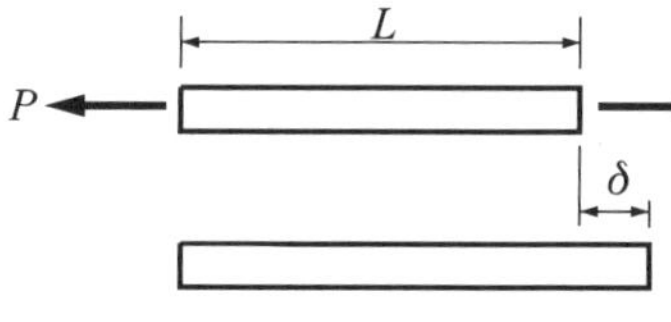

그림 7.10

그림 7.10과 같이 재질이 같고, 균일한 단면을 갖는 직선부재에 축방향력 P가 작용할 때 부재 내부에 발생하는 수직응력은,

$$\sigma = \frac{P}{A} \tag{7.8}$$

이다. 또한 축방향력이 인장력일 때는 인장응력(σ_t, $+$), 압축력일 때는 압축응력(σ_c, $-$)이다. 이제 부재의 변형량을 구해보자.

부재의 변형률에 관한 식($\epsilon = \delta / L$)과, 후크의 법칙($\sigma = E\,\epsilon$), 그리고 식 (7.8)을 조합하면, 길이 변형량은,

$$\delta = \epsilon L = \frac{\sigma}{E} L = \frac{PL}{EA} \tag{7.9}$$

가 된다. 만약 길이 L인 균질한 부재에 축방향력(P_x)과 단면적(A_x)이 변한다면, 미소요소에 대한 적분을 통해 전체 길이 변형량을 구할 수 있다. 즉,

$$\delta = \int_0^L d\delta = \int_0^L \frac{P_x}{EA_x}\,dx \tag{7.10}$$

물론 식 (7.10)은 식 (7.8)과 같이 균일단면을 갖는 부재 응력을 기준으로 유도된 식이기 때문에 단면의 변화가 급격하면, 오차가 커질 수 있음에 유의하자.

예제 7-1

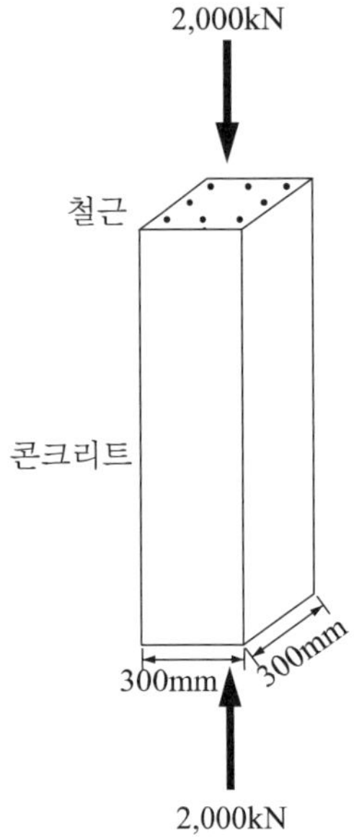

300×300mm 단면의 철근콘크리트 기둥이 중심축 하중 2,000kN을 받고 있다(기둥은 좌굴이 발생하지 않을 만큼 충분히 짧다). 이때 콘크리트와 철근이 부담하는 응력을 구하라. 또한 철근의 허용응력 f_b=160MPa일 경우 안전성을 검토하라(단, 콘크리트의 탄성계수 E_c=25GPa, 철근의 탄성계수 E_s=200GPa, 철근 단면적 A_s=2,000mm^2).

풀이

철근과 콘크리트가 부담하는 응력은 각각,

$$P=\sigma_c A_c+\sigma_s A_s$$

$$\sigma_c=E_c\epsilon_c, \quad \sigma_s=E_s\epsilon_s$$

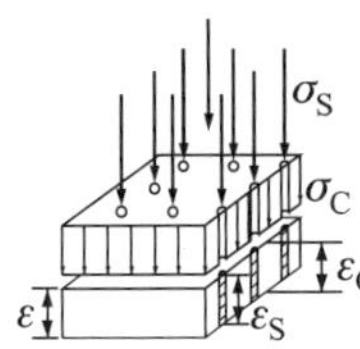

(a)

콘크리트와 철근이 일체로 거동하므로, 그림 (a)와 같이 $\epsilon_c=\epsilon_s=\epsilon$이므로,

$$\epsilon_s=\epsilon=\frac{\sigma_c}{E_c}, \qquad \sigma_s=E_s\epsilon_s=E_s\frac{\sigma_c}{E_c}=\frac{E_s}{E_c}\sigma_c$$

$$P=\sigma_c A_c+\sigma_s A_s=\frac{E_s}{E_c}\sigma_c A_s=\sigma_c\left(A_c+\frac{E_s}{E_c}A_s\right)$$

따라서

$$\sigma_c=\frac{P}{\left(A_c+\dfrac{E_s}{E_c}A_s\right)}, \qquad \sigma_s=\frac{P}{\left(A_s+\dfrac{E_c}{E_s}A_c\right)}$$

이다. 각각의 값을 대입하면,

$$\sigma_c=\frac{2{,}000\times10^3}{(300\times300-2{,}000)+(200/25)\times2{,}000}$$

$$=19.2\ \mathrm{N/mm^2}=19.2\ \mathrm{MPa}$$

$$\sigma_s=\frac{2{,}000\times10^3}{2{,}000+(25/200)(300\times300-2{,}000)}$$

$$=153.8\ \mathrm{N/mm^2}=153.8\ \mathrm{MPa}$$

철근의 허용응력 $f_a=160$ MPa이고,

$$\sigma_s=153.8\ \mathrm{MPa}<f_a\,(=160\ \mathrm{MPa})$$

이므로 안전하다.

7.2.2 휨모멘트에 의한 응력

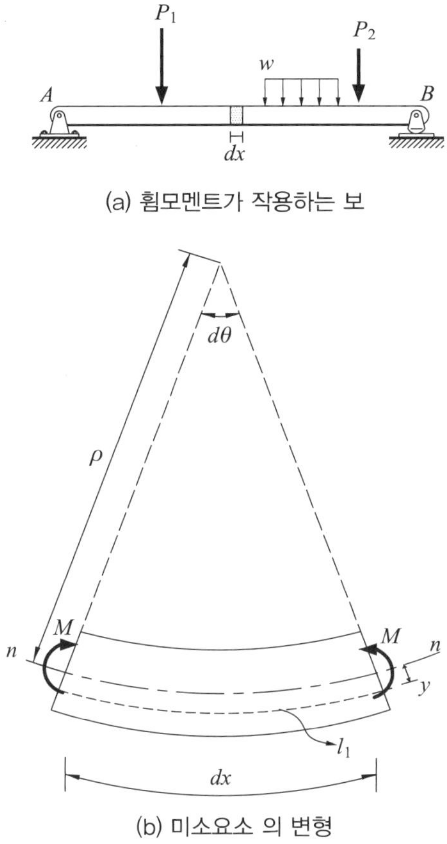

그림 7.11

그림 7.11과 같이 보 부재에 하중이 작용하여 휨모멘트가 발생하면, 단면의 상부는 압축, 하부는 인장응력이 유발된다. 따라서 보 상부면은 줄어들고, 보 하부면은 늘어난다(물론 부재 내에는 전단력도 있으므로, 전단응력에 의한 변형도 발생한다. 그러나 일단 전단변형은 무시한다). 또한 그 크기는 단면의 상부와 하부 최연단에서 최대이고 단면 내부로 들어갈수록 감소하며, 어떤 면에서 0이 된다. 즉 압축변형과 인장변형이 발생하지 않는 면을 중립면(Neutral surface)이라 하고 중립면과 부재단면이 만나는 축을 중립축(Neutral axis, $n-n$축)이라고 한다. 만약 부재가 균질하다면, 중립축은 단면의 도심과 일치한다.

이러한 휨모멘트에 대한 응력을 계산하기 위해 다음과 같은 가정을 도입한다.

(1) 재료는 선형탄성이다. 즉, 후크(Hooke)의 법칙이 성립한다.
(2) 부재축에 직각인 단면(평면)은 휨에 의해 변형한 후에도, 그 평면을 유지한다(평면유지의 법칙).

이제 그림 7.11과 같이 부재의 미소 길이 dx를 생각해 보자. 휨모멘트를 받으면, dx의 양 단면은 $d\theta$만큼 기울어진다. 중립면의 곡률반경을 ρ라 하면, 중립축에서의 미소길이 dx는,

$$dx = \rho\, d\theta \tag{a}$$

가 된다. 중립축에서 y만큼 떨어진 곳의 변형률을 ϵ_x라 하고, 선분 길이를 l_1이라 하면,

$$l_1 = (\rho + y)\, d\theta = (\rho + y)\frac{dx}{\rho} = dx + \frac{y}{\rho}dx \tag{b}$$

가 된다. 원래 선분 길이는 dx이므로 $l_1 - dx$가 늘어난 길이가 되므로,

$$\epsilon_x = \frac{l_1 - dx}{dx} = \frac{\left(dx + \dfrac{y}{\rho}dx\right) - dx}{dx} = \frac{1}{\rho}y \tag{c}$$

가 된다. $\dfrac{1}{\rho}$은 곡률(Curvature) κ이므로,

$$\epsilon_x = \kappa y \tag{7.11}$$

가 된다. 즉, 변형률은 중립축에서 거리 y에 κ배로 비례한다. 또한 휨응력 σ_x은 후크의 법칙에 의해,

$$\sigma_x = E\epsilon_x = E\kappa y \tag{7.12}$$

이 된다. 응력 또한 중립축에서 거리 y에 $E\kappa$배로 비례한다는 것을 알 수 있다. 이 결과를 그림 7.12에 나타냈다.

힘의 평형을 고려하면, $\sum X = 0$에서,

$$\sum x = \int \sigma_x dA = \int E\kappa y dA = \frac{E}{\rho}\int y dA = 0 \tag{7.13}$$

이다. 식 (7.13)을 만족하기 위해서는 단면1차모멘트 $\int y dA = 0$이어야 하고, 도심에서 단면1차모멘트는 0이므로, 중립축은 도심을 통과해야 한다.

다음으로, 그림에서 압축응력의 합력 C와 인장응력의 합력 T는 크기가 같고 방향이 반대인 우력이므로 우력모멘트 M를 발생한다. 그 크기는,

$$M = \int \sigma_x dA \times y = \int E\kappa y^2 dA = E\kappa \int y^2 dA \tag{7.14a}$$

이다. 여기서 $\int y^2 dA$ 형태는 단면2차모멘트 I이므로,

$$M = E\kappa I \tag{7.14b}$$

가 되고, 곡률에 대해 정리하면,

$$\kappa = \frac{M}{EI} = \frac{1}{\rho} \tag{7.15}$$

이때 EI를 휨강성(Flexural rigidity)이라 한다. 따라서 응력은,

$$\sigma_x = E\kappa y = E\frac{M}{EI}y = \frac{M}{I}y \tag{7.16}$$

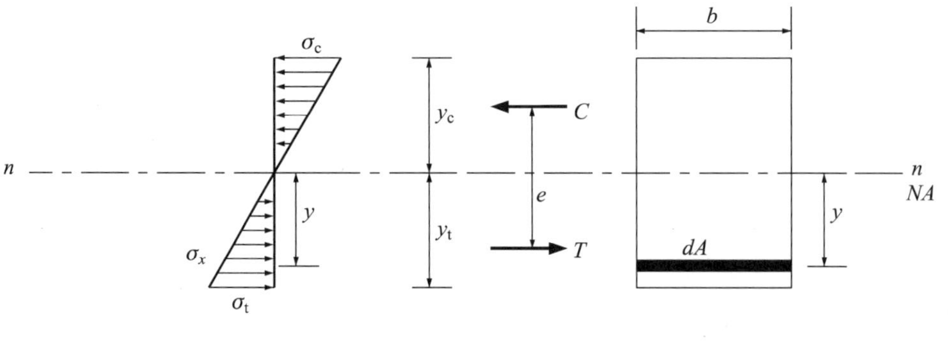

그림 7.12

가 되고, 식 (7.16)을 보의 휨응력식(Flexural formular)이라 한다. 이 식에 의하면 보 단면에서 최대 휨응력은 상단과 하단의 최연단에서 발생한다. 중립축으로부터 압축과 인장 최연단 거리를 각각 y_c, y_t라 하면, 식 (7.16)은,

$$\sigma_c = \frac{M}{I} y_c = \frac{M}{Z_c} \tag{7.17}$$

$$\sigma_t = \frac{M}{I} y_t = \frac{M}{Z_t}$$

이 된다. 여기서 Z_c, Z_t는 단면계수이다. 식 (7.17)은 단면에서 최대연단응력(Extreme fiber stress)이며, σ_c를 휨압축응력, σ_t를 휨인장응력이라 한다. 만일 $y_c = y_t$인 경우는 $Z_c = Z_t = Z$이므로,

$$\sigma_c = \sigma_t = \frac{M}{Z} \tag{7.18}$$

예제 7-2

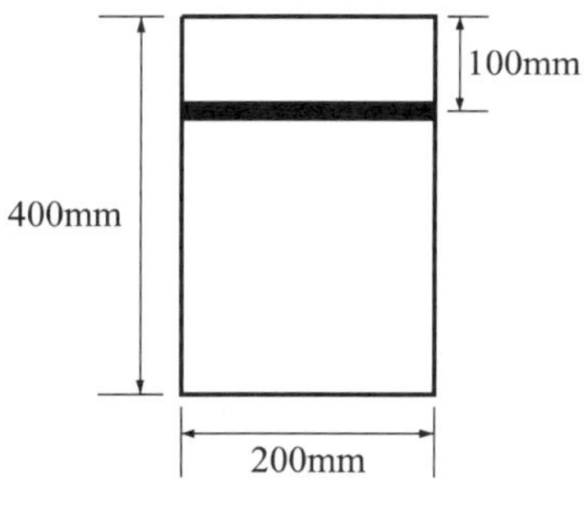

직사각형보 단면에 80kN·m의 휨모멘트가 작용할 때, 최외단의 휨압축응력 σ_c과 휨인장응력 σ_t, 상단에서 아래로 100mm인 곳의 휨응력 σ_x를 구하라.

풀이

단면2차모멘트는 $I = \dfrac{bh^3}{12} = \dfrac{200 \times 400^3}{12} = 1.07 \times 10^9 \text{ mm}^4$

$y_c = y_t$인 경우이므로,

단면계수 : $Z = \dfrac{I}{y} = \dfrac{1.07 \times 10^9}{200} = 5.35 \times 10^6 \text{ mm}^3$

휨압축응력 : $\sigma_c = -\dfrac{M}{Z} = -\dfrac{80 \times 10^3 \times 10^3}{5{,}35 \times 10^6}$
$= -14.95 \text{ N/mm}^2 = -14.95 \text{ MPa}$

휨인장응력 : $\sigma_c = \dfrac{M}{Z} = \dfrac{80 \times 10^3 \times 10^3}{5{,}35 \times 10^6}$
$= 14.95 \text{ N/mm}^2 = 14.95 \text{ MPa}$

상단에서 아래로 100mm인 곳의 휨응력 σ_x은,

$$\sigma_x = -\frac{M}{I} y_c = -\frac{80 \times 10^3 \times 10^3}{1.07 \times 10^9} \times 100$$
$$= -7.48 \text{ N/mm}^2 = -7.48 \text{ MPa}$$

예제 7-3

그림과 같이 단면이 T형인 내민보의 최대 휨압축응력과 최대 휨인장응력을 구하라.

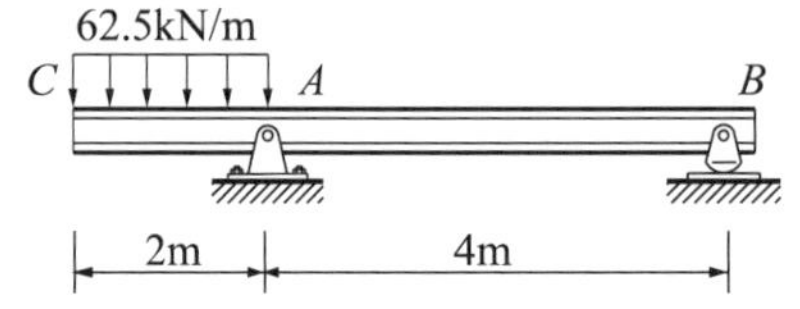

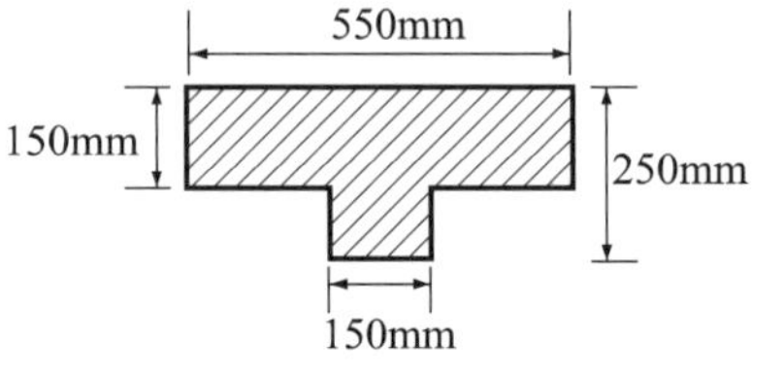

풀이

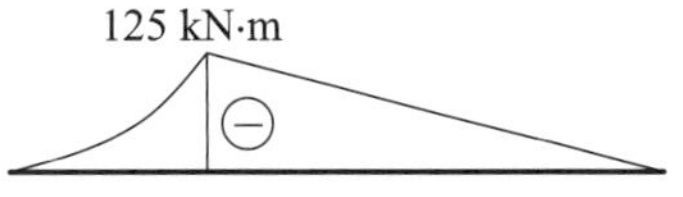

(a) 휨모멘트도

먼저 내민보를 해석하여 휨모멘트도를 구한다(정정보이므로 각자 부재력을 구해보자). 해석결과는 그림 (a)와 같다.

최대 휨압축응력과 최대 휨인장응력은, 최대 휨모멘트가 발생하는 부분의 단면에서 발생한다. 그러므로 A점 부분의 단면에서,

$$M = 125\,\text{kN} \cdot \text{m}$$

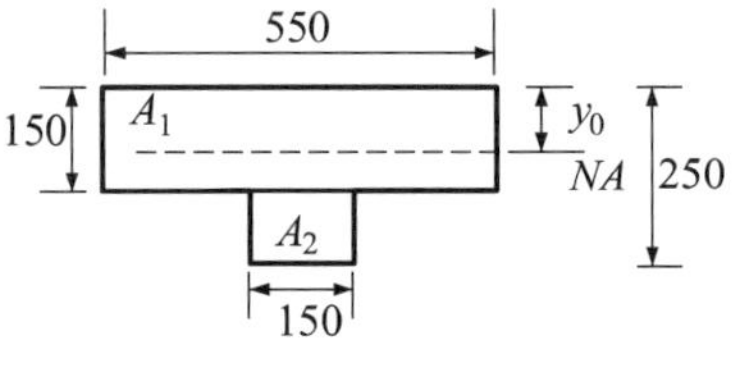

(b)

단면의 도심이 중립축이 되므로, 도심을 구하면

$$y_o = \frac{150 \times 550 \times 75 + 150 \times 100 \times 200}{150 \times 550 + 150 \times 100} = 94.2\,\text{mm}$$

중립축에 대한 단면2차모멘트를 구하면

$$I = \frac{150 \times 250^3}{12} + 150 \times 250 \times (125 - 94.2)^2 + \frac{400 \times 150^3}{12}$$
$$+ 400 \times 150 \times (94.2 - 75)^2 = 3.66 \times 10^8\,\text{mm}^4$$

이다. 또한 중립축으로부터 압축과 인장 최연단까지의 거리는,

$$y_c = 94.2\,\text{mm}, \quad y_t = (250 - 94.2)\,\text{mm}$$

이므로,

$$\sigma_c = \frac{M}{I} y_c = -\frac{125 \times 10^3 \times 10^3}{3.66 \times 10^8} \times 94.2$$
$$= -32.2\,\text{N/mm}^2 = -32.2\,\text{MPa}$$

$$\sigma_t = \frac{M}{I} y_t = \frac{125 \times 10^3 \times 10^3}{3.66 \times 10^8} \times (250 - 94.2)$$
$$= 53.2\,\text{N/mm}^2 = 53.2\,\text{MPa}$$

7.2.3 전단력에 의한 응력

그림 7.13과 같이 보가 층으로 분리되어 있다고 가정하자. 하중을 받으면 그림 (a)와 (b)와 같이 수평방향과 수직방향을 따라 미끄러지려는 경향을 갖게 될 것이다. 실제 보는 일체로 되어 있기 때문에, 이러한 미끄러짐은 수평전단응력(Horizontal shear stress)과 수직전단응력(Vertical shear stress)을 유발한다.

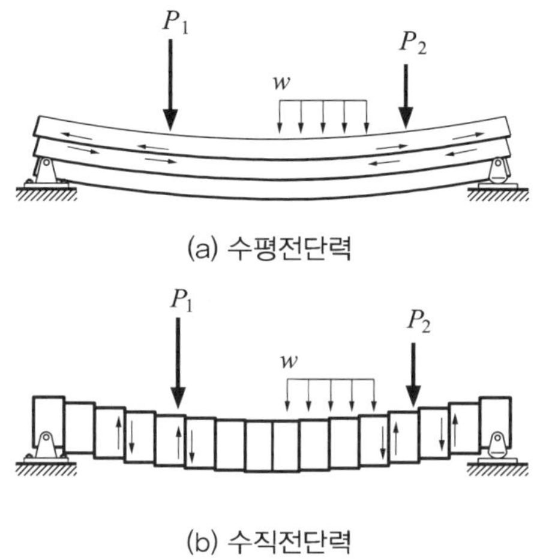

그림 7.13

그림 7.14와 같은 미소요소를 생각하자. 중립축으로부터 y_1 거리의 층 AB의 아래쪽, 즉 $ABCD$ 부분은 그림 (b)와 같고, 작용하는 단면의 응력은 휨응력과 AB면에 작용하는 전단응력이다. 즉,

좌측면에 작용하는 수평력 $\quad F_1 = \int_{y_1}^{y_t} \frac{M}{I} y\,dA \quad$ (a)

우측면에 작용하는 수평력 $\quad F_2 = \int_{y_1}^{y_t} \frac{M+dM}{I} y\,dA$

윗면에 작용하는 수평력 $\quad F_3 = v\,b\,dx$

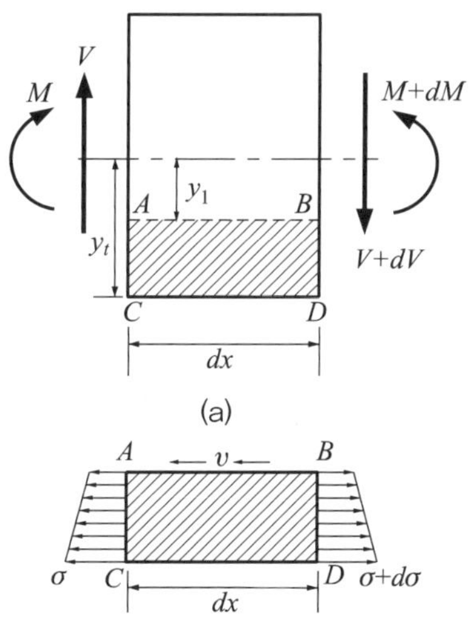

그림 7.14

$ABCD$부분에서 부재의 축방향으로 작용하는 힘의 평형을 생각하면, $F_3 = F_2 - F_1$이 된다. 따라서

$$vbdx = \int_{y_1}^{y_t} \frac{M+dM}{I} ydA - \int_{y_1}^{y_t} \frac{M}{I} ydA = \int_{y_1}^{y_t} \frac{dM}{I} ydA \quad \text{(b)}$$

$$= \frac{dM}{I} \int_{y_1}^{y_t} y\,dA$$

이므로,

$$v = \frac{dM}{dx} \frac{1}{Ib} \int_{y_1}^{y_t} y\,dA \tag{7.19}$$

이 된다. 여기서 $\frac{dM}{dx}$는 전단력 V이다. 식 (7.19)에서 $\int_{y_1}^{y_t} y\,dA$는 임의 단면 $ABCD$에 대한 중립축에서의 단면1차모멘트이고, S라 놓으면, 구하는 전단응력은

$$v = \frac{VS}{Ib} \tag{7.20}$$

가 된다. 식 (7.20)에서 S는 $y = 0$일 때 최대이고 $y = y_t$일 때 0이므로, 전단응력 v는 단면의 최연단에서 0이고 중립축에서 최대가 된다.

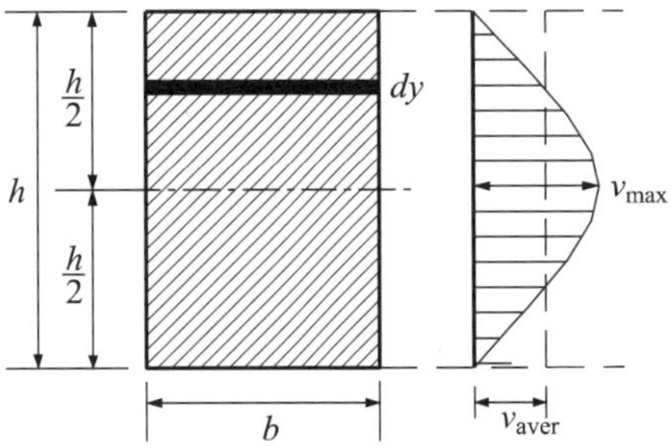

(a) 직사각형 단면

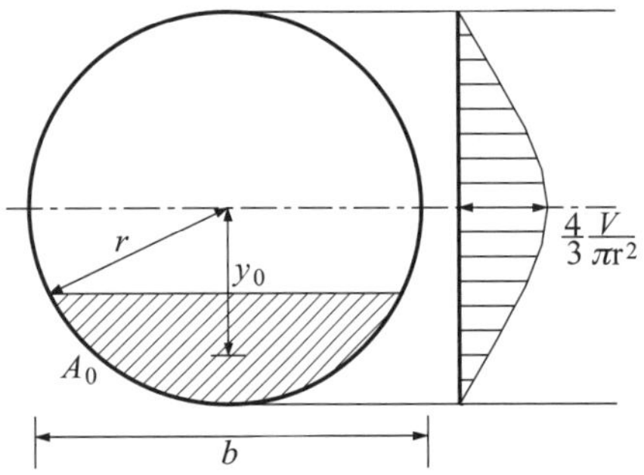

(b) 원형단면

그림 7.15

예를 들어 직사각형과 원형에 대한 전단응력 분포를 구해보자. 그림 7.15(a)와 같은 직사각형에 대하여,

$$v=\frac{V}{Ib}\int_{y}^{y_c} y\cdot dA=\frac{V}{Ib}\int_{y}^{y_c} ybdy=\frac{V}{I}\int_{y}^{y_c} ydy \qquad \text{(a)}$$

$$=\frac{V}{I}\left[\frac{y^2}{2}\right]_y^{y_c}=\frac{V}{2\dfrac{bh^3}{12}}\left(\frac{h^2}{4}-y^2\right)=\frac{6V}{bh^3}\left(\frac{h^2}{4}-y^2\right)$$

식 (a)는 y에 대한 2차식이므로, v의 분포는 포물선 형태가 된다. 또한, $y=h/2$일 때, $v=0$이고, $y=0$일 때, 즉 중립축일 때,

$$v_{\max}=\frac{6V}{bh^3}\left(\frac{h^2}{4}\right)=\frac{3}{2}\left(\frac{V}{bh}\right)=1.5v_{\text{aver}} \qquad \text{(b)}$$

가 된다. 원형 단면일 때 전단응력의 분포를 구하기 위해, 그림 (b)에서 빗금친 단면을 A_0로 하고 그 중심거리를 y_0라 하면,

$$y_0=\frac{b^3}{12A_0},\quad S=\frac{b^3}{12},\quad I=\frac{\pi r^4}{4} \qquad \text{(c)}$$

이므로, 전단응력은

$$v=\frac{VS}{Ib}=\frac{\dfrac{b^3}{12}V}{\dfrac{\pi r^4}{4}b}=\frac{1}{3}\cdot\frac{Vb^2}{\pi r^4} \qquad \text{(d)}$$

만일 $\left(\frac{b}{2}\right)^2=r^2-y^2$라 하면,

$$v=\frac{4}{3}\frac{V}{\pi r^4}(r^2-y^2)=\frac{4}{3}\frac{V}{\pi r^4}\left(1-\frac{y^2}{r^2}\right) \qquad \text{(e)}$$

이 된다.

$y=r$일 때, $\quad v=0$

$y=0$일 때, $\quad v_{\max}=\frac{4}{3}\frac{V}{\pi r^2}=\frac{4}{3}v_{\text{aver}}$

이와 같이 전단응력은 단면형태에 따라 크기가 다르다. 특히, 최대 전단응력 $v_{\max}$는 평균전단응력 v_{aver}에 특정 상수를 곱한 값과 같다. 즉,

$$v_{\max}=k\,v_{\text{aver}}=k\frac{V}{A} \qquad (7.21)$$

이때 특정 상수 k를 전단계수(Shear coefficient)라 한다. 일반적으로 사각형은 1.5, 원형은 1.33, 삼각형은 1.5, 마름모꼴은 1.125 등이 된다.

예제 7-4

그림과 같은 보의 C점에 작용하는 수직응력(압축응력)과 전단응력을 구하라.

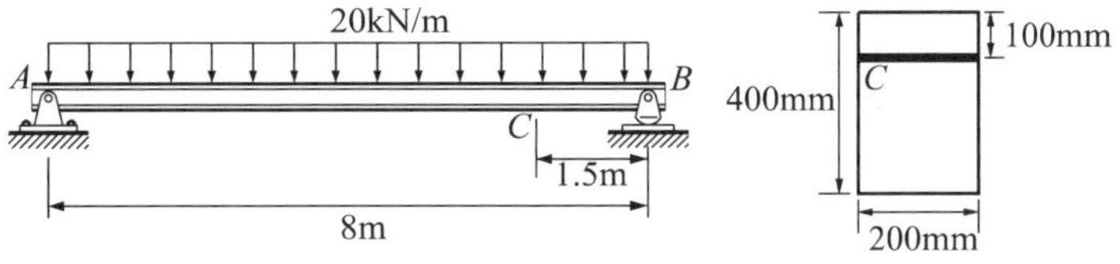

풀이

먼저 단순보를 해석하여 C점에 대한 전단력과 휨모멘트를 구하면,

$$V_C = -50\ \mathrm{kN}$$

$$M_C = 97.5\ \mathrm{kN}$$

중립축에 대한 단면2차모멘트를 구하면,

$$I = \frac{bh^3}{12} = \frac{200\times 400^3}{12} = 1.07\times 10^9\ \mathrm{mm}^4$$

중립축으로부터 C점까지 거리 $y_x = -(200-100) = -100\ \mathrm{mm}$이므로,

$$\sigma_x = \frac{My_x}{I} = \frac{97.5\times 10^3\times 10^3\times(-100)}{1.07\times 10^9}$$

$$= -9.1\ \mathrm{N/mm^2} = -9.1\ \mathrm{MPa}$$

전단응력을 구하기 위해 먼저 S를 구한다. S는 그림 (b)와 같이 빗금 친 부분의 중립축에 대한 단면1차모멘트이므로,

$$S = 200\times 100\times 150 = 3.0\times 10^6\ \mathrm{mm}^3$$

그러므로 전단응력은,

$$v = \frac{VS}{Ib} = \frac{50\times 10^3\times 3\times 10^6}{1.07\times 10^9\times 200} = 0.7\ \mathrm{N/mm^2} = 0.7\ \mathrm{MPa}$$

이 된다.

이상과 같은 압축응력과 전단응력을 그림 (c)에 나타냈다.

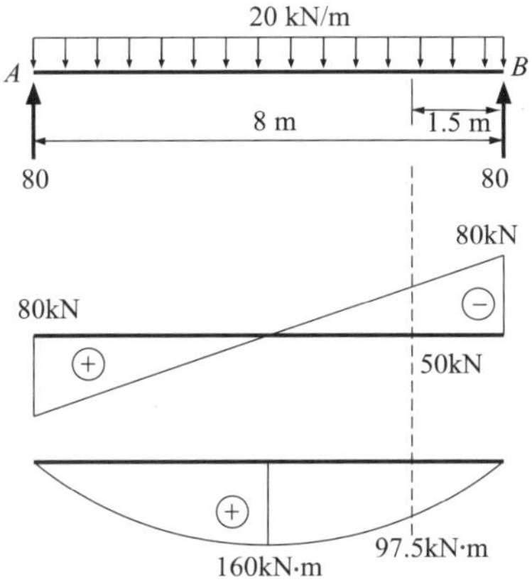

(a)

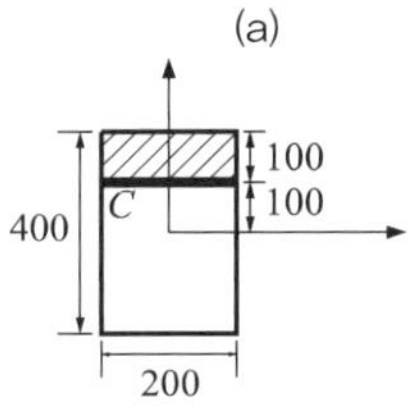

(b)

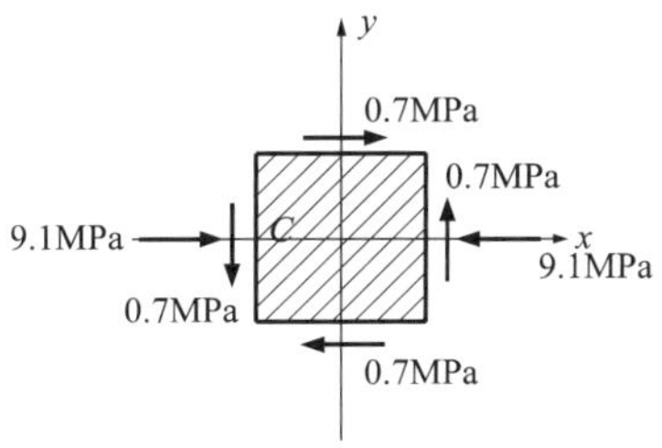

(c)

7.2.4 비틀림모멘트에 의한 응력

그림 7.16과 같은 원형 보의 자유단에 우력 P를 가하면, 보는 비틀어지며 보 단면은 회전하는데, 이때 보를 비틀리게 하는 부재력인 우력모멘트를 비틀림모멘트(Twisting moment) M_T라고 한다. 이러한 비틀림모멘트에 발생하는 비틀림응력(Torsional stress)을 구해 보자. 식의 유도에는 다음과 같은 기본가정이 필요하다.

(1) 원형 단면은 봉이 비틀린 후에도 그 단면이 원형이다.
(2) 단면은 평면을 유지하면서 회전한다. 따라서 단면 내에서 도심을 통과하는 직선은 비틀림을 받은 후에도 직선을 유지하며 같은 각도로 회전한다(쿨롱의 가정).
(3) 비틀림 각도가 작으면 임의 두 단면 간 거리는 변하지 않는다. 따라서 재축방향의 응력은 발생하지 않으며, 전단응력은 직경에 직각방향으로, 그 크기는 봉의 단면중심에서부터 거리에 비례한다.

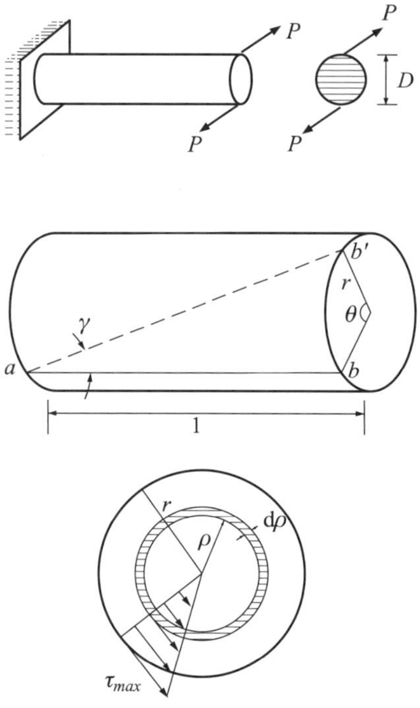

그림 7.16

그림 7.16과 같이 단위길이 1인 미소부분을 절단하여 생각하면, 선분 ab는 선분 ab'로 이동하며 단면은 θ만큼 회전하고, 이때 표면의 전단변형률 $\gamma = bb'/ab$이 된다. 또한 선분 $bb' = R\theta$이고 선분 $ab = 1$이므로, 전단변형률 $\gamma = R\theta$가 되고, 비틀림응력은,

$$\tau = G\gamma = GR\theta \tag{7.22}$$

가 된다. 식 (7.22)에서 G는 전단탄성계수이고, 최대 비틀림응력은 표면에서 발생한다는 것을 알 수 있다. 또한 비틀림모멘트 M_T와 단면내 비틀림응력에 의한 모멘트는 평형이어야 한다. 즉,

$$\gamma = \rho\theta, \qquad \tau = G\rho\theta \tag{a}$$

미소면적 dA에 작용하는 전단력은 τdA이고, 이 힘의 보 축선에 대한 비틀림모멘트는 $\tau\rho dA$이다. 식 (a)를 이용하면, $G\theta\rho^2 dA$가 된다. 전체 비틀림모멘트는 이를 적분하면 되고, 평형조건에 의해 비틀림모멘트 M_T와 같아야 하므로,

$$M_T = \int_0^r G\rho^2\theta\, dA = G\theta\int_0^r \rho^2 dA = G\theta I_p \tag{7.23}$$

따라서 보의 단위길이에 대한 회전각 θ는,

$$\theta = \frac{M_T}{GI_p} = \frac{M_T}{GJ} \tag{7.24}$$

식 (7.24)에서 임의 단면에 대한 관성모멘트 I_p를 J라고 한다. 이제 보의 길이가 l일 때는 자유단의 회전각 ϕ는 $\theta \times l$이므로,

$$\phi = \theta\, l = \frac{M_T\, l}{G\, I_p} \tag{7.25}$$

이고, 보의 표면에 발생하는 최대 비틀림응력은,

$$\tau_{\max} = G\, r\, \theta = G\, r\, \frac{M_T}{G\, I_p} = \frac{M_T\, r}{I_p} \tag{7.26}$$

가 된다. 원형 단면의 직경을 D라 하면,

$$\tau_{\max} = \frac{M_T\, r}{I_p} = \frac{M_T \dfrac{D}{2}}{\dfrac{\pi D^4}{32}} = \frac{16 M_T}{\pi D^3} \tag{a}$$

원형 관 단면(Tubular section)에 대해서는,

$$I_p = \frac{\pi}{32}(D^4 - d^4) = \frac{\pi}{2}(r^4 - r_1^4)$$

이고,

$$M_T = G\,\theta\, I_p = \frac{\tau}{r\theta}\theta\, I_p = \frac{\tau}{r} I_p = \frac{\tau}{r}\left[\frac{\pi}{2}(r^4 - r_1^4)\right]$$

이므로,

$$\tau_{\max} = \frac{2 M_T\, r}{\pi (r^4 - r_1^4)} \tag{b}$$

식 (c)부터 부재축에 가까운 곳에는 실제 거의 응력을 받지 않으므로 이 부분을 제외한 원형 관 단면으로 비틀림 응력에 저항시키는 것이 경제적이라는 것을 알 수 있다.

예제 7-5

직경 100mm인 원형봉의 비틀림모멘트 M_T를 구하라. 단 원형강봉의 최대 비틀림응력은 160MPa이다.

풀이

$\tau_{\max} = \dfrac{16 M_T}{\pi D^3}$ 이므로,

$$M_T = \frac{\pi D^3}{16}\tau_{\max} = \frac{\pi \times 100^3}{16} \times 160$$

$$= 31.4 \times 10^6\ \mathrm{N \cdot mm} = 31.4\ \mathrm{kN \cdot m}$$

7.3 조합응력의 계산

부재에는 축방향력, 휨모멘트, 전단력 등이 단독으로 작용하는 경우는 드물고 일반적으로 이러한 힘들이 동시에 작용하는 경우가 많다. 이것을 조합응력(Combined Stress)이라 한다.

7.3.1 2방향 휨모멘트에 의한 응력

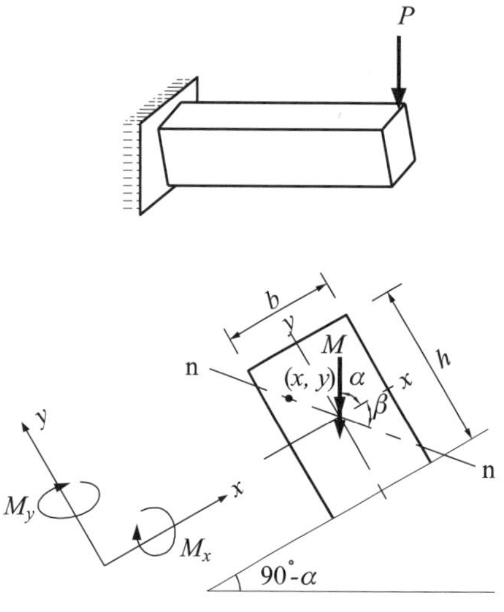

그림 7.17

경사지붕에서 중도리는 경사지게 놓이기 때문에, 하중 가력면이 단면의 주축과 일치하지 않는다. 이러한 경우에는 그림 7.17과 같이 휨모멘트를 두 개의 주축 방향으로 분해하여 각각의 휨모멘트에 대한 응력을 구하고, 이를 조합하면 된다. 즉 그림에서 xy축을 단면의 주축이라 하고 휨모멘트 M의 작용 방향이 x축과 α만큼 경사졌다면,

$$M_x = M\sin\alpha \quad \text{(a)}$$

$$M_y = M\cos\alpha \quad \text{(b)}$$

이때 xy축의 단면2차모멘트를 각각 I_x, I_y라 하면 단면 내 임의의 점(x, y)에서 휨응력은,

$$\sigma = \frac{M_x}{I_x}y - \frac{M_y}{I_y}x \quad \text{(c)}$$

가 된다. 중립축에서 휨응력은 0이므로, 즉

$$\frac{M_x}{I_x}y - \frac{M_y}{I_y}x = 0 \quad \text{(d)}$$

따라서 중립축이 x축과 이루는 각 β는 다음과 같이 된다.

$$\tan\beta = \frac{y}{x} = \frac{M_y}{M_x}\frac{I_x}{I_y} = \frac{I_x}{I_y}\cot\alpha \quad \text{(e)}$$

중립축 방향 β는 휨모멘트의 크기에 관계없고 그 작용방향 α와 주단면2차모멘트의 비에 의하여 결정된다.

만일 단면이 두 축에 대하여 대칭일 때는 최대 인장응력과 최대 압축응력의 값은 같게 된다. 즉

$$\sigma_c = \sigma_t = \frac{M_x}{Z_x} + \frac{M_y}{Z_y} \quad (7.27)$$

여기서 Z_x, Z_y는 각 축에 대한 단면계수이다.

예제 7-6

그림과 같이 단면이 60mm×90mm이고, 스팬이 2m인 단순보 형 중도리에 등분포하중이 3kN/m가 작용할 때 단면의 최대응력을 구하라. (단, 지붕틀 경사각 30° 이다.)

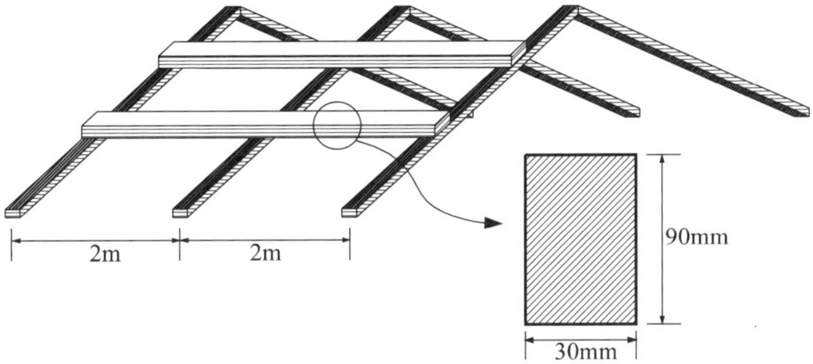

풀이

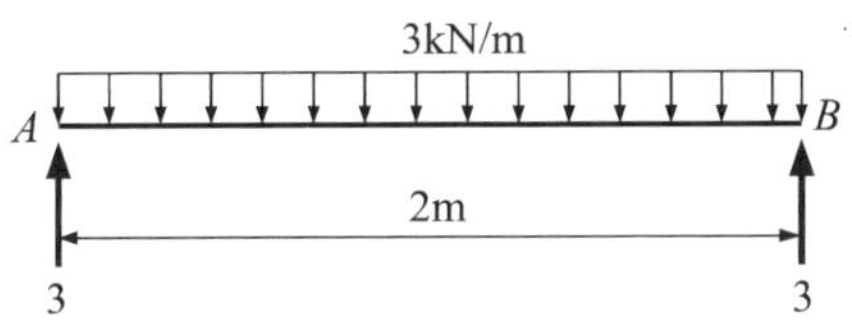

그림 (a)와 같은 단순보로 생각할 수 있으므로, 최대 휨모멘트는,

$$M=\frac{wl^2}{8}=\frac{3\times 2^2}{8}=1.5\ \mathrm{kN\cdot m}$$

이고, 지붕경사가 30°이므로, 휨모멘트를 분해하면,

$$M_x=M\cos\theta=1.5\times\cos 30=1.30\ \mathrm{kN\cdot m}$$

$$M_y=M\sin\theta=1.5\times\sin 30=0.75\ \mathrm{kN\cdot m}$$

이다. xy축에 대한 단면계수는 각각,

$$Z_x=\frac{bh^2}{6}=\frac{60\times 90^2}{6}=8.1\times 10^4\ \mathrm{mm^3}$$

$$Z_y=\frac{hb^2}{6}=\frac{90\times 60^2}{6}=5.4\times 10^4\ \mathrm{mm^3}$$

이다. 그러므로 조합응력은

$$\sigma=\frac{M_x}{Z_x}+\frac{M_y}{Z_y}=\frac{1.3\times 10^3\times 10^3}{8.1\times 10^4}+\frac{0.75\times 10^3\times 10^3}{5.4\times 10^4}$$

$$=29.9\ \mathrm{N/mm^2}=29.9\ \mathrm{MPa}$$

7.3.2 휨모멘트와 축방향력에 의한 응력

대부분의 구조부재는 모멘트와 축력을 동시에 받는 경우가 많다. 예를 들어 수평하중을 받는 골조의 보와 기둥은 모두 휨과 압축(또는 인장)을 경험한다.

휨과 인장을 받는 경우

그림 7.18(a)와 같이 휨과 인장을 받는 경우,

$$\sigma_c = +\frac{P}{A} - \frac{M}{Z_c} \qquad (7.28)$$

$$\sigma_t = +\frac{P}{A} + \frac{M}{Z_t}$$

휨과 압축을 받는 경우

그림 7.18(b)와 같이 휨과 압축을 받는 경우,

$$\sigma_c = -\frac{P}{A} - \frac{M}{Z_c} \qquad (7.29)$$

$$\sigma_t = -\frac{P}{A} + \frac{M}{Z_t}$$

가 된다.

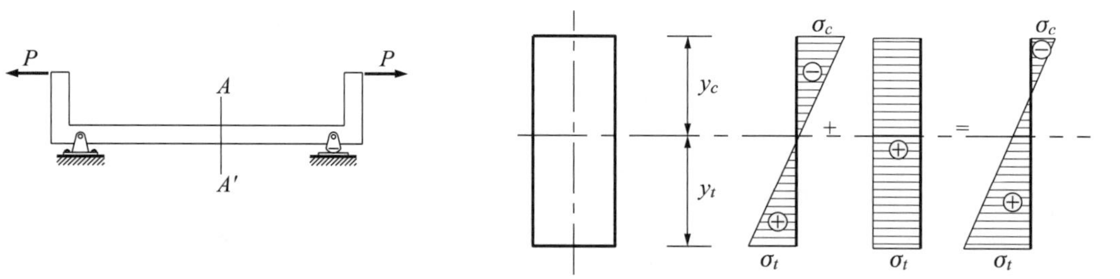

(a) 인장력과 휨모멘트를 동시에 받는 경우

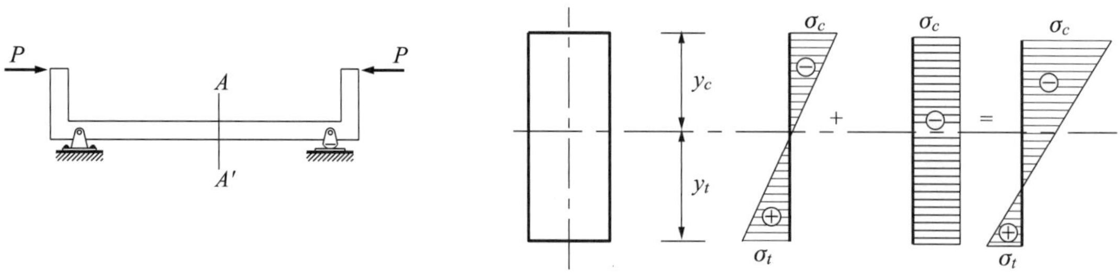

(b) 압축력과 휨모멘트를 동시에 받는 경우

그림 7.18

예제 7-7

단면 300×600mm인 보에 휨모멘트 100kN·m, 압축력 900kN이 작용할 때 최대인장응력과 최대압축응력을 구하라.

풀이

단면계수

$$Z = \frac{bh^2}{6} = \frac{300 \times 600^2}{6} = 1.8 \times 10^7 \text{ mm}^3$$

최대인장응력

$$\sigma_t = -\frac{P}{A} + \frac{M}{Z} = -\frac{900 \times 10^3}{300 \times 600} + \frac{100 \times 10^3 \times 10^3}{1.8 \times 10^7}$$

$$= 0.56 \text{ N/mm}^2 = 0.56 \text{ MPa}$$

최대압축응력

$$\sigma_c = -\frac{P}{A} - \frac{M}{Z} = -\frac{900 \times 10^3}{300 \times 600} - \frac{100 \times 10^3 \times 10^3}{1.8 \times 10^7}$$

$$= -10.56 \text{ N/mm}^2 = -10.56 \text{ MPa}$$

예제 7-8

그림과 같은 직사각형 기둥에 200kN이 작용할 때 응력을 구하라.

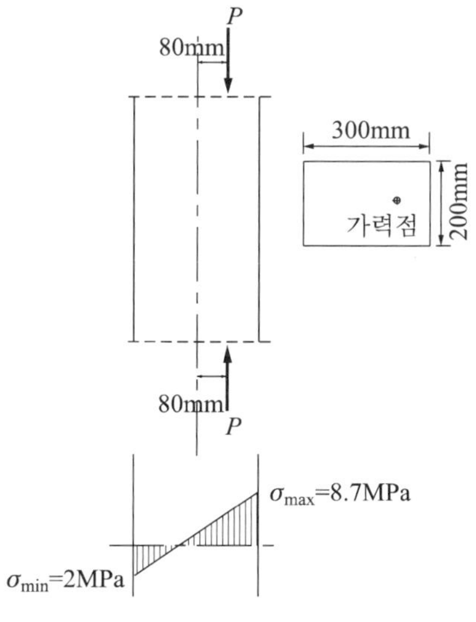

풀이

단면적 $A = 200 \times 300 = 6 \times 10^4 \text{ mm}^2$

단면계수 $Z = \frac{bh^2}{6} = \frac{200 \times 300^2}{6} = 3 \times 10^6 \text{ mm}^3$

이고, 휨모멘트는

$$M = 200 \times 80 \times 10^{-3} = 16 \text{ kN} \cdot \text{m}$$

$$\sigma_{\min} = -\frac{P}{A} + \frac{M}{Z} = -\frac{200 \times 10^3}{6 \times 10^4} + \frac{16 \times 10^3 \times 10^3}{3 \times 10^6}$$

$$= 2 \text{ N/mm}^2 = 2 \text{ MPa}$$

$$\sigma_{\max} = -\frac{P}{A} - \frac{M}{Z} = -\frac{200 \times 10^3}{6 \times 10^4} - \frac{16 \times 10^3 \times 10^3}{3 \times 10^6}$$

$$= -8.7 \text{ N/mm}^2 = -8.7 \text{ MPa}$$

7.3.3 단면의 핵

부재에 작용하는 인장력이나 압축력의 작용점이 단면의 도심과 일치하지 않고 도심에서 거리 e만큼 떨어진 점에 작용할 때 이를 편심하중(Eccentric load)라 하고 거리 e를 편심거리(Eccentricity)라 한다. 그림 7.19(a)와 같이 단면의 도심에서 거리 e만큼 떨어진 곳에 축하중 P가 작용하면 이 단면에 발생하는 응력의 형태는 그림 (b)와 (c)를 조합한 그림 (d) 모양이 된다. 따라서 최대, 최소응력은 다음과 같이 구할 수 있다.

$$\sigma_{\min} = -\frac{P}{A} + \frac{Pe}{Z} = -\frac{P}{A} + \frac{M}{Z} \tag{a}$$

$$\sigma_{\max} = -\frac{P}{A} - \frac{Pe}{Z} = -\frac{P}{A} - \frac{M}{Z}$$

단면이 직사각형일 때 $Z = \frac{bh^2}{6}$이고 $A = bh$이므로,

$$\sigma_{\min} = -\frac{P}{A} + \frac{Pe}{Z} = -\frac{P}{bh} + \frac{6Pe}{bh^2} = -\frac{P}{bh}\left(1 - \frac{6e}{h}\right)$$

(7.30)

$$\sigma_{\max} = -\frac{P}{A} - \frac{Pe}{Z} = -\frac{P}{bh} - \frac{6P \cdot e}{bh^2} = -\frac{P}{bh}\left(1 + \frac{6e}{h}\right)$$

식 (7.30)으로부터 편심거리 e가 어느 한도 이내의 단면에 있으면, 단면에는 압축응력만 발생하고, 한도를 넘으면 단면 일부에 인장 응력이 발생함을 알 수 있다. 이때 이러한 편심한도 e를 단면의 핵반경이라 한다. 이 한계점을 단면의 모든 방향에 대하여 구해서 그림으로 나타내면 단면의 중앙부에 작은 영역이 생기고 이를 단면의 핵(Core of cross section)이라고 한다.

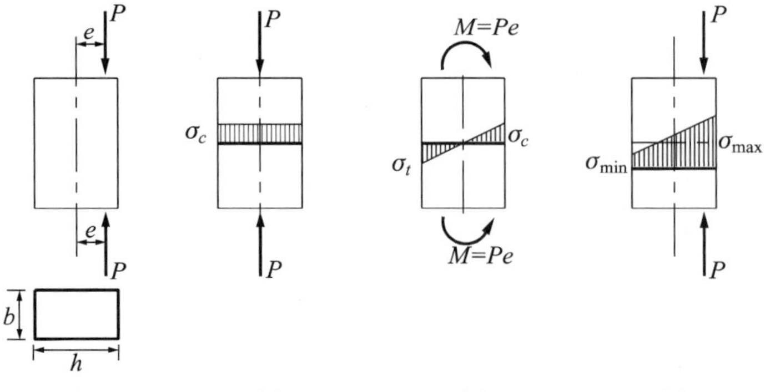

그림 7.19 (a) (b) (c) (d)

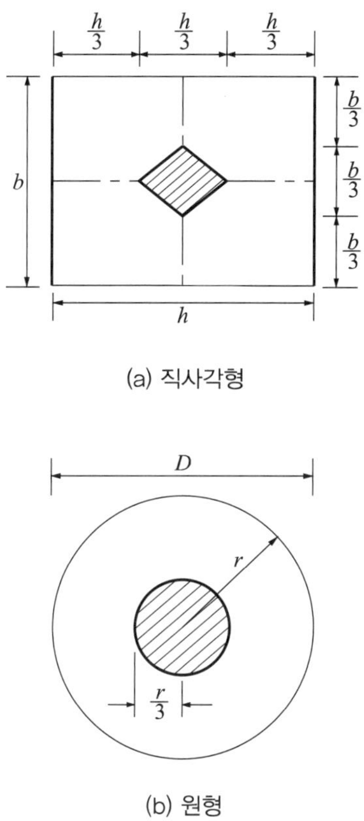

그림 7.20

그림에서,

$1 > \dfrac{6e}{h}$ 일 때, 즉 $\dfrac{h}{6} > e$ 이면 전 단면은 압축상태,

$1 < \dfrac{6e}{h}$ 일 때, 즉 $\dfrac{h}{6} < e$ 이면 단면의 일부에는 인장응력이 발생한다. $\dfrac{h}{6} = e$ 이면,

$$\sigma_{\min} = 0, \qquad \sigma_{\max} = -\frac{P}{A}(1+1) = -\frac{2P}{A}$$

가 된다.

만일, 기둥과 같이 압축을 받는 부재가 벽돌이나 석재 등으로 이루어진다면 단면 내부에 인장력이 발생하지 않는 것이 부재의 효율을 높일 수 있다. 따라서 단면 내에 인장응력이 발생하지 않는 범위, 즉 최대 편심거리를 구할 필요가 있다. 따라서 인장력이 0이 될 때의 e값을 구하면,

$$-\frac{P}{A} + \frac{Pe}{Z} = 0, \qquad -P\left(\frac{1}{A} - \frac{e}{Z}\right) = 0 \tag{a}$$

식 (a)에서, 하중 P는 상수이므로 식이 만족하기 위해서는,

$$\frac{1}{A} = \frac{e}{Z}, \qquad e = \frac{Z}{A} \tag{7.31}$$

가 된다. 식 (7.31)을 이용해서 직사각형과 원형에 대한 단면의 핵을 구해보자.

사각형일 경우, 먼저 x축 위에 하중이 있을 때

$$e_x = \pm\frac{Z_y}{A} = \pm\frac{\dfrac{bh^2}{6}}{bh} = \pm\frac{h}{6}$$

y축 위에 하중이 있을 때

$$e_y = \pm\frac{Z_x}{A} = \pm\frac{\dfrac{hb^2}{6}}{bh} = \pm\frac{b}{6}$$

이 되므로 이 4개의 점을 연결한 빗금친 사각형이 핵이 된다.

원형의 경우,

$$e = \frac{Z}{A} = \frac{\dfrac{\pi d^3}{32}}{\dfrac{\pi d^2}{4}} = \frac{d}{8} = \frac{r}{4}$$

이므로 빗금친 원형이 핵이 된다.

예제 7-9

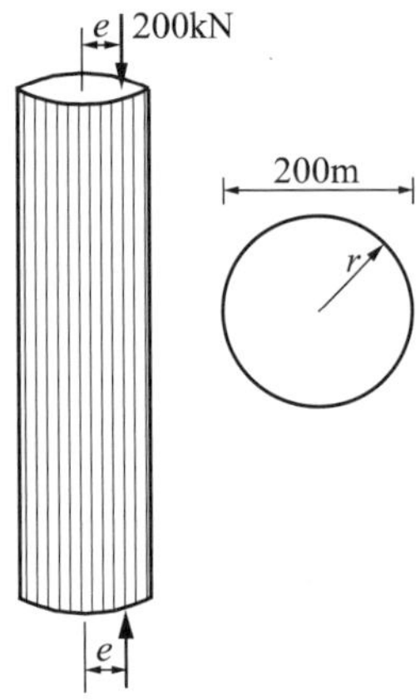

그림과 같은 원형 단면기둥에 200kN의 하중이 편심으로 작용할 때 인장응력이 발생하지 않는 편심거리와 최대 압축응력을 구하라.

풀이

단면적 $A = \dfrac{\pi D^2}{4} = \dfrac{3.14 \times 200^2}{4} = 3.14 \times 10^4\,\mathrm{mm}^2$

단면계수 $Z = \dfrac{\pi D^3}{32} = \dfrac{3.14 \times 200^3}{32} = 7.85 \times 10^5\,\mathrm{mm}^3$

편심거리 $e = \dfrac{Z}{A} = \dfrac{7.85 \times 10^5}{3.14 \times 10^4} = 25\,\mathrm{mm}$

또는 $e = \dfrac{r}{4} = \dfrac{100}{4} = 25\,\mathrm{mm}$

따라서 $M = Pe = 200 \times 25 \times 10^{-3} = 5\,\mathrm{kN \cdot m}$

최대압축응력

$$\sigma_{\max} = -\frac{P}{A} - \frac{M}{Z} = -\frac{200 \times 10^3}{3.14 \times 10^4} - \frac{5 \times 10^3 \times 10^3}{7.85 \times 10^5}$$

$$= -12.7\,\mathrm{N/mm^2} = -12.7\,\mathrm{MPa}$$

예제 7-10

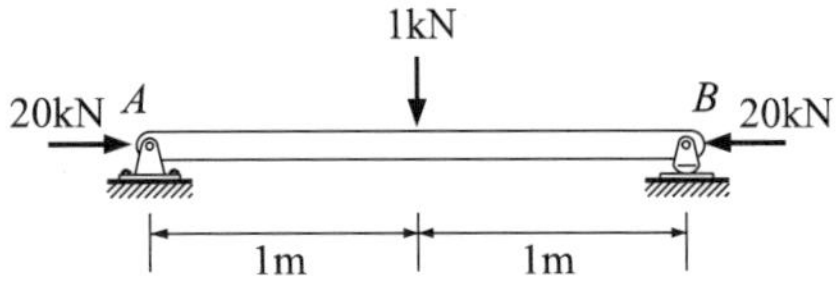

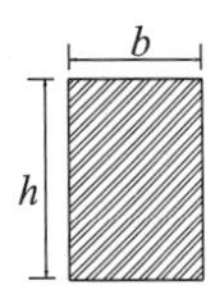

그림과 같은 하중을 받는 단순보가 인장이 발생하지 않을 b, h의 최소값을 구하라(단, $h = 2b$이다).

풀이

인장응력이 없으므로

$$\sigma_{\min} = -\frac{P}{A} + \frac{M}{Z} \geq 0 \text{이다.}$$

따라서, $\dfrac{P}{A} \leq \dfrac{M}{Z}$이고, $M = \dfrac{PL}{4} = \dfrac{1 \times 2}{4} = 0.5\,\mathrm{kN \cdot m}$이므로,

$$\frac{20 \times 10^3}{bh} \leq \frac{6 \times 0.5 \times 10^3 \times 10^3}{bh^2}, \quad 20 \leq \frac{6 \times 0.5 \times 10^3}{h}$$

$$h \leq \frac{6 \times 0.5 \times 10^3}{20} = 150\,\mathrm{mm}$$

따라서 $b = 75\,\mathrm{mm}$, $h = 150\,\mathrm{mm}$이 된다.

7.4 평면응력

7.4.1 미소요소에서 응력도 관계

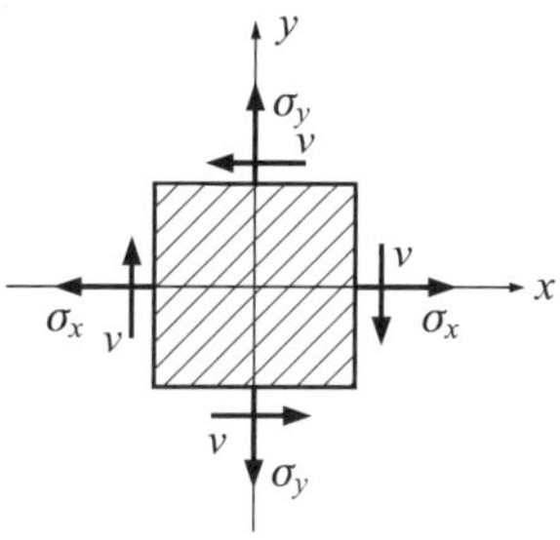

그림 7.21

z축(두께) 방향을 무시하고 xy평면상에 작용하는 응력을 평면응력(Plane Stress)이라 한다. 그림 7.21과 같이 미소 요소 각 면에 작용하는 응력을, σ_x, v_x 및 σ_y, v_y라고 하자(이때 부호는 수직응력(σ)의 경우 인장을 양(+), 압축을 음(−)로 한하고, 전단응력(v)의 경우는 시계방향 우력을 양(+), 반시계방향 우력을 음(−)로 한다). 미소요소에서 회전에 대한 평형조건식 $\sum M = 0$을 고려하면,

$$(v_x\, dy)dx - (v_y\, dx)dy = 0 \tag{a}$$

$$v_x = v_y = v \tag{7.32}$$

이 결과로부터 임의 점에서 서로 직교하는 면에 작용하는 전단응력 v는 항상 일정하다는 것을 알 수 있다.

7.4.2 임의방향 단면의 응력

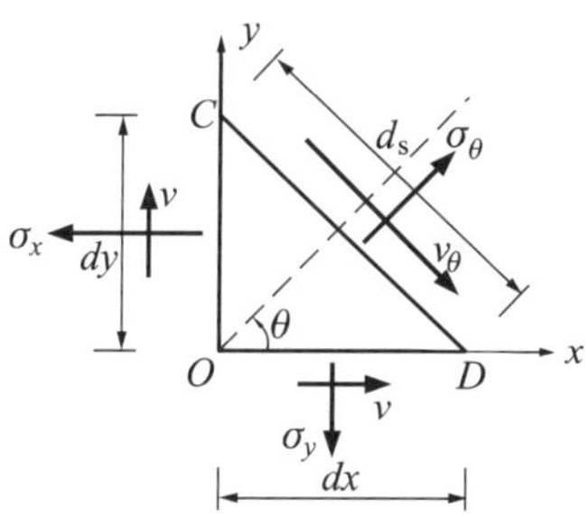

그림 7.22

이제 그림 7.22와 같이 x축과 θ만큼 경사진 CD면의 응력을 σ_θ, v_θ라 하고, 미소 삼각형 OCD의 두께는 1이라고 하면, 응력의 합력에 대한 평형조건으로부터,

$\rightarrow + \sum X = 0$에서,

$$-\sigma_x\, dy + v\, dx + \sigma_\theta\, ds \cos\theta + v_\theta\, ds \sin\theta = 0 \tag{a}$$

$\uparrow + \sum Y = 0$에서,

$$-\sigma_y\, dx + v\, dy + \sigma_\theta\, ds \sin\theta - v_\theta\, ds \cos\theta = 0 \tag{b}$$

여기서 $dx = ds \sin\theta$, $dy = ds \cos\theta$를 식 (a)와 식 (b)에 대입하여 정리하면,

$$\sigma_\theta = \sigma_x \cos^2\theta + \sigma_y \sin^2\theta - 2v \sin\theta \cos\theta \tag{c}$$

$$v_\theta = (\sigma_x - \sigma_y)\sin\theta \cos\theta + v(\cos^2\theta - \sin^2\theta) \tag{d}$$

이 된다.

이 식에 $\cos^2\theta = \frac{1}{2}(1 + \cos 2\theta)$, $\sin^2\theta = \frac{1}{2}(1 - \cos 2\theta)$, $2\sin\theta \cos\theta = \sin 2\theta$을 이용하여 정리하면

$$\sigma_\theta = \left(\frac{\sigma_x + \sigma_y}{2}\right) + \left(\frac{\sigma_x - \sigma_y}{2}\right)\cos 2\theta - v\sin 2\theta \qquad (7.33a)$$

$$v_\theta = \left(\frac{\sigma_x - \sigma_y}{2}\right)\sin 2\theta + v\cos 2\theta \qquad (7.33b)$$

이 방정식들을 평면응력의 변환공식이라 한다. 식 (7.33a)의 θ에 $\theta + \pi/2$를 대입하면,

$$\sigma_{\theta+\frac{\pi}{2}} = \left(\frac{\sigma_x + \sigma_y}{2}\right) - \left(\frac{\sigma_x - \sigma_y}{2}\right)\cos 2\theta + v\sin 2\theta \qquad (a)$$

이 되고 식 (7.33a)와 식 (a)을 합하면,

$$\sigma_\theta + \sigma_{\theta+\frac{\pi}{2}} = \sigma_x + \sigma_y \qquad (7.34)$$

이다. 이를 통해 서로 직교하는 두 단면에 대한 수직응력의 합은 일정하다는 것을 알 수 있다.

7.4.3 주응력

구조물을 설계하기 위해서는 임의 방향으로 작용하는 수직응력(σ_θ)에 대하여 최대응력과 최소응력을 구할 필요가 있다. 임의 방향의 최대, 최소 수직응력(σ_θ)은 식 (7.33a)를 θ로 미분한 값이 0이 되는 조건으로부터 구할 수 있다. 즉

$$\frac{d\sigma_\theta}{d\theta} = -\frac{\sigma_x - \sigma_y}{2} 2\sin 2\theta - 2v\cos 2\theta = 0 \qquad (a)$$

$$\tan 2\theta = -\frac{v}{\frac{\sigma_x - \sigma_y}{2}} \qquad (7.35)$$

이 되고, 수평응력(v_θ)이 0이 되는, 경사면의 θ는 식 (7.33b)를 0으로 두면,

$$\left(\frac{\sigma_x - \sigma_y}{2}\right)\sin 2\theta + v\cos 2\theta = 0$$

$$\tan 2\theta = -\frac{v}{\frac{\sigma_x - \sigma_y}{2}} \qquad (7.36)$$

이 된다. 이 두 식으로부터, $v_\theta = 0$일 때 σ_θ는 최대 또는 최소가 됨을 알 수 있다. 식 (7.35)를 그림으로 나타내면 그림 7.23과 같이 되어

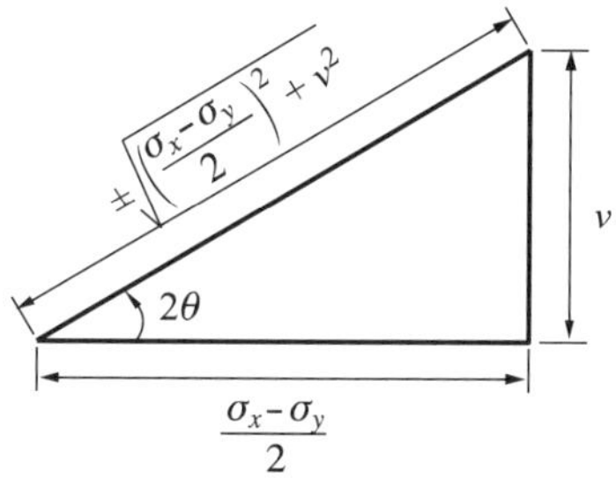

그림 7.23

$$\cos 2\theta = \pm \frac{\left(\frac{\sigma_x - \sigma_y}{2}\right)}{\sqrt{\left(\frac{\sigma_x - \sigma_y}{2}\right)^2 + v^2}},$$

$$\sin 2\theta = \pm \frac{v}{\sqrt{\left(\frac{\sigma_x - \sigma_y}{2}\right)^2 + v^2}} \tag{7.37a, b}$$

식 (7.35)는 $v_\theta = 0$이 되는 면을 나타내는 것으로 $2\theta + 180°$(또는 $\theta + 90°$)일 때도 성립된다. 이와 같은 결과로부터 수직응력은 서로 직교하는 2개의 면에서 최대, 최소가 되며 이 한 쌍의 응력을 주응력(Principal stresses)라 하고, 주응력이 작용하는 한 쌍의 면을 주응력면(Principal Stresses Plane)이라 한다. 주응력의 크기는 식 (7.33a)에 식 (7.37)을 대입하면 다음과 같다.

$$\sigma_{1,2} = \left(\frac{\sigma_x + \sigma_y}{2}\right) \pm \sqrt{\left(\frac{\sigma_x - \sigma_y}{2}\right)^2 + v^2} \tag{7.38}$$

마찬가지로, 전단응력 v_θ의 최대 또는 최소값은 식 (7.33b)를 θ로 미분한 값이 0이 되는 조건에서,

$$\frac{dv_\theta}{d\theta} = \frac{\sigma_x - \sigma_y}{2} 2\cos 2\theta - 2v\sin 2\theta = 0$$

$$\tan 2\theta = \frac{\left(\frac{\sigma_x - \sigma_y}{2}\right)}{v} \tag{7.39}$$

가 된다. 이 식을 도시하면 그림 7.24와 같게 되어

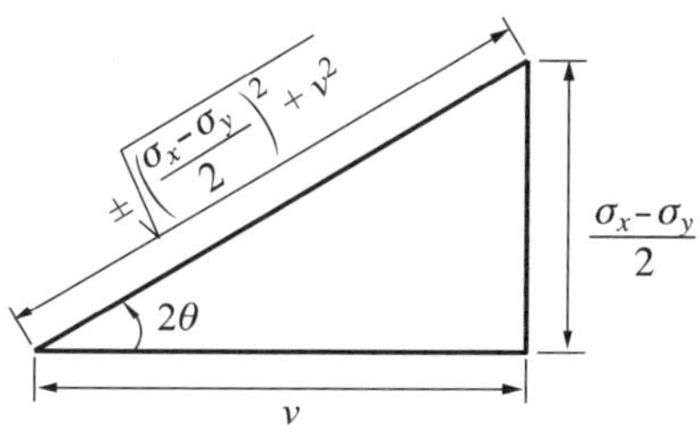

그림 7.24

$$\cos 2\theta = \pm \frac{v}{\sqrt{\left(\frac{\sigma_x - \sigma_y}{2}\right)^2 + v^2}},$$

$$\sin 2\theta = \pm \frac{\left(\frac{\sigma_x - \sigma_y}{2}\right)}{\sqrt{\left(\frac{\sigma_x - \sigma_y}{2}\right)^2 + v^2}} \tag{7.40a, b}$$

이 되고 식 (7.33b)에 식 (7.40)을 대입하여 정리하면,

$$v_{1,2} = \pm \sqrt{\left(\frac{\sigma_x - \sigma_y}{2}\right)^2 + v^2} \tag{7.41}$$

이 된다. 여기서 주응력의 차 $\sigma_1 - \sigma_2$는

$$\sigma_1 - \sigma_2 = \left\{\left(\frac{\sigma_x + \sigma_y}{2}\right) + \sqrt{\left(\frac{\sigma_x - \sigma_y}{2}\right)^2 + v^2}\right\}$$

$$- \left\{\left(\frac{\sigma_x + \sigma_y}{2}\right) - \sqrt{\left(\frac{\sigma_x - \sigma_y}{2}\right)^2 + v^2}\right\}$$

$$= 2\sqrt{\left(\frac{\sigma_x - \sigma_y}{2}\right)^2 + v^2}$$

최대전단응력도는 식 (7.41)의 2배가 된다. 따라서,

$$v_{\max} = \frac{\sigma_1 - \sigma_2}{2} \tag{7.42}$$

이 되어 최대전단 응력은 주응력 차이의 1/2가 된다.

예제 7-11

그림과 같이 $\sigma_x = 400$ MPa, $\sigma_y = 0$ MPa, $v = 400$ MPa일 때 주응력 방향과 크기를 구하고 최대 전단응력 구하라.

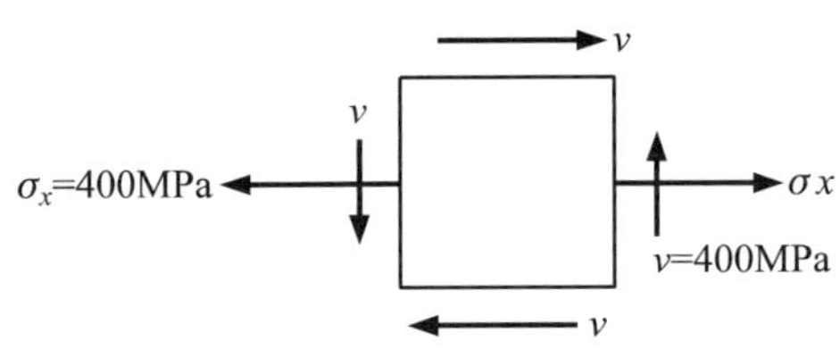

풀이

주응력과 주평면

$$\sigma_{1,2} = \left(\frac{400+0}{2}\right) \pm \sqrt{\left(\frac{400-0}{2}\right)^2 + (-400)^2} = 200 \pm 447.2$$

$$\sigma_1 = 647.2\ \text{MPa}, \quad \sigma_2 = -247.2\ \text{MPa}$$

이 되고 주응력의 방향은,

$$\tan 2\theta = -\frac{400}{\left(\frac{400-0}{2}\right)} = -2$$

이므로,

$$2\theta = -63.43°, \quad \theta = -31.71°, \quad \sigma_2 = 647.2\ \text{MPa}$$

또는

$$2\theta = 116.57°, \quad \theta = 58.28°, \quad \sigma_1 = -247.2\ \text{MPa}$$

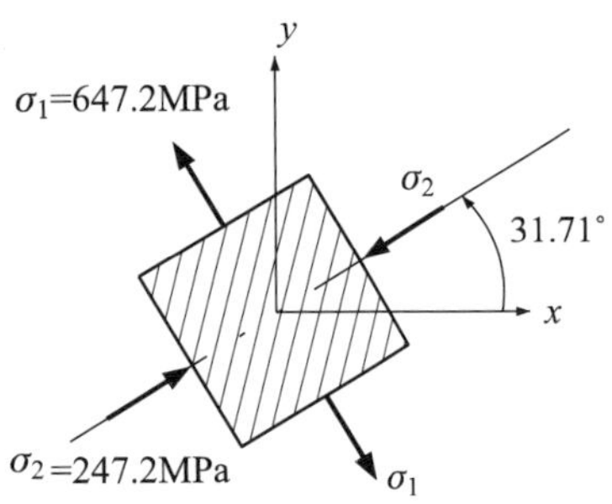

(a)

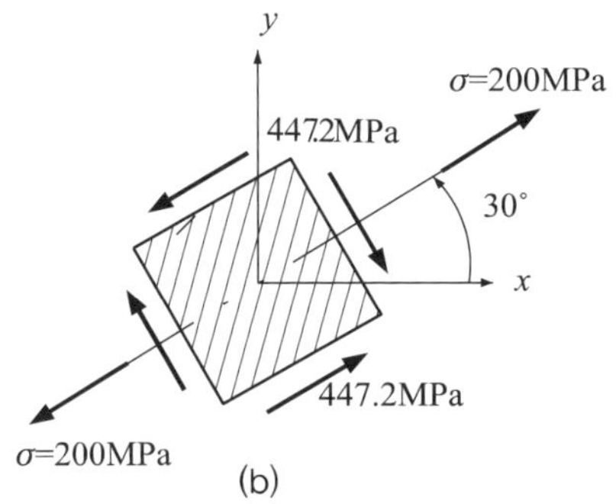

(b)

최대전단응력

$$v_{1,2} = \pm\sqrt{\left(\frac{400-0}{2}\right)^2 + (-400)^2} = 447.2\ \text{MPa}$$

최대전단력을 갖는 평면에 대한 각은

$$\tan 2\theta = \frac{(400-0)}{2\times(400)} = 0.5$$

따라서, $2\theta = 26.57°$, $\theta = 13.28°$이 되고, 이때의 수직응력은

$\frac{\sigma_x + \sigma_y}{2}$ 이므로,

$$\sigma = \frac{\sigma_x + \sigma_y}{2} = \frac{400+0}{2} = 200\ \text{MPa}$$

주응력과 최대전단응력을 그리면 그림 (b)와 같다.

7.4.4 주응력선

주응력에서 설명한 바와 같이, 주응력면에서는 수직응력이 최대 혹은 최소값이 되고, 전단응력은 존재하지 않는다. 여기서 각 점에 대하여 이 주응력면의 방향을 구하고, 이것을 연결하면 서로 직교한 한 쌍의 곡선이 얻어지는데, 이를 주응력선(Principal stress line)이라 한다.

축방향력만을 받는 부재와 일정한 휨모멘트가 작용하는 부재에서는 부재의 축에 수직인 단면에서 전단응력도가 생기지 않고, 주응력선은 부재의 축방향의 선과 이것에 직교하는 선 2개가 된다(그림 7.25a). 그러나 휨모멘트가 일정치 않을 때는 응력 간의 관계에서 말한 것과 같이, 부재 축에 직각인 면에 전단응력도 v이 생기므로, 이것과 휨응력도 σ와의 조합에 의하여 각 점의 주응력면 방향은 여러 가지로 변화한다(7.25b). 또한 주응력값은 식 (7.38)로 계산한다.

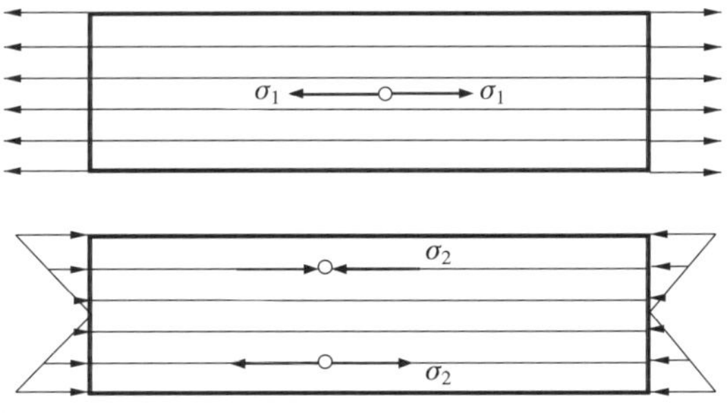

(a)

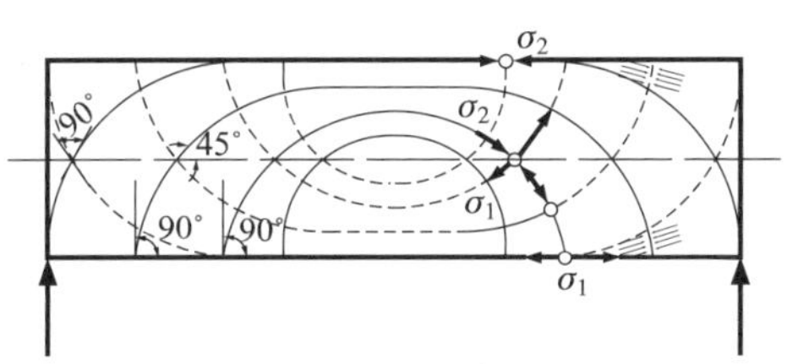

(b)

그림 7.25

7.5 연습문제 Problem...

[7.1절]

7.1-1 다음 그림은 직경 D=13m, 길이 50mm인 강봉의 인장시험에서 얻은 응력-변형률 관계곡선이다. P=50kN이 작용할 때 단면의 직경이 12.99265 mm로 변했다면, 포아송비 및 탄성계수를 구하라. 단 선으로 표시된 부분은 비례한도).

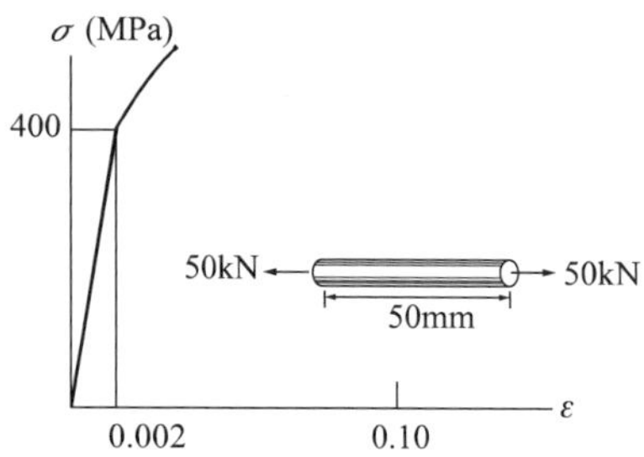

답 탄성계수, 포아송비

7.1-2 그림과 같은 볼트에 작용하는 수평응력과 변형률 관계곡선이다. 포아송비 0.3, 불트직경 12mm인 경우, 탄성계수와 항복하중을 구하라. 단, 선으로 표시된 부분은 비례한도점이다.

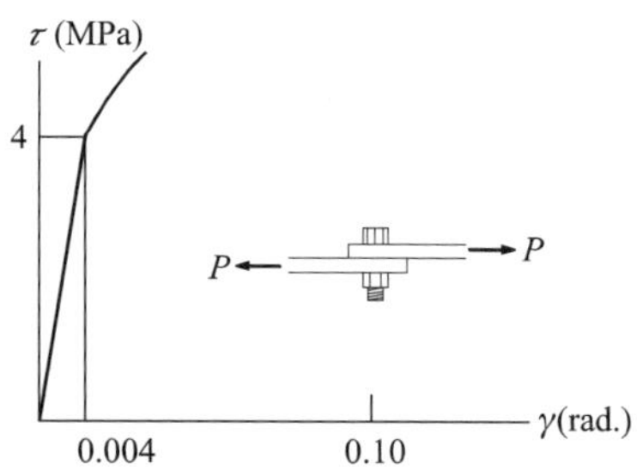

7.1-3 그림과 같은 길이 120mm, 단면적 450mm^2, P= 4kN, 변형량(ΔL) 0.05mm일 경우 탄성계수를 구하라. 또한 포아송비가 0.3일 때 변화된 단면적을 구하라.

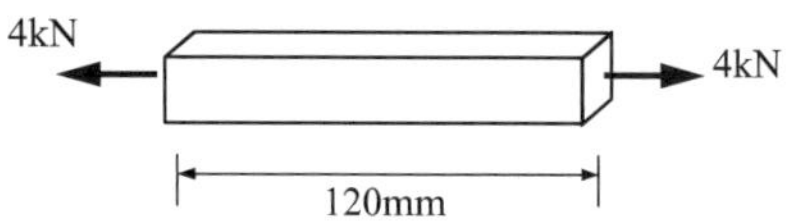

[7.2절]

7.2-1 $\overline{AB}$ 케이블은 강재로 직경 5mm이다. P=4kN이 작용할 때 케이블의 늘어난 길이를 구하라. 또한 강재의 허용강도($f_a = 160\,\text{MPa}$)인 경우 안전성을 평가하라.

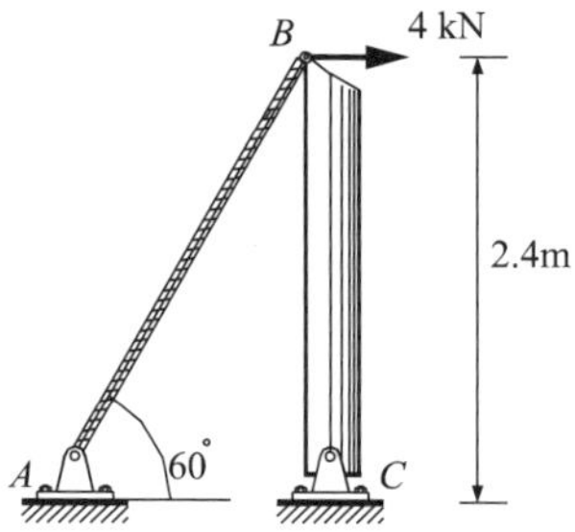

7.2-2 단면적 $1.6 \times 10^4\,\text{mm}^2$인 기둥에 축하중 80kN이 작용할 때, 기둥 축방향 응력의 2/3이 베이스플레이트에 유발되도록 단면 d를 결정하라.

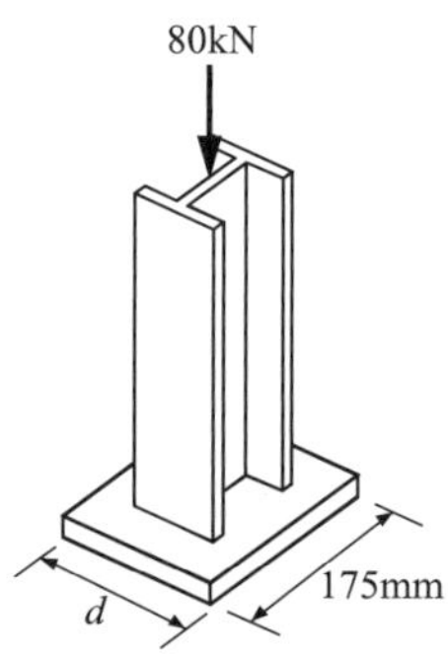

7.2-3 그림과 같은 단면의 휨강도비를 구하라.

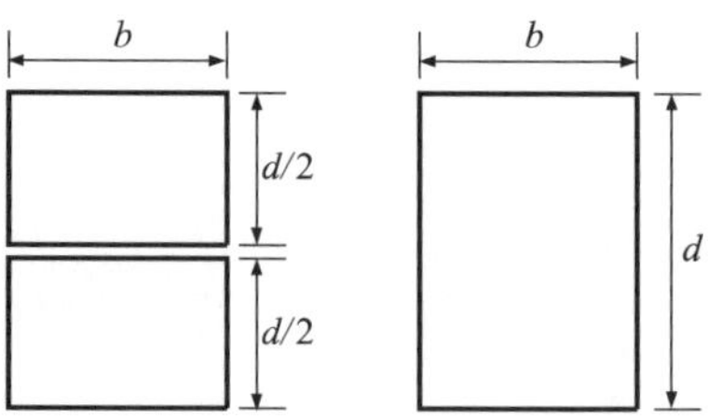

(a)

답 1 : 2

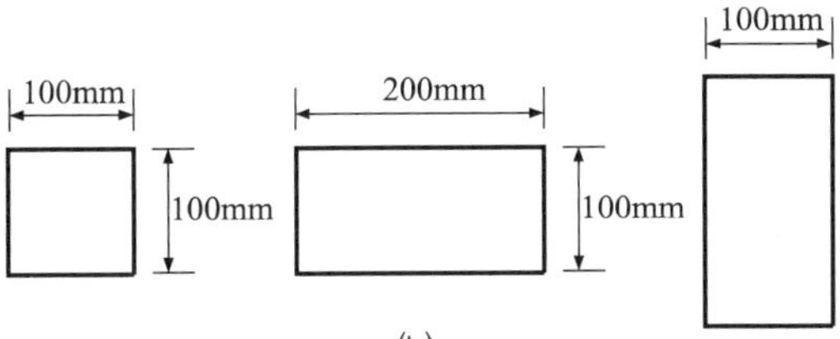

(b)

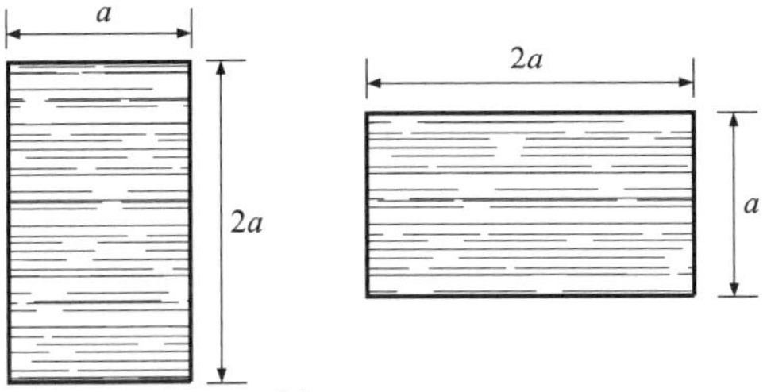

(c)

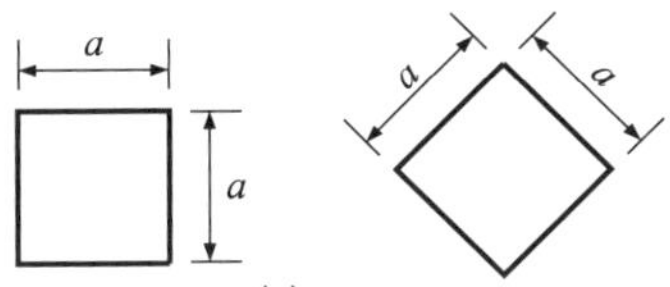

(d)

답 (b) 1 : 2 : 4, (c) 2 : 1, (d) $\sqrt{2}$: 1

7.2-4 다음 단면의 $A-A$축과 $B-B$축에 대한 휨강도비를 구하라.

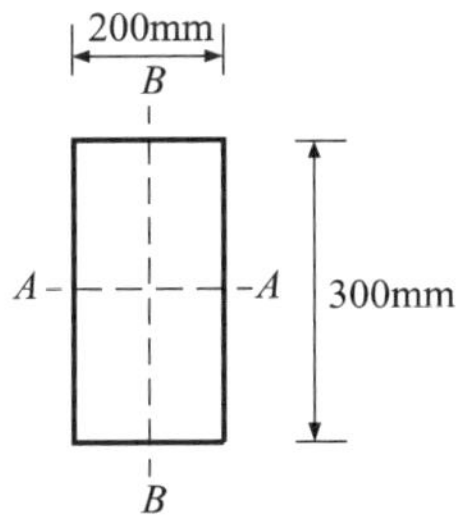

답 3 : 1

7.2-5 폭 200mm, 깊이 300mm, 인 직사가형 단면을 갖는 단순보에서 최대 휨응력 $\sigma_w = 90\text{MPa}$인 경우, 최대 저항모멘트의 크기는?

답 2.7MPa

7.2-6 휨모멘트 $M = 180\text{kN}\cdot\text{m}$를 받는 보 단면의 소요 높이 h를 구하라(단, 허용 휨응력 $\sigma_b = 8\text{MPa}$이다).

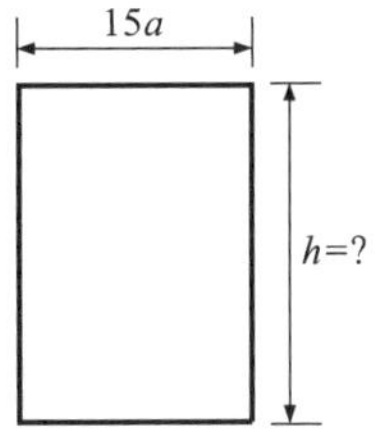

답 300mm

7.2-7 다음 T형 단면을 갖는 보가 120kN · m, 중립축에 대한 단면2차모멘트 $1.2\times10^8\text{mm}^4$일 때 최대 휨응력은?

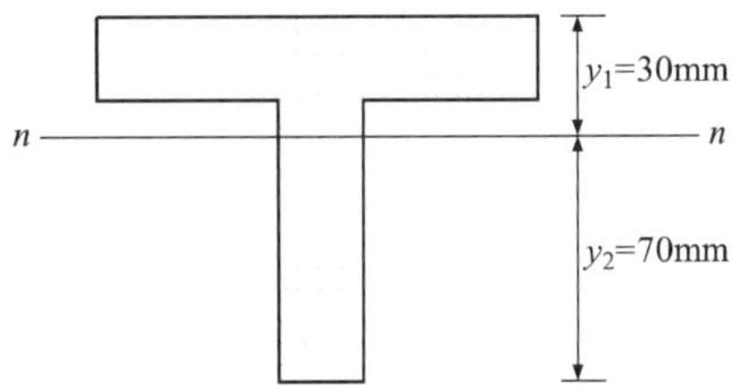

답 70MPa

7.2-8 그림과 같이 직사각형 단면을 갖는 보에 $M = 40\text{kN}\cdot\text{m}$의 휨모멘트가 작용할 때, (a) 상단 및 하단의 휨응력, (b)중립축에서 100mm 떨어진 A의 휨응력을 구하라.

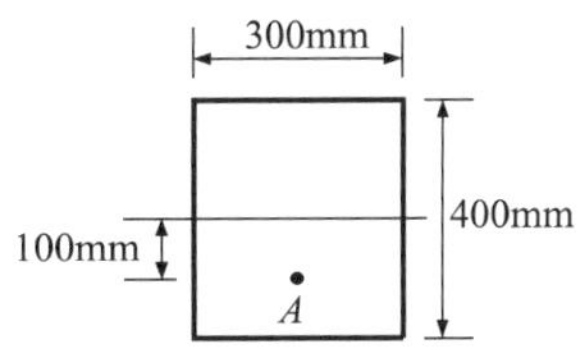

답 (a) 5MPa, (b) 2.5MPa

7.2-9 경간 6m인 단순보에 등분포하중 $w = 4\text{kN}\cdot\text{m}$가 작용할 때, C점에서의 단면 A점에 발생하는 휨응력을 구하라.

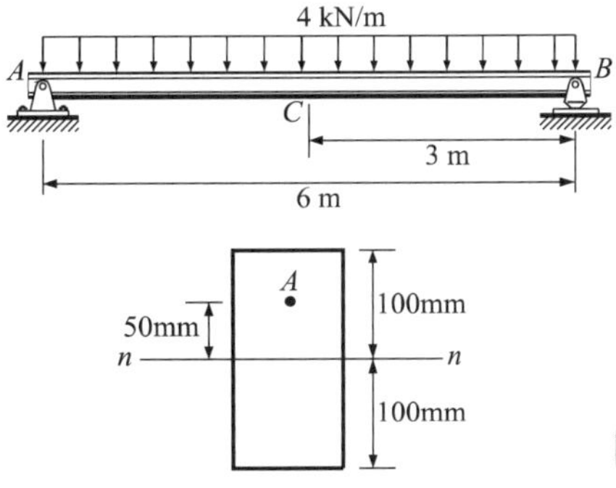

답 11.3MPa

7.2-10 중립축에 대한 환산 단면2차모멘트가 400×10^{10} mm^4인 단면이 40kN · mm의 휨모멘트를 받을 때 목재부의 최대 휨응력을 구하라.

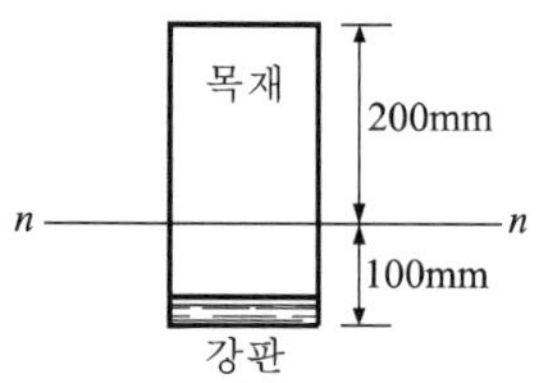

답 20MPa

7.2-11 I−400×150×10($I_l = 24{,}000\text{m}^4$, $I_y = 887\text{m}^4$)의 부재에 그림과 같은 수평력이 작용할 때 고정단에 생기는 최대 휨응력을 구하라.

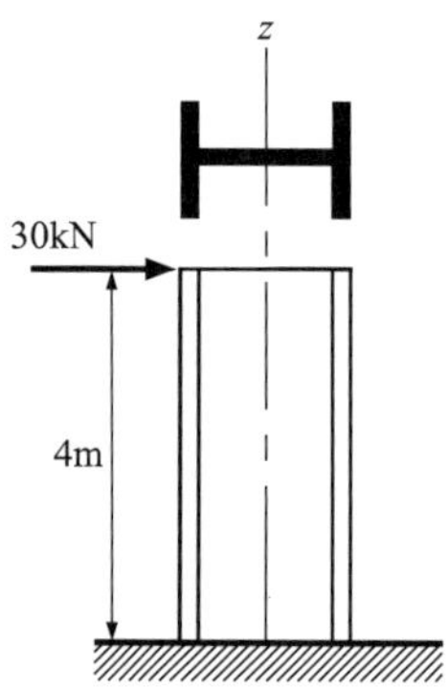

답 10MPa

7.2-12 그림과 같은 단면이 2,675kN · m의 휨모멘트를 받을 때 $n-n$에 일어나는 휨응력를 구하라.

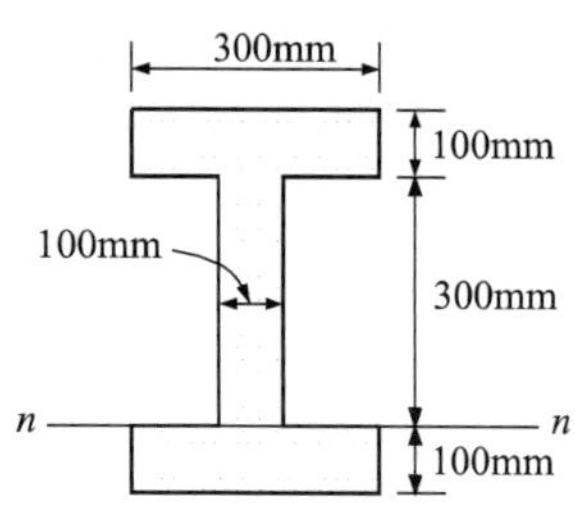

답 150MPa

7.2-13 다음 그림에서 최대 휨응력도를 구하라.

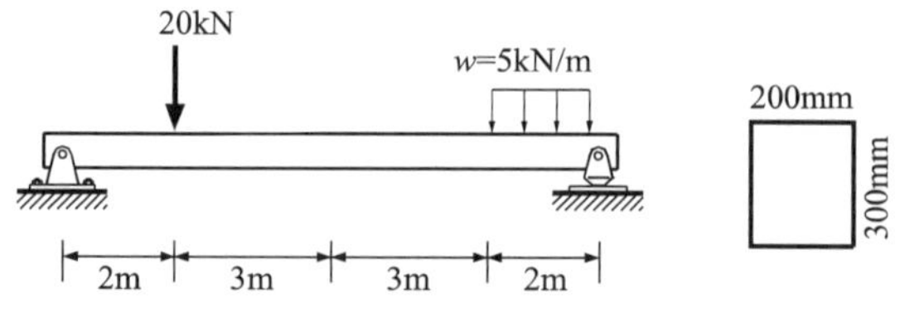

(a)

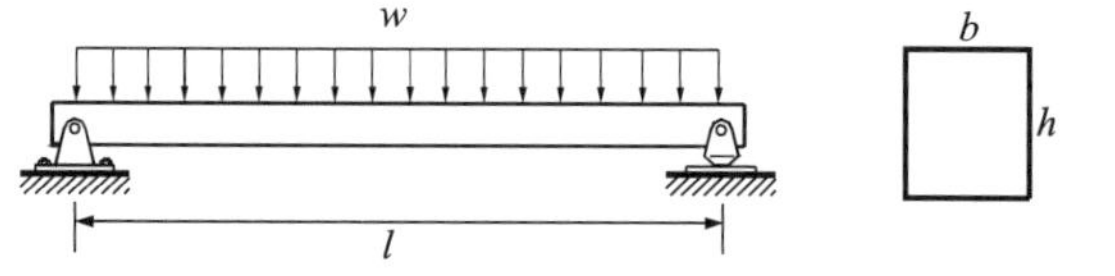

(b)

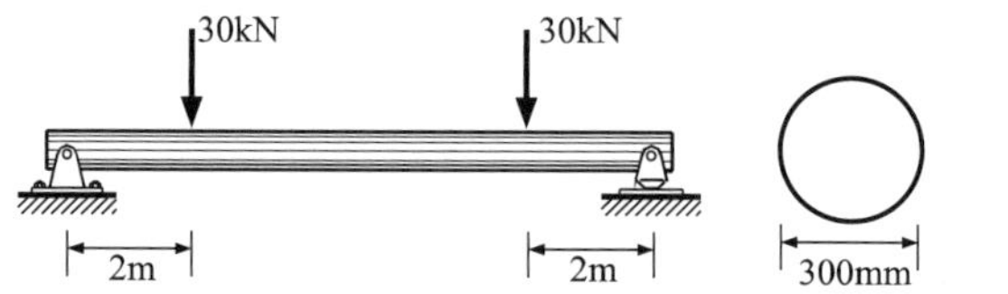

(c)

답 (a) $\frac{3wl^2}{4bh^2}$, (b) 83MPa, (c) 22.6MPa

7.2-14 휨모멘트 M을 받고 있는 원형 단면의 보를 설계하려 한다. 이 보의 허용응력을 σ_a라 할 때 단면의 지름 d를 구하라.

답 $d=2.17\sqrt[3]{\frac{M}{\sigma_a}}$

7.2-15 단면 200×300mm, 경간 4m인 단순보의 중앙에 집중하중 P가 작용할 때, P의 허용값을 구하라. (단, $\sigma_b = 9\text{MPa}$)

답 27kN

7.2-16 그림과 같은 캔틸레버보의 허용 휨응력이 $\sigma_a = 10\text{MPa}$일 때 이 보가 받을 수 있는 최대 하중 P를 구하라. (단, 단면은 200×300mm의 직사각형 단면이다.)

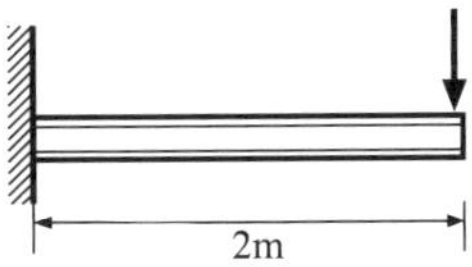

답 1.3kN

7.2-17 그림과 같은 단순보에 등분포하중 $w = 1\text{kN/m}$가 작용할 때 가능한 최대 경간을 구하라. (단, 허용휨응력도 $f_b = 10\text{MPa}$이다.)

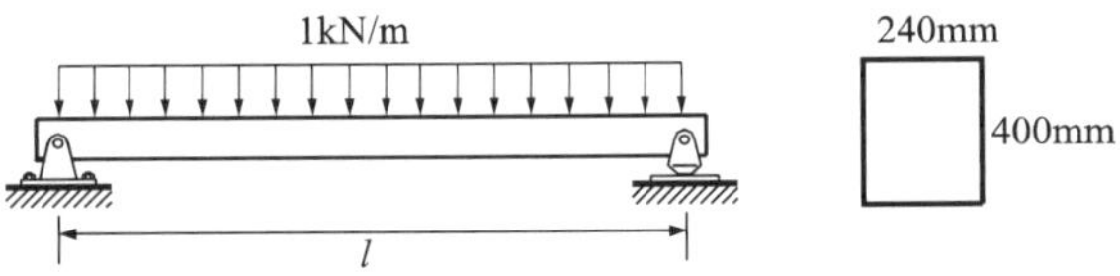

답 1=2.26m

7.2-18 보 단면의 전단응력도를 그렸더니 다음 그림과 같았다. 단면에 가해진 전단력의 크기를 구하라.

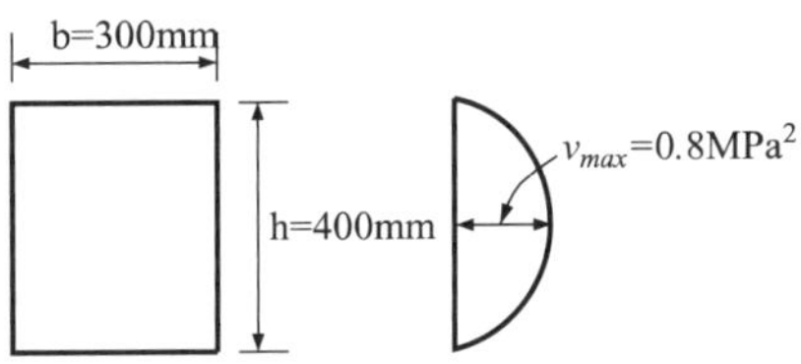

답 64kN

7.2-19 그림과 같은 강재 보 단면의 a, b, c, d 부분에 생기는 전단응력을 큰 순서대로 나열하라.

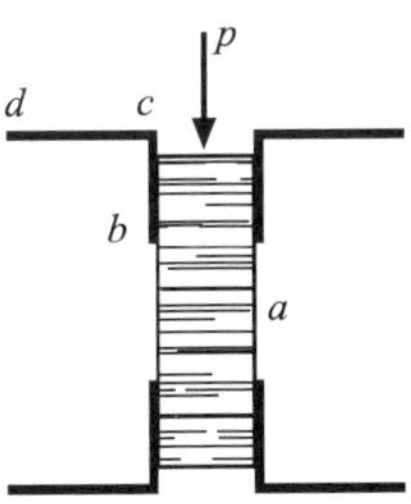

답 $a > b > c > d$

7.2-20 그림과 같은 단면의 보에 $V = 15\text{kN}$ 전단력이 작용할 때, 이 단면에 작용하는 평균전단 응력을 구하라.

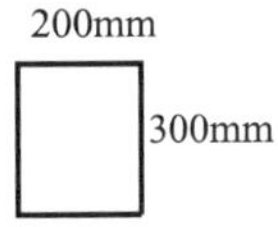

답 0.25MPa

7.2-21 전단력 V를 받는 단면에서 높이의 4등분인 $n-n$축의 전단응력도를 구하라.

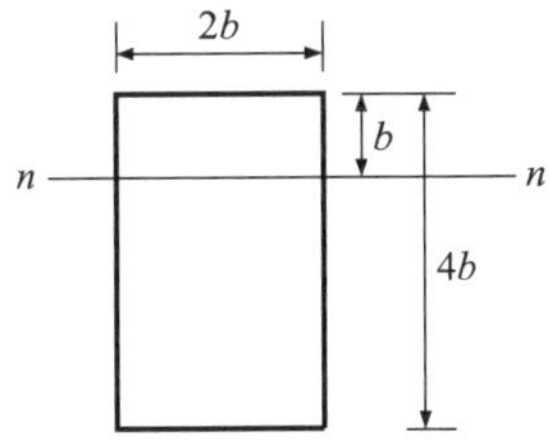

답 $\dfrac{9V}{64b^2}$

7.2-22 그림과 같은 단순보에서 중앙지점이 단면에 생기는 휨 응력과 전단 응력 값을 구하라.

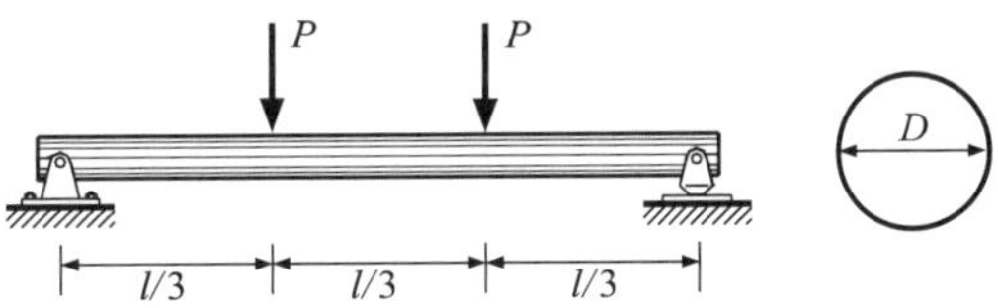

답 $\sigma = \dfrac{32pl}{3\pi D^3}$, $v = 0$

7.2-23 그림과 같은 보 C점의 중립축에서 100mm 떨어진 단면에서 전단응력을 구하라.

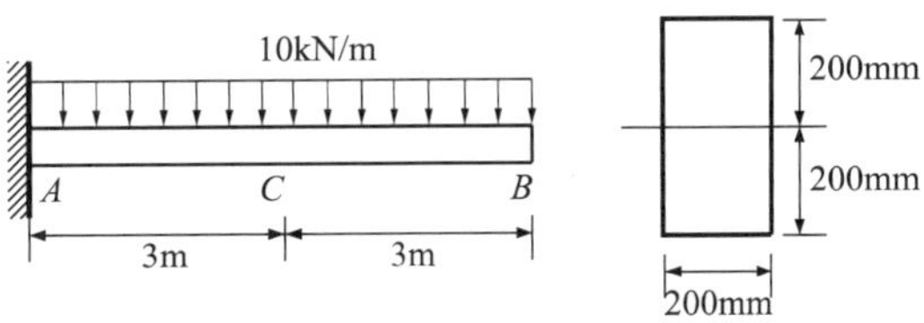

답 0.42MPa

7.2-24 그림과 같은 단면의 최대 전단응력을 구하라. (단, 전단력은 20kN이다.)

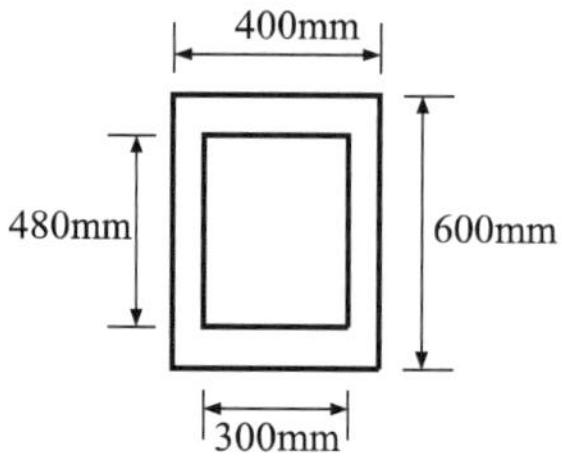

답 0.42MPa

7.2-25 그림과 같은 단면 $Y-Y$에서 A점에 생기는 최대 휨응력과 중립축 B점에 생기는 전단응력의 비(σ/ν)를 구하라.

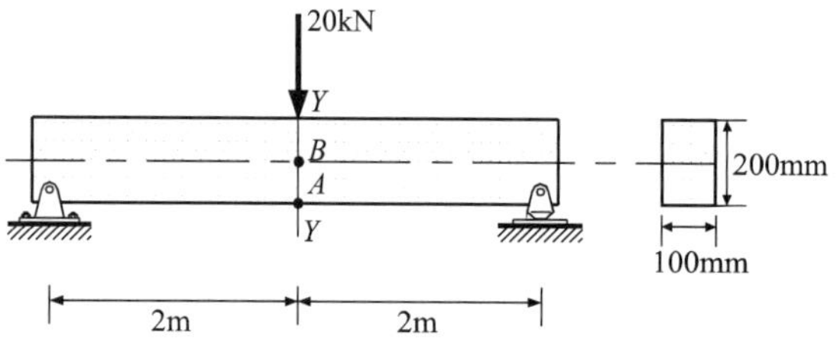

답 40

7.2-26 다음과 같은 보에서 최대 전단응력도의 크기를 구하라.

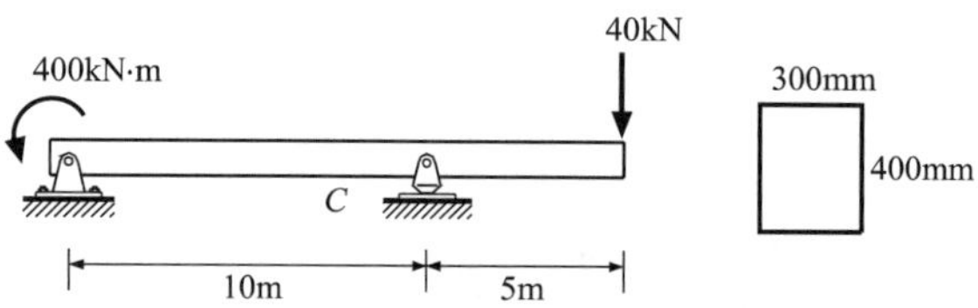

답 0.5MPa

7.2-27 보 재료의 허용인장 및 압축응력이 350MPa, 허용전단응력이 200MPa인 경우 다음 단면에 대해 보가 재하할 수 있는 P를 구하라.

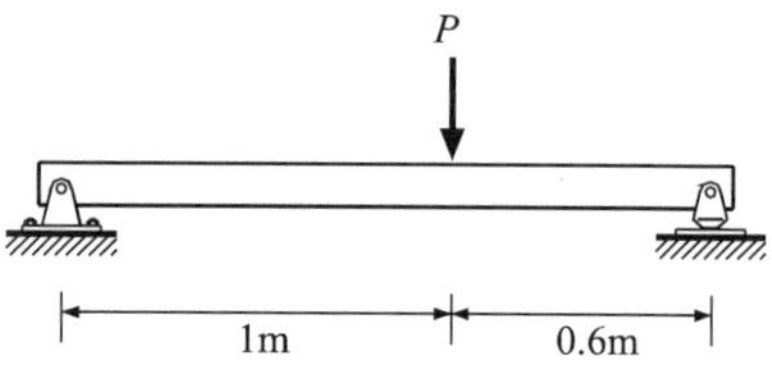

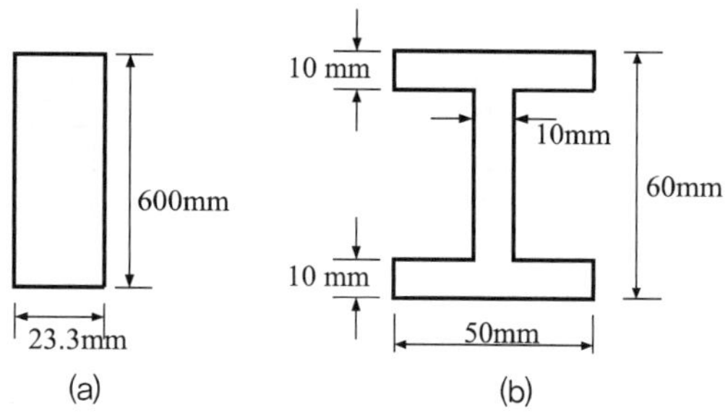

[7.3절]

7.3-1 150×300mm 직사각형 단순보에 그림과 같이 하중이 작용했을 때 보의 최대 인장응력을 구하라.

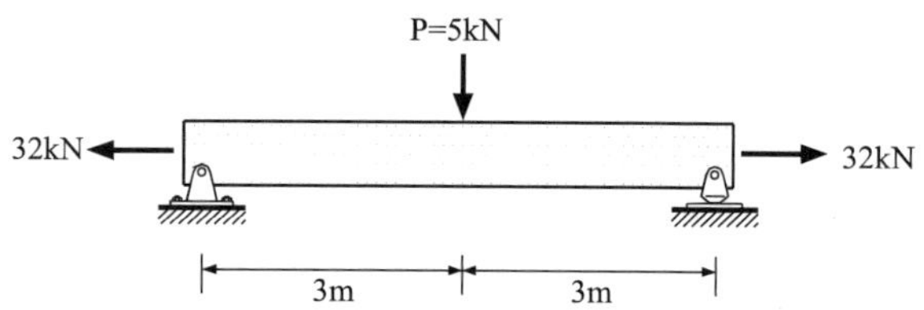

답 4MPa

8장 보의 처짐 (기하학적 방법)

차례

주요개념

- 처짐
- 처짐각
- 곡률
- 탄성곡선법
- 모멘트면적법 제1정리
- 모멘트면적법 제2정리
- 공액보법 제1정리
- 공액보법 제2정리

구조물 또는 부재가 하중이나 온도와 같은 외부 영향을 받으면 변형(Deformation)한다. 지금부터 2장에 걸쳐 구조물의 변형을 구하는 방법을 살펴본다. 구조 부재의 변형에 관한 계산은 매우 중요하다. 예를 들어 보의 처짐이 증가하여 허용하는 수준을 초과하게 되면, 바닥슬래브에 균열이 발생하고, 보 하부의 여러 내외장재(칸막이 벽, 창문 등)에 하중을 직접 전달하여 많은 피해가 발생한다. 그러므로 구조물을 설계할 때 구조부재의 변형이 허용한도 내에 있는지를 미리 확인하는 것이 필요하다.

또 하나의 이유는 부정정구조물을 해석할 때 적합방정식을 구성하기 위한 것으로, 이는 11장 이후에 다룬다.
구조물에 발생하는 변형을 구하는 방법은 여러 가지가 있으나, 크게 기하학적인 방법과 에너지법으로 구분할 수 있다.

기하학적인 방법

1) 탄성곡선법(보와 기둥에 적용)
2) 모멘트면적법, 공액보법(보와 라멘에 적용)

에너지법

1) 가상일법 (어떤 구조물에도 적용)
2) 카스틸리아노(Castigliano) 제2정리 (어떤 구조물에도 적용)

이 장에서는 우선 정정보를 중심으로 기하학적 방법에 의한 변형을 구하는 방법을 살펴본다.

8.1 탄성곡선과 보의 처짐

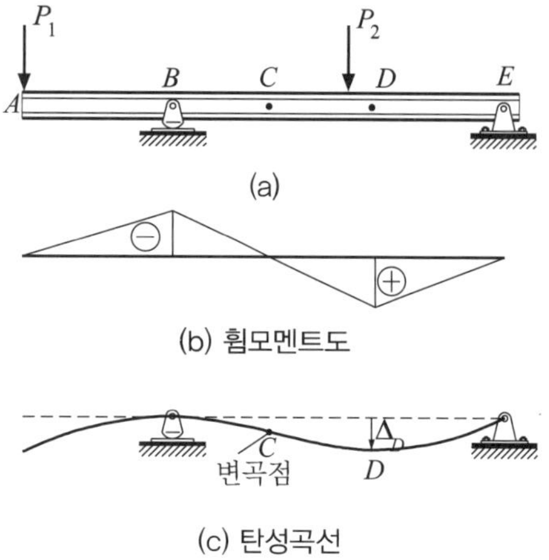

그림 8.1

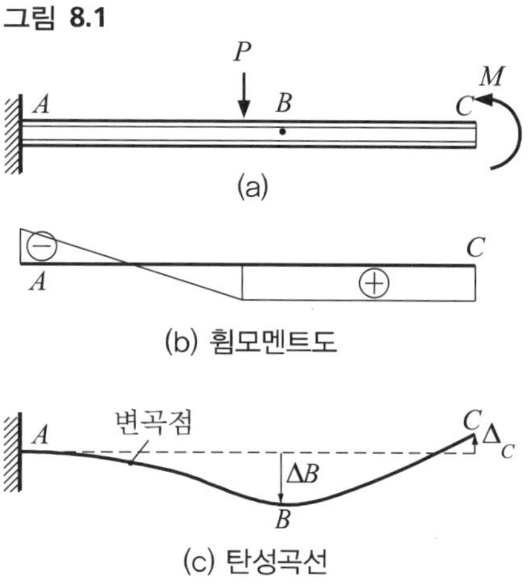

그림 8.2

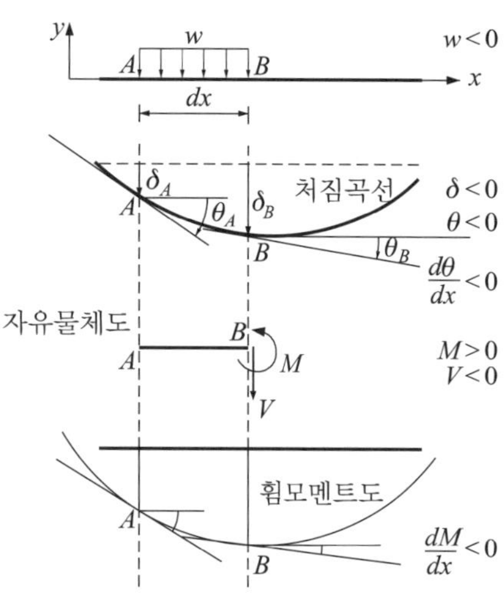

그림 8.3

보가 수직하중을 받으면 처음에 직선이었던 부재축은 활과 같이 휘게 되는데, 이렇게 변형된 형태를 탄성곡선(Elastic curve)이라 한다. 보의 탄성곡선은 휨모멘트도로부터 쉽게 유추할 수 있다. 그림 8.1과 같은 보의 변형을 생각해 보자. $\overline{AC}$구간은 음(−) 모멘트가 작용하므로 위로 볼록(⌒)하게 휘고, $\overline{CE}$구간은 양(+) 모멘트가 작용되므로 아래로 볼록(⌣)하게 휘기 때문에 그림 (c)과 같은 탄성곡선이 된다. 물론 실제 변형은 매우 작으며, 여기서는 과장하여 그린 것이다. 그림 8.2에 캔틸레버보에 대한 탄성곡선을 동일한 방법으로 작도하여 나타냈다. 물론 그림에서 탄성곡선은 정성적이라는 것에 주의하자. 예를 들어 Δ_C값이 부재의 위치보다 아래일 수도 있다. 변형에 대한 몇 가지 용어를 정의해 보자.

- **변위(Displacement) : 변형 중 수평·수직방향으로 이동한 양**
- **처짐(Deflection) : 보의 중립면에 있는 임의 점이 수직 방향으로 이동된 변위(Displacement)**
- **처짐곡선 : 부재 각 부분의 처짐을 연결한 곡선**
  처짐곡선은 변형이 매우 작은 경우(Small deformation) 탄성곡선과 일치한다.
- **처짐각(Deflection angle) : 처짐곡선 상의 임의 점에서 접선과 부재축이 이루는 각**

처짐은 휨모멘트, 축방향력, 전단력에 의해 발생한다. 그러나 보와 라멘과 같이 부재가 대부분 휨모멘트에 의해 변형하고, 축방향력과 전단력에 의한 처짐이 상대적으로 매우 작은 경우에는, 휨모멘트에 의한 처짐만을 고려하고 나머지는 무시하는 것이 보통이다.

부호규약

부호는 정정구조물의 해석과 동일하며, 추가되는 변형 또한 부재력과 같은 방향으로 정하는 것이 합리적이다. 즉,

$$F_x(\rightarrow),\ F_y(\uparrow),\ M(\curvearrowleft)\ :\ 양(+)$$

$$\Delta_x(\rightarrow),\ \Delta_y(\uparrow),\ \theta(\curvearrowleft)\ :\ 양(+)$$

그림 8.3은 수직 분포하중 상태에서 부재력과 변형의 부호관계를

예시한 것이다. 만약 처짐과 처짐각을 계산하면, 부호가 음(−)이 나타날 것이다.

또한 $M > 0(+)$인 경우

$$\frac{dM}{dx}(=V) < 0(-)\text{이다.}$$

8.2 탄성곡선법

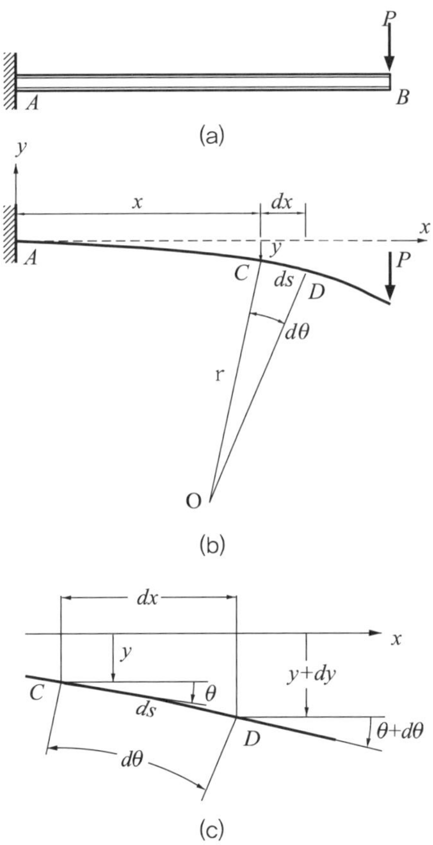

그림 8.4

8.2.1 탄성곡선법 유도

보의 처짐곡선을 구하기 위하여 그림 8.4(a)와 같이 B점에 하중이 작용하여 처짐이 발생한 캔틸레버보를 생각하자. 보의 재료는 선형탄성이고 처짐은 매우 작은 것으로 가정한다. 그림 (b)과 같이 원점으로부터 x만큼 떨어진 처짐곡선 C점에서 처짐 y를 x의 함수로 나타내면 처짐곡선의 방정식이 된다.

C점에서 처짐을 y, 처짐각을 θ라 하면, C점에서 dx만큼 떨어진 D점에서의 처짐은 $y+dy$, 처짐각은 $\theta+d\theta$가 된다. 처짐곡선 C점과 D점에서 각각 접선에 수직으로 선을 그리면 그림 (c)와 같이 곡률중심 O에서 만나게 되는데, 이때 O점에서 곡선까지의 거리를 곡률반경(Radius of Curvature) ρ라 한다. 곡률(Curvature)은 부재의 단위길이 당 각 변화율로 정의되므로,

$$\kappa = \frac{d\theta}{dx} \tag{8.1}$$

$$ds = \frac{dx}{\cos\theta} \tag{a}$$

미소변형(Small deformation)을 가정하면 θ가 매우 작기 때문에 $\cos\theta \approx 1$이 되므로,

$$ds \approx dx \tag{b}$$

그림 (b)에서 $\rho\, d\theta = ds$이고, 곡률 $\kappa = 1/\rho$이므로,

$$\kappa = \frac{1}{\rho} = \frac{d\theta}{ds} \tag{8.2}$$

이다. 또한 그림 (c)에서 처짐각 θ가 작을 때 $\tan\theta \approx \theta$이므로,

$$\theta \approx \tan\theta = \frac{dy}{dx} \tag{a}$$

가 된다. θ를 x에 관해 미분하면

$$\frac{d\theta}{dx} = \frac{d^2y}{dx^2} \tag{b}$$

이 되고, 위 식을 식 (8.2)에 대입하면 곡률은,

$$\kappa = \frac{1}{\rho} = \frac{d\theta}{ds} = \frac{d\theta}{dx} = \frac{d^2y}{dx^2} \tag{8.3}$$

또한 식 (7.15)로부터,

$$\kappa = \frac{1}{\rho} = \frac{M}{EI} \tag{8.4}$$

그러므로 식 (8.1), 식 (8.3) 및 식 (8.4)을 조합하면,

$$\frac{d\theta}{dx} = \frac{d^2y}{dx^2} = \frac{M}{EI} \tag{8.5}$$

의 처짐방정식을 얻을 수 있다. 식 (8.5)는 모멘트 (↶), y축 처짐 (↑), 처짐각 (↶)을 양(+)으로 했을 경우 유도된 것이다. 만약 부호규약에서 모멘트 (↷)의 경우나, 또는 y축 처짐 (↓)을 양(+)으로 가정할 경우에는 식 (8.5)의 부호가 바뀌게 된다. 즉,

$$\frac{d^2y}{dx^2} = -\frac{M}{EI} \tag{a}$$

임에 유의해야 한다. 물론 모멘트(↷)와 y축 처짐 (↓)을 동시에 바꾸면 식 (8.5)는 변함이 없다.

식 (8.5)를 x에 관해 미분하고, 전단력 $V = -dM/dx$와 하중 $w = dV/dx$을 대입하면 다음 식들을 얻을 수 있다.

$$\frac{d^3y}{dx^3} = -\frac{V}{EI}, \qquad \frac{d^4y}{dx^4} = -\frac{w}{EI} \tag{8.6}$$

식에서 부호에 주의하자(부호규약을 다시 한 번 살펴보길 바란다). 또한 처짐곡선 방정식 (8.5), (8.6)은 전단변형을 무시하고 휨에 의한 변형만을 고려하여 유도되었기 때문에, 대부분의 구조부재에는 적용이 가능하지만, 전단이 지배적인 부재는 전단효과에 의한 추가적인 처짐도 고려해야 한다는 점도 유의하자.

8.2.2 곡률에 대한 정확한 식

앞에서 살펴본 곡률에 관한 방정식은 보의 처짐 곡선이 매우 작은 경우를 가정하여 유도된 것이다. 즉, $\cos\theta \approx 1$, $ds \approx dx$, $\tan\theta \approx \theta$를 가정했다. 그러나 보의 처짐곡선 기울기가 큰 경우에는 위와 같은 식을 사용할 수 없으므로, 식 (8.2)로부터,

$$\rho\, d\theta = ds \tag{8.2}$$

$$\kappa = \frac{1}{\rho} = \frac{d\theta}{ds} = \frac{d\theta}{dx}\frac{dx}{ds} \tag{8.7}$$

이고, 처짐 y에 대한 $\tan\theta = \dfrac{dy}{dx}$에서 양변을 x로 미분하면,

$$\begin{aligned}\frac{d}{dx}\tan\theta &= \frac{d}{d\theta}\tan\theta \cdot \frac{d\theta}{dx} = \sec^2\theta\frac{d\theta}{dx} \\ &= (1+\tan^2\theta)\frac{d\theta}{dx} = \left[1+\left(\frac{dy}{dx}\right)^2\right]\frac{d\theta}{dx} = \frac{d^2y}{dx^2}\end{aligned} \tag{b}$$

그러므로

$$\frac{d\theta}{dx} = \frac{d^2y}{dx^2}\bigg/\left[1+\left(\frac{dy}{dx}\right)^2\right] \tag{c}$$

또한

$$\begin{aligned}\frac{ds}{dx} &= \lim_{\Delta x\to 0}\frac{\Delta s}{\Delta x} = \lim_{\Delta x\to 0}\frac{\sqrt{\Delta x^2+\Delta y^2}}{\Delta x} \\ &= \sqrt{1+\left(\frac{dy}{dx}\right)^2} = \left[1+\left(\frac{dy}{dx}\right)^2\right]^{\frac{1}{2}}\end{aligned} \tag{d}$$

따라서 식 (8.7)에 식 (c)와 식 (d)를 대입하여 정리하면,

$$\kappa = \frac{1}{\rho} = \frac{d\theta}{dx}\bigg/\frac{ds}{dx} = \frac{d^2y}{dx^2}\bigg/\left[1+\left(\frac{dy}{dx}\right)^2\right]^{\frac{3}{2}} \tag{8.8}$$

식 (8.8)에서, 변형이 크지 않을 때는 $\left(\dfrac{dy}{dx}\right)^2 \approx 0$이라고 볼 수 있으므로, 식 (8.3)과 같아지는 것을 알 수 있다.

8.2.3 탄성곡선법의 적용

탄성곡선법을 이용하여 보의 처짐각과 처짐을 계산하는 과정은 다음과 같다.

1 단계 : 처짐곡선

x 및 y 좌표축을 설정하고 보의 처짐곡선을 과장하여 그린다.

2 단계 : 휨모멘트 일반식 작성

보에 작용하는 하중이 변하는 점을 기준으로 구간을 정하여 각 구간마다 독립된 휨모멘트 일반식을 구한다.

3 단계 : 처짐곡선의 미분방정식 적용

2단계에서 구한 휨모멘트 일반식을 식 (8.5)에 대입하고 처짐을 계산하기 위해 두 번 적분한다. 즉,

$$\theta = \frac{dy}{dx} = \int \frac{M}{EI}\,dx + C_1 \tag{8.9}$$

$$y = \int\int\left(\frac{M}{EI}dx\right)dx + C_1x + C_2 \tag{8.10}$$

적분상수 C_1과 C_2를 경계조건과 연속조건을 대입하여 구하면, 임의 부분의 처짐각과 처짐을 구할 수 있다. 예제를 통해 탄성곡선법의 적용방법을 익혀보자.

예제 8-1

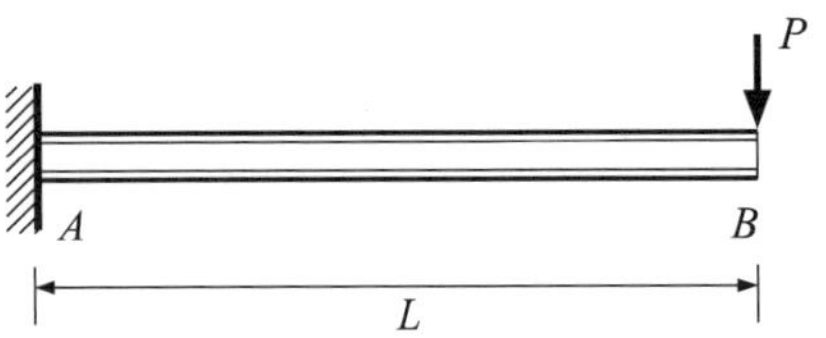

그림과 같은 캔틸레버보에서 B점의 처짐과 처짐각을 구하라. (EI는 일정)

풀이

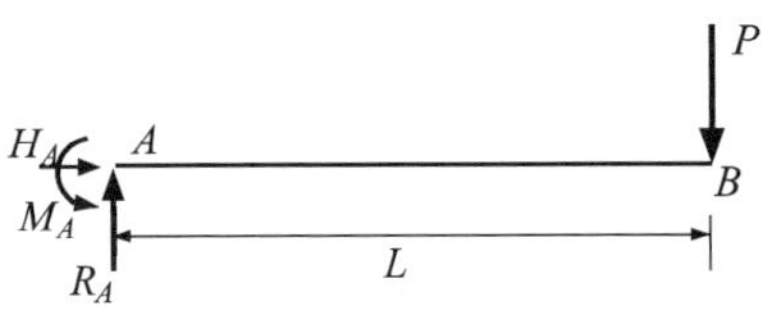

(a)

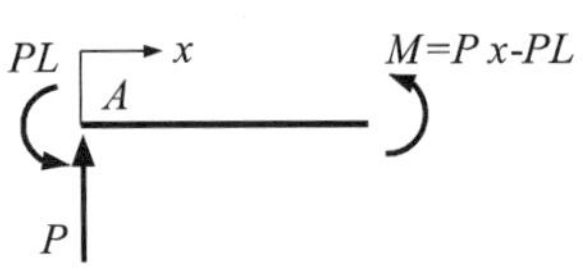

(b)

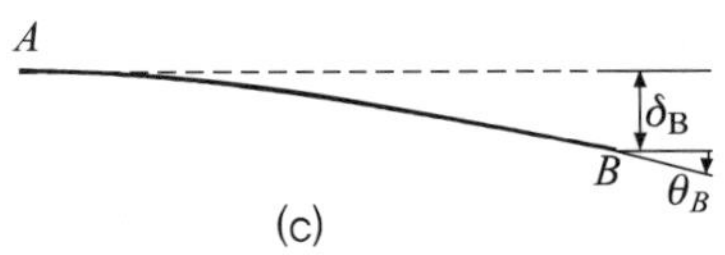

(c)

좌표축 설정 및 처짐곡선

하중에 의한 보의 처짐곡선은 그림 (c)와 같다.

휨모멘트의 일반식

지점 반력은, $R_A = P$, $M_A = PL$

그림 (b)와 같은 자유물체도로부터,

$\curvearrowleft + \sum M = 0$, $M + PL - Px = 0$, $M = Px - PL$

처짐각 및 처짐곡선

$$EI\left(\frac{d^2y}{dx^2}\right) = M = Px - PL$$

$$EI\left(\frac{dy}{dx}\right) = \int (Px - PL)dx = \frac{P}{2}x^2 - PLx + C_1$$

$$EI(y) = \frac{P}{6}x^3 - \frac{PL}{2}x^2 + C_1x + C_2$$

A지점은 고정단이므로 처짐각 및 처짐이 0이다. 즉 경계조건은,

$x = 0$에서 $\dfrac{dy}{dx} = 0$, $y = 0$이다. 대입하면,

$$EI(0) = -\frac{P}{2}(0) + PL(0) + C_1, \quad C_1 = 0$$

$$EI(0) = -\frac{P}{6}(0) + \frac{PL}{2}(0) + C_1(0) + C_2, \quad C_2 = 0$$

따라서 처짐각과 처짐곡선 식은,

$$EI\left(\frac{dy}{dx}\right) = \frac{P}{2}x^2 - PLx, \quad EI(y) = \frac{P}{6}x^3 - \frac{PL}{2}x^2$$

B점에서의 처짐과 처짐각은 $x = L$ 대입하면 된다. 즉,

$$\frac{dy}{dx} = \theta_B = \frac{1}{EI}\left(\frac{PL^2}{2} - PL^2\right) = -\frac{PL^2}{2EI} \ (\curvearrowright)$$

$$y = \delta_B = \frac{1}{EI}\left(\frac{PL^3}{6} - \frac{PL^3}{2}\right) = -\frac{PL^3}{3EI} \ (\downarrow)$$

부호가 음(−)이므로 가정한 방향과 반대이다.

예제 8-2

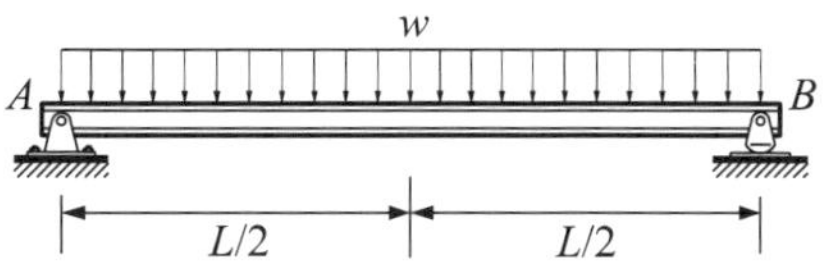

단순보에서 A, B지점의 처짐각과 최대처짐을 구하라. (EI는 일정)

풀이

좌표축 설정 및 처짐곡선(그림 (c))

휨모멘트의 일반식

평형조건으로부터 반력은 $R_A = \dfrac{wL}{2}$, $R_B = \dfrac{wL}{2}$

그림 (b)와 같은 자유물체도로부터 휨모멘트 일반식은,

$$\curvearrowleft \sum M = 0,\ M - \frac{wL}{2}x + \frac{w}{2}x^2 = 0,\ M = \frac{wL}{2}x - \frac{w}{2}x^2$$

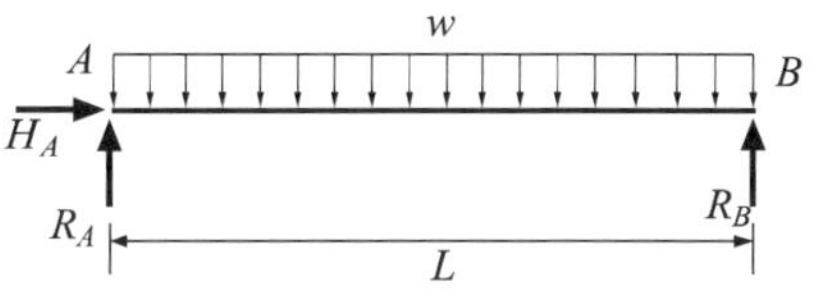

(a)

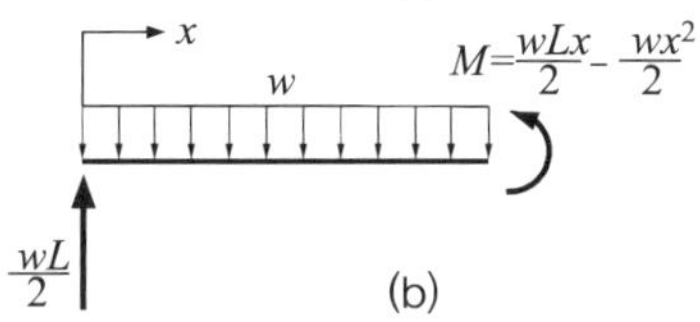

(b)

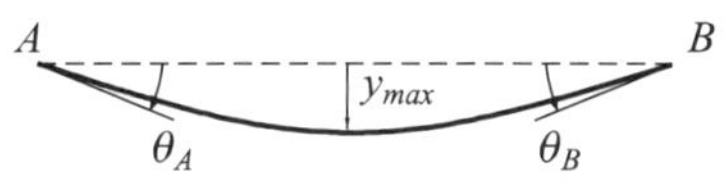

(c)

처짐각 및 처짐곡선

$$EI\left(\frac{d^2y}{dx^2}\right) = M = -\frac{w}{2}x^2 + \frac{wL}{2}x$$

$$EI\left(\frac{dy}{dx}\right) = -\frac{w}{6}x^3 + \frac{wL}{4}x^2 + C_1$$

$$EI(y) = -\frac{w}{24}x^4 + \frac{wL}{12}x^3 + C_1x + C_2$$

경계조건 $x=0$에서 $y=0$, $x=L$에서 $y=0$을 적용하면

$$x = 0\text{일 때 } C_2 = 0$$

$$x = L\text{일 때 } -\frac{wL^4}{24} + \frac{wL^4}{12} + C_1L = 0,\quad C_1 = -\frac{wL^3}{24}$$

따라서

$$EI\left(\frac{dy}{dx}\right) = -\frac{w}{6}x^3 + \frac{wL}{4}x^2 - \frac{wL^3}{24}$$

$$EI(y) = -\frac{w}{24}x^4 + \frac{wL}{12}x^3 - \frac{wL^3}{24}x$$

가 된다. A점과 B점에서 처짐각을 구하면,

$$\theta_A = \frac{dy}{dx} = \frac{1}{EI}\left(-\frac{wL^3}{24}\right) = -\frac{wL^3}{24EI}\ (\curvearrowright)$$

$$\theta_B = \frac{dy}{dx} = \frac{1}{EI}\left(-\frac{wL^3}{6} + \frac{wL^3}{4} - \frac{wL^3}{24}\right) = \frac{wL^3}{24EI}$$

최대처짐은 중앙에서 발생하고,

$$y_{\max} = \frac{1}{EI}\left[-\frac{w}{24}\left(\frac{L}{2}\right)^4 + \frac{wL}{12}\left(\frac{L}{2}\right)^3 - \frac{wL^3}{24}\left(\frac{L}{2}\right)\right] = -\frac{5wL^4}{384EI}\ (\downarrow)$$

8.3 모멘트면적법

8.3.1 모멘트면적법의 유도

1872년 그린(Charles E.Green)에 의해 발표된 모멘트면적법(Moment area method)은, 휨에 의한 탄성곡선의 처짐각과 처짐을 구하는데 휨모멘트도 면적을 이용하는 방법이다. 이 방법은 처짐곡선 방정식을 구하지 않고도, 보 임의 점에서 처짐이나 처짐각을 구할 때 유용하며, 특히 집중하중을 받거나 모멘트를 받는 경우에 편리하다. 모멘트면적법은 제1 및 제2정리가 있다. 이를 설명하기 위하여 그림 8.5(a)와 같이 등분포 하중을 받는 단순보를 생각해 보자. 보에 하중이 작용하면 그림 (b)와 같이 변형하며, 이때 M/EI를 그리면 그림 (c)와 같다. 그림 (b)에서 미소요소 ds의 양 끝단에서 그은 접선의 사이각을 $d\theta$라 하면 식 (8.5)로부터,

$$\frac{d\theta}{ds} \simeq \frac{d\theta}{dx} = \frac{M}{EI}, \qquad d\theta = \frac{M}{EI}dx \tag{8.5}$$

이다. 식 (8.5)의 $(M/EI)dx$는 그림 (c)에서 빗금친 면적이다.

D점과 C점 사이의 처짐각 변화량은 $d\theta$를 적분하면 되므로,

$$\theta_{DC} = \theta_D - \theta_C = \int_C^D \frac{M}{EI}dx \tag{8.11}$$

가 되며, 이를 모멘트면적법 제1정리라 한다. 이를 정리하면,

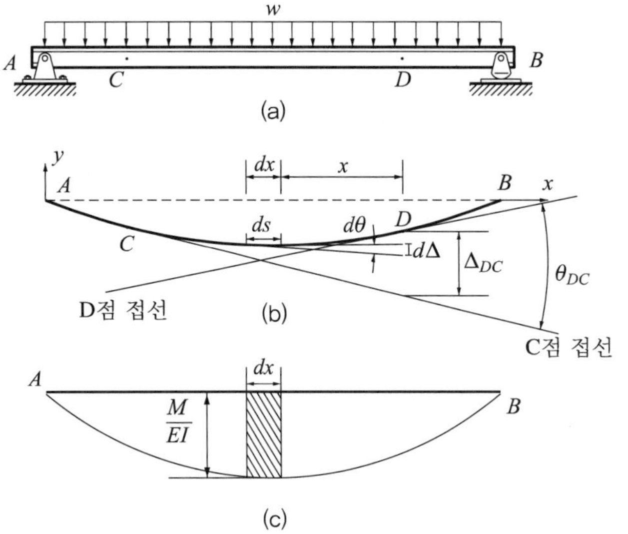

그림 8.5

모멘트면적법 제1정리

임의의 두 점 C와 D에서 처짐곡선에 그은 접선 사이의 처짐각 변화량 θ_{DC}는 D와 C사이의 M/EI도 면적과 같다.

여기서 제1정리는 특정한 점의 처짐각을 구하는 것이 아니고, 임의의 두 점 사이의 처짐각에 대한 상대적인 차이(두 점에 그은 접선이 이루는 각)를 구하는 방법임에 주의하자. 다음으로 모멘트면적법 제2정리를 유도해 보자. 그림 8.5(b)에서 $d\Delta$는,

$$d\Delta = x\,d\theta \tag{a}$$

식 (8.5)를 식 (a)에 대입하면,

$$d\Delta = \frac{M}{EI} x\,dx \tag{b}$$

식 (b)는, 수직처짐 $d\Delta$는 D점에 대한 ds부분 M/EI도의 단면1차모멘트를 의미한다. 식 (b)를 C에서 D까지 적분하면,

$$\int_C^D d\Delta = \int \frac{M}{EI} x\,dx, \quad \Delta_{DC} = \int_C^D \frac{M}{EI} x\,dx \tag{8.12}$$

모멘트면적법 제2정리

D점으로부터 임의 C점 접선까지의 수직거리 Δ_{DC}는 D점과 C점 사이 M/EI선도 면적의 D점에 대한 단면1차모멘트와 같다.

식 (8.12)도 두 점 사이의 상대적인 처짐값이라는 사실에 유의하자. 또한 단면1차모멘트를 구하는 기준점도 주의해야 한다.

대부분의 보에서는 처짐과 처짐각의 부호가 명백하기 때문에, 절대값으로 계산하고 방향은 처짐형상을 보고 결정하는 것이 효율적이다. 그러므로 모멘트면적법에서는 부호규약을 굳이 설정하지 않고 절대값으로 계산한다. 적용순서는 다음과 같다.

8.3.2 모멘트면적법의 적용순서

1 단계 : *M*/*EI* 도 작도

지점반력을 구하고 M/EI도를 작도한다.

2 단계 : 탄성곡선

보의 탄성곡선을 과장해서 그린다. 구하고자 하는 점과 지점에서의 접선을 길게 확장시켜 그린다.

3 단계 : 모멘트면적법의 정리 적용

두 점 사이의 상대 처짐각 양은 [정리 1]을, 상대 처짐량은 [정리 2]를 이용한다. 이때 두 점 중 한 점의 값을 미리 알 수 있으면 편리하다. 예를 들어 고정단은 처짐각이 0이고, 지점은 처짐이 0이다. 이밖에도 처짐과 처짐각의 기하학적 조건 등을 이용하면 된다.

모멘트면적법의 적용방법을 예제를 통해 심화시켜보자.

예제 8-3

다음 캔틸레버보 B점 및 C점에서의 처짐각 및 처짐을 구하라. ($E = 200\text{GPa}$, $I = 10 \times 10^6 \text{mm}^4$)

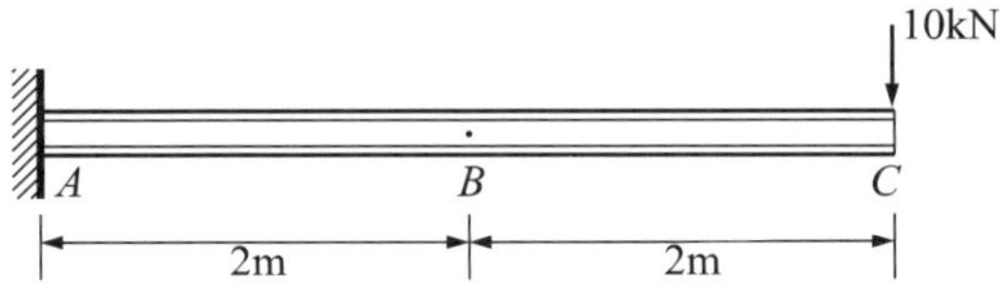

풀이

M/EI도 작도

모멘트도에 $1/EI$을 곱하여 작도하면 그림 (a)와 같다.

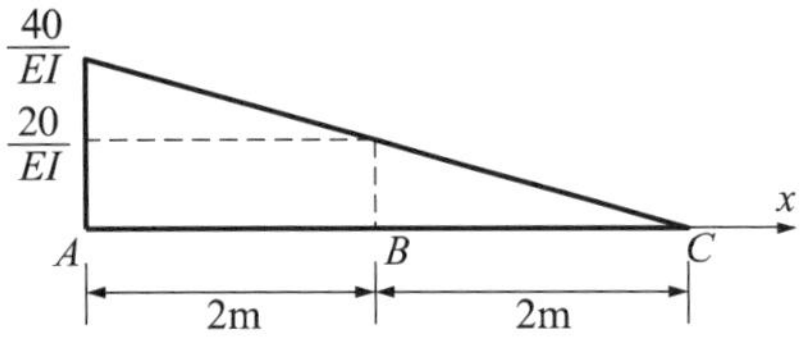

(a)

탄성곡선

캔틸레버보에 대한 탄성곡선을 그리면 그림 (b)와 같고, A점의 처짐각과 처짐은 0이므로,

$$\theta_{BA} = \theta_B - \theta_A = \theta_B, \qquad \Delta_{BA} = \Delta_B - \Delta_A = \Delta_B$$

$$\theta_{CA} = \theta_C - \theta_A = \theta_C, \qquad \Delta_{CA} = \Delta_C - \Delta_A = \Delta_C$$

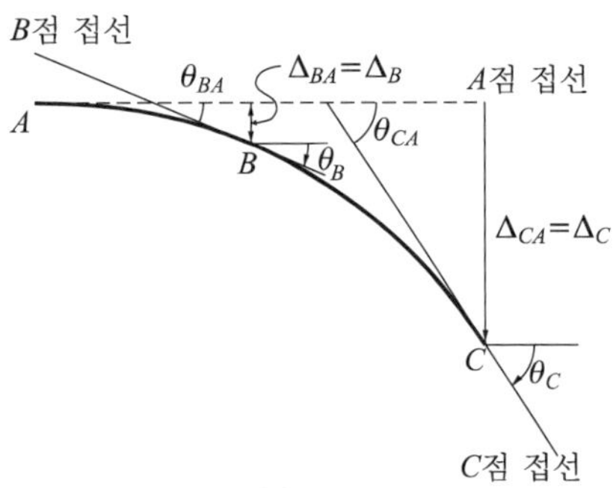

(b)

처짐각 및 처짐 계산

$$EI = [200(10^6)\,\text{kN/m}^2][10(10^6)(10^{-12})\,\text{m}^4] = (200)(10)\,\text{kN}\cdot\text{m}^2$$

제1정리를 이용하면,

$$\theta_B = \theta_{BA} = \frac{20}{EI}(2) + \frac{1}{2}\left(\frac{20}{EI}\right)(2) = \frac{60\,\text{kN}\cdot\text{m}^2}{EI} = \frac{60\,\text{kN}\cdot\text{m}^2}{(200)(10)\,\text{kN}\cdot\text{m}^2} = 0.03\,\text{rad}$$

$$\theta_C = \theta_{CA} = \frac{1}{2}\left(\frac{40}{EI}\right)(4) = \frac{80\,\text{kN}\cdot\text{m}^2}{EI} = \frac{80\,\text{kN}\cdot\text{m}^2}{(200)(10)\,\text{kN}\cdot\text{m}^2} = 0.04\,\text{rad}$$

제2정리를 이용하면, $\Delta_{BA}(=\Delta_B)$는 M/EI도에서 B, A점 사이 면적의 B점에 대한 단면1차모멘트와 같으므로,

$$\Delta_B = \left[\frac{20}{EI}(2)\right]\left(2\frac{1}{2}\right) + \left[\frac{1}{2}\left(\frac{20}{EI}\right)(2)\right]\left(2\frac{2}{3}\right) = \frac{66.67\,\text{kN}\cdot\text{m}^3}{EI} = \frac{66.67\,\text{kN}\cdot\text{m}^3}{(200)(10)\,\text{kN}\cdot\text{m}^2} = 0.033\,\text{m}$$

$\Delta_{CA}(=\Delta_C)$는 M/EI도에서 점 C, A사이 면적의 C점에 대한 단면1차모멘트와 같으므로,

$$\Delta_C = \left[\frac{1}{2}\left(\frac{40}{EI}\right)(4)\right]\left(4\frac{2}{3}\right) = \frac{213.33\,\text{kN}\cdot\text{m}^3}{(200)(10)\,\text{kN}\cdot\text{m}^2} = 0.107\,\text{m}$$

예제 8-4

단면이 변하는 캔틸레버보의 B점에서 처짐 및 처짐각을 구하라. ($E = 200\text{GPa}$, $I = 6\times10^6\text{mm}^4$)

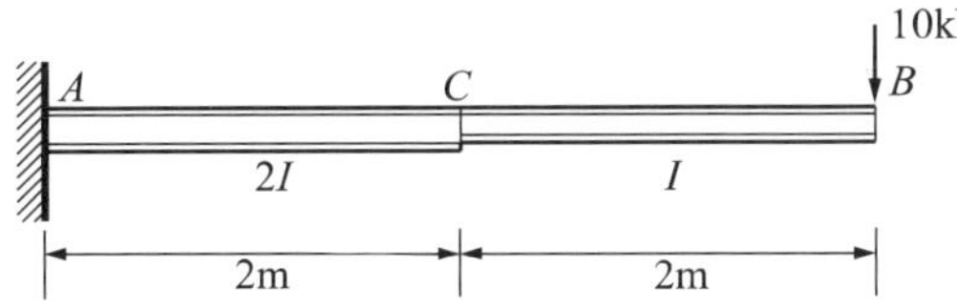

풀이

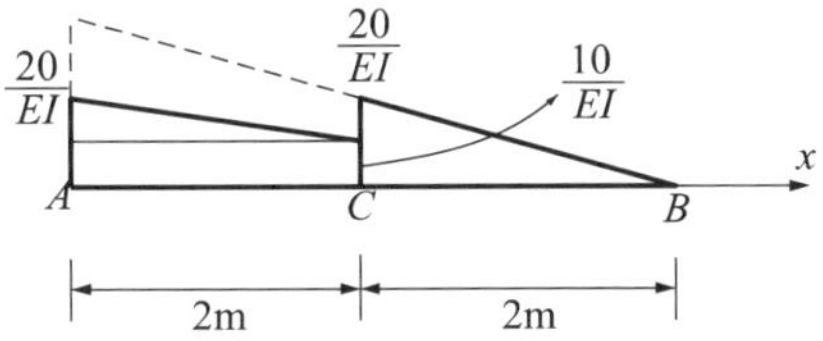

(a)

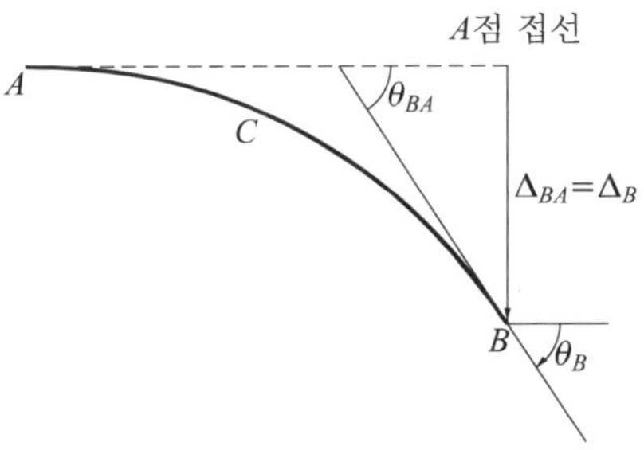

(b)

M/EI도 작도

M/EI도는 그림 (a)와 같다. $\overline{AC}$구간이 $2I$이므로, M/EI의 크기가 1/2로 축소된 것에 유의하자.

탄성곡선

주어진 보에 대한 탄성곡선을 그리면 그림 (b)와 같으므로, B점에 대한 처짐각 및 처짐은

$$\theta_{BA} = \theta_B - \theta_A = \theta_B$$
$$\Delta_{BA} = \Delta_B - \Delta_A = \Delta_A$$

처짐각 및 처짐 계산

먼저 휨강성 $EI = (200)(6)\ \text{kN}\cdot\text{m}^2$(예제 8-3 참조)

제1정리를 이용하면 $\theta_{BA}(=\theta_B)$는 M/EI도에서 B점과 A점 사이의 면적과 같다. 즉

$$\theta_B = \theta_{BA} = \frac{1}{2}\left(\frac{20}{EI}\right)(2) + \frac{1}{2}\left(\frac{10}{EI}\right)(2) + \left(\frac{10}{EI}\right)(2)$$
$$= \frac{50\ \text{kN}\cdot\text{m}^2}{EI} = \frac{50\ \text{kN}\cdot\text{m}^2}{(200)(6)\ \text{kN}\cdot\text{m}^2} = 0.042\ \text{rad}$$

제 2정리를 이용하면 $\Delta_{BA}(=\Delta_B)$는 M/EI도에서 B점과 A점 사이 면적의 B점에 관한 단면1차모멘트와 같다. 즉

$$\Delta_B = \Delta_{BA} = \left[\frac{1}{2}\left(\frac{20}{EI}\right)(2)\right]\left(2\frac{2}{3}\right)$$
$$+\left[\frac{1}{2}\left(\frac{10}{EI}\right)(2)\right]\left(2\frac{2}{3}+2\right)+\left[\left(\frac{10}{EI}\right)(2)\right]\left(2\frac{1}{2}+2\right)$$
$$= \frac{120\,\text{kN}\cdot\text{m}^3}{EI} = \frac{120\,\text{kN}\cdot\text{m}^3}{(200)(6)\,\text{kN}\cdot\text{m}^2} = 0.100\ \text{m}$$

모멘트면적법에서 M/EI도는 일반적으로 사각형, 삼각형, 포물선과 같이, 면적과 단면1차모멘트를 구하는 과정이 비교적 편리하기 때문에 탄성곡선법에 비해 매우 쉽다.

예제 8-5

단순보의 지점 처짐각 및 중앙부 처짐을 구하라. (EI는 일정)

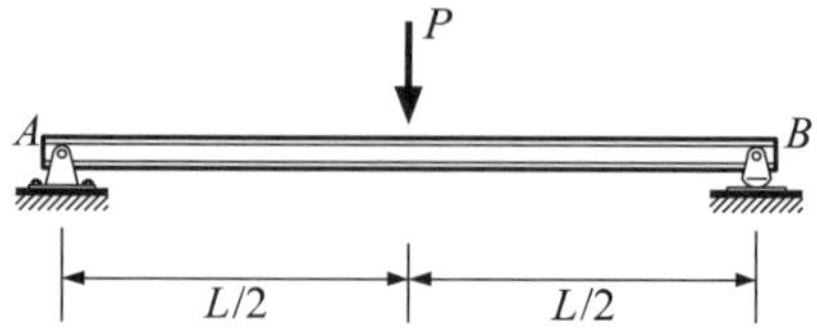

풀이

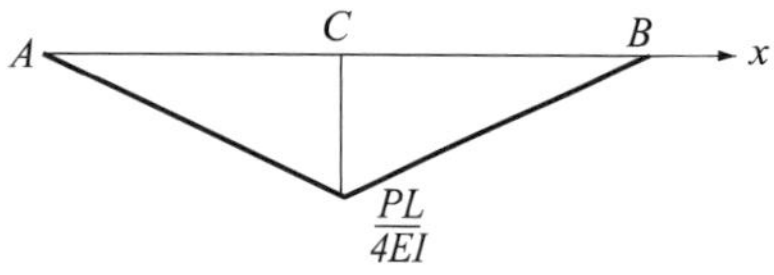

(a)

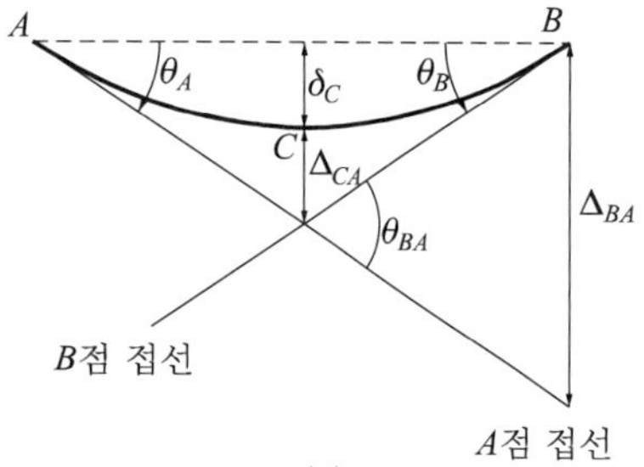

(b)

M/EI도 작도(그림 (a))

탄성곡선(그림 (b))

처짐각 및 처짐 계산

처짐과 처짐각의 기하학적 조건으로부터,

$$\theta_A \times L = \Delta_{BA}$$

이고, Δ_{BA}는 B점과 A점 사이 M/EI도 면적의 B점에 대한 단면1차 모멘트와 같다. 그러므로 θ_A는,

$$\theta_A = \frac{1}{L}\left(\frac{1}{2}\right)\left(\frac{PL}{4EI}\right)L\left(\frac{L}{2}\right) = \frac{PL^2}{16EI}\ (\curvearrowright)$$

방향($\curvearrowright$)은 부호에 상관없이 처짐형상을 보고 판단한다.

다른 방법을 통해 θ_A를 구해보자. 하중 P가 중앙에 작용하고 있으므로 C점의 처짐각은 0이다. 그러므로

$$\theta_{CA} = \theta_C - \theta_A = \theta_A \text{(부호는 탄성곡선으로 결정)}$$

$$\theta_A = \frac{PL}{4EI}\left(\frac{L}{2}\right)\left(\frac{1}{2}\right) = \frac{PL^2}{16EI}\ (\curvearrowright)$$

B점의 처짐각 θ_B를 구해보자. θ_B는 B점과 A점의 상대 처짐각 θ_{BA}에서 θ_A를 빼면 된다.

$$\theta_B = \theta_{BA} - \theta_A = \frac{1}{2}\left(\frac{PL}{4EI}\right)(L) - \frac{PL^2}{16EI} = \frac{PL^2}{16EI}\ (\curvearrowleft)$$

이제 C점의 처짐을 구해보자. 그림 (b)에서 AC구간을 살펴보면, θ_A가 아주 작으므로, $\tan\theta_A \approx \theta_A$라 할 수 있다. 그러므로

$$\theta_A = \frac{\delta_C + \Delta_{CA}}{l/2}, \qquad \delta_C = \theta_A \times \frac{L}{2} - \Delta_{CA}$$

가 되므로,

$$\delta_C = \frac{PL^2}{16EI}\left(\frac{L}{2}\right) - \left[\frac{1}{2}\left(\frac{PL}{4EI}\right)\left(\frac{L}{2}\right)\left(\frac{L}{2}\right)\left(\frac{1}{3}\right)\right] = \frac{PL^3}{48EI}\ (\downarrow)$$

예제 8-6

다음 단순보에서 A점 및 C점의 처짐각 및 C점의 처짐을 구하라. ($E = 200\text{GPa}$, $I = 1{,}000 \times 10^6 \text{mm}^4$)

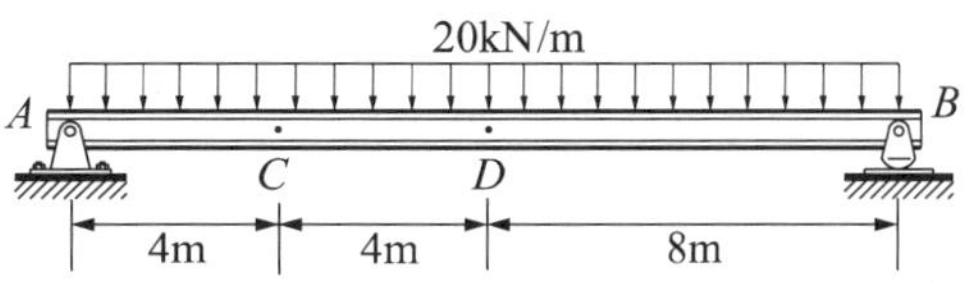

풀이

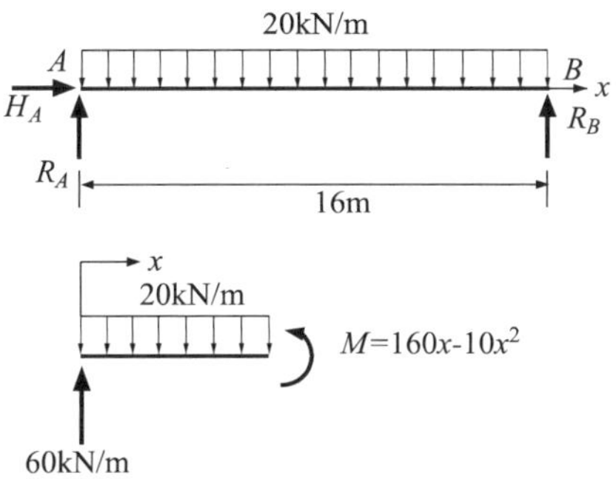

(a)

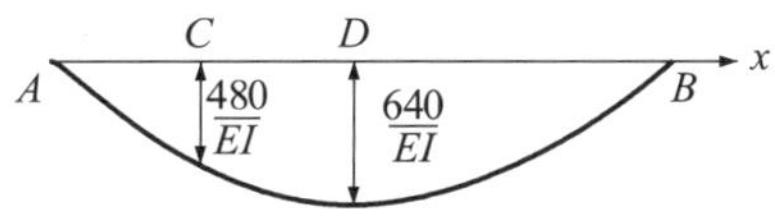

(b)

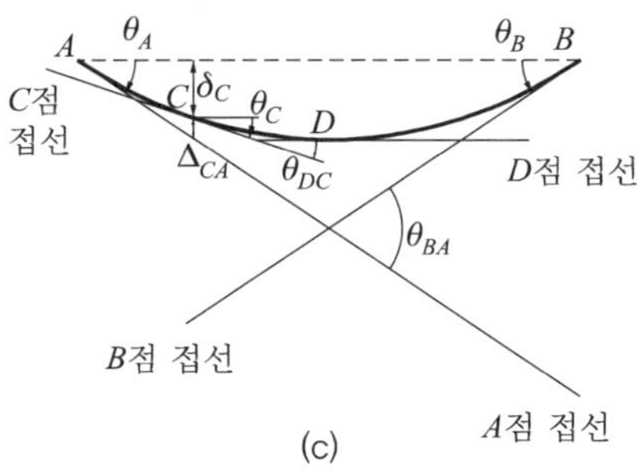

(c)

M/EI도(그림 (b)) 및 휨모멘트 일반식

그림 (a)와 같은 자유물체도로부터,

$$M = 160x - 10x^2$$

탄성곡선(그림 (c))

기하학적 조건에서 D점의 처짐각이 0이므로,

$$\theta_{DC} = \theta_D - \theta_C = \theta_C, \qquad \theta_{DA} = \theta_D - \theta_A = \theta_A$$

$$\delta_C = \theta_A \times 4\,\text{m} - \Delta_{CA}$$

처짐각 및 처짐 계산

M/EI도 면적과 단면1차모멘트를 직접 적분한다. 먼저 휨강성은,

$$EI = (200)(1{,}000)\ \text{kN} \cdot \text{m}^2$$

$\theta_{DC}(=\theta_C)$는 M/EI도의 C와 D점 사이 면적(제1정리)

$$\theta_C = \frac{1}{EI}\int_4^8 (160x - 10x^2)dx = \frac{1}{EI}\left[80x^2 - \frac{10}{3}x^3\right]_4^8$$

$$= \frac{2{,}346.7\ \text{kN} \cdot \text{m}^2}{EI} = \frac{2{,}346.7\ \text{kN} \cdot \text{m}^2}{(200)(1{,}000)\ \text{kN} \cdot \text{m}^2} = 0.0117\ \text{rad}$$

$\theta_{DA}(=\theta_A)$는 M/EI도의 D와 A점 사이 면적(제1정리).

$$\theta_A = \int_0^8 (160x - 10x^2)dx = \left[80x^2 - \frac{10}{3}x^3\right]_0^8$$

$$= \frac{3{,}413.3\ \text{kN} \cdot \text{m}^2}{EI} = \frac{3{,}413.3\ \text{kN} \cdot \text{m}^2}{(200)(1{,}000)\ \text{kN} \cdot \text{m}^2} = 0.0171\ \text{rad}$$

Δ_{CA}는 C와 A점 사이의 C점에 대한 단면1차모멘트(제2정리),

$$\Delta_{CA} = \frac{1}{EI}\int_0^4 (160x - 10x^2)(8 - x)dx$$

$$= \frac{5{,}760\ \text{kN} \cdot \text{m}^3}{EI} = \frac{5{,}760\ \text{kN} \cdot \text{m}^3}{(200)(1{,}000)\ \text{kN} \cdot \text{m}^2} = 0.0288\ \text{m}$$

이므로, δ_C는

$$\delta_C = \theta_A \times 4\,\text{m} - \Delta_{CA} = 0.0171 \times 4\,\text{m} - 0.0288\,\text{m} = 0.0396\ \text{m}$$

예제 8-7

집중하중을 받는 단순보에서 최대 처짐각과 처짐을 구하라.
(단, $E = 200\text{GPa}$, $I = 100 \times 10^6 \text{mm}^4$)

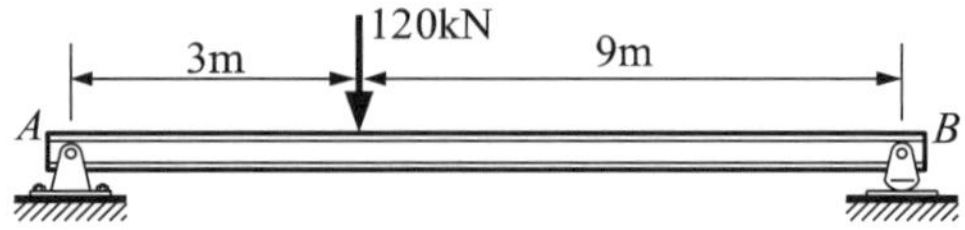

풀이

M/EI도 및 탄성곡선

그림 (a) 및 그림 (b)와 같다.

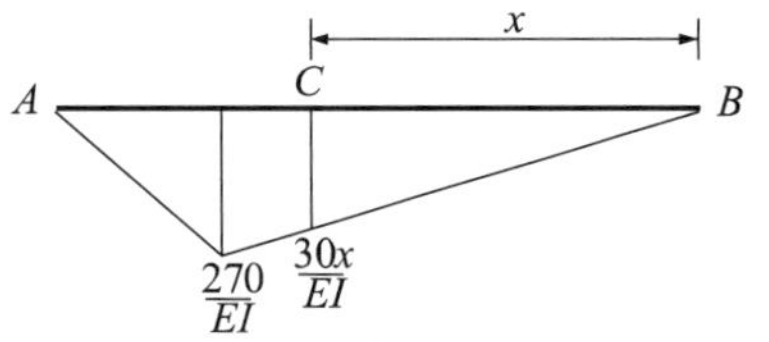

(a)

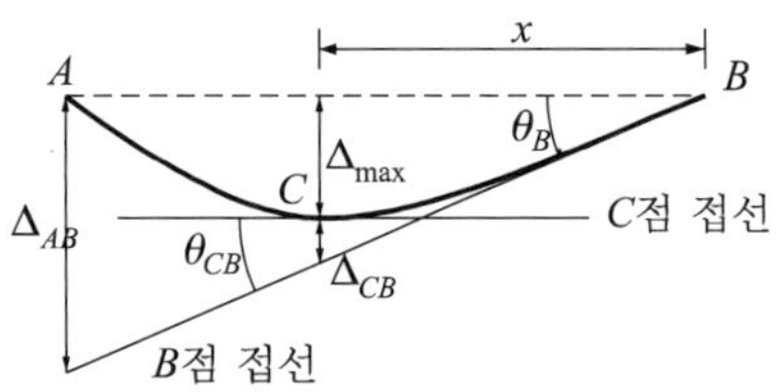

(b)

처짐각 및 처짐 계산

기하학적 조건으로부터, $\theta_B = \dfrac{\Delta_{AB}}{12}$ 이고, Δ_{AB}는 A점과 B점 사이의 A점에 대한 단면1차모멘트와 같다. 즉

$$\Delta_{AB} = \frac{270}{EI}\left[9\left(\frac{1}{2}\right)\left(3+9\frac{1}{3}\right)+3\left(\frac{1}{2}\right)(3)\left(\frac{2}{3}\right)\right] = \frac{8{,}100}{EI}$$

$$\theta_B = \frac{\Delta_{AB}}{12} = \frac{1}{12}\left(\frac{8{,}100}{EI}\right) = \frac{675\ \text{kN}\cdot\text{m}^2}{EI}$$

그림 (a)와 같이 최대 처짐의 위치를 C, B점으로부터의 거리를 x라 가정하면, 처짐각 θ_C가 0이므로,

$$\theta_{CB} = \theta_C - \theta_B = \theta_B = \frac{675\ \text{kN}\cdot\text{m}^2}{EI}$$

이다. 또한 θ_{CB}는 M/EI도에서 C와 B점 사이 면적이다. 그림 (a)에서 삼각형 비례관계에 의해 x에서의 M/EI은 $\dfrac{30x}{EI}$ 이므로,

$$\theta_B = \frac{30x}{EI}(x)\left(\frac{1}{2}\right) = \frac{675}{EI} \text{ 에서,} \quad x = 6.71\ \text{m}.$$

이제 C점에서 최대 처짐을 구한다. 기하학적 조건으로부터,

$$\Delta_{max} = \theta_B \times x - \Delta_{CB}$$

Δ_{CB}는 C와 B점 사이의 C점에 대한 단면1차모멘트로,

$$\Delta_{CB} = \frac{30(6.71)}{EI}(6.71)\left(\frac{1}{2}\right)(6.71)\left(\frac{1}{3}\right) = \frac{1{,}510.6}{EI}$$

그러므로

$$\Delta_{max} = \frac{675}{EI}\times 6.71 - \frac{1{,}510.6}{EI} = \frac{3{,}018.7\ \text{kN}\cdot\text{m}^3}{EI}$$

$$= \frac{3{,}018.7\ \text{kN}\cdot\text{m}^3}{(200)(100)\ \text{kN}\cdot\text{m}^2} = 0.151\ \text{m}$$

예제 8-8

다음 내민보의 C점에서 처짐을 구하라.
($E=200\text{GPa}$, $I=1{,}000\times10^{6}\text{mm}^{4}$)

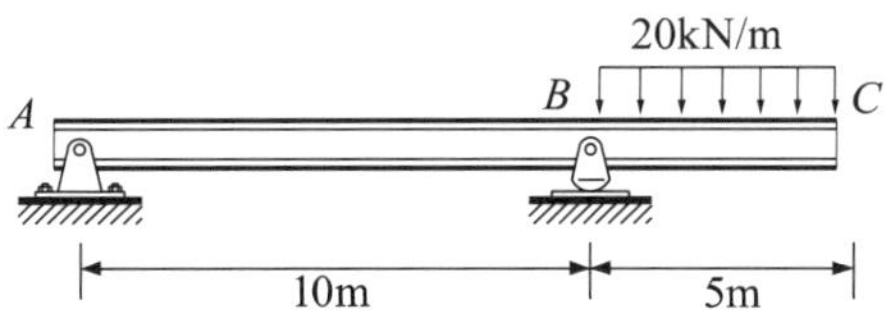

풀이

M/EI도

그림 (b)와 같은 자유물체도로부터,

$\overline{AB}$ 부재 $M=-25x$

$\overline{AC}$ 부재 $M=-10x^2+300x-2{,}250$

이므로 M/EI도를 그리면 그림 (c)와 같다.

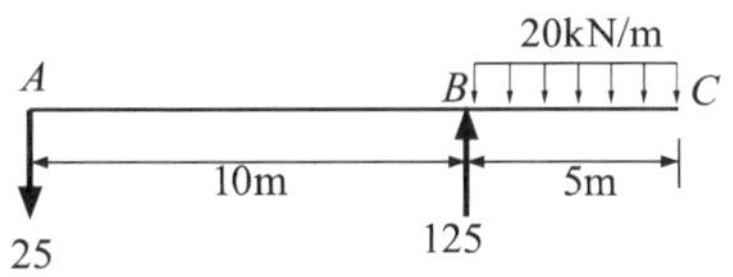

(a)

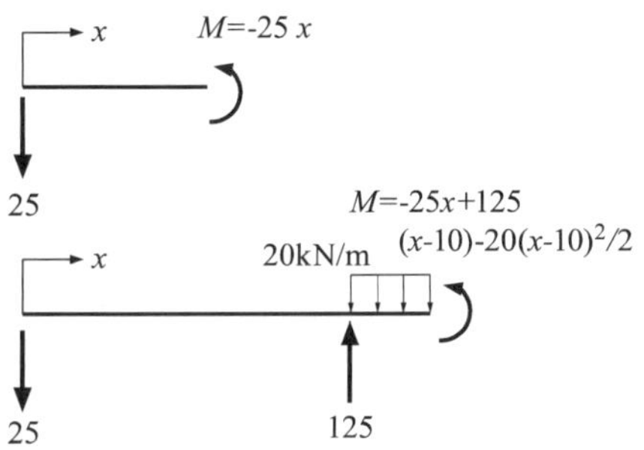

(b)

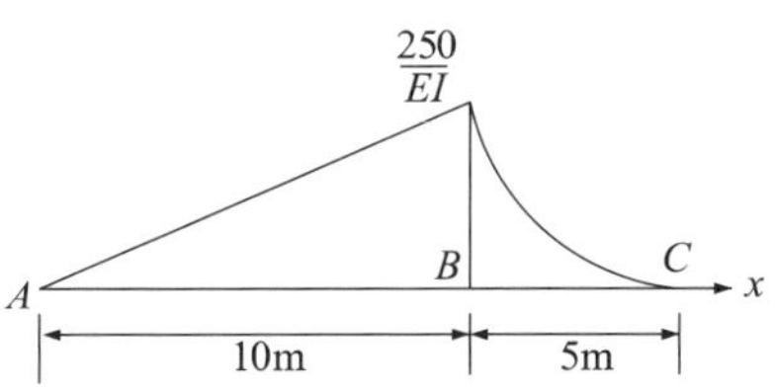

(c)

탄성곡선

그림 (d)에서 A, B, C점의 접선으로부터,

$\Delta_C=\Delta_{CA}-\Delta'$ 이고,

Δ'는 삼각형 비례관계($\Delta':15=\Delta_{BA}:10$)에서 $\Delta'=\dfrac{3\Delta_{BA}}{2}$ 이므로,

$$\Delta_C=\Delta_{CA}-\frac{3}{2}\Delta_{BA}$$

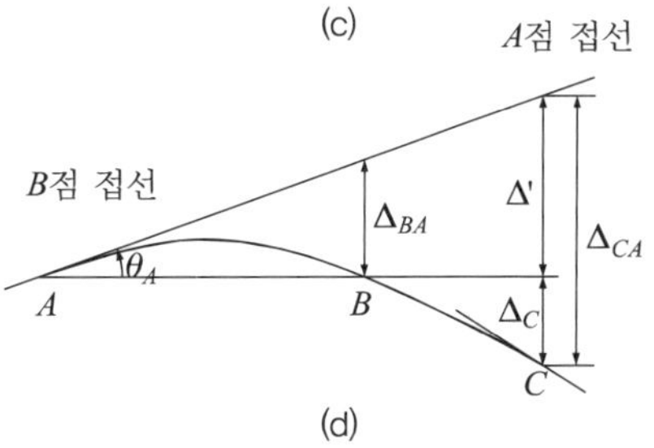

(d)

처짐 계산

처짐을 구하기 위하여 제2정리를 적용하면,

$$\Delta_{CA}=\left(\frac{1}{3}\right)(5)\left(\frac{250}{EI}\right)(5)\left(\frac{3}{4}\right)+\left(5+\frac{1}{3}(10)\right)(10)\left(\frac{250}{EI}\right)\left(\frac{1}{2}\right)$$
$$=\frac{11{,}979.2\ \text{kN}\cdot\text{m}^3}{EI}$$

$$\Delta_{BA}=\left(\frac{1}{2}\right)(10)\left(\frac{250}{EI}\right)(10)\left(\frac{1}{3}\right)=\frac{4{,}166.7\ \text{kN}\cdot\text{m}^3}{EI}$$

포물선의 면적과 도심을 직접 이용하였다. (간단한 도형의 면적과 도심은 알아두면 편리하다.)

$$\Delta_C=\Delta_{CA}-\frac{3}{2}\Delta_{BA}$$
$$=\frac{11{,}979.2\ \text{kN}\cdot\text{m}^3}{EI}-\frac{3}{2}\left(\frac{4166.7\ \text{kN}\cdot\text{m}^3}{EI}\right)$$
$$=\frac{5{,}729.2\ \text{kN}\cdot\text{m}^3}{EI}=\frac{5{,}729.2\ \text{kN}\cdot\text{m}^3}{(200)(1{,}000)\ \text{kN}\cdot\text{m}^2}=0.0286\ \text{m}$$

예제 8-9 라멘의 처짐 계산

다음 캔틸레버형 라멘에 집중하중이 작용할 때 C점에서의 수평(Δ_{Cx}), 수직 처짐(Δ_{Cy})을 구하라.
(단, $E = 200\text{GPa}$,
$I = 4{,}500 \times 10^6 \text{mm}^4$)

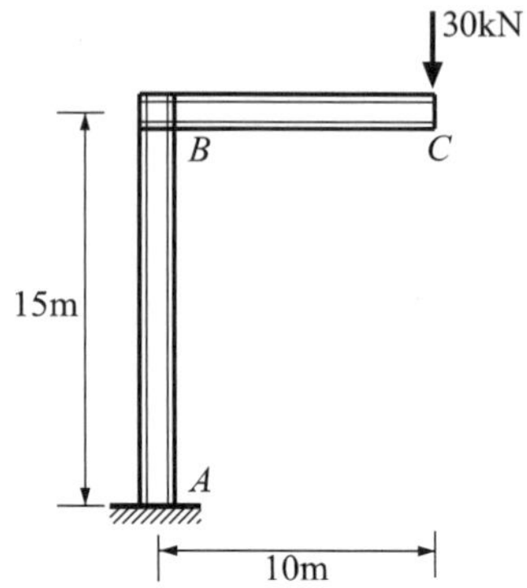

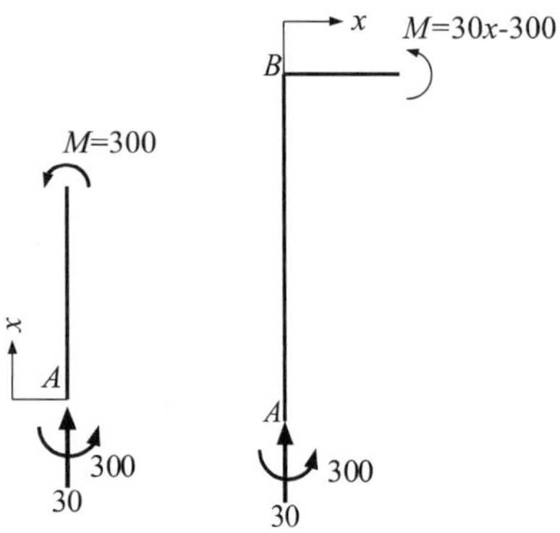

(a)

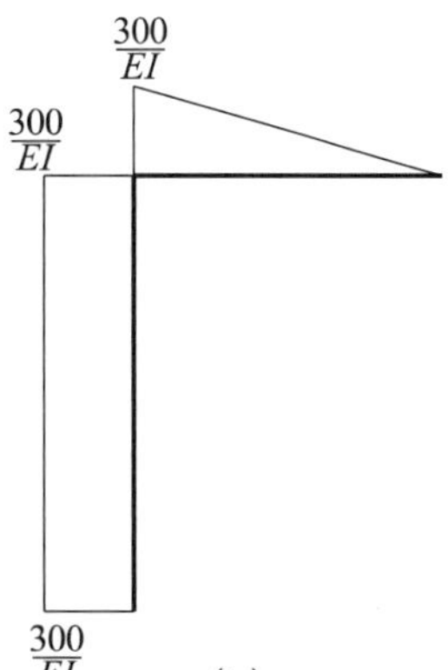

(b)

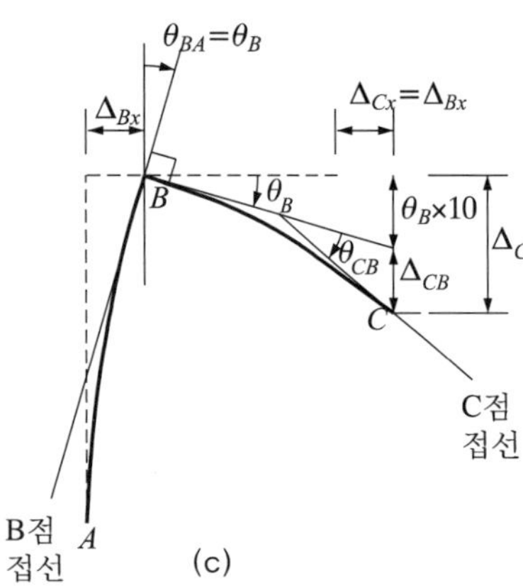

(c)

풀이

M/EI도 작도(그림 b).

탄성곡선

하중이 작용하면 그림 (c)와 같이 변형한다. 모든 부재의 축방향변형은 무시하므로, $\Delta_{Bx} = \Delta_{Cx}$이다. 또한 B점은 강절점으로 각(90°)이 변하지 않는다. 그러므로

$$\Delta_{Cy} = \theta_B \times 10\text{ m} + \Delta_{CB}$$

처짐 계산

θ_B는 강절 조건을 이용한다. 즉, B절점은 강절이므로 보와 기둥의 부재 회전각이 같다. 그러므로 $\overline{AB}$부재에서(제1정리)

$$\theta_B = \left(\frac{300}{EI}\right)(15) = \frac{4{,}500}{EI}$$

또한 $\Delta_{Bx} = \Delta_{Cx}$는(제 2정리),

$$\Delta_{Cx} = \Delta_{Bx} = \left(\frac{300}{EI}\right)(15)\left(15\frac{1}{2}\right) = \frac{33{,}750}{EI}$$
$$= \frac{33{,}750\text{ kN}\cdot\text{m}^3}{(200)(4{,}500)\text{ kN}\cdot\text{m}^2} = 0.0375\text{ m}$$

Δ_{Cy}는,

$$\Delta_{CB} = \frac{1}{2}\left(\frac{300}{EI}\right)(10)\left(10\frac{2}{3}\right) = \frac{10{,}000}{EI}$$
$$\Delta_C = \theta_B \times 10\text{ m} + \Delta_{CB}$$
$$= \left(\frac{4{,}500}{EI}\right)\times 10\text{ m} + \frac{10{,}000}{EI}$$
$$= \frac{55{,}000\text{ kN}\cdot\text{m}^3}{EI} = \frac{55{,}000\text{ kN}\cdot\text{m}^3}{(200)(4{,}500)\text{ kN}\cdot\text{m}^2} = 0.0611\text{ m}$$

보와는 다르게, 라멘의 처짐을 모멘트면적법으로 구할 때는 처짐각과 처짐의 기하학적 관계를 잘 알아야 한다. 앞으로 배우게 될 10.3.2절을 먼저 살펴보는 것도 도움이 된다.

예제 8-10

다음 휨강성이 변하는 단순보형 라멘에 대하여 B점의 수평처짐과 처짐각을 구하라. ($E = 200\text{GPa}$, $I = 450 \times 10^6 \text{mm}^4$)

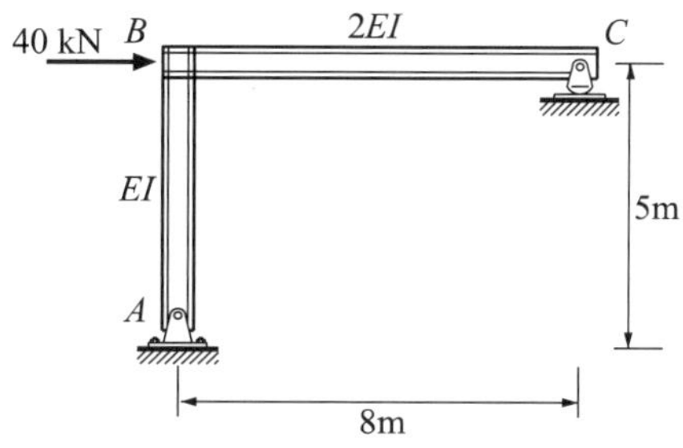

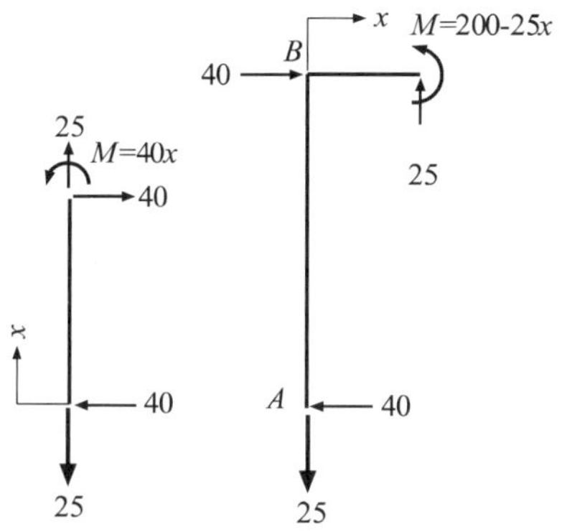

(a)

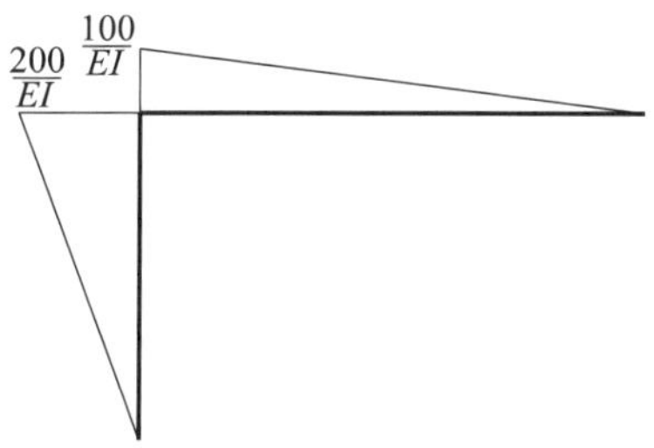

(b)

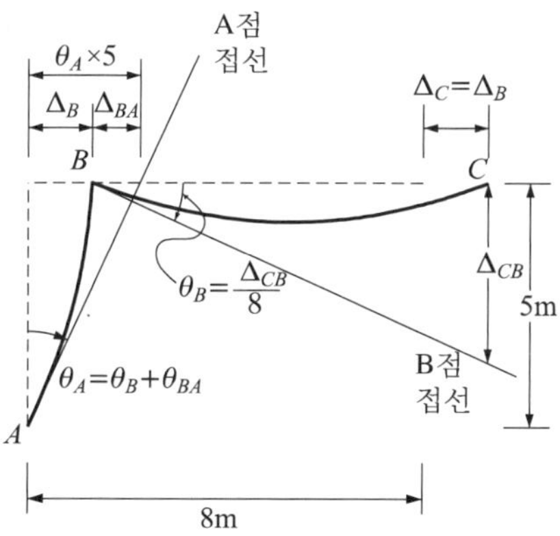

(c)

풀이

M/EI도 작도

그림 (a)의 자유물체도를 이용해 M/EI를 그린다(그림 (b)).

탄성곡선

하중이 작용하면 그림 (c)와 같이 변형한다.

$$\theta_B = \frac{\Delta_{CB}}{8\text{ m}}, \qquad \theta_A = \theta_B + \theta_{BA}, \qquad \Delta_B = \theta_A \times 5\text{ m} - \Delta_{BA}$$

처짐각 및 처짐 계산

Δ_{CB}를 계산하기 위하여 제2정리를 적용하면

$$\Delta_{CB} = \frac{1}{2}\left(\frac{100}{EI}\right)(8)\left(8\frac{2}{3}\right) = \frac{2{,}133.3\text{ kN}\cdot\text{m}^3}{EI}$$

$$\theta_B = \frac{\Delta_{BC}}{l} = \left(\frac{1}{8}\right)\left(\frac{2133.3\text{ kN}\cdot\text{m}^3}{EI}\right) = \frac{266.6\text{ kN}\cdot\text{m}^2}{EI}$$

$$= \frac{266.6\text{ kN}\cdot\text{m}^2}{(200)(450)\text{ kN}\cdot\text{m}^2} = 0.0030\text{ rad}$$

다음으로 θ_{BA}를 구하기 위하여 제1정리를 적용하면

$$\theta_{BA} = \frac{1}{2}\left(\frac{200}{EI}\right)(5) = \frac{500\text{ kN}\cdot\text{m}^2}{EI}$$

$$\theta_A = \theta_B + \theta_{BA} = \frac{766.6\text{ kN}\cdot\text{m}^2}{EI}$$

다시 제2정리를 적용하면,

$$\Delta_{BA} = \frac{1}{2}\left(\frac{200}{EI}\right)(5)\left(5\frac{1}{3}\right) = \frac{833.3\text{ kN}\cdot\text{m}^3}{EI}$$

$$\Delta_B = \theta_A \times 5\text{ m} - \Delta_{BA} = \left(\frac{766.6}{EI}\right)\times 5\text{ m} - \left(\frac{833.3}{EI}\right)$$

$$= \frac{2{,}999.7\text{ kN}\cdot\text{m}^3}{EI} = \frac{2{,}999.7\text{ kN}\cdot\text{m}^3}{(200)(450)\text{ kN}\cdot\text{m}^2} = 0.0330\text{ m}$$

8.3.3 모멘트면적법의 중첩

구조물에 여러 등분포하중이나 집중하중이 조합되어 작용하는 경우에는 분할 M/EI도를 이용하는 것이 편리하다. 즉, 각각의 하중에 대한 M/EI도를 작성하고 이를 중첩하면 보다 쉽게 모멘트면적법을 적용할 수 있다. 예를 들어 그림 8.6과 같은 캔틸레버보를 생각해 보면, 그림 (b) 및 그림 (c)와 같이 각각의 하중이 작용할 때의 M/EI를 작성하고 각각에 대해 처짐각과 처짐을 구해 이를 단순히 중첩하면 된다. 즉, B점에서의 처짐각은,

$$\theta_B = \theta_B - \theta_A = \frac{1}{2}(L)\left(\frac{PL}{EI}\right) + \frac{1}{3}(L)\left(\frac{wL^2}{2EI}\right) = \frac{PL^2}{2EI} + \frac{wL^3}{6EI}$$

또한 B점의 처짐은,

$$\delta_B = \left[\left(\frac{1}{2}\right)(L)\left(\frac{PL}{EI}\right)\left(\frac{2L}{3}\right)\right] + \left[\left(\frac{1}{3}\right)(L)\left(\frac{wL^2}{2EI}\right)\left(3\frac{L}{4}\right)\right] = \frac{PL^3}{3EI} + \frac{wL^4}{8EI}$$

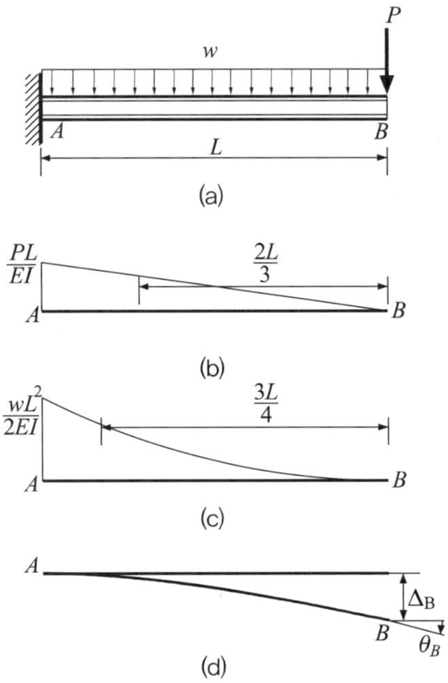

그림 8.6

분할 M/EI도를 그리는 또 다른 방법은 보의 한 지점을 고정단이라 가정하고, 가상의 캔틸레버보에 각각 반력과 하중을 적용하여 M/EI도를 그린 다음 이를 중첩할 수도 있다. 예를 들어 그림 8.7과 같은 내민보의 경우, 그림 (b)+(c)를 이용하여 처짐을 구할 수도 있지만, 그림 (d)+(e)+(f)를 이용해도 되며, 이를 일반적으로 캔틸레버에 의한 M/EI도 작성법이라고 한다.

예제를 통해 캔틸레버에 의한 M/EI도 작성법을 확인해 보자.

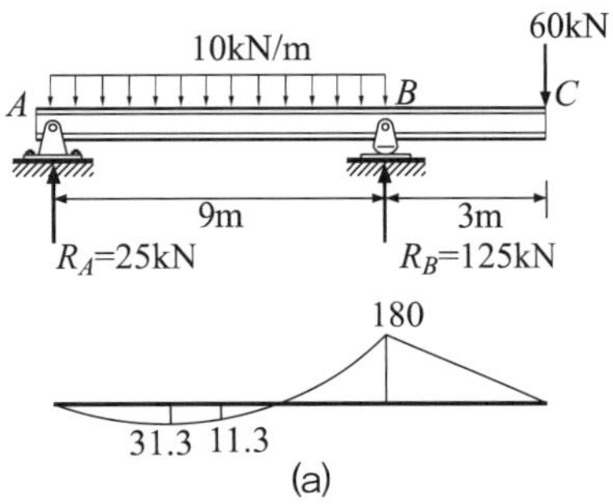

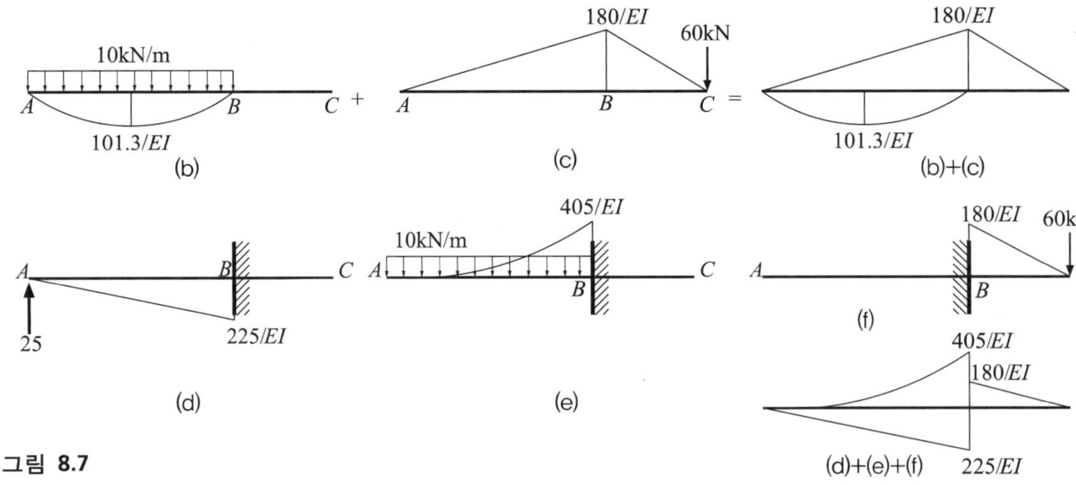

그림 8.7

예제 8-11

캔틸레버에 의한 M/EI도 작성법을 이용하여 B점의 처짐각과 C점의 처짐을 구하라. ($E=200\text{GPa}$, $I=450\times10^6\text{mm}^4$)

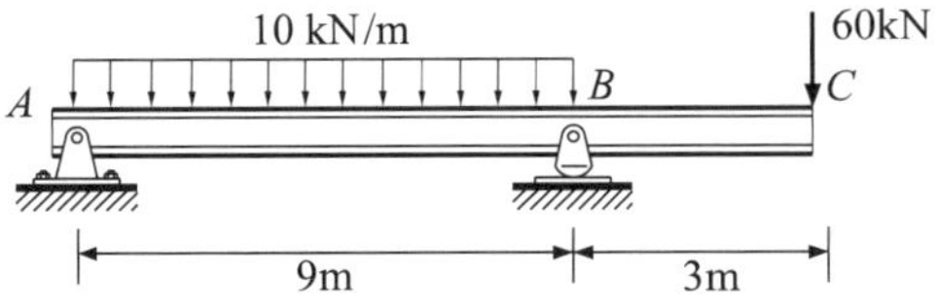

풀이

M/EI도 작도

B점을 고정단으로 가정하면, 좌측은 10kN/m의 하중과, 반력 R_A, 우측은 60kN의 하중이 작용한다. 그러므로 그림 (a)와 같이 각각의 외력에 대해 M/EI도를 그린다.

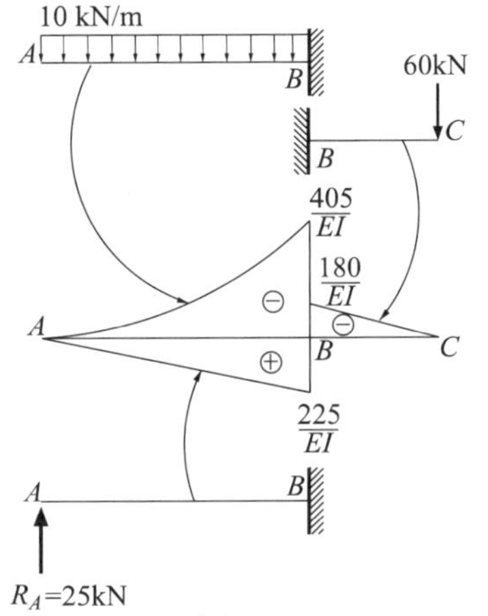

(a)

탄성곡선

그림 (b)와 같은 탄성곡선을 그리면 기하학적 조건으로부터,

$$\Delta_C=\theta_B\times3\text{ m}-\Delta_{CB},\qquad \theta_B=\frac{\Delta_{AB}}{9\text{ m}}$$

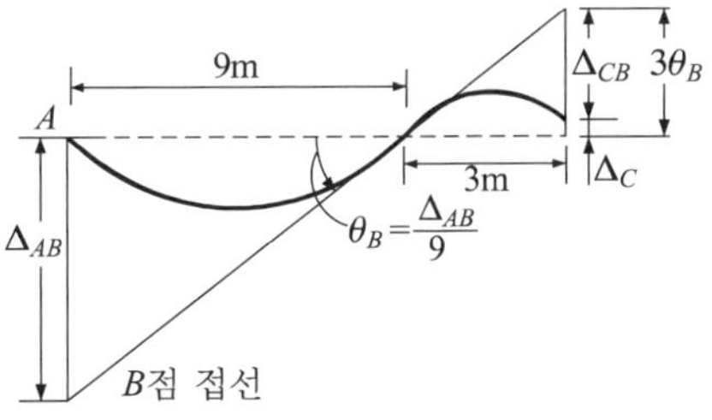

(b)

처짐 계산

$$\Delta_{AB}=\frac{1}{EI}\left[\frac{1}{3}(405)(9)\left(9\frac{3}{4}\right)-\frac{1}{2}(225)(9)\left(9\frac{2}{3}\right)\right]$$

$$=\frac{2{,}126.3\text{ kN}\cdot\text{m}^3}{EI}$$

$$\theta_B=\frac{\Delta_{AB}}{9\text{ m}}=\left(\frac{1}{9}\right)\frac{2{,}126.3\text{ kN}\cdot\text{m}^3}{EI}=\frac{236.3\text{ kN}\cdot\text{m}^2}{EI}$$

$$\Delta_{CB}=\frac{1}{2}\left(\frac{180}{EI}\right)(3)\left(3\frac{2}{3}\right)=\frac{540\text{ kN}\cdot\text{m}^3}{EI}$$

그러므로

$$\theta_B=\frac{236.3\text{ kN}\cdot\text{m}^2}{EI}=\frac{236.3\text{ kN}\cdot\text{m}^2}{(200)(450)\text{ kN}\cdot\text{m}^2}=0.0026$$

$$\Delta_C=\theta_B\times3\text{ m}-\Delta_{CB}=\frac{236.3}{EI}\times3-\frac{540}{EI}$$

$$=\frac{168.9}{EI}=\frac{168.9\text{ kN}\cdot\text{m}^3}{(200)(450)\text{ kN}\cdot\text{m}^2}=0.0019\text{ m}$$

그림에서와 같이 θ_B와 Δ_C의 부호(방향)가 명백하지 않을 수도 있다. 예제 8-18을 통해 확인해 보자.

8.4 공액보법

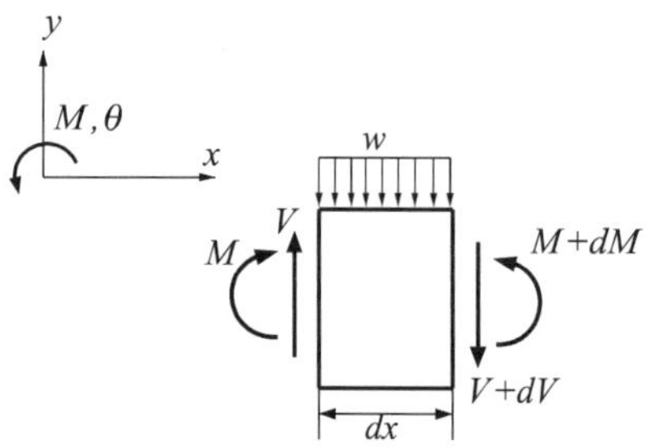

그림 8.8

그림 8.8과 같은 미소요소에 대한, 하중−전단력−모멘트 관계를 다시 생각해 보자.

$$\frac{d^2M}{dx^2} = \frac{dV}{dx} = -w \tag{8.13}$$

적분하면,

$$V = -\int w\,dx + C_1 \tag{a}$$

$$M = -\int\int (w\,dx)dx + C_1x + C_2 \tag{b}$$

반면, 처짐각과 처짐은 식 (8.9) 및 식 (8.10)에서

$$\theta = \frac{dy}{dx} = \int \frac{M}{EI}dx + C_1 \tag{8.9}$$

$$\delta = y = \int\int\left(\frac{M}{EI}dx\right)dx + C_1x + C_2 \tag{8.10}$$

이다. 위 두 식을 비교하면 전단력 V는 처짐각 θ, 모멘트 M은 처짐 y, 등분포하중 w는 M/EI도에 대응한다. 즉, $-M/EI$를 하중으로 생각하고 구조물을 해석했을 때, 임의 점에서 전단력 V은 처짐각이, 휨모멘트 M은 처짐이 될 수 있다.

$$\theta = V, \quad \delta = M \tag{8.14}$$

다만 이 방법은 단순보가 아닌 캔틸레버보, 내민보, 겔버보 등에는 직접 적용할 수 없다. 예를 들어 예제 8−1과 같은 캔틸레버보에 적용할 경우, 그 결과는 자유단에서 처짐과 처짐각이 0이고 고정단에서는 처짐과 처짐각이 존재하는 모순이 발생한다. 그러므로 이러한 모순이 없도록 단부의 조건을 변화시킨 보를 공액보라고 하며, 이를 통해 변형을 구하는 방법을 공액보법(Conjugate-beam method)이라고 한다. 이를 정리해 보자.

공액보법 제1정리

보의 임의 점에서 처짐각은 공액보에서 해당 점의 전단력과 같다.

공액보법 제2정리

보의 임의 점에서 처짐은 공액보에서 해당 점의 휨모멘트와 같다.

여러 보에 대한 공액보를 그림 8.9와 표 8.1에 정리하였다. 적용 순서는 다음과 같다.

1단계 : 실제 보에 대한 공액보를 그린다.

실제 보와 같은 길이를 갖는 공액보를 그림 8.9와 표 8.1의 관계를 고려하여 그린다.

2단계 : 공액보에 M/EI도를 하중으로 재하한다.

탄성하중법과 마찬가지로 M/EI도가 양이면 상향 하중(↑), 음이면 하향 하중(↓)으로 가정한다(부호에 유의하자).

3단계 : 평형조건으로 단순보의 전단력과 휨모멘트를 구한다.

전단력(V)은 처짐각(θ)이, 휨모멘트(M)는 처짐(δ)이 된다. 부호는 탄성하중법과 같다. 즉 전단력 $V(+, ↑↓)$일 때 처짐각 $\theta(+, ↶)$, 휨모멘트 $M(+, ↷-↶)$일 때, 처짐 $\delta(+, ↑)$이다. 즉 앞에서 살펴본 정정구조물의 해석을 그대로 따르면 된다.

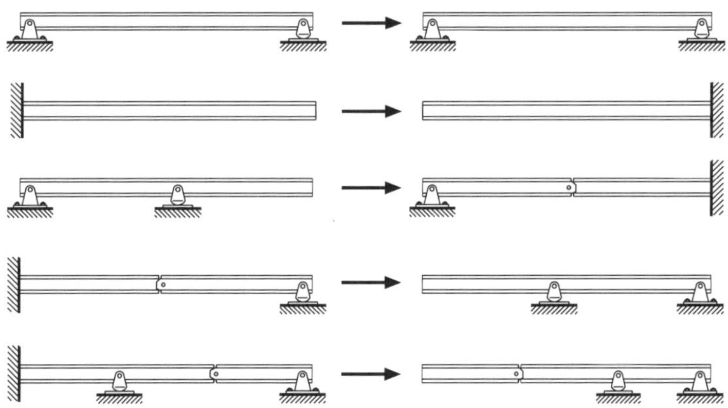

그림 8.9 (a) 실제 보 (b) 공액보

표 8.1

실제 보		공액보	
지점	처짐각 처 짐	전 단 력 휨모멘트	지점
힌지	$y' \neq 0$ $y = 0$	$V \neq 0$ $M = 0$	힌지
고정	$y' = 0$ $y = 0$	$V = 0$ $M = 0$	자유
자유	$y' \neq 0$ $y \neq 0$	$V \neq 0$ $M \neq 0$	고정
연 속	$y' \neq$ 연속 $y = 0$	$V =$ 연속 $M = 0$	힌 지

예제 8-12

다음 캔틸레버보에 대하여 C점과 B점의 처짐각과 처짐을 구하라. ($E=200\text{GPa}$, $I=10\times10^6\text{mm}^4$)

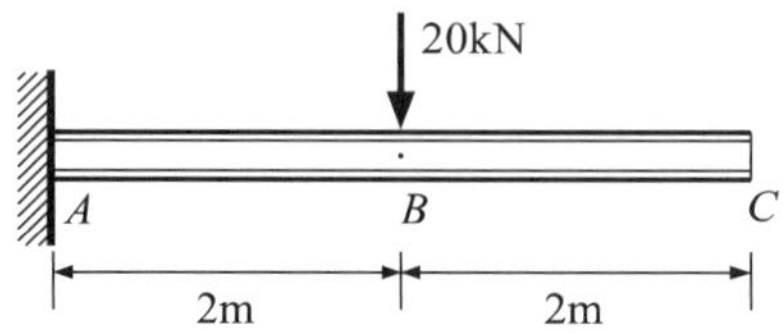

풀이

공액보

먼저 실제 보의 M/EI도를 구한다(그림 (a)). 다음으로 A, C점을 치환하여 그림 (b)와 같은 공액보를 그린다. 이 공액보에 M/EI도를 탄성하중으로 작용시킨다. (M/EI가 음(−)이므로 하향 하중으로 가정한다. 부호에 유의하자.) 공액보의 반력은 그림 (c)에서,

$$R_C=\frac{40}{EI},\qquad M_C=-\frac{133.3}{EI}\ (\curvearrowright)$$

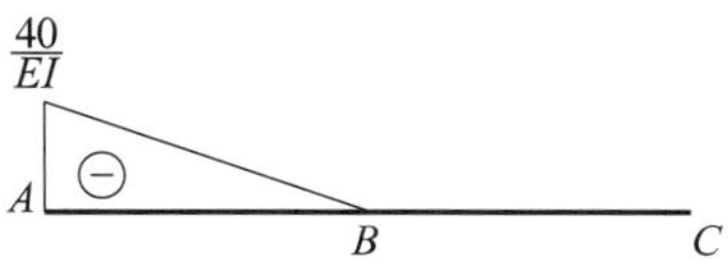

(a) M/EI도

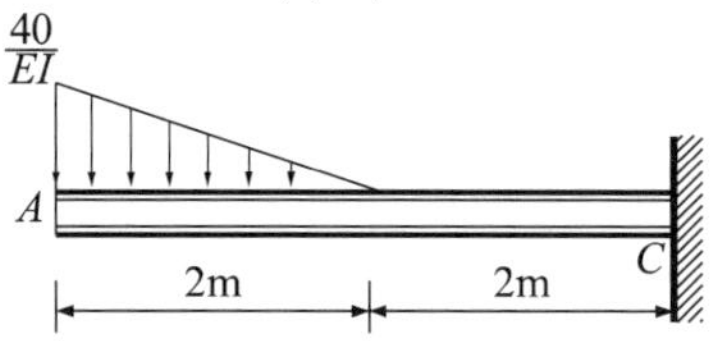

(b) 공액보

공액보에서 전단력(−V)과 휨모멘트(M)는 그 점에서의 처짐각과 처짐이므로, 그림 (c)와 같은 자유물체도를 생각하면,

$$\uparrow+\sum Y=0,\qquad V=-\frac{40}{EI}$$

$$\curvearrowleft+\sum M=0,\qquad M=-\frac{133.3}{EI}+\left(\frac{40}{EI}\right)x$$

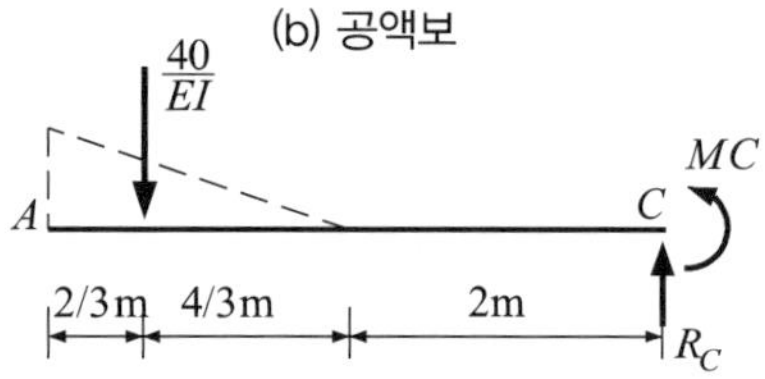

(c) 전체 자유물체도

처짐각 및 처짐 계산

$$\theta_C=V_{x=0}=-\frac{40}{EI}=-\frac{40\,\text{kN}\cdot\text{m}^2}{(200)(10)\,\text{kN}\cdot\text{m}^2}=-0.02\,\text{rad}(\curvearrowright)$$

$$\Delta_C=M_{x=0}=-\frac{133.3}{EI}+\left(\frac{40}{EI}\right)(0)=-\frac{133.3\,\text{kN}\cdot\text{m}^3}{(200)(10)\,\text{kN}\cdot\text{m}^2}$$
$$=-0.0667\,\text{m}\ (\downarrow)$$

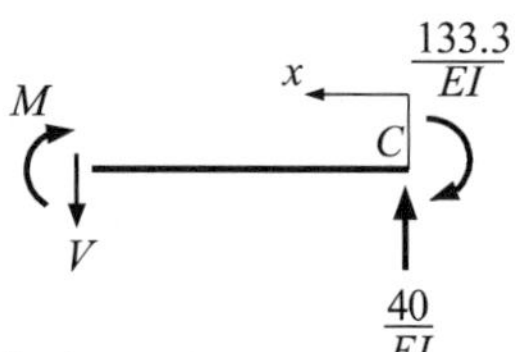

(d) 자유물체도

이고,

$$\theta_B=V_{x=2}=-\frac{40}{EI}=-0.02\,\text{rad}(\curvearrowright)$$

$$\Delta_B=M_{x=2}=-\frac{133.3}{EI}+\left(\frac{40}{EI}\right)(2)=-\frac{53.3\,\text{kN}\cdot\text{m}^3}{(200)(10)\,\text{kN}\cdot\text{m}^2}$$
$$=-0.0267\,\text{m}\ (\downarrow)\curvearrowleft$$

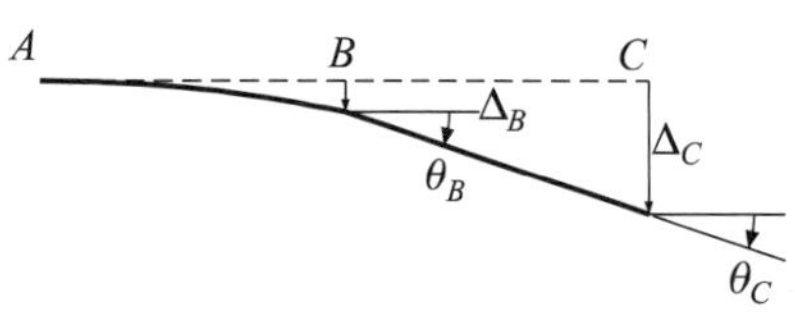

(e) 처짐곡선

M/EI도를 하중으로 치환할 때의 방향만 주의하면 공액보법은 정정구조물의 해석방법과 동일하므로, 매우 쉽고 강력한 방법이다.

예제 8-13

다음 캔틸레버보의 B점과 C점에 대한 처짐각과 처짐을 구하라. ($E=200\text{GPa}$, $I=6\times10^6\text{mm}^4$)

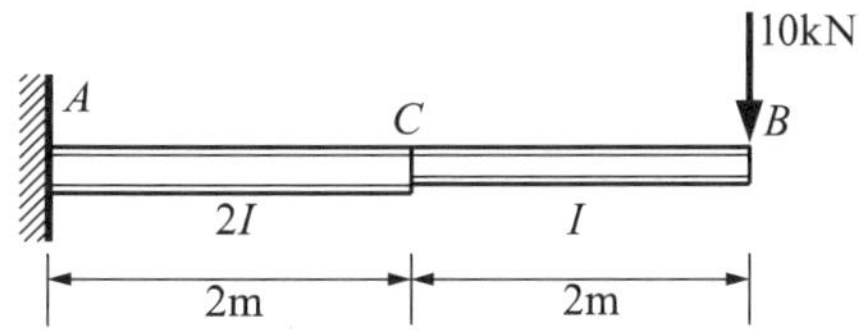

풀이

예제 8-4(모멘트면적법 이용)와 동일한 조건을 갖는 보에 대해, 이번에는 공액보법을 이용해 처짐각과 처짐을 계산해 보자.

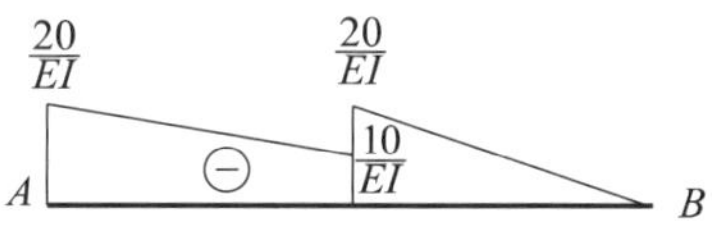
(a) M/EI도

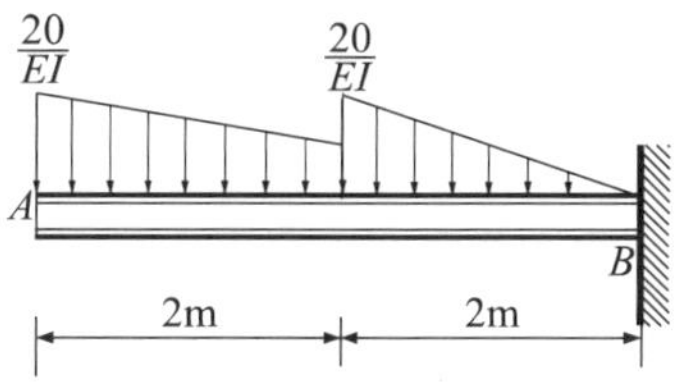
(b) 공액보

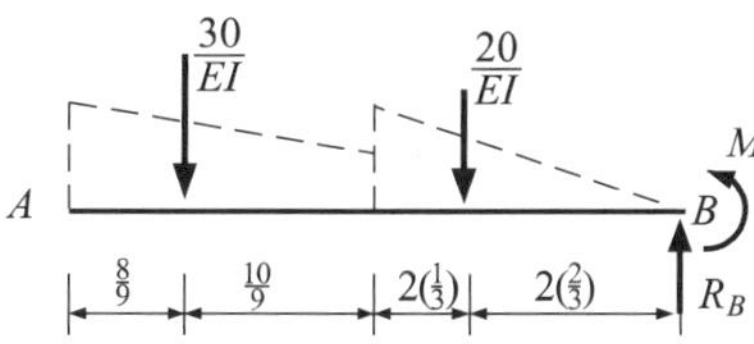
(c) 전체 자유물체도

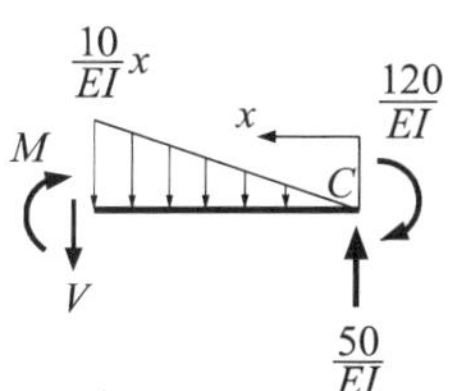
(d) 자유물체도

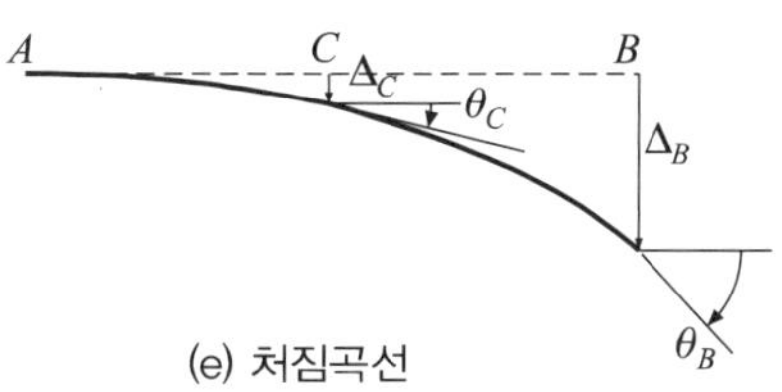
(e) 처짐곡선

공액보

그림 (b)와 같이 공액보를 그린다. 반력을 구하면,

$$R_B=\frac{50}{EI},\qquad M_B=-\frac{120}{EI}(\curvearrowright)$$

그림 (d)와 같은 자유물체도를 생각하면,

$$\uparrow+\sum Y=0,\quad V=-\frac{50}{EI}+\frac{5}{EI}x^2$$

$$\curvearrowleft+\sum M=0,\quad M=-\frac{120}{EI}+\frac{50}{EI}x-\frac{5}{3EI}x^3$$

처짐각 및 처짐

공액보에서 전단력(V)과 휨모멘트(M)는 그 점에서의 처짐각과 처짐이므로,

$$\theta_B=V_{x=0}=-\frac{50}{EI}+\frac{5}{EI}(0)^2=-\frac{50}{EI}$$
$$=-\frac{50\,\text{kN}\cdot\text{m}^2}{(200)(6)\,\text{kN}\cdot\text{m}^2}=-0.042\text{ rad}(\curvearrowright)$$

$$\Delta_B=M_{x=0}=-\frac{120}{EI}+\frac{50}{EI}(0)-\frac{5}{3EI}(0)^3=-\frac{120}{EI}$$
$$=-\frac{120\,\text{kN}\cdot\text{m}^3}{(200)(6)\,\text{kN}\cdot\text{m}^2}=-0.100\text{ m}(\downarrow)$$

$$\theta_C=V_{x=2}=-\frac{50}{EI}+\frac{5}{EI}(2)^2=-\frac{30}{EI}$$
$$=-\frac{30\,\text{kN}\cdot\text{m}^2}{(200)(6)\,\text{kN}\cdot\text{m}^2}=-0.025\text{ rad}(\curvearrowright)$$

$$\Delta_C=M_{x=2}=-\frac{120}{EI}+\frac{50}{EI}(2)-\frac{5}{3EI}(2)^3=-\frac{33.3}{EI}$$
$$=-\frac{33.3\,\text{kN}\cdot\text{m}^3}{(200)(6)\,\text{kN}\cdot\text{m}^2}=-0.028\text{ m}(\downarrow)$$

예제 8-14

다음 보를 공액보법으로 풀어라.

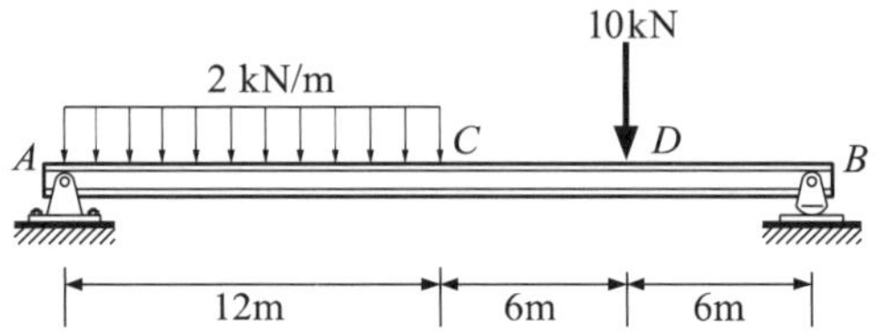

풀이

실제 보의 M/EI도

실제 보의 반력은 $R_A = 20.5\,\text{kN}$, $R_B = 13.5\,\text{kN}$이므로, 그림 (a)의 자유물체도로부터, AC구간의 M식은,

$$M = 20.5x - x^2$$

이다. 또한 그림 (b)의 M/EI도를 얻는다.

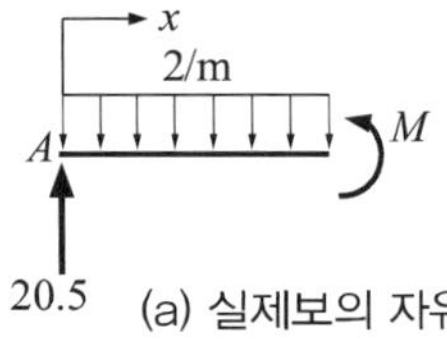

(a) 실제보의 자유물체도

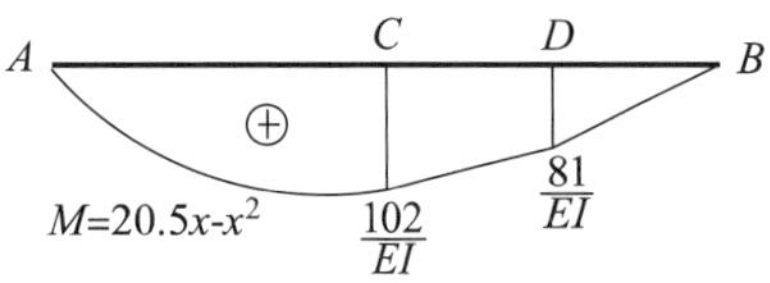

(b) M/EI도

공액보

그림 (c)와 같이 공액보를 그린다(M/EI가 양(+)이므로 상향 하중으로 가정). 탄성하중을 계산이 쉬운 형태로 분해하고, 그림 (d)와 같은 자유물체도를 그린다. 예를 들어 $\overline{AC}$구간의 합력과 작용위치를 구해보면, 합력은,

$$\frac{1}{EI}\int_0^{12} M dx = \frac{1}{EI}\int_0^{12} (20.5x - x^2)\, dx = \frac{900}{EI}$$

합력의 작용위치는,

$$x_0 = \frac{\int_0^{12} (20.5x - x^2)x\, dx}{900} = \frac{\left[\frac{20.5x^3}{3} - \frac{x^4}{4}\right]_0^{12}}{900} = 7.36\text{ m}$$

물론 포물선의 면적과 중심 공식을 이용해도 된다.

그림 (d)로부터 힘의 평형조건을 이용하여 반력을 구하면,

$$R_A = -\frac{873}{EI}\,(\downarrow), \qquad R_B = -\frac{819}{EI}\,(\downarrow)$$

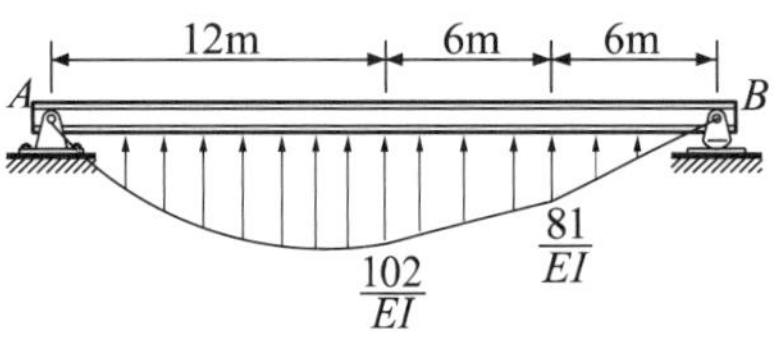

(c) 공액보

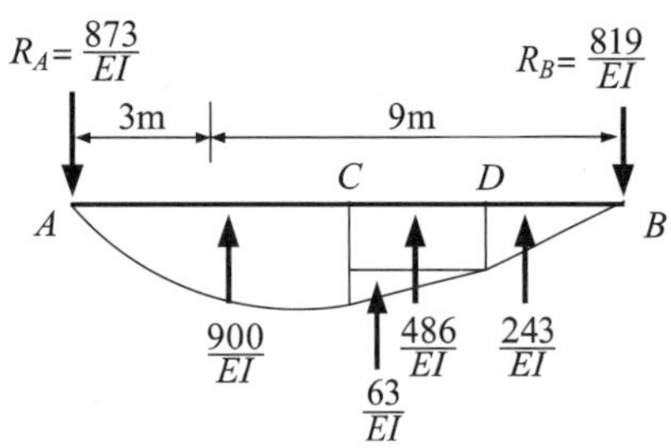

(d) 전체자유물체도

처짐각 및 처짐

공액보에서 전단력(V)이 그 점에서의 처짐각이므로,

$$\theta_A = V = R_A = -\frac{873}{EI}\,(\curvearrowright)$$

$$\theta_B = V = -R_B = \frac{819}{EI}$$

이다.

(e) 처짐곡선

예제 8-15

집중하중을 받는 단순보에서 최대 처짐각과 처짐을 구하라.
(단 $E = 200\,\text{GPa}$, $I = 100 \times 10^6\,\text{mm}^4$)

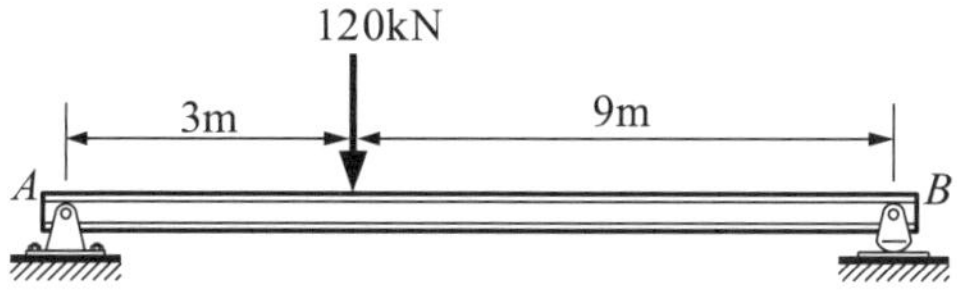

풀이

공액보

그림 (b)와 같다.

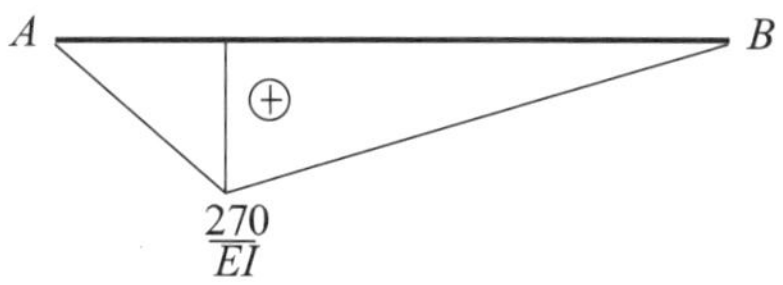

(a) M/EI도

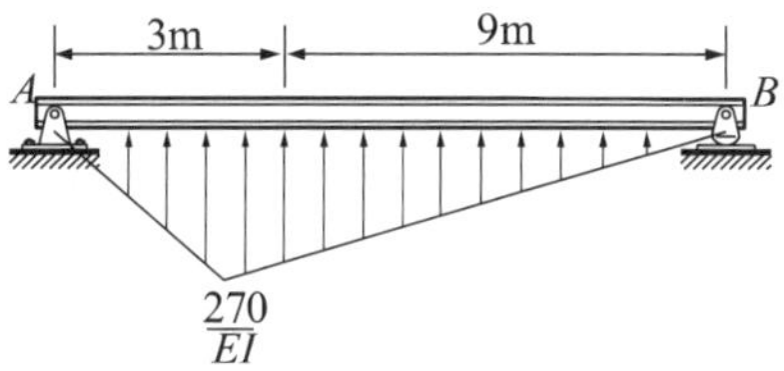

(b) 공액보

처짐각 및 처짐 계산

공액보에 작용하는 반력은 그림 (c)와 같으므로,

$$\theta_A = V = R_A = -\frac{945}{EI}$$
$$= -\frac{945\,\text{kN}\cdot\text{m}^2}{(200)(100)\,\text{kN}\cdot\text{m}^2} = -0.0473\,\text{rad}\,(\curvearrowright)$$

$$\theta_B = V = -R_B = \frac{675}{EI} = \frac{675\,\text{kN}\cdot\text{m}^2}{(200)(100)\,\text{kN}\cdot\text{m}^2} = 0.0338\,\text{rad}$$

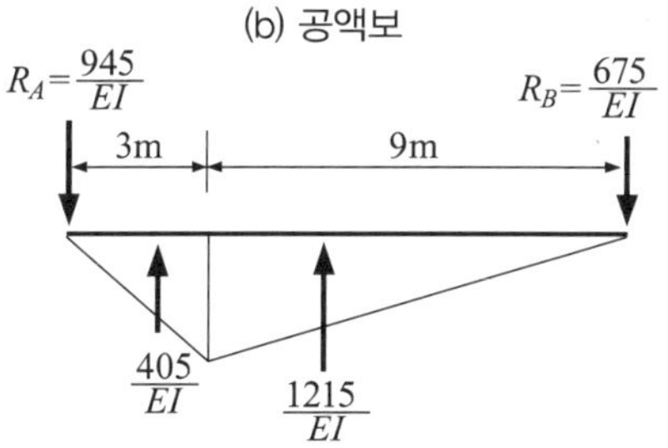

(c) 전체 자유물체도

B점으로부터 최대처짐이 발생하는 곳을 C점이라 가정하고, 그 거리를 x라 하면, 그림 (c)와 같은 자유물체도로부터,

$$\uparrow + \sum Y = 0, \qquad V - \frac{675}{EI} + \frac{30x}{EI}(x)\left(\frac{1}{2}\right) = 0,$$

$$V = -\frac{15x^2}{EI} + \frac{675}{EI}$$

$$\curvearrowleft + \sum M = 0, \qquad -M - \frac{675}{EI}x + \frac{30x}{EI}(x)\left(\frac{1}{2}\right)\left(\frac{x}{3}\right) = 0,$$

$$M = \frac{5x^3}{EI} - \frac{675}{EI}x$$

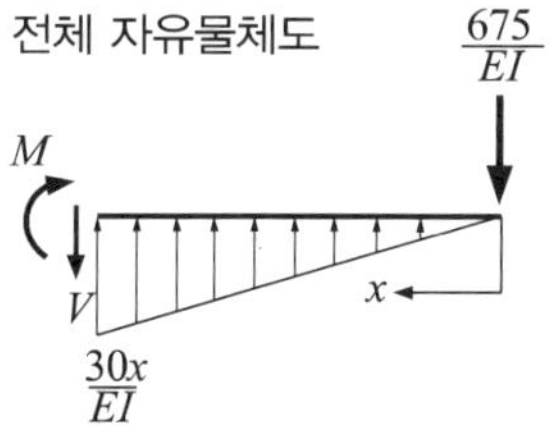

(d) 자유물체도

실제 보에서 최대처짐은 보의 기울기가 0인 곳에서 생긴다. 이곳은 공액보에서 전단력이 0인 점에 해당한다. 그러므로

$$V = -\frac{15x^2}{EI} + \frac{675}{EI} = 0, \qquad x = 6.71\,\text{m}$$

$$\Delta_{\max} = M_{x=6.71\text{m}} = \frac{5(6.71)^3}{EI} + \left(\frac{675}{EI}\right)(6.71) = \frac{3{,}018.7}{EI}$$
$$= \frac{3{,}018.7\,\text{kN}\cdot\text{m}^3}{(200)(100)\,\text{kN}\cdot\text{m}^2} = 0.151\,\text{m}$$

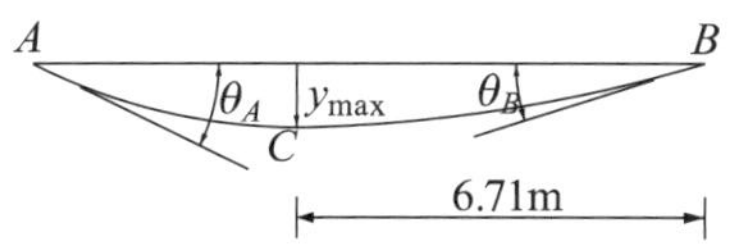

(e) 탄성곡선

예제 8-16

그림과 같이 보강된 보 중앙 D점에서 처짐각과 처짐을 구하라.
$(E = 200\,\text{GPa},\ I = 1{,}000 \times 10^6\,\text{mm}^4)$

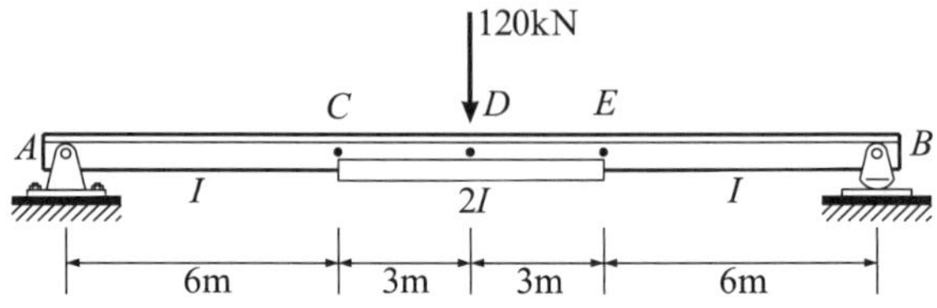

풀이

실제 보의 M/EI도는 중앙부 보강($I \rightarrow 2I$)으로 그림 (a)와 같다.

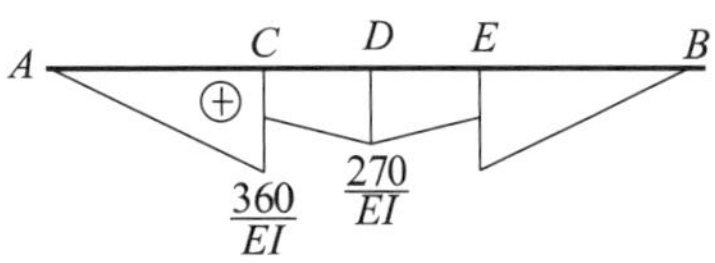

(a) M/EI도

공액보

그림 (b)와 같다.

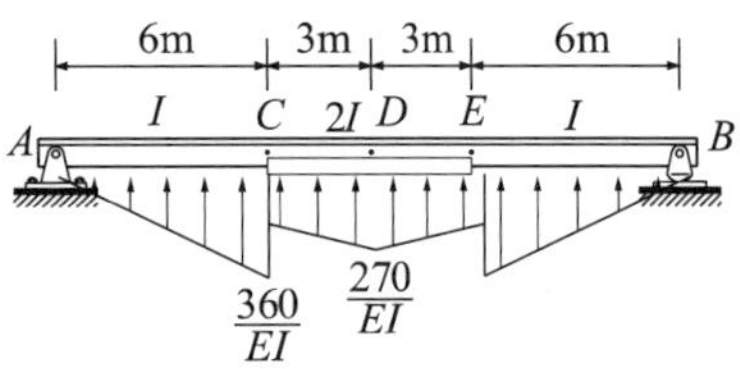

(b) 공액보

처짐각 및 처짐

그림 (c)와 같은 공액보의 전체 자유물체도로부터,

$$\uparrow + \sum Y = 0,\quad \frac{1}{EI}\left[R_A + R_B + (360)(6)\left(\frac{1}{2}\right)(2) + (180)(6) + (270-180)(6)\left(\frac{1}{2}\right)\right] = 0$$

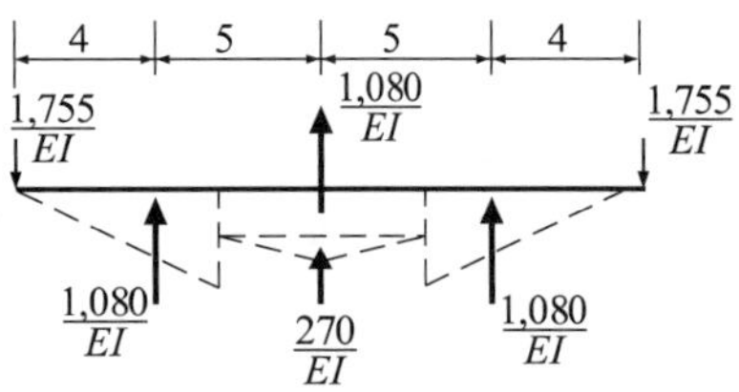

(c) 전체 자유물체도

또한 구조물이 대칭이므로,

$$R_A = R_B = -\frac{1{,}755}{EI}\ (\downarrow)$$

구간 CD에서 공액보의 자유물체도에 대한 V, M을 구하기 위하여 그림 (d)와 같은 자유물체도로부터,

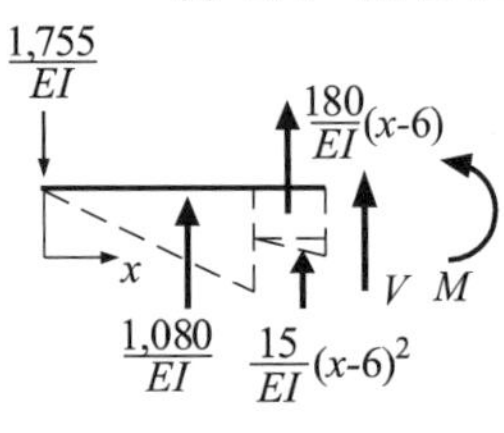

(d) 자유물체도

$$V = \frac{1}{EI}\left[675 - 180(x-6) - 15(x-6)^2\right]$$

$$M = \frac{1}{EI}\left[-675x - 4{,}320 + 90(x-6)^2 + 15(x-6)^2(x-8)\right]$$

D점에서의 처짐각(θ_D)

$$\theta_D = V_{x=9} = \frac{1}{EI}\left[675 - 180(3) - 15(3)^2\right] = 0$$

대칭하중이 작용할 때 중앙부의 처짐각은 0이라는 사실과 같다.
D점에서의 처짐(δ_D)은

$$\delta_D = M_{x=9} = \frac{1}{EI}\left[-675(9) - 4{,}320 + 90(3)^2 + 15(3)^3(1)\right]$$

$$= -\frac{9{,}450}{EI} = -\frac{9{,}450\,\text{kN}\cdot\text{m}^3}{(200)(1{,}000)\,\text{kN}\cdot\text{m}^2} = -0.0473\,\text{m}$$

예제 8-17

그림의 내민보에서 A점 및 B점의 처짐각, C점에서 처짐을 구하라. ($E = 200\,\mathrm{GPa}$, $I = 1{,}000 \times 10^6\,\mathrm{mm}^4$).

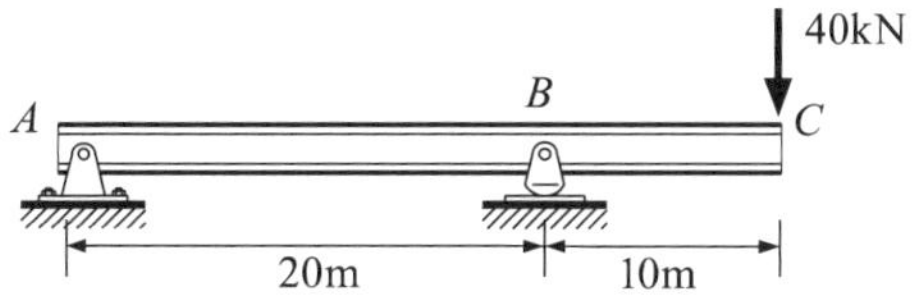

풀이

공액보

실제 보 A, B, C점을 A점은 회전단, B점은 힌지, C점은 고정단으로 치환하고, 그림 (a)의 M/EI도를 탄성하중(하향, ↓)으로 바꾸어 그림 (b)와 같은 공액보를 만든다.

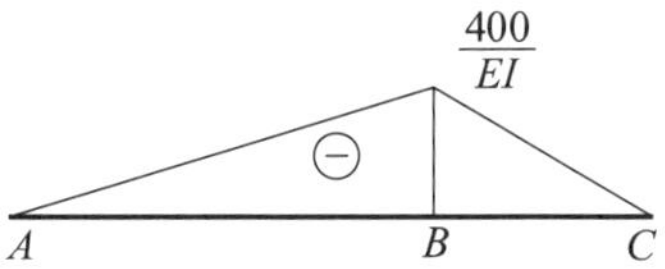

(a) M/EI도

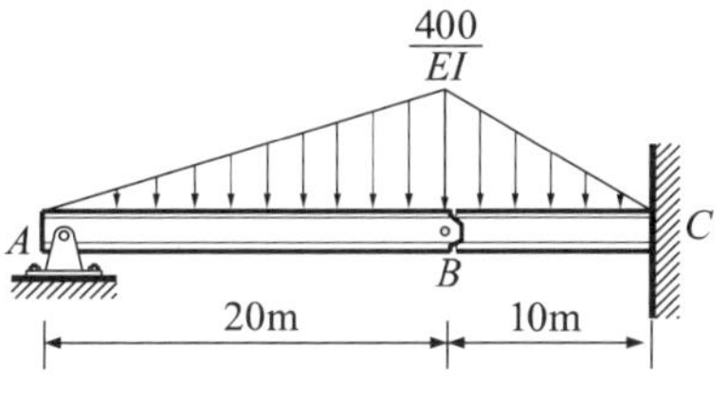

(b) 공액보

처짐각 및 처짐 계산

그림 (c)와 같은 자유물체도에서,

$$\curvearrowleft + \sum M_B^{BA} = 0,$$

$$-R_A(20) + \frac{4{,}000}{EI}(20)\left(\frac{1}{3}\right) = 0, \qquad R_A = \frac{1{,}333}{EI}$$

$$\curvearrowright + \sum M_C = 0,$$

$$-\frac{1{,}333}{EI}(30) + \frac{4{,}000}{EI}\left(10 + 20\frac{1}{3}\right) + \frac{2{,}000}{EI}\left(10\frac{2}{3}\right) + M_C = 0,$$

$$M_C = -\frac{40{,}010\,\mathrm{kN \cdot m^3}}{EI}\ (\curvearrowright)$$

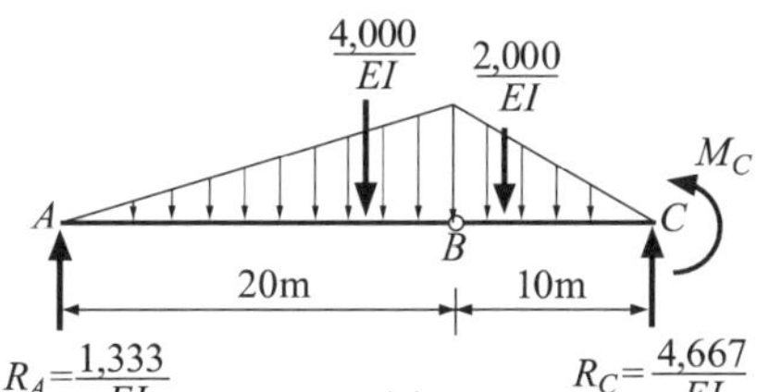

(c)

C점의 처짐은 공액보에서 C점의 휨모멘트와 같다. 따라서,

$$y_C = M_C = -\frac{40{,}010}{EI}$$

$$= -\frac{40{,}010\,\mathrm{kN \cdot m^3}}{(200)(1{,}000)\,\mathrm{kN \cdot m^2}} = -0.200\,\mathrm{m}\ (\downarrow)$$

A점의 처짐각은,

$$\theta_A = V = \frac{1{,}333}{EI} = \frac{1{,}333\,\mathrm{kN \cdot m^2}}{(200)(1{,}000)\,\mathrm{kN \cdot m^2}} = 0.0067\,\mathrm{rad}$$

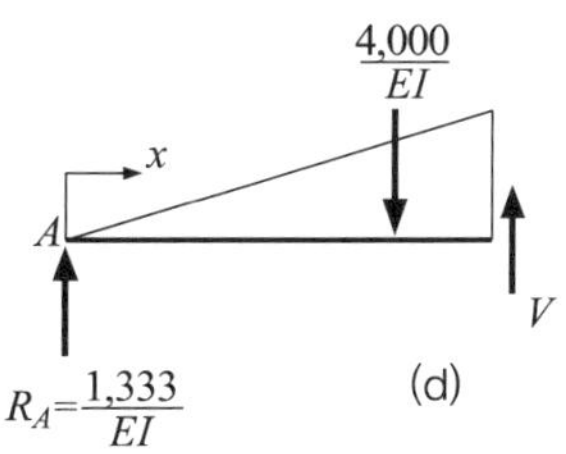

(d)

B점의 처짐각을 구하기 위하여, 그림 (d)와 같은 자유물체도에서,

$$V + \frac{1{,}333}{EI} - \frac{4{,}000}{EI} = 0, \qquad V = \frac{2{,}667}{EI}$$

이고, 부호는 (↓ ↑)이므로 음(−)이다. 그러므로

$$\theta_B = V = \frac{2{,}667}{EI} = \frac{2{,}667\,\mathrm{kN \cdot m^2}}{(200)(1{,}000)\,\mathrm{kN \cdot m^2}} = 0.0133\,\mathrm{rad}\ (\curvearrowright)$$

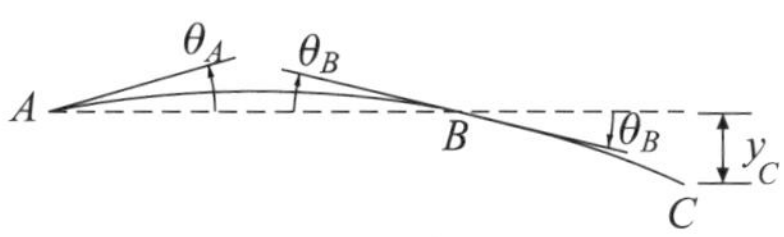

(e)

예제 8-18

예제 8-11을 공액보법으로 풀어라.

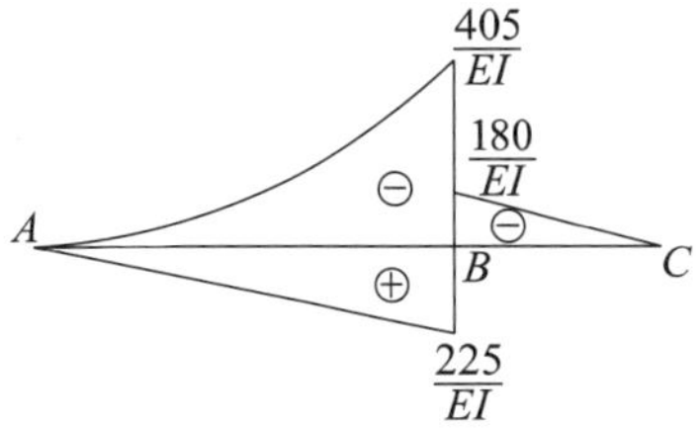

(a) M/EI도

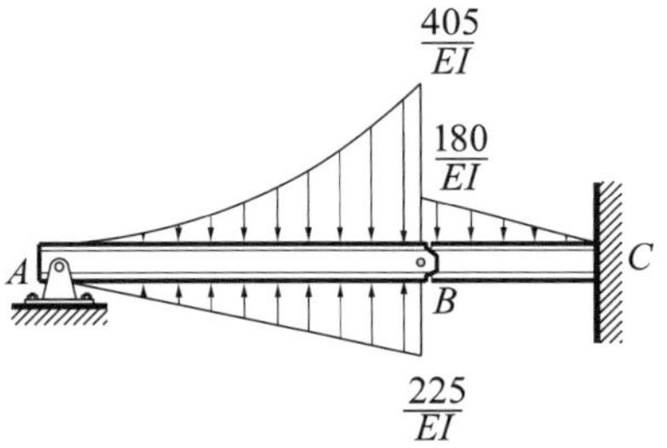

(b) 공액보

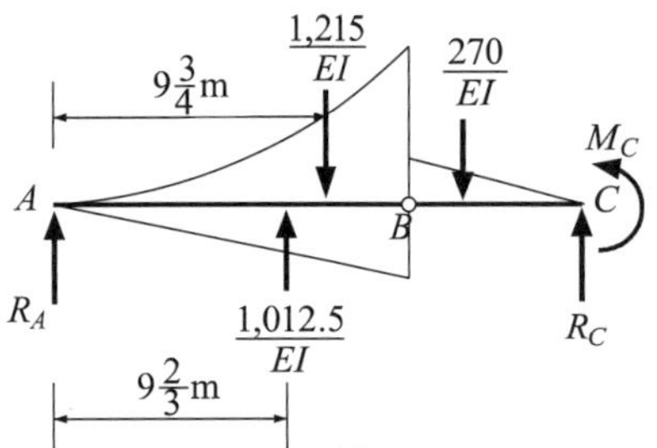

(c)

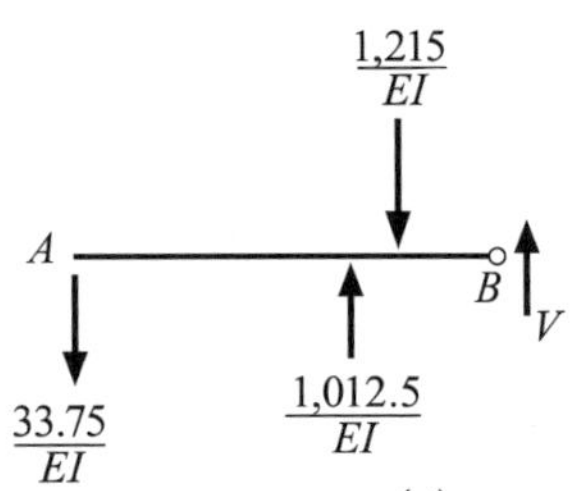

(d)

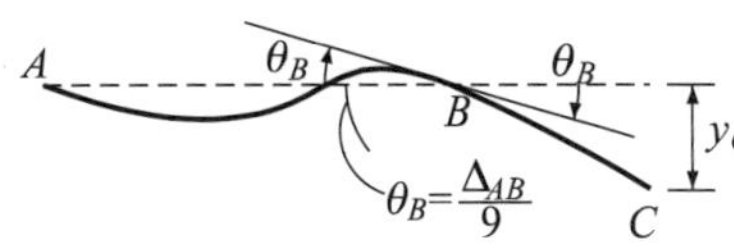

(e)

풀이

공액보

M/EI도는 예제 8-11에서 이용한 캔틸레버에 의한 M/EI도 작성법을 동일하게 사용할 수 있다. 또한 그림 (b)와 같이 공액보로 치환한다.

처짐각 및 처짐 계산

그림 (c)와 같은 자유물체도에서 반력을 구하면,

$$\curvearrowleft + \sum M_B^{BA} = 0,$$

$$-R_A(9) - \left[\frac{225}{EI}(9)\left(\frac{1}{2}\right)\right]\left(9\frac{1}{3}\right) + \left[\frac{405}{EI}(9)\left(\frac{1}{3}\right)\right]\left(9\frac{1}{4}\right) = 0,$$

$$-R_A(9) - \left[\frac{1{,}012.5}{EI}\right]\left(9\frac{1}{3}\right) + \left[\frac{1{,}215}{EI}\right]\left(9\frac{1}{4}\right) = 0,$$

$$R_A = -\frac{33.75}{EI}\ (\downarrow)$$

$$\curvearrowleft + \sum M_B^{BC} = 0,$$

$$R_C(3) + M_C - \left[\frac{180}{EI}(3)\left(\frac{1}{2}\right)\right](3)\left(\frac{1}{3}\right) = 0,$$

$$R_C(3) + M_C - \left[\frac{270}{EI}\right](3)\left(\frac{1}{3}\right) = 0, \quad 3R_C + M_C = \frac{270}{EI}$$

$$\curvearrowleft + \sum M_B = 0,$$

$$\frac{33.75}{EI}(12) - \frac{1{,}012.5}{EI}\left(9\frac{1}{3}+3\right) + \frac{1{,}215}{EI}\left(9\frac{1}{4}+3\right)$$

$$-\frac{270}{EI}\left(3\frac{2}{3}\right) + M_C = 0, \quad M_C = -\frac{168.8}{EI}\ \text{kN}\cdot\text{m}\ (\curvearrowright)$$

C점의 처짐은 공액보에서 C점의 휨모멘트와 같다. 따라서

$$y_C = M_C = -\frac{168.8}{EI}$$

$$= -\frac{168.8\,\text{kN}\cdot\text{m}^3}{(200)(450)\,\text{kN}\cdot\text{m}^2} = -0.0019\ \text{m}\ (\downarrow)$$

B점의 처짐각은 그림 (d)의 자유물체도로부터,

$$V - \frac{33.75}{EI} + \frac{1{,}012.5}{EI} - \frac{1{,}215}{EI} = 0, \qquad V = \frac{236.3}{EI}$$

전단력 부호가 음(↓ ↑)이므로,

$$\theta_B = V = -\frac{236.3}{EI} = -\frac{236.3\,\text{kN}\cdot\text{m}^2}{(200)(450)\,\text{kN}\cdot\text{m}^2} = -0.0026\ \text{rad}\ (\curvearrowright)$$

8.5 연습문제

Problem...

[8.2절]

8.2-1 다음 보의 AB구간 탄성곡선에 대한 곡률반경을 구하라. (단, $E = 200\,\text{GPa}$, $I = 1.5 \times 10^7\,\text{mm}^4$)

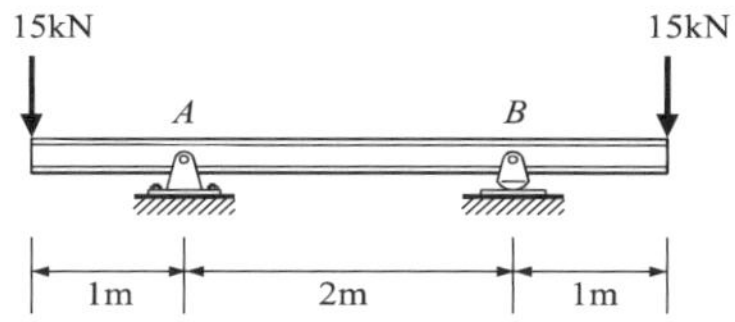

8.2-2 길이 10m인 단순보 중앙에 집중하중 $P = 20\,\text{kN}$이 작용할 때, 중앙의 곡률 반지름 ρ를 구하라. (단, $E = 200\,\text{GPa}$, $I = 3.5 \times 10^7\,\text{mm}^4$)

8.2-3 직경 300mm의 원형 단면 강봉을 최대 휨응력 79 MPa를 넘지 않게 원형으로 휠 때 가능한 최소 반지름을 구하라. (단, $E = 200\,\text{GPa}$)

8.2-4 다음 보에 대해 탄성곡선법을 이용하여 처짐 및 처짐각을 구하라.

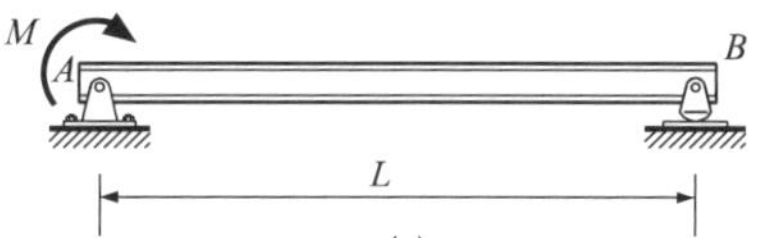

(a)

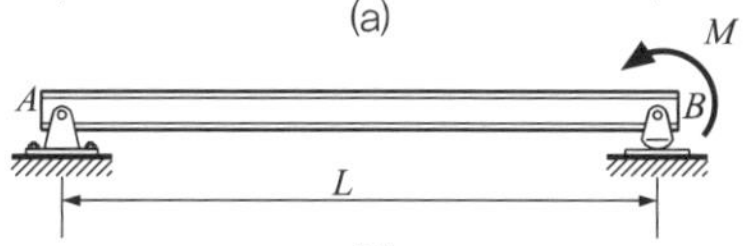

(b)

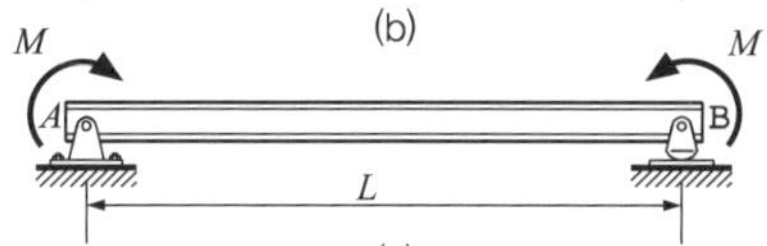

(c)

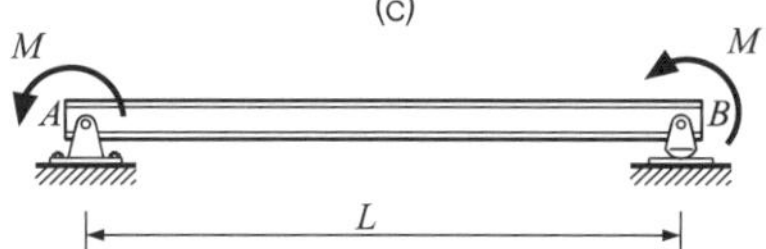

(d)

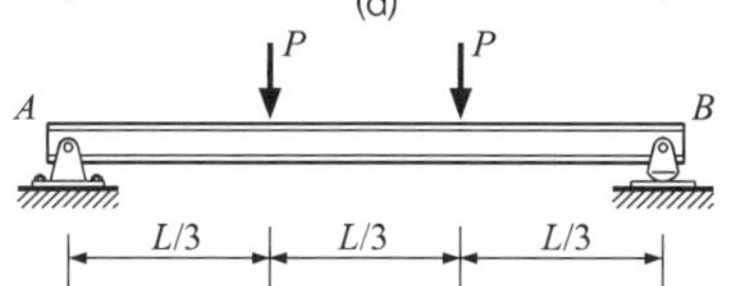

(e)

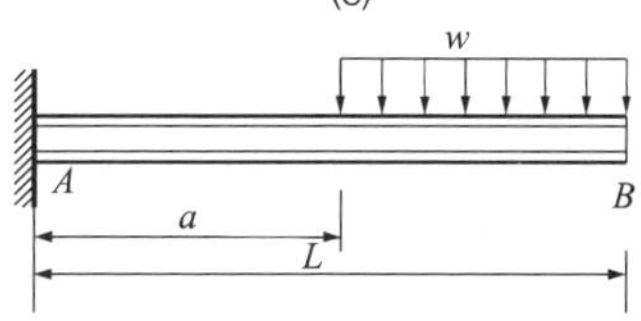

(f)

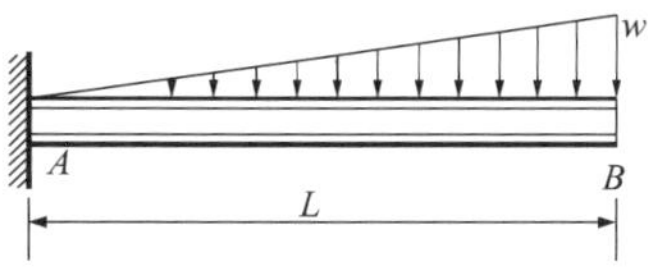

(g)

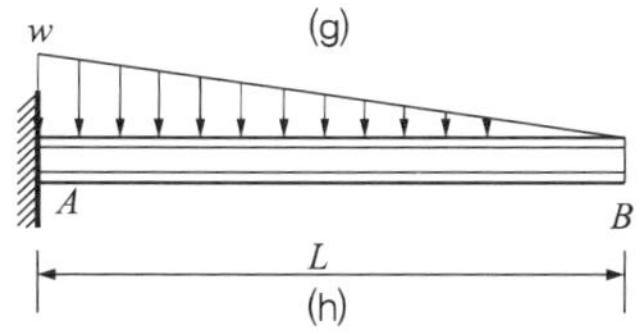

(h)

8.2-5 다음의 보에서 C점의 처짐량을 구하라. (단, 보의 단면은 200×300mm, $E = 200\,\text{GPa}$)

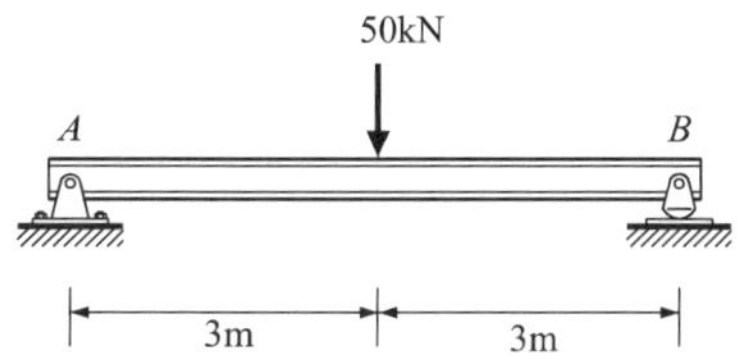

8.2-6 다음 그림과 같은 부재의 최대 처짐량을 구하라. (단, $E = 200\,\text{GPa}$, $I = 3.028 \times 10^9\,\text{mm}^4$)

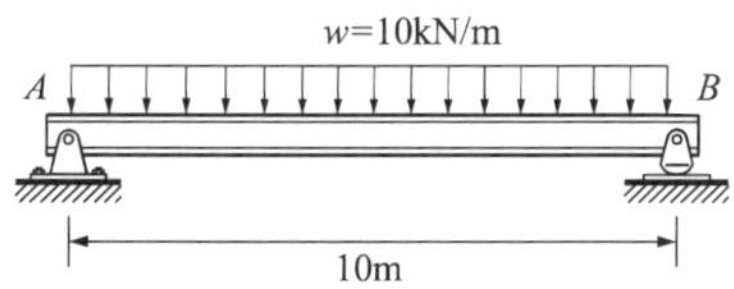

[8.3절]

8.3-1 연습문제 8.2-4에 대하여 모멘트면적법을 이용해 처짐 및 처짐각을 구하라.

8.3-2 그림에서 보의 처짐량이 20mm라면, 보 깊이를 2배로 늘린 경우 처짐량을 구하라.

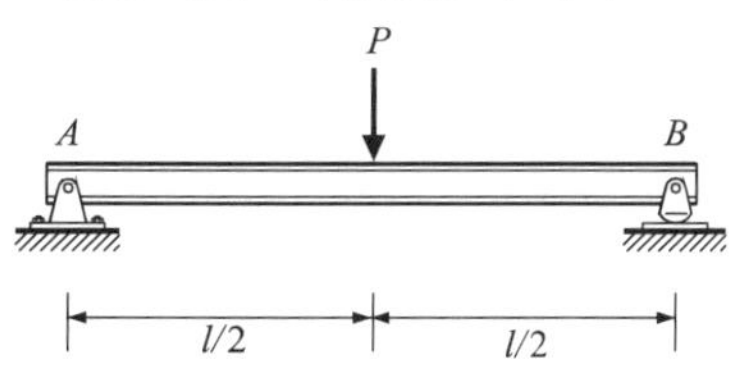

8.3-3 그림과 같은 단순보의 양 지점에 모멘트가 작용할 때 A지점의 처짐각을 구하라.

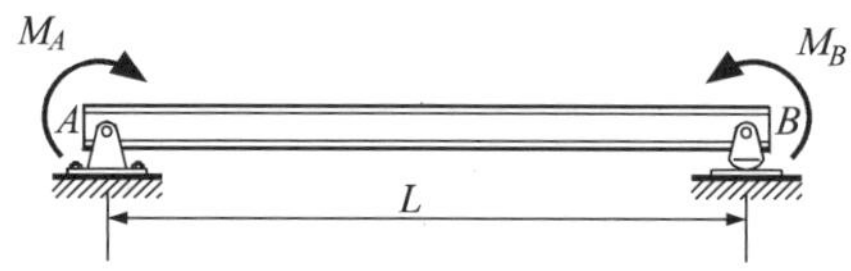

답 $\dfrac{L}{6EI}(2M_A+M_B)$

8.3-4 그림과 같은 단면 A 및 B의 보에서 보의 단면에 따른 최대 처짐비 $y_A : y_B$를 구하라.

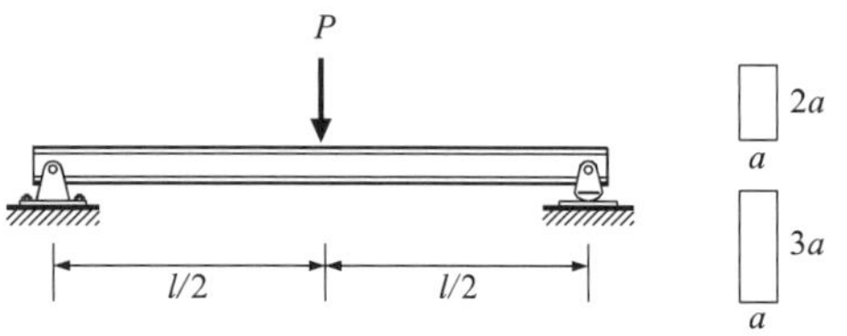

답 27 : 8

8.3-5 그림과 같은 캔틸레버 $\overline{AC}$ 부재를, 같은 크기의 단면을 갖는 캔틸레버 $\overline{BC}$로 지지할 때 B점에 작용하는 상하보간의 압력 N을 구하라.

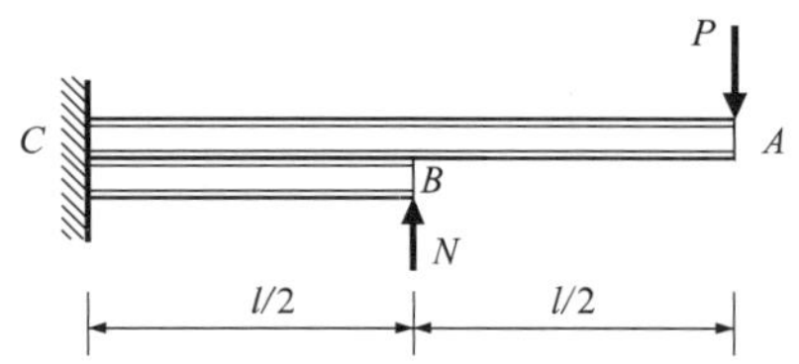

답 $N=1.75P$

8.3-6 그림과 같은 캔틸레버보의 길이와 단면이 (a), (b)의 두 가지 상태로 주어졌을 경우 보의 최대 처짐비를 구하라. (단, E는 일정)

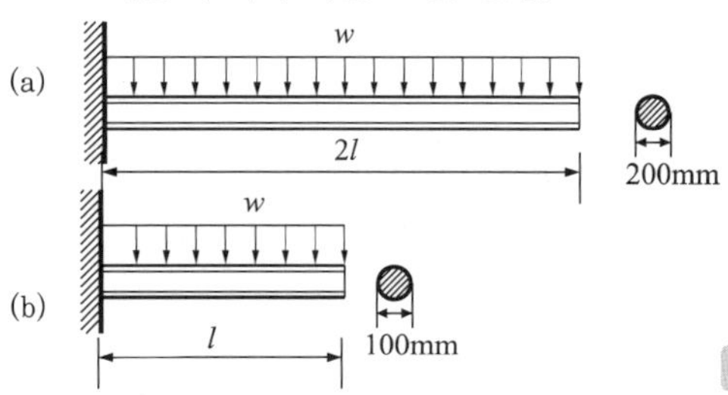

답 1 : 1

[8.4절]

8.4-1 연습문제 8.2-4에 대하여 공액보법을 이용해 처짐 및 처짐각을 구하라.

8.4-2 연습문제 8.2-5를 공액보법으로 풀어라.

8.4-3 연습문제 8.2-6을 공액보법으로 풀어라.

8.4-4 연습문제 8.3-3을 공액보법으로 풀어라.

8.4-5 다음 내민보에서 C점의 처짐 δ_C를 구하라. (단, EI는 일정하다.)

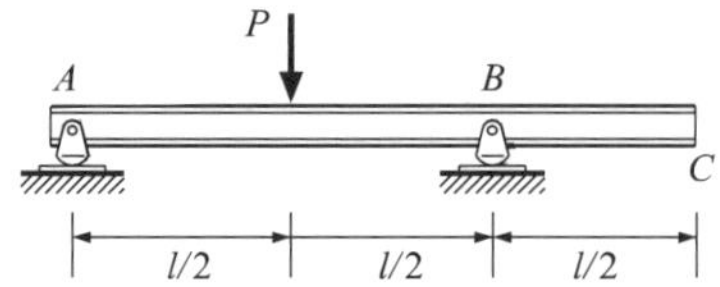

(a)

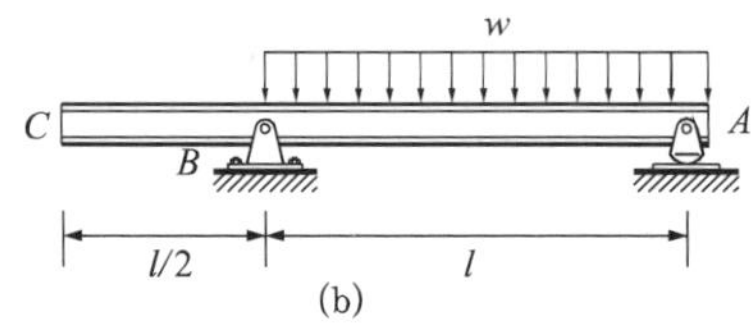

(b)

8.4-6 다음 내민보의 C점에 대한 처짐과 처짐각을 구하라. (단, $E=200\text{GPa}$, $I=4.5\times10^8\text{mm}^4$)

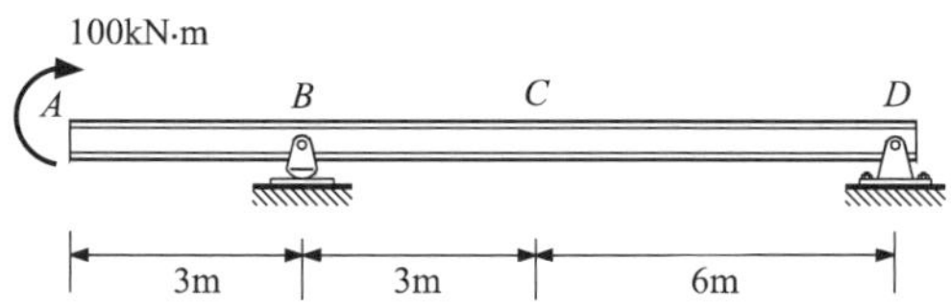

(a)

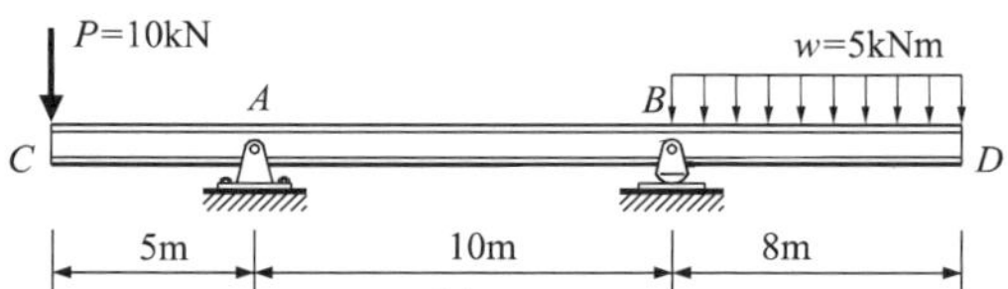

(b)

8.4-7 다음 겔버보에 대하여 B점의 처짐 δ_B를 구하라. (단, EI는 일정)

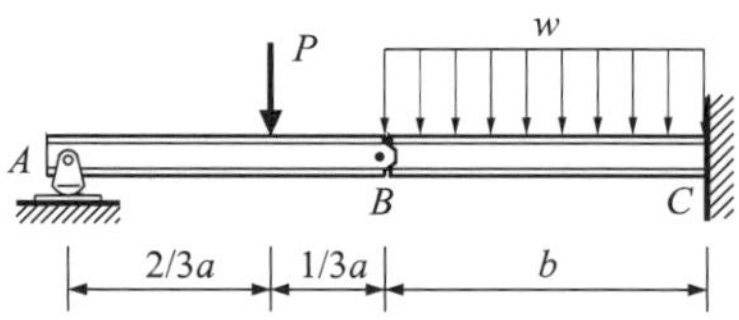

답 $\dfrac{wb^4}{8EI}+\dfrac{2Pb^3}{9EI}$

8.4-8 다음 겔버보에 대하여 D점의 처짐을 구하라. (단, $E=200\text{GPa}$, $I=4.5\times10^8\text{mm}^4$)

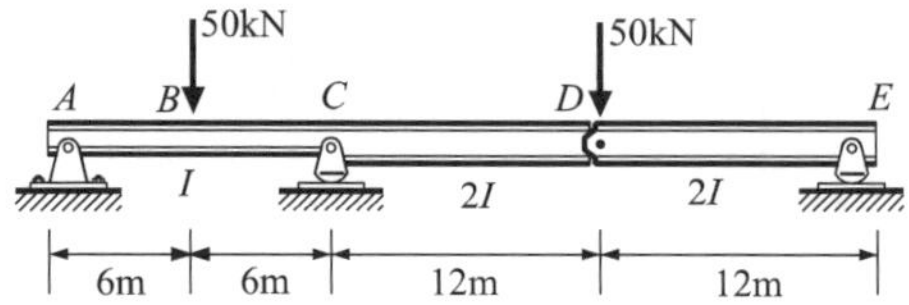

9장 구조물의 변형 (에너지법)

차례

주요개념

- 에너지보존법칙
- 외력의 일
- 내력의 일(변형에너지)
- 가상일법
- 단위하중법
- 상반변위의 정리리
- 카스틸리아노 제2정리

앞 장에서 살펴본 기하학적인 방법은 비교적 단순한 하중을 받는 보의 임의 점에서 처짐과 처짐각을 구하는데 효과적이다. 그러나 복잡한 하중이 작용하거나, 트러스나 라멘과 같은 구조물의 변형량을 계산하는 경우는 기하학적인 방법이 매우 복잡해지기 때문에, 이 장에서 다루는 에너지법을 적용하는 것이 편리하다.

물론 에너지법은 기하하적 방법과는 다르게 구조물 임의 점에서 단지 하나의 처짐 또는 처짐각만이 계산된다는 단점이 있지만 계산방법이 매우 쉽고 강력하다.
이 장을 공부하는 독자 중에는 에너지라는 말 자체가 어려운 이도 있을 것이다. 또한 앞 장까지 내용을 잘 이해한 독자들도 에너지법에 생소함을 느낄 수 있다.

힘이 일을 할 수 있는 양이 에너지이다. 즉 일=에너지이며, 이에 착안해서 구조물을 해석하는 방법을 에너지법이라 한다. 그러므로 에너지법을 활용하기 위해서는 여러 가지 원리나 정리의 상관관계와 식의 유도를 충분히 이해할 필요가 있다.

다시 한 번 강조하지만 에너지법은 컴퓨터를 이용한 수치해석이나 고등역학의 기초가 되므로 반드시 그 개념과 적용방법을 알아두도록 하자.

9.1 외력의 일

9.1.1 에너지보존법칙

지금까지 구조물의 해석은 힘, 변위, 응력, 변형과 같은 벡터량을 이용하였다. 이 장에서는 일(=에너지)라는 스칼라량을 이용해서 구조물의 변형을 계산하는 방법을 공부한다.

에너지법은 에너지보존법칙(열역학 제1법칙)에 기초하고 있다. 이에 의하면 구조물에 작용하는 모든 외력이 한 일 W_e은 구조물이 변형을 일으킬 때 발생하는 내력의 일(W_i, 또는 변형에너지)과 같아야 한다. 따라서

$$W_e = W_i \tag{9.1}$$

먼저 외부에서 힘이 구조물에 변형을 일으키게 하는 일, 즉 외력의 일을 구해보자.

9.1.2 외력의 일

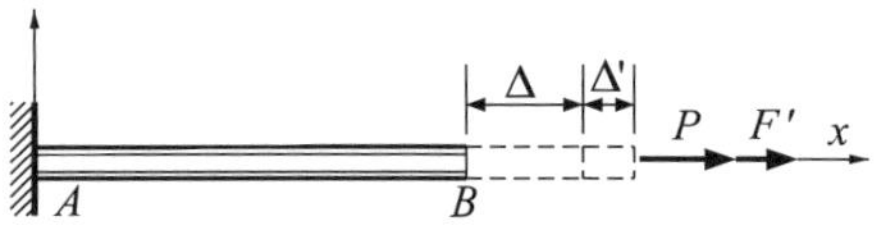

(a)

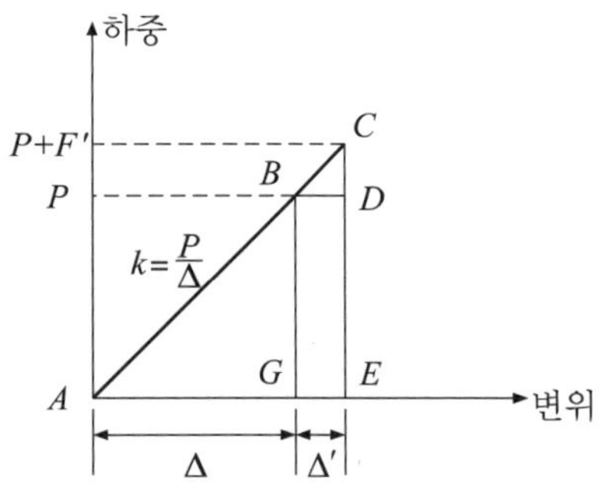

(b)

그림 9.1

어떤 힘 F가 작용하여, 힘 작용 방향으로 dx만큼 변위를 일으킬 때, 이 힘이 한 일(Work, =힘×거리)은

$$dW_e = Fdx \tag{9.2}$$

이다. 그림 9.1(a)과 같은 봉에 외력 P가 작용하는 경우를 생각해 보자. 재료가 선형 탄성이고 힘과 변위 관계($F = kx$)는 그림 (b)와 같다. 외력이 0에서 P까지 서서히 증가할 때, 변위는 0에서 Δ까지 증가하고, 이 때 외력이 한 일은,

$$W_e = \int_0^{\Delta} Fdx = \int_0^{\Delta}\left(\frac{P}{\Delta}\right)xdx = \left[\frac{Px^2}{2\Delta}\right]_0^{\Delta} = \frac{P\Delta}{2} \tag{9.3}$$

식 (9.3)은 힘이 0에서 P까지 서서히 증가할 때 외력의 일은 평균 힘의 크기($P/2$)와 총 변위(Δ)의 곱과 같다는 의미이다. 즉 그림 (b)에서 $\triangle ABG$의 면적과 같다. 이번에는 봉에 P가 작용하고 있는 상태에서, 또 다른 힘 F'가 작용하여 변위 Δ'가 추가로 발생했다고 생각해 보자.

F'가 한 일은

$$W_e = \frac{F'\Delta'}{2} \tag{a}$$

가 된다. 이때 P는 계속 작용하고 있었으므로, 변위 Δ'가 발생한 동안 P도 일을 한 것이 된다(일=힘×거리이므로). 즉,

$$W_e = P\Delta' \tag{9.4}$$

이다. 여기서 일은 그림 (b)에서 $\square BDEG$ 면적을 나타낸다. 봉에 P가 작용한 상태에서 다시 다른 힘 F'가 작용할 때,

P와 F'가 한 총 일량 = $\triangle ACE$의 면적
P가 Δ을 유발시키면서 한 일 = $\triangle ABG$의 면적
F'가 Δ'를 유발시키면서 한 일 = $\triangle BCD$의 면적
F'가 Δ'를 유발할 때 P의 추가 일량 = $\square BDEG$의 면적

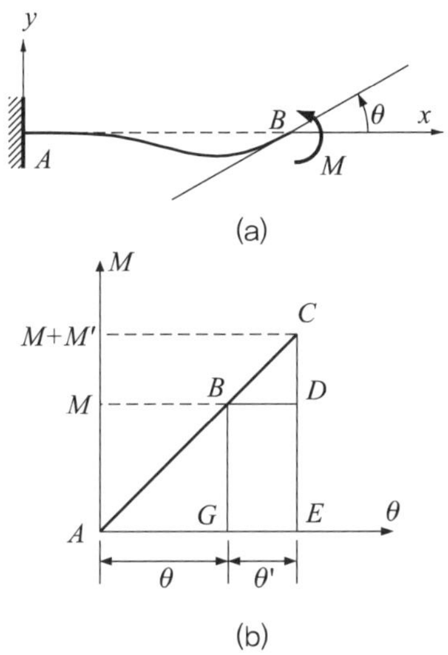

그림 9.2

일=에너지의 기본 개념을 잘 숙지해 놓자. 에너지란 힘이 일을 할 수 있는 양(힘×거리)이다. 물론 외력을 제거하면, 재료가 선형 탄성체로 가정했으므로, 부재는 원상태로 회복된다.

모멘트가 한 일 또한 위와 동일하게 생각할 수 있다. 그림 9.2와 같이 구조물에 M이 작용하여 θ만큼 회전했다면, 한 일은 그림 (b)의 $\triangle ABG$와 같다. 이를 수식으로 표시하면,

$$W_e = \frac{M\theta}{2} \tag{9.5}$$

9.2 내력의 일(변형에너지)

9.2.1 내력의 일(변형에너지) 기본개념

에너지보존법칙에 의하면 작용 힘이 부재에 대하여 한 일은 탄성한도를 초과하지 않는 한 잠재된 에너지(Potential energy)로써 부재 내부에 저장되며, 외력이 한 일과 같다. 이 내력의 일(Internal work)을 변형에너지(Elastic strain energy)라고도 한다.

구조물에서 내력의 일, 즉 변형에너지를 생각해 보자. 외력이 구조물에 작용하면 내부에는 부재력(외응력)이 발생하고 변형한다. 그러므로 내력의 일은 이러한 외응력이 변형하면서 한 일이라고 생각할 수 있다. 외응력은 축방향력, 전단력, 휨모멘트가 있으며, 각각의 외응력이 한 일은 다음과 같이 구할 수 있다.

9.2.2 축방향력에 의한 변형에너지

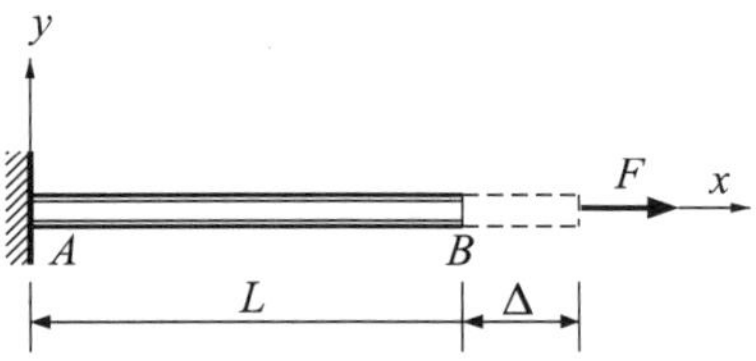

그림 9.3

그림 9.3과 같이 축방향력 F가 발생하여 Δ만큼 변형한다면, F에 의한 내력의 일(변형에너지)은,

$$W_i = \frac{F\Delta}{2} \tag{a}$$

이다. 재료가 선형탄성체이므로 후크의 법칙이 성립한다. 즉, $\sigma = E\epsilon$이다. 만약 봉이 일정 단면적 A와 길이 L을 갖는다면, $F/A = E(\Delta/L)$가 되므로,

$$\Delta = \frac{FL}{EA} \tag{b}$$

이며, 봉의 변형에너지는 식 (a)에 대입하면,

$$W_i = \frac{F^2 L}{2EA} \tag{9.6}$$

만약 길이 L인 균질한 부재에 축방향력(F_x)과 단면적(A_x)이 변한다면, 적분을 통해 변형에너지를 구할 수 있다. 즉,

$$W_i = \int_0^L d\,W_i = \int_0^L \frac{F_x^2}{EA_x}\,dx \tag{9.7}$$

9.2.3 휨모멘트에 의한 변형에너지

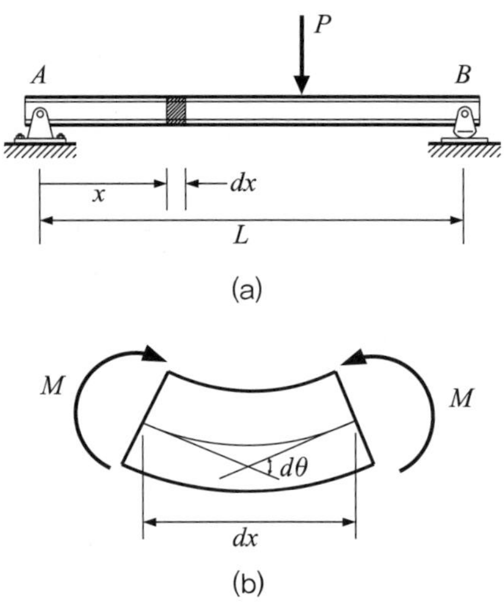

그림 9.4

그림 9.4와 같은 보에서 하중 P에 의해, 단면이 휨모멘트 M에 도달하는 동안 미소요소 dx에서는 처짐각 $d\theta$를 일으키며, 이때 저장된 변형에너지 $d\,W_i$는,

$$d\,W_i = \left(\frac{1}{2}M\right)d\theta \tag{a}$$

식 (8.5)에서 $d\theta = \left(\frac{M}{EI}\right)dx$이므로 식 (a)에 대입하면

$$d\,W_i = \frac{M^2}{2EI}\,dx \tag{b}$$

이 된다. 그러므로 축적된 내부의 일(변형에너지)는,

$$W_i = \int_0^L \frac{M^2}{2EI}\,dx = \frac{M^2 L}{2EI} \tag{9.8}$$

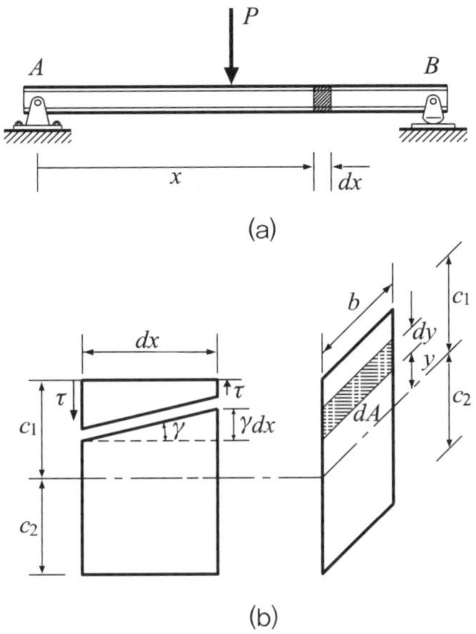

그림 9.5

9.2.4 전단력에 의한 변형에너지

그림 9.5와 같은 보에서, 단면에 전단력 V가 작용하고, 그림 (b)와 같이 중립축에서 y인 거리에 있는 곳의 전단응력 τ가 미소요소 dx에 전단변형 γ를 일으키면, 변형에너지 W_i는,

$$dw_i = \left(\frac{\Delta V}{2}\right)d\delta = \left(\frac{\tau dA}{2}\right)\gamma\, dx$$

$$W_i = \int\int \frac{\tau}{2}\gamma\, dA\, dx \tag{9.9}$$

여기서, 전단변형률은 $\gamma = \dfrac{\tau}{G}$이고, 전단응력은 $\tau = \dfrac{V_x S}{bI}$이므로

$$\begin{aligned} W_i &= \int_0^L \frac{1}{2G}dx \int_A \left(\frac{VS}{Ib}\right)^2 dA \\ &= \int_A \left(\frac{S}{Ib}\right)^2 A\, dA \int_0^L \frac{V^2}{2GA}dx = k\int_0^L \frac{V^2}{2GA}dx \end{aligned} \tag{9.10}$$

여기서, $k = \displaystyle\int_{-c2}^{c1}\left(\frac{S}{Ib}\right)^2 A\, dA$는 단면의 형상에 따라 정해지는 형상계수로,

직사각형 단면 $k = 6/5$,
원형 단면 $k = 10/9$,
I형 단면에서는 단면적을 웨브 면적(A_w)으로 대치하면
$k \fallingdotseq 1.0$이 된다.

일반적으로 구조물은 축력, 전단력, 휨 모멘트를 모두 받으므로, 변형에너지는 이들의 합이 된다. 즉,

$$W_i = \int_0^L \frac{N^2}{2EA}dx + k\int_0^L \frac{V^2}{2GA}dx + \int_0^L \frac{M^2}{2EI}dx \tag{9.11}$$

식 (9.11)의 적용에서 주의할 점은 중첩의 원리가 성립하지 않는다는 점이다. 즉 여러 조합의 하중이 작용할 때 각각의 하중에 대한 변형에너지를 구한 후 이를 단순히 더함으로써(중첩) 전체 변형에너지를 구할 수 없다. 이것은 식 (9.11)에서 각각의 부재력 항이 제곱 형태로 선형함수가 아니기 때문이며 유의해야 한다.

예제 9-1

다음 보의 휨모멘트에 의한 변형에너지를 구하라. (EI는 일정)

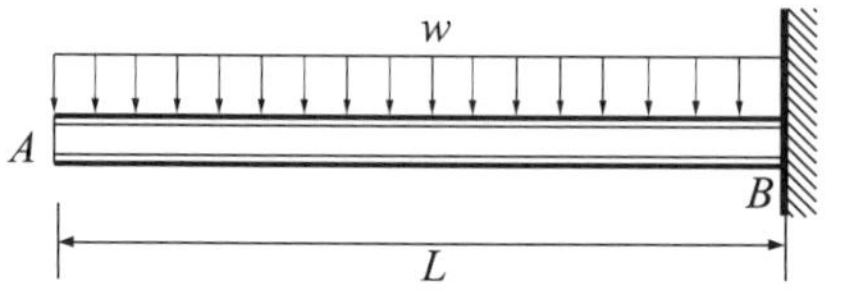

풀이

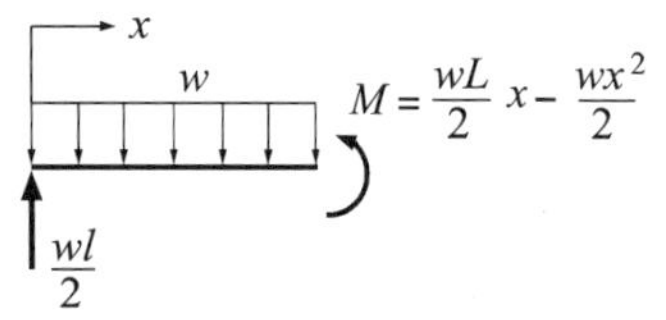

(a)

그림 (a)과 같은 자유물체도에서 x점에서의 모멘트 M_x는

$$M = \frac{wL}{2}x - \frac{w}{2}x^2$$

$$W_i = \frac{1}{2EI}\int_0^L M^2 dx = \frac{1}{2EI}\int_0^L \left[\frac{wL}{2}x - \frac{w}{2}x^2\right]^2 dx$$

$$= \frac{1}{2EI}\left[\frac{w^2L^2x^3}{12} - \frac{w^2Lx^4}{8} + \frac{w^2L^5}{20}\right]_0^L = \frac{w^2L^5}{240EI}$$

예제 9-2

그림에서 단면적 A인 직사각형 보의 전단력에 의한 변형에너지를 구하라.

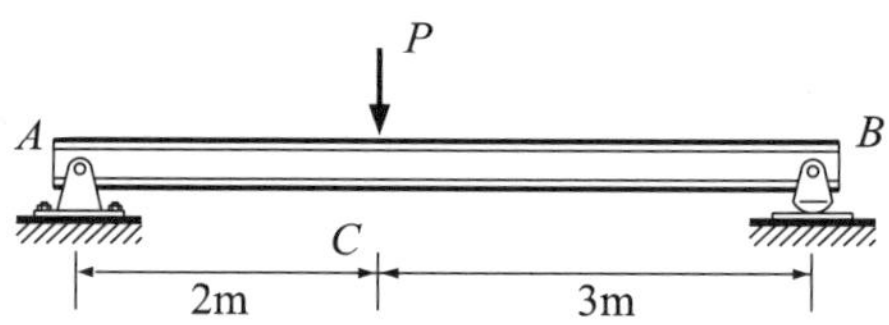

풀이

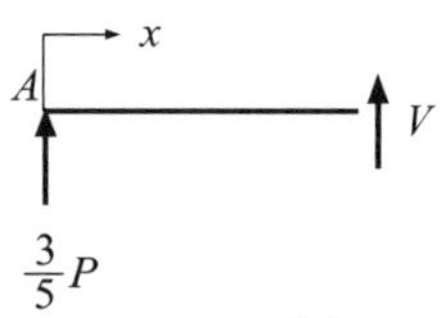

(a)

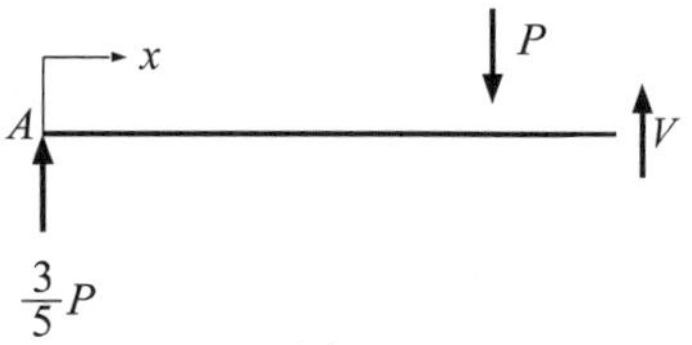

(b)

$$W_i = k\int_0^l \frac{V_x^2}{2GA}dx$$

여기서, 형상계수 k는 직사각형이므로 $k = \frac{6}{5}$

$$W_i = \frac{6}{5}\frac{1}{2GA}\int_0^l V^2 dx = \frac{3}{5}\frac{1}{GA}\int_0^l V^2 dx$$

전단력 V는 그림 (a)의 자유물체도로부터,

[구간] $\overline{AC}$: $V_1 = -\frac{3}{5}P$, [구간] $\overline{CB}$: $V_2 = \frac{2}{5}P$

이므로, 대입하여 정리하면,

$$\int_0^l V^2 dx = \int_0^2 V_1^2 dx + \int_2^5 V_2^2 dx$$

$$= \left[\left(-\frac{3}{5}P\right)^2 x\right]_0^2 + \left[\left(\frac{2}{5}P\right)^2 x\right]_2^5 = \frac{6}{5}P^2$$

$$W_i = \frac{3}{5}\frac{1}{GA}\frac{6}{5}P^2 = \frac{18}{25}\frac{P^2}{GA}$$

9.3 가상일법

9.3.1 가상일법의 개념

1717년 베르누이(John Bernoulli)에 의해 발표된 가상일법(Method of virtual work)은 트러스, 보, 라멘 등 모든 구조물의 처짐과 처짐각을 구하는데 적용할 수 있으며, 특히 트러스의 처짐을 구할 때 가장 효과적인 방법이다. 가상일법은 구조물에 작용한 하중에 의한 외부 일은 그 구조물에 저장된 내부 변형에너지와 같다는 에너지보존법칙에 근거를 둔 방법이다. 물론, 구조물은 미소변형, 재료는 선형탄성이라고 가정한다.

가상일법의 기본 개념을 유도해 보자. 그림 9.6(a)는 임의 구조물에 외력 P_1, P_2가 서서히 작용하여 작용선 방향으로 각각 변위 $\varDelta_1$, $\varDelta_2$가 발생한 경우를 나타낸 것이다. 구조물 임의 점 i의 처짐 $\varDelta_{iv}$를 구하기 위해서, 그림 (b)와 같이 점 i에 원하는 처짐 방향으로 가상의 단위 힘 $Q=1$을 서서히 작용시킨다.

그림 (a)에서 길이 dx인 미소요소는 외력 P_1 및 P_2에 의한 내력 F에 의해 dL만큼 변형하였다. 한편 그림 (b)에는 똑같은 요소가 $Q=1$이라는 가상의 외력에 의한 가상의 내력 f에 의해 dl만큼 변형하였다. 에너지보존법칙에 의해 작용하중에 의한 외부일 W_e는 구조물 모든 요소에 저장된 내부 변형에너지 W_i와 같아야 하기 때문에($W_e = W_i$) 다음과 같은 관계가 성립한다.

그림 (a)로부터, $\frac{1}{2}P_1\varDelta_1 + \frac{1}{2}P_2\varDelta_2 = \frac{1}{2}\sum F\,dL$ (a)

그림 (b)로부터, $\frac{1}{2}(1)\delta_{iv} = \frac{1}{2}\sum f\,dl$ (b)

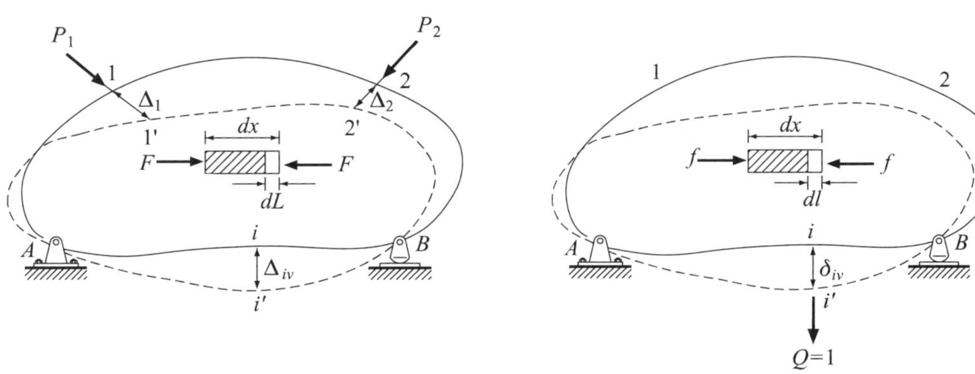

그림 9.6 (a) (b)

이제, (1) 먼저 가상의 힘 $Q=1$이 i점에 서서히 작용한 이후, (2) 외력 P_1, P_2가 점 1과 2에 서서히 작용하였다고 가정하면,

외부일

(1)의 경우는 $\frac{1}{2}(1)(\delta_{iv})$

(2)의 경우는 $\frac{1}{2}P_1\Delta_1+\frac{1}{2}P_2\Delta_2+(1)(\Delta_{iv})$

내부 변형에너지

(1)의 경우는 $\frac{1}{2}\sum fdl$

(2)의 경우는 $\frac{1}{2}\sum FdL+\sum(f)(dL)$

가 된다. 총 외부일은 총 내부일과 같아야 하므로,

$$\frac{1}{2}(1)(\delta_{iv})+\left[\frac{1}{2}P_1\Delta_1+\frac{1}{2}P_2\Delta_2+(1)(\Delta_{iv})\right]$$
$$=\frac{1}{2}\sum fdl+\left[\frac{1}{2}\sum FdL+\sum(f)(dL)\right] \qquad \text{(c)}$$

이다. 여기서 유의할 것은, 먼저 작용하여 있던 가상의 힘 $Q=1$이 지속적으로 작용하는 상태에서 P_1, P_2가 Δ_{iv}를 일으키면, $Q=1$에 의한 일은(힘×거리) $(1)(\Delta_{iv})$가 된다는 것이다(식 (9.4)를 참고하자). 또한 내부 변형에너지도 이미 발생하여 지속하고 있는 내력 f가, dL에 대해서는, $\sum fdL$가 된다는 점이다. 식 (a)와 식 (b)를 식 (c)에 대입하면,

$$(1)(\Delta_{iv})=\sum f\,dL \qquad (9.12)$$

여기서,

$Q=1$: 처짐 방향으로 작용하는 외부 가상단위하중
f : 외부 가상 단위하중에 의해 발생한 내력
Δ_{iv} : 실제하중으로 발생하는 외부 처짐
dL : 실제하중으로 발생하는 내부 변형

을 유도할 수 있다. 식 (9.12)는 가상일법에 관한 기본방정식으로,

실제하중으로 인한 처짐 =

$\sum$(가상력 $Q=1$로 인한 내력)×(실제하중으로 인한 내부변형)

의 의미를 갖는다. 여기서 가상의 힘을 $Q=1$인 단위하중으로 가정하기 때문에 단위하중법(Unit-load method)이라고도 한다.

만약, i 점에서의 기울기(처짐각)를 구하고자 하는 경우는, 점 i에 가상의 단위하중 대신 단위모멘트 $M=1$을 작용시킨다. 이때 식 (9.12)에서 Δ_{iv}는 θ_i와 같다. 또한 f는 가상의 단위모멘트 $M=1$으로 인해 발생한 미소요소의 내력이다. 즉,

$$(1)(\theta_i) = \sum f\,dL \tag{9.13}$$

이제 식 (9.12), (9.13)을 응용해서, 일반적인 구조물의 변형을 구하는 방법으로 확장해 보자. 또한 온도변화 및 지점 침하에 관한 영향도 고려한다. 일반적인 구조물에 대한 가상일법 식은,

$$\begin{aligned}(1)\Delta_i + W_R = &\sum \frac{fFL}{EA} + \int_0^L \frac{m\,M}{EI}dx + k\int_0^L \frac{v\,V}{GA}dx \\ &+ \int_0^L \frac{m_T M_T}{GJ}dx + \left[\ \sum f(\alpha\ \Delta T L) + \int_0^L m\frac{\alpha \Delta t}{c}dx\right]\end{aligned} \tag{9.14}$$

여기서, W_R : 지점침하의 영향
$F,\ f$: 축방향력
$M,\ m$: 휨모멘트
$V,\ v,\ k$: 전단력 및 형상계수
$M_T,\ m_T$: 비틀림모멘트
$f(\alpha\ \Delta T L)$: 재축방향에 대한 온도영향
$m\alpha\Delta t/c$: 휨에 대한 온도영향

을 나타낸다. 또한 대문자는 실제 외응력, 소문자는 가상 하중에 대한 외응력이다. 식 (9.14)는 구조물에 작용하는 모든 내력 및 침하와 온도를 고려한 것으로, 앞으로 보, 라멘, 트러스 등 구조물의 종류별 적용방법을 통해 식의 유도과정을 살펴볼 것이다.

다만, 지점침하의 영향에 관해서만 여기서 살펴본다. 만약 어떤 구조물 지점에서 상대 침하가 일어났다고 가정하면, 식 (9.12 또는 9.13)의 좌측에는 가상의 힘 Q(또는 M)=1에 의한 반력성분이 침하량만큼의 일을 한 것이므로, 외력의 일에 이를(W_R) 추가해야 한다. 여기서

$$W_R = \sum\ [\text{가상의 힘}(Q\ \text{또는}\ M=1) \times \text{해당지점의 침하량}]$$

이 된다. 만약 외력 없이 침하만 있는 경우에는

$$(1)\Delta_i + W_R = 0 \tag{9.15}$$

이 된다. 지점침하의 영향은 예제를 통해 확인하자.

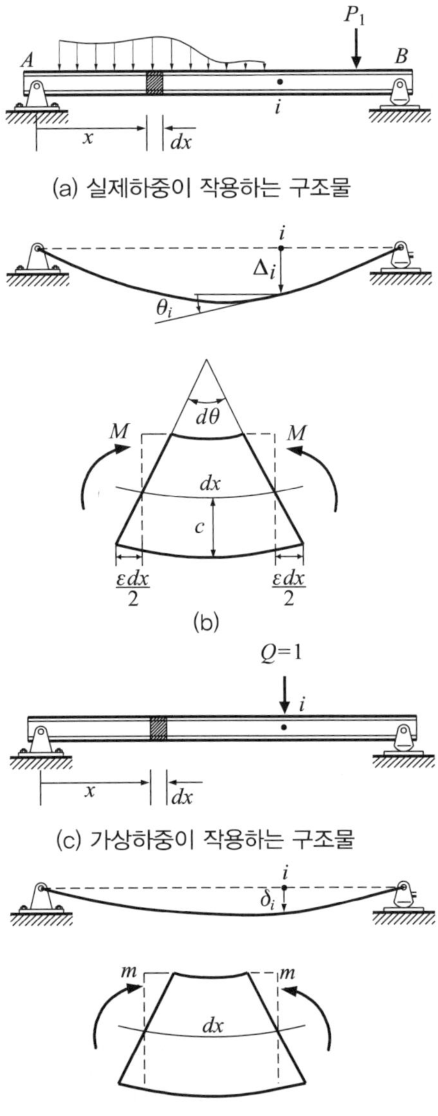

그림 9.7

9.3.2 보에서의 가상일법 적용

그림 9.7(a)와 같은 보에서 i점의 처짐 Δ_i를 가상일법으로 구해 보자. 미소요소 dx구간에서 그림 (b)와 같이 부재력 M에 의해 $d\theta$를 일으킨다. 중립축으로부터 c만큼 떨어진 연단 변형률을 ϵ라 하면, $d\theta = \epsilon dx / c$이다. 이제 그림 (c)와 같이 가상하중 $Q=1$을 i점에 Δ_i와 동일한 방향으로 작용시키면, 그림 (d)와 같은 가상의 내력 m이 발생한다. W_i는 적분하면 되므로 가상일법 식 (9.12)를 적용하면,

$$(1)\ (\Delta_i) = \int m d\theta = \int m \frac{\epsilon}{c} dx \tag{9.16}$$

연단변형률 ϵ은,

$$\epsilon = \frac{\sigma}{E} = \frac{Mc}{EI} \tag{a}$$

이므로, 식 (a)를 식 (9.16)에 대입하면 보의 임의 i점의 처짐은,

$$(1)\ (\Delta_i) = \int_0^L \frac{mM}{EI} dx \tag{9.17}$$

이다. 마찬가지 방법으로, 보의 i점에서 처짐각 θ_i를 결정하려면 이 점에서 가상의 단위 모멘트를 적용시키고 이에 해당하는 가상 내부 모멘트 m_θ를 결정하면 된다. 즉,

$$(1)\ (\theta_i) = \int_0^L \frac{m_\theta M}{EI} dx \tag{9.18}$$

이번에는 보의 상부 또는 하부에 온도변화로 인한 변형률(ϵ_T)이 추가되는 경우를 생각해 보자. 온도팽창계수를 α, 중립축과 연단 온도의 편차를 ΔT라 하면, 연단변형률 ϵ은,

$$\epsilon = \frac{\sigma}{E} + \epsilon_T = \frac{\sigma}{E} + \alpha \Delta T = \frac{Mc}{EI} + \alpha \Delta T \tag{a}$$

여기서 중립축 온도는 상·하부연단 온도의 평균값이다. 식 (a)를 식 (9.16)에 대입하면, 온도변화를 고려한 i점의 처짐 Δ_i는,

$$(1)\ (\Delta_i) = \int_0^L \frac{mM}{EI} dx + \int_0^L \alpha \frac{m \Delta T}{c} dx \tag{9.19}$$

같은 이유로 처짐각 θ_i는,

$$(1)\ (\theta_i) = \int_0^L \frac{m_\theta M}{EI} dx + \int_0^L \alpha \frac{m_\theta \Delta T}{c} dx \tag{9.20}$$

예제 9-3

그림과 같은 캔틸레버보의 자유단 A점에서 수직 처짐 및 처짐각을 구하라(EI는 일정).

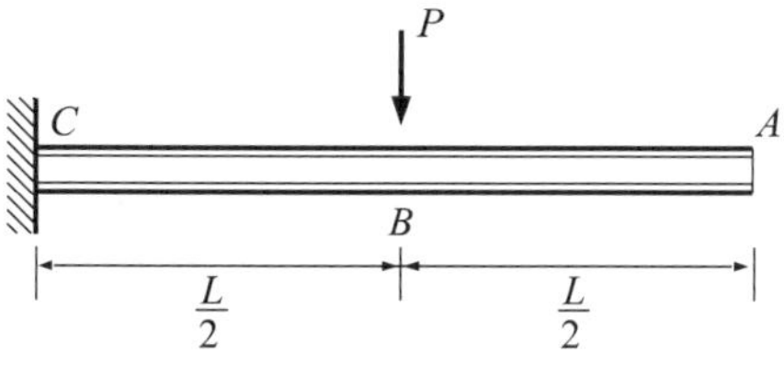

풀이

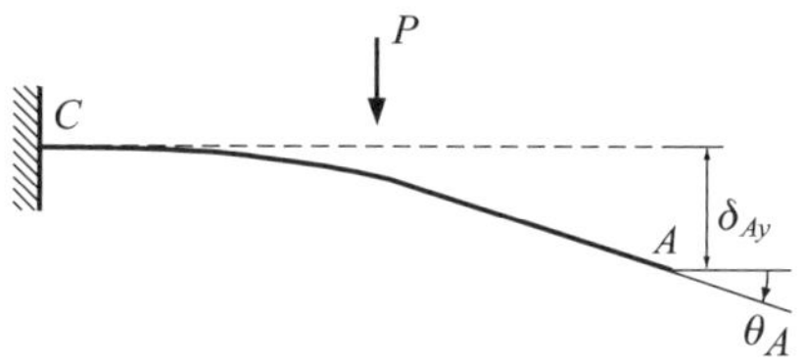

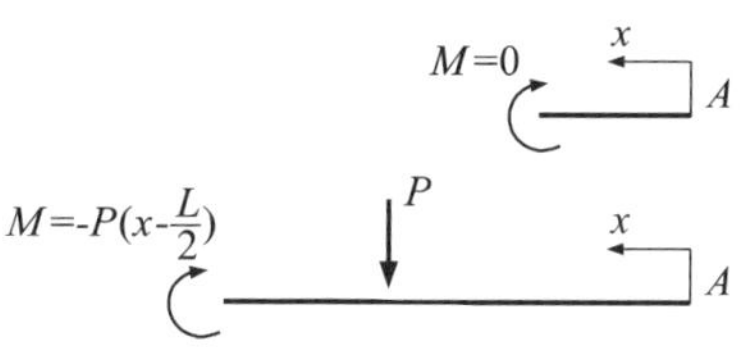

(a)

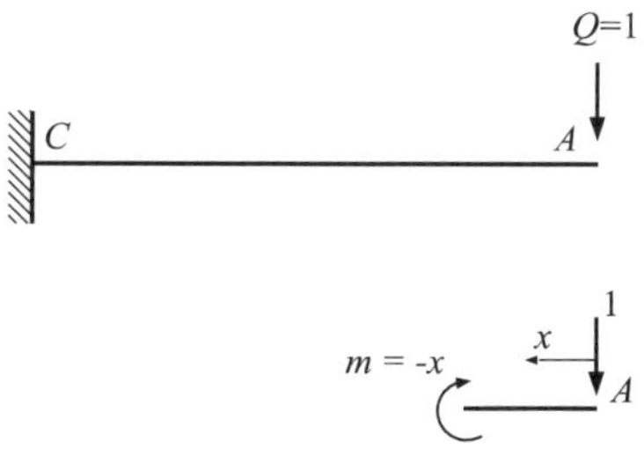

(b)

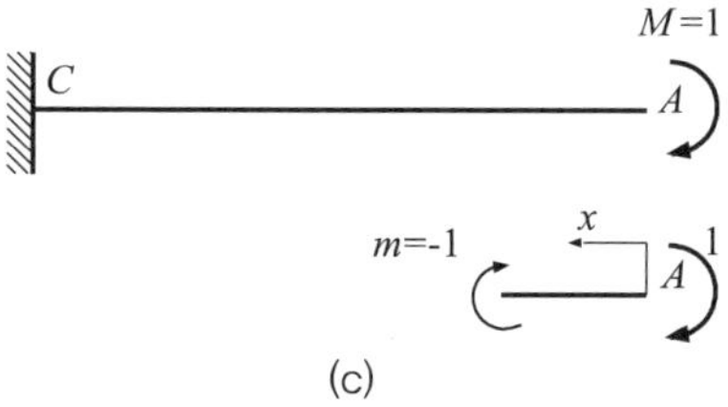

(c)

A점의 수직처짐(δ_{Ay})을 구하기 위해 A점에 단위하중 1(↓)을 그림 (b)와 같이 가한다. 이때 단위하중은 실제 처짐방향과 같아야 함에 유의하자. 마찬가지 방법으로 A점의 처짐각(θ_A)을 구하기 위 그림 (c)와 같이 A점에 단위모멘트 1(⌒)을 가한다.

실제하중 P에 의한 모멘트 일반식 M과 가상의 단위 하중, 단위모멘트에 의한 m은 자유물체도로부터 구하면 되며, 표와 같다.

구간	$x=0$	I	M 그림 (a)	m θ_A 그림 (b)	m δ_{Ay} 그림 (c)
AB	A	1	0	-1	$-x$
BC	A	1	$-P\left(x-\frac{L}{2}\right)$	-1	$-x$

그러므로 처짐(δ_{Ay})은,

$$\delta_{Ay}=\int_0^L \frac{mM}{EI}dx$$

$$=\int_0^{\frac{L}{2}} \frac{0(-x)\,dx}{EI}dx+\int_{\frac{L}{2}}^{L} \frac{-P\left(x-\frac{L}{2}\right)(-x)dx}{EI}$$

$$=\frac{5PL^3}{48EI}\ (\downarrow)$$

해가 양(+)이므로 가상의 단위하중 방향과 같다. 즉 (↓)이다.

다음으로 처짐각(θ_A)은,

$$\theta_A=\int_0^{\frac{L}{2}} \frac{0(-1)\,dx}{EI}dx+\int_{\frac{L}{2}}^{L} \frac{-P\left(x-\frac{L}{2}\right)(-1)dx}{EI}$$

$$=\frac{PL^2}{8EI}\ (\frown)$$

해가 양(+)이므로 가상의 단위모멘트 방향과 같다. 즉(⌒)이다.

예제 9-4

그림과 같은 단순보의 A점과 B점의 처짐각, C점의 처짐을 구하라(EI는 일정).

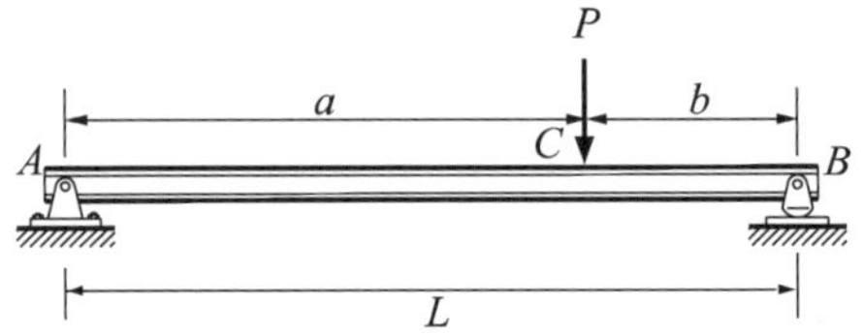

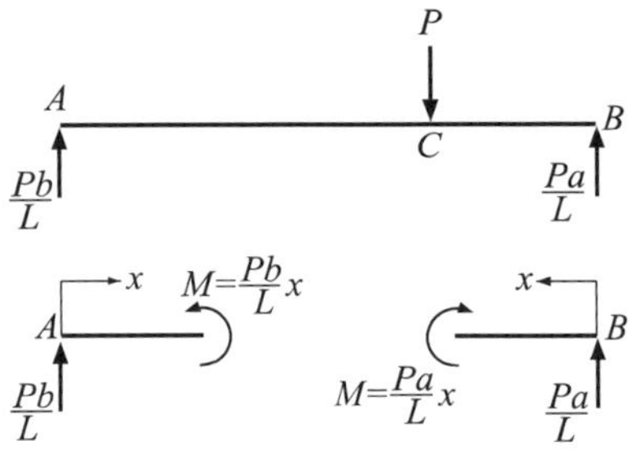

(a)

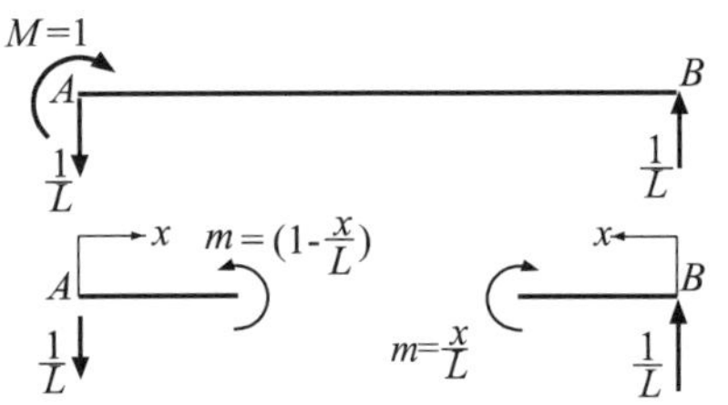

(b)

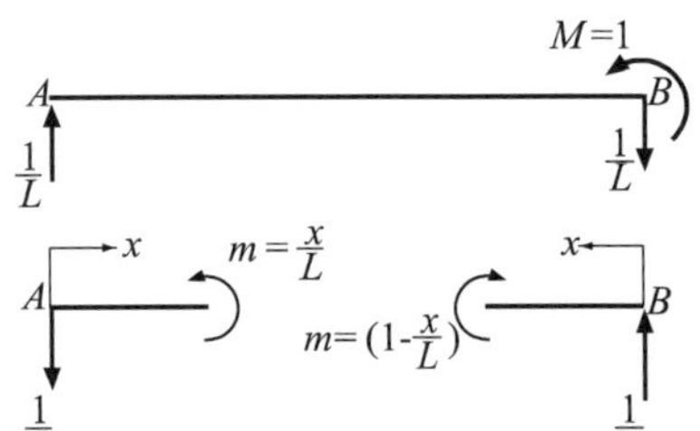

(c)

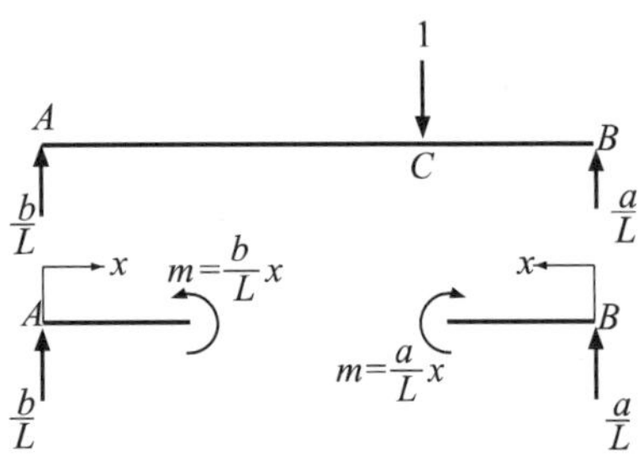

(d)

풀이

A과 B점의 처짐각을 구하기 위해, 그림 (b) 및 (c)와 같이 처짐각 방향으로 단위모멘트 1을 가한다. 또한 C점의 수직처짐(δ_{Cy})을 구하기 위해, 그림 (d)와 같이 C점에 단위하중 1(↓)을 가한다.

실제하중 P에 의한 모멘트 일반식 M과 가상의 단위하중(1)에 의한 m은 아래 표와 같다.

구간	$x=0$	I	M 그림 (a)	m θ_A 그림 (b)	m θ_B 그림 (c)	m δ_{Cy} 그림 (d)
AC	A	1	$\frac{Pb}{L}x$	$1-\frac{x}{L}$	$\frac{x}{L}$	$\frac{b}{L}x$
BC	B	1	$\frac{Pa}{L}x$	$\frac{x}{L}$	$1-\frac{x}{L}$	$\frac{a}{L}x$

여기서 $\overline{CB}$구간은 기준점을 B점으로 잡았다. 또한 그림 (a)와 그림 (d)를 보면, 하중의 크기(P, 1)만 다를 뿐 같은 모멘트 일반식을 가짐을 알 수 있다. 즉, $m=M/P$이므로 그림 (d)를 따로 계산하지 않고, 직접 m값을 작성하면 된다. 그러므로

$$\theta_A=\int_0^a\frac{\left(\frac{Pb}{L}x\right)\left(1-\frac{x}{L}\right)}{EI}dx+\int_0^b\frac{\left(\frac{Pa}{L}x\right)\left(\frac{x}{L}\right)}{EI}dx$$

$$=\frac{Pab(L+b)}{6EIL}\ (\curvearrowright)$$

$$\theta_B=\int_0^a\frac{\left(\frac{Pb}{L}x\right)\left(\frac{x}{L}\right)}{EI}dx+\int_0^b\frac{\left(\frac{Pa}{L}x\right)\left(1-\frac{x}{L}\right)}{EI}dx$$

$$=\frac{Pab(L+a)}{6EIL}\ (\curvearrowleft)$$

$$\delta_{Cy}=\int_0^a\frac{\left(\frac{Pb}{L}x\right)\left(\frac{b}{L}x\right)}{EI}dx+\int_0^b\frac{\left(\frac{Pa}{L}x\right)\left(\frac{a}{L}x\right)}{EI}dx$$

$$=\frac{Pa^2b^2}{3EIL}(\downarrow)$$

예제 9-5

그림과 같이(예제 8-16) 보에 A점의 처짐각과 D점의 처짐을 구하라. ($E=200\,\text{GPa}$, $I=1{,}000\times10^6\,\text{mm}^4$)

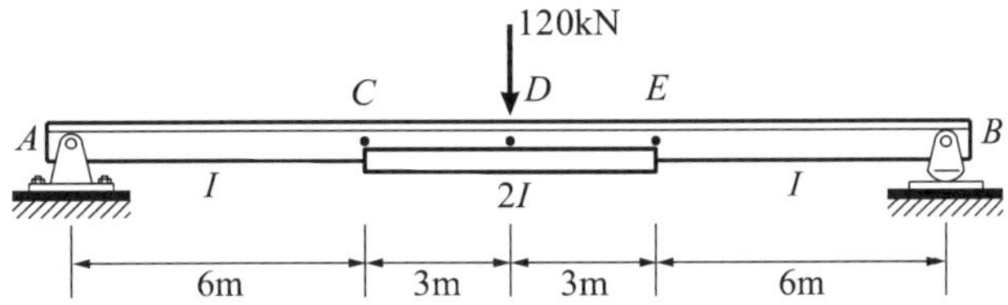

풀이

실제하중에 의한 모멘트일반식 M과 가상 단위하중에 의한 m은 아래 표와 같다.

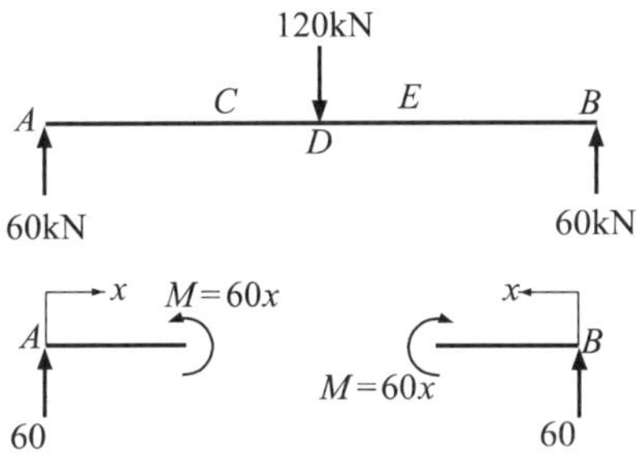

(a)

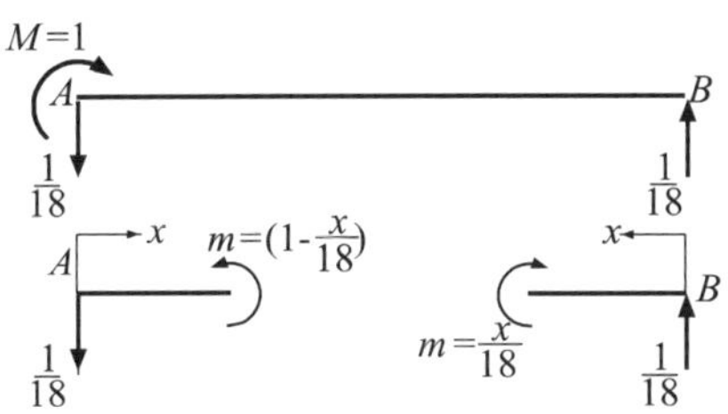

(b)

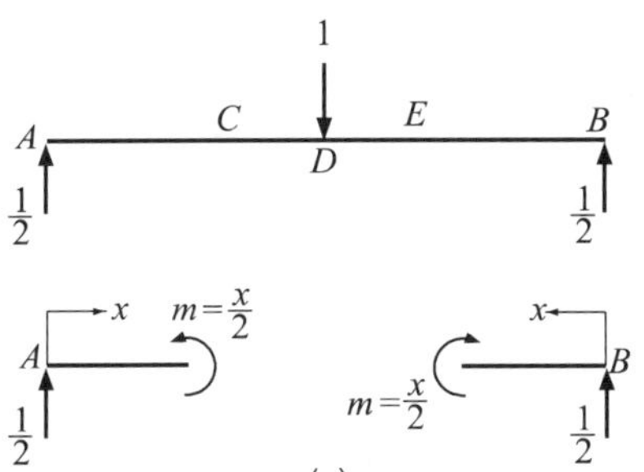

(c)

구간	$x=0$	I	M 그림 (a)	m: θ_A, 그림 (b)	m: δ_{Dy}, 그림 (c)
AC	A	1	$60x$	$1-\dfrac{x}{18}$	$\dfrac{x}{2}$
CD	A	2			
ED	B	2	$60x$	$\dfrac{x}{18}$	$\dfrac{x}{2}$
BE	B	1			

A점의 처짐각 θ_A 및 D점의 수직처짐 δ_{Dy}는,

$$\begin{aligned}\theta_A &= \int_0^6 \frac{1}{EI}(60x)\left(1-\frac{x}{18}\right)dx + \int_6^9 \frac{1}{2EI}(60x)\left(1-\frac{x}{18}\right)dx \\ &\quad + \int_0^6 \frac{1}{EI}(60x)\left(\frac{x}{18}\right)dx + \int_6^9 \frac{1}{2EI}(60x)\left(\frac{x}{18}\right)dx \\ &= \frac{3{,}510}{EI} \\ &= \frac{3{,}510\ \text{kN}\cdot\text{m}^2}{(200)(1{,}000)\ \text{kN}\cdot\text{m}^2} = 0.0176\ \text{rad}\ (\curvearrowright)\end{aligned}$$

$$\begin{aligned}\delta_{Dy} &= \int_0^6 \frac{1}{EI}(60x)\left(\frac{x}{2}\right)dx + \int_6^9 \frac{1}{2EI}(60x)\left(\frac{x}{2}\right)dx \\ &\quad + \int_0^6 \frac{1}{EI}(60x)\left(\frac{x}{2}\right)dx + \int_6^9 \frac{1}{2EI}(60x)\left(\frac{x}{2}\right)dx \\ &= \frac{9{,}450}{EI} \\ &= \frac{9{,}450\ \text{kN}\cdot\text{m}^3}{(200)(1{,}000)\ \text{kN}\cdot\text{m}^2} = 0.0473\ \text{m}\ (\downarrow)\end{aligned}$$

여기서 EI값이 변하는 구간을 나누어 적분하는 것에 유의하자.

예제 9-6

그림과 같은 단순보의 하부에 화재가 발생하여 350℃가 되었다면, 이를 고려한 θ_A를 구하라($E = 200\,\text{GPa}$, $b \times d = 200 \times 300\,\text{mm}$, $I = 450 \times 10^6\,\text{mm}^4$, $\alpha = 12 \times 10^{-6}\,℃/\text{m}$).

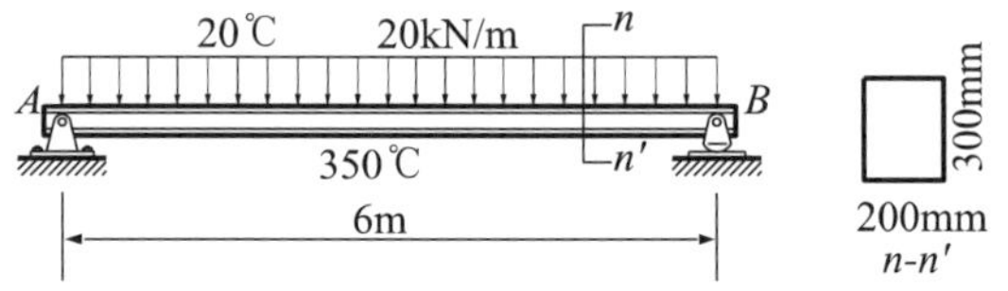

풀이

실제하중(그림 (a))과 가상 단위하중(그림 (b), (c))에 대한 모멘트 일반식 M과 m은 아래 표와 같다.

구간	$x=0$	I	M, 그림 (a)	m, 그림 (b)
AC	A	1	$60x-10x^2$	$1-\dfrac{x}{6}x$
BC	B	1		$\dfrac{x}{6}$

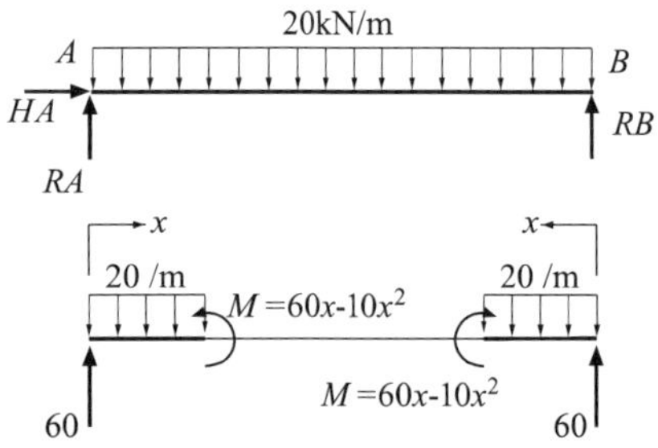

(a)

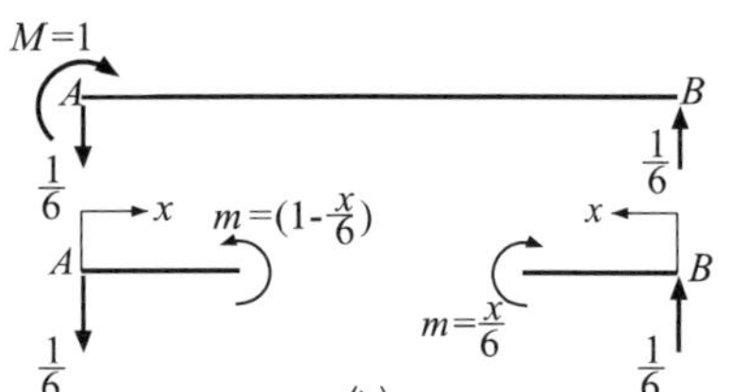

(b)

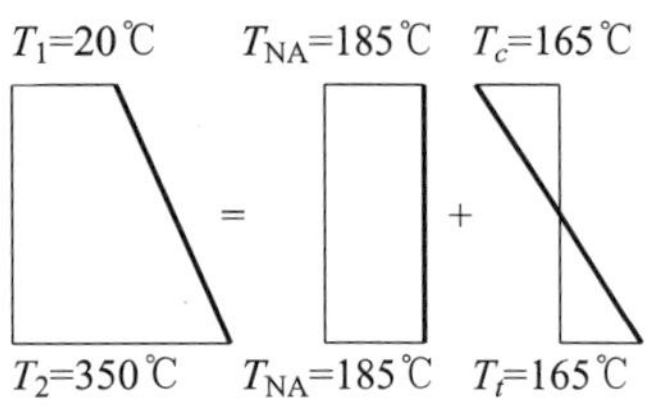

(c)

그림 (c)와 같이 상부 연단은 상온(20℃)이고, 하부는 350℃이므로 중립축에서의 평균온도 $T_{NA} = (20+350)/2 = 185℃$이므로, 압축연단 ΔT_c과 인장연단 ΔT_t의 온도는,

$$\Delta T_c = 20 - 185 = -165℃, \quad \Delta T_t = 350 - 185 = 165℃$$

이다. 그러므로

$$\begin{aligned}
\theta_A &= \int_0^L \frac{m_\theta M}{EI}dx + \int_0^L \alpha\frac{m_\theta \Delta T}{c}dx \\
&= \int_0^6 \frac{(60x-10x^2)\left(\dfrac{x}{6}\right)}{EI}dx + \int_0^6 \alpha\frac{\left(\dfrac{x}{6}\right)(165)}{c}dx \\
&= \frac{180}{EI} + \frac{\alpha \times 495}{c} \\
&= \frac{180\ \text{kN}\cdot\text{m}^2}{(200)(450)\ \text{kN/m}^2} + \frac{12\times 10^{-6}\ ℃/\text{m}\times 495\ \text{m}^2}{150\times 10^{-3}\ \text{m}} \\
&= 0.002 + 0.0396 = 0.0416\ \text{rad}\ (\curvearrowright)
\end{aligned}$$

여기서는 B점에서 A점으로 적분했다. A점에서 B점으로 적분해도 결과는 같다. 즉,

$$\theta_A = \int_0^6 \frac{(60x-10x^2)\left(1-\dfrac{x}{6}\right)}{EI}dx + \int_0^6 \alpha\frac{\left(1-\dfrac{x}{6}\right)(165)}{c}dx$$

로 전개해도 된다.

예제 9-7

그림과 같은 내민보에서 C점의 처짐(δ_{Cy}), B, C점의 처짐각(θ_B, θ_C)을 구하라. ($E = 200\,\mathrm{GPa}$, $I = 1{,}000 \times 10^6\,\mathrm{mm}^4$)

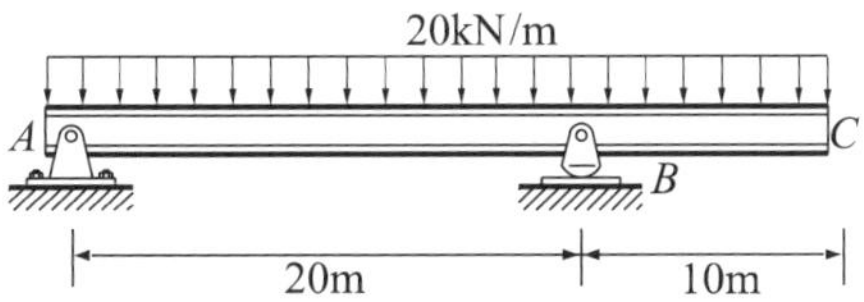

풀이

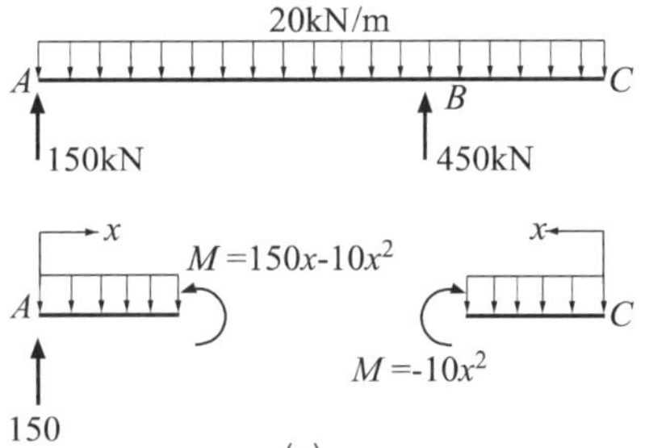

(a)

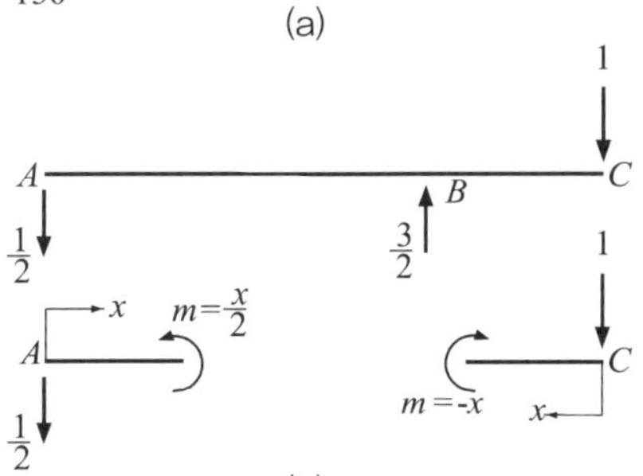

(b)

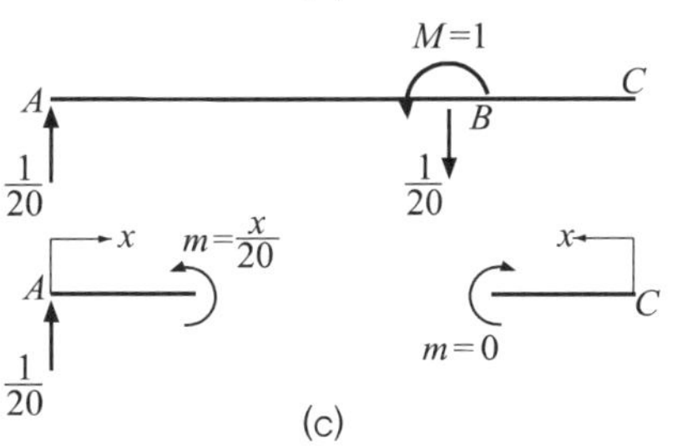

(c)

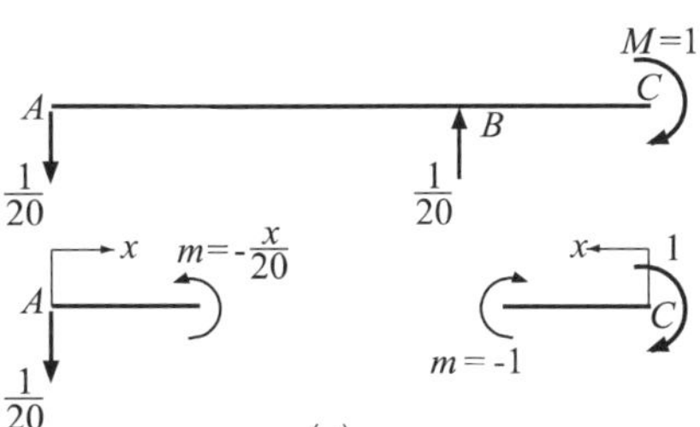

(d)

실제하중(그림 (a))과, C점의 단위하중(1)(그림 (b)), B, C점의 단위하중 모멘트(1)(그림 (c), (d))을 가한다. 실제하중에 의한 모멘트 일반식 M과 가상의 단위하중에 의한 m을 구하면, 아래 표와 같다.

구간	$x=0$	I	M 그림 (a)	m δ_{Cy} 그림 (b)	m θ_B 그림 (c)	m θ_C 그림 (d)
AB	A	1	$150x - 10x^2$	$\dfrac{x}{2}$	$\dfrac{x}{20}$	$-\dfrac{x}{20}$
CB	C	1	$-10x^2$	$-x$	0	-1

C점의 수직처짐 δ_{Cy}는,

$$\delta_{Cy} = \int_0^{20} \frac{1}{EI}(150x - 10x^2)\left(\frac{x}{2}\right)dx + \int_0^{10} \frac{1}{EI}(-10x^2)(-x)dx = \frac{25{,}000}{EI}$$

$$= \frac{25{,}000\,\mathrm{kN \cdot m^3}}{(200)(1{,}000)\,\mathrm{kN \cdot m^2}} = 0.125\,\mathrm{m}\ (\downarrow)$$

처짐각 θ_B는,

$$\theta_B = \int_0^{20} \frac{1}{EI}(150x - 10x^2)\left(\frac{x}{20}\right)dx + \int_0^{10} \frac{1}{EI}(-10x^2)(0)dx = 0$$

처짐각 θ_C는,

$$\theta_C = \int_0^{20} \frac{1}{EI}(150x - 10x^2)\left(-\frac{x}{20}\right)dx + \int_0^{10} \frac{1}{EI}(-10x^2)(-1)dx = \frac{3{,}333.3}{EI}$$

$$= \frac{3{,}333.3\,\mathrm{kN \cdot m^2}}{(200)(1{,}000)\,\mathrm{kN \cdot m^2}} = 0.0167\,\mathrm{rad}\ (\curvearrowright)$$

9.3.3 구조물에서의 가상일법 적용

라멘이나 아치와 같은 골조의 처짐과 처짐각을 구하기 위하여, 골조에 작용한 부재력(외응력)이 한 내부 일을 생각해 보자.

먼저 전체 골조의 휨모멘트 M에 대한 가상 내부일 W_{vi}은 보와 마찬가지로 각 구간에 대한 휨모멘트의 가상 내부일을 더하면 되므로,

$$W_{vi} = \sum \int_0^L \frac{m\,M}{EI} dx \tag{a}$$

마찬가지 방법으로, 전체 골조의 축방향력 F와 전단력 V에 대한 가상 내부일 W_{vi}는(9.3.1절, 9.3.2절 참조) 각각,

$$W_{vi} = \sum \frac{fFL}{EA}, \qquad W_{vi} = \sum k \int_0^L \frac{v\,V}{GA} dx \tag{b}$$

이고, 골조에 비틀림모멘트 M_T가 작용한다면(9.3.1절 참조),

$$W_{vi} = \sum \int_0^L \frac{m_T M_T}{GJ} dx \tag{c}$$

가 된다. 그러므로 골조의 전체 내부 가상일은,

$$W_{vi} = \sum \int_0^L \frac{m\,M}{EI} dx + \sum \frac{fFL}{EA} + \sum k \int_0^L \frac{v\,V}{GA} dx + \sum \int_0^L \frac{m_T M_T}{GJ} dx \tag{9.21}$$

이를 통해 구조물의 변형에 관한 가상일법 식을 유도할 수 있다.

$$(1)\,\Delta_i = \sum \int_0^L \frac{m\,M}{EI} dx + \sum \frac{fFL}{EA} + \sum k \int_0^L \frac{v\,V}{GA} dx + \sum \int_0^L \frac{m_T M_T}{GJ} dx \tag{9.22}$$

일반적으로 라멘 등과 같은 골조에서는 축방향변형과 전단변형이 매우 작아서, 통상적으로 이를 무시한다. 비틀림모멘트 또한 특별한 경우이므로, 골조의 휨변형만을 고려한 가상일 식은,

$$(1)\,\Delta_i = \sum \int_0^L \frac{m\,M}{EI} dx \tag{9.23}$$

이고, 같은 이유로 변형각은,

$$(1)\,\theta_i = \sum \int_0^L \frac{m_\theta M}{EI} dx \tag{9.24}$$

가 된다. 그러므로 전단변형이나 축방향변형을 고려해야 하는 특수한 경우를 제외한 구조물의 변형 계산은 보와 같다.

예제 9-8 라멘의 가상일법 적용

예제 8-9의 라멘에 대하여, C점의 수직(δ_{Cy}), 수평처짐(δ_{Cx})을 가상일법을 이용하여 구하라.

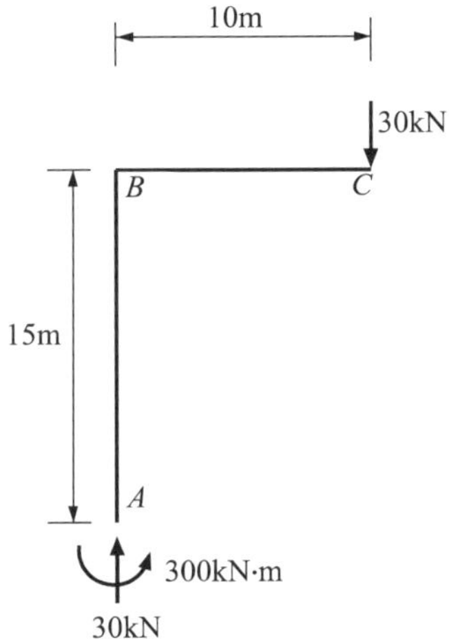

(a)

풀이

C점의 수직처짐 δ_{Cy}와 수평처짐 δ_{Cx}를 구하기 위해, C점에 단위하중 1을 수평(그림 (c))과 수직(그림 (d))으로 각각 가한다. 실제하중에 의한 M과 가상의 단위하중에 의한 m은 아래 표와 같다.

구간	$x=0$	I	M 그림 (b)	m: δ_{Cy} 그림 (c)	m: δ_{Cx} 그림 (d)
AB	A	1	-300	-10	$x-15$
CB	C	1	$-30x$	$-x$	0

$$\delta_{Cy}=\int_0^{15}\frac{1}{EI}(-300)(10)dx+\int_0^{10}\frac{1}{EI}(-30x)(-x)dx$$
$$=\frac{55{,}000}{EI}$$
$$=\frac{55{,}000\,\mathrm{kN\cdot m^3}}{(200)(4{,}500)\,\mathrm{kN\cdot m^2}}=0.0611\ \mathrm{m}\ (\downarrow)$$

$$\delta_{Cx}=\int_0^{15}\frac{1}{EI}(-300)(x-15)dx+\int_0^{10}\frac{1}{EI}(-30x)(0)dx$$
$$=\frac{33{,}750}{EI}$$
$$=\frac{33{,}750\,\mathrm{kN\cdot m^3}}{(200)(4{,}500)\,\mathrm{kN\cdot m^2}}=0.0375\ \mathrm{m}\ (\rightarrow)$$

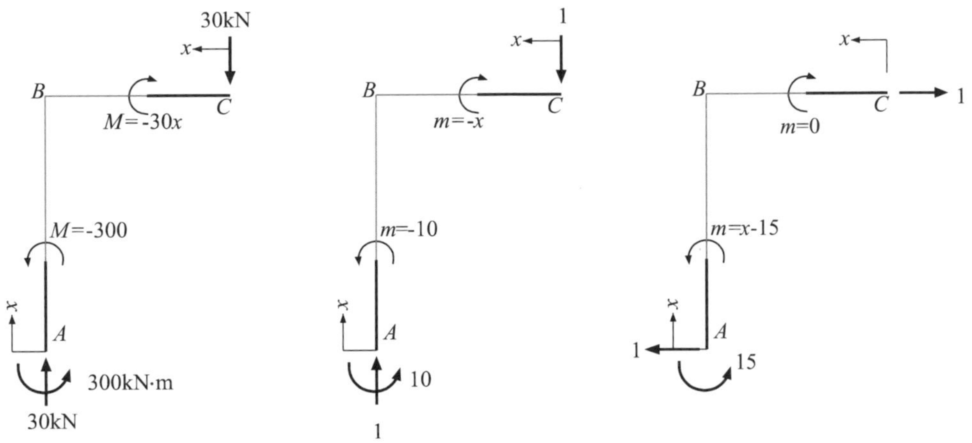

(b) (c) (d)

예제 9-9

예제 8-10의 라멘에 대하여, B점의 수평처짐 Δ_{Bx}와, 처짐각 θ_B를 구하라.

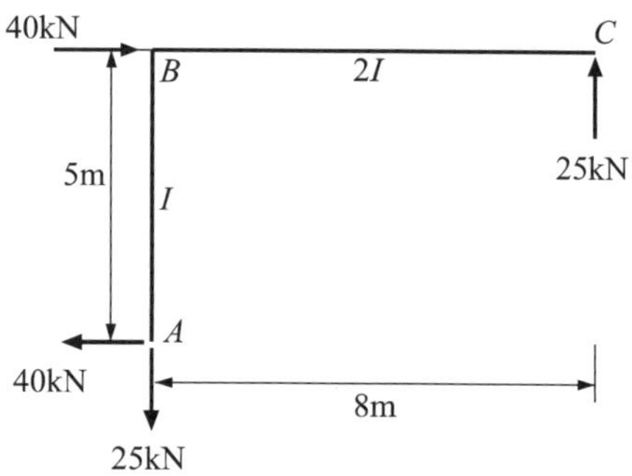

(a)

풀이

실제하중(그림 (b))과 가상 단위하중(그림 (c), (d))에 대한 모멘트 일반식 M과 m은 아래 표와 같다.

구간	$x=0$	I	M 그림 (b)	m: Δ_{Bx} 그림 (c)	m: θ_B 그림 (d)
AB	A	1	$40x$	x	0
CB	C	2	$25x$	$\frac{5}{8}x$	$\frac{x}{8}$

처짐과 처짐각을 구하면,

$$\Delta_{Bx} = \int_0^5 \frac{1}{EI}(40x)x\,dx + \int_0^8 \frac{1}{2EI}(25x)\left(\frac{5}{8}x\right)dx$$
$$= \frac{3,000}{EI}$$
$$= \frac{3,000\,\text{kN}\cdot\text{m}^3}{(200)(4,500)\,\text{kN}\cdot\text{m}^2} = 0.0330\text{ m } (\rightarrow)$$

$$\theta_B = \int_0^5 \frac{1}{EI}(40x)(0)\,dx + \int_0^8 \frac{1}{2EI}(25x)\left(\frac{x}{8}\right)dx$$
$$= \frac{266.7}{EI}$$
$$= \frac{266.7\,\text{kN}\cdot\text{m}^2}{(200)(4,500)\,\text{kN}\cdot\text{m}^2} = 0.0030\text{ rad } (\curvearrowright)$$

예제 9-8 및 9-9를 통해 에너지법이 기하학적 방법에 비해 매우 쉬우며, 유용한 것을 알 수 있다.

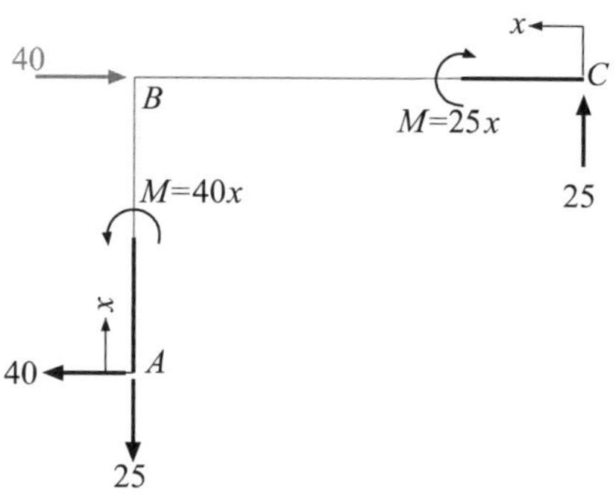

(b)

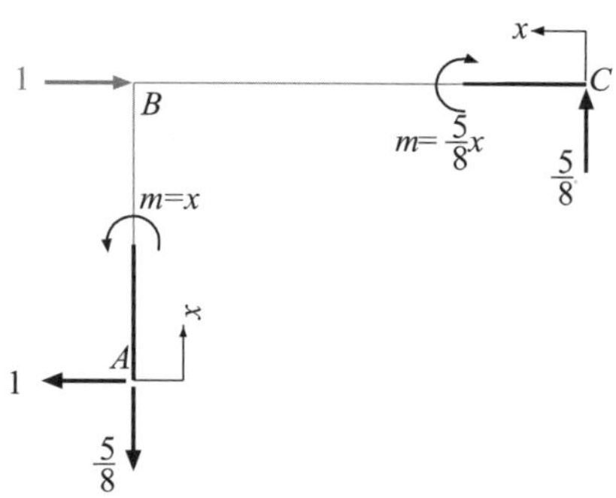

(c)

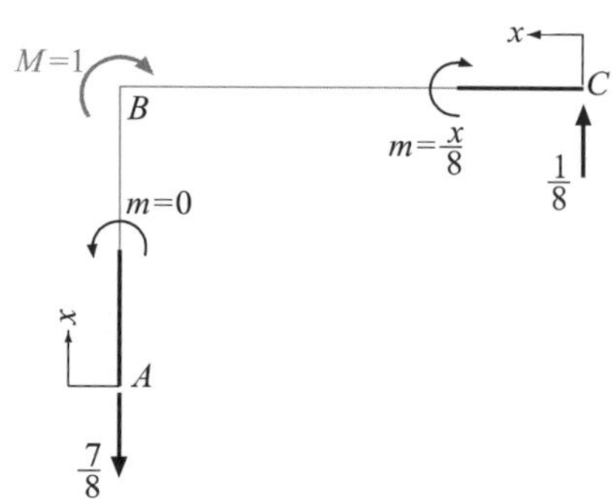

(d)

예제 9-10

그림과 같은 캔틸레버형 라멘의 D점에 대한 수평(δ_{Dx}), 수직처짐(δ_{Dy})를 구하라. ($E=200\,\text{GPa}$, $I=200\times10^6\,\text{mm}^4$)

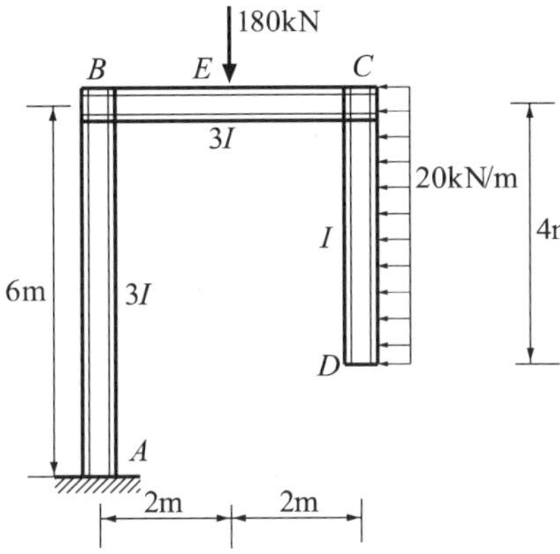

(a)

풀이

실제하중(그림 (b))과 가상 단위하중(그림 (c))에 대한 모멘트 일반식 M과 m은 아래 표와 같다.

구간	$x=0$	I	M 그림 (b)	m: δ_{Dx} 그림 (c)	m: δ_{Dy} 그림 (d)
DC	D	1	$-10x^2$	$-x$	0
CE	C	3	-160	-4	$-x$
EB	E	3	$-160+80x$	-4	$-x$
BA	B	3	$-520+80x$	$-4+x$	-4

$$\delta_{Dx}=\int_0^4\frac{1}{EI}(-10x^2)(-x)dx+\int_0^2\frac{1}{3EI}(-160)(-4)dx$$
$$+\int_0^2\frac{1}{3EI}(-160-180x)(-4)xdx$$
$$+\int_0^6\frac{1}{3EI}(-520+80x)(-4+x)dx$$
$$=\frac{7{,}760}{EI}=\frac{7{,}760\,\text{kN}\cdot\text{m}^3}{(200)(200)\,\text{kN}\cdot\text{m}^2}=0.194\,\text{m}\ (\leftarrow)$$

$$\delta_{Dy}=\int_0^4\frac{1}{EI}(-10x^2)(0)dx+\int_0^2\frac{1}{3EI}(-160)(-x)dx$$
$$+\int_0^2\frac{1}{3EI}(-160-180x)(-x)xdx$$
$$+\int_0^6\frac{1}{3EI}(-520+80x)(-4)dx$$
$$=\frac{4{,}413.3}{EI}=\frac{4{,}413.3\,\text{kN}\cdot\text{m}^3}{(200)(200)\,\text{kN}\cdot\text{m}^2}=0.110\,\text{m}\ (\downarrow)$$

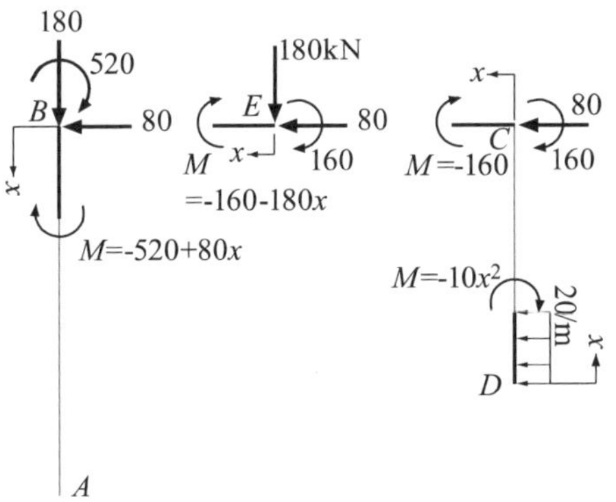

(b)

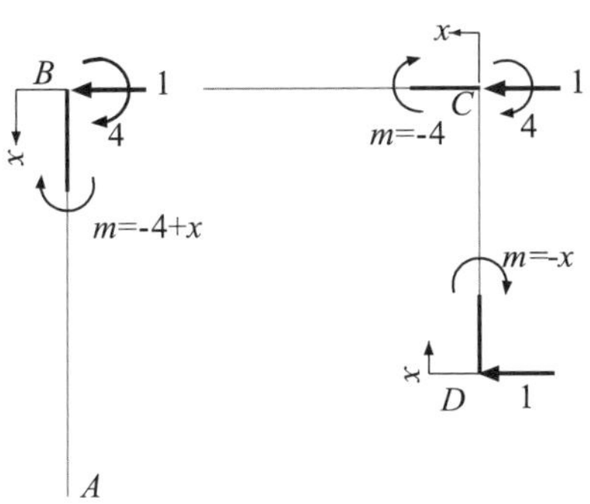

(c)

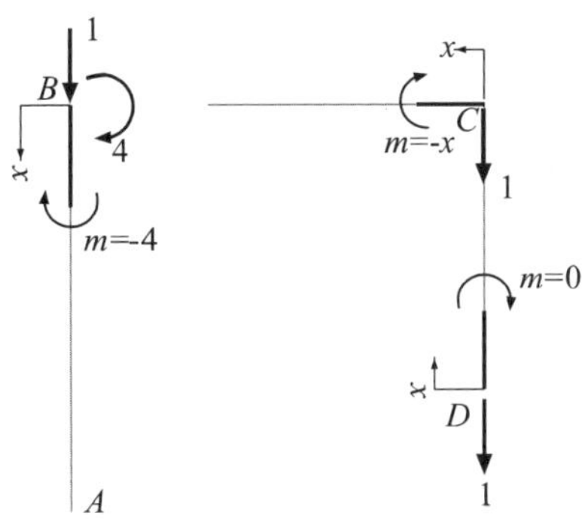

(d)

예제 9-11 아치의 가상일법 적용

그림과 같은 반원 아치의 A점에 대한 수직처짐 δ_{Ay}, 수평처짐 δ_{Ax}, 처짐각 θ_A를 구하라. (EI는 일정)

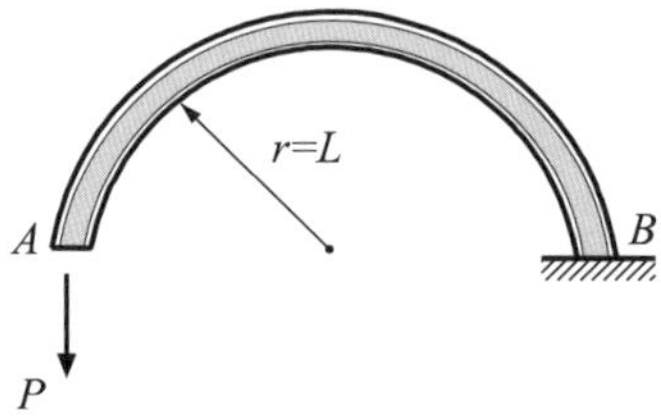

풀이

실제하중(그림 (a))과 가상 단위하중(그림 (b), (c), (d))에 대한 모멘트 일반식 M과 m은 표와 같다.

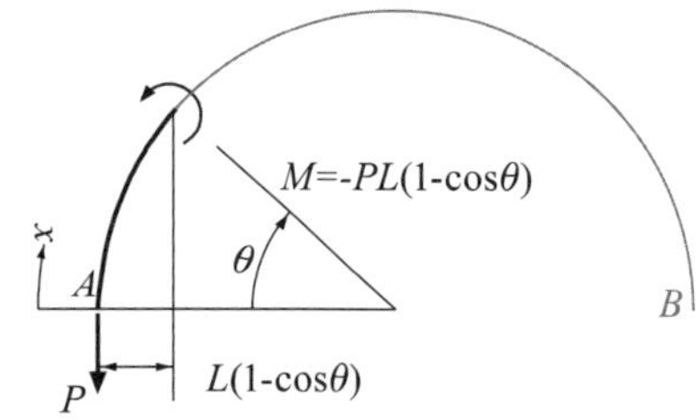

(a)

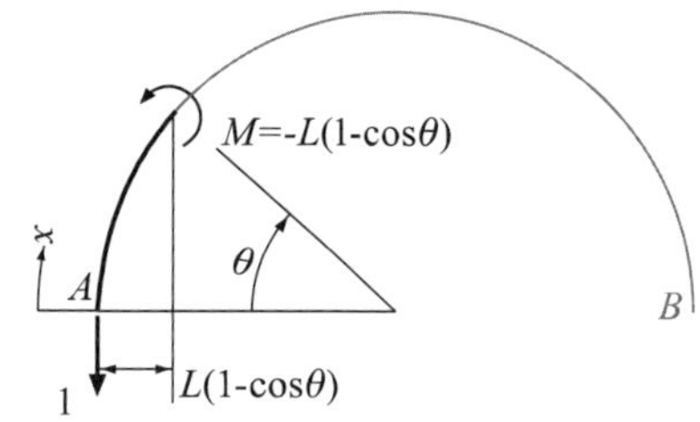

(b)

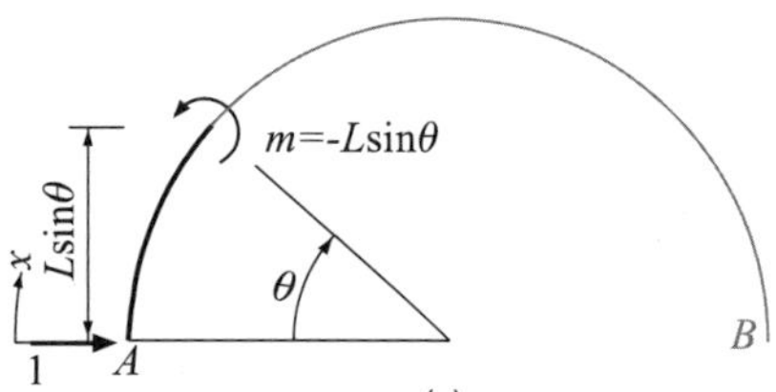

(c)

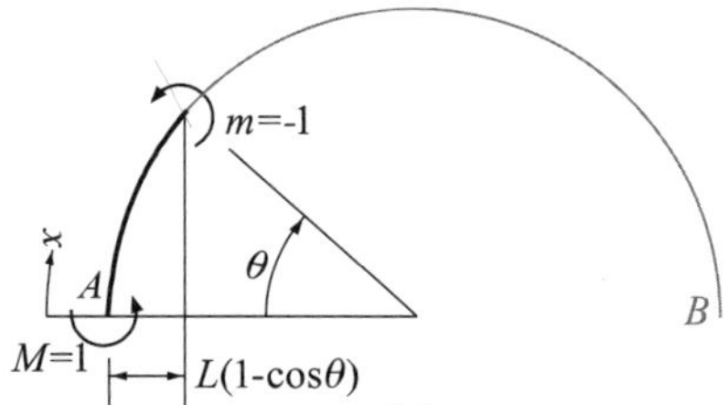

(d)

구간	$x=0$	M 그림 (a)	m: δ_{Ay} 그림 (b)	m: δ_{Ax} 그림 (c)	m: θ_A 그림 (d)
AB	A	$-PL(1-\cos\theta)$	$-L(1-\cos\theta)$	$-L\sin\theta$	-1

또한 미소변형의 가정에 의해 $dx \simeq ds \simeq Ld\theta$이므로,

$$(1)\ \Delta_i = \int_0^L \frac{mM}{EI}dx = \int_0^\pi \frac{mM}{EI}(L)d\theta$$

이다. 그러므로 수직처짐 δ_{Ay}는,

$$\delta_{Ay} = \int_0^L \frac{1}{EI}[-PL(1-\cos\theta)][-L(1-\cos\theta)]dx$$
$$= \frac{PL^3}{EI}\int_0^\pi (1-\cos\theta)^2 d\theta = \frac{3\pi PL^3}{2EI}\ (\downarrow)$$

같은 방법으로, 수평처짐 δ_{Ax}는,

$$\delta_{Ax} = \int_0^L \frac{1}{EI}[-PL(1-\cos\theta)](-L\sin\theta)\,dx$$
$$= \frac{PL^3}{EI}\int_0^\pi (1-\cos\theta)\sin\theta\,d\theta = \frac{2PL^3}{EI}\ (\rightarrow)$$

처짐각 θ_A는,

$$\theta_A = \int_0^L \frac{1}{EI}[-PL(1-\cos\theta)](-1)\,dx$$
$$= \frac{PL^2}{EI}\int_0^\pi (1-\cos\theta)\,d\theta = \frac{\pi PL^2}{EI}$$

예제 9-12

그림과 같은 아치에 대하여 A점의 수평처짐 δ_{Ax}와 C점의 수직처짐 δ_{Cy}를 구하라. ($E=200\,\mathrm{GPa}$, $I=2{,}000\times10^6\,\mathrm{mm}^4$)

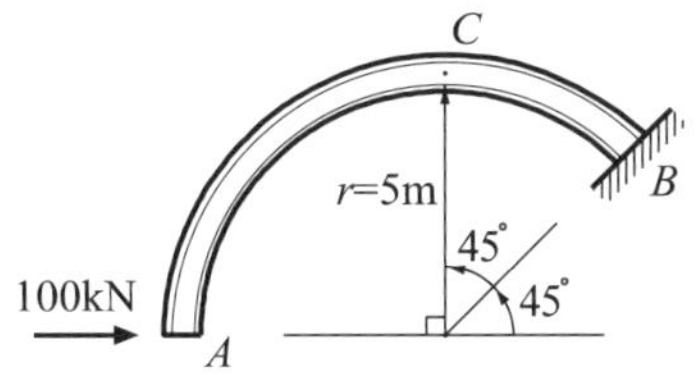

풀이

실제하중(그림 (a))과 가상 단위하중(그림 (b), (c))에 대한 모멘트 일반식 M과 m은 표와 같다.

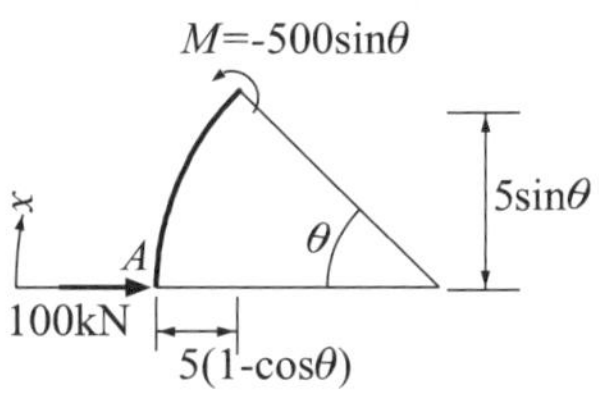

(a)

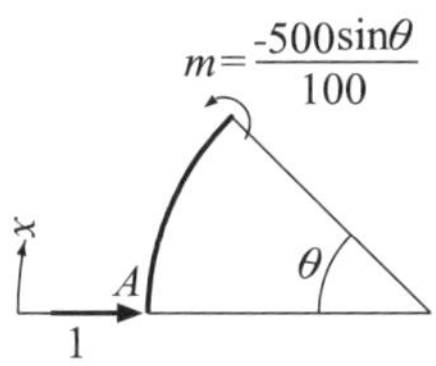

(b)

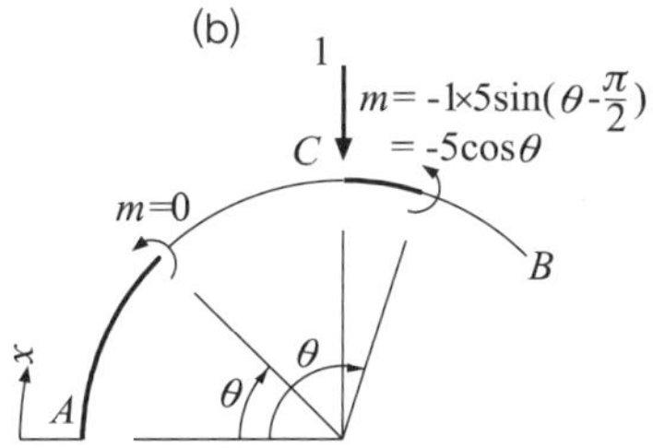

(c)

구간	$x=0$	M 그림 (a)	m δ_{Ax} 그림 (b)	m δ_{Cy} 그림 (c)
AC	A	$-500\sin\theta$	$-5\sin\theta$	0
CB	A		$-5\sin\theta$	$-5\cos\theta$

미소변형 가정에 의해 $dx\simeq ds\simeq Ld\theta$이므로,
A점의 수평처짐 δ_{Ax}는,

$$\begin{aligned}\delta_{Ax}&=\int_0^{\frac{3\pi}{4}}\frac{1}{EI}(-500\sin\theta)(-5\sin\theta)\,dx\\&=\int_0^{\frac{3\pi}{4}}\frac{1}{EI}(-500\sin\theta)(-5\sin\theta)\,5d\theta\\&=\int_0^{\frac{3\pi}{4}}\frac{12{,}500}{EI}\sin^2\theta\,d\theta=\int_0^{\frac{3\pi}{4}}\frac{12{,}500}{EI}\left(\frac{1-\cos2\theta}{2}\right)d\theta\\&=\frac{17{,}851}{EI}=\frac{17{,}851\,\mathrm{kN\cdot m^3}}{(200)(2{,}000)\,\mathrm{kN\cdot m^2}}=0.0446\,\mathrm{m}\end{aligned}$$

또한, C점의 수직처짐 δ_{Cy}는

$$\begin{aligned}\delta_{Cy}&=\int_0^{\frac{\pi}{2}}\frac{1}{EI}(-500\sin\theta)(0)\,dx\\&\quad+\int_{\frac{\pi}{2}}^{\frac{3\pi}{4}}\frac{1}{EI}(-500\sin\theta)(-5\cos\theta)\,dx\\&=\int_{\frac{\pi}{2}}^{\frac{3\pi}{4}}\frac{12{,}500}{EI}\left(\frac{1}{2}\sin2\theta\right)d\theta\\&=-\frac{3{,}125}{EI}=-\frac{3{,}125\,\mathrm{kN\cdot m^3}}{(200)(2{,}000)\,\mathrm{kN\cdot m^2}}=-0.0078\,\mathrm{m}\ (\uparrow)\end{aligned}$$

부호가 음(−)이므로 가정한 방향과 반대(↑)이다.

예제 9-13 구조물의 가상일법 적용

다음과 같은 구조물에서 C점의 수직 처짐 δ_{Cy}를 구하라.

$(E = 200\,\text{GPa},\ A = 2\times 10^3\,\text{mm}^2)$

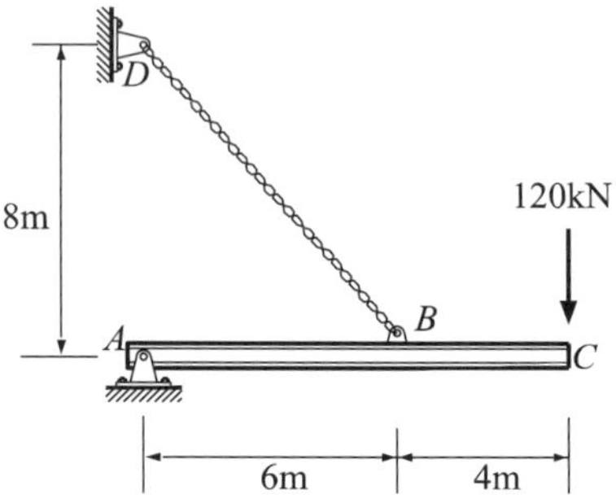

$(E = 200\,\text{GPa},\ I = 2{,}000\times 10^6\,\text{mm}^4)$

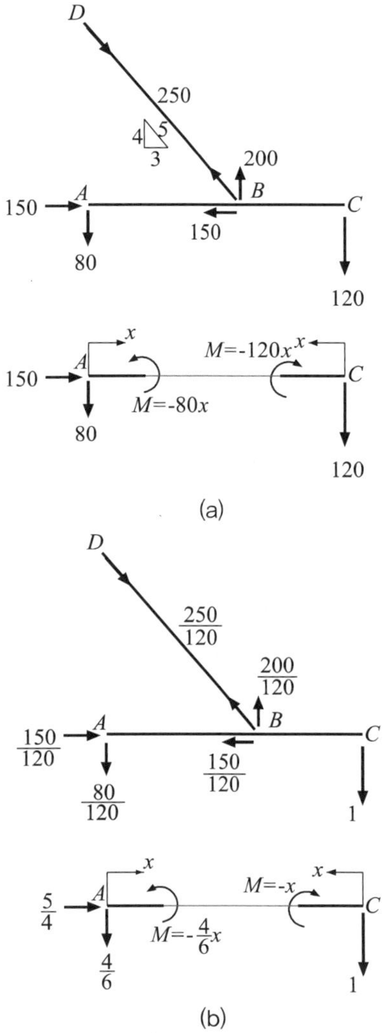

풀이

그림 (a)와 같은 힘의 평형조건에서

$$\curvearrowleft\boxplus \sum M_A = 0,\quad -120(10) + F_{By}(6) = 0,\quad F_{By} = 200\,\text{kN}$$

$$F_{Bx} = 250\left(\frac{3}{4}\right) = 150\,\text{kN},\quad F_{BD} = 200\left(\frac{5}{4}\right) = 250\,\text{kN}$$

A점의 반력은,

$$H_A = 150\,\text{kN},\qquad R_A = -80\,\text{kN}\,(\downarrow)$$

δ_{Cy}를 구하기 위해 C점에 가상의 단위하중(1)을 가하면,

구간	$x=0$	I	M 그림 (b)	m δ_{Cy}, 그림 (c)
AB	A	1	$-80x^2$	$-\frac{4}{6}x\left(=-\frac{80}{120}x\right)$
CB	C	1	$-120x^2$	$-x\left(=-\frac{120}{120}x\right)$

여기서,

$$EA = (200\times 10^6\,\text{kN/m}^2)(2\times 10^3\,\text{mm}^2)(10^{-6}\,\text{m}^2/\text{mm}^2) = (200)(2\times 10^3)\,\text{kN}$$

이고,

$$\delta_{Cy} = \sum \frac{fFL}{EA} + \sum\int \frac{mM}{EI}dx$$

$$= \frac{1}{EA}\frac{250}{120}(250)(10) + \int_0^6 \frac{1}{EI}(-80x^2)\left(-\frac{4}{6}x\right)dx + \int_0^4 (-120x^2)(-x)dx$$

$$= \frac{5{,}208}{EA} + \frac{6{,}400}{EI} = \frac{5{,}208\,\text{kN}\cdot\text{m}}{(200)(2{,}000)\text{kN}} + \frac{6{,}400\,\text{kN}\cdot\text{m}^3}{(200)(2{,}000)\,\text{kN}\cdot\text{m}^2}$$

$$= 0.013\,\text{m} + 0.016\,\text{m} = 0.029\,\text{m}$$

예제 9-14

다음과 같이 원형 봉 단면을 갖는 구조물에 대하여,

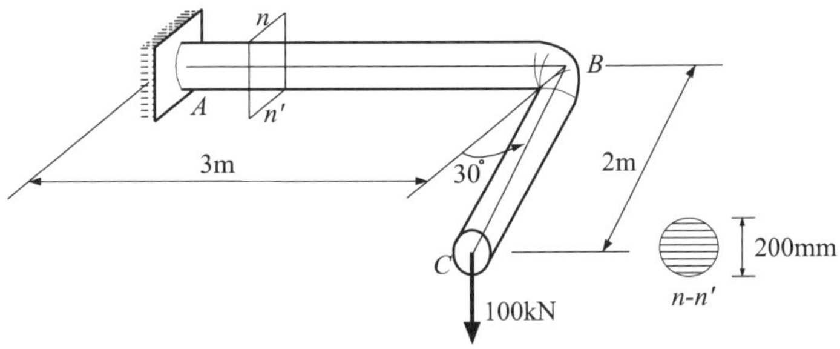

(1) 휨변형성분과 비틀림변형성분을 고려하여 C점의 수직처짐 δ_{Cy}를 구하라.

(2) 전단변형까지를 포함하여 δ_{Cy}를 구하라.
(단, $E = 200\,\text{GPa}$, $G = 0.4E$이다.)

풀이

(1) 휨과 비틀림 변형 고려

그림에서 $\overline{CB}$부분은 휨을 받고, $\overline{BA}$부분은 휨과 비틀림을 받는다. 또한 실제하중 100kN과 가상의 단위하중(1)은 같은 위치(C)와 방향으로 작용한다.

그러므로 실제하중에 의한 휨모멘트(M)과 비틀림모멘트(M_T)은 그림 (b)의 자유물체도로부터 구하면 되고, 가상의 단위하중(1)에 대한 m, m_T는 각각 $M/100$, $M_T/100$이 된다. 이를 표로 정리하면 다음과 같다.

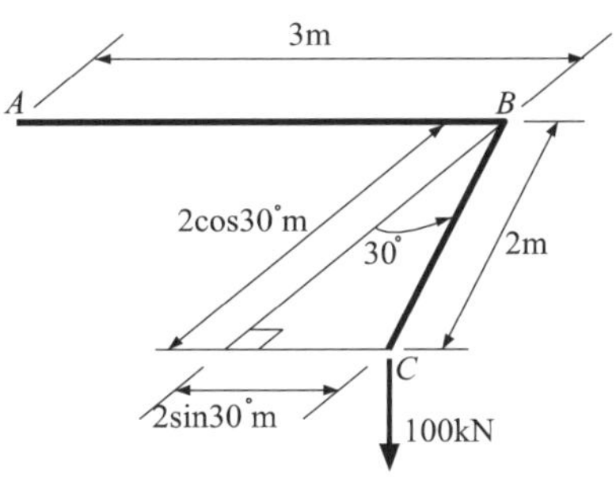

(a)

구간	$x=0$	I	M 그림 (b)	M_T	$\frac{m}{\delta_{Cy}}$	$\frac{m_T}{\delta_{Cy}}$
CB	C	1	$-100x$	0	$-x$	0
BA	B	1	$-100-100x$	$-100\sqrt{3}$	$-1-x$	$-\sqrt{3}$

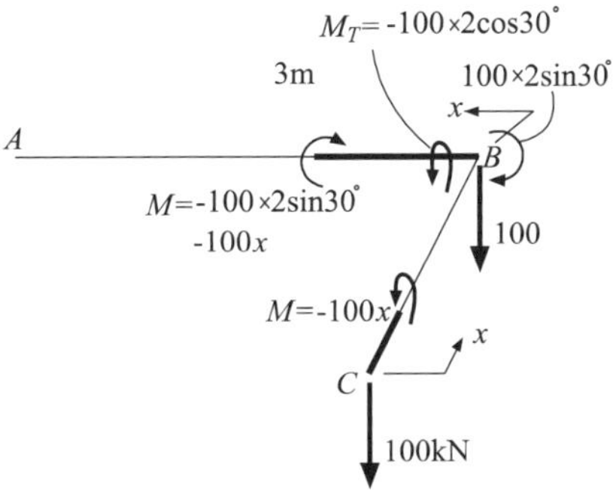

(b)

처짐은 식 (9.22)에서,

$$(1)\ \Delta_i = \sum \int_0^L \frac{m\,M}{EI}dx + \sum \int_0^L \frac{m_T M_T}{GJ}dx$$

를 이용하면 된다. 여기서,

$$I = \frac{r^4}{4}\pi = \frac{100^4}{4}\pi = 78.5 \times 10^6\ \text{mm}^4$$

$$J = I_p = 2I = 157 \times 10^6\ \text{mm}^4$$

그러므로

$$\delta_{Cy} = \sum\int_0^L \frac{m\,M}{EI}dx + \sum\int_0^L \frac{m_t\,M_T}{GJ}dx$$
$$= \int_0^2 \frac{(-x)(-100x)}{EI}dx + \int_0^3 \frac{(-100-100x)(-1-x)}{EI}dx$$
$$+\sum\int_0^3 \frac{(-\sqrt{3})(-100\sqrt{3})}{GJ}dx$$
$$= \frac{2{,}366.7}{EI} + \frac{900}{GJ}$$
$$= \frac{2{,}366.7\,\text{kN}\cdot\text{m}^3}{(200)(78.5)\,\text{kN}\cdot\text{m}^2} + \frac{900\,\text{kN}\cdot\text{m}^3}{(0.4)(200)(157)\,\text{kN}\cdot\text{m}^2}$$
$$= 0.151 + 0.072 = 0.223\text{ m}$$

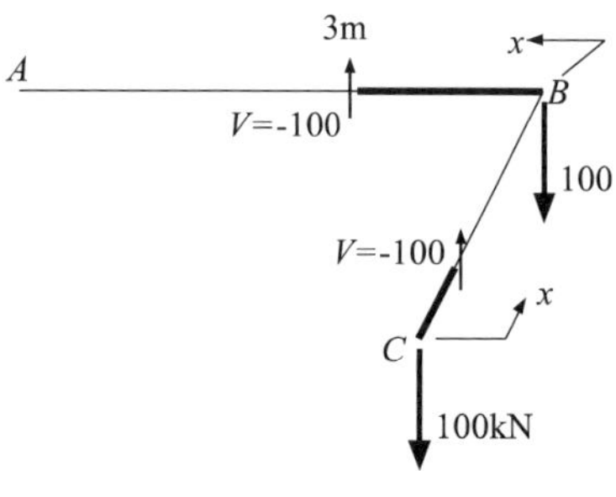

(c)

(2) 휨, 전단, 비틀림 변형 고려

휨, 전단, 비틀림을 모두 고려하기 위해서는 (1) 계산 결과에 전단 변형 성분을 더하면 된다.

전단변형성분에 의한 수직처짐 δ_{Cy}'은 식 (9.22)에서

$$(1)\,\Delta_i = \sum k\int_0^L \frac{v\,V}{GA}dx$$

이고, 전단형상계수 $k = 2.0$(원형, 9장 참고)이다. 또한,

$$GA = (0.4)EA = 0.4(200\times10^6\text{kN/m}^2)(\pi\times100^2\text{mm}^2)(10^{-6}\text{m}^2/\text{mm}^2)$$
$$= 0.4(200)(\pi\times100^2)\text{ kN}$$

이므로,

$$\delta_{Cy}' = \sum k\int_0^L \frac{v\,V}{GA}dx$$
$$= 2\int_0^2 \frac{(-100)(-1)}{GA}dx + 2\int_0^3 \frac{(-100)(-1)}{GA}dx$$
$$= \frac{1{,}000}{GA} = \frac{1{,}000\,\text{kN}\cdot\text{m}}{(0.4)(200)(\pi\times100^2)\,\text{kN}} = 0.00040\text{ m}$$

그러므로 모든 수직변형성분을 더하면,

$$\delta_{Cy} = 0.223 + 0.00040 = 0.2234\text{ m}$$

문제를 통해 알 수 있듯이 전단변형은 다른 변형에 비해 매우 작기 때문에($[0.0004/0.2234]\times100 = 0.18\%$) 무시하는 것이 보통이다.

9.3.4 트러스에서의 가상일법 적용

외부하중에 대한 가상일법 적용

그림 9.8과 같이 트러스의 절점에 외력 P_1, P_2가 작용하는 경우, 임의 i 절점의 처짐 Δ_i를 계산해 보자. 먼저 가상의 단위하중 $Q=1$을 i 절점에 원하는 처짐 방향으로 작용시킨다.

외력 P_1, P_2에 의한 트러스의 부재력 F가 일으키는 부재의 길이 변화량은 7.2.1절에서 살펴본 바와 같이 $dL = FL/EA$이고, 단위하중에 의한 부재력은 f이므로 식 (9.12)에 대입하면,

$$(1)(\Delta_i) = \sum f dL = \sum\left(\frac{fFL}{EA}\right) \tag{9.25}$$

온도변화에 대한 가상일법 적용

어떤 경우에는 트러스 부재의 길이가 온도에 의해 변한다. 트러스의 부재에 균일하게 온도변화 ΔT가 작용하는 경우에 부재 길이의 변화량은 $dL = \alpha \Delta TL$이므로 식 (9.12)에 대입하면

$$(1)(\Delta_i) = \sum f dL = \sum f \alpha \Delta T L \tag{9.26}$$

이다. 그러므로 온도변화를 고려한 트러스의 가상일법 일반식은,

$$(1)(\Delta_i) = \sum\left(\frac{fFL}{EA}\right) + \sum f \alpha \Delta TL \tag{9.27}$$

예제를 통해 하중이나 온도변화 등에 의한 트러스의 변형을 가상일법으로 구하는 과정을 살펴보자.

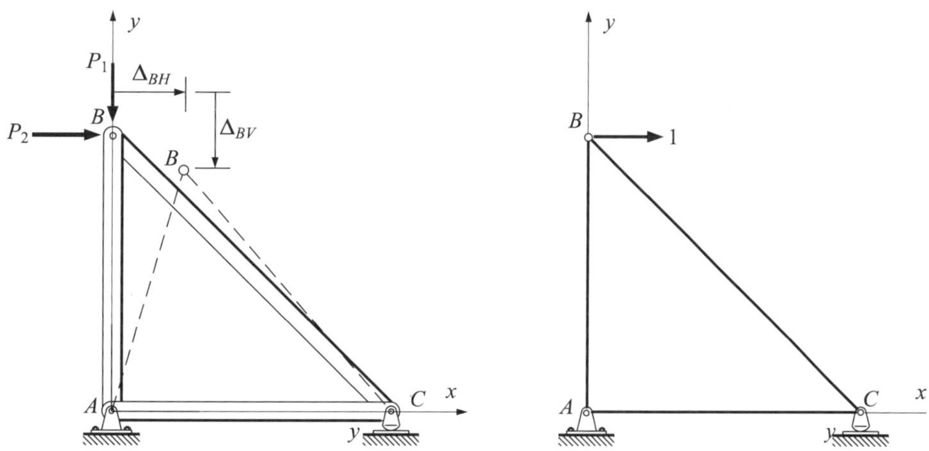

그림 9.8 (a) 실제하중이 작용하는 트러스 (b) 가상하중이 작용하는 트러스

예제 9-15 트러스의 에너지법 적용

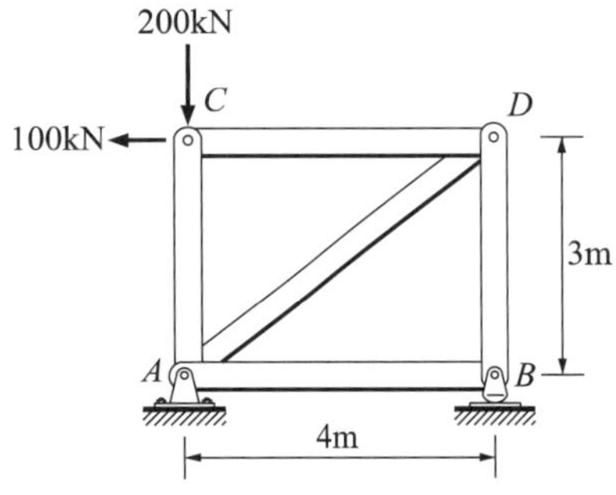

(a)

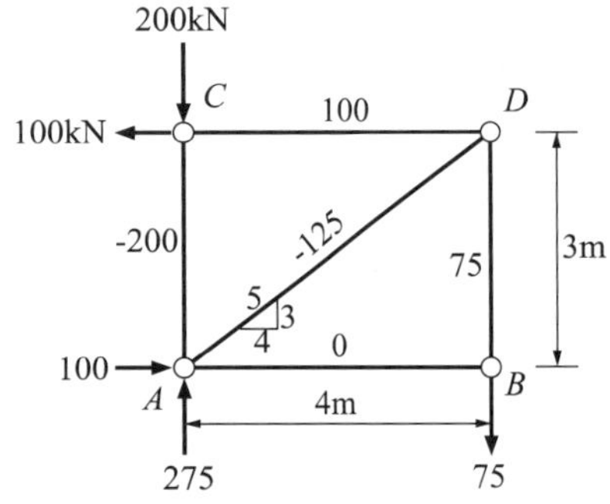

(b)

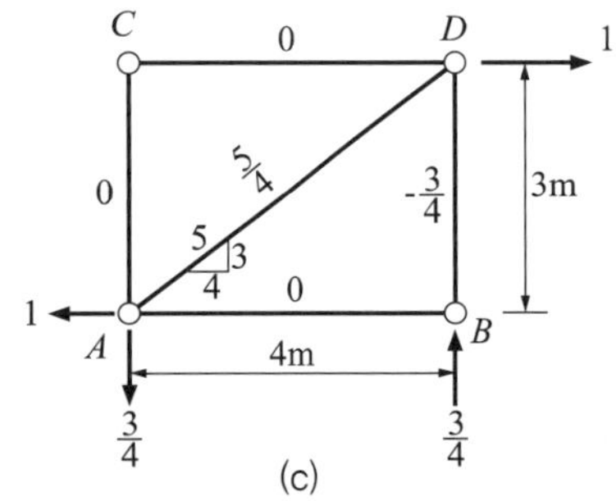

(c)

그림 (a)와 같은 트러스에 대하여 다음에 답하라. 단, E= 200GPa, A=1,000mm^{2}이다.

(1) D점의 수평(Δ_{Dx}), 수직(Δ_{Dy}) 변위를 구하라.

(2) C점과 B점 사이의 상대 변위 차(δ)를 구하라.

(3) $\overline{CD}$부재의 회전각(θ_{CD})을 구하라.

풀이

실제하중이 작용하는 트러스를 해석한다. 반력과 부재력을 구하면 그림 (b)와 같다.

트러스의 변위를 구하기 위한 가상일법 식은,

$$(1)(\Delta_i) = \sum f dL = \sum\left(\frac{fFL}{EA}\right)$$

(1) D점의 수평, 수직변위

D점의 수평변위 Δ_{Dx}를 구하기 위하여, 가상의 수평단위하중 (1)을 가한 후 해석하면 그림 (c)와 같고, 표로 정리하면,

부재	A m^2	L m	F(kN) 그림 (b)	f 그림 (c)	부재수 n'	$n' \times \frac{fFL}{A}$
AB	0.001	4	0	0	1	0
AC	0.001	3	−200	0	1	0
AD	0.001	5	−125	1.25	1	−781,250
CD	0.001	4	100	0	1	0
BD	0.001	3	75	−0.75	1	−168,750
$\sum$						−950,000

여기서, 트러스의 경우는 부재 단면이 변하는 경우가 많으므로, 표에 A를 도입한다. 또한 같은 조건의 부재가 여러 개 있는 경우도 많으므로 부재수 n'를 도입하였다. 수평처짐은,

$$\Delta_{Dx} = \sum \frac{n' fFL}{EA} = \frac{-950,000\ \text{kN/m}}{(200 \times 10^6\ \text{kN/m}^2)} = -0.0048\ \text{m}\ (\leftarrow)$$

부호가 음(−)이므로 변위는 가정한 방향과 반대로 나타난다.

같은 방법으로 그림 (d)와 같이 가상의 단위하중(1)을 D점에 수직(↑)으로 가한 후 해석하여 표로 정리하면, 수직 처짐은

$$\Delta_{Dy} = \sum \frac{n' fFL}{EA} = \frac{225,000\ \text{kN/m}}{(200 \times 10^6\ \text{kN/m}^2)} = 0.0011\ \text{m}$$

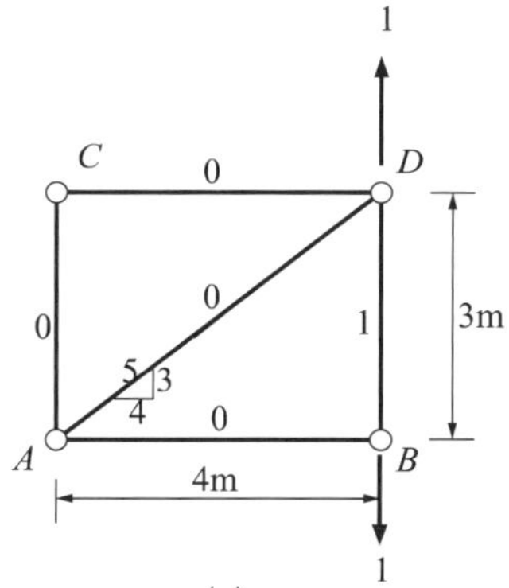

(d)

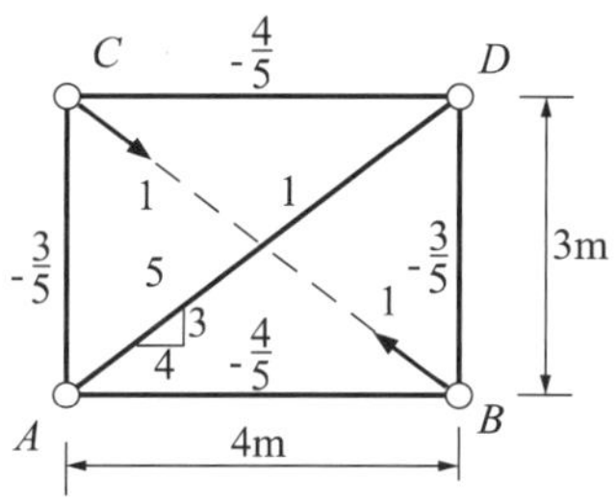

(e)

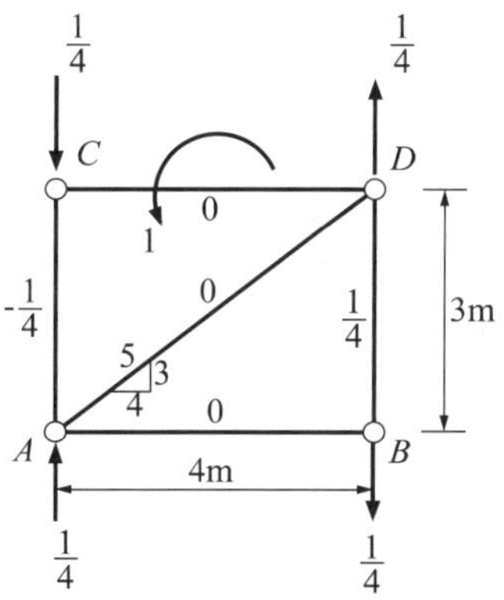

(f)

부재	A (m^2)	L (m)	F(kN) 그림 (b)	f 그림 (d)	부재수 n'	$n' \times \frac{fFL}{A}$
AB	0.001	4	0	0	1	0
AC	0.001	3	−200	0	1	0
AD	0.001	5	−125	0	1	0
CD	0.001	4	100	0	1	0
BD	0.001	3	75	1	1	225,000
$\sum$						225,000

(2) C점과 B점 사이의 상대 변위 차(δ)

C, B절점의 상대변위 차는 $\overline{CB}$ 선상을 따라, 발생하는 변위 차라고 할 수 있으므로, 그림 (e)와 같이 방향이 반대인 가상의 단위하중(1)을 작용시키고 해석하여 표로 정리하면,

부재	A (m^2)	L (m)	F(kN) 그림 (b)	f 그림 (e)	부재수 n'	$n' \times \frac{fFL}{A}$
AB	0.001	4	0	−0.8	1	0
AC	0.001	3	−200	−0.6	1	360,000
AD	0.001	5	−125	1	1	−625,000
CD	0.001	4	100	−0.8	1	−320,000
BD	0.001	3	75	−0.6	1	−135,000
$\sum$						−720,000

$$\delta = \sum \frac{n' fFL}{EA} = \frac{-720{,}000\ \mathrm{kN/m}}{(200 \times 10^6\ \mathrm{kN/m^2})} = -0.0036\ \mathrm{m}\ (\searrow\!\nwarrow)$$

부호가 음(−)이므로 상대 변위 차는 0.0036m만큼 멀어진다.

(3) $\overline{CD}$부재의 회전각(θ_{CD})

회전에 대응하는 가상 하중은 우력(크기 1)이다. 따라서 그림 (f)와 같이 $\overline{CD}$부재에 가상의 단위 우력(1)을 작용시킨다(등가 절점하중으로 치환). 해석결과를 표로 정리하면,

부재	A (m^2)	L (m)	F(kN) 그림 (b)	f 그림 (f)	부재수 n'	$n' \times \frac{fFL}{A}$
AB	0.001	4	0	0	1	0
AC	0.001	3	−200	−0.25	1	150,000
AD	0.001	5	−125	0	1	0
CD	0.001	4	100	0	1	0
BD	0.001	3	75	0.25	1	56,250
$\sum$						206,250

$$\theta_{CD} = \sum \frac{n' fFL}{EA} = \frac{206{,}250\ \mathrm{kN/m^2}}{(200 \times 10^6\ \mathrm{kN/m^2})} = 0.0010\ \mathrm{rad}\ (\curvearrowleft)$$

예제 9-16

그림과 같은 트러스 G점에서 수직 변위를 구하라. (단, $E=200\,\text{GPa}$)

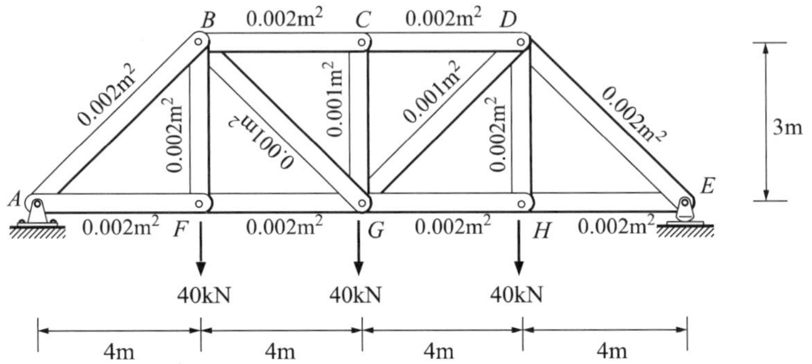

풀이

먼저 실제 트러스의 부재력을 절점법을 통해 구하면 그림 (a)와 같다(좌우대칭이므로 반만 구하면 된다.). G점에 가상하중 1을 수직으로 주고 해석하면, 그림 (b)와 같다. 이상을 정리하면,

부재	A (m^2)	L (m)	N(kN)	f	부재수 n'	$n' \times \dfrac{fFL}{A}$
AB, DE	0.002	5	−100	−0.833	2	416,500
AF, EH	0.002	4	80	0.667	2	213,440
BF, DH	0.001	3	40	0	2	0
FG, HG	0.002	4	80	0.667	2	213,440
BG, GD	0.001	5	33.3	0.833	2	277,389
BC, CD	0.002	4	−106.6	−1.334	2	568,818
CG	0.001	3	0	0	1	0
Σ						1,689,587

그러므로

$$1 \cdot \delta_{Gy} = \sum \frac{n' fFL}{EA} = \frac{1{,}689{,}587\ \text{kN/m}}{(200 \times 10^6\ \text{kN/m}^2)} = 0.0084\ \text{m}$$

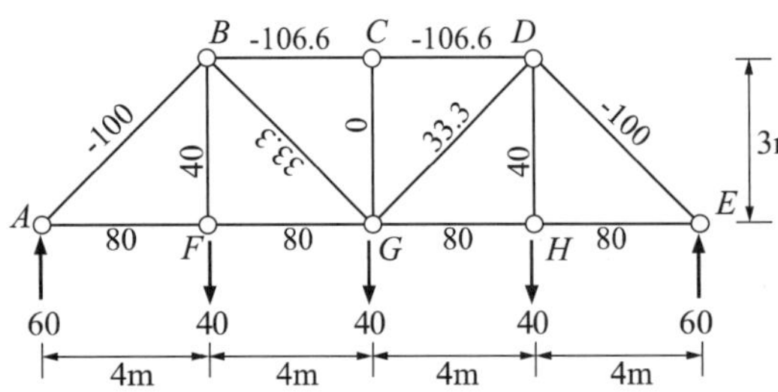

(a) 실제하중에 대한 트러스 해석결과

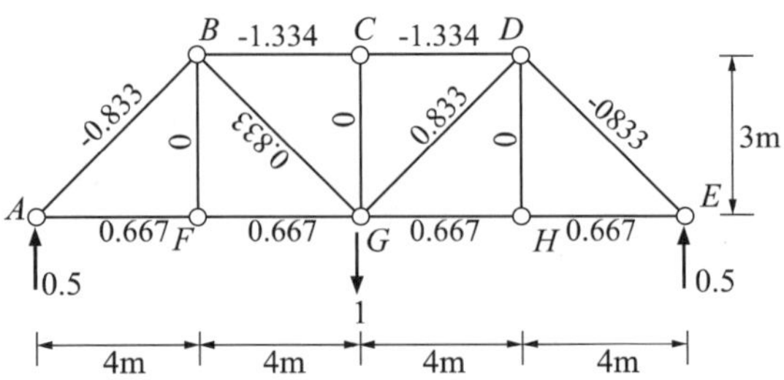

(b) 가상하중 1에 대한 트러스 해석결과

예제 9-17

예제 9-16의 트러스(하중은 없는 것으로 가정)에서,

(1) $\overline{AB}$, $\overline{BC}$, $\overline{CD}$, $\overline{DE}$부재가 30℃ 온도 증가가 일어나고, $\overline{GH}$, $\overline{HE}$부재가 20℃ 온도 감소가 일어났을 경우, G점의 수직변위 Δ_{Gy}를 구하라. (단, 온도팽창계수 $\alpha = 12 \times 10^{-6}/℃$ 이다.)

(2) 지점 A가 아래로 30mm, 왼쪽으로 20mm 이동하고, 지점 E가 아래로 10mm 이동했을 때, G점의 수직변위 Δ_{Gy}를 구하라.

(3) 부재 제작 오차로 인해서 $\overline{DG}$부재는 30mm 길고, $\overline{AF}$부재는 20mm 짧다. 조립했을 때 G점의 수직변위 Δ_{Gy}를 구하라.

풀이

(1) 온도변화에 따른 트러스의 변위계산

하중은 그림 (a)와 같은 온도변화이다. G점의 수직변위를 구해야 하므로, G점에 단위하중(1)을 작용시키고 해석하면 예제 9-16의 그림 (b)와 같다. 온도변화에 따른 가상일법은,

$$(1)(\Delta_i) = \sum f dL = \sum f\alpha \Delta TL$$

이다. 윗 식에서 온도변화가 0인 부분은 계산결과가 0이므로 고려하지 않아도 된다(그림 (b)). 이를 정리하면,

부재	L m	f	dT	부재수 n'	$n' \times f dTL$
AB	5	−0.833	30	1	−125
BC	4	−1.334	30	1	−160
CD	4	−1.334	30	1	−160
HG	4	0.667	−20	1	−53
EH	4	0.667	−20	1	−53
DE	5	−0.833	30	1	−125
$\sum$					−676

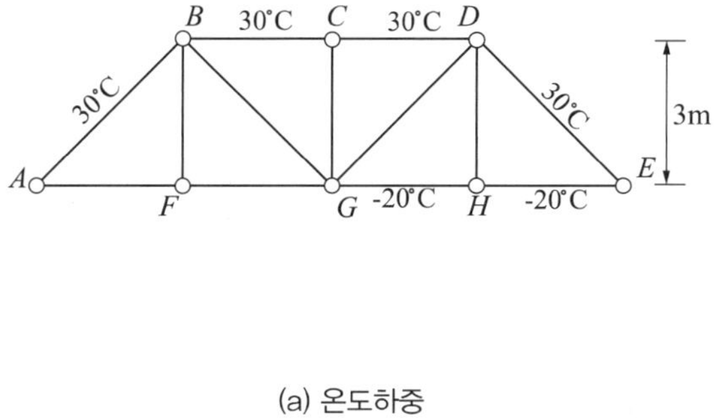

(a) 온도하중

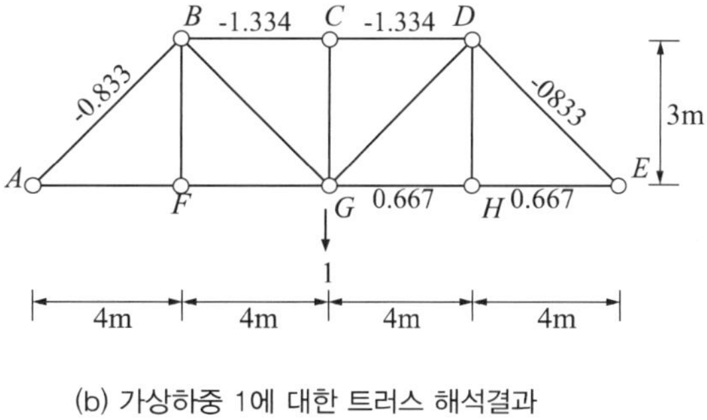

(b) 가상하중 1에 대한 트러스 해석결과

그러므로 가상일법을 적용하면,

$$(1)(\Delta_{Gy}) = \alpha \sum n' f \Delta T L$$
$$= 12 \times 10^{-6} \times (-676) = -0.0081 \text{ m } (\uparrow)$$

부호가 음(−)이므로 변위가 반대(↑)가 된다.

(2) 지점변화에 따른 트러스의 변위계산

이 트러스는 정정이므로 온도변화나 지점 치하 등에 의해 내부 응력 변화를 일으키지 않는다. 즉, 지점 A가 아래로 30mm, 왼쪽으로 20mm 이동하고, 지점 E가 아래로 10mm 이동하면, 그림 (c)와 같이 기하학적 조건으로 쉽게 구할 수 있다.

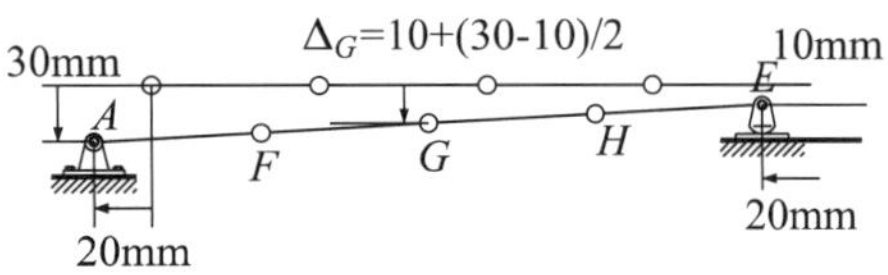

(c)

$$\Delta_{Gy} = 10 + (30-10)/2 = 20 \text{ mm } (\downarrow)$$

그러나 가상일법을 이용해서도 문제를 풀어보자. 지점의 부등침하만 있는 경우에 G점의 변위는 식 (9.15)에서,

$$(1)\Delta_{Gy} + W_R = 0$$

에서, W_R은 가상힘(G점에 작용시킨 가상하중 1)에 의한 반력성분이므로 A점과 E점에서 각각 0.5이다(예제 9-16의 그림 (b)). 그러므로

$$(1)\Delta_{Gy} + (0.5)(-30) + (0.5)(-10) = 20 \text{ mm}$$

(3) 제작오차에 따른 트러스의 변위계산

가상일법에서 트러스의 부재 자체의 길이변화를 고려할 때는

$$(1)(\Delta_i) = \sum f dL$$

을 직접 이용하는 것이 편리하다.

제작오차에 의해 부재는 $\overline{DG}$부재(+30mm), $\overline{AF}$부재(−20 mm)이고 나머지는 0이다. G점에 단위하중(1)을 작용시키고 해석한 예제 9-16의 그림 (b)를 이용해서 아래 표로 정리하면(오차가 없는 부분은 계산결과가 0이므로 고려하지 않아도 된다),

부재	f	dL m	부재수 n'	$n' \times f\ L$
AF	0.667	0.03	1	0.0200
DG	0.833	−0.02	1	−0.0167
$\sum$				0.0033

그러므로 G점의 수직변위는

$$(1)\Delta_{Gy} = \sum f\, dL = 0.0033 \text{ m } (\downarrow)$$

9.4 상반변위의 정리

1872년 베티(Betti)에 의해 발표된 상반변위 정리는 구조해석에 있어 중요한 개념이다. 이 정리 또한 선형탄성과 미소변형의 가정을 만족하는 구조물에만 적용된다는 사실에 유의하자. 상반변위 정리를 설명하기 위해 그림 9.9와 같은 캔틸레버보를 생각해 보자. 그림 (a)는 중앙부 C점에, 그림 (b)는 자유단 B점에 각각 P를 받고 있다. 먼저 그림 (a)에서 δ_{BC}는,

$$\delta_{BC} = \int_0^{\frac{L}{2}} \frac{(0)(-x)dx}{EI} + \int_{\frac{L}{2}}^{L} \frac{-P\left(x-\frac{L}{2}\right)(-x)}{EI}dx = \frac{5PL^3}{48EI}$$

또한 그림 (b)에서 δ_{CB}는,

$$\delta_{BC} = \int_0^{\frac{L}{2}} \frac{(-Px)(0)dx}{EI} + \int_{\frac{L}{2}}^{L} \frac{(-Px)\left(-\left(x-\frac{L}{2}\right)\right)}{EI}dx = \frac{5PL^3}{48EI}$$

이다. 즉, $\delta_{BC} = \delta_{CB}$이며, C점에 작용하는 하중 P로 인한 B점에서의 처짐은, B점에 작용하는 하중 P로 인한 C점의 처짐과 같다.

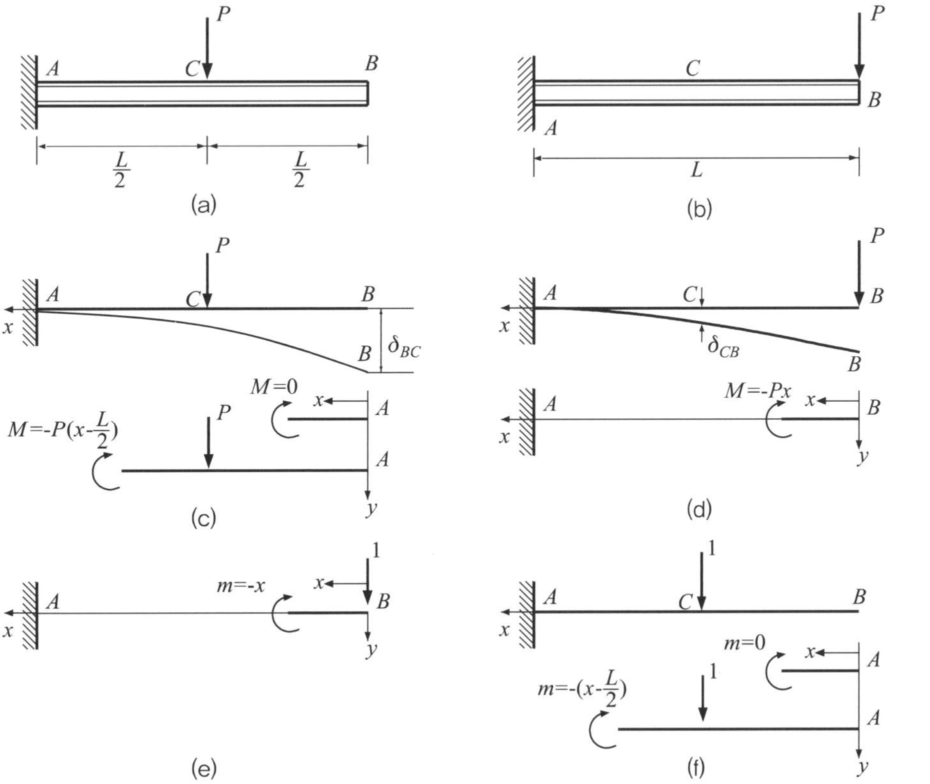

그림 9.9

상반변위 정리를 가상일법으로 일반화 시켜보자(앞서 살펴본 그림 9.9를 응용하자.). 그림 9.10과 같이 보에서 i점에 외력 P_i가 작용하고, 하중 P_k가 k점에 작용하고 있다. 여기서 P_i에 의한 i점과 k점의 변위를 각각 Δ_{ii}, Δ_{ki}라 하고, P_k에 의한 변위를 각각 Δ_{ik}, Δ_{kk}라 하자. 처음에 P_i가 보 위에 작용한 다음에 P_k가 작용됐다고 생각하고, P_i는 가상하중, P_k 실제하중이라고 생각하면,

$$P_i \Delta_{ik} = \int_0^L \frac{M_i M_k}{EI} dx \tag{a}$$

다음으로, P_k가 먼저 작용된 다음에 P_i가 작용되었다고 생각하고, P_k는 가상하중, P_i는 실제하중이라고 하면,

$$P_k \Delta_{ki} = \int_0^L \frac{M_k M_i}{EI} dx \tag{b}$$

그러므로 식 (a)와 식 (b)에서 우변이 같으므로,

$$P_k \Delta_{ki} = P_i \Delta_{ik} \tag{9.28}$$

이 성립하며, 이 식을 베티(Betti의) 상반변위 정리라 한다.

식 (9.28)에서 특별한 경우, 예를 들어 $P_i = P_k$이거나 $P_i = P_k = 1$인 경우에는,

$$\Delta_{ki} = \Delta_{ik} \tag{9.29}$$

이 식을 맥스웰(Maxwell)의 상반작용 정리라 한다. 정리하면,

k점에 작용하는 단위하중(1)에 의한 i점의 변위 Δ_{ik}는 i점에 작용하는 단위하중(1)에 의한 k점의 변위 Δ_{ki}와 같다. 즉 $\Delta_{ik} = \Delta_{ki}$이다.

이 원리는 상반변위 정리의 특별한 경우로, 부정정구조물의 해법에 응용되는 대단히 편리한 정리이다. 또한 이 정리는 P_i, P_k인 1개 하중의 경우뿐만 아니라 1개의 하중 군과 다른 하중 군 사이에도 성립한다.

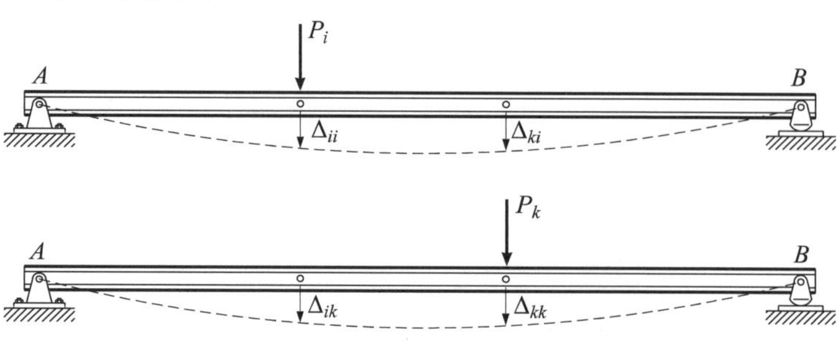

그림 9.10

예제 9-18

다음 보를 이용하여 맥스웰(Maxwell)의 상반정리를 증명하라. (단, EI는 일정하다.)

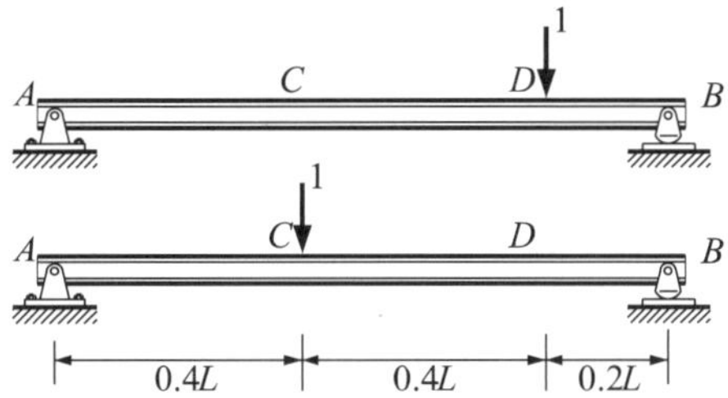

풀이

그림에서 맥스웰의 상반정리를 대입하면,

D점의 단위하중(1)에 의한 C점의 처짐 Δ_{CD}는,

C점의 단위하중(1)에 의한 D점의 처짐 Δ_{DC}와 같다. 즉,

$$\Delta_{CD} = \Delta_{DC}$$

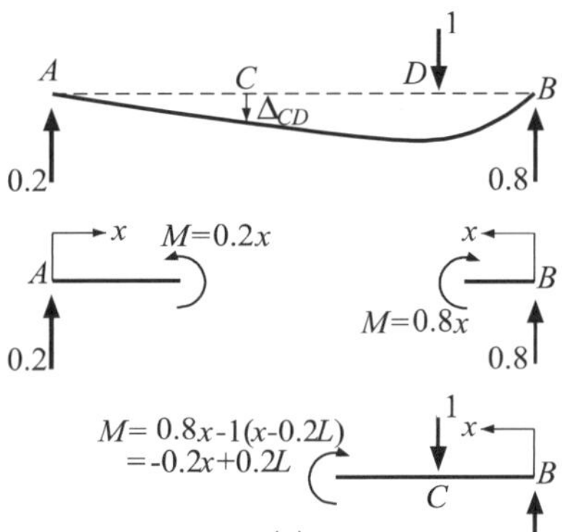

(a)

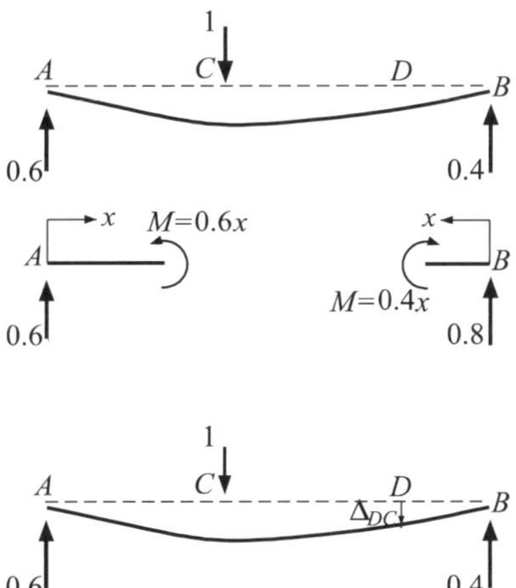

(b)

(1) D점의 실제하중 (1)에 의한 자유물체도는 그림 (a)와 같고, C점에 가상의 단위하중 (1)을 처짐방향으로 그림 (b)와 같이 작용시키면, 실제하중에 의한 M과 가상의 단위하중에 의한 m은,

구간	$x=0$	I	M 그림 (a)	m 그림 (b)	mM
AC	A	1	$0.2x$	$0.6x$	$(0.2x)(0.6x)$
BD	B	1	$0.8x$	$0.4x$	$(0.8x)(0.8x)$
DC	B	1	$-0.2x+0.2L$	$0.4x$	$(-0.2x+0.2L)(0.4x)$

(2) C점의 실제하중 (1)에 의한 자유물체도는 그림 (b)와 같고, D점에 가상의 단위하중 (1)을 처짐방향으로 그림 (a)와 같이 작용시키면, 실제하중에 의한 M과 가상의 단위하중에 의한 m은,

구간	$x=0$	I	M 그림 (b)	m 그림 (a)	mM
AC	A	1	$0.6x$	$0.2x$	$(0.6x)(0.2x)$
BD	B	1	$0.4x$	$0.8x$	$(0.8x)(0.4x)$
DC	B	1	$0.4x$	$-0.2x+0.2L$	$(0.4x)(-0.2x+0.2L)$

가상일식은

$$(1)\delta = \sum \int_0^L \frac{m\,M}{EI} dx$$

이고, 표로부터 두 보의 mM이 같다. 그러므로

$$\Delta_{CD} = \Delta_{DC}$$

9.5 카스틸리아노 제2정리

9.5.1 카스틸리아노 제2정리의 개념

1879년에 카스틸리아노(Alberto Castigliano, 이탈리아)는 구조물 임의 점의 탄성처짐에 관하여 다음과 같은 정리를 발표하였다.

[카스틸리아노 제2정리]

선형탄성 구조물의 한 점에서 처짐(또는 처짐각)은, 구조물 내부의 변형에너지에 대하여 처짐(또는 처짐각) 방향으로 작용하는 힘(또는 모멘트)에 관한 1차 편도함수와 같다.

이 정리는 온도변화나 지점침하가 없고 선형탄성 재료를 가진 구조물에만 적용된다. 이 정리를 유도하기 위하여, 그림 9.9와 같이 외력 P_1, P_2, …, P_n을 서서히 받아서 처짐이 각각 Δ_1, Δ_2, …, Δ_n이 발생하는 단순보를 생각하자. 먼저 외부일(W_e)은,

$$W_e = \frac{1}{2}P_1\Delta_1 + \cdots + \frac{1}{2}P_k\Delta_k + \cdots + \frac{1}{2}P_n\Delta_n \quad \text{(a)}$$

에너지보존법칙에 의해 $W_e = W_i$이므로 변형에너지는,

$$W_i = \frac{1}{2}P_1\Delta_1 + \cdots + \frac{1}{2}P_k\Delta_k + \cdots + \frac{1}{2}P_n\Delta_n \quad \text{(b)}$$

식 (b)는 변형에너지가 외력의 함수라는 것을 의미한다. 즉,

$$W_i = f(P_1,\ \cdots,\ P_k,\ \cdots,\ P_n) \quad \text{(c)}$$

만약 P_k가 dP_k만큼 증가했다고 가정하면 변형에너지 증가량은,

$$dW_i = \frac{\partial W_i}{\partial P_k}dP_k \quad \text{(d)}$$

이다. 여기서 변형에너지는 P_k방향 이외의 모든 부분이 0이 되므로 편도함수를 적용할 수 있다. 그러므로 전체 변형에너지는

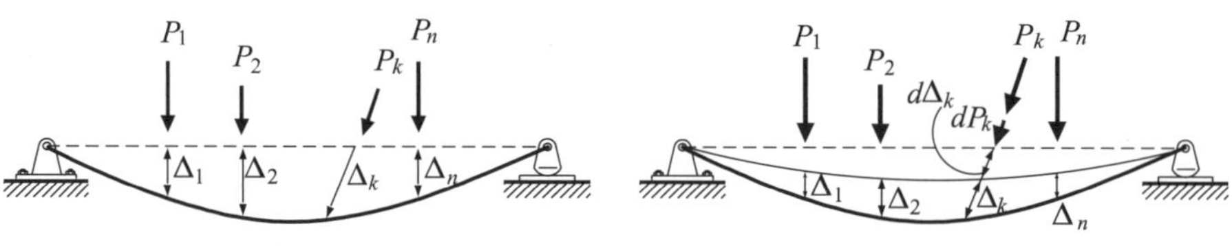

그림 9.11 (a) 외력과 처짐 Δ_i (b) dP_i 작용 이후 외력 작용시

$$\sum W_i = W_i + \frac{\partial W_i}{\partial P_k} dP_k \tag{e}$$

여기서 dP_k가 먼저 작용하고 P_1, P_2, ⋯, P_n이 나중에 작용했다고 가정하자. 먼저 작용한 힘 dP_k는 $d\Delta_k$를 일으키고,

$$W_i = \frac{1}{2}(dP_k d\Delta_k) \tag{f}$$

다음으로 P_1, P_2, ⋯, P_n가 작용하면,

$$W_i = \frac{1}{2}P_1\Delta_1 + \cdots + \frac{1}{2}P_k\Delta_k + \cdots + \frac{1}{2}P_n\Delta_n \tag{g}$$

또한 k점에 Δ_k가 발생하는 동안 dP_k도 일을 했고,

$$W_i = dP_k \Delta_k \tag{h}$$

식 (h)는 9.1절을 참고하자. 그러므로 전체 변형에너지 W_i는 식 (f)+(g)+(h)가 된다. 식 (f)는 미소량×미소량이므로 0이다. 즉,

$$\sum W_i = \frac{1}{2}P_1\Delta_1 + \cdots + \frac{1}{2}P_k\Delta_k + \cdots + \frac{1}{2}P_n\Delta_n + dP_k\Delta_k \tag{i}$$

식 (b)를 식 (i)에 대입하면,

$$\sum W_i = W_i + dP_k \Delta_k \tag{j}$$

가 된다. 식 (e)와 식 (j)는 같아야 하므로.

$$W_i + dP_k \Delta_k = W_i + \frac{\partial W_i}{\partial P_k} dP_k \tag{e}$$

$$\Delta_k = \frac{\partial W_i}{\partial P_k} \tag{9.30}$$

식 (9.30)에서 알 수 있듯이 P_k방향의 처짐 Δ_k는 변형에너지의 P_k에 대한 1차 편미분과 같다. 같은 이유로 k점의 처짐각은,

$$\theta_k = \frac{\partial W_i}{\partial M_k} \tag{9.31}$$

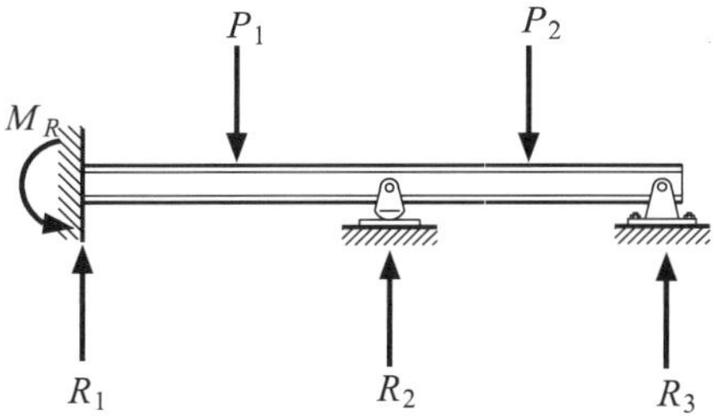

그림 9.12

이제 그림 9.12와 같은 구조물의 지점 반력(R_k)과 반력모멘트(M_k)에 의한 처짐 및 처짐각을 생각해 보자. 카스틸리아노 제2정리에 의하면, 반력(또는 반력모멘트)으로 편미분하면 처짐(또는 처짐각)이 나와야 하지만 지점에서는 처짐(또는 처짐각)이 0이다. 즉,

$$\frac{\partial W_i}{\partial R_k} = 0, \qquad \frac{\partial W_i}{\partial M_k} = 0 \tag{9.32}$$

이러한 반력의 특성을 이용하면, 부정정구조물의 잉여 반력을 구할 수 있는데, 이를 최소일법이라 하며, 11장에서 자세히 다룬다.

9.5.2 보와 골조에서 카스틸리아노 제2정리 적용

보와 라멘에서 부재의 휨에 의한 변형에너지는 식 (9.8)과 같으므로, 식 (9.30)에 대입하고 첨자를 생략하면 처짐은,

$$\Delta = \frac{\partial W}{\partial P} = \int_0^L M\left(\frac{\partial M}{\partial P}\right)\frac{dx}{EI} \tag{9.33a}$$

또한, 처짐각 θ를 구하려면, 변형에너지를 이 점에 작용하는 모멘트 M_n으로 편미분해야 하므로,

$$\theta = \frac{\partial W}{\partial M_n} = \int_0^L M\left(\frac{\partial M}{\partial M_n}\right)\frac{dx}{EI} \tag{9.33b}$$

식 (9.33)은 가상일법에서 m과 m_θ가 각각 $\partial M/\partial P$와 $\partial M/\partial M_n$으로 대치되었다는 것을 제외하고 같다.

보와 라멘의 처짐은 주로 휨변형에 의해 발생하므로 축방향력이나 전단력에 의한 변형은 무시한다는 사실을 가상일법에서 살펴보았다. 물론 전단력에 의한 변형을 고려할 필요가 있는 경우에는, 전단력에 의한 변형에너지를 대입하여 정리하면 된다. 즉,

$$\Delta_s = \frac{\partial W}{\partial P} = k\int_0^L V\left(\frac{\partial V}{\partial P}\right)\frac{dx}{GA} \tag{9.34}$$

카스틸리아노 제2정리는 선형탄성인 재료에만 적용할 수 있고, 지점침하나 온도변화 등으로 일어나는 처짐의 계산에는 이용할 수 없음에 유의하자.

9.5.3 트러스에서 카스틸리아노 제2정리 적용

트러스 부재의 변형에너지는 식 (9.6)에 나타낸 바와 같다. 이 식을 식 (9.30)에 대입하고 첨자를 생략하면,

$$\Delta = \frac{\partial W}{\partial P} = \sum N\left(\frac{\partial F}{\partial P}\right)\frac{L}{EA} \tag{9.35}$$

이 식은 가상일 법에서 f가 $\partial F/\partial P$로 바뀐 것을 제외하곤 같다.

그러나 실제 트러스에 이 정리를 적용할 때 다음에 유의해야 한다. 즉 각 부재력 F에 P의 함수가 표현되기 때문에 절점법 등을 적용할 때 복잡해 질 수 있다.

한편 처짐(또는 처짐각)을 구하고자 하는 점에 P(또는 M)이 없는 경우에는 어떻게 할까(편미분이 불가능하다)? 예제를 통해 카스틸리아노 제2정리의 적용방법을 심화시켜 보자.

예제 9-19 보의 카스틸리아노 제2정리 적용

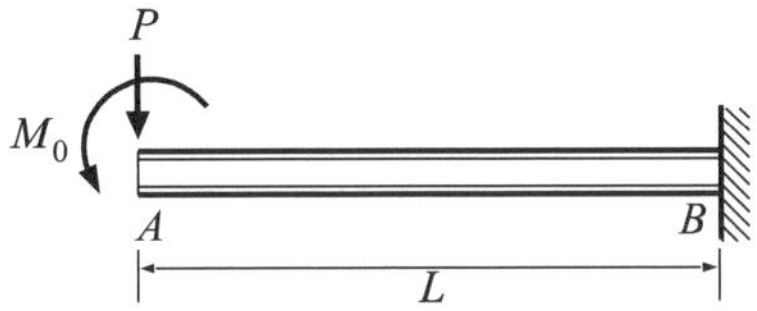

그림과 같은 캔틸레버보 자유단의 처짐 δ_{Ay}과 처짐각 θ_A를 구하라. (EI 일정)

풀이

(1) 처짐 δ_{Ay} 계산

A점으로부터 x거리의 모멘트 식은 그림 (a)에서,

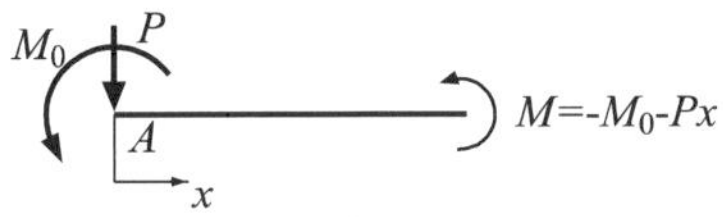

(a)

$$M = -M_0 - Px$$

이고, P에 대해 편미분하면,

$$\frac{\partial M}{\partial P} = -x$$

이다. 편미분은 미분하는 변수 이외의 모든 외력(변수)을 상수로 본다(즉, 미분하면 0이다)는 것에 유의하자. 그러므로

$$\begin{aligned}\delta_{Ay} &= \frac{1}{EI}\int M\frac{\partial M}{\partial P}dx \\ &= \frac{1}{EI}\int_0^L(-M_0 - Px)(-x)dx \\ &= \frac{1}{EI}\left[\frac{M_0}{2}x^2 + \frac{Px^3}{3}\right]_0^L = \frac{M_0L^2}{2EI} + \frac{PL^3}{3EI}\end{aligned}$$

(2) 처짐각 θ_A 계산

이번에는 처짐각을 구하기 위하여, M_0에 대해 편미분한다. 즉

$$\frac{\partial M}{\partial M_0} = \frac{\partial(-M_0 - Px)}{\partial M_0} = -1$$

이므로,

$$\begin{aligned}\theta_A &= \frac{1}{EI}\int M\frac{\partial M}{\partial M_0}dx \\ &= \frac{1}{EI}\int_0^L(-M_0 - Px)(-1)dx \\ &= \frac{1}{EI}\left[M_0x + \frac{Px^2}{2}\right]_0^L = \frac{M_0L}{EI} + \frac{PL^2}{2EI}\end{aligned}$$

가 된다. 이 문제를 가상일법으로도 풀어보자. 매우 유사한 풀이 과정을 경험할 것이다.

예제 9-20

그림과 같은 캔틸레버보에서 A점의 처짐각 θ_A과 처짐 δ_{Ay}을 구하라. (EI는 일정)

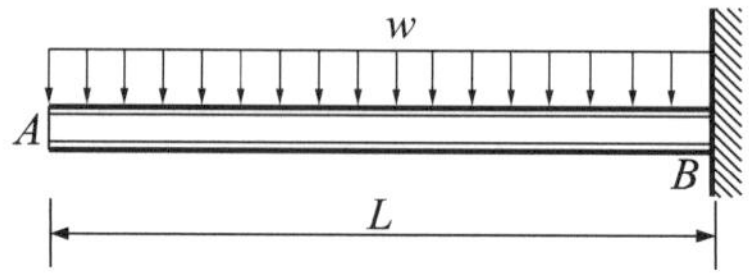

풀이

구하고자 하는 점에서 처짐(또는 처짐각) 방향으로 작용하는 외력이 없는 경우는 편미분할 수가 없다. 이때에는 가상의 외력 $\overline{P}$(또는 휨모멘트 $\overline{M}$)을 작용시킨 다음, M도를 구하고, $\overline{P}$(또는 $\overline{M}$)에 으로 편미분하면 된다. 물론 가상의 $\overline{P}$(또는 $\overline{M}$) $=0$이다.

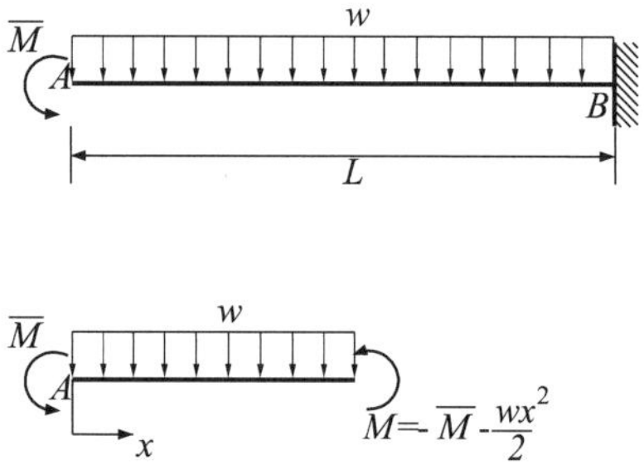

(a)

(1) 처짐각 θ_A

그림 (a)와 같이 A점에 가상모멘트 $\overline{M}=0$을 작용시키면,

$$M=-\overline{M}-\frac{\omega x^2}{2}, \qquad \frac{\partial M}{\partial \overline{M}}=-1(\overline{M}\text{로 편미분})$$

이므로

$$\theta_A=\frac{1}{EI}\int M\frac{\partial M}{\partial \overline{M}}dx=\frac{1}{EI}\int\left(-\overline{M}-\frac{\omega x^2}{2}\right)(-1)dx$$

물론 가상모멘트 $\overline{M}=0$이므로,

$$\theta_A=\frac{\omega}{2EI}\left[\frac{x^3}{3}\right]_0^L=\frac{\omega L^3}{6EI}$$

부호가 양(+)으로 나왔으므로, 가상모멘트 $\overline{M}$(↶)의 방향과 같다.

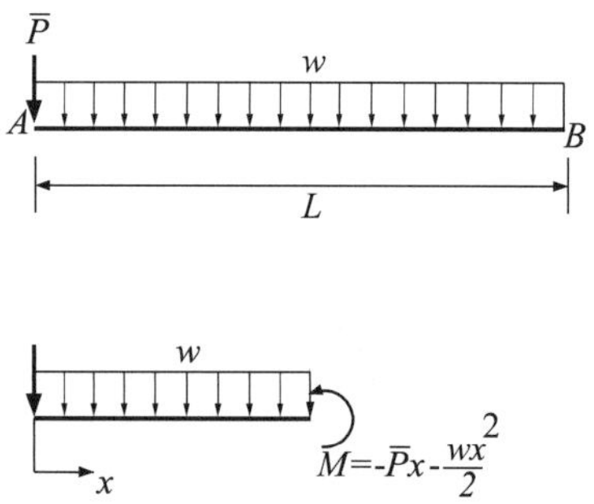

(b)

(2) 처짐

A점에 가상하중 $\overline{P}=0$ 작용시키면,

$$M=-\overline{P}x-\frac{\omega x^2}{2}, \qquad \frac{\partial M}{\partial \overline{P}}=-x(\overline{P}\text{로 편미분})$$

이므로

$$\delta_{Ay}=\frac{1}{EI}\int M\frac{\partial M}{\partial \overline{P}}dx=\frac{1}{EI}\int\left(-\overline{P}x-\frac{\omega x^2}{2}\right)(-x)dx$$

물론 가상하중 $\overline{P}=0$이므로

$$\delta_{Ay}=\frac{\omega}{2EI}\left[\frac{x^4}{4}\right]_0^L=\frac{\omega L^4}{8EI}$$

예제 9-21 전단변형 고려

그림과 같은 보에서 A점의 처짐을 휨모멘트와 전단력을 모두 고려하여 계산하라. (단, $E=200\,\text{GPa}$, 포아송비 $\nu=0.3$)

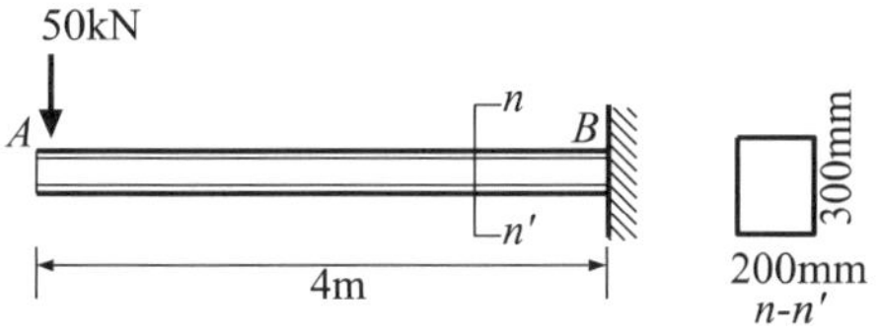

풀이

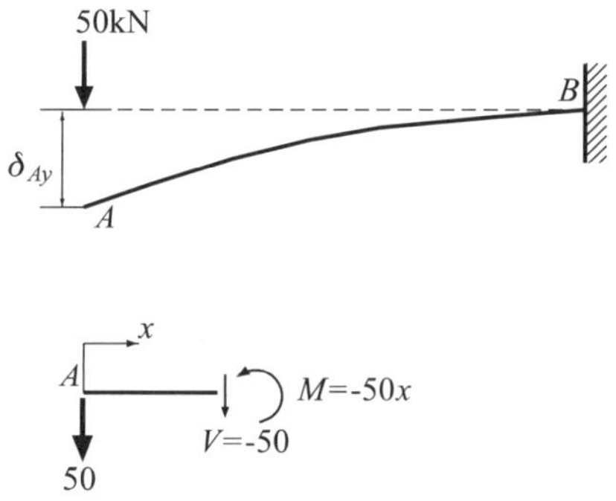

(a)

휨모멘트와 전단력을 고려하기 위해서는 식 (9.33)과 식 (9.34)를 이용하면 된다. 즉,

$$\delta_{Ay}=\int_0^L M\left(\frac{\partial M}{\partial P}\right)\frac{dx}{EI}+k\int_0^L V\left(\frac{\partial V}{\partial P}\right)\frac{dx}{GA}$$

이 된다. 모멘트와 전단력 식은 그림 (a)로부터,

$$M=-50x, \qquad \frac{\partial M}{\partial P}=-x$$

$$V=-50, \qquad \frac{\partial M}{\partial P}=-1$$

여기서 편미분하는 외력(변수) P가 50kN이라는 것에 주의하자. 그러므로

$$\begin{aligned}\delta_{Ay}&=\int_0^L M\left(\frac{\partial M}{\partial P}\right)\frac{dx}{EI}+k\int_0^L V\left(\frac{\partial V}{\partial P}\right)\frac{dx}{GA}\\&=\int_0^4(-50x)(-x)\frac{dx}{EI}+k\int_0^4(-50)(-1)\frac{dx}{GA}\\&=\frac{1{,}066.7}{EI}+k\frac{200}{GA}\end{aligned}$$

여기서

$$I=\frac{bh^3}{12}=\frac{200\times300^3}{12}=450\times10^6\,\text{mm}^4$$

$$A=200\times300=60\times10^3\,\text{mm}^2, \qquad k=\frac{6}{5}$$

$$G=\frac{E}{2(1+\nu)}=\frac{200}{2(1+0.3)}=76.9\,\text{GPa}$$

이므로

$$\delta_{Ay}=\frac{1{,}066.7\,\text{kN}\cdot\text{m}^3}{(200)(450)\,\text{kN}\cdot\text{m}^2}+\frac{6}{5}\,\frac{200\,\text{kN}\cdot\text{m}}{(76.9)(6\times10^3)\,\text{kN}}=0.0120\,\text{m}$$

위 문제와 같이 외력(변수)이 수치로 되어 있는 경우, 편미분할 때 혼동할 수 있다. 그러므로 예제 9-20과 같이 가상 하중 $\overline{P}$를 작용시켜 문제를 풀어도 된다. 다음 예제에서 확인해 보자.

예제 9-22

예제 8-10을 카스틸리아노 제2정리로 풀어라.

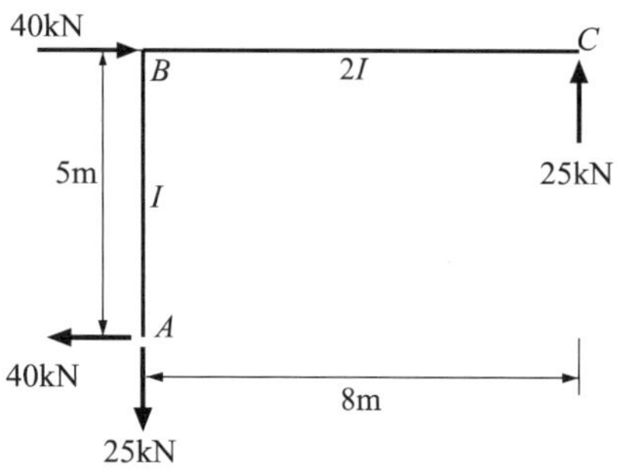

(a)

풀이

B점의 수평처짐은 P를 40kN으로 하고, 처짐각은 M이 없으므로 가상모멘트 $\overline{M}=0$을 도입할 수 있다.

여기서 하중 40kN을 편도함수의 외력(변수)로 설정하면, 편미분할 때 주의가 요구된다. 예를 들어 그림 (b)에서,

$$\frac{\partial M}{\partial[40]}=\frac{\partial(40x)}{\partial[40]}=x, \qquad \frac{\partial M}{\partial[40]}=\frac{\partial(25x)}{\partial[40]}=\frac{25}{40}x=\frac{5}{8}x$$

이다. 그러므로 B점에 가상 하중 $\overline{P}=0$을 도입하여 문제를 풀어도 된다. 즉 그림 (c)와 같이 $\overline{P}$를 설정하면, 아래 표와 같다.

구간	$x=0$	I	M 그림 (b)	$\frac{\partial M}{\partial P}$	$\frac{\partial M}{\partial \overline{P}}$ 그림 (c)	$\frac{\partial M}{\partial \overline{M}}$ 그림 (d)
AB	A	1	$40x$	x	x	0
CB	C	2	$25x$	$\frac{5}{8}x$	$\frac{5}{8}x$	$\frac{x}{8}$

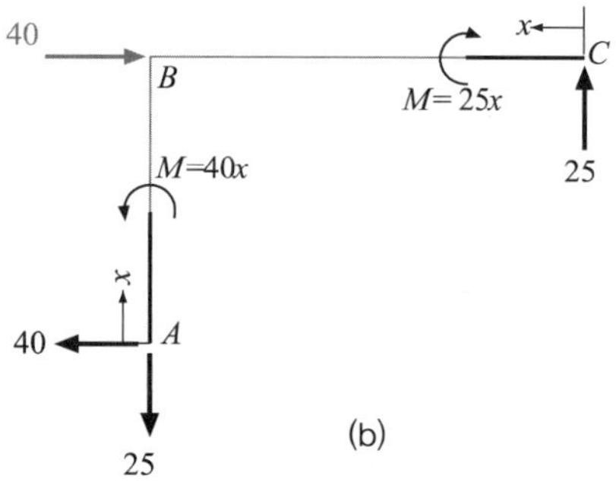

(b)

그러므로

$$\delta_{Bx}=\int_0^5 \frac{1}{EI}(40x)(x)dx+\int_0^8 \frac{1}{2EI}(25x)\left(\frac{5}{8}x\right)dx$$
$$=\frac{3{,}000}{EI}=\frac{3{,}000\,\text{kN}\cdot\text{m}^3}{(200)(450)\,\text{kN}\cdot\text{m}^2}=0.0330\text{ m }(\rightarrow)$$

$$\theta_B=\int_0^5 \frac{1}{EI}(40x)(0)dx+\int_0^8 \frac{1}{2EI}(25x)\left(\frac{x}{8}\right)dx$$
$$=\frac{266.7}{EI}=\frac{266.7\,\text{kN}\cdot\text{m}^2}{(200)(450)\,\text{kN}\cdot\text{m}^2}=0.0030\text{ rad }(\curvearrowright)$$

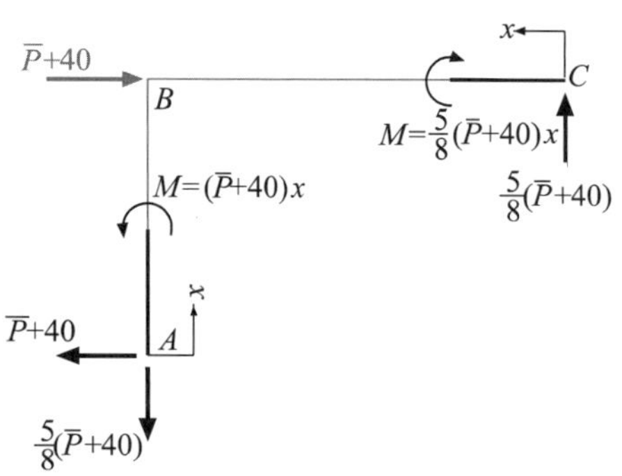

(c)

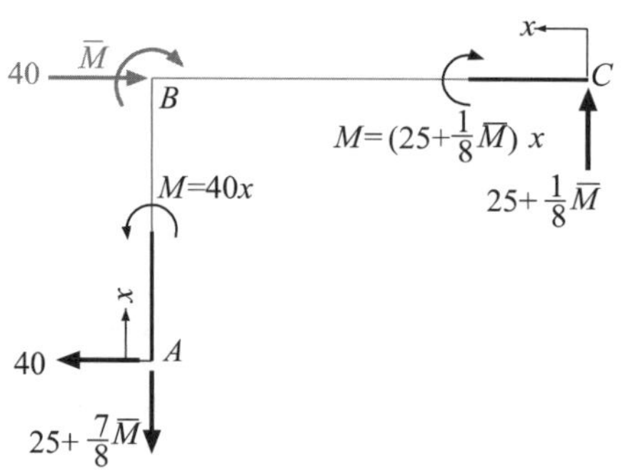

(d)

예제 9-23

예제 9-15에서 D점의 수평(Δ_{Dx}), 수직(Δ_{Dy}) 변위를 카스틸리아노 제2정리를 이용하여 구하라.

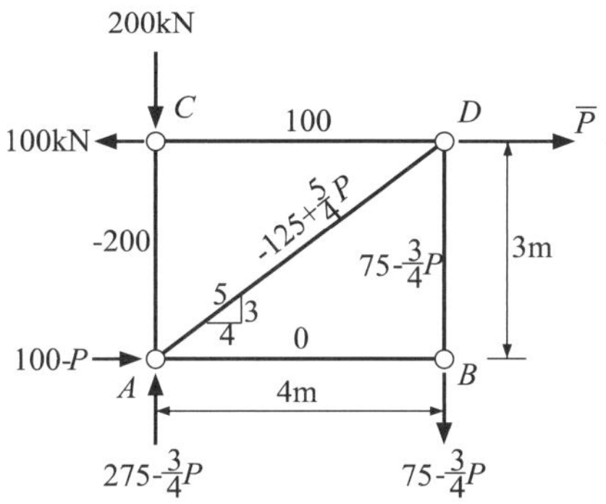

(a)

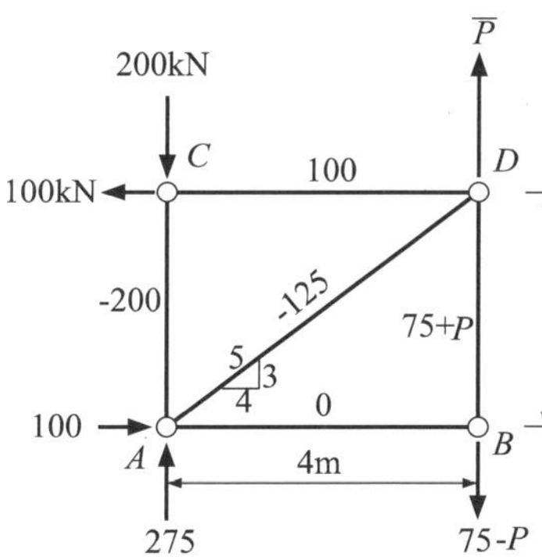

(b)

풀이

트러스의 처짐은 식 (9.35)에서,

$$\Delta = \frac{\partial W}{\partial P} = \sum F\left(\frac{\partial F}{\partial P}\right)\frac{L}{EA}$$

(1) D점의 수평처짐(Δ_{Dx})

그림 (a)와 같으며, 표로 정리하면

부재	A m^2	L m	F(kN) 그림 (a)	$\frac{\partial F}{\partial \overline{P}}$	n'	$n' \times F\left(\frac{\partial F}{\partial \overline{P}}\right)\frac{L}{A}$
AB	0.001	4	0	0	1	0
AC	0.001	3	-200	0	1	0
AD	0.001	5	$-125+\frac{5}{4}P$	$\frac{5}{4}$	1	$-781,250+7,812.5P$
CD	0.001	4	100	0	1	0
BD	0.001	3	$75-\frac{3}{4}P$	$-\frac{3}{4}$	1	$-168,750+1,687.5P$
Σ						$-950,000(\overline{P}=0)$

그러므로 수평처짐은,

$$\Delta_{Dx} = \sum n' F\left(\frac{\partial F}{\partial \overline{P}}\right)\frac{L}{AE} = \frac{-950,000 \text{ kN/m}}{(200\times 10^6 \text{ kN/m}^2)}$$
$$= -0.0048 \text{ m } (\leftarrow)$$

(2) D점의 수직처짐(Δ_{Dy})

그림 (b)와 같으며, 표로 정리하면,

부재	A m^2	L m	F(kN) 그림 (b)	$\frac{\partial F}{\partial \overline{P}}$	n'	$n' \times F\left(\frac{\partial F}{\partial \overline{P}}\right)\frac{L}{A}$
AB	0.001	4	0	0	1	0
AC	0.001	3	-200	0	1	0
AD	0.001	5	-125	0	1	0
CD	0.001	4	100	0	1	0
BD	0.001	3	$75+P$	1	1	$-225,000+1,687.5P$
Σ						$-225,000(\overline{P}=0)$

그러므로 수직처짐은,

$$\Delta_{Dy} = \sum n' F\left(\frac{\partial F}{\partial \overline{P}}\right)\frac{L}{AE} = \frac{225,000 \text{ kN/m}}{(200\times 10^6 \text{ kN/m}^2)} = 0.0011 \text{ m}$$

9.6 연습문제 Problem...

[9.1절]

9.1-1 그림과 같은 보에서, B점의 처짐이 P_1으로 인하여 δ_1, P_2로 인하여 δ_2가 생겼다면 P_1이 한 일을 구하라.

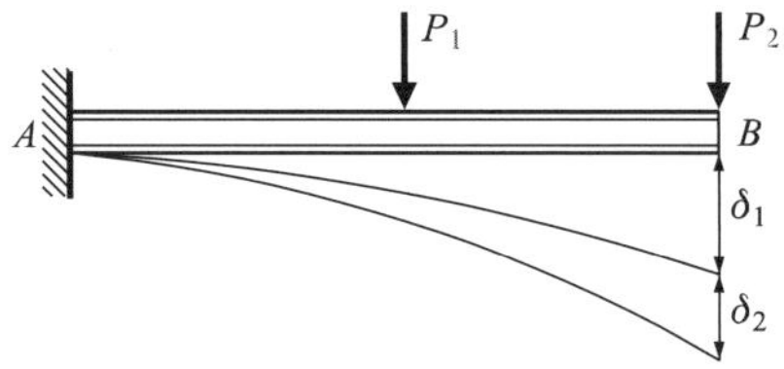

답 $\frac{1}{2}P_1\delta_1 + P_1\delta_2$

9.1-2 그림과 같이 절점 A에 힘 P가 작용하여 A'점으로 변위가 생겼다면 외력 P가 한 일을 구하라.

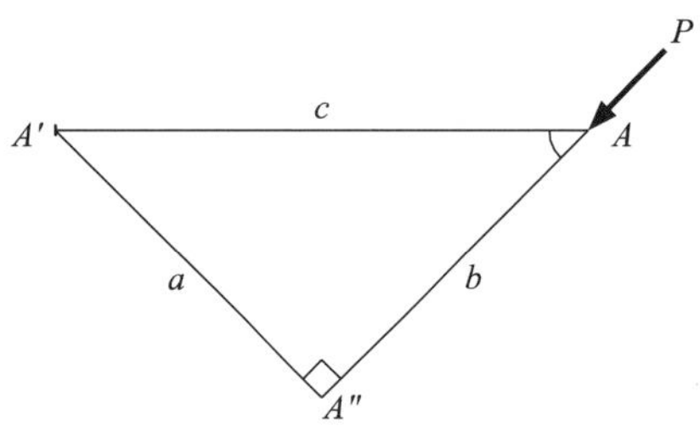

답 Pb

[9.2절]

9.2-1 다음 보의 휨모멘트에 대한 변형에너지를 구하라.

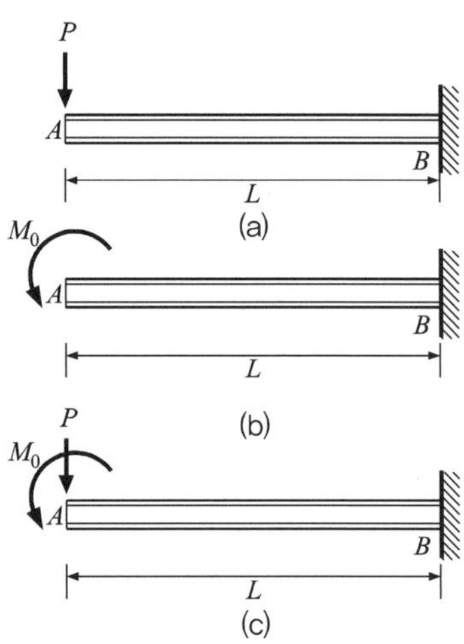

9.2-2 문제 9.2-1을 통해 변형에너지는 중첩의 원리가 성립되지 않음을 보여라.

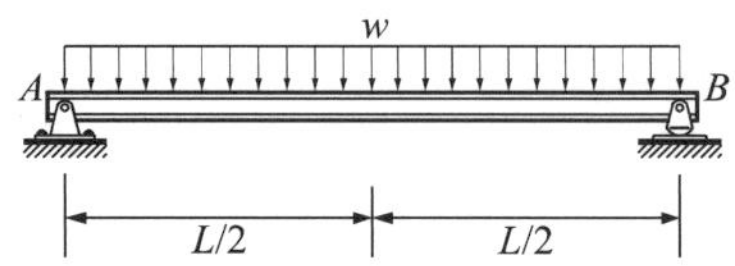

9.2-3 다음 보의 휨모멘트에 대한 변형에너지를 구하라.

9.2-4 문제 9.2-3의 단면이 직사각형인 경우 전단력에 대한 변형에너지를 구하라.

[9.3절]

9.3-1 다음 보 지점의 처짐각과 중앙부의 처짐을 가상일법을 이용하여 구하라.

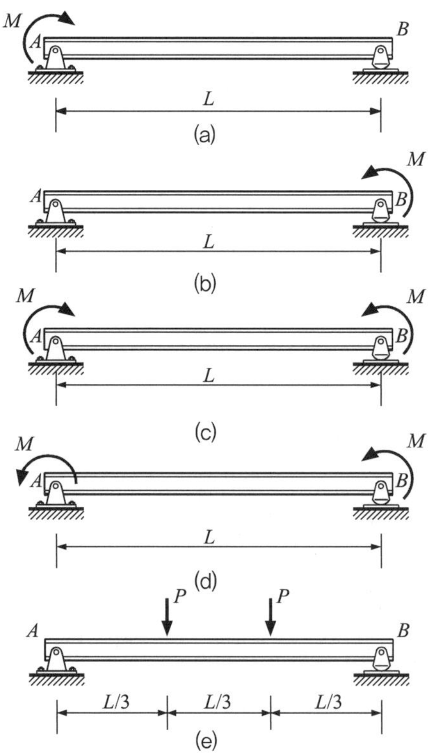

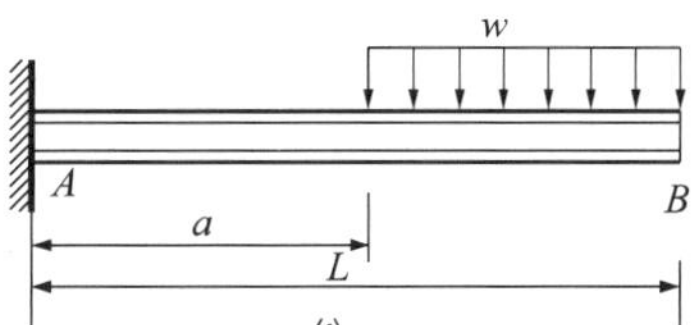

(f)

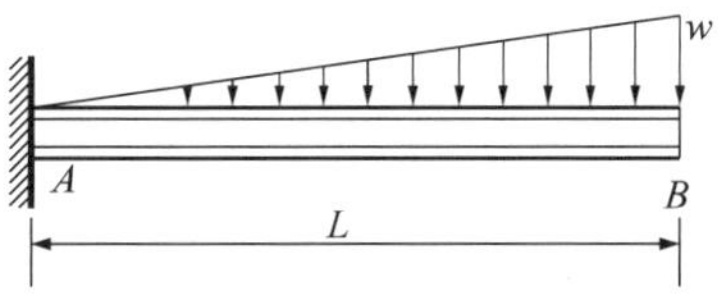

(g)

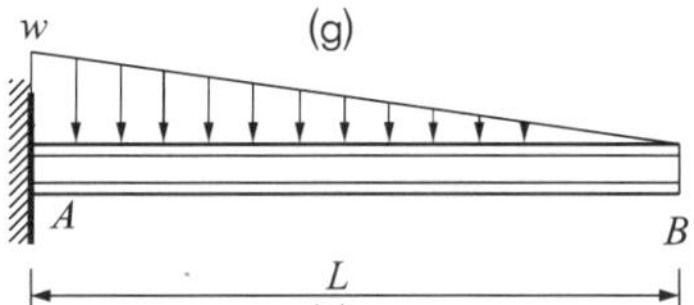

(h)

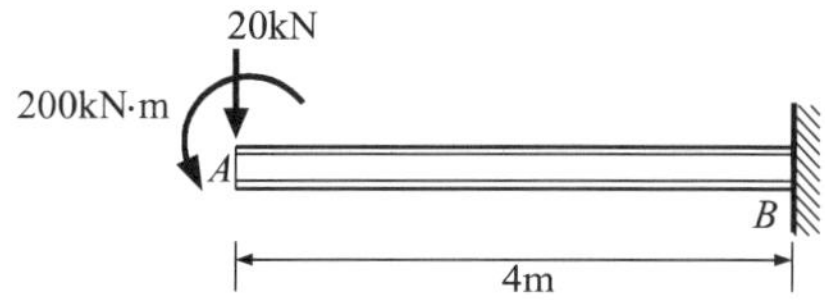

(a)

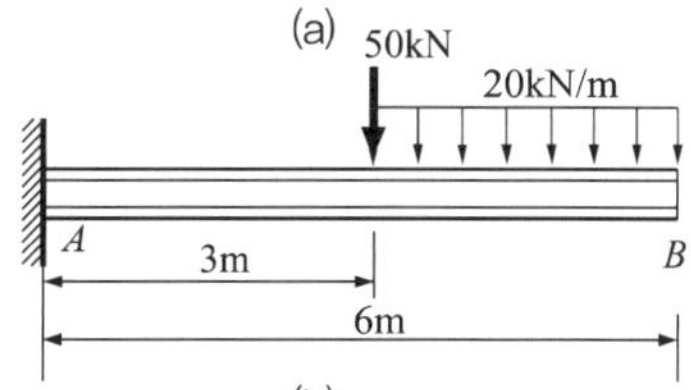

(b)

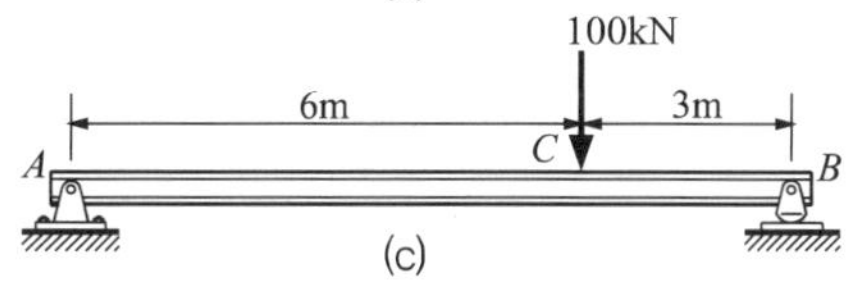

(c)

9.3-2 가상일법을 이용하여 다음 보 B점의 처짐과 처짐각을 구하라. ($E=200\text{ GPa}$, $I=1.6\times10^8\text{mm}^4$)

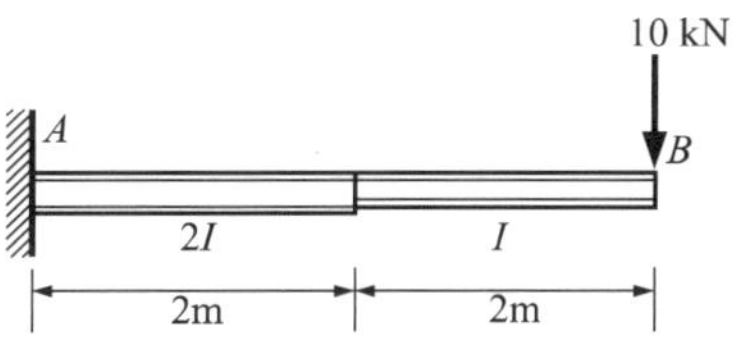

(a)

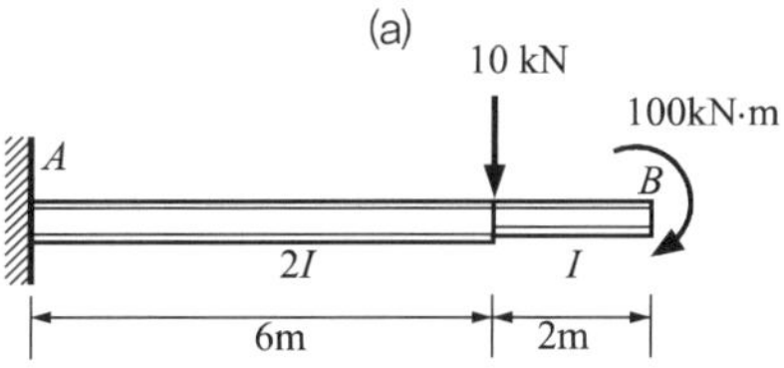

(b)

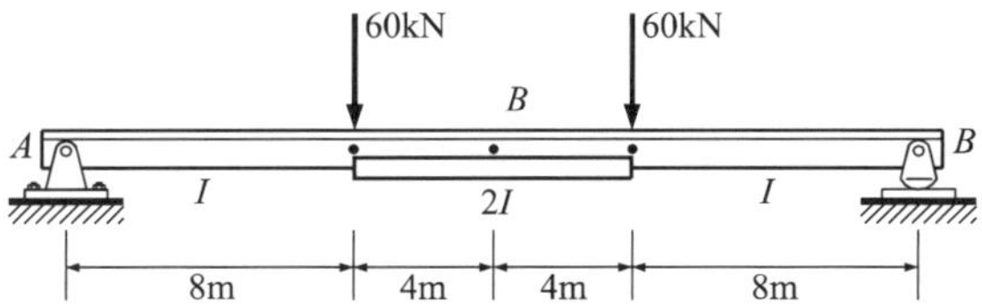

(c)

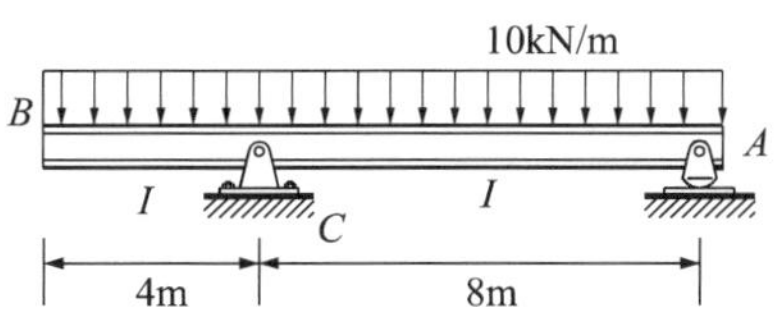

(d)

9.3-3 다음 보의 최대 처짐이 보 경간 L의 1/360을 초과하지 않도록($\Delta_{\max}\le L/360$) 하는 최소 단면2차모멘트를 구하라. (단, $E=200\text{GPa}$)

9.3-4 보가 화재에 의해 다음과 같은 환경에 놓였을 때 B점의 처짐각을 구하라. (단, $E=200\text{ GPa}$)

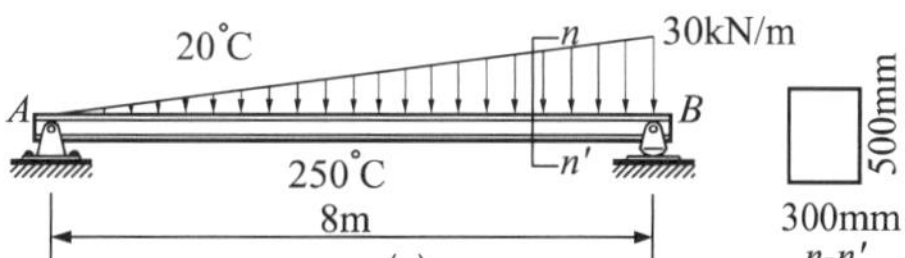

(a)

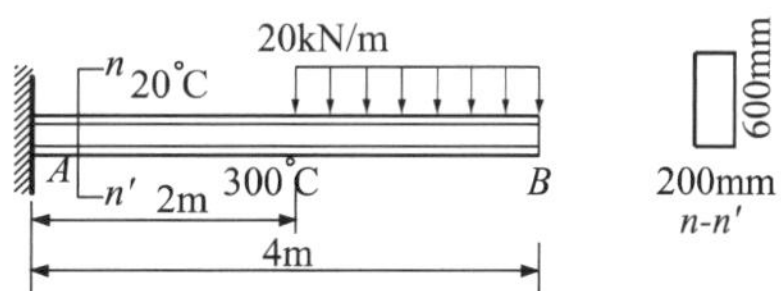

(b)

9.3-5 가상일법을 이용하여 다음 보의 C점에서 처짐과 처짐각을 구하라. ($E=200\text{ GPa}$, $I=1.6\times10^8\text{mm}^4$)

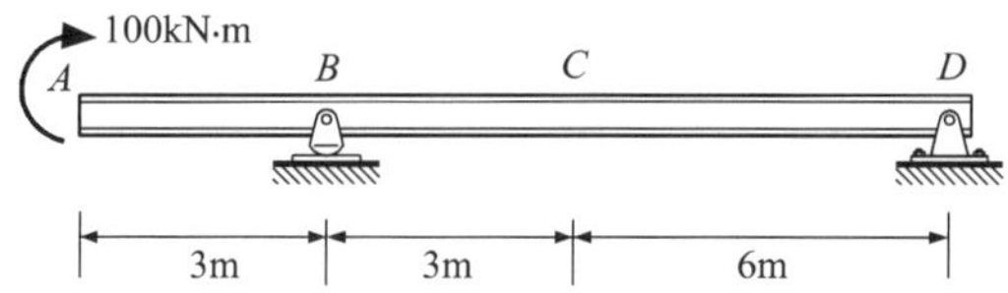

(a)

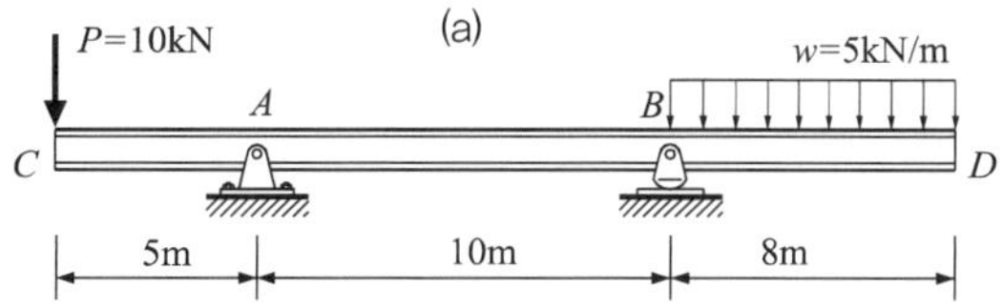

(b)

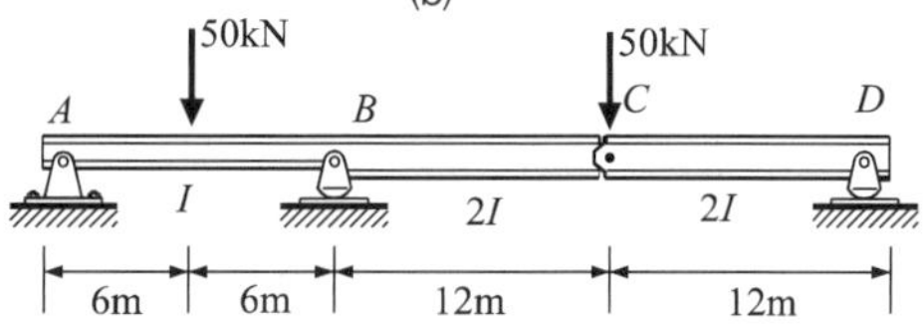

(c)

9.3-6 가상일법을 이용하여 C점에서의 수평/수직 처짐과 처짐각을 구하라.
($E = 200$ GPa, $I = 1.6 \times 10^8 \mathrm{mm}^4$)

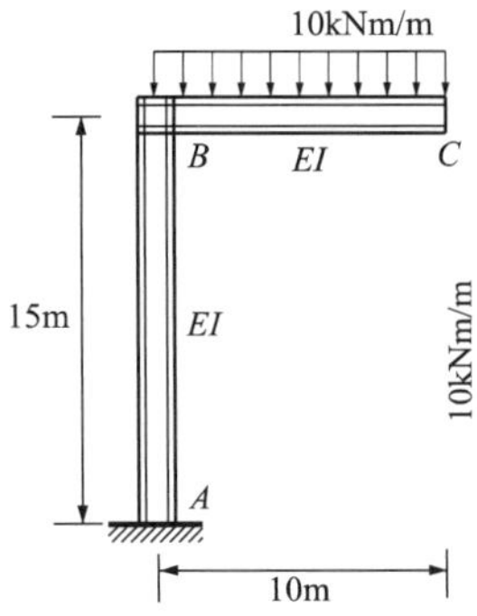

(a)

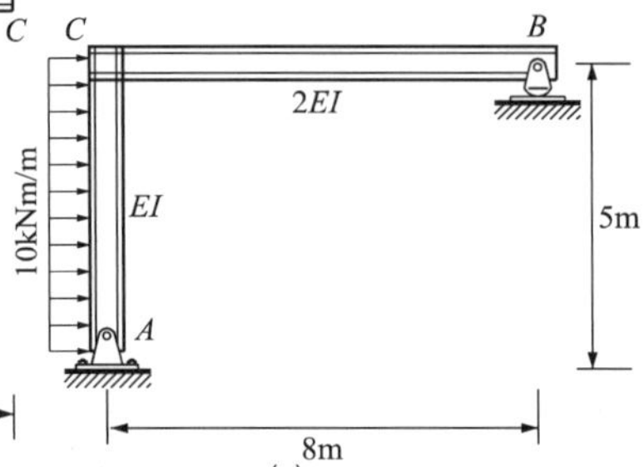

(b)

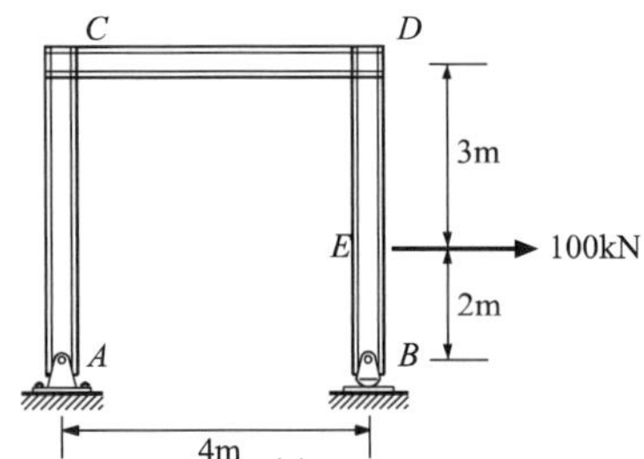

(c)

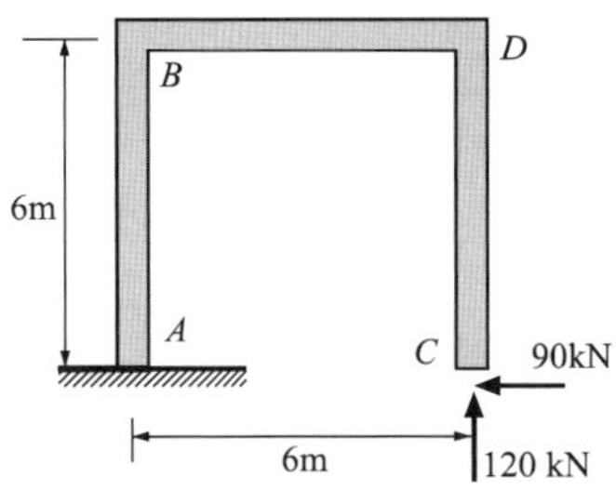

(d)

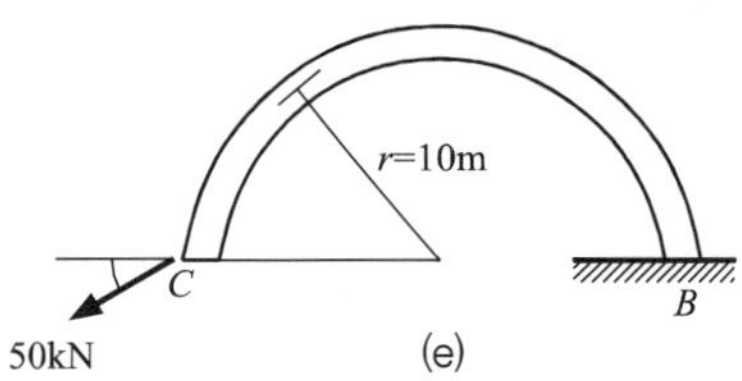

(e)

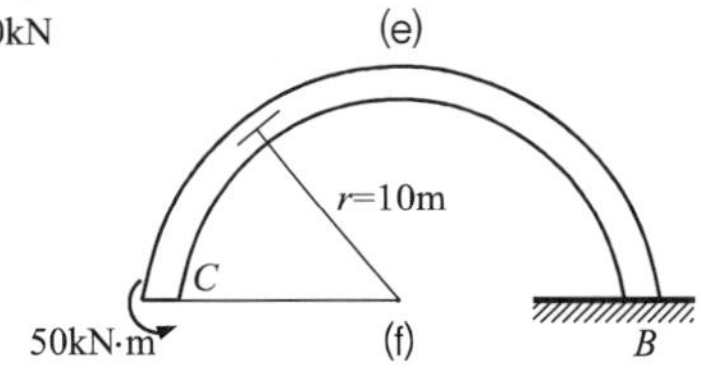

(f)

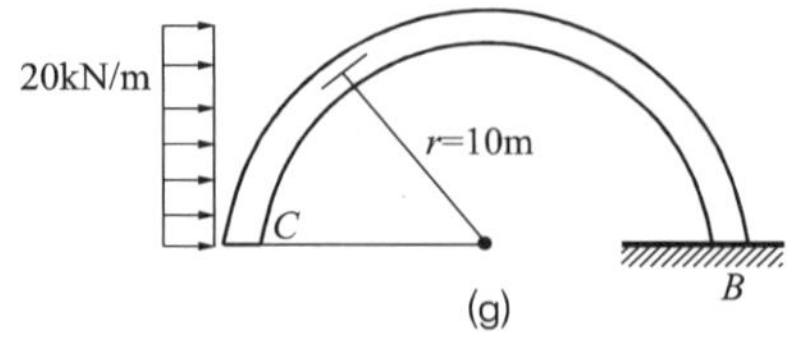

(g)

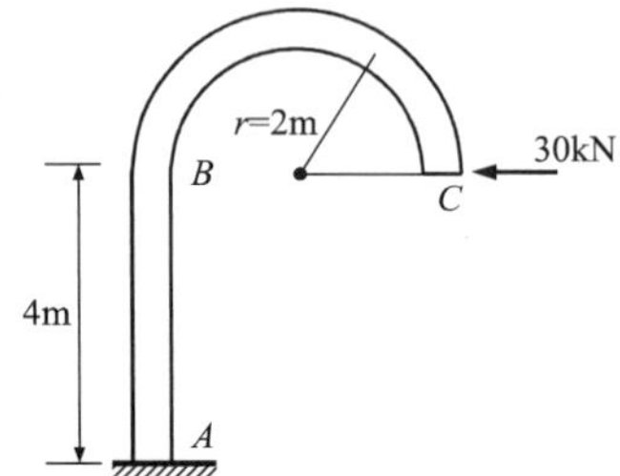

(h)

9.3-7 가상일법을 이용하여 다음 트러스의 C점에서 수평/수직 처짐을 구하라.
($E = 200$ GPa, $A = 1{,}000 \mathrm{mm}^2$)

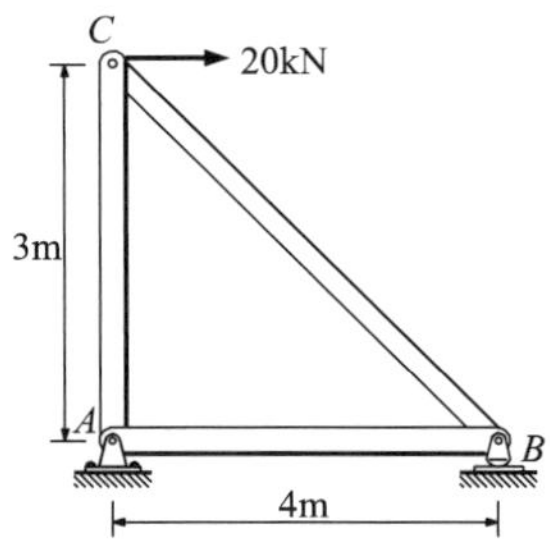

(a)

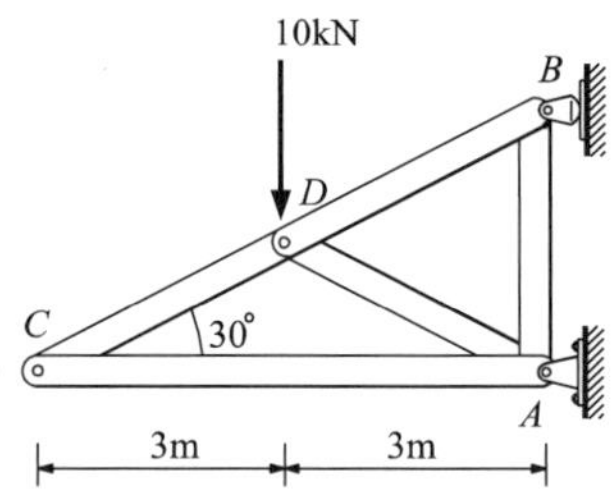

(b)

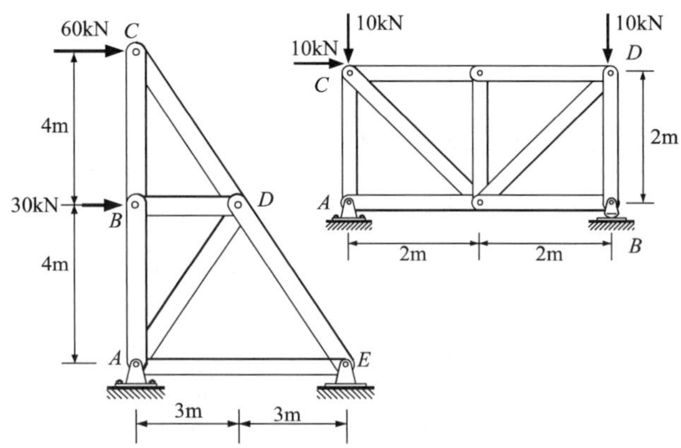

(d)

9.3-8 가상일법을 이용하여 다음 트러스의 C점에서 수직 처짐을 구하라.
($E = 200$ GPa, $A = 3{,}000\,\text{mm}^2$)

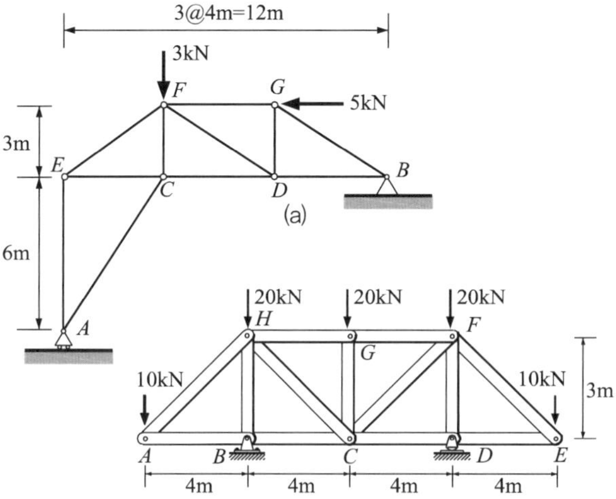

(a)

(b)

9.3-9 다음 트러스의 C점에서 수직 처짐이 5mm를 초과하지 않을 최소 단면적 A를 결정하라.
(단, $E = 200$ GPa, 모든 단면 일정)

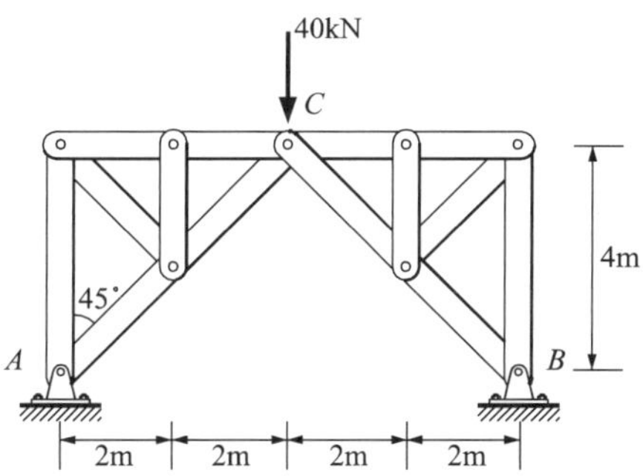

(a)

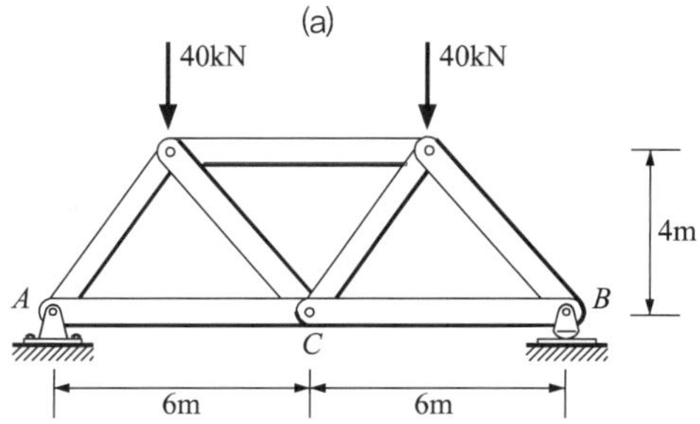

(b)

9.3-10 다음 트러스가 화재로 $A \sim E$구간면이 100℃가 되었을 때(나머지 부재 20℃이다) 가상일법을 이용하여,

(1) 그림 (a)에서 J점의 수평처짐을 구하라.

(2) 그림 (b)에서 C점의 수직처짐을 구하라.

($E = 200$ GPa, $A = 3{,}000\,\text{mm}^2$)

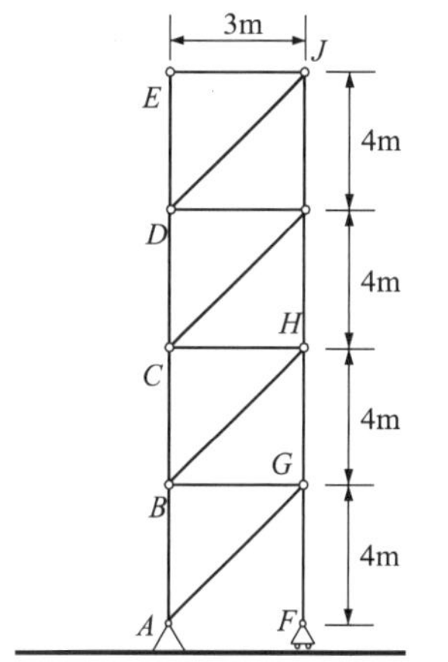

(a)

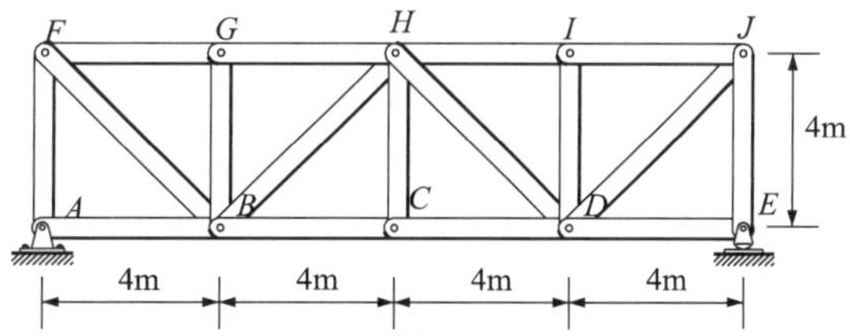

(b)

9.3-11 문제 9.3-10 그림 (a)에서 제작오차로 $\overline{AB}$부재가 30mm 짧고, $\overline{BD}$는 40mm 길 때 J점의 수평처짐을 구하라.

9.3-12 문제 9.3-10 그림 (b)에서 $\overline{GH}$부재가 30mm 짧고, $\overline{HC}$부재는 40mm 길 때 J점의 수평처짐을 구하라.

9.3-13 그림과 같은 트러스에서 (1) D점의 수평/수직변위, (2) C점과 B점 사이의 상대 변위차, (3) $\overline{CD}$부재의 회전각을 구하라. ($E = 200$ GPa, $A = 1{,}500\,\text{mm}^2$)

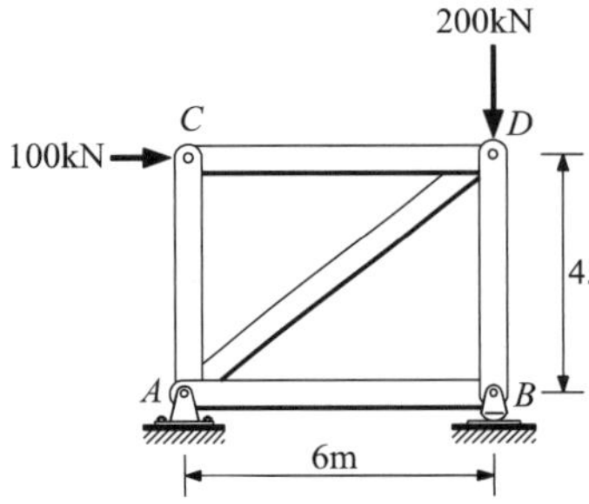

9.3-14 그림과 같은 트러스에서 다음 조건으로 G점의 수직처짐을 구하라. (단, $E=200$ GPa)

(1) 200kN이 F절점에 하향으로 작용할 때,

(2) 하현재 온도가 30℃ 감소했을 때 ($\alpha=12\times10^{-6}/$℃),

(3) 지점 A가 20mm(↓), 12mm(←), 지점 B가 10mm(↓) 침하했을 때

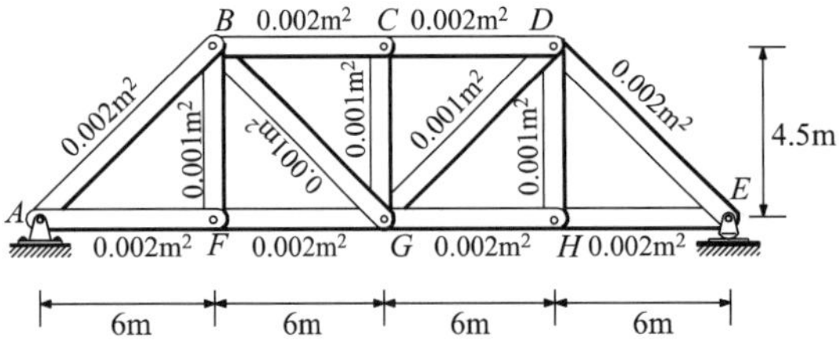

9.3-15 문제 9.3-14의 그림에서 200kN이 F절점에 하향으로 작용할 때 (1) F절점과 D절점사이의 상대변위, (2) $\overline{FG}$부재의 회전각을 구하라.

[9.5절]

9.5-1 문제 9.3-1을 카스틸리아노 제2정리를 이용하여 풀어라.

9.5-2 문제 9.3-2를 카스틸리아노 제2정리를 이용하여 풀어라.

9.5-3 문제 9.3-4를 카스틸리아노 제2정리를 이용하여 풀어라.

9.5-4 문제 9.3-5를 카스틸리아노 제2정리를 이용하여 풀어라.

9.5-5 문제 9.3-6을 카스틸리아노 제2정리를 이용하여 풀어라.

9.5-6 문제 9.3-7을 카스틸리아노 제2정리를 이용하여 풀어라.

9.5-7 문제 9.3-8을 카스틸리아노 제2정리를 이용하여 풀어라.

10장 부정정구조물

차례

주요개념

- 부정정구조물
- 소성힌지
- 모멘트재분배
- 잉여력
- 기본구조물
- 미소변위의 가정
- 처짐곡선의 직관적인 작도
- 변위적합조건
- 중첩의 원리

이 장에서부터 미지의 반력이나 부재력 수가 해석에 필요한 힘의 평형방정식 수를 초과하는 부정정구조물의 해석을 다룬다.

앞에서 살펴보았던 정정구조물은 힘의 평형조건 방정식만을 이용하여 반력과 부재력을 쉽게 구할 수 있었다. 그러나 부정정구조물은 힘의 평형방정식만으로 해석할 수 없으므로 평형조건식(Equilibrium) 외에도, 구조물의 처짐을 고려한 적합방정식(Compatibility of displacement)이나 부재력−변형 관계식(Constitutive relation)을 고려해야 한다.

먼저 부정정구조물의 특징과 변형을 직관적으로 확인할 수 있는 방법을 살펴보도록 한다.

10.1 부정정구조물 개요

부정정구조물은 정정구조물에 비하여 해석과 설계과정이 어렵지만, 대부분의 건축구조물은 부정정구조로 설계한다. 그림 10.1은 부정정구조물의 예를 나타낸 것이다.

10.1.1 부정정구조의 장점

건축구조물에 부정정구조를 선택하는 데는 몇 가지 중요한 이유가 있는데, 특히 부재에 발생하는 응력과 처짐이 정정구조물보다 작기 때문이다. 예를 들면 그림 10.2(a)에 있는 양단 고정인 부정정보는 최대모멘트가 양 단부에서 $-wL^2/12$, 중앙부에서 $wL^2/24$

◀ 교량은 일반적으로 정정구조물로 설계되지만, 그림과 같이 부정정구조를 이용하기도 한다. 즉, 각 절점은 강절로, 지점은 고정단으로 구성된 부정정구조이다.

▶ 오늘날 일반적으로 시공되는 철근콘크리트 라멘 구조 각 절점이 강절로 이루어진 고차 부정정구조물이다.

◀ 강구조로 이루어진 건축구조물 또한 특수한 경우를 제외하고 고차 부정정구조물이다.

그림 10.1 부정정구조물의 전형적인 예

이고 최대처짐은 중앙부에서 $wL^4/384EI$이다. 반면 그림 (b)와 같이 동일 치수의 정정보는 최대모멘트와 처짐이 중앙부에서 각각 $wL^2/8$, $5wL^4/384EI$이다. 결과적으로 부정정보는 정정보에 비하여 모멘트는 2/3, 1/3, 처짐은 1/5로 작다.

응력이 작으면, 부재의 치수를 보다 작게 할 수 있으므로 경제적인 설계가 가능해 진다. 또한 처짐이 작다는 것은 강성이 크다는 것을 의미하므로, 구조물의 사용 성능이 향상된다.

부정정구조물을 선택하는 또 다른 중요한 이유는, 예상보다 큰 하중이 작용하거나 설계 오차 등으로 부재강도보다 하중에 의한 소요강도가 클 때, 이를 여분의 단부에 재분배하기 때문(모멘트재분배 등)에 구조물의 안전을 확보할 수 있고, 결과적으로 붕괴되지 않는다는 것이다. 이러한 성질은 구조물에 작용하는 수평하중, 즉 풍하중이나 지진하중이 작용할 때 중요한 역할을 한다.

모멘트재분배(Moment redistribution)를 이해하기 위해 그림 10.3과 같이 하중이 증가하여 부재가 파괴되는 과정을 살펴보자. 먼저 양단 고정보에 하중 w가 서서히 증가하면, 가장먼저 양 단부

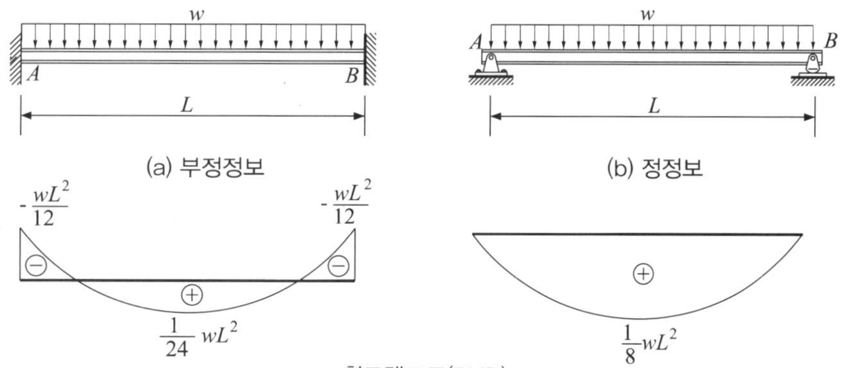

그림 10.2 휨모멘트도(BMD)

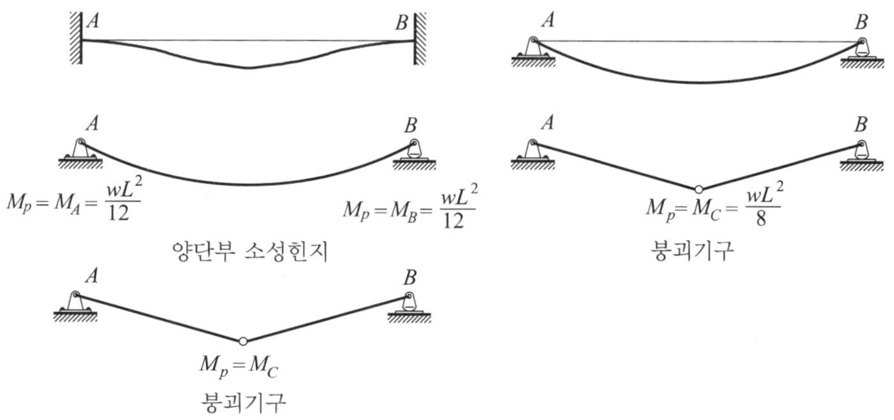

그림 10.3 (a) 부정정보의 붕괴메커니즘 (b) 정정보의 붕괴메커니즘

에서 보의 재료는 항복하게 되고 국부적인 소성힌지(Plastic hinge)를 형성한다. 이로 인하여 고정단이었던 양 단부는 힌지로 연결된 것처럼 보가 처지게 된다. 반면, 중앙부는 양 단부의 모멘트에 1/2를 더 받으므로 중앙부가 항복하여 소성힌지가 될 때까지 하중 w가 더 증가할 수 있고 그동안 구조물은 붕괴하지 않는다. 이렇게 부정정구조는 부정정차수만큼 소성힌지가 발생할 수 있다. 물론 소성힌지가 지속적으로 발생하기 위해서는 구조물을 구성하는 재료가 연성(Ductile)적이어야 한다. 이에 비해 그림 10.3(b)의 정정구조는 중앙부에 소성힌지가 발생하는 순간 붕괴한다.

10.1.2 부정정구조의 단점

부정정구조물이 정정구조물에 비하여 더 얇은 부재와 안전하게 하중을 지지할지라도 불리한 경우가 있다. 예를 들어 재료의 비용절감을 고려하더라도 부정정구조물이 정정구조물보다 지점이나 절점을 제조하는데 많은 비용이 들기 때문에 비경제적일 수도 있다.

더욱 중요한 것은 부정정구조물은 온도변화, 부재 제작과정의 치수 오차, 지점의 부등침하 등으로 인한 부재의 변형이, 구조물에 추가응력을 초래할 수 있다는 것이다. 예를 들면 그림 10.2(a)와 같은 양단 고정의 지점 중 하나가 침하하면 이로 인한 추가 응력이 발생한다. 반면, 그림 10.2(b)와 같은 보는 지점의 부등침하로 인한 변형이 발생하지 않으며 따라서 보에는 추가응력이 생기지 않는다. 다양한 환경과 넓은 지반에 지점을 갖는 교량 등이 정정구조물로 건설되는 이유이기도 하다.

10.2 부정정차수와 잉여력

10.2.1 부정정보에서의 부정정차수와 잉여력

3장에서 살펴보았던 구조물의 부정정차수를 구하는 문제를 심화시켜 보자. 먼저 보에서의 부정정차수를 설명하기 위하여, 그림 10.4와 같이 부정정보의 여러 가지 형태를 예시하였다. 그림 (a)와 같은 보는 지점 A가 고정단이고 지점 B는 이동단이다. 이 보에 생길 수 있는 반력은 A점의 수평, 수직, 모멘트 반력 및 B점의 수직반력, 총 4개이다. 평형방정식의 수는 3개이므로 1차 부정정구조이다. 이때 부정정구조물을 정정구조물로 치환하기 위하여 알아야 할 반력 수 1을 잉여력(Redundant force)이라 하며, 잉여력을 외력으로 치환하고, 정정구조물화 시킨 구조물을 기본구조물(Primary structure)이라고 한다.

기본구조물, 즉 정정구조물로 치환하려면 반드시 잉여력의 수가 부정정차수와 같아야 한다. 예를 들면, 그림 (a)에서 반력 R_B를 잉여력으로 하면 지점 B가 제거되어 캔틸레버보가 기본구조물이 된다. 또한 반력 모멘트 M_A를 잉여력으로 취하면 A점이 힌지 지점으로 바뀌어 정정보인 단순보가 기본구조물이 된다.

그림 (b)와 같이 보위에 수직하중만이 작용하는 경우를 생각해보자. 수평 반력은 발생하지 않으므로 3개의 반력이 생겨 마치 정정구조물인 것처럼 생각되지만, 이 경우는 평형방정식($\sum Y = 0$, $\sum M = 0$)도 2개이므로 결국 1차 부정정보가 된다. 그림 (c)와 같이 양단 고정보(Fixed-end beam)에서는 양 지점에 각각 3개의 반력이 생기므로 전체 6개의 반력이 발생한다. 3개의 평형방정식을 고려하면 3차 부정정구조물이다. 만일 양 지점 중 한쪽 3개의 반력을 잉여력으로 취하여 제거하면 캔틸레버보가 기본구조물이 된다. 또는 양 지점의 모멘트와 어느 한쪽의 수평 반력을 잉여력으로 취하여 제거하면 단순보가 기본 구조물이 된다.

그림 (d)의 경우 반력은 4개지만, 평형방정식의 수도 2개가 되어 2차 부정정보가 된다. 그림 (e)와 (f)는 연속보(Continuous beam)인 경우다. 그림 (e)의 보는 4개의 반력과 3개의 평형방정식을 가지고 있으므로 1차 부정보이다. R_B를 잉여력으로 취하면 단순보가 기본

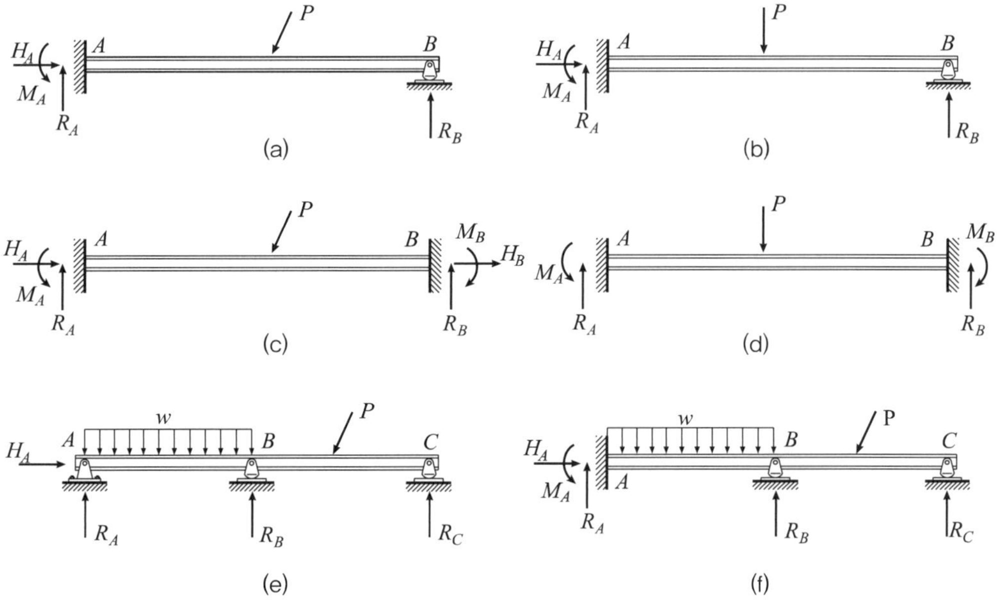

그림 10.4

구조물이 된다. 또한 잉여력을 R_C로 취하면 $\overline{BC}$부분이 돌출된 내민보가 기본구조물이 된다. 그림 (f)는 2차 부정정보이고, R_B와 R_C를 잉여력으로 취하면 캔틸레버보가 기본구조물이 된다.

10.2.2 부정정라멘에서의 부정정차수와 잉여력

이제 지금까지의 논의를 바탕으로 대부분의 건축물 구조형식인 라멘(평면 골조)의 부정정차수를 구해 보자.

그림 10.5와 같은 평면골조(라멘)를 생각해 보자. 절점과 부재를 모두 분리해서 자유물체도를 그리면 그림 10.5(b)와 같다. 그림에서처럼 임의 부재의 양 단부에는 축방향력, 전단력, 휨모멘트의 3개 미지력이 존재하므로 1개 부재당 미지력은 6개이다.

그러므로, 만약 m개의 부재와 j개의 접합부를 가지고 있고 r개의 반력에 의해 지지되는 평면골조에서 구해야 할 미지값은 $6m$개의 부재력과 r개의 반력이다. 구성할 수 있는 방정식은 각 부재와 절점에서 힘의 평형조건에 의해 3개씩 가능하므로 $3(m+j)$이고, 부재 중간에 힌지나 롤러가 포함되어 있으면, 이들이 가지는 조건을 이용하여 방정식을 구성할 수 있으므로(겔버보나 3회전단라멘 등을 생각하자) 이를 e라고 하면, 부정정차수는 결국

$$i = (6m+r) - 3(m+j) - e \quad \text{(a)}$$

$$= (3m+r) - (3j+e)$$

가 된다. 이제 식을 일반화시키기 위해서 다음과 같이 변형한다.

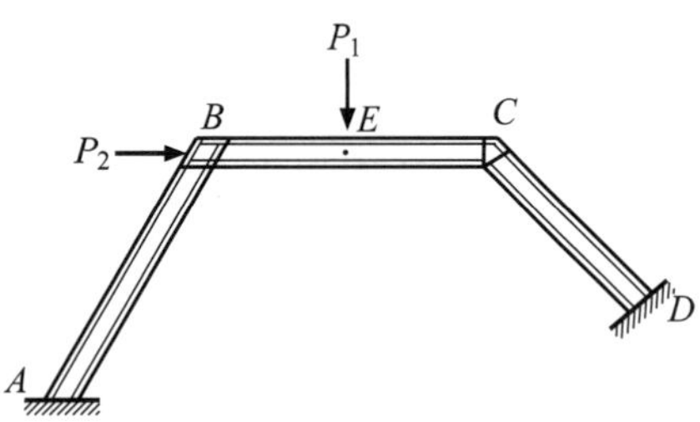

(a)

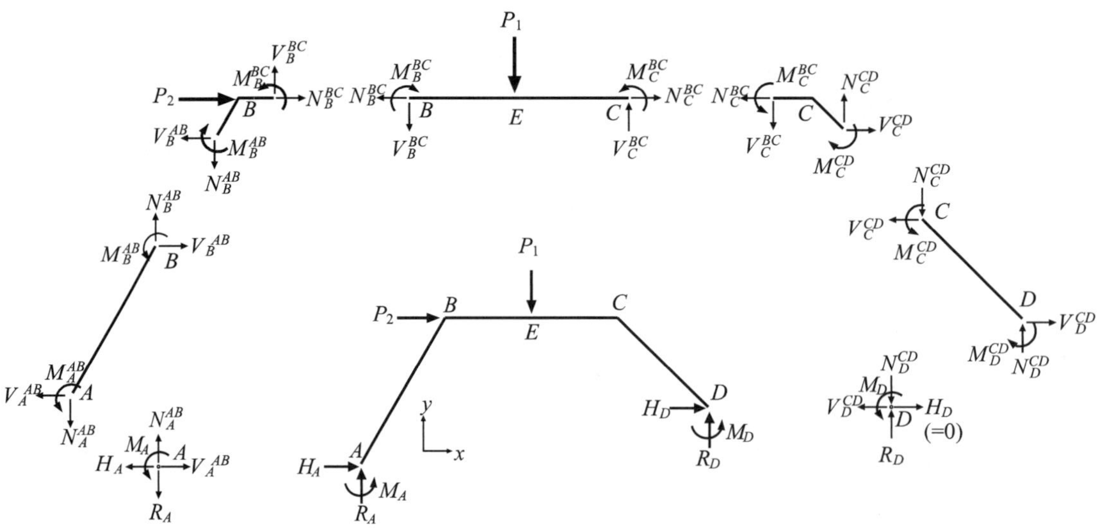

(b)

그림 10.5

그림 10.6 (a) $r=0$ (b) $r=1$ (c) $r=1$ (d) $r=1$ (e) $r=2$ (f) $r=3$

$$i = r+m+(2m-j-e)-2j \tag{b}$$

여기서, $e_c=(2m-j-e)$라 놓고, 절점과 부재가 이루는 조건별로 e_c값을 살펴보면, 그림 10.6과 같이,

$$e_c=(2m-j-e)$$

(a) $e_c=2-1-1=0$ (b) $e_c=2-1-0=1$

(c) $e_c=3-1-1=1$ (d) $e_c=3-1-1=1$

(e) $e_c=3-1-0=2$ (f) $e_c=4-1-0=3$

이 되고, 3.4.3절에서 살펴보았던 일반적인 구조물에 대한 부정정차수를 구하는 방법인 식 (3.7)을 유도할 수 있다. 즉 부정정차수 i는

$$i = r+m+e_c-2j \tag{3.7}$$

평면골조의 부정정차수를 결정하는데 사용할 수 있는 또 다른 방법은, 골조를 나누거나 지점을 제거하여 구조체가 정정구조(기본구조물)이 되도록 만들면, 이때 발생하는 잉여력은 부정정차수와 같다는 방법을 이용하는 것이다.

예를 들어 그림 10.7을 생각해 보자. 그림 (a)와 같은 부정정 평면골조를 2등분하여 2개의 기본구조물(캔틸레버 라멘)로 만들면 잉여력은 그림과 같이 M_i, V_i, M_i가 발생하므로 부정정차수는 3이다. 이와 같은 방법은 다층골조 건물의 부정정차수를 구하는데 특히 편리하다. 즉 고정단 지점을 갖는 다층 골조 건물의 부정정차수는 골조내부에 힌지나 롤러가 포함되어 있지 않다고 가정하면, 보의 개수에 3의 곱한 값이 된다.

예제를 통해 라멘(평면골조)의 부정정차수를 구해 보자.

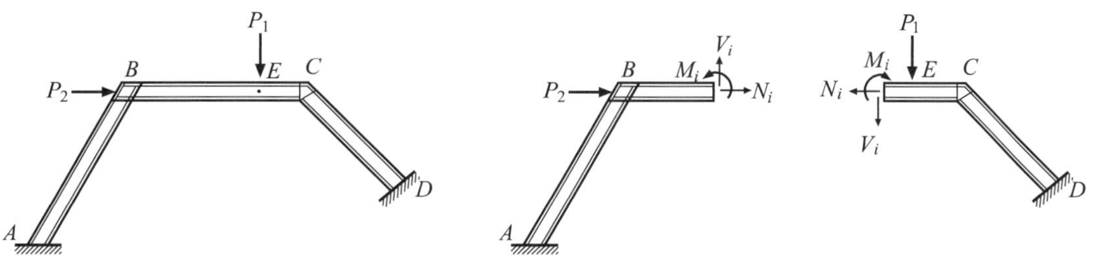

그림 10.7 (a) (b)

예제 10-1

다음 평면 골조의 부정정차수를 구하라.

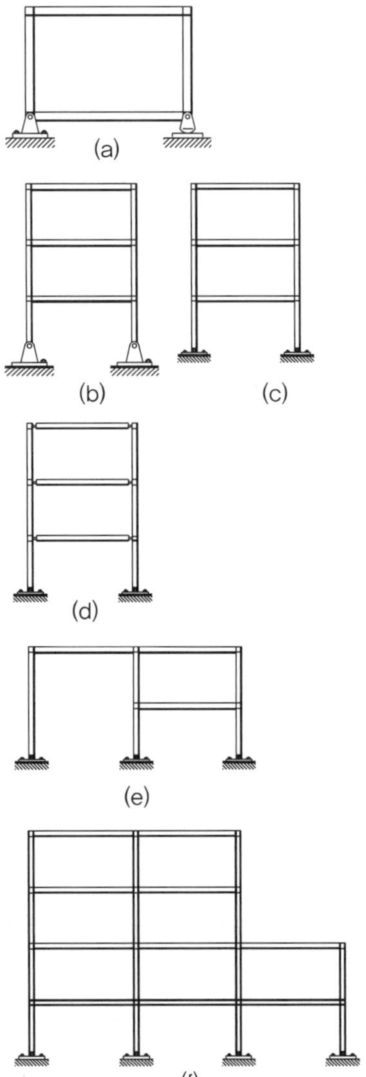

풀이

부정정차수를 계산하는 식은 $i=r+m+e_c-2j$이므로 이를 이용하여 구하면,

그림 (a) $r=3,\ m=4,\ e_c=4,\ 2j=8$이므로

$i=3+4+4-8=3$차 부정정

그림 (b) $r=4,\ m=9,\ e_c=10,\ 2j=16$이므로

$i=4+9+10-16=7$차 부정정

그림 (c) $r=6,\ m=9,\ e_c=10,\ 2j=16$이므로

$i=6+9+10-16=9$차 부정정

또는 고정단 지점을 갖는 다층 골조 건물의 부정정차수는 골조 내부에 힌지나 롤러가 포함되어 있지 않다고 가정하면, 보의 개수에 3을 곱하면 되므로,

$i=3\times3$(보 개수)$=9$차 부정정

그림 (d) $r=6,\ m=9,\ e_c=4,\ 2j=16$이므로

$i=6+9+4-16=3$차 부정정

여기서 그림 (c)가 9차 부정정이고, 6개의 힌지조건을 갖는다고 생각하면 $9-6$은 3차 부정정이다.

그림 (e) $r=9,\ m=8,\ e_c=8,\ 2j=16$이므로

$i=9+8+8-16=9$차 부정정

또는 $i=3\times3$(보 개수)$=9$차 부정정

그림 (f) $i=3\times10$(보 개수)$=30$차 부정정

그림 (g) $i=3\times36$(보 개수)$=108$차 부정정

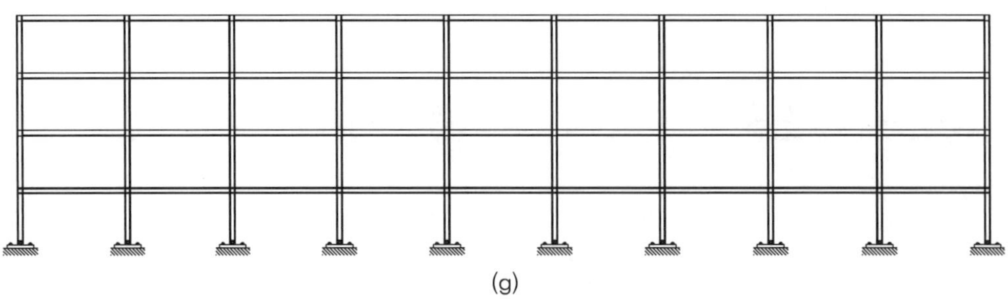

10.3 부정정구조물 해석 기초

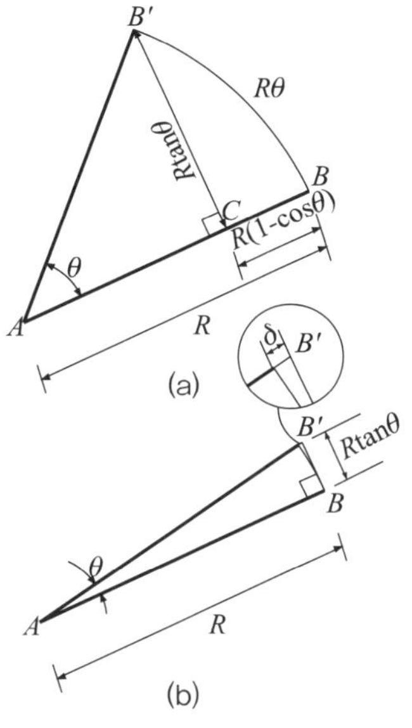

그림 10.8

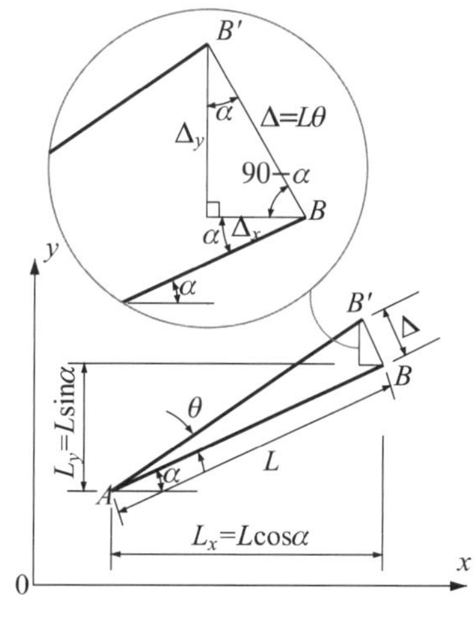

그림 10.9

부정정구조물을 해석하기 위해서는 필요한 적합방정식이나 부재력-변형 관계식의 개념을 정확히 이해할 필요가 있다.

10.3.1 미소변위의 가정

지금까지 정정구조물의 해석, 구조물의 변형을 구하는 문제에서 미소변위(Small displacements)를 가정하였다. 만약 미소변위의 가정이 성립한다면, 그림 10.8(a)에서 $R\theta \approx R\tan\theta$라는 의미이다. 여기서 구조물의 변위가 정말 작은가에 대한 의문이 있을 수 있다. 그 답은 '그렇다'는 것이다. 예를 들어 초고층 구조물의 허용 수평변위(Draft index)비 $\delta/H=$1/400~1/1,000로 설계된다. 여기서 H는 건축물의 높이, δ는 최고층에서의 허용 수평변위이다. 이 결과는 $R\theta \approx R\tan\theta$관계가 1/400~1/1,000비에 관계 된다는 의미이므로 그 변위는 매우 작다고 할 수 있다.

그러므로 그림 10.8(b)와 같이 $\overline{AB}$부재가 $\overline{AB'}$로 미소변형 한다면 늘어난 길이 $\delta=|\overline{AB'}|-|\overline{AB}|$는 무시할 수 있다. 즉 $\delta=0$이며, 부재의 길이변화는 없는 것으로 가정할 수 있다.

이제 기울어진 부재의 미소 변위에 대해 생각해 보자. 그림 10.9와 같이 $\overline{AB}$부재가 θ만큼 미소 변형하여 $\overline{AB'}$가 되었다면, 이때 변위 Δ는

$$\Delta = L\theta$$

이다. 여기서 x방향의 변위 Δ_x, y방향의 변위 Δ_y는

$$\Delta_x = \Delta\sin\alpha = L\theta\sin\alpha = L_y\theta \qquad (10.1a)$$

$$\Delta_y = \Delta\cos\alpha = L\theta\cos\alpha = L_x\theta \qquad (10.1b)$$

가 된다. 그러므로 만약 어떤 부재가 θ만큼 미소 변형하여 변위가 발생했을 때, 임의 점의 x방향 변위 Δ_x는 부재의 직각방향(y) 길이 L_y에 θ를 곱하면 얻을 수 있으며, Δ_y도 마찬가지이다.

예를 들어 그림 10.10과 같이 A점이 θ만큼 미소변형 했을 때 B점과 C점의 x, y방향 변위를 구하면 다음과 같다.

B점의 x방향 변위 $\Delta_{Bx}=0$

B점의 y방향 변위 $\Delta_{By}=1.5\theta$

C점의 x방향 변위 $\Delta_{Cx}=0.6\theta$

C점의 y방향 변위 $\Delta_{Cy}=2.7\theta$

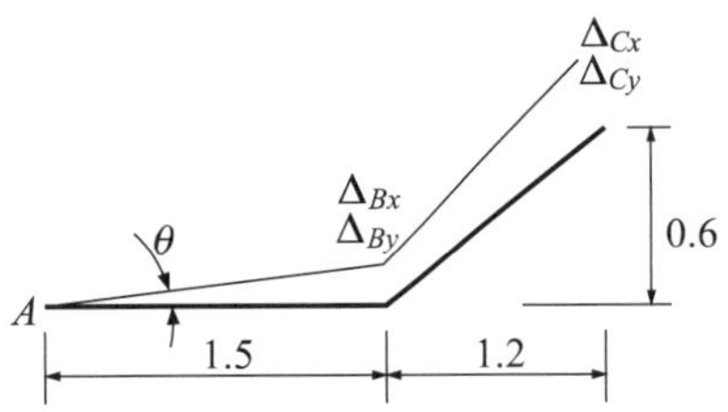

그림 10.10

이번에는 경사부재를 갖는 라멘의 변형에 관해 살펴보자. 그림 10.11과 같이 수직 $\overline{AB}$, 경사 $\overline{CD}$, 그리고 수평 $\overline{BC}$부재로 구성된 양단 힌지의 라멘을 생각해 보자. 먼저 지점 A, D는 힌지로 x, y방향 변위가 구속되어 있다. B절점의 변위는 어떨까? 미소변위를 가정한다면, 그림 (b)와 같이 B절점은 수평으로만 변형할 수 있다($\overline{AB}$부재는 길이변화가 없으므로). 같은 이유로 C절점도 경사부재와 직각 방향으로만 변형할 것이다($\overline{CD}$부재 또한 길이변화가 없으므로). 이제 임의 하중에 의해 구조물이 그림 (c)와 같이 B절점이 수평방향으로 Δ만큼 이동하면 $\overline{BC}$부재 또한 길이변화가 없으므로, C절점은 수평 방향으로 Δ만큼 변형해야 한다. B절점과 C절점은 강절점이므로 내부 각이 변하지 않는다는 조건과 이동된 B', C'절점을 연결한 가능한 탄성곡선(처짐 형상)을 그리면 그림 (d)와 같다. 이제 그림 (e)와 같이 B절점과 C절점에서 부재 축을 따라 선을 연장하여 만나는 점을 O라 하고, Δ만큼 변형하는데 상응하는 변형각을 θ라 하자. B절점은 $\overline{AB}$축에 수직방향으로 이동하고, C절점 또한 CD축에 수직방향으로 이동하므로, 기하학적 조건으로부터 $\overline{BC}$ 부재의 O에 대한 회전 또한 θ만큼 일어나 나야 한다. 그러므로 만약 그림 (f)와 같은 조건에서 B점 및 C점에 대한 변위를 구해보면,

$$\Delta_{Bx} = \left(4\frac{4}{3}\right)\theta = \frac{16}{3}\theta, \qquad \Delta_{C} = \left(5\frac{4}{3}\right)\theta,$$

$$\Delta_{Cx} = \Delta_{Bx} = \frac{16}{3}\theta, \qquad \Delta_{Cy} = 4\theta$$

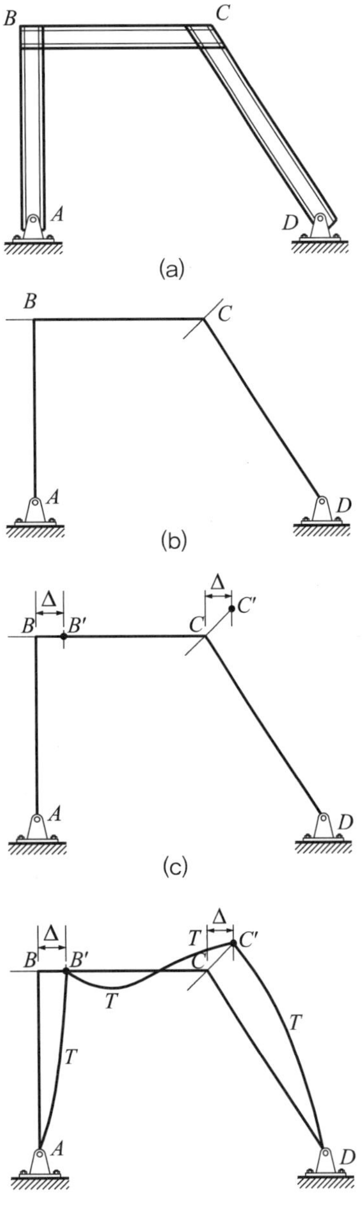

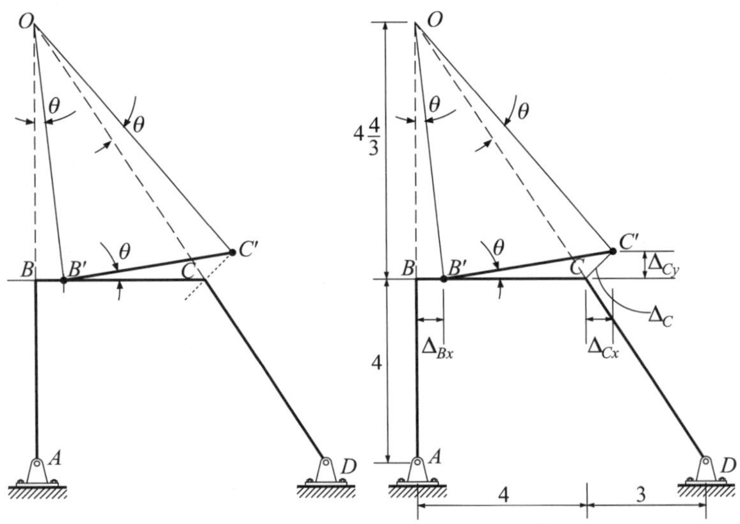

그림 10.11

10.3.2 변형형상(처짐곡선)의 작도

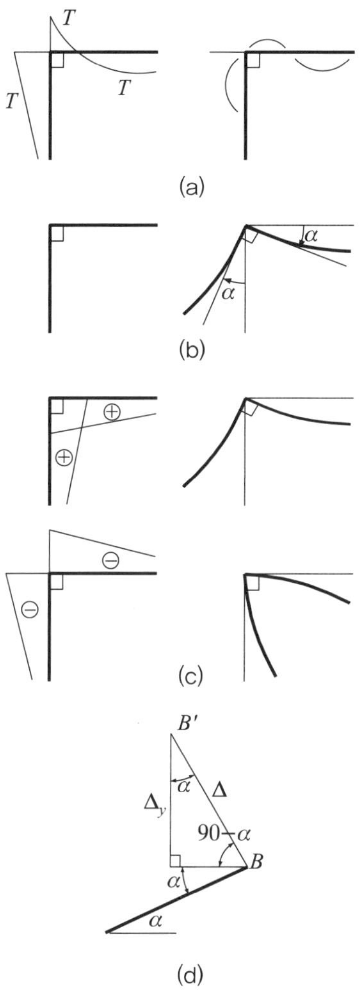

그림 10.12

부정정구조물의 해석에서 중요한 개념 중 하나는 구조물의 변형에 대한 정성적인 형태를 미리 예측할 수 있어야 한다는 것이다. 이것은 앞으로 다루게 될, 자유도(미지 변위)의 결정이나 수평변위(Sidesway)의 유무를 판단하는데 매우 중요하다. 우리는 앞장에서 정정구조물의 처짐이나 변형량을 구하는 방법과 그 형태를 살펴보았다. 예를 들어 보의 경우 처짐 형상은 예측이 쉽지만, 라멘이나 구조물의 경우는 정성적인 변형형상을 결정하는 것도 생각보다 어렵다. 그러므로 여기서는 정성적인 변형형상을 작성할 때 유의해야 하는 사항을 다시 한 번 정리하고, 여러 구조물에 대한 예를 통해 이를 심화시키고자 한다. 먼저 구조물의 변형에 대한 여러 특성을 정리해 보자.

(1) 휨모멘트를 받는 부재는 그림 10.12(a)와 같이 항상 인장측(T)이 오목하게 휜다.

(2) 구조물의 변형형상은 힌지를 제외하고는 항상 연속성을 갖는다(불연속 함수가 아니다).

(3) 강절점은 회전한다 하더라도 그림 10.12(b)와 같이 원래의 부재각을 유지하며, 그림 10.12(c)와 같이 변형한다.

(4) 라멘에서 축방향변형은 무시한다. 즉 앞 절에서도 살펴보았듯이 축방향변형은 무시할 만큼 작으며, 이를 통해 임의 절점이 이동할 때는 그림 10.12(d) 부재 재축선의 수직방향으로만 이동한다.

위와 같은 특성을 이용해 처짐 형상을 작도해 보자. 그림 10.13은 수직하중을 받는 1차 부정정보이다. 먼저 지점 A는 고정단이므로 수평/수직/회전이 구속되어 있다. B지점은 이동단이므로 수직으로 구속되어 있다.

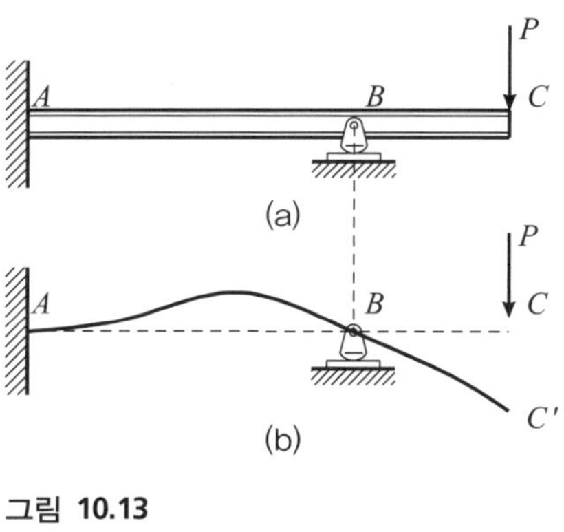

그림 10.13

조건 (1)로부터 인장측이 오목하게 휘므로 $\overline{BC}$부분은 위로 볼록(⌒)이다.

조건 (2)로부터 변형형상은 연속성을 띤다. 그러므로 A절점은 회전이 구속되어 있지만 B점에서 위로 볼록이므로 $\overline{AB}$구간에는 변곡점이 반드시 존재해야 한다.

조건 (4)로부터 임의 점은 부재축에 수직방향으로만 이동할 수 있으므로, B절점의 x방향 이동은 없다. 종합적으로 변형형상은 그림 (b)와 같다.

물론 처짐 형상이 모멘트와 곡률의 부호에만 의존해 그려진 것이므로 어디까지나 대략적인 값이라는 사실에 유의하자.

예제를 통해 구조물의 대한 처짐 형상 작도를 심화시켜 보자.

예제 10-2

다음 라멘 및 구조물의 정성적(대략적)인 처짐(변형) 형상을 작도하라.

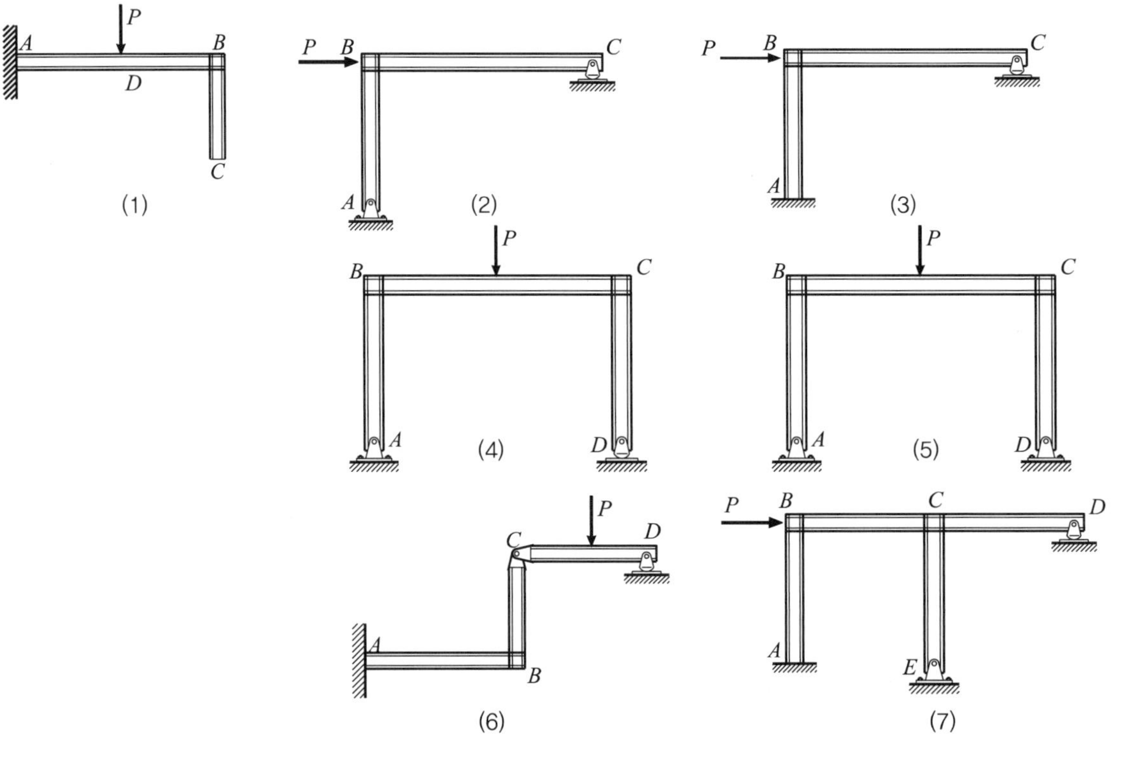

풀이

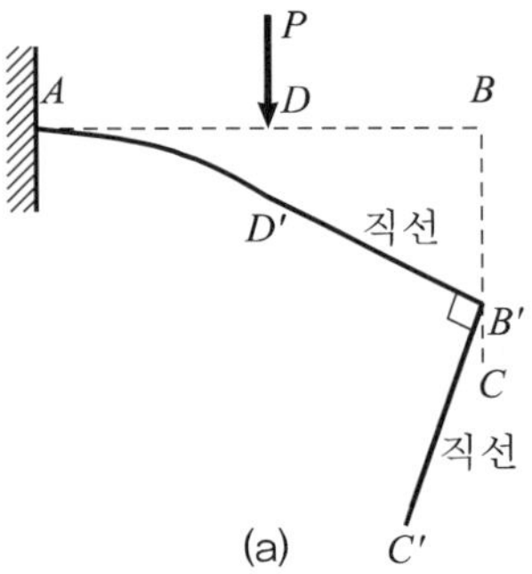

(1) $\overline{AD}$구간은 하중에 의해 위로 볼록 형태로 처짐이 발생하고, 나머지 구간은 직선을 유지한다. 또한 $\overline{AB}$부재의 축변형은 무시하므로, B절점은 수직으로 B'로 이동한다(그림 (a)).

(2) 만약 C점의 수직방향 구속이 없다면, A지점은 힌지이므로 시계방향으로 회전할 것이다. 또한 미소변형의 가정에 의해 $\overline{BC}$는 길이변화가 없으므로, B, C절점의 수평 변위는 같다(Δ). B절점에는 양(+)모멘트가 작용하므로, 그림 10.12(c)와 같이 변형하므로, 이를 정리하면 그림 (b)와 같다.

(3) (2)번 문제에서 A지점이 고정단인 경우이다. 고정단에서 처짐각은 0이고, 구조물의 변형형상은 힌지를 제외하고는 항상 연속성을 가짐으로(조건 2) 그림 (c)와 같다.

(4) 라멘중앙에 P가 작용하는 경우이다. 먼저 하중 P에 의해 $\overline{BC}$ 부분은 그림과 같이 처짐과 처짐각이 발생한다.

$\overline{AB}$구간과 $\overline{CD}$구간에는 휨모멘트가 없으므로, 처짐이 발생하지 않는다(직선). B절점과 C절점은 강절점이므로 원래의 부재각을 유지해야 하고, $\overline{AB}$, $\overline{CD}$구간이 직선, 또한 $\overline{BC}$의 길이변화가 없다는 조건을 모두 만족시키기 위한 처짐 형상은 그림 (d)와 같다.

(5) (4)번 문제에서 D지점이 힌지인 경우이다. D점이 힌지이므로 수평방향 이동이 구속되어 있으므로, 앞의 조건을 만족시키기 위한 처짐형상은 그림 (e)와 같다. 차후에 부정정구조물을 해석하면, B와 C절점에는 음(−)모멘트가 작용하므로, 그림 10.12(c)와 같이 변형한다는 사실 또한 알 수 있을 것이다.

(6) 그림 (f)와 같이 하중 P가 힌지에서 반력이 발생한다고 가정하여 분리시키면, 하부의 구조물에서 $\overline{AB}$는 위로 볼록 형태로 처짐이 발생하고, $\overline{BC}$부재는 변형이 발생하지 않는다(휨모멘트 0). 또한 B점의 수평변위도 0이다(미소변형). $\overline{CD}$부재는 하중 P에 의해 아래로 볼록 형태로 처짐이 발생하고, 길이 변화는 없다. 이제 힌지를 연결하면 처짐형상을 얻을 수 있다($\overline{BC}$부재가 직선임에 유의하자).

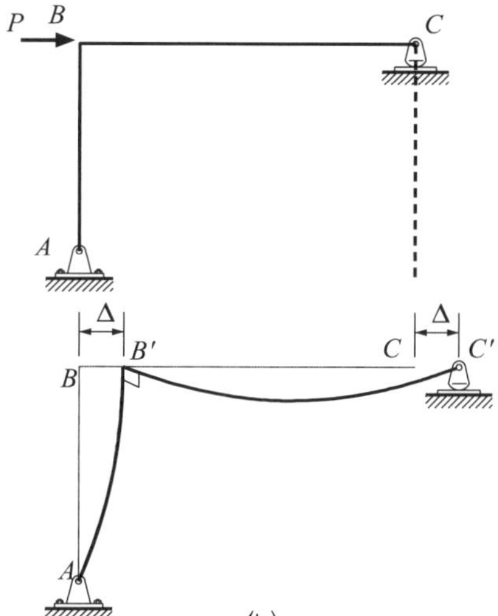

(b)

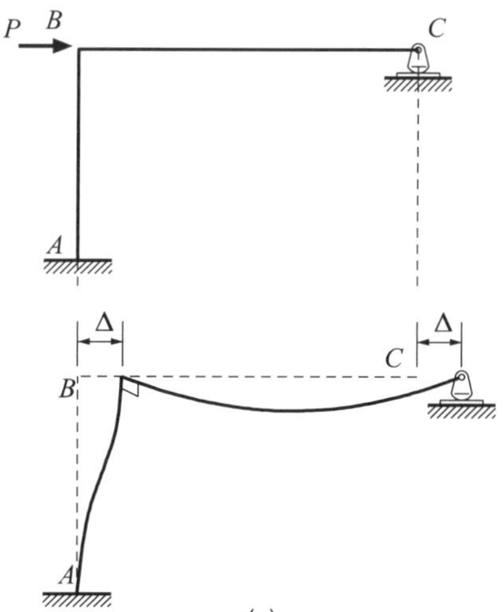

(c)

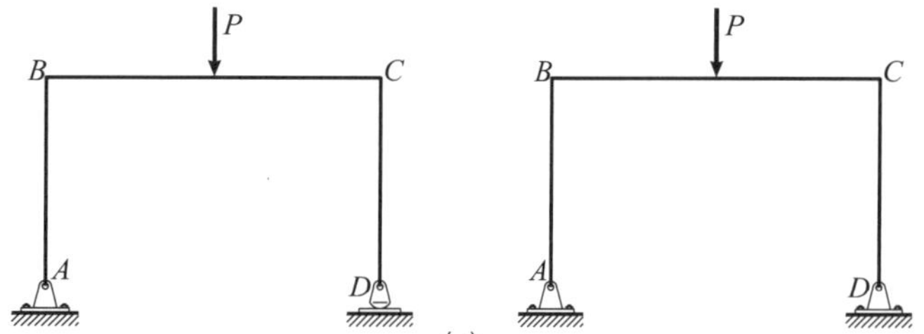

(d)

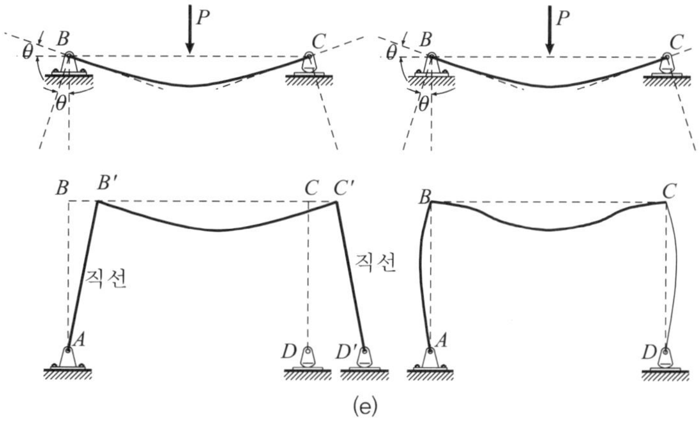

(e)

(7) 보다 복잡한 구조물의 처짐 형상을 작도해 보자. 먼저 그림 (g)와 같이 C절점의 구속을 해제하면, 첫 번째 그림의 변형형상을 얻을 수 있다. 이번에는 $\overline{CE}$ 부재를 연결하고, D지점의 구속을 해제하면, $\overline{EC}$부재의 변형에 수직 변위는 0이므로, 처짐형태는 두 번째 그림과 같을 수 밖에 없다. 마지막으로 D절점을 생각하면, 수직 변위가 구속되어 있으므로, 그림 (g)와 같은 처짐 형상을 작도할 수 있다.

이상과 같은 개략적인 처짐 형상의 작도는 구조물의 거동 파악과 처짐 계산에 매우 유용하므로 유의하자.

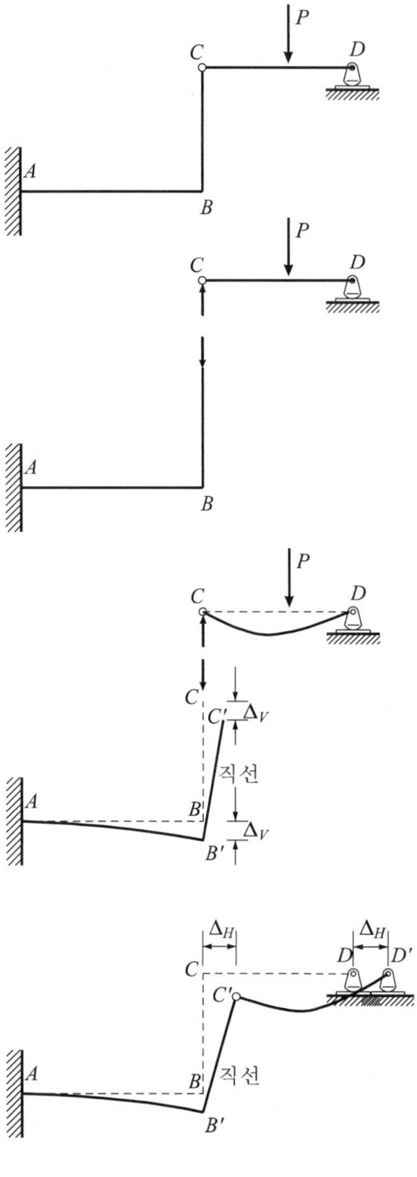

(g)

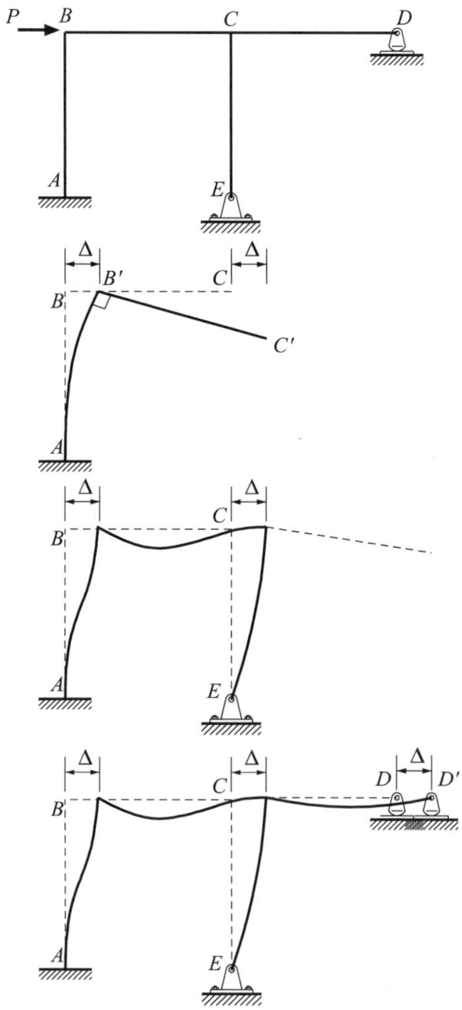

(f)

10.3.3 변위적합조건

부정정구조물을 해석하기 위해서 필요한 부정정차수만큼의 추가 방정식을 얻기 위한 아이디어로 변위적합조건(Compatibility of displacements)을 이용한다. 변위적합조건이란 원 구조물에서 변위에 대한 조건을 표현한 것으로 예를 들어 회전단 지점의 수직변위는 0이라는 것 등이다.

변위적합조건의 정의

구조물이 외력에 의해 변형하더라도, 구조물을 구성하는 모든 부재는 연속성을 유지한다.

변위적합조건을 구조물을 예를 들어 설명해 보자. 그림 10.14(a)는 1차 부정정트러스이다. 만약 외력이 작용하면 트러스의 각 부재는 재축방향으로 변형할 것이다. 그러나 변위적합조건에 따라, 하중 작용 이후에도 $\overline{AB}$, $\overline{AC}$, $\overline{AD}$ 부재가 A점에서 연결된 상태를 유지해야 한다.

그림 (b)는 1차 부정정보다 변위적합조건을 생각해 보자. 먼저 B지점은 하중 작용 이후에도 수직방향 변위가 0이다. 또한 지점 A의 처짐각은 0이라는 조건을 생각할 수 있다.

그림 (c)는 3차 부정정 라멘이다. 그림과 같이 A점에 집중하중 P가 작용하면 강절점 B는 반시계 방향으로 회전한다. 강절점은 원 부재각(직각)을 유지하고, 변위적합조건에 의해 하중 작용 이후에도 연속성을 유지해야 하므로, B점에 연결된 $\overline{BA}$, $\overline{BD}$, $\overline{BC}$ 부재는 모두 반시계 방향으로 회전하고 회전각은 모두 같게 된다.

위와 같은 구조물에 대한 변위적합조건을 이용하면 힘의 평형조건식 이외에 부정정차수만큼의 추가식을 구성할 수 있는데 이를 적합방정식이라 한다. 변위적합조건의 간단한 아이디어는 부정정구조물을 해석하기 위해 필요한 방정식을 구성할 때 매우 강력한 방법을 제공한다.

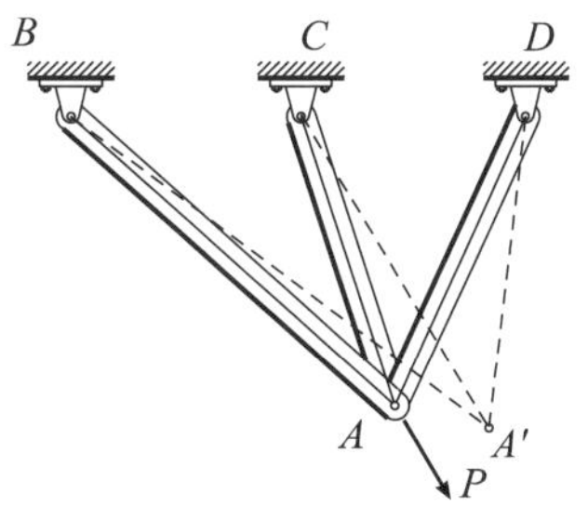

(a)

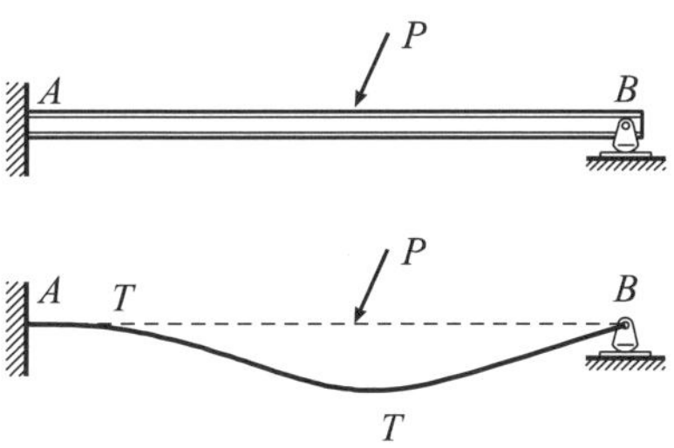

(b)

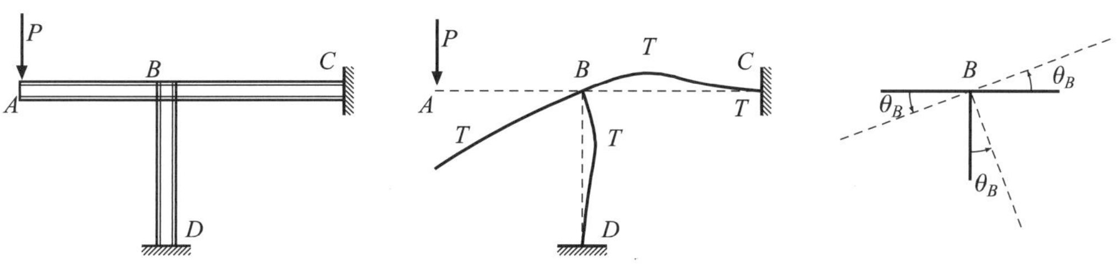

(c)

그림 10.14

10.3.4 중첩의 원리

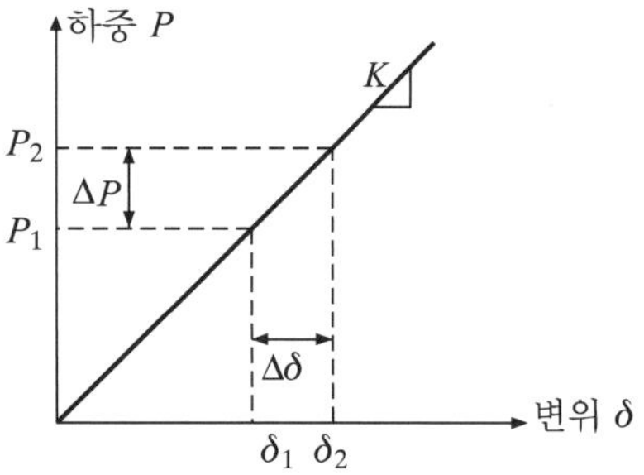

그림 10.15

그림 10.15는 선형탄성 재료를 이용한 구조물의 하중 P과 변위 δ 관계를 나타낸 것이다. 먼저 하중 P_1이 작용할 때 구조물은,

$$P_1 = K\delta_1 \tag{a}$$

의 관계가 성립한다. 여기서 K는 강성(Stiffness)이다.

$\varDelta P$만큼의 하중을 추가하면, 선형탄성이므로,

$$\varDelta P = K\varDelta\delta \tag{b}$$

이고, 전체적으로는

$$P_1 + \varDelta P = K\delta_1 + K\varDelta\delta = K(\delta_1 + \varDelta\delta) \tag{c}$$

이 된다. 식 (c)에서 $P_1 + \varDelta P = P_2$이고, $\delta_1 + \varDelta\delta = \delta_2$이므로,

$$P_2 = K\delta_2 \tag{d}$$

이다. 위의 식을 통해서, 그림 10.16과 같이 여러 하중이 독립적으로 작용해도, 순서가 바뀌어 작용해도, 그 합력이 작용해도 모두 같은 결과를 가짐을 알 수 있는데, 이를 중첩의 원리라고 한다. 즉,

중첩의 원리

선형탄성 구조물의 여러 하중에 의한 거동(부재력 및 처짐 등)은 힘의 합력에 의한 거동과 같다.

중첩의 원리는 재료가 선형탄성이고, 미소변형의 가정이 성립해야만 만족하며, 앞에서 살펴보았듯이 변형에너지 등에 대한 중첩의 원리는 성립되지 않는다는 사실도 유의하자.

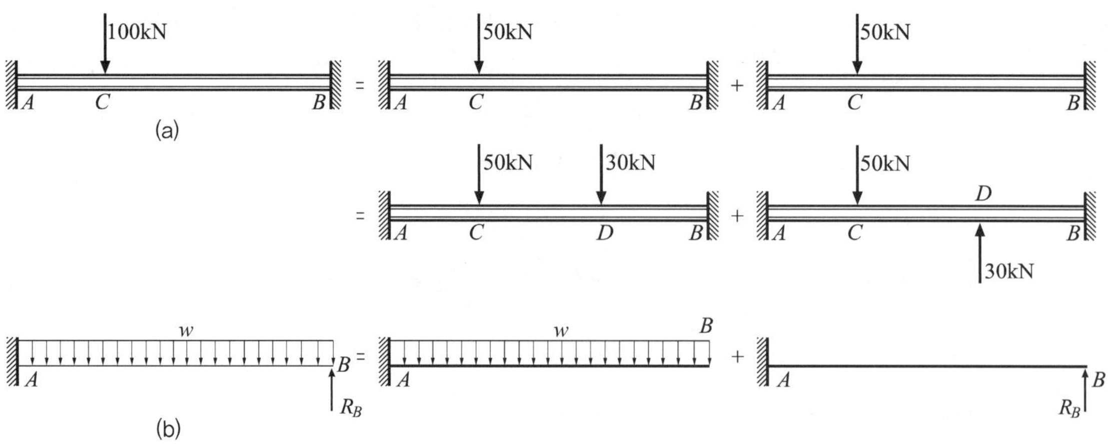

그림 10.16

10.4 부정정구조물의 해석방법

부정정구조물의 해석방법에는 크게 두 가지가 있다. 즉, 하중법 또는 유연도법(Force or flexibility method)과 강성도법 또는 변위법(Stiffness or displacement method)으로 분류할 수 있다. 또한 변위법을 수학적으로 처리하는 방안으로써 매트릭스를 이용하는 강성도매트릭스 법이 있다.

오늘날에는 복잡한 고차의 부정정구조물 해석을 매트릭스해법 방법(Matrix method)을 응용한 컴퓨터를 이용하고 있다.

10.4.1 하중법

하중법은 1864년 맥스웰(James Clerk Maxwell)이 처음 발표한 후에 모어(Otto Mohr)와 뮐러(Heinrich Müller-Breslau)에 의해 정립되었다. 하중법은 적합조건과 하중－변형조건을 만족하고, 잉여력을 미지수로 하는 방정식으로 이루어지는데, 이때 미지의 계수를 유연도계수라고 한다. 또한 이 방법은 적합조건을 기초로 하기 때문에 변형일치법이라고도 한다. 일단 잉여력이 결정되면 남아있는 반력은 구조물 힘의 평형조건으로 구할 수 있다. 하중법은 크게 변형일치법, 최소일법, 3연모멘트법 등이 있으며, 11장에서 다루기로 한다.

1) 변형일치법(Method of Consistent Deformations)
   －부정정트러스, 연속보, 라멘
2) 최소일법(Method of Least Work)
   －부정정트러스, 연속보, 라멘
3) 3연모멘트법(Three-Moment Equation)－연속보

10.4.2 변위법

변위법은 부재의 하중-변형조건과 구조물의 평형조건에 기초를 두고 있다. 이 경우 방정식의 미지수는 변위이며, 그 계수를 강성도계수라고 한다. 일단 변위가 구해지면, 하중은 적합조건과 하중－변형 방정식으로 구해진다. 변위법은 12장에서 다룬다.

1) 처짐각법(Slope-Deflection Method)－라멘, 연속보
2) 모멘트분배법(Moment Distribution Method)－라멘, 연속보

10.5 연습문제 Problem...

[10.3절]

10.3-1 다음 정정보의 개략적인 모멘트 도와 처짐 형상을 작도하라.

(a)

(b)

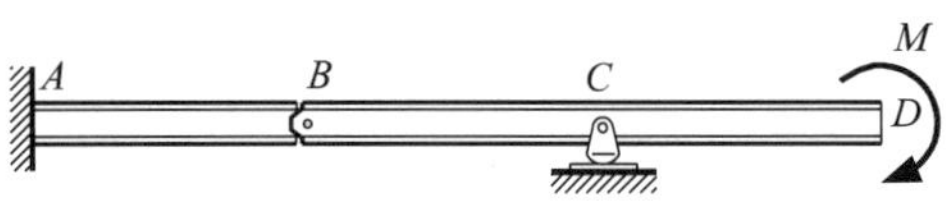

(c)

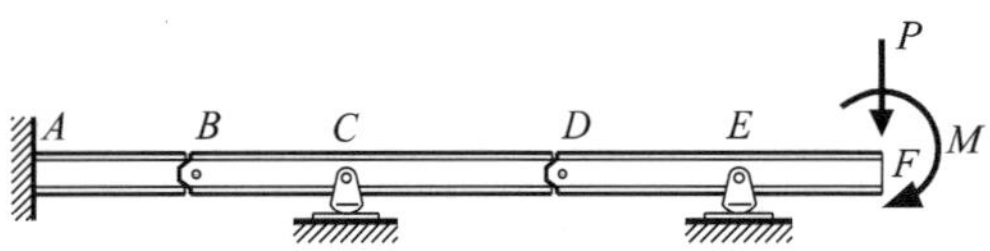

(d)

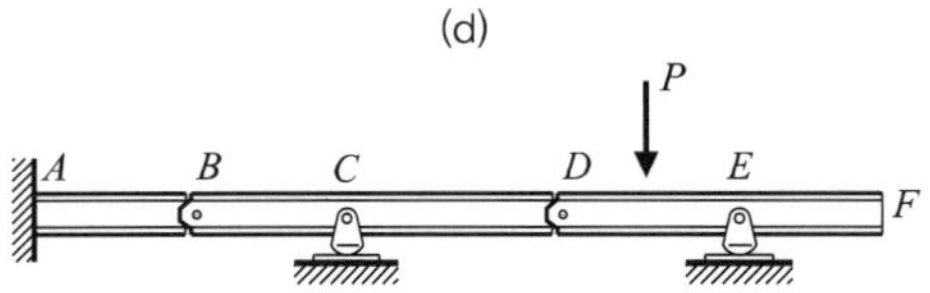

(e)

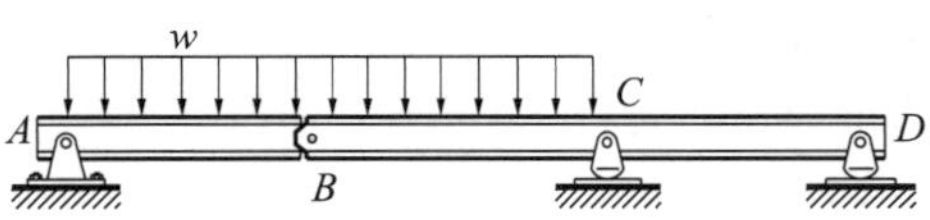

(f)

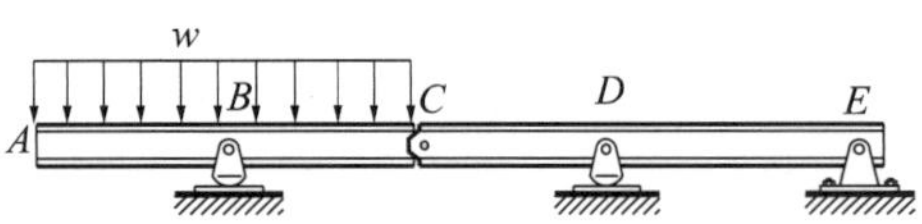

(g)

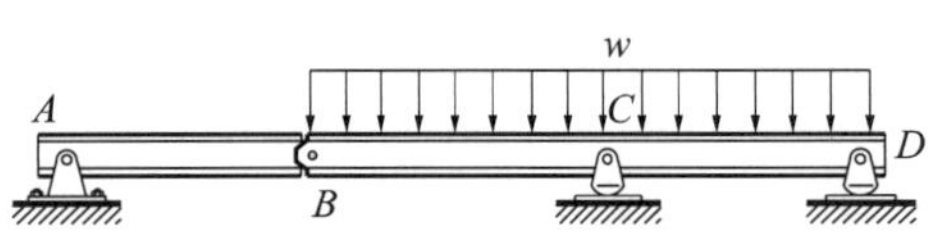

(h)

10.3-2 다음 정정라멘의 개략적인 모멘트 도와 처짐 형상을 작도하라.

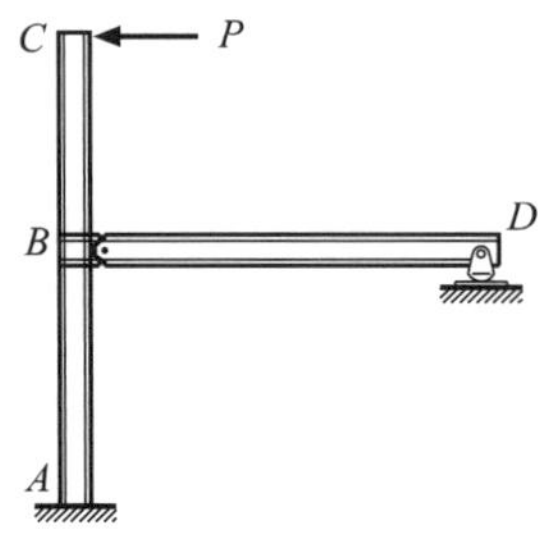

(a)

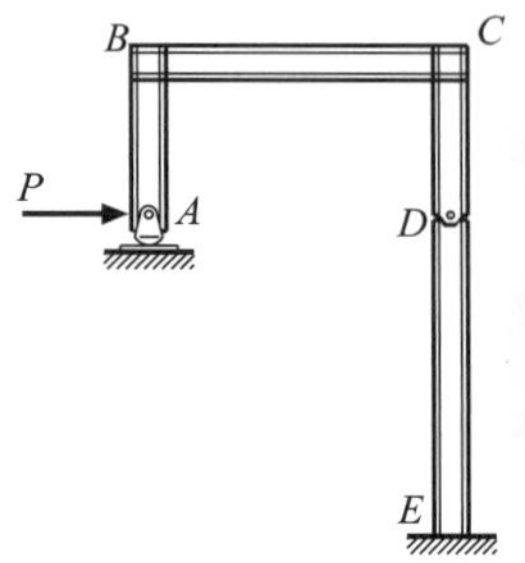

(b)

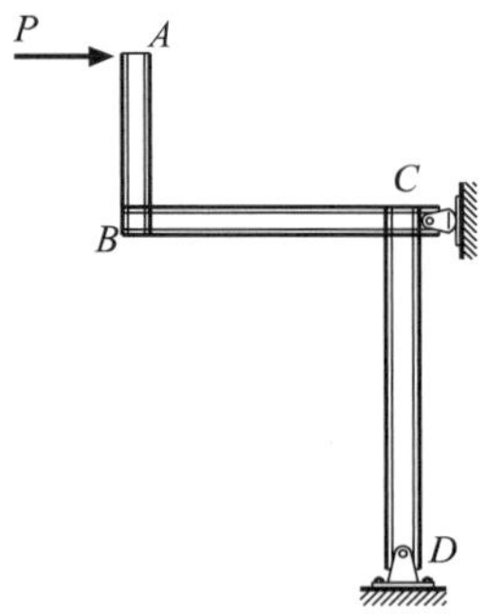

(c)

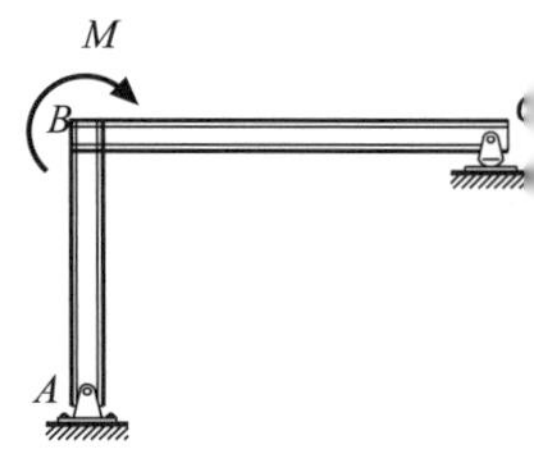

(d)

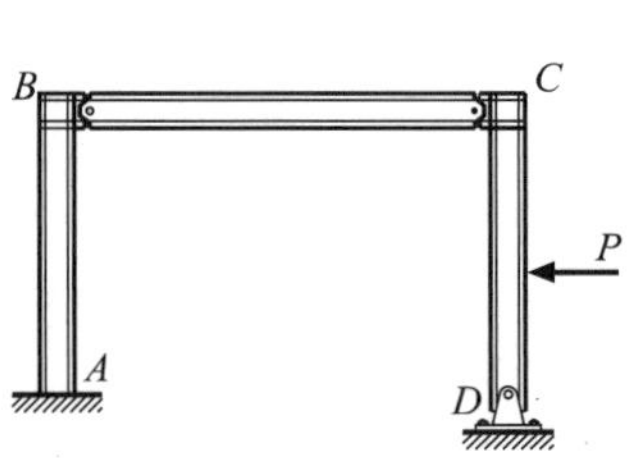

(e)

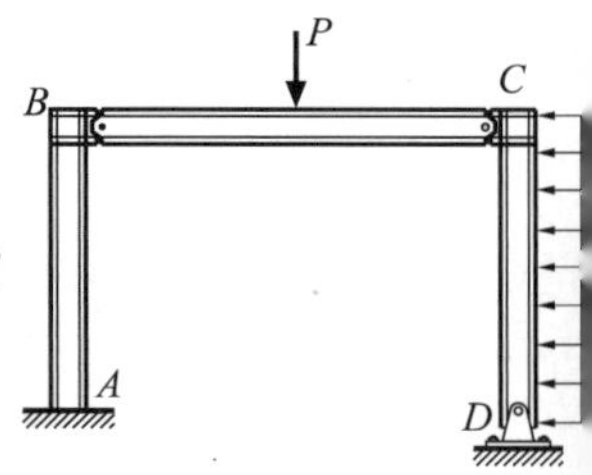

(f)

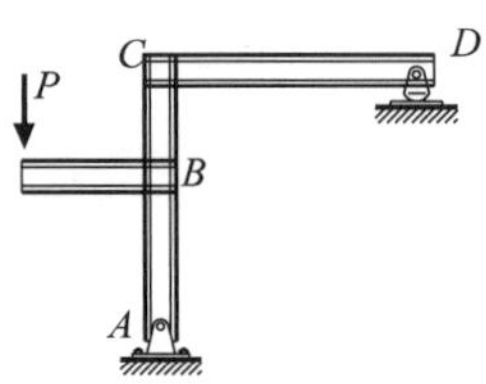

(g)

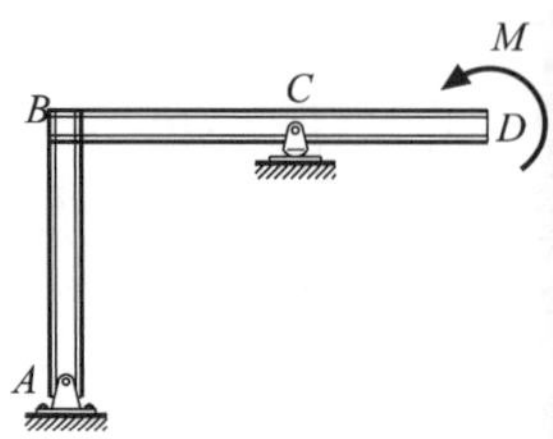

(h)

10.3-3 다음 부정정 보에 대하여
(1) 부정정차수
(2) 개략적인 모멘트 도
(3) 개략적인 처짐 형상을 작도하라.

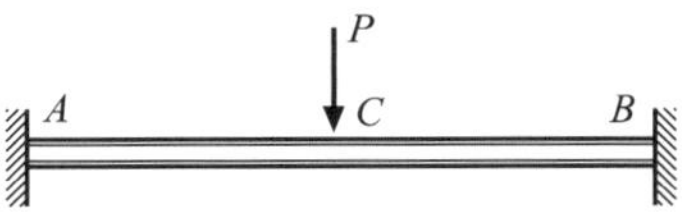

(a)

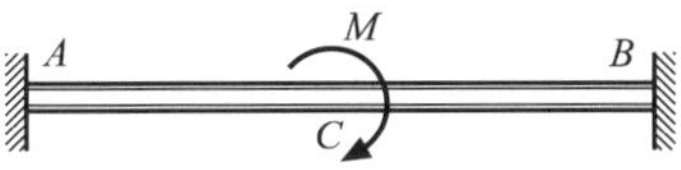

(b)

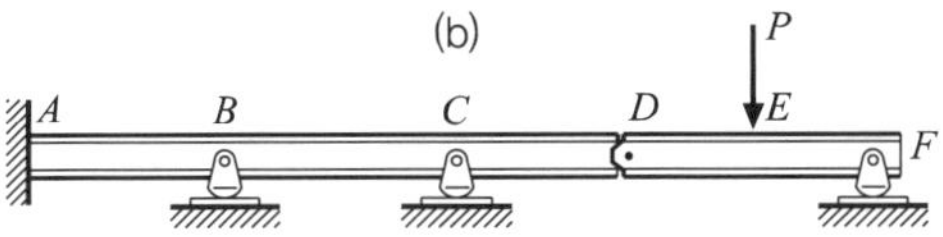

(c)

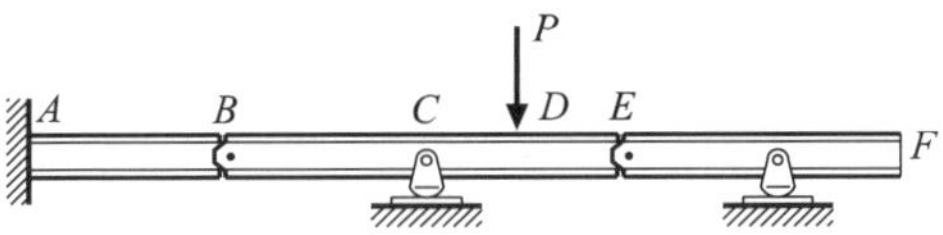

(d)

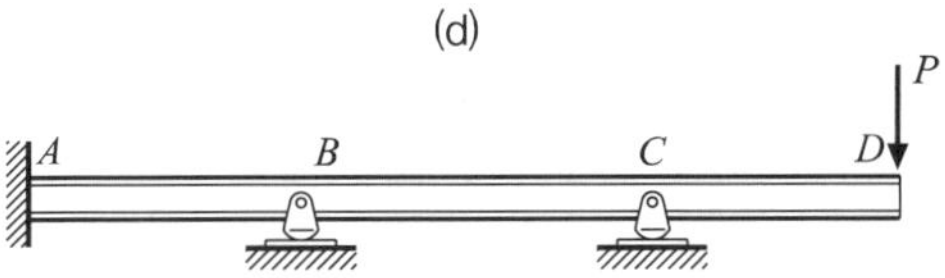

(e)

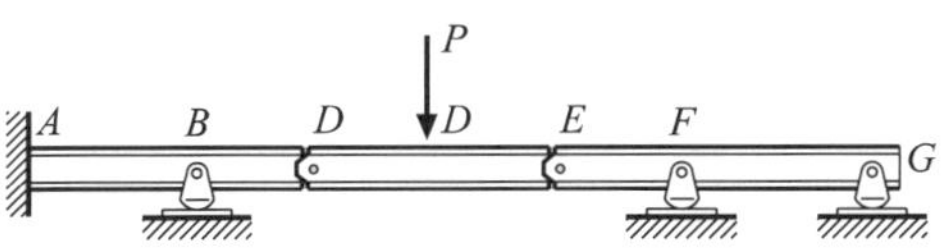

(f)

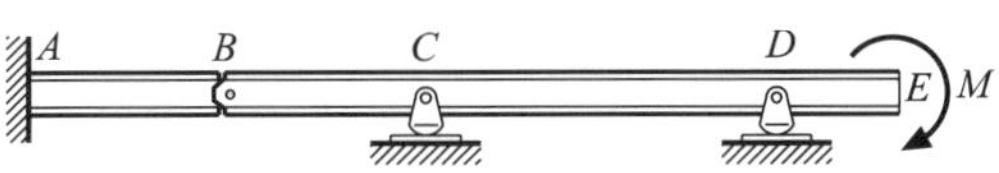

(g)

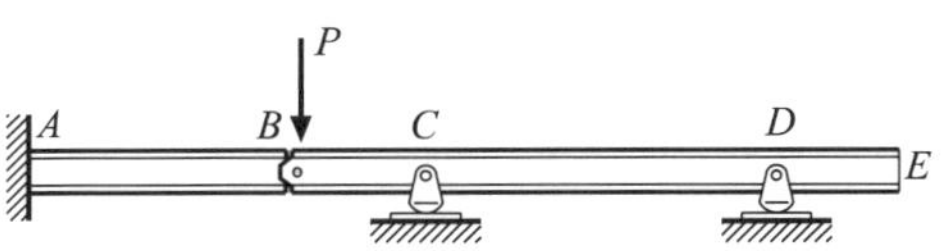

(h)

10.3-4 다음 부정정 라멘에 대하여
(1) 부정정차수
(2) 개략적인 모멘트 도
(3) 개략적인 처짐 형상을 작도하라.
또한 횡방향 변위(Sidesway) 여부를 파악하라.

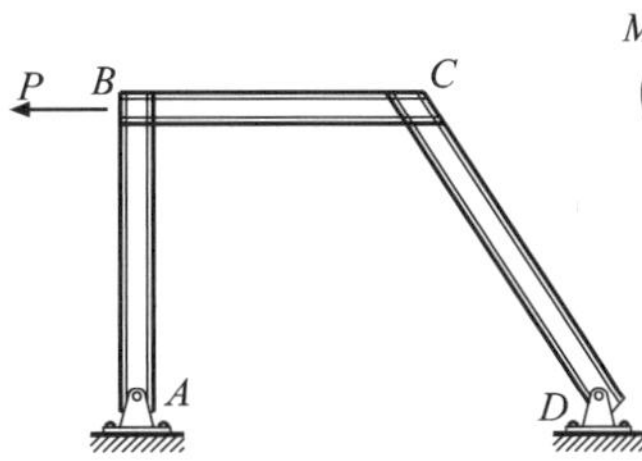

(a)

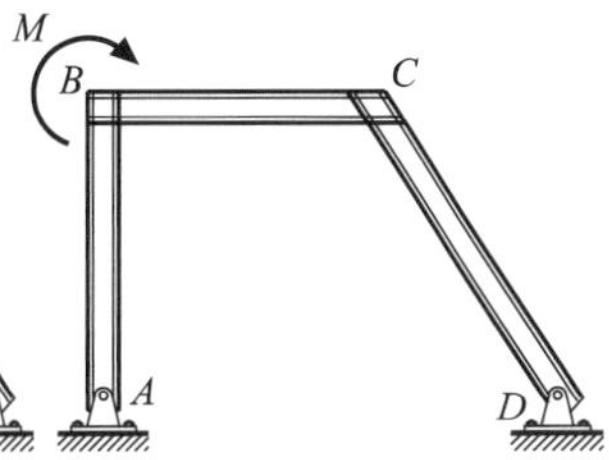

(b)

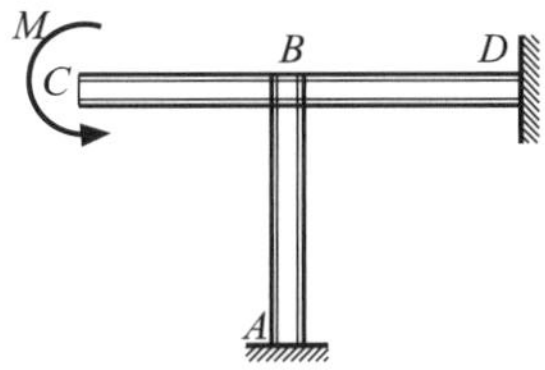

(c)

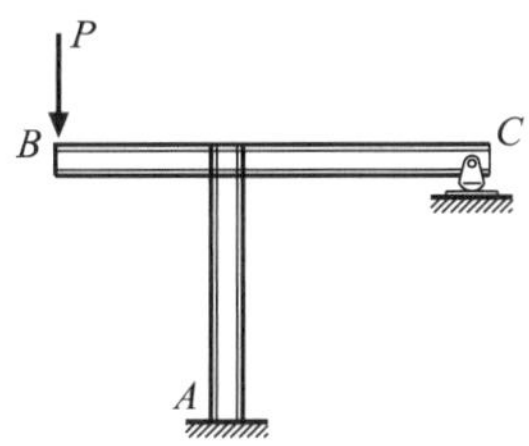

(d)

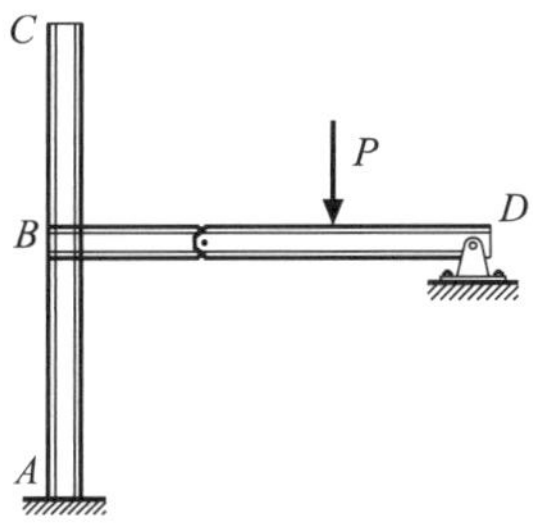

(e)

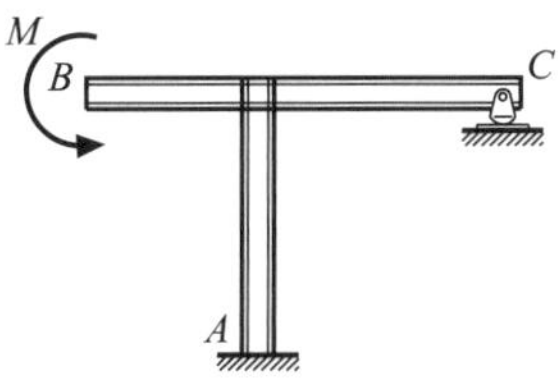

(f)

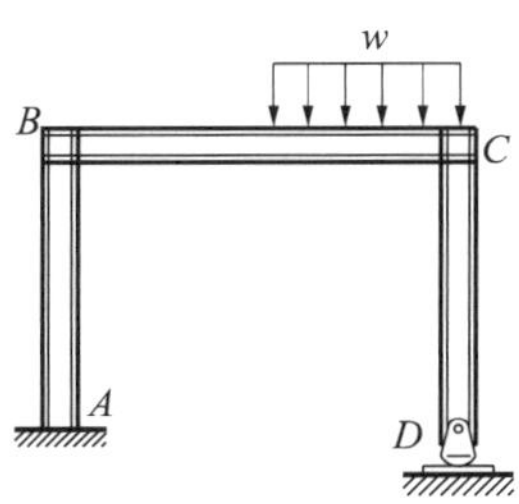

(g)

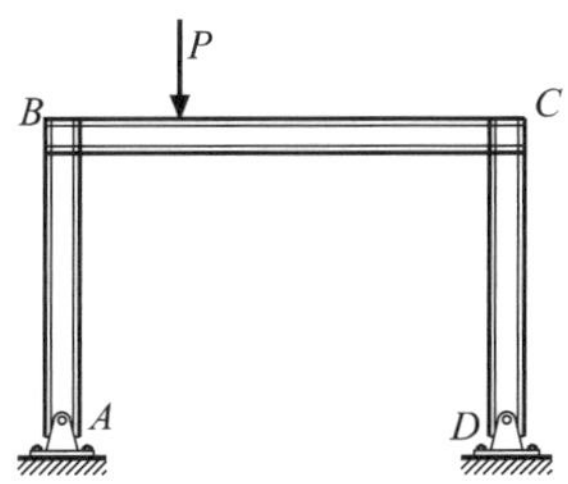

(h)

10.3-5 다음 부정정구조물에 대하여

(1) 부정정차수

(2) 개략적인 모멘트도

(3) 개략적인 처짐 형상을 작도하라.

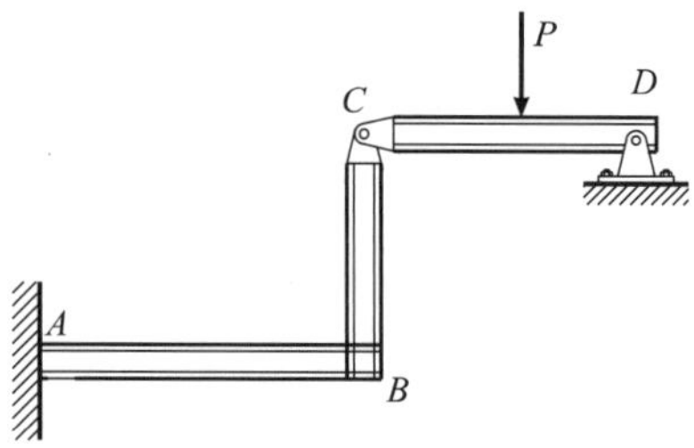

(a)

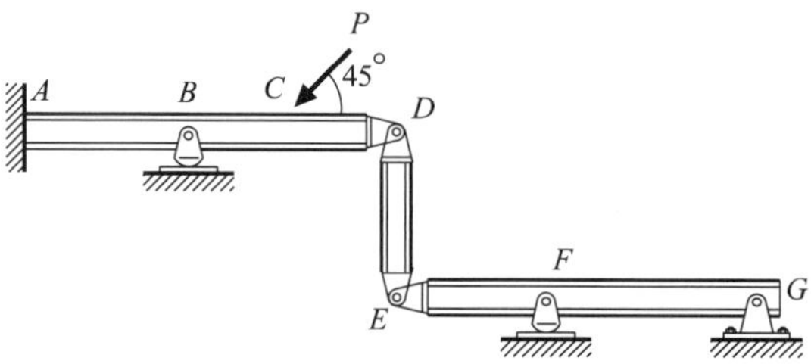

(b)

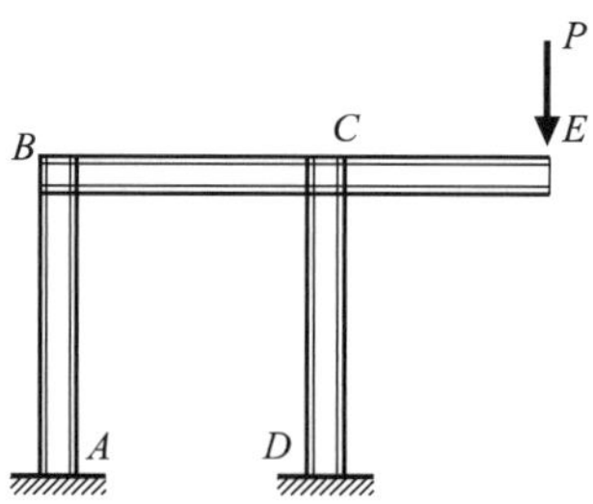

(c)

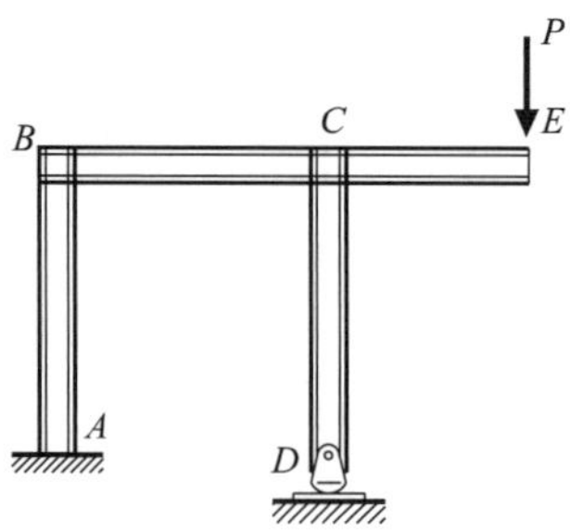

(d)

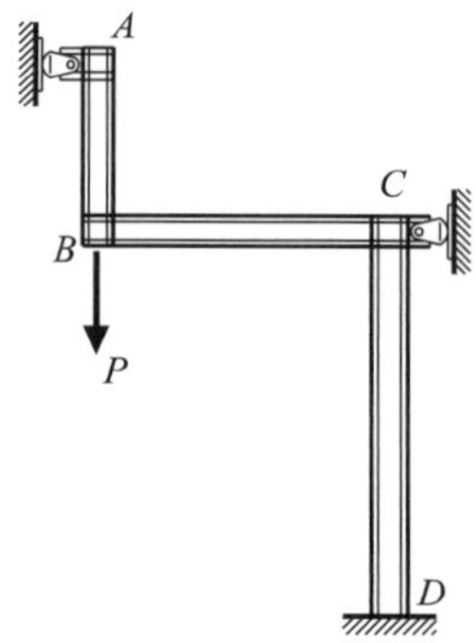

(e)

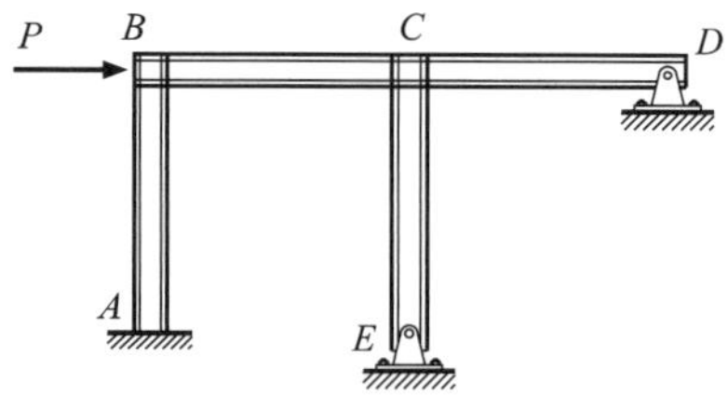

(f)

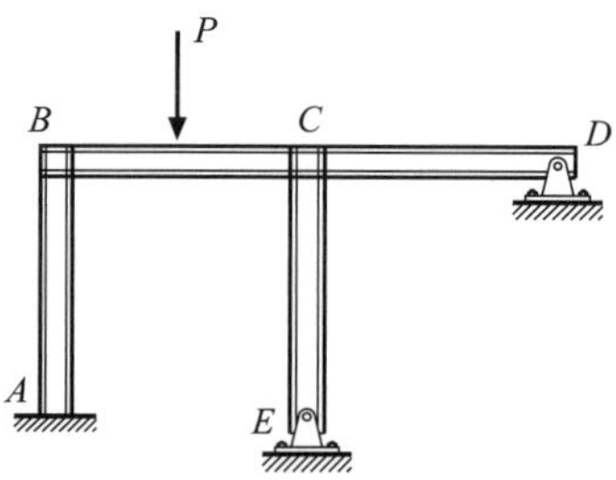

(g)

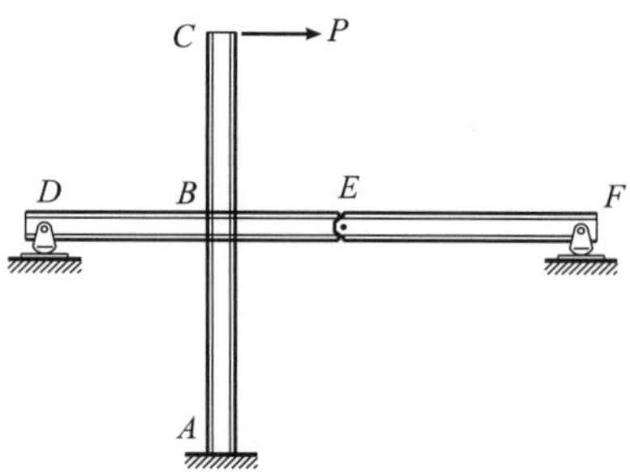

(h)

11장 부정정구조물 해석 (하중법)

차례

주요개념

- 기본구조물
- 잉여력
- 하중법
- 변형일치법
- 최소일법

아래 그림 (a)는 힘의 평형방정식 만으로 R_A와 M_A를 쉽게 구할 수 있는 정정구조물이다. 이에 반해 그림 (b)는 미지 잉여력이 1개 있는 1차 부정정보다. 이러한 부정정보에 있어서는 힘의 평형방정식 이외에, B지점의 적합조건을 이용하여 하나의 방정식을 얻을 수 있다. 이와 같이 임의 점에 대한 적합조건을 이용하여 미지의 반력을 구하는 방법을 하중법(Force methods)이라고 한다. 여기서 하중법이라는 용어는 식의 전개 중에 미지수가 하중의 형태로 나타나기 때문이다.

하중법에는 변형일치법, 최소일법 등이 있다. 이 중에서 변형일치법(Method of consistent displacements)은 하중법 그 자체라고 할 수 있다. 왜냐하면 변형일치법에서 기본적인 미지수는 잉여력(Redundant forces)이며, 그 전개가 하중법과 일치하기 때문이다. 변형일치법은 하중, 지점 침하, 온도 변화, 그리고 조립 오차 등 어떤 원인에 대한 부정정구조물도 해석할 수 있다. 또한 이 장에서는 하중법의 일종인 카스틸리아노 제2정리를 이용한 최소일법에 관해서도 다룬다.

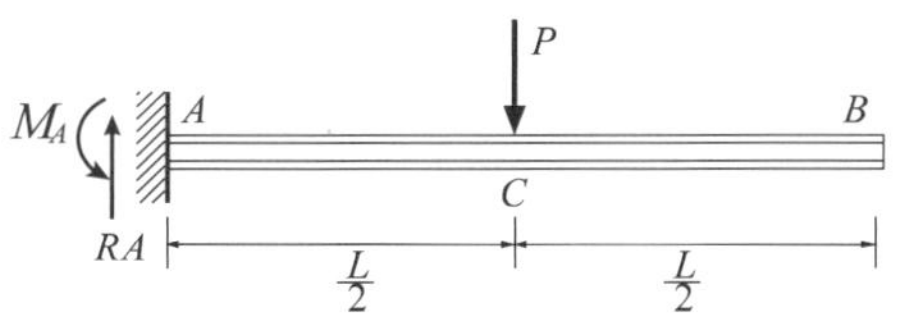

(a)

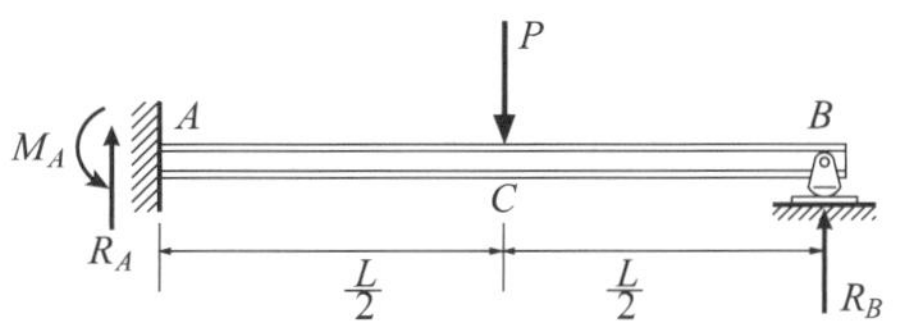

(b)

11.1 변형일치법

11.1.1 변형일치법의 기본개념

변형일치법의 기본개념을 설명하기 위해 그림 11.1(a)와 같은 보를 생각해 보자. 미지 반력 4, 평형방정식 3이므로 1차 부정정보이다. 따라서 하나의 방정식이 더 필요하다. 이 방정식을 얻기 위해 중첩의 원리를 사용하고, 지점 중 한 곳에서 변위에 대한 적합조건을 찾는다. 즉, 지점 반력 중 하나를 잉여력으로 선택하고 일시적으로 보에 대한 잉여력의 영향을 제거하여 보를 기본구조물로 만든 후 하나의 방정식을 구하게 된다. B점의 지점 반력을 제거하면, 그림 (b)와 같이 Δ_{B0}의 처짐(↓)이 발생한다. 다음으로 그림 (c)와 같이 미지반력(잉여력) R_B를 상향 하중으로 작용시킨다면 $R_B f_{BB}$만큼의 상향 처짐이 발생할 것이다.

여기서 f_{BB}는 R_B방향으로 가한 단위하중(1)에 대한 B점의 상향 처짐을 의미한다. 그런데 실제 보에 대한 B지점의 처짐 Δ_B는 0이다(이동지점으로 y방향이 구속되어 있으므로). 중첩의 원리가 성립하고, $\Delta_B=0$이라는 조건으로부터,

$$\Delta_B = \Delta_{B0}{}^{(\downarrow)} + R_B{}^{(\uparrow)} f_{BB}{}^{(\uparrow)} = 0 \tag{11.1}$$

여기서,

Δ_{B0} = 기본구조물에서 B점의 하향 처짐

R_B = 선택한 잉여력(B지점의 반력)

f_{BB} = 유연도계수(잉여력 R_B방향으로 단위하중(1)에 의한 처짐)

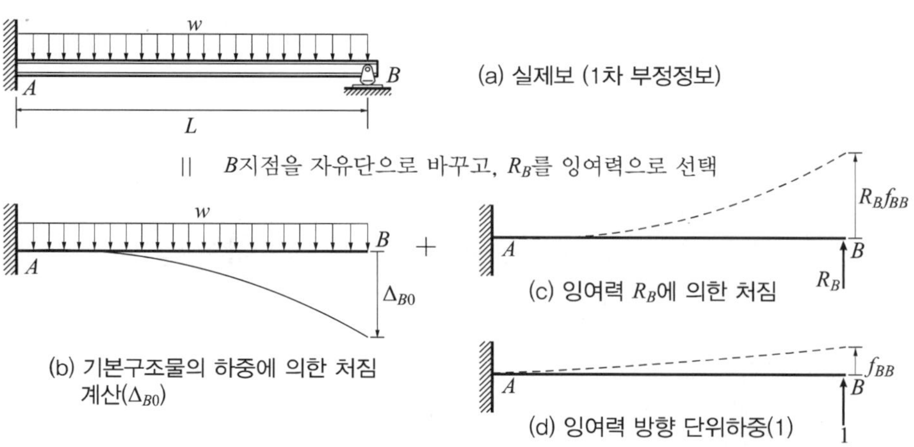

그림 11.1

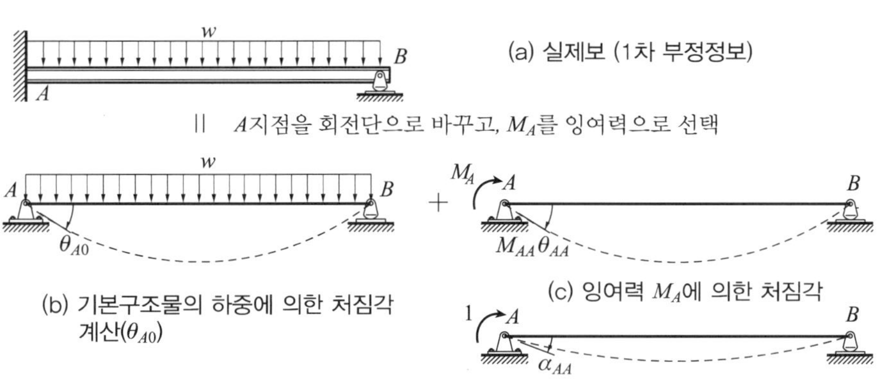

(a) 실제보 (1차 부정정보)

(b) 기본구조물의 하중에 의한 처짐각 계산(θ_{A0})

(c) 잉여력 M_A에 의한 처짐각

(d) 잉여력 방향 단위모멘트(1)

그림 11.2

식의 첨자는, 첫 번째는 처짐이 발생하는 점을, 두 번째는 미지 반력이 작용하는 점을 나타낸다.

식 (11.1)은 1차 부정정구조물인 그림 11.1(a) 보에서 B점의 처짐에 관한 겹침방정식이다. 식에서 처짐 Δ_{B0}나 f_{BB}는 기하학적 방법이나 에너지법을 통해 쉽게 구할 수 있으므로, 미지 잉여력 R_B를 얻게 된다. 여기서 계산된 R_B의 값이 양(+)이면 원래 가정한 방향과 같다는 뜻이고, 음(−)이면 가정한 방향과 반대이다. 이와 같이 처짐에 관한 겹침방정식으로부터 미지의 잉여력을 계산하는 방법을 변형일치법이라고 한다.

잉여력의 선택은 임의적이다. 예를 들면, 그림 11.1과 같은 부정정보를 그림 11.2와 같이 A점을 고정단에서 회전단으로 바꾸면 A점의 휨모멘트가 잉여력이 되므로, 변형일치법을 통해 직접 구할 수 있다. 그림 (b)와 같이 기본구조물에서 하중 w에 의한 A점의 처짐각을 θ_{A0}라 하고, 그림 (c)와 같이 잉여력(모멘트) M_A에 의한 처짐각을 θ_{AA}라 하자. 식 (11.1)과 같이 잉여력(모멘트)방향으로 작용하는 단위모멘트($M=1$)에 의한 A점의 처짐각(유연도계수)을 α_{AA}로 나타내면, $\theta_{AA}=M_A\alpha_{AA}$이므로, A점의 처짐각에 관한 적합조건($\theta_A=0$)에 의해,

$$\theta_A = \theta_{A0}{}^{(\curvearrowright)\square} + M_A{}^{(\curvearrowright)}\alpha_{AA}{}^{(\curvearrowright)} = 0 \tag{11.2}$$

이다. 식 (11.2) 또한 M_A가 양(+)이면 원래 가정한 방향과 같다는 뜻이고, 음(−)이면 가정한 방향과 반대이다.

식 (11.1)이나 식 (11.2)를 통해 선택한 잉여력이 구해지면 힘의 평형조건($\sum X=0,\ \sum Y=0,\ \sum M=0$)으로 나머지 반력을

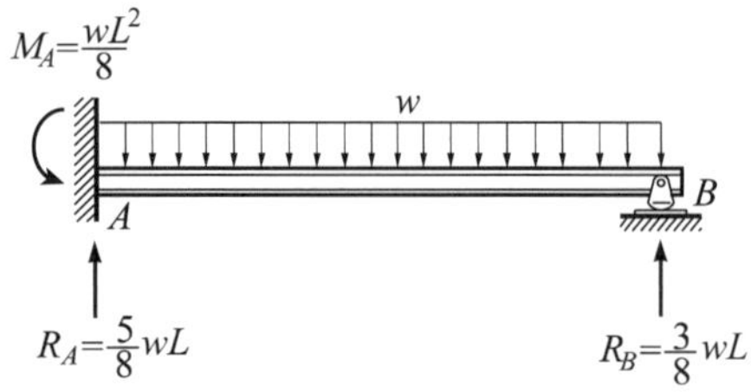

그림 11.3

구할 수 있으며, 그 결과는 그림 11.3과 같다.

변형일치법에 원리를 응용하기 위해, 그림 11.4와 같은 2차 부정정보를 생각해 보자. 보는 2차 부정정이므로 해를 구하기 위해서는 2개의 적합방정식이 필요하다. 잉여력으로 이동단 B와 C점의 수직 반력을 선택하여 제거하면, 그림 (b)처럼 기본구조물에 Δ_{B0}와 Δ_{C0}의 처짐이 발생한다. 또한 하향으로 가정한 각각의 잉여력은 그림 (c)와 (d)처럼 각각 $R_B f_{BB}$, $R_C f_{CC}$만큼 보를 변형시킨다. 여기서 유연도계수 f_{BB}와 f_{CB}는 B점에 작용하는 단위하중(1)으로부터 구할 수 있고, 같은 방법으로 f_{CC}와 f_{BC} 또한 C점에 작용하는 단위하중(1)으로부터 구할 수 있다. 중첩의 원리가 성립하므로, B점과 C점에서 처짐에 대한 적합방정식은,

$$\Delta_B = \Delta_{B0}{}^{\downarrow} + R_B{}^{\downarrow} f_{BB}{}^{\downarrow} + R_C{}^{\downarrow} f_{BC}{}^{\downarrow} = 0 \quad (11.3a)$$

$$\Delta_C = \Delta_{C0}{}^{\downarrow} + R_B{}^{\downarrow} f_{CB}{}^{\downarrow} + R_C{}^{\downarrow} f_{CC}{}^{\downarrow} = 0 \quad (11.3b)$$

Δ_{B0}, Δ_{C0}, f_{BB}, f_{CB}, f_{CC}, f_{BC}를 기하학적 방법이나 에너지법을 사용하여 구한다. 여기서 맥스웰(Maxwell)의 상반변위 정리에 의해서 $f_{BC}=f_{CB}$가 성립한다는 사실도 유의하자(계산을 줄일 수 있다). 마지막으로 식 (a)와 식 (b)를 연립하여 풀면, 미지반력 R_B와 R_C를 구할 수 있다.

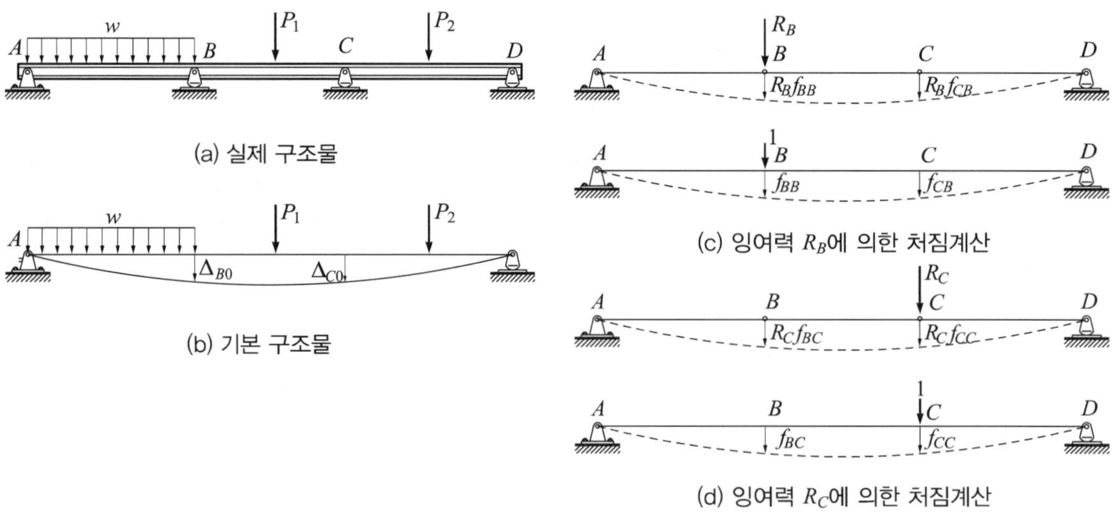

그림 11.4

11.1.2 변형일치법의 일반식 유도

1차 및 2차 부정정보의 해석을 통해 변형일치법의 개념을 이해하였다. 이제 기본적인 개념을 발전시켜 n차 부정정구조물에 대한 변형일치법 식을 유도해 보자.

n차 부정정구조물에 대하여, n개 잉여력이 R_1, R_2, ⋯, R_n이고, 기본구조물의 변형이 Δ_{10}, Δ_{20}, ⋯, Δ_{n0}, j점 단위하중(1)에 의한 i점 변형을 나타내는 유연도 계수를 f_{ij}라 하면, 식 (11.3)을 확장하여 다음과 같이 n개의 적합방정식을 구성할 수 있다.

$$
\begin{aligned}
\Delta_1 &= \Delta_{10} + f_{11}R_1 + f_{12}R_2 + \cdots + f_{1n}R_n = 0 \qquad \text{(a)} \\
\Delta_2 &= \Delta_{20} + f_{21}R_1 + f_{22}R_2 + \cdots + f_{2n}R_n = 0 \\
&\vdots \\
\Delta_n &= \Delta_{n0} + f_{n1}R_1 + f_{n2}R_2 + \cdots + f_{nn}R_n = 0
\end{aligned}
$$

식 (a)에서 Δ_{10}, Δ_{20}, ⋯, Δ_{n0}는 기본구조물의 하중에 의한 변형량이며, 이때 하중에는 외력을 포함하여 지점침하, 온도변화, 제작오차에 인한 치수의 변화 등의 영향을 모두 포함한다. 또한 식에서 유연도계수 f_{ij}는 각각의 잉여력 방향으로 작용하는 단위하중(1)에 의한 변형량으로, 기본구조물의 여러 하중과는 관계가 없음에 유의해야 한다. 식 (a)는 n계 연립방정식이므로 매트릭스 형태로 표현하면,

$$
\begin{bmatrix} f_{11} & f_{12} & \cdots & f_{1n} \\ f_{21} & f_{22} & \cdots & f_{2n} \\ \vdots & & & \vdots \\ f_{n1} & f_{n2} & \cdots & f_{nn} \end{bmatrix} \begin{pmatrix} R_1 \\ R_2 \\ \vdots \\ R_n \end{pmatrix} = - \begin{pmatrix} \Delta_{10} \\ \Delta_{20} \\ \vdots \\ \Delta_{n0} \end{pmatrix} \qquad \text{(b)}
$$

또는

$$
\boldsymbol{fR} = -\boldsymbol{\Delta} \qquad (11.4)
$$

여기서 $\boldsymbol{f}$는 유연도 매트릭스이다. 특히 식 (11.4)의 $\boldsymbol{f}$는 상반변위의 정리(즉 $f_{ij} = f_{ji}$이므로)에 의해 대칭행렬이다.

그러므로 n차 부정정구조물은 이 $n \times n$행렬을 갖는 식 (11.4)를 풀면 미지 잉여력을 모두 구할 수 있다.

부정정차수가 3 이상인 경우는 수 계산의 한계가 있으므로, 이 책에서는 2차 부정정구조까지만을 대상으로 하였다. 예제를 통해 변형일치법을 이용한 부정정구조물의 해석을 심화시켜보자.

예제 11-1 보의 해석

그림과 같은 1차 부정정보를 해석하라. (단, EI는 일정)

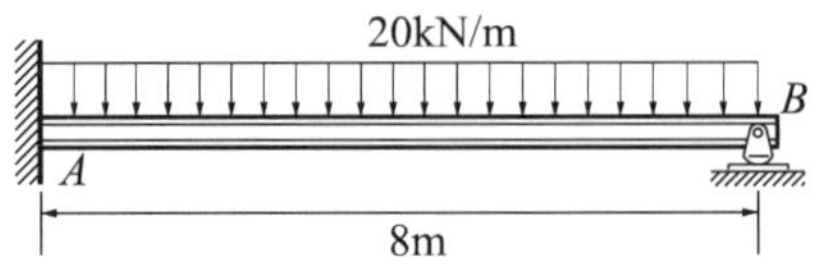

풀이

B지점에서의 적합조건($\Delta_B = 0$)을 이용해 보자. 그림 (a)와 같이 R_B를 잉여력으로 택하여 캔틸레버보를 기본구조물로 만든다. 식 (11.1)로부터,

$$\Delta_B = \Delta_{B0}{}^{\downarrow} + R_B{}^{\downarrow} f_{BB}{}^{\downarrow} = 0 \qquad \text{(a)}$$

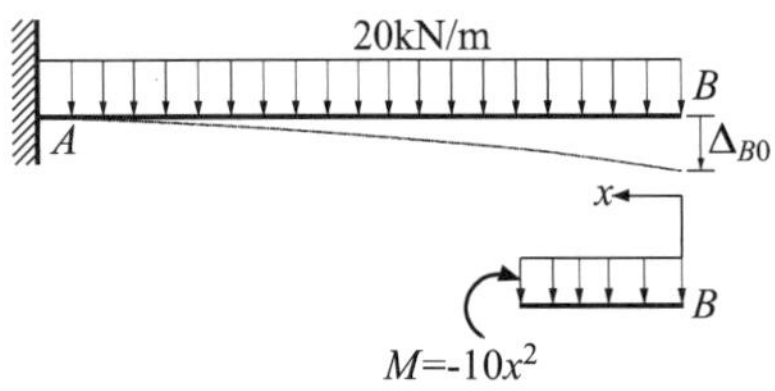

(a)

식 (a)에서 Δ_{B0}와 f_{BB}는 가상일법을 이용한다. 즉, 그림 (a), (b)의 자유물체도로부터,

$$\Delta_{B0} = \int_0^L \frac{mM}{EI}dx = \int_0^8 \frac{(-x)(-10x^2)}{EI}dx = \frac{10,240}{EI}(\downarrow)$$

$$f_{BB} = \int_0^L \frac{mm}{EI}dx = \int_0^8 \frac{(-x)(-x)}{EI}dx = \frac{512}{3EI}(\downarrow)$$

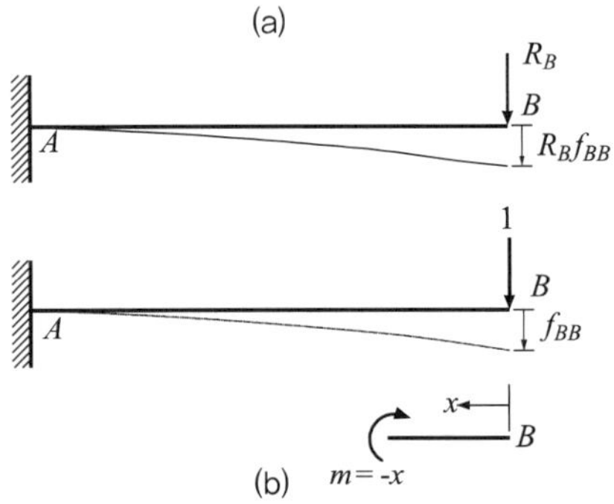

(b)

부호가 양(+)이 나왔으므로 처음 가정한 (↓)방향이다.

식 (a)에 대입하면, 다음과 같은 적합방정식을 구성할 수 있다.

$$\frac{110,240}{EI} + R_B\left(\frac{512}{3EI}\right) = 0 \qquad \text{(b)}$$

그러므로 잉여력 R_B는,

$$R_B = -60 \text{ kN } (\uparrow)$$

부호가 음(−)이므로 R_B는 가정과 반대 방향(↑)이 된다.

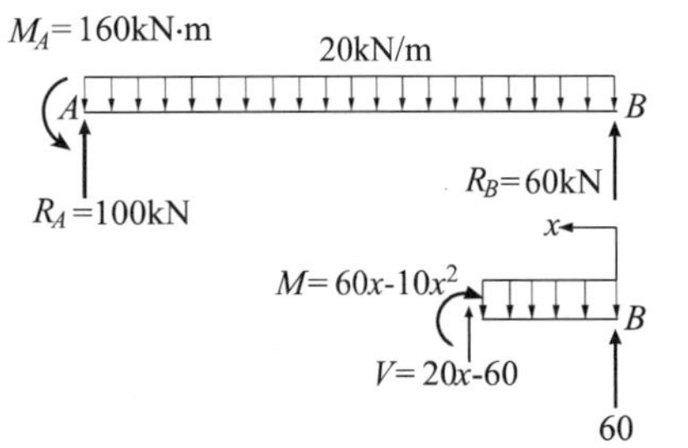

(c)

힘의 평형조건을 이용하여 잔여 반력을 구한다. 즉 그림 (c)에서,

$$\uparrow + \sum Y = 0, \quad R_A + 60 - 20(8) = 0,$$
$$R_A = 100 \text{ KN } (\uparrow)$$

$$\curvearrowleft ⊞ \sum M_A = 0, \quad M_A + 60(8) - 20(8)\left(\frac{8}{2}\right) = 0$$
$$M_A = 160 \text{ kN} \cdot \text{m}$$

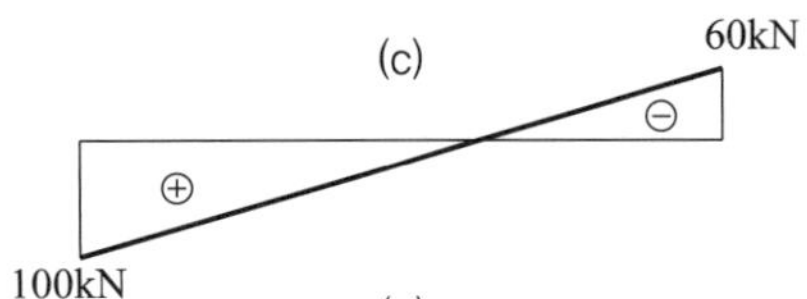

(d)

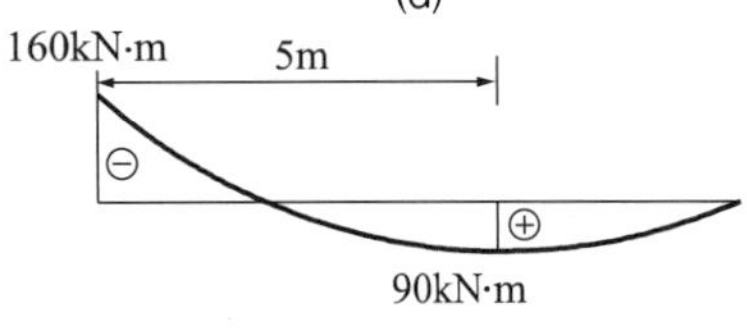

(e)

그림 (c)와 같은 자유물체도로부터 전단력 및 휨모멘트는,

$$V = 20x - 6, \qquad M = 60 - 20x^2$$

와 같고, 전단력도 및 휨모멘트도는 각각 그림 (d) 및 (e)와 같다.

예제 11-2

아래 그림과 같은 1차 부정정보를 변형일치법을 이용하여 해석하라. (EI는 일정)

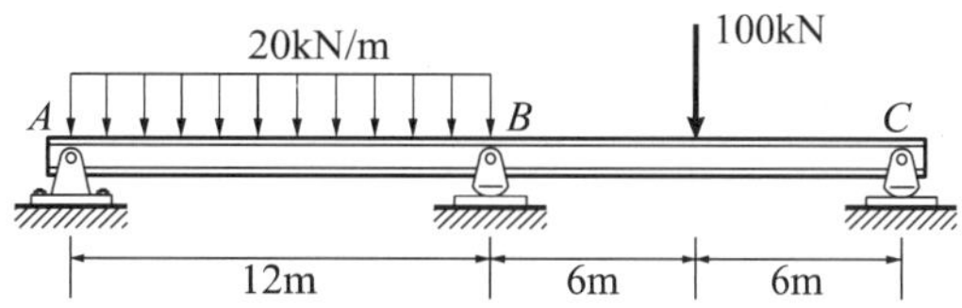

풀이

B지점의 휨모멘트 M_B를 잉여력으로 선택하여 그림 (a)와 같은 기본구조물을 만들면, B 점에서의 적합방정식은

$$\theta_B = \theta_{B0}\curvearrowleft\curvearrowright + M_B\curvearrowleft\curvearrowright\ \alpha_{BB}\curvearrowleft\curvearrowright = 0 \quad \text{(a)}$$

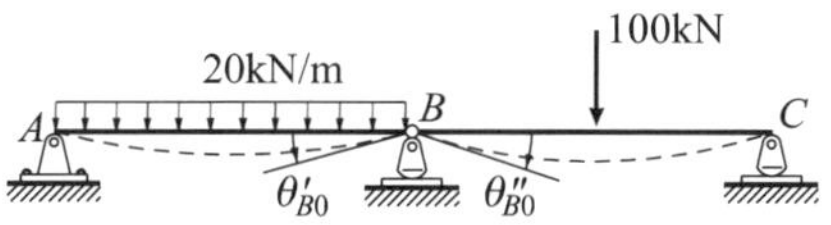

(a) 기본구조물

여기서,

$$\theta_{B0} = \theta'_{B0}\curvearrowleft + \theta''_{B0}\curvearrowright$$

$$\alpha_{BB} = \alpha'_{BB}\curvearrowleft + \alpha''_{BB}\curvearrowright$$

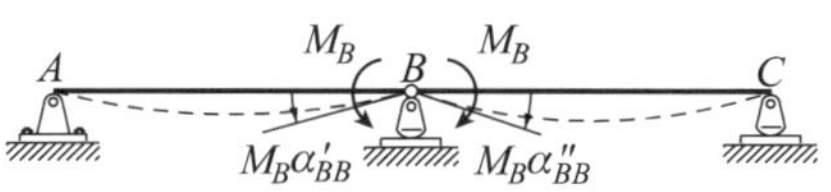

(b) 잉여력 M_B

이다. 다음으로 θ_{B0}와 α_{BB}를 구한다. 여기서는 공액보법 통해 구하는 것이 편리하다(공액보법에서 처짐각은 M/EI 탄성하중의 V와 같으므로). 먼저 그림 (d)와 같이 공액보법을 이용하여 기본구조물의 θ'_{B0}와, θ''_{B0}를 구하면,

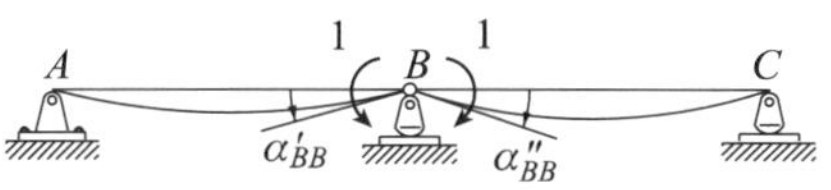

(c) 단위모멘트 (1)

우측 포물선의 면적은

$$\int \frac{M}{EI} = \int_0^{12}(120x - 10x^2)dx = \frac{2,880}{EI} \text{ 이고, 대칭이므로,}$$

$$R_A = R_{BL} = -\frac{1,440}{EI}\ (\downarrow)$$

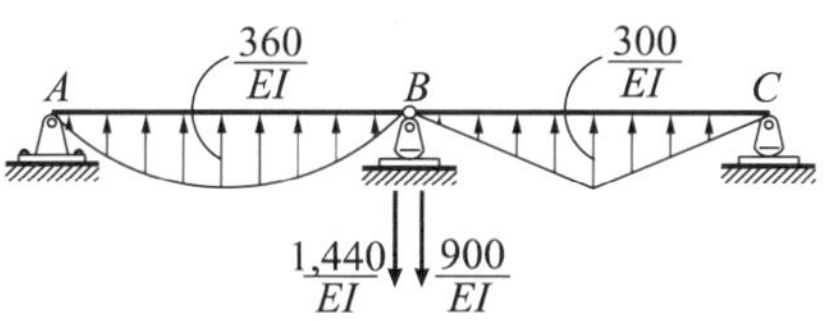

(d) 공액보법적용(기본구조물, a)

그러므로 처짐각 θ'_{B0}은,

$$\theta'_{B0} = V = -R_{BL} = \frac{1,440}{EI} \quad \text{(b)}$$

또한 좌측에 대하여 공액보법을 적용하면,

$$R_{BR} + R_C + \frac{1}{2}\left(\frac{300}{EI}\right)(12) = \frac{1,800}{EI} \text{ 에서, 대칭이므로,}$$

$$R_{BR} = R_C = -\frac{900}{EI}\ (\downarrow)$$

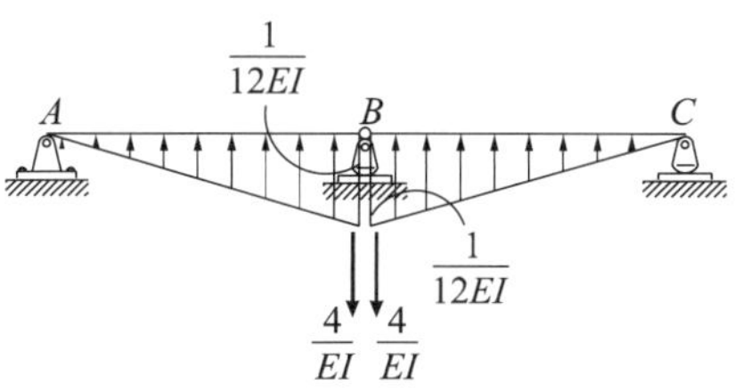

(e) 공액보법적용 (단위모멘트, c)

그러므로 처짐각 θ''_{B0}는,

$$\theta''_{B0} = V = R_{BR} = -\frac{900}{EI}\ (\curvearrowright) \quad \text{(c)}$$

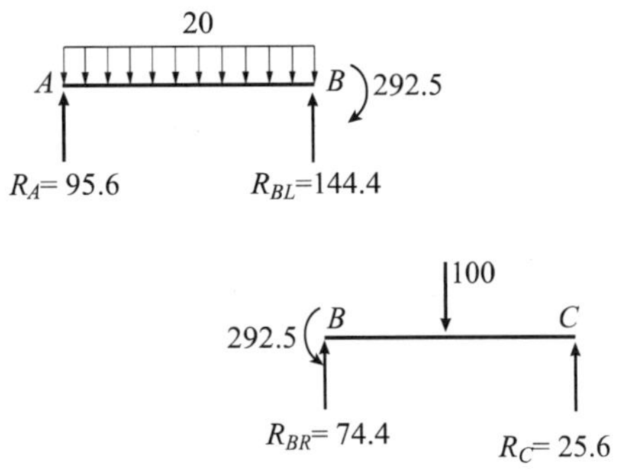

(f) 구간별 자유물체도

같은 방법으로 그림 (e)와 같이 단위모멘트(1)에 대한 α'_{BB}와 α''_{BB}를 공액보법을 이용하여 구하면,

$$\alpha'_{BB} = V = -R_{BL} = \frac{1}{2}\left(\frac{1}{12EI}\right)(12)\left(12\frac{2}{3}\right) = \frac{4}{EI} \quad \text{(d)}$$

$$\alpha''_{BB} = V = R_{BR} = \frac{1}{2}\left(\frac{1}{12EI}\right)(12)\left(12\frac{2}{3}\right) = -\frac{4}{EI}(\curvearrowright) \quad \text{(e)}$$

따라서 식 (b)~(e)를 식 (a)에 대입하면,

$$\left(\frac{1,440}{EI}+\frac{900}{EI}\right)+M_B\left(\frac{4}{EI}+\frac{4}{EI}\right)=0,$$

$$M_B = -292.5\ \text{kN}\cdot\text{m}\ (\curvearrowright\curvearrowleft)$$

여기서 M_B 값이 음(−)이므로 가정한 방향의 반대이다.

나머지 반력은 그림 (f)와 같이 자유물체도를 통해 구할 수 있다. 즉 $\overline{AB}$ 구간의 자유물체도로부터,

$$\curvearrowleft\boxplus\sum M_B=0,\quad -R_A(12)-292.5+20(12)\left(\frac{12}{2}\right)=0,$$
$$R_A=95.6\ \text{kN},\quad R_{BL}=144.4\ \text{kN}$$

$\overline{BC}$구간의 자유물체도로부터,

$$\curvearrowleft\boxplus\sum M_B=0,\quad R_C(12)-100(6)+292.5=0,$$
$$R_C=25.6\ \text{kN},\quad R_{BR}=74.4\ \text{kN}$$

$$\uparrow+\sum Y=0,\quad -20(12)-100+R_A+R_C+R_B=0,$$
$$R_B=218.8\ \text{kN}$$

또는, $R_B=R_{BL}+R_{BR}=218.8$ kN로 구해도 된다.

반력을 이용해 전단력도 및 휨모멘트도를 그리면, 그림 (g), (h)와 같다.

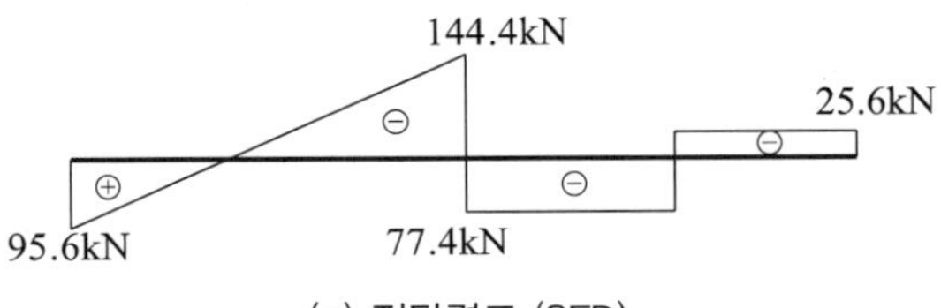

(g) 전단력도 (SFD)

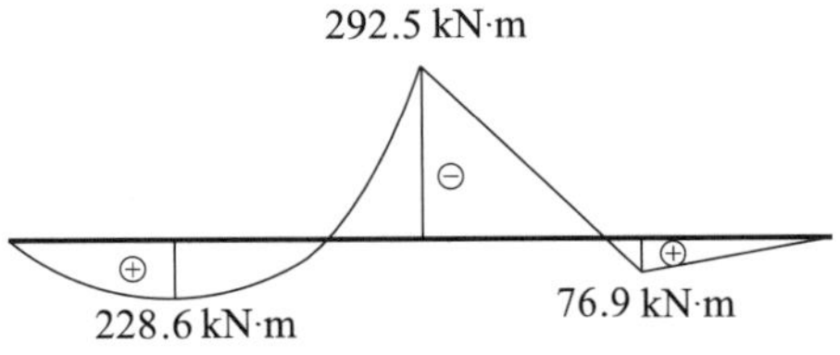

(h) 휨모멘트도 (BMD)

예제 11-3

그림과 같은 2차 부정정보를 변형일치법을 이용하여 해석하라. (단, EI는 일정)

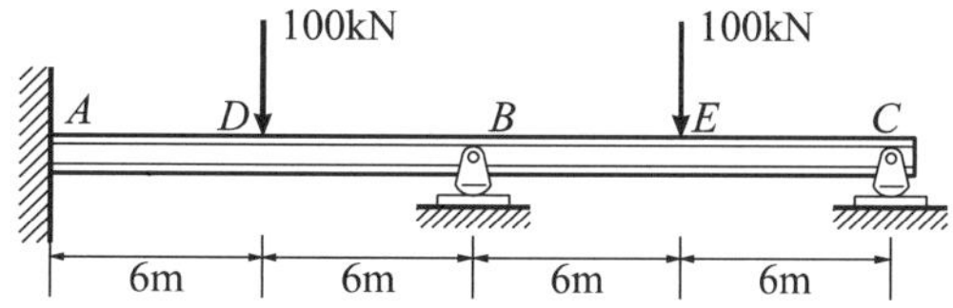

풀이

B, C지점의 수직반력 R_B, R_C를 잉여력으로 선택하면, 그림 (a)와 같은 기본구조물이 된다. B, C점에 대한 적합 방정식은,

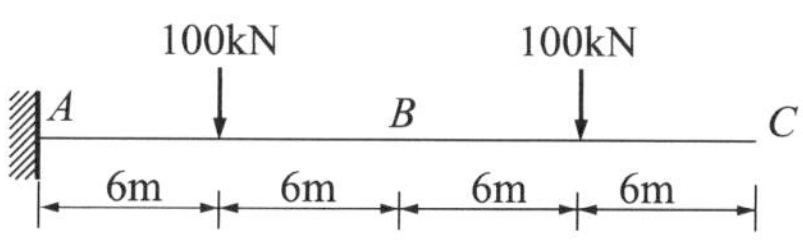

(a) 기본구조물

$$\Delta_B = \Delta_{B0}{}^{\downarrow} + R_B{}^{\downarrow} f_{BB}{}^{\downarrow} + R_C{}^{\downarrow} f_{BC}{}^{\downarrow} = 0 \qquad \text{(a)}$$

$$\Delta_C = \Delta_{C0}{}^{\downarrow} + R_B{}^{\downarrow} f_{CB}{}^{\downarrow} + R_C{}^{\downarrow} f_{CC}{}^{\downarrow} = 0$$

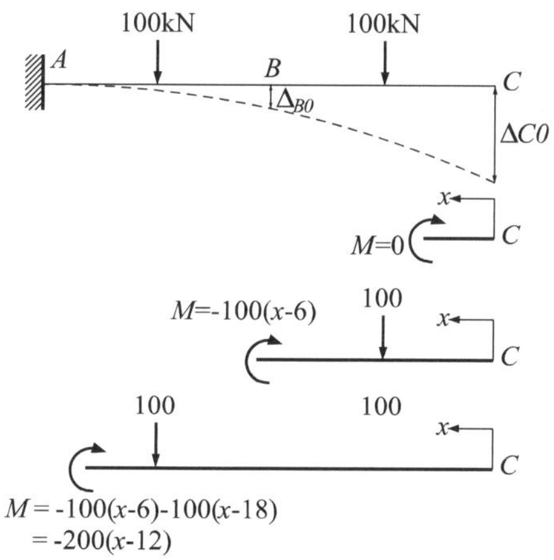

(b)

여기서 상반변위정리에 의해 $f_{CB} = f_{BC}$이므로, Δ_{B0}, Δ_{C0}, f_{CB}를 구하면 된다. 각 자유물체도로부터, 휨모멘트식을 정리하면,

부재	$x=0$	I	M	m_B	m_C
CE	C	1	0	0	$-x$
EB	C	1	$-100(x-6)$	0	$-x$
BD	C	1	$-100(x-6)$	$-(x-12)$	$-x$
DA	C	1	$-200(x-12)$	$-(x-12)$	$-x$

그러므로 가상일법을 이용하여 각각을 구하면,

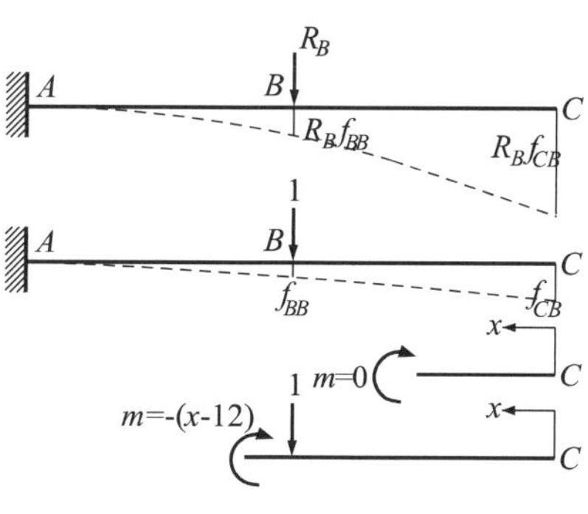

(c)

$$\Delta_{B0} = \int \frac{m_B M}{EI} dx$$

$$= \int_0^6 \frac{1}{EI}(0)(0)dx + \int_6^{12} \frac{1}{EI}(-100(x-6)(0)dx$$

$$+ \int_{12}^{18} \frac{1}{EI}(-100(x-6))(-(x-12))dx$$

$$+ \int_{18}^{24} \frac{1}{EI}(-200(x-12))(-(x-12))dx$$

$$= \frac{18{,}000}{EI} + \frac{100{,}800}{EI} = \frac{118{,}800}{EI}$$

$$\Delta_{C0} = \int \frac{m_C M}{EI} dx$$

$$= \int_0^6 \frac{1}{EI}(0)(0)dx + \int_6^{18} \frac{1}{EI}(-100(x-6)(-x)dx$$

$$+ \int_{18}^{24} \frac{1}{EI}(-200(x-12))(-x)dx$$

$$= \frac{100{,}800}{EI} + \frac{230{,}400}{EI} = \frac{331{,}200}{EI}$$

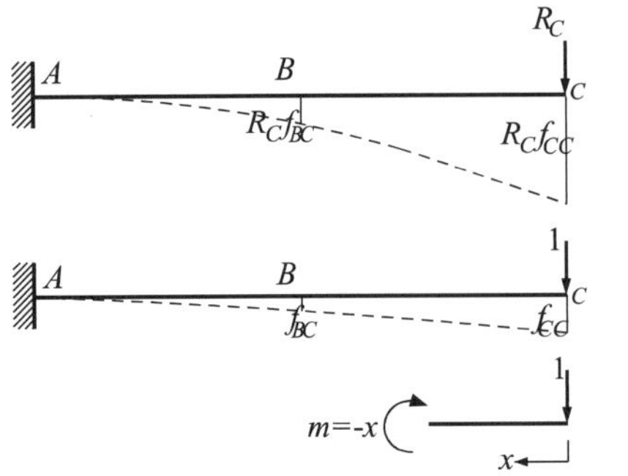

(d)

$$f_{BB}=\int\frac{m_B m_B}{EI}dx$$

$$=\int_0^{12}\frac{1}{EI}(0)(0)dx+\int_{12}^{24}\frac{1}{EI}[-(x-12)][-(x-12)]dx$$

$$=\frac{576}{EI}$$

$$f_{CC}=\int\frac{m_C m_C}{EI}dx=\int_0^{24}\frac{1}{EI}(-x)(-x)dx=\frac{4,608}{EI}$$

$$f_{CB}=\int\frac{m_B m_C}{EI}dx$$

$$=\int_0^{12}\frac{1}{EI}(0)(-x)dx+\int_{12}^{24}\frac{1}{EI}[-(x-12)](-x)dx$$

$$=\frac{1}{EI}\left[\frac{x^3}{3}-6x^2\right]_{12}^{24}=\frac{1,440}{EI}=f_{BC}$$

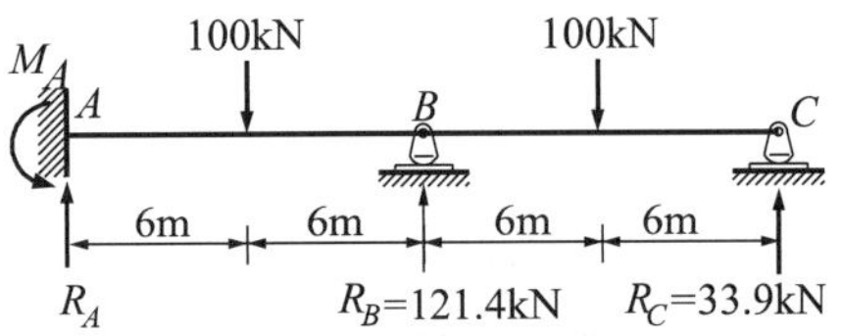

(e)

이므로, 식 (a)에 대입하고 EI를 약분하면,

$$118,800+576R_B+1,440R_C=0$$

$$331,200+1,440R_B+4,608R_C=0$$

이고, 매트릭스 형태로 바꾸면,

$$\begin{bmatrix}576 & 1,440\\1,440 & 4,608\end{bmatrix}\begin{pmatrix}R_B\\R_C\end{pmatrix}=\begin{pmatrix}-118,800\\-331,200\end{pmatrix}$$

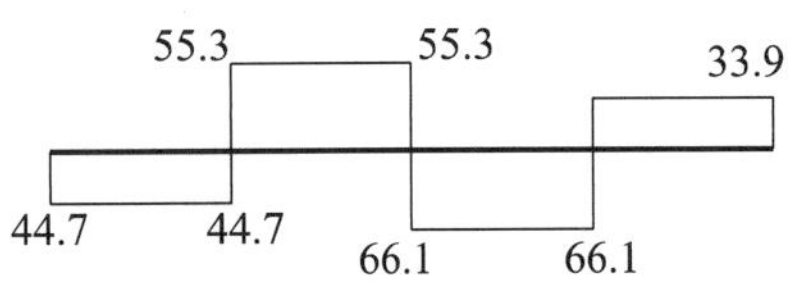

(f)

에서,

$$\begin{pmatrix}R_B\\R_C\end{pmatrix}=\frac{1}{576(4,608)-1,440^2}\begin{bmatrix}4,608 & -1,440\\-1,440 & 576\end{bmatrix}\begin{pmatrix}-118,800\\-331,200\end{pmatrix}$$

$$=\begin{pmatrix}-121.4\\-33.9\end{pmatrix}$$

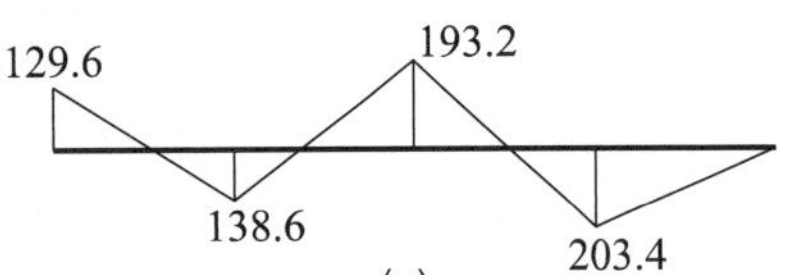

(g)

이므로,

$$R_B=-121.4\text{ kN}(\uparrow),\quad R_C=-33.9\text{ kN}(\uparrow)$$

나머지 반력은 힘의 평형조건으로 구한다. 즉 그림 (e)의 자유물체도에서,

$$\uparrow+\sum Y=0,\ R_A+121.4+33.9-200=0,\ R_A=44.7\text{ kN}$$

$$\curvearrowleft+\sum M=0,$$

$$M_A-100(6)-100(18)+121.4(12)+33.9(24)=0$$

$$M_A=129.6\text{ kN}\cdot\text{m}$$

전단력도 및 휨모멘트도는 그림 (f), (g)와 같다.

예제 11-4 라멘의 해석

그림과 같은 1차 부정정라멘을 변형일치법을 이용하여 해석하라. (단, EI는 일정)

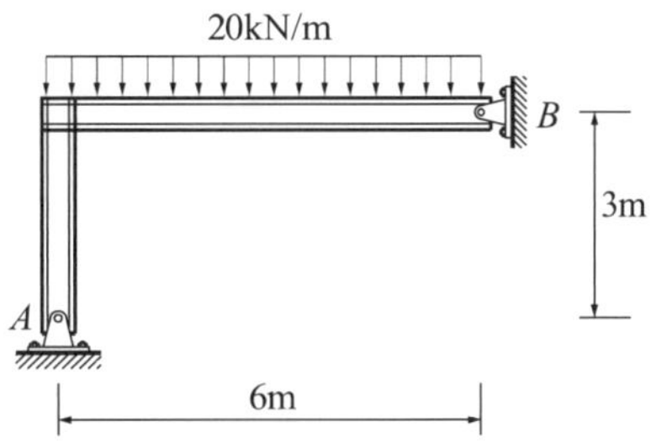

풀이

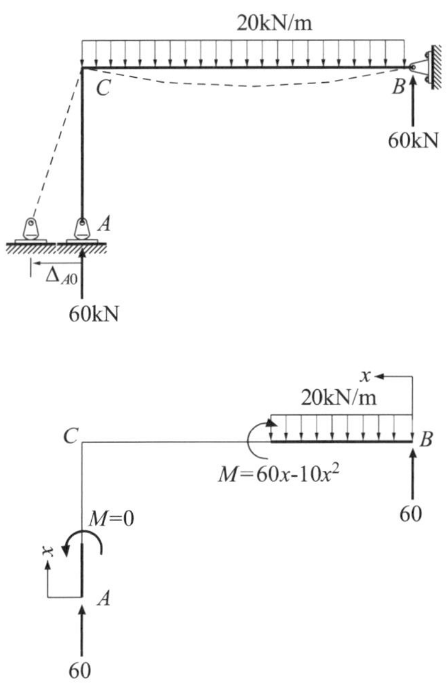

(a)

1차 부정정구조물이므로 A지점에서 수평반력 H_A를 잉여력으로 선택하면, A지점은 수평방향의 구속이 없는 이동단으로 치환된 그림 (a)와 같은 기본구조물이 된다. A지점에서 적합방정식은,

$$\Delta_{A0} + H_A f_{AA} = 0 \quad \text{(a)}$$

실제하중이 작용할 때(그림 (a))와, 잉여력(H_A) 및 단위하중(1)이 작용할 때(그림 (b))에 대한 휨모멘트 식은,

부재	$x=0$	I	M	m
AC	A	1	0	x
CB	B	1	$60x-10x^2$	$\dfrac{x}{2}$

이므로, 가상일법을 이용하면,

$$\Delta_{A0} = \int \frac{mM}{EI}dx$$

$$= \int_0^3 \frac{(x)(0)\,dx}{EI} + \int_0^6 \frac{\left(\frac{x}{2}\right)(60x-10x^2)\,dx}{EI}$$

$$= \int_0^6 \frac{(30x^2-5x^3)\,dx}{EI}$$

$$= \frac{1}{EI}\left[10x^3 - \frac{5}{4}x^4\right]_0^6 = \frac{540}{EI}$$

$$f_{AA} = \int \frac{mm}{EI}dx = \int_0^3 \frac{(x)(x)}{EI}dx + \int_0^6 \frac{\left(\frac{x}{2}\right)\left(\frac{x}{2}\right)}{EI}dx$$

$$= \frac{1}{EI}\left[\frac{x^3}{3}\right]_0^3 + \frac{1}{4EI}\left[\frac{x^3}{3}\right]_0^6 = \frac{27}{EI}(\leftarrow)$$

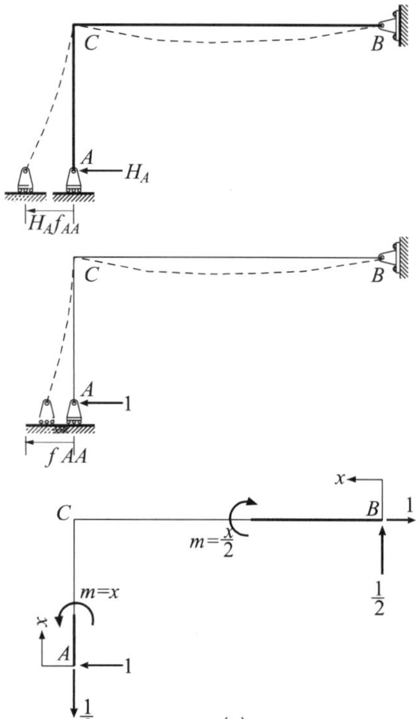

(b)

식 (a)에 대입하면,

$$\frac{540}{EI} + H_A\left(\frac{27}{EI}\right) = 0, \qquad H_A = -20\text{ kN }(\rightarrow)$$

부호가 음(−)이므로 방향이 반대이다.

나머지 반력들은 정역학적으로 쉽게 결정된다. 즉,

$$\rightarrow + \sum X = 0, \qquad H_B = -20\text{ kN }(\leftarrow)$$

$$\uparrow + \sum Y = 0, \qquad R_A + R_B - 120 = 0,$$

$$\curvearrowleft\boxplus \sum M_B = 0, \qquad -R_A(6) - (20)(6)\left(\frac{6}{2}\right) + 20(3) = 0$$

$$R_A = 70\text{ kN }(\uparrow), \qquad R_B = 50\text{ kN }(\uparrow)$$

부재력을 구하기 위한 자유물체도를 그리면 그림 (c)와 같다. 최대휨모멘트의 위치는 전단력 $V=0$인 점이므로,

$$V = 70 - 20x = 0$$

에서, $x = 3.5$ m 이다. 그러므로 최대휨모멘트는 그림 (c)의 자유물체도로부터,

$$M_{x=3.5\text{m}} = [-60 + 70x - 10x^2]_{x=3.5} = 62.5\text{ kN} \cdot \text{m}$$

구조물의 축방향력도, 전단력도, 휨모멘트도는 그림과 같다.

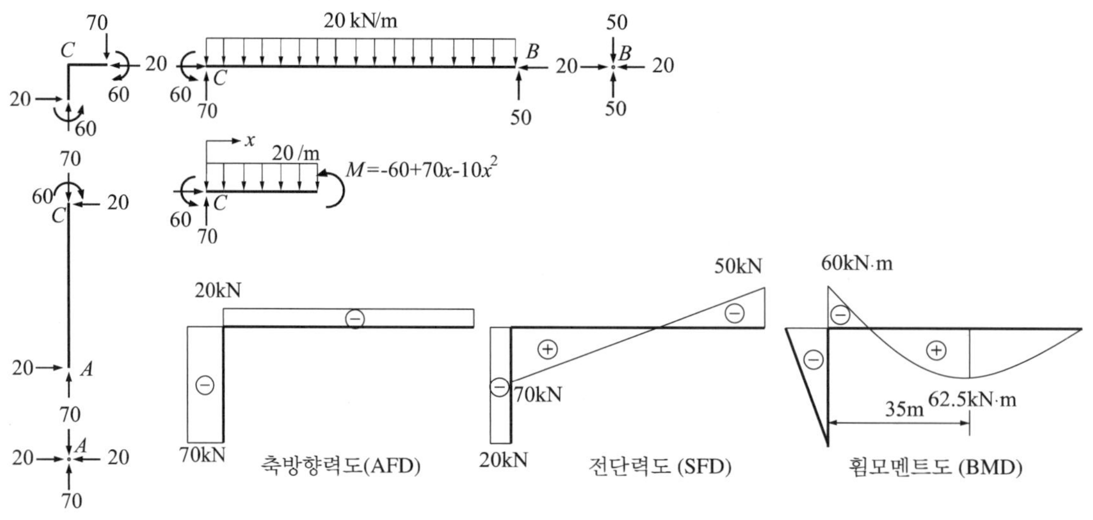

(c)

예제 11-5

그림과 같은 1차 부정정라멘을 해석하고, C점의 수평처짐을 구하라. (단, $E=200\,\mathrm{GPa}$, $I=200\times10^6\,\mathrm{mm}^4$)

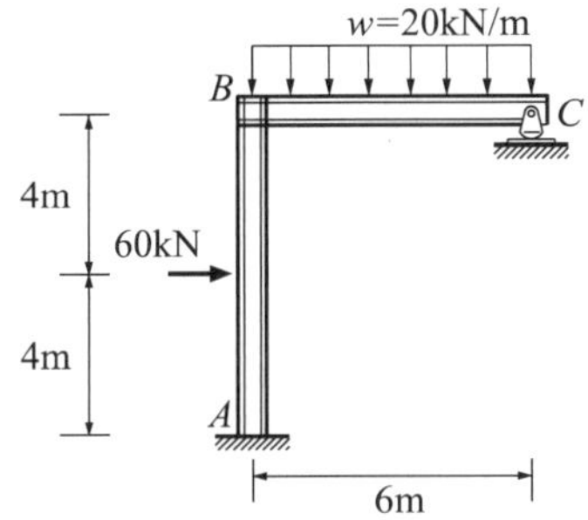

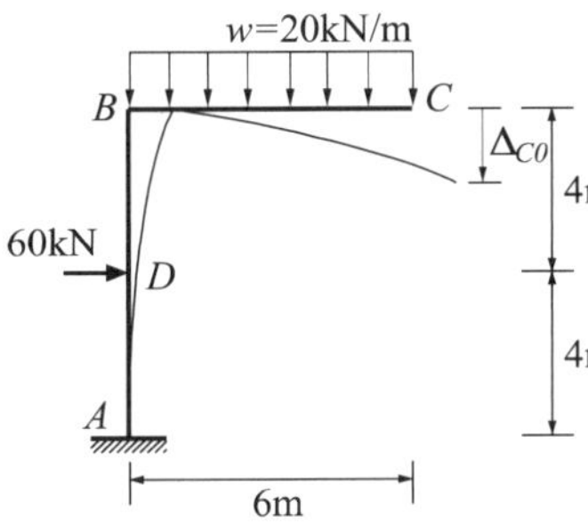

(a)

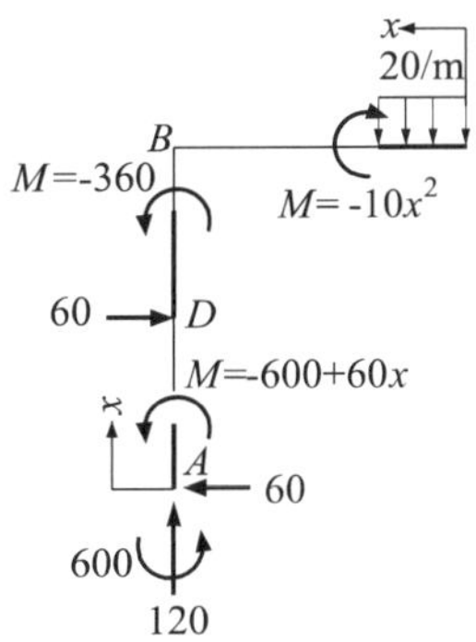

(b)

풀이

1차 부정정구조물이므로 C지점에서 수직반력 R_C를 잉여력으로 선택하면, C점에서 적합방정식은,

$$\Delta_{C0}+R_C f_{CC}=0 \qquad \text{(a)}$$

실제하중이 작용할 때(그림 (b))와, f_{CC}(그림 (e))에 대한 휨모멘트 식은 아래 표와 같다.

부재	$x=0$	I	M	m
AD	A	1	$-600+60x$	6
DB	A	1	-360	6
BC	B	1	$-10x^2$	x

이므로, 가상일법을 이용하면,

$$\Delta_{C0}=\int\frac{mM}{EI}dx$$
$$=\int_0^4\frac{(6)(-600+60x)dx}{EI}+\int_4^8\frac{(6)(-360)dx}{EI}$$
$$+\int_0^6\frac{(x)(-10x^2)dx}{EI}=-\frac{23{,}400}{EI}\;(\uparrow)$$

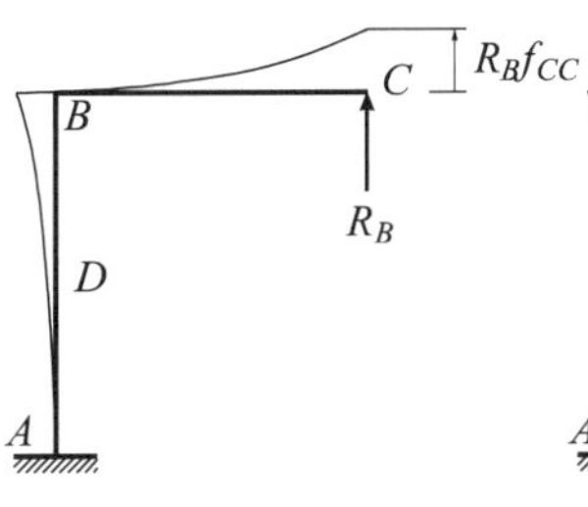

(c)

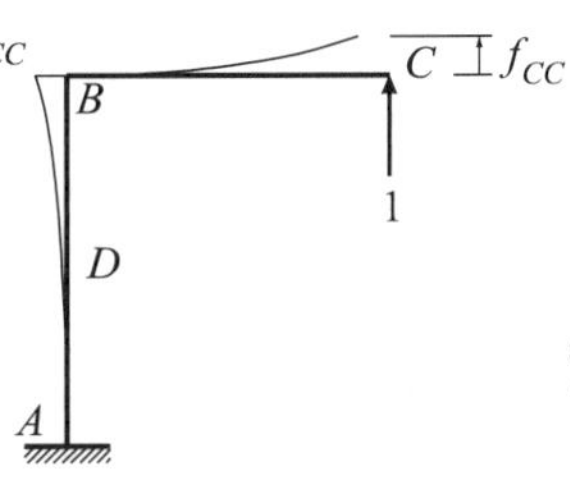

(d)

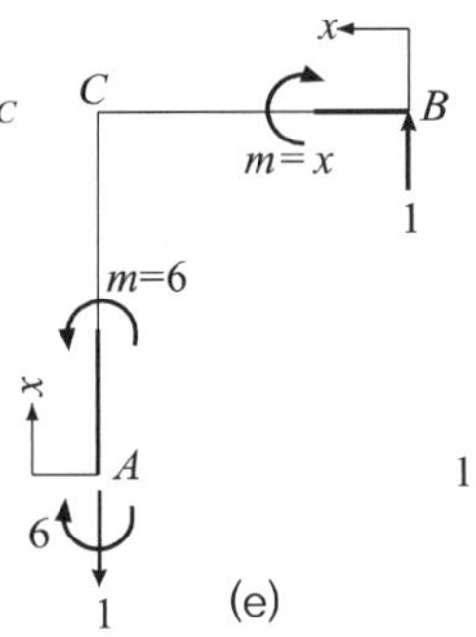

(e)

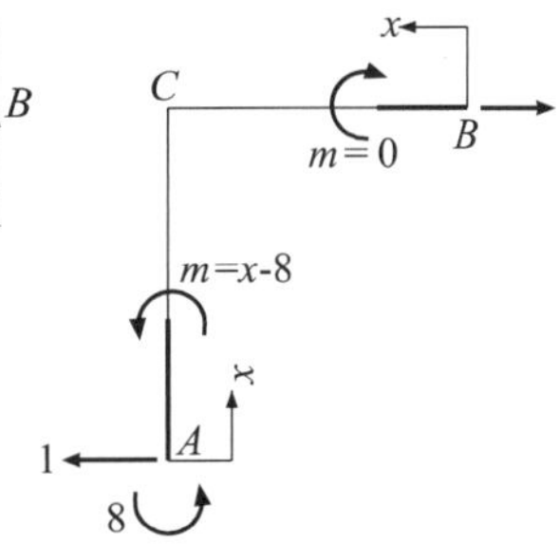

(f)

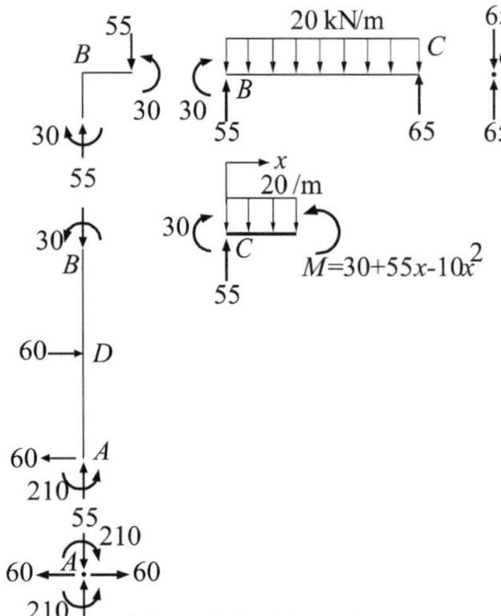

(g) 부재별 자유물체도

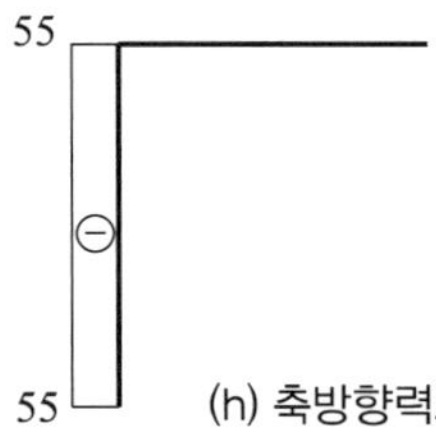

(h) 축방향력도(AFD)

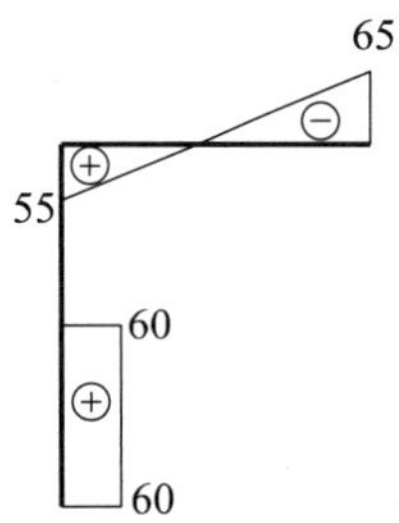

(i) 전단력도(SFD)

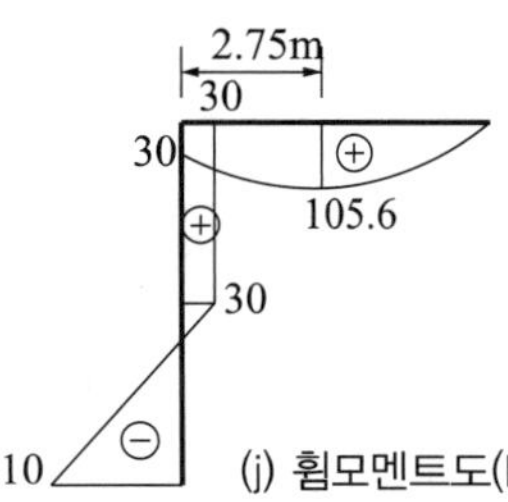

(j) 휨모멘트도(BMD)

$$f_{CC} = \int \frac{mm}{EI} dx$$
$$= \int_0^8 \frac{(6)(6)}{EI} dx + \int_0^6 \frac{(x)(x)}{EI} dx$$
$$= \frac{360}{EI}$$

식 (a)에 대입하면,

$$-\frac{23{,}400}{EI} + R_C\left(\frac{360}{EI}\right) = 0, \qquad R_C = 65 \text{ kN}$$

나머지 반력들은 정역학적으로 쉽게 결정할 수 있다. 즉,

$$H_A = -60 \text{ kN } (\leftarrow), \quad R_A = 55 \text{ kN}, \quad M_A = 210 \text{ kN} \cdot \text{m}$$

부재별 자유물체도 및 부재력도는 그림 (g), (h)~(j)와 같다. 여기서, $\overline{BC}$구간의 최대휨모멘트의 위치와 크기는

$$V = 55 - 20x = 0, \qquad x = 2.75 \text{ m}$$

$$M_{x=2.75\text{m}} = [30 + 55x - 10x^2]_{x=2.75} = 105.6 \text{ kN} \cdot \text{m}$$

C점의 수평처짐을 가상일법으로 구해보자. 우선 구조물은 그림 (a)+(c)라고 볼 수 있으므로 그림 (a)에 대한 M_1식, 그림 (c)에 대한 M_2식을 구한다(앞에서 구한 값을 이용하면 된다). 다음으로 그림 (f)와 같이 수평방향으로 단위하중(1)을 가하고 m식을 만든다.

이상을 정리하면 아래 표와 같다.

부재	$x=0$	I	M_1	M_2	m
AD	A	1	$-600+60x$	390	$x-8$
DB	A	1	-360	390	$x-8$
BC	B	1	$-10x^2$	$390x$	0

가상일법을 이용하면,

$$\Delta_{Cx} = \int \frac{mM_1}{EI} dx + \int \frac{mM_2}{EI} dx$$
$$= \int_0^4 \frac{(x-8)(-600+60x)dx}{EI} + \int_4^8 \frac{(x-8)(-360)dx}{EI} + \int_0^8 \frac{(x-8)(390)dx}{EI}$$
$$= \frac{2{,}240}{EI} = \frac{2{,}240 \text{ kN} \cdot \text{m}^3}{(200)(200) \text{ kN} \cdot \text{m}^2} = 0.056 \text{ m}$$

부호가 양(+)이므로 가정한 처짐방향과 같다.

예제 11-6 트러스의 해석

다음 트러스를 해석하라. (단, EA는 일정하다.)

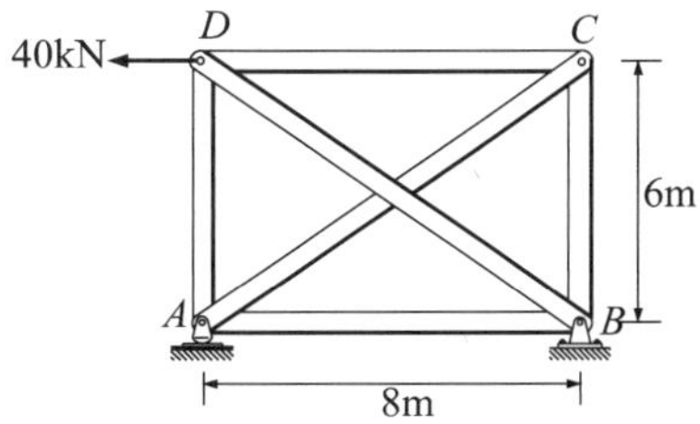

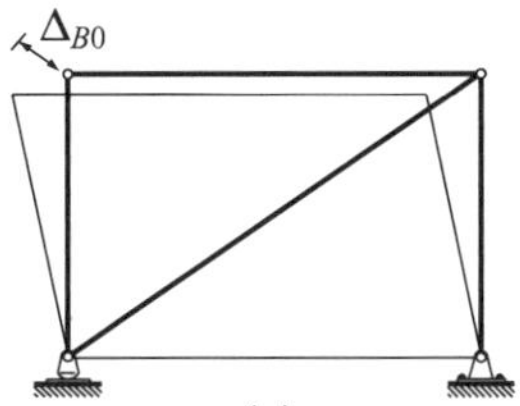

(a)

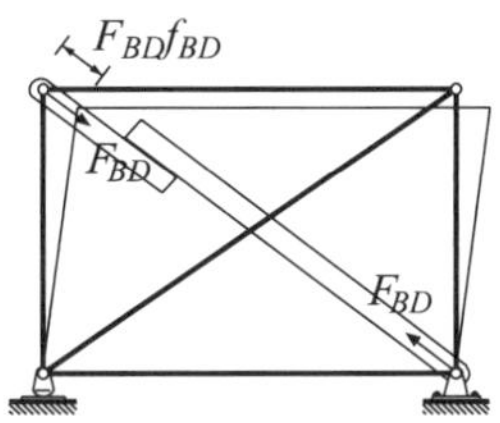

(b)

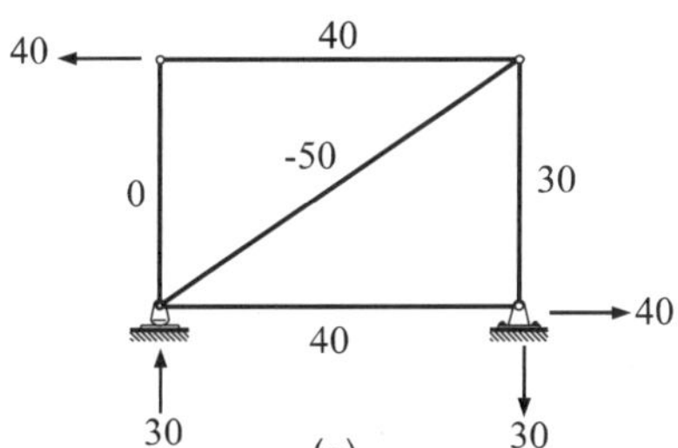

(c)

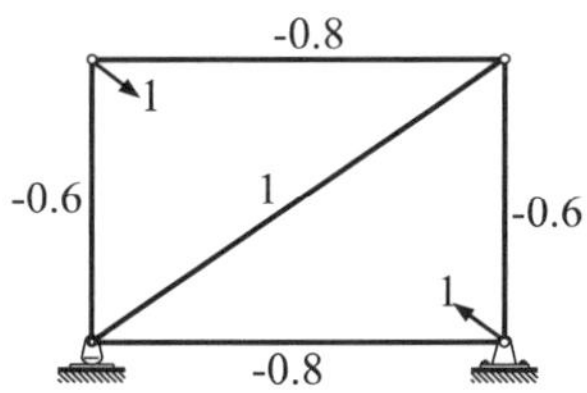

(d)

풀이

트러스의 부재력을 잉여력으로 선택하는 문제를 살펴보자. $\overline{BD}$부재력 F_{BD}를 잉여력으로 선택하면 그림 (a)와 같은 정정트러스가 기본구조물이 된다. 적합조건은 그림 (a), (b)에서 실제하중에 의한 상대처짐 Δ_{B0}와 F_{BD}에 의한 상대처짐 $F_{BD}f_{BD}$의 합이 0이므로,

$$\Delta_{B0} + F_{BD}f_{BD} = 0 \tag{a}$$

외력에 의한 기본구조물의 부재력 F_0(그림 (c))과 $\overline{BD}$부재의 양단에 단위하중(1)을 작용시킨 기본구조물의 부재력 f_{BD}(그림 (d))에서 Δ_{B0}, f_{BD}는 각각,

$$\Delta_{B0} = \sum \frac{F_0 f_{BD} L}{EA}, \qquad f_{BD} = \sum \frac{f_{BD} f_{BD} L}{EA}$$

이므로, 표로 정리하면 아래와 같다. 식 (a)에 대입하여 풀면

$$-\frac{1{,}120}{EA} + F_{BD}\left(\frac{34.56}{EA}\right) = 0, \qquad F_{BD} = 32.4\ \text{kN}$$

모든 부재력은 중첩의 원리가 성립하므로, 외력에 의한 부재력 F_0와, 잉여력 F_{BD}에 의한 부재력 $f_{BD}F_{BD}$을 중첩하면 된다.

$$F = F_0 + (\text{각 부재의 } f_{BD})F_{BD}$$

이고 이를 표의 우측에 나타냈다.

부재	L(m)	부재수 n	F_0	f_{BD}	Δ_{BD} $nF_0f_{BD}L$	f_{BD} $nf_{BD}f_{BD}L$	F $F_0+f_{BD}F_{BD}$
AB, CD	8	2	40	−0.8	−512	10.24	14.1
BC	6	1	30	−0.6	−108	2.16	10.6
AC	10	1	−50	1	−500	10	−17.6
AD	6	1	0	−0.6	0	2.16	−19.4
BD	10	1	0	1	0	10	32.4
$\sum$					−1,120	34.56	

예제 11-7

아래 그림과 같은 2차 부정정트러스를 변형일치법을 이용하여 해석하라. (EA는 일정)

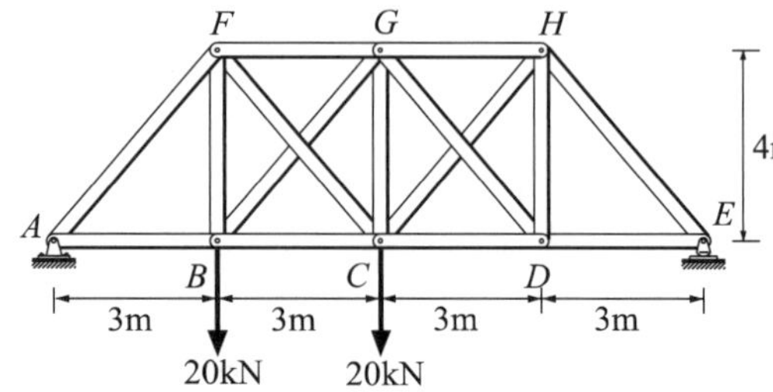

풀이

이 트러스는 2차 부정정구조이다. $\overline{BG}$, $\overline{DG}$부재의 부재력을 각각 F_1, F_2 잉여력으로 선택하면, 그림 (a)와 같은 정정트러스가 기본 구조물이 되며, 다음의 적합조건을 만족해야 한다.

$$\Delta_{10} + F_1 f_{11} + F_2 f_{12} = 0 \tag{a}$$

$$\Delta_{20} + F_1 f_{21} + F_2 f_{22} = 0$$

식 (a)에서 맥스웰(Maxwell)의 상반변위 정리에 의해서 $f_{12} = f_{21}$이며, 잉여력도 대칭이고 구조물도 대칭이므로 $f_{11} = f_{22}$이다. 따라서 Δ_{10}, Δ_{20}, f_{11}, f_{12}만 가상일법으로 구하면 된다. 여기서,

$$\Delta_{10} = \sum \frac{f_1 F_0 L}{EA}, \qquad \Delta_{20} = \sum \frac{f_2 F_0 L}{EA}$$

$$f_{11} = \sum \frac{f_1 f_1 L}{EA}, \qquad f_{12} = \sum \frac{f_1 f_2 L}{EA}$$

이다.

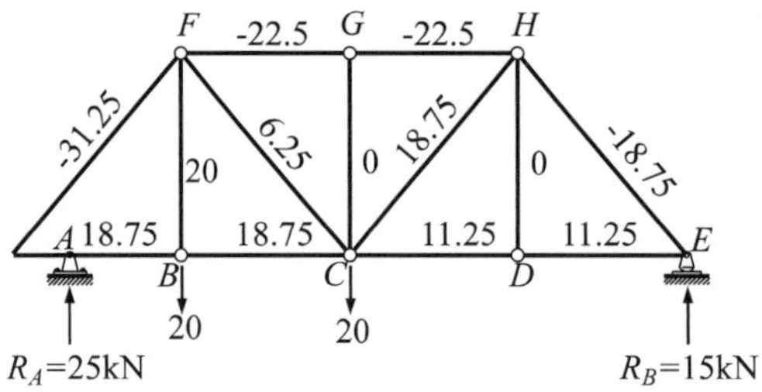

(a)

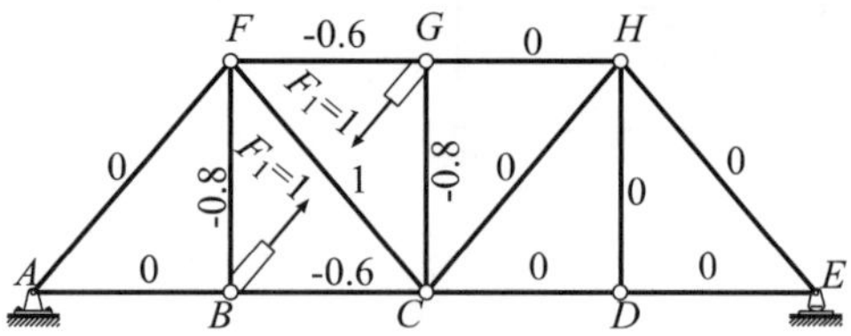

(b)

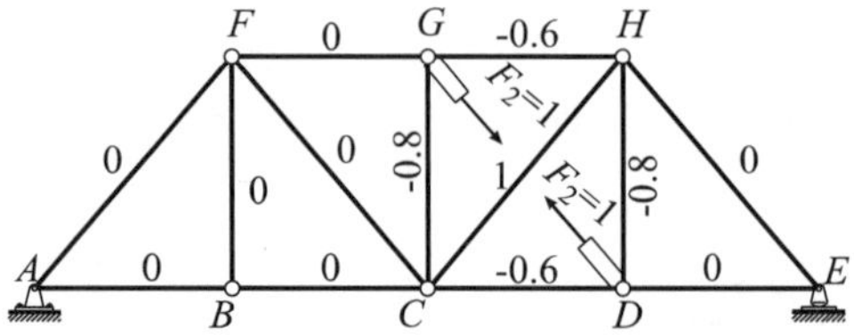

(c)

이제 외력, $F_1 = 1(↗↙)$, $F_2 = 1(↘↖)$에 대한 기본구조물(정정트러스)의 부재력을 각각 절점법 또는 절단법으로 구한다. 그 결과는 그림 (a), (b), (c)와 같다. 또한 Δ_{10}, Δ_{20}, f_{11}, f_{12}에 대하여 아래 표로 정리하였다($f_1 = f_2 = 0$인 경우는 계산결과가 0이므로 제외). 표로부터,

$$\Delta_{10} = -\frac{26}{EA}, \qquad \Delta_{20} = \frac{114}{EA}$$

$$f_{11} = f_{22} = \frac{17.28}{EA}, \qquad f_{12} = f_{21} = \frac{2.56}{EA}$$

이므로, 식 (a)에 대입하면,

$$-26 + 17.28F_1 + 2.56F_2 = 0$$

$$114 + 2.56F_1 + 17.28F_2 = 0$$

이므로,

$$\begin{bmatrix} 17.28 & 2.56 \\ 2.56 & 17.28 \end{bmatrix} \begin{pmatrix} F_1 \\ F_2 \end{pmatrix} = \begin{pmatrix} 26 \\ -114 \end{pmatrix}$$

$$\begin{pmatrix} F_1 \\ F_2 \end{pmatrix} = \frac{1}{17.28^2 - 2.56^2} \begin{bmatrix} 17.28 & -2.56 \\ -2.56 & 17.28 \end{bmatrix} \begin{pmatrix} 26 \\ -114 \end{pmatrix} = \begin{pmatrix} 2.54 \\ -6.97 \end{pmatrix}$$

이다. 임의 부재력은 겹침의 원리를 이용하여

$$F = F_0 + (\text{각 부재의 } f_1)F_1 + (\text{각 부재의 } f_2)F_2$$

로 계산하면 되며, 표의 우측 항에 그 결과를 정리하였다.

부재	L (m)	부재수 n	F_0	f_1	f_2	Δ_{10} f_1F_0L	Δ_{20} f_2NL	$f_{11}=f_{22}$ f_1f_1L	$f_{12}=f_{21}$ f_1f_2L	F_1f_1	F_2f_2	F_i
BC	3	1	18.75	−0.6	0	−33.75	0	1.08	0	−1.52	0.00	17.23
CD	3	1	11.25	0	−0.6	0	−20.25	0	0	0.00	4.18	15.43
FG	3	1	−22.5	−0.6	0	40.5	0	1.08	0	−1.52	0.00	−24.02
GH	3	1	−22.5	0	−0.6	0	40.5	0	0	0.00	4.18	−18.32
BF	4	1	20	−0.8	0	−64	0	2.56	0	−2.03	0.00	17.97
CG	4	1	0	−0.8	−0.8	0	0	2.56	2.56	−2.03	5.58	3.54
DH	4	1	0	0	−0.8	0	0	0	0	0.00	5.58	5.58
CF	5	1	6.25	1	0	31.25	0	5	0	2.54	0.00	8.79
BG	5	1	0	1	0	0	0	5	0	2.54	0.00	2.54
CH	5	1	18.75	0	1	0	93.75	0	0	0.00	−6.97	11.78
DG	5	1	0	0	1	0	0	0	0	0.00	−6.97	−6.97
$\sum$						−26	114	17.28	2.56	$F_i = (F_0 + f_1F_1 + f_2F_2)_i$		

11.2 변형일치법의 응용

이 절에서는 부등침하, 온도변화, 조립오차 등과 같은 추가변형에 의해 부정정구조물에 발생하는 부가응력을 구하는 과정을 살펴본다. 기본적으로 9장의 에너지법에서 다루었던 부가응력을 구하는 과정을 변형일치법에 그대로 적용하면 된다. 즉 변형일치법에서 외력이 작용하는 기본구조물의 처짐을 계산할 때, 추가변형을 고려한다. 해석과정은 예제를 통해 살펴보기로 하고, 지점의 부등침하와 탄성지점에 관해서만 생각해 보자.

11.2.1 지점 부등침하의 고려

부등침하란 구조물의 지점들에 서로 다른 침하량이 발생하는 것을 말한다. 예를 들어 정정구조물, 또는 부정정구조물이지만, 외적 정정(내적 부정정) 구조물은 부등침하가 발생해도 영향이 적은데, 이는 구조물 자체의 형상변화 없이 강체로 이동하거나 회전하기 때문이다. 그러나 외적 부정정구조물에 부등침하가 발생하면 구조물에 추가적인 응력이 발생한다. 이러한 부등침하의 영향을 고려한 해석은, 변형일치법을 조금 수정하면 된다. 예를 들어 그림 11.5와 같이 각 지점에 각각 Δ_A, Δ_B, Δ_C, Δ_D 발생했다고 생각해 보자. 먼저 A, D지점의 상대 침하량($\Delta_D - \Delta_A$)는 추가 응력을 발생시키지 않는다(A지점이 회전하고 D지점이 이동한다). 단지 B, C지점의 상대 변위량, 즉 Δ_{BR}과 Δ_{CR}이 부재에 추가응력을 발생시킨다. 그러므로 B 및 C지점에서의 적합방정식은,

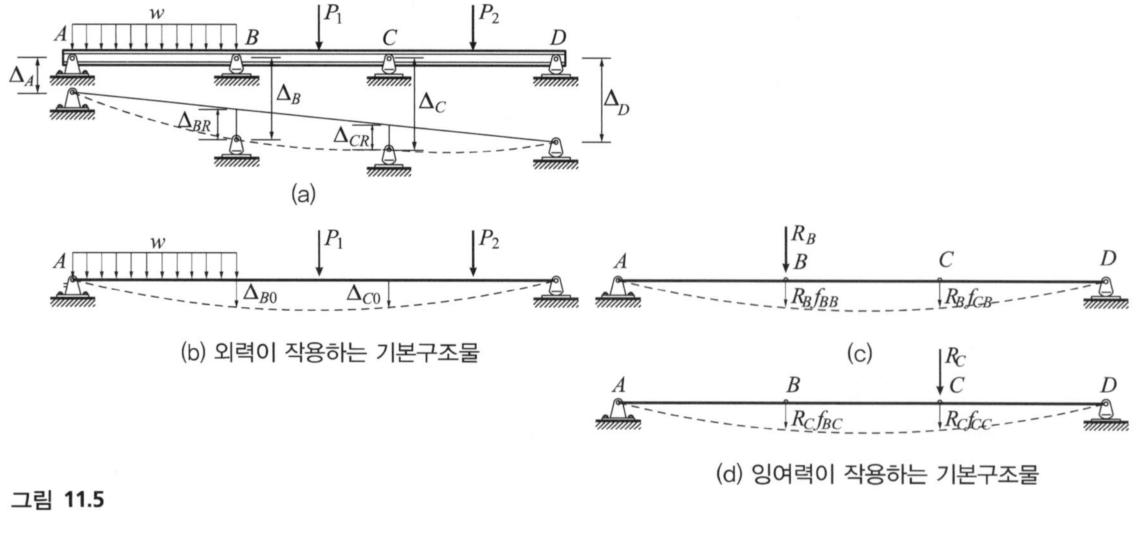

(b) 외력이 작용하는 기본구조물

(c)

(d) 잉여력이 작용하는 기본구조물

그림 11.5

$$\Delta_{B0}{}^{\downarrow} + R_B{}^{\downarrow} f_{BB}{}^{\downarrow} + R_C{}^{\downarrow} f_{BC}{}^{\downarrow} = \Delta_{BR} \qquad (11.5a)$$

$$\Delta_{C0}{}^{\downarrow} + R_B{}^{\downarrow} f_{CB}{}^{\downarrow} + R_C{}^{\downarrow} f_{CC}{}^{\downarrow} = \Delta_{CR} \qquad (b)$$

이 성립해야 한다. 변형일치법인 식 (11.3)과 비교해 보면, 각 지점의 처짐이 0이라는 적합조건이, 부등침하량인 Δ_{BR}, Δ_{CR}로 바뀌었을 뿐 나머지는 같다는 사실을 알 수 있다.

여기서 침하량 Δ_{BR}, Δ_{CR}의 크기는 구조물 양 지점을 연결한 중심선과의 상대 크기라는 사실에 주의하자. 또한 계산과정에서 잉여력 R_B, R_C의 부호가 양(+)이면 침하와 같은 방향, 음(−)이면 반대방향이 된다.

11.2.2 탄성지점의 고려

지금까지 지점은 변위가 발생하지 않는 것으로 가정하였다. 그러나 어떤 지점은 외력이 작용하면, 지점 내에서 변위가 발생하고, 외력이 제거되면 원상태로 돌아가는 지점도 존재하는데, 이러한 지점을 탄성지점(Spring support)이라 한다.

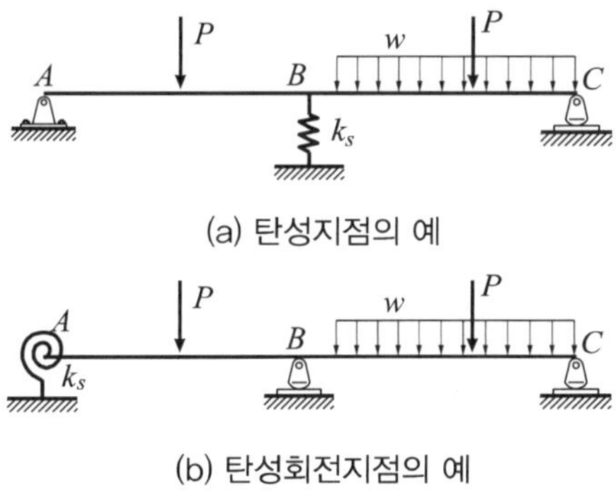

그림 11.6 탄성지점

탄성지점의 표현은 그림 11.6과 같이 스프링으로 나타내고 지점의 변형에 대한 저항 강성을 스프링상수 k로 나타낸다. 즉, 그림 (a)에서 B지점은 k_s만큼 수직변위가 구속되어 있고, 그림 (b)에서 A지점은 k_s만큼 회전변위가 구속되어 있다.

만약 반력을 R, 실제 변위를 Δ_s라 하면, 정역학 법칙 $F = kx$에 의해,

$$R = k_s \Delta_s \qquad (a)$$

이므로,

$$\Delta_s = -\frac{R}{k_s} \qquad (b)$$

이다. 여기서 부호 음(−)은 변위방향과 반력방향이 반대라는 것을 나타낸 것이다. 그러므로 변형일치법 식 (11.1)에서 우측의 0항을 Δ_s로 치환하면, 간단하게 탄성지점을 고려할 수 있다. 예를 들어 R_B를 잉여력으로 하는 경우 변형일치법 식 (11.1)은

$$\Delta_B = \Delta_{B0}{}^{(\downarrow)} + R_B{}^{(\uparrow)} f_{BB}{}^{(\uparrow)} = \Delta_s \qquad (c)$$

에서,

$$\Delta_{B0} + R_B f_{BB} = -\frac{R_B}{k_s} \qquad (11.6)$$

이고, 탄성회전지점 또한 식 (11.2)를 응용하면 된다.

예제 11-8 지점 부등침하 해석

예제 11-3의 구조물이 지점 A, B, C에서 각각 12mm, 48mm, 24mm 침하하였다. 이 구조물을 해석하라.
(단, $E = 200\,\text{GPa}$, $I = 10{,}000 \times 10^6\,\text{mm}^4$)

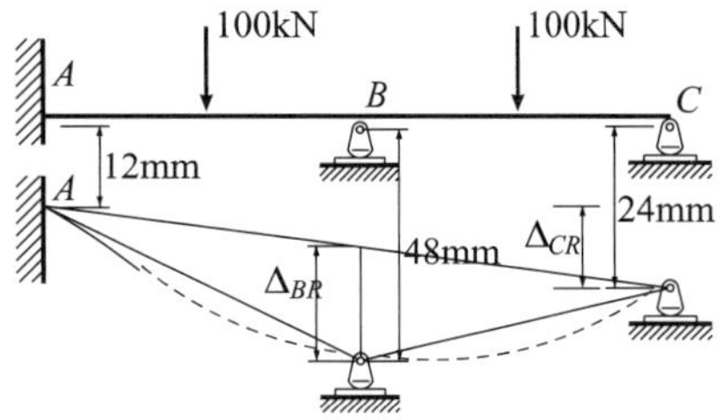

(a)

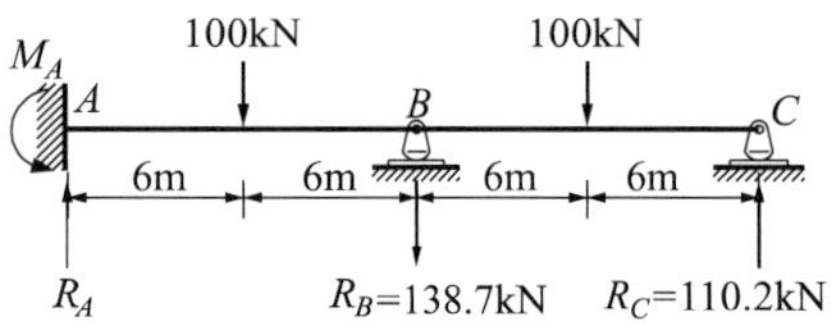

(b)

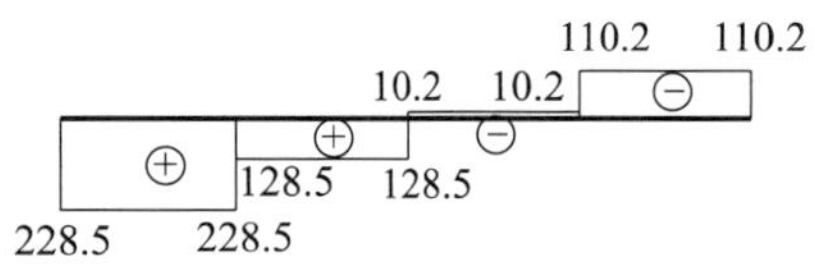

(c)

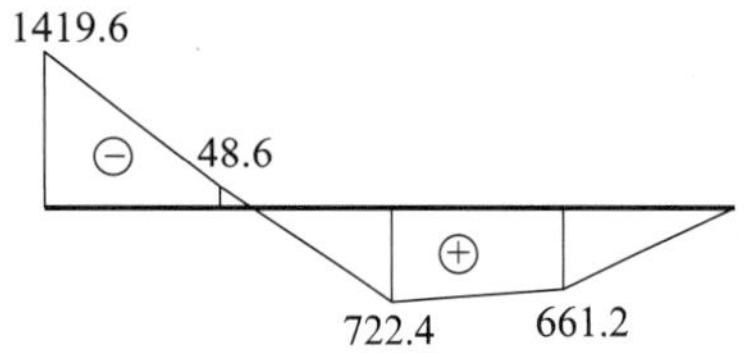

(d)

풀이

그림 (a)와 같은 지점 부등침하에서 B점과 C점의 상대처짐은,

$$\Delta_{BR} = 48 - 12 - 6 = 20\,\text{mm} = 0.02\,\text{m}$$

$$\Delta_{CR} = 24 - 12 = 12\,\text{mm} = 0.012\,\text{m}$$

적합방정식은,

$$\Delta_{B0}{}^{\downarrow} + R_B{}^{\downarrow} f_{BB}{}^{\downarrow} + R_C{}^{\downarrow} f_{BC}{}^{\downarrow} = \Delta_{BR} \tag{a}$$

$$\Delta_{C0}{}^{\downarrow} + R_B{}^{\downarrow} f_{CB}{}^{\downarrow} + R_C{}^{\downarrow} f_{CC}{}^{\downarrow} = \Delta_{CR}$$

여기서,

$$\Delta_{B0} = \frac{118{,}800}{EI} = \frac{118{,}800\,\text{kN}\cdot\text{m}^3}{(200)(10{,}000)\,\text{kN}\cdot\text{m}^2} = 0.0594\,\text{m}\,(\downarrow)$$

$$\Delta_{C0} = \frac{331{,}200}{EI} = 0.1656\,\text{m}\,(\downarrow)$$

$$f_{BB} = \frac{576}{EI} = \frac{576\,\text{m}^3}{(200)(10{,}000)\text{kN}\cdot\text{m}^2} = 0.000288\,\text{m/kN}(\downarrow)$$

$$f_{CC} = \frac{4{,}608}{EI} = 0.0023\,\text{m/kN}\,(\downarrow)$$

$$f_{CB} = f_{BC} = \frac{1{,}440}{EI} = 0.00072\,\text{m/kN}\,(\downarrow) = f_{BC}$$

이므로 식 (a)에 대입하면,

$$0.0594 + 0.000288R_B + 0.00072R_C = 0.02 \tag{b}$$

$$0.1656 + 0.00072R_B + 0.0023R_C = 0.012$$

$$\begin{bmatrix} 0.000288 & 0.00072 \\ 0.00072 & 0.0023 \end{bmatrix}\begin{pmatrix} R_B \\ R_C \end{pmatrix} = \begin{pmatrix} -0.0394 \\ -0.1536 \end{pmatrix}$$

$$\begin{pmatrix} R_B \\ R_C \end{pmatrix} = \begin{bmatrix} 0.0023 & -0.00072 \\ -0.00072 & 0.000288 \end{bmatrix}\begin{pmatrix} -0.0394 \\ -0.1536 \end{pmatrix} = \begin{pmatrix} 138.7 \\ -110.2 \end{pmatrix}$$

$$R_B = 138.7\,\text{kN}\,(\downarrow), \qquad R_C = -110.2\,\text{kN}\,(\uparrow)$$

이다. 부호 음(−)은 침하방향(↓)과 반대(↑)이다. 나머지 반력은,

$$R_A = 228.5\,\text{kN}\,(\uparrow), \qquad M_A = 1{,}419.6\,\text{kN}\cdot\text{m}$$

부재력도는 그림 (c), (d)와 같다. 지점치하에 의해 추가되는 응력이 얼마나 큰지를 예제 11-3과 비교하여 확인해 보자.

예제 11-9 탄성지점 해석

다음 연속보의 B지점이 탄성지점일 때 반력을 구하라. (단, 탄성지점의 $k_s = k$이고, EI는 일정)

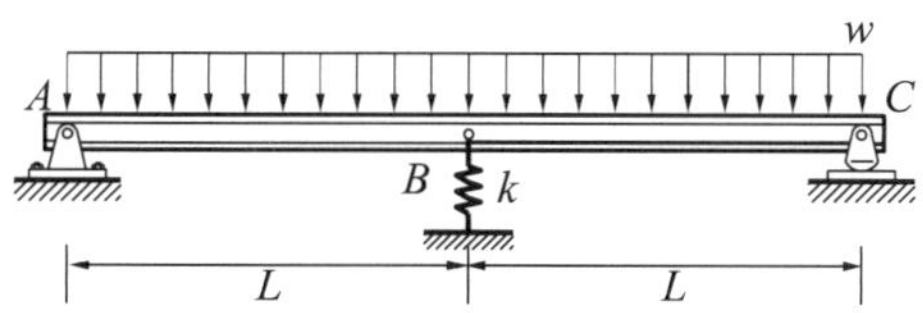

풀이

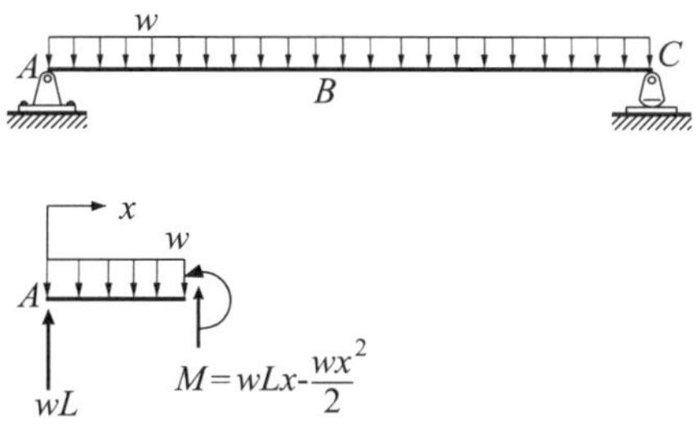

(a)

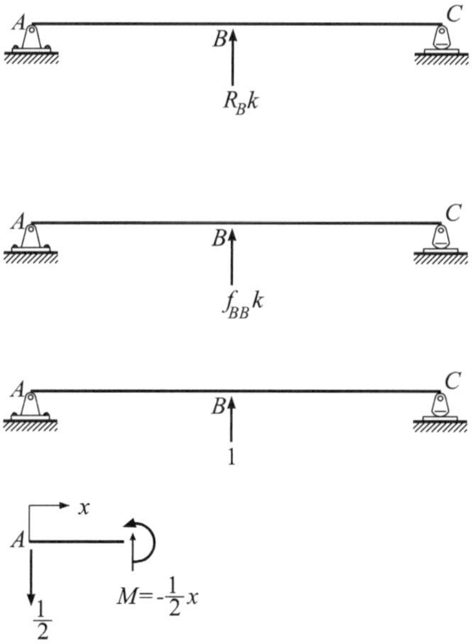

(b)

지점 B의 수직 반력 R_B를 잉여력으로 선택하면 기본구조물은 그림 (a)와 같고, B점에 대한 적합 방정식은,

$$\Delta_B = \Delta_{B0}\downarrow - R_B\uparrow f_{BB}\uparrow = \Delta_s = -\frac{R_B}{k} \qquad \text{(a)}$$

이다. 부호에 유의하자. 그림 (a), (b)의 각 자유물체도로부터,

$$\Delta_{B0} = 2\int_0^L \frac{1}{EI}\left(-\frac{x}{2}\right)\left(wLx - \frac{wx^2}{2}\right)dx$$
$$= \frac{2}{EI}\left[-\frac{wL}{6}x^3 + \frac{w}{16}x^4\right]_0^L = -\frac{5wL^4}{24EI}\ (\downarrow)$$

$$f_{BB} = 2\int_0^L \frac{1}{EI}\left(-\frac{x}{2}\right)\left(-\frac{x}{2}\right)dx = \frac{2}{EI}\left[\frac{x^3}{12}\right]_0^L = \frac{L^3}{6EI}$$

이므로, 식 (a)에 대입하면,

$$-\frac{5wL^4}{24EI} + \frac{L^3}{6EI}R_B = -\frac{R_B}{k}$$

에서,

$$R_B\left(-\frac{EI}{k} - \frac{L^3}{6}\right) = -\frac{5wL^4}{24}$$

$$R_B = \frac{5wL^4}{\dfrac{24EI}{k} + 4L^3} = \frac{5wL}{24\dfrac{EI}{kL^3} + 4} \qquad \text{(b)}$$

이다. 식 (b)를 분석해 보자. $k = 0$에 근접해 가면, 즉 탄성지점 수직변위에 대한 구속력이 없어지는 경우, $R_B = \frac{1}{\infty} = 0$이 된다. 이것은 B지점이 없는 경우와 같다. 반대로 $k = \infty$에 근접해 가면, 즉 탄성지점의 수직변위에 대한 구속력이 이동단($\Delta = 0$)과 같은 효과를 발휘하면, $R_B = \frac{5wL}{4}$가 된다.

예제 11-10 온도변화 해석

예제 11-6의 트러스에서 화재에 의해 $\overline{AB}$ 부재가 150℃인 경우 트러스를 해석하라. (단, 외력은 없으며, $E=200\,\text{GPa}$, $\alpha=1.2\times10^{-6}/℃$, 주변온도 20℃, 상하현재 $A=6{,}000\,\text{mm}^2$, 수직(경사)재 $A=5{,}000\,\text{mm}^2$ 이다.)

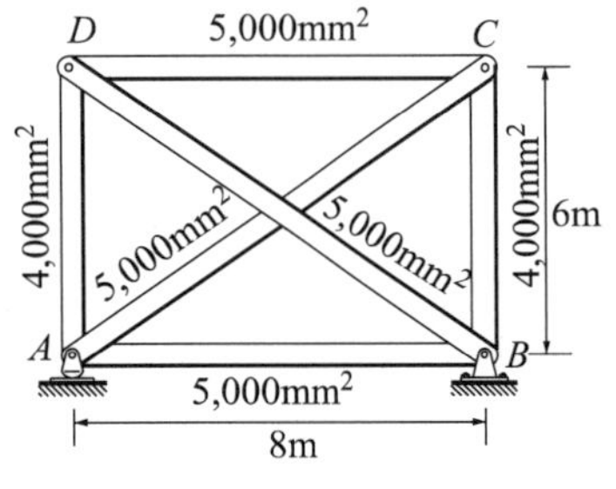

(a)

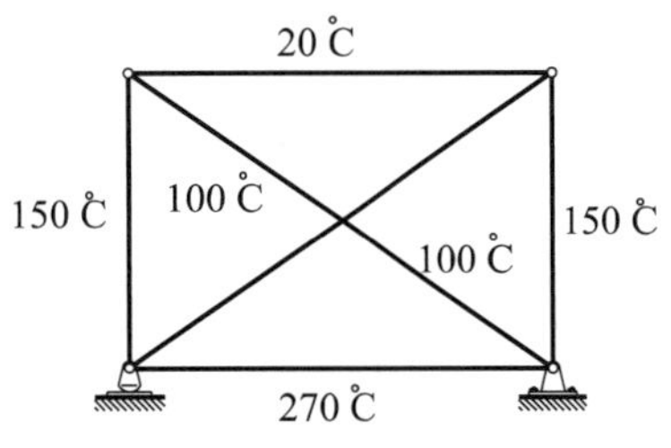

(b)

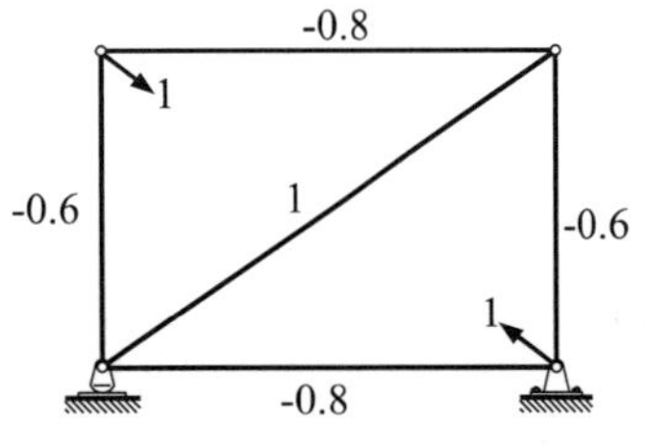

(c)

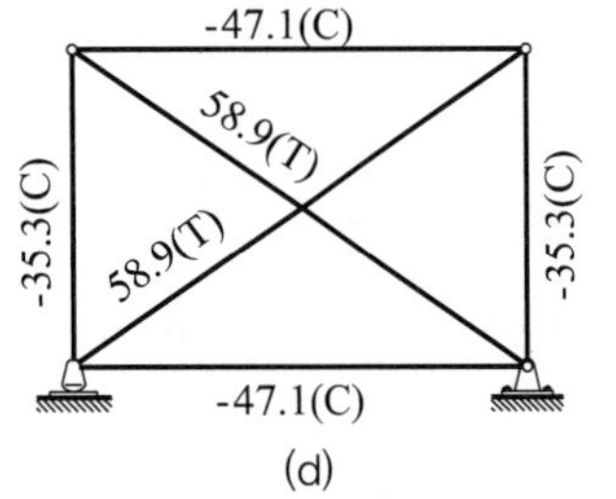

(d)

풀이

그림 (b) 같이 온도변화에 의한 기본구조물의 상대처짐 Δ_{B0}와, 잉여력에 의한 상대처짐 $F_{BD}f_{BD}$의 합이 0이어야 하므로,

$$\Delta_{B0}+F_{BD}f_{BD}=0 \tag{a}$$

온도변하에 의한 기본구조물의 상대처짐 Δ_{B0}는,

$$\Delta_{B0}=\sum f\alpha\Delta TL$$

Δ_{B0}와 f_{BD}를 구하기 위해 기본구조물을 해석하면 표와 같이 정리할 수 있다.

부재	L(m)	A(m²)	ΔT	f	$f\Delta TL$	ffL/A	F_i
AB	8	0.005	250	−0.8	−1,600	1,024	−47.1
CD	8	0.005	0	−0.8	0	1,024	−47.1
AD	6	0.004	130	−0.6	−468	540	−35.3
BC	6	0.004	130	−0.6	−468	540	−35.3
AC	10	0.005	80	1	800	2,000	58.9
BD	10	0.005	0	1	0	2,000	58.9
$\sum$					−1,736	7,128	

그러므로

$$\Delta_{B0}=\alpha\sum f(\Delta T)L$$
$$=1.2\times10^{-6}(-1{,}716)=-0.0021\,\text{m}$$

$$f_{BD}=\frac{1}{E}\sum\frac{ffL}{A}$$
$$=\frac{1}{200\times10^6\,\text{kN/m}^2}\times7{,}128=0.3564\times10^{-4}\,\text{m/kN}$$

이므로,

$$F_{BD}=\frac{0.0021}{0.3564\times10^{-4}\,\text{m/kN}}=58.9\,\text{kN (T)}$$

부재력은

$$F_i=f\times F_{BD}$$

로 구할 수 있으며, 표의 우측 항 및 그림 (d)와 같다.

예제 11-11

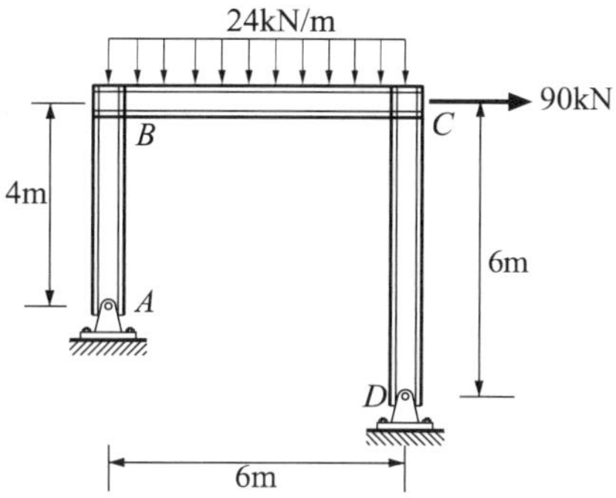

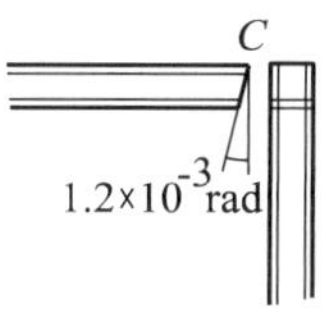

그림의 라멘에 대하여, A지점이 왼쪽으로 10mm 멀어지고, 제작오차로 인해, $\overline{BC}$부재의 C단부가 그림과 같이 1.2×10^{-3}rad 결함이 있으며, CD부재가 원 치수보다 12mm 작은 경우, 라멘을 해석하라. (단, $E=200\,\text{GPa}$, $I=180\times10^6\,\text{mm}^4$)

풀이

지점 A의 수평 반력 H_A를 잉여력으로 선택하면 적합방정식은,

$$\Delta_{A0}^{(\leftarrow)}+H_A^{(\leftarrow)}f_{AA}^{(\leftarrow)}+\lambda_\theta f_{AA}^{(\leftarrow)}+\lambda_L f_{AA}^{(\leftarrow)}=0.01^{(\leftarrow)} \qquad \text{(a)}$$

이다. 식 (a)에서,

(1) $\Delta_{A0}^{(\leftarrow)}$: 외력에 의한 기본구조물의 A점 수평처짐

(2) $f_{AA}^{(\leftarrow)}$: 잉여력 H_A방향 단위하중(1)에 의한 A점 수평처짐

(3) $\lambda_\theta f_{AA}^{(\leftarrow)}$: $\overline{BC}$부재의 제작오차에 의한 A점 수평처짐

(4) $\lambda_L f_{AA}^{(\leftarrow)}$: $\overline{CD}$부재의 제작오차에 의한 A점 수평처짐

(5) 0.01 : A점의 지점 이동 변위(←)

그림 (a) 및 (b)와 같이 자유물체도를 구한다. 여기서 $\overline{CD}$부재의 제작오차를 고려하기 위해 축방향력 F도 함께 구한다.

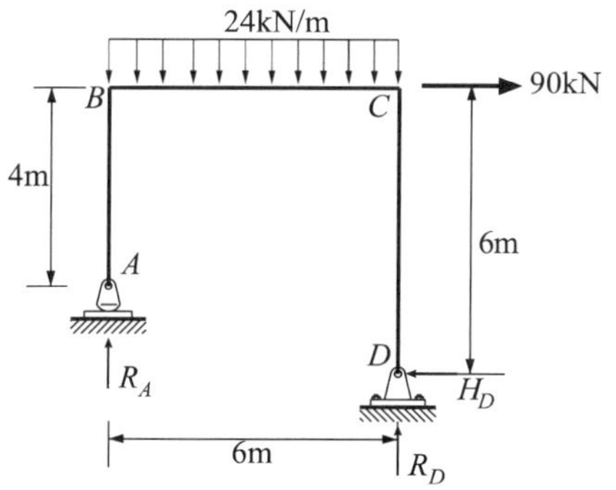

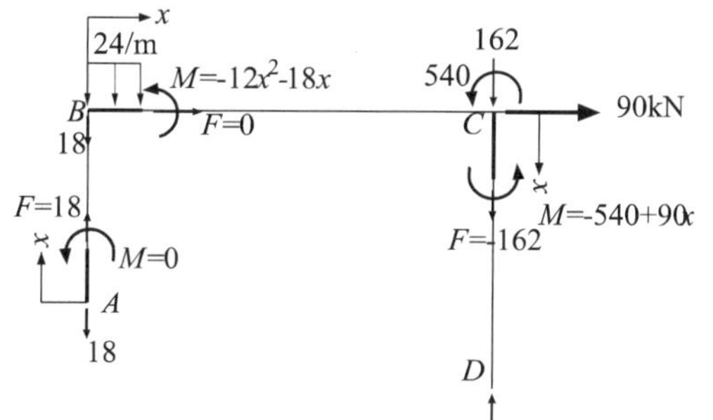

(a)

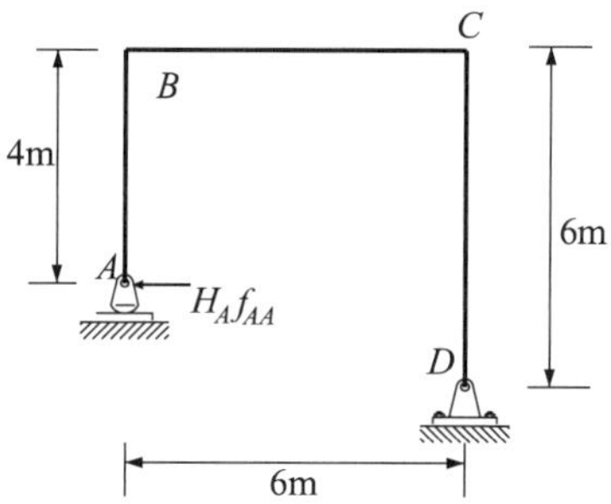

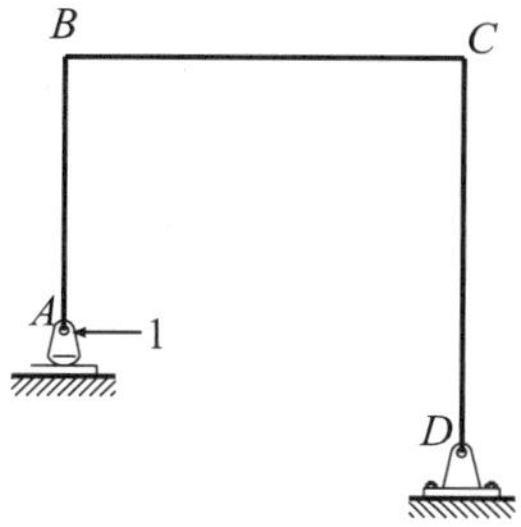

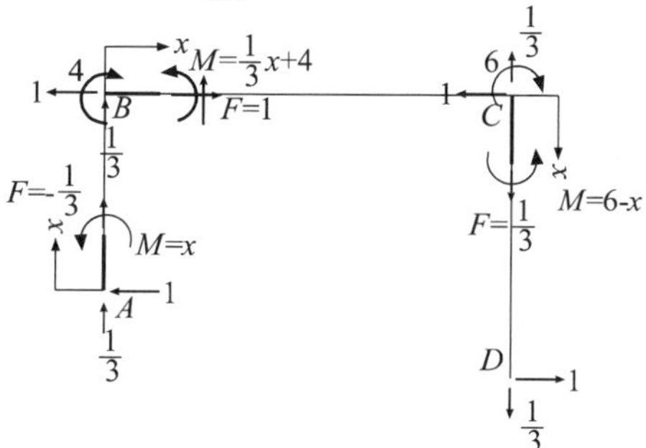

(b)

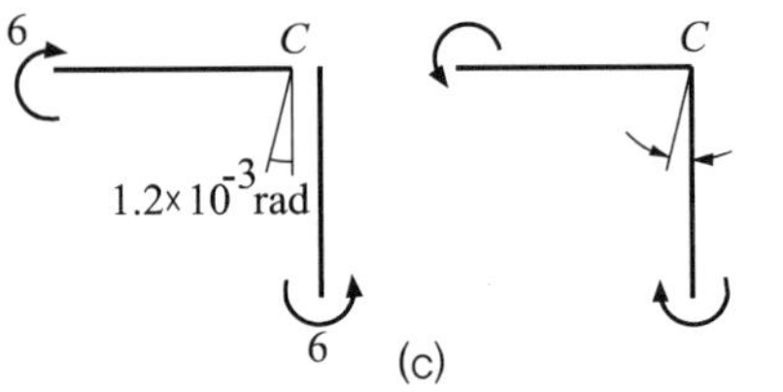

(c)

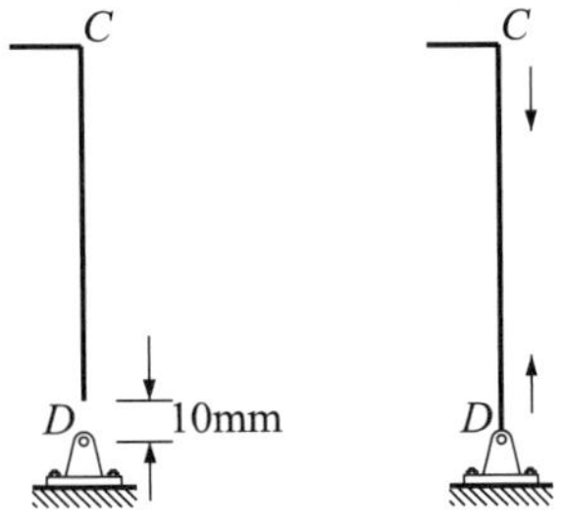

(d)

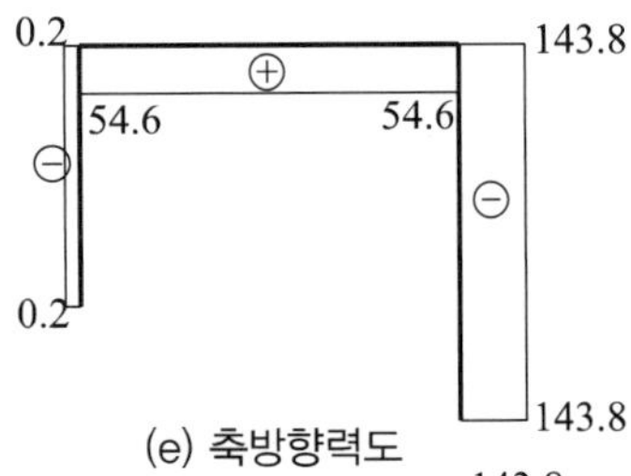

(e) 축방향력도

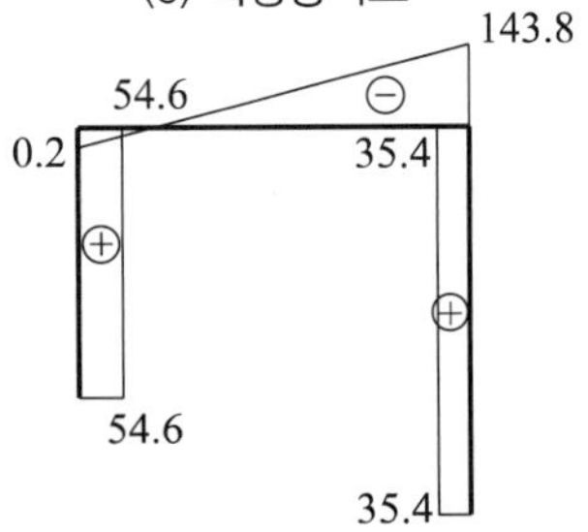

(f) 전단력도

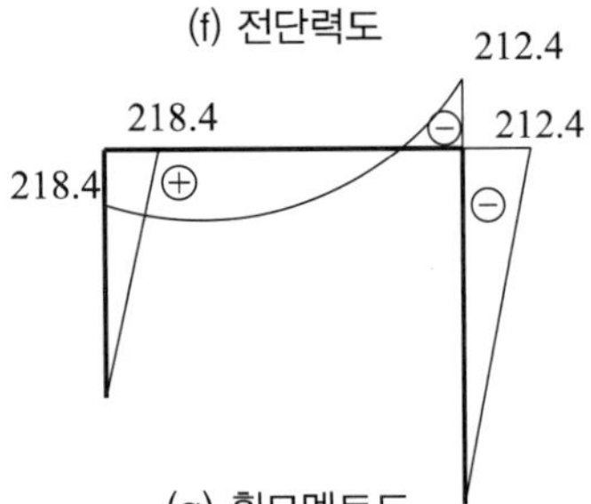

(g) 휨모멘트도

부재	$x=0$	I	M	F	m	f
AB	A	1	0	18	x	$-1/3$
BC	B	1	$-12x^2-18x$	0	$(1/3)x+4$	1
CD	C	1	$-540+90x$	-162	$6-x$	$1/3$

(1) $\Delta_{A0} = \int \frac{mM}{EI}dx$

$$= \int_0^4 \frac{(0)(x)\,dx}{EI} + \int_0^6 \frac{(-12x^2-18x)\left(\frac{1}{3}x+4\right)dx}{EI} + \int_0^6 \frac{(-540+90x)(6-x)\,dx}{EI}$$

$$= -\frac{12{,}960}{EI} = -\frac{12{,}960\ \text{kN}\cdot\text{m}^3}{(200)(180)\ \text{kN}\cdot\text{m}^2} = -0.36\ \text{m}$$

(2) $f_{AA} = \int \frac{mm}{EI}dx$

$$= \int_0^4 \frac{(x)^2 dx}{EI} + \int_0^6 \frac{\left(\frac{1}{3}x+4\right)^2 dx}{EI} + \int_0^6 \frac{(6-x)^2 dx}{EI}$$

$$= \frac{245.3}{EI} = \frac{245.3\ \text{m}^3}{(200)(180)\ \text{kN}\cdot\text{m}^2} = 0.0068\ \text{m/kN}$$

(3) $\lambda_\theta f_{AA}^{(\leftarrow)}$

그림 (b)로부터 C점은 벌어지려하고, 제작오차가 있는 $\overline{BC}$부재가 조립되면, 그림 (c)와 같이 오므리려 하므로,

$$\lambda_\theta f_{AA}^{(\leftarrow)} = -(1.2\times10^{-3})(6) = -7.2\times10^{-3}\ \text{m}$$

부호에 유의하자.

(4) $\lambda_L f_{AA}^{(\leftarrow)}$

원 길이보다 짧은 $\overline{CD}$부재가 조립되면, 그림 (d)와 같이 줄어들려 한다. 그림 (b)에서 f_{AA}는 $\overline{CD}$구간이 인장이므로,

$$\lambda_L f_{AA}^{(\leftarrow)} = -(12\times10^{-3})\left(\frac{1}{3}\right) = -4\times10^{-3}\ \text{m}$$

역시 부호에 유의하자.

(1)~(4)항을 식 (a)에 대입하면,

$$-0.36 + H_A^{(\leftarrow)}\,0.0068 - 7.2\times10^{-3} - 4\times10^{-3} = 0.01$$

에서

$$H_A = 54.6\ \text{kN}$$

나머지 반력은 힘의 평형방정식을 이용하면,

$$H_B = 36.4\ \text{kN},\quad R_A = 0.2\ \text{kN},\quad R_D = 143.8\ \text{kN}$$

부재력도는 그림 (e)~(g)와 같다.

11.3 최소일법(카스틸리아노 제2정리 이용)

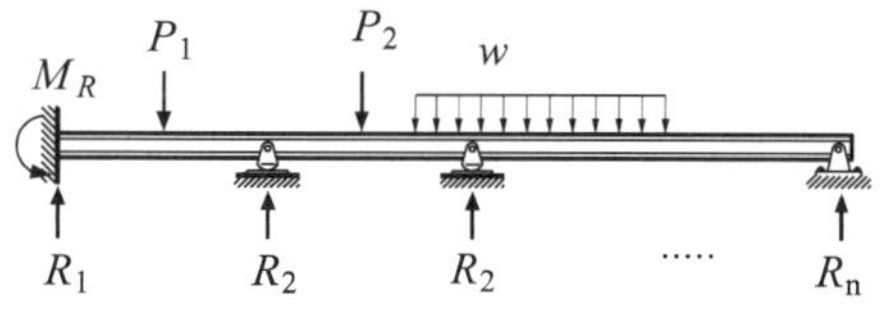

그림 11.7

11.3.1 최소일법 개요

최소일법에서는 변형일치법에서 사용한 변위중첩 대신 카스틸리아노 제2정리를 이용한다. 이 방법은 특히 축력과 휨을 받는 부재가 복합되어 있는 구조물을 해석할 때 매우 편리하다. 그러나 지점침하, 온도변화, 조립오차 등과 같은 효과를 해석할 수 없는 단점도 있다. 최소일법의 개념을 살펴보기 위하여 9장에서 다루었던 카스틸리아노 제2정리를 다시 한 번 상기해 보자(그림 9.12 및 식 (9.32)). 그림 11.7과 같은 구조물에 대하여 잉여력으로 선택한 지점 반력(R_i)에 의한 처짐은 각각 0이므로, 카스틸리아노 제2정리를 이용하면,

$$\varDelta_1 = \frac{\partial W}{\partial R_1} = 0,\ \varDelta_2 = \frac{\partial W}{\partial R_2} = 0,\ \cdots,\ \varDelta_n = \frac{\partial W}{\partial R_n} = 0 \quad (11.7)$$

식 (11.7)에서 $\partial W_i / \partial R_i = 0$을 최소일의 정리(Theorem of least work)라고 하며, 이 정리를 이용하여 부정정구조물을 푸는 과정을 최소일법이라고 한다.

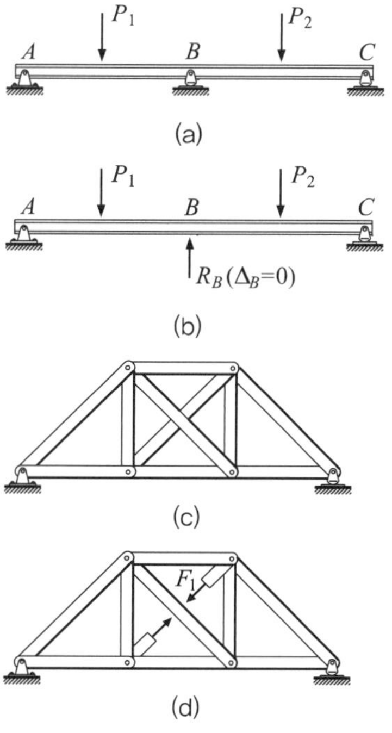

그림 11.8

11.3.2 최소일법의 적용

1차 부정정구조물에의 적용

그림 11.8(a)의 1차 부정정보에 대하여,

$$\varDelta_B = \frac{\partial W}{\partial R_B} = 0 \quad (a)$$

여기서, 보의 변형에너지는

$$W = \int \frac{M^2}{2EI} dx \quad (b)$$

식 (b)를 식 (a)에 대입하면,

$$\int M \left(\frac{\partial M}{\partial R_B} \right) \frac{dx}{EI} = 0 \quad (11.8)$$

같은 방법으로 그림 (c)의 1차 부정정트러스에 대한 적합방정식은,

$$\varDelta_1 = \frac{\partial W}{\partial F_1} = 0, \qquad W = \sum \frac{F^2 L}{2EA} \quad (a),\ (b)$$

$$\sum N\left(\frac{\partial F}{\partial F_1}\right)\frac{L}{EA}=0 \tag{11.9}$$

2차 부정정구조물에의 적용

그림 11.9(a)와 같은 2차 부정정보에서 잉여력으로 R_B와 R_C를 선택하면,

$$\Delta_B=\frac{\partial W}{\partial R_B}=0\,; \quad \int M\left(\frac{\partial M}{\partial R_B}\right)\frac{dx}{EI}=0 \tag{11.10}$$

$$\Delta_C=\frac{\partial W}{\partial R_C}=0\,; \quad \int M\left(\frac{\partial M}{\partial R_C}\right)\frac{dx}{EI}=0$$

2차 연립방정식인 식 (11.10)을 풀어 미지수 R_B와 R_C를 구할 수 있다. 같은 방법으로 그림 (c)와 같은 2차 부정정트러스의 경우도,

$$\Delta_1=\frac{\partial W}{\partial F_1}=0\,; \quad \sum N\left(\frac{\partial F}{\partial F_1}\right)\frac{L}{EA}=0 \tag{11.11}$$

$$\Delta_2=\frac{\partial W}{\partial F_2}=0\,; \quad \sum N\left(\frac{\partial F}{\partial F_2}\right)\frac{L}{EA}=0$$

2차 연립방정식인 식 (11.11)을 풀면 미지수 F_1과 F_2를 구할 수 있고, 나머지 부재력은 힘의 평형조건식으로 간단히 풀 수 있다.

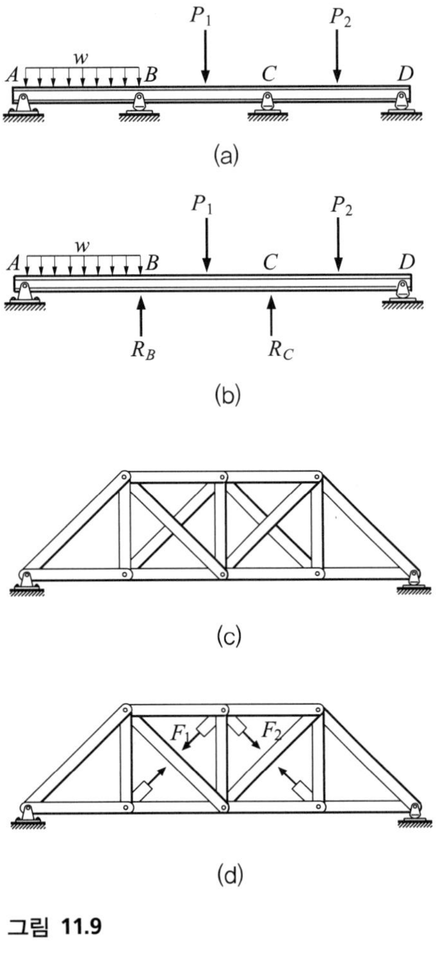

그림 11.9

최소일법의 일반화

부재력이 휨모멘트 M과 축방향력 N이고 부정정차수가 n인 구조물에서 휨모멘트에 관한 변형에너지와 축방향력에 관한 변형에너지를 식 (11.7)에 대입하면 최소일법에 대한 일반식은,

$$\int M\left(\frac{\partial M}{\partial R_1}\right)\frac{dx}{EI}+\sum N\left(\frac{\partial F}{\partial R_1}\right)\frac{L}{EA}=0 \tag{11.12}$$

$$\int M\left(\frac{\partial M}{\partial R_2}\right)\frac{dx}{EI}+\sum N\left(\frac{\partial F}{\partial R_2}\right)\frac{L}{EA}=0$$

$$\vdots$$

$$\int M\left(\frac{\partial M}{\partial R_n}\right)\frac{dx}{EI}+\sum N\left(\frac{\partial F}{\partial R_n}\right)\frac{L}{EA}=0$$

이다. 여기서 M과 F은 잉여력, R_1, R_2, ⋯, R_n의 함수이다.

앞에서 살펴보았듯이 부정정보나 라멘의 경우는 휨변형성분이 대부분이므로, 식 (11.12)에서 첫 번째 항만을 고려해서 식을 구성하면 된다. 같은 이유로 재축방향변형이 대부분이 부정정트러스의 해석에서는 둘째 항만을 고려해서 식을 구성한다.

그러나 복합구조물, 합성구조물, 아치 등과 같은 구조물의 해석에서는 모든 항을 포함하여 식을 구성한다.

예제 11-12 보의 최소일법 적용

예제 11-2의 1차 부정정보를 최소일법으로 해석하라.

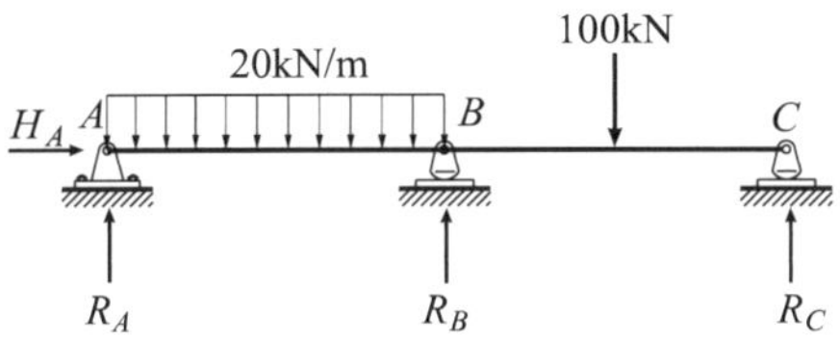

(a)

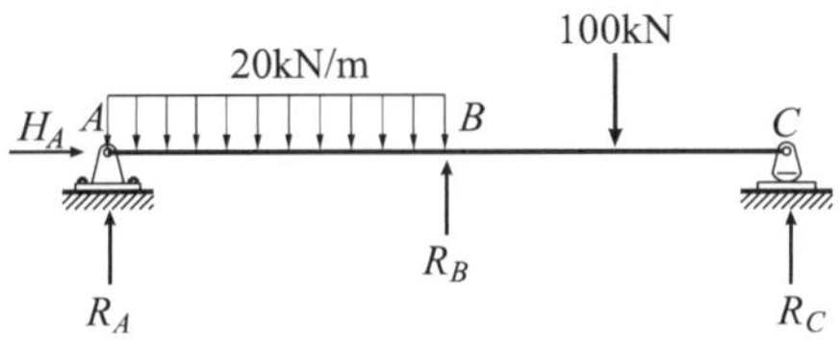

(b)

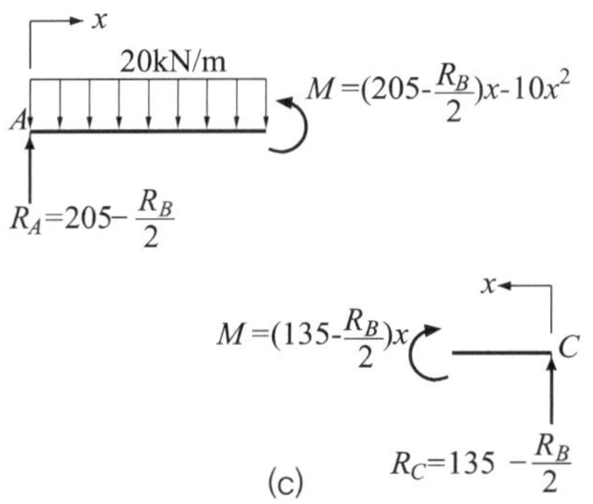

(c)

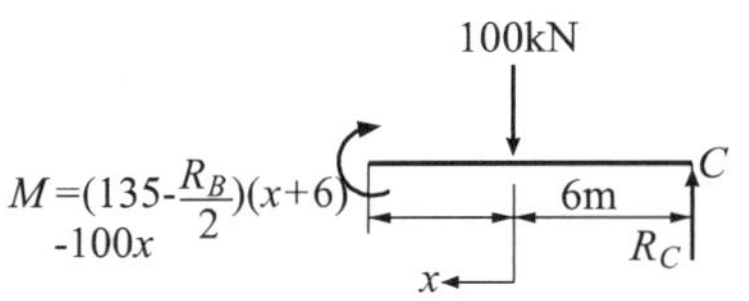

(d)

풀이

그림 (a)와 같이 B지점은 수직방향 이동이 구속되어 있으므로, 다음과 같은 적합조건식이 성립한다.

$$\Delta_B = \int M\left(\frac{\partial M}{\partial R_B}\right)\frac{dx}{EI} = 0 \tag{a}$$

반력 R_B를 잉여력으로 선택하여 단순보인 기본 구조물(그림 b)에 대한 반력(R_A, R_C)를 구한다. 그림 (b)의 자유물체도로부터,

$$\uparrow + \sum X = 0, \qquad H_A = 0$$

$$\uparrow + \sum Y = 0, \qquad R_A + R_B + R_C = 20\times 12 + 100$$

$$\curvearrowleft + \sum M_A = 0, \qquad R_C(24) - 100(18) + R_B(12) + 20(12)(6) = 0,$$

$$R_C = 135 - \frac{R_B}{2}, \qquad R_A = 205 - \frac{R_B}{2}$$

각 구간에 대한 휨모멘트 일반식은 그림 (c), (d)와 같은 자유물체도로부터, 표와 같이 정리할 수 있다.

구간	$x=0$	M	$\frac{\partial M}{\partial R_B}$
AB	A	$\left(205-\frac{R_B}{2}\right)x-10x^2$	$-\frac{x}{2}$
CD	C	$\left(135-\frac{R_B}{2}\right)x$	$-\frac{x}{2}$
BD	D	$\left(135-\frac{R_B}{2}\right)(x+6)-100x$	$-3-\frac{x}{2}$

그러므로

$$\begin{aligned}\Delta_B = &\int_0^{12}\left[\left(205-\frac{R_B}{2}\right)x-10x^2\right]\left(-\frac{x}{2}\right)\frac{dx}{EI} \\ &+\int_0^{6}\left[\left(135-\frac{R_B}{2}\right)x\right]\left(-\frac{x}{2}\right)\frac{dx}{EI} \\ &+\int_0^{6}\left[\left(135-\frac{R_B}{2}\right)(x+6)-100x\right]\left(-3-\frac{x}{2}\right)\frac{dx}{EI} \\ = &\ 0\end{aligned}$$

위 식을 전개하면,

$$288R_B - 63{,}000 = 0, \qquad R_B = 218.8\text{ kN}$$

나머지는 예제 11-2와 동일하다.

예제 11-13 라멘의 최소일법 적용

그림과 같은 라멘을 최소일법으로 해석하라(단, EI는 일정하다).

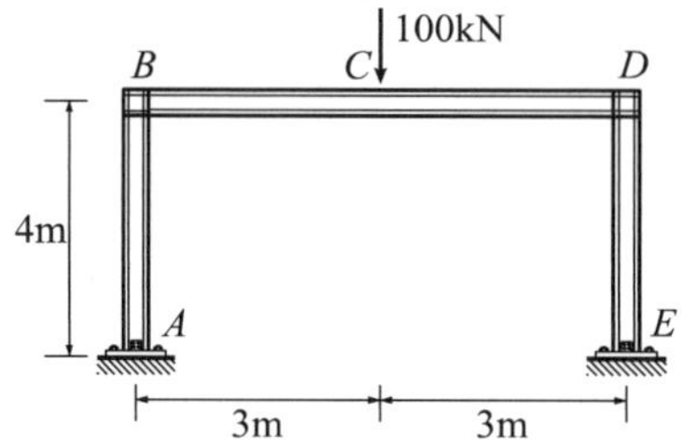

풀이

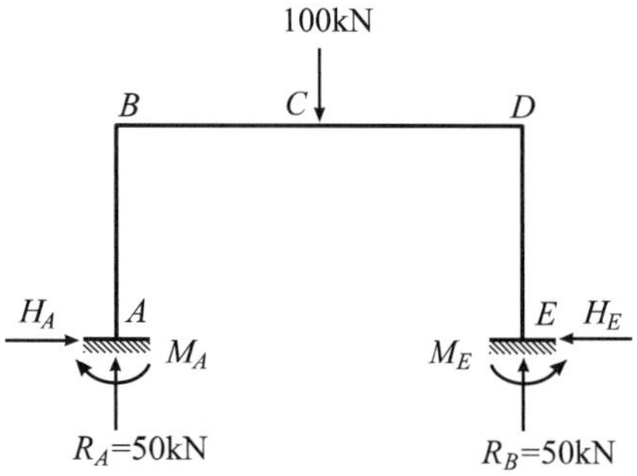

(a)

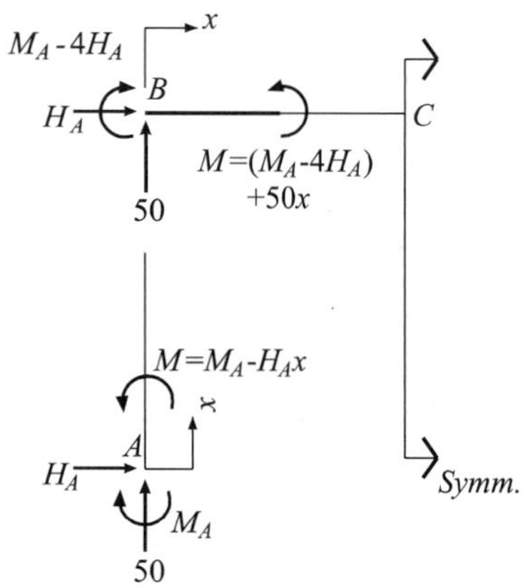

(b)

이 라멘은 구조물과 하중이 대칭이므로,

$$R_A = R_B = 50\text{ kN}, \qquad H_A = H_E$$

$$M_A = -M_E$$

그림 (a)에서 A지점은 고정단이므로 반력모멘트(M_A) 및 반력(H_A, 50kN)에 의한 처짐 Δ_A, θ_A가 발생하지 않는다.

따라서 적합방정식은,

$$\theta_A = \int M\left(\frac{\partial M}{\partial M_A}\right)\frac{dx}{EI} = 0 \qquad \text{(a)}$$

$$\Delta_A = \int M\left(\frac{\partial M}{\partial H_A}\right)\frac{dx}{EI} = 0 \qquad \text{(b)}$$

또한 대칭이므로 라멘의 1/2에 대한 M만을 고려하면 된다. 즉 전체 라멘에 대한 식 (a)와 식 (b)는 $\overline{ABC}$구간의 2배이고, 값은 0이므로, $\overline{ABC}$구간만을 계산해도 된다.

그림 (b)와 같은 자유물체도에서,

구간	$x=0$	M	$\frac{\partial M}{\partial M_A}$	$\frac{\partial M}{\partial H_A}$
AB	A	$M_A - H_A x$	1	$-x$
BC	B	$(M_A - 4H_A) + 50x$	1	-4

식 (a)에 대입하여 정리하면,

$$\theta_A = \int_0^4 (M_A - H_A x)(1)dx + \int_0^3 (M_A - 4H_A + 50x)(1)dx = 0$$

에서

$$(4M_A - 8H_A) + (3M_A - 12H_A + 225) = 0$$

$$7M_A - 20H_A + 225 = 0 \tag{c}$$

식 (b)에 휨모멘트 일반식을 대입하여 정리하면

$$\Delta_A = \int_0^4 (M_A - H_A x)(-x)dx + \int_0^3 (M_A - 4H_A + 50x)(-4)dx = 0$$

에서

$$\left(-8M_A + \frac{64}{3}H_A\right) + (-12M_A + 48H_A - 900) = 0$$

$$-20M_A + 69.33H_A - 900 = 0 \tag{d}$$

$$\begin{bmatrix} 7 & -20 \\ -20 & 69.33 \end{bmatrix} \begin{pmatrix} M_A \\ H_A \end{pmatrix} = \begin{pmatrix} -225 \\ 900 \end{pmatrix}$$

$$\begin{pmatrix} M_A \\ H_A \end{pmatrix} = \begin{bmatrix} 7 & -20 \\ -20 & 69.33 \end{bmatrix} \begin{pmatrix} -225 \\ 900 \end{pmatrix} = \begin{pmatrix} 28.1 \\ 21.1 \end{pmatrix}$$

이므로,

$$M_A = 28.1 \text{ kN} \cdot \text{m}, \qquad H_A = 21.1 \text{ kN}$$

이다. 자유물체도, 부재력 및 부재력도는 그림 (c)와 같다.

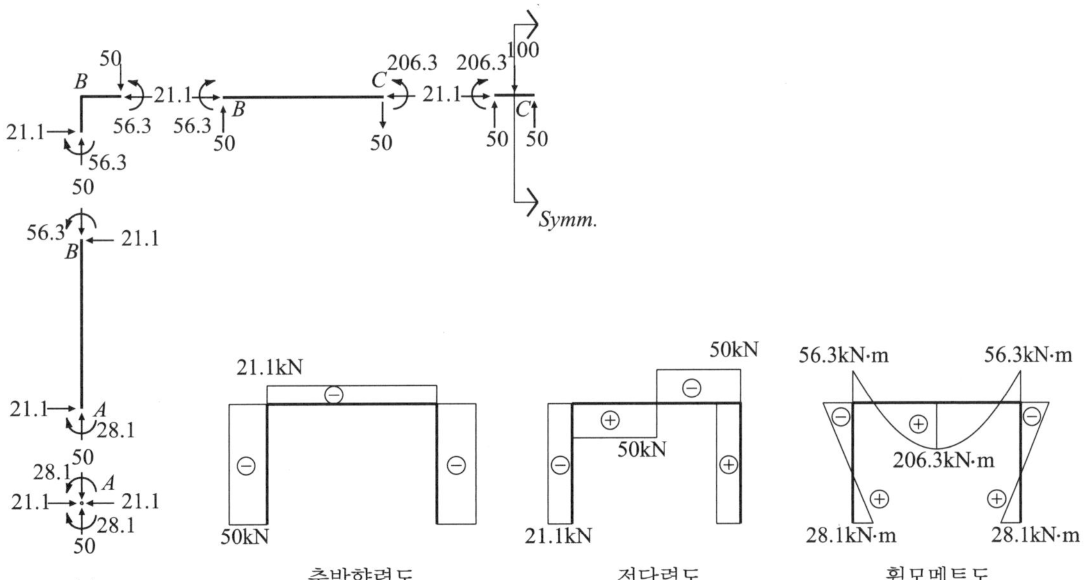

(c)

예제 11-14 트러스의 최소일법 적용

그림과 같은 1차 부정정트러스트를 최소일법으로 해석하라. (단, EA는 일정)

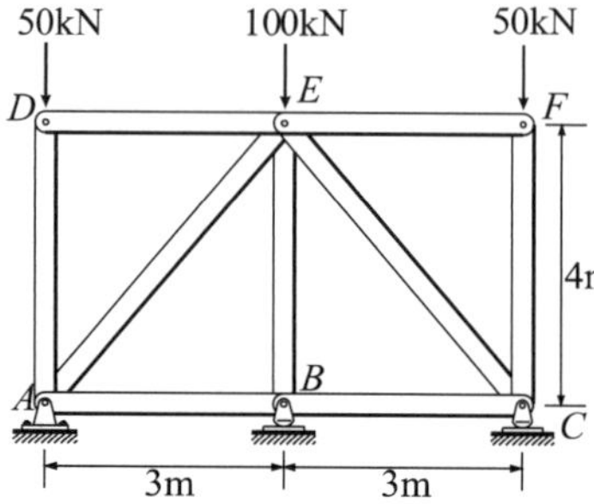

풀이

1차 부정정트러스이므로 잉여력을 R_B로 선택하여 평형조건으로 R_A와 R_C를 구한다. 그림 (a)로부터,

$$\uparrow + \sum Y = 0, \qquad R_A + R_B + R_C - 200 = 0$$

$$\curvearrowleft + \sum M_A = 0, \qquad -100(3) - 50(6) + 3(R_B) + 6(R_C) = 0$$

$$R_C = 100 - \frac{R_B}{2}, \qquad R_A = 100 - \frac{R_B}{2}$$

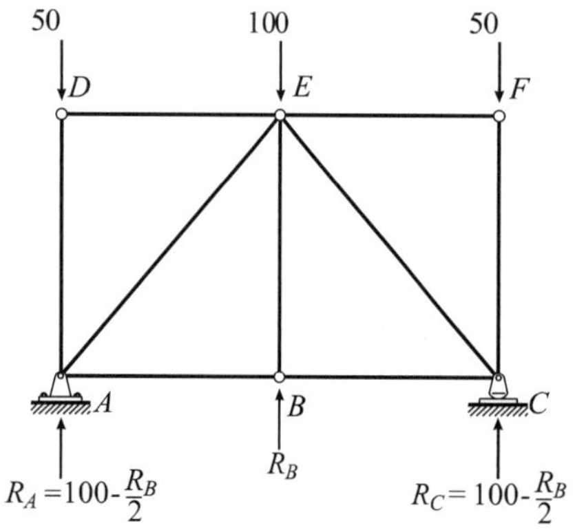

(a)

트러스이므로, 식 (11.12)에서 축방향변형만을 고려하면,

$$\sum N\left(\frac{\partial F}{\partial R_B}\right)\left(\frac{L}{EA}\right) = 0 \qquad \text{(a)}$$

부재	L (m)	F	$\frac{\partial F}{\partial R_B}$	$F\left(\frac{\partial F}{\partial R_B}\right)L$	F_{ij}
AB	3	$37.5 - 0.375R_B$	-0.375	$-42.2 + 0.422R_B$	-19.3
BC	3	$37.5 - 0.375R_B$	-0.375	$-42.2 + 0.422R_B$	-19.3
AE	5	$-62.5 + 0.625R_B$	0.625	$-195.3 + 1.953R_B$	-89.3
CE	5	$-62.5 + 0.625R_B$	0.625	$-195.3 + 1.953R_B$	-89.3
BE	4	$-R_B$	-1	$4R_B$	217.2
$\sum$				$-475 + 8.75R_B$	

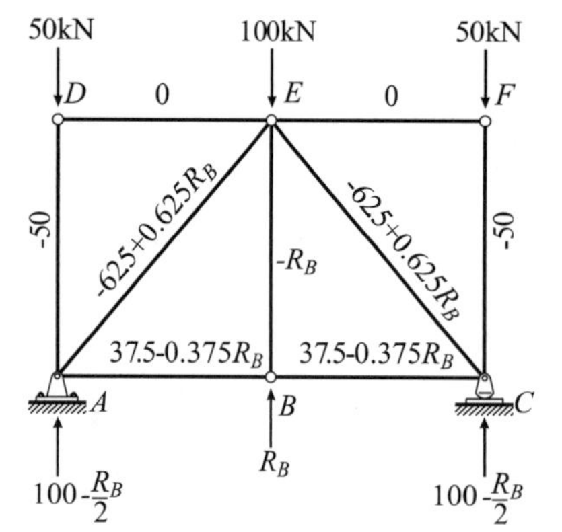

(b)

따라서,

$$-475 + 8.75R_B = 0, \qquad R_B = 54.3\ \text{kN}$$

이고,

$$R_A = R_C = 72.9\ \text{kN}$$

각 부재의 부재력은 표의 $F\left(\frac{\partial F}{\partial R_B}\right)L$열에 R_B을 대입하면 되며, 우측에 결과를 나타냈다.

예제 11-15 원형골조의 최소일법 적용

다음 그림과 같은 원형골조에 대한 휨모멘트도를 구하라.

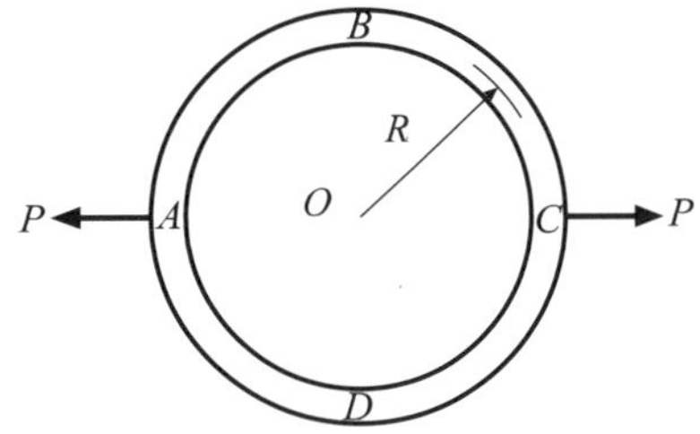

풀이

원형골조로 구성된 부정정구조물은 원형골조의 반을 분리해 자유물체도를 고려하면 쉽게 해석할 수 있다. 그림 (a)와 같이 $\overline{BD}$축에 대해 골조는 대칭이므로, B점과 D점의 축방향력$=P/2$, 전단력$=0$, 그리고 두 점에 작용하는 모멘트 $M_B = M_D$이다. 또한 B점과 D점에서 처짐각도 0이 된다, 따라서

$$\theta_B = \int M\left(\frac{\partial M}{\partial M_B}\right)\frac{dx}{EI} = 0 \qquad \text{(a)}$$

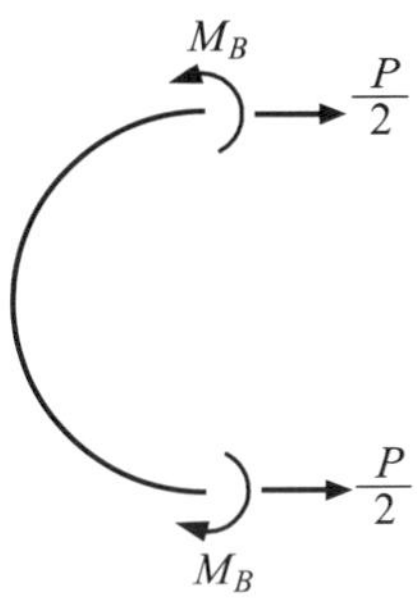

(a)

그림에서 $\overline{OB}$축을 중심으로 반시계방향으로 θ만큼 회전한 점에서의 모멘트에 대한 평형식을 세우면, 그림 (b)의 자유물체도로부터,

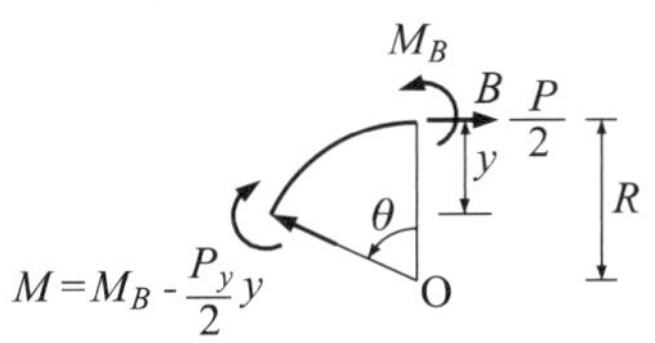

(b)

$$M = M_B - \frac{P}{2}y$$
$$= M_B - \frac{PR}{2}(1-\cos\theta), \quad (0 < \theta < \frac{\pi}{2})$$

$$\frac{\partial M}{\partial M_B} = 1$$

또한, $ds = Rd\theta$이므로, 식 (a)에 각각을 대입하면,

$$\theta_B = \frac{4}{EI}\int_0^{\pi/2}\left[M_B - \frac{PR}{2}(1-\cos\theta)\right](1)Rd\theta = 0$$

이고, 정리하면,

$$M_B = \frac{PR}{\pi}\left(\frac{\pi}{2}-1\right) = 0.18PR$$

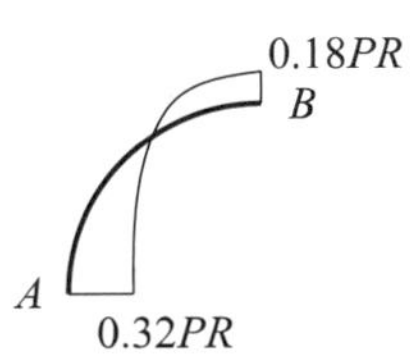

(c) 휨모멘트도

그러므로

$$M = PR[0.18 - 0.5(1-\cos\theta)], \quad 0 < \theta < \frac{\pi}{2}$$

이 된다. 이를 근거로 휨모멘트도를 그리면 그림 (c)와 같다.

예제 11-16 복합구조의 최소일법 적용

다음 복합구조에 있어 보를 지지하는 케이블의 인장력을 구하라. (단, 보와 케이블의 탄성계수 E는 같다.)

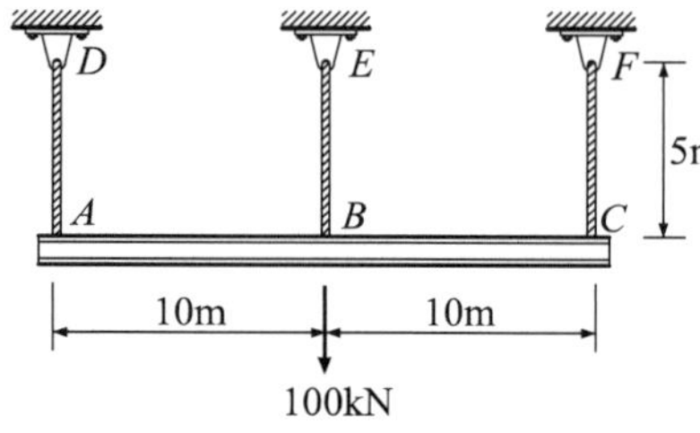

(1) 케이블 단면적$=60\mathrm{mm}^2$, 보의 $I=1{,}200{,}000\times10^6\mathrm{mm}^4$일 때
(2) 케이블 단면적$=60\mathrm{mm}^2$, 보의 $I=1.2\times10^6\mathrm{mm}^4$일 때

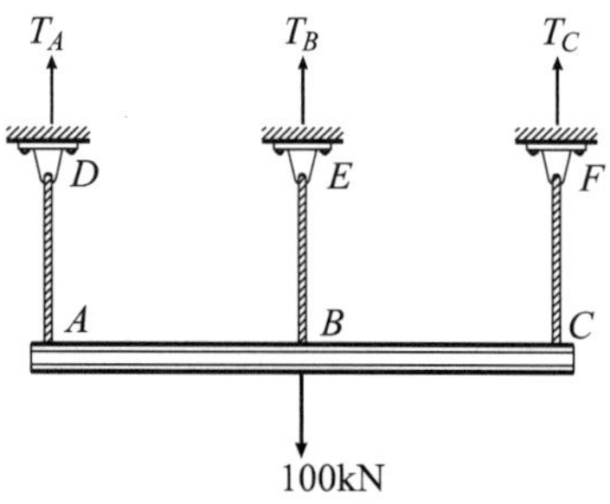

(a)

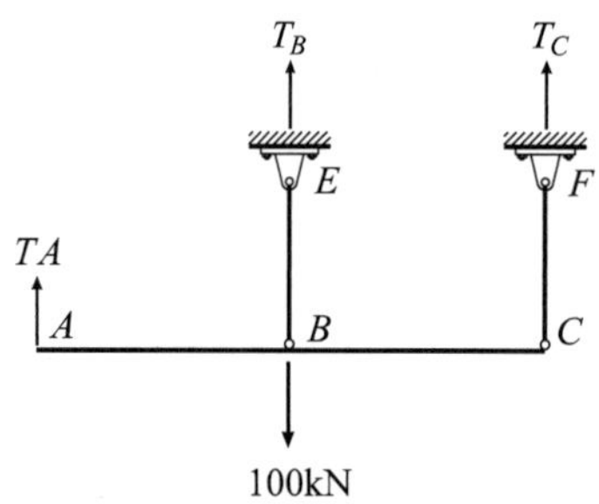

(b)

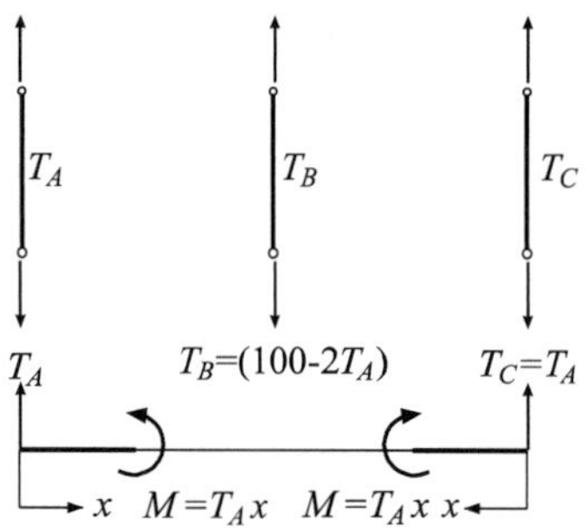

(c)

풀이

그림과 같이 각 케이블의 인장력을 T_A, T_B, T_C라 하고 그림 (b)와 같이 반력 T_A를 잉여력으로 선택하여 기본구조물을 만들면, 힘의 평형조건으로부터,

$$\uparrow+\sum Y=0,\qquad T_A+T_B+T_C=100$$

$$\curvearrowleft\boxplus\sum M_C=0,\qquad -T_A(20)-T_B(10)+100(10)=0$$

$$T_B=100-2T_A,\qquad T_C=T_A$$

A지점에서 최소일법에 의한 적합조건은

$$\Delta_A=\int M\left(\frac{\partial M}{\partial T_A}\right)\frac{dx}{EI}+\int F\left(\frac{\partial F}{\partial T_A}\right)\frac{dx}{EA}=0 \qquad \text{(a)}$$

식 (a)에서 우측의 첫 번째 항은 $\overline{AC}$구간 보의 휨에 대한 처짐 성분이고, 두 번째 항은 케이블의 축력에 대한 변위성분이다.

그림 (c)와 같은 자유물체도를 통해서

부재	부재	$x=0$	M_x	F	$\frac{\partial M}{\partial T_A}$	$\frac{\partial F}{\partial T_A}$
보	AB	A	$T_A x$		x	
	BC	C	$T_A x$		x	
케이블	AD	A		T_A		1
	BE	B		$10-2T_A$		-2
	CF	C		T_A		1

식 (a)에 대입하여 정리하면,

$$\begin{aligned}\Delta_{AV} &= \int_0^{10} \frac{(T_A x)(x)}{EI} dx + \int_0^{10} \frac{(T_A x)(x)}{EI} dx \\ &+ \int_0^5 \frac{(T_A)(1)}{EA} dx + \int_0^5 \frac{(100-2T_A)(-2)}{EA} dx \\ &+ \int_0^5 \frac{(T_A)(1)}{EA} dx \\ &= \frac{2}{EI}\left[\frac{T_A}{3}x^3\right]_0^{10} + \frac{2}{EA}\left[T_A x\right]_0^5 + \frac{1}{EA}\left[-200x + 4T_A x\right]_0^5 \\ &= \frac{666.7}{EI} T_A + \left(\frac{-1,000+30T_A}{EA}\right) = 0\end{aligned}$$

케이블과 보의 탄성계수가 같으므로 약분하면,

$$\frac{666.7}{I} T_A + \left(\frac{-1,000+30T_A}{A}\right) = 0 \tag{b}$$

(1) 케이블 단면적 $= 60\,\mathrm{mm}^2$, 보의 $I = 1.2\times10^{12}\,\mathrm{mm}^4$일 때
식 (b)에 대입하여 정리하면,

$$\frac{666.7}{(1.2\times10^{12}\times10^{-12})} T_A + \left(\frac{-1,000+30T_A}{60\times10^{-6}}\right) = 0$$

$T_A = 33.3$ kN이고,

$T_C = T_A = 33.3$ kN,

$T_B = 100 - 2T_A = 33.4$ kN

(2) 케이블 단면적 $= 60\,\mathrm{mm}^2$, 보의 $I = 1.2\times10^{6}\,\mathrm{mm}^4$일 때

$$\frac{666.7}{(1.2\times10^{6}\times10^{-12})} T_A + \left(\frac{-1,000+30T_A}{60\times10^{-6}}\right) = 0$$

$T_A = 15.8$ kN이고,

$T_C = T_A = 15.8$ kN

$T_B = 100 - 2T_A = 68.4$ kN

이다. 문제 (1)에서와 같이 보의 강성이 크면, 하중은 각 케이블에 균등하게 배분된다. 즉 보는 강체와 유사하게 거동한다. 그러나 문제 (2)에서와 같이 보의 강성이 작아지면, 보가 처짐에 따라 중앙부 케이블의 부담이 커지고 상대적으로 T_A와 T_B의 부담은 작아짐을 알 수 있다.

예제 11-17

다음과 같은 복합구조물에서 케이블의 인장 응력을 다음 조건에 따라 구하라. ($E=200\,\text{GPa}$)

(1) $\overline{AB}$부재의 휨변형만을 고려하는 경우

(2) $\overline{AB}$부재의 휨변형과 축방향변형을 고려하는 경우

(단, 케이블 단면적 $A_1=0.6\times10^3\,\text{mm}^2$,

$\overline{AB}$부재 단면적 $A_2=600\times10^3\,\text{mm}^2$, $I_2=450\times10^6\,\text{mm}^4$)

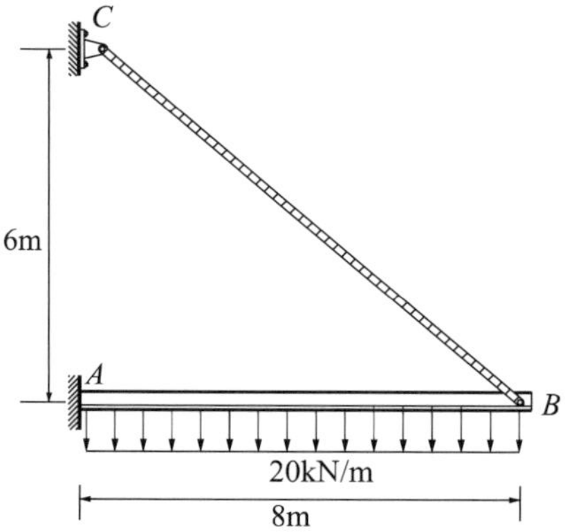

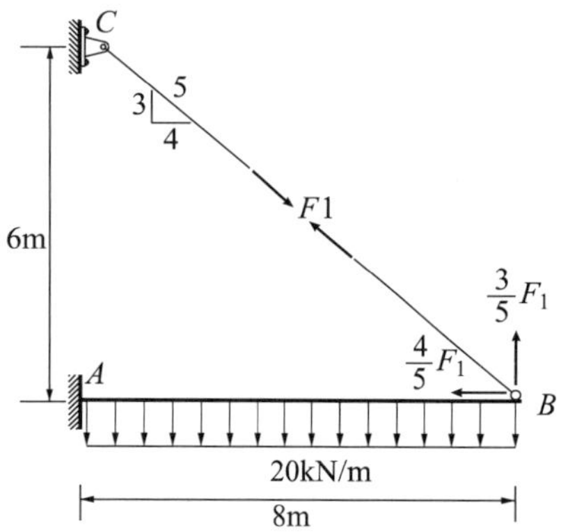

(a)

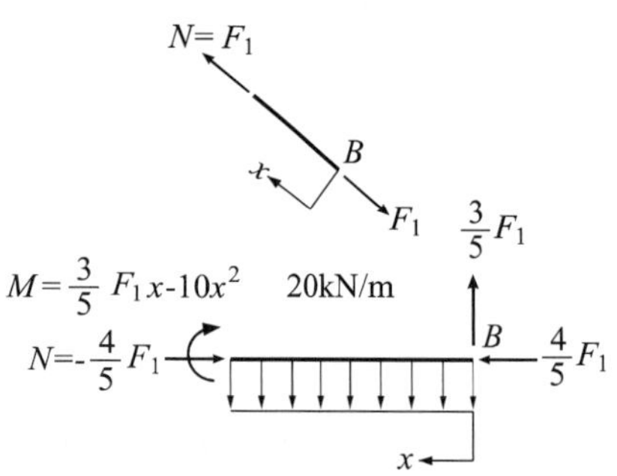

(b)

풀이

이 구조물은 1차 부정정구조물이다. 그림 (a)와 같이 $\overline{BC}$ 케이블의 부재력은 인장력뿐이므로, 잉여력 F_1으로 선택하면, $\overline{AB}$부재는 축력과 모멘트가 작용한다.

그러므로 축방향력과 모멘트를 동시에 고려할 경우, 최소일법의 적합조건은,

$$\Delta_B=\int M\left(\frac{\partial M}{\partial F_1}\right)\frac{dx}{EI_2}+\sum F\left(\frac{\partial F}{\partial F_1}\right)\frac{L}{EA_2}+\sum F\left(\frac{\partial F}{\partial F_1}\right)\frac{L}{EA_1}=0 \quad \text{(a)}$$

식 (a)에서 우측 항은 각각 $\overline{AB}$ 부재의 휨모멘트 성분, $\overline{AB}$ 부재의 축방향력 성분과 케이블 $\overline{BC}$의 인장력 성분 합이다.

그림 (b)와 같은 자유물체도에서, 휨모멘트와 축방향력 일반식을 구하면,

구분	단면적	M	$\frac{\partial M}{\partial F_1}$	F	$\frac{\partial F}{\partial F_1}$
BC	A_1			F_1	1
BA	A_2	$\frac{3}{5}F_1x-10x^2$	$\frac{3}{5}x$	$-\frac{4}{5}F_1$	$-\frac{4}{5}$

(1) $\overline{AB}$부재의 휨변형만을 고려하는 경우
식 (a)에서 우측 두 번째 항을 제거하고 대입하면,

$$\varDelta_B = \int_0^8 \left(\frac{3}{5}F_1 x - 10x^2\right)\left(\frac{3}{5}x\right)\frac{dx}{EI_2} + F_1(1)\frac{10}{EA_1} = 0$$

식을 전개하면,

$$\varDelta_B = \frac{61.44F_1 - 6{,}144}{I_2} + \frac{10F_1}{A_1}$$

$$= \frac{61.44F_1 - 6{,}144}{(450)(10^6)(10^{-12})} + \frac{10F_1}{(0.6)(10^3)(10^{-6})}$$

$$= 136{,}533.3F_1 - 13{,}653{,}333.3 + 16{,}666.7F_1 = 0$$

따라서,

$F_1 = 89.1$ kN이고, 인장응력은

$$f_1 = \frac{F_1}{A_1} = \frac{89.1 \times 10^3 \text{ N}}{0.6 \times 10^3 \text{ mm}^2} = 148.5 \text{ MPa}$$

(2) $\overline{AB}$부재의 휨변형과 축방향변형을 고려하는 경우
식 (a)에 대입하면,

$$\varDelta_B = \int_0^8 \left(\frac{3}{5}F_1 x - 10x^2\right)\left(\frac{3}{5}x\right)\frac{dx}{EI_2} + \left(-\frac{4}{5}F_1\right)\left(-\frac{4}{5}\right)\frac{8}{EA_2} + F_1(1)\frac{10}{EA_1} = 0$$

식을 전개하면,

$$\varDelta_B = \frac{61.44F_1 - 6{,}144}{I_2} + \frac{128F_1}{25A_2} + \frac{10F_1}{A_1}$$

$$= \frac{61.44F_1 - 6{,}144}{(450)(10^6)(10^{-12})} + \frac{128F_1}{25(600)(10^3)(10^{-6})} + \frac{10F_1}{0.6(10^2)(10^{-6})}$$

$$= 136{,}533.3F_1 - 13{,}653{,}333.3 + 8.5F_1 + 16{,}666.7F_1 = 0$$

따라서

$F_1 = 89.1$ kN이고, 인장응력은

$$f_1 = \frac{F_1}{A_1} = \frac{89.1 \times 10^3 \text{ N}}{0.6 \times 10^3 \text{ mm}^2} = 148.5 \text{ MPa}$$

문제 풀이에서 알 수 있듯이 케이블의 인장력이, $\overline{AB}$보에 미치는 축방향력의 영향은 거의 없음을 알 수 있다.

11.4 연습문제 Problem...

[11.1절]

11.1-1 다음 부정정보를 변형일치법으로 해석하라.

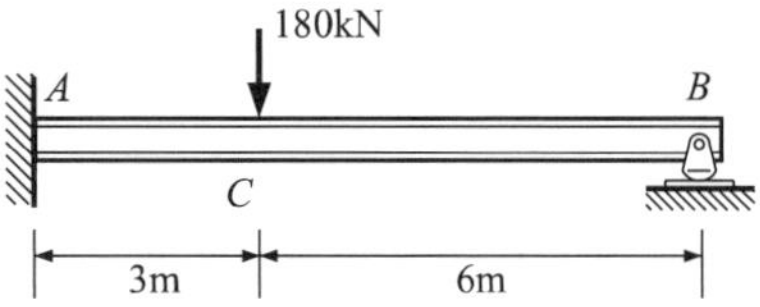

(a)

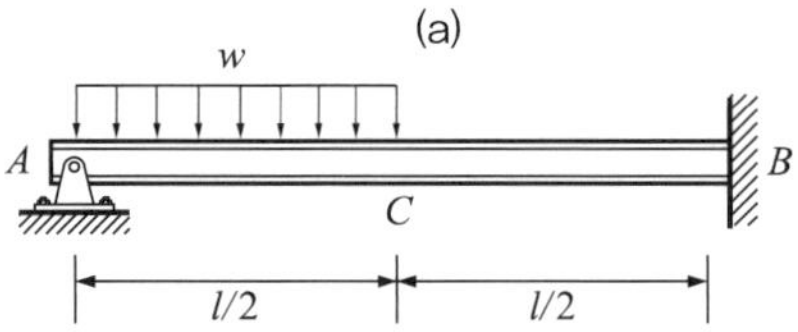

(b)

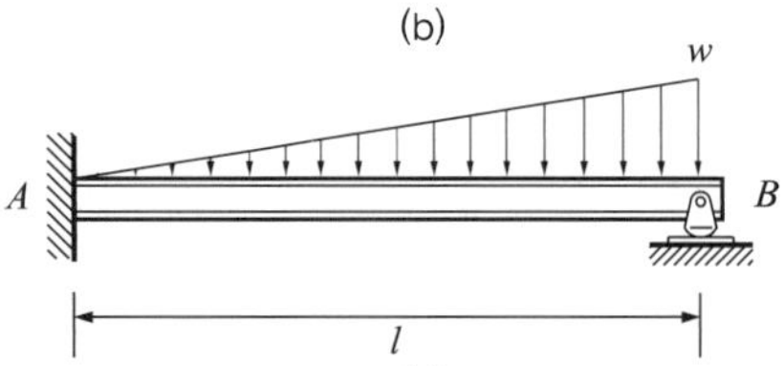

(c)

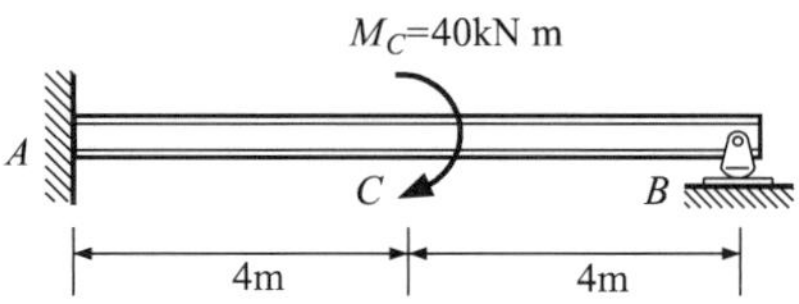

(d)

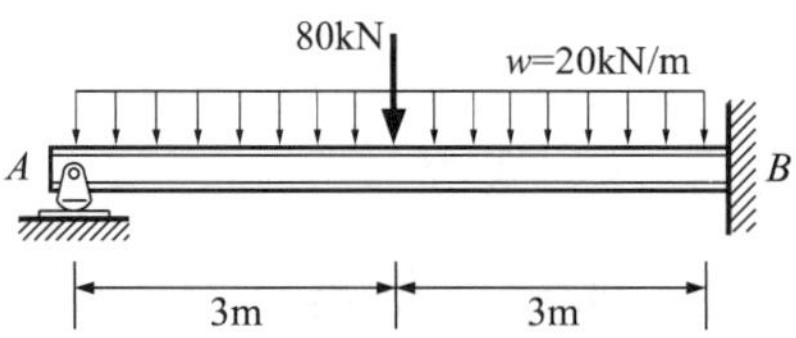

(e)

11.1-2 다음 부정정보를 변형일치법으로 해석하라.

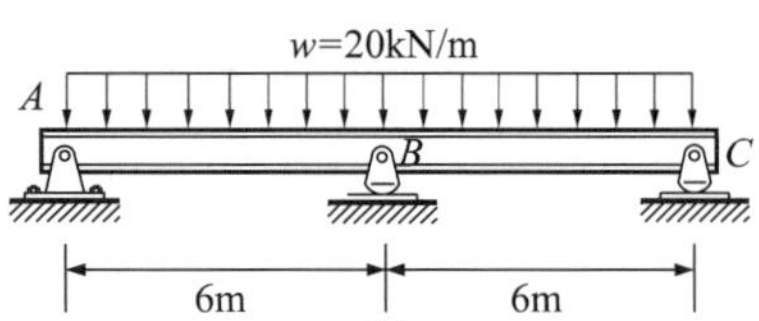

(a)

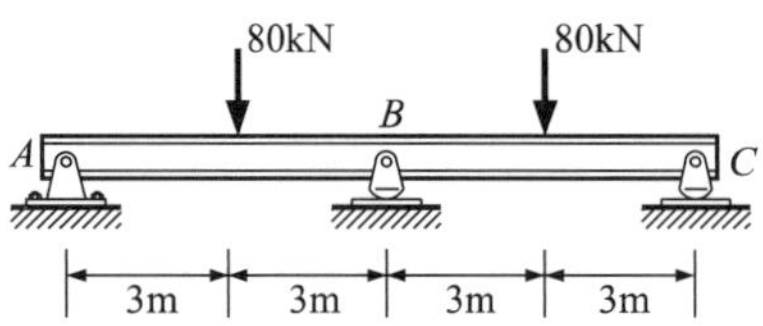

(b)

11.1-3 다음 부정정보를 변형일치법으로 해석하라.

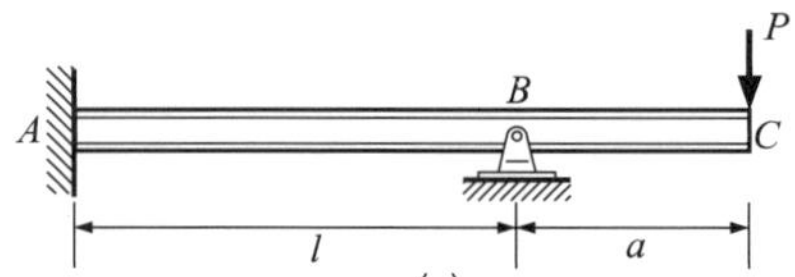

(a)

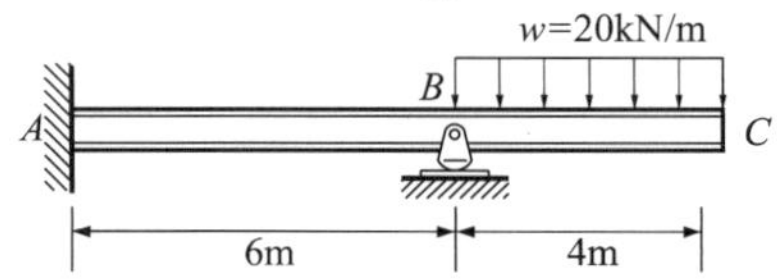

(b)

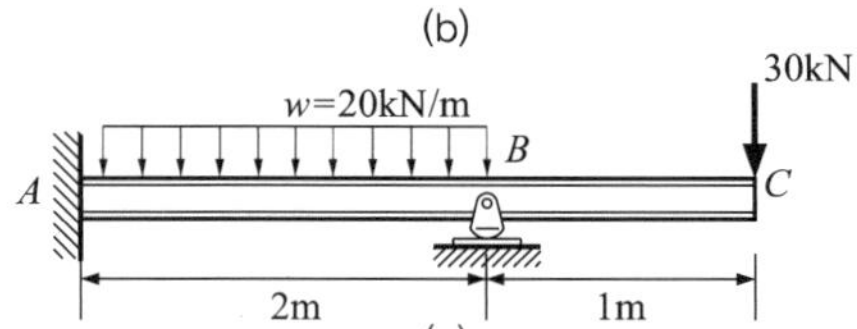

(c)

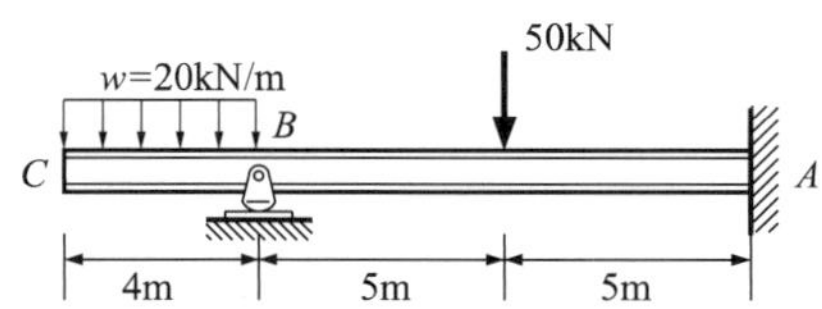

(d)

11.1-4 다음 부정정보를 변형일치법으로 해석하라.

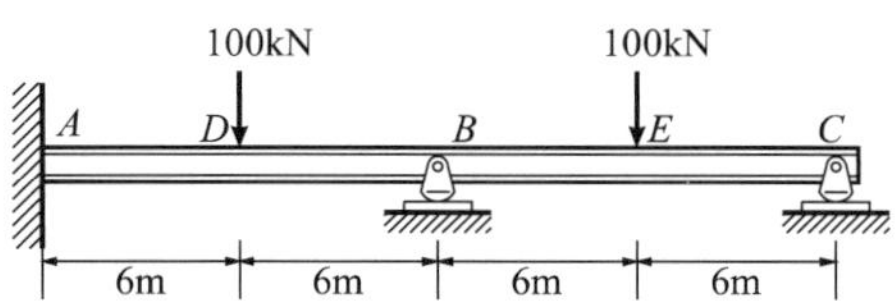

(a)

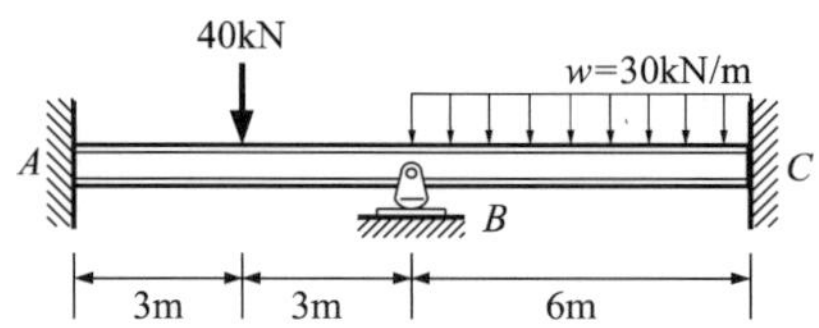

(b)

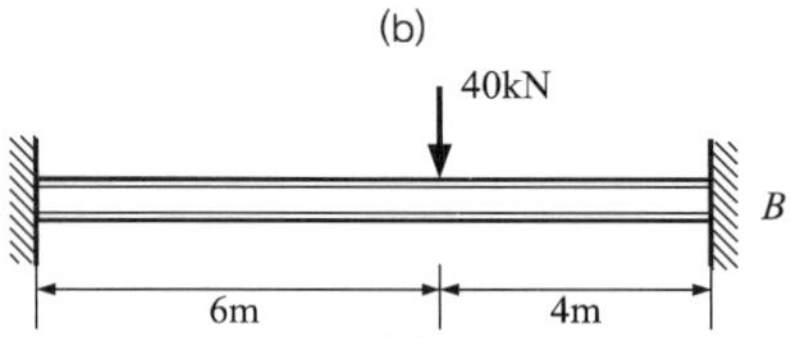

(c)

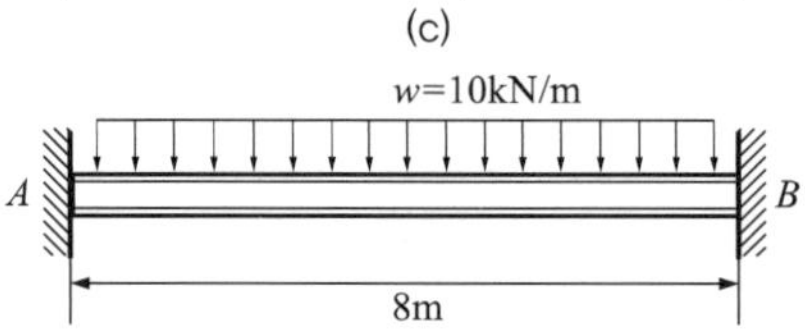

(d)

11.1-5 다음 라멘을 해석하고, B점의 수평처짐 δ_{Bx}를 구하라(단, $E = 200\,\text{GPa}$, $I = 200 \times 10^6\,\text{mm}^4$이다).

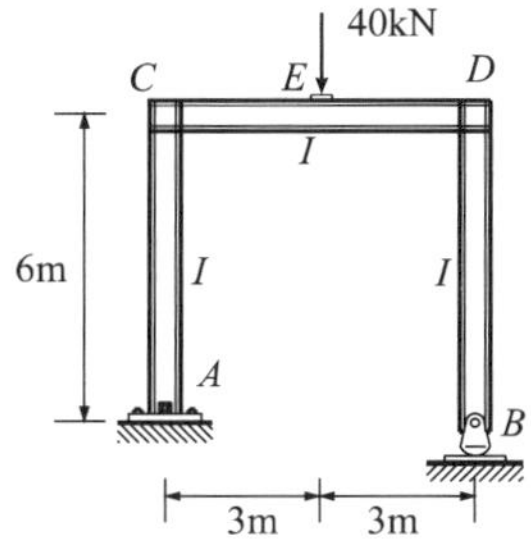

(a)

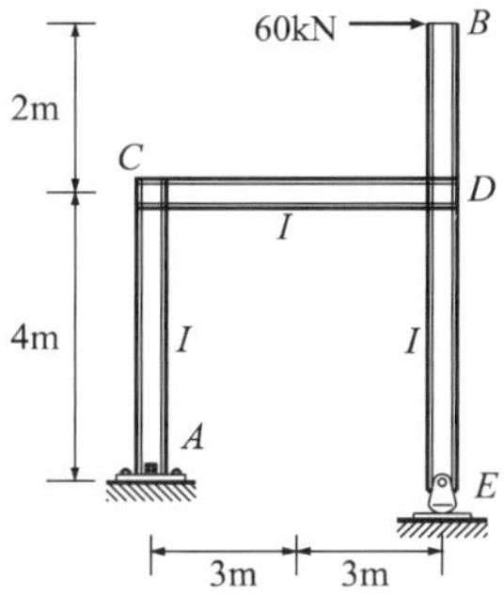

(b)

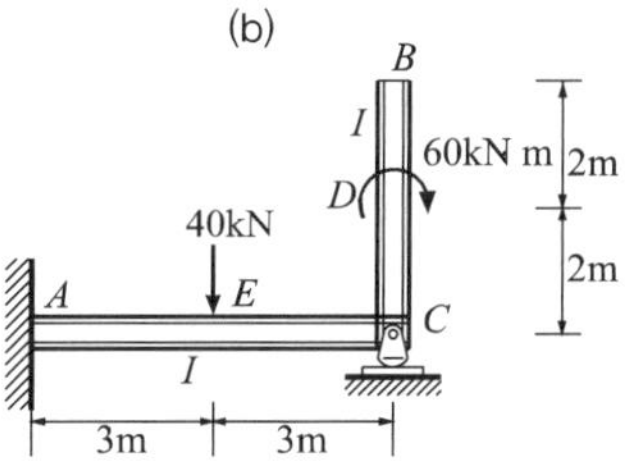

(c)

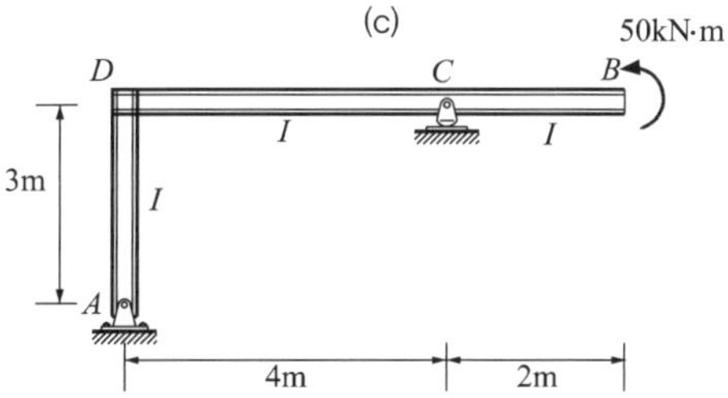

(d)

11.1-6 다음 트러스를 해석하고, D점의 수평처짐을 구하라(단, $E = 200\,\text{GPa}$, $A = 200\,\text{mm}^2$이다).

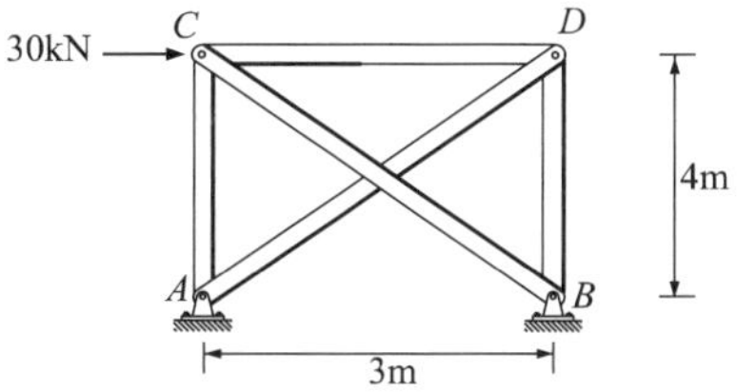

11.1-7 다음 트러스를 해석하고, B점의 수평처짐을 구하라(단, 모든 부재는 $E = 200\,\text{GPa}$, $A = 200\,\text{mm}^2$이다).

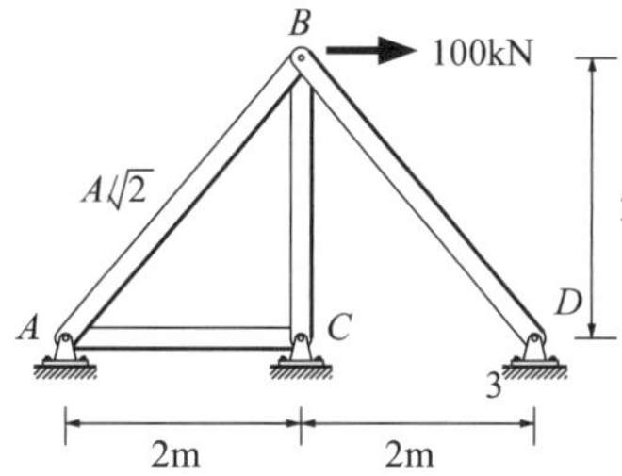

11.1-8 다음 트러스를 해석하라(단, 모든 부재는 $E = 200\,\text{GPa}$, $A = 1{,}000\,\text{mm}^2$이다).

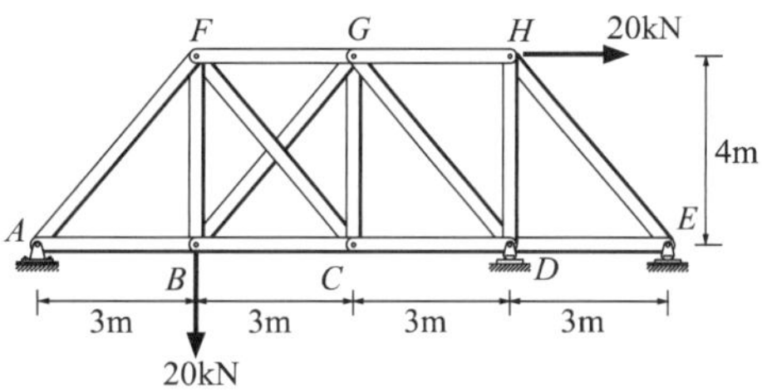

[11.2절]

11.2-1 다음 부정정보의 A, B, C점이 각각 10, 40, 30mm 침하했을 때 해석하라(단, $E = 200\,\text{GPa}$, $I = 1{,}000 \times 10^6\,\text{mm}^4$).

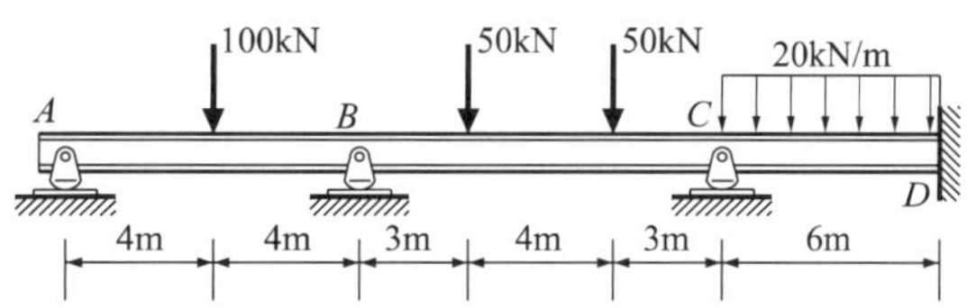

11.2-2 다음 부정정보의 A, B, C점이 각각 30, 10, 30mm 침하했을 때 해석하라(단, $E = 200\,\text{GPa}$, $I = 1{,}000 \times 10^6\,\text{mm}^4$).

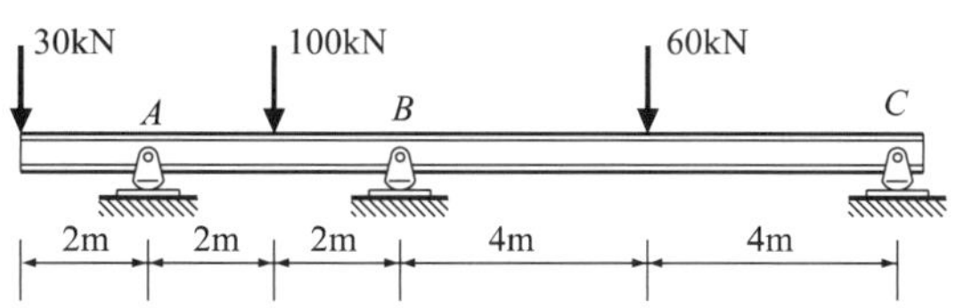

11.2-3 화재에 의해 아래 보의 하부가 300℃일 때 해석하라(단, 상온 20℃, $E = 200\,\text{GPa}$, $I = 200 \times 10^6\,\text{mm}^4$, $\alpha = 12 \times 10^{-6}/℃$).

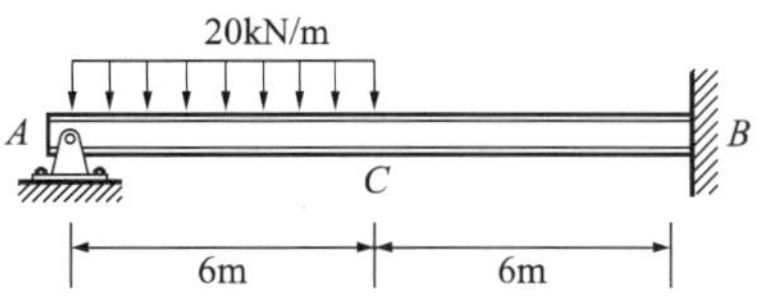

11.2-4 아래 구조물에 대하여 다음에 답하라.

(1) 구조물을 변형일치법으로 해석하라.
(단, $E = 200\,\text{GPa}$, $I = 200 \times 10^6\,\text{mm}^4$)

(2) B점의 처짐이 5mm일 때 k를 구하라.

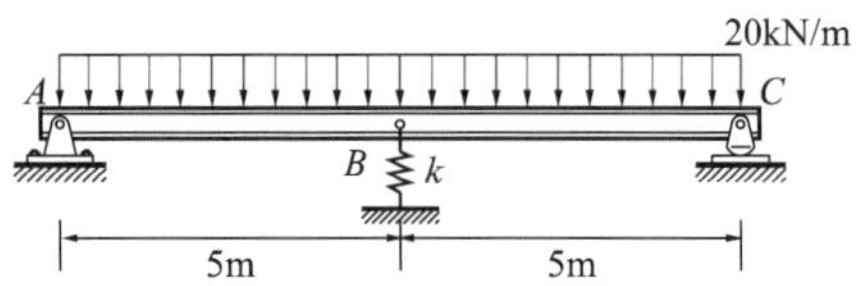

(a)

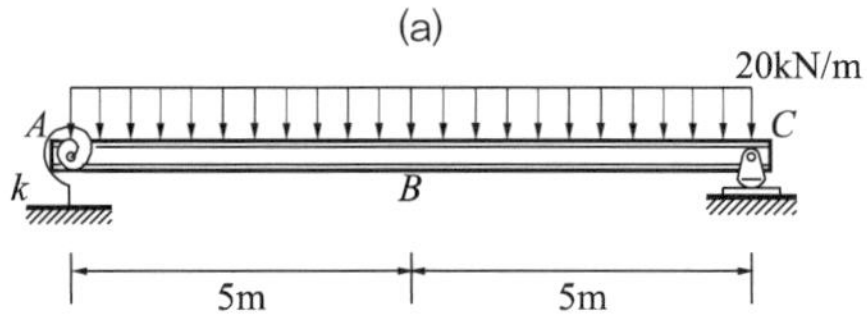

(b)

11.2-5 문제 11.1-6에 대하여 다음에 답하라.

(1) 제작오차로 인해 $\overline{AD}$부재가 3.6mm 긴 경우

(2) $\overline{CD}$부재의 온도가 $-50℃$ 낮은 경우

(3) B지점이 오른쪽으로 5mm 이동한 경우

(단, $EA = 10 \times 10^4\,\text{kN}$, 온도팽창계수 $\alpha = 10 \times 10^{-6}/℃$)

11.2-6 다음 라멘에 대하여, A지점이 왼쪽으로 20mm 멀어지고, 제작오차로 인해, $\overline{BC}$부재의 C단부가 그림과 같이 $10 \times 10^{-3}\,\text{rad}$ 결함이 있으며, CD부재가 원 치수보다 20mm 긴 경우, 라멘을 해석하라. (단, $E = 200\,\text{GPa}$, $I = 200 \times 10^6\,\text{mm}^4$)

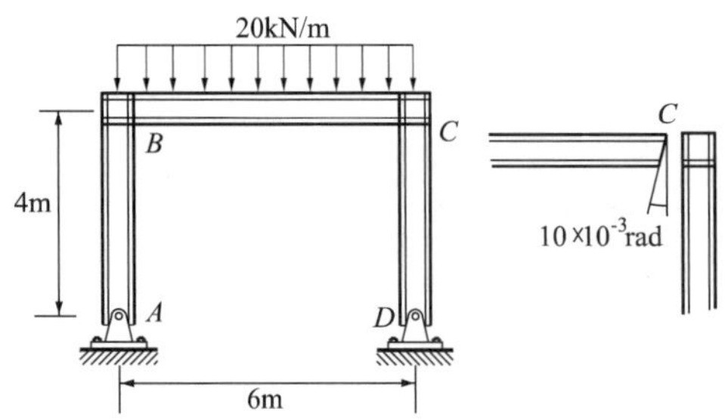

[11.3절]

11.3-1 문제 11.1-1을 최소일법으로 해석하라.

11.3-2 문제 11.1-2를 최소일법으로 해석하라.

11.3-3 문제 11.1-3을 최소일법으로 해석하라.

11.3-4 문제 11.1-4를 최소일법으로 해석하라.

11.3-5 문제 11.1-6을 최소일법으로 해석하라.

11.3-6 문제 11.1-7을 최소일법으로 해석하라.

11.3-7 문제 11.1-8을 최소일법으로 해석하라.

11.3-8 다음 구조물에서 케이블 $\overline{BC}$ 부재력, 보의 휨모멘트도, D점의 수직처짐을 구하라.
(단, $EI = 8 \times 10^3\,\text{kN} \cdot \text{m}^2$, $EA = 16 \times 10^3\,\text{kN}$)

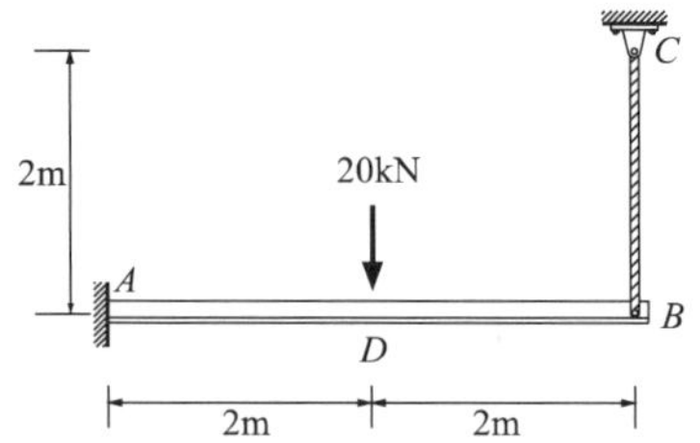

11.3-9 다음 구조물에서 케이블 $\overline{AB}$ 부재력, 보의 휨모멘트도, D점의 수직처짐을 구하라.
(단, $EI = 120 \times 10^3\,\text{kN} \cdot \text{m}^2$, $EA = 60 \times 10^3\,\text{kN}$)

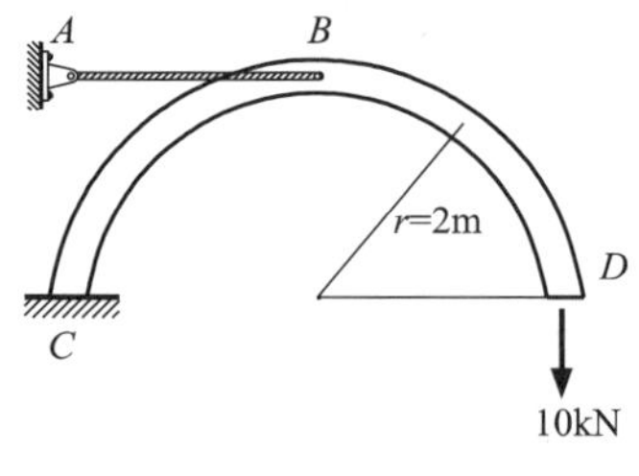

11.3-10 다음 복합구조물을 해석하라.
(단, $E = 200\,\text{GPa}$, 압축재 $A_1 = 4{,}000\,\text{mm}^2$, 케이블 $A_2 = 1{,}000\,\text{mm}^2$, 보재 $A = 200 \times 300\,\text{mm}$)

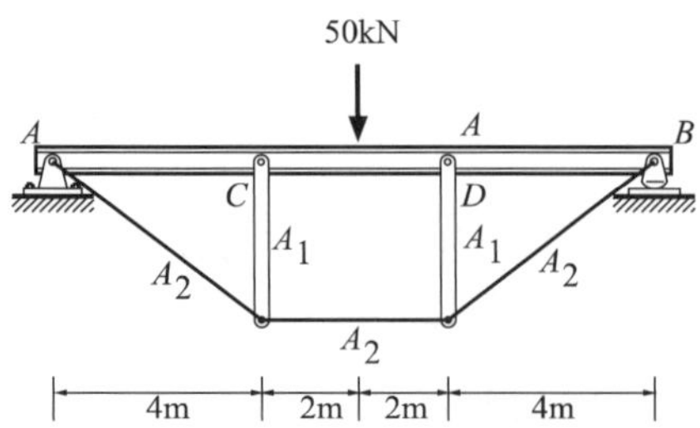

12장 부정정구조물 해석 (변위법)

차례

주요개념

- 자유도(동적 부정정도)
- 처짐각법
- 재단모멘트
- 절점방정식
- Non-sway 라멘
- Sway 라멘
- 모멘트분배법
- 고정단모멘트
- 전달모멘트
- 전달계수

11장에서 살펴본 하중법은 부정정차수만큼의 미지 잉여력이 포함된 연립방정식을 풀어야 하기 때문에 부정정차수가 큰 구조물에 적용하기가 곤란하다. 이에 비해 이 장에서 다루는 변위법은 하중법보다 간편하기 때문에, 고차의 부정정구조물을 해석할 때 폭넓게 이용된다. 변위법에는 대표적으로 처짐각법(Slope deflection method)과 모멘트 분배법(Moment distribution method)이 있다.

처짐각법은 만델라(Heinrich Manderla)와 모어(Otta Mohr)가 트러스의 2차 응력을 해석하기 위해 최초 개발된 이후, 1915년 미국 미네소타대의 메이니(G.A. Maney)교수가 이 방법을 수정하여 부정정보와 라멘의 해석에 일반적으로 적용할 수 있도록 하였다. 물론 처짐각법 또한 고차의 부정정구조물을 해석할 때는 미지수가 증가하기 때문에 수계산의 한계가 있다. 이를 어느 정도 극복한 것이 1930년에 발표된 모멘트분배법이다. 이 장에서는 이러한 처짐각법과 모멘트분배법을 다룬다.

변위법에서는 휨변형만을 고려하고 축방향변형과 전단변형을 무시한다. 실제로 연속보나 라멘과 같은 모멘트 저항 구조물에서는 축방향변형과 전단변형이 무시할 정도로 매우 작기 때문에, 정확한 해법이라 할 수 있다.

12.1 자유도

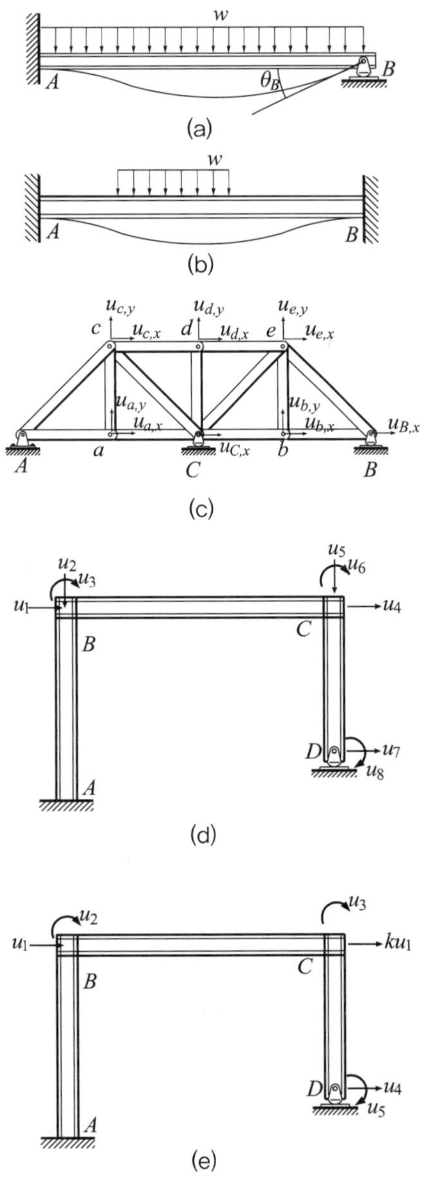

그림 12.1 자유도(동적 부정정차수)

변위법에서는 미지수로 구조물의 변위(수평, 수직변위, 회전변위)들을 선택하여 연립방정식을 구성하기 때문에, 모든 미지수(변수)는 서로 독립적이어야 해가 존재한다(공업수학의 일차독립을 생각하자). 그러므로 독립적인 변위의 개수가 얼마인가를 판단하는 것이 무엇보다 중요하다(어떤 변위는 발생하지만 다른 변위에 종속적일 수도 있음에 유의하자).

이렇게 구조물을 해석할 때 **평형방정식을 구성하는 부분에서 발생하는 독립적인 미지변위 성분의 개수를 자유도(Degree of freedom, DOF) 또는 동적 부정정도(Kinematic indeterminacy)** 라고 한다. 이때 자유도를 판단하는 부분은 지점, 절점, 자유단 등이며, 때로는 부재 임의 점에 평형방정식을 세울 필요가 있을 때(예를 들어 강성이 변하는 부분)는 그 점을 포함한다.

그림 12.1과 같은 구조물의 자유도 **DOF**를 판단해 보자.

그림 (a)는 1차 부정정보다. A지점은 고정단이므로, 수평, 수직, 회전변위가 발생하지 않는다(**DOF**$=0$). B지점은 이동단이므로, 수직변위가 발생하지 않는다. 또한 보나 라멘의 해석에서는 휨모멘트에 의한 변형만을 고려하기 때문에, B지점의 수평변위도 발생하지 않으므로 오직 회전변위(θ_B)만이 존재한다(**DOF**$=1$). 그러므로 전체 자유도 **DOF**$=1$이고, 1차 동적 부정정구조이다.

그림 (b)는 3차 부정정구조이다. A지점과, B지점 모두 고정단이므로 자유도 **DOF**$=0$이다. 즉 동적 정정구조이다.

그림 (c)는 트러스로 1차 부정정구조이다. 트러스는 모든 절점이 힌지로 되어 있고, 회전변위는 부재력에 영향을 미치지 않는다. 그러므로 절점에서는 수평, 수직 변위만이 독립적이다. 또한 A지점은 힌지이므로 자유도 0, B와 C는 이동단으로 수평변위만 존재하므로($1+1=2$), 나머지 절점 a, b, c, d, e는 각각 2개의 자유도를 갖는다($2\times5=10$). 즉 전체 자유도 **DOF**$=12$인 12차 동적 부정정구조가 된다.

그림 (d)와 같은 1차 부정정 라멘의 자유도 **DOF**$=8$이다. 즉 각 절점 B, C에서 수평, 수직, 회전변위($3\times2=6$), A지점은 고정단이고(0), D지점은 이동단이므로, 수평, 회전(2)이다. 만약 그림 (d)의 라멘에서 부재의 축방향변형을 무시하는 경우(그림 (e))를 생각해 보자. 축방향변형을 무시했으므로, 절점 B, C의 수직변위가 없고(-2), B와, C의 수평변위가 같기 때문(일차종속)에(-1) 자유도 **DOF**$=5$가 된다.

예제 12-1 자유도의 판단

다음 구조물의 자유도 DOF를 판단하라.

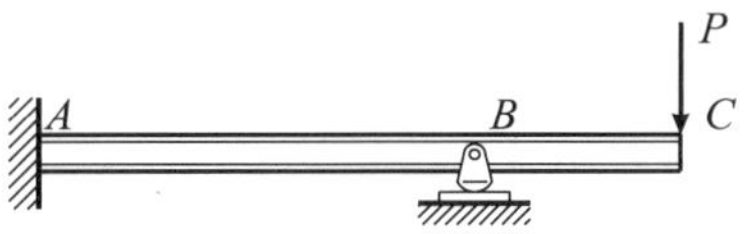

(1)

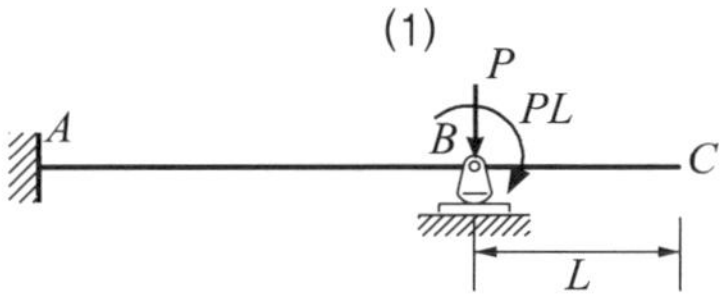

(a)

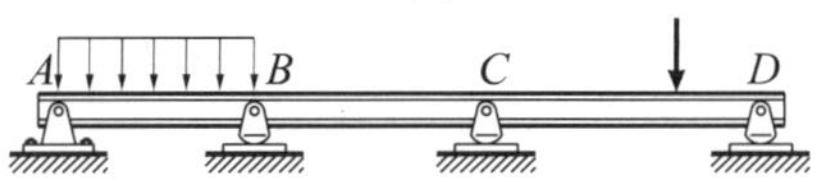

(2)

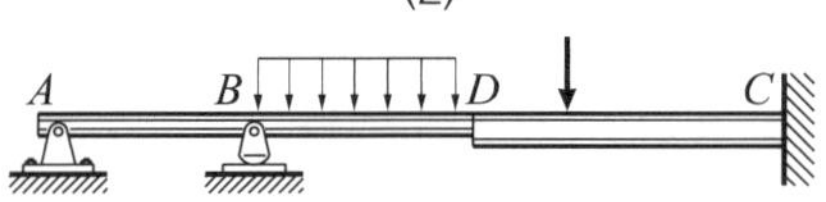

(3)

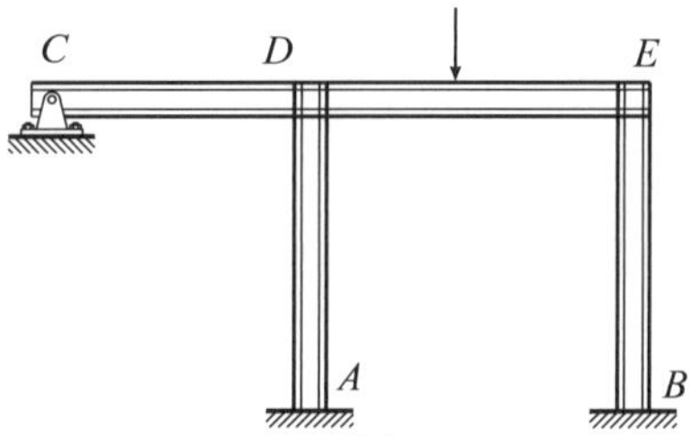

(4)

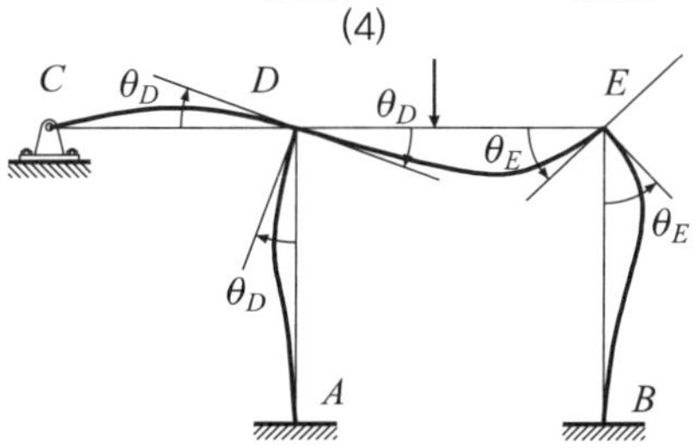

(b)

풀이

(1) A점은 고정단(0), B지점은 수직변위(0, 구속조건), 수평변위(0, 휨변형만 고려), 회전변위(1), C절점은 수직변위(1), 수평변위(0, 휨변형만 고려), 회전변위 (1)이므로, **DOF**$=3$이다. 즉 3차 동적 부정정구조이다. 만약, $\overline{BC}$부재는 캔틸레버이므로 그림 (a)와 같이 등가의 하중으로 치환하는 경우에는 B점에서의 회전변위(1)만 있으므로, **DOF**$=1$이 된다(자유도는 연립방정식의 수와 같다. 그러므로 자유도가 줄어들수록 계산이 간편해진다).

(2) 모든 절점이 수직변위(0), 수평변위(0, 휨변형만 고려), 회전변위(4)이므로 **DOF**$=4$이다. 즉 4차 동적 부정정구조이다. 그러므로 4개의 연립 평형방정식을 세워야 변위법으로 해석할 수 있다(그러나 앞으로 다룰 수정 처짐각방정식을 이용하면 A점과 D점의 회전변위를 제거(-2)할 수 있어 **DOF**$=2$라고 볼 수 도 있다).

(3) A점의 회전변위(1), B점의 회전변위(1)을 가지고 있으므로, **DOF**$=2$라고 할 수 있다. 그러나 이 구조물은 D점에서 부재 단면(강성)이 변하므로 이 부분에서 처짐각과 처짐이 달라진다. 그러므로 D점을 임의 절점으로 가정하여 해석해야 정확한 구조물의 변형과 부재력을 얻을 수 있다. 이때에는 D점에서의 수직변위(1), 수평변위(0, 휨변형만 고려), 회전변위(1)이 추가되므로, **DOF**$=4$이고, 4차 동적 부정정구조가 된다.

(4) 그림 (b)와 같이 고정단인 A와 B는 이동과 회전이 불가능하고, C는 회전은 가능하지만 이동이 불가능다. D점은 회전이 가능하지만 $\overline{CD}$, $\overline{AB}$부재가 축방향 변위가 없으므로(휨변형만 고려), 모든 방향 이동이 불가능하다. 같은 이유로 E점도 회전은 가능하지만 이동이 불가능하다. 또한 D, E절점은 강절이므로, 절점에 모인 모든 부재에 발생하는 회전변위는 같다. 그러므로 자유도 **DOF**는 C점의 회전변위(1), D, E점의 회전변위(2)로 **DOF**$=3$이다. 물론 앞으로 다룰 수정 처짐각방정식을 이용하면 A점의 회전변위를 제거(-1)할 수 있어 **DOF**$=2$라고 볼 수 도 있다.

결국 자유도는 앞으로 구성할 연립방정식의 수와 해의 존재성을 살피는데 중요한 개념이다.

12.2 처짐각법 유도

처짐각법은 골조의 변형량(θ_i)을 미지수로 하고 부재의 응력과 각 부재의 변형과의 관계를 평형조건식을 적용하여 구하는 변위법의 일종이다. 처짐각법은 부정정구조물을 해석하는데 다른 어떤 방법보다 그 적용범위가 넓다. 또한 처짐각법을 알아야 앞으로 배우게 될 모멘트분배법과, 구조해석 프로그램의 기본 원리인 강성매트릭스법을 이해할 수 있다.

12.2.1 처짐각방정식 유도

부재 내의 모멘트와 양 단부에서의 처짐각과 변위에 대한 관계식을 처짐각방정식(Slope-deflection equation)이라 한다.

처짐각방정식의 일반형을 유도하기 위해 그림 12.2와 같이, 임의 하중이 작용하고, 상대처짐 Δ가 발생하는 연속보의 $\overline{AB}$구간을 생각해보자. 처짐각방정식은 $\overline{AB}$구간에서 외력에 의해 부재 양단에 발생하는 모멘트(이하 재단모멘트라 함) M_{AB}, M_{BA}와 처짐각 θ_A, θ_B의 상관관계를 통해 유도할 수 있다. 부호규약은 반시계방향의 모멘트와 처짐각, x와 y방향으로의 변위를 양(+)으로 한다.

위의 부호규약은 이후의 모멘트분배법, 강성매트릭스법에 모두 동일하게 적용한다.

재단모멘트가 작용할 때

외력에 의해 유발된, M_{AB}, M_{BA}를 반시계계방향(+)으로 작용시키면 그림 12.2는 그림 12.3(a)와 같이 단순보로 대치할 수 있다. 그림 (b), (c)와 같이 공액보법을 적용하고, 이를 중첩시킨다.

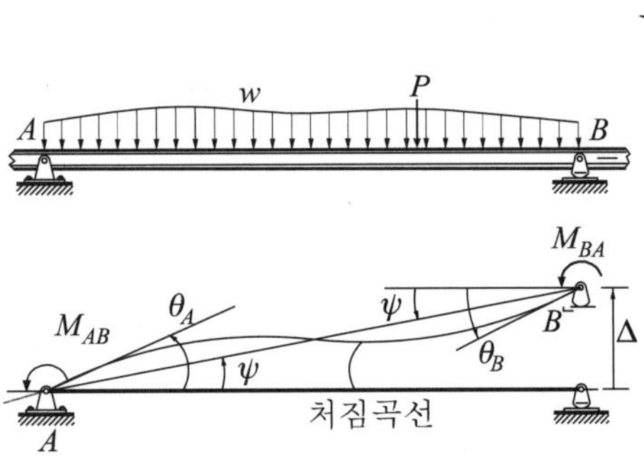

그림 12.2

즉, A지점에 재단모멘트 M_{AB}가 작용한 경우(그림 (b)),

$$\theta_{A1} = V_A = \left(\frac{M_{AB}L}{2EI}\right)\left(\frac{2}{3}\right) = \frac{M_{AB}L}{3EI} \tag{a1}$$

$$\theta_{B1} = V_B = -\left(\frac{M_{AB}L}{2EI}\right)\left(\frac{1}{3}\right) = -\frac{M_{AB}L}{6EI}\,(\curvearrowright) \tag{a2}$$

B지점에 재단모멘트 M_{BA}가 작용한 경우(그림 (c)),

$$\theta_{A2} = V_A = -\left(\frac{M_{AB}L}{2EI}\right)\left(\frac{1}{3}\right) = -\frac{M_{AB}L}{6EI}\,(\curvearrowright) \tag{b1}$$

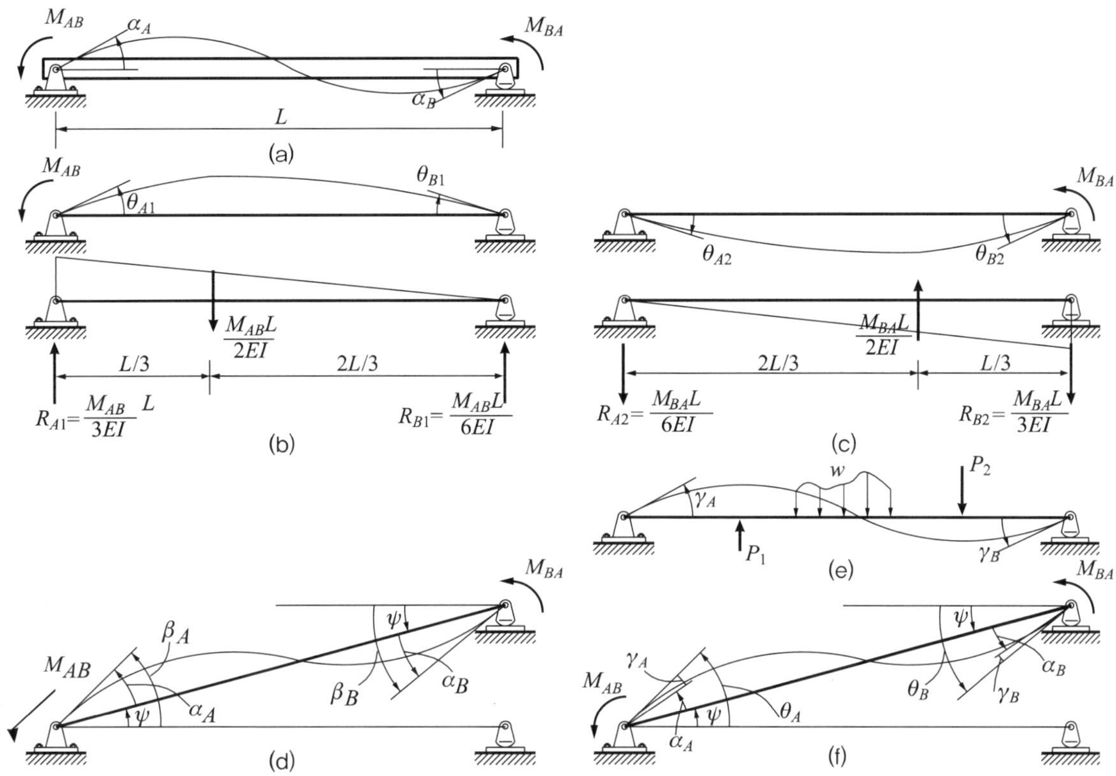

그림 12.3 처짐각방정식 유도

$$\theta_{B2} = V_B = \left(\frac{M_{AB}L}{2EI}\right)\left(\frac{2}{3}\right) = \frac{M_{AB}L}{3EI} \tag{b2}$$

이를 중첩하면,

$$\alpha_A = \theta_{A1} + \theta_{A2} = \frac{M_{AB}L}{3EI} - \frac{M_{BA}L}{6EI} \tag{12.1}$$

$$\alpha_B = \theta_{B1} + \theta_{B2} = -\frac{M_{AB}L}{6EI} + \frac{M_{BA}L}{3EI}$$

식 (12.1)을 재단모멘트에 관한 식으로 정리하면,

$$M_{AB} = \frac{2EI}{L}(2\alpha_A + \alpha_B),\ M_{BA} = \frac{2EI}{L}(\alpha_A + 2\alpha_B) \tag{12.2}$$

위 식에 $K = I/L$을 대입하면,

$$M_{AB} = 2EK(2\alpha_A + \alpha_B),\ M_{BA} = 2EK(\alpha_A + 2\alpha_B) \tag{12.3}$$

부재각이 일어나는 경우

재단모멘트가 작용하고 부재각 ψ이 발생할 때는 그림 12.3(d)와 같이 재단의 처짐각 β_A, β_B는 재단모멘트에 의한 회전각 α_A, α_B와 부재각 ψ의 합이 된다. 즉,

$$\beta_A = \alpha_A + \psi, \quad \beta_B = \alpha_B + \psi \tag{12.4}$$

위 식을 재단모멘트에 의한 회전각 α_A와 α_B에 대해 정리하고.

$$\alpha_A = \beta_A - \psi, \quad \alpha_B = \beta_B - \psi \tag{12.5}$$

식 (12.5)를 식 (12.3)에 대입하면,

$$M_{AB} = 2EK(2\beta_A + \beta_B - 3\psi) \tag{12.6}$$

$$M_{BA} = 2EK(\beta_A + 2\beta_B - 3\psi)$$

부재 중간에 하중이 작용하는 경우

그림 12.3(e)와 같이 부재 중간의 하중에 의해 부재 단부에 회전각 γ가 유발되어 추가된다면, 그림 12.3(f)와 같이 부재 단부의 처짐각 θ는 재단모멘트에 의한 회전각 α_A, α_B, 부재각 $\psi = \Delta/L$, 하중에 의한 회전각 γ의 합이 된다. 즉,

$$\theta_A = \alpha_A + \psi + \gamma_A, \quad \theta_B = \alpha_B + \psi + \gamma_B \tag{12.7}$$

위 식을 α_A, α_B에 대해 풀고.

$$\alpha_A = \theta_A - \psi - \gamma_A, \quad \alpha_B = \theta_B - \psi - \gamma_B \tag{12.8}$$

식 (12.3)에 대입하면,

$$M_{AB} = 2EK(2\theta_A + \theta_B - 3\psi - 3\gamma_A) \tag{12.9}$$

$$M_{BA} = 2EK(\theta_A + 2\theta_B - 3\psi - 3\gamma_B)$$

식 (12.9)의 우변을 다음과 같이 정리한다.

$$M_{AB} = 2EK(2\theta_A + \theta_B - 3\psi) + \mathbf{FEM}_{AB} \tag{12.10}$$

$$M_{BA} = 2EK(\theta_A + 2\theta_B - 3\psi) + \mathbf{FEM}_{BA}$$

여기서,

$$\mathbf{FEM}_{AB} = -6EK\gamma_A, \quad \mathbf{FEM}_{BA} = -6EK\gamma_B \tag{a}$$

식 (12.10)에서 $\mathbf{FEM}_{AB}$와 $\mathbf{FEM}_{BA}$를 고정단모멘트(Fixed end moment)라고 한다. 만약 식 (12.10)에 양단 고정인 조건, 즉 $\psi = 0$, $\theta_A = 0$, $\theta_B = 0$을 대입하면,

$$M_{AB} = \mathbf{FEM}_{AB}, \quad M_{BA} = \mathbf{FEM}_{BA} \tag{b}$$

가 성립하므로, 고정단모멘트 **FEM**는 양단 고정일 때 재단모멘트와 같게 된다. 그러므로 부재 내 임의 하중에 대한 **FEM**을 구하는 방법은, 양단 고정단보에 대하여 재단모멘트를 구하면 된다. 예제를 통해 확인해 보자.

일반적인 하중형태에 대한 **FEM**을 그림 12.4에 정리하였다. 복잡한 하중 형태 또한 그림 12.4를 적절히 중첩(중첩의 원리가 성립하므로)하면 구할 수 있다.

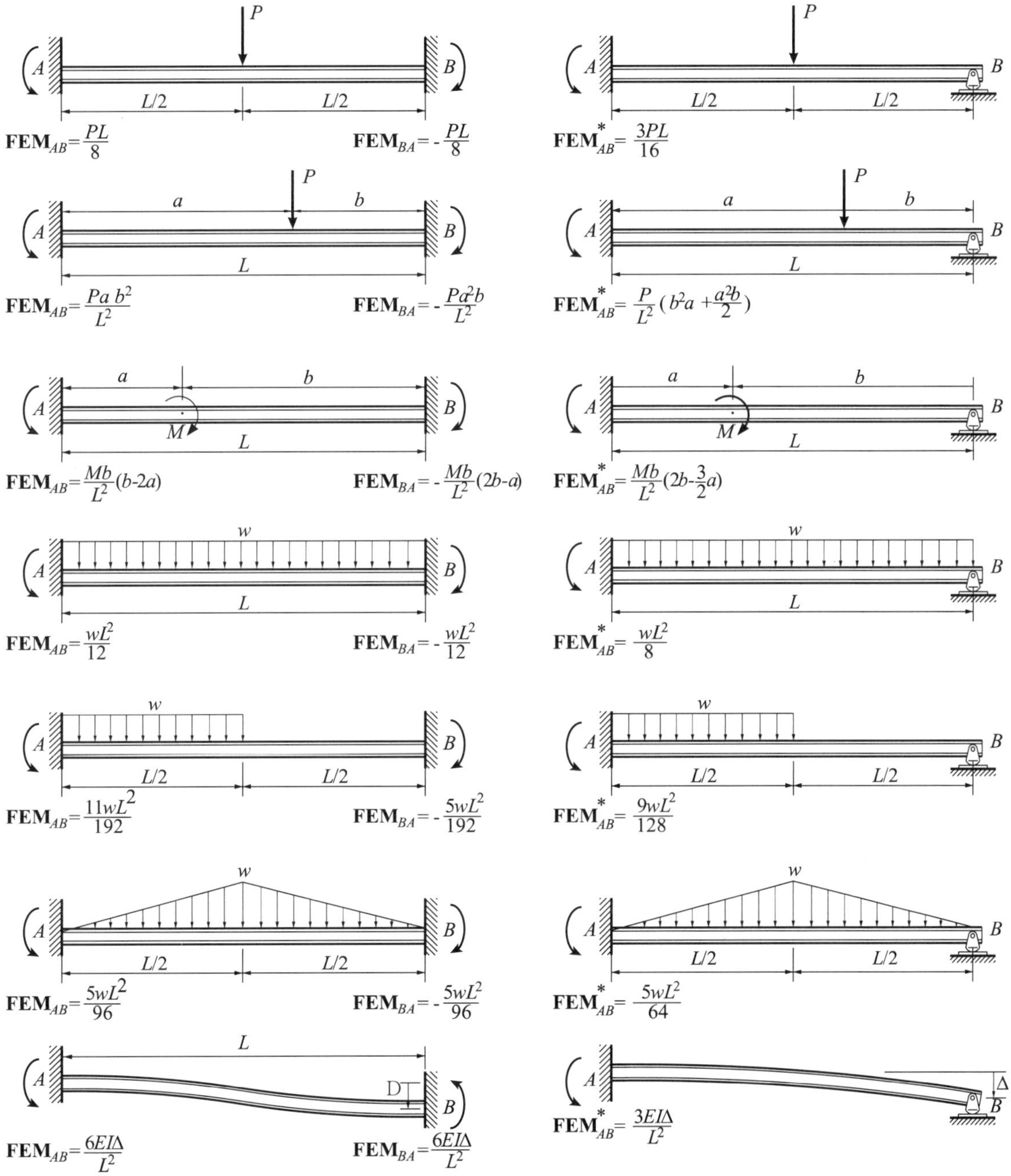

(a) 양단 고정단일 경우의 FEM　　(b) 일단 고정 일단 이동단에서의 FEM*

그림 12.4

예제 12-2 고정단모멘트의 계산

아래 그림과 같은 보의 고정단모멘트를 구하라. (단, EI는 일정)

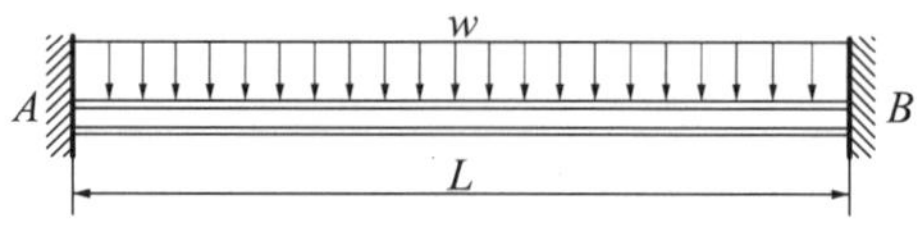

풀이

고정단모멘트 **FEM**이란 단순보의 양 단부 처짐각이 0이 되도록 하기 위해 요구되는 모멘트를 의미한다. 그러므로 구조물을 그림 (a)와 같이 기본구조물인 단순보로 치환하고, 각 단부이 처짐각이 0이 되도록 $\mathbf{FEM}_{AB}$(그림 (b)), $\mathbf{FEM}_{AB}$(그림 (c))를 가하면, 양지점의 적합조건은,

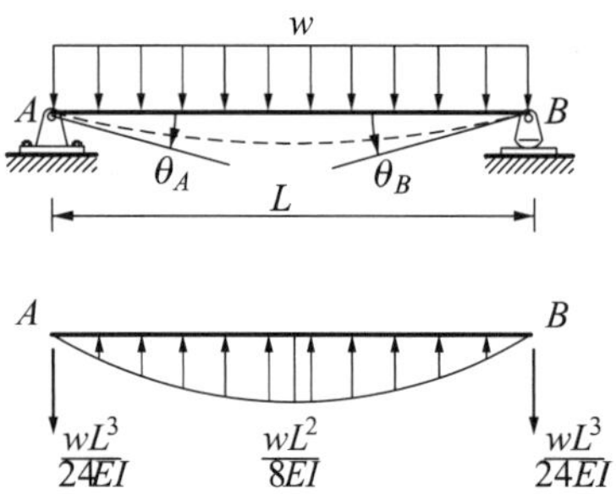

(a)

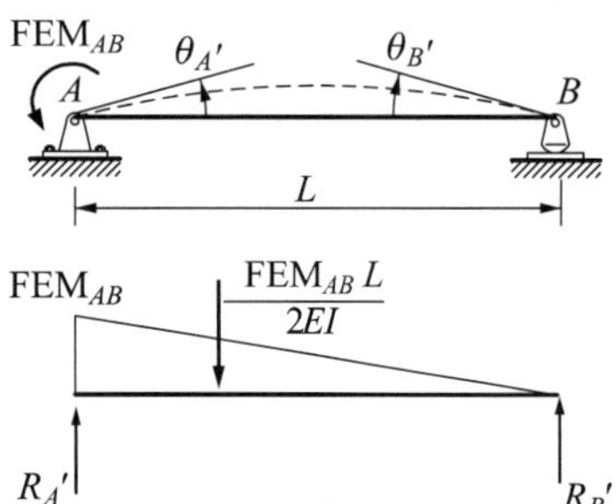

(b)

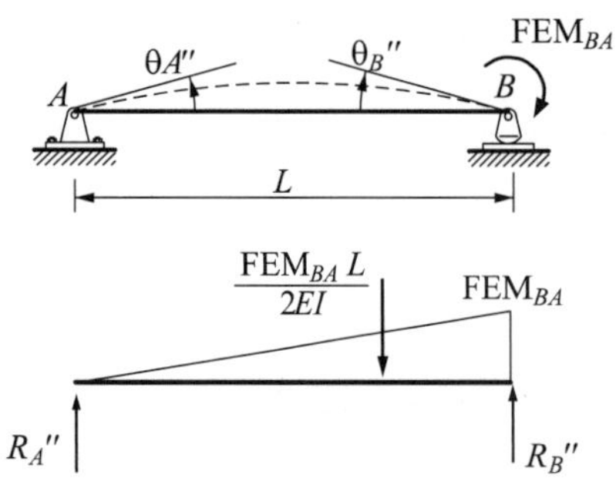

(c)

$$\theta_A + \theta_A' + \theta_A'' = 0 \qquad \text{(a)}$$

$$\theta_B + \theta_B' + \theta_B'' = 0 \qquad \text{(b)}$$

공액보법을 이용하여 각각의 처짐각을 구하면,

$$\theta_A = V = -\int_0^{\frac{L}{2}} \frac{1}{EI}\left(\frac{wL}{2}x - \frac{wx^2}{2}\right)dx = -\frac{wL^3}{24EI}\ (\curvearrowleft)$$

$$\theta_B = \frac{wL^3}{24EI}$$

$$\theta_A' = V = R_A' = \frac{\mathbf{FEM}_{AB}L}{2EI}\left(\frac{2}{3}\right) = \frac{\mathbf{FEM}_{AB}L}{3EI}$$

$$\theta_B' = V = -R_B' = -\frac{\mathbf{FEM}_{AB}L}{2EI}\left(\frac{1}{3}\right) = -\frac{\mathbf{FEM}_{AB}L}{6EI}\ (\curvearrowleft)$$

$$\theta_A'' = V = R_A'' = \frac{\mathbf{FEM}_{BA}L}{2EI}\left(\frac{1}{3}\right) = \frac{\mathbf{FEM}_{BA}L}{6EI}$$

$$\theta_B'' = V = -R_B'' = -\frac{\mathbf{FEM}_{BA}L}{2EI}\left(\frac{2}{3}\right) = -\frac{\mathbf{FEM}_{BA}L}{3EI}\ (\curvearrowleft)$$

이고, 이를 식 (a) 및 식 (b)에 대입하면

$$-\frac{wL^3}{24EI} + \frac{\mathbf{FEM}_{AB}L}{3EI} + \frac{\mathbf{FEM}_{BA}L}{6EI} = 0$$

$$\frac{wL^3}{24EI} - \frac{\mathbf{FEM}_{AB}L}{6EI} - \frac{\mathbf{FEM}_{BA}L}{3EI} = 0$$

두 식을 연립하여 $\mathbf{FEM}_{AB}$ 및 $\mathbf{FEM}_{BA}$를 구하면,

$$\mathbf{FEM}_{AB} = \frac{wL^2}{12}, \qquad \mathbf{FEM}_{BA} = -\frac{wL^2}{12}\ (\curvearrowleft)$$

일반적인 처짐각방정식

식 (12.10)은 부재에 외력이 작용할 때, 부재 양 단부의 처짐각, 변위, 재단모멘트의 관계식으로 이를 처짐각방정식(Slope deflection equation)이라 한다. 즉,

$$M_{AB} = 2EK(2\theta_A + \theta_B - 3\psi) + \mathbf{FEM}_{AB} \tag{12.10}$$

$$M_{BA} = 2EK(\theta_A + 2\theta_B - 3\psi) + \mathbf{FEM}_{BA}$$

또는,

$$M_{AB} = \frac{2EI}{L}(2\theta_A + \theta_B - 3\psi) + \mathbf{FEM}_{AB} \tag{a}$$

$$M_{BA} = \frac{2EI}{L}(\theta_A + 2\theta_B - 3\psi) + \mathbf{FEM}_{BA}$$

타단이 이동 또는 회전단일 때의 수정 처짐각방정식

식 (12.10)은 양단이 연속일 때의 일반적인 처짐각방정식이다. 만약 보의 타단이 이동단(또는 회전단)일 때는 처짐각방정식을 미지 변위 하나($\mathbf{DOF} = 1$)의 간단한 형태로 만들 수 있는데, 이를 수정 처짐각방정식이라 한다. 이때 타단인 이동단(또는 회전단)은 재단모멘트 $M_{BA} = 0$이므로, 식 (12.10)은,

$$M_{AB} = 2EK(2\theta_A + \theta_B - 3\psi) + \mathbf{FEM}_{AB} \tag{a}$$

$$0 = 2EK(\theta_A + 2\theta_B - 3\psi) + \mathbf{FEM}_{BA}$$

위 식을 연립하여 θ_B를 제거하면,

$$M_{AB} = 3EK(\theta_A - \psi) + \left(\mathbf{FEM}_{AB} - \frac{\mathbf{FEM}_{BA}}{2}\right) \tag{b}$$

이고,

$$\mathbf{FEM}^*_{AB} = \left(\mathbf{FEM}_{AB} - \frac{\mathbf{FEM}_{BA}}{2}\right) \tag{c}$$

라 놓으면,

$$M_{AB} = 3EK(\theta_A - \psi) + \mathbf{FEM}^*_{AB} \tag{12.11}$$

$$M_{AB} = \frac{3EI}{L}(\theta_A - \psi) + \mathbf{FEM}^*_{AB} \tag{a}$$

가 된다. 이때의 일반적인 하중에 대한 $\mathbf{FEM}^*_{AB}$는 식 (c)로부터 쉽게 구할 수 있다. 예를 들어, 등분포하중 w을 받는 길이 L인 양단 고정단보의 $\mathbf{FEM}_{AB} = \frac{wL^2}{12}$, $\mathbf{FEM}_{BA} = -\frac{wL^2}{12}$이므로,

$$\mathbf{FEM}^*_{AB} = \frac{wL^2}{12} - \left(-\frac{wL^2}{12}\right)\left(\frac{1}{2}\right) = \frac{wL^2}{8}$$

이 된다. 이러한 결과를 그림 12.4(b)에 정리하였다. 타단이 이동단(또는 회전단)인 경우, 식 (12.11)을 이용하면 부재에 대해 미지 변위를 줄일 수 있으므로($\mathbf{DOF} = -1$) 해석이 간단해 진다.

12.2.2 절점방정식

이제 처짐각방정식의 미지수를 찾는 방법(연립방정식의 해)을 생각해 보자. 구조물은 평형상태에 있으므로 각각의 부재와 절점도 평형상태에 있어야 한다. 그러므로 각 절점에서 처짐각방정식(또는 수정 처짐각방정식)으로 구한 재단모멘트의 합 또한 평형상태에 있어야 한다. 예를 들어 그림 12.5(a)와 같은 라멘에서 절점 A에 작용하는 모멘트와 A점에 모여든 부재의 재단모멘트 M_{AB}, M_{AC}, M_{AD}, M_{AE}는 그림 (c)와 같이 평형을 이룬다. 즉,

$$M_{(외력)} = M_{AB} + M_{AC} + M_{AD} + M_{AE} \qquad (12.12)$$

가 성립하며, 식 (12.12)를 절점방정식이라고 한다. 절점방정식은 미지의 절점 회전각 θ의 수만큼 세울 수 있다. 연속보의 경우는 어떨까? 연속지점에서 절점방정식이 성립한다. 이렇게 세워진 연립방정식을 풀면 미지 변위 θ가 결정된다. 물론 절점방정식에 의해 만들어진 방정식의 수는 자유도 $\mathbf{DOF}$수와 같아야 한다.

이제 각 구조물에 대한 처짐각법의 적용 방법을 살펴보자.

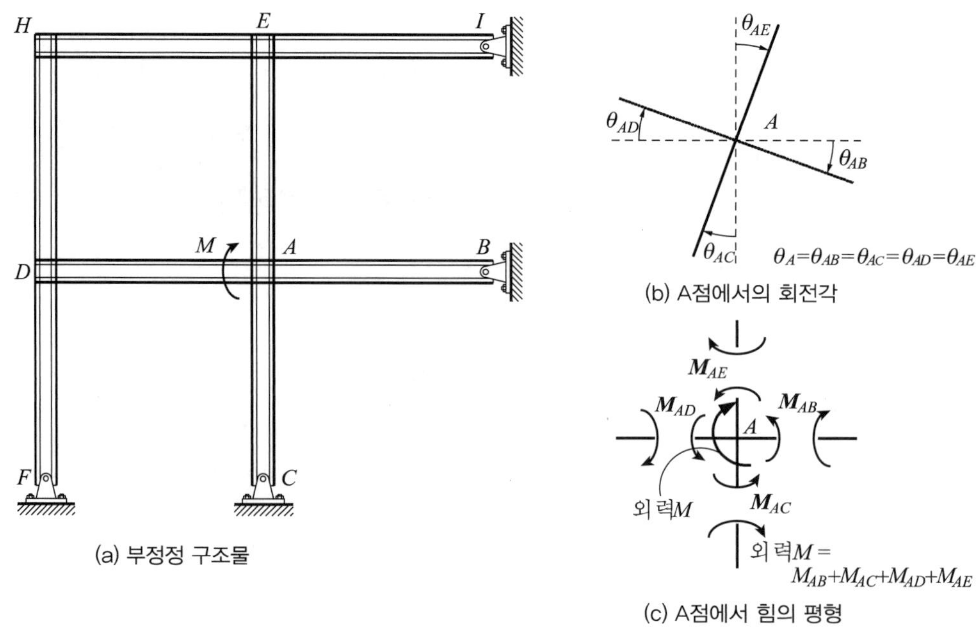

(a) 부정정 구조물

(b) A점에서의 회전각

(c) A점에서 힘의 평형

그림 12.5

12.3 처짐각법의 적용

12.3.1 보

처짐각법으로 보를 해석할 때는 다음과 같은 절차로 해석한다.

[1 단계] 자유도 DOF

보 구조물의 자유도(동적 부정정도) **DOF**를 파악한다. 일반적으로 연속보에 대한 자유도 **DOF**는 미지 절점의 처짐각이다.

[2 단계] 고정단모멘트 FEM 계산

부재 중간에 하중이 작용하는 경우 그림 12.4를 이용하여 고정단모멘트 **FEM**를 구한다.

[3 단계] 처짐각방정식 구성

처짐각방정식을 이용하여 부재의 단부모멘트(재단모멘트)에 대한 방정식을 세운다. 즉 $\overline{AB}$부재의 경우,

$$M_{AB} = 2EK(2\theta_A + \theta_B - 3\psi) + \mathbf{FEM}_{AB} \quad (12.10)$$

$$M_{BA} = 2EK(\theta_A + 2\theta_B - 3\psi) + \mathbf{FEM}_{BA}$$

만약 어떤 부재의 1단이 이동단 또는 회전단인 경우는 수정 처짐각방정식을 이용하는 것이 편리하다. 즉 $\overline{AB}$부재의 경우,

$$M_{AB} = 3EK(\theta_A - \psi) + \mathbf{FEM}^*_{AB} \quad (12.11)$$

$$\mathbf{FEM}^*_{AB} = \left(\mathbf{FEM}_{AB} - \frac{\mathbf{FEM}_{BA}}{2}\right)$$

[4 단계] 절점방정식을 적용

절점방정식을 적용하여 미지의 변형량(θ, ψ)을 구한다. 절점방정식의 전체 개수는 자유도 **DOF**의 수와 같아야 한다.

[5 단계] 재단모멘트 계산

4단계에서 구한 미지의 변위를 [3 단계]에서 전개한 처짐각방정식에 대입하여 재단모멘트를 구한다.

[6 단계] 부재력 및 반력 계산

재단모멘트를 구했으므로, 각 구간(부재)별 자유물체도의 평형조건을 이용하여 나머지 부재력과 반력을 구한다. 부재력과 반력의 계산은 정정구조물의 경우와 같다.

예제 12-3

다음 연속보를 처짐각법으로 해석하라. (단, EI는 일정하다.)

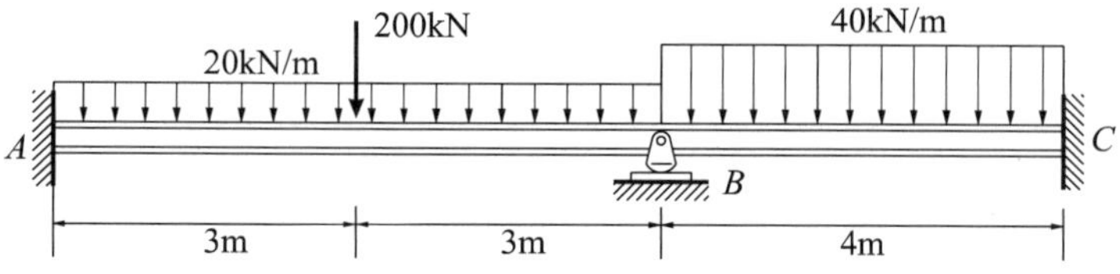

풀이

자유도

자유도 **DOF** = 1이다(θ_B).

고정단모멘트

그림 12.4(a)를 이용한다.

$$\mathbf{FEM}_{AB} = \frac{wL^2}{12} + \frac{Pab^2}{L^2} \quad \text{(중첩의 원리)}$$

$$= \frac{20(6^2)}{12} + \frac{200(3)(3^2)}{6^2} = 210 \text{ kN} \cdot \text{m}$$

$$\mathbf{FEM}_{BA} = -210 \text{ kN} \cdot \text{m}$$

$$\mathbf{FEM}_{BC} = \frac{wL^2}{12} = \frac{40(4^2)}{12} = 53.3 \text{ kN} \cdot \text{m}$$

$$\mathbf{FEM}_{CB} = -53.3 \text{ kN} \cdot \text{m}$$

처짐각방정식 구성

$$M_{AB} = \frac{2EI}{6}(\theta_B) + 210$$

$$M_{BA} = \frac{2EI}{6}(2\theta_B) - 210$$

$$M_{BC} = \frac{2EI}{4}(2\theta_B) + 53.3$$

$$M_{CB} = \frac{2EI}{4}(\theta_B) - 53.3$$

절점방정식 구성

$M_{BA} + M_{BC} = 0$에서,

$$\frac{2EI}{6}(2\theta_B) - 210 + \frac{2EI}{4}(2\theta_B) + 53.3 = 0$$

$$\theta_B = \frac{94}{EI}$$

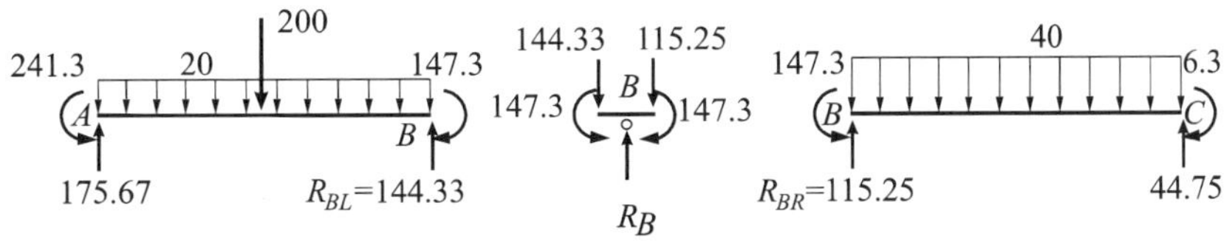

(a) 자유물체도

재단모멘트

$$M_{AB} = \frac{2EI}{6}\left(\frac{94}{EI}\right) + 210 = 241.3 \text{ kN} \cdot \text{m}$$

$$M_{BA} = \frac{2EI}{6}2\left(\frac{94}{EI}\right) - 210 = -147.3 \text{ kN} \cdot \text{m}$$

$$M_{BC} = \frac{2EI}{4}2\left(\frac{94}{EI}\right) + 53.3 = 147.3 \text{ kN} \cdot \text{m}$$

$$M_{CB} = \frac{2EI}{4}\left(\frac{94}{EI}\right) - 53.3 = -6.3 \text{ kN} \cdot \text{m}$$

반력 및 부재력

그림 (a)와 같은 자유물체도로부터 $\overline{AB}$부분은,

$$\curvearrowleft\boxplus \sum M_B = 0,$$

$$-R_A(6) + M_{AB} + M_{BA} + 200(3) + 20(6)(3) = 0,$$

$$R_A = 175.67 \text{ kN} (\uparrow)$$

$$\uparrow + \sum Y = 0,\ R_A + R_{BL} - 200 - 20(6) = 0,\ R_{BL} = 144.33 \text{ kN}$$

$\overline{BC}$부분은,

$$\curvearrowleft\boxplus \sum M_C = 0,$$

$$-R_{BR}(4) + M_{BC} + M_{CB} + 40(4)(2) = 0,\ R_{BR} = 115.25 \text{ kN}$$

$$\uparrow + \sum Y = 0,\ 115.25 - 40(4) + R_C = 0,\ R_C = 44.75 \text{ kN}$$

따라서

$$R_A = 175.67 \text{ kN},\ R_B = 259.58 \text{ kN},\ R_C = 44.75 \text{ kN}$$

각 부재력도를 그리면 그림 (b)와 같다.

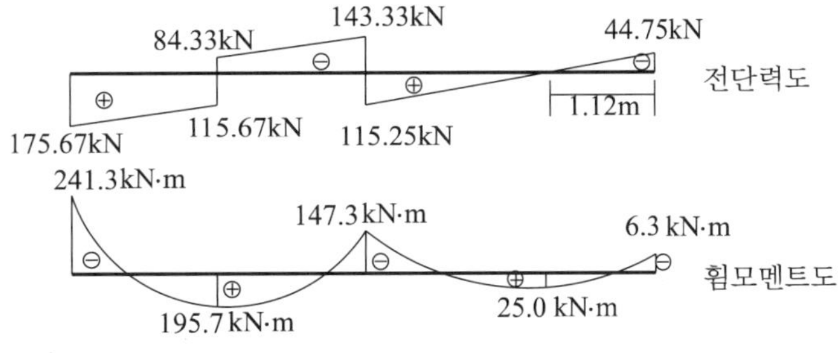

(b) 부재력 분포

예제 12-4

아래 그림과 같은 부정정보를 처짐각법으로 해석하라. 단, EI는 일정하다.

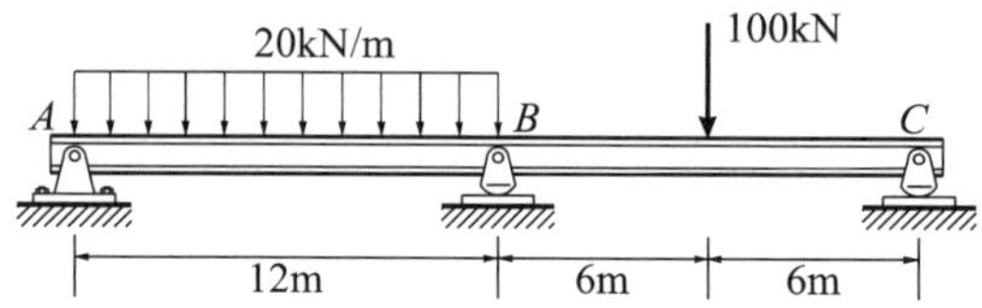

풀이

자유도

자유도 **DOF**$=3$이다(θ_A, θ_B, θ_C). 그러나 B점을 기준으로 타단이 회전단(-1)과 이동단(-1)이므로, 수정 처짐각방정식을 이용하면 자유도 **DOF**$=1(\theta_B)$로 계산을 간편하게 할 수 있다.

고정단모멘트, FEM*

그림 12.4(a)에서

$$\mathbf{FEM}_{AB}=\frac{wL^2}{12}=\frac{20(12^2)}{12}=240\text{ kN}\cdot\text{m}$$

$$\mathbf{FEM}_{BA}=-240\text{ kN}\cdot\text{m}$$

$$\mathbf{FEM}_{BC}=\frac{PL}{8}=\frac{100(12)}{8}=150\text{ kN}\cdot\text{m}$$

$$\mathbf{FEM}_{CB}=-150\text{ kN}\cdot\text{m}$$

에서,

$$\mathbf{FEM}^*_{BA}=\mathbf{FEM}_{BA}-\frac{\mathbf{FEM}_{AB}}{2}=-240-\frac{240}{2}=-360\text{ kN}\cdot\text{m}$$

$$\mathbf{FEM}^*_{BC}=\mathbf{FEM}_{BC}-\frac{\mathbf{FEM}_{CB}}{2}=150-\left(-\frac{150}{2}\right)=225\text{ kN}\cdot\text{m}$$

물론 그림 12.4(b)를 이용하여 직접 구할 수 도 있다.

수정 처짐각방정식 구성

$$M_{AB}=0$$

$$M_{BA}=3EK(\theta_B-\psi)+\mathbf{FEM}^*_{BA}=3E\left(\frac{I}{12}\right)\theta_B-360=0.25EI\theta_B-360$$

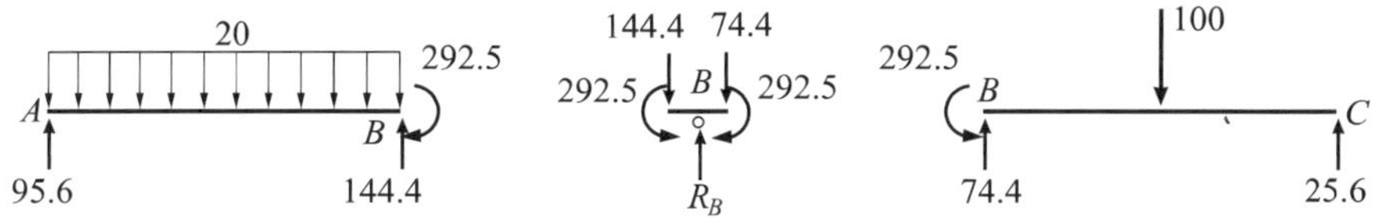

(a) 자유물체도

$$M_{BC} = 3EK(\theta_B - \psi) + \mathbf{FEM}_{BC}$$
$$= 3E\left(\frac{I}{12}\right)\theta_B + 225 = 0.25EI\theta_B + 225$$
$$M_{CB} = 0$$

절점방정식 구성

$M_{BA} + M_{BC} = 0$에서,

$$0.25EI\theta_B - 360 + 0.25EI\theta_B + 225 = 0, \quad \theta_B = \frac{27}{EI}$$

재단모멘트

$$M_{BA} = 0.25EI\left(\frac{27}{EI}\right) - 360 = -292.5 \text{ kN}\cdot\text{m}$$
$$M_{BC} = 0.25EI\left(\frac{27}{EI}\right) + 225 = 292.5 \text{ kN}\cdot\text{m}$$

반력 및 부재력

그림 (a)의 자유물체도로부터 $\overline{AB}$부분은,

$$\curvearrowleft \boxplus \sum M_B = 0, \ -R_A(12) + 240(6) + M_{BA} = 0, \ R_A = 95.6 \text{ kN}$$
$$\uparrow + \sum Y = 0, \ R_A - 20(12) + R_{BL} = 0, \ R_{BL} = 144.4 \text{ kN}$$

그림 (a)의 자유물체도로부터 $\overline{BC}$부분은,

$$\curvearrowleft \boxplus \sum M_C = 0,$$
$$-R_{BR}(12) + 100(6) + M_{BC} = 0, \ R_{BR} = 74.4 \text{ kN}$$
$$\uparrow + \sum Y = 0, \ 74.4 - 100 + R_C = 0, \ R_C = 25.6 \text{ kN}$$

이고,

$$R_B = R_{BL} + R_{BR} = 144.4 + 74.4 = 218.8 \text{ kN}$$

이므로, 반력은

$$R_A = 95.6 \text{ kN}, \ R_B = 218.8 \text{ kN}, \ R_C = 25.6 \text{ kN}$$

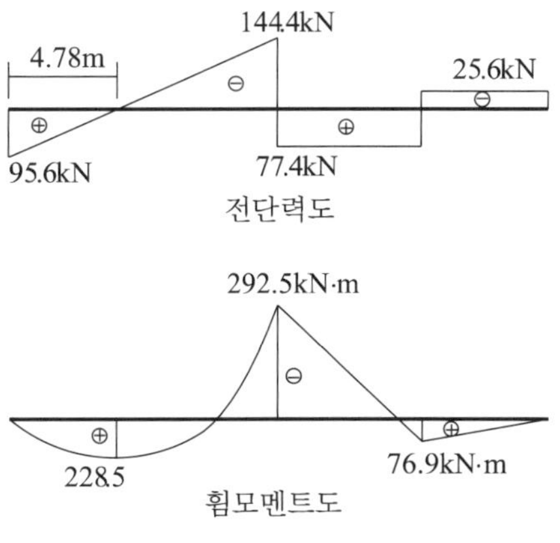

(b)

각 부재의 전단력 및 휨모멘트도를 그리면, 그림 (b)와 같다. 전단력이 0이 되는 특이점에 대한 휨모멘트도 구해 기입한다.

예제 12-5

아래 그림과 같은 부정정보를 처짐각법으로 해석하라. 단, EI는 일정하다.

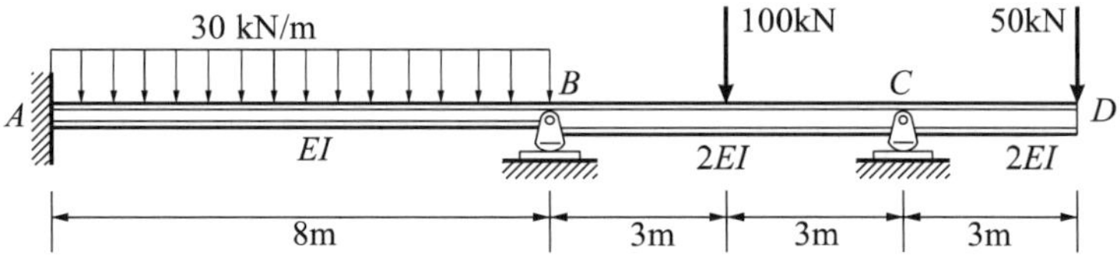

풀이

캔틸레버인 $\overline{CD}$부분은 그림 (a)와 같이 등가로 치환한다.

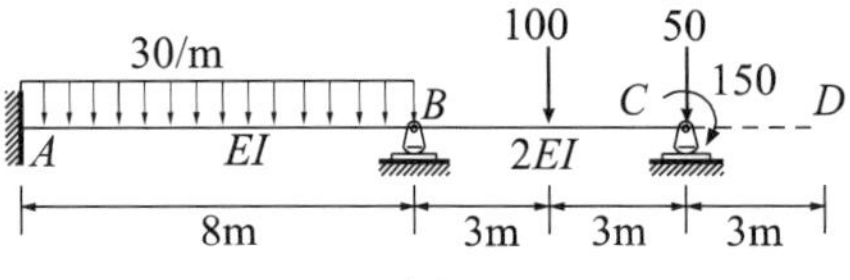

(a)

자유도

자유도 **DOF**$=2$이다(θ_B, θ_C).

고정단모멘트

$$\mathbf{FEM}_{AB}=\frac{30(8)^2}{12}=160\text{ kN}\cdot\text{m},\quad \mathbf{FEM}_{BA}=-160\text{ kN}\cdot\text{m}$$

$$\mathbf{FEM}_{BC}=\frac{100(3)(3^2)}{6^2}=75\text{ kN}\cdot\text{m},\quad \mathbf{FEM}_{CB}=-75\text{ kN}\cdot\text{m}$$

처짐각방정식 구성

$$M_{AB}=\frac{2EI}{8}(\theta_B)+160=0.25\theta_B EI+160$$

$$M_{BA}=\frac{2EI}{8}(2\theta_B)-160=0.5\theta_B EI-160$$

$$\begin{aligned}M_{BC}&=\frac{2(2EI)}{6}(2\theta_B+\theta_C)+75\\&=1.334\theta_B EI+0.667\theta_C EI+75\end{aligned}$$

$$\begin{aligned}M_{CB}&=\frac{2(2EI)}{6}(\theta_B+2\theta_C)-75\\&=0.667\theta_B EI+1.334\theta_C EI-75\end{aligned}$$

절점방정식 구성

$$\sum M_B=0,\quad M_{BA}+M_{BC}=0 \tag{a}$$

$$\sum M_C=0,\quad M_{CB}=-150\text{ kN}\cdot\text{m} \tag{b}$$

식 (a) 및 (b)에 대입하여 정리하면,

$$1.834\theta_B EI+0.667\theta_C EI=85$$

$$0.667\theta_B EI+1.334\theta_C EI=-75$$

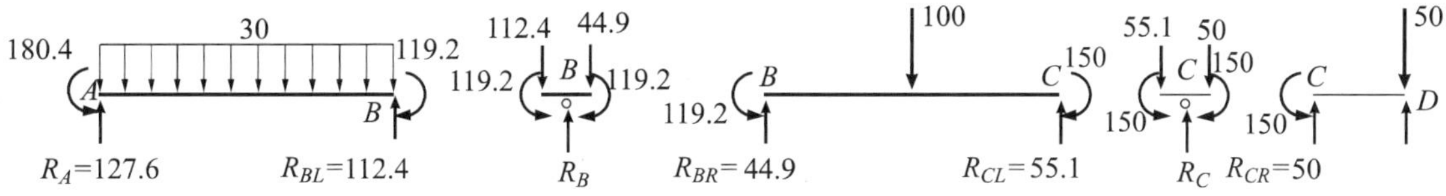

(b) 자유물체도

이고, 매트릭스 형태로 바꾸면 다음과 같다.

$$\begin{bmatrix} 1.834 & 0.667 \\ 0.667 & 1.334 \end{bmatrix}\begin{pmatrix} \theta_B \\ \theta_C \end{pmatrix} = \frac{1}{EI}\begin{pmatrix} 85 \\ -75 \end{pmatrix}$$

에서,

$$\begin{pmatrix} \theta_B \\ \theta_C \end{pmatrix} = \frac{1}{1.834(1.334)-0.667^2}\begin{bmatrix} 1.334 & -0.667 \\ -0.667 & 1.834 \end{bmatrix}\frac{1}{EI}\begin{pmatrix} 85 \\ -75 \end{pmatrix}$$

$$= \frac{1}{EI}\begin{pmatrix} 81.64 \\ -97.04 \end{pmatrix}$$

재단모멘트

$$M_{AB} = 0.25\left(\frac{81.64}{EI}\right)EI + 160 = 180.4\text{ kN}\cdot\text{m}$$

$$M_{BA} = 0.5\left(\frac{81.64}{EI}\right)EI - 160 = -119.2\text{ kN}\cdot\text{m}$$

$$M_{BC} = 1.334\left(\frac{81.64}{EI}\right)EI + 0.667\left(-\frac{97.04}{EI}\right)EI + 75$$

$$= 119.2\text{ kN}\cdot\text{m}$$

$$M_{CB} = 0.667\left(\frac{81.64}{EI}\right)EI + 1.334\left(-\frac{97.04}{EI}\right)EI - 75$$

$$= -150.0\text{ kN}\cdot\text{m}$$

반력 및 부재력

그림 (b)의 자유물체도를 참조하자. 예를 들어 $\overline{AB}$부분은,

$\curvearrowleft\boxplus\sum M_B = 0,$

$-R_A(8) + M_{AB} + M_{BA} + 30(8)(4) = 0,\ \ R_A = 127.6\text{ kN}$

$\uparrow + \sum Y = 0,\quad 127.6 - 30(8) + R_{BL} = 0,\quad R_{BL} = 112.4\text{ kN}$

이고,

$$R_B = R_{BL} + R_{BR} = 157.3\text{ kN}$$

$$R_C = R_{CL} + R_{CR} = 105.1\text{ kN}$$

각 부재의 전단력 및 휨모멘트도를 그리면, 그림 (c)와 같다.

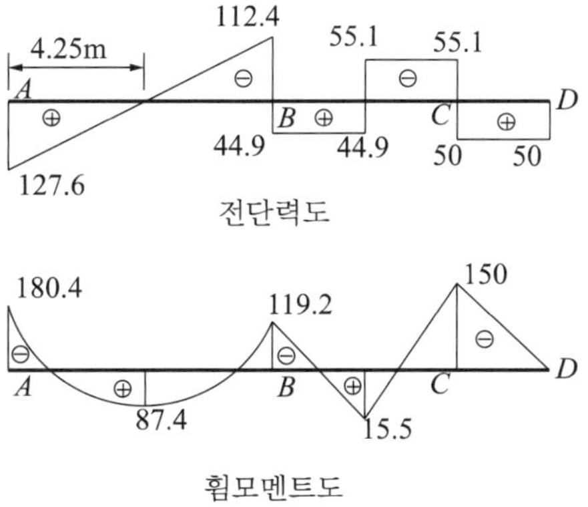

(c)

예제 12-6

아래 그림과 같은 부정정보의 B점이 10mm 지점침하가 발생하였다. 처짐각법을 이용하여 부재력을 구하라.
(단, $E=200\,\text{GPa}$, $I=200\times10^6\,\text{mm}^4$이다.)

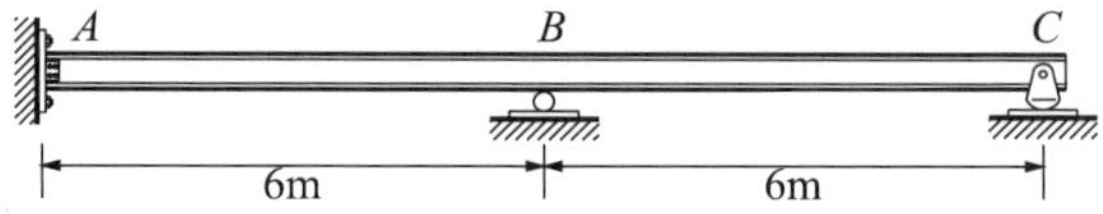

풀이

자유도

수정 처짐각방정식을 이용하면 자유도 **DOF**$=1$이다(θ_B).

고정단모멘트

부재 내 하중이 없으므로, **FEM**$=0$이다.

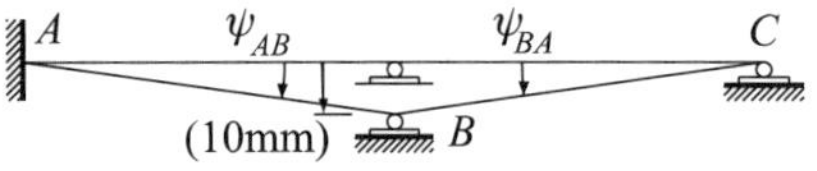

(a)

처짐각방정식 구성

부재각 ψ은,

$$\psi_{AB}=\psi_{BA}=-0.01\,\text{m}/6\,\text{m}=-0.001667$$

$$\psi_{BC}=0.01\,\text{m}/6\,\text{m}=0.001667$$

부호 규약에 의해 반시계방향인 경우 양(+)임에 유의하자.

처짐각방정식은,

$$\begin{aligned} M_{AB} &= \frac{2EI}{L}(2\theta_A+\theta_B-3\psi_{AB})+\mathbf{FEM}_{AB} \\ &= \frac{2EI}{6}[2(0)+\theta_B-3(-0.001667)]+0 \\ &= \frac{EI}{3}(\theta_B+0.005) \end{aligned}$$

$$\begin{aligned} M_{BA} &= \frac{2EI}{L}(\theta_A+2\theta_B-3\psi_{BA})+\mathbf{FEM}_{AB} \\ &= \frac{EI}{3}(2\theta_B+0.005) \end{aligned}$$

수정 처짐각방정식을 적용하면,

$$\begin{aligned} M_{BC} &= \frac{3EI}{L}(\theta_B-\psi_{BC})+\mathbf{FEM}^*_{AB} \\ &= \frac{3EI}{6}(\theta_B-0.001667)+0=\frac{EI}{2}(\theta_B-0.001667) \end{aligned}$$

절점방정식 구성

$M_{BA}+M_{BC}=0$에서,

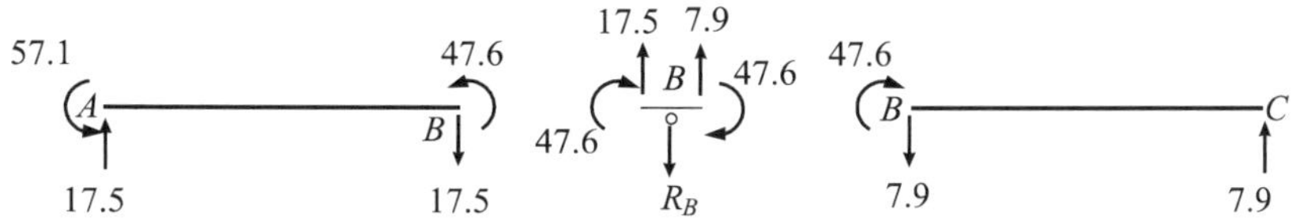

(b) 자유물체도

$$\frac{EI}{3}(2\theta_B+0.005)+\frac{EI}{2}(\theta_B-0.001667)=0$$

$$\theta_B=-0.000714\ \mathrm{rad}$$

재단모멘트

θ_B와 $EI=(200)(200)=40,000\ \mathrm{kN\cdot m^2}$을 대입하면,

$$M_{AB}=\frac{EI}{3}(\theta_B+0.005)=\frac{40,000}{3}(-0.000714+0.005)=57.1\ \mathrm{kN\cdot m}$$

$$M_{BA}=\frac{EI}{3}(2\theta_B+0.005)=\frac{40,000}{3}[2(-0.000714)+0.005]=47.6\ \mathrm{kN\cdot m}$$

$$M_{BC}=\frac{EI}{2}(\theta_B-0.001667)=\frac{40,000}{2}(-0.000714-0.001667)=-47.6\ \mathrm{kN\cdot m}$$

반력 및 부재력

그림 (b)의 자유물체도로부터 $\overline{AB}$부분은,

$$\curvearrowleft \boxplus \sum M_B=0,$$

$$-R_A(6)+57.1+47.6=0,\quad R_A=17.5\ \mathrm{kN}\ (\uparrow)$$

$$\uparrow+\sum Y=0,\quad 17.5+R_{BL}=0,\quad R_{BL}=-17.5\ \mathrm{kN}\ (\downarrow)$$

$\overline{BC}$부분은,

$$\curvearrowleft \boxplus \sum M_B=0,$$

$$R_C(6)-47.6=0,\quad R_C=7.9\ \mathrm{kN}\ (\uparrow)$$

$$\uparrow+\sum Y=0,\quad 7.9+R_{BR}=0,\quad R_{BL}=-7.9\ \mathrm{kN}\ (\downarrow)$$

따라서

$$R_B=R_{BL}+R_{BR}=-17.5-7.9=-25.4\ \mathrm{kN}\ (\downarrow)$$

부재력도는 그림 (c)와 같다.

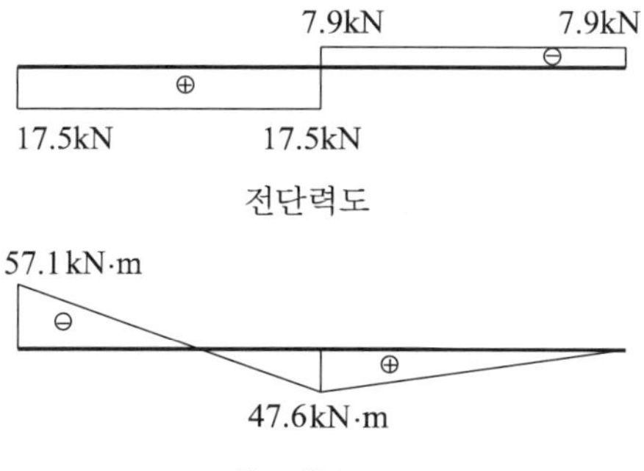

(c)

예제 12-7

아래 그림과 같은 부정정보의 B, C, D점이 각각 20, 60, 30mm 침하했을 때 해석하라. 단, $E = 200\,\text{GPa}$, $I = 200 \times 10^6\,\text{mm}^4$이다.

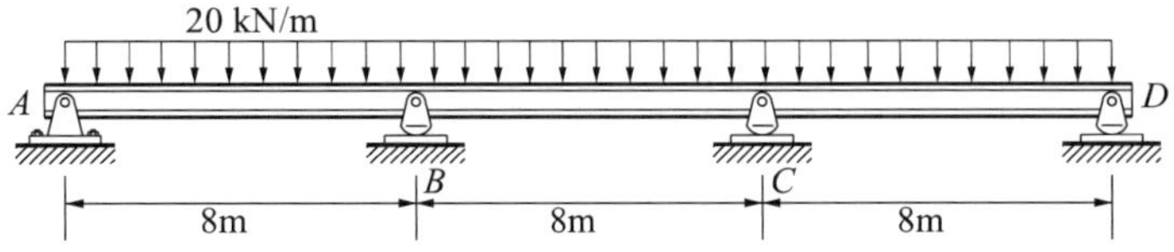

풀이

자유도

수정 처짐각방정식을 이용하면 자유도 **DOF**$=2$이다(θ_B, θ_C).

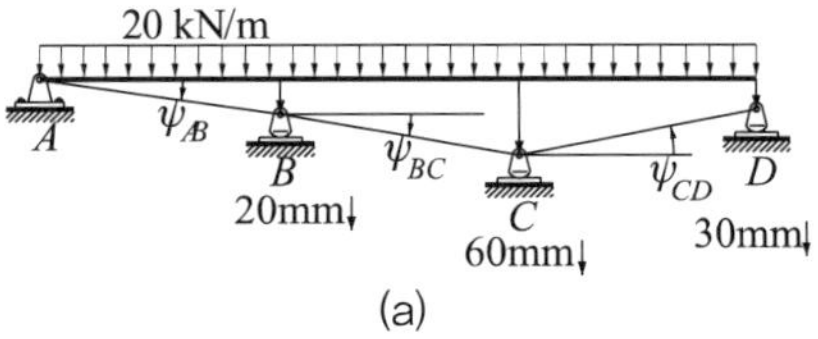

(a)

고정단모멘트

$$\mathbf{FEM}_{AB} = \mathbf{FEM}_{BC} = \mathbf{FEM}_{CD} = \frac{20(8)^2}{12} = 106.7\ \text{kN}\cdot\text{m}$$

$$\mathbf{FEM}_{BA} = \mathbf{FEM}_{CB} = \mathbf{FEM}_{DC} = -\frac{20(8)^2}{12} = -106.7\ \text{kN}\cdot\text{m}$$

$$\mathbf{FEM}^*_{BA} = \mathbf{FEM}_{BA} - \frac{\mathbf{FEM}_{AB}}{2} = -106.7 - \frac{106.7}{2} = -160\ \text{kN}\cdot\text{m}$$

$$\mathbf{FEM}^*_{CD} = \mathbf{FEM}_{CD} - \frac{\mathbf{FEM}_{DC}}{2} = 106.7 - \left(-\frac{106.7}{2}\right) = 160\ \text{kN}\cdot\text{m}$$

처짐각방정식 구성

부재각 ψ은,

$$\psi_{AB} = \psi_{BA} = -0.02\,\text{m}/8\,\text{m} = -0.0025$$
$$\psi_{BC} = \psi_{CB} = (0.02 - 0.06)\,\text{m}/8\,\text{m} = -0.005$$
$$\psi_{CD} = \psi_{CB} = (0.06 - 0.03)\,\text{m}/8\,\text{m} = 0.00375$$

상대 처짐을 고려해야 한다는 것과 부호 규약에 주의하자.

처짐각방정식은, $EI = (200)(200) = 40{,}000\ \text{kN}\cdot\text{m}^2$을 대입하면,

$$M_{AB} = 0$$

$$M_{BA} = \frac{3EI}{L}(\theta_B - \psi) + \mathbf{FEM}^*_{BA} = \frac{3EI}{8}[\theta_B - (-0.0025)] - 160$$
$$= 15{,}000\theta_B - 122.5$$

$$M_{BC} = \frac{2EI}{8}[2\theta_B + \theta_C - 3(-0.005)] + 106.7$$
$$= 20{,}000\theta_B + 10{,}000\theta_C + 256.7$$

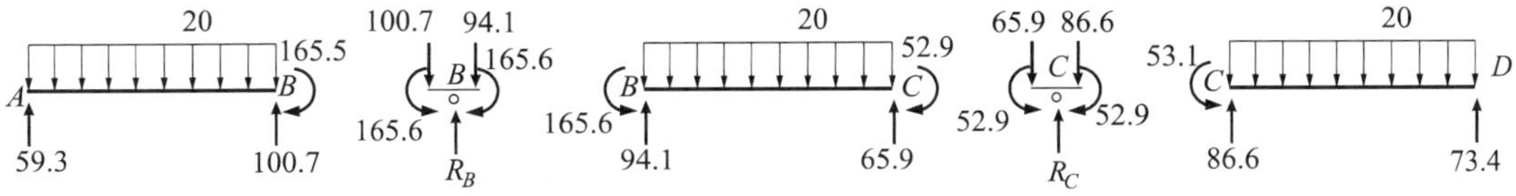

(b) 자유물체도

$$M_{CB} = \frac{2EI}{8}[\theta_B + 2\theta_C - 3(-0.005)] - 106.7$$
$$= 10{,}000\theta_B + 20{,}000\theta_C + 43.3$$

$$M_{CD} = \frac{3EI}{8}[\theta_C - (0.00375)] + 160 = 15{,}000\theta_C + 103.8$$

$$M_{DC} = 0$$

절점방정식 구성

$$\sum M_B = 0, \quad M_{BA} + M_{BC} = 0 \qquad \text{(a)}$$
$$\sum M_C = 0, \quad M_{CB} + M_{CD} = 0 \qquad \text{(b)}$$

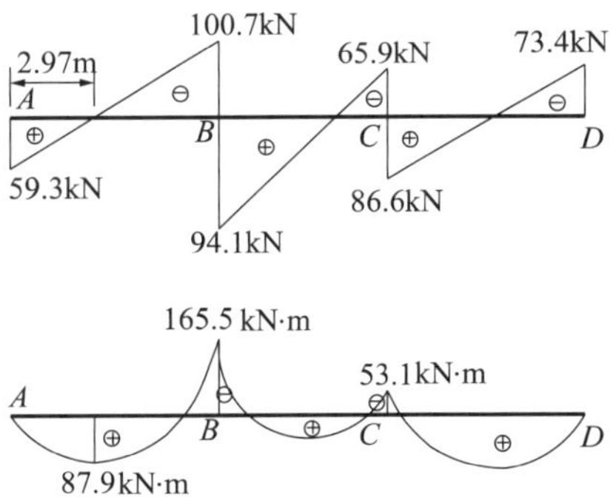

(c)

식 (a) 및 (b)에 대입하여 정리하면,

$$35{,}000\theta_B + 10{,}000\theta_C = -134.2$$
$$10{,}000\theta_B + 35{,}000\theta_C = -147.1$$

$$\begin{bmatrix} 35{,}000 & 10{,}000 \\ 10{,}000 & 35{,}000 \end{bmatrix} \begin{pmatrix} \theta_B \\ \theta_C \end{pmatrix} = \begin{pmatrix} -134.2 \\ -146.9 \end{pmatrix} \text{에서,}$$

$$\begin{pmatrix} \theta_B \\ \theta_C \end{pmatrix} = \frac{1}{35{,}000^2 - 10{,}000^2} \begin{bmatrix} 35{,}000 & -10{,}000 \\ -10{,}000 & 35{,}000 \end{bmatrix} \begin{pmatrix} -134.2 \\ -146.9 \end{pmatrix}$$

$$= \begin{pmatrix} -2.869 \times 10^{-3} \\ -3.377 \times 10^{-3} \end{pmatrix}$$

재단모멘트

$$M_{AB} = 0$$
$$M_{BA} = 15{,}000\,\theta_B - 122.5 = -165.5\ \text{kN}\cdot\text{m}$$
$$M_{BC} = 20{,}000\,\theta_B + 10{,}000\,\theta_C + 256.7 = 165.6\ \text{kN}\cdot\text{m}$$
$$M_{CB} = 10{,}000\,\theta_B + 20{,}000\,\theta_C + 43.3 = -52.9\ \text{kN}\cdot\text{m}$$
$$M_{CD} = 15{,}000\theta_C + 103.8 = 53.1\ \text{kN}\cdot\text{m}$$
$$M_{DC} = 0$$

반력 및 부재력

그림 (b)의 자유물체도와 그림 (c)를 참조하자.

12.3.2 절점의 횡변위가 없는(Non-Sway) 라멘

이번에는 처짐각법을 적용하여 라멘을 해석해 보자. 이때 라멘의 변형 형태에 따라 앞서 살펴본 처짐각법의 절점방정식 이외에 추가적인 방정식이 필요한 경우가 있다. 즉 라멘을,

절점의 횡변위가 없는 라멘(Non-Sway 또는 Braced frame)

절점의 횡변위가 발생하는 라멘(Sway 또는 Unbraced frame)

으로 나누어 생각해야 한다.

예를 들어 그림 12.6과 같이 라멘에 전단벽이나 브레이스가 설치되면, 전체 라멘은 횡변위가 발생하지 않는 것으로 가정할 수 있다. 즉 횡방향 하중은 전단벽이나 브레이스가 대부분을 부담하고, 나머지 라멘은 축방향 하중만을 부담한다. 또한 라멘이 횡구속 되어 있거나, 횡구속되어 있지 않더라도 하중과 구조물의 기하학적 형상이 대칭이면 횡변위가 발생하지 않는다고 가정할 수 있다.

반면, 그림 12.7과 같이 횡변위가 발생하는 경우는 회전각 이외에도 부재각(ψ)이 발생하므로 절점방정식 이외에 추가적인 방정식이 필요하다.

먼저 이 절에서는 절점의 횡변위가 없는 라멘의 처짐각법 적용 방법을 살펴본다. 이 경우는 하중에 의한 부재각(ψ)이 발생하지 않고, 절점의 회전각만 미지수가 되므로, 앞서 살펴본 보의 경우와 동일하게 처짐각법을 적용할 수 있다. 예제를 통해 확인해 보자.

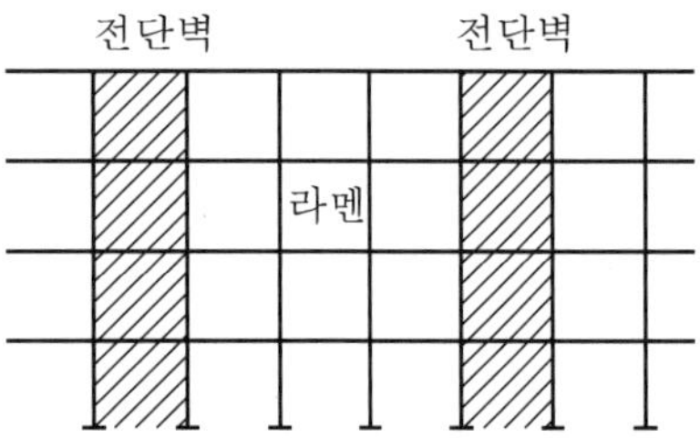

(a) 전단벽이 횡구속한 라멘

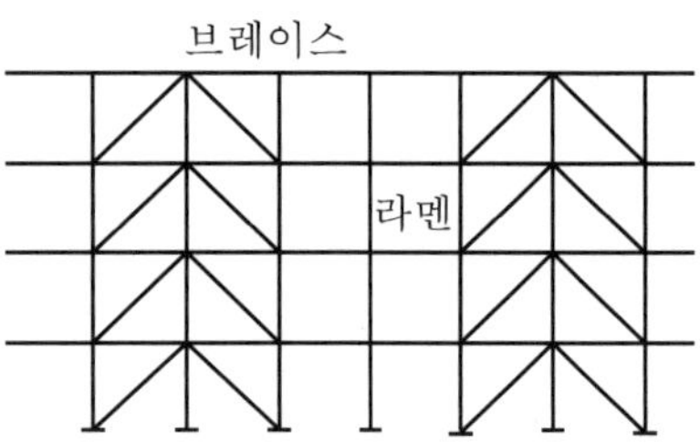

(b) 브레이스가 횡구속한 라멘

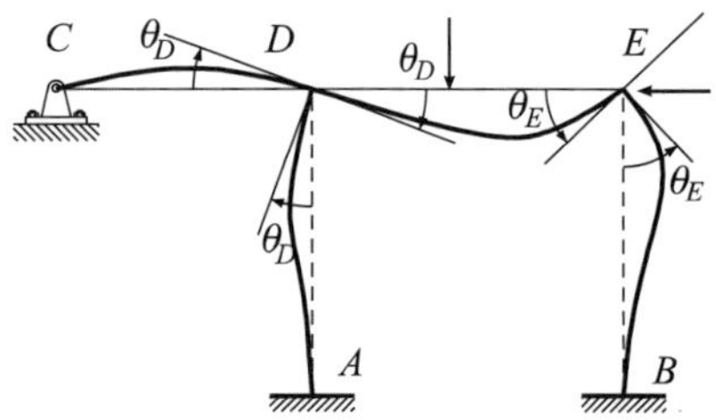

(c) 횡구속된 라멘

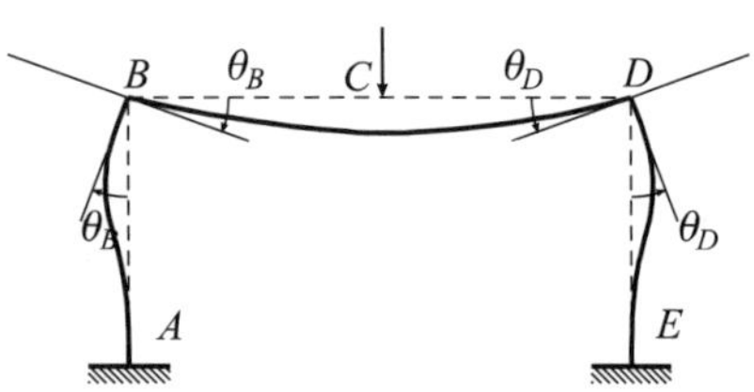

(d) 대칭

그림 12.6 횡변위 없는 라멘(Non-sway)

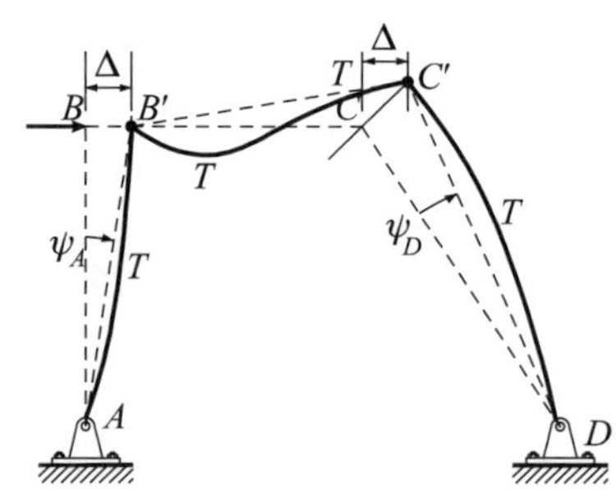

(a)

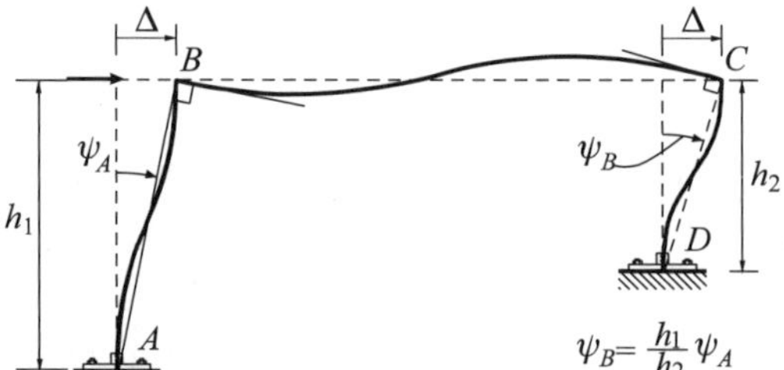

(b)

그림 12.7 횡변위가 있는 라멘(sway)

예제 12-8

아래 그림과 같은 부정정라멘을 처짐각법을 적용하여 해석하라. 단, EI는 일정하다.

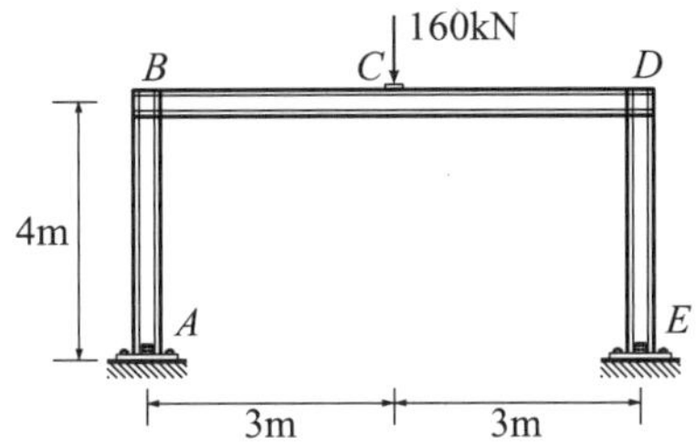

풀이

자유도

하중과 구조물이 기하학적으로 대칭이므로 횡변위가 없는(Non-Sway) 구조물이다. 그러므로 자유도 **DOF**$=2$이다(θ_B, θ_D).

고정단모멘트

$$\mathbf{FEM}_{BD}=\frac{PL}{8}=\frac{160\times 6}{8}=120\text{ kN}\cdot\text{m},\quad \mathbf{FEM}_{DB}=-120\text{ kN}\cdot\text{m}$$

처짐각방정식

$$M_{AB}=2EK(2\theta_A+\theta_B-3R)+\mathbf{FEM}_{AB}=2E\left(\frac{I}{4}\right)\theta_B=\frac{EI\theta_B}{2}$$

$$M_{BA}=2E\left(\frac{I}{4}\right)2\theta_B=EI\theta_B$$

$$M_{BD}=2E\left(\frac{I}{6}\right)(2\theta_B+\theta_D)+120,\quad M_{DB}=2E\left(\frac{I}{6}\right)(\theta_B+2\theta_D)-120$$

$$M_{DE}=2E\left(\frac{I}{4}\right)2\theta_D=EI\theta_D,\qquad M_{ED}=\frac{EI\theta_D}{2}$$

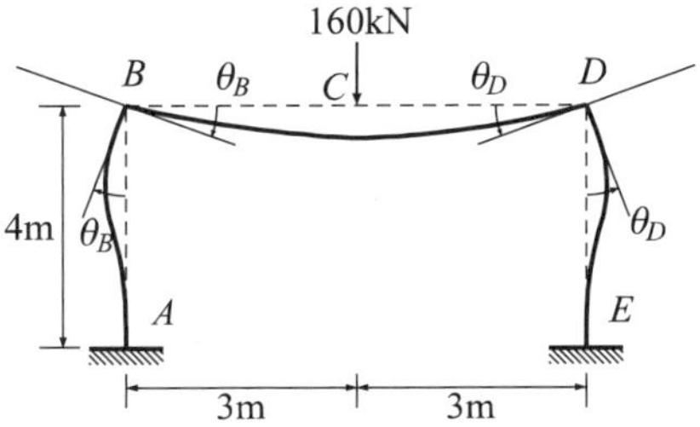

(a)

절점방정식

B점에서 $M_{BA}+M_{BD}=0$

D점에서 $M_{DB}+M_{DE}=0$

$$EI\theta_B+\frac{EI}{3}(2\theta_B+\theta_D)+120=0,\quad 5\theta_B+\theta_D=-\frac{360}{EI}\qquad\text{(a)}$$

$$\frac{EI}{3}(\theta_B+2\theta_D)-120+EI\theta_D=0,\quad \theta_B+5\theta_D=\frac{360}{EI}\qquad\text{(b)}$$

$$\begin{bmatrix}5 & 1\\ 1 & 5\end{bmatrix}\begin{pmatrix}\theta_B\\ \theta_D\end{pmatrix}=\frac{1}{EI}\begin{pmatrix}-360\\ 360\end{pmatrix}$$ 에서,

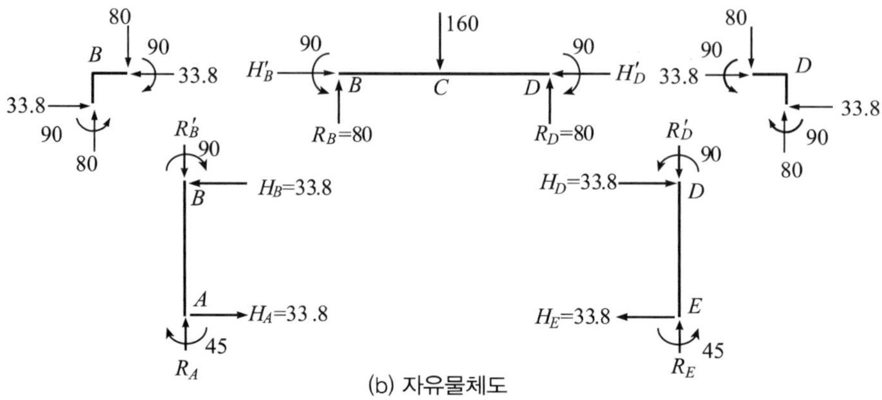

(b) 자유물체도

$$\begin{pmatrix}\theta_B\\ \theta_D\end{pmatrix}=\frac{1}{5^2-1^2}\begin{bmatrix}5 & -1\\ -1 & 5\end{bmatrix}\frac{1}{EI}\begin{pmatrix}-360\\ 360\end{pmatrix}=\frac{1}{EI}\begin{pmatrix}-90\\ 90\end{pmatrix}$$

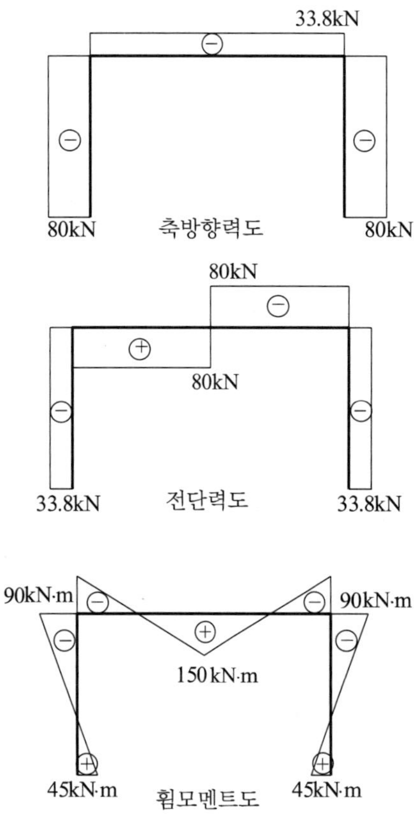

(c)

재단모멘트

$M_{AB}=-45\text{ kN}\cdot\text{m}$, $M_{BA}=-90\text{ kN}\cdot\text{m}$, $M_{BD}=90\text{ kN}\cdot\text{m}$

$M_{DB}=-90\text{ kN}\cdot\text{m}$, $M_{DE}=90\text{ kN}\cdot\text{m}$, $M_{ED}=45\text{ kN}\cdot\text{m}$

반력 및 부재력

그림 (b)와 같은 자유물체도로부터, $\overline{AB}$부재는,

$\curvearrowleft\boxplus\sum M_B=0$, $-45-90-H_A(4)=0$, $H_A=-33.8\text{ kN}\ (\rightarrow)$

$\rightarrow+\sum X=0$, $H_A+H_B=0$, $H_B=33.8\text{ kN}$

$\uparrow+\sum Y=0$, $-R_B'+R_A=0$, $R_A=R_B'$

$\overline{BD}$부재는

$\curvearrowleft\boxplus\sum M_B=0$, $-90+90-160(3)+6R_D=0$, $R_D=80\text{ kN}$

$\rightarrow+\sum X=0$, $H_B'-H_D'=0$, $H_B'=H_D'$

$\uparrow+\sum Y=0$, $-160+80+R_B=0$, $R_B=80\text{ kN}$

$\overline{DE}$부재는

$\curvearrowleft\boxplus\sum M_D=0$, $90+45-H_E(4)=0$, $H_E=33.8\text{ kN}$

$\rightarrow+\sum X=0$, $H_D=H_E$

$\uparrow+\sum Y=0$, $-R_D'+R_E=0$, $R_D'=R_E$

따라서 지점반력,

$H_A=33.8\text{ kN}$, $R_A=80\text{ kN}$, $M_A=45\text{ kN}\cdot\text{m}$

$H_E=33.8\text{ kN}$, $R_E=80\text{ kN}$, $M_E=45\text{ kN}\cdot\text{m}$

부재력도를 그리면 그림 (c)와 같다.

예제 12-9

아래 그림과 같은 부정정라멘을 처짐각법을 적용하여 해석하라. 단, EI는 일정하다.

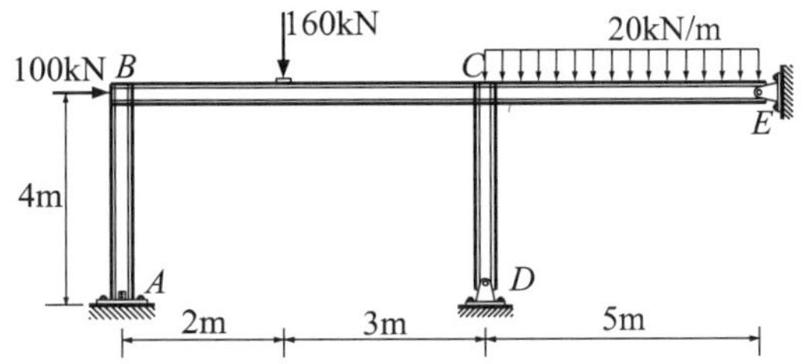

풀이

자유도

횡변위가 없는(Non-Sway) 구조물(예제 12-1 참조)로 자유도 **DOF**= 2 이다(θ_B, θ_C).

고정단모멘트

$$\mathbf{FEM}_{BC} = \frac{Pb^2a}{L^2} = \frac{160\times 3^2\times 2}{5^2} = 115.2\ \text{kN}\cdot\text{m}$$

$$\mathbf{FEM}_{CB} = -\frac{Pa^2b}{L^2} = -\frac{160\times 2^2\times 3}{5^2} = -76.8\ \text{kN}\cdot\text{m}$$

$$\mathbf{FEM}^*_{CE} = \frac{wL^2}{12} - \left(-\frac{wL^2}{12}\right)\left(\frac{1}{2}\right) = \frac{2\times 5^2}{8} = 62.5\ \text{kN}\cdot\text{m}$$

처짐각방정식

$$M_{AB} = 2EK(2\theta_A+\theta_B-3R)+\mathbf{FEM}_{AB} = 2E\left(\frac{I}{4}\right)\theta_B = \frac{EI\theta_B}{2}$$

$$M_{BA} = 2E\left(\frac{I}{4}\right)2\theta_B = EI\theta_B$$

$$M_{BC} = 2E\left(\frac{I}{5}\right)(2\theta_B+\theta_C)+115.2 = 0.4EI(2\theta_B+\theta_C)+115.2$$

$$M_{CB} = 2E\left(\frac{I}{5}\right)(\theta_B+2\theta_C)-76.8 = 0.4EI(\theta_B+2\theta_C)-76.8$$

$$M_{CE} = 3E\left(\frac{I}{5}\right)\theta_C+62.5 = 0.6EI\theta_C+62.5$$

$$M_{CD} = 3E\left(\frac{I}{4}\right)\theta_C = 0.75EI\theta_C$$

절점방정식

B점에서 $M_{BA}+M_{BC}=0$

$$1.8EI\theta_B + 0.4EI\theta_C = -115.2$$

$$1.8\theta_B + 0.4\theta_C = -\frac{115.2}{EI} \tag{a}$$

C점에서 $M_{CB} + M_{CE} + M_{CD} = 0$

$$0.4EI\theta_B + 0.8EI\theta_C - 76.8 + 0.6EI\theta_C + 62.5 + 0.75EI\theta_C = 0$$

$$0.4\theta_B + 2.15\theta_C = \frac{14.3}{EI} \tag{b}$$

$\begin{bmatrix} 1.8 & 0.4 \\ 0.4 & 2.15 \end{bmatrix} \begin{pmatrix} \theta_B \\ \theta_C \end{pmatrix} = \frac{1}{EI} \begin{pmatrix} -115.2 \\ 14.3 \end{pmatrix}$에서,

$$\begin{pmatrix} \theta_B \\ \theta_C \end{pmatrix} = \frac{1}{1.8(2.15) - 0.4^2} \begin{bmatrix} 2.15 & -0.4 \\ -0.4 & 1.8 \end{bmatrix} \frac{1}{EI} \begin{pmatrix} -115.2 \\ 14.3 \end{pmatrix} = \frac{1}{EI} \begin{pmatrix} -68.3 \\ 19.4 \end{pmatrix}$$

재단모멘트

$$M_{AB} = \frac{EI}{2}\left(-\frac{68.3}{EI}\right) = -34.2 \text{ kN} \cdot \text{m}$$

$$M_{BA} = EI\left(-\frac{68.3}{EI}\right) = -68.3 \text{ kN} \cdot \text{m}$$

$$M_{BC} = 0.4EI\left(-\frac{2 \times 68.3}{EI} + \frac{19.4}{EI}\right) + 115.2 = 68.3 \text{ kN} \cdot \text{m}$$

$$M_{CB} = 0.4EI\left(-\frac{68.3}{EI} + \frac{2 \times 19.4}{EI}\right) - 76.8 = -88.6 \text{ kN} \cdot \text{m}$$

$$M_{CE} = 0.6EI\left(\frac{19.4}{EI}\right) + 62.5 = 74.1 \text{ kN} \cdot \text{m}$$

$$M_{CD} = 0.75EI\left(\frac{19.4}{EI}\right) = 14.5 \text{ kN} \cdot \text{m}$$

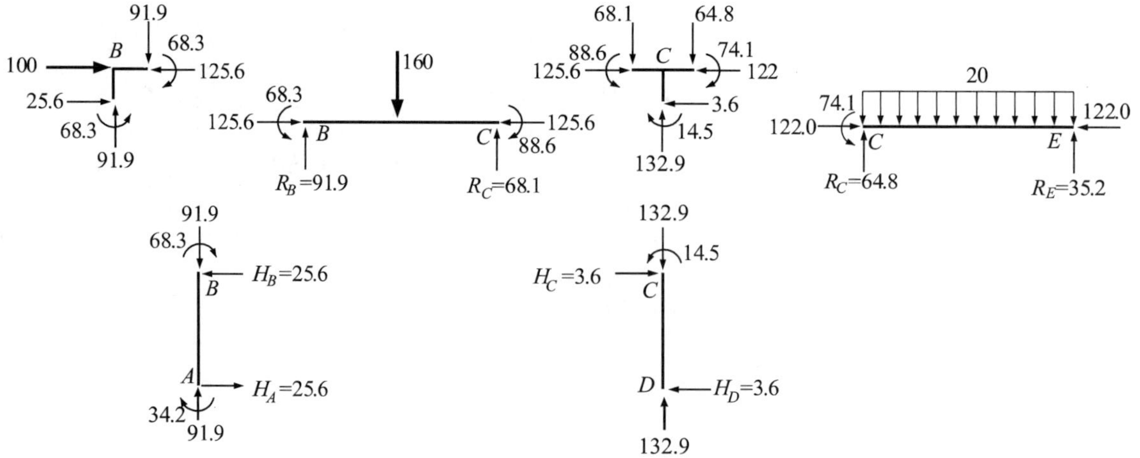

(a) 자유물체도

반력 및 부재력

그림 (a)의 자유물체도에서 $\overline{AB}$부재는,

$$\curvearrowleft \boxplus \sum M_A = 0, \quad -34.2 - 68.3 + 4H_B = 0, \quad H_B = 25.6 \text{ kN}$$

$$\rightarrow + \sum X = 0, \quad -25.6 + H_A = 0, \quad H_A = 25.6 \text{ kN}$$

$$\uparrow + \sum Y = 0, \quad R_A - R_B = 0, \quad R_A = R_B$$

$\overline{CD}$부재는,

$$\curvearrowleft \boxplus \sum M_D = 0, \quad 14.5 - 4H_C = 0, \quad H_C = 3.6 \text{ kN}$$

$$\rightarrow + \sum X = 0, \quad 3.6 - H_D = 0, \quad H_D = 3.6 \text{ kN}$$

$$\uparrow + \sum Y = 0, \quad R_D - R_C = 0, \quad R_D = R_C$$

같은 방법으로 $\overline{BC}$부재와 $\overline{CE}$를 각자 계산해 보자.

결과적으로 지점반력은,

$$R_A = 91.9 \text{ kN}, \quad H_A = 25.6 \text{ kN}, \quad M_A = 34.2 \text{ kN} \cdot \text{m}$$

$$R_D = 68.1 \text{ kN}, \quad H_D = 3.6 \text{ kN}$$

$$R_E = 35.2 \text{ kN}, \quad H_E = 122 \text{ kN}$$

이를 근거로 각 부재력도와 처짐 형상을 그리면 그림 (b)와 같다.

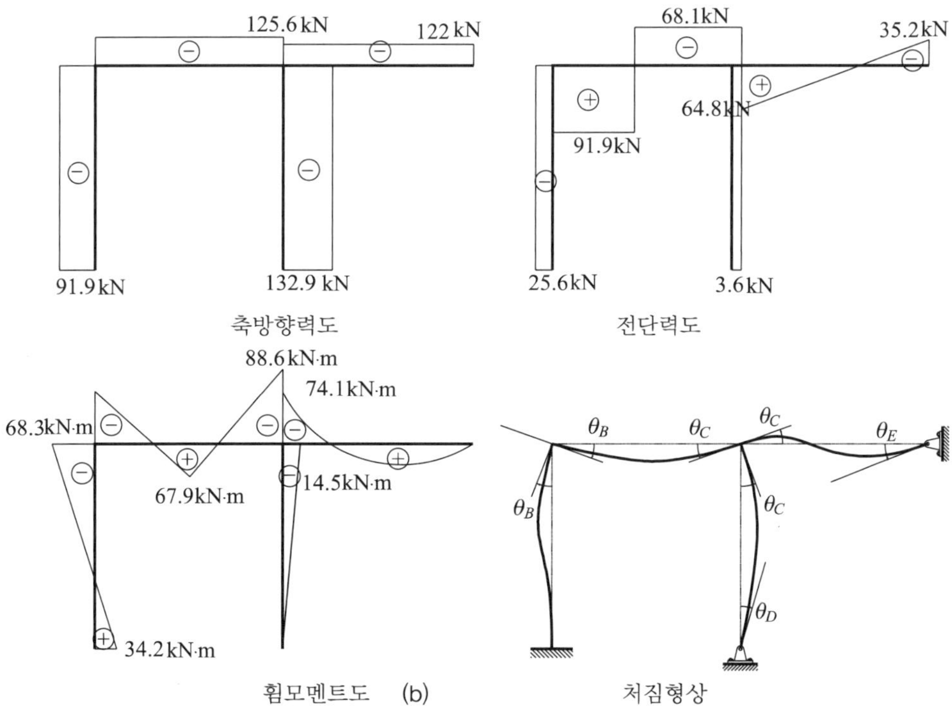

(b)

예제 12-10

예제 12-9에서 D가 20mm 지점침하했을 때 처짐각법으로 해석하라. 단, $E = 200\,\mathrm{GPa}$, $I = 200 \times 10^6\,\mathrm{mm}^4$이다.

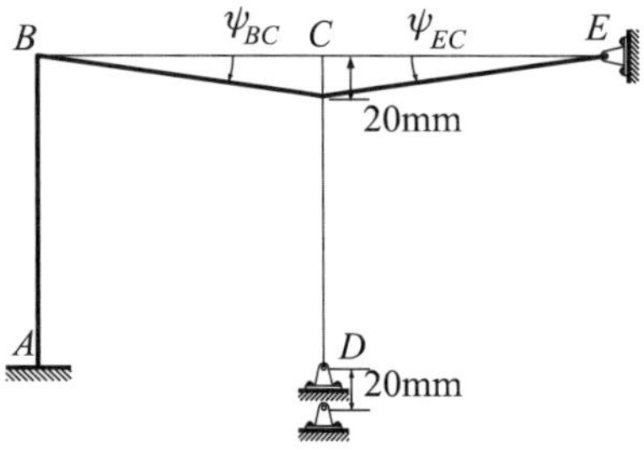

(a)

풀이

자유도

자유도 **DOF** = 2이다(θ_B, θ_C).

지점침하로 인한 부재각 ψ

$\overline{CD}$의 축방향변형은 무시하므로, 그림 (a)와 같이,

$$\psi_{BC} = -0.02/5 = -0.004$$

$$\psi_{EC} = 0.02/5 = 0.004$$

고정단모멘트(예제 12-9)

처짐각방정식

$$M_{AB} = \frac{EI\theta_B}{2}, \qquad M_{BA} = EI\theta_B$$

$$M_{BC} = 2E\left(\frac{I}{5}\right)[2\theta_B + \theta_C - 3(-0.004)] + 115.2$$

$$= 0.4EI(2\theta_B + \theta_C + 0.012) + 115.2$$

$$M_{CB} = 2E\left(\frac{I}{5}\right)[\theta_B + 2\theta_C - 3(-0.004)] - 76.8$$

$$= 0.4EI(\theta_B + 2\theta_C + 0.012) - 76.8$$

$$M_{CE} = 3E\left(\frac{I}{5}\right)(\theta_C - 0.004) + 62.5 = 0.6EI(\theta_C - 0.004) + 62.5$$

$$M_{CD} = 0.75EI\theta_C$$

절점방정식

$$M_{BA} + M_{BC} = 0 \qquad \text{(a)}$$

$$M_{CB} + M_{CE} + M_{CD} = 0 \qquad \text{(b)}$$

우측 항에 $EI = (200)(200) = 40{,}000\,\mathrm{kN \cdot m^2}$을 대입하면,

$$1.8EI\theta_B + 0.4EI\theta_C = -0.0048EI - 115.2 = -307.2$$

$$1.8\theta_B + 0.4\theta_C = -\frac{307.2}{EI} \qquad \text{(c)}$$

$$0.4\theta_B EI + 2.15\theta_C EI = 14.3 - 0.0024EI = -81.7$$

$$0.4\theta_B + 2.15\theta_C = -\frac{81.7}{EI} \qquad \text{(d)}$$

$$\begin{bmatrix} 1.8 & 0.4 \\ 0.4 & 2.15 \end{bmatrix} \begin{pmatrix} \theta_B \\ \theta_C \end{pmatrix} = \frac{1}{EI} \begin{pmatrix} -307.2 \\ -81.7 \end{pmatrix} \text{에서,}$$

$$\begin{pmatrix} \theta_B \\ \theta_C \end{pmatrix} = \frac{1}{1.8(2.15)-0.4^2} \begin{bmatrix} 2.15 & -0.4 \\ -0.4 & 1.8 \end{bmatrix} \frac{1}{EI} \begin{pmatrix} -307.2 \\ -81.7 \end{pmatrix} = \frac{1}{EI} \begin{pmatrix} -169.2 \\ -6.5 \end{pmatrix}$$

재단모멘트

$$M_{AB} = \frac{EI}{2}\left(-\frac{169.2}{EI}\right) = -84.6 \text{ kN} \cdot \text{m}$$

$$M_{BA} = EI\left(-\frac{169.2}{EI}\right) = -169.2 \text{ kN} \cdot \text{m}$$

$$M_{BC} = 0.4EI\left(-\frac{2 \times 169.2}{EI} - \frac{6.5}{EI} + 0.012\right) + 115.2$$
$$= 169.2 \text{ kN} \cdot \text{m}$$

$$M_{CB} = 0.4EI\left(-\frac{169.2}{EI} - \frac{2 \times 6.5}{EI} + 0.012\right) - 76.8 = 42.3 \text{ kN} \cdot \text{m}$$

$$M_{CE} = 0.6EI\left(-\frac{6.5}{EI} - 0.004\right) + 62.5 = -37.4 \text{ kN} \cdot \text{m}$$

$$M_{CD} = 0.75EI\left(-\frac{6.5}{EI}\right) = -4.9 \text{ kN} \cdot \text{m}$$

반력 및 부재력

그림 (a)의 자유물체도에서 $\overline{AB}$ 부재는,

$$\curvearrowleft\boxplus \sum M_A = 0, \quad -84.6 - 169.2 + 4H_B = 0, \quad H_B = 63.5 \text{ kN}$$

$$\rightarrow + \sum X = 0, \quad -63.5 + H_A = 0, \quad H_A = 63.5 \text{ kN}$$

$$\uparrow + \sum Y = 0, \quad R_A - R_B = 0, \quad R_A = R_B$$

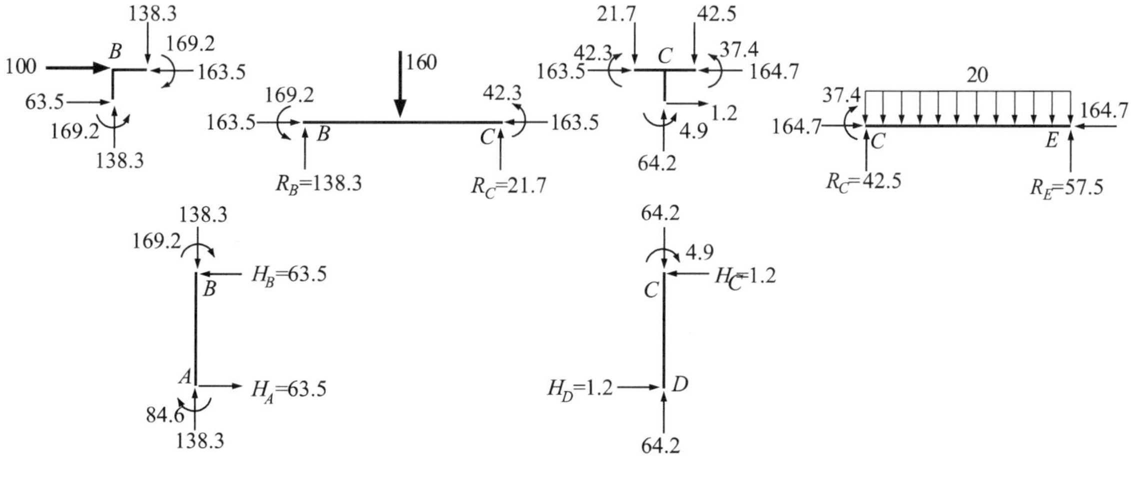

(b) 자유물체도

$\overline{BC}$부재는,

$$\curvearrowleft \boxplus \sum M_C = 0,\quad 169.2 + 42.3 + 160(3) - 5R_C = 0,\quad R_B = 138.3\ \mathrm{kN}$$
$$\rightarrow + \sum X = 0,\quad H_B - H_D = 0,\quad H_B = H_D$$
$$\uparrow + \sum Y = 0,\quad 138.3 - 160 + R_C = 0,\quad R_C = 21.7\ \mathrm{kN}$$

$R_B = 138.3\ \mathrm{kN}$이므로, $R_A = 138.3\ \mathrm{kN}$이 되고, $H_B = 63.5\ \mathrm{kN}$이므로, $H_D = 63.5 + 100 = 163.5\ \mathrm{kN}$이 된다.

같은 방법으로 $\overline{CD}$부재와, $\overline{CE}$의 자유물체도를 고려해 각자 계산해 보자. 절점에서 휨모멘트의 합은 0이 된다는 사실로 검증하면 된다. 결과적으로 지점반력은,

$$R_A = 138.3\ \mathrm{kN},\quad H_A = 63.5\ \mathrm{kN},\quad M_A = 84.6\ \mathrm{kN \cdot m}$$
$$R_D = 64.2\ \mathrm{kN},\quad H_D = 1.2\ \mathrm{kN}$$
$$R_E = 57.5\ \mathrm{kN},\quad H_E = 164.7\ \mathrm{kN}$$

이 된다. 이를 근거로 각 부재력도와 처짐 형상을 그리면 그림 (c)와 같다. 예제 12-9에서 지점침하 만으로 반력과 휨모멘트도가 어떻게 변했는지 각자 분석해 보자.

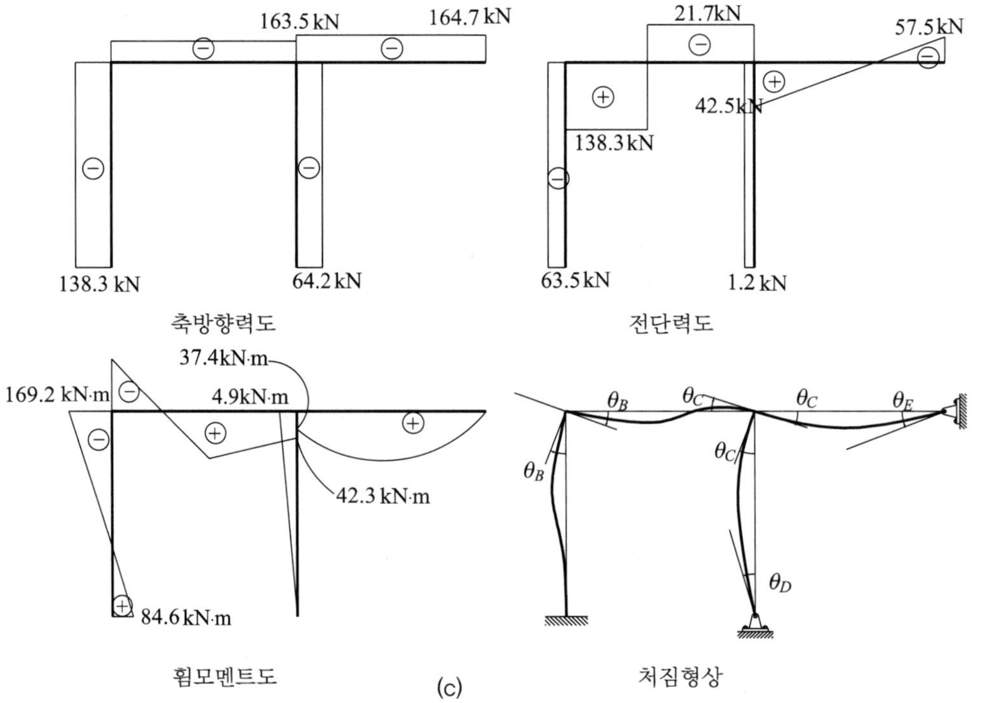

(c)

12.3.3 절점의 횡변위가 발생하는(Sway) 라멘

그림 12.8(a)과 같이 라멘의 절점에 횡변위가 발생하는 경우를 생각해 보자. 만약 B절점에 Δ의 횡변위가 발생하면, BC부재의 축방향변위는 무시하므로 C절점에서 Δ의 횡변위가 발생할 것이다. 그러므로 부재각 ψ은,

$$\psi_{AB} = -\frac{\Delta}{h_1}, \quad \psi_{CD} = -\frac{\Delta}{h_2} \tag{a}$$

가 된다. 여기서 부재각은 시계방향으로 변형했으므로 음(−)이다. 부호규약을 상기해 보자. 식 (a)로부터,

$$\psi_{CD} = \frac{h_1}{h_2}\psi_{AB} \tag{b}$$

의 관계가 성립함을 알 수 있다. 이제 자유도 **DOF**를 생각해 보면, B절점(θ_B)과 C절점(θ_C) 그리고 횡변위 Δ의 **DOF**$=3$이 된다(Δ는 부재각 ψ_{AB}와 ψ_{DC}로 표현된다). 그러므로 미지수는 3개이고, 3개의 연립방정식이 필요하다. 앞서 살펴본 연립방정식은 B절점과 C절점의 절점방정식(2)이므로, 1개의 방정식이 추가적으로 필요하다는 사실을 알 수 있다. 그림 (b)는 라멘에 경사부재가 존재하는 경우이다. 이때에는 경사부재 또한 부재각이 발생하므로 (그림 (a)에서 수평부재에는 부재각 ψ이 발생하지 않았음에 유의하자) 이를 처짐각방정식 내 미지수로 포함해야 한다. 이때 각 부재각 ψ의 관계식은 다음절에서 자세히 다룬다.

층방정식

3번째 추가해야 할 평형방정식은 전체 골조의 자유물체도에 작용하는 $\sum F_X = 0$ 또는 $\sum F_Y = 0$의 조건을 적용할 수 있으며, 이를 층방정식이라 한다. 즉, 미지의 부재각에 대응하기 위해 추가로 세울 **층방정식은 부재각이 발생하는 부재를 절단한 면에서 전단력과 외력이 평형을 이루어야 한다는 조건**을 이용하면 된다.

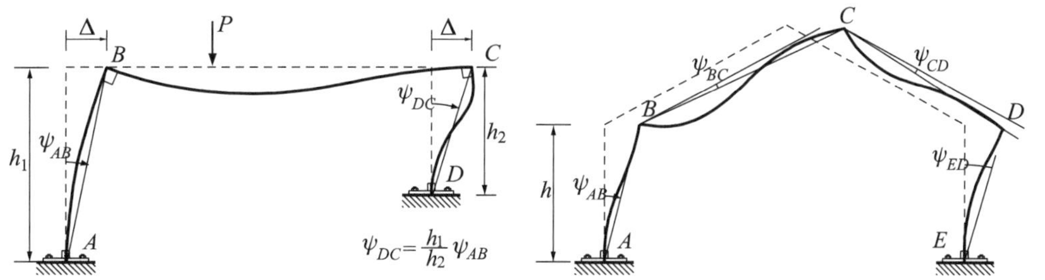

그림 12.8 (a) (b)

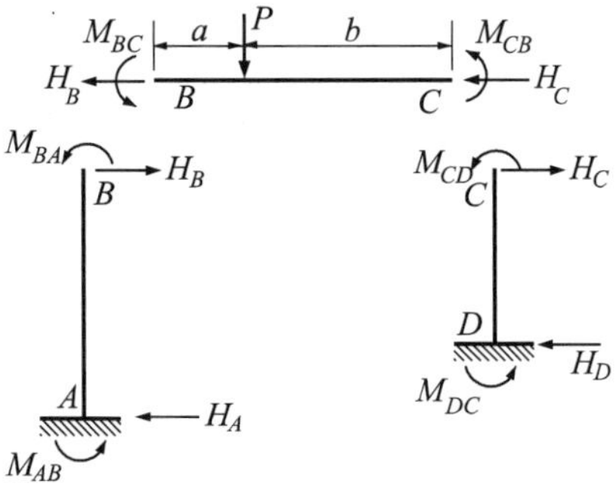

그림 12.9

예를 들어 그림 12.8(a)의 부재별 자유물체도를 그림 12.9와 같이 그리면,

$$H_B = \frac{M_{BA} + M_{AB}}{h_1}, \quad H_C = \frac{M_{CD} + M_{DC}}{h_2} \tag{12.13}$$

이고, $\sum F_X = 0$에서,

$$H_B + H_C = 0, \quad \frac{M_{BA} + M_{AB}}{h_1} + \frac{M_{CD} + M_{DC}}{h_2} = 0 \tag{12.14}$$

가 된다. 그림 12.10은 여러 라멘 형태에 대한 층방정식의 구성을 나타낸 것이다.

층방정식에 의해 하나의 연립방정식이 추가되고 나면, 이하의 해석과정은 앞에서 살펴본 바와 동일하게 진행하면 된다. 즉, (1) 고정단모멘트 **FEM**의 계산, (2) 처짐각방정식 적용(수정 처짐각방정식), (3) 절점방정식과 층방정식 적용, (4) 연립방정식의 해, (5) 재단모멘트 계산, (6) 자유물체도를 이용하여 부재력 계산하면 된다. 예제를 통해 확인해 보자.

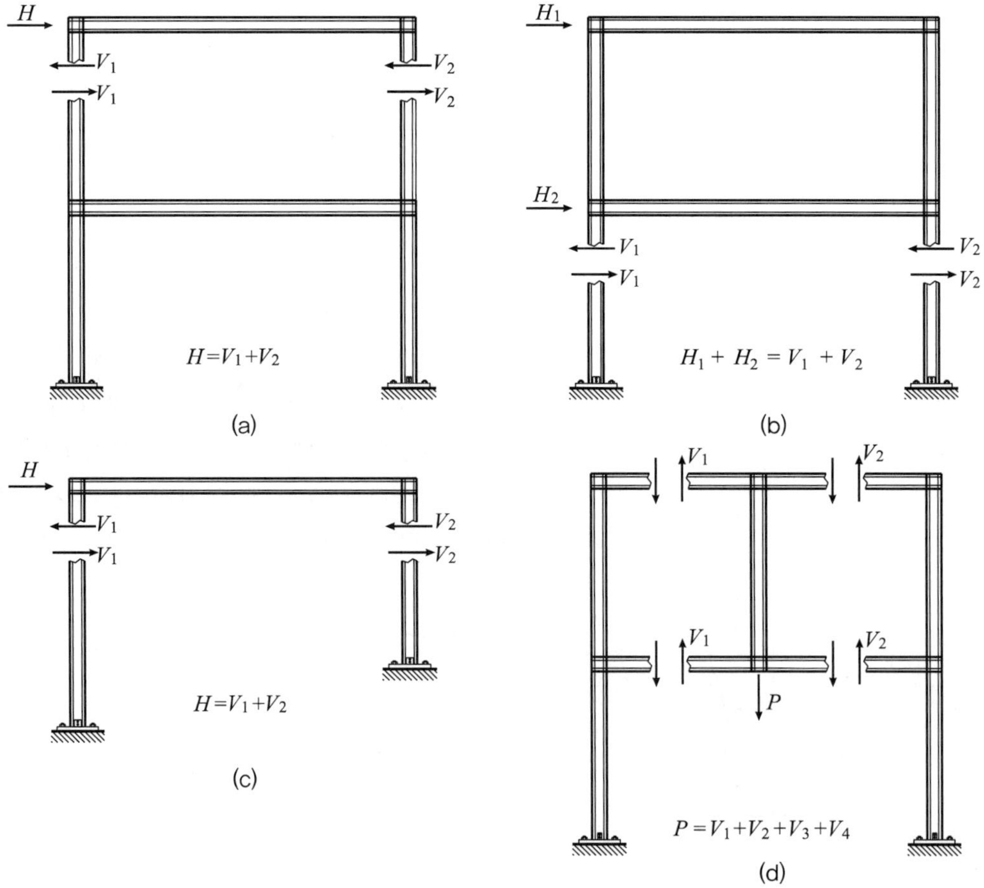

그림 12.10 층방정식

예제 12-11

아래 그림과 같은 부정정라멘을 처짐각법을 적용하여 해석하라. 단, EI는 일정하다.

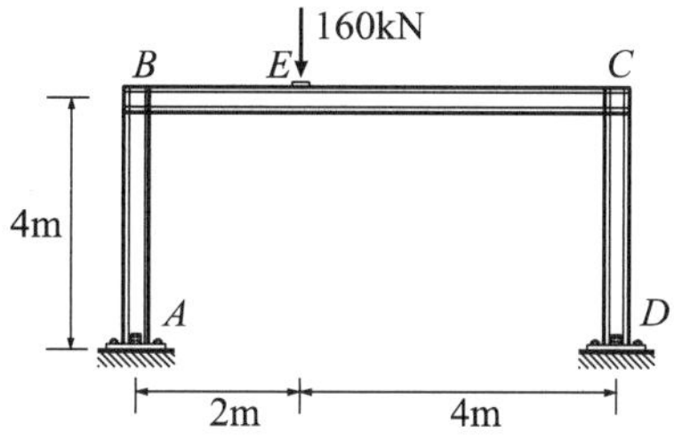

풀이

자유도

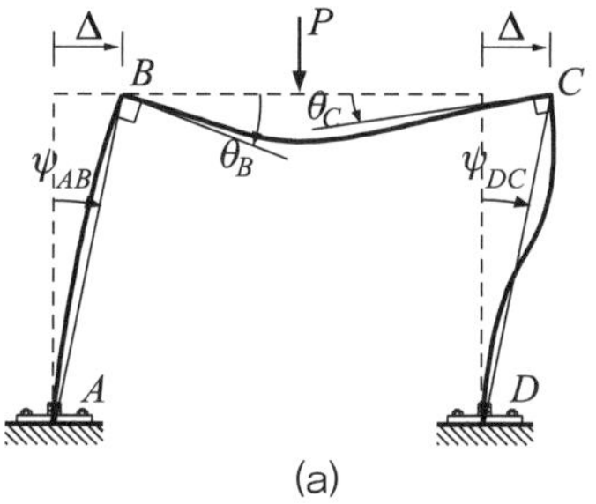

(a)

하중이 대칭이 아니므로 그림 (a)와 같이 횡변위가 발생하는 (Sway) 라멘이고 자유도 **DOF**$=3$이다(θ_B, θ_D, Δ).

고정단모멘트

$$\mathbf{FEM}_{BC}=\frac{Pab^2}{L^2}=\frac{160\times 2\times 4^2}{6^2}=142.2\text{ kN}\cdot\text{m}$$

$$\mathbf{FEM}_{CB}=-\frac{Pa^2b}{L^2}=-\frac{160\times 2^2\times 4}{6^2}=-71.1\text{ kN}\cdot\text{m}$$

처짐각방정식

부재각 ψ은,

$$\psi_{AB}=\psi_{DC}=-\frac{\Delta}{4}$$

이다. 부재가 시계방향으로 회전하므로 부호는 음(−)이다.

처짐각방정식은,

$$M_{AB}=2E\left(\frac{I}{4}\right)(\theta_B-3\psi_{AB})+0=\frac{EI}{2}\left(\theta_B+\frac{3\Delta}{4}\right)$$

$$M_{BA}=\frac{EI}{2}\left(2\theta_B+\frac{3\Delta}{4}\right)$$

$$M_{BC}=2E\left(\frac{I}{6}\right)(2\theta_B+\theta_C)+142.2=\frac{EI}{3}(2\theta_B+\theta_C)+142.2$$

$$M_{CB}=2E\left(\frac{I}{6}\right)(2\theta_C+\theta_B)-71.1=\frac{EI}{3}(2\theta_C+\theta_B)-71.1$$

$$M_{CD}=2E\left(\frac{I}{4}\right)(2\theta_C-3\psi_{DC})+0=\frac{EI}{2}\left(2\theta_C+\frac{3\Delta}{4}\right)$$

$$M_{DC}=\frac{EI}{2}\left(\theta_C+\frac{3\Delta}{4}\right)$$

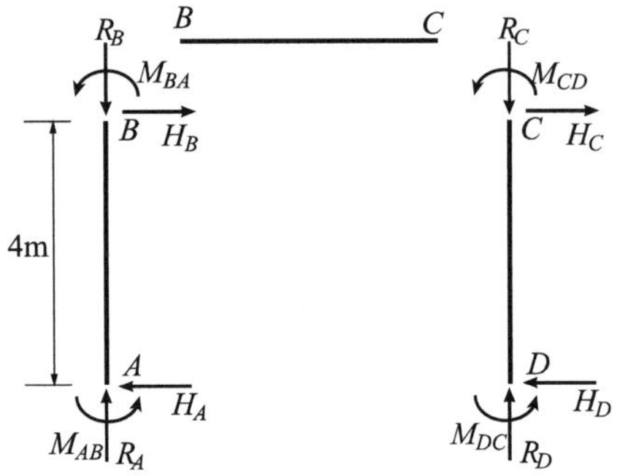

(b)

절점방정식과 층방정식

B점과 C점에서의 절점방정식은,

$$M_{BA} + M_{BC} = 0 \tag{a}$$

$$M_{CB} + M_{CD} = 0 \tag{b}$$

그림 (b)와 같이 x방향에 대한 힘의 평형조건 $\sum F_X = 0$(층방정식)을 고려하면,

$$-H_A - H_D = 0$$

그림 (b)의 자유물체도로부터,

$$\curvearrowleft \boxplus \sum M_B = 0,$$

$$-H_A(4) + M_{AB} + M_{BA} = 0, \quad H_A = \frac{M_{AB} + M_{BA}}{4}$$

$$\curvearrowleft \boxplus \sum M_C = 0$$

$$-H_D(4) + M_{CD} + M_{DC} = 0, \quad H_D = \frac{M_{CD} + M_{DC}}{4}$$

대입하여 층방정식을 정리하면,

$$M_{AB} + M_{BA} + M_{CD} + M_{DC} = 0 \tag{c}$$

식 (a)에서

$$\frac{EI}{2}\left(2\theta_B + \frac{3\Delta}{4}\right) + \frac{EI}{3}(2\theta_B + \theta_C) + 142.2 = 0$$

$$10\theta_B + 2\theta_C + \frac{9\Delta}{4} = -\frac{853.2}{EI} \tag{1}$$

식 (b)에서

$$\frac{EI}{3}(\theta_B + 2\theta_C) - 71.1 + \frac{EI}{2}\left(2\theta_C + \frac{3\Delta}{4}\right) = 0$$

$$2\theta_B + 10\theta_C + \frac{9\Delta}{4} = \frac{426.6}{EI} \tag{2}$$

식 (c)에서

$$\frac{EI}{2}\left(\theta_B + \frac{3\Delta}{4}\right) + \frac{EI}{2}\left(2\theta_B + \frac{3\Delta}{4}\right) + \frac{EI}{2}\left(2\theta_C + \frac{3\Delta}{4}\right) + \frac{EI}{2}\left(\theta_C + \frac{3\Delta}{4}\right) = 0$$

$$\theta_B + \theta_C + \Delta = \frac{0}{EI} \tag{3}$$

식 (1), (2), (3)을 연립하면,

$$\begin{bmatrix} 10 & 2 & 9/4 \\ 2 & 10 & 9/4 \\ 1 & 1 & 1 \end{bmatrix} \begin{pmatrix} \theta_B \\ \theta_C \\ \Delta \end{pmatrix} = \frac{1}{EI} \begin{pmatrix} -853.2 \\ 426.6 \\ 0 \end{pmatrix}$$

$$\begin{pmatrix} \theta_B \\ \theta_C \\ \Delta \end{pmatrix} = \frac{1}{EI} \begin{bmatrix} 10 & 2 & 9/4 \\ 2 & 10 & 9/4 \\ 1 & 1 & 1 \end{bmatrix} \begin{pmatrix} -853.2 \\ 426.6 \\ 0 \end{pmatrix} = \frac{1}{EI} \begin{pmatrix} -108.4 \\ 51.5 \\ 56.9 \end{pmatrix}$$ 이다.

재단모멘트

$$M_{AB} = \frac{EI}{2}\left(-\frac{108.4}{EI} + \frac{3\times 56.9}{4EI}\right) = -32.9\ \text{kN}\cdot\text{m}$$

$$M_{BA} = \frac{EI}{2}\left(-\frac{2\times 108.4}{EI} + \frac{3\times 56.9}{4EI}\right) = -87.1\ \text{kN}\cdot\text{m}$$

$$M_{BC} = \frac{EI}{3}\left(-\frac{2\times 108.4}{EI} + \frac{51.5}{EI}\right) + 142.2 = 87.1\ \text{kN}\cdot\text{m}$$

$$M_{CB} = \frac{EI}{3}\left(\frac{2\times 51.5}{EI} - \frac{108.4}{EI}\right) - 71.1 = -72.9\ \text{kN}\cdot\text{m}$$

$$M_{CD} = \frac{EI}{2}\left(\frac{2\times 51.5}{EI} + \frac{3\times 56.9}{4EI}\right) = 72.8\ \text{kN}\cdot\text{m}$$

$$M_{DC} = \frac{EI}{2}\left(\frac{51.5}{EI} + \frac{3\times 56.9}{4EI}\right) = 47.1\ \text{kN}\cdot\text{m}$$

반력 및 부재력

그림 (c)와 같은 자유물체도로부터, $\overline{AB}$부재는,

$$\curvearrowleft ⊞ \sum M_A = 0, \quad -32.9 - 87.1 + 4H_B = 0, \quad H_B = 30\ \text{kN}\ (\leftarrow)$$

$$\rightarrow + \sum X = 0, \quad H_B - H_A = 0, \quad H_A = 30\ \text{kN}\ (\rightarrow)$$

$$\uparrow + \sum Y = 0, \quad -R_B + R_A = 0, \quad R_A = R_B$$

$\overline{CD}$부재는,

$$\curvearrowleft ⊞ \sum M_D = 0, \quad 72.8 + 47.1 - 4H_C = 0, \quad H_C = 30\ \text{kN}\ (\rightarrow)$$

$$\rightarrow + \sum X = 0, \quad H_D = 30\ \text{kN}\ (\leftarrow)$$

$$\uparrow + \sum Y = 0, \quad R_C = R_D$$

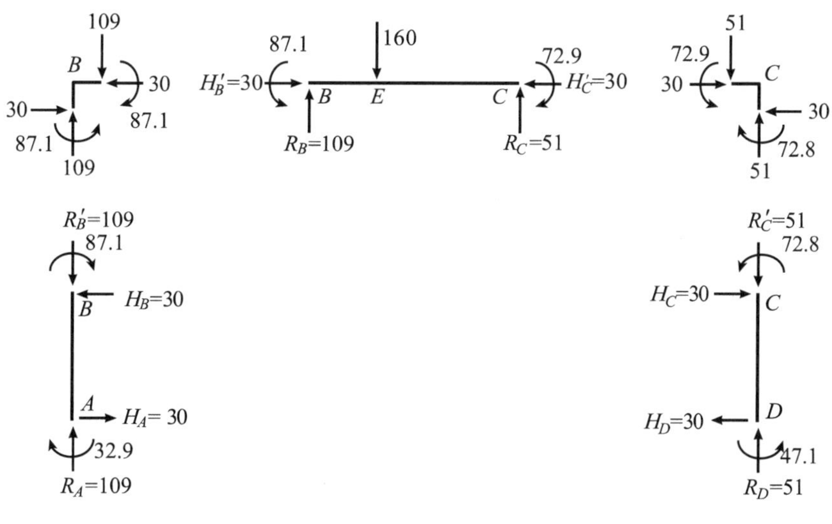

(c) 자유물체도

$\overline{BC}$ 부재는,

$$\curvearrowleft \boxplus \sum M_C=0, \quad 87.1-72.9+160(4)-6R_B=0,$$

$$R_B=109\ \text{kN}\ (\uparrow)$$

$$\rightarrow + \sum X=0, \qquad H_B=H_C$$

$$\uparrow + \sum Y=0, \quad -160+109+R_C=0, \quad R_C=51\ \text{kN}\ (\uparrow)$$

이상과 같이 A점과 D점의 지점반력은,

$$H_A=30\ \text{kN}\ (\rightarrow),\ R_A=109\ \text{kN}\ (\uparrow),\ M_A=32.9\ \text{kN}\cdot\text{m}\ (\curvearrowright)$$

$$H_D=30\ \text{kN}\ (\rightarrow),\ R_D=51\ \text{kN}\ (\uparrow),\ M_D=47.1\ \text{kN}\cdot\text{m}\ (\curvearrowleft)$$

각 부재력도는 그림 (d)와 같다. E점의 휨모멘트는 그림 (c)에서 $\overline{BE}$부재의 자유물체도를 통해 쉽게 구할 수 있다. 또는 비례식을 이용해도 된다. 즉 그림 (e)와 같이,

$$M_D=M_{CB}+(M_{BC}-M_{CB})\times\frac{4}{6}=82.4\ \text{kN}\cdot\text{m}$$

$$M_D'=\frac{Pab}{l}=\frac{160(2)(4)}{L}=213.3\ \text{kN}\cdot\text{m}$$

이므로, D점의 휨모멘트는

$$M_D-M_D'=82.4-213.3=-130.9\ \text{kN}\cdot\text{m}$$

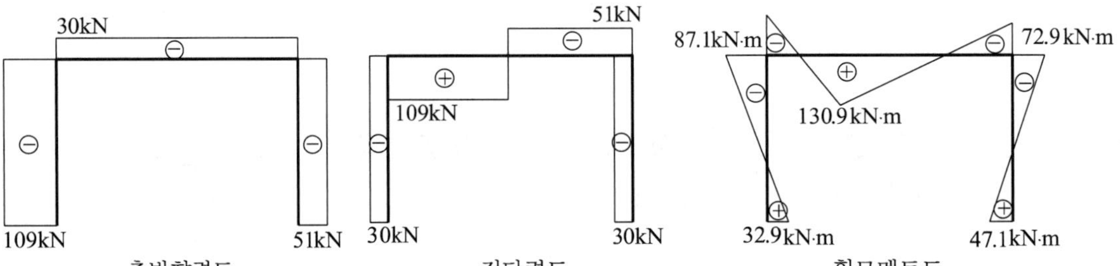

(d) 부재력도

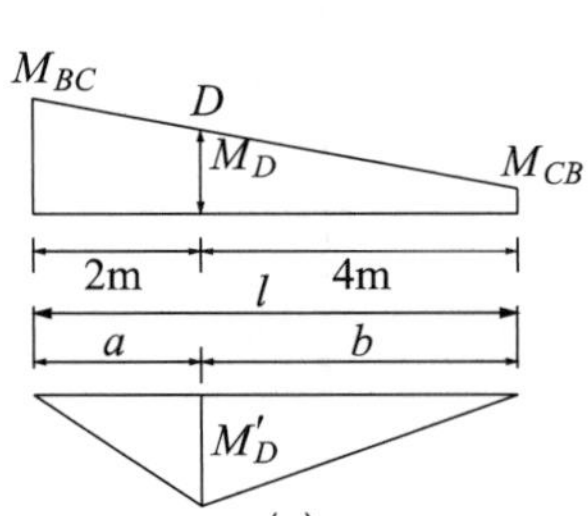

(e)

예제 12-12

아래 그림과 같은 부정정라멘을 처짐각법을 적용하여 해석하라. 단, EI는 일정하다.

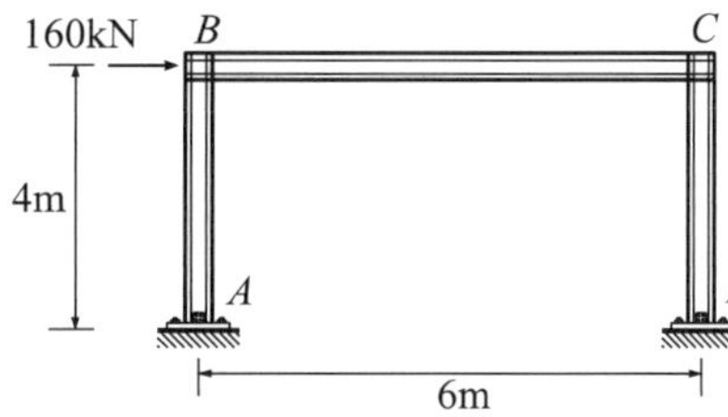

풀이

자유도

횡변위 발생(Sway) 라멘이고, **DOF** $=3(\theta_B,\ \theta_C,\ \Delta)$이다.

고정단모멘트

처짐각방정식

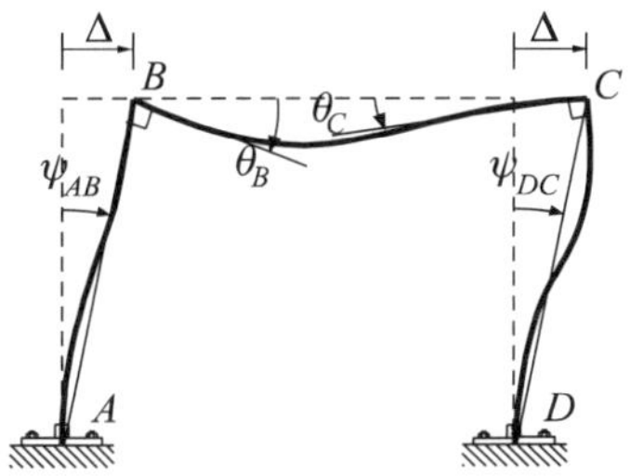

(a)

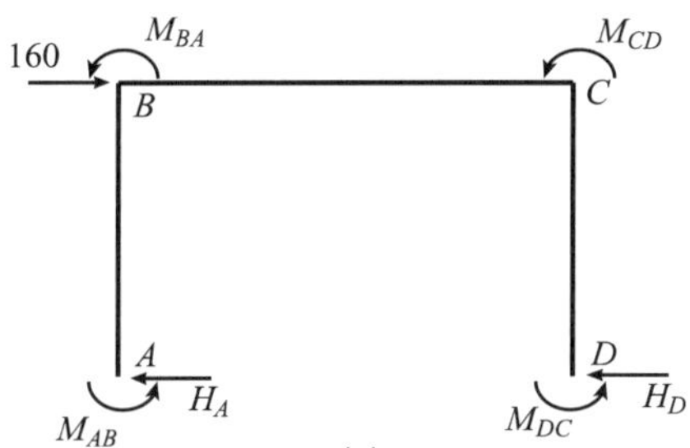

(b)

그림 (a)에서 부재각은 $\psi_{AB}=\psi_{DC}=-\dfrac{\Delta}{4}=R$

로 치환해서 계산해도 상관없다. 이때 처짐각법 적용은 동일하지만, 횡방향 변위를 구할 때 $R=-4\Delta$에 유의해야 한다.

$$M_{AB}=2E\left(\frac{I}{4}\right)(\theta_B-3\psi)=\frac{EI}{2}(\theta_B-3R),\quad M_{BA}=\frac{EI}{2}(2\theta_B-3R)$$

$$M_{BC}=2E\left(\frac{I}{6}\right)(2\theta_B+\theta_C)=\frac{EI}{3}(2\theta_B+\theta_C),\ M_{CB}=\frac{EI}{3}(\theta_B+2\theta_C)$$

$$M_{CD}=2E\left(\frac{I}{4}\right)(2\theta_C-3\psi)=\frac{EI}{2}(2\theta_C-3R),\ M_{DC}=\frac{EI}{2}(\theta_C-3R)$$

절점방정식과 층방정식

B점과 C점에서의 절점방정식은,

$$M_{BA}+M_{BC}=0 \tag{a}$$

$$M_{CB}+M_{CD}=0 \tag{b}$$

그림 (b)와 같이 x방향에 대한 힘의 평형조건 $\sum F_X=0$(층방정식)을 고려하면, $160-H_A-H_D=0$에서

$$H_A=\frac{M_{AB}+M_{BA}}{4},\qquad H_D=\frac{M_{CD}+M_{DC}}{4}$$

를 대입하여 층방정식을 정리하면,

$$160-\frac{M_{AB}+M_{BA}}{4}-\frac{M_{CD}+M_{DC}}{4}=0$$

$$M_{AB}+M_{BA}+M_{CD}+M_{DC}=640 \tag{c}$$

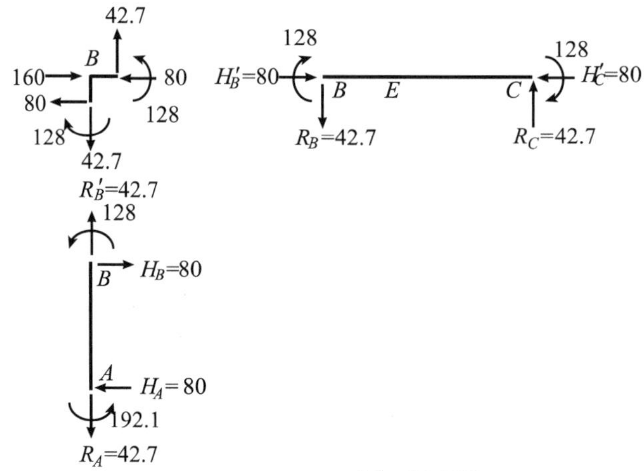

(c) 자유물체도

식 (a)에서 $\frac{EI}{2}(2\theta_B - 3R) + \frac{EI}{3}(2\theta_B + \theta_C) = 0$

$$10\theta_B + 2\theta_C - 9R = 0 \tag{1}$$

식 (b)에서 $\frac{EI}{3}(\theta_B + 2\theta_C) + \frac{EI}{2}(2\theta_C - 3R) = 0$

$$2\theta_B + 10\theta_C - 9R = 0 \tag{2}$$

식 (c)에서 $\frac{EI}{2}(\theta_B - 3R) + \frac{EI}{2}(2\theta_B - 3R) + \frac{EI}{2}(2\theta_C - 3R) + \frac{EI}{2}(\theta_C - 3R) = 640$

$$\theta_B + \theta_C - 4R = \frac{426.7}{EI} \tag{3}$$

식 (1), (2), (3)을 연립하면,

$$\begin{bmatrix} 10 & 2 & -9 \\ 2 & 10 & -9 \\ 1 & 1 & -4 \end{bmatrix}\begin{pmatrix} \theta_B \\ \theta_C \\ R \end{pmatrix} = \frac{1}{EI}\begin{pmatrix} 0 \\ 0 \\ 426.7 \end{pmatrix}, \quad \begin{pmatrix} \theta_B \\ \theta_C \\ R \end{pmatrix} = \frac{1}{EI}\begin{pmatrix} -128 \\ -128 \\ -170.7 \end{pmatrix}$$

재단모멘트

$$M_{AB} = \frac{EI}{2}\left(\frac{-128}{EI} - 3 \times \frac{-170.7}{EI}\right) = 192.1 \text{ kN} \cdot \text{m}$$ 이고,

각각을 계산하면,

$M_{BA} = 128 \text{ kN} \cdot \text{m}$, $M_{BC} = -128 \text{ kN} \cdot \text{m}$,

$M_{CB} = -128 \text{ kN} \cdot \text{m}$

$M_{CD} = 128.1 \text{ kN} \cdot \text{m}$, $M_{DC} = 192.1 \text{ kN} \cdot \text{m}$

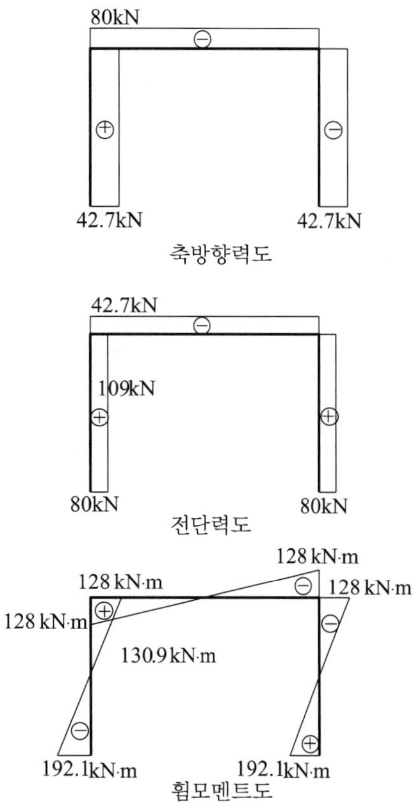

(d)

반력 및 부재력

그림 (a)와 같이 자유물체도로부터 각자 풀어 보자. 부재력도는 그림 (d)와 같다.

예제 12-13

그림과 같이 C점이 힌지인 부정정 라멘을 처짐각법으로 해석하라. 단, EI는 일정하다.

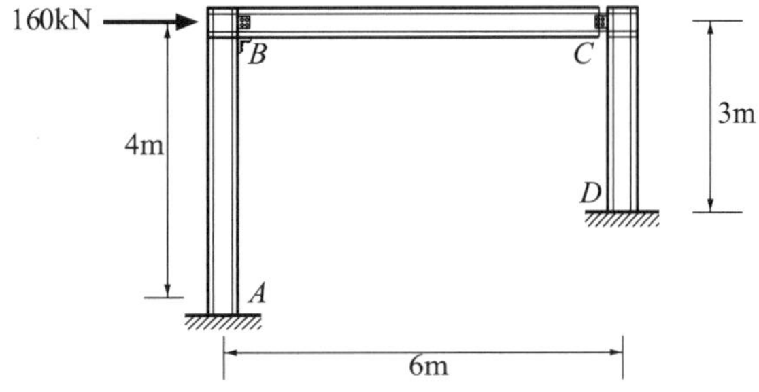

풀이

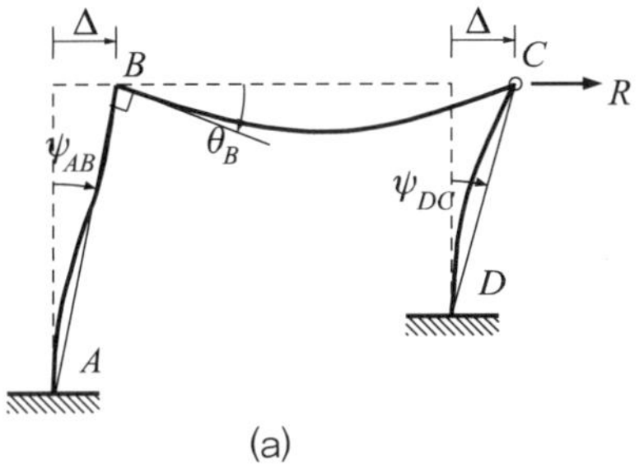

(a)

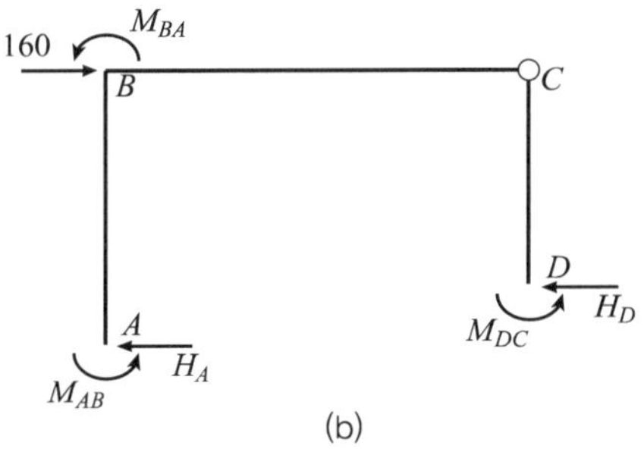

(b)

자유도

횡변위 발생(Sway) 라멘이고, **DOF**$=2(\theta_B,\ \Delta)$이다. 여기서 C점은 힌지이므로, θ_C는 휨모멘트에 영향을 미치지 않는다.

고정단모멘트

처짐각방정식

그림 (a)에서 부재각은 $\psi_{AB}=-\dfrac{\Delta}{4}$, $\psi_{DC}=-\dfrac{\Delta}{3}$

$$M_{AB}=2E\left(\frac{I}{4}\right)\left(\theta_B+\frac{3}{4}\Delta\right)=\frac{EI}{2}\left(\theta_B+\frac{3}{4}\Delta\right),$$

$$M_{BA}=\frac{EI}{2}\left(2\theta_B+\frac{3}{4}\Delta\right)$$

$$M_{BC}=3E\left(\frac{I}{6}\right)(\theta_B)=\frac{EI}{2}\theta_B,\qquad M_{CB}=0$$

$$M_{CD}=0,\qquad M_{DC}=3E\left(\frac{I}{3}\right)\left(\frac{\Delta}{3}\right)=EI\left(\frac{\Delta}{3}\right)$$

절점방정식과 층방정식

B점과 C점에서의 절점방정식은,

$$M_{BA}+M_{BC}=0 \tag{a}$$

그림 (b)와 같이 x방향에 대한 힘의 평형조건 $\sum F_X=0$(층방정식)을 고려하면, $160-H_A-H_D=0$에서

$$H_A=\frac{M_{AB}+M_{BA}}{4},\qquad H_D=\frac{M_{DC}}{3}$$

를 대입하여 층방정식을 정리하면,

$$160-\frac{M_{AB}+M_{BA}}{4}-\frac{M_{DC}}{3}=0 \tag{b}$$

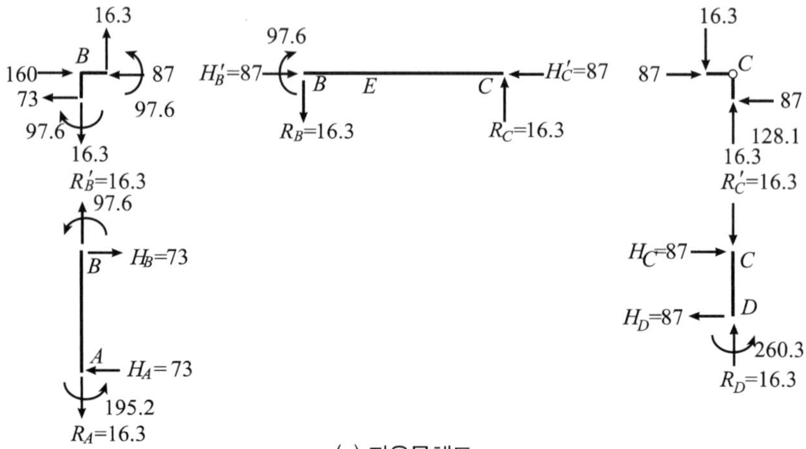

(c) 자유물체도

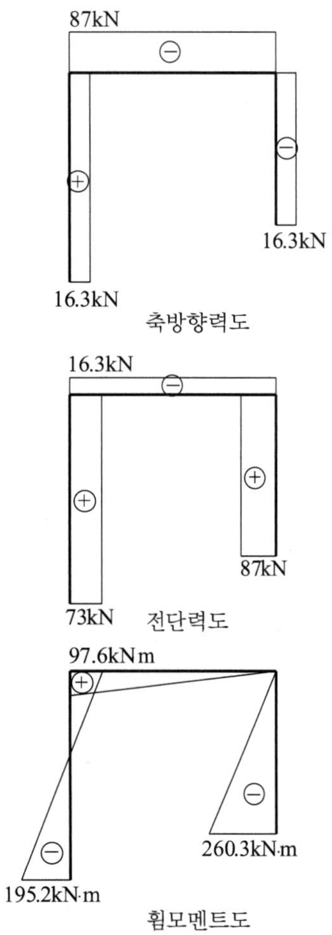

(d) 부재력도

식 (a)에서 $\frac{EI}{2}\left(\theta_B+\frac{3}{4}\Delta\right)+EI\theta_B=0$

$$\frac{3}{2}\theta_B+\frac{3}{8}\Delta=0 \tag{1}$$

식 (b)에서 $\frac{1}{4}\left[\frac{EI}{2}\left(\theta_B+\frac{3}{4}\Delta\right)+\frac{EI}{2}\left(2\theta_B+\frac{3}{4}\Delta\right)\right]+\frac{EI\Delta}{3}=160$

$$\frac{3}{8}\theta_B+\frac{43}{144}\Delta=\frac{160}{EI} \tag{2}$$

식 (1), (2)을 연립하면,

$$\begin{bmatrix} \frac{3}{2} & \frac{3}{8} \\ \frac{3}{8} & \frac{43}{144} \end{bmatrix}\begin{pmatrix}\theta_B \\ \Delta\end{pmatrix}=\frac{1}{EI}\begin{pmatrix}0 \\ 160\end{pmatrix}, \qquad \begin{pmatrix}\theta_B \\ \Delta\end{pmatrix}=\frac{1}{EI}\begin{pmatrix}-195.3 \\ 781.0\end{pmatrix}$$

재단모멘트

$$M_{AB}=195.2\ \text{kN}\cdot\text{m}$$
$$M_{BA}=97.6\ \text{kN}\cdot\text{m}$$
$$M_{BC}=-97.7\ \text{kN}\cdot\text{m}$$
$$M_{CB}=0$$
$$M_{CD}=0$$
$$M_{DC}=260.3\ \text{kN}\cdot\text{m}$$

반력 및 부재력

그림 (c)와 같은 자유물체도로부터, 각 부재에 대한 자유물체도를 작도하면 그림 (d)와 같다.

경사부재를 가진 라멘의 해석

라멘에 경사부재가 존재하는 경우에는 경사부재 또한 부재각 ψ이 발생하므로, 각 절점에서의 부재각 관계식을 찾아야 한다. 변위 Δ와 각 부재의 부재각 ψ관계는 10장에서 살펴보았듯이 미소변형의 원칙을 이용한다. 즉 그림 12.11과 같이 축방향변위는 없으므로 항상 부재 축에 직각방향으로만 변위가 가능하다. 이를 이용하여 그림 12.12에 다양한 형태의 경사부재를 가진 라멘의 변위와 부재각 사이의 관계를 나타냈다(각자 미소변형의 원칙을 이용하여 관계식을 찾는 과정을 확인해 보길 바란다.). 이를 통해 각 부재의 부재각 ψ은 독립적인 것이 아니라 상관성을 가지고 있음을 알 수 있다. 예를 들어 그림 12.12(a), (b), (c)는 미지변위가 Δ, $\mathbf{DOF}=1$이고, 그림 (d)는 미지변위가 Δ_{Bx}, Δ_{Cx}, $\mathbf{DOF}=2$이다.

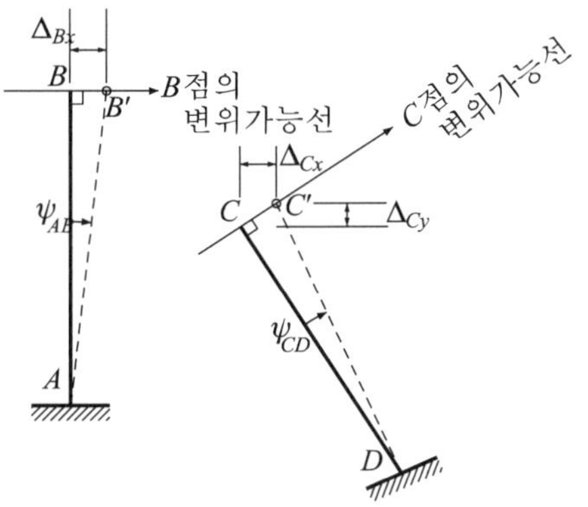

그림 12.11

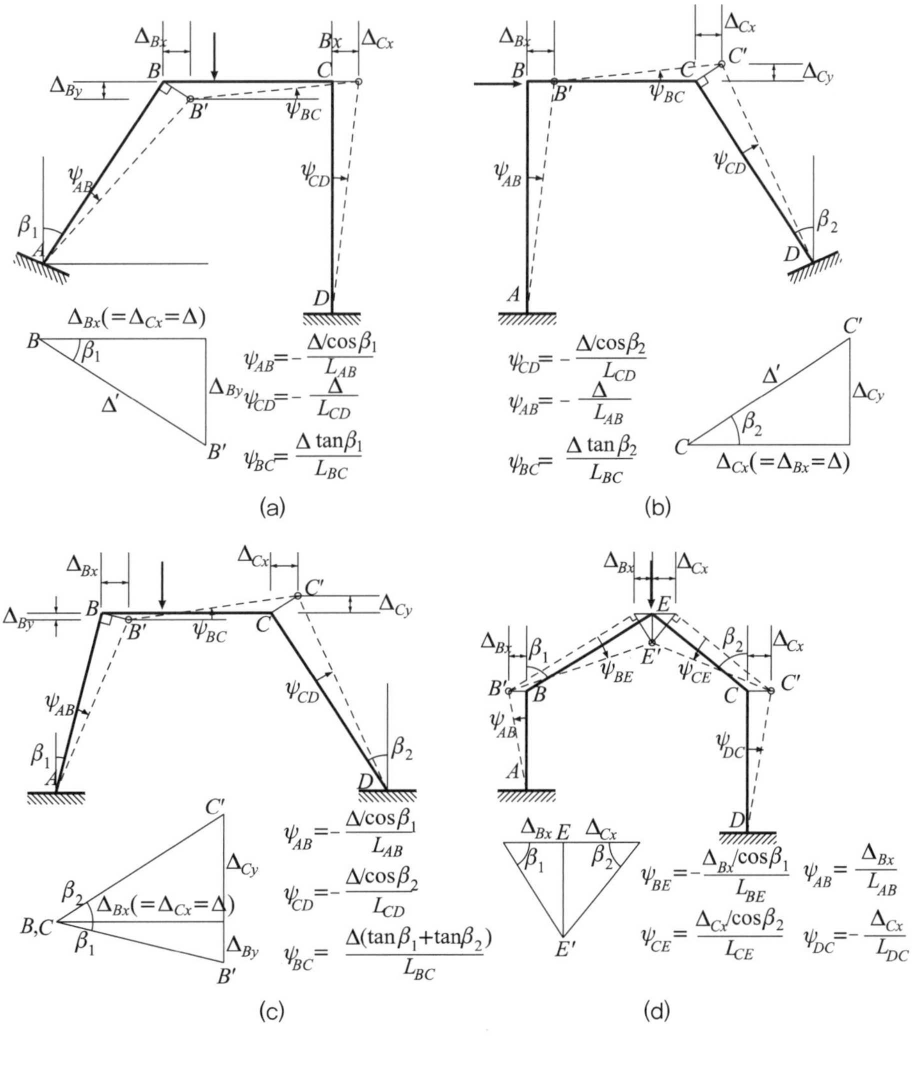

그림 12.12

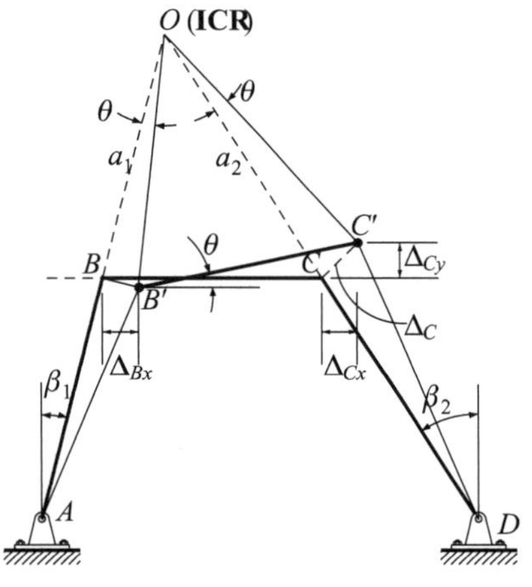

그림 12.13

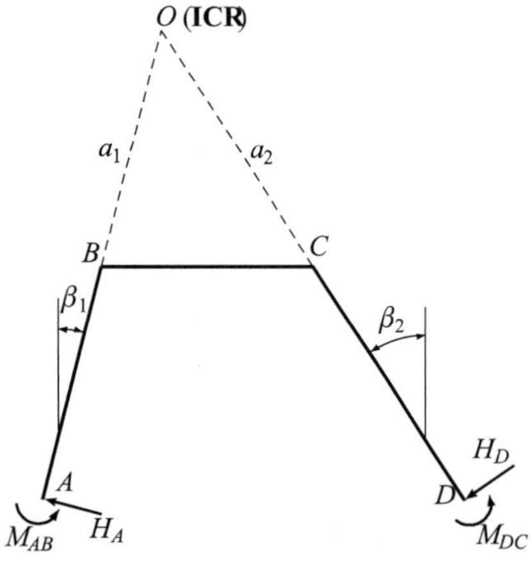

그림 12.14

또한 우리는 10장에서 구조물 전체의 변형에 중심이 되는 임의점(이를 회전각중심(Instantaneous centre of rotation, **ICR**)이라 한다.) O에 대한 관계식을 살펴보았다. 예를 들어 그림 12.13과 같이 O점을 중심으로 θ만큼 미소 회전한 위치에서 부재각의 상관관계를 살펴보면, 미소변위의 가정에 의해 $\Delta_{Bx} = \Delta_{Cx} = \Delta$이므로, 부재각 ψ은,

$$\psi_{AB} = \frac{\overline{BB'}}{L_{AB}} = -\frac{1}{L_{AB}}\frac{\Delta_{Bx}}{\cos\beta_1} = -\frac{\Delta}{L_{AB}\cos\beta_1} \tag{12.15}$$

$$\psi_{CD} = \frac{\overline{CC'}}{L_{CD}} = -\frac{1}{L_{CD}}\frac{\Delta_{Cx}}{\cos\beta_2} = -\frac{\Delta}{L_{CD}\cos\beta_2} \tag{12.16}$$

$$\psi_{BC} = \frac{\Delta_{Cy}}{L_{BC}} = \frac{\Delta}{L_{BC}}(\tan\beta_1 + \tan\beta_2) \tag{12.17}$$

의 관계가 성립함을 알 수 있으며, 이는 그림 12.12(c)의 결과와 같다(변위에 의해 부재가 회전한 부재각이므로, 지점조건과는 상관이 없음에 유의하자).

다음으로 층방정식을 생각해 보자. 그림의 B점과 C점에 작용하는 모멘트의 합과 전체 골조에 작용하는 수평력의 합(즉, 부재각이 발생되는 부재를 절단한 면에서 전단력과 외력이 평형을 이루어야 한다는 조건)을 통해서도 구할 수 있지만, 경사부재가 존재하므로, 보다 간단한 방법을 제시한다. 즉 그림 12.14와 같이 회전각중심 **ICR**, O점에 대하여 전체 골조에 작용하는 모든 힘들의 모멘트를 계산하여 평형방정식을 구성하는 것이 편리하다.

$$\curvearrowleft\boxplus \sum M_O = 0 \tag{12.18}$$

이를 위해 필요한 모멘트 길이 a_1, a_2을 구하기 위하여,

$$a_1\cos\beta_1 = a_2\cos\beta_2 \tag{12.19}$$

$$a_1\sin\beta_1 + a_2\sin\beta_2 = L_{BC} \tag{a}$$

식을 연립하여 풀면, a_1, a_2는

$$a_1 = \frac{L_{BC}}{\cos\beta_1(\tan\beta_1 + \tan\beta_2)} \tag{12.20a}$$

$$a_2 = \frac{L_{BC}}{\cos\beta_2(\tan\beta_1 + \tan\beta_2)} \tag{12.20b}$$

가 된다. 경사부재를 갖는 라멘의 나머지 처짐각법 적용은 앞과 동일하다. 예제를 통해 확인해 보자.

예제 12-14

다음 그림과 같은 라멘을 처짐각법으로 해석하라. 단, EI는 일정하다.

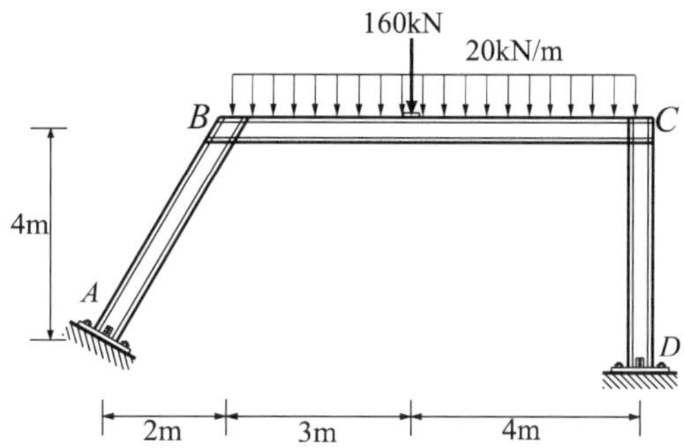

풀이

자유도

그림 (a)와 같이 횡변위 발생(Sway) 라멘이고, **DOF** $=3(\theta_B,\ \theta_C,\ \Delta)$이다.

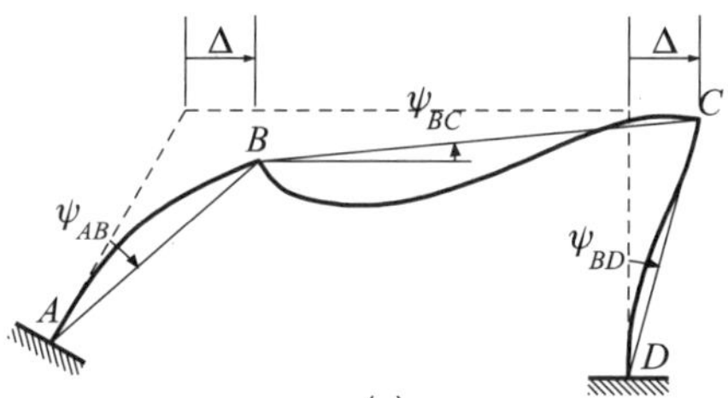
(a)

고정단모멘트

중첩의 원리를 이용하면,

$$\mathbf{FEM}_{BC}=\frac{wL^2}{12}+\frac{Pb^2a}{L^2}=\frac{20(7)^2}{12}+\frac{160(4^2)(3)}{7^2}$$
$$=238.4\ \text{kN}\cdot\text{m}$$

$$\mathbf{FEM}_{CB}=-\frac{wL^2}{12}-\frac{Pa^2b}{L^2}=-\frac{20(7)^2}{12}-\frac{160(3^2)(4)}{7^2}$$
$$=-199.2\ \text{kN}\cdot\text{m}$$

처짐각방정식

부재각 ψ은 그림 (b)에서,

$$\psi_{AB}=-\frac{\Delta/\cos\beta_1}{L_{AB}}=-\frac{\Delta/(4/\sqrt{20})}{\sqrt{20}}=-0.25\Delta$$

$$\psi_{CD}=-\frac{\Delta}{L_{CD}}=-\frac{\Delta}{4}=-0.25\Delta$$

$$\psi_{BC}=\frac{\Delta\tan\beta_1}{L_{BC}}=\frac{\Delta(2/4)}{7}=0.0714\Delta$$

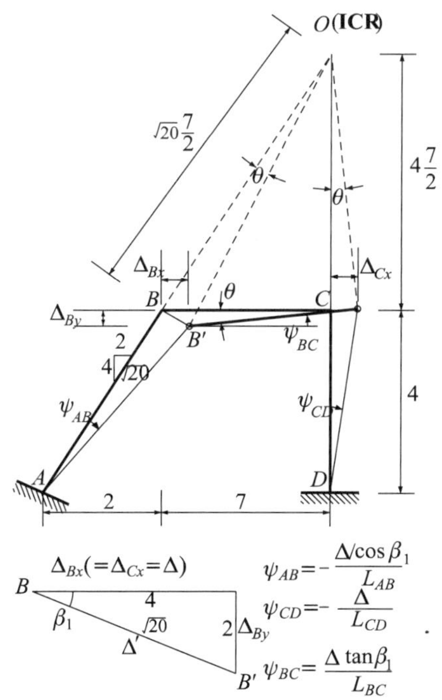
(b)

처짐각방정식을 세우면,

$$M_{AB}=2E\left(\frac{I}{\sqrt{20}}\right)(\theta_B-3\psi_{AB})=0.447\,EI(\theta_B+0.75\Delta)$$

$$M_{BA}=0.447\,EI(2\theta_B+0.75\Delta)$$

$$M_{BC} = 2E\left(\frac{I}{7}\right)(2\theta_B + \theta_C - 3\psi_{BC}) + \mathbf{FEM}_{BC}$$
$$= 0.286EI(2\theta_B + \theta_C - 0.214\Delta) + 238.4$$

$$M_{CB} = 0.286EI(\theta_B + 2\theta_C - 0.214\Delta) - 199.2$$

$$M_{CD} = 2E\left(\frac{I}{4}\right)(2\theta_C - 3\psi_{DC}) = 0.5EI(2\theta_C + 0.75\Delta)$$

$$M_{DC} = 0.5EI(\theta_C + 0.75\Delta)$$

절점방정식과 층방정식 구성

$$M_{BA} + M_{BC} = 0 \tag{a}$$

$$M_{CB} + M_{CD} = 0 \tag{b}$$

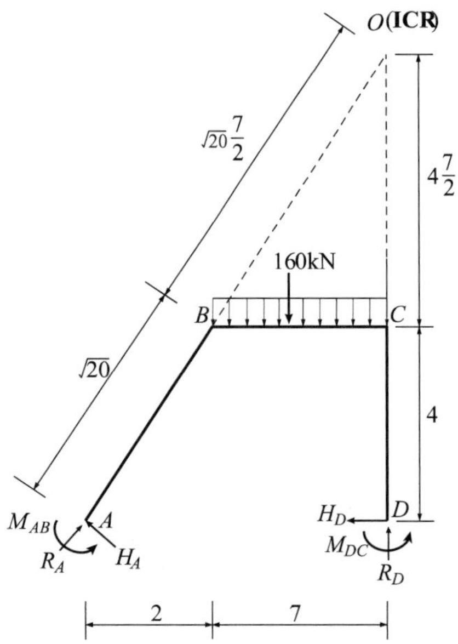

(c)

층방정식은 회전중심 **ICR**에서의 평형조건을 이용한다. 그림 (c)와 같은 자유물체도로부터,

$$\curvearrowleft + \sum M_O = 0,$$

$$M_{AB} + M_{DC} - H_A\sqrt{20}\left(1 + \frac{7}{2}\right) - H_D 4\left(1 + \frac{7}{2}\right) + 20(7)\left(\frac{7}{2}\right) + 160(4) = 0$$

여기서,

$$H_A = \frac{M_{AB} + M_{BA}}{\sqrt{20}}, \quad H_D = \frac{M_{CD} + M_{DC}}{4}$$

이므로, 대입하여 정리하면,

$$3.5M_{AB} + 4.5M_{BA} + 4.5M_{CD} + 3.5M_{DC} = 1{,}130 \tag{c}$$

식 (a), (b), (c)에 처짐각방정식을 대입하여 정리하면,

$$1.466\theta_B + 0.286\theta_C + 0.274\Delta = -\frac{238.4}{EI}$$

$$0.286\theta_B + 1.572\theta_C + 0.314\Delta = \frac{199.2}{EI}$$

$$5.588\theta_B + 6.250\theta_C + 5.682\Delta = \frac{1{,}130}{EI}$$

$$\begin{bmatrix} 1.466 & 0.286 & 0.274 \\ 0.286 & 1.572 & 0.314 \\ 5.588 & 6.250 & 5.682 \end{bmatrix} \begin{pmatrix} \theta_B \\ \theta_C \\ \Delta \end{pmatrix} = \frac{1}{EI}\begin{pmatrix} -238.4 \\ 199.2 \\ 1{,}130 \end{pmatrix} \text{에서,}$$

$$\begin{pmatrix} \theta_B \\ \theta_C \\ \Delta \end{pmatrix} = \frac{1}{EI}\begin{pmatrix} -243.4 \\ 107.0 \\ 320.6 \end{pmatrix}$$

가 된다.

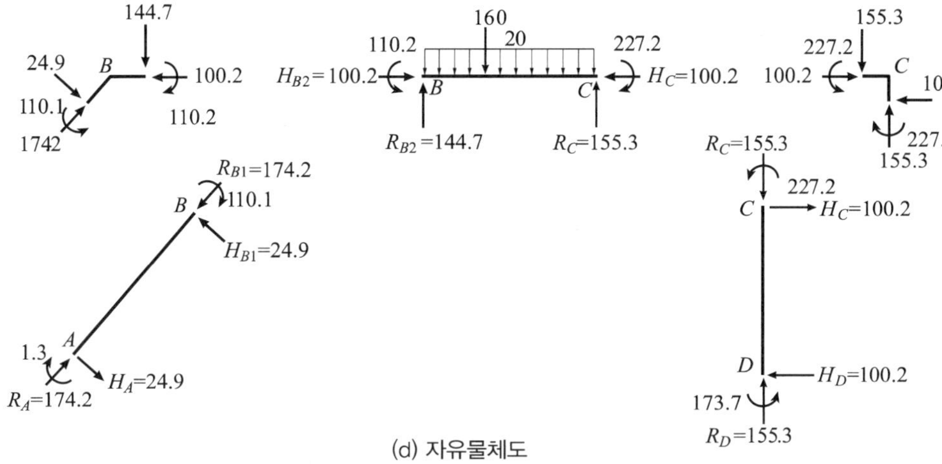

(d) 자유물체도

재단모멘트

$$M_{AB} = -1.3\ \text{kN}\cdot\text{m}$$

$$M_{BA} = -110.1\ \text{kN}\cdot\text{m}, \qquad M_{BC} = 110.2\ \text{kN}\cdot\text{m}$$

$$M_{CB} = -227.2\ \text{kN}\cdot\text{m}, \qquad M_{CD} = 227.2\ \text{kN}\cdot\text{m}$$

$$M_{DC} = 173.7\ \text{kN}\cdot\text{m}$$

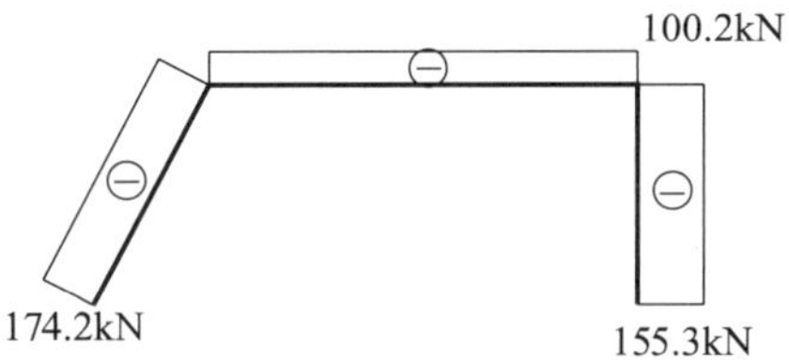

축방향력도

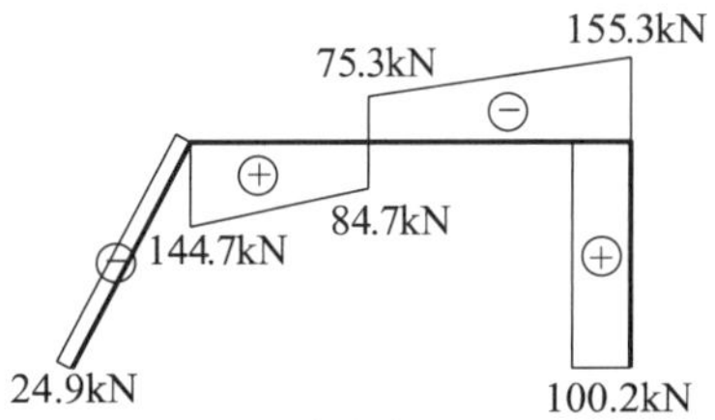

전단력도

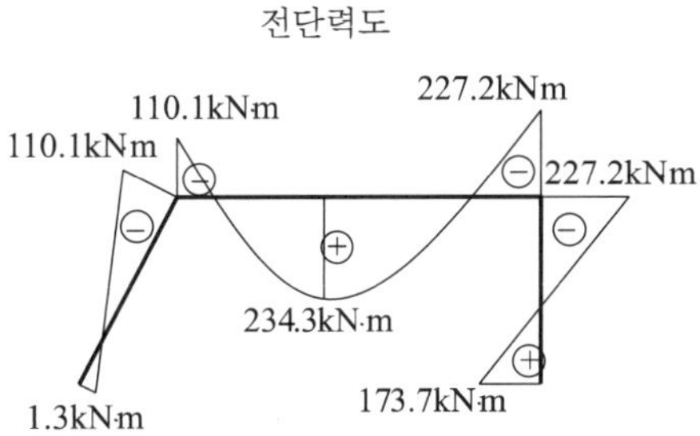

휨모멘트도

(e)

반력 및 부재력

그림 (d)와 같은 자유물체도로부터 $\overline{AB}$부재는,

$$\curvearrowleft + \sum M_A = 0,\quad -1.3 - 110.1 + H_{B1}(\sqrt{20}) = 0,$$

$$H_{B1} = 24.9\ \text{kN}$$

$$\rightarrow + \sum X = 0,\quad H_A = H_{B1},\quad \uparrow + \sum Y = 0,\quad R_A = R_{B1}$$

$\overline{BC}$부재는,

$$\curvearrowleft + \sum M_C = 0,\quad 110.2 - 227.2 + 20\left(\frac{7^2}{2}\right) + 160(4) - 7R_{B2} = 0$$

$$R_{B2} = 144.7\ \text{kN}$$

$$\uparrow + \sum Y = 0,\quad 144.7 + R_C - 160 - 20(7) = 0,\quad R_C = 155.3\ \text{kN}$$

$$\rightarrow + \sum X = 0,\qquad H_{B2} = H_C$$

$\overline{CD}$부재는

$$\curvearrowleft + \sum M_D = 0,\quad 173.7 + 227.2 - H_C(4) = 0,\quad H_C = 100.2\ \text{kN}$$

$$\rightarrow + \sum X = 0,\qquad H_D = H_C = 100.2\ \text{kN}\ (\leftarrow)$$

$$\uparrow + \sum Y = 0,\qquad R_C = R_D$$

이고,

$$R_{B1} = \frac{4}{4.47}R_{B2} + \frac{2}{4.47}H_{B2} = 174.2\ \text{kN}$$

각 부재에 대한 부재력도는 그림 (e)와 같다.

12.4 모멘트분배법 유도

1932년 미국 일리노이(Illinois)대의 크로스교수(Hardy Cross)에 의해 발표된 모멘트분배법(Moment Distribution Method)은 처짐각법과 마찬가지로 절점에서의 회전각과 변형을 미지량으로 이용하는 변위법의 일종이다. 또한 처짐각법과 마찬가지로 부재의 휨변형 만을 고려한다. 모멘트분배법은 유도과정이 처짐각법과 유사하지만 해를 구하는 과정은 매우 단순하고 강력하다. 예를 들어 처짐각법은 절점의 회전각과 부재각을 더한 수만큼의 연립방정식을 풀어야 하지만, 모멘트분배법은 반복적인 계산에 의해 해를 구하므로 고차 부정정구조물의 해석에 쉽게 접근할 수 있다. 또한 근사해석이지만 모멘트 분배의 순환을 몇 차례 반복하지 않아도 정해에 아주 가까운 결과를 얻을 수 있다. 이러한 이유로 컴퓨터가 보급되기 전인 70년대까지 부정정구조물의 해석은 주로 모멘트분배법이 이용되었다. 이후 강성매트릭스 해석방법을 응용한 프로그램의 개발로 인해 그 사용이 적어지고 있다.

그럼에도 불구하고 모멘트분배법은 구조물에서 모멘트의 전달이나 분배, 그리고 거동에 대한 합리적인 직관이나 지식을 제공하기 때문에 반드시 이해할 필요가 있다. 또한 아직까지도 수작업이 필요한 작은 구조물이나 전산해석의 검증에 가장 많이 이용되는 방법이기도 하다.

12.4.1 용어와 정의

먼저 모멘트분배법에서 사용하는 용어와 그 정의에 관해 살펴보자. 부호규약은 처짐각법과 마찬가지로 반시계방향의 모멘트를 양(+)으로 한다.

전달모멘트와 전달계수(COF)

일단에 휨모멘트가 작용하면, 타단에도 모멘트가 발생하는데 이를 전달모멘트라 하고 그 비율을 전달계수(Carry-over Factor, **COF**)라 한다. 예를 들어 그림 12.15(a)와 같은 구조물에 M_B가 작용하면, A 지점에는 전달모멘트 M_A가 발생한다. M_B와 M_A 사이의 관계식을 알기 위해 그림 (a)과 같이 변형일치법의 적합조건을 고려하면,

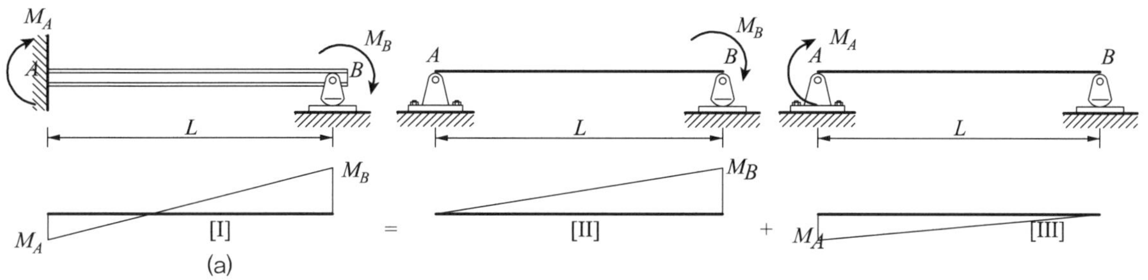

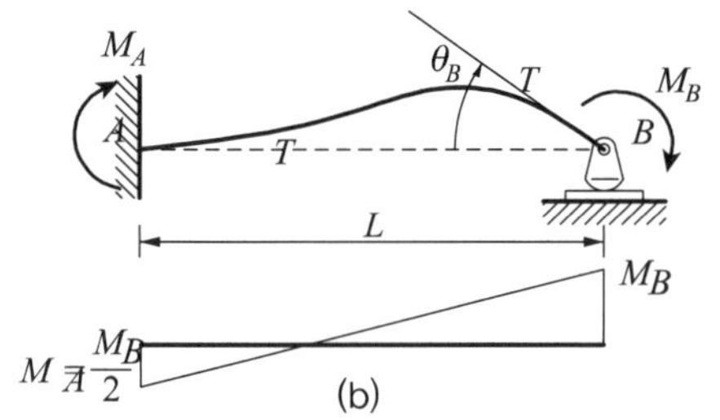

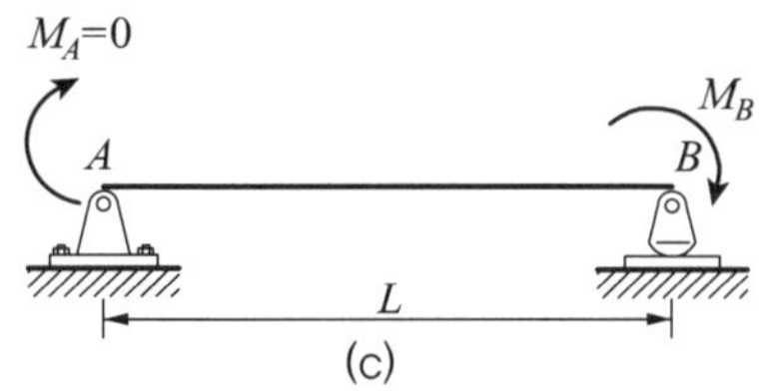

그림 12.15 전달계수(COF)

$$[\Delta_{BA}]_I = [\Delta_{BA}]_{II} + [\Delta_{BA}]_{III} = 0 \tag{a}$$

이다. 모멘트면적법 제2정리를 이용한다.

$$EI\Delta_{BA} = \left[\frac{1}{2}M_B L\right]\left[\frac{L}{3}\right] - \left[\frac{1}{2}M_A L\right]\left[\frac{2L}{3}\right] = 0 \tag{b}$$

이므로,

$$M_A = \frac{1}{2}M_B \tag{c}$$

그러므로 전달계수는 그림 (b)와 같이 $\mathbf{COF} = \frac{1}{2}$이다.

또한 그림 (c)와 같이 타단이 회전단일 경우는 작용모멘트 M_B에 상관없이 $M_A = 0$이므로 $\mathbf{COF} = 0$이다. 즉,

$$\mathbf{COF} = \begin{cases} \frac{1}{2} & \text{타단이 고정단일 경우} \\ 0 & \text{타단이 회전단일 경우} \end{cases} \tag{12.21}$$

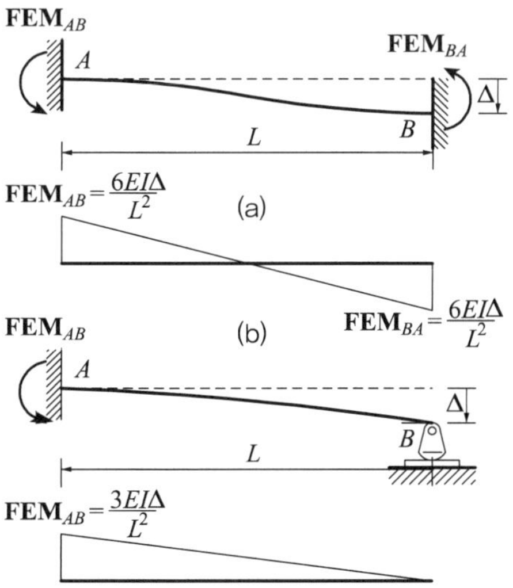

그림 12.16

고정단모멘트(FEM)

고정단모멘트(**FEM**)는 처짐각법과 동일하다. 즉 그림 12.4를 준용하면 된다. 예를 들어 등분포하중 w를 받는 길이 L인 양단 고정보의 경우,

$$\mathbf{FEM}_{AB} = \frac{wL^2}{12}, \qquad \mathbf{FEM}_{BA} = -\frac{wL^2}{12}$$

다만 지점의 변화(부등침하나 수평변위 등)는 부재각 ψ이 아닌 지점의 고정단모멘트로 고려한다. 즉 그림 12.16과 같이 처짐에 의한 상대변위 Δ가 부재를 시계방향(음, $-$)로 회전시키면, 보의 양단에서는 처짐각을 0으로 만들기 위해 고정단모멘트가 시계 반대방향(양, $+$)으로 작용하게 된다. C점에서 처짐은 $\Delta/2$이므로,

$$\frac{\Delta}{2} = \Delta_{CA} = \left[\frac{1}{2}\frac{L}{2}\frac{\mathbf{FEM}_{AB}}{EI}\right]\left[\frac{2}{3}\frac{L}{2}\right] = \frac{\mathbf{FEM}_{AB}L^2}{12EI}$$

$$\mathbf{FEM}_{AB} = \mathbf{FEM}_{BA} = \frac{6EI\Delta}{L^2} \tag{12.22a}$$

또한 그림 (b)와 같이 고정－힌지지점 조건의 경우 상대변위 Δ가 부재를 시계방향으로 회전시키는 경우는,

$$\Delta = \Delta_{BA} = \left[\frac{1}{2}L\frac{\mathbf{FEM}_{AB}}{EI}\right]\left[\frac{2}{3}L\right] = \frac{\mathbf{FEM}_{AB}L^2}{3EI}$$

$$\mathbf{FEM}_{AB} = \frac{3EI\Delta}{L^2} \tag{12.22b}$$

이다. 반대로 상대처짐 Δ가 부재를 반시계방향 (양, +)으로 회전시키는 경우 **FEM**은 음(－)이 된다. 모멘트분배법에서 지점의 변화를 고정단모멘트로 고려할 때는 부재의 회전방향과 고정단모멘트의 부호가 반대임에 유의해야 한다.

부재 휨강성(K_θ) 및 휨강성 비(K)

정역학의 기본식인 $F = K\delta$에서 K를 강성(Stiffness)이라 한다. 예를 들어 축하중을 받는 부재는,

$$F = \frac{EA}{L}\delta \tag{a}$$

이고, $K = EA/L$이다. 유사한 방법으로 모멘트가 작용하는 보의 기본식은 다음과 같이 나타낼 수 있다.

$$M = K_\theta\,\theta \tag{b}$$

식 (b)의 의미를 살펴보면,

휨강성 K_θ는 단위회전각 $\theta = 1$을 일으키기 위해 필요한 M이다.

그림 12.17(a)과 같은 구조물에서 휨강성(Rotational stiffness)을 구해보자. 휨모멘트도는 전달계수에 의해 그림과 같고, A점과 B점의 상대 회전각 $d\theta_{AB}$는,

$$d\theta_{AB} = \theta_B - \theta_A = \theta_A$$

$$EI\theta_B = \frac{1}{2}M_BL - \frac{1}{2}M_AL = \frac{1}{2}M_BL - \frac{1}{4}M_BL = \frac{1}{4}M_BL$$

$$M_B = \frac{4EI}{L}\theta_B \tag{c}$$

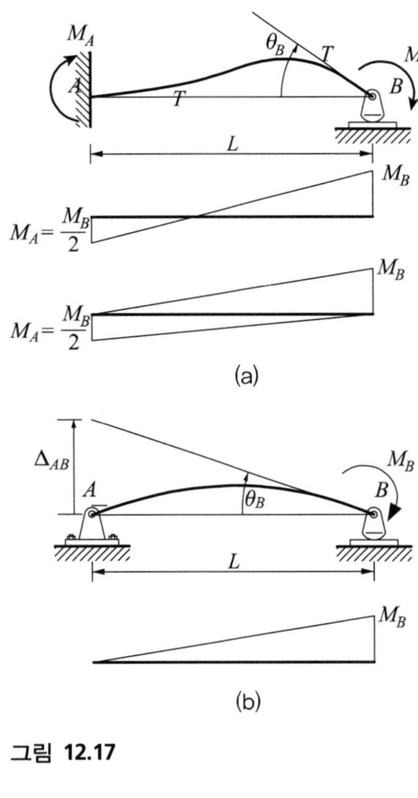

그림 12.17

가 된다. 그러므로 휨강성 K_θ는

$$K_B = \frac{4EI}{L} \tag{d}$$

같은 방법으로 그림 (b)와 같은 부재의 휨강성 K_θ는,

$$EI\Delta_B = \left[\frac{1}{2}M_B L\right]\left[\frac{2}{3}L\right]$$

$$EI\theta_B L = \frac{M_B L^2}{3}, \qquad M_B = \frac{3EI}{L}\theta_B$$

$$K_B = \frac{3EI}{L} \tag{e}$$

이 된다. 식 (d)와 식 (e)을 비교해 보면 휨강성은 A지점이 고정단에서 회전단으로 바뀌었을 때 25% 감소된 것을 알 수 있다. 이들 두 보의 휨강성 비 k는,

$$k = \frac{3}{4}\left(\frac{1}{L}\right) \tag{f}$$

그러므로 요약하면 부재 휨강성 K_θ 및 상대휨강성 k는,

$$K_\theta = \begin{cases} \dfrac{4EI}{L} \\ \dfrac{3EI}{L} \end{cases}, \quad k = \begin{cases} 1\left(\dfrac{I}{L}\right) & \text{타단이 고정단일 경우} \\ \dfrac{3}{4}\left(\dfrac{I}{L}\right) & \text{타단이 회전단일 경우} \end{cases} \tag{12.23}$$

모멘트의 분배와 분배계수(DF)

절점에 모인 부재에 작용하는 모멘트(또는 균등모멘트)가 얼마씩 분배되는가를 생각해 보자. 그림 12.18과 같은 일반적인 보에서 균등모멘트 M_{Bal}이 작용할 때 절점 B에 모이는 각 부재에는 M_{BA}, M_{BC}의 모멘트가 부재의 휨강성에 따라 분배된다. 그림에서

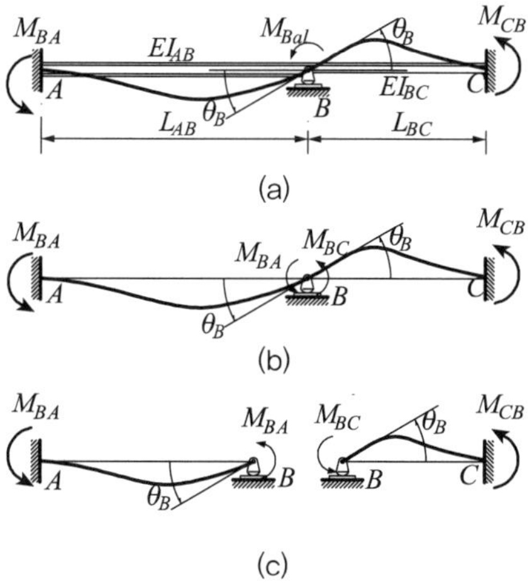

그림 12.18

$$[\theta_B]_{AB} = \frac{M_{BA}}{K_{AB}}, \qquad [\theta_B]_{BC} = \frac{M_{BC}}{K_{BC}} \tag{a}$$

$$M_{BA} = K_{AB}\theta_B, \qquad M_{BC} = K_{BC}\theta_B$$

또한 중첩의 원리에 의해 $M_{Bal} = M_{BA} + M_{BC}$이므로,

$$M_{Bal} = M_{AB} + M_{BC} = (K_{BA} + K_{BC})\theta_B \tag{b}$$

$$\theta_B = \frac{M_{Bal}}{(K_{AB} + K_{BC})} \tag{c}$$

그러므로

$$M_{BA} = K_{AB}\theta_B = \left[\frac{K_{AB}}{(K_{AB}+K_{BC})}\right]M_{Bal} = \mathbf{DF}_{BA}M_{Bal} \qquad \text{(d)}$$

$$M_{BC} = K_{BC}\theta_B = \left[\frac{K_{BC}}{(K_{AB}+K_{BC})}\right]M_{Bal} = \mathbf{DF}_{BC}M_{Bal} \qquad \text{(e)}$$

식 (d)와 (e)에서 **DF**를 분배계수(Distribution factor, **DF**)라 한다. 그러므로 일반화시키면,

$$\mathbf{DF}_{BA} = \frac{K_{BA}}{\sum K}, \qquad \mathbf{DF}_{BC} = \frac{K_{BC}}{\sum K} \qquad (12.24)$$

이 된다. 또한 임의 절점에서 분배계수 **DF**의 합은 항상 1이라는 사실에 유의하자. 즉

$$\sum_{X\text{절점}} \mathbf{DF} = 1 \qquad (12.25)$$

이러한 성질은 계산 중 해석과정의 오류를 확인할 수 있는 유용한 수단이 된다.

수정강성계수

모멘트를 분배하거나 전달할 때 각 경간은 고정된 것으로 가정하고 계산을 진행한다. 그런데 특별한 경우에는 강성계수를 적절하게 수정하면 해석 과정을 훨씬 간단하게 수행할 수 있게 된다. 예를 들어 타단이 힌지의 경우, 이때 수정된 계수를 수정강도계수(Modified stiffness factor)라 한다.

[타단이 힌지인 경우]

식 (12.23)의 상대강성비에서 다루었듯이 타단이 힌지인 경우 수정강성계수 K_{AB}^M는 고정단인 경우 K_{AB}와,

$$K_{AB}^M = \frac{3}{4}K_{AB} \qquad (12.26)$$

[타단이 대칭변형인 경우]

그림 12.19(a)와 같이 양단 모멘트의 크기가 같고 반향이 반대인 경우에 부재의 변형은 대칭이 된다. 여기서, $\theta_B = -\theta_C$이므로 처짐각법을 이용하면,

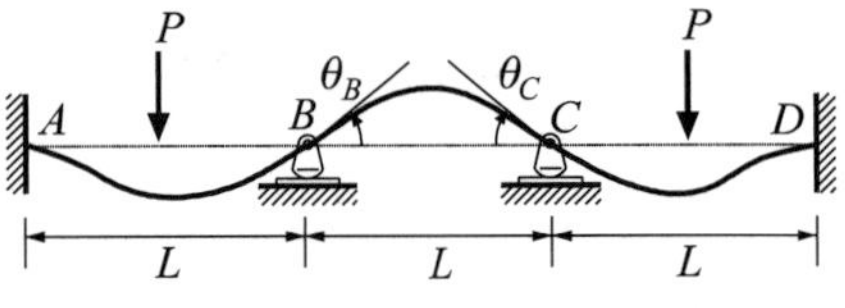

(a) 타단이 대칭변형인 경우

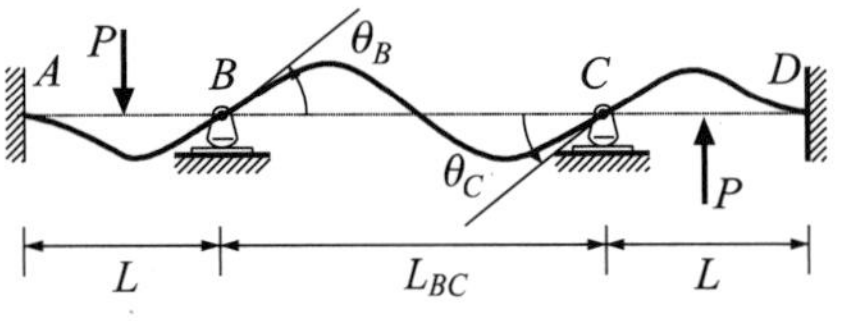

(b) 타단이 비대칭변형인 경우

그림 12.19

$$M_{BC} = 2EK_{BC}(2\theta_B + \theta_C) = 2EK_{BC}(2\theta_B - \theta_C) \quad \text{(a)}$$

$$= 4E\left(\frac{1}{2}K_{BC}\right)\theta_A = 4EK_{BC}^M\theta_C$$

이다. 그러므로 수정강성계수 K_{AB}^M는 고정단인 경우 K_{AB}와,

$$K_{BC}^M = \frac{1}{2}K_{BC} \tag{12.27}$$

[타단이 비대칭변형인 경우]

그림 12.19(b)와 같이 양단 모멘트 크기가 같고 방향이 같을 경우에 부재의 변형이 역대칭이 된다. 여기서, $\theta_B = \theta_C$이므로 처짐각법을 이용하면,

$$M_{BC} = 2EK_{BC}(2\theta_B + \theta_C) = 2EK_{BC}(2\theta_B + \theta_C) \quad \text{(a)}$$

$$= 4E\left(\frac{3}{2}K_{BC}\right)\theta_B = 4EK_{BC}^M\theta_B$$

이므로,

$$K_{BC}^M = \frac{3}{2}K_{BC} \tag{12.28}$$

수정강성계수의 적용은 이후 예제를 통해 확인할 수 있다.

12.4.2 모멘트분배법의 원리와 순서

모멘트분배법의 기본원리를 설명하기 위하여 그림 12.20과 같이 EI가 일정한 부정정보를 생각해보자. 모멘트분배법은 반복과정이고, 처음에 모든 절점이 구속되어 있다고 가정한다. 만약 B점을 구속하기 위해서는 적당한 모멘트를 가해야 하며, 그 크기는 B점에 연결된 각 부재의 고정단모멘트 합($\mathbf{FEM}_{BA} + \mathbf{FEM}_{BC}$)과 같다(처짐각법의 절점방정식). 이와 같이 B점을 고정하기 위해 도입된 모멘트를 불균등모멘트(Unbalanced moment) M_u라 한다.

원 구조물에는 불균등모멘트가 없었으므로, 방향이 반대이고 동일한 크기의 균등모멘트(Balanced moment) $M_{Bal} = -(\mathbf{FEM}_{BA} + \mathbf{FEM}_{BC})$를 B점에 도입하면, 각 부재에는 분배계수 $\mathbf{DF}$만큼의 분배모멘트(M_{BA}, M_{BC})가 발생하고, 분배모멘트의 합($M_{BA} + M_{BC}$)과 $-(\mathbf{FEM}_{BA} + \mathbf{FEM}_{BC})$가 평형을 이룰 때까지 회전($\theta_B$)한다. 또한 이들 분배모멘트는 A, C점에 전달계수($\mathbf{COF}$) 비만큼 전달된다(전달모멘트 M_{AB}, M_{CB}). 만약 구속해야 하는 절점이 여

러 개 있다면 순서대로 구속된 절점을 해제해서 윗 과정을 단계적으로 반복한다. 이것이 바로 모멘트분배법의 제1순환과정이다.

제1순환과정에서 임의 절점의 불균형모멘트 M_u는 고정단모멘트의 대수합이고, 제2순환부터는 그 절점에 전달된 전달모멘트의 합뿐이다. 이들 M_u 값은 모멘트분배의 순환을 거듭함에 따라 기하급수적으로 작아져 간다. 그러므로 순환과정이 많지 않아도 각 절점은 기하급수적으로 실제 회전된 위치에 근접하게 될 것이다.

위와 같은 모멘트분배법의 순서를 정리하면 다음과 같다.

[1단계] 모든 절점을 구속하고 **FEM**을 구한다.

[2단계] 1개 절점의 구속을 해제하고 균등모멘트 $M_{Bal} = -\sum$ **FEM**를 도입한다.

[3단계] 분배모멘트를 구한다.

[4단계] 인접 절점의 전달모멘트를 구한다.

[5단계] 절점을 다시 구속하고 다음 절점에 대해 1~4단계를 반복한다.

[6단계] 불균등모멘트가 무시할 정도로 작아질 때까지 반복순환 계산한다.

[7단계] 단부모멘트를 이용하여 부재력과 반력을 구한다.

이제 다양한 구조물을 대상으로 모멘트분배법을 적용방법을 심화시켜 보자.

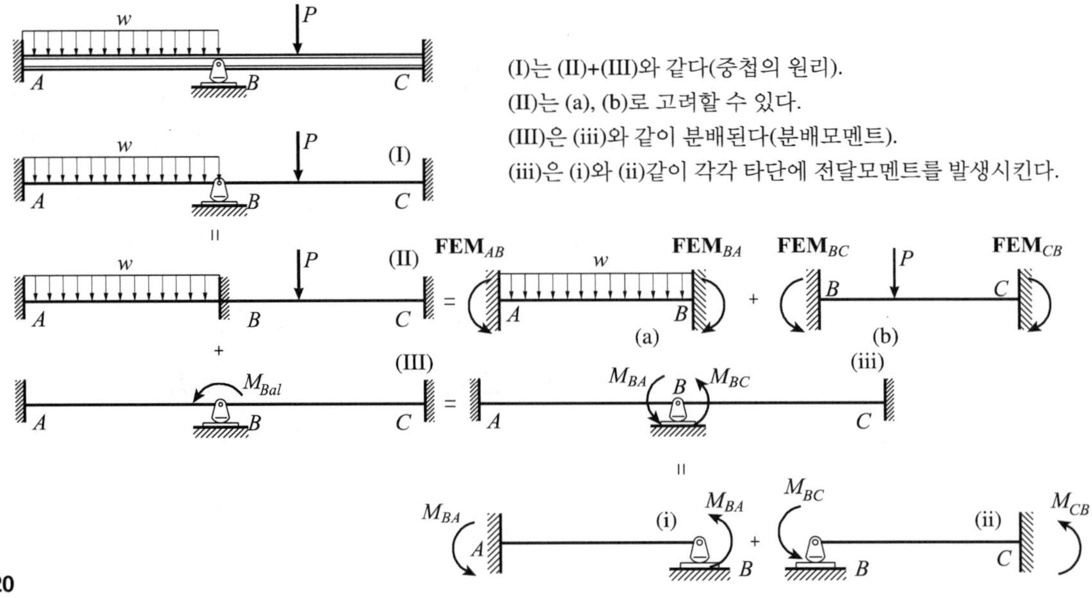

그림 12.20

예제 12-15

아래 그림과 같은 라멘의 휨모멘트를 구하라. 상대강성비 k(강비)는 부재에 표기되어 있다.

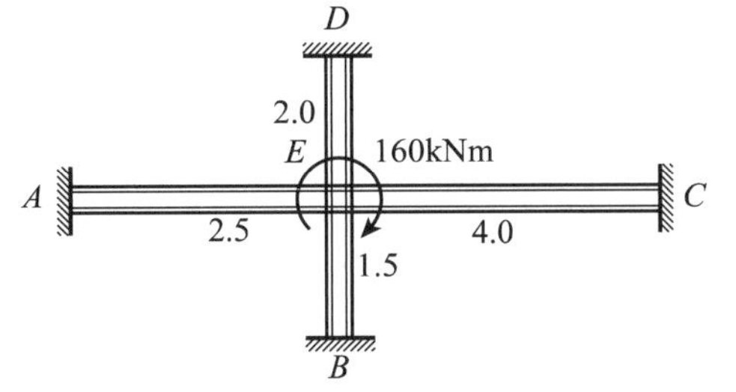

풀이

(1) 분배계수(DF) 계산

$$\sum K = 2 + 2.5 + 1.5 + 4 = 10$$

에서

$$\mathbf{DF}_{EA} = \frac{2.5}{10} = 0.25, \qquad \mathbf{DF}_{EB} = \frac{1.5}{10} = 0.15$$

$$\mathbf{DF}_{EC} = \frac{4}{10} = 0.40, \qquad \mathbf{DF}_{ED} = \frac{2.0}{10} = 0.20$$

(2) 분배모멘트 계산

각 부재로 분배되는 모멘트 $M_{ij} = \mathbf{DF}_{ij} M$이므로,

$$M_{EA} = \mathbf{DF}_{EA} M = 0.25 \times 160 = 40 \text{ kN} \cdot \text{m}$$
$$M_{EB} = \mathbf{DF}_{EB} M = 0.15 \times 160 = 24 \text{ kN} \cdot \text{m}$$
$$M_{EC} = \mathbf{DF}_{EC} M = 0.4 \times 160 = 64 \text{ kN} \cdot \text{m}$$
$$M_{ED} = \mathbf{DF}_{ED} M = 0.20 \times 160 = 32 \text{ kN} \cdot \text{m}$$

(3) 타단에 전달되는 모멘트 계산

타단이 모두 고정단이므로 전달계수 $\mathbf{COF} = \frac{1}{2}$이다. 그러므로

$$M_{AE} = \mathbf{COF}_{EA} M_{EA} = \frac{1}{2} \times 40 = 20 \text{ kN} \cdot \text{m}$$

$$M_{BE} = \mathbf{COF}_{EB} M_{EB} = \frac{1}{2} \times 24 = 12 \text{ kN} \cdot \text{m}$$

$$M_{CE} = \mathbf{COF}_{EC} M_{EC} = \frac{1}{2} \times 64 = 32 \text{ kN} \cdot \text{m}$$

$$M_{DE} = \mathbf{COF}_{ED} M_{ED} = \frac{1}{2} \times 32 = 16 \text{ kN} \cdot \text{m}$$

그림 (a)와 같다.

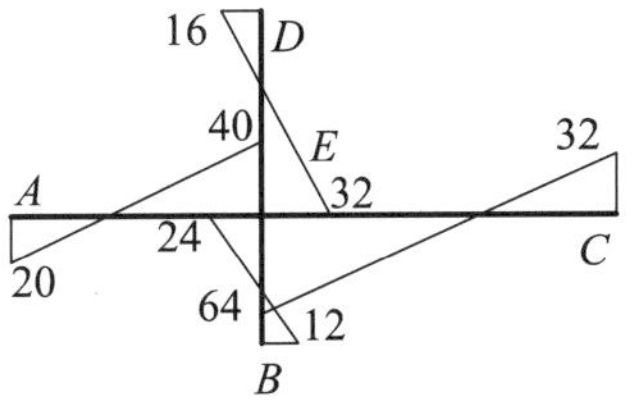

(a)

12.5 모멘트분배법 적용

12.5.1 보

그림 12.21과 같은 보를 모멘트분배법을 이용해 해석해 보자.

[1단계] 모든 절점을 구속하고 FEM을 구한다.

$$\mathbf{FEM}_{AB}=\frac{wL^2}{12}=\frac{20\times 15^2}{12}=375\ \text{kN}\cdot\text{m}$$

$$\mathbf{FEM}_{BA}=-\frac{wL^2}{12}=-\frac{20\times 15^2}{12}=-375\ \text{kN}\cdot\text{m}$$

$$\mathbf{FEM}_{BC}=\frac{PL}{8}=\frac{40\times 20}{8}=100\ \text{kN}\cdot\text{m}$$

$$\mathbf{FEM}_{CB}=-\frac{PL}{8}=-\frac{4\times 20}{8}=-100\ \text{kN}\cdot\text{m}$$

[2단계] 1개 절점의 구속을 해제하고 균등모멘트 $M_{Bal}=-\sum$ FEM를 도입한다.

B점에서 균등모멘트 $M_{Bal,B}=-(\mathbf{FEM}_{BA}+\mathbf{FEM}_{BC})$이므로,

$$M_{Bal,B}=-(-375+100)=275\ \text{kN}\cdot\text{m}$$

[3단계] 휨강성을 이용해 분배계수 DF 및 분배모멘트 DM을 구한다.

휨강성은,

$$k_{BA}=\left(\frac{EI}{L}\right)_{AB}=\frac{6\times 10^7}{15\times 10^3}=4{,}000\ \text{mm}^4/\text{mm}$$

$$k_{BC}=\left(\frac{EI}{L}\right)_{BC}=\frac{1.2\times 10^7}{20\times 10^3}=6{,}000\ \text{mm}^4/\text{mm}$$

이므로, 분배계수 **DF**는,

$$\mathbf{DF}_{BA}=\frac{k_{AB}}{k_{AB}+k_{BC}}=\frac{4{,}000}{4{,}000+6{,}000}=0.4$$

$$\mathbf{DF}_{BC}=\frac{k_{BC}}{k_{AB}+k_{BC}}=\frac{6{,}000}{4{,}000+6{,}000}=0.6$$

A은 고정단, C점은 이동단이므로 각각의 분배계수 **DF**는,

$$\mathbf{DF}_{AB} = \frac{k_{AB}}{k_{AB}+\infty} = \frac{4{,}000}{4{,}000+\infty} = 0$$

$$\mathbf{DF}_{CB} = \frac{k_{BC}}{k_{BC}+0} = \frac{6{,}000}{6{,}000} = 1$$

여기서 고정단을 제외한 모든 절점에서의 분배계수 합은 1이 된다.

분배모멘트 **DM**는,

$$M_{BA} = \mathbf{DF}_{BA} M_{bal,\,B} = 0.4\times 275 = 110\ \text{kN}\cdot\text{m}$$

$$M_{BC} = \mathbf{DF}_{BC} M_{bal,\,B} = 0.6\times 275 = 165\ \text{kN}\cdot\text{m}$$

[4단계] 인접 절점의 전달모멘트를 구한다.

전달모멘트 **CM**는,

$$M_{AB} = \mathbf{COF}_{BA} M_{BA} = \frac{1}{2}\times 110 = 55\ \text{kN}\cdot\text{m}$$

$$M_{BC} = \mathbf{COF}_{BC} M_{BC} = \frac{1}{2}\times 165 = 82.5\ \text{kN}\cdot\text{m}$$

[5단계] 절점을 다시 구속하고 다음 절점에 대해 1~4단계를 반복한다.

이상의 결과로 그림 12.21의 1순환과정이 끝난다.

[6단계] 불균등모멘트가 무시할 정도로 작아질 때까지 반복순환 계산한다.

1순환과정이 끝난 상태에서 각 절점에 불균형모멘트가 존재하므로 그 값이 작아질 때까지 반복 순환계산하면 된다. 모멘트분배법은 그림과 같이 표로 그려 계산을 해 나가면 편리하다. 최종적인 단부 휨모멘트는 각 절점에서 **FEM**+**DM**+**CM**하면 된다.

이번에는 수정강성계수를 이용해 보자. 즉 C점이 회전단이므로,

$$k_{BA} = \left(\frac{EI}{L}\right)_{AB} = \frac{6\times 10^7}{15\times 10^3} = 4{,}000\ \text{mm}^4/\text{mm}$$

$$k_{BC} = \frac{3}{4}\left(\frac{EI}{L}\right)_{BC} = \frac{3}{4}\,\frac{1.2\times 10^7}{20\times 10^3} = 4{,}500\ \text{mm}^4/\text{mm}$$

이고,

$$\mathbf{DF}_{BA} = \frac{k_{AB}}{k_{AB}+k_{BC}} = \frac{4,000}{4,000+4,500} = 0.471$$

$$\mathbf{DF}_{BC} = \frac{k_{AB}}{k_{AB}+k_{BC}} = \frac{6,000}{4,000+4,500} = 0.529$$

$$\mathbf{DF}_{AB} = \frac{k_{AB}}{k_{AB}+\infty} = \frac{4,000}{4,000+\infty} = 0$$

$$\mathbf{DF}_{CB} = \frac{k_{BC}}{k_{BC}+0} = \frac{6,000}{6,000} = 1$$

이 된다. **FEM**은

$$\mathbf{FEM}_{AB} = \frac{wL^2}{12} = \frac{20\times 15^2}{12} = 375\ \text{kN}\cdot\text{m}$$

$$\mathbf{FEM}_{BA} = -\frac{wL^2}{12} = -\frac{20\times 15^2}{12} = -375\ \text{kN}\cdot\text{m}$$

$$\mathbf{FEM}_{BC} = \frac{3PL}{16} = \frac{3\times 40\times 20}{16} = 150\ \text{kN}\cdot\text{m}$$

$$\mathbf{FEM}_{CB} = 0$$

이다. 여기서 $\overline{BC}$부재의 고정단모멘트 $\mathbf{FEM}_{BC}$에 유의하자. 이상의 결과를 정리하여 그림 12.22에 나타냈다. 위의 예에서 알 수 있듯이 수정강도계수를 사용하면 모멘트분배법에 있어서 그 과정을 훨씬 간단하게 수행할 수 있다.

[7단계] 단부모멘트를 이용하여 부재력과 반력을 구한다.

부재 단부의 휨모멘트를 구했으므로, 이를 이용해서 나머지 부재력과 반력을 구할 수 있다. 즉 $\overline{AB}$부재는 그림 12.17(a)와 같은 자유물체도로부터,

$$\curvearrowleft + \sum M_B = 0,$$

$$-R_A(15) + 427.9 - 269.1 + 20(15)\left(\frac{15}{2}\right) = 0$$

에서 $R_A = 160.6\ \text{kN}\ (\uparrow)$이고,

$$\uparrow + \sum Y = 0,$$

$$160.6 + R_{B1} - 20(15) = 0, \qquad R_{B1} = 139.4\ \text{kN}$$

이다. 이상의 결과를 그림 12.21(c), (d)에 나타냈다.

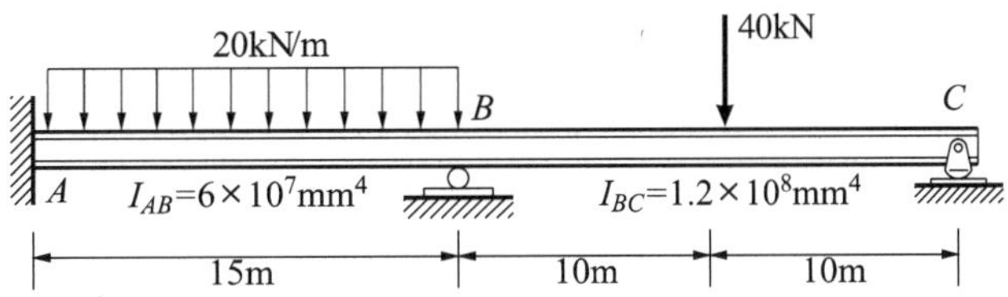

	A	B (BA)	B (BC)	C	
DF	0	0.4	0.6	1	
FEM	375 (M_u=375)	-375 (M_u=-275)	100	-100 (M_u=-100)	
DM	0	110	165	100	
CM	55	0	50	82.5	1 cycle
DM	0	-20	-30	-82.5	
CM	-10		-41.25	-15	2 cycle
DM	0	16.5	24.75	15	
CM	8.25		7.5	12.38	3 cycle
DM	0	-3	-4.5	-12.38	
CM	-1.5		-6.19	-2.25	4 cycle
DM	0	2.48	3.71	2.25	
CM	1.24		1.13	1.86	5 cycle
DM	0	-0.45	-0.68	-1.86	
CM	-0.23		-0.93	-0.34	6 cycle
DM	0	0.37	0.56	0.34	
CM	0.19		0.17	0.28	7 cycle
DM	0	-0.07	-0.10	-0.28	
CM	-0.03		-0.14	-0.05	8 cycle
DM	0	0.06	0.08	0.05	
CM	0.03		0.03	0.04	9 cycle
TM	427.9	-269.1	269.1	0	

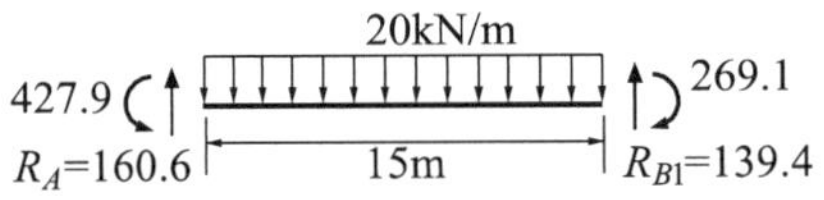

(a) AB부재 자유물체도

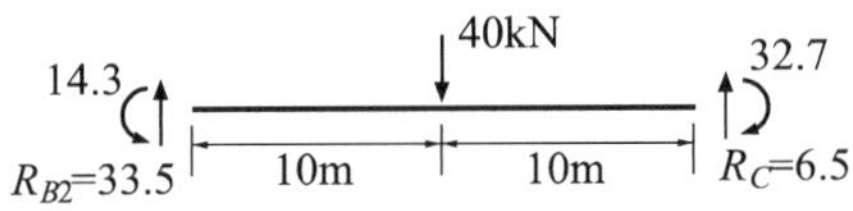

(b) BC부재 자유물체도

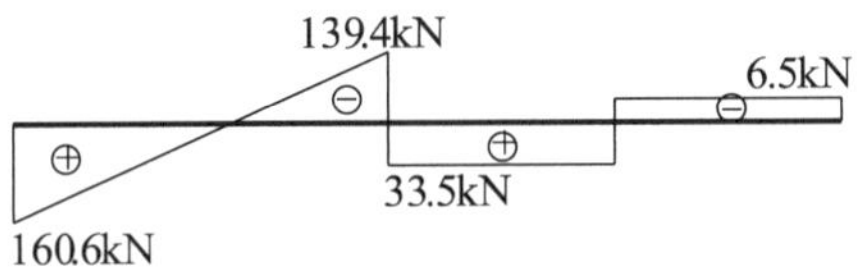

(c) 전단력도

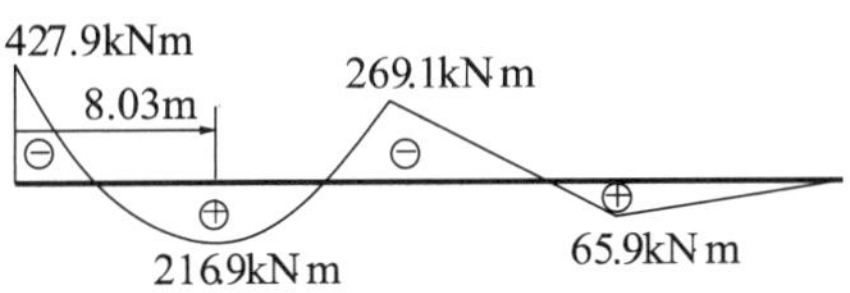

(d) 휨모멘트도

그림 12.21

	A	B (BA)	B (BC)	C
DF	0	0.471	0.529	1
FEM	375	-375	150	0
DM		105.89	119.12	0
CM	52.94		0	0
TM	427.9	-269.1	269.1	0

그림 12.22

예제 12-16

예제 12-5를 모멘트분배법으로 풀어라.

풀이

(1) 고정단모멘트 FEM 계산

$$\mathbf{FEM}_{AB} = 160\ \mathrm{kN\cdot m}, \qquad \mathbf{FEM}_{BA} = -160\ \mathrm{kN\cdot m}$$

$$\mathbf{FEM}_{BC} = 75\ \mathrm{kN\cdot m}, \qquad \mathbf{FEM}_{CB} = -75\ \mathrm{kN\cdot m}$$

$$\mathbf{FEM}_{CD} = 50(3) = 150\ \mathrm{kN\cdot m}$$

(2) 분배계수 DF 및 분배모멘트 DM 계산

$\overline{CD}$부재는 C점의 회전강성에 기여하지 않으므로, C점을 단순지점을 생각하고, 상대강성으로 검토한다. 즉, $EI=1$이라 놓으면,

$$k_{BA} = \left(\frac{EI}{L}\right)_{AB} = \frac{1}{8}, \qquad k_{BC} = \frac{3}{4}\left(\frac{2EI}{L}\right)_{BC} = \frac{3}{4}\frac{2}{6} = \frac{1}{4}$$

$$\sum k = \frac{1}{8} + \frac{1}{4} = 0.375$$

$$\left.\begin{aligned} \mathbf{DF}_{BA} &= \frac{k_{BA}}{\sum k} = \frac{1/8}{0.375} = 0.33 \\ \mathbf{DF}_{BC} &= \frac{k_{BC}}{\sum k} = \frac{1/4}{0.375} = 0.67 \end{aligned}\right\} \sum \mathbf{DF} = 1$$

$$\mathbf{DF}_{AB} = \frac{k_{AB}}{0+\infty} = 0, \qquad \mathbf{DF}_{CB} = \frac{k_{CB}}{k_{CB}+0} = 1$$

(3) 모멘트분배를 순환 계산

위의 결과로 모멘트분배를 순환 계산하면 그림 (a)와 같다.

(4) 반력 및 부재력

재단모멘트를 구했으므로 반력 및 부재력은 예제 12-5와 같다.

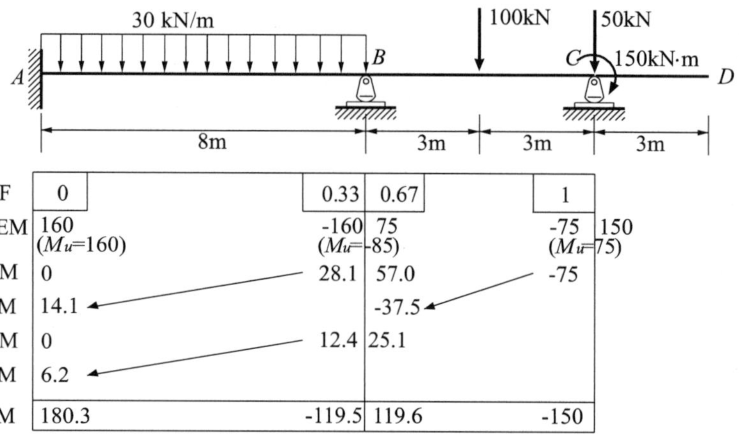

	A	B		C	
DF	0	0.33	0.67	1	
FEM	160 (M_u=160)	-160 (M_u=-85)	75	-75 (M_u=75)	150
DM	0	28.1	57.0	-75	
CM	14.1		-37.5		
DM	0	12.4	25.1		
CM	6.2				
TM	180.3	-119.5	119.6	-150	

예제 12-17

예제 12-6을 모멘트분배법으로 풀어라.

풀이

(1) 고정단모멘트 FEM 계산

지점침하를 고정단모멘트로 고려해야 하므로 식 (12.22)로부터,

$$\mathbf{FEM}_{AB} = \mathbf{FEM}_{BA} = \frac{6EI\Delta}{L^2}$$

$$= \frac{6(200)(200)(0.01)}{6^2} = 66.7\ \text{kN}\cdot\text{m}$$

$$\mathbf{FEM}^*_{BC} = -\frac{3EI\Delta}{L^2} = -\frac{3(200)(200)(0.01)}{6^2} = -33.3\ \text{kN}\cdot\text{m}$$

부재의 회전방향과 **FEM**의 부호가 반대가 되는 것에 유의하자.

(2) 분배계수 DF 및 분배모멘트 DM 계산

상대강성으로 검토한다. 즉, $EI=1$이라 놓으면,

$$k_{BA} = \left(\frac{EI}{L}\right)_{AB} = \frac{1}{6}, \qquad k_{BC} = \frac{3}{4}\left(\frac{EI}{L}\right)_{BC} = \frac{3}{4}\frac{1}{6} = \frac{1}{8}$$

$$\sum k = \frac{1}{6} + \frac{1}{8} = 0.2917$$

$$\left.\begin{aligned} \mathbf{DF}_{BA} &= \frac{k_{BA}}{\sum k} = \frac{1/6}{0.2917} = 0.57 \\ \mathbf{DF}_{BC} &= \frac{k_{BC}}{\sum k} = \frac{1/8}{0.2917} = 0.43 \end{aligned}\right\} \sum \mathbf{DF} = 1$$

$$\mathbf{DF}_{AB} = \frac{k_{AB}}{0+\infty} = 0, \qquad \mathbf{DF}_{CB} = \frac{k_{CB}}{k_{CB}+0} = 1$$

(3) 모멘트분배를 순환 계산

위의 결과로 모멘트분배를 순환 계산하면 그림과 같다.

(4) 반력 및 부재력

재단모멘트를 구했으므로 반력 및 부재력은 예제 12-6과 같다.

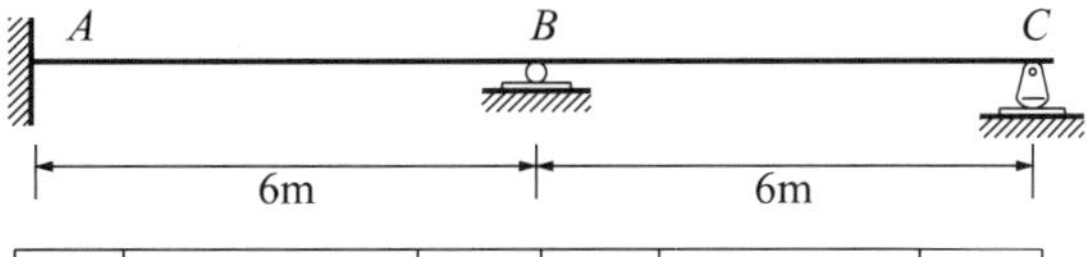

	A	B	B	C
DF	0	0.57	0.43	1
FEM	66.7 $(M_u=66.7)$	66.7 $(M_u=33.4)$	-33.3	0 $(M_u=0)$
DM		-19.0	-14.4	
CM	-9.5			
TM	57.2	47.7	-47.7	0

예제 12-18

예제 12-7을 모멘트분배법으로 풀어라.

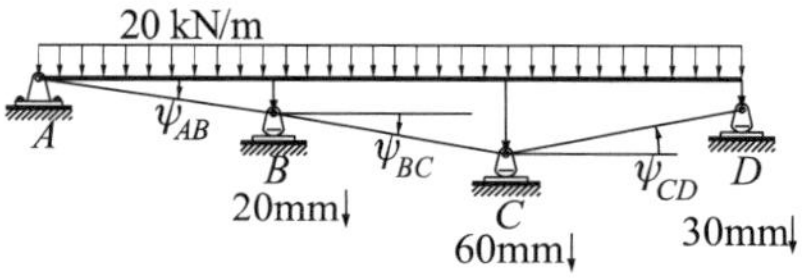

풀이

이 문제는 지점침하를 고려할 **FEM**과 하중에 의한 **FEM**을 구하여 각각을 더하면 된다. 또한 A, D지점이 회전단이므로 수정강성계수를 이용하는 것이 편리하며, 이때, **FEM***을 이용하는 것도 유의해야 한다.

(1) 고정단모멘트 FEM 계산

지점침하에 의한 **FEM**는 $EI = (200)(200) = 40{,}000\ \text{kN}\cdot\text{m}^2$이므로,

$$\mathbf{FEM}^*_{BA} = \frac{3EI\Delta}{L^2} = \frac{3(200)(200)(0.02)}{8^2} = 37.5\ \text{kN}\cdot\text{m}$$

$$\mathbf{FEM}_{BC} = \mathbf{FEM}_{CB} = \frac{6EI\Delta}{L^2} = \frac{6(200)(200)(0.04)}{8^2} = 150\ \text{kN}\cdot\text{m}$$

$$\mathbf{FEM}^*_{CD} = -\frac{3EI\Delta}{L^2} = -\frac{3(200)(200)(0.03)}{8^2} = -56.3\ \text{kN}\cdot\text{m}$$

하중에 의한 **FEM**는 예제 12-7에서,

$$\mathbf{FEM}^*_{BA} = -160\ \text{kN}\cdot\text{m}, \qquad \mathbf{FEM}_{BC} = 106.7\ \text{kN}\cdot\text{m},$$

$$\mathbf{FEM}_{CB} = -106.7\ \text{kN}\cdot\text{m}, \qquad \mathbf{FEM}^*_{CD} = 160\ \text{kN}\cdot\text{m}$$

이므로 이를 더하면,

$$\mathbf{FEM}^*_{BA} = 37.5 - 160 = -122.5\ \text{kN}\cdot\text{m}$$

$$\mathbf{FEM}_{BC} = 150 + 106.7 = 256.7\ \text{kN}\cdot\text{m}$$

$$\mathbf{FEM}_{CB} = 150 - 106.7 = 43.3\ \text{kN}\cdot\text{m}$$

$$\mathbf{FEM}^*_{CD} = -56.3 + 160 = 103.7\ \text{kN}\cdot\text{m}$$

(2) 분배계수 DF 및 분배모멘트 DM 계산

수정상대강성을 이용한다. 즉, $EI = 1$이라 놓으면,

$$k_{BA} = \frac{3}{4}\left(\frac{EI}{L}\right)_{AB} = \frac{3}{4}\left(\frac{1}{8}\right) = 0.0938$$

$$k_{BC} = k_{CB} = \left(\frac{EI}{L}\right)_{BC} = \frac{1}{8} = 0.125$$

$$k_{CD} = \frac{3}{4}\left(\frac{EI}{L}\right)_{AB} = \frac{3}{4}\left(\frac{1}{8}\right) = 0.0938$$

이므로,

$$\left.\begin{aligned} \mathbf{DF}_{BA} &= \frac{k_{BA}}{\sum k} = \frac{0.0938}{0.0938+0.125} = 0.429 \\ \mathbf{DF}_{BC} &= \frac{k_{BC}}{\sum k} = \frac{0.125}{0.0938+0.125} = 0.571 \end{aligned}\right\} \sum \mathbf{DF} = 1$$

$$\left.\begin{aligned} \mathbf{DF}_{CB} &= \frac{k_{BA}}{\sum k} = \frac{0.125}{0.125+0.0938} = 0.571 \\ \mathbf{DF}_{CD} &= \frac{k_{BC}}{\sum k} = \frac{0.938}{0.125+0.0938} = 0.429 \end{aligned}\right\} \sum \mathbf{DF} = 1$$

$$\mathbf{DF}_{AB} = \mathbf{DF}_{AB} = 1$$

(3) 모멘트분배를 순환 계산

위의 결과로 모멘트분배를 순환 계산하면 그림 (a)와 같다. 반올림 오차에 의해 조금 차이는 있으나, 예제 12-7의 계산결과와 동일한 재단모멘트 값을 확인할 수 있다.

(4) 반력 및 부재력

예제 12-7을 참조하자.

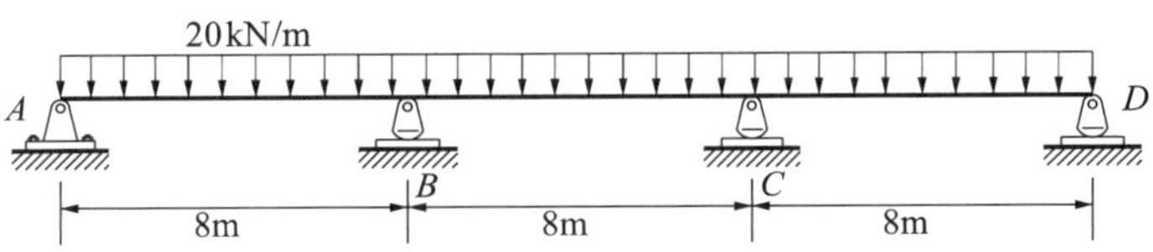

	A	B	B	C	C	D
DF	1	0.429	0.571	0.571	0.429	1
FEM	0 (M_u=0)	-122.5 (M_u=134.2)	256.7	43.3 (M_u=147.0)	103.7	0 (M_u=0)
DM		-57.6	-76.6	-83.9	-63.1	
CM			-42.0	-38.3		
DM		18.0	24.0	21.9	16.4	
CM			11	12.0		
DM		-4.7	-6.3	-6.9	-5.1	
CM			-3.5	-3.2		
DM		1.5	2.0	1.8	1.4	
CM			0.9	1.0		
TM	0	-165.3	163.7	-52.3	53.3	0

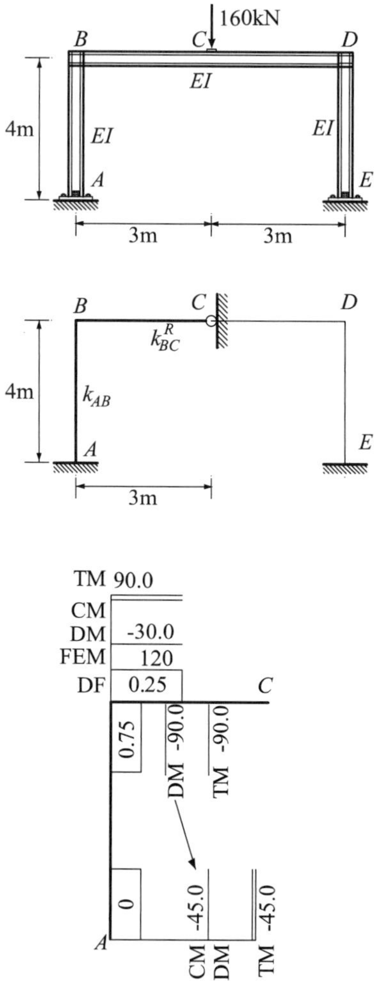

그림 12.23

12.5.2 횡변위가 없는(Non-Sway) 라멘

절점의 횡변위가 없는 라멘의 모멘트분배법 적용은 보의 경우와 같다. 그림 12.23과 같은 횡변위가 없는 라멘을 모멘트분배법을 이용해 해석해 보자. 그림에서 구조물과 하중이 대칭이므로 횡변위가 발생하지 않으며, 수정강성계수(변형이 대칭인 경우)를 이용할 수 있다.

[1단계] 모든 절점을 구속하고 FEM을 구한다.

$$\mathbf{FEM}_{BC} = \frac{Pab^2}{L^2} = \frac{160(3)(3^2)}{6^2} = 120\text{ kN}\cdot\text{m}$$

$$\mathbf{FEM}_{CB} = -120\text{ kN}\cdot\text{m}$$

[2단계] 분배계수 DF 및 분배모멘트 DM 계산

구조물과 하중이 대칭이므로 그림 (b)와 같이 수정강성계수를 이용한다. 휨강성은 EI가 일정하므로 $EI = 1$로 놓으면,

$$k_{BA} = \left(\frac{EI}{L}\right)_{AB} = \frac{1}{4}, \quad k_{BC} = \left(\frac{EI}{L}\right)_{BC} = \frac{1}{6}$$

이다. 또한 $\overline{BC}$부재의 수정강성계수는,

$$k_{BC}^R = \frac{1}{2}k_{BC} = \frac{1}{12}$$

이므로, 분배계수 **DF**는,

$$\mathbf{DF}_{BA} = \frac{k_{AB}}{k_{AB} + k_{BC}^R} = \frac{1/4}{1/4 + 1/12} = 0.75$$

$$\mathbf{DF}_{BC} = \frac{k_{BC}}{k_{AB} + k_{BC}^R} = \frac{1/12}{1/4 + 1/12} = 0.25$$

[3단계] 모멘트분배를 순환 계산

그림 (c)와 같이 모멘트분배를 순환 계산한다. 이때 그림과 같이 절점에 분배율을 기입한 후 분배모멘트를 구하고, 각 부분으로 전달모멘트를 계산한다. 예를 들어 B절점에서 $\overline{BA}$부분과 $\overline{BC}$부분의 **DF**는 각각 0.75, 0.25이고, 분배모멘트는 각각 -90kN·m, -30kN·m이다. 다음으로 -90kN·m는 A점으로 **COF**$=1/2$만큼 전달되므로 A절점에 -45kN·m를 기입한다. 위와 같은 방법으로 충분히 수렴할 때까지 반복계산 함으로써 모든 절점의 재단모멘트를 구할 수 있다.

이 문제는 처짐각법 적용문제인 예제 12-8로써 동일한 재단모멘트 결과를 가진다. 더욱이 해를 구하는 과정을 보면, 모멘트분배법이 얼마나 탁월한 방법인가를 알 수 있다.

예제 12-19

예제 12-9를 모멘트분배법으로 풀어라.

풀이

(1) 고정단모멘트 FEM 계산

$$\mathbf{FEM}_{BC} = 115.2\ \text{kN}\cdot\text{m}, \qquad \mathbf{FEM}_{CB} = -76.8\ \text{kN}\cdot\text{m}$$

$$\mathbf{FEM}^{*}_{CE} = 62.5\ \text{kN}\cdot\text{m}$$

(2) 분배계수 DF 및 분배모멘트 DM 계산

EI가 일정하므로 $EI=1$이라 놓으면,

$$k_{AB} = \frac{1}{4},\ k_{BC} = \frac{1}{5},\ k_{CD} = \frac{3}{4}\left(\frac{1}{4}\right) = \frac{3}{16},\ k_{CE} = \frac{3}{4}\left(\frac{1}{5}\right) = \frac{3}{20}$$

$$\left.\begin{aligned} \mathbf{DF}_{BA} &= \frac{1/4}{1/4+1/5} = 0.56 \\ \mathbf{DF}_{BC} &= \frac{1/5}{1/4+1/5} = 0.44 \end{aligned}\right\} \sum \mathbf{DF} = 1$$

$$\left.\begin{aligned} \mathbf{DF}_{CB} &= \frac{1/5}{1/5+3/16+3/20} = 0.37 \\ \mathbf{DF}_{CD} &= \frac{3/16}{1/5+3/16+3/20} = 0.35 \\ \mathbf{DF}_{CE} &= \frac{3/20}{1/5+3/16+3/20} = 0.28 \end{aligned}\right\} \sum \mathbf{DF} = 1$$

(3) 모멘트분배를 순환 계산

위의 결과로 모멘트분배를 순환 계산하면 그림 (a)와 같으며, 결과는 예제 12-9와 오차범위 내에서 같다.

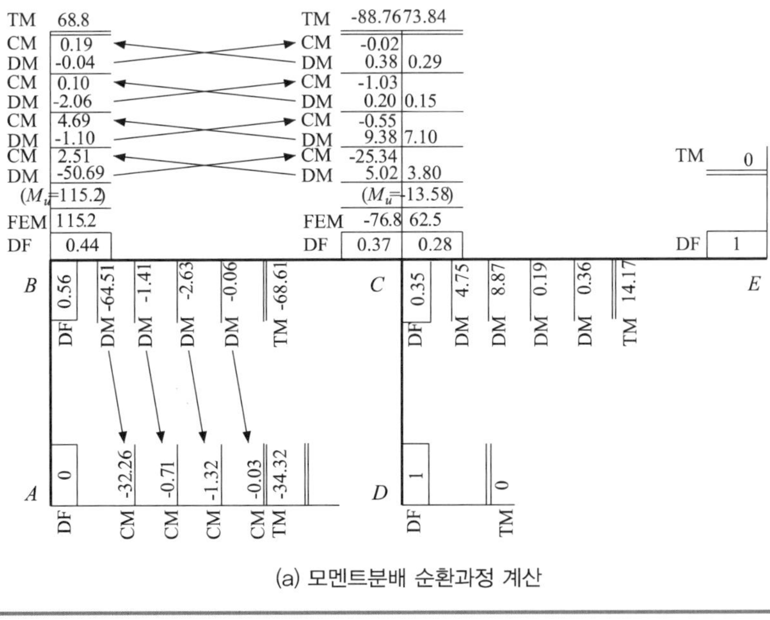

(a) 모멘트분배 순환과정 계산

12.5.3 횡변위가 있는(Sway) 라멘

절점의 횡변위가 있는 라멘을 모멘트분배법을 적용하여 해석하기 위해서는 중첩의 원리를 이용한다. 즉, 그림 12.24와 같이

[해석 1] 횡변위를 억제한 경우(그림 (b))

[해석 2] 절점의 횡변위 Δ의 영향만을 고려한 경우(그림 (c))

를 각각 구하여, 이를 더하면 된다. 횡변위 억제를 고려하기 위해서 그림 (b)와 같이 절점 C를 가상 지점(이동단)으로 대치하고, 모멘트분배법으로 재단모멘트(M_1)를 구한다. 또한 여기서 점 C의 구속력 R을 구한다. 다음으로 횡변위 효과만을 고려하기 위해 그림 (c)와 같이 절점 C에 구속력 R과 크기가 같고 방향이 반대인 힘을 작용시켜 재단모멘트(M_2)를 구하고 이를 중첩하면 된다.

여기서 한 가지 문제는 [해석 2]의 경우, 힘($-R$)이 절점에 작용하기 때문에 모멘트분배법으로는 재단모멘트를 직접구할 수 없다는 점이다. 그러므로 다음과 같은 간접적인 방법을 이용하다.

먼저 앞에서 살펴보았듯이 모멘트분배법에서는 지점침하와 같은 변위를 고정단모멘트 **FEM**로 고려할 수 있다. 즉 그림 (d)와 같이 Δ'의 변위가 발생한다면,

$$\mathbf{FEM} = \frac{6EI\Delta'}{L^2}$$

이다. 물론 Δ'를 모르기 때문에 적당한 크기의 **FEM**을 가정한다. 예를 들어 해석의 단위 및 해석 값의 정도에 따라 Δ'의 횡변위를 유발하는 **FEM** 기본값으로 100kN·m가 많이 사용된다. 임의 점의 **FEM**$= 100\,\text{kN}\cdot\text{m}$을 가정하면, 각각의 부재에 대한 **FEM**을 결정할 수 있다(다음에 자세히 살펴보자). 이를 대입해 모멘트분배법을 이용하면 재단모멘트(M_2')와 Δ'을 유발하기 위한 횡력 R'를 구할 수 있다. 물론 **FEM**을 임의로 가정했기 때문에 구한 재단모멘트는, 실제 값과 다를 것이다. 그렇지만 재료가 선형탄성이고 미소변형을 가정하고 있기 때문에 당초에 가정한 Δ'가 실제 변위 Δ와 같은 방향이라면, 비례관계는 성립할 것이다. 즉,

$$M_2 = \left(\frac{R}{R'}\right)M_2'$$

가 된다. 이제 재단모멘트(M)는 [해석 1]의 재단모멘트(M_1)와 [해석 2]의 재단모멘트(M_2)를 합치면 된다. 즉,

$$M = M_1 + M_2 = M_1 + \left(\frac{R}{R'}\right)M_2'$$

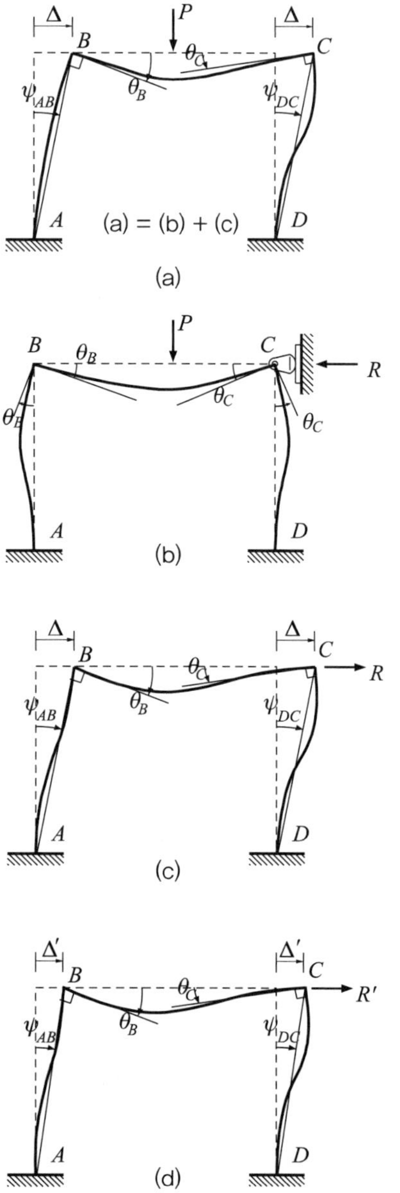

그림 12.24

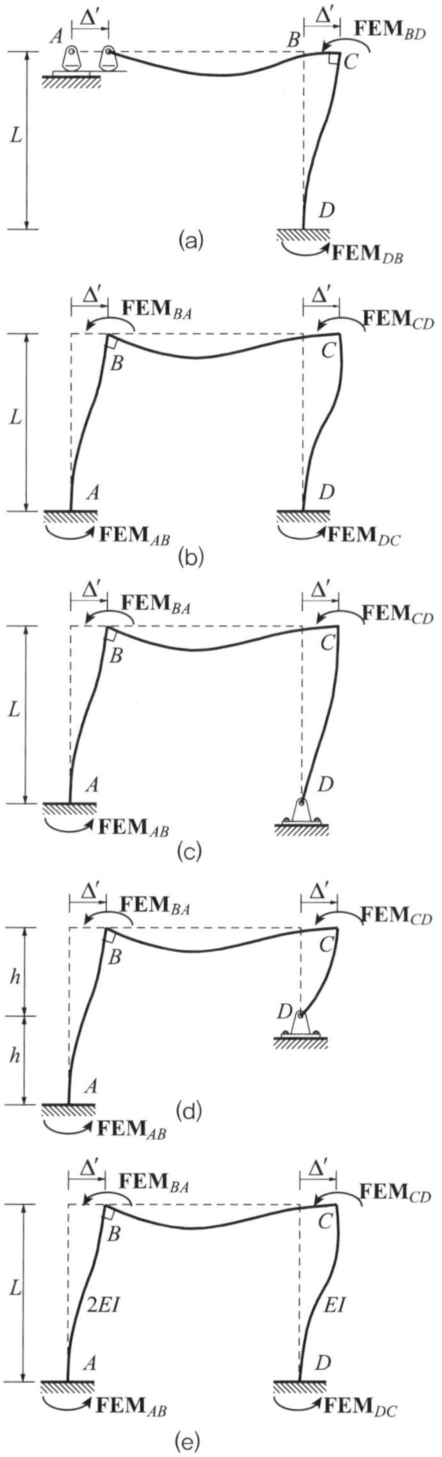

그림 12.25

이제 임의 점의 **FEM**= 100 kN · m을 가정했을 때, 각 부재의 **FEM**이 어떻게 결정 되는가를 살펴보자. 그림 12.25는 여러 형태의 라멘에 대하여 $\varDelta'$를 **FEM**으로 변환했을 때를 예시한 것이다. 예를 들어

그림 (a), (b)와 같이 E, I, L이 동일한 경우는,

$$\mathbf{FEM}_{BD} = \mathbf{FEM}_{DB} = \frac{6EI}{L^2}\varDelta' = 100\ \text{kN}\cdot\text{m} \qquad (\text{그림 (a)})$$

$$\mathbf{FEM}_{AB} = \mathbf{FEM}_{BA} = \mathbf{FEM}_{CD} = \mathbf{FEM}_{DC} = \frac{6EI}{L^2}\varDelta' = 100\ \text{kN}\cdot\text{m} \qquad (\text{그림 (b)})$$

그림 (c)와 같이 지점조건이 다른 경우는,

$$\mathbf{FEM}_{AB} = \mathbf{FEM}_{BA} = \frac{6EI}{L^2}\varDelta', \quad \mathbf{FEM}_{CD} = \frac{3EI}{L^2}\varDelta'$$

이므로,

$$\mathbf{FEM}_{AB} : \mathbf{FEM}_{BA} : \mathbf{FEM}_{BA} = \frac{6EI}{L^2}\varDelta' : \frac{6EI}{L^2}\varDelta' : \frac{3EI}{L^2}\varDelta'$$

$$= 100\ \text{kN}\cdot\text{m} : 100\ \text{kN}\cdot\text{m} : 50\ \text{kN}\cdot\text{m}$$

그림 (d)와 같이 부재 길이 L이 다른 경우는,

$$\mathbf{FEM}_{AB} = \mathbf{FEM}_{BA} = \frac{6EI}{(2h)^2}\varDelta', \quad \mathbf{FEM}_{CD} = \frac{3EI}{h^2}\varDelta'$$

이므로,

$$\mathbf{FEM}_{AB} : \mathbf{FEM}_{BA} : \mathbf{FEM}_{BA} = \frac{6EI}{(2h)^2}\varDelta' : \frac{6EI}{(2h)^2}\varDelta' : \frac{6EI}{h^2}\varDelta'$$

$$= \frac{6}{4} : \frac{6}{4} : 3$$

$$= 50\ \text{kN}\cdot\text{m} : 50\ \text{kN}\cdot\text{m} : 100\ \text{kN}\cdot\text{m}$$

그림 (e)와 같이 강성이 다른 경우는

$$\mathbf{FEM}_{BA} = \left(\frac{3E(2I)}{L^2}\right)_{AB}\varDelta', \quad \mathbf{FEM}_{CD} = \left(\frac{3EI}{L^2}\right)_{AB}\varDelta'$$

$$\mathbf{FEM}_{BA} : \mathbf{FEM}_{CD} = \frac{3(2EI)}{L^2}\varDelta' : \frac{3EI}{L^2}\varDelta'$$

$$= 100\ \text{kN}\cdot\text{m} : 50\ \text{kN}\cdot\text{m}$$

로 가정하면 된다. 경사부재가 있는 경우는 어떻게 될까? 이러한 라멘의 해석 과정을 예제를 통해 확인해 보자.

예제 12-20

예제 12-11을 모멘트분배법으로 풀어라.

풀이

횡방향 변위가 발생하는(Sway) 라멘이므로 그림 (a), (b)와 같이 2단계로 해석한다.

[해석 1] 횡변위 구속 라멘 해석(그림 (a))

고정단모멘트 FEM 계산

$$\mathbf{FEM}_{BC} = 142.2\ \mathrm{kN \cdot m}, \qquad \mathbf{FEM}_{CB} = -71.1\ \mathrm{kN \cdot m}$$

분배계수 DF 및 분배모멘트 DM 계산

강도계수 $K_{AB} = \dfrac{(EI=1)}{L} = \dfrac{1}{4}$, $K_{BC} = \dfrac{1}{6}$, $K_{CD} = \dfrac{1}{4}$

분배계수

$$\left.\begin{aligned}\mathbf{DF}_{BA} &= \frac{1/4}{1/4+1/6} = 0.6 \\ \mathbf{DF}_{BC} &= \frac{1/6}{1/4+1/6} = 0.4\end{aligned}\right\} \sum \mathbf{DF} = 1, \qquad \left.\begin{aligned}\mathbf{DF}_{CB} &= 0.4 \\ \mathbf{DF}_{CD} &= 0.6\end{aligned}\right\} \sum \mathbf{DF} = 1$$

모멘트분배를 순환 계산(그림 (c))

구속력 R 계산

그림 (d)와 같은 자유물체도로부터,

$$\rightarrow + \sum X = 0, \qquad R = -36.6 + 23.3 = -13.3\ \mathrm{kN}\ (\leftarrow)$$

[해석 2] 횡변위 Δ의 영향만을 고려한 경우 해석

고정단모멘트 FEM 계산

B와 C점은 변위 Δ', EI, L이 같으므로,

$$\mathbf{FEM}_{AB} = \mathbf{FEM}_{BA} = \mathbf{FEM}_{CD} = \mathbf{FEM}_{DC} = 100\ \mathrm{kN \cdot m}$$

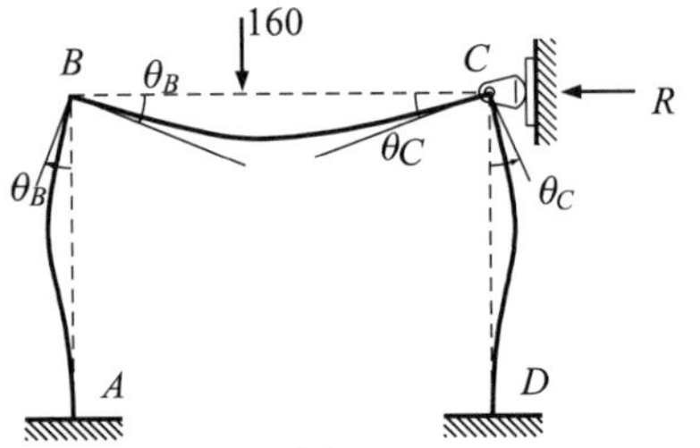

(a)

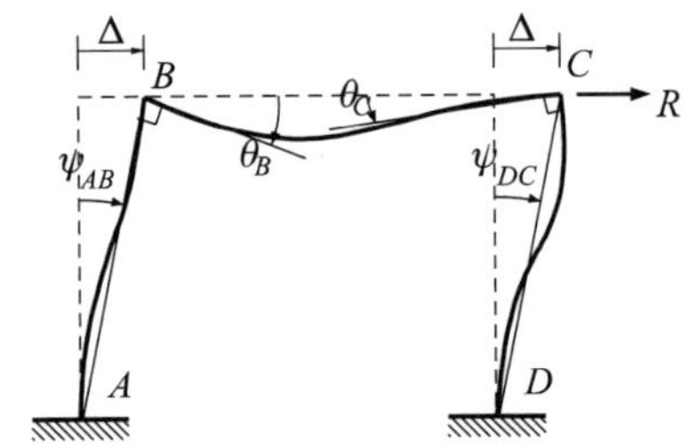

(b)

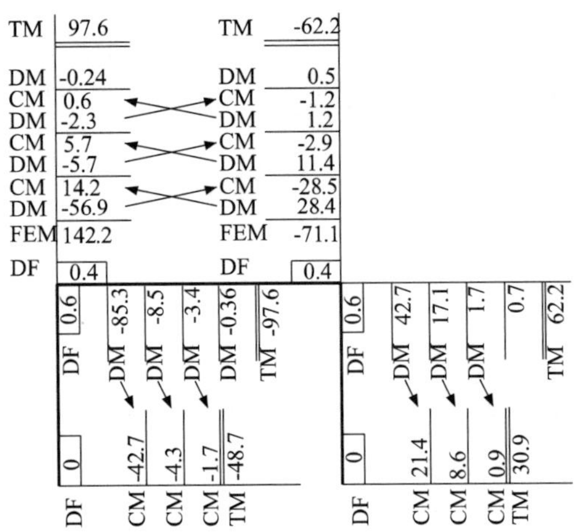

(c)

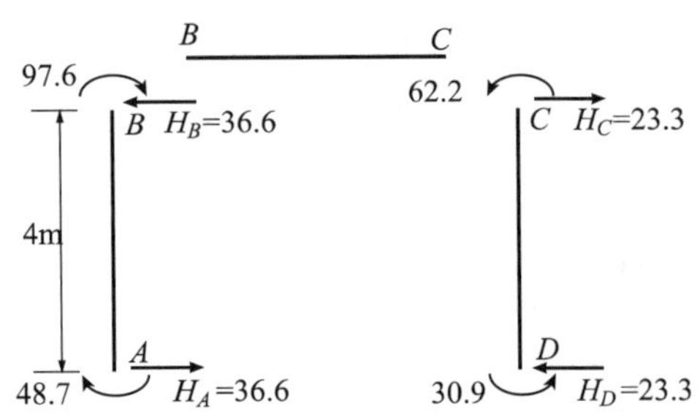

(d)

이라고 가정한다.

분배계수 DF 및 분배모멘트 DM 계산

분배율은 [해석 1]과 같다.

모멘트분배를 순환 계산(그림 (e))

구속력 R' 계산

그림 (f)와 같은 자유물체도로부터,

$$\rightarrow + \sum X = 0, \qquad R' = 31.22 + 31.22 = 62.44 \text{ kN} (\leftarrow)$$

그러므로 $R = 16.1$ kN의 힘에 의한 모멘트는 비례법칙에 의해 계산될 수 있다. 따라서 라멘의 재단모멘트는

$M = M_1 + \left(\dfrac{R}{R'}\right) M_2'$ 에서,

$$M_{AB} = -48.7 + \left(\frac{13.3}{62.44}\right)(74.8) = -32.8 \text{ kN} \cdot \text{m}$$

$$M_{BA} = -97.6 + \left(\frac{13.3}{62.44}\right)(50.08) = -86.9 \text{ kN} \cdot \text{m}$$

$$M_{BC} = 97.6 + \left(\frac{13.3}{62.44}\right)(-50.08) = 86.9 \text{ kN} \cdot \text{m}$$

$$M_{CB} = -62.2 + \left(\frac{13.3}{62.44}\right)(-50.08) = -72.9 \text{ kN} \cdot \text{m}$$

$$M_{CD} = 62.2 + \left(\frac{13.3}{62.44}\right)(50.08) = 72.9 \text{ kN} \cdot \text{m}$$

$$M_{DC} = 30.9 + \left(\frac{13.3}{62.44}\right)(74.8) = 46.8 \text{ kN} \cdot \text{m}$$

이며, 예제 12-11과 오차범위 내에서 같음을 알 수 있다.

반력 및 부재력

예제 12-11을 참조하자.

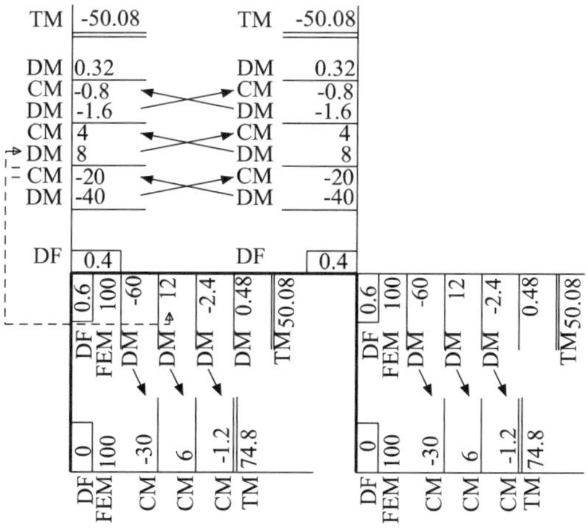

(e)

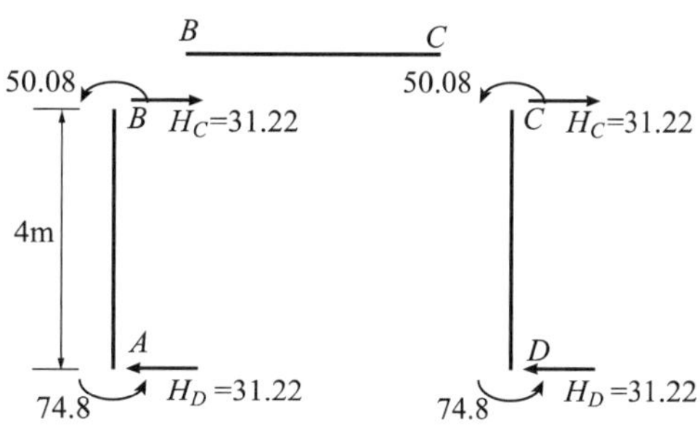

(f)

예제 12-21

예제 12-12를 모멘트분배법으로 풀어라.

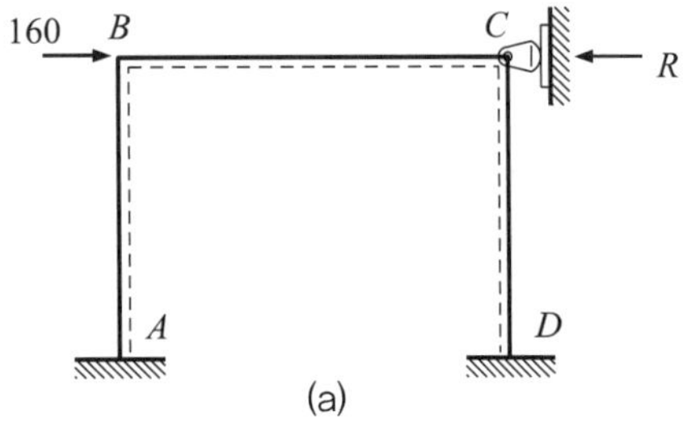

(a)

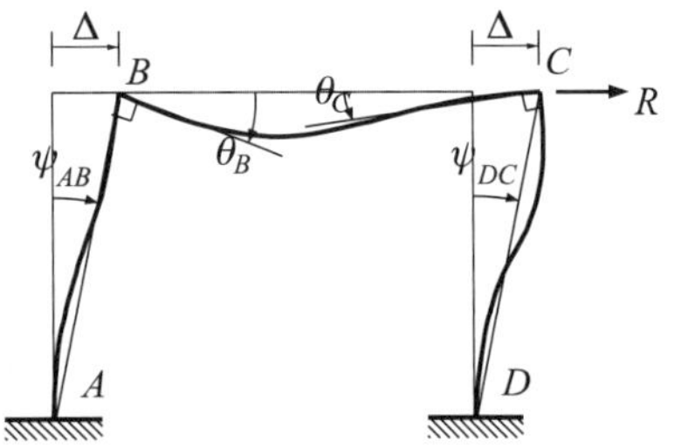

(b)

풀이

[해석 1] 횡변위 구속 라멘 해석(그림 (a))

횡변위가 없는 경우 횡하중 160 kN에 의해 각 부재에 고정단모멘트는 발생하지 않는다. 또한 그림에서 가상 지점 C점에 발생되는 반력은 160 kN이므로, 절점구속력 $R=160$ kN이다.

[해석 2] 횡변위 Δ의 영향만을 고려한 경우 해석

고정단모멘트 FEM 계산

B와 C점은 변위 Δ', EI, L이 같으므로,

$$\mathbf{FEM}_{AB}=\mathbf{FEM}_{BA}=\mathbf{FEM}_{CD}=\mathbf{FEM}_{DC}=100\ \text{kN}\cdot\text{m}$$

이라고 가정한다.

분배계수 DF 및 분배모멘트 DM 계산

강도계수 $K_{AB}=\dfrac{(EI=1)}{L}=\dfrac{1}{4},\quad K_{BC}=\dfrac{1}{6},\quad K_{CD}=\dfrac{1}{4}$

분배계수

$$\left.\begin{aligned}\mathbf{DF}_{BA}&=\frac{1/4}{1/4+1/6}=0.6\\ \mathbf{DF}_{BC}&=\frac{1/6}{1/4+1/6}=0.4\end{aligned}\right\}\sum\mathbf{DF}=1,\quad \left.\begin{aligned}\mathbf{DF}_{CB}&=0.4\\ \mathbf{DF}_{CD}&=0.6\end{aligned}\right\}\sum\mathbf{DF}=1$$

모멘트분배 순환 계산 및 구속력 R' 계산

예제 12.20의 그림 (e)와 같고, $R'=62.44$ kN (←)

그러므로 $R=160$ kN의 힘에 의한 모멘트는 비례법칙에 의해 계산될 수 있다. 따라서 라멘의 재단모멘트는

$$M_{AB}=0+\left(\frac{160}{62.44}\right)(74.8)=191.7\ \text{kN}\cdot\text{m}$$

$$M_{BA}=0+\left(\frac{160}{62.44}\right)(50.08)=128.3\ \text{kN}\cdot\text{m}$$

$$M_{BC}=0+\left(\frac{160}{62.44}\right)(-50.08)=-128.3\ \text{kN}\cdot\text{m}$$

$$M_{CB}=128.3\ \text{kN}\cdot\text{m}$$

$$M_{CD}=128.3\ \text{kN}\cdot\text{m}$$

$$M_{DC}=191.7\ \text{kN}\cdot\text{m}$$

이며, 예제 12-12와 오차범위 내에서 같다.

반력 및 부재력

예제 12-12를 참조하자.

예제 12-22

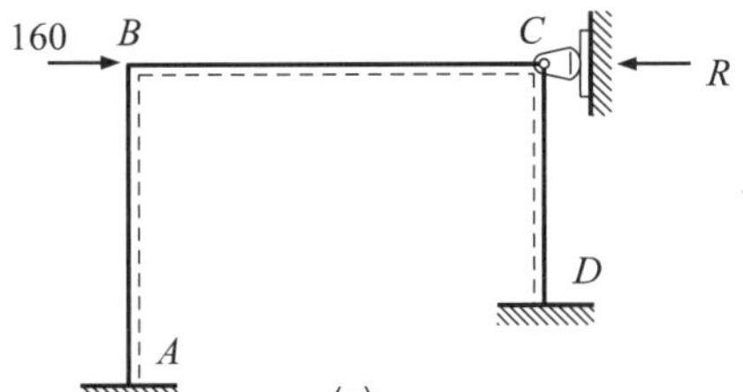

(a)

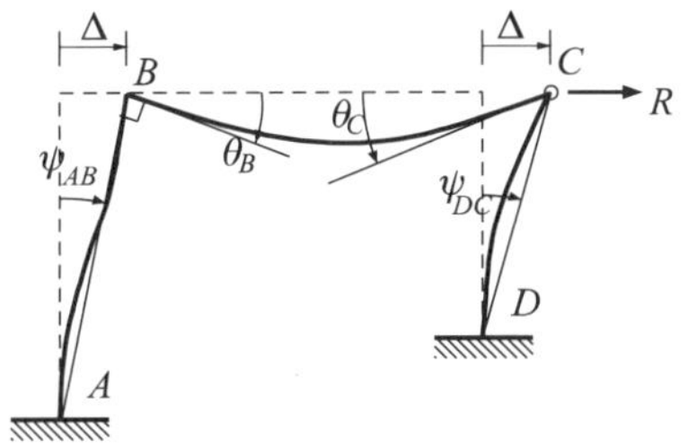

(b)

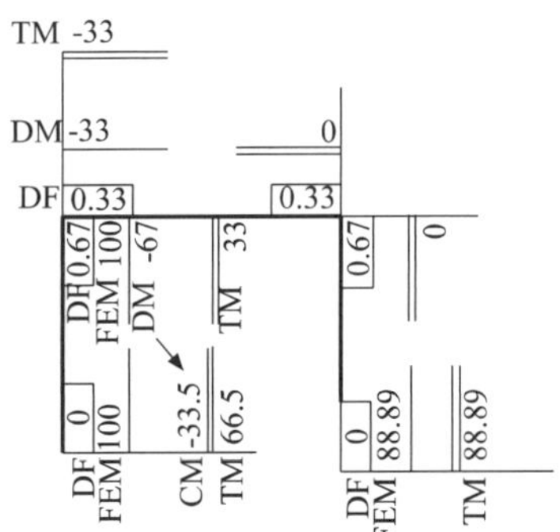

(c)

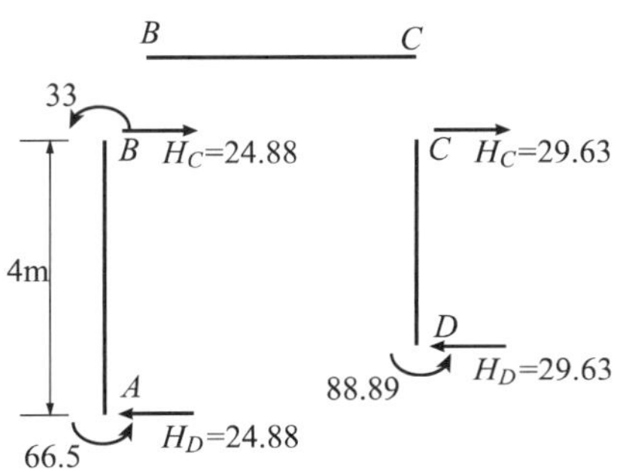

(d)

예제 12-13을 모멘트분배법으로 해석하라.

풀이

[해석 1] 횡변위 구속 라멘 해석(그림 (a))

고정단모멘트$=0$, 절점구속력 $R=160$ kN

[해석 2] 횡변위 Δ의 영향만을 고려한 경우 해석

Δ'에 대한 고정단모멘트 FEM 계산(그림 (c))

$$\mathbf{FEM}_{AB}=\frac{6EI\Delta'}{L^2}=\frac{6EI\Delta'}{4^2},\qquad \mathbf{FEM}_{DC}=\frac{3EI\Delta'}{L^2}=\frac{3EI\Delta'}{3^2}$$

$$\mathbf{FEM}_{AB}:\mathbf{FEM}_{BA}=\frac{6EI\Delta'}{4^2}:\frac{3EI\Delta'}{3^2}$$
$$=100\text{ kN}\cdot\text{m}:88.89\text{ kN}\cdot\text{m}$$

분배계수 DF 및 분배모멘트 DM 계산

C점이 힌지이므로 수정강도계수를 이용한다. $EI=1$이므로,

$$K_{AB}=\frac{1}{4},\quad K_{BC}=\frac{3}{4}\left(\frac{1}{6}\right)=\frac{1}{8},\quad K_{CD}=\frac{3}{4}\left(\frac{1}{3}\right)=\frac{1}{4}$$

분배계수

$$\mathbf{DF}_{AB}=\mathbf{DF}_{DC}=0$$

$$\left.\begin{aligned}\mathbf{DF}_{BA}&=\frac{1/4}{1/4+1/8}=0.67\\ \mathbf{DF}_{BC}&=\frac{1/8}{1/4+1/8}=0.33\end{aligned}\right\}\sum\mathbf{DF}=1,\quad \left.\begin{aligned}\mathbf{DF}_{CB}&=0.33\\ \mathbf{DF}_{CD}&=0.67\end{aligned}\right\}\sum\mathbf{DF}=1$$

모멘트분배 순환 계산 및 구속력 R' 계산(그림 (d), (e))

$$\rightarrow+\sum X=0,\qquad R'=24.88+29.63=54.51\text{ kN}(\leftarrow)$$

재단모멘트

그러므로 $R=160$ kN의 힘에 의한 모멘트는 비례법칙에 의해 계산될 수 있다. 따라서 라멘의 재단모멘트는

$$M_{AB}=0+\frac{160}{54.51}(66.5)=195.2\text{ kN}\cdot\text{m}$$

$$M_{BA}=0+\frac{16}{54.51}(33)=96.9\text{ kN}\cdot\text{m},\qquad M_{BC}=96.9\text{ kN}\cdot\text{m}$$

$$M_{DC}=0+\frac{160}{54.51}(88.89)=260.9\text{ kN}\cdot\text{m}$$

반력 및 부재력

예제 12-13 참조

예제 12-23

다음 경사라멘을 모멘트분배법으로 해석하라. 단, EI는 일정하다.

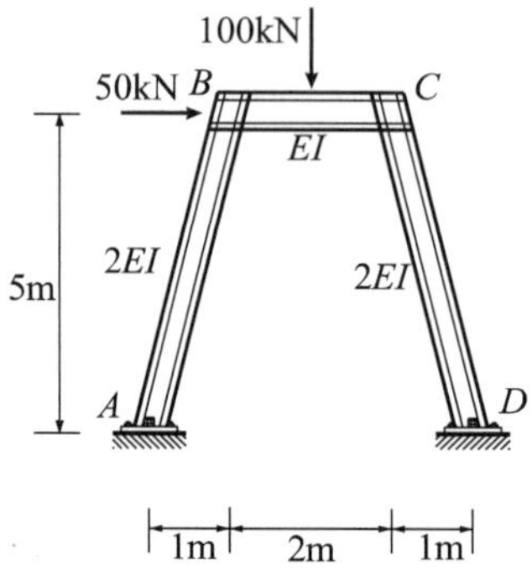

풀이

[해석 1] 횡변위 구속 라멘 해석

고정단모멘트 FEM 계산

$$\mathbf{FEM}_{BC}=\frac{100(1^2)(1)}{2^2}=25\ \mathrm{kN\cdot m},\quad \mathbf{FEM}_{CB}=-25\ \mathrm{kN\cdot m}$$

분배계수 DF 및 분배모멘트 DM 계산

$EI=1$이라 놓으면,

$$K_{AB}=\frac{2}{5.1}=0.392,\quad K_{BC}=\frac{1}{2}=0.5,\quad K_{CD}=0.392$$

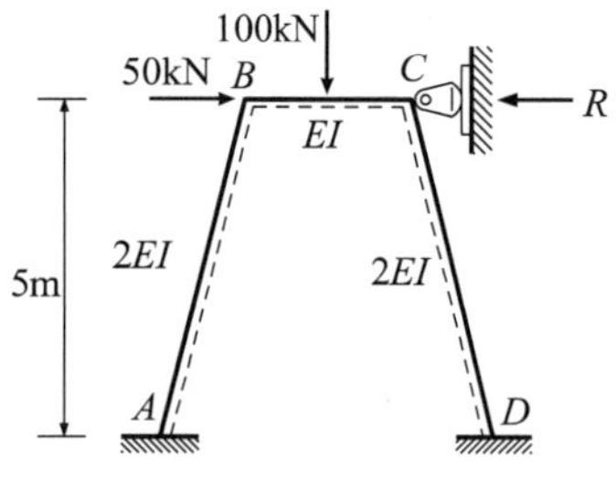

(a)

분배계수

$$\mathbf{DF}_{AB}=\mathbf{DF}_{DC}=0$$

$$\left.\begin{aligned}\mathbf{DF}_{BA}&=\frac{0.392}{0.392+0.5}=0.44\\ \mathbf{DF}_{BC}&=\frac{0.5}{0.392+0.5}=0.56\end{aligned}\right\}\ \sum\mathbf{DF}=1,$$

$$\left.\begin{aligned}\mathbf{DF}_{CB}&=0.44\\ \mathbf{DF}_{CD}&=0.56\end{aligned}\right\}\ \sum\mathbf{DF}=1$$

모멘트분배 순환 계산 및 구속력 R 계산(그림 (a))

모멘트 분배를 통한 재단모멘트 M_1는 그림 (c)와 같다.

절점 구속력 R은 그림 (d)와 같은 자유물체도에서,

$$\rightarrow+\sum X=0$$

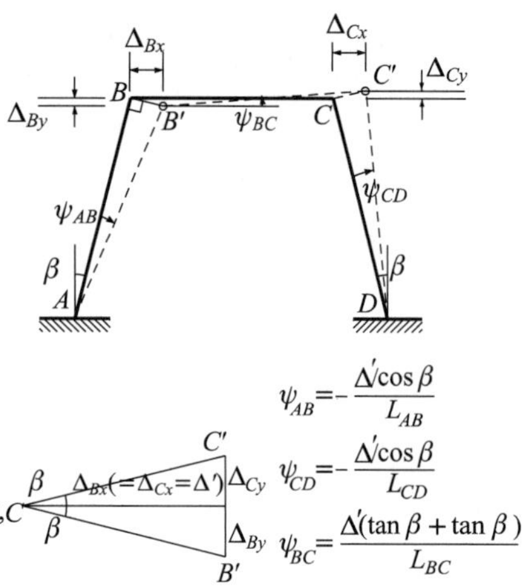

(b)

의 조건으로 구할 수 있지만, 그림 (a)와 같이 구속력 $R=50$ kN (←)인 경우 구조물과 하중이 좌우 대칭이므로, 이 값이 구속력이 된다.

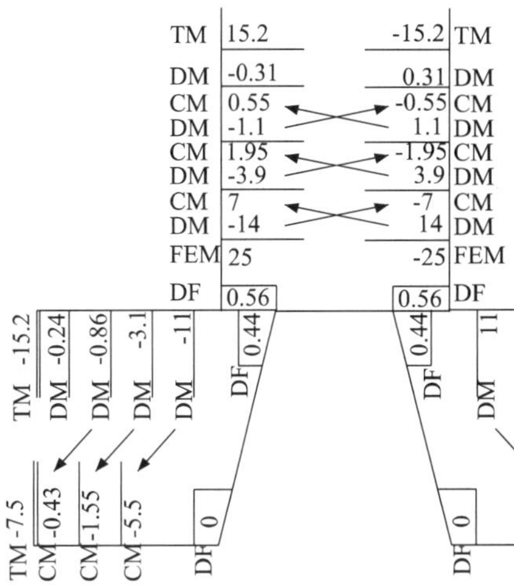

(c)

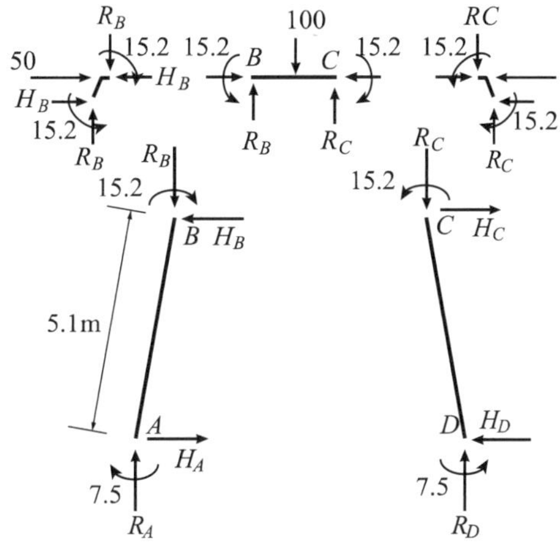

(d)

[해석 2] 횡변위 Δ의 영향만을 고려한 경우 해석

Δ'에 대한 고정단모멘트 FEM 계산(그림 (c))

경사부재가 있는 라멘의 횡방향 변위 Δ'에 따른 **FEM**비율을 결정하기 위해서는, 처짐각법에서 살펴보았던 경사부재의 부재각 ψ 비율을 응용하는 것이 편리하다.

즉, 그림 (b)에서,

$$\psi_{AB} = -\frac{\Delta'/\cos\beta}{L_{AB}} = -\frac{\Delta'/(5/5.1)}{5.1} = -\frac{\Delta'}{5} = \psi_{CD}$$

$$\psi_{BC} = \frac{\Delta'(2\tan\beta)}{L_{BC}} = \frac{\Delta'(2/5)}{2} = \frac{\Delta'}{5}$$

이고,

$$\mathbf{FEM} = \frac{6EI\Delta'}{L^2}, \quad \Delta' = L\psi$$

이므로,

$$\mathbf{FEM} = \frac{6EI(L\psi)}{L^2} = \frac{6EI\psi}{L}$$

의 형태로 표현할 수 있다. 그러므로

$$\mathbf{FEM}_{AB} : \mathbf{FEM}_{BC} : \mathbf{FEM}_{CD}$$

$$= -\frac{6EI_{AB}\psi_{AB}}{L_{AB}} : -\frac{6EI_{BC}\psi_{BC}}{L_{BC}} : -\frac{6EI_{CD}\psi_{CD}}{L_{CD}}$$

$$= -\frac{6E(2I)(-\Delta'/5)}{5.1} : -\frac{6EI(\Delta'/5)}{2} : -\frac{6E(2I)(-\Delta'/5)}{5.1}$$

$$= 0.4706EI\Delta' : -0.6EI\Delta' : 0.4706EI\Delta'$$

$$= 100\text{ kN}\cdot\text{m} : -127.5\text{ kN}\cdot\text{m} : 100\text{ kN}\cdot\text{m}$$

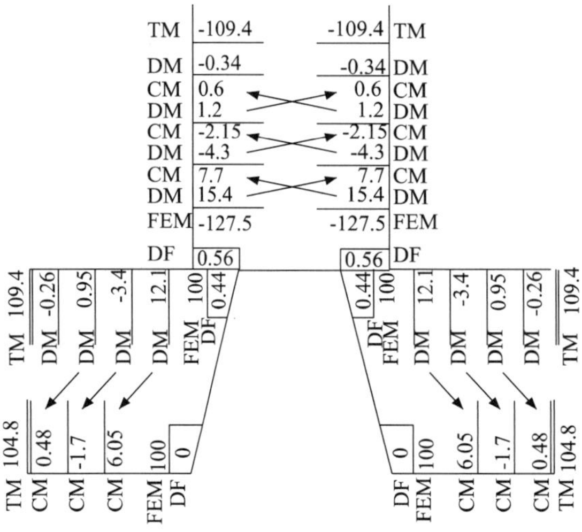

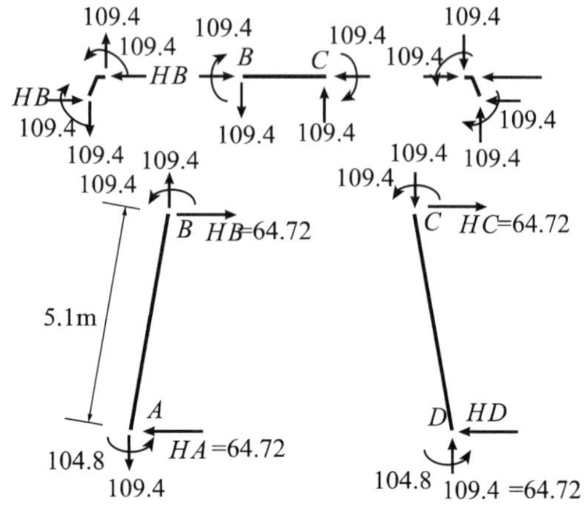

분배계수 DF 및 분배모멘트 DM 계산

[해석 1]과 같다.

모멘트분배 순환 계산 및 구속력 R 계산(그림 (d))

모멘트분배를 통한 재단모멘트 M_2'는 그림 (d)와 같고, 그림 (e)와 같은 자유물체도로부터,

$\overline{AB}$ 부재는,

$$\rightarrow + \sum X = 0, \qquad R' = 64.72 + 64.72 = 129.44 \text{ kN } (\leftarrow)$$

그러므로 $R = 50$ kN의 힘에 의한 모멘트는 비례법칙에 의해 계산될 수 있다. 따라서 라멘의 재단모멘트는

$$M = M_1 + \left(\frac{R}{R'}\right) M_2' \text{에서,}$$

$$M_{AB} = -7.5 + \frac{50}{129.44}(104.8) = 33.0 \text{ kN} \cdot \text{m}$$

$$M_{BA} = -15.2 + \frac{50}{129.44}(109.4) = 27.1 \text{ kN} \cdot \text{m}$$

$$M_{BC} = 15.2 + \frac{50}{129.44}(-109.4) = -27.1 \text{ kN} \cdot \text{m}$$

$$M_{CB} = -15.2 + \frac{50}{129.44}(-109.4) = -57.5 \text{ kN} \cdot \text{m}$$

$$M_{CD} = 15.2 + \frac{50}{129.44}(109.4) = 57.5 \text{ kN} \cdot \text{m}$$

$$M_{DC} = 7.5 + \frac{50}{129.44}(104.8) = 48.0 \text{ kN} \cdot \text{m}$$

12.6 연습문제 Problem...

[12.3절]

12.3-1 문제 11.2-1을 처짐각법으로 해석하라.

12.3-2 문제 11.2-2를 처짐각법으로 해석하라.

12.3-3 문제 11.2-3을 처짐각법으로 해석하라.

12.3-4 문제 11.2-4을 처짐각법으로 해석하라.

12.3-5 문제 11.2-5을 처짐각법으로 해석하라.

12.3-6 문제 11.2-1을 처짐각법으로 해석하라.

12.3-7 문제 11.2-2를 처짐각법으로 해석하라.

12.3-8 문제 11.2-5를 처짐각법으로 해석하라.

12.3-9 다음 그림의 연속보를 처짐각법으로 해석하라. (단, EI는 일정하다.)

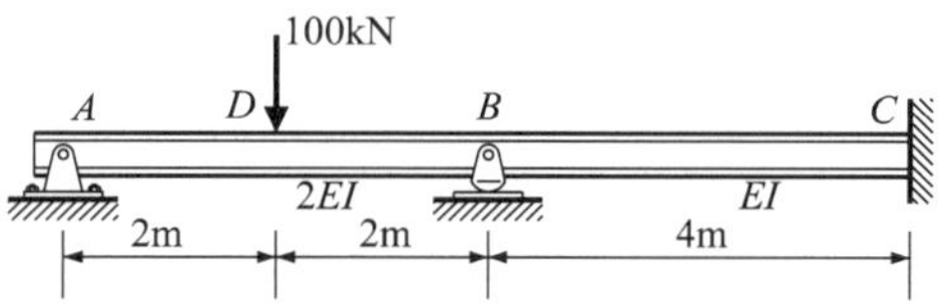

(a)

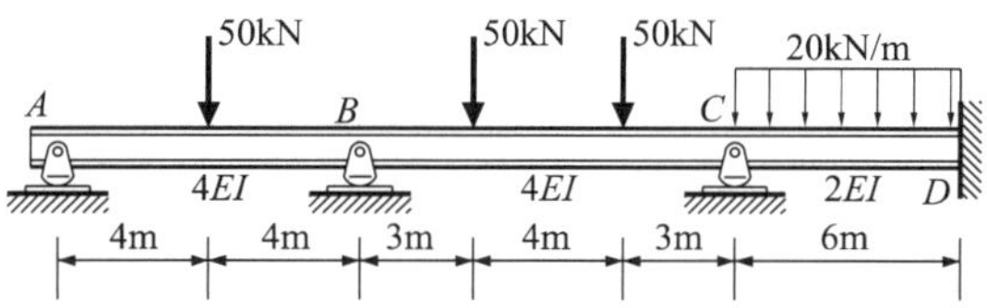

(b)

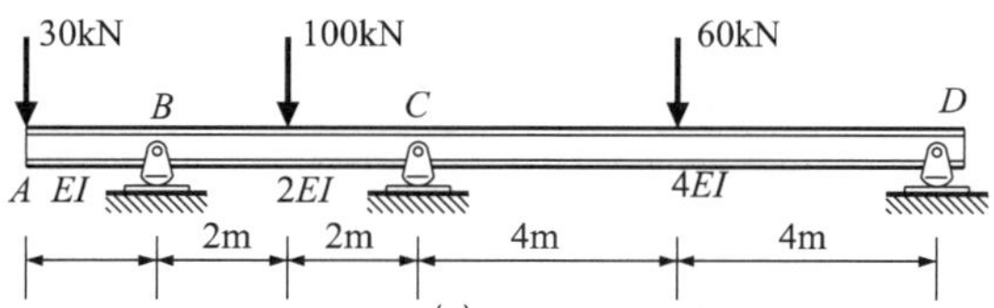

(c)

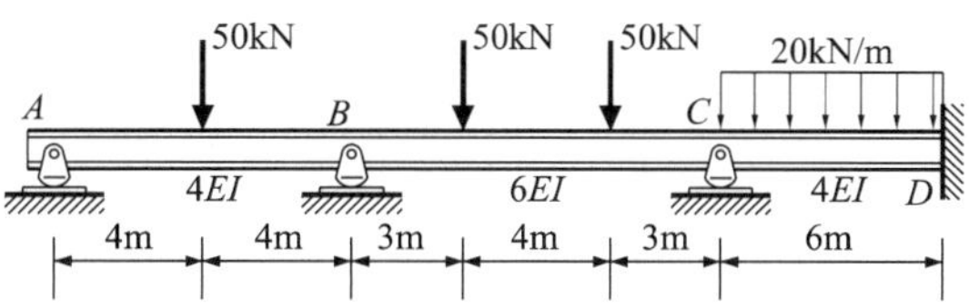

(d)

12.3-10 다음 그림의 횡변위가 없는 라멘을 처짐각법으로 해석하라. (단, EI는 일정하다.)

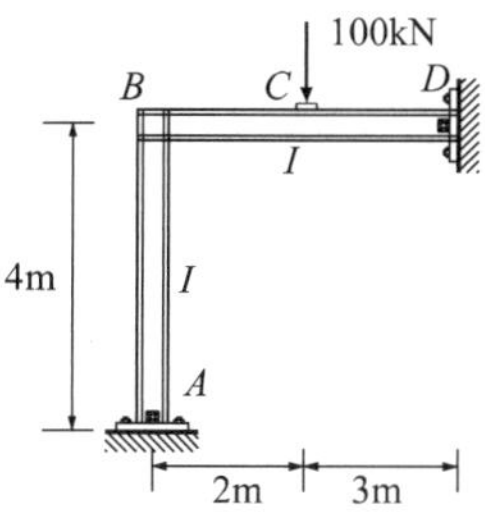

(a)

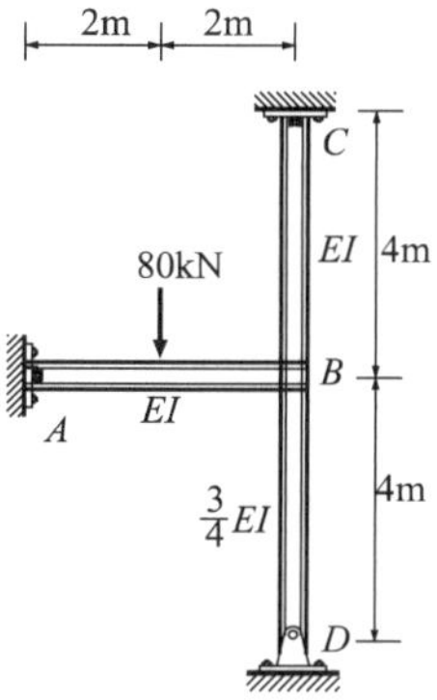

(b)

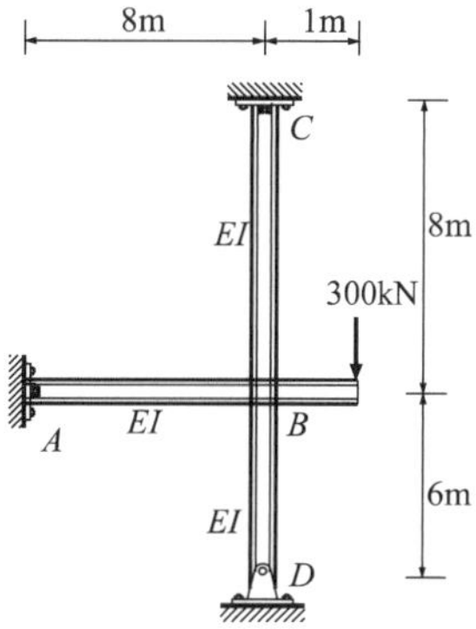

(c)

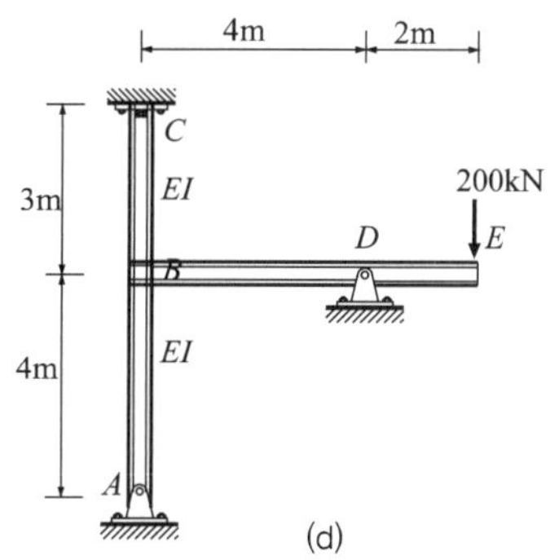

(d)

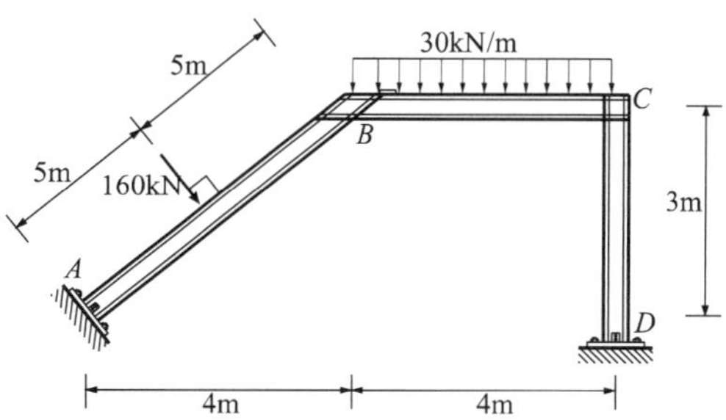

(e)

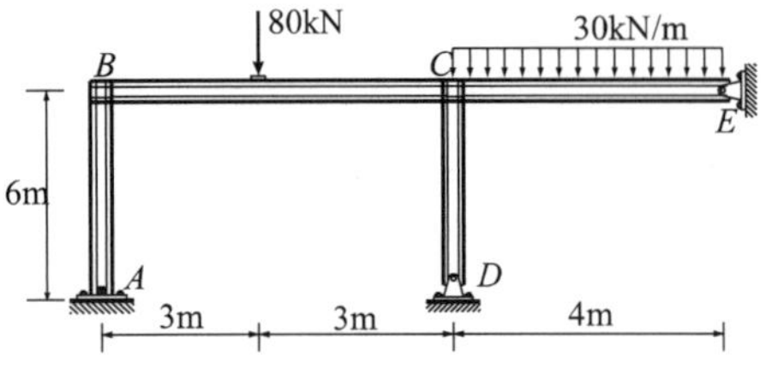

(f)

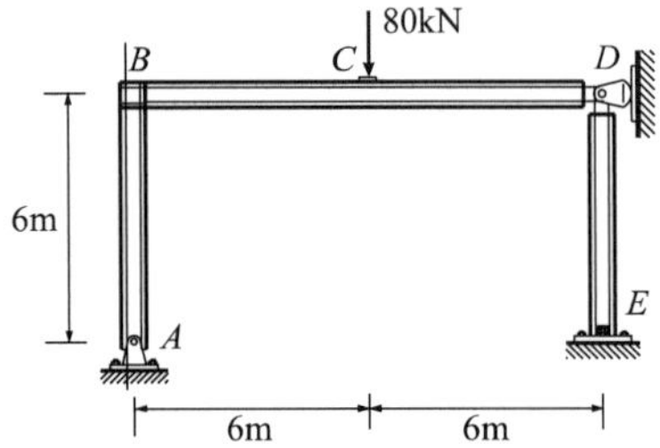

(g)

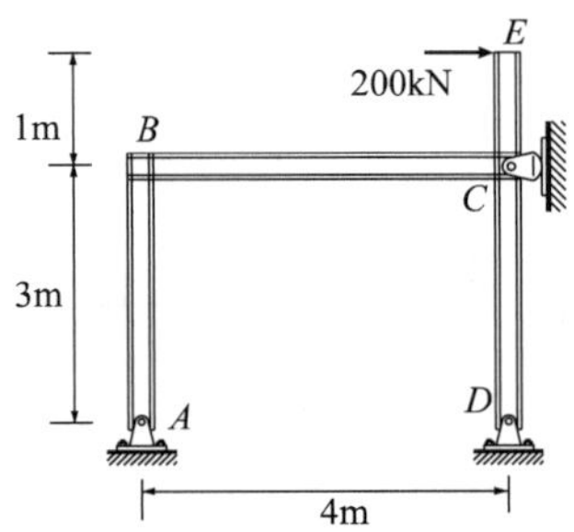

(h)

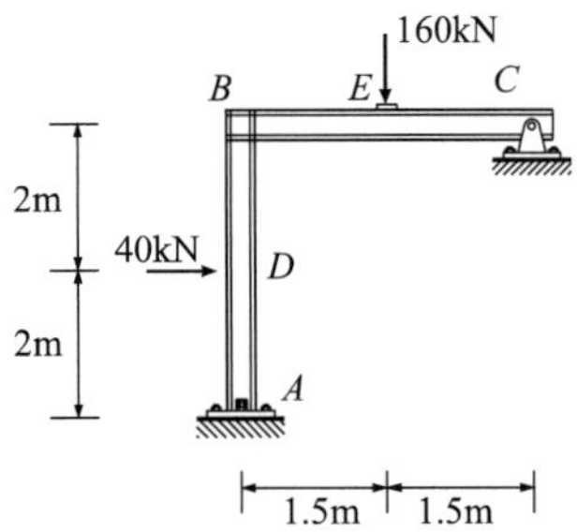

(i)

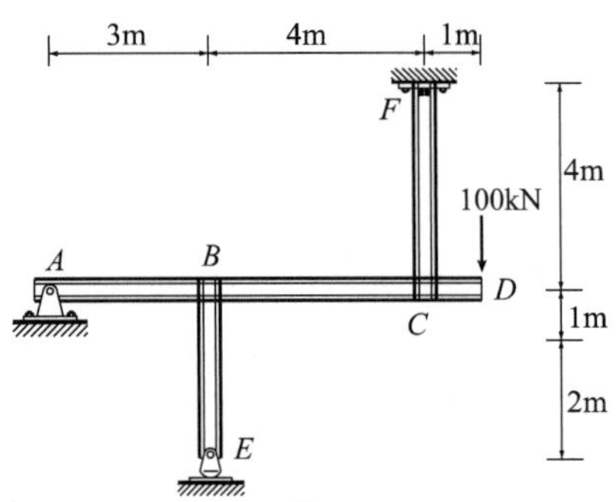

(j)

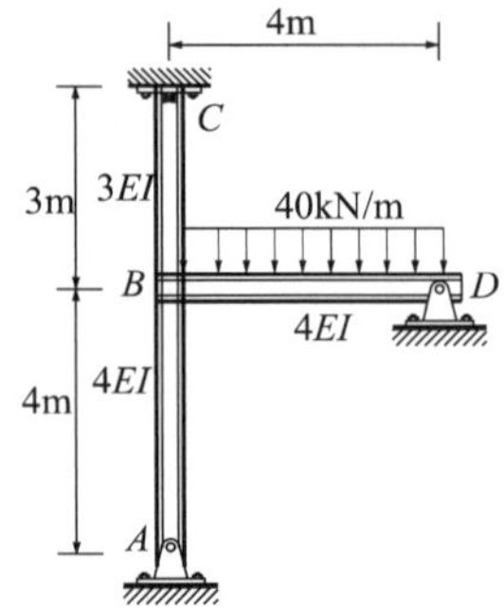

(k)

12.3-11 아래 횡변위가 발생하는 라멘을 처짐각법으로 해석하라. (단, EI는 일정하다.)

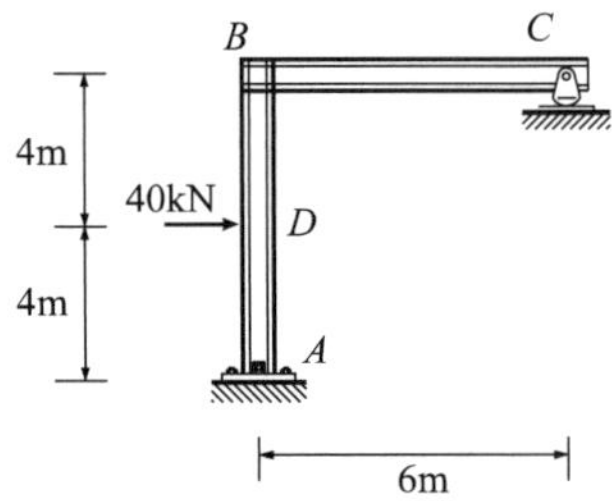

(a)

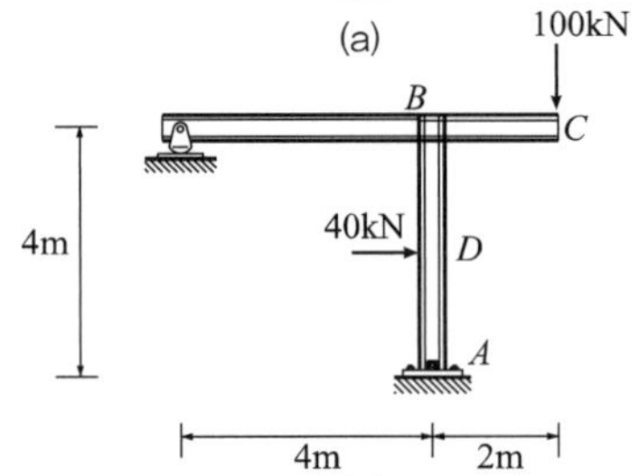

(b)

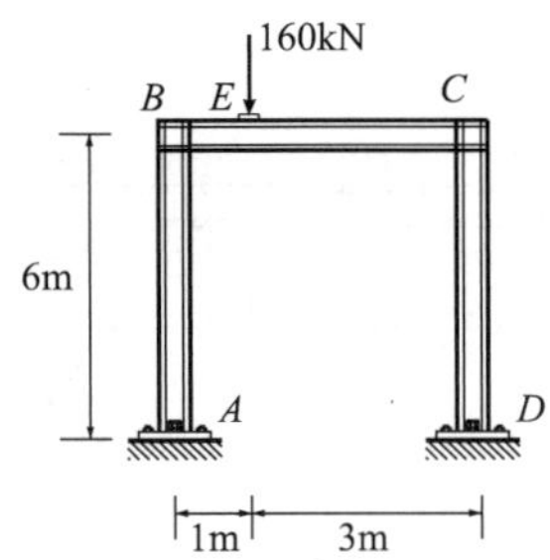

(c)

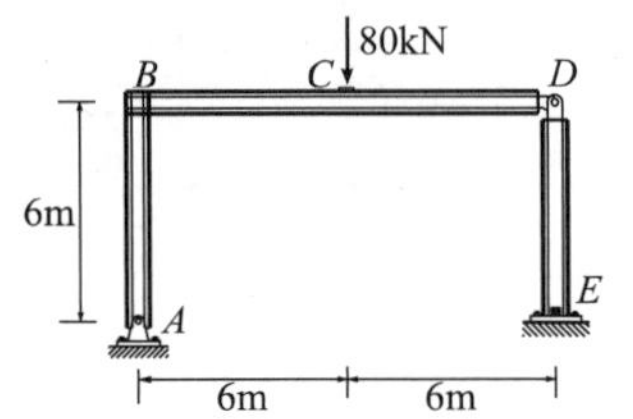

(d)

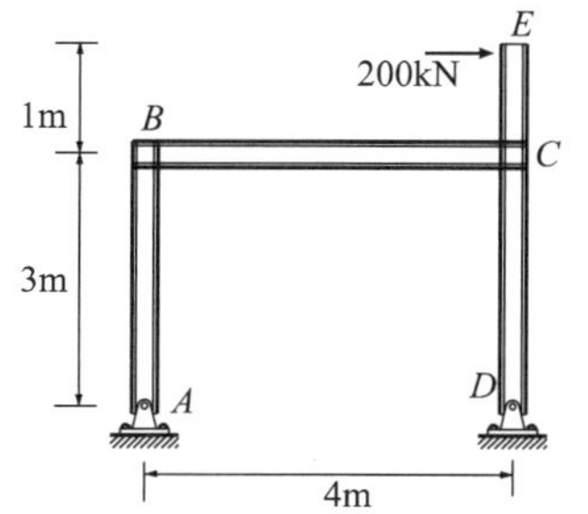

(e)

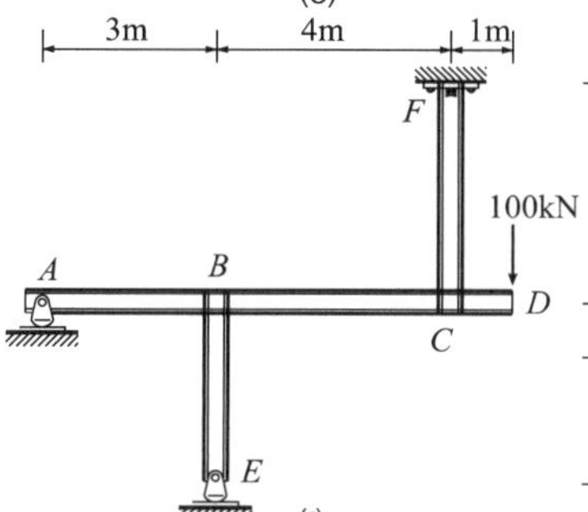

(f)

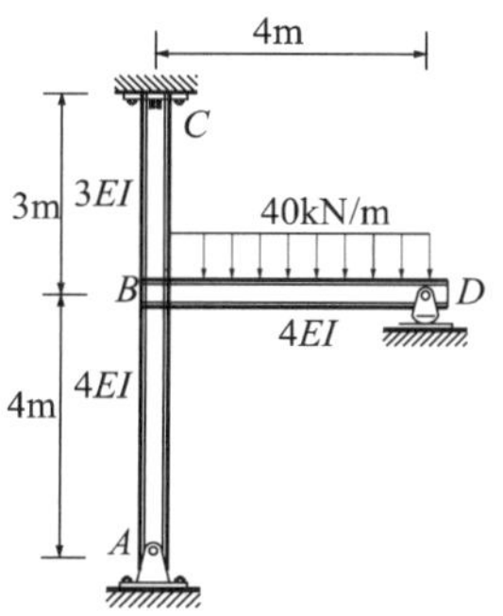

(g)

[12.5절]

12.5-1 문제 11.2-3을 모멘트분배법으로 해석하라.

12.5-2 문제 11.2-4를 모멘트분배법으로 해석하라.

12.5-3 문제 11.2-5을 모멘트분배법으로 해석하라.

12.5-4 문제 11.3-1을 모멘트분배법으로 해석하라.

12.5-5 문제 11.3-2를 모멘트분배법으로 해석하라.

12.5-6 문제 11.5-5를 모멘트분배법으로 해석하라.

12.5-7 문제 12.3-9를 모멘트분배법으로 해석하라.

12.5-8 문제 12.3-10를 모멘트분배법으로 해석하라.

12.5-9 문제 12.3-11를 모멘트분배법으로 해석하라.

12.5-10 다음 라멘에서 임의 점의 **FEM**에 대한 각 부재의 **FEM**를 결정하라(단, *EI*는 일정하다).

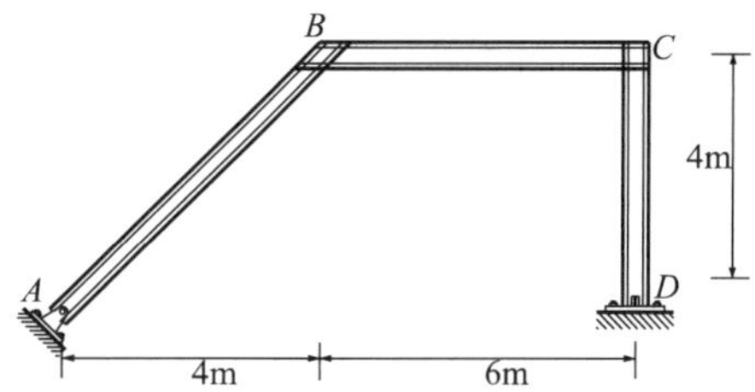

(a)

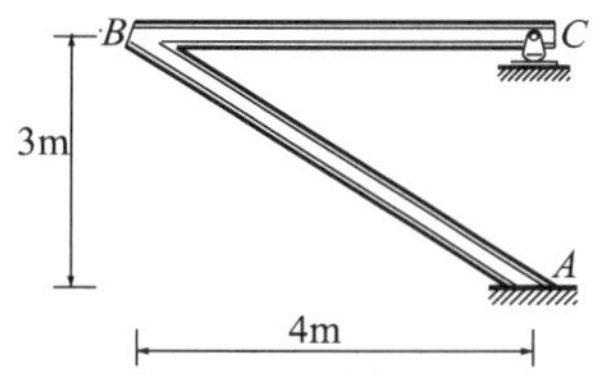

(b)

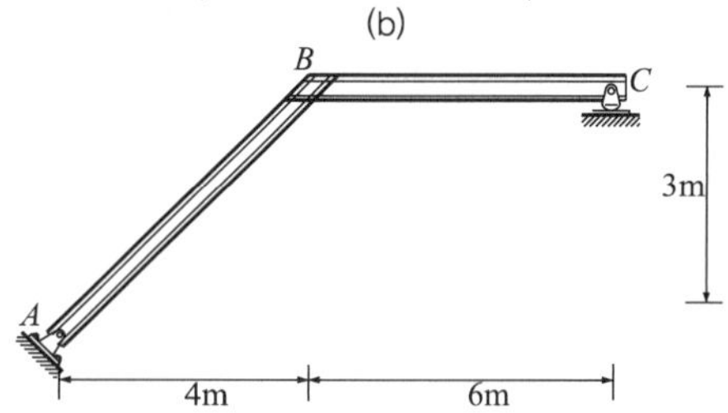

(c)

12.5-11 다음 라멘을 모멘트분배법으로 해석하라.

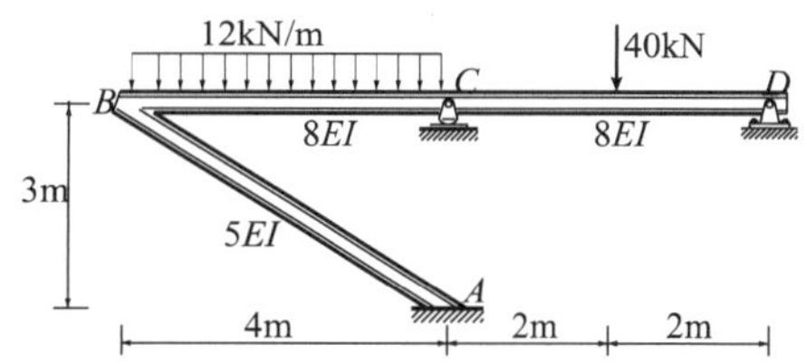

(a)

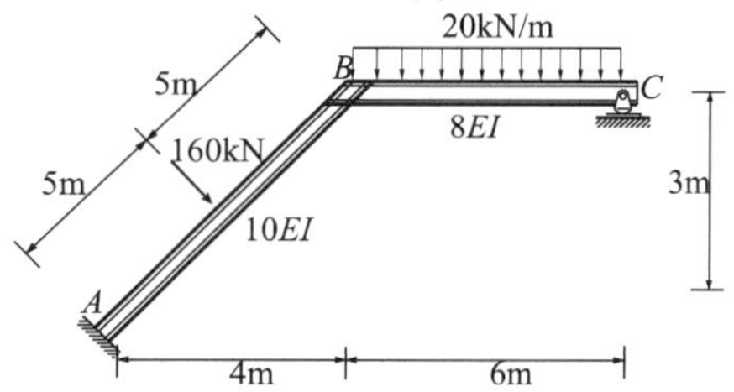

(b)

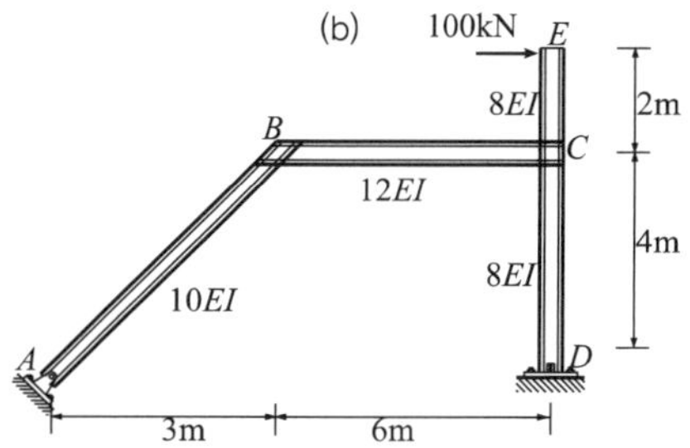

(c)

Reference
참고문헌

- Anderson, P, Statically Indeterminate Structures, Ronald Press Co., 1953.
- Anderson, P, and Nordby, G.M., Introduction to Structural Mechanics, Ronald Press Co., 1960.
- Argyris, J.H., and Kelesey, S., Energy Theorems and Structural Analysis, Buterworth & Co., Ltd., London, 1960.
- Asplund, S.O., Structual Mechanics : Classical and Matrix Methods, Prentics-Hall, Inc., Englewood Cliffs, N.J., 1966.
- Au., T., Elementary Structural Mechanics, Prentics-Hall, Inc., Englewood Cliffs, N.J., 1963.
- Baker, J.F., Horne, M.R. and Heyman, J., The Steel Skeleton, Volume II, Plastic Behaviour and Design, Cambridge University Press, 1956.
- Beer, F.P., and Johnston, Jr.E.R., Mechanics of Materials, McGraw-Hill Book Company, New York, 1981.
- Benjamin, J.R., Statically Indeterminate Structures, McGraw-Hill Book Company, New York, 1959.
- Brohn, D., Understanding Structural Analysis, 4th Edn., New Paradigm Solutions, 2005.
- Charlton, T.M., Analysis of Statically Indeterminate Frameworks, Longmans, 1961.
- Charlton, T.M., Energy Principles in Theory of Structures, Oxford University Press, 1973.
- Coates, R.C., Coutie, M.G., and Kong, F.K., Structural Analysis, 3rd Edn., Chapman&Hall, 1987.
- Crandall. S.H., and Dahl, N.C., An Introduction to the Mechanics of Solids, McGraw-Hill Book Company, New York, 1959.
- Davies, G.A.O., Virtual Work in Structural Analysis, John Wiley & Sons, 1982.
- Drucker, D.D., Introduction to Mechanics of Deformable Solids, McGraw-Hill Book Company, New York, 1967.
- Dym, C.L., Structural Modeling and Analysis, Cambridge University Press, 2005.

- Fung, Y.C., Foundations of Solid Mechanics, Prentice-Hall, Englewood Cliffs, N.J., 1965.
- Ghali, A., Neville, A., Brown, T.G., Structural Analysis : A Unified Classical and Matrix Approach, 5th Edn., Taylor&Francis, 2003.
- Gregory, M.S., Introduction to Extremum Principles ,Butterworths, London, 1969.
- Guarracino, F. and Walker, A., Energy Methods in Structural Mechanics, Thomas Telford, 1999.
- Heyman, J., Basic Structural Theory, Cambridge University Press, 2008.
- Heyman, J., Beams and Framed Structures, 2nd Edn., Pergamon Press, 1974.
- Heyman, J., Elements of the Theory of Structures,CambridgeUniversityPress,1996.
- Hodge, P.G., Plastic Analysis of Structures, McGraw-Hill, New York, 1959.
- Jennings, A., Structures : from the orytopractice, Spon Press, 2004.
- Ji, T., and Bell, A., Seeing and Touching Structural Concepts, Taylor & Francis, 2008.
- Kong, F.K., Prentis, J.M. and Charlton, T.M., Principle of virtual work for a general deformable body – a simple proof, The Structural Engineer, Vol. 61A, No. 6, 1983.
- McKenzie, W.M.C., Examples in Structural Analysis, Taylor and Francis, Abington, 2006.
- Neal, B.G., Structural Theorems and their Applications, Pergamon Press, 1964.
- Popov. El, Mechanics of Materials, Prentice-Hall, Englewood Cliffs, N.J., 1952.
- Rees, D.W.A., Mechanics of Solids and Structures, Imperial College Press, London,2000.
- Seely, F.B., and Smith, J.O., Advanced Mechanics of Materials, 2nd el. John Wiley & Sons, Inc., New York, 1952.
- Shames, I.H., Mechanics of Deformable Solids, Prentice-Hall, Englewood Cliffs, N.J., 1964.
- Shanley, F.R., Mechanics of Materials, McGraw-Hill Book Company, New York, 1957.
- Thompson, F., and Haywood, G.G., Structural Analysis Using Virtual Work, Chapmanand Hall,1986.
- Timoshenko, s., History of Strength of Materials, McGraw-Hill Book Company, New York, 1953.
- Timoshenko, s., Strength of Materials, 3rd ed. Vol. 2. D van Nostrand Co., Inc., Princeton, N.J., 1956.
- Timoshenko, S.P., and Gere, J.M., Mechanics of Materials, 2nd ed. Vna Nostrand Reinhold Company, 1984.
- Timoshenko, S.P., and Young, D.H., Element of Strength of Materials, 5th ed., D van Nostrand Co., Inc., Princeton, N.J., 1968.
- Williams, M.S., and Todd, J.D., Structures : theory & Analysis, Macmillan, 1999.

Index

찾아보기

윤현도 충남대학교 건축공학과
조창근 조선대학교 건축공학과
한병찬 충남대학교 건축공학과
권성준 한남대학교 토목환경공학전공

개정판 **구조역학** 정가 29,000원

발　행 2023년 9월 10일 2판 1쇄
저　자 윤현도 · 조창근 · 한병찬 · 권성준
발행인 정우용
발행처 도서출판 **동화기술**
경기도 파주시 광인사길 201(문발동, 파주출판도시)
Tel (031)955-4211~6　donghwapub@nate.com
Fax (031)955-4217　www.donghwapub.co.kr
(등록) 1977년 12월 19일/9-16호

ISBN 978-89-425-9548-8